U0425248

"十二五"普通高等教育本科国家级规划教材

教育部高等学校电子信息类专业教学指导委员会规划教材

高等学校电子信息类专业系列教材

Microcomputer Principle and Interface Technology (Second Edition)

微型计算机原理与接口技术

(第2版)

邹逢兴 主编

Zou Fengxing

陈立刚　李春　史美萍 编

Chen Ligang　Li Chun　Shi Meiping

清華大學出版社

北京

内容简介

本书是2007年出版的“十一五”普通高等教育国家级规划教材《微型计算机原理与接口技术》一书的修订版，也是首批纳入“十二五”国家级教材规划出版的教材。

书中内容的选取以教育部相关课程“教指委”“十五”期间发布的“白皮书”中关于微型计算机原理与接口技术的“较高要求”为主要依据，同时充分体现了作者所在国家级教学团队多年来对这门课的课程教学改革经验。本书较系统地介绍了目前流行的几类微机系统及其各大组成部分的硬件结构与工作原理，以及基于汇编语言和C语言的应用编程方法，然后着重介绍了几种典型的可编程接口芯片和一些常用外设、多媒体设备、模拟I/O器件及其接口。

本书非常适合作为电子信息类、自动化类、仪器仪表类和机电/光电控制类等理工科专业的本科生教材，对其他专业、其他层次的学生和广大从事计算机应用系统研制开发的工程技术人员，也是一本既先进又实用的参考书。

图书在版编目(CIP)数据

微型计算机原理与接口技术/邹逢兴主编. —2版. —北京：清华大学出版社，2015(2022.8重印)
(高等学校电子信息类专业系列教材)
ISBN 978-7-302-40423-1

Ⅰ. ①微… Ⅱ. ①邹… Ⅲ. ①微型计算机－理论－高等学校－教材 ②微型计算机－接口技术－高等学校－教材 Ⅳ. ①TP36

中国版本图书馆CIP数据核字(2015)第122470号

责任编辑：邹开颜　赵从棉
封面设计：李召霞
责任校对：刘玉霞
责任印制：刘海龙

出版发行：清华大学出版社
网　　址：http://www.tup.com.cn，http://www.wqbook.com
地　　址：北京清华大学学研大厦A座　　**邮　　编**：100084
社 总 机：010-83470000　　**邮　　购**：010-62786544
投稿与读者服务：010-62776969，c-service@tup.tsinghua.edu.cn
质量反馈：010-62772015，zhiliang@tup.tsinghua.edu.cn
印 装 者：三河市君旺印务有限公司
经　　销：全国新华书店
开　　本：185mm×260mm　**印　张**：35　**字　　数**：846千字
版　　次：2007年12月第1版　2015年8月第2版　**印　　次**：2022年8月第9次印刷
定　　价：92.00元

产品编号：052522-06

主 编 简 介

邹逢兴，国防科技大学教授，享受政府特殊津贴，首届国家级教学名师，全军优秀教师，首届军队院校“育才奖”金奖获得者，军队优质课程和国家精品课程负责人，国家级教学团队带头人。1945年出生于江西峡江，1969年毕业于中国人民解放军军事工程学院（简称“哈军工”），毕业后一直在国防科技大学自动控制系从事电子技术、计算机应用、自动化和故障诊断与可靠性技术等方面的教学与研究工作。先后负责完成国家“863”、自然科学基金、国防科研试验和高等教育质量工程等各类科技、教育研究项目30余项，获全国科学大会奖和国家级、军队级、省部（委）级教学和科研成果一、二、三等奖多项；编著出版教材著作36部，其中国家级、军队级、省部级统编/重点/规划教材、教育部“面向21世纪课程教材”、教育部“教指委”推荐教材20余部，多部获国家级、省级优秀教材奖和国防科技大学优秀教材一等奖；在国内外发表学术论文80余篇。2012年被军队树为新时期教书育人先进楷模，被中央和军队各大媒体广泛宣传报道。

高等学校电子信息类专业系列教材

序

FOREWORD

我国电子信息产业销售收入总规模在2013年已经突破12万亿元，行业收入占工业总体比重已经超过9%。电子信息产业在工业经济中的支撑作用凸显，更加促进了信息化和工业化的高层次深度融合。随着移动互联网、云计算、物联网、大数据和石墨烯等新兴产业的爆发式增长，电子信息产业的发展呈现了新的特点，电子信息产业的人才培养面临着新的挑战。

(1) 随着控制、通信、人机交互和网络互联等新兴电子信息技术的不断发展，传统工业设备融合了大量最新的电子信息技术，它们一起构成了庞大而复杂的系统，派生出大量新兴的电子信息技术应用需求。这些“系统级”的应用需求，迫切要求具有系统级设计能力的电子信息技术人才。

(2) 电子信息系统设备的功能越来越复杂，系统的集成度越来越高。因此，要求未来的设计者应该具备更扎实的理论基础知识和更宽广的专业视野。未来电子信息系统的设计越来越要求软件和硬件的协同规划、协同设计和协同调试。

(3) 新兴电子信息技术的发展依赖于半导体产业的不断推动，半导体厂商为设计者提供了越来越丰富的生态资源，系统集成厂商的全方位配合又加速了这种生态资源的进一步完善。半导体厂商和系统集成厂商所建立的这种生态系统，为未来的设计者提供了更加便捷却又必须依赖的设计资源。

教育部2012年颁布了新版《高等学校本科专业目录》，将电子信息类专业进行了整合，为各高校建立系统化的人才培养体系，培养具有扎实理论基础和宽广专业技能的、兼顾“基础”和“系统”的高层次电子信息人才给出了指引。

传统的电子信息学科专业课程体系呈现“自底向上”的特点，这种课程体系偏重对底层元器件的分析与设计，较少涉及系统级的集成与设计。近年来，国内很多高校对电子信息类专业课程体系进行了大力度的改革，这些改革顺应时代潮流，从系统集成的角度，更加科学合理地构建了课程体系。

为了进一步提高普通高校电子信息类专业教育与教学质量，贯彻落实《国家中长期教育改革和发展规划纲要(2010—2020年)》和《教育部关于全面提高高等教育质量若干意见》(教高【2012】4号)的精神，教育部高等学校电子信息类专业教学指导委员会开展了“高等学校电子信息类专业课程体系”的立项研究工作，并于2014年5月启动了《高等学校电子信息类专业系列教材》(教育部高等学校电子信息类专业教学指导委员会规划教材)的建设工作。其目的是为推进高等教育内涵式发展，提高教学水平，满足高等学校对电子信息类专业人才培养、教学改革与课程改革的需要。

本系列教材定位于高等学校电子信息类专业的专业课程，适用于电子信息类的电子信息工程、电子科学与技术、通信工程、微电子科学与工程、光电信息科学与工程、信息工程及其相近专业。经过编审委员会与众多高校多次沟通，初步拟定分批次(2014—2017 年)建设约 100 门课程教材。本系列教材将力求在保证基础的前提下，突出技术的先进性和科学的前沿性，体现创新教学和工程实践教学；将重视系统集成思想在教学中的体现，鼓励推陈出新，采用“自顶向下”的方法编写教材；将注重反映优秀的教学改革成果，推广优秀的教学经验与理念。

为了保证本系列教材的科学性、系统性及编写质量，本系列教材设立顾问委员会及编审委员会。顾问委员会由教指委高级顾问、特约高级顾问和国家级教学名师担任，编审委员会由教育部高等学校电子信息类专业教学指导委员会委员和一线教学名师组成。同时，清华大学出版社为本系列教材配置优秀的编辑团队，力求高水准出版。本系列教材的建设，不仅有众多高校教师参与，也有大量知名的电子信息类企业支持。在此，谨向参与本系列教材策划、组织、编写与出版的广大教师、企业代表及出版人员致以诚挚的感谢，并殷切希望本系列教材在我国高等学校电子信息类专业人才培养与课程体系建设中发挥切实的作用。

吕志伟 教授

第2版前言

PREFACE

本书第1版出版至今已近8年了，按计算机硬件技术（实际上是集成半导体技术或微电子技术）发展的摩尔定律，期间微型计算机技术发生了翻天覆地的变化，其采用的微处理器早已从单核变成了多核，性能提高了十余倍。其实这种变化主要表现在微处理器及其接口芯片的集成度大大提高，使微型计算机的物理结构大大简化。与当年的微机产品相比，目前所用的芯片明显减少，组装明显简单，体积明显减小，重量明显减轻，价格明显降低，性能却明显增强。但从微型计算机的逻辑结构、工作原理及其接口技术的角度看，基本上没变化，因此这次再版，对原书的内容取舍及其大的组织结构基本保持不变，使原书的主要特点依然得到保留。

本版的修订主要表现在以下三方面：

(1) 将原来的第1章"微型计算机系统基本组成原理"、第2章"微处理器和指令系统"、第3章"汇编语言及编程"的内容进行了整合重组，变成了现在的第1章"微型计算机系统的基本组成"和第2章"微型计算机系统基本工作原理"。现在的第1章，一方面从结构上明显表明了计算机系统是由硬件和软件两大部分组成的，另一方面在硬件组成部分中增加了"微型计算机系统硬件组成基础"一节，即数字逻辑电路的核心内容，这不仅满足了目前不少学校、不少专业因学时数紧张，而不开数字电子技术这门课、只开微机原理与接口技术课程的教学需要，而且也使讲解硬件组成原理变得更顺理成章。现在的第2章，则从指令执行、程序执行的角度去讲解计算机基本工作原理，并将计算机赖以工作的程序开发设计方法技术，包括应用系统设计中用得较多的汇编语言和C语言的程序设计基础，放到这章去讲，至于两种语言程序设计的细节内容则最大限度地进行了压缩。

(2) 本版虽然从利于帮助学生学习理解计算机基本组成及工作原理出发，仍像第1版一样以Pentium/PC为主要背景机来讲述各部分内容，但考虑到本书所述各种原理、方法、技术不仅适用于PC机，也适用于单片机、DSP、ARM等任何一种其他类型微处理器为核心的微型计算机，所以在第3章介绍微处理器时，对目前在计算机应用领域特别是测控应用领域使用较广泛的80x86/Pentium微处理器、MCS-51微控制器和ARM嵌入式处理器都做了一定介绍，期望读者在学了后续各章节内容后能够举一反三、灵活应用于其中任何一种微机的应用系统开发设计中。与此对应，对依赖于某种特殊机型的汇编语言程序设计的介绍则大大淡化了、精简了，而同时增加了对通用性强、与针对硬件编程的汇编语言程序又最接近的C语言程序设计的简单介绍，并在多数例题的软件设计部分都尽可能给出了汇编和C两种语言的例程。

(3) 本版适当融入了计算思维的思想。计算思维是计算机教育领域近年来出现并引起热议的一个新概念。笔者认为，所谓计算思维，其核心无非是应用基于计算机的计算技术思考、分析、解决实际问题的思维或思路。对于本书对应的课程来说，就是应用计算机硬件为主技术，从硬件软件结合上思考、分析、解决实际问题的思维或思路。相比于第1版，第2版在讲述各大知识单元知识点的应用特别是举例说明时，更注重了这种思维能力的培养，尽量改换切入方式和讲述重心，力求讲清用它们分析解决实际问题的思路。这点在第7章介绍各种典型可编程接口芯片时体现得最为明显，在讲完每种可编程接口芯片的基本内容后，都另加了一节讲其应用思维，并在章后增加了有关多接口芯片的综合应用思维内容。

经修订后全书仍由10章组成。第1～10章的内容依次为：微型计算机系统的基本组成；微型计算机系统基本工作原理；微处理器；总线和总线技术；存储器；I/O接口；典型可编程接口芯片及应用；常用交互设备及接口；模拟I/O器件及接口；多媒体设备及接口。

参与本书修订的人员，除原来三位编者外，增加了史美萍。史美萍主要负责第1章的修订，陈立刚主要负责第2～6和第9章的修订，李春主要负责第7、8、10章的修订。邹逢兴作为主编，负责全书修订思想及详细编写目录的制定和讨论，并对全部书稿作审读修改和最终统稿。

修订的初衷是越改越好，能够更好地处理与时俱进和保持原有特色、教学规律和潮流技术、基础性和先进性、培训开发设计能力和培养分析思维能力等关系，但是否如愿，则有待实践检验。至于错误和不妥之处，恐怕依然难免，恳请尊敬的读者、专家一如既往地不吝指教！

邹逢兴

2015年6月于国防科技大学

第1版前言

PREFACE

本书最初是以“九五”期间本人编著的国家教委工科计算机基础课程统编示范性教材《计算机硬件技术基础》为基础，依据教育部高等学校非计算机专业计算机基础课程“教指委”“十五”期间发布的“白皮书”中关于计算机硬件技术基础的“较高要求”，作为清华大学出版社“新坐标高等理工教材和教学资源体系创新与服务计划”的项目之一而编写的。正当即将付梓出版时，以本书稿做成的讲义，申报“十一五”国家级规划教材获得评审通过，于是我们又对其进行了再次修改。

本书编写的主要指导思想之一，是更好地处理先进性和教学适用性的关系，既尽量反映国内外计算机系统及其接口技术发展的最新水平与趋势，又重视遵循教学规律，更好地体现“基础性、系统性、实用性和先进性”的统一。主要指导思想之二，是努力体现素质教育与创新教育的思想，注重理论与实践的结合，原理、技术与应用的结合，硬件与软件的结合，将大量科研经验和应用实例融会于基础知识说明中，以更好地支持案例教学，培养和开发学生的创新思维和分析解决实际问题的能力。主要指导思想之三，是紧紧抓住非计算机专业人员学习计算机是为了应用这一特点，坚持“淡内强外”的原则，即无论对微型计算机还是各种外围芯片、外部设备，都应适当淡化内部原理，而强化外部接口及应用，着重介绍外设、外围芯片与 CPU 的连接方法，以及如何根据应用需要选择可编程接口芯片的工作方式和编写接口驱动程序。总之，在编写中认真体现了我们在多年教学改革和教学实践中形成的“围绕一条主线（以微型计算机系统及其各大组成部分的硬件结构及工作原理为主线），突出两个结合（硬件与软件结合，理论与实践结合），狠抓三个基本（基本概念，基本原理，基本技能），坚持淡内强外（淡化内部原理，而强化外部接口及应用），锐意改革创新，注重教学实效”的本课程教学理念。

本书以目前流行的 Pentium 系列 PC 机为切入点，介绍现代高档微机系统的硬件结构及其蕴涵的先进计算机技术，旨在体现整体内容的先进性和实用性。但是，由于 Pentium 系列 PC 机毕竟是在 8086 PC 机的基础上一步步发展而来的，Pentium 系列处理器与其前辈处理器一样，均内含一种 8086 实地址操作模式而向上保持了与 8086 处理器的兼容性，以此为核心构建的各类 Pentium 系列 PC 机也一如既往地遵循了 PC/AT 机时代形成的 AT 技术标准，因此在介绍计算机各大组成部分原理与接口技术时，实际上仍主要基于 8086 CPU 和 PC/AT 机进行。如指令系统，仍主要讲述整数运算指令，而基本不讲浮点运算指令；可编程接口芯片，仍只讲 8259、8255、8254、8250 等 PC/AT 机中看得见、摸得着的芯片，而不讲将它们甚至更多功能集于一身的更大规模集成芯片。我们认为，这样处理可能更有利于讲清计算机基本工作原理和基本接口方法，使学生更快、更好地掌握计算机及其应用技术精髓，从而更符合非计算机专业计算机教育教学的规律。

本书是在原全国统编教材《计算机硬件技术基础》的基础上改写而成的。邹逢兴任主编,提出了全书编写指导思想和三级目录。全书共分10章,第1章介绍微机系统基本组成原理;第2～6章分别介绍微机四大组成部分——微处理器、存储器、I/O接口和总线,以及指令系统及应用编程;第7章介绍几种典型可编程接口芯片;第8～10章则分别介绍常用外设、模拟器件、多媒体设备及其接口。其中第1、6、9、10章由邹逢兴编写,第2～5章由陈立刚编写,第7、8两章由邹逢兴和李春一起编写,全书由邹逢兴统稿。在编写过程中,得到本单位胡德文、郑志强、李云钢、李杰、徐晓红、李治斌、薛小波、滕秀梅、李红等同事的大力支持和帮助。本书从策划立项到编辑出版,清华大学出版社邹开颜、刘彤两位编辑付出了大量心血。在此,对他们一并表示衷心感谢!

书中错误之处,敬请读者、专家及时指正。

邹逢兴

2007年1月于国防科技大学

目录

CONTENTS

第1章 微型计算机系统的基本组成

CHAPTER 1

1.1 微型计算机系统硬件组成基础

1.1.1 概述

微型计算机和其他类型的计算机一样，硬件上都是由各种功能的逻辑电路以离散数学、逻辑代数为数学工具组合而成的。逻辑电路通常分为两大类：组合逻辑电路（简称组合电路）和时序逻辑电路（简称时序电路）。这两种电路在逻辑功能上和电路结构上存在本质的区别，相应地，在电路逻辑功能的描述方法上也有着很大的差异。

1. 组合逻辑电路及其功能描述方法

在组合逻辑电路中，任意时刻的输出信号仅取决于该时刻的输入信号，与信号作用前电路原来的状态无关，这就是组合逻辑电路在逻辑功能上的共同特点。

图1.1给出了一个多输入、多输出的组合逻辑电路的结构框图。图中，每个输出逻辑变量 y_m 都是 n 个输入逻辑变量 x_1，x_2，…，x_n 的函数，即

$$\begin{cases} y_1 = f_1(x_1, x_2, \cdots, x_n) \\ y_2 = f_2(x_1, x_2, \cdots, x_n) \\ \vdots \\ y_m = f_m(x_1, x_2, \cdots, x_n) \end{cases} \tag{1.1}$$

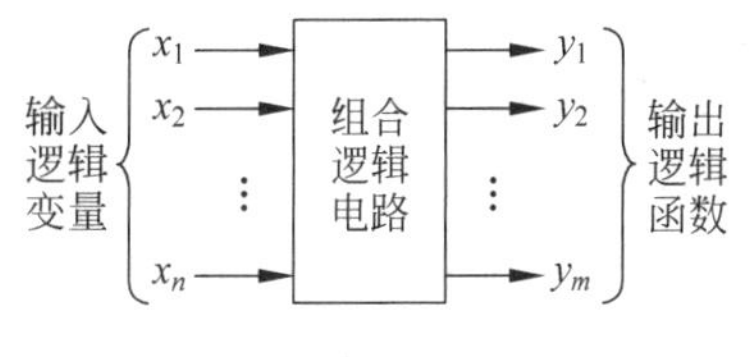

图1.1 组合逻辑电路的结构框图

写成向量函数的形式即为

$$\boldsymbol{Y} = F(\boldsymbol{X})$$

由此可见，对于组合逻辑电路来说，无论任何时刻，只要输入信号 $\boldsymbol{X}(x_1, x_2, \cdots, x_n)$ 的取值确定了，则输出函数 $\boldsymbol{Y}(y_1, y_2, \cdots, y_m)$ 的取值也随之确定，与电路过去的工作状态无关。据此，我们不难归纳出组合逻辑电路在电路结构上的特点如下：

(1) 电路中无记忆元件（如触发器），只包含逻辑门电路；

(2) 没有任何形式的从输出到输入的反馈电路存在。

综上所述，对于任何一个组合逻辑电路，它实际上就是组合逻辑函数的电路实现，所以用来表示逻辑函数的几种方法——文字描述、逻辑表达式、真值表、逻辑图、波形图和卡诺图等，都可以用来表示组合电路的逻辑功能。

2. 时序逻辑电路及其功能描述方法

与组合逻辑电路相比,时序逻辑电路在逻辑功能上的共同特点是,任意时刻的输出信号不仅取决于当时的输入信号,还取决于信号作用前电路原来的状态,或者说,还与电路以前的输入有关。可见,时序电路是具有记忆功能的逻辑电路。

时序电路的结构框图如图 1.2 所示,它有两个特点:

(1) 通常由组合电路和存储电路两部分组成,且存储电路大都为触发器组,用以实现"记忆"功能。需特别强调的是,存储电路是时序逻辑电路不可缺少的部分,换句话说,对于一个时序电路,它可以没有组合电路部分,但绝对不可以没有存储电路部分。

(2) 存储电路的输出状态必须反馈到组合电路的输入端,与输入信号一起决定组合电路的新输出。

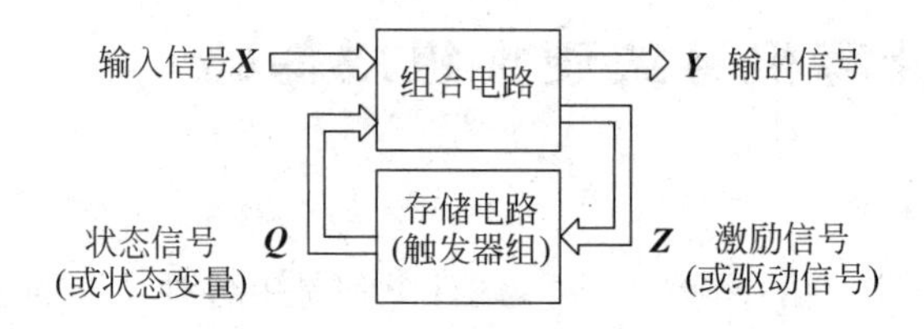

图 1.2 时序逻辑电路的结构框图

时序电路各种信号之间的逻辑关系可用三组方程(或者说三个向量函数)来表示,具体如下:

$$\begin{cases} \boldsymbol{Y}^n = F(\boldsymbol{X}^n, \boldsymbol{Q}^n) & \rightarrow \text{输出方程} \\ \boldsymbol{Z}^n = G(\boldsymbol{X}^n, \boldsymbol{Q}^n) & \rightarrow \text{驱动方程(也称激励方程)} \\ \boldsymbol{Q}^{n+1} = H(\boldsymbol{Z}^n, \boldsymbol{Q}^n) & \rightarrow \text{状态方程(也称次态方程)} \end{cases} \tag{1.2}$$

式中,$\boldsymbol{X}^n$ 和 $\boldsymbol{Y}^n$ 分别表示 t_n 时刻电路的外部输入信号和外部输出信号,$\boldsymbol{Z}^n$ 表示 t_n 时刻由组合电路内部输出给存储电路的激励信号,$\boldsymbol{Q}^n$ 和 $\boldsymbol{Q}^{n+1}$ 分别表示 t_n 时刻存储电路的当前状态(即现态)和经过一个 CP 脉冲作用后的下一个状态(即次态)。这种用输入信号和状态变量的逻辑函数来描述时序电路逻辑功能的方法叫做时序机。

在时序电路中,由于存储电路中触发器的动作特点不同,实现起来就有同步时序电路和异步时序电路之分。在同步时序电路中,所有触发器状态的变化都是在同一时钟信号的控制下同时发生的;而在异步时序电路中,各触发器状态的变化不是同时发生的,所以统一CP 可有可无。

此外,就电路有无输入信号而言,时序电路又可分为 Mealy 型和 Moore 型两种。在 Mealy 型电路中,有输入信号,所以输出同时取决于存储电路状态和输入。而在 Moore 型电路中,无输入信号,所以输出只是现态的函数。显然,Moore 型是 Mealy 型的特例。

与组合电路类似,时序电路的逻辑功能也可以用各种不同的方法来描述,方程组(1.2)中所包含的输出方程、驱动方程和状态方程即是描述时序逻辑电路的几种逻辑函数表达式方法。从理论上讲,只要有了这几种方程,时序电路的逻辑功能也就已经描述清楚了。然而,在实际中我们发现,单从这一组方程式中很难获得电路逻辑功能的完整印象,这主要是由于电路每一时刻的状态都和电路的历史情况有关的缘故。由此不难想到,如果把电路在一系列时钟信号作用下状态转换的全部过程表示出来,则电路的逻辑功能便一目了然了。而能用于描述时序电路状态转换全部过程的方法有状态转换表(也称状态转换真值表或次态真值表)、状态转换图、驱动表(也称激励表)和时序图等几种。无论哪种方法,既然都能描述同一时序电路的逻辑功能,则不难想见,它们之间是可以互相转换的。

1.1.2 基本逻辑单元电路

随着电子技术与电子设计技术的快速发展,目前一个数字系统乃至一个数字 IC(integrated circuits,集成电路)芯片中集成的电路越来越复杂,功能越来越强大,因而分析起来也就越来越困难。但实质上,电路再复杂、功能再强大的数字系统或 IC 芯片,究其内部电路原理,归根到底都是由逻辑门、触发器和脉冲波形产生与整形电路三类基本逻辑单元构建而成的。逻辑门和脉冲波形产生与整形电路是构成任何数字电路所必要的,触发器则是构成时序逻辑电路所必要的。

1. 组合逻辑基本单元——逻辑门

1)常用逻辑门

用以实现基本逻辑关系的电子电路统称为逻辑门电路。常用的逻辑门电路在逻辑功能上有与门、或门、非门、与非门、或非门、与或非门、异或门等。为便于比较和应用,表 1.1 列出了三种基本逻辑门和五种常用复合门的逻辑功能及其表示方法。注意,表 1.1 中的所有“与”和“或”都是相对于逻辑 1 而言的(1 有效,0 无效)。若从逻辑 0 的角度看(0 有效,1 无效),则“与”、“或”关系正好相反,即“与”变成“或”,“或”变成“与”,“与非”变成“或非”,“或非”变成“与非”,这就是所谓的“与”、“或”逻辑的相对性。

表 1.1 三种基本逻辑门和五种常用复合门

逻辑门	逻辑表达式	逻辑符号	真值表 A B	真值表 Y	逻辑功能
与门	$Y=A\cdot B$	A B & Y	A B 0 0 0 1 1 0 1 1	Y 0 0 0 1	全 1 出 1,有 0 出 0
或门	$Y=A+B$	A B ≥1 Y	A B 0 0 0 1 1 0 1 1	Y 0 1 1 1	有 1 出 1,全 0 出 0
非门	$Y=\overline{A}$	A 1 Y	A 0 1	Y 1 0	入 1 出 0,入 0 出 1
与非门	$Y=\overline{A\cdot B}$	A B & Y	A B 0 0 0 1 1 0 1 1	Y 1 1 1 0	全 1 出 0,有 0 出 1

续表

逻辑门	逻辑表达式	逻辑符号	真值表		逻辑功能
			A B	Y	
或非门	$Y=\overline{A+B}$	A, B → ≥1 → Y	0 0 0 1 1 0 1 1	1 0 0 0	有1出0,全0出1
			A B C D	Y	
与或非门	$Y=\overline{AB+CD}$	A, B, C, D → & ≥1 → Y	0 0 0 0 0 0 0 1 0 0 1 0 0 0 1 1 0 1 0 0 0 1 0 1 0 1 1 0 0 1 1 1 1 0 0 0 1 0 0 1 1 0 1 0 1 0 1 1 1 1 0 0 1 1 0 1 1 1 1 0 1 1 1 1	1 1 1 0 1 1 1 0 1 1 1 0 0 0 0 0	有一组全1出0,每组有0出1
			A B	Y	
同或门	$Y=A\cdot B$	A, B → = → Y	0 0 0 1 1 0 1 1	1 0 0 1	相同出1,不同出0
			A B	Y	
异或门	$Y=A\oplus B$	A, B → =1 → Y	0 0 0 1 1 0 1 1	0 1 1 0	相同出0,不同出1

需要说明的是,实际中,对于与门、或门、非门、与非门以及或非门等各种功能的逻辑门,一般都是将多个门电路封装在一个芯片上,构成集成电路来使用。只要集成在一个芯片上的逻辑门的个数不超过 12,这种芯片就属于小规模集成电路(small scale integrated circuits,SSIC)。例如,目前常用的集成门电路芯片 SN7408 为四 2 输入与门芯片,内含四个 2 输入端与门;SN7400 为四 2 输入与非门芯片,内含四个 2 输入端与非门;SN7432 为四 2 输入或门芯片,内含四个 2 输入端或门;SN7402 为四 2 输入或非门芯片,内含四个 2 输入端或非门;SN7404 为内含六个非门的反相器芯片。当然,也有内含多个 2 输入端以上的与门、或门、与非门、或非门的芯片,如三 3 输入与门 SN7411、二 4 输入与门 SN7421 等。

使用门电路芯片时，要特别注意其引脚配置及排列情况，分清每个门的输入端、输出端和电源端、接地端所对应的引脚。这些信息以及芯片中门电路的性能参数，都可以在有关产品的数据手册中查到，因此使用时要养成查数据手册的习惯。如输出高电平 V_{OH}、输出低电平 V_{OL}、关门电平 V_{OFF}(最大输入低电平)、开门电平 V_{ON}(最小输入低电平)、门槛电平 V_T、输入低电平噪声容限 V_{NL}、输入高电平噪声容限 V_{NH}、输入短路电流 I_{IS}(或输入低电平电流 I_{IL})、输入漏电流 I_{IH}(输入高电平电流)、开门电阻 R_{ON}、关门电阻 R_{OFF}、最大输出高电平电流 $I_{OH(max)}$、最大输出低电平电流 $I_{OL(max)}$、扇入系数 N_I、扇出系数 N_O、空载导通电流 I_{ON}、空载截止电流 I_{OFF}，以及平均传输延迟时间 t_{PD}、交流噪声容限和电源的动态尖峰电流等，这些都是用以表征门电路外部特性(指通过集成电路芯片引脚反映出来的特性，包括电压传输特性、输入特性、输入端负载特性、输出特性和动态特性)好坏的主要参数，只有正确理解并掌握了这些外特性参数，在实际应用中才知道如何选用器件，以及如何把具体的器件与实际系统的技术要求联系起来。

2) 集电极开路门电路(OC 门)

在实际应用中，往往需要将多个门的输出端并联以实现“与”逻辑，这种功能通常称为“线与”。但典型 TTL 门电路都有一个禁忌：不允许把多个门的输出端并联使用，否则将会使器件损坏。解决这一问题的方法就是把典型 TTL 门的输出极改为集电极开路的三极管结构，做成集电极开路的门电路，简称 OC 门(open collector gate)。各种逻辑功能的门电路都可做成 OC 门结构。图 1.3 给出了集电极开路与非门的逻辑符号。图中菱形标志“◇”即表示集电极开路之意。

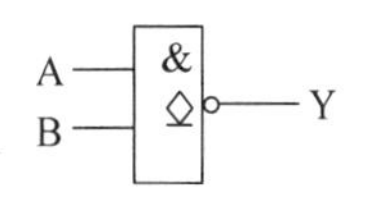

图 1.3　集电极开路与非门的逻辑符号

需特别注意的是，OC 门在实际使用时必须在输出端通过外接负载电阻 R_L 接至 V_{CC} 或其他电源，如图 1.4 所示。外接负载电阻 R_L 的阻值可参考有关文献计算选取，此处不再详述。

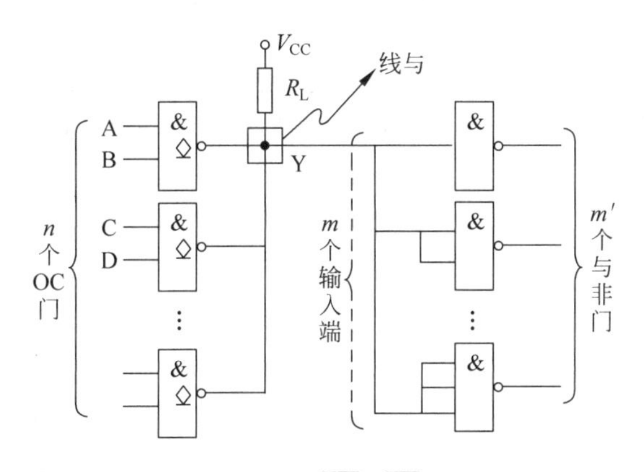

图 1.4　$Y=\overline{AB}\cdot\overline{CD}\cdot\cdots$

3) 三态输出门电路(TS 门)

利用 OC 门虽然可以实现线与的功能，但外接电阻 R_L 的选择要受到一定的限制而不能取得太小，因此影响了工作速度和带负载能力。为了既保持推拉式输出级的优点，又能作线与连接，人们在普通门电路的基础上通过增加控制输入端和控制电路，形成了一种三态输出门电路，它的输出除了具有一般 TTL 门电路的两种状态，即输出电阻较小的高、低电平状态外,还具有高输出电阻的第三状态,称为高阻态,又称为禁止态。三态输出门电路常被简称为三态门(three state gate,TS 门)。三态门同样可以有与门、或门、与非门、或非门等。图 1.5 给出了三态与非门的逻辑符号,其对应的真值表如表 1.2 所示。

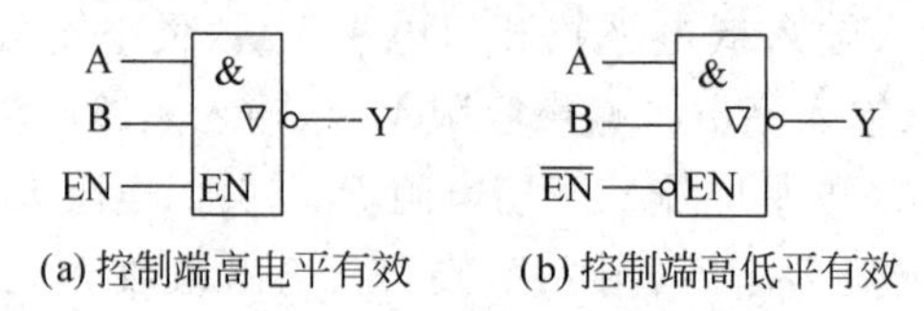

图 1.5 三态与非门的逻辑符号

表 1.2 三态与非门的真值表

控制端高电平有效				控制端低电平有效			
EN	A	B	Y	$\overline{EN}$	A	B	Y
1	0	0	1	0	0	0	1
	0	1	1		0	1	1
	1	0	1		1	0	1
	1	1	0		1	1	0
0	×	×	高阻 Z	1	×	×	高阻 Z

由表 1.2 可知,当三态与非门的控制端有效时(EN=1 表示高电平有效;$\overline{EN}$=0 表示低电平有效),电路为正常的与非工作状态;当控制端无效时(EN=0 表示高电平无效;$\overline{EN}$=1 表示低电平无效),电路为高阻态。

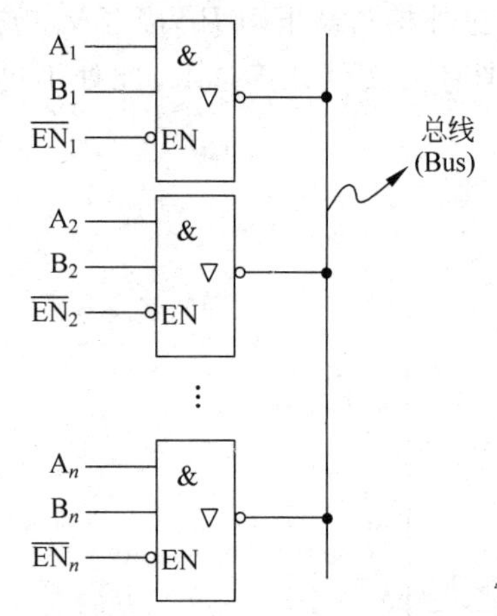

图 1.6 用三态输出门接成总线结构

三态门的主要用途如下:

(1) 接成总线结构。三态门最重要的一个用途就是可以实现一根导线分时传输若干个不同的数据或信号,如图 1.6 所示。图中,共用的那根导线称为总线(bus)。只要让各个门的控制端$\overline{EN}_i$轮流定时地处于有效状态电平,即某一时刻只能有一个三态门处于工作状态,而其余的三态门处于高阻状态,则总线就可轮流传送各三态门的输出信号。计算机系统中的数据传输,基本上都采用这种总线结构。

(2) 三态输出门还经常做成单输入、单输出的总线驱动器,并且输入与输出有同相和反相两种类型。例如,目前常用的集成电路芯片 SN74125/SN74126 就是具有三态输出的四线总线驱动器,内含四个同样的单输入-单输出三态缓冲器,可用于隔离或增加电流以提供更大的扇出,这种信号调节允许无须外加上拉电阻即可驱动更大的负载总线。图 1.7 和图 1.8 分别给出了 SN74125 及 SN74126 的内部结构图和逻辑符号,其对应的真值表如表 1.3 所示。由表可知,四线总线驱动器 SN74125 和 SN74126 的唯一区别就是输出使能控制端的有效电平不同,其中 SN74125 为低电平有效,而 SN74126 为高电平有效。

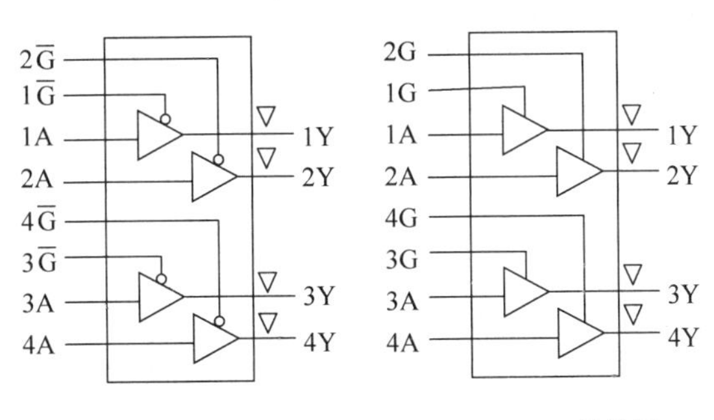

(a) SN74125结构图 (b) SN74126结构图

图 1.7 具有三态输出的四线总线缓冲器结构图

表 1.3 SN74125/ SN74126 的真值表

SN74125			SN74126		
$\overline{G}$	A	Y	G	A	Y
0	0	0	1	0	0
0	1	1	1	1	1
1	×	高阻 Z	0	×	高阻 Z

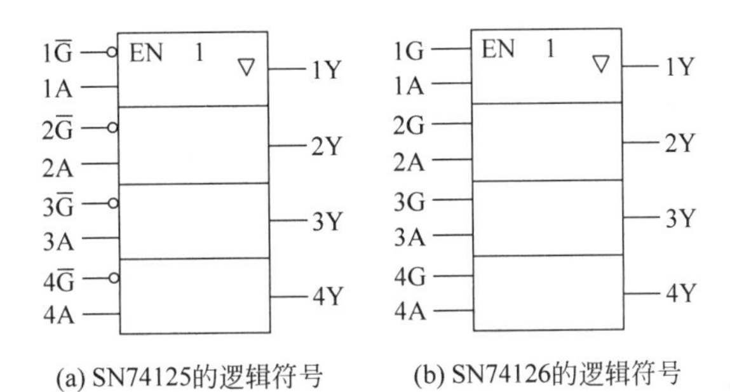

(a) SN74125的逻辑符号 (b) SN74126的逻辑符号

图 1.8 具有三态输出的四线总线缓冲器的逻辑符号

(3) 利用三态门电路还能实现数据的双向传输。在图 1.9 所示电路中，当 EN=1 时，门 G_1 工作而门 G_2 为高阻态，数据 D_O 经 G_1 反相后送到总线上去；而当 EN=0 时，门 G_2 工作而门 G_1 为高阻态，来自总线的数据经 G_2 反相后由$\overline{D}_I$ 送出。

目前，常用的集成电路芯片 SN74245 就是一个具有三态输出的八线总线收发器，其逻辑符号和真值表分别如图 1.10 和表 1.4 所示。图及表中，输入端 $\overline{G}$ 为器件使能信号，当 $\overline{G}$=1(无效)时，所有输出均为高阻状态；当 $\overline{G}$=0(有效)时，收发器处于工作状态，此时由方向输入端 DIR 控制收发器的数据传输方向，若 DIR=0，则允许数据由 B 向 A 传送，而若 DIR=1，则允许数据由 A 向 B 传送。

表 1.4 SN74245 的真值表

$\overline{G}$	DIR	功能描述
0	0	数据 B→总线 A
0	1	数据 A→总线 B
1	×	高阻 Z

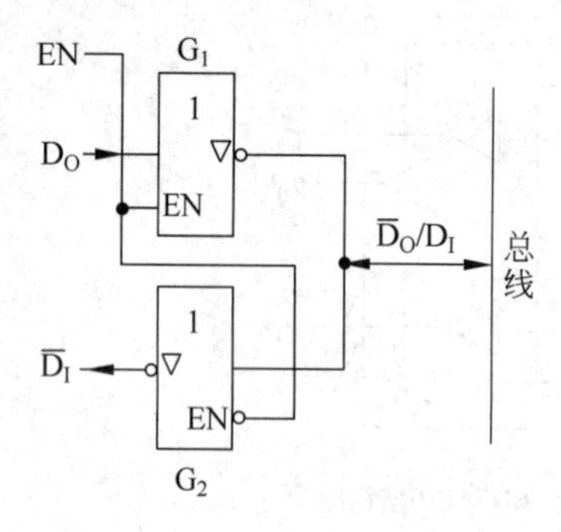

图 1.9 用三态输出门实现数据的双向传输

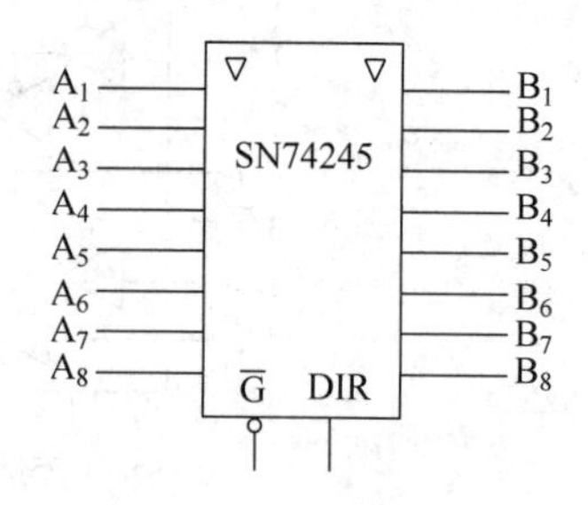

图 1.10 总线收发器 SN74245 的逻辑符号

2. 时序逻辑基本单元——触发器

触发器是构成各种时序逻辑电路的基础,它和逻辑门一样,是数字系统中的基本逻辑单元电路,它与逻辑门的主要区别是具有记忆功能,可以存储 1 位二值信号(0 或 1)。

触发器的逻辑符号如图 1.11 所示。它有两个互补的输出端 Q 和 $\overline{Q}$(正常工作时,Q 和 $\overline{Q}$ 的状态总是相反的),还有 1～2 个输入端,有时也称为激励端或控制端。

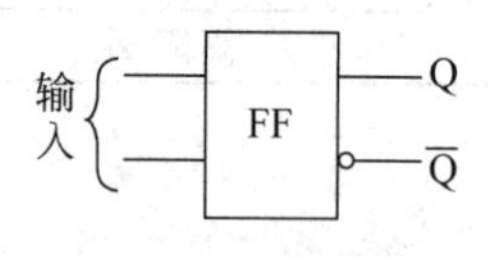

图 1.11 触发器的逻辑符号

为了能记忆 1 位二值信号,触发器必须具备以下三个基本特点:

(1) 具有两个稳定的状态,即"0"态和"1"态,可用于表示二进制数的 0 和 1。所以,触发器也叫双稳态触发器,有时简称为"双稳"。通常用 Q 端的逻辑电平来表示触发器所处的状态,即当 $Q=0(\overline{Q}=1)$时,称触发器处于"0"态;当 $Q=1(\overline{Q}=0)$时,称触发器处于"1"态。

(2) 具有触发翻转的特性。即两个稳态在外加输入信号的作用(触发)下可以相互转化。为叙述方便,一般把触发器原来的状态称为原态,用 Q^n 表示,而把改变后的状态称为次态,用 Q^{n+1}表示。

(3) 利用不同的输入信号可将触发器置成任一个稳态,并在输入信号撤销后能保持该稳态不变,即有"自行保持"或"记忆"功能。1 级触发器可以记忆 1 位二进制信息,N 级触发器可以记忆 N 位二进制信息。

通常,触发器有各种各样的分类方法。若按电路结构分,有基本 RS 触发器、同步 RS 触发器、主从触发器和边沿触发器等几种类型。其中,边沿触发器又可分为维持阻塞型、利用 CMOS 传输门的边沿触发型以及利用传输延迟时间的边沿触发型等几种。不同的电路结构,决定了触发器具有不同的触发翻转方式,即触发器在状态变化过程中具有不同的动作特点。只有了解了这些不同的动作特点,才能正确地使用这些触发器。

若按触发器的逻辑功能分,又有 RS 触发器、D 触发器、JK 触发器、T 触发器和 T′触发器等几种类型。不同功能的触发器,输入方式及其状态随输入信号变化的规律有所不同。触发器的逻辑功能可以用特性表、特性方程或状态转换图等来描述。

触发器的电路结构和逻辑功能是两个不同的概念,前者是实现后者的具体电路结构形式,两者之间没有必然的联系。实际上,同一种逻辑功能的触发器,可以用不同的电路结构来实现。反过来说,用同一种电路结构形式,也可以构成不同逻辑功能的触发器。例如,JK

触发器有主从结构的，也有边沿触发结构的。而主从结构触发器和边沿触发器，既可组成JK型触发器，也可组成RS、D、T、T′等类型的触发器。

对于任何一个具体的触发器，既要了解它的功能，也要了解它的结构。了解结构的目的是为了把握其动作特点，即触发翻转方式：基本RS触发器属于异步电平触发(所谓异步，就是指触发器的触发翻转只取决于输入信号状态，而不受时钟脉冲的控制)，它可以是高电平有效，也可以是低电平有效；同步RS触发器和主从触发器属于同步脉冲触发(所谓同步，就是指触发器的触发翻转不仅取决于输入信号状态，同时还受到时钟脉冲的控制)，它可以是正脉冲触发，也可以是负脉冲触发；边沿触发器是同步脉冲边沿触发，可以是正跳沿(上升沿)触发，也可以是负跳沿(下降沿)触发。了解功能的目的是为了掌握触发器的输出与输入信号之间的逻辑关系。可见，只有对逻辑功能和电路结构这两方面都了解了，才能正确地使用触发器，并在应用中进行正确的分析和设计。

由于受篇幅限制，本书将从基本RS触发器出发，重点介绍计算机系统中最常见的几种触发器。

1) 基本RS触发器

基本RS触发器又叫异步RS触发器，它是所有触发器中最简单的一种，同时也是其他各种触发器的基本组成部分。图1.12和表1.5分别给出了基本RS触发器的逻辑符号和真值表。图及表中，Q和$\overline{Q}$为两个互补的输出端，$\overline{S_D}$和$\overline{R_D}$分别为异步置1输入端和异步置0输入端，低电平有效(信号名称上有“非号”即表示低电平有效，相应地在逻辑符号上用小圆圈标记)。

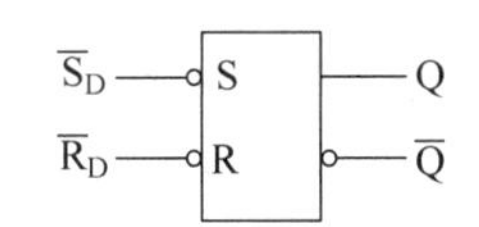

图1.12　基本RS触发器的逻辑符号

表1.5　基本RS触发器的真值表

$\overline{S_D}$	$\overline{R_D}$	Q^{n+1}	功能说明
0	0	×	约束条件，实际中不允许出现
0	1	1	置1
1	0	0	置0
1	1	Q^n	保持原态不变

由表1.5可知，基本RS触发器的输入信号$\overline{S_D}$和$\overline{R_D}$在全部作用时间内都能直接改变输出端Q和$\overline{Q}$的状态，即能直接置“1”或直接置“0”——这就是基本RS触发器的动作特点。正因为这种动作特点，$\overline{S_D}$、$\overline{R_D}$通常被称为直接置位端和直接复位端(下标“D”表示输入信号直接控制触发器的输出)，基本RS触发器也相应地被称为直接置位、复位触发器。

2) 时钟RS触发器

凡在时钟信号作用下具有表1.6所示真值表所规定逻辑功能的触发器，都叫做时钟RS触发器。

通常，对于任何一种逻辑功能的触发器，都可以用不同的电路结构来实现。图1.13(a)～(c)所示分别为同步型、主从型和维持阻塞型三种不同电路结构的RS触发器逻辑符号。不同的电路结构使它们的触发翻转方式也不同。

表 1.6 RS 触发器的真值表

S	R	Q^{n+1}	功能说明
0	0	Q^n	保持
0	1	0	置 0
1	0	1	置 1
1	1	×	约束条件

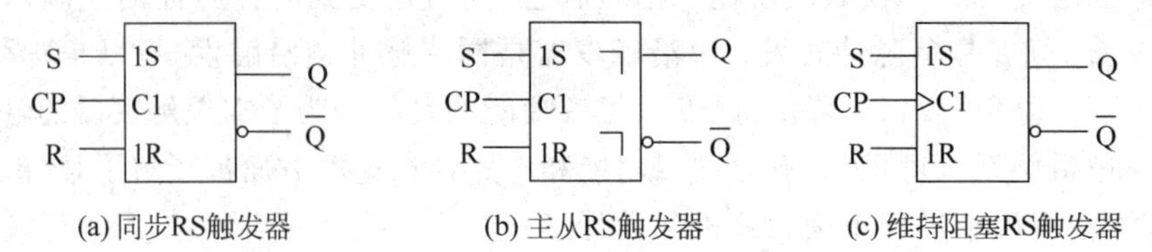

图 1.13 RS 触发器的逻辑符号

需特别说明的是，对于图 1.13(b)所示的主从 RS 触发器，尽管它在 CP 上升沿触发，但输出端的延迟输出符号“˥”表明，其触发后的新状态要等到 CP 下降沿时才出现。这种触发器在 CP=1 期间，其 R 和 S 应保持不变。当时钟脉冲的下降沿到来时，触发器的状态将由该脉冲上升沿到来时的 R、S 值决定。

3) JK 触发器

RS 触发器在使用时有一个限制条件，即不允许 S=R=1，这就给使用带来诸多不便。为此，人们通过科学实践，摸索出了多种改进型功能触发器，JK 触发器就是其中一种。

表 1.7 给出了 JK 触发器的真值表。由表可知，JK 触发器的 J、K 取值不再受任何约束，使之具有在 CP 作用下保持、置 0、置 1 和翻转等 4 种功能，这就从根本上克服了 RS 触发器对输入信号的限制。正是这个重要区别，使 JK 触发器的逻辑功能更完善，用途更广泛，成为一种极重要的功能触发器。

表 1.7 JK 触发器的真值表

J	K	Q^{n+1}	功 能 说 明
0	0	Q^n	保持
0	1	0	置 0
1	0	1	置 1
1	1	$\overline{Q^n}$	翻转

与 RS 触发器一样，JK 触发器也可以通过各种不同的电路结构来实现。图 1.14 给出了具有不同电路结构的 JK 触发器的逻辑符号。

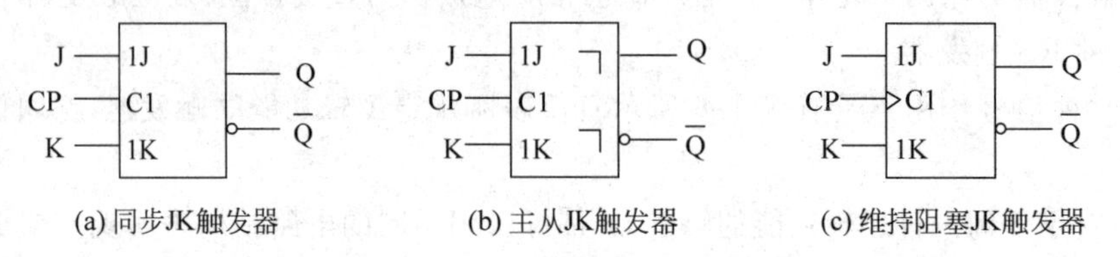

图 1.14 JK 触发器的逻辑符号

4）D 触发器

D 触发器是只有一个数据输入端的功能触发器，其逻辑符号和真值表分别如图 1.15 和表 1.8 所示。

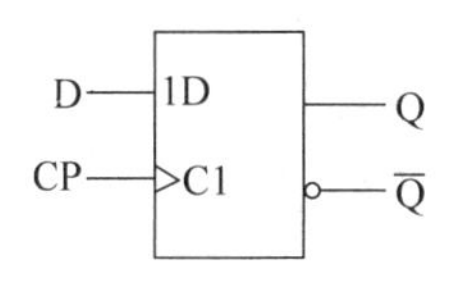

图 1.15 D 触发器的逻辑符号

表 1.8 D 触发器的真值表

D	Q^{n+1}
0	0
1	1

由于 D 触发器只有一个数据输入端 D，使用起来要比 RS 触发器和 JK 触发器更方便。另外，D 触发器绝大部分都是采用维持阻塞结构，使它的触发翻转只发生在 CP 的上升沿，其前其后 D 信号的变化对触发器的状态都没有影响，这就增加了 D 触发器工作的稳定可靠性。为此，D 触发器在实际数字工程中应用最为广泛。

5）T 与 T′触发器

在设计计数器时，常常会用到一种功能独特的触发器，其逻辑功能可概括为：当控制信号 T=1 时，每来一个 CP 信号触发器的状态就翻转一次；而当 T=0 时，CP 信号到达后触发器的状态将保持不变。通常把具有这种逻辑功能的触发器叫做 T 触发器。其逻辑符号和真值表分别如图 1.16 和表 1.9 所示。

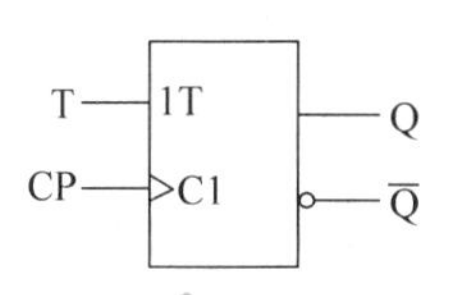

图 1.16 T 触发器的逻辑符号

表 1.9 T 触发器的真值表

T	Q^{n+1}
0	Q^n
1	$\overline{Q^n}$

由表 1.9 可知，当 T 触发器的控制端 T 恒等于 1 时，其特性方程将变为 $Q^{n+1}=\overline{Q^n}$，即每来一个 CP 脉冲，触发器的状态就翻转一次。通常把具有这种逻辑功能的触发器叫做 T′触发器。由于 T′触发器的 T 是取自英文单词 Toggle(翻转、反复)的第一个字母，所以有时也叫翻转触发器或计数触发器。可见，T′触发器只不过是 T 触发器的一个特例。

事实上，由 JK 触发器的真值表可知，只要将 JK 触发器的两输入端连在一起作为 T 端，就可以构成 T 触发器。正因为如此，在通用数字集成电路中并没有 T 和 T′触发器这类器件，一般都是由 JK 触发器或 D 触发器改接而成。

目前，集成触发器主要有主从 JK 触发器、边沿 JK 触发器和维持阻塞 D 触发器等类型。其中，常用的集成 JK 触发器有 7472、74109、74111、74276、74376 和 CD4027 等，具体如表 1.10 所示。常用的集成 D 触发器有 7474、74175、74273、74575 和 CD4013 等，具体如表 1.11 所示。由于不同结构的集成触发器有各自的特点，所以使用者可根据不同应用需要进行选择。

最后，需要补充说明两点：

(1) 对于各种同步触发器，实际中除了同步信号输入端外，一般还增加了 $\overline{S}_D$ 端和 $\overline{R}_D$ 端，用于直接置 1 和置 0，它们不受 CP 控制，属异步输入端。例如，图 1.17 给出了带异步置位、复位端的集成D触发器7474的逻辑符号和该触发器在一系列输入信号作用下的输出波形。

表 1.10 常用的集成 JK 触发器

型号	特　性	CP	输出端	异步置1端	异步置0端
7472	与输入J-K,主从结构	独立	$Q、\overline{Q}$	低电平有效	低电平有效
74109	双重J-K,上升沿触发	独立	$Q、\overline{Q}$	独立、低电平有效	独立、低电平有效
74111	双重J-K,主从结构	独立	$Q、\overline{Q}$	独立、低电平有效	独立、低电平有效
74276	四重J-K,下降沿触发	独立	Q	公共、低电平有效	公共、低电平有效
74376	四重J-K,上升沿触发	公共	Q	无	公共、低电平有效
CD4027	双重J-K,主从结构	独立	$Q、\overline{Q}$	独立、高电平有效	独立、高电平有效

表 1.11 常用的集成 D 触发器

型号	特　性	CP	输出端	异步置1端	异步置0端
7474	2D,上升沿	独立	$Q、\overline{Q}$	独立、低电平有效	独立、低电平有效
74175	4D,上升沿	公共	$Q、\overline{Q}$	无	独立、低电平有效
74273	8D,上升沿	公共	Q	无	独立、低电平有效
74575	8D,上升沿	公共	Q(三态)	无	独立、低电平有效
CD4013	2D,上升沿	独立	$Q、\overline{Q}$	独立、高电平有效	独立、高电平有效

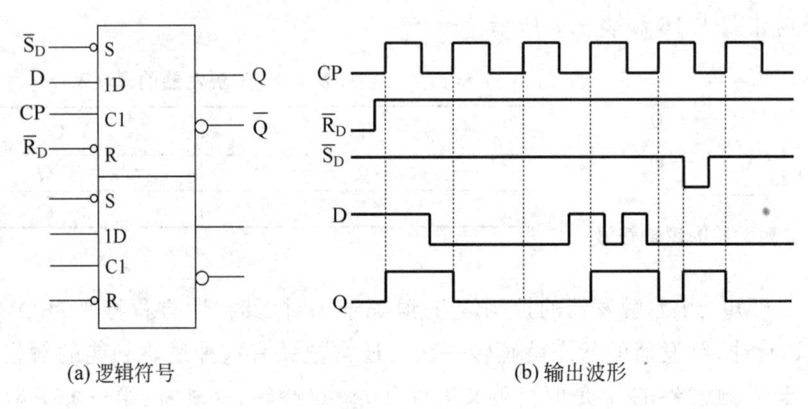

图 1.17 集成 D 触发器 7474 的逻辑符号和输出波形

由图 1.17(b)可知,只要在 $\overline{S}_D$ 或 $\overline{R}_D$ 端加入低电平(不能同时为低电平),此时无论 CP 处于高电平还是低电平,都可以将触发器置"1"或置"0"。

(2) 实际触发器产品中,数据输入端(如J、K、D)有时不止一个,而是有两个或更多个,这时各输入端之间是"与"的逻辑关系。例如,图 1.18 给出了具有多输入端的集成主从 JK 触发器 7472 的逻辑符号。它的 J 和 K 端都有 3 个,且 $J=J_1 \cdot J_2 \cdot J_3$,$K=K_1 \cdot K_2 \cdot K_3$。

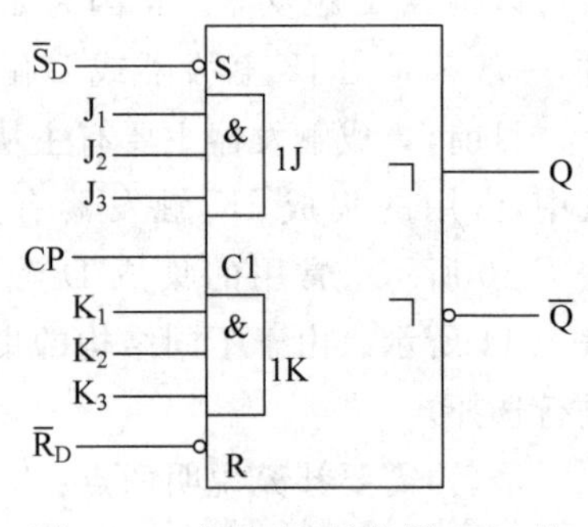

图 1.18 主从 JK 触发器 7472 的逻辑符号

3. 脉冲波形产生与整形电路

计算机系统中的工作信号基本上都是矩形波脉冲信号。

矩形波脉冲信号的获取方法通常有两种:一种是利

用多谐振荡器直接产生；另一种是对已有的周期性信号整形得到。此部分介绍用于脉冲波形的产生、整形和定时的几种基本单元电路，包括多谐振荡器、施密特触发器和单稳态触发器。

1）多谐振荡器

多谐振荡器是一种能自动产生周期性矩形波信号的脉冲电路。其主要特点有：

（1）无稳态，只有两个暂稳态，所以也叫无稳电路。

（2）无须外加触发信号，自己在两个暂稳态之间来回转换，从而产生一定频率和一定脉宽的矩形波信号。

由于它产生的矩形波信号按傅里叶级数可看成是由许多不同频率的正弦波信号叠加而成，即含有丰富的谐波分量，所以称之为多谐振荡器。

由于矩形波脉冲信号常常被用作计算机系统的命令信号或同步时钟信号，作用于系统的各个部分，因此其特性的好坏将直接关系到系统能否正常工作。为了能定量描述矩形波脉冲信号的特性，经常需要用到图 1.19 所示的几个主要参数。

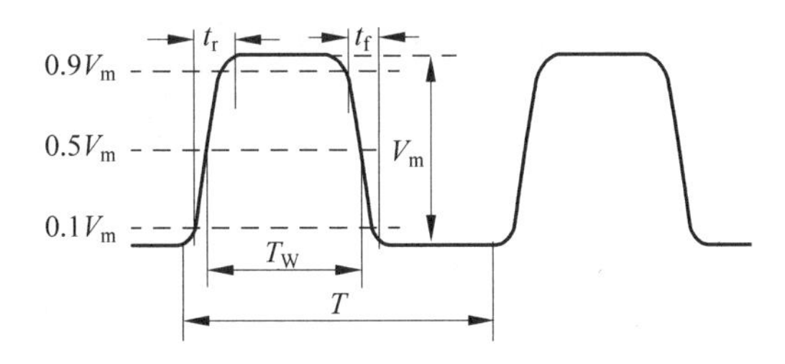

图 1.19　描述矩形波脉冲特性的几个主要参数

脉冲周期 T——周期性重复的脉冲序列中，两个相邻脉冲的时间间隔；

脉冲频率 f——周期性重复的脉冲序列中，单位时间内脉冲重复的次数，$f=\frac{1}{T}$；

脉冲幅度 V_m——脉冲波形中电压幅度变化的最大值；

脉冲宽度 T_W——从脉冲前沿到达 $0.5V_m$ 起，到脉冲后沿到达 $0.5V_m$ 止的时间间隔；

上升时间 t_r——脉冲上升沿从 $0.1V_m$ 上升到 $0.9V_m$ 所需要的时间；

下降时间 t_f——脉冲下降沿从 $0.9V_m$ 下降到 $0.1V_m$ 所需要的时间；

占空比 q——脉冲宽度 T_W 与脉冲周期 T 的比值，即 $q=\frac{T_W}{T}$。

在实际的数字系统中，为了得到频率高度稳定的脉冲波形，普遍采用石英晶体多谐振荡器。所谓石英晶体多谐振荡器，就是指采用了石英晶体元件的多谐振荡器。而石英晶体多谐振荡器之所以具有高稳定度的时钟脉冲，主要是由于石英晶体本身的特性，即每片石英晶体都有一个固有频率或谐振频率 f_0，这个频率的稳定度可高达$10^{-10}\sim10^{-11}$，与外接电阻、电容的参数大小无关；又石英晶体的品质因数 Q 很高，所以选频特性也非常好。这些可从石英晶体的电抗频率特性（如图 1.20 所示）看出，当外加电压的频率

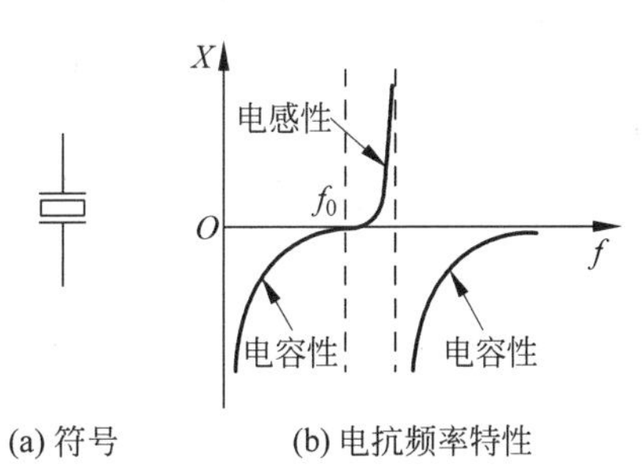

图 1.20　石英晶体的符号和电抗频率特性

为 f_0 时，它的等效阻抗最小，所以频率为 f_0 的电压信号最容易通过。

2) 单稳态触发器

单稳态触发器是一种波形变换电路，其主要特点如下：

(1) 只有一个稳态(这个稳态要么是0，要么是1)。

(2) 可在外加触发信号的作用下暂时离开稳态而形成一个暂稳态(假设稳态为"0"，则暂稳态为"1")。

(3) 暂稳态是一个不能长久保持的状态，由于电路中 RC 延时环节的作用，经过一段时间后，电路会自动返回到稳态。暂稳态维持时间长短取决于 RC 电路的参数值，与触发信号无关。

图1.21给出了单稳态触发器的框图和波形图。图中，假设单稳态触发器的稳态是"0"态，且在触发信号的下降沿触发翻转。由图可知，在触发信号 v_I 的作用下，电路由稳态("0"态)翻转到暂稳态("1"态)，经过一定的时间间隔 T_W 后，电路自动返回到初始的"0"态。时间间隔 T_W 与触发脉冲的宽度无关，仅取决于定时网络的参数(电容 R 和电容 C)。而在电路回到初始"0"态后，将保持这个状态不变，一直到下一个触发脉冲到来。

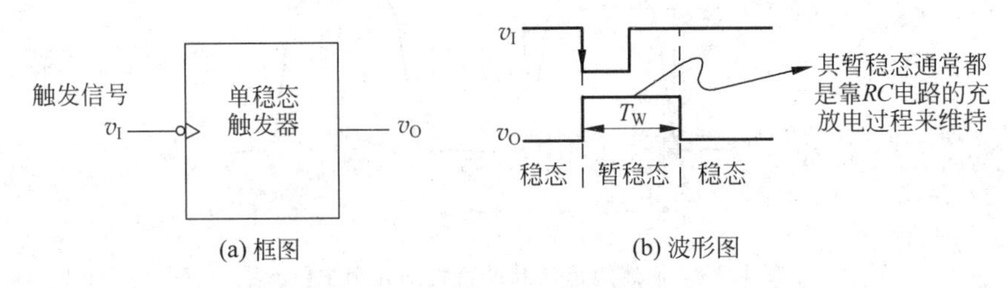

图1.21 单稳态触发器的框图和波形图

由于单稳态触发器具有在触发信号作用下由稳态进入暂稳态，且暂稳态持续一定时间后能自动回到稳态的特点，所以被广泛地应用于脉冲的整形、定时和延时。正因如此，在目前的TTL和CMOS产品中，都有单片集成的单稳态触发器芯片供用户选择。

根据电路的触发方式不同，集成单稳态触发器可分为可重复触发和非可重复触发两大类。所谓可重复触发，就是指触发器在触发信号作用下进入暂稳态后，仍接收新的触发信号的影响，并重新开始暂稳态过程；而非可重复触发，则是指触发器在触发信号作用下进入暂稳态后，不再接收新的触发信号的影响。这就是说，非可重复触发单稳态触发器只有在稳态时才能接收输入触发信号，在暂稳态期间即使有输入触发信号，电路的暂稳态也不会重新开始，直至原来触发的暂稳态结束为止。

图1.22给出了可重复触发和非可重复触发的波形图。图中，假设单稳态触发器的输出脉冲宽度为 T_W(秒)，同时有两个相隔 τ(秒)的触发脉冲(上升沿触发有效)先后到达，且 $\tau < T_W$。这就是说，触发器在第一个触发脉冲的作用下进入暂稳态后，这个暂稳态还没有结束，

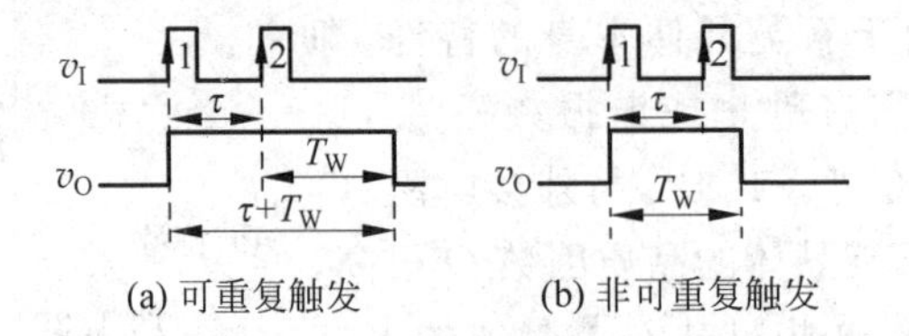

图1.22 可重复触发和非可重复触发单稳态触发器的波形图

第二个触发脉冲就到达了。此时，对于可重复触发的单稳态触发器来说，电路将被重新触发，输出脉冲的宽度等于 $\tau+T_W$（秒）；而对于不可重复触发的单稳态触发器来说，电路将不被重新触发，输出脉冲的宽度仍等于 T_W（秒）。图 1.23 给出了可重复触发和非可重复触发单稳态触发器的定性符号。

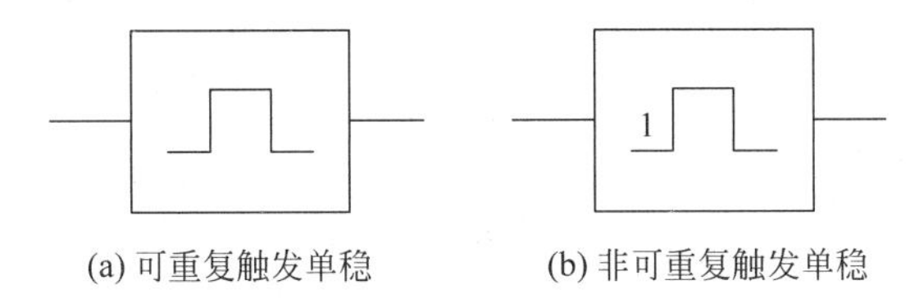

(a) 可重复触发单稳　　(b) 非可重复触发单稳

图 1.23　单稳态触发器的定性符号

目前，常用的 TTL 集成单稳态触发器有非可重复触发单稳态触发器 CT54121/CT74121、CT54221/CT74221，可重复触发的单稳态触发器 CT54122/CT74122、CT54123/CT74123。常用的 CMOS 集成单稳态触发器有非可重复触发单稳态触发器 CC74HC123，可重复触发的单稳态触发器 CC14528、CC14538 等。

3）施密特触发器

施密特触发器也是一种常用的脉冲波形变换电路，可以将正弦波或其他不规则波形变换成矩形波。其主要特点如下：

（1）有两个稳态，所以广义上说它也是一种双稳态触发器。

（2）属电平触发型电路，即依靠输入信号的电压幅度来触发和维持电路状态。v_I 超过某值时，电路处于一种稳态；v_I 低于某值时，电路处于另一种稳态。

（3）两个稳态的相互转换电平不等，即电路从一种稳态转变为另一种稳态的 v_I 转换电平（称为上限触发门槛电平，用 V_{T+} 表示）不等于从另一种稳态返回到原来稳态的 v_I 转换电平（称为下限触发门槛电平，用 V_{T-} 表示），通常称为施密特触发器的滞回特性或回差特性。回差特性是施密特触发器的固有特性，反映到电压传输特性曲线上，如图 1.24(b)所示。由图中可知，它与一般与非门的电压传输特性（见图 1.24(a)）有很大不同，具有明显的滞回形状“⎍”，所以用“⎍”作为施密特触发器的逻辑符号标志（也称定性符号），如图 1.24(c)所示。

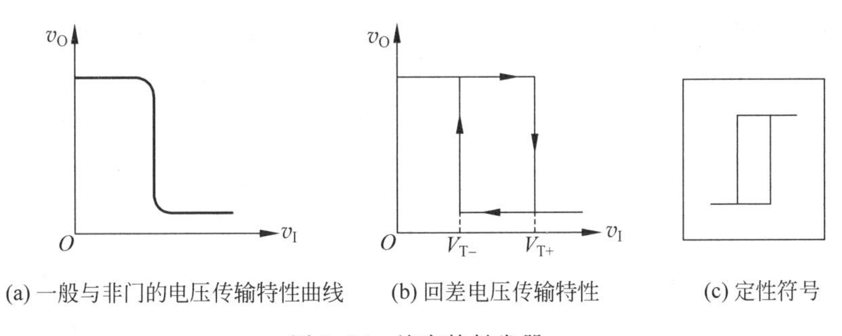

(a) 一般与非门的电压传输特性曲线　　(b) 回差电压传输特性　　(c) 定性符号

图 1.24　施密特触发器

（4）除具有回差特性外，施密特触发器还可以通过增加一些逻辑门电路，形成施密特触发与门（即具有与功能的施密特触发器）、施密特触发非门（即具有非功能的施密特触发器）和施密特触发与非门（即具有与非功能的施密特触发器）等。图 1.25 给出的是分别具有与、非和与非功能的施密特触发器的逻辑符号。

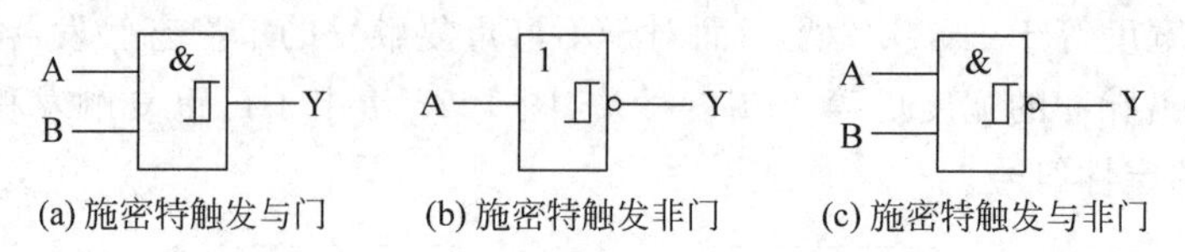

图 1.25 施密特触发器逻辑符号

目前,施密特触发器的应用非常广泛,主要用于波形变换、脉冲整形和脉冲鉴辐等。也正因如此,无论是在 TTL 电路中还是在 CMOS 电路中,都有单片集成的施密特触发器产品。TTL 电路产品有施密特 4 输入双与非门 CT5413/CT7413、施密特六反相器 CT5414/CT7414、施密特 2 输入四与非门 CT54132/CT74132 等。CMOS 电路产品有施密特六反相器 CC40106、施密特 2 输入四与非门 CC14093 等。

1.1.3 基本组合逻辑部件

目前,常见的基本组合逻辑部件有编码器、译码器、多路数据选择器、数码比较器、加法器以及算术逻辑单元等。

1. 编码器

所谓编码,就是用二值代码(0 和 1)来表示给定的信号(数字或字符)。而编码器,就是能用来完成编码功能的数字电路。

目前,常用的编码器有二进制编码器和二-十进制编码器两类。其中,二进制编码器就是把一般信号编为二进制代码的编码器;而二-十进制编码器则是把十进制的 10 个状态编成 10 个 BCD 代码。在二-十进制编码器中,不同的 BCD 代码(如 8421 码、2421 码、5421 码、余 3 码等)对应于不同的编码方案,同时也就对应于不同的二-十进制编码器。

1) 集成二进制编码器

对于二进制编码器,又有普通编码器(单输入端有效)和优先编码器(允许多输入端有效)之分。这两者的区别在于:在普通编码器中,任何时刻只允许一个输入有效,否则,输出将发生混乱;而在优先编码器中,允许同时输入两个以上的编码信号,因为优先编码器已经将所有的输入信号按优先顺序排了队,当几个输入信号同时有效时,只对其中优先权最高的一个进行编码。例如,常用的二进制编码器有 8 线-3 线优先编码器 74LS148,其逻辑符号和功能表分别如图 1.26 和表 1.12 所示。图及表中,$\bar{I}_0 \sim \bar{I}_7$ 为编码输入信号(其中,$\bar{I}_7$ 的优先权最高,$\bar{I}_6$ 次之,$\bar{I}_0$ 最低),低电平有效;$\bar{Y}_0 \sim \bar{Y}_2$ 为编码输出端,低电平有效;另外,为了便于扩展,74LS148 还设置了三个控制端,即选通输入端$\overline{ST}$、选通输出端 Y_S 和片优先扩展输出端 $\bar{Y}_{EX}$。

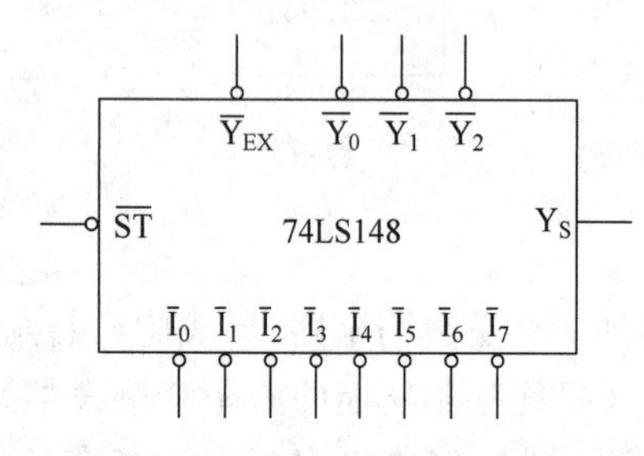

图 1.26 74LS148 的逻辑符号

由表 1.12 不难看出,在$\overline{ST}=1$ 时,编码器不工作,其所有的输出均被封锁在高电平。而在$\overline{ST}=0$ 时,编码器才正常工作。此时,编码器允许 $\bar{I}_0 \sim \bar{I}_7$ 当中同时有几个输入端为低电平,即有编码输入信号,但编码器只按输入信号的优先级别进行编码。例如,当 $\bar{I}_7=0$ 时,无论 $\bar{I}_0 \sim \bar{I}_6$ 为何值(表中以×表示),电路总是对 $\bar{I}_7$

进行编码，其输出 $\overline{Y}_2\overline{Y}_1\overline{Y}_0=000$；当 $\overline{I}_7=1$ 而 $\overline{I}_6=0$ 时，不管其余编码输入为何值，电路都只对 $\overline{I}_6$ 进行编码，输出为 $\overline{Y}_2\overline{Y}_1\overline{Y}_0=001$；以此类推，只有当 $\overline{I}_7=\overline{I}_6=\overline{I}_5=\overline{I}_4=\overline{I}_3=\overline{I}_2=\overline{I}_1=1$ 而 $\overline{I}_0=0$ 时，电路才对 $\overline{I}_0$ 进行编码，相应的输出为 $\overline{Y}_2\overline{Y}_1\overline{Y}_0=111$。可见，8 个输入中，$\overline{I}_7$ 到 $\overline{I}_0$ 的编码优先级依次降低，且编码时输入为低电平有效，输出为反码。

表 1.12 8 线-3 线优先编码器 74LS148 的功能表

输入									输出				
$\overline{ST}$	$\overline{I}_0$	$\overline{I}_1$	$\overline{I}_2$	$\overline{I}_3$	$\overline{I}_4$	$\overline{I}_5$	$\overline{I}_6$	$\overline{I}_7$	$\overline{Y}_2$	$\overline{Y}_1$	$\overline{Y}_0$	Y_S	$\overline{Y}_{EX}$
1	×	×	×	×	×	×	×	×	1	1	1	1	1
0	1	1	1	1	1	1	1	1	1	1	1	0	1
0	×	×	×	×	×	×	×	0	0	0	0	1	0
0	×	×	×	×	×	×	0	1	0	0	1	1	0
0	×	×	×	×	×	0	1	1	0	1	0	1	0
0	×	×	×	×	0	1	1	1	0	1	1	1	0
0	×	×	×	0	1	1	1	1	1	0	0	1	0
0	×	×	0	1	1	1	1	1	1	0	1	1	0
0	×	0	1	1	1	1	1	1	1	1	0	1	0
0	0	1	1	1	1	1	1	1	1	1	1	1	0

另外，功能表中出现的三种 $\overline{Y}_2\overline{Y}_1\overline{Y}_0=111$ 的情况可通过 Y_S 和 $\overline{Y}_{EX}$ 的不同状态加以区分，具体如下：

(1) 当 $Y_S=1$，$\overline{Y}_{EX}=1$ 时，$\overline{Y}_2\overline{Y}_1\overline{Y}_0=111$ 表明编码器不工作，即 $\overline{ST}=1$。

(2) 当 $Y_S=0$，$\overline{Y}_{EX}=1$ 时，$\overline{Y}_2\overline{Y}_1\overline{Y}_0=111$ 表明编码器工作（即 $\overline{ST}=0$），但无编码信号输入。所以，Y_S 也常被称为“无编码输入”状态信号。

(3) 当 $Y_S=1$，$\overline{Y}_{EX}=0$ 时，$\overline{Y}_2\overline{Y}_1\overline{Y}_0=111$ 表明编码器工作（即 $\overline{ST}=0$），且是对 $\overline{I}_0$ 信号进行编码。所以，$\overline{Y}_{EX}$ 也常被称为“有编码输入”状态信号。

2) 集成二-十进制编码器

与二进制编码器一样，二-十进制编码器也有普通编码器和优先编码器之分。目前，常用的二-十进制编码器有 74LS147 优先编码器，其逻辑符号和功能表分别如图 1.27 和表 1.13 所示。

由图 1.27 和表 1.13 可以看出，74LS147 和 74LS148 大致相同，只是它没有用于级联的输入输出使能端。另外，74LS147 有 9 根输入线 $\overline{I}_1\sim\overline{I}_9$（没有 $\overline{I}_0$ 输入，当所有 9 个输入都无效时即是对 $\overline{I}_0$ 编码），4 根输出线 $\overline{Y}_3\sim\overline{Y}_0$，编码优先权顺序为 $\overline{I}_9$ 最高，$\overline{I}_1$ 最低，且和 74LS148 一样，编码时输入为低电平有效，输出为 8421BCD 反码。

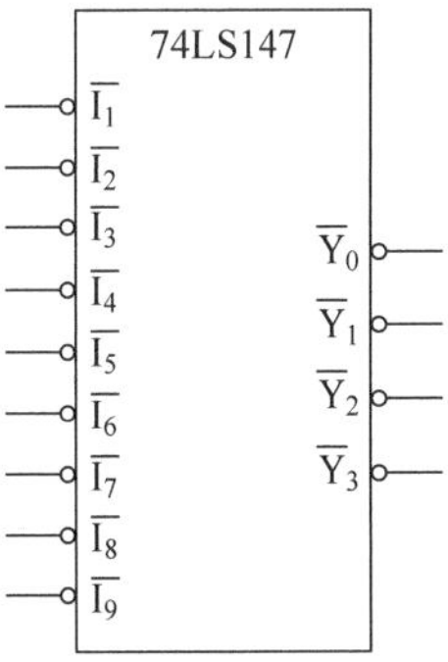

目前，在数字计算机和其他数字系统中，编码器的应用极其广泛，如在指令编码、总线仲裁和多中断源识别中，均涉及普通编码或优先编码的概念。

图 1.27 74LS147 的逻辑符号

表 1.13　二-十进制优先编码器 74LS147 的功能表

输入									输出			
$\overline{I_1}$	$\overline{I_2}$	$\overline{I_3}$	$\overline{I_4}$	$\overline{I_5}$	$\overline{I_6}$	$\overline{I_7}$	$\overline{I_8}$	$\overline{I_9}$	$\overline{Y_3}$	$\overline{Y_2}$	$\overline{Y_1}$	$\overline{Y_0}$
×	×	×	×	×	×	×	×	0	0	1	1	0
×	×	×	×	×	×	×	0	1	0	1	1	1
×	×	×	×	×	×	0	1	1	1	0	0	0
×	×	×	×	×	0	1	1	1	1	0	0	1
×	×	×	×	0	1	1	1	1	1	0	1	0
×	×	×	0	1	1	1	1	1	1	0	1	1
×	×	0	1	1	1	1	1	1	1	1	0	0
×	0	1	1	1	1	1	1	1	1	1	0	1
0	1	1	1	1	1	1	1	1	1	1	1	0
1	1	1	1	1	1	1	1	1	1	1	1	1

2. 译码器

译码即翻译代码。译码是编码的逆过程。有时也把译码器叫做解码器。

编码时,每个输入信号都已用一个特定的代码表示,或者说,每个代码都被赋予了一个特定的含意。译码器的作用就是将代码的含意翻译出来,还原为特定的输出信号。

译码器同样有二进制译码器和二-十进制译码器之分。

1) 集成二进制译码器

二进制译码器是把二进制代码的各个状态,按照原意译成对应的输出信号,即将 n 位二进制代码转换为 2^n 个输出。正因如此,二进制译码器又叫“n 线-2^n 线译码器”或“2^n 取 1 译码器”,如“3 线-8 线译码器”或“8 取 1 译码器”。二进制译码器属于完全译码器,也常被称为变量译码器。

目前,应用最广的集成二进制译码器有“双 2 线-4 线”译码器 74LS139、“3 线-8 线译码器”74LS138、“4 线-16 线译码器”74LS154 等。

表 1.14 给出了“3 线-8 线译码器”74LS138 的功能表,其对应的逻辑符号如图 1.28 所示。

表 1.14　3 线-8 线译码器 74LS138 的功能表

输入					输出							
S_1	$\overline{S_2}+\overline{S_3}$	A_2	A_1	A_0	$\overline{Y_0}$	$\overline{Y_1}$	$\overline{Y_2}$	$\overline{Y_3}$	$\overline{Y_4}$	$\overline{Y_5}$	$\overline{Y_6}$	$\overline{Y_7}$
0	×	×	×	×	1	1	1	1	1	1	1	1
×	1	×	×	×	1	1	1	1	1	1	1	1
1	0	0	0	0	0	1	1	1	1	1	1	1
1	0	0	0	1	1	0	1	1	1	1	1	1
1	0	0	1	0	1	1	0	1	1	1	1	1
1	0	0	1	1	1	1	1	0	1	1	1	1
1	0	1	0	0	1	1	1	1	0	1	1	1
1	0	1	0	1	1	1	1	1	1	0	1	1
1	0	1	1	0	1	1	1	1	1	1	0	1
1	0	1	1	1	1	1	1	1	1	1	1	0

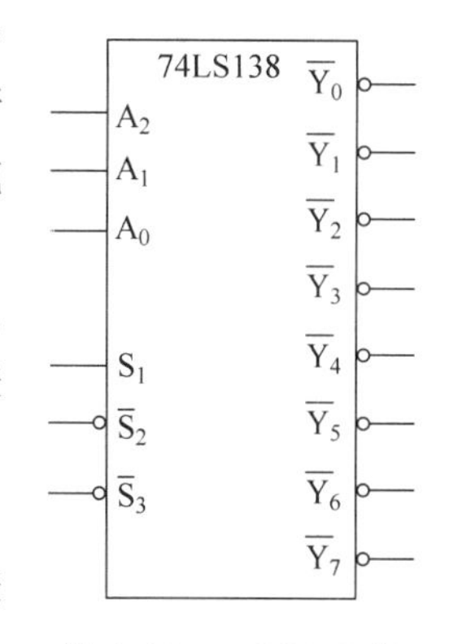

图 1.28　74LS138 的逻辑符号

表 1.14 中，S_1、$\bar{S}_2$ 和 $\bar{S}_3$ 为控制输入端，其作用为：只有当 $S_1=1$，$\bar{S}_2=\bar{S}_3=0$ 时，译码器才能正常工作；否则，译码器将被禁止，所有输出端同时出现“1”。通常将这类控制输入端叫做“片选”端或“使能”端，且有 $EN=S_1 \cdot \bar{\bar{S}}_2 \cdot \bar{\bar{S}}_3$。

另外，由表 1.14 还可以看出，对于任一组输入代码，译码器只有相应的一路输出为低电平，而其余输出都为高电平，这正是二进制译码器的功能特点。

2) 集成二-十进制译码器(BCD 译码器)

二-十进制译码器就是将输入 BCD 码的 10 个代码翻译成十进制数字信号的译码器。

二-十进制译码器主要是用于十进制数字的显示中，因此，这种译码器通常是与数字显示器件配合使用。数字显示器件的工作方式不同，对 BCD 译码器的要求就不同，从而使译码器的电路结构和工作原理也就不一样。

尽管数字显示器件的种类繁多，但数码显示的方式归纳起来不外乎三大类：第一类为字形重叠式；第二类为分段式；第三类是点阵式(如 5×7 点阵)。其中，字形重叠式和分段式在十进制数字显示中应用最为广泛。所不同的是，字形重叠式适于用单端选择的 BCD 译码器驱动，而分段式适于用多端选择的 BCD 译码器驱动。

(1) 适于驱动字形重叠式显示的单端选择 BCD 译码器

目前，适于驱动字形重叠显示方式的单端选择 8421BCD 译码器有 74LS42 等，它的功能表如表 1.15 所示，其对应的逻辑符号如图 1.29 所示。

表 1.15　二-十进制译码器 74LS42 的功能表

序号	BCD 输入				输出									
	A_3	A_2	A_1	A_0	$\bar{Y}_0$	$\bar{Y}_1$	$\bar{Y}_2$	$\bar{Y}_3$	$\bar{Y}_4$	$\bar{Y}_5$	$\bar{Y}_6$	$\bar{Y}_7$	$\bar{Y}_8$	$\bar{Y}_9$
0	0	0	0	0	0	1	1	1	1	1	1	1	1	1
1	0	0	0	1	1	0	1	1	1	1	1	1	1	1
2	0	0	1	0	1	1	0	1	1	1	1	1	1	1
3	0	0	1	1	1	1	1	0	1	1	1	1	1	1
4	0	1	0	0	1	1	1	1	0	1	1	1	1	1
5	0	1	0	1	1	1	1	1	1	0	1	1	1	1
6	0	1	1	0	1	1	1	1	1	1	0	1	1	1
7	0	1	1	1	1	1	1	1	1	1	1	0	1	1
8	1	0	0	0	1	1	1	1	1	1	1	1	0	1
9	1	0	0	1	1	1	1	1	1	1	1	1	1	0
伪码	1	0	1	0	1	1	1	1	1	1	1	1	1	1
	1	0	1	1	1	1	1	1	1	1	1	1	1	1
	1	1	0	0	1	1	1	1	1	1	1	1	1	1
	1	1	0	1	1	1	1	1	1	1	1	1	1	1
	1	1	1	0	1	1	1	1	1	1	1	1	1	1
	1	1	1	1	1	1	1	1	1	1	1	1	1	1

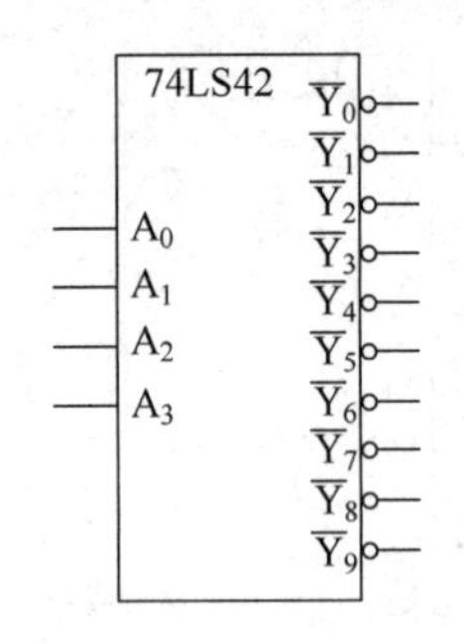

图 1.29 74LS42 的逻辑符号

这里,需要特别说明的是,在集成译码器芯片设计中,为了使 BCD 码译码器电路结构具有拒绝伪码(即多余的六种码)的功能,一般令多余的 6 个最小项所对应的输出全部处于无效状态,而不作为无关项。例如,在 74LS42 的功能表中,对应行的输出全为“1”,而不是“×”。另外,这些译码器虽然没有选通输入,但可利用其拒绝伪码的功能来达到选通的目的。还有,若将这些译码器的输出 $\overline{Y}_8$、$\overline{Y}_9$ 闲置不用,并把输入 A_3 视作选通端 $\overline{S}$,则可变为 3 线-8 线译码器。

(2) 适于驱动分段式显示的多端选择 BCD 译码器

为了能以十进制数码直观地显示数字系统的运行数据,目前广泛使用的显示器件为七段数码显示器(又称七段数码管),其外形如图 1.30 所示。由图中可知,七段数码显示器由 a~g 这七段可发光的线段拼合而成,通过控制各段的亮和灭,就可以显示出不同的字符和数字。七段数码显示器有半导体数码显示器和液晶显示器两种。

在半导体数码显示器中,每个段都是由一个发光二极管(light emitting diode,LED)组成。二极管 LED 的正极称为阳极,负极称为阴极。当 LED 加上正向电压时就可以使其导通而发光(光的颜色有红、黄、绿等)。另外,根据数码管内部 LED 的接法不同,可将 LED 数码管分为共阴和共阳两种结构。图 1.31 所示即为共阴七段数码管的示意图。

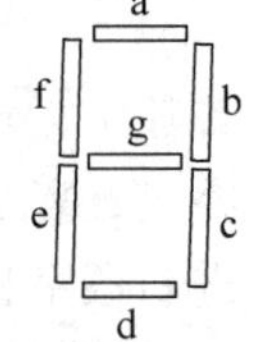

图 1.30 七段码显示器外形

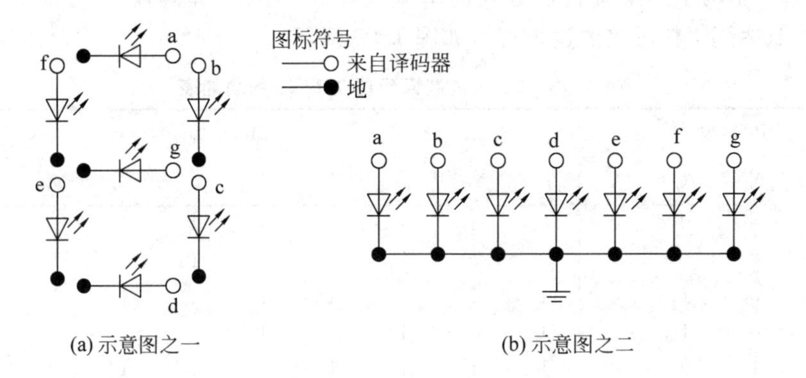

图 1.31 阴极为公共端的七段数码管

由图 1.31 可知,所谓共阴结构,就是指数码管的引线 a、b、c、d、e、f、g 分别与相应的发光二极管的阳极相连,它们的阴极连接在一起并接地,这样一来,当某个二极管的阳极为高电平时,该二极管导通并发光。

表 1.16 给出了共阴七段数码管的七段显示码(a~g)。显然,对于表中给出的各个 BCD 码,必须使各段为高电平时才能使其发光,低电平时不发光。

与共阴结构相反,共阳结构就是指数码管的引线 a、b、c、d、e、f、g 分别与相应的发光二极管的阴极相连,它们的阳极连接在一起并接 V_{CC}。这种结构的七段数码管的七段显示码(a~g)正好与表 1.16 所示的相反。

表 1.16　阴极为公共端的七段显示码

数字	输出						
	a	b	c	d	e	f	g
0	1	1	1	1	1	1	0
1	0	1	1	0	0	0	0
2	1	1	0	1	1	0	1
3	1	1	1	1	0	0	1
4	0	1	1	0	0	1	1
5	1	0	1	1	0	1	1
6	1	0	1	1	1	1	1
7	1	1	1	0	0	0	0
8	1	1	1	1	1	1	1
9	1	1	1	1	0	1	1

综上所述，为了使数码管能将数码所代表的数显示出来，必须将数码经译码器译成七段显示码，然后经驱动器点亮对应的段。例如，对于 8421 码的 0011 状态，对应的十进制数为 3，则译码驱动器应使 a、b、c、d、g 各端点亮。可见，对应于某一个数码，译码器应有确定的几个输出端有信号输出，这是驱动分段式数码管的 BCD 译码器电路的主要特点。

目前，常用的七段显示译码器有 74LS46 和 74LS48。其中，74LS46 输出低电平有效，可用来驱动共阳极的七段数码显示器，而 74LS48 输出高电平有效，可用来驱动共阴极的七段数码显示器。

图 1.32 给出了 74LS48 的逻辑符号，其对应的功能表如表 1.17 所示。

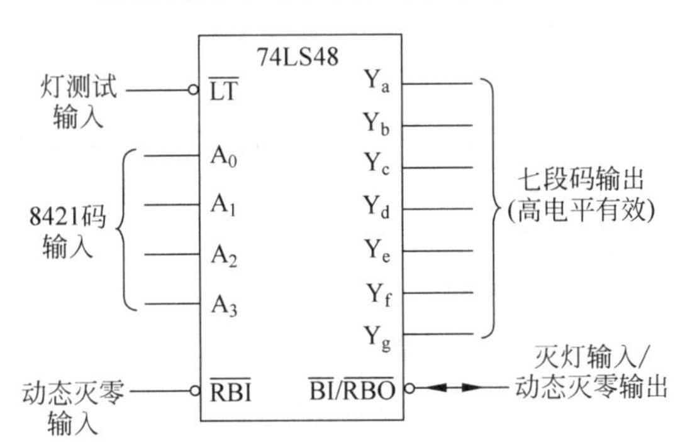

图 1.32　74LS48 的逻辑符号

表 1.17　BCD-七段显示译码器 74LS48 的功能表

十进制或功能	输入						$\overline{BI}/\overline{RBO}$	输出						
	$\overline{LT}$	$\overline{RBI}$	A_3	A_2	A_1	A_0		Y_a	Y_b	Y_c	Y_d	Y_e	Y_f	Y_g
0	1	1	0	0	0	0	1	1	1	1	1	1	1	0
1	1	×	0	0	0	1	1	0	1	1	0	0	0	0
2	1	×	0	0	1	0	1	1	1	0	1	1	0	1
3	1	×	0	0	1	1	1	1	1	1	1	0	0	1
4	1	×	0	1	0	0	1	0	1	1	0	0	1	1

续表

十进制或功能	输入						$\overline{BI}/\overline{RBO}$	输出						
	$\overline{LT}$	$\overline{RBI}$	A_3	A_2	A_1	A_0		Y_a	Y_b	Y_c	Y_d	Y_e	Y_f	Y_g
5	1	×	0	1	0	1	1	1	0	1	1	0	1	1
6	1	×	0	1	1	0	1	0	0	1	1	1	1	1
7	1	×	0	1	1	1	1	1	1	1	0	0	0	0
8	1	×	1	0	0	0	1	1	1	1	1	1	1	1
9	1	×	1	0	0	1	1	1	1	1	0	0	1	1
10	1	×	1	0	1	0	1	0	0	0	1	1	0	1
11	1	×	1	0	1	1	1	0	0	1	1	0	0	1
12	1	×	1	1	0	0	1	0	1	0	0	0	1	1
13	1	×	1	1	0	1	1	1	0	0	1	0	1	1
14	1	×	1	1	1	0	1	0	0	0	1	1	1	1
15	1	×	1	1	1	1	1	0	0	0	0	0	0	0
灭灯	×	×	×	×	×	×	0	0	0	0	0	0	0	0
灭零	1	0	0	0	0	0	0	0	0	0	0	0	0	0
灯测试	0	×	×	×	×	×	1	1	1	1	1	1	1	1

由表1.17可知，74LS48的功能表与表1.16相比扩展了许多，它不仅包括了0～9这10个BCD码输入，还包括了6个无效的BCD码输入。该译码器的工作原理与前面讨论过的基本相同，只是它必须有不止一个输出端有效时才能使多段发光管发光。这种器件一般也称为数码转换器，因为它能将一种码(BCD)转换成另一种码(七段显示器段码)。此外，为了增强器件的功能，该集成显示译码器还设有3个辅助控制端$\overline{LT}$、$\overline{RBI}$和$\overline{BI}/\overline{RBO}$，其功能描述如下：

灭灯输入$\overline{BI}$：在正常显示0～15时，灭灯输入$\overline{BI}$必须开路或保持高电平；而在不需要显示时，可令$\overline{BI}$为低电平，此时，不管$\overline{LT}$、$\overline{RBI}$和$A_3 \sim A_0$为何值，$Y_a \sim Y_g$均输出低电平，数码管所有发光段均熄灭。用这一功能可以降低显示系统的功耗。

灯测试输入$\overline{LT}$：在$\overline{BI}/\overline{RBO}$端不输入低电平的条件下，当$\overline{LT}$为低电平时，输出$Y_a \sim Y_g$均为高电平，数码管七段全亮。用这一功能可以测试数码管发光段的好坏。

动态灭零输入$\overline{RBI}$：在$\overline{BI}/\overline{RBO}$端不作输入使用及$\overline{LT}$端输入高电平的条件下，当$\overline{RBI}$为低电平且输入BCD码$A_3A_2A_1A_0=0000$时，七段输出$Y_a \sim Y_g$全为低，使数码管全灭，不显示0字形；而对于非0000的输入，则照常译码显示。因此，利用$\overline{RBI}$可将数首和数尾不需要显示的零熄灭，使显示结果更加清晰。例如，在出现0040.0500这个数时，只显示40.05。

动态灭零输出$\overline{RBO}$：当该片灭零时，$\overline{RBO}$为0，可作为控制相邻的低一位的灭零输入信号，以允许低一位灭零；反之，若$\overline{RBO}$为1，则说明本位处于显示状态，不允许低一位灭零。可见，$\overline{RBO}$用作灭零指示。将灭零输出$\overline{RBO}$和灭零输入$\overline{RBI}$配合使用，很容易实现多位数码显示的灭零控制。

在数字计算机和其他数字系统中，译码器除可用来实现最基本的译码功能外，如指令译码、存储器地址译码等，还常被用来实现许多其他逻辑功能的电路。如可用来实现任意的组合逻辑函数。另外，利用译码器外加适当的门电路，还可以构成多路数据选择器，实现将多路输入数据分时传送到同一地方去；再者，利用带“片选”端的译码器还可作为多路数据分配器，将一路输入数据分配到多个不同的目的地去。

3. 数据选择器

数据选择器又名多路选择器、多路复用开关等，它是一种多输入单输出的组合逻辑部件。它在地址（选择）信号作用下，可从多路输入数据中选出所需要的一路送至输出端。数据选择器的逻辑功能可用图1.33所示的单刀多掷开关来模拟。图中，$D_0 \sim D_3$ 称为数据输入端，A_1A_0 为地址（选择）输入端，Y为输出端。当 $A_1A_0=00$ 时，开关K与 D_0 相连，$Y=D_0$；当 $A_1A_0=01$ 时，开关K与 D_1 相连，$Y=D_1$；依此类推，当 $A_1A_0=11$ 时，开关K与 D_3 相连，$Y=D_3$。可见，输出函数Y满足表达式

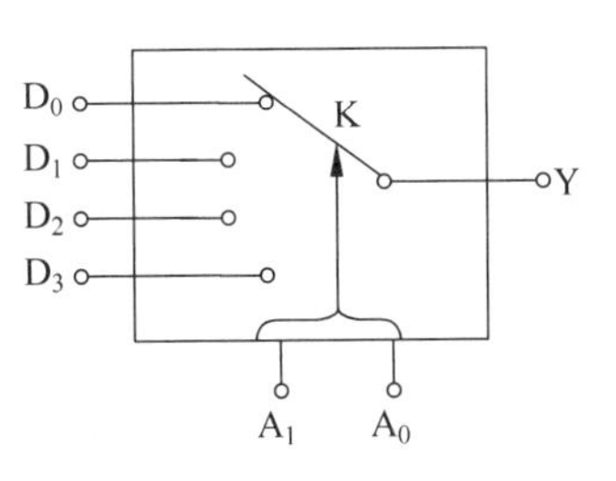

图1.33 数据选择器示意图

$$Y = D_0(\overline{A}_1\overline{A}_0) + D_1(\overline{A}_1A_0) + D_2(A_1\overline{A}_0) + D_3(A_1A_0) = \sum_{i=0}^{3} D_i m_i \tag{1.3}$$

式中，m_i 为地址变量最小项。

目前，常用的集成数据选择器有单/双/四2选1、单/双4选1、8选1、16选1等多种类型。下面介绍几种典型的数据选择器集成芯片。

1）四2选1数据选择器74LS158

74LS158是一个四2选1多路数据选择器，该器件具有公共选通输入端和反码输出。图1.34给出了74LS158的逻辑符号，其对应的功能表如表1.18所示。

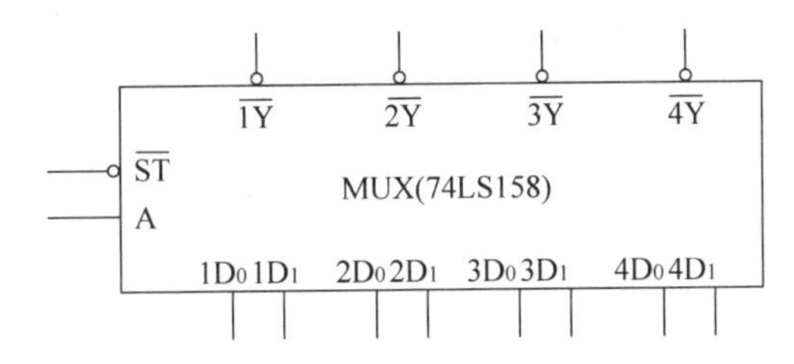

图1.34 四2选1数据选择器74LS158的逻辑符号

表1.18 四2选1数据选择器74LS158的功能表

输入		输出			
$\overline{ST}$	A	$\overline{1Y}$	$\overline{2Y}$	$\overline{3Y}$	$\overline{4Y}$
1	×	1	1	1	1
0	0	$\overline{1D_0}$	$\overline{2D_0}$	$\overline{3D_0}$	$\overline{4D_0}$
0	1	$\overline{1D_1}$	$\overline{2D_1}$	$\overline{3D_1}$	$\overline{4D_1}$

由表1.18中不难看出，当使能端 $\overline{ST}$ 为高电平时，数据选择器被封锁，此时，无论选择输入端A为高电平还是低电平，所有的输出 $\overline{1Y} \sim \overline{4Y}$ 均为高电平。当 $\overline{ST}$ 为低电平时，数据选择器处于工作状态，此时，若选择输入端A为低电平，则反码数据输出端 $\overline{1Y} \sim \overline{4Y}$ 的输出分别为数据输入端 $1D_0 \sim 4D_0$ 的反码；若选择输入端A为高电平，则反码数据输出端 $\overline{1Y} \sim \overline{4Y}$ 的

输出分别为数据输入端$1D_1$～$4D_1$的反码。

2）双4选1数据选择器74LS253

74LS253是一个具有三态输出的双4选1多路数据选择器，其逻辑符号如图1.35所示。图中，D_0～D_3为四个数据输入端，Y为输出端，输入输出符号左边的“1”表示是第1个数据选择器的输入输出，“2”表示是第2个数据选择器的输入输出，选择输入端A_1A_0是公用的，使能端$\overline{ST}$各自独立，这样可以使两个数据选择器独立工作。

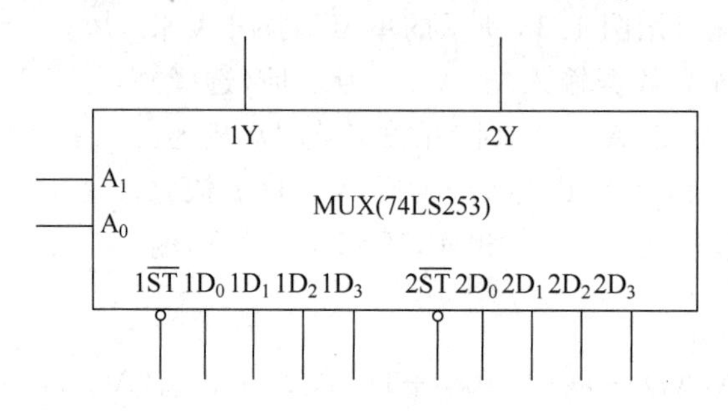

图1.35 双4选1数据选择器74LS253的逻辑符号

74LS253的逻辑功能为：当使能端$1\ \overline{ST}=0$时，输出$1Y=\sum_{0}^{3} m_i \cdot 1D_i$，当$1\ \overline{ST}=1$时，1Y为高阻输出；同样，当$2\ \overline{ST}=0$时，输出$2Y=\sum_{0}^{3} m_i \cdot 2D_i$，当$2\ \overline{ST}=1$时，2Y为高阻输出。据此可列出74LS253中每个选择器的功能如表1.19所示。

表1.19 双4选1数据选择器74LS253的功能表

输入			输出
$\overline{ST}$	A_1	A_0	Y
1	×	×	高阻
0	0	0	D_0
0	0	1	D_1
0	1	0	D_2
0	1	1	D_3

3）8选1数据选择器74LS151

74LS151是具有互补输出的8选1多路数据选择器，其逻辑符号和功能表分别如图1.36和表1.20所示。

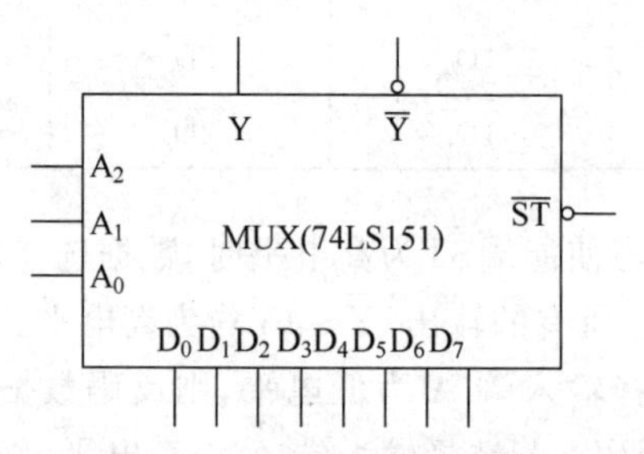

图1.36 8选1数据选择器74LS151的逻辑符号

表 1.20　8 选 1 数据选择器 74LS151 的功能表

输　入				输　出	
$\overline{ST}$	A_2	A_1	A_0	Y	$\overline{Y}$
1	×	×	×	0	1
0	0	0	0	D_0	$\overline{D_0}$
0	0	0	1	D_1	$\overline{D_1}$
0	0	1	0	D_2	$\overline{D_2}$
0	0	1	1	D_3	$\overline{D_3}$
0	1	0	0	D_4	$\overline{D_4}$
0	1	0	1	D_5	$\overline{D_5}$
0	1	1	0	D_6	$\overline{D_6}$
0	1	1	1	D_7	$\overline{D_7}$

由表 1.20 可知，当$\overline{ST}$为低电平时，数据选择器处于工作状态，Y 和 $\overline{Y}$ 为互补输出，Y 输出原码，$\overline{Y}$ 输出反码。

在实际应用中，多路数据选择器 MUX 除可用于把多路数据分时传送到同一地方外，还常被用作逻辑函数发生器。另外，将数据选择器 MUX 与译码器相结合，还可构成数码比较器，以实现对二进制数码的比较。

4. 数码比较器

数码比较器是对两个数码进行比较，以判断它们的相对大小以及是否相等的逻辑电路。通常，在比较两个多位数的大小时，必须自高而低地逐位进行比较。如果高位能比较出数值大小，则比较结束；如果高位数值相等，再依次比较低位数值，直至比较出结果。

目前，常用的集成数码比较器有 CT7485 四位数码比较器，其逻辑符号如图 1.37 所示。图中，$A_3A_2A_1A_0$ 和 $B_3B_2B_1B_0$ 为两个要比较的四位二进制数，$Y_{(A>B)}$、$Y_{(A<B)}$ 和 $Y_{(A=B)}$ 是总的比较结果。另外，为了进行片间连接以实现比较器位数的扩展，该比较器还设置了三个输入扩展端 $I_{(A>B)}$、$I_{(A<B)}$ 和 $I_{(A=B)}$。

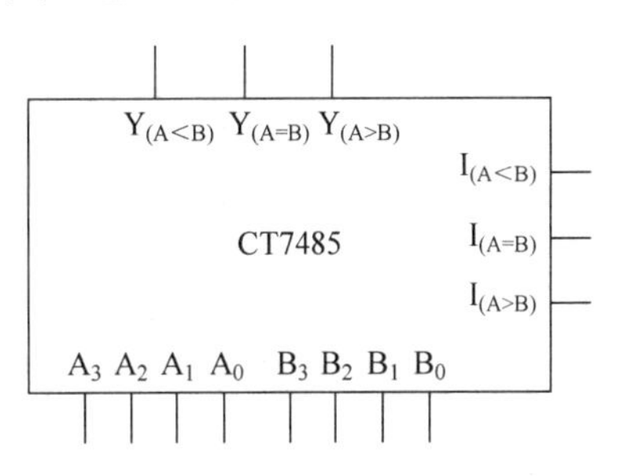

图 1.37　四位数码比较器 CT7485 的逻辑符号

CT7485 的功能表如表 1.21 所示。由该表可知，当两个数进行比较时，应首先比较最高位 A_3 和 B_3。若最高位不相等，则输出就由最高位决定，其余各位大小不影响比较结果。而若两个数的高位相等，则依次比较低位。最后，若两个数的各数位均相等，即 $A_3A_2A_1A_0=B_3B_2B_1B_0$，则比较器的输出就直接由 $I_{(A>B)}$、$I_{(A<B)}$ 和 $I_{(A=B)}$ 这 3 个输入信号的状态来决定。因此，这 3 个输入端可看作是比 A_0 和 B_0 更低位的比较结果，这就是为何常称其为扩展输入端或级联输入端的原因所在。

5. 加法器

通常，我们将能够实现多位二进制数加法运算的电路统称为加法器。按照进位方式的不同，加法器可分成串行进位加法器和并行进位加法器两种类型。

表 1.21 四位数码比较器 CT7485 的功能表

比较输入				级联输入			输出		
A_3 B_3	A_2 B_2	A_1 B_1	A_0 B_0	$I_{(A>B)}$	$I_{(A<B)}$	$I_{(A=B)}$	$Y_{(A>B)}$	$Y_{(A<B)}$	$Y_{(A=B)}$
$A_3>B_3$	×	×	×	×	×	×	1	0	0
$A_3<B_3$	×	×	×	×	×	×	0	1	0
$A_3=B_3$	$A_2>B_2$	×	×	×	×	×	1	0	0
	$A_2<B_2$	×	×	×	×	×	0	1	0
	$A_2=B_2$	$A_1>B_1$	×	×	×	×	1	0	0
		$A_1<B_1$	×	×	×	×	0	1	0
		$A_1=B_1$	$A_0>B_0$	×	×	×	1	0	0
			$A_0<B_0$	×	×	×	0	1	0
			$A_0=B_0$	1	0	0	1	0	0
				0	1	0	0	1	0
				0	0	1	0	0	1

1) 串行进位加法器

串行进位加法器的运算特点是并行相加，串行进位，任何一位的相加结果，都必须等到低一位的加法运算完成、进位产生以后才能建立起来。因此这种结构也叫逐位进位加法器或行波进位加法器。图 1.38 给出了用 4 个 1 位全加器构成的 4 位串行进位加法器的原理性电路结构示意图。显然，有多少位数相加，就要用多少位全加器。

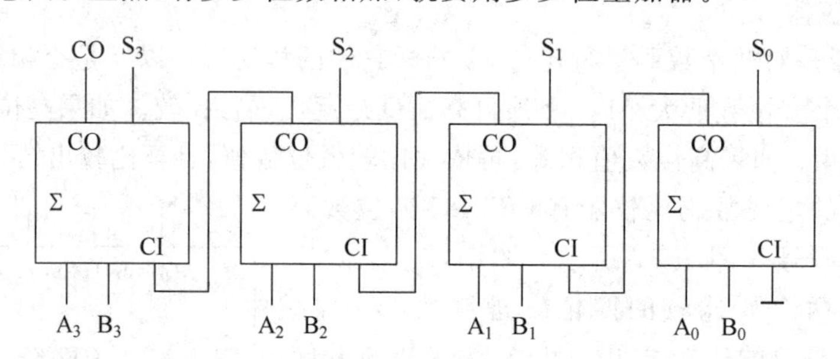

图 1.38 4 位串行进位加法器电路结构示意图

串行进位加法器的最大缺点是运算速度慢，因为最高位的运算一定要等到所有低位的运算完成并将进位送到后才能进行。但考虑到这种加法器的电路结构简单，因而在对速度要求不高，且数位不多的设备中，串行进位加法器仍不失为一种可取的电路，例如双极型集成电路 T692 就是属于这种类型的加法器。

2) 并行进位加法器

并行进位加法器又称超前进位加法器，它采用并行进位的方法，即各位的进位函数可同时产生，从而使完成加法运算的速度大大提高。采用这种并行进位方式时，较低位的进位信号(如 C_1)可越过中间各位而直接参与决定较高位，直至最高位的进位输出(如 C_{i+1})，这也正是“超前进位”这个名称的由来。

实现并行进位加法器的关键是超前进位发生器的设计。对于两个多位二进制数加法运算，第 i 位相加产生的进位输出 $(CO)_i$ 为

$$(CO)_i = A_iB_i + (A_i + B_i)(CI)_i \tag{1.4}$$

在式(1.4)中，若将 A_iB_i 定义为进位生成函数 G_i，同时将(A_i+B_i)定义为进位传递函数 P_i，则有

$$(CO)_i = G_i + P_i(CI)_i \tag{1.5}$$

将式(1.5)的$(CI)_i$ 同样按该式递归代入、展开下去，最后可得到$(CO)_i$ 是两个加数各位值和最低位进位$(CI)_0$ 的函数。可见，只要一输入两个加数和最低位进位值，很快就可得到最高位进位。

式(1.5)加上式 $S_i=A_i\oplus B_i\oplus C_i$，就是超前进位加法器的基本公式。根据这两式，即可画出任意位超前进位加法器的逻辑图。

综上所述，超前进位加法器的进位传输延迟时间短，特别适用于各种高速数字系统中的数据处理及控制。但是，其运算速度快的突出特点是以增加电路的复杂性为代价的，位数越多，电路越复杂，成本越高。所以，实际中当所需加法器的位数较多时，更常用的方法是将前述两种方法结合起来使用，即将全部数位分成若干组，组内采用超前进位，组间采用串行进位，组成一种所谓的串并行进位加法器。

正因如此，在 TTL 或 CMOS 中规模集成加法器的产品中，大都以 4 位超前进位加法器芯片为主。例如 74LS183/283 就是一种 4 位超前进位加法器，其逻辑符号如图 1.39 所示。

6. 算术逻辑单元

算术逻辑单元(arithmetic logic unit，ALU)是以加法器为基础，通过功能扩展以实现多种算术和逻辑运算的数字电路。图 1.40 给出了 ALU 的框图。图中 A_i 和 B_i 为输入变量，k_i 为控制信号，k_i 的不同取值可决定该电路作哪一种算术运算或哪一种逻辑运算，F_i 是输出函数。可见，ALU 是一种功能较强的组合逻辑电路，有时被称为多功能函数发生器。

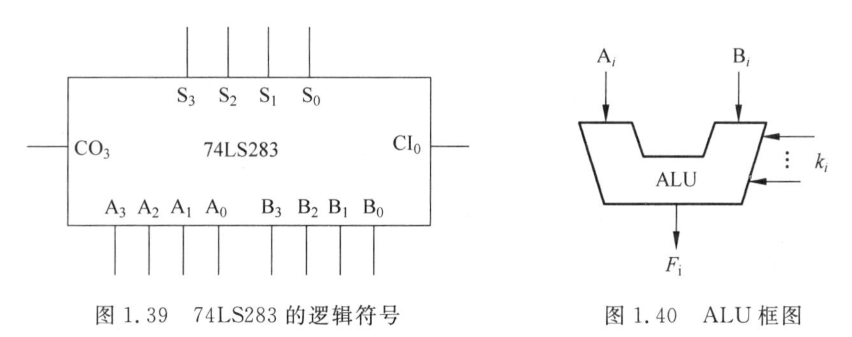

图 1.39　74LS283 的逻辑符号　　图 1.40　ALU 框图

目前，ALU 电路已制成集成电路芯片，如 74181 就是最常用的 4 位二进制代码的算术逻辑运算部件，其逻辑符号和功能表分别如图 1.41 和表 1.22 所示。

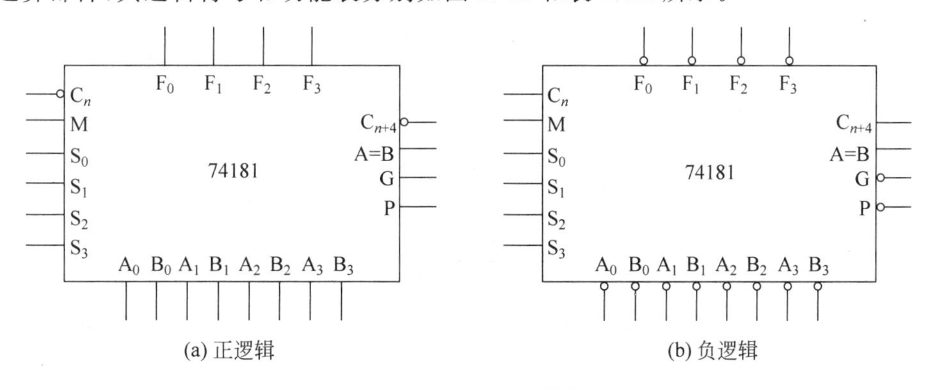

(a) 正逻辑　　(b) 负逻辑

图 1.41　74181 的逻辑符号

表 1.22　74181 的功能表

工作方式	操作选择 S_3 S_2 S_1 S_0	运算功能		
		逻辑运算(M=1)	算术运算(M=0)	
			C_n=1(无进位)	C_n=0(有进位)
正逻辑输入或输出	0 0 0 0	$F=\overline{A}$	F=A	F=A 加 1
	0 0 0 1	$F=\overline{A+B}$	F=A+B	F=(A+B)加 1
	0 0 1 0	$F=\overline{A}B$	$F=A+\overline{B}$	$F=(A+\overline{B})$加 1
	0 0 1 1	F=0	F=减 1(2 的补码)	F=0
	0 1 0 0	$F=\overline{AB}$	F=A 加 $A\overline{B}$	F=A 加 $A\overline{B}$ 加 1
	0 1 0 1	$F=\overline{B}$	F=(A+B)加 $A\overline{B}$	F=(A+B)加 $A\overline{B}$ 加 1
	0 1 1 0	$F=A\oplus B$	F=A 减 B 减 1	F=A 减 B
	0 1 1 1	$F=A\overline{B}$	$F=A\overline{B}$ 减 1	$F=A\overline{B}$
	1 0 0 0	$F=\overline{A}+B$	F=A 加 AB	F=A 加 AB 加 1
	1 0 0 1	$F=\overline{A\oplus B}$	F=A 加 B	F=A 加 B 加 1
	1 0 1 0	F=B	$F=(A+\overline{B})$加 AB	$F=(A+\overline{B})$加 AB 加 1
	1 0 1 1	F=AB	F=AB 减 1	F=AB
	1 1 0 0	F=1	F=A 加 A^*	F=A 加 A 加 1
	1 1 0 1	$F=A+\overline{B}$	F=(A+B)加 A	F=(A+B)加 A 加 1
	1 1 1 0	F=A+B	$F=(A+\overline{B})$加 A	$F=(A+\overline{B})$加 A 加 1
	1 1 1 1	F=A	F=A 减 1	F=A

工作方式	控制参数 S_3 S_2 S_1 S_0	逻辑运算(M=1)	算术运算(M=0)	
			C_n=0(无进位)	C_n=1(有进位)
负逻辑输入或输出	0 0 0 0	$F=\overline{A}$	F=A 减 1	F=A
	0 0 0 1	$F=\overline{AB}$	F=AB 减 1	F=AB
	0 0 1 0	$F=\overline{A}+B$	$F=A\overline{B}$ 减 1	$F=A\overline{B}$
	0 0 1 1	F=1	F=减 1(2 的补码)	F=0
	0 1 0 0	$F=\overline{A+B}$	F=A 加$(A+\overline{B})$	F=A 加$(A+\overline{B})$加 1
	0 1 0 1	$F=\overline{B}$	F=AB 加$(A+\overline{B})$	F=AB 加$(A+\overline{B})$加 1
	0 1 1 0	$F=\overline{A\oplus B}$	F=A 减 B 减 1	F=A 减 B
	0 1 1 1	$F=A+\overline{B}$	$F=A+\overline{B}$	$F=(A+\overline{B})$加 1
	1 0 0 0	$F=\overline{A}B$	F=A 加(A+B)	F=A 加(A+B)加 1
	1 0 0 1	$F=A\oplus B$	F=A 加 B	F=A 加 B 加 1
	1 0 1 0	F=B	$F=A\overline{B}$ 加(A+B)	$F=A\overline{B}$ 加(A+B)加 1
	1 0 1 1	F=A+B	F=A+B	F=(A+B)加 1
	1 1 0 0	F=0	F=A 加 A^*	F=A 加 A 加 1
	1 1 0 1	$F=A\overline{B}$	F=AB 加 A	F=AB 加 A 加 1
	1 1 1 0	F=AB	$F=A\overline{B}$ 加 A	$F=A\overline{B}$ 加 A 加 1
	1 1 1 1	F=A	F=A	F=A 加 1

说明：(1) 表中算术运算操作是用补码表示法来完成的。其中“加”是指“算术加”,“减”是指“算术减”,运算时要考虑进位,而符号“+”是指“逻辑加”。

(2) * 表示每一位均移到下一位更高位,即 $A^*=2A$。

由图及表可知，74181 有两种工作方式：正逻辑和负逻辑。以正逻辑为例，$A_3 \sim A_0$ 和 $B_3 \sim B_0$ 是两个操作数，$F_3 \sim F_0$ 为输出结果；C_n 表示最低位的外来进位，低电平有效，即当 $C_n = 0$ 时代表有进位，反之当 $C_n = 1$ 时代表无进位；C_{n+4} 是 74181 向高位的进位（同样为低电平有效）；A=B 端为 1 表示两个操作数相同；P、G 为级联输出，可供并行进位使用；M 用于区别算术运算还是逻辑运算；$S_3 \sim S_0$ 的不同取值可实现不同的运算。例如，在正逻辑条件下，当 M=1 且 $S_3 \sim S_0 = 0110$ 时，74181 作逻辑运算 $A \oplus B$；而当 M=0 且 $S_3 \sim S_0 = 0110$ 时，74181 作算术运算：此时，若 $C_n = 1$（即最低位无进位），则完成 A 减 B 减 1 的操作；而若想完成 A 减 B 运算，可使 $C_n = 0$（即让最低位有进位）。这里需特别说明的是，74181 算术运算是用补码实现的，其中减数的反码是由内部电路形成的，而末位加"1"，则通过 $C_n = 0$ 来体现（在图 1.41(a)中，C_n 输入端处有一个小圈，意味着 C_n 反相后为 1）。尤其要注意的是，由于 ALU 为组合逻辑电路，所以在实际应用时，其输入端口 A 和 B 必须与锁存器相连，而且在运算过程中锁存器的内容是不变的；另外，其输出也必须送至寄存器中保存。

在微型计算机系统中，微处理器作为微机的运算和指挥控制中心，其内部基本结构总是由运算器、控制器和内部总线及缓冲器三大部分组成。其中，运算器的核心部件就是 ALU。图 1.42 给出了以算术逻辑单元（ALU）为基础，外加累加器（AC）、数据缓冲寄存器（MDR）和标志寄存器（FR）构成的一个最基本、最简单的运算器。图中，运算器和存储器之间通过一条双向数据总线进行联系。从存储器中读取的数据，可经过数据寄存器（MDR）、ALU 存放到 AC 中；AC 中的信息也可经过 MDR 存入主存中指定的单元。运算器可以将 AC 中的数据与主存某一单元的数据经 ALU 进行运算，并将结果暂存于 AC 中。标志寄存器 FR 则用来保存 ALU 运算结果的某些重要状态或特征，如结果是否为零、是否有进位或借位、是否产生溢出等。

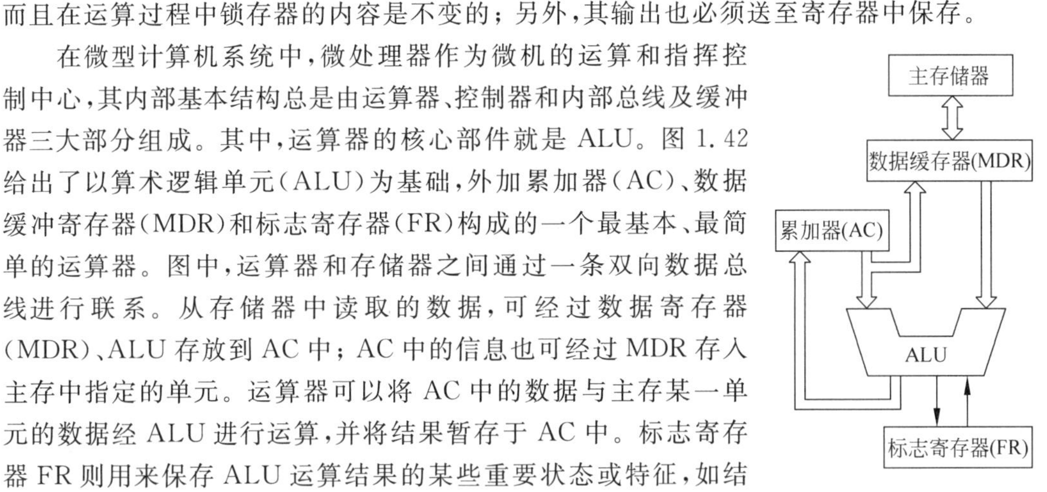

图 1.42 最简单的运算器

1.1.4 基本时序逻辑部件

1. 寄存器

寄存器是数字计算机和其他数字系统中常用的一类时序逻辑部件，主要用于寄存一组二值代码。因为一个触发器可存储一位二值代码，所以有多少位代码要存储，寄存器就必须有多少个触发器。可见，触发器组是寄存器的核心组成部分。除此之外，寄存器通常还应有由门电路组成的控制电路，用于控制寄存器的"接收"、"清零"、"保持"、"输出"等功能。

按照寄存数据的输入/输出方式不同，寄存器可分为并行输入-并行输出、串行输入-并行输出、并行输入-串行输出和串行输入-串行输出 4 种类型。其中，并行输入-并行输出的寄存器通常称为静态寄存器，简称寄存器；而其余三种输入输出形式的寄存器则统称为移位寄存器。实际的集成寄存器芯片，既有做成并入-并出静态寄存器的，也有做成左移、右移或双向移位的移位寄存器的，还有将并入-并出、串入-并出、并入-串出和串入-串出 4 种类型寄存器集于一身的。鉴于寄存器在计算机中应用极其广泛，所以下面介绍几种实际中应用较多的典型集成寄存器芯片及功能。

1) 典型集成(静态)寄存器

典型的集成(静态)寄存器芯片,TTL 集成电路有 74LS174、74LS175、74LS374、74LS378 等,COMS 集成电路有 4076、40174、74HC374 等。

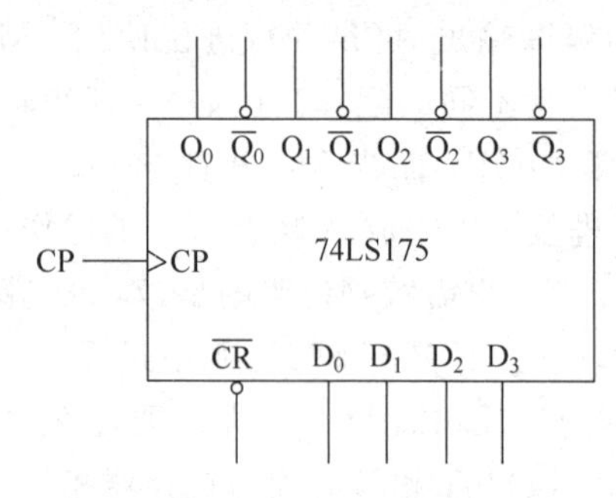

图 1.43　74LS175 的逻辑符号

图 1.43 给出了由 4 个上升沿触发的 D 触发器组成的四位集成寄存器 74LS175 的逻辑符号。图中,$\overline{CR}$为异步清零端,低电平有效;CP 为时钟输入端,上升沿触发有效。74LS175 的功能如表 1.23 所示。

由表 1.23 可知,当清零信号$\overline{CR}=0$时,寄存器实现异步清零;而当清零信号$\overline{CR}=1$时,若 CP 脉冲的上升沿到来,则从输入端 $D_0D_1D_2D_3$ 输入的四位数据将并行置入 $Q_0Q_1Q_2Q_3$,除此之外,寄存器中各触发器的状态将维持原态不变。另外,输出数据既可从寄存器的 $Q_0Q_1Q_2Q_3$ 端并行输出,也可从其反相端 $\overline{Q_0}\overline{Q_1}\overline{Q_2}\overline{Q_3}$ 并行输出。可见,74LS175 是一个具有异步清零、并入并出和状态保持等多功能的四位集成寄存器。

表 1.23　74LS175 的功能表

输入						输出								功能说明
CP	$\overline{CR}$	D_0	D_1	D_2	D_3	Q_0	Q_1	Q_2	Q_3	$\overline{Q_0}$	$\overline{Q_1}$	$\overline{Q_2}$	$\overline{Q_3}$	
×	0	×	×	×	×	0	0	0	0	1	1	1	1	异步清零
↑	1	d_0	d_1	d_2	d_3	d_0	d_1	d_2	d_3	$\overline{d_0}$	$\overline{d_1}$	$\overline{d_2}$	$\overline{d_3}$	并入并出
0	1	×	×	×	×	Q_0^n	Q_1^n	Q_2^n	Q_3^n	$\overline{Q_0^n}$	$\overline{Q_1^n}$	$\overline{Q_2^n}$	$\overline{Q_3^n}$	保持

2) 典型集成移位寄存器

集成移位寄存器种类繁多,其功能主要是从位数、输入方式、输出方式以及移位方式来进行考察。下面介绍几种典型的集成移位寄存器芯片。

(1) 8 位串入-并出移位寄存器 74LS164

74LS164 是一种串行输入-并行输出的 8 位移存器,其逻辑符号和功能表分别如图 1.44 和表 1.24 所示。图及表中,$\overline{R_D}$为异步清零端,低电平有效;CP 为时钟脉冲信号,上升沿触发有效;A、B 为串行数据输入端;$Q_A,Q_B,\cdots,Q_G$,Q_H 为并行输出端。由表 1.24 可知,当异步清零信号$\overline{R_D}=0$时,寄存器中所有触发器异步清零;当$\overline{R_D}=1$时,若 CP 脉冲的上升沿到来,则有 $Q_A^{n+1}=AB$,$Q_B^{n+1}=Q_A^n$,$Q_C^{n+1}=Q_B^n$,$Q_D^{n+1}=Q_C^n$,…,$Q_H^{n+1}=Q_G^n$,即实现串入-并出移位功能,除此之外,寄存器中各触发器的状态将维持原态不变。

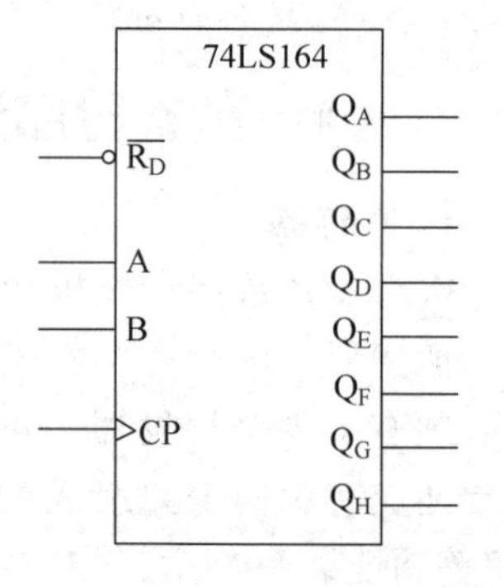

图 1.44　74LS164 的逻辑符号

(2) 4 位串/并入-串/并出移位寄存器 74LS195

74LS195 是由 4 个 D 触发器构成的串/并入-串/并出集成移位寄存器,其逻辑符号和功能表分别如图 1.45 和表 1.25 所示。图及表中,$\overline{CR}$为异步清零端,低电平有效;CP 为时钟脉冲信号,上升沿触发有效;J、$\overline{K}$ 为串行数据输入端;D_0、D_1、D_2、D_3 为并行数据输入端;Q_0、Q_1、Q_2、Q_3 为并行输出端,$\overline{Q_3}$ 为末级 Q_3 的反相端。另外,$SH/\overline{LD}$为移位/置入控制端。

表 1.24 74LS164 的功能表

输入				输出								功能说明
$\overline{R_D}$	CP	A	B	Q_A	Q_B	Q_C	Q_D	Q_E	Q_F	Q_G	Q_H	
0	×	×	×	0	0	0	0	0	0	0	0	异步清零
1	0	×	×	Q_A^n	Q_B^n	Q_C^n	Q_D^n	Q_E^n	Q_F^n	Q_G^n	Q_H^n	保持
1	↑	1	1	1	Q_A^n	Q_B^n	Q_C^n	Q_D^n	Q_E^n	Q_F^n	Q_G^n	串入并出
1	↑	0	×	0	Q_A^n	Q_B^n	Q_C^n	Q_D^n	Q_E^n	Q_F^n	Q_G^n	
1	↑	×	0	0	Q_A^n	Q_B^n	Q_C^n	Q_D^n	Q_E^n	Q_F^n	Q_G^n	

由表 1.25 可知，74LS195 的功能如下：

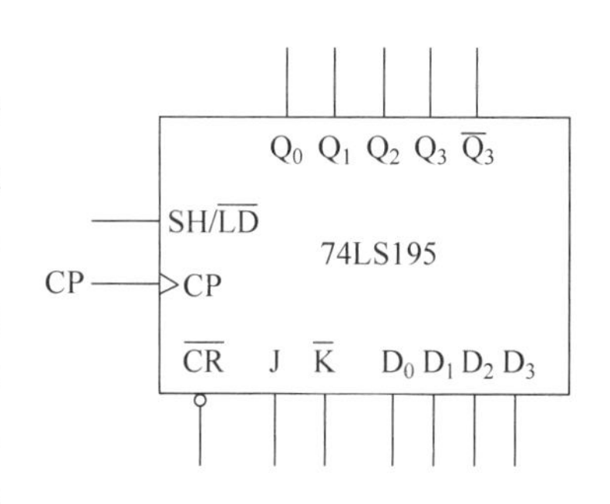

图 1.45 74LS195 的逻辑符号

当异步清零端$\overline{CR}=0$时，寄存器中所有触发器异步清零；当$\overline{CR}=1$时，若 SH/$\overline{LD}=0$(低电平)，则在 CP 脉冲的上升沿到来时，电路将实现并行输入功能，即将 $D_0 \sim D_3$ 输入的数据并行置入 $Q_0 \sim Q_3$；若 SH/$\overline{LD}=1$(高电平)，则在 CP 脉冲上升沿的作用下，电路将实现右移串入-串出或右移串入-并出操作，具体为：Q_0 按照 $Q_0^{n+1}=J\overline{Q}_0^n+\overline{K}Q_0^n$ 的规律接受 J、$\overline{K}$ 端的串行输入数据，与此同时还按 $Q_0 \to Q_1$，$Q_1 \to Q_2$，$Q_2 \to Q_3$ 的规律右移一次，而进入 $Q_0 \sim Q_3$ 的四位串行数据既可从 Q_3 端串行输出，也可从 $Q_0 \sim Q_3$ 的 4 个 Q 端并行输出，实现数据的串-并转换。

表 1.25 74LS195 的功能表

输入									输出					功能说明
$\overline{CR}$	SH/$\overline{LD}$	CP	J	$\overline{K}$	D_0	D_1	D_2	D_3	Q_0	Q_1	Q_2	Q_3	$\overline{Q}_3$	
0	×	×	×	×	×	×	×	×	0	0	0	0	1	异步清零
1	0	↑	×	×	d_0	d_1	d_2	d_3	d_0	d_1	d_2	d_3	$\overline{d}_3$	并入-并出
1	1	0	×	×	×	×	×	×	Q_0^n	Q_1^n	Q_2^n	Q_3^n	$\overline{Q}_3^n$	保持
1	1	↑	0	1	×	×	×	×	Q_0^n	Q_0^n	Q_1^n	Q_2^n	$\overline{Q}_2^n$	右移寄存 串行输入 并行或串行输出
1	1	↑	0	0	×	×	×	×	0	Q_0^n	Q_1^n	Q_2^n	$\overline{Q}_2^n$	
1	1	↑	1	1	×	×	×	×	1	Q_0^n	Q_1^n	Q_2^n	$\overline{Q}_2^n$	
1	1	↑	1	0	×	×	×	×	$\overline{Q}_0^n$	Q_0^n	Q_1^n	Q_2^n	$\overline{Q}_2^n$	

(3) 4 位多功能集成移位寄存器 74LS194

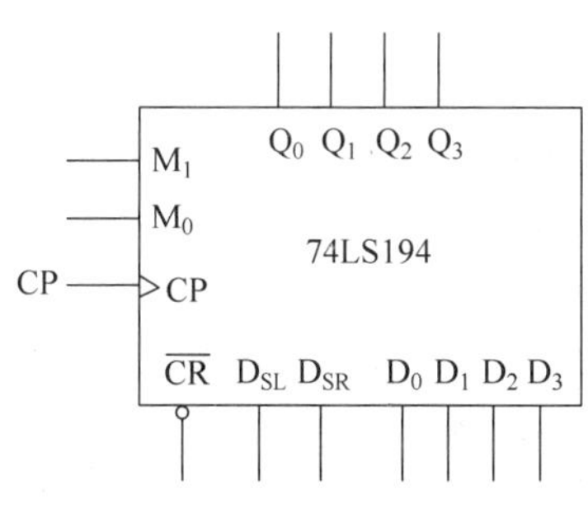

图 1.46 74LS194 的逻辑符号

74LS194 是一种具有异步清零、状态保持、右移、左移和同步置数(即并行输入)等综合功能的 4 位双向移位寄存器，其逻辑符号如图 1.46 所示。图中，$\overline{CR}$为异步清零端，低电平有效；CP 为时钟输入端，上升沿触发有效；M_1、M_0 为控制输入端，在$\overline{CR}=1$时，由 M_1M_0 可决定 74LS194 处于保持、右移、左移以及置数(同步预置)四种工作方式之一；D_{SR}为数据右移串行输入端，Q_3 为数据右移串行输出端；D_{SL}为数据左移串行输入端，Q_0 为数据左移串行输出端；D_0～D_3 为数据并行输入端，Q_0～Q_3 为数据并行输出端。

表 1.26 给出了 74LS194 的功能表。

表 1.26　74LS194 的功能表

输入(t_n)										输出(t_{n+1})				功能说明
清零	方式控制		时钟	串行输入		并行输入								
$\overline{CR}$	M_1	M_0	CP	D_{SL}	D_{SR}	D_0	D_1	D_2	D_3	Q_0	Q_1	Q_2	Q_3	
0	×	×	×	×	×	×	×	×	×	0	0	0	0	异步清零
1	×	×	0	×	×	×	×	×	×	Q_0^n	Q_1^n	Q_2^n	Q_3^n	保持
1	1	1	↑	×	×	d_0	d_1	d_2	d_3	d_0	d_1	d_2	d_3	置数，即并行输入
1	0	1	↑	×	1	×	×	×	×	1	Q_0^n	Q_1^n	Q_2^n	右移，D_{SR} 为串行输入，Q_3 为串行输出
1	0	1	↑	×	0	×	×	×	×	0	Q_0^n	Q_1^n	Q_2^n	
1	1	0	↑	1	×	×	×	×	×	Q_1^n	Q_2^n	Q_3^n	1	左移，D_{SL} 为串行输入，Q_0 为串行输出
1	1	0	↑	0	×	×	×	×	×	Q_1^n	Q_2^n	Q_3^n	0	
1	0	0	×	×	×	×	×	×	×	Q_0^n	Q_1^n	Q_2^n	Q_3^n	保持

2. 计数器

计数器是数字计算机和其他数字系统中使用最多的时序逻辑部件。计数器的分类方法较多，按计数脉冲触发方式可分为同步和异步两大类；按计数制可分为二进制和非二进制(包括十进制和任意进制)两类；按计数过程中数值的增减可分为加法、减法、可逆计数器；此外还有有权码、无权码、移位型等其他名称的计数器，而且这些分类又互相交叉，因而计数器的种类、名称较多。

在运行时，计数器经历的状态是有限的，并且是周期性循环的，表现为状态图一定有一个计数主循环，它包含的状态数也就是计数器的模，用 M 表示，如十进制计数器的模为 10($M=10$)，称为模 10 计数器。

计数器有时也叫分频器，虽然同是一个电路，但使用时是有区别的：分频器的时钟脉冲 CP 一定是周期性的信号，所以输出信号也是周期性的，输出信号的周期是输入信号周期的 M 倍，反过来输出信号的频率是输入信号频率的 M 分之一，这正是分频器得名的原因；计数器的时钟脉冲 CP 不一定是周期性的信号，可以是随机脉冲，称为计数脉冲，相应地输出信号也不一定是周期性的，计数器的工作目的是记录计数脉冲个数(递增或递减)以及产生溢出(进位或借位)信号。

下面介绍几种典型的集成计数器芯片。

1) 集成同步计数器

(1) 4 位同步二进制加法计数器 74LS161/74LS163

74LS161 是一种典型的常用中规模集成 4 位同步二进制加法计数器，它除了具有二进制加法计数的基本功能外，还增加了预置数、清零和保持等功能，其逻辑符号如图 1.47 所示。图中，$\overline{CR}$为异步清零端；$\overline{LD}$为同步预置数控制端，EP、ET 为工作状态控制端，D_0～D_3 为数据输入端，CO 为进位输出端。表 1.27 给出了 74LS161

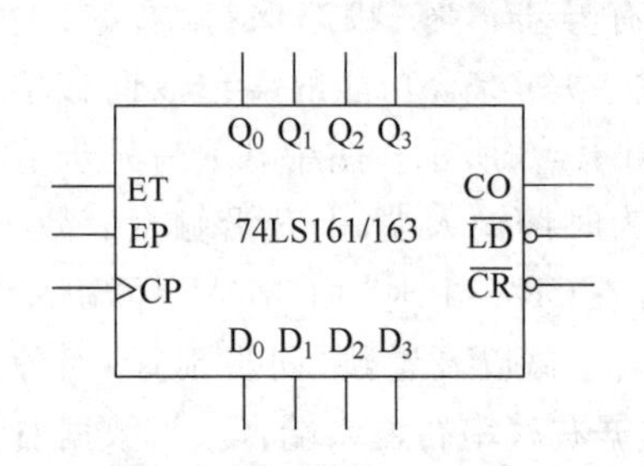

图 1.47　74LS161/163 的逻辑符号

的功能表。

表 1.27　74LS161 的功能表

输入									输出			
$\overline{CR}$	$\overline{LD}$	ET	EP	CP	D_0	D_1	D_2	D_3	Q_0	Q_1	Q_2	Q_3
0	×	×	×	×	×	×	×	×	0	0	0	0
1	0	×	×	↑	d_0	d_1	d_2	d_3	d_0	d_1	d_2	d_3
1	1	1	1	↑	×	×	×	×	模 16 加法计数			
1	1	×	0	×	×	×	×	×	保持			
1	1	0	×	×	×	×	×	×	触发器保持,CO=0			

与 74LS161 一样,74LS163 也是一种典型的中规模集成 4 位同步二进制加法计数器,其逻辑符号和功能表分别如图 1.47 和表 1.28 所示。

表 1.28　74LS163 的功能表

输入									输出			
$\overline{CR}$	$\overline{LD}$	ET	EP	CP	D_0	D_1	D_2	D_3	Q_0	Q_1	Q_2	Q_3
0	×	×	×	↑	×	×	×	×	0	0	0	0
1	0	×	×	↑	d_0	d_1	d_2	d_3	d_0	d_1	d_2	d_3
1	1	1	1	↑	×	×	×	×	模 16 加法计数			
1	1	×	0	×	×	×	×	×	保持			
1	1	0	×	×	×	×	×	×	触发器保持,CO=0			

由表 1.27 和表 1.28 可知,74LS163 和 74LS161 功能基本相同,唯一的区别为 74LS161 是异步清零,而 74LS163 是同步清零。

(2) 4 位同步二进制加/减可逆计数器 74LS191/74LS193

所谓可逆计数器,就是指既可进行加法计数又可进行减法计数的电路。集成可逆计数器有单时钟和双时钟两种形式。目前,较典型的单时钟同步二进制加/减可逆计数器为 74LS191 四位计数器,而较典型的双时钟同步二进制加/减可逆计数器为 74LS193 四位计数器。

图 1.48 给出了 74LS191 的逻辑符号,其相应的功能表如表 1.29 所示。图及表中,$\bar{S}$ 为计数器的允许输入端,当 $\bar{S}$ 为低电平时允许计数,而当 $\bar{S}$ 为高电平时计数器将保持原态;

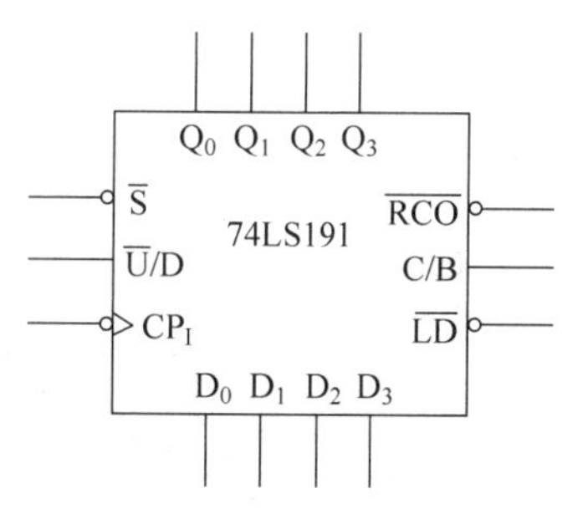

图 1.48　74LS191 的逻辑符号

表 1.29　74LS191 的功能表

CP_I	$\bar{S}$	$\overline{LD}$	$\overline{U}/D$	工作状态
×	1	1	×	保持
×	×	0	×	异步置数
↓	0	1	0	模 16 加法计数
↓	0	1	1	模 16 减法计数

$\overline{U}/D$ 为加/减计数选择输入端，当 $\overline{U}/D$ 为高电平时，将进行减法(DOWN)计数，而当 $\overline{U}/D$ 为低电平时，则进行加法(UP)计数；计数操作是 CP 脉冲下降沿触发；$\overline{LD}$为置数输入控制端，低电平时将 $D_0 \sim D_3$ 置入 $Q_0 \sim Q_3$，置入操作与 CP 无关，属异步置入功能。

另外，74LS191 有两个公共输出端：其一为 C/B，它在进行减法计数($\overline{U}/D=1$)时，若计数器内容为 0(CT=0)则输出借位信号 B=1；而在进行加法计数($\overline{U}/D=0$)时，若计数器内容为 15(CT=15)则输出进位信号 C=1。C/B 信号的输出有效宽度为 CP 脉冲的一个周期。其二为$\overline{RCO}$，它在 $\overline{S}=0$，CP=0，C/B=1 时，$\overline{RCO}=0$，其有效宽度为 CP 脉冲低电平的宽度。

图 1.49 给出了双时钟可逆计数器 74LS193 的逻辑符号，其相应的功能表如表 1.30 所示。

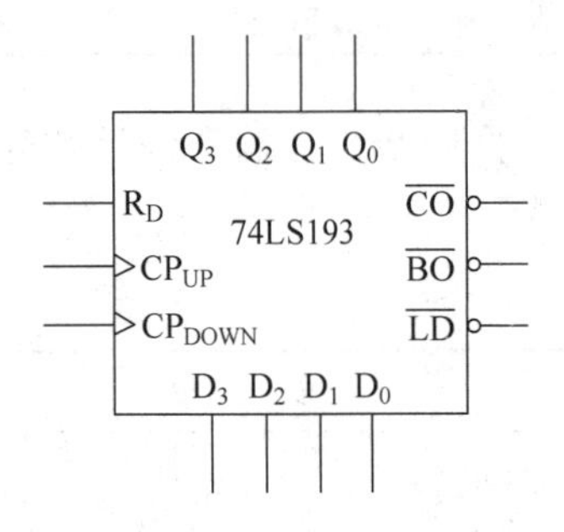

图 1.49　74LS193 的图形符号

表 1.30　74LS193 的功能表

CP_{UP}	CP_{DOWN}	R_D	$\overline{LD}$	工作状态
×	×	1	1	异步清零
×	×	0	0	异步置数
↑	1	0	1	模 16 加法计数
1	↑	0	1	模 16 减法计数

由表 1.30 可知，R_D 是异步清零端，高电平有效；$\overline{LD}$是异步置数端，低电平有效；还有，加/减计数是通过 CP 脉冲加在不同的输入端实现的，具体为：CP 脉冲加在 CP_{UP}端时进行加法计数(+)，加在 CP_{DOWN}端时进行减法计数(−)。另外，74LS193 有两个输出信号，即进位输出$\overline{CO}$和借位输出$\overline{BO}$。当 $CP_{UP}=0$ 且 $Q_3Q_2Q_1Q_0=1111$ 时，$\overline{CO}$输出为 0(用表达式形式可表示为$\overline{CO}=\overline{\overline{CP_{UP}} \cdot Q_3Q_2Q_1Q_0}$)；同理可知，当 $CP_{DOWN}=0$ 且 $Q_3Q_2Q_1Q_0=0000$ 时，$\overline{BO}$输出为 0(用表达式形式可表示为$\overline{BO}=\overline{\overline{CP_{DOWN}} \cdot \overline{Q_3}\,\overline{Q_2}\,\overline{Q_1}\,\overline{Q_0}}$)。

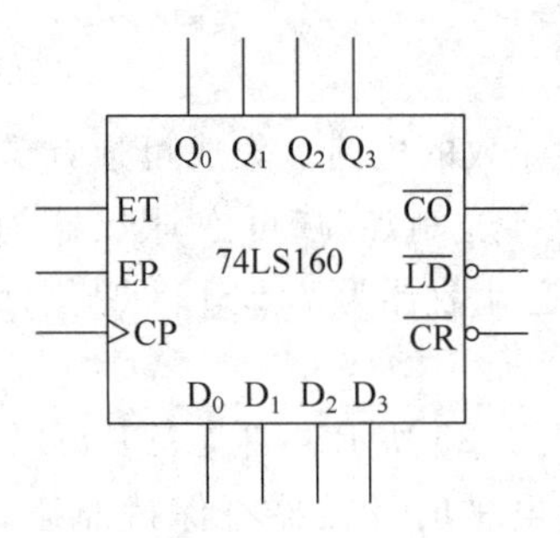

图 1.50　74LS160 的逻辑符号

(3) 同步十进制加法计数器 74LS160/74LS162

与 4 位同步二进制加法计数器芯片 74LS161 相对应，具有相同功能的中规模同步十进制加法计数器芯片为 74LS160，其逻辑符号和功能表分别如图 1.50 和表 1.31 所示。

表 1.31　74LS160 的功能表

输　入									输　出			
$\overline{CR}$	$\overline{LD}$	ET	EP	CP	D_0	D_1	D_2	D_3	Q_0	Q_1	Q_2	Q_3
0	×	×	×	×	×	×	×	×	0	0	0	0
1	0	×	×	↑	d_0	d_1	d_2	d_3	d_0	d_1	d_2	d_3
1	1	1	1	↑	×	×	×	×	模 10 加法计数			
1	1	×	0	×	×	×	×	×	保持			
1	1	0	×	×	×	×	×	×	触发器保持，CO=0			

由表 1.27 和表 1.31 不难看出，74LS160 的控制信号和控制方法也与 74LS161 完全相同，只是在$\overline{CR}=\overline{LD}=ET=EP=1$时，74LS160 在 CP 同步作用下进行模 10 计数。

与此相似，74LS162 是与 4 位同步二进制加法计数器芯片 74LS163 相对应的同步十进制加法计数器，其控制信号和控制方法也与 74LS163 完全相同。

(4) 同步十进制加/减可逆计数器 74LS190/74LS192

与二进制计数器一样，同步十进制计数器也有加/减可逆计数器，而且也有单时钟和双时钟两种结构形式，并都有定型的集成电路产品。如中规模芯片 74LS190 就属于单时钟同步十进制可逆计数器，其功能与前述的 74LS191 相对应；而属于双时钟类型的同步十进制可逆计数器有 74LS192，其功能与前述的 74LS193 相对应。74LS190 和 74LS192 的逻辑符号和功能表分别如图 1.51 和图 1.52、表 1.32 和表 1.33 所示。

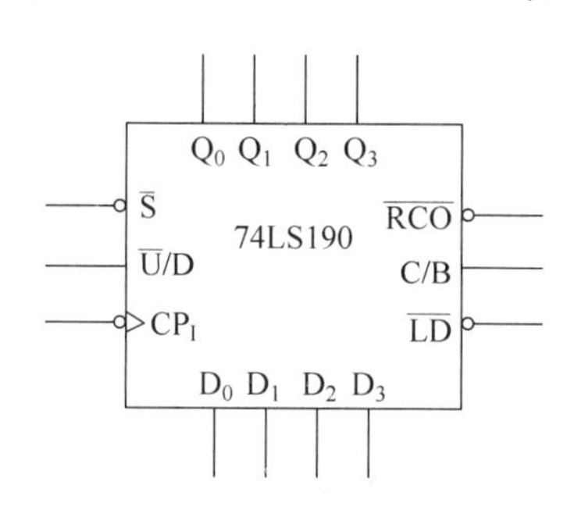

图 1.51　74LS190 的图形符号

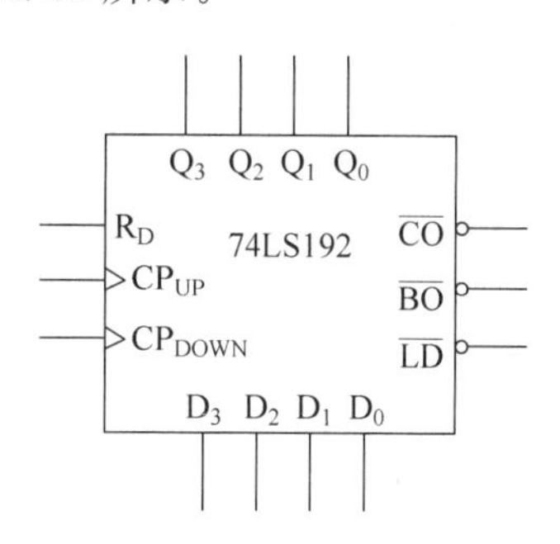

图 1.52　74LS192 的图形符号

表 1.32　74LS190 的功能表

CP_1	$\overline{S}$	$\overline{LD}$	$\overline{U}/D$	工作状态
×	1	1	×	保持
×	×	0	×	异步置数
↓	0	1	0	模 10 加法计数
↓	0	1	1	模 10 减法计数

表 1.33　74LS192 的功能表

CP_{UP}	CP_{DOWN}	R_D	$\overline{LD}$	工作状态
×	×	1	1	异步清零
×	×	0	0	异步置数
↑	1	0	1	模 10 加法计数
1	↑	0	1	模 10 减法计数

另外，属于单时钟类型的除 74LS190 外还有 74LS168、CC4510 等，属于双时钟类型的除 74LS192 外还有 CC40192 等。

2) 集成异步计数器

(1) 4 位异步二进制加法计数器 74LS293/74LS197

4 位异步二进制加法计数器 74LS293 又称二-八-十六进制计数器，其逻辑符号和功能表分别如图 1.53 和表 1.34 所示。图及表中，$R_{0(1)}$ 和 $R_{0(2)}$ 为两个异步清零端，高电平有效；CP_1 和CP_2 分别为二分频和八分频时钟输入端，下降沿触发有效；Q_3、Q_2、Q_1、Q_0 为输出端。

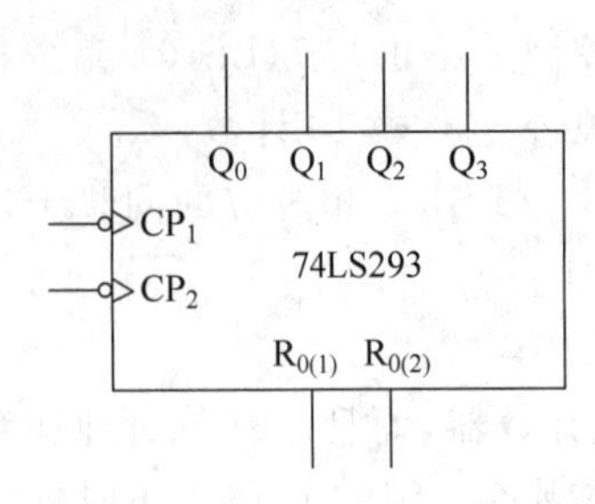

图 1.53　74LS293 的逻辑符号

表 1.34　74LS293 的功能表

输入				输出
$R_{0(1)}$	$R_{0(2)}$	CP_1	CP_2	Q_3　Q_2　Q_1　Q_0
1	1	×	×	0　0　0　0
$R_{0(1)} \cdot R_{0(2)}=0$		CP	0	二进制计数(Q_0 为输出)
		0	CP	八进制计数($Q_3Q_2Q_1$ 为输出)
		CP	Q_0	十六进制计数($Q_3Q_2Q_1Q_0$ 为输出)

由表 1.34 可以看出,当两个异步清零端 $R_{0(1)}$ 和 $R_{0(2)}$ 均为高电平时,不管时钟端CP_1 和 CP_2 状态如何,Q_3～Q_0 均被全部置零;而当 $R_{0(1)}$ 和 $R_{0(2)}$ 中有一个为低电平时,74LS293 将在CP_1、CP_2 脉冲下降沿的作用下进行计数操作。此时,若将计数脉冲加入CP_1,输出为 Q_0,则构成一个二进制计数器;若将计数脉冲加入CP_2,输出为$Q_3Q_2Q_1$,则构成一个 8 进制加法计数器;而若将计数脉冲加入CP_1,Q_0 信号接到CP_2,就组成了 4 位二进制计数器(输出为 $Q_3Q_2Q_1Q_0$),即十六进制计数器。

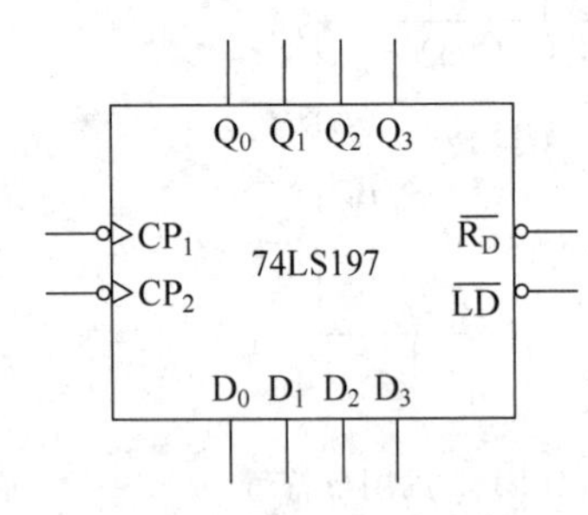

图 1.54　74LS197 的逻辑符号

与 74LS293 一样,74LS197 也是集成异步二-八-十六进制计数器,所不同的是 74LS197 增加了预置数功能,其逻辑符号和功能表分别如图 1.54 和表 1.35 所示。图及表中,D_0～D_3 为预置数据输入端,$\overline{LD}$为异步预置数控制端,低电平有效。

表 1.35　74LS197 功能表

输入								输出			
$\overline{R_D}$	$\overline{LD}$	CP_1	CP_2	D_3	D_2	D_1	D_0	Q_3	Q_2	Q_1	Q_0
0	×	×	×	×	×	×	×	0	0	0	0
1	0	×	×	d_3	d_2	d_1	d_0	d_3	d_2	d_1	d_0
1	1	CP	0	×	×	×	×	二进制计数(Q_0 为输出)			
1	1	0	CP	×	×	×	×	八进制计数($Q_3Q_2Q_1$ 为输出)			
1	1	CP	Q_0	×	×	×	×	十六进制计数($Q_3Q_2Q_1Q_0$ 为输出)			

(2) 异步十进制加法计数器 74LS290/74LS196

74LS290 是一种典型的常用二-五-十进制异步加法计数器,其逻辑符号和功能表分别如图 1.55 和表 1.36 所示。图及表中,$R_{0(1)}$ 和 $R_{0(2)}$ 为两个异步清零端,高电平有效;$S_{9(1)}$ 和 $S_{9(2)}$ 为两个异步置 9 端,高电平有效;CP_1 和 CP_2 分别为二分频和五分频时钟输入端,下降沿触发有效;Q_3、Q_2、Q_1、Q_0 为输出端。

由表 1.36 可以看出,当 $S_{9(1)} \cdot S_{9(2)}=0$ 时,若两个异步清零端 $R_{0(1)}$ 和 $R_{0(2)}$ 均为高电平,此时不管时钟端 CP_1 和 CP_2 状态如何,Q_3～Q_0 均被全部置零;而当 $R_{0(1)} \cdot R_{0(2)}=0$ 时,若两个异步置 9 端 $S_{9(1)}$、$S_{9(2)}$ 均为高电平,此时不管时钟端 CP1

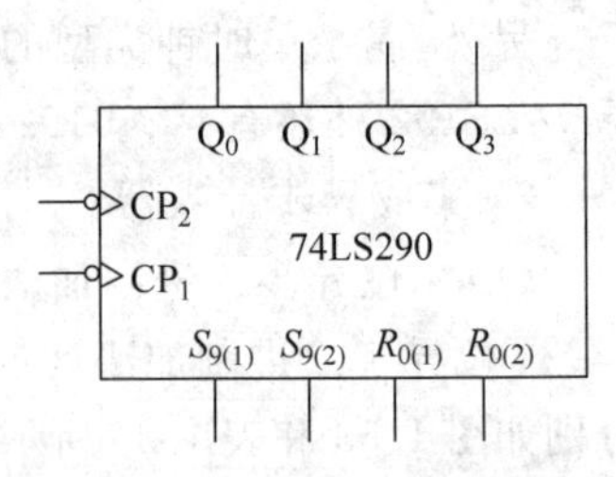

图 1.55　74LS290 的逻辑符号

和 CP2 状态如何，计数器状态均置为 9(即 $Q_3Q_2Q_1Q_0=1001$)；只有当 $S_{9(1)}\cdot S_{9(2)}=R_{0(1)}\cdot R_{0(2)}=0$ 时，74LS290 将在 CP_1、CP_2 脉冲下降沿的作用下进行计数操作。此时，若将计数脉冲加入 CP_1，输出为 Q_0，则构成一个二进制计数器；若将计数脉冲加入 CP_2，输出为 $Q_3Q_2Q_1$，则构成一个五进制加法计数器；而若将计数脉冲加入 CP_1，Q_0 信号接到 CP_2，就组成了一个 8421 码十进制计数器(输出为 $Q_3Q_2Q_1Q_0$)；若将计数脉冲加入 CP_2，Q_3 信号接到 CP_1，就组成了一个 5421 码十进制计数器(输出为 $Q_0Q_3Q_2Q_1$)。

表 1.36　74LS290 的功能表

输入						输出			
$R_{0(1)}$	$R_{0(2)}$	$S_{9(1)}$	$S_{9(2)}$	CP_1	CP_2	Q_3	Q_2	Q_1	Q_0
1	1	0	×	×	×	0	0	0	0
1	1	×	0	×	×	0	0	0	0
0	×	1	1	×	×	1	0	0	1
×	0	1	1	×	×	1	0	0	1
$R_{0(1)}\cdot R_{0(2)}=S_{9(1)}\cdot S_{9(2)}=0$				CP	0	二进制计数(Q_0 为输出)			
				0	CP	五进制计数($Q_3Q_2Q_1$ 为输出)			
				CP	Q_0	8421 码十进制计数($Q_3Q_2Q_1Q_0$ 为输出)			
				Q_3	CP	5421 码十进制计数($Q_0Q_3Q_2Q_1$ 为输出)			

与 74LS290 一样，74LS196 也是一种集成异步二-五-十进制计数器，其功能与前述的 74LS197 相对应。图 1.56 和表 1.37 分别给出了 74LS196 的逻辑符号和功能表。图及表中，$\overline{R_D}$ 为异步清零端，低电平有效；$\overline{LD}$ 为异步预置数控制端，低电平有效；CP_1 和 CP_2 分别为二分频和五分频时钟输入端，下降沿触发有效；$D_0D_1D_2D_3$ 为预置数据输入端，$Q_3Q_2Q_1Q_0$ 为输出端。

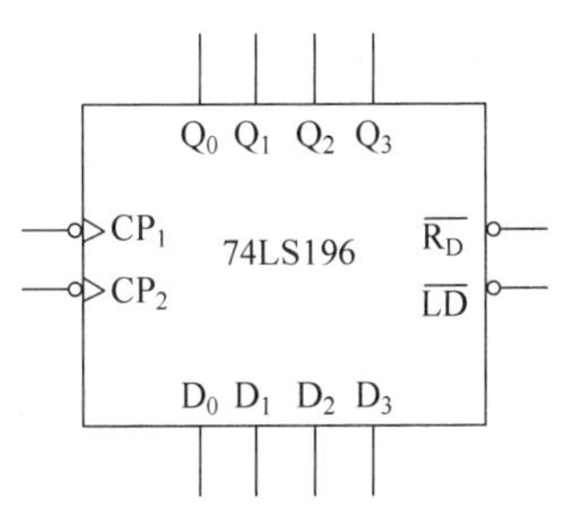

图 1.56　74LS196 的逻辑符号

综上所述，各种计数器的不同点主要表现在计数方式(同步计数或异步计数)、触发方式(上升沿或下降沿)、模及码制(自然二进制码或 BCD 码)、计数规律(加法计数或加/减计数)、预置方式(同步预置或异步预置)以及复位方式(异步复位或同步复位)等几个方面。据此，可归纳出表 1.38 所示的常用集成计数器一览表。

表 1.37　74LS196 功能表

输入								输出			
$\overline{R_D}$	$\overline{LD}$	CP_1	CP_2	D_3	D_2	D_1	D_0	Q_3	Q_2	Q_1	Q_0
0	×	×	×	×	×	×	×	0	0	0	0
1	0	×	×	d_3	d_2	d_1	d_0	d_3	d_2	d_1	d_0
1	1	CP	0	×	×	×	×	二进制计数(Q_0 为输出)			
1	1	0	CP	×	×	×	×	五进制计数($Q_3Q_2Q_1$ 为输出)			
1	1	CP	Q_0	×	×	×	×	8421 码十进制计数($Q_3Q_2Q_1Q_0$ 为输出)			
1	1	Q_3	CP	×	×	×	×	5421 码十进制计数($Q_0Q_3Q_2Q_1$ 为输出)			

表 1.38 常用集成计数器一览表

型号	计数方式	触发方式	模及码制	计数规律	预置	复位
74LS160	同步	上升沿	模 10,8421 码	加法	同步	异步
74LS161	同步	上升沿	模 16,二进制	加法	同步	异步
74LS162	同步	上升沿	模 10,8421 码	加法	同步	同步
74LS163	同步	上升沿	模 16,二进制	加法	同步	同步
74LS190	同步	下升沿	模 10,8421 码	单时钟,加/减	异步	无
74LS191	同步	下升沿	模 16,二进制	单时钟,加/减	异步	无
74LS192	同步	上升沿	模 10,8421 码	双时钟,加/减	异步	异步
74LS193	同步	上升沿	模 16,二进制	双时钟,加/减	异步	异步
74LS196	异步	下升沿	模二-五-十	加法	异步	异步
74LS197	异步	下升沿	模二-八-十六	加法	异步	异步
74LS290	异步	下升沿	模二-五-十	加法	异步	异步
74LS293	异步	下升沿	模二-八-十六	加法	无	异步

目前,在计算机及各种数字仪表中,计数器都得到了广泛的应用,它不仅可用来记录脉冲的个数,而且还大量用作分频、程序控制及逻辑控制等。

1.2 微型计算机系统的组织结构

1.2.1 冯·诺依曼结构

现在的微型计算机(microcomputer,简称微机)系统,从体系结构来看采用的基本上是计算机系统的经典结构——冯·诺依曼结构。这种结构的特点是:

(1) 计算机由运算器、控制器、存储器、输入设备和输出设备五大部分组成。

(2) 数据和程序以二进制代码形式不加区别地存放在同一个存储器中,存放位置由地址指定,地址码也为二进制形式。

(3) 控制器是根据存放在存储器中的指令序列即程序来工作的,并由一个程序计数器(即指令地址计数器)控制指令的执行。控制器具有判断能力,能根据计算结果选择不同的动作流程。

由此可见,任何一个微机系统都是由硬件和软件(程序)两大部分组成的,其中硬件又由运算器、控制器、存储器、输入设备和输出设备五部分组成。图 1.57 给出了具有这种结构特点的微机系统硬件结构框图。微处理器 MPU 中包含了上述的运算器和控制器,RAM 和 ROM 为存储器,I/O 接口及外设是输入、输出设备的总称,各组成部分之间通过地址总线

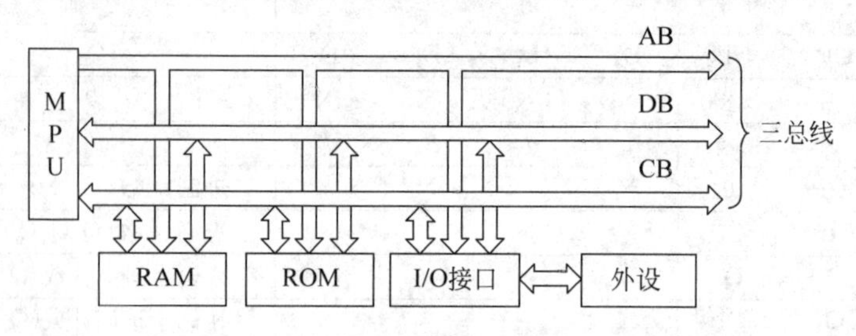

图 1.57 微机系统的硬件结构框图

AB、数据总线 DB、控制总线 CB 联系在一起。

冯·诺依曼结构计算机的核心思想是"存储程序"和"程序控制",即程序和数据统一存储并在程序控制下自动工作。冯·诺依曼结构的典型代表有 Intel 8086～80486、ARM7、MIPS 处理器等。

应当指出,计算机在运行时,处理器需要不断地从存储器(内存)中读取指令,并与存储器(内存)频繁进行数据交换。而在冯·诺依曼体系结构中,由于程序和数据不加区别地存放在同一个存储器中,程序指令存储地址和数据存储地址指向同一存储空间的不同物理位置,并经由同一总线传输(如图 1.58 所示),这就使程序指令的读取与数据的交换无法重叠执行,只能通过分时复用的方式进行,这种指令和数据共享同一总线的结构使得信息流的传输成为限制计算机性能的瓶颈,影响了数据处理速度的提高。为此,人们又提出了"哈佛结构",其目的就是为了缓解程序运行时的访存瓶颈问题,避免指令读取与数据交换的冲突。

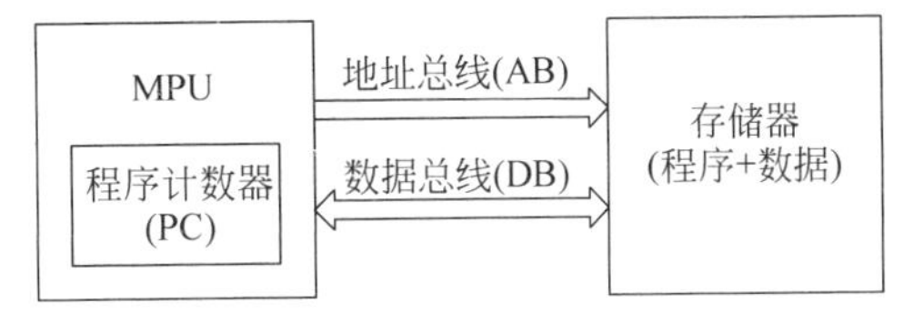

图 1.58 冯·诺依曼计算机的存储器结构图

1.2.2 哈佛结构

与冯·诺依曼体系结构不同,哈佛结构是一种并行体系结构。其主要特点有:

(1) 程序和数据分别存储在不同的存储空间,即程序存储器和数据存储器是两个独立的存储器模块,每个存储模块独立编址、独立访问,且都不允许程序与数据并存。

(2) 程序存储器和数据存储器采用独立的两套总线,即程序存储器总线和数据存储器总线分别作为微处理器与每个存储器模块之间的专用通信路径,这两套总线之间毫无关联,可以拥有不同的数据宽度。

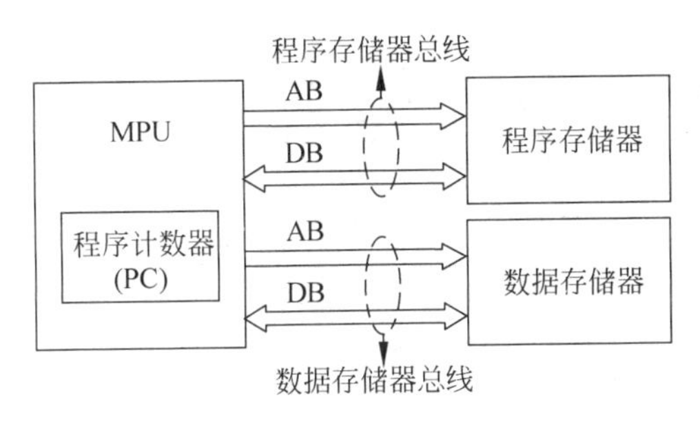

图 1.59 哈佛结构计算机的存储器结构图

哈佛结构的上述特点,使得取指令和存取数据分别经由不同的存储空间和不同的总线,如图 1.59 所示。这样,有利于缓解数据流传输的瓶颈,使得指令和数据能够同时访问,提高了 CPU 的执行速度和数据的吞吐率。目前,使用哈佛结构的中央处理器和微控制器有很多,如 Microchip 公司的 PIC 系列芯片、Motorola 公司的 MC68 系列、Zilog 公司的 Z8 系列、ATMEL 公司的 AVR 系列,以及 ARM 公司的 ARM9、ARM10 和 ARM11 等。

相对于大名鼎鼎的冯·诺依曼结构,哈佛结构的知名度显然逊色许多,但在嵌入式应用领域,哈佛结构却有着绝对的优势。哈佛结构与冯·诺依曼结构的最大区别在于:冯·诺依曼结构的计算机采用程序与数据的统一编址,而哈佛结构是两者独立编址,程序空间与数据空间完全分开。

在通用计算机系统中,应用软件的多样性使得计算机要不断地变化所执行代码的内容,并且频繁地对数据与代码占有的存储器进行重新分配。在这种情况下,冯·诺依曼结构占有绝对优势,因为统一编址可以最大限度地利用资源。相比之下,若采用哈佛结构的计算机,则会产生存储器资源利用效率不高的问题(理论上最大可达 50%的浪费),这显然是不合理的。而在嵌入式应用中,系统要执行的任务相对单一,程序一般是固化在硬件里。另外,嵌入式计算机在工作期间的绝大部分时间通常是无人值守的,一旦出现故障可能会导致灾难性的后果,这就决定了对嵌入式计算机常会有较高的可靠性要求。此时若采用冯·诺依曼结构的计算机,由于其程序空间不封闭,程序空间的数据在运行期间理论上可以被修改,而且程序一旦跑飞也有可能运行到数据区。相比之下,采用哈佛结构的计算机则不会发生代码段被改写的问题,另外程序只能在封闭的代码段中运行,不可能跑到数据区,这也使跑飞的概率减小并且跑飞后的行为有规律(数据区的数据是不断变化的,而代码区是不变的)。可见,相对于冯·诺依曼结构,哈佛结构更加适合于那些程序固化、任务相对简单的控制系统。当然,在嵌入式系统应用中,目前仍有大量的单片机还在沿用冯·诺依曼结构,如 TI 公司的 MSP430 系列、Freescale 公司的 HCS08 系列等。此时只需将其代码区和数据区在编译时一次性分配好即可,缺点是其灵活性得不到体现。

值得说明的是,为了充分利用冯·诺依曼结构和哈佛结构的优点,做到扬长避短、优势互补,目前大多数高档微型计算机内存仍采用程序与数据混合存放的模式,但在处理器内部却分别设立了指令高速缓冲存储器(即 L1 级指令 Cache)和数据高速缓冲存储器(即 L1 级数据 Cache),将程序和数据分开缓存,既避免了指令读取与数据交换的冲突,又使内存的利用效率处在比较高的水平。为了区别于上述传统的哈佛结构(即程序与数据绝对分开),通常将这种体系结构称为改进型哈佛结构。例如,从 Pentium 微型计算机开始,Intel 公司的微处理器大都采用了这种改进型的哈佛结构,有的还具有两级 Cache 结构,目前已出现了带有三级缓存的 CPU。各款微处理器的 Cache 配置情况如表 1.39 所示。

表 1.39 Intel 微处理器的 Cache 配置情况

微处理器类型	L1 级指令 Cache	L1 级数据 Cache	L2 级 Cache	L2 级 Cache 位置	L3 级 Cache
Pentium	8KB	8KB	256KB	主板	无
Pentium Pro	8KB	8KB	256KB~1MB	芯片封装内	无
Pentium Ⅱ	16KB	16KB	256KB~512KB	处理器插卡内	无
Pentium Ⅲ	16KB	16KB	256KB~2MB	芯片内	无
Pentium 4	TC,12~16Kμop	8~16KB	256KB~2MB	芯片内	可配置在主板上
Pentium M	32KB	32KB	1~2MB	芯片内	无
Core 核心	32KB	32KB	2MB,多核共享	芯片内	无
Core 2 核心	32KB	32KB	4MB,多核共享	芯片内	无
Core i 系列	32KB	32KB	256KB	芯片内	8MB,芯片内,多核共享

* TC(Trace Cache)意为"追踪缓存",μop 意为"微操作"。

1.2.3 三总线结构

综上所述,无论冯·诺依曼结构还是哈佛结构,任何一个计算机系统都是由硬件和软件(程序)两大部分组成的,其中硬件又由运算器、控制器、存储器、输入设备和输出设备五部分组成。由于其各大组成部分都是通过地址、数据、控制三大总线连成一个有机整体,所以常可总称为三总线结构,简称总线结构。采用总线结构,可使系统中所有模块间的相互依赖关系变成所有模块仅对总线的单向依赖关系,从而使微机的系统构造变得简单方便,并且具有更大的灵活性和更好的可扩展性、可维修性。

实际上,根据总线组织方法的不同,又可把总线结构分为单总线结构、双总线结构、多层总线结构三类。其中双总线结构又有面向 CPU 和面向存储器之分。各类总线结构各有其优缺点。早期的微机系统基本上是采用单总线结构,目前的高档微机系统特别是服务器工作站等多采用多层总线结构。

1.3 微机系统各大硬件组成部分的功能结构

微机系统的硬件组成主要有微处理器(MPU)、存储器、I/O 接口及设备、总线四大部分。

1.3.1 微处理器的功能结构

微处理器是微机的运算和指挥控制中心。不同型号的微机,其性能的差别首先在于其微处理器性能的不同,而微处理器性能又与它的内部结构、硬件配置有关。每种微处理器有其特有的指令系统,但无论哪种微处理器,其内部基本结构总是相同的,都有控制器、运算器和内部总线及缓冲器三大部分,每部分又各由一些基本逻辑部件组成,如图 1.60 所示。该图所示的结构是以单总线为基础的,其各基本部件的功能如下所述。

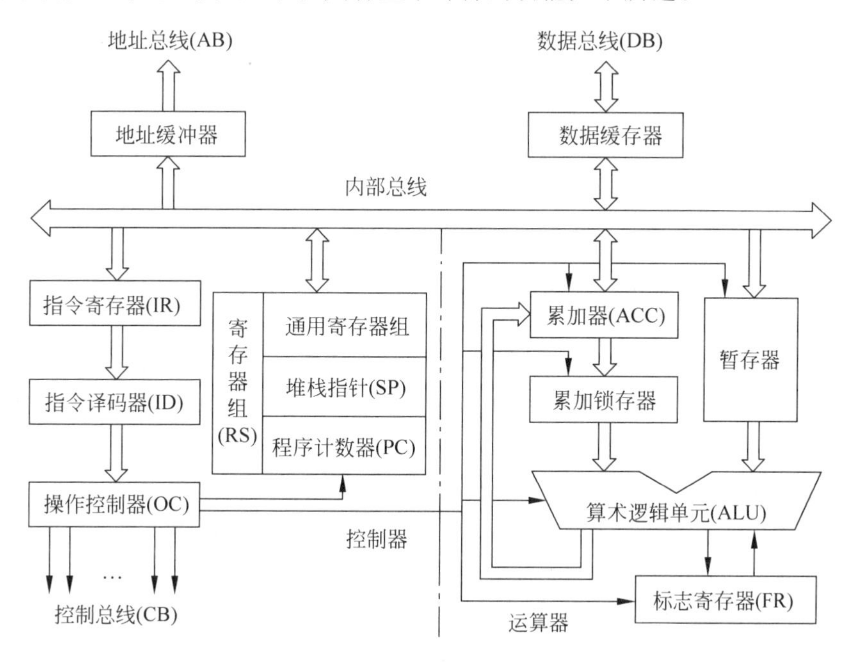

图 1.60 微处理器典型结构示意图

1. 算术逻辑单元(ALU)

算术逻辑单元(arithmetic logic unit,ALU)是运算器的核心。它是以全加器为基础,辅之以移位寄存器及相应控制逻辑组合而成的电路,在控制信号的作用下可完成加、减、乘、除等算术运算和各种逻辑运算。

2. 累加器(A)、累加锁存器和暂存器

累加器(accumulator)通常简称为 A,它实际上是通用寄存器中的一个。由于它总是提供送入 ALU 的两个运算操作数之一，且运算后的结果又总是送回它之中，这就决定了它与 ALU 的联系特别紧密，因而把它和 ALU 一起归入运算器中，而不归在通用寄存器组中。

累加锁存器的作用是防止 ALU 的输出通过累加器 A 直接反馈到 ALU 的输入端。

暂存器的作用与累加器 A 有点相似，都是用于保存操作数，只是操作结果只保存于累加器 A，而不保存到暂存器中。

3. 标志寄存器(FR)

标志寄存器(flags register，FR)用于寄存 ALU 操作结果的某些重要状态或特征，如是否溢出、是否为零、是否为负、是否有进位、是否有偶数个"1"等。每种状态或特征用一位标志。由于 ALU 的操作结果存放在累加器 A 中，因而 FR 也反映了累加器 A 中所存放数据的特征。FR 中的状态标志常为 CPU 执行后续指令时所用，例如根据某种状态标志来决定程序是顺序执行还是跳转执行。

在 80386/80486 等处理器中，FR 除存放状态标志外，还存放控制处理器工作方式的控制标志和系统标志。

4. 寄存器组(RS)

寄存器组(register set 或 registers，RS)实质上是微处理器的内部 RAM，因受芯片面积和集成度所限，其容量不可能很大，因而寄存器数目不可能很多。寄存器组可分为专用寄存器和通用寄存器。专用寄存器的作用是固定的，图 1.60 中的堆栈指针 SP、程序计数器 PC、标志寄存器 FR 等即为专用寄存器。通用寄存器可由程序员规定其用途。通用寄存器的数目及位数因微处理器而异，如 8086 有 AX、BX、CX、DX、BP、SP、SI、DI 共 8 个 16 位通用寄存器，80386、80486 和 Pentium 有 EAX、EBX、ECX、EDX、ESI、EDI、EBP、ESP 共 8 个 32 位通用寄存器。由于有了这些寄存器，在需要重复使用某些操作数或中间结果时，就可将它们暂时存放在寄存器中，以避免对存储器的频繁访问，从而缩短指令长度和指令执行时间，加快 CPU 的运算处理速度，同时也给编程带来方便。

除了上述两类程序员可用的寄存器外，微处理器中还有一些不能直接为程序员所用的寄存器，如前述累加锁存器、暂存器和后面将讲到的指令寄存器等，它们仅受内部定时与控制逻辑的控制。

5. 堆栈和堆栈指针(SP)

在计算机中广泛使用堆栈作为数据的一种暂存结构。堆栈由栈区和堆栈指针构成。栈区是一组按先进后出(FILO)或后进先出(LIFO)方式工作的寄存器或存储单元，用于存放数据。当它由微处理器内部的寄存器组构成时，叫硬件堆栈；当它由软件在内存中开辟的一个特定 RAM 区构成时，叫软件堆栈。目前绝大多数微处理器都支持软件堆栈。

堆栈指针 SP(stack pointer)是用来指示栈顶地址的寄存器，用于自动管理栈区，指示当前数据存入或取出的位置。在堆栈操作中，将数据存入栈区称为"压入"(PUSH)；从栈区中取出数据称为"弹出"(POP)。无论是压入还是弹出，只能在栈顶进行。每当压入或是弹出一个堆栈元素，堆栈指针均会自动修改，以便自动跟踪栈顶位置。

SP 的初值是由程序员设定的。一旦设定初值后，便意味着栈底在内存储器中的位置已经确定，此后 SP 的内容即栈顶位置便由 CPU 自动管理。随着堆栈操作的进行，SP 值会自动变化，其变化方向因栈区的编址方式而异。栈区的编址方式有向下增长型和向上增长型两种。在 Intel 系列微处理器中，采用的是向下增长型堆栈，即将新数据压入堆栈时，SP 自动减量，向上浮动而指向新的栈顶；当数据从栈中弹出时，SP 自动增量，向下浮动而指向新的栈顶。对于向上增长型堆栈则相反。

堆栈主要用于中断处理与过程（子程序）调用。以后将会看到，堆栈的“先进后出”操作方式给中断处理和子程序调用/返回（特别是多重中断与多重调用）带来了很大方便。

6. 程序计数器（PC）

程序计数器 PC（program counter）用于存放下一条要执行的指令的地址码。程序中的各条指令一般是按执行的顺序存放在存储器中的。开始时，PC 中的地址码为该程序第一条指令所在的地址编号。在顺序执行指令的情况下，每取出指令的一个字节（通常微处理器的指令长度是不等的，有的只有一个字节，有的是两个或更多个字节），PC 的内容自动加 1，于是当从存储器取完一条指令的所有字节时，PC 中存放的是下一条指令的首地址。若要改变程序的正常执行顺序，就必须把新的目标地址装入 PC，这称为程序发生了转移。指令系统中有一些指令用来控制程序的转移，称为转移指令。

可见，PC 是维持微处理器有序地执行程序的关键性寄存器，是任何微处理器都不可缺少的。

也有一些微处理器（如 80x86 系列的 MPU），不是用一个 PC 来直接指示下一条待执行指令的地址，而是用代码段寄存器（CS）和指令指针寄存器（IP/EIP）通过内部的转换来间接给出待执行指令的地址。

7. 指令寄存器（IR）、指令译码器（ID）和操作控制器（OC）

指令寄存器 IR（instruction register）、指令译码器 ID（instruction decoder）、操作控制器 OC（operation controller）这三个部件是整个微处理器的指挥控制中心，对协调整个微机有序工作极为重要。微处理器根据用户预先编好的程序，依次从存储器中取出各条指令，放在指令寄存器 IR 中，通过指令译码器 ID 分析确定应该进行什么操作，然后通过操作控制器 OC，按确定的时序，向 MPU 内外相应的部件发出控制信号。操作控制器 OC 中主要包括有节拍脉冲发生器、控制矩阵、时钟脉冲发生器、复位电路和启停电路等控制逻辑。

这三个部件对微处理器设计人员来说是关键，但微处理器用户却可以不必过多关心。

1.3.2 存储器的功能结构

存储器又称为内存或主存，是微机的存储和记忆部件，用以存放数据（包括原始数据、中间结果和最终结果）和程序。微机的内存都是采用半导体器件来存储信息。存储器最基本的存储单位为存储元，一个存储元存储 1 位信息（即 1b，可以是 0 或 1）。CPU 每次访问内存所能访问到的所有存储元的集合，构成一个存储单元（又称内存单元）。图 1.61 给出了内存储器的功能结构示意图。

1. 内存单元的地址和内容

内存中存放的数据和程序，从形式上看都是二进制数。内存是由一个个内存单元组成的，每一个内存单元中一般存放一个字节（byte，1B＝8b）的二进制信息。内存单元的总数目称为内存容量，通常以 KB、MB 或 GB 为单位。1KB＝1024B，1MB＝1024KB，1GB＝1024MB。存储容量越大，表示计算机记忆存储的信息就越多。

微机通过给各个内存单元规定不同地址来管理内存。这样，CPU 便能识别不同的内存

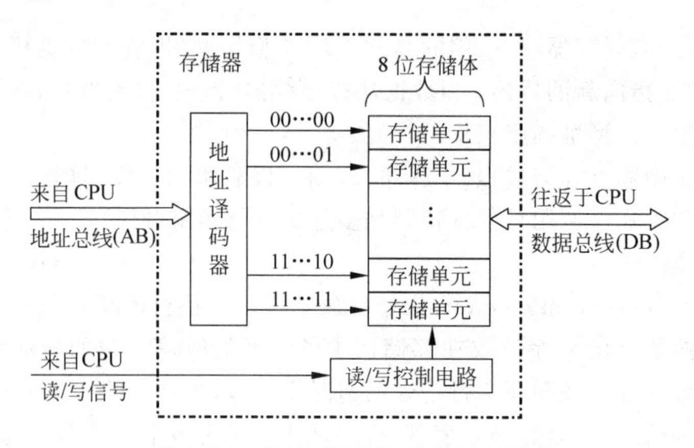

图 1.61 内存储器的功能结构示意图

单元，正确地对它们进行操作。注意，内存单元的地址和内存单元的内容是两个完全不同的概念，两者不可混淆。图 1.62 给出了这两个概念的示意图。

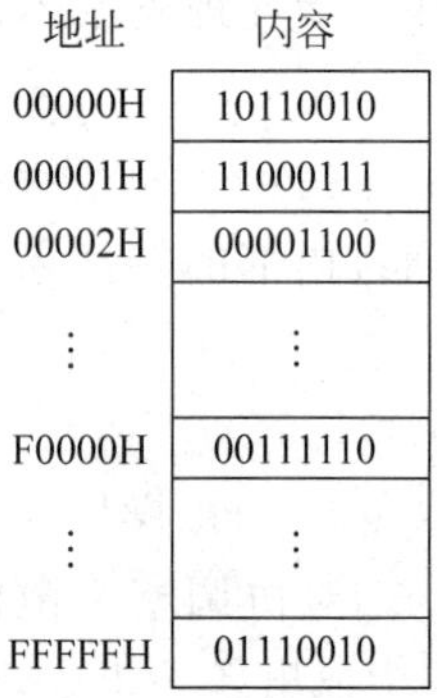

地址	内容
00000H	10110010
00001H	11000111
00002H	00001100
⋮	⋮
F0000H	00111110
⋮	⋮
FFFFFH	01110010

图 1.62 内存单元的地址和内容

2. 内存操作

CPU 对内存的操作有读、写两种。读操作是 CPU 将内存单元的内容取入 CPU 内部，而写操作是 CPU 将其内部信息传送到内存单元保存起来。

CPU 从内存读出信息的操作过程如图 1.63(a)所示。假定 CPU 要读出内存中 08H 单元的内容 10001001(即 89H)，则有：①CPU 的地址寄存器 AR 先给出地址 08H 并把它放到地址总线(AB)上，经地址译码器译码选中 08H 单元；②CPU 发出“读”控制信号给存储器，指示它准备把被寻址的 08H 单元中的内容 89H 放到数据总线(DB)上；③在读控制信号的作用下，存储器将 08H 单元中的内容 89H 放到数据总线上，经它送至数据寄存器 DR，然后由 CPU 取走该内容作为所需要的信息使用。

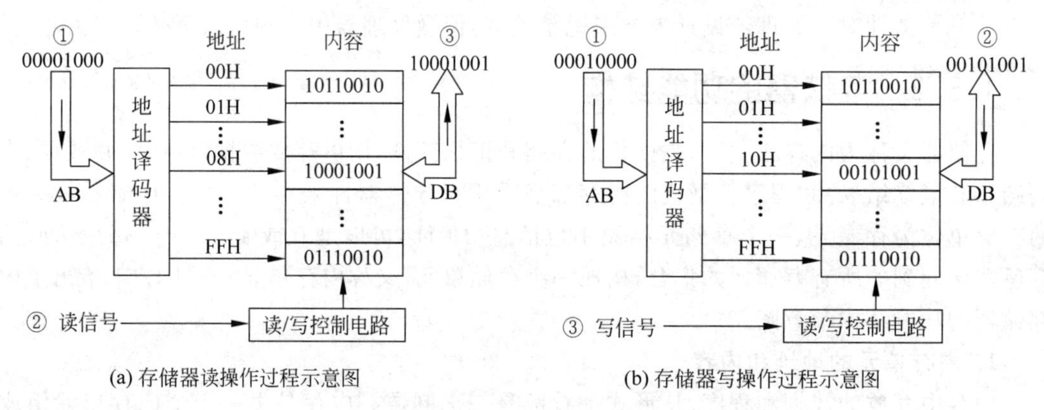

(a) 存储器读操作过程示意图　　(b) 存储器写操作过程示意图

图 1.63 存储器读/写操作过程示意图

CPU 向内存写入信息的操作过程如图 1.63(b)所示。假定 CPU 要把数据寄存器 DR 中的内容 00101001(即 29H)写入内存中 10H 单元，则有：①CPU 的地址寄存器 AR 先把地址 10H 放到地址总线(AB)上，经地址译码器译码选中 10H 单元；②CPU 把数据寄存器

DR 中的内容 29H 放到数据总线上；③CPU 向存储器发出“写”控制信号，在该信号控制下，将内容 29H 写入被寻址的 10H 单元。

应当指出，存储器写操作将会改变被写单元的内容，而读操作则不改变被读单元中原有内容。

3. 内存分类

按工作方式不同，内存可分为两大类：随机存储器(random access memory，RAM)和只读存储器(read only memory，ROM)。

RAM 可以被 CPU 随机地读和写，所以又称为读/写存储器。这种存储器用于存放用户装入的程序、数据及部分系统信息。当机器断电后，所存信息消失。

ROM 中的信息只能被 CPU 随机读取，而不能由 CPU 任意写入。机器断电后，信息并不丢失。所以，这种存储器主要用来存放各种程序，如汇编程序、各种高级语言解释或编译程序、监控程序、基本 I/O 程序等标准子程序，也用来存放各种常用数据和表格等。ROM 中的内容一般是由生产厂家或用户使用专用设备写入固化的。

有关存储器的详细内容将在本书第 5 章中详细叙述。

1.3.3　I/O 设备及接口的功能结构

1. I/O 设备与 I/O 接口

再好的微机，如果不配上一定的外部设备，不构成一个以它为核心的微机系统，其强大的功能和优越的性能将无法显示出来，因而也就不具有实用价值。其道理是显然的。首先，任何计算机必须有一条接收程序和数据的通道，才能接收外界的信息来进行处理，这就必须有输入设备，如键盘、操纵杆、鼠标器、光笔、触摸屏、扫描仪等。而处理的结果还必须送回给要求进行信息处理的人或设备，才能为人或设备所利用，这就必须有输出设备，如显示器、打印机、绘图仪、记录仪等。更进一步，为了将计算机应用于数据采集、参数检测和实时控制等领域，必须向计算机输入反映测控对象的状态和变化的信息，经过 CPU 处理后，再向控制对象输出控制信息。这些输入信息和输出信息的表现形式是千差万别、千姿百态的，可能是开关量、数字量，也可能是各种不同性质的模拟量，如温度、湿度、压力、流量、长度、刚度、浓度等，因此，需要把各种传感器和执行机构与微处理器或微机连接起来。这些传感器和执行机构也属于外部设备。

由此可见，为了完成一定的实际任务，微机都必须与各种外部设备相联系，与它们交换信息。而微机与外部设备间交换的信息通常不仅类型和格式可能不一样，而且信号传输的速度也往往不匹配，信号时序有很大差别，因此必须在它们之间提供一个称之为“接口”的电路来进行缓冲和协调，使微机能对外部设备进行检测与控制，从而与它们正确交换信息。也就是说，I/O 接口是任何微机应用系统必不可少的重要组成部分。各种型号、档次的 PC 机(从 PC/XT 到 PC/AT，从 80386/80486 系统到 Pentium 系统)，除主板和机箱背板上安装了一些连接基本 I/O 设备的接口(包括电路和连接器)外，还提供了若干 I/O 扩充槽，它们也是为插入连接 I/O 设备的接口电路板以扩展系统功能而预留的。

2. 接口的基本功能与典型结构

接口的种类很多，作用各异，连接的外设更是千差万别，与外设通信的方式也不一样。但无论哪种接口，其基本功能和基本结构是相似的。

任何接口电路，基本功能有三个：

(1) 作为微机与外设传递数据的缓冲站，即数据缓冲功能；

(2) 准确寻找与微机交换数据的外设，即寻址功能；

(3) 正确控制微机与外设间交换数据的方向，即输入/输出功能。

换言之，也就是完成微机的数据、地址、控制三总线和外设信号线之间的转换与连接任务。与上述三个基本功能相对应，作为接口电路，必须包含以下三种基本逻辑部件。

1) 数据缓冲寄存器

数据缓冲寄存器常被简称为数据缓存器，甚至缓存器。它分为输入数据缓存器和输出数据缓存器两种。前者的作用是将外设送来的数据暂时存放，以便处理器将它取走；后者的作用是用来暂时存放处理器送往外设的数据。有了数据缓存器，就可以在高速工作的MPU与慢速工作的外设之间起协调、缓冲作用，实现数据传送的同步。由于输入缓存器的输出是接在数据总线上的，所以为了避免总线冲突，它必须有三态输出功能。

2) 寄存器地址译码器

它用于正确选择接口电路内部各寄存器，保证一个寄存器一般唯一地对应一个地址码，以便处理器正确无误地与指定外设交换信息，完成规定的I/O操作。

3) 读/写控制逻辑

它用于产生内部读/写控制信号，控制接口中各寄存器的数据传送方向。

当然，有些比较复杂的接口，为了增强功能和适应不同I/O同步控制方式的需要，往往还要在上述基本结构的基础上再引入一些别的逻辑电路，常见的有以下几种。

4) 控制寄存器

它用于存放处理器发来的控制命令和其他信息，以确定接口电路的工作方式和功能。由于现在的接口芯片大都具有可编程的特点，即可通过编程来选择或改变其工作方式和功能，这样，一个接口芯片就相当于具有多种不同的工作方式和功能，使用起来十分灵活、方便。控制寄存器一般是写寄存器，其内容只能由处理器写入，而不能读出。

5) 状态寄存器

它用于保存外设现行各种状态信息。它的内容可以被处理器读出，从而使处理器了解外设状况及数据传送过程中正在发生或最近已经发生的事情，供处理器做出正确的判断，使它能安全可靠地与接口完成交换数据的各种操作。特别当CPU以程序查询方式同外设交换数据时，状态寄存器更是必不可少的。CPU通过查询外设的忙/闲、良好/故障、就绪/不就绪等状态，才能正确地与之交换信息。一般状态寄存器为读寄存器，其内容只能由CPU读出，而不能写入。

6) 数据总线和地址总线缓冲器

它用于实现接口芯片内部信号线和处理器外部总线或微机系统总线之间的匹配连接。

7) 对外联络控制逻辑

它用于产生/接收MPU和外设之间数据传送的同步信号。这些联络握手信号包括微处理器一边的中断请求和响应、总线请求和响应，以及外设一边的准备就绪和选通等控制与应答信号。

综上所述，一般接口电路的典型功能结构如图1.64所示。其中输入/输出数据缓存器、内部寄存器地址译码器和读/写控制逻辑是任何接口必不可少的，至于其他部分是否需要，则取决于接口功能的复杂程度和I/O操作的同步控制方式等。

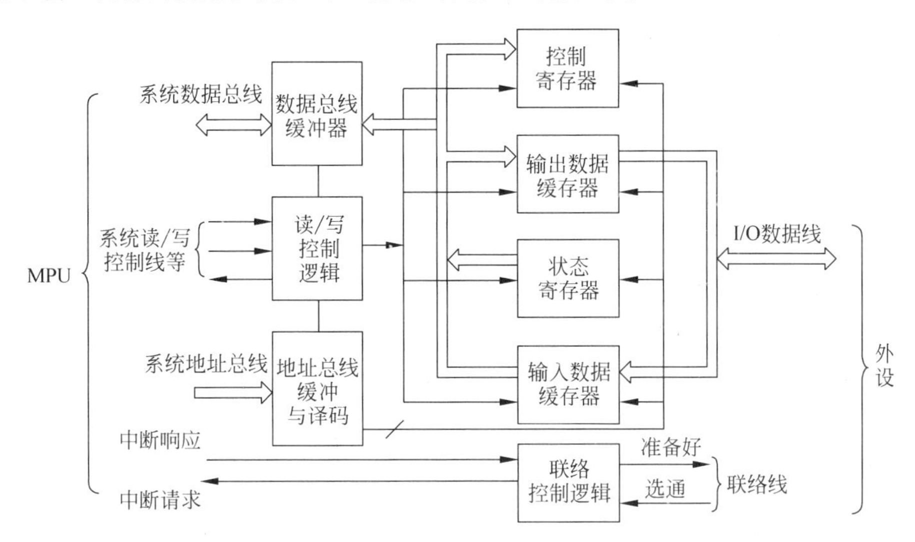

图1.64　接口电路典型功能结构框图

一般把接口中可被CPU读/写的寄存器称为I/O端口。I/O端口实际上就相当于一个很小的存储器，每个I/O端口和每个存储单元一样，对应着一个唯一的地址。端口寄存器的全部或部分端口线被连接到外设上，通常作为数据传输线，当然有时也可作为状态/控制线。

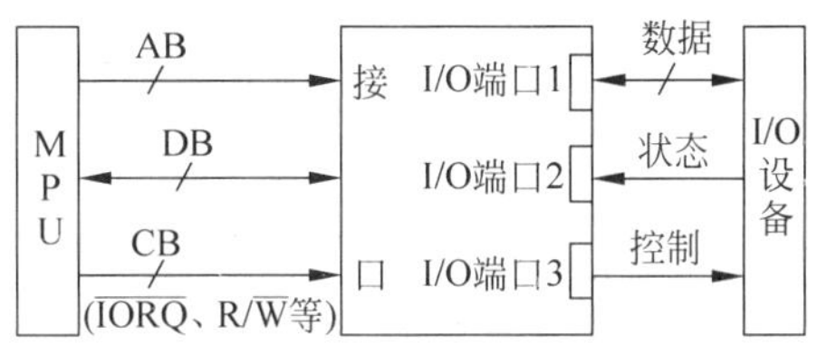

图1.65　I/O端口示意图

通常所谓的I/O操作，是指I/O端口操作，而不是I/O设备操作，即MPU访问的是与I/O设备相连的I/O端口，而不是笼统的I/O设备，如图1.65所示。

1.3.4　总线的功能结构

总线实际上是一组导线，是各种公共信号线的集合，用于作为微机系统中所有各组成部分传输信息共同使用的“公路”。

总线按其传输信号的性质不同分为地址总线(address bus，AB)、数据总线(data bus，DB)和控制总线(control bus，CB)三类，也即通常所说的三总线。地址总线AB用于传送CPU发出的地址信息，是单向总线。传送地址信息的目的是指明与CPU交换信息的内存单元或I/O设备。数据总线DB用来传输数据信息，是双向总线。CPU既可通过DB从内存或输入设备读入数据，又可通过DB将内部数据送至内存或输出设备。控制总线CB用来传送控制信号、时序信号和状态信息等，其中有的是CPU向内存和外设发出的，有的则是内存或外设向CPU发出的。可见，CB中每一根线的方向是一定的、单向的，但作为一个整体则是双向的，所以在各种结构框图中，凡涉及控制总线CB，均以双向线表示。

根据总线组织方法的不同，可把总线结构分为单总线、双总线、多层总线三种类型。

1. 单总线结构

图1.66(a)所示的是单总线结构。在单总线结构中，系统存储器M和I/O设备(通过

I/O 接口)使用同一条信息通路,因而微处理器 MPU 对存储器 M 和 I/O 接口的读/写只能分时进行,不允许同时进行,这就使信息传送的吞吐量受到限制。图 1.57 所示的实际上就是这种结构。由于单总线的逻辑结构简单,成本低廉,实现容易,因此大部分中低档微机采用这种结构。

2. 双总线结构

图 1.66(b)是双总线结构的示意图。存储器 M 和 I/O 设备(通过 I/O 接口)各自具有到 MPU 的总线通路,这种结构的 MPU 可以分别在两套总线上同时与 M 和 I/O 接口交换信息,相当于展宽了总线带宽,提高了总线的数据传输速率。目前有的单片机和高档微机就是采用这种结构。不过在这种结构中,MPU 要同时管理与 M 和 I/O 的通信,这势必会加重 MPU 在管理方面的负担。为此,现在通常采用专门的 I/O 处理芯片即所谓的智能 I/O 接口,来履行 I/O 管理任务,以减轻 MPU 的负担。

3. 多层总线结构

图 1.66(c)所示的是双层总线结构。在这种结构中,MPU 通常通过局部总线访问局部 M 和局部 I/O,这时的工作方式与单总线情况是一样的。当某微处理器需要对全局 M 和全局 I/O 访问时,必须由总线控制逻辑统一安排才能进行,这时该微处理器就是系统的主控设备。要是图中的 DMA 控制器成为系统的主控设备,全局 I/O 和全局 M 之间便可利用系统总线进行 DMA 操作;与此同时,微处理器可以通过局部总线对局部 M 或局部 I/O 进行访问。显然,这种结构可以实现双层总线上并行工作,并且对等效总线带宽的增加、系统数

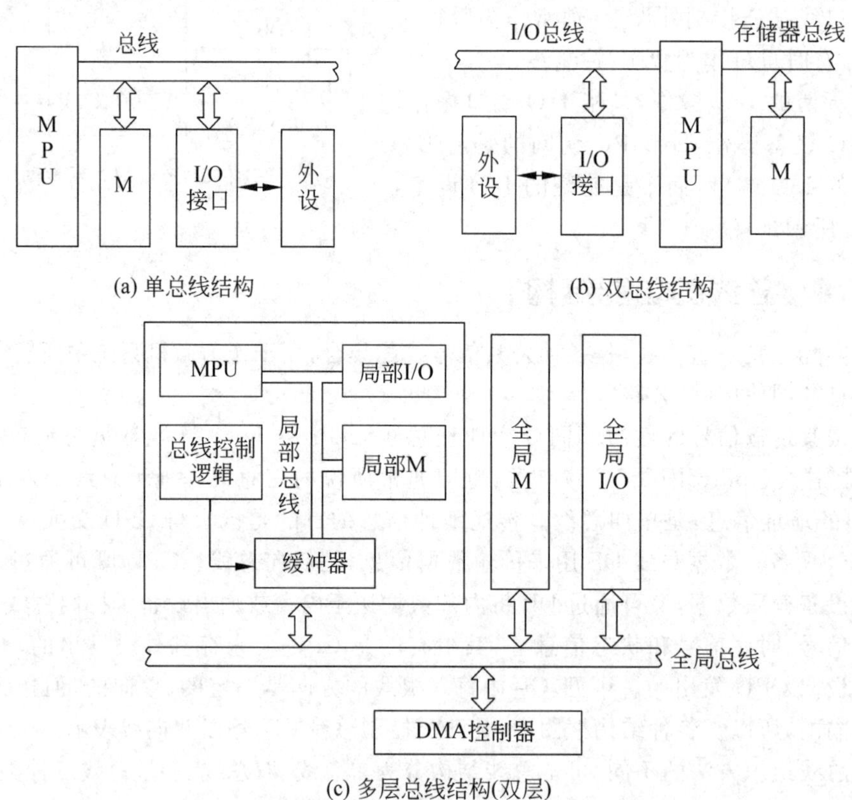

(a) 单总线结构

(b) 双总线结构

(c) 多层总线结构(双层)

图 1.66 微机系统的三种总线结构

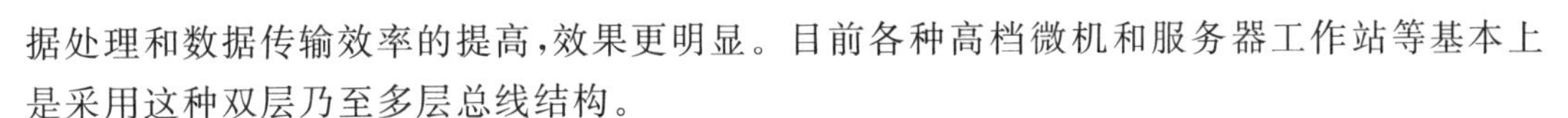

据处理和数据传输效率的提高，效果更明显。目前各种高档微机和服务器工作站等基本上是采用这种双层乃至多层总线结构。

无论上述哪种类型的总线结构，就总线中的每根线而言，与信息源模块(发送端)是通过三态电路或OC(对TTL电路)/漏极开路门(对MOS电路)电路相连的；与信息目的模块(接收端)是通过三态电路相连的。

1.4　目前主流微机系统的硬件配置与主板结构

目前市场上的主流微机系统是以Intel公司的80x86系列微处理器为CPU的微机系统，通常称为PC系列机系统。PC系列机经历了IBM PC、PC/XT、PC/AT及其兼容机以及386、486、Pentium、Core 2、Core i等发展阶段。IBM PC和PC/XT分别使用8086和8088(准8086)CPU以及1MB的内存，只支持单任务的操作系统。PC/AT使用80286 CPU，可配8MB的内存，支持多任务多用户操作系统。PC/386和PC/486分别采用80386和80486作CPU，内存物理地址空间可达4GB，支持多任务多用户操作系统。Pentium系列微机则是采用Pentium/Pentium MMX/Pentium Pro/Pentium Ⅱ/Pentium Ⅲ，以及Pentium 4/ Pentium D/ Pentium EE等作CPU，其运算速度和功能、性能比PC/386、PC/486机又有很大提高，其体系结构也有了很大发展。特别是进入Pentium 4时代，微型计算机的系统结构出现了一系列变化，首先是Prescott核心的Pentium 4处理器采用了超线程技术，之后出现的Pentium D/Pentium EE，以及Intel Core Duo (第三代Pentium M)等处理器均采用了双核技术，使微处理器进入了多线程处理阶段。其次，总线出现了串行化的发展趋势，串行PCI总线(PCI express，PCI-E)和串行ATA(SATA)总线相继出现，使总线的线数减少，但数据传输速度却有了很大提升。微处理器性能的提高和总线形式的变化使得主板芯片组的结构也有了相应的变化。然而，Intel公司最先推出的Pentium D/Pentium EE双核处理器设计实际上并不完善，它们是在不改变集成电路集成度的条件下，通过在一个硅片上集成了两个相对独立的Prescott核心的Pentium 4处理器核，两个处理器核各有1MB的L2-Cache，共同分享同一个前端总线(FSB)的带宽。由于两个核之间没有直接沟通的桥梁，加上FSB设计是单向存取，所以芯片内部的两个处理器核只能通过北桥芯片组的转接，利用存储器交换数据，这势必影响了两个处理器核并行处理数据的能力。另外，Pentium D双核处理器的两个核均不支持超线程方式，故芯片只能同时执行两个线程。而Pentium EE的每个核心均支持超线程方式工作，芯片可以同时执行4个线程。Pentium D和Pentium EE的结构如图1.67所示。Intel推出真正意义上的双核处理器是采用Yonah核心的第三代Pentium M处理器芯片(Pentium M的设计初衷主要用于移动计算机系统)。Yonah核心的处理器有单核和双核两种，单核处理器称为Intel Core Solo，双核处理器称为Intel Core Duo(主流产品)。Yonah核心的双核处理器结构如图1.68所示。由图可知，Yonah核心的双核处理器芯片中的2MB L2-Cache由两个处理器核共享，两个处理器核可通过芯片内部的L2-Cache交换数据，实现了Intel真正意义上的双核处理器。由于Yonah核心微处理器首次使用了Core(酷睿)一词作为产品名称，因此也被称为酷睿第一代，但其核心仍称为Yonah，属于Pentium M处理器系列。

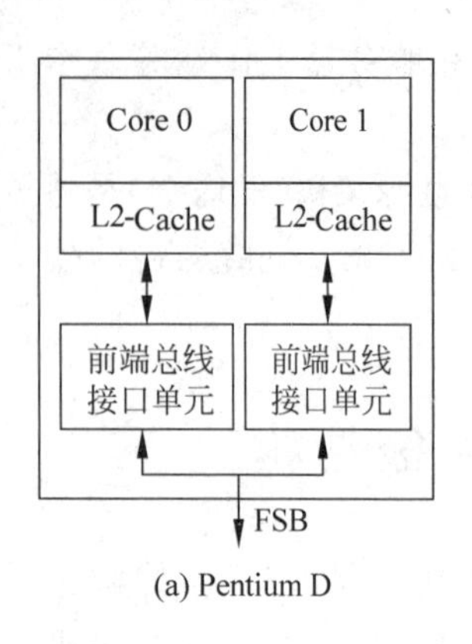

(a) Pentium D

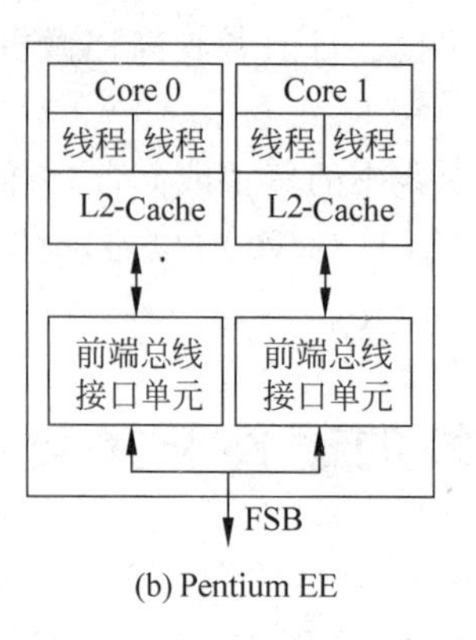

(b) Pentium EE

图 1.67　Pentium D 和 Pentium EE 双核处理器结构

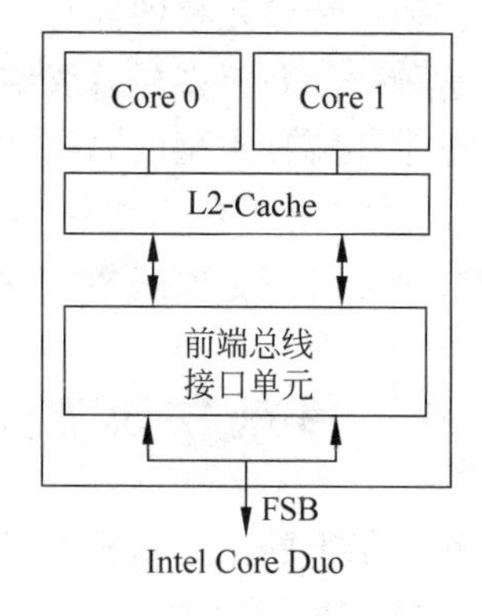

Intel Core Duo

图 1.68　Yonah 核心双核处理器结构

Core 2 微机系统是采用 Core 核心架构的 Core 2 多核处理器作 CPU。Core 核心架构是在 Yonah 核心的基础上,继承了 Pentium M 处理器的设计思想,并进行了一定的拓展而发展起来的新一代处理器通用架构。由于此前 Yonah 核心的 Pentium M 处理器已称为酷睿一代,因此基于 Core 核心架构的双核微处理器称为 Core 2 Duo,也称为酷睿二代,但其实际上是采用 Core 核心架构的第一代产品。Core 2 处理器包括 Core 2 Duo(酷睿 2 双核,Duo 代表多核)、Core 2 Extreme(Core 2 双核至尊版)、Core 2 Quad(酷睿 2 四核,以 Q 开头)、Core 2 Quad Extreme(Core 2 四核至尊版,以 QX 开头)等多个系列。

Core i 微机系统是采用 Intel 最新的 Core i 家族处理器作 CPU。Core i 家族分为低、中、高、至尊版 4 个系列,分别为 Core i3、Core i5、Core i7 和 Core i7 Extreme Edition(至尊版),用于满足 4 个级别的用户。Core i 家族的研发采用了交替推进的 Tick-Tock 钟摆模式,即处理器每两年进行一次架构大变动:"Tick"年实现制作工艺进步,"Tock"年实现架构更新。按此规律 Intel 先后推出了基于 45nm 制程的 Nehalem 微架构/Bloomfield 核心的 Core i7 9××系列处理器以及基于 Nehalem 微架构/Lynnfield 核心的 Core i7 8××和 Core i5 7××系列处理器、基于 32nm 制程的 Westmere 微架构/Clarkdale 核心的 Core i5 6××和 Core i3 5××系列处理器以及基于 Westmere 微架构/Gulftown 核心的 Core i7 9××系列处理器。以上处理器称为 Core i7/i5/i3 的第一代处理器。2011 年初,Intel 发布了基于 32nm 制程 SandyBridge 微架构的 Core i7/i5/i3 处理器,使 Core i7/i5/i3 处理器产品进入了第二代。

1.4.1 主流系统硬件配置

长期以来,微机系统根据机箱结构形式的不同,出现了台式机、立式机、便携机(笔记本型/膝上型/掌上型)等多种系统结构形式。从外部来看,这些结构形式的微机系统都是由主机箱、键盘和显示器等基本部分组成。近年来又出现了一种台式一体化机,将主机箱和显示器集于一体。无论哪种结构形式的微机系统,其基本硬件配置大体都包括以下一些设备部件:

(1) 主板。也叫母板或系统板。这是微机系统的主体和核心,上面有 CPU、存储器、各种 I/O 接口和系统扩展总线等。

(2) 彩色显示器。

(3) 标准键盘。

(4) 鼠标。

(5) 硬盘驱动器。

(6) 光盘驱动器。

(7) 开关电源(200～300W)。

有的系统可能还有软盘驱动器。在高档微机系统中,除了这些基本配置外,还常常具有一些其他配置,以扩展系统的功能,如打印机、扫描仪、磁带机、网络通信设备、多媒体设备等。

配置中的各种 I/O 设备都是通过相关 I/O 适配器控制的。这些 I/O 适配器可能位于主板上,也可能位于专用适配卡或多功能卡上。主板及其各种 I/O 适配卡(插在主板上的扩展总线插槽中)、硬盘、软盘、光盘驱动器,以及开关电源等,安装在主机箱中。

将系统中各部分组装起来的系统结构,随着微机系统的发展变化,先后出现过 ISA、EISA、ISA/VL、EISA/PCI、ISA/PCI、PCI、PCI/AGP、PCI/PCI-E 等多种总线结构。

1.4.2 主板结构及其芯片组

1. 主板结构

主板是微机的灵魂,上面安装了组成微机的一些主要电路,包括 CPU、存储器、高速缓存器、控制芯片组、各种开关/跳线器和总线扩展槽等。微机性能的好坏与主板的设计和工艺有很大关系,所以从微机诞生的那天起,无论生产厂家还是用户,都十分重视主板的体系结构和加工质量。

微机主板的体系结构是随着微机系统总线技术的发展而发展的,所以微机主板的发展史实质上就是一部总线发展史。而总线技术又是随着微处理器字长的不断增长和 CPU 主频的不断提高而发展的。因此,PC 系列微机的主板,从基于 8086 的 PC 机和基于 8088 的 PC/XT 机以来,先后经历了 XT 总线主板、AT 总线主板(又称 ISA 总线主板)、EISA 主板、ISA/VL 主板、EISA/PCI 主板、ISA/PCI 主板、PCI/AGP 主板和 PCI/PCI-E 主板等发展阶段。

就主板的组成和安装结构而言,主要有 AT 主板、ATX 主板和 BTX 主板三大类。其中,AT 主板沿袭了 PC/AT 机的传统设计方法,弊端较多,目前很少见到。ATX(AT extended)主板针对 AT 主板的缺陷,在横向尺寸加宽、软盘/硬盘控制器连线缩短、CPU 与主存储器安装位置调整、电源管理功能增强和同步晶体时钟发生器引入等方面作了改进性设计,成为目前最广泛的工业标准。ATX 的扩展插槽较多,PCI 插槽数量在 4～6 个,大多数主板都采用此结构。ATX 主板有标准 ATX 板和 Micro ATX 板之分。标准 ATX 主板俗称“大板”,Micro ATX 主板俗称“小板”,两者在结构布局上没什么不同,差别仅在于 Micro ATX 主板比标准 ATX 主板减少了部分总线扩展插槽,因而尺寸较小,生产成本较低。另外,在一些品牌机(尤其是 IBM、HP 等国外品牌机)和服务器/工作站中,还使用了一些 ATX 的变种结构,如 LPX、NLX、Flex ATX、EATX 和 WATX 等。

BTX(balanced technology extended,平衡技术扩展结构)主板是 ATX 主板的改进型,同时也是 Intel 推出的新型主板架构。与 ATX 相比,BTX 在散热方面更加注重整体效果,其改进之处主要包括:使用了窄板设计(low-profile),使部件布局更加紧凑;针对机箱内外气流的运动特性,对主板上各主要元件的排放位置及高度、主板定位螺钉安装孔位置和后面板形式等进行了重新设计;采用了更加科学的模块管理模式,根据 CPU、南北桥芯片及 I/O 接口、内存及电源、扩展槽等不同元部件发热量的不同,将整个 BTX 架构划分成 A、B、C、D 四个区等。这样的优化设计使得计算机的散热性能和效率更高，噪声更小，主板的安装拆卸也变得更加简便。为了满足不同的需求，BTX 还推出了多种派生版本，根据板型宽度不同可分为标准 BTX(325.12mm)、Micro BTX(264.16mm)、支持窄板设计的 Pico BTX(203.20mm)，以及针对服务器的 Extended BTX 等。然而，尽管 BTX 规范的推出在当时得到许多整机厂商(如戴尔、惠普等)的全力支持，但在市场上并未获得广大消费者的青睐。其中的缘由很复杂，但最根本的原因在于 ATX 架构太过成熟，市场占有率太过庞大，厂商及用户认知太过广泛，所以 Intel 想要推动 BTX 架构取代 ATX 架构的工作可谓难上加难。再加之由于 CPU 制程的飞速提升，微处理器核心发热得到了很好的控制，因此 BTX 架构所引以为傲的散热问题便没有了优势。另外，将 ATX 标准全盘更换到 BTX 标准，整个 PC 产业的换代成本太过高昂，因此 BTX 架构并没能复制当年 ATX 架构取代 AT 架构那样的成功，后来也就渐渐地淡出了人们的视线。2006 年，Intel 宣布放弃 BTX 架构规格，至此 ATX 架构依旧统治市场，并一直延续到现在。

下面着重对 ATX 主板的结构作一简介。图 1.69 所示为 ATX 主板的典型结构，其中图 1.69(b)为图 1.69(a)中 I/O 接口部分的正视图。

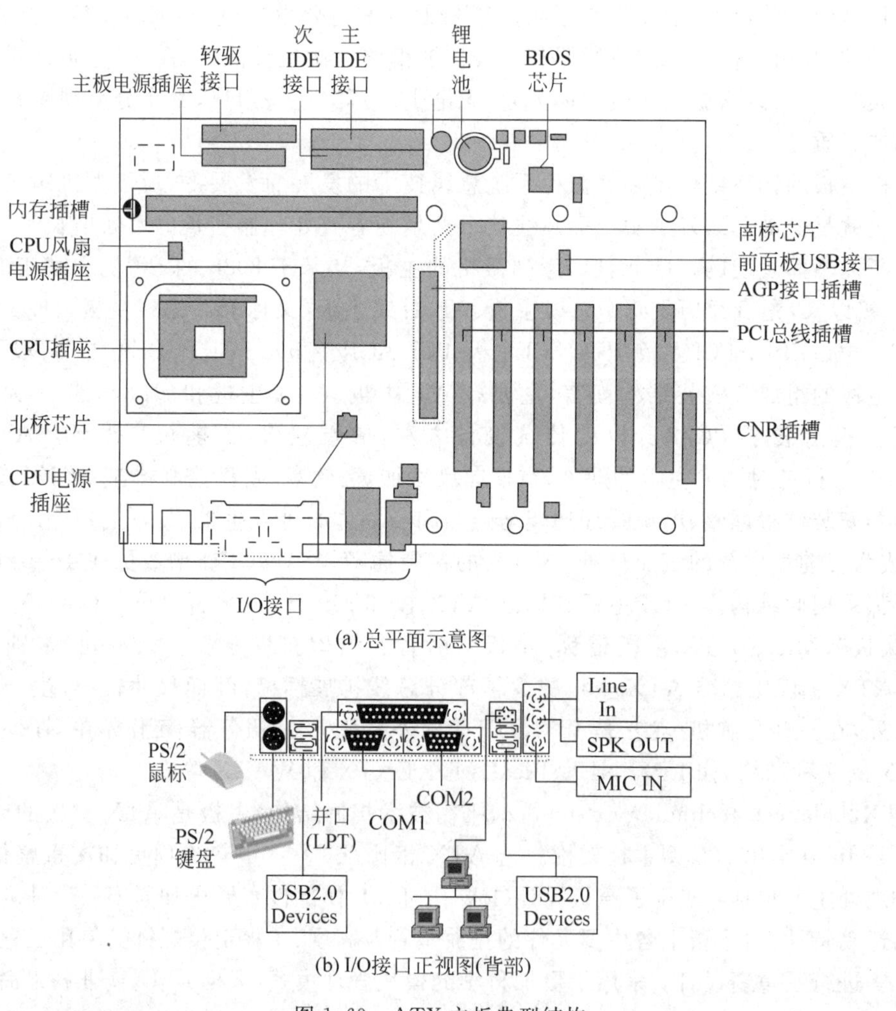

图 1.69 ATX 主板典型结构

1) CPU 插座

主板上 CPU 插座的结构取决于 CPU 的封装形式。现在主流产品都已采用了 Socket 架构,而曾经盛行一时的 Slot 架构产品已经退出市场。Socket 结构是一种方形多针、零插拔力的插座,插座的边上有根拉杆。这种结构的 CPU 安装简单、省力,抬起它的拉杆,就可以轻松安装和卸除 CPU,按下拉杆,CPU 就被牢牢固定在上面。Socket 架构插座都含有 CPU 定位标记,在 CPU 的对应角也有一个标记,安装时只要将两者的定位标记对准,就可以顺利插接,否则是插不进去的。

Socket 架构的应用由来已久,Socket 标准也从最初的 Socket 1/2/3/4/5/6/7 发展到 Super Socket 7、Socket 8、Socket 370/423/478、Socket462/754/940/939,直至目前主流 Intel 酷睿 CPU 使用的 LGA 775、LGA 1366、LGA 1156 和 AMD 系列 CPU 使用的 Socket AM2、Socket AM2+、Socket AM3 等。

(1) Socket LGA775/LGA1366/LGA 1156 接口插座

Intel LGA(land grid array,栅格阵列封装)775 又称为 Socket T,它是 2004 年 6 月 Intel 公司发布的 CPU 接口标准。LGA 775 插座没有针脚插孔,采用的是 775 根有弹性的触须状针脚(非常细的弯曲的弹性金属丝),通过与 CPU 底部对应的 775 个金属触点相接触来传输信号。LGA 775 插座支持的 CPU 有 Pentium 4、Pentium D、部分 Prescott 核心的 Celeron(Celeron D)以及桌面型的 Intel Core 2 等。

Intel LGA 1366 又称为 Socket B,它是 Intel 公司 2008 年 11 月发布的支持 Core i7 CPU 的接口标准,比 LGA 775 多出约 600 个金属触点。Intel LGA 1366 接口的面积比 LGA 775 接口的面积大 20%。

Intel LGA 1156 又称为 Socket H,它是 Intel 继 LGA 1366 后发布的支持 Core i3/i5/i7 CPU 的接口标准,具有 1156 个接触点。Intel LGA 1156 接口的面积与 LGA 775 接口的面积一样大。

(2) Socket AM2/AM2+/AM3 接口插座

Socket AM2 插座是 AMD 公司于 2006 年 5 月发布的 CPU 接口标准,有 940 个 CPU 针脚插孔,支持 Socket AM2 封装的有 Phenom、Athlon 64 X2、Athlon 64、Sempron 64 等全系列 AMD 桌面 CPU。

Socket AM2+是 AMD 公司于 2007 年 11 月发布的支持新一代 K10 架构的处理器 Phenom 的 CPU 插座标准。Socket AM2+的针脚与 AM2 完全一样,AM2+处理器兼容现有 AM2 主板。也就是说,AM2+接口的处理器完全可以工作在 AM2 接口的主板上。

Socket AM3 是 AMD 公司于 2009 年 1 月发布的支持 45nm 的 Phenom Ⅱ 处理器的 CPU 插座标准。Socket AM3 插座有 938 个 CPU 针脚插孔,因此 AM3 插座无法安装 AM2/AM2+封装的 CPU。Socket AM2+与 AM3 插座的识别方法是插座的三角形安装标记上有两个针孔的是 AM2+插座,有 3 个针孔的是 AM3 插座。

值得注意的是,从 AM2 接口开始,AMD 的 CPU 都遵循向下兼容的原则,即 AM2+处理器可以兼容 AM2 主板,AM3 处理器兼容 AM2+主板。也就是说,AM3 接口 CPU 可以用在 AM2+接口主板上(可能不支持部分新特性),而新接口主板则不支持旧接口 CPU。

2）内存插槽

当前微型机系统的内存模块，都是将若干个内存芯片集成在一块小印刷电路板上，形成条状结构，通常称为内存条，而在主板上提供内存条的专用插槽。内存插槽的线数与内存条的引脚数一一对应，线数越多插槽越长。内存插槽有 30 线、72 线、168 线、184 线和 240 线等几种。实际上 30 线、72 线的插槽早已被淘汰，近年来主板上普遍使用的是 168 线的 DIMM、184 线的 DIMM、184 线的 RIMM、240 线的 DDR2 DIMM、240 线的 DDR2 RIMM 和 240 线的 DDR3 DIMM 几种，分别插入 SDRAM、DDR SDRAM、RDRAM、DDR2 SDRAM、DDR2 RDRAM 和 DDR3 SDRAM 类型的内存。目前 168 线的 DIMM 和 184 线的 DIMM 也已逐渐淡出市场，RIMM 一般也只用在服务器级主板中，而 240 线的 DDR2 DIMM 和 DDR3 DIMM 才是目前主流的内存插槽。从外观上看，DDR2 和 DDR3 内存插槽的长度虽然一样，但两者的隔断位置不同。DDR2 内存插槽主要用在 Intel LGA775 Pentium 4/D、Core 2 和 AMD Athlon 64 X2、Phenom 级别的微机上，而 DDR3 内存插槽则主要用在 Intel Core 2/i 和 AMD Athlon/PhenomⅡ级别的微机上。

3）总线扩展槽

总线扩展槽是用于扩展微机功能的插槽，可用来插接各种板卡，如显卡、声卡、Modem 卡和网卡等。目前使用的板卡扩展槽主要有 PCI 插槽、AGP 插槽和 PCI Express（简称 PCI-E）插槽等，在此之前还曾广泛应用一种 ISA 总线插槽，不过现已被淘汰。

PCI 插槽是基于 PCI（peripheral component interconnection，外设部件互连）局部总线的扩展插槽。PCI 接口的数据宽度为 32b 或 64b，频率通常为 33MHz，最大数据传输速率分别为 133MB/s 或 266MB/s。PCI 总线支持即插即用 PnP（plug and play）和热插拔（hot plug in）功能，同时能自动识别外设。主板上的 PCI 插槽一般呈白色，根据主板的不同，一般有2～6 个 PCI 插槽。然而由于 PCI-E 总线的产生，目前 PCI 插槽已经面临被 PCI-E X1 淘汰的危险。

AGP（accelerated graphic port，加速图形接口）插槽作为显卡专用接口是由 PCI 总线发展而来的，但在功能上却又独立于 PCI 总线，它直接把显卡与主板控制芯片相连接，从而在显卡与内存之间搭起了一条直接通道，使内存中的显示数据不通过 PCI 总线就能直接送入显示子系统。AGP 使用 66MHz 总线频率，支持 AGP 1X/2X/4X/8X 四种工作模式，带宽可达 266/533/1066/2132MB/s。AGP 插槽一般呈褐色，长度比 PCI 插槽短一些。一般主板上只有一个 AGP 扩展槽，其位置通常在主板的中间。不过目前由于 PCI-E 总线的发展，显卡已经全部采用 PCI-E 总线作为接口，现在购买的主板上很难看到 AGP 插槽了，取而代之的是 PCI-E X16 插槽，通过它来安装显卡。

PCI-E 是由 Intel 提出的最新的总线和接口标准，它将全面取代现行的 PCI 和 AGP 接口，最终实现总线标准的统一。PCI-E 总线采用设备间的点对点串行连接，即每个设备都有自己的专用连接，同时利用串行连接的特点可使数据传输率提高到一个很高的频率。PCI-E 支持双向传输模式和数据分通道传输模式。根据总线位宽的不同，PCI-E 可分为 X1、X2、X4、X8、X16 和 X32 几种模式(其中 X2 模式用于内部接口而非插槽模式)，能满足现在和将来一定时间内出现的各种设备的需求。较短的 PCI-E 卡可以插入较长的 PCI-E 插槽中使用。其中，PCI-E X1 表示有 1 条数据通道，X2 表示有 2 条数据通道，X4 表示有 4 条数据通道，以此类推。不同数据通道下的 PCI-E 数据传输速率如表 1.40 所示。表中，PCI-E 2.0

是 PCI-E 1.0 的升级版本，它提供向下兼容支持，即 PCI-E 1.0 外设仍然可以在 PCI-E 2.0 端口上使用。

表 1.40 PCI-E 数据传输速率

PCI-E 数据通道	PCI-E 1.0		PCI-E 2.0	
	单向	双向	单向	双向
×1	250MB/s	500MB/s	500MB/s	1GB/s
×2	500MB/s	1GB/s	1GB/s	2GB/s
×4	1GB/s	2GB/s	2GB/s	4GB/s
×8	2GB/s	4GB/s	4GB/s	8GB/s
×16	4GB/s	8GB/s	8GB/s	16GB/s
×32	8GB/s	16GB/s	16GB/s	32GB/s

目前 PCI-E 的主流规格有两种，分别是 PCI-E X1 和 PCI-E X16。同时还有很多芯片组厂商在南桥芯片中添加了对 PCI-E X1 的支持，而在北桥芯片中添加了对 PCI-E X16 的支持。其中 PCI-E X1 插槽主要用来取代传统的 PCI 插槽，而 PCI-E X16 插槽则用来取代 AGP 插槽以接插显卡。但考虑到兼容性，目前上市的主板一般在提供 2～3 个 PCI-E X1 插槽的同时，也保留了 2～3 根 PCI 插槽。从外观上来看，PCI-E X1 插槽非常短，比 PCI 插槽短了很多。PCI-E X16 插槽比 AGP 8X 插槽要长一些，一般位于主板的中部。

4) 芯片组

芯片组(chipset)是主板的核心部件，起着协调和控制数据在 CPU、内存和各部件之间传输的作用。一块主板的功能、性能和技术特性都是由主板芯片组的特性来决定的。芯片组总是与某种类型的 CPU 配套，每推出一款新规格的 CPU，就会同步推出相应的主板芯片组。主板芯片组的型号决定了主板的主要性能，如支持的 CPU 类型、最高工作频率、内存的最大容量、扩展槽的数量等。所以，常常把采用某某芯片组的主板称为某某主板，如采用 Intel 845G 芯片组的主板称为 845G 主板，而采用 AMD 890GX 芯片组的主板则称为 890GX 主板等。作为 PC 的主要配件，芯片组的发展直接关系到 PC 的升级换代。

目前，主板芯片组按芯片数量可分为标准的南、北桥芯片组和单芯片芯片组；按是否整合显卡可分为整合芯片组和非整合芯片组。

在采用南、北桥芯片组的主板中，靠近 CPU 插座的芯片称为北桥芯片，主要承担高速数据传输设备的连接。北桥芯片负责与 CPU 联系，并提供对 CPU 的类型及主频、前端总线频率、主板的系统总线频率、内存的类型及最大容量、显卡插槽规格(如 AGP、PCI-E×16 等)、ECC 纠错等的支持。整合型芯片组的北桥芯片还集成了显示核心。由于北桥芯片的数据处理量非常大，发热量也高，所以在其上都覆盖着散热片以帮助散热，有些主板的北桥芯片还会配合风扇进行散热。相比之下，南桥芯片主要负责低速 I/O 总线之间的通信，如 ISA 总线、PCI 总线、PCI-E×1 或×4、USB、IEEE 1394、串口、并口、LAN、IDE(ATA)、SATA、音频控制器、键盘控制器(KBC)、实时时钟控制器(RTC)、高级能源管理(ACPI)等。由于这些设备的速度都比较慢，所以将它们分离出来让南桥芯片控制，这样北桥高速部分就不会受到低速设备的影响，可以全速运行。主板上的众多功能都依靠南桥芯片来实现，南桥提供支持这些低速接口的类型和数量，如提供 USB、SATA 接口的数量等。当然，南桥芯片不可能独立实现这么多的功能,它需要与其他功能芯片共同合作,从而让各种低速设备正常运行。南桥芯片一般位于主板上离 CPU 插槽较远的下方,PCI 插槽的附近,这种布局是考虑到它所连接的 I/O 总线较多,有利于布线,容易实现信号线等长的布线原则。另外,在南、北桥芯片之间进行数据传递时需要一条通道,称之为南北桥总线。通常情况下南北桥总线越宽,数据传输速度便越快。各厂商的主板芯片组中,南北桥总线的名称也各不相同,如 Intel 的 Hublink 和 SiS 的 MuTIOL 等。

对于采用单芯片组结构的主板,其本质上就是只有 1 片"南桥"芯片,而诸如内存控制、显示控制等需要由北桥芯片完成的功能,随着 IC 集成度的进一步提高,全都整合到了微处理器当中,于是在构成微机系统时,北桥芯片将不再需要,处理器直接通过 DMI(direct media interface,直接媒体接口)高速总线与"南桥"连接。如支持 Lynnfield 核心处理器的 P55/P57 单芯片组等。

5) 基本输入/输出系统(BIOS)

基本输入/输出系统 BIOS(basic input/output system)包含一组例行程序,由它们完成系统与外设之间的输入/输出工作;还包含诊断程序和实用程序,在开机后对系统的各个部件进行检测和初始化。早期主板的 BIOS 叫做 ROM BIOS,它被烧制在 EPROM 里,必须通过特殊的专用设备才能进行修改,要升级就要更新 ROM 中内容。目前新式的主板大多采用了 Flash ROM 存储芯片,这种芯片可以采用软件对 BIOS 进行在板升级。为了安全起见,有些主板上设有跳线器决定 BIOS 能不能被修改,默认情况下是不能修改的;另一些主板没有跳线器,用软件可以直接更新 BIOS。另外,BIOS 还提供了一个界面,供用户对系统的有关参数如软驱、硬驱的状态及系统的日期、时间等进行设置,这些设置的信息存储在一块 CMOS RAM 芯片中。CMOS RAM 属于可读可写 RAM 的一种,只需要很小的电压来控制,通常由主板上的一块金属锂电池供电,即使掉电,其中的信息也不会丢失。系统每次启动都要先读取里面的信息。

6) 硬盘接口

硬盘接口主要包括 IDE 接口和 SATA 接口两种类型。

IDE 接口也称为并行 ATA(PATA)接口,是面向硬盘、光驱等外设的 16 位并行总线接口。IDE(integrated drive electronics)是电子集成驱动器的简称,本意是指把"硬盘控制器"与"盘体"集成在一起的硬盘驱动器。而 ATA(AT attachment)的最初含义是"AT 机连接器",是指将一个硬盘直接附加在 IBM AT 机总线上的连接器。可见,对于 AT 微型机来说,IDE 和 ATA 的含义是相同的,所以后来就将这两个名称混用,用于表示硬盘、光驱等外设的接口总线。以前的主板上一般都有两个 IDE 接口,分别标注为 IDE1 和 IDE2,也有的主板将 IDE1 标注为 Primary IDE,IDE2 标注为 Secondary IDE。IDE 接口在主板上是两个 40 针的双排线插座,每个 IDE 插座可以接两个 IDE 设备,如硬驱、光驱和其他使用 IDE 界面的设备等。

IDE1 和 IDE2 接口有主、从之分,如果在两个接口上分别接一个硬盘,那么接在 IDE1 口上的硬盘为主盘,接在 IDE2 口上的硬盘为从盘,一般计算机启动都是从主盘系统启动。而如果在一个 IDE 口上接两个硬盘,则必须通过硬盘跳线设置一个硬盘为主盘,另一个为从盘,这样才能正常工作。不过随着 SATA 接口的硬盘、光驱的普及,目前的主板已经不提供原生的 IDE 接口,但主板厂商为照顾老用户,一般通过第三方芯片支持,即在主板上通过加载一颗专用的 SATA TO IDE 桥接芯片，为用户提供一组 IDE 接口，以方便用户使用传统的 IDE 存储设备。

SATA 是 Serial ATA 的简称，所以也叫串行 ATA 接口，它是目前硬盘中使用的主流接口。与 PATA/IDE 接口相比，SATA 接口具有非常明显的优势。首先，SATA 接口的数据传输速率高，SATA 1.0 定义的数据传输率为 1.5Gb/s，SATA 2.0 为 3.0Gb/s，SATA 3.0 为 6.0Gb/s。目前，主流规范是 SATA 2.0，已有很多高端主板开始提供最新的 SATA 3.0 接口。再者，SATA 接口插座非常小巧，针脚也很细，有利于机箱内部空气流动，从而加强散热效果，同样也使得 SATA 接口的硬盘安装方便；另外，SATA 还支持热插拔等功能。这些都是 PATA/IDE 接口硬盘无法与之相比的。

7）软驱接口

软驱接口是一个 34 针的双排线插座，标注为 Floppy 或 FDC，一个软驱接口可以接两个软盘驱动器，如一个 1.44MB 软驱，一个 1.2MB 软驱，但目前几乎所有的微机都只配一个 1.44MB 软驱，甚至不配软驱。软驱接口是通过扁平电缆与其插座相连。

8）I/O 接口

I/O 接口是用于连接各种输入/输出设备如键盘、鼠标、打印机、游戏杆等的接口，主要包括串行接口、并行接口、USB 接口、IEEE 1394 接口、RJ-45 网络接口和两个 PS/2 接口（分别用于插接键盘和鼠标）等。

串行接口简称串口，它是一种 9 针双排针式插座。主板上一般都集成 1～2 个串口（分别标注为 COM1 和 COM2），有的主板还有内置串口供用户使用。不过目前新出的主板已经取消了该接口。

并行接口简称并口，一般为 26 针的双排针式插座，标注为 PARALLEL 或 LPT，也有的主板上直接标注为 PRINTER。并行接口一般支持 4 种模式：单向、双向、EPP、ECP，可以在 CMOS 中的 Peripherals 部分查看并行接口所支持的模式。相对于目前主流的 USB 和 IEEE 1394 接口，并行接口在速率和兼容性方面都要落后很多，所以目前很多主板都取消了并行接口。

USB（universal serial bus，通用串行总线）接口是一个外部总线标准，用于规范主机与外部设备的连接和数据传送。USB 有 4 个版本，分别为 USB 1.0、USB 1.1、USB 2.0 和 USB 3.0，最大数据传输率分别可达 1.5Mb/s、12Mb/s、480Mb/s 和 5Gb/s。USB 1.0/1.1 与 USB 2.0 的接口是相互兼容的，USB 3.0 向下兼容 USB 2.0 设备。USB 插座提供机箱外的即插即用连接，连接外设时不必关闭主机电源。USB 采用级联方式，通过菊花链式的连接，一个 USB 控制器可以连接多达 127 个外设，USB 能智能识别 USB 链上外设的接入和拆卸。

IEEE 1394 简称 1394，它是由 Apple 公司开发的一种与平台无关的串行通信协议。IEEE 1394 既可作为总线标准应用于计算机主板，也可作为接口标准应用于计算机与各种外设的连接。IEEE 1394 不需要控制器就可以实现对等传输，最大连线为 4.5m，可以同时连接 63 个不同设备，支持即插即用，在 Windows 98 SE/2000/XP/Vista/7 下不用安装驱动程序就能使用 IEEE 1394 设备。IEEE 1394 设备是目前唯一支持数字摄录机的总线，已广泛应用于数字摄像机、数字照相机、电视机顶盒、家庭游戏机、计算机及其外部设备。IEEE 1394 有两种标准的接口形式：6 针和 4 针。也就是常说的“大口”和“小口”。目前 IEEE

1394 接口已成为计算机的标准配置，台式机多数为“大口”，笔记本电脑几乎都是“小口”。

大多数主流主板都集成了 RJ-45 网络接口。RJ-45 接口为 8 芯线，利用该端口可以将计算机通过网络电缆连接到局域网中。

9）AMR 和 CRN 插槽

AMR(audio modem riser，音频/Modem 扩展卡)和 CNR(communication and network riser，通信与网络扩展卡)插槽都是 Intel 810 芯片组问世后，根据 AC’97 规范所设计的声卡、通信和网络专用插槽，尺寸只有 PCI 槽的一半，一般设置在 AGP 槽旁边，或者在主板的最右边。

AMR 插槽的开发早于 CNR，使用时需占用一个 PCI 槽的资源，支持符合 AC’97 规范的软声卡和软 Modem。由于 AMR 不支持局域网卡，因此主板设置 AMR 槽的并不多，目前已被逐步淘汰，而被 CNR 插槽所代替。

CNR 插槽是 Intel 公司推出 815 芯片组时同时开发的，与 AMR 槽外形相似，在主板上的位置也相同。但 CNR 槽仅占用 ISA 槽资源，为用户节约了一个 PCI 扩展槽。CNR 同样支持软声卡和软 Modem，但另增加对局域网卡的支持，并且符合 PC’99、PC’2000 规范。

10）电源插座

主板是经由电源插座供电而工作的。目前主板上所采用的电源插座多为 ATX 电源插座。ATX 电源插座可分为主电源接口和辅助电源接口。主电源接口一般为主板上的 20 针或 24 针双列白色插座，主要输出±5V、±12V、3.3V 等工作电压。辅助电源接口一般为主板上的 4 针或 8 针双列白色插座，只提供 12V 工作电压，其作用是为了增加系统的供电能力，以满足高频处理器对供电系统的苛刻要求。其中，8 针电源插座一般用在服务器主板中(有的服务器采用双 CPU，每个 CPU 都需要专门的供电，8 针电源插座供两个 CPU 使用)。目前，随着双核 CPU 及多核 CPU 的普及，CPU 需要更加强劲的供电，为此有的主板也专门提供一个 8 针脚的辅助供电接口，以输出 12V 工作电压。ATX 规格还提供了键盘开机、远程唤醒等功能，并采用了防插错结构设计。

11）电池

电池是为了保持 CMOS 中的数据和时钟的运转而设置的，一般采用 NI/ID 纽扣电池，寿命为 5 年左右。当发现计算机的时钟变慢或不准确时，就要准备换电池了。在主板电池附近常常有一个跳线器，有时需要主动清除 CMOS 中的信息，例如忘记了开机密码无法启动系统时，可以用这个跳线器放电，去掉 CMOS 中的信息。但是，这时要对系统进行重新设置。

12）跳线器

主板上一般有多组跳线器，大部分用于 CPU 的类型、工作电压和主频等的设置。一般还有一组跳线器用于清除 CMOS 内容。跳线器通常以 2 脚、3 脚居多，以插上跳线帽为选通。跳线帽内有一弹性金属片，跳线帽插入时，弹性金属片将两个插针短路。3 脚以上的跳线器多用于几种不同配置的选择。跳线器一般以 J1、J2、…或 JP1、JP2、…为标注。有的主板采用开关来代替跳线器进行设置。跳线器要根据主板使用说明书或主板上标明的要求来设置，错误的跳线设置轻则导致系统故障，重则可损坏主板。目前多数主板已经取消了跳线器，而改用软件设置，成为无跳线主板。

2. 控制芯片组

控制芯片组是微处理器与内存、外设之间交换数据的桥梁，是协调和控制微机工作的核心控制逻辑，它与CPU构成紧密的配套关系。早期PC系列机的控制逻辑都是用中小规模IC芯片搭成的，比较典型的有可编程并行接口芯片8255A、可编程串行接口芯片8250、可编程中断控制器芯片8259A、可编程DMA控制器芯片8237A、可编程定时器/计数器芯片8253/8254等。从80386微机开始，采用了专用的控制芯片组，把主板上各种控制逻辑集成到一片或多片VLSI芯片中。起初的80386/80486芯片组由6～8个芯片组成，随着IC集成度的提高，芯片数逐渐减少。到了Pentium机特别是Pentium 4机时代，基本上都由两片VLSI桥接芯片构成芯片组，一片为北桥芯片，一片为南桥芯片，或者相当于北桥、南桥的芯片。

北桥芯片直接与处理器总线相连，用于实现主存控制、显示控制等功能。南桥芯片不与CPU总线直接相连，而是通过PCI总线或专用高速总线与北桥芯片连接，用于实现各种总线的控制与管理，并通过这些总线连接外部存储设备、输入输出设备和系统扩展设备等。因此，北桥芯片也常称为存储器控制中心(MCH)或图形存储器控制中心(GMCH)，而南桥芯片则称为输入输出控制中心(ICH)。

在南北桥芯片组中，北桥芯片起主导作用，也称为主桥。通常芯片组的名称也以北桥芯片的名称来命名。同一南桥芯片可以和几种不同的北桥芯片搭配。由于北桥与微处理器是直接相连的，微处理器更新换代常常会导致北桥芯片更新换代，而只有系统支持的I/O接口总线类型发生变化时，南桥芯片才需要更新换代。

近几年来，芯片组的技术突飞猛进，从ISA、PCI到AGP、PCI-E，从PATA到SATA，Ultra DMA技术，双通道内存技术，高速前端总线等，每一次新技术的进步，都带来微机性能的提高。其中最引人注目的就是PCI-E总线技术，它将全面取代PCI和AGP，极大地提高设备带宽，从而带来计算机技术的一场革命。另一方面，芯片组技术也在向着高整合性方向发展。特别是进入Core i时代，随着Intel在微处理器的集成工艺提升和微架构革新两方面的Tick-Tock交替推进，传统北桥中的内存控制器、PCI-E控制器等功能全都整合到了微处理器当中，如采用Lynnfield核心的Core i7/i5微处理器不仅集成了双通道DD3内存控制器，而且还整合了PCI-E控制器(只有16条通道)，而采用Clarkdale核心的Core i5/i3微处理器在芯片内封装了CPU和GPU两部分，其中GPU部分基本属于传统意义上的北桥，其内部不仅整合了一个集成图形处理单元，而且集成了双通道DD3内存控制器和PCI-E控制器，所以在基于这些微处理器来构成微机系统时，将不再需要北桥芯片，处理器直接通过DMI(direct media interface，直接媒体接口)高速总线与“南桥”连接，此即单芯片组架构。目前，采用单芯片设计的芯片组有P55、H55、P57、H57等Intel 5系列芯片组。

世界上能够设计、生产控制芯片组的公司主要有Intel、AMD、VIA(威盛)、SIS(矽统)、NVIDIA(英伟达)、ALI(扬智)等。这些厂商的历代多款主板芯片组在性能、价格和CPU的支持上各有特色。其中以Intel和VIA的芯片组最为常见。在台式机的Intel平台上，Intel自家的芯片组占有最大的市场份额，而且产品线齐全，高、中、低端以及整合型产品都有，成为众多主板芯片组厂商中的领军品牌。VIA、SIS、ALI等几家厂商，加起来都只能占有比较小的市场份额，而且主要是在中、低端和整合领域。在AMD平台上，AMD自身通常是扮演一个开路先锋的角色，产品少，市场份额也很小，而VIA却占有AMD平台芯片组最大的市场份额，但现在却受到后起之秀 NVIDIA 的强劲挑战。NVIDIA 凭借其 nForce2 芯片组的强大性能，成为 AMD 平台最优秀的芯片组产品，进而从 VIA 手里夺得了许多市场份额。而 SIS 与 ALI 依旧是扮演配角，主要也是在中、低端和整合领域。

以 Intel 控制芯片组为例，在其不同发展时期先后推出的最具代表性的经典芯片组产品有以下几种：

(1) Intel 430 和 440 系列芯片组。前者包括 430FX、430HX、430VX 和 430TX 等，后者包括 440LX、440BX、440ZX 和 440GX 等。其中 Intel 440BX 是一款寿命最长且又具有里程碑意义的芯片组，它是第一种支持 100MHz 系统总线(system bus)，并能完全展现当时 Pentium Ⅱ处理器之高效能表现的主板芯片组。440BX 采用标准的南北桥结构，其北桥芯片为 82443BX，南桥芯片为 82371EB。其中，北桥芯片 82443BX 集成有支持单/双处理器的 HOST 总线接口、DRAM 接口、PCI 总线接口、PCI 仲裁器和 AGP 接口等。而南桥芯片 82371EB 则通过 PCI 总线与北桥相连，其内部集成有 PCI-ISA 桥接器、IDE 控制器、两个增强的 DMA 控制器、两个 8259 中断控制器、8254 定时器/计数器，同时还集成了 USB 控制器、I/O APIC 和 ISA 总线接口等功能部件。

(2) Intel 845 系列芯片组。该系列芯片组是伴随着 Pentium 4 微处理器的推出和发展而同步推出的主板芯片组，它包括 845、845D、845E、845G、845GE 和 845PE 等。每种芯片组都包括北桥芯片和南桥芯片。北桥芯片主要集成有处理器前端总线(front side bus, FSB)接口、AGP4×接口和内存管理器，其中 845G 和 845GE 芯片组的北桥芯片中还集成有显卡，可以直接驱动显示器。南桥芯片支持 PCI 2.2 版总线，通过 LPC(low-pin count，低引脚数)总线支持闪存 BIOS 的连接，集成有两个 IDE 接口、若干 USB 接口、6 通道 AC-97 音频/Modem 编码器、10/100Mb/s 以太网控制器等功能设备，其中，845 和 845D 芯片组的南桥芯片属于 ICH2，支持 4 个 USB 1.1 接口，而 845E 以后的芯片组南桥芯片为 ICH4，支持 6 个 USB 2.0 接口。此时的微机系统结构中 ISA 总线已被淘汰。

(3) Intel 945P 芯片组。它是在 Prescott 核心的 Pentium 4 处理器采用了超线程技术和之后出现的 Pentium D、Core、Core2 等处理器均采用了双核技术，使微处理器进入了多线程处理阶段，以及串行 PCI 总线(PCI express，PCI-E)和串行 ATA(SATA)总线的相继出现，使得总线的线数减少但数据传输速度却有了很大提升的背景下出现的。它的北桥芯片以 PCI-E×16 总线取代了原有的 AGP 总线，可以连接数据传输率更高的显示卡。南桥芯片上除原来的 PCI 总线接口外，增加了 PCI-E 总线接口，使系统的扩展更为方便，系统与外围设备的数据传输带宽进一步提高；原有的 IDE 并行接口也被串行的 SATA 总线代替，用以连接使用 SATA 接口的硬盘或光盘驱动器。

(4) Intel X58 芯片组。它是 Intel 公司为与 Core i7 处理器配套而推出的高端桌面芯片组，也是 Intel 发布的 5 系列芯片组中的第一款产品。X58 芯片组仍采用传统的南北桥结构。北桥芯片的主要变化是：废弃了以往的 FSB 前端总线，采用全新的 QPI(quick path interconnect，快速通道互联)总线与处理器相连，使处理器与外设间的数据传输带宽大大提升；内部整合了 32 线的 PCI-E 2.0 通道，可以灵活地分配为 2 个×16 或者 4 个×8 插槽，供多显卡使用。由于内存控制器已从北桥移到了 Core i7 处理器内部(可直接支持三通道的 DDR3 内存)，北桥芯片当中就只剩下了 PCI-E 控制器，故改名为 IOH(I/O Hub)。南桥芯片依然使用 P45 芯片组中的 ICH10 或 ICH10R，并通过 DMI(direct media interface，直接媒体接口)总线与北桥相连,实现I/O功能的扩展。

(5) Intel P55/P57/H55/H57单芯片组。它们与上述X58一样,都属于Intel发布的5系列芯片组,所不同的是由于它们所支持的LGA 1156接口的微处理器已整合了过去北桥中的所有功能,如内存控制器与PCI-E控制器(Lynnfield处理器)甚至显示核心(Clarkdale处理器),使传统意义上的北桥已不复存在,所以均改为单芯片设计(不再有南北桥之分),被称为PCH,功能相当于过去的南桥。其中,P55/P57单芯片架构主要用于Lynnfield核心处理器,而H55/H57单芯片架构则主要用于整合了图形核心的Clarkdale核心处理器。

P55和H57都通过DMI总线来连接处理器中的原北桥部分。所不同的是,由于Clarkdale处理器本身集成了GPU图形核心,而显示单元则是整合在H57芯片中,所以需要一条单独的通道与H57芯片中的显示单元连接,因此H57与CPU间另外通过一条FDI(flexible display interface,灵活显示接口)连接,将CPU中的图形单元处理好的图形输出到显示设备,这是H57主板能够输出视频信号的关键。

需特别指出的是,集成了GPU核心的处理器可以在P55主板上运行,但是无法输出视频信号;而没有集成GPU核心的处理器可以在H57主板上运行,不过主板上的视频输出信号却不起作用。另外,在P55与P57、H55与H57之间,性能的差异是比较小的,它们的主要区别在于一些新技术方面的支持,对于多数用户来说,这些新技术并不会影响性能。

本书对各种芯片组的功能特点和性能指标均不予详述,感兴趣者可参阅其他文献资料。

1.5　微型计算机系统基本软件组成

如前所述,任何一个微机系统都是由硬件和软件(程序)两大部分组成的,如果把硬件看成是计算机的躯体,那么软件就是计算机系统的灵魂。没有软件支持的计算机被称为"裸机",它只是一些物理设备的堆砌,仍然是一个"死"东西,并不能进行运算。那么计算机是靠什么东西才能变"活",从而高速自动地完成各种运算呢?这就是计算机程序。

人们为解决某一个特定的问题,事先应考虑好解决问题的方法、思想和过程,也就是应先确定好算法。所谓算法,就是为解决一个特定的问题所采取的确定的有限步骤。计算机算法就是计算机能够接受并能执行的算法,它告诉计算机如何一步一步地进行操作,直至解决问题的具体步骤。将这些步骤用计算机能接受的指令或语句编写成程序,存放于存储器中。计算机工作时,从存储器中逐条取出指令,经控制器分析解释,转换成要求计算机执行某种操作包括要求运算器进行相应计算的命令。计算机就是这样不断地取指令、分析指令、执行指令,直至程序的指令序列执行完毕。程序通常存储在介质上,人们可以看到的是存储着程序的介质,而程序则是无形的,所以称之为软件或软设备。

可见,所谓计算机软件,就是指为运行、维护、管理、应用计算机所编制的所有程序及文档的总和。从应用角度出发,计算机软件通常可分为三大类:系统软件、支撑软件和应用软件。

1. 系统软件

系统软件又称系统程序,它是计算机系统中最靠近硬件层次的软件,负责实现操作者对计算机进行的最基本的操作,管理计算机的硬件与软件资源。其目的是方便用户,提高计算机的使用效率,扩充系统的功能。系统软件具有通用性,即它与具体的应用领域无关,解决任何领域的问题一般都要用到系统软件。如操作系统、汇编程序、编译程序等都是系统软件。

2. 支撑软件

支撑软件是支持其他软件的开发与维护的软件。如数据库管理系统、各种接口软件、软件开发工具和环境、网络软件等,这些软件形成一个整体,协同支持各类软件的开发与维护。

3. 应用软件

应用软件又称应用程序,是计算机用户为解决实际问题所编写的软件的总称,涉及计算机的各个应用领域。绝大多数用户都是通过应用软件来使用计算机,为自己的工作和生活服务。如文字处理软件(Word,WPS)、电子表格软件(Excel,Lotus)、图像处理软件(Photoshop,3DS Max)、辅助设计软件(CAD)、辅助教学软件(CAI)、财务管理软件、火车订票软件等。

应当指出,系统软件、支撑软件和应用软件三者既有分工,又相互结合,而且相互有所覆盖、交叉和变动,并不能截然分开。如操作系统是系统软件,但它也支撑了其他软件的开发,也可看做是支撑软件。在现代计算机软件层次结构中,操作系统使用户真正成为计算机的主人。操作系统是对计算机硬件功能的第一次扩展,使得用户可以方便地管理和使用系统资源,并在其上开发各类应用软件,进一步扩展计算机系统的功能。

4. 软件的基本形态——程序

程序是为解决某一问题而编写在一起的指令序列。目前微机系统中使用着三个层次、三种形式的程序。

1) 机器语言程序

在计算机中,指令是以二进制代码形式存在的,这种指令叫做机器码指令。机器码指令构成的指令系统叫做机器语言,用机器语言编写的程序叫做机器语言程序。机器语言程序的优点是能被计算机直接理解和执行;缺点是编程烦琐,不直观,难记忆,易出错。

2) 汇编语言程序

为克服机器语言程序的缺点,人们通常用助记符(几个字母构成的符号)来代替机器语言指令。助记符与机器语言指令之间有一一对应的关系。这种用助记符构成的指令系统称为汇编语言(assembly language),用汇编语言编写的程序称为汇编语言程序。

3) 高级语言程序

为了使编写的程序更直观、易懂,更易于面向问题和对象,人们设计和推出了多种多样的更接近于习惯用的自然语言和数学语言的高级语言,如BASIC、C、FORTRAN、COBOL、PASCAL、Turbo C等。各种高级语言尽管各有其特点,但都是以语句和数据的定义为基础,且通常一个语句都是由一组机器语言指令或汇编语言指令构成的。所谓高级语言程序就是用高级语言编写的程序。

汇编语言程序和高级语言程序必须先翻译成机器语言程序才能执行。这个翻译过程对汇编语言程序叫做“汇编”(assemble),对高级语言程序有的叫做“解释”(interpretation),有的叫做“编译”(compilation)。通常又将汇编/解释/编译前的程序称为源程序,而将翻译后的机器语言程序称为目标程序。完成汇编、解释、编译的程序则分别称为汇编程序(assembler)、解释程序(interpreter)、编译程序(compiler),它们作为工具软件事先存放在计算机中。

思考题与习题

1.1　什么叫组合逻辑电路？其电路结构特点是什么？

1.2　什么叫时序逻辑电路？其电路结构特点是什么？

1.3　试说明能否将与非门、或非门、异或门当作反相器使用。如果可以，各输入端应如何连接？

1.4　TTL 集电极开路门、三态门和 TTL 普通门有什么区别？使用时应注意什么？

1.5　触发器有哪几种常见的电路结构形式？它们各有什么样的动作特点？

1.6　试分别写出（绘出）RS 触发器、JK 触发器、T 触发器和 D 触发器的特性表、特性方程、激励表和状态转换图。

1.7　触发器的逻辑功能和电路结构形式之间的关系如何？

1.8　用普通机械开关转接电平信号时，在接通或断开瞬间常因接触不良而出现“颤抖”现象，如图 1.70(a)所示。为此，常用图 1.70(b)所示的防抖动开关电路，试画出 Q 和 $\overline{Q}$ 的波形，并说明防抖动原理。（不考虑门的延时）

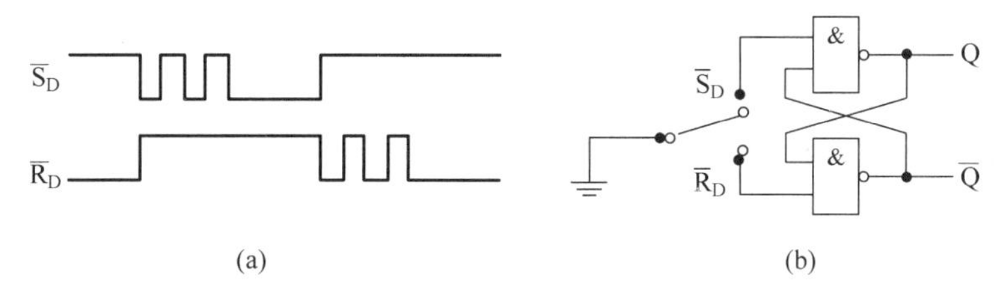

图 1.70　题 1.8 图

1.9　若同步 RS 触发器各输入端的电压波形如图 1.71 所示，试画出 Q、$\overline{Q}$ 端对应的电压波形。假定触发器的初始状态为 Q=0。

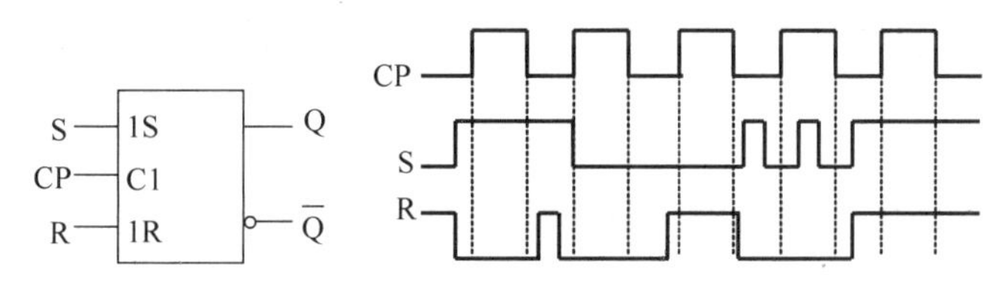

图 1.71　题 1.9 图

1.10　若主从结构 RS 触发器各输入端的电压波形如图 1.72 所示，试画出 Q、$\overline{Q}$ 端对应的电压波形。假定触发器的初始状态为 Q=0。

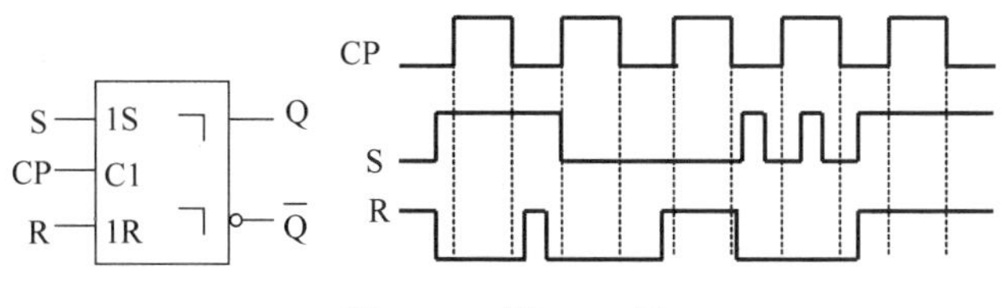

图 1.72　题 1.10 图

1.11 若主从结构 RS 触发器的 CP、S、R、$\bar{R}_D$ 各输入端的电压波形如图 1.73 所示，$\bar{S}_D=1$，试画出与之对应的 Q、$\bar{Q}$ 端的电压波形。

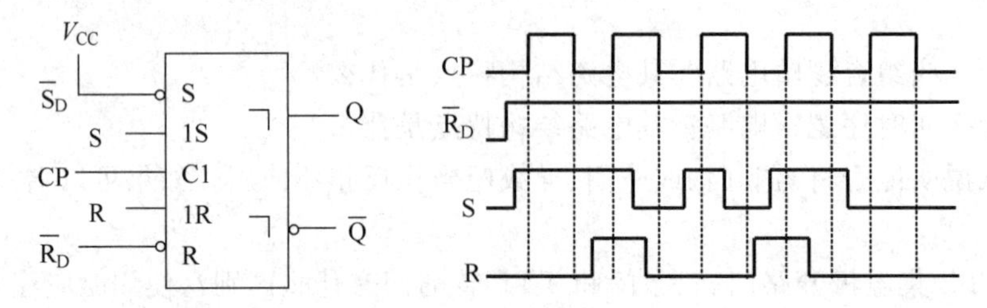

图 1.73 题 1.11 图

1.12 若主从结构 JK 触发器各输入端的电压波形如图 1.74 所示，试画出 Q、$\bar{Q}$ 端对应的电压波形。假定触发器的初始状态为 Q=0。

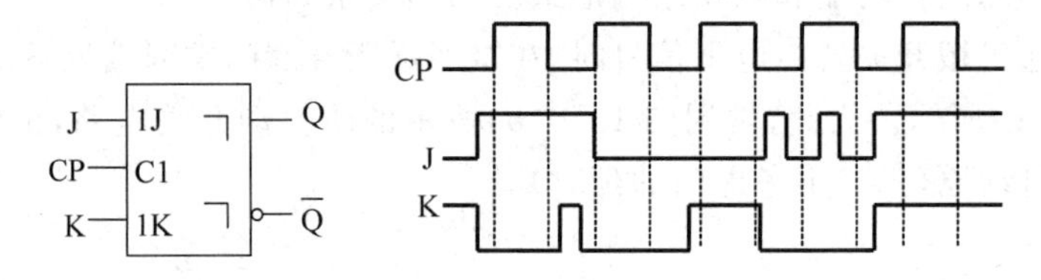

图 1.74 题 1.12 图

1.13 若主从结构 JK 触发器的 CP、S、R、$\bar{R}_D$ 各输入端的电压波形如图 1.75 所示，$\bar{S}_D=1$，试画出与之对应的 Q、$\bar{Q}$ 端的电压波形。

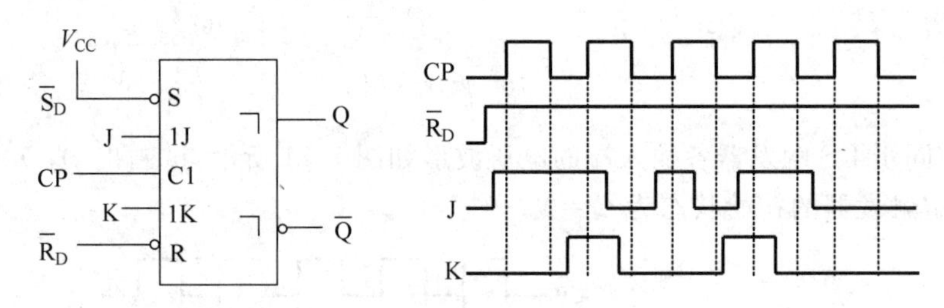

图 1.75 题 1.13 图

1.14 已知维持阻塞 D 触发器各输入端的电压波形如图 1.76 所示，试画出 Q、$\bar{Q}$ 端对应的电压波形。

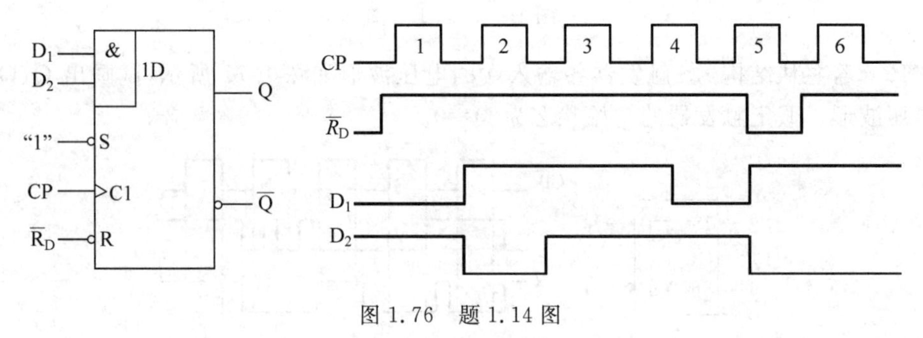

图 1.76 题 1.14 图

1.15 什么叫多谐振荡器？其主要特点是什么？

1.16 为了能定量描述矩形波脉冲信号的特性，经常要用到哪几个主要参数？

1.17 石英晶体多谐振荡器的振荡频率由哪个参数决定？为什么？

1.18 什么叫单稳态触发器？其主要特点是什么？

1.19 集成单稳分为哪两类？它们的区别是什么？

1.20 什么叫施密特触发器？其主要特点是什么？

1.21 什么叫编码？编码器有什么样的逻辑功能？

1.22 什么叫优先编码器？它和普通编码器有什么异同？

1.23 在优先编码器中，不止一个输入端有效时，响应哪一个输入？

1.24 什么叫译码器？它有哪些功能和用途？

1.25 什么叫数据选择器？它有什么功能和用途？

1.26 什么叫数码比较器？它有什么功能和用途？

1.27 按照进位方式的不同，加法器可分为哪两类？它们的异同点是什么？

1.28 什么叫算术逻辑单元？它有什么功能和用途？

1.29 什么是寄存器和移位寄存器？它们有什么主要用途？

1.30 对于8位串入并出移位寄存器74LS164(其逻辑符号和功能表分别参见图1.44和表1.24)，若要将该寄存器置位，$\overline{R_D}$必须为什么电平？

1.31 已知4位移位寄存器74LS195的逻辑符号和功能表分别如图1.45和表1.25所示。当$\overline{CR}=1$且$SH/\overline{LD}=0$时，该寄存器完成什么功能？

1.32 简述4位双向移位寄存器74LS194的逻辑功能。

1.33 什么叫计数器？同步计数器与异步计数器有什么区别？

1.34 简述中规模集成计数器74LS161和74LS163的异同点。

1.35 简述中规模集成计数器74LS191和74LS193的异同点。

1.36 简述中规模集成计数器74LS161和74LS160的异同点。

1.37 简述中规模集成计数器74LS163和74LS162的异同点。

1.38 简述中规模集成计数器74LS191和74LS190的异同点。

1.39 简述中规模集成计数器74LS193和74LS192的异同点。

1.40 简述中规模集成计数器74LS293和74LS197的异同点。

1.41 简述中规模集成计数器74LS290和74LS196的异同点。

1.42 简述中规模集成计数器74LS293和74LS290的异同点。

1.43 简述中规模集成计数器74LS197和74LS196的异同点。

1.44 将4位异步二进制加法计数器74LS293(其逻辑符号和功能表分别参见图1.53和表1.34)接成一个8分频计数器。要求画出其外部连接图，并标出输入时钟脉冲和计数输出端。

1.45 将4位异步二进制加法计数器74LS197(其逻辑符号和功能表分别参见图1.54和表1.35)接成一个16分频计数器。要求画出其外部连接图，并标出输入时钟脉冲和计数输出端。

1.46 将异步十进制加法计数器74LS290(其逻辑符号和功能表分别参见图1.55和表1.36)接成一个5421BCD码十进制计数器。要求画出其外部连接图，并标出输入时钟脉冲和计数输出端。

1.47 将异步十进制加法计数器 74LS290(其逻辑符号和功能表分别参见图 1.55 和表 1.36)接成一个 8421BCD 码十进制计数器。要求画出其外部连接图,并标出输入时钟脉冲和计数输出端。

1.48 冯·诺依曼结构的特点是什么?按照冯·诺依曼原理设计的计算机硬件系统由哪些部件组成?

1.49 什么是哈佛结构?它和冯·诺依曼结构有何本质区别?

1.50 为什么把微机的基本结构说成是总线结构?试简述总线结构的分类及其优、缺点。

1.51 微处理器内部一般由哪些基本部件组成?试简述它们的主要功能。

1.52 试说明存储器读操作和写操作的主要区别。

1.53 微机接口的基本功能是什么?典型接口电路应包括哪些基本部分?试简述各部分的作用。

1.54 PC 系列微机系统由哪几个基本部分组成?其中主机箱内一般包含哪些内容?

1.55 PC 系列微机中有哪些常用 I/O 适配器?是否每种 I/O 适配器都对应一块 I/O 适配卡?

1.56 目前主流微机系统中一般有哪些可选的特殊功能卡?它们分别针对什么应用而选用?

1.57 目前主流微机的主板一般采用什么结构?主板上主要有哪些部件?它们各起什么作用?

1.58 什么叫南北桥芯片组结构?北桥芯片和南桥芯片一般起什么作用?

1.59 试通过上网查阅资料,了解目前的主流控制芯片组有哪些,它们各有什么特点。

1.60 试简述微机系统的基本软件组成。它们各起什么作用?

1.61 什么叫做程序?试简述机器语言程序、汇编语言程序、高级语言程序、源程序和目标程序的概念。

第2章 微型计算机系统基本工作原理

CHAPTER 2

计算机的工作，究其本质，无非是以计算机硬件为基础，通过编程，完成一些算术或/和逻辑运算。因此，要弄懂计算机工作的原理，应在弄清计算机基本组成原理的基础上，关键是要弄清各类数据在计算机中是如何表示和运算的，以及驱动硬件工作的程序（即指令序列）是如何一步步执行的。本章即从这些方面对计算机的基本工作原理作简要介绍。

2.1 对计算机工作原理的初步理解

计算机工作的过程本质上就是执行程序的过程。而程序是由若干条指令组成的，计算机逐条执行程序中的每条指令，就可完成一个程序的执行，从而完成一项特定的工作。因此，了解计算机工作原理的关键，就是要了解指令和指令执行的基本过程。

2.2 计算机指令及执行

1. 指令与指令系统

指令是规定计算机执行特定操作的命令。CPU 就是根据指令来指挥和控制计算机各部分协调地动作，以完成规定的操作。计算机全部指令的集合叫做计算机指令系统，指令系统准确定义了计算机的处理能力。不同型号的计算机有不同的指令系统，从而形成各种型号计算机的特点和相互间差异。

任何一条指令都包括两部分：操作码和地址码。操作码指明要完成操作的性质，如加、减、乘、除、数据传送、移位等；地址码也叫操作数，用于指明参加上述规定操作的数据存放地址或操作数。但要注意，其中地址码可以在指令中显式给出，也可以隐式约定。

2. 指令类别

尽管不同类型计算机有不同的指令系统，但一般计算机指令系统都包括有下述几类指令。

1）数据传送与交换类指令

如取数、存数、将某地址中数传送至另一处、寄存器/存储器与寄存器交换、寄存器与累加器交换等指令。这类指令使用频度最高。

2）算术及逻辑运算类指令

如加、减、乘、除、移位、比较、逻辑与、逻辑或、异或等指令。

3）输入/输出类指令

这实际上是一类特殊的传送与交换指令，用以沟通计算机与外部世界的联系。

4）程序控制类指令

这主要是各种分支指令(也叫转移指令)和循环指令。程序一般是按指令在内存中存放的顺序依次逐条执行的，但根据需要，它也可以转向别处执行，这正是计算机具有神奇功能的根本原因所在。转移指令包括无条件转移和条件转移。所谓条件是指 CPU 的状态，它反映在标志寄存器(FR)或状态字寄存器中，每一位表示一种状态值，如前次运算结果是否为负数、是否为零、是否溢出、是否借位/进位，等等。条件转移指令就是根据这些状态条件之一或几种条件的组合，决定是否转向某一非后续指令地址。

5）CPU 控制类指令

属此类指令的有停机、等待、复位、测试、诊断和处理器状态设置等指令。

3. 指令执行三部曲

计算机每执行一条指令都是分成三个阶段进行：取指令(fetch)、分析指令(decode)和执行指令(execute)。

取指令阶段的任务是：根据程序计数器(PC)中的值从存储器读出现行指令，送到指令寄存器(IR)，然后 PC 自动加 1，指向下一条指令地址或本条指令的下一字节地址。

分析指令阶段的任务是：将 IR 中的指令操作码译码，分析其指令性质。如指令要求操作数，则寻找操作数地址。

执行指令阶段的任务是：取出操作数，执行指令规定的操作。根据指令不同还可能写入操作结果。

2.3 计算机中的数据

2.3.1 计算机中数据的表示

1. 机器数和真值

在计算机中，无论数值还是数的符号，都只能用 0、1 来表示。通常专门用一个数的最高位作为符号位：0 表示正数，1 表示负数，其余为数值。

例如，若机器字长为 8 位，则 +18 和 −18 在机器中表示为

$$[+18]_{10} = 00010010\text{B}$$

$$[-18]_{10} = 10010010\text{B}$$

这种在计算机中使用的、连同符号位一起数字化了的数，称为机器数。

机器数所表示的真实值则叫真值。例如，机器数 10110101 所表示的真值为 −53(十进制)或 −0110101(二进制)；机器数 00101010 的真值为 +42(十进制)或 +0101010(二进制)。

可见，在机器数中，用 0、1 取代了真值的正、负号。

2. 有符号数的机器数表示方法

实际上,机器数可以有不同的表示方法。对有符号数,机器数常用的表示方法有原码、反码、补码三种。

1) 原码

上述机器数表示方法,即最高位表示符号、数值位用二进制绝对值表示的方法,便为原码表示方法。

换言之,设机器数位长为 n,则数 X 的原码可定义为

$$[X]_{原} = \begin{cases} X = 0X_1X_2\cdots X_{n-1} & X \geqslant 0 \\ 2^{n-1} + |X| = 1X_1X_2\cdots X_{n-1} & X \leqslant 0 \end{cases} \tag{2.1}$$

例 2.1 设机器字长 $n=8$,则+34、−34、+126、−126 的原码分别为

$$[+34]_{原} = 00100010, \quad [-34]_{原} = 10100010$$

$$[+126]_{原} = 01111110, \quad [-126]_{原} = 11111110$$

n 位原码表示数值的范围是

$$-(2^{n-1}-1) \sim +(2^{n-1}-1)$$

它对应于原码的 111…1~011…1。

数 0 的原码有两种不同形式:

$$[+0]_{原} = 000\cdots0$$

$$[-0]_{原} = 100\cdots0$$

原码表示简单、直观,与真值间转换方便。但用它作加减法运算不方便,而且 0 有+0 和−0 两种表示方法。

2) 反码

正数的反码表示与原码相同;负数的反码是将其对应的正数各位(连同符号位)取反得到,或将其原码除符号位外各位取反得到。可见,反码的定义可表示为

$$[X]_{反} = \begin{cases} 0X_1X_2\cdots X_{n-1}, & X \geqslant 0 \\ 1\overline{X}_1\overline{X}_2\cdots\overline{X}_{n-1}, & X \leqslant 0 \end{cases} \tag{2.2}$$

或者

$$[X]_{反} = \begin{cases} X, & X \geqslant 0 \\ (2^n - 1) - |X|, & X \leqslant 0 \end{cases} \tag{2.3}$$

例 2.2 设机器字长 $n=8$,则+3、−3、+127、−127 的反码分别为

$$[+3]_{反} = 00000011, \quad [+3]_{反} = 11111100$$

$$[+127]_{反} = 01111111, \quad [-127]_{反} = 10000000$$

n 位反码表示数值的范围是

$$-(2^{n-1}-1) \sim +(2^{n-1}-1)$$

它对应于反码的 100…0~011…1。

数 0 的反码也有两种形式:

$$[+0]_{反} = 000\cdots0(全\ 0)$$

$$[-0]_{反} = 111\cdots1(全\ 1)$$

将反码还原为真值的方法是：反码→原码→真值，而$[X]_{原}=[[X]_{反}]_{反}$。或者说，当反码的最高位为0时，后面的二进制序列值即为真值，且为正数；最高位为1时，则为负数，后面的数值位要按位求反才为真值。

3）补码

正数的补码表示与原码相同；负数的补码是将其对应的正数各位（连同符号位）取反加1（最低位加1）而得到，或将其原码除符号位外各位取反加1而得到。可见，补码的定义可用表达式表示为

$$[X]_{补}=\begin{cases}0X_1X_2\cdots X_{n-1}, & X\geqslant 0\\ 1\overline{X}_1\overline{X}_2\cdots\overline{X}_{n-1}+1, & X\leqslant 0\end{cases} \tag{2.4}$$

或者

$$[X]_{补}=\begin{cases}X, & X\geqslant 0\\ 2^n+X=2^n-|X|, & X\leqslant 0(\text{mod } 2^n)\end{cases} \tag{2.5}$$

例 2.3 设机器字长$n=8$，则+3、−3、+127、−127的补码分别为

$$[+3]_{补}=00000011,\qquad [+3]_{补}=11111101$$
$$[+127]_{补}=01111111,\quad [-127]_{补}=10000001$$

n位补码表示数值的范围是

$$-2^{n-1}\sim+(2^{n-1}-1)$$

它对应于补码的100…0～011…1。

数0的补码只有一个：

$$[+0]_{补}=[-0]_{补}=000\cdots0(全0)$$

将补码还原为真值的方法是：补码→原码→真值，而$[X]_{原}=[[X]_{补}]_{补}$。或者说，若补码的符号位为0，则其后的数值位值即为真值，且为正数；若符号位为1，则应将其后的数值位按位取反加1，所得结果才是真值，且为负数。

综上所述，可以得出以下几点结论。

（1）原码、反码、补码的最高位都是表示符号位。符号位为0时，表示真值为正数，其余位为真值。符号位为1时，表示真值为负数，其余位除原码外不再是真值：对于反码，需按位取反才是真值；对于补码，则需按位取反加1才是真值。

（2）对于正数，三种编码都是一样的，即$[X]_{原}=[X]_{反}=[X]_{补}$；对于负数，三种编码互不相同。所以，原码、反码、补码本质上是用来解决负数在机器中表示的三种不同的编码方法。

（3）二进制位数相同的原码、反码、补码所能表示的数值范围不完全相同。以8位为例，它们表示的真值范围分别为

原码：−127～+127

反码：−127～+127

补码：−128～+127

（4）上面讨论的原码、反码、补码都是针对真值X为整数而言的。若真值X为小数（纯小数），则其n位原码、反码、补码的定义应为

$$[X]_{原} = \begin{cases} X, & 0 \leqslant X \leqslant 1 \\ 1+|X| = 1-X, & -1 < X \leqslant 0 \end{cases} \tag{2.6}$$

$$[X]_{反} = \begin{cases} X, & 0 \leqslant X < 1 \\ 2-2^{-(n-1)}-|X| = 2-2^{-(n-1)}+X, & -1 < X \leqslant 0 \end{cases} \tag{2.7}$$

$$[X]_{补} = \begin{cases} X, & 0 \leqslant X < 1 \\ 2-|X| = 2+X, & -1 < X \leqslant 0 \end{cases} \tag{2.8}$$

最后要说明的是，当计算机采用不同的码制时，运算器和控制器的结构将不同。采用原码形式的计算机称为原码机，类似地有反码机和补码机。目前以补码机居多，各种微机基本上都是以补码作为机器码，原因是补码的加减法运算简单，减法运算可变为加法运算，可省掉减法器电路；而且它是符号位与数值位一起参加运算，运算后能自动获得正确结果。

3. 数的定点和浮点表示

当所要处理的数含有小数部分时，就有一个如何表示小数点的问题。在计算机中并不用某个二进制位来表示小数点，而是隐含规定小数点的位置。

根据小数点的位置是否固定，数的表示方法可分为定点表示和浮点表示，相应的机器数就称为定点数和浮点数。

通常，对于任意一个二进制数 X，都可表示成

$$X = 2^J \cdot S \tag{2.9}$$

其中，S 为数 X 的尾数；J 为数 X 的阶码；2 为阶码的底。尾数 S 表示数 X 的全部有效数字，阶码 J 则指出了小数点的位置。S 值和 J 值都可正可负。当 J 值固定时，表示是定点数；当 J 值可变时，表示是浮点数。

1）定点数

在计算机中，根据小数点固定的位置不同，定点数有定点(纯)整数和定点(纯)小数两种。

当阶码 $J=0$，尾数 S 为纯整数时，说明小数点固定在数的最低位之后，即称为定点整数。

当阶码 $J=0$，尾数 S 为纯小数时，说明小数点固定在数的最高位之前，即称为定点小数。

定点整数和定点小数在计算机中的表示形式没什么区别，其小数点完全靠事先约定而隐含在不同位置，如图 2.1 所示。

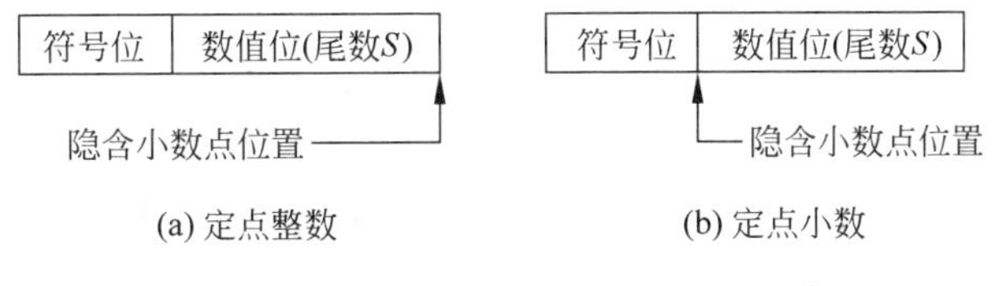

图 2.1 定点整数和定点小数格式

2）浮点数

当要处理的数是既有整数又有小数的混合小数时，采用定点数格式很不方便。为此，人

们一般都采用浮点数进行运算。

浮点数一般由4个字段组成,其一般格式如下:

阶符J_f	阶码J	数符S_f	尾数(也叫有效数)S
←阶码部分→		←尾数部分→	

其中阶码一般用补码定点整数表示,尾数一般用补码或原码定点小数表示。

浮点数的实际格式多种多样。如80486/Pentium的浮点数格式就不是按上述顺序存放4个字段的,而是将数符位S_f置于整个浮点数的最高位(阶码部分的前面),且尾数和阶码部分有其与众不同的约定,详见2.3.3节。

为保证不损失有效数字,一般还对尾数进行规格化处理,即保证尾数的最高位是1,实际大小通过阶码进行调整。

例2.4 某计算机用32位表示一个浮点数,格式如下:

31 阶符	30～24 阶码	23 数符	22～0 尾数

其中阶码部分为8位补码定点整数,尾数部分为24位补码定点小数(规格化)。写出数−259.25在计算机中的规格化浮点数表示。

解 按该格式变换如下:

$$(-259.25)_{10}=(-100000011.01)_2$$
$$=(-0.10000001101)\times 2^9$$
$$=(1.10000001101000000000000)_{原}\times 2^{(00001001)_{原}}$$
$$=(1.01111110011000000000000)_{补}\times 2^{(00001001)_{补}}$$

所以,−259.25在该计算机中的浮点表示为

0 0001001 1 01111110011000000000000

按照这一浮点数格式,可计算出它所能表示的数值范围为

$$-1\times 2^{127}\sim+(1-2^{-23})\times 2^{127}$$

显然,它比32位定点数表示的数值范围(最大为$-2^{31}\sim+(2^{31}-1)$)要大得多。这也正是浮点数表示优于定点数表示的突出点之一。

4. 无符号数的机器数表示方法

无符号数在计算机中通常有三种表示方法:

(1) 位数不等的二进制码;

(2) BCD码;

(3) ASCII码。

其中BCD码的表示形式一般又有两种:压缩BCD码(或叫组合BCD码、紧凑BCD码)和非压缩BCD码(或叫非组合BCD码、非紧凑BCD码)。前者每位BCD码用4位二进制表示,一个字节(8位二进制)表示2位BCD码;后者每位BCD码用一个字节表示,高4位总是0000,低4位的0000～1001表示0～9。

ASCII码表示与非压缩BCD码表示很相似,低4位完全相同,都是用0000～1001表示0～9;差别仅在高4位,ASCII码不是0000,而是0011。

表 2.1 列出了一些十进制数转换成的 ASCII 码数、压缩 BCD 码数和非压缩 BCD 码数。通常，ASCII 码在计算机的输入、输出设备中使用，而二进制码和 BCD 码则在运算、处理过程中使用。因此，在应用计算机解决实际问题时，常常需要在这几种机器码之间进行转换。

表 2.1　一些十进制数对应的 ASCII 码、压缩 BCD 码和非压缩 BCD 码表示

十进制数	ASCII 码数	压缩 BCD 码数	非压缩 BCD 码数
93	0011 1001 0011 0011	1001 0011	0000 1001 0000 0011
526	0011 0101 0011 0010 0011 0110	0000 0101 0010 0110	0000 0101 0000 0010 0000 0110
911	0011 1001 0011 0001 0011 0001	0000 1001 0001 0001	0000 1001 0000 0001 0000 0001

2.3.2　计算机中数据的运算

计算机中进行的运算无非是两种，即算术运算和逻辑运算。算术运算时，参与运算的二进制数码表示的是数值大小。逻辑运算时，参与运算的二进制数码表示的是逻辑状态。

1. 算术运算

常见的算术运算有加、减、乘、除、乘方、开方等。一般高档微机中提供了加、减、乘、除指令，其他更复杂的算术运算要利用算法变换成基本的四则运算来实现。从硬件实现的角度看，各种算术运算的基础是加、减运算。对于补码机，加法运算又是基础的基础。

1）补码运算及溢出判别

（1）补码的加减法运算规则

补码的加减法运算规则可用下式表示：

$$[X \pm Y]_{补} = [X]_{补} + [\pm Y]_{补} \tag{2.10}$$

其中$[-Y]_{补}$可通过对$[Y]_{补}$的求补运算得到，即：

$$[-Y]_{补} = [Y]_{补}\text{ 连同符号位一起求反加 }1 = 0 - [Y]_{补}(\bmod 2^n) \tag{2.11}$$

以上 X、Y 为正数和负数均可。

式(2.10)的运算规则说明，无论补码加法还是减法运算，都可由补码的加法运算实现，运算结果（和或差）也以补码表示。若运算结果不产生溢出，且最高位（符号位）为 0，则表示结果为正数；最高位为 1，则结果为负数。

补码的加减法运算规则的正确性可根据补码定义予以证明：

$$\begin{aligned}[X \pm Y]_{补} &= 2^n + (X \pm Y)(\bmod 2^n)\\ &= (2^n + X) + (2^n \pm Y)\\ &= [X]_{补} + [\pm Y]_{补}\end{aligned}$$

例 2.5　设字长 $n=8$，$X=63$，$Y=56$，求 $X+Y$、$X-Y$。

解　$[X]_{补}=00111111$，$[Y]_{补}=00111000$，$[-Y]_{补}=11001000$

用竖式加法计算：

$$\begin{array}{r} [X]_{补}=00111111\\ +[Y]_{补}=00111000\\ \hline 01110111 \end{array} \qquad \begin{array}{r} [X]_{补}=00111111\\ +[-Y]_{补}=11001000\\ \hline \boxed{1}\ 00000111 \end{array}$$

结果为

$$X+Y=[[X+Y]_{补}]_{补}=01110111=(+119)_{10}$$

$$X-Y=[[X-Y]_{补}]_{补}=00000111=(+7)_{10}$$

显然，上述结果是正确的。

从上述补码运算规则和举例可看出，用补码表示计算机中的有符号数有明显好处：可将减法运算用加法运算和求补运算来代替，而求补运算实际上就是连同符号位一起的各位求反加1运算，因此算术运算部件可只设加法器，而省却减法器，从而大大简化硬件设计。

另外，用补码表示有符号数还有一大好处，就是有符号数和无符号数的加法运算可在同一加法器电路中完成，不必进行特殊处理，结果总是正确的。

例如，两个内存单元的内容分别为00010011和11001110，无论它们代表有符号数补码还是无符号数二进制码，机器执行加法运算的结果如下：

$$\begin{array}{r} 00010011 \\ +\quad 11001110 \\ \hline 11100001 \end{array}$$

若机器运算代表有符号数，则：00010011为$[+19]_{补}$，11001110为$[-50]_{补}$，结果11100001为$[-31]_{补}$。运算结果正确。

若机器运算代表无符号数，则：$[00010011]_{真值}=19$，$[11001110]_{真值}=206$，结果11100001代表的真值为225。运算结果也正确。

但是，从原理上看，作有符号数补码运算时，有几点需要说明：

① 有符号数的减法运算变为被减数、减数补码的加法运算时，若最高位有进位，表示减法运算没有借位；反之，若最高位没有进位，则表示减法运算有借位。

② 有符号数运算结果的最高位是符号位；而无符号数运算结果的最高位是数值结果的一部分。

③ 因补码运算实际上是mod 2^n运算，所以运算时有符号数最高位(即符号位)产生的进位/借位应该舍弃，其他位产生的进位/借位(即数值位向符号位的进位/借位)应该向上传递；而无符号数最高位产生的进位/借位则不能舍弃。

(2) 溢出与溢出判断

当结果超出补码表示的数值范围时，上述补码运算就不正确了。例如，对于8位补码，当两个正数相加之和大于+127或两个负数相加之和小于−128时，就会出错。这种现象称为“溢出”。

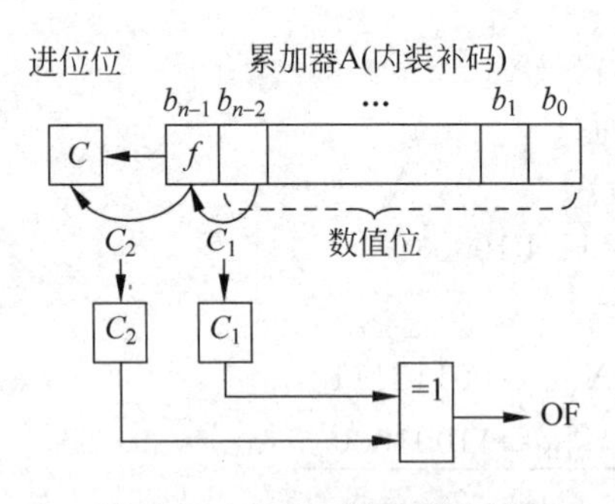

图2.2 双进位位法判断溢出示意图

计算机运算时要避免产生溢出。万一出现了溢出，要能判断，并做出相应处理，如停机或转入检查程序、给出出错信息等。

计算机怎样判断是否产生溢出呢？判断方法有多种。微机中多采用“双进位位”法(又叫“双高位”法)进行判断。

图2.2给出了双进位位法判断的原理示意。运算时，最高数值位b_{n-2}向符号位$f(b_{n-1})$的进位为C_1，符号位f向进位位C的进位为C_2。如果C_1与C_2相同，

说明无溢出；如果 C_1 与 C_2 不同，说明有溢出。即是说，可用 C_1 与 C_2 的异或运算来判断补码运算的结果是否有溢出：

$$OF = C_1 \oplus C_2 = \begin{cases} 1, & \text{有溢出} \\ 0, & \text{无溢出} \end{cases} \tag{2.12}$$

这个结论就是设计补码加法器的基础。

对上述溢出判别方法的正确性，我们不妨用以下例子来说明(假定为8位补码)。

例 2.6　已知 $X=85, Y=76$。用补码的加、减法运算规则计算 $X-Y, -X+Y, -X-Y$，并判断结果是否溢出。

解　$[85]_补=01010101, [-85]_补=10101011$

$[76]_补=01001100, [-76]_补=10110100$

按补码运算规则有

$[X-Y]_补=[85-76]_补=[85]_补+[-76]_补$：

```
      [85]补=01010101
  + [-76]补=10110100
  ----------------------
           [1] 00001001=09H=[+9]补
            └→自然丢弃
```

$X-Y=[[X-Y]_补]_补=+9$

因为 $C_2=1, C_1=1, OF=C_1 \oplus C_2=0$，所以无溢出，结果正确。

$[-X+Y]_补=[-85+76]_补=[-85]_补+[76]_补$：

```
     [-85]补= 10101011
   + [76]补= 01001100
  ----------------------
              11110111=F7H=[-9]补
```

$-X+Y=[[-X+Y]_补]_补=-9$

因为 $C_2=0, C_1=0, OF=C_1 \oplus C_2=0$，所以无溢出，结果正确。

$[-X-Y]_补=[-85-76]_补=[-85]_补+[-76]_补$：

```
     [-85]补=10101011
  + [-76]补=10110100
  ----------------------
           [1] 01011111=5FH=[+95]补
            └→自然丢弃
```

$-X-Y=[[-X-Y]_补]_补=+95$

因为 $C_2=1, C_1=0, OF=C_1 \oplus C_2=1$，表示有溢出，结果不对。

此例说明：根据 C_1 和 C_2 值不仅可判断有无溢出，而且可判断有溢出时是正溢出还是负溢出。其结论如下：

$C_2C_1=00$ 或 11 时，无溢出；

$C_2C_1=01$ 时，为正溢出；

$C_2C_1=10$ 时，为负溢出。

2) BCD 码运算及其十进制调整

进行 BCD 码加减法运算时，每组 4 位二进制码表示的十进制数之间应该遵循“逢十进一”和“借一当十”的规则。但是,由于计算机总是将数作为二进制数来处理的,即每 4 位之间总是按“逢 16 进一”和“借一当 16”来处理,所以当 BCD 码运算出现进位和借位时,结果将出错。

例如,求 BCD 码的 8+5,机器执行的结果为

```
  1000
+ 0101
------
  1101
```

此结果为非法 BCD 码(DH),正确的结果应为$(00010011)_{BCD}$。

再如,求 BCD 码的 12−8,机器执行的结果为

```
  00010010
− 00001000
----------
  00001010
```

结果为 0AH,也为非法 BCD 码,正确的结果应为$(00000100)_{BCD}$。

可见,为了得到正确的 BCD 码运算结果,必须对二进制运算结果进行调整,使之符合十进制运算的进位/借位规则。这种调整叫十进制调整。

十进制调整的规则如下:

(1) 十进制加法调整规则

① 若两个一位 BCD 数相加结果大于 9(即 1001),则应作加 6(即 0110)修正。(和数大于 9 时,说明有进位,而 4 位二进制数相加只有结果超过 15 才会进位,所以要作加 6 修正)

② 若两个 BCD 数相加结果在本位并不大于 9,但产生了进位,这相当于十进制运算大于等于 15,所以也应在本位作加 6 修正。

(2) 十进制减法调整规则

两个 BCD 数相减,若出现本位差超过 9,或虽不超过 9 但向高位有借位,则说明必然是借了 16,多借了 6,所以应在本位作减 6 修正。

例 2.7 求 BCD 码 9+5。

机器执行过程如下:

```
     1001
    +0101
---------
     1110    ——本位大于 9,要调整
    +0110    ——作加 6 修正
---------
0001,0100    ——结果正确,为(14)10
```

例 2.8 求 BCD 码 47+66。

机器执行过程如下:

```
    01000111
   +01100110
------------
    10101101    ——个位数、十位数均大于 9,需调整
   +01100110    ——两位均作加 6 修正
------------
000100010011    ——结果为(113)10,正确
```

例 2.9 求 BCD 码 62－37。

例 2.10 求 BCD 码 61－28。

```
  0110 0001
 －0010 1000
 ───────────
  0011 1001   ——个位数不超过 9,但向高位有借位
 －     0110   ——作减 6 修正
 ───────────
  0011,0011   ——结果为(33)10,正确
```

机器中按上述规则实现十进制加减法调整时,对压缩 BCD 码和非压缩 BCD 码的运算有所不同。对压缩 BCD 码数相加减,一个字节中的低 4 位(代表十进制个位)向高位是否有进位/借位,检测的是辅助进位标志 AF(也叫半进位标志或十六进制数字进位标志)是否为 1;而高 4 位(代表十进制十位)向高位是否有进位/借位,则是检测进位标志 CF 是否为 1。对非压缩 BCD 码数(也包括 ASCII 码数)相加减,其高 4 位值没有意义,因此不存在考虑其进位/借位问题,调整时只需将低 4 位的进位/借位从辅助进位标志 AF 传递到进位标志 CF,以便使用连加/连减指令进行多位十进制数运算时,向高位正确传递进位/借位。

实际上,现代计算机中都设有专门的十进制调整指令,利用它们,无论对加法或减法,甚至乘法和除法,机器都能按照规则自动进行调整,并不需要程序员自己去做判断和调整。

3) 乘除法运算

计算机中的乘除法运算,无论是无符号数运算还是有符号数运算,其基本实现方法有两种。

(1) 基于加减法电路和移位寄存器实现

这种方法,运算器中不设乘除法运算电路,只设加减法电路。需要进行乘除法运算时,主要利用加减法运算指令和移位指令,按照某种算法通过编程来实现。

早期的 8 位微处理器大多采用这种方法,现在除了少数廉价单片机外已很少采用。

(2) 基于乘除法电路实现

这种方法,运算器中除设置有加减法电路外,还设有乘除法电路。乘除法电路可以是以加减法电路和移位寄存器为基础,按照某种算法增加必要的扩展电路构成;也可以是按照某种算法直接设计成的专用高速乘法器/除法器部件。需要进行乘除法运算时,直接用乘除法指令编程实现。

随着集成电路工艺的发展和硬件成本的降低,现在的高档微机基本上都是采用这种方法。

2. 逻辑运算

常见的逻辑运算有与、或、异或、非和移位等。

1) 与、或、异或和非运算

逻辑与、或、异或和非运算分别执行按位"与(·)"、"或(＋)"、"异或(⊕)"和"非(¯)"操

作，位与位之间无进位/借位关系。表 2.2 给出了 1 位二进制数逻辑与、或、异或和非运算的运算规则。

表 2.2　1 位二进制数逻辑"与"、"或"、"异或"和"非"运算规则

A	B	A·B	A+B	A⊕B	$\overline{A}$
0	0	0	0	0	1
0	1	0	1	1	1
1	0	0	1	1	0
1	1	1	1	0	0

例 2.11　已知 X=11010001B，Y=01001101B。计算 $X \cdot Y$，$X+Y$，$X \oplus Y$ 和 $\overline{X}$。

解　$X \cdot Y$=(11010001B)·(01001101B)=01000001B

$X+Y$=(11010001B)+(01001101B)= 11011101B

$X \oplus Y$=(11010001B)⊕(01001101B)=10011100B

$\overline{X}=\overline{11010001B}$=00101110B

在上述运算中，参与运算的二进制数码通常表示的是逻辑状态。所以，逻辑"与"运算常用于清除某些状态位；逻辑"或"运算常用于设置某些状态位；逻辑"异或"运算则常用于使某些状态位取反。

例 2.12　设 X 是 8 位二进制码，欲使 X 的 D_7 位清 0、置 1 和取反，其他位保持不变，应分别使用以下运算：

X·(01111111B)；　　　　使 D_7=0，其他位不变
X+(10000000B)；　　　　使 D_7=1，其他位不变
X⊕(10000000B)；　　　　使 D_7 取反，其他位不变

2）移位运算

移位包括左移、右移和循环移位等。移位运算常用于二进制数的倍乘和倍除。左移 n 位相当于乘以 2^n；右移 n 位则相当于除以 2^n。

表 2.3 给出了常用移位操作示意。表中算术左移/右移操作，用于对有符号数倍乘和倍除；逻辑左移/右移操作，则用于对无符号数倍乘和倍除。使用时应根据操作数是有符号数还是无符号数进行选择。

表 2.3　移位操作

序号	操 作 名 称	操作示意
1	算术/逻辑左移(SAL/SHL)	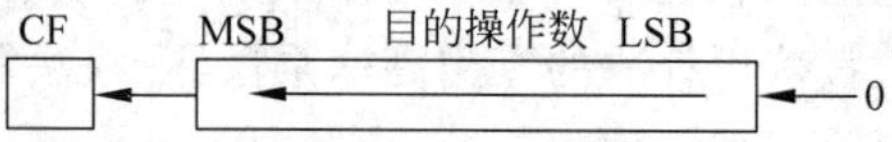 CF　MSB　目的操作数　LSB　←0
2	算术右移(SAR)	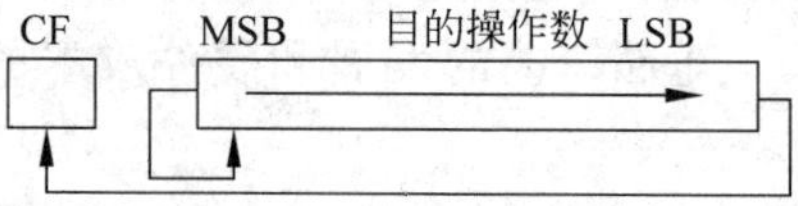 CF　MSB　目的操作数　LSB
3	逻辑右移(SHR)	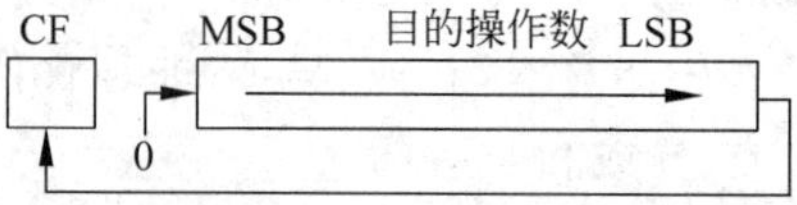 CF　MSB　目的操作数　LSB　0

续表

序号	操作名称	操作示意
4	循环左移(ROL)	CF MSB 目的操作数 LSB
5	循环右移(ROR)	CF MSB 目的操作数 LSB
6	带进位循环左移(RCL)	CF MSB 目的操作数 LSB
7	带进位循环右移(RCR)	CF MSB 目的操作数 LSB

例如二进制数10001100,看作有符号数,其真值为－116,算术右移1位的结果为11000110,真值为－58,其结果相当于被2除;若看作无符号数,真值为140,逻辑右移1位的结果为01000110,真值为70,其结果也相当于被2除。

2.3.3 基本数据类型

在微机中,处理数据的基本单位是字节、字和双字,它们是处理器进行存取的位组,并没有实际的意义。在这些基本数据单位之上,微处理器都定义了各自处理的、带有实际意义的数据类型和存放格式。以目前流行的PC机为例,常用的数据类型有以下几种。

1. 无符号和有符号二进制整数

无符号数不带任何符号信息,只含有量值域。而有符号数均以补码表示,最高位为符号位,0代表正数,1代表负数。两种数据的差别就在于数据的最高位一个是符号位,另一个是数据的最高有效数值位。表2.4给出了一些8位机器数对应的无符号数和有符号数的真值。

表2.4 一些8位机器数(补码)对应的无符号和有符号数真值

机器数(补码)	有符号数真值	无符号数真值
10001001	－119	137
10000000	－128	128
01010011	83	83
11111111	－1	255

Pentium的CPU支持8位字节、16位字、32位双字无符号数和有符号数,FPU还支持64位的有符号数。

一个字(16位)由两个字节数据构成,而一个双字(32位)则由4个字节(或2个字)数据构成。无论是字、双字还是其他多字节数据,它们在内存的存放原则是:低位字节数据存储在低端地址存储单元,高位字节数据存储在高端地址存储单元,最低端存储单元的地址是字或双字数据的访问地址。图 2.3、图 2.4 分别给出了字数据 1234H 和双字数据 12345678H 在内存的存放格式。

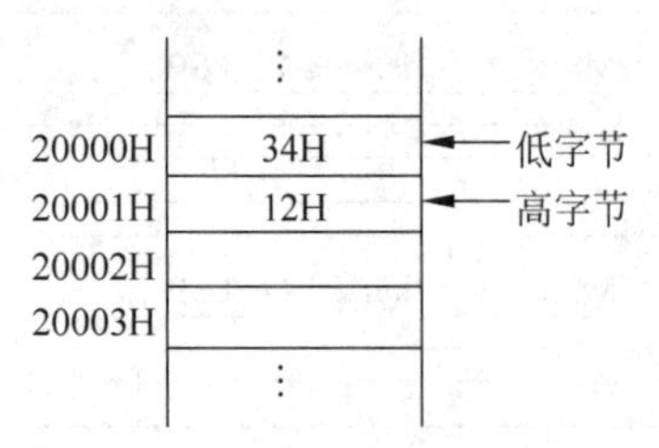

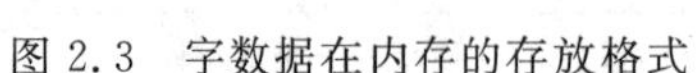

图 2.3　字数据在内存的存放格式

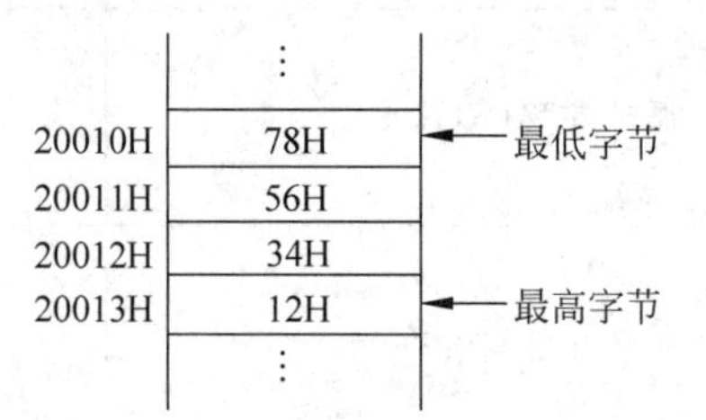

图 2.4　双字数据在内存的存放格式

若要从内存单元读取字数据 1234H 和双字数据 12345678H，CPU 通过地址总线(AB)送出的访问地址分别为 20000H 和 20010H。

2. BCD 码数

Pentium 系列处理器的 CPU 支持 8 位压缩和非压缩 BCD 码数；而 FPU 只支持 80 位(10B)压缩 BCD 码数，即将 80 个二进制位组成一个压缩 BCD 数据单元，其中低序的 9 个字节，共 18 个 4 位宽度的域被定义为十进制数字，这些 4 位宽度域的取值范围为 0～9，最高序的字节中的最高位为符号位，其余的位不使用。

3. 串数据

串数据包括位串、字节串、字串和双字串，仅 CPU 支持。位串是从任何字节的任何位开始的相邻位的序列，最长可达($2^{32}-1$)b。字节/字/双字串是字节/字/双字的相邻序列，最长可达($2^{32}-1$)B。

4. ASCII 码数据类

此数据类型包括 ASCII 码字符串和 ASCII 码数(0～F)两种。ASCII 码字符串是用单引号' '括起来的一串 ASCII 码字符，如：'ABC'和'1234'。在内存存放时，每个 ASCII 字符占 1B，最前面的字符存储在最低端地址存储单元，最后面的字符存储在最高端地址存储单元。图 2.5 给出了字符串'ABC'在内存的存放格式。

5. 指针数据类

指针数据的值是指向内存单元的地址，有近指针和远指针两种。Pentium 在 32 位方式时，近指针即 32 位指针，是一个 32 位的段内偏移量，段内寻址时使用；远指针即 48 位指针，由 16 位选择符和 32 位偏移量组成，用于跨段访问。这时，近指针在内存存放需 4 个字节，存储格式与双字数据相同；远指针需 6 个字节，低 4 个字节存放 32 位偏移量，高 2 个字节存放 16 位选择符。图 2.6 给出了 48 位远指针在内存的存放格式。

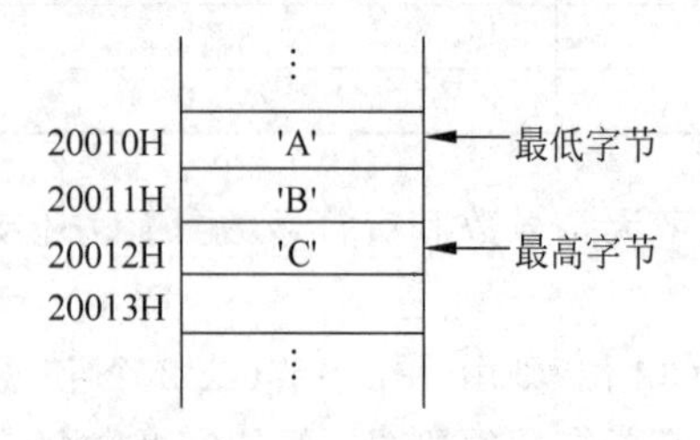

图 2.5　字符串在内存的存放格式

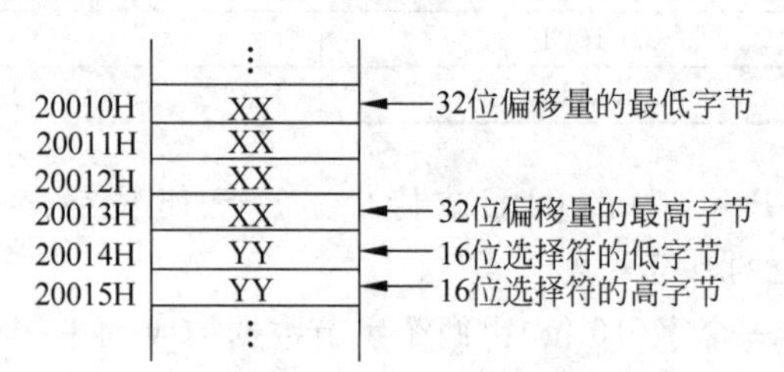

图 2.6　48 位远指针在内存的存放格式

当 Pentium 工作在 16 位方式时，近指针是一个 16 位的段内偏移量；远指针是 32 位指针，由 16 位段基址和 16 位偏移量组成。

6. 浮点数(实数)

这类数由 FPU 支持，有单精度(32 位)、双精度(64 位)和扩展精度(80 位)三种形式。数据格式基于 IEEE 754 标准，即将每个浮点数分为三个字段：符号位、有效数和阶码(指数幂)，如图 2.7 所示。从图中可以看出：

- 单精度浮点数包括 1 位符号、8 位阶码、24 位有效数(显式 23 位，外加 1 位隐含的整数“1.”)。
- 双精度浮点数包括 1 位符号、11 位阶码、53 位有效数(显式 52 位，外加 1 位隐含的整数“1.”)。
- 扩展精度浮点数包括 1 位符号、15 位阶码、64 位有效数(内含 1 位整数“1”，小数点“.”是隐含的)。

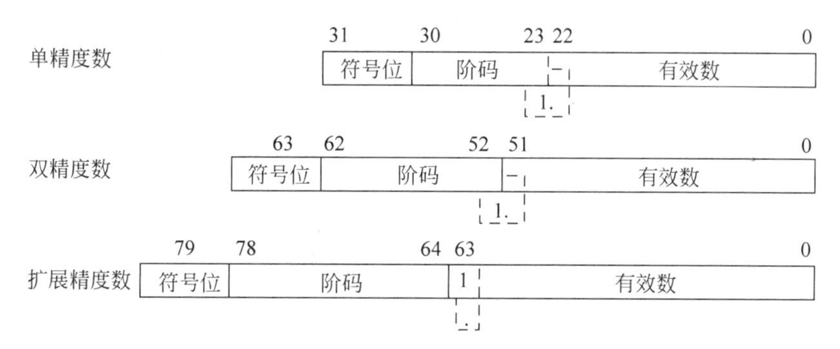

图 2.7　Pentium 浮点协处理器 FPU 支持的浮点数格式

可见，3 种浮点数的有效数字段都作了规格化处理，使其整数位总是 1。但要注意，在单精度和双精度格式下，整数位 1 是隐含的，而并不真的被存放起来，只有扩展精度格式的整数位 1 才真的存在。

另外，为了简化浮点数大小的比较过程(实际是阶码值大小的比较过程)，阶码以一种偏置形式存放于格式中，即真阶码要加上一个常数偏置值才是格式阶码。且使偏置后的格式阶码恒为正数。这样对两个带相同符号的相同格式的实数进行比较时，就像对两个无符号二进制整数进行比较一样方便。当从左向右逐位比较两个格式阶码时，若某位的阶码不同，就不用再比较下去了。由于三种浮点数格式的阶码位数不同，其数值范围也不同。为了保证偏置后的阶码恒为正数，其偏置值必然也为不同正值。表 2.5 列出了三种 IEEE 浮点数格式的不同参数值。

表 2.5　IEEE 浮点数格式的参数值

参　　数	IEEE 浮点数格式		
	单精度	双精度	扩展精度
格式总宽度/b	32	64	80
符号位数	1	1	1
有效数位数(精度位数)	23+1(隐含)	52+1(隐含)	64
阶码宽度/b	8	11	15

续表

参　数	IEEE 浮点数格式		
	单精度	双精度	扩展精度
最大阶码值	+127	+1023	+16383
最小阶码值	−126	−1022	−16382
阶码偏置值	+127	+1023	+16383

在作了这种阶码偏置处理后，进行浮点数运算时，一个数的真阶码是通过将其格式阶码值减去偏置值的办法得到的。例如对单精度浮点数，格式阶码＝01H，表示阶码真值＝−126，有效数应乘以 2^{-126}；格式阶码＝7FH，表示阶码真值＝0，有效数应乘以 2^{0}；格式阶码＝FEH，表示阶码真值＝+127，有效数应乘以 2^{+127}。

综上可见，单精度浮点数所表示的真值为

$$V = (-1)^{s} \times 2^{e-127} \times (1 + 0.f) \tag{2.13}$$

其中，s 为数符(0 或 1)；e 为阶码；f 为有效数。单精度浮点数所能表示的绝对值范围为

$$1 \times 2^{-126} \sim (2 - 2^{-23}) \times 2^{127} \tag{2.14}$$

绝对值小于下限值，称为下溢出，表示为机器零，用全 0 表示；绝对值大于上限值，产生上溢出，即通常所说的溢出，使溢出标志 OF=1。

另外，从表 2.5 可以看出，IEEE 规格化单精度浮点数不包括阶码 $e=0$ 和 $e=255$ 的数，阶码为这两个值的浮点数，按 IEEE 754 标准规定，属特殊情况：

(1) $e=0$ 时，若 $f=0$，则真值 $V=(-1)^{s}\times 0$，表示+0 和−0；若 $f\neq 0$，则真值为非规格化数(denormalized，DNRM)，即 $V=$DNRM。

(2) $e=255$ 时，若 $f=0$，则真值 $V=(-1)^{s}\times\infty$，表示＝+∞和−∞；若 $f\neq 0$，则真值不是一个数(not a number，NaN)，即 $V=$NaN。

同理，对双精度浮点数，其表示的真值为

$$V = (-1)^{s} \times 2^{e-1\,023} \times (1 + 0.f) \tag{2.15}$$

所能表示的绝对值范围为

$$1 \times 2^{-1022} \sim (2 - 2^{-52}) \times 2^{1023} \tag{2.16}$$

对扩展精度浮点数，其表示的真值为

$$V = (-1)^{s} \times 2^{e-16383} \times (1 + 0.f) \tag{2.17}$$

所能表示的绝对值范围为

$$1 \times 2^{-16382} \sim (2 - 2^{-63}) \times 2^{16383} \tag{2.18}$$

而且双精度浮点数和扩展精度浮点数同样有+0/−0，DNRM，+∞/−∞和 NaN 四种特殊情况。

浮点数表示相对于定点数表示，其突出优点是数值表示范围大，运算精度高(原因是运算过程中会随时对中间结果作规格化处理，可最大限度地减少有效数位的丢失)；缺点是运算复杂，每次加减运算需要经过对阶、尾数加/减、规格化处理和舍入 4 步才能完成，若靠硬件实现将增加设备成本，若靠软件实现则将增加时间开销。

例 2.13　求出下面几个数的单精度浮点数表示：1，−2，3，−256.375。

解　(1) $1=+1.0\times 2^{0}$，其单精度浮点数的格式阶码应为+127，有效数 23 位全为 0，符

号位为 0,所以浮点数表示为

0,011 1111 1,000 0000 0000 0000 0000 0000B=3F800000H

(2) $-2=-2.0=-10B=-1.0\times2^1$,其单精度浮点数的格式阶码应为+128,有效数 23 位全为 0,符号位为 1,所以浮点数表示为

1,100 0000 0,000 0000 0000 0000 0000 0000B=C0000000H

(3) $3=+3.0=+11B=+1.1\times2^1$,其单精度浮点数的格式阶码应为+128,有效数 23 位为 100…0,符号位为 0,所以浮点数表示为

0,100 0000 0,100 0000 0000 0000 0000 0000B=40400000H

(4) $-256.375=-100000000.011B=-1.00000000011\times2^8$,其单精度浮点数的格式阶码应为+135,有效数 23 位为 000 0000 0011 0000 0000 0000,符号位为 1,所以浮点数的表示为

1,100 0011 1,000 0000 0011 0000 0000 0000B=C3803000H

例 2.14　求出单精度浮点数 E9BA8000H 的真值。

解　将已知单精度浮点数的十六进制代码转换为规定格式的二进制代码形式:

E9BA8000H=1,110 1001 1,011 1010 1000 0000 0000 0000B

其数符 $s=1$

阶码 $e=1101\ 0011=(211)_{10}$

有效数 $f=0.0111\ 0101=(0.4921875)_{10}$

将 s、e、f 代入式(1.10),则得该浮点数的真值为

$$\begin{aligned}V&=(-1)^1\times2^{211-127}\times(1+f)\\&=-1\times2^{84}\times(1+0.4921875)\\&=-1.4921875\times2^{84}\end{aligned}$$

最后要说明的是,在内存存放数据时,应尽可能将字对准于偶地址,将双字对准于能被 4 整除的地址。Pentium/80486 提供了这种对准的功能。但也允许不对准操作,以便在数据结构的处理上和存储器的有效利用上给系统设计人员和用户提供最大的灵活性。不过,对准与不对准获得的数据传送速度不一样。由于 80386 以上 CPU 的数据总线宽度为 32b,在处理器和存储器间对准的字和双字可一次传送完,而未对准的字和双字则需几次才能传送完。

2.3.4　数据寻址方式

寻址方式就是寻找指令中操作数地址的方式。计算机内部的数据所在地址不外乎有三种可能:

(1) 直接包含在指令中。即指令的操作数部分就是操作数本身,这种操作数叫立即数,对应的指令寻址方式称为立即数寻址。

(2) 包含在 CPU 的某个寄存器中,这时指令中的操作数部分是 CPU 的一个寄存器。这种指令寻址方式称为寄存器寻址。

(3) 包含在内存储器中,这时指令的操作数部分包含着该操作数所在的内存地址。这种指令寻址方式称为存储器寻址。

对于不同型号的 CPU 来说,其立即数寻址和寄存器寻址没什么差别,但存储器寻址因

CPU 结构不同，其具体形式差别较大。本节将对 80x86/Pentium 系列 CPU 和 MCS-51 单片机的数据寻址方式作较详细的介绍。

1. 80x86/Pentium 系列 CPU 数据寻址方式

在 80x86/Pentium 系列 MPU 中，任何内存实际地址(PA)都由两部分组成，即内存单元所在段的基址和此单元与段基址的距离——段内偏移地址(也叫偏移量)。例如：

```
MOV   AL,ES:[BX]                    ;16 位寻址
MOV   AL,ES:[EBX]                   ;32 位寻址
```

由段寄存器和偏移地址组成的二维地址(如 ES:[BX]、ES:[EBX])又称为逻辑地址。在实地址方式下，ES 存放的是段基址的高 16 位，BX 存放的是段内偏移地址；而在保护方式下，ES 存放的是指向段描述符的选择符，EBX 存放的是段内偏移地址。

为了适应处理各种数据结构的需要，80x86/Pentium 的段内偏移地址可由以下几部分组合而成：

- 基址寄存器内容
- 变址寄存器内容
- 比例因子
- 位移量

这 4 个基本部分称为偏移地址四元素(或四分量)。一般又将这四元素组合形成的偏移地址称为有效地址(effective address,EA)。

这 4 种元素中，除比例因子可取 1、2、4、8 之外，其余 3 种元素均可为正数也可为负数。它们的组合情况和计算方法如下：

$$EA=基址+(变址\times 比例因子)+位移量$$

其中可用作基址、变址寄存器和比例因子、位移量的取值规定，对于 32 位寻址(工作于保护方式)和 16 位寻址(工作于实地址方式和虚拟 8086 方式)有所不同。表 2.6 给出了这两种寻址时的四元素规定。

表 2.6 16 位和 32 位寻址时的四元素定义

有效地址元素	16 位寻址	32 位寻址
基址寄存器	BX、BP	任何 32 位通用寄存器
变址的寄存器	SI、DI	除 ESP 外的任何 32 位通用寄存器
比例因子	无(或 1)	1,2,4,8
位移量/b	0、8、16	0、8、32

为了寻找这些不同类型的操作数，由指令中寻址方式字段提供操作数来源的部件(如段寄存器、基址寄存器和变址寄存器等)以及如何计算操作数有效地址 EA 的方法。在实地址方式下，段寄存器的值左移四位加上这个有效地址，即为操作数的物理地址；而在保护方式下，寻址过程则如图 2.8 所示。在分段部件的支持下，由指令寻址方式计算的有效地址，与段选择符所指的段描述符中的段基址相加产生 32 位线性地址。不分页时，该线性地址即为物理地址，分页时还要经页部件转换才是物理地址。

根据四元素在 EA 计算公式中的取舍不同，可组合出 9 种存储器寻址方式，加上前述的立即数寻址和寄存器寻址，80386 以上的 32 位微处理器共有 11 种数据寻址方式，下面详细

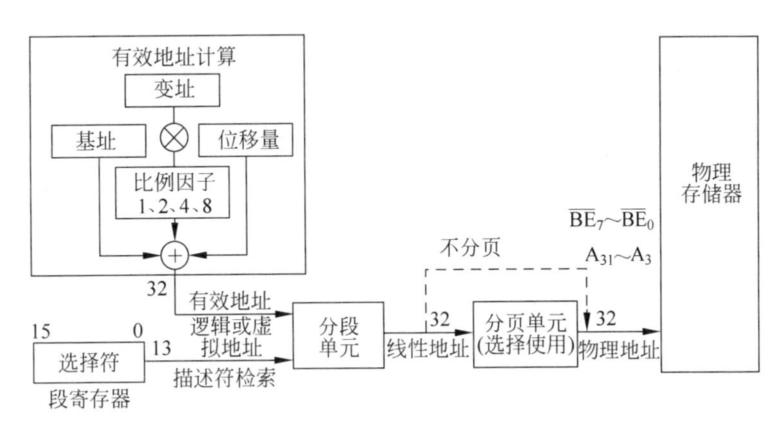

图 2.8 保护方式的存储器寻址过程

介绍这些寻址方式。

1) 立即数寻址

在这种寻址方式下,操作数作为立即数直接存在指令中,可为 8 位、16 位或 32 位。

例 2.15
```
MOV  AX,4567H          ;将立即数 4567H 送到 AX
MOV  BL,78H            ;将立即数 78H 送到 BL
MOV  ECX,12345678H     ;将立即数 12345678H 送到 ECX
```

以第 1 条指令为例,立即数寻址方式的执行过程如图 2.9 所示。

2) 寄存器寻址(寄存器直接寻址)

在这种方式下,操作数包含在指令规定的 8 位、16 位或 32 位寄存器中。例如:

```
MOV  EAX,EDX
INC  CL
MOV  DS,AX
```

这种寻址方式指令编码短,无须从存储器取操作数,故执行速度快。

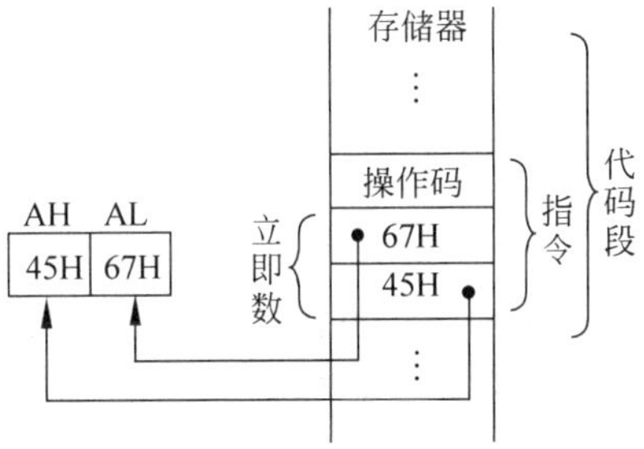

图 2.9 立即寻址过程

3) 直接寻址(存储器直接寻址)

在这种方式下,指令中的操作数部分直接给出操作数有效地址 EA,它和操作码一起放在存储器代码段中,可以是 16 位或 32 位整数。

例 2.16 MOV AX,DS:[3000H]

该指令将 DS 段中偏移地址为 3000H 的字单元的内容送到 AX 中。假设(DS)=5000H,寻址过程如图 2.10 所示。即将物理地址为 53000H 单元的内容送到 AL 寄存器,将 53001H 单元的内容送到 AH 寄存器。

对于直接寻址,如操作数在 DS 段中,则可直接写成

```
MOV  AX,[3000H]
```

如操作数在 DS 之外的其他段(CS,SS,ES,FS,GS)中,指令中则必须用段寄存器名前缀(称为段超越前缀)予以指明。例如:

```
MOV  AX,FS:[3000H]
```

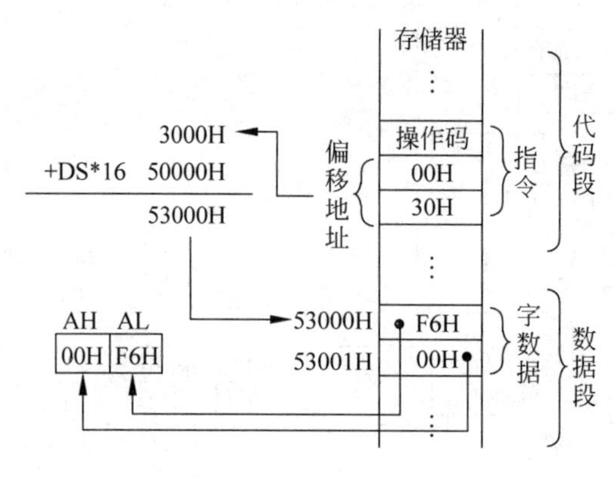

图 2.10 直接寻址过程

直接寻址主要用于单个操作数的相对寻址场合。

4）寄存器间接寻址

在这种方式下，操作数放在存储器中，但其有效地址 EA 放在指令规定的寄存器中，即：EA=[寄存器]。

寄存器的使用规定在 16 位寻址和 32 位寻址时不一样。

(1) 16 位寻址时，偏移地址放在 SI、DI、BP 或 BX 中。这时又有两种段默认情况：

① 若以 SI、DI、BX 间接寻址，则默认操作数在 DS 段中。例如：

```
MOV   AX,[SI]                          ;默认 DS 为段基址
```

② 若以 BP 间接寻址，则默认操作数在 SS 段中。例如：

```
MOV   AX,[BP]                          ;默认 SS 为段基址
```

如果操作数不在上述规定的默认段，而是在其他段，则必须在指令中相应的操作数前加上段超越前缀。例如：

```
MOV   AX,ES:[SI]
MOV   AX,DS:[BP]
```

(2) 32 为寻址时，8 个 32 位通用寄存器均可作寄存器间接寻址。例如：

```
MOV   EBX,[EAX]                        ;默认 DS 为段寄存器,传送双字给 EBX
MOV   DX,[EBP]                         ;默认 SS 为段寄存器,传送字给 DX
MOV   CH,[EAX]                         ;默认 DS 为段寄存器,送字节给 CH
```

除 ESP、EBP 默认段寄存器为 SS 外，其余 6 个通用寄存器均默认段寄存器为 DS。如操作数在默认段之外，指令中必须加段超越前缀。

例 2.17 Pentium 在实地址方式下，(SS)=6000H，(BP)=3000H。以指令：

```
MOV   AX,[BP]
```

为例，间接寻址过程如图 2.11 所示。即将物理地址为 63000H 单元的内容送到 AL 寄存器，将 63001H 单元的内容送到 AH 寄存器。

寄存器间接寻址的应用场合与直接寻址的应用场合相似，但更灵活。

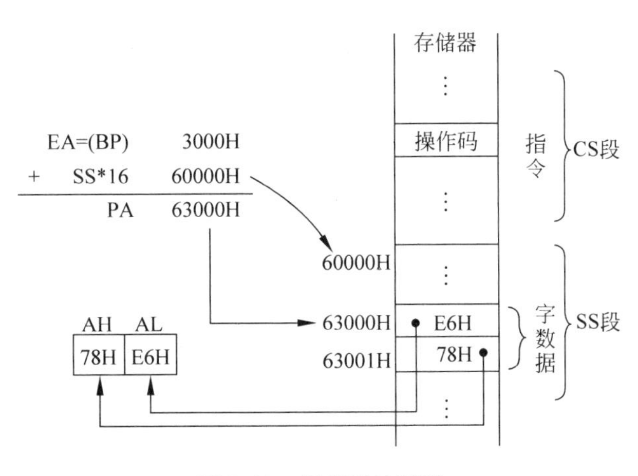

图 2.11 间接寻址过程

5）基址寻址

在这种方式下，EA=[基址寄存器]+位移量。其中位移量一定要为常数，且跟随在操作码之后，与操作码一起存放在代码段中。

(1) 16 位寻址情况下，BX 和 BP 作为基址寄存器。在默认段超越前缀时，BX 以 DS 作为默认段寄存器，BP 以 SS 作为默认段寄存器。位移量可为 8 位或 16 位；

(2) 32 位寻址情况下，8 个 32 位通用寄存器均可作基址寄存器。

其中 ESP、EBP 以 SS 为默认段寄存器，其余 6 个通用寄存器均以 DS 为默认段寄存器。位移量为 8 位或 32 位。

例 2.18 基址寻址指令格式举例：

```
MOV  AX,[BX+24]          ；也可写成 MOV  AX,24[BX]
MOV  ECX,[EBP+50]        ；也可写成 MOV  ECX,50[EBP]
MOV  DX,[EAX+1500H]      ；也可写成 MOV  DX,1500H[EAX]
```

以第 3 条指令为例，假定 DS 对应的描述符高速缓存中存放的段基址为 50000000H，(EAX)=24000000H，存储管理采用只分段不分页，则基址寻址的执行过程如图 2.12 所示。

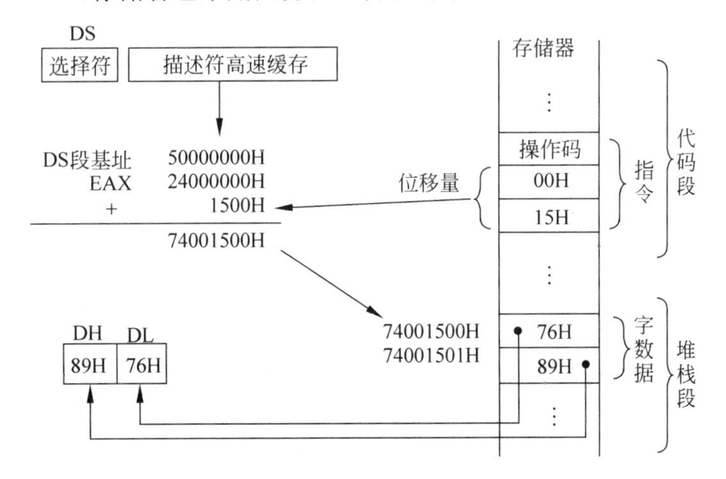

图 2.12 基址寻址的执行过程

6）变址寻址

在这种方式下，EA=[变址寄存器]+位移量。指令书写格式和寻址执行过程与基址寻址相同，区别仅在于将基址寄存器改成变址寄存器。

(1) 16 位寻址时，仅 SI、DI 可作变址寄存器，且默认 DS 作为段基址寄存器。

(2) 32 位寻址时，除 ESP 外的任何通用寄存器均可作变址寄存器，且默认 EBP 以 SS 作段基址寄存器，其余均以 DS 作段基址寄存器。

```
例如：MOV  AX,COUNT[SI]          ；16 位寻址
      MOV  EAX,5[EBP]            ；32 位寻址
      MOV  ECX,DATA[EAX]         ；32 位寻址
```

基址、变址寻址适于对一维数组的数组元素进行检索操作。位移量表示数组起始地址偏移量；基址/变址表示数组元素的下标，可变。

7）比例变址寻址

在这种方式下：EA=[变址寄存器]×比例因子+位移量

这种寻址方式只适于 32 位寻址一种情况。

例 2.19　MOV　AX,TABLE[EBP*4]　　；TABLE 是位移量，4 是比例因子

假定 SS 对应的描述符高速缓存中存放的段基址为 50000000H，(EBP)= 11000000H，TABLE 代表的位移量为 38H，存储管理采用只分段不分页，比例变址寻址过程如图 2.13 所示。

比例变址寻址和基址/变址寻址的作用相似，也适用于对一维数组元素的检索。但当数组元素大小为 2/4/8B 时，用它更方便、更高效。

8）基址加变址寻址

在这种寻址方式下，EA=[基址寄存器]+[变址寄存器]

它有 16 位寻址和 32 位寻址两种情况，每种情况下基址、变址寄存器的使用规定和段寄存器的默认规定与前面所述相同。但当一种寻址方式中既有基址寄存器又有变址寄存器，而两个寄存器默认的段寄存器又不相同时，一般规定由基址寄存器来决定默认哪一个段寄存器作段基址指针。

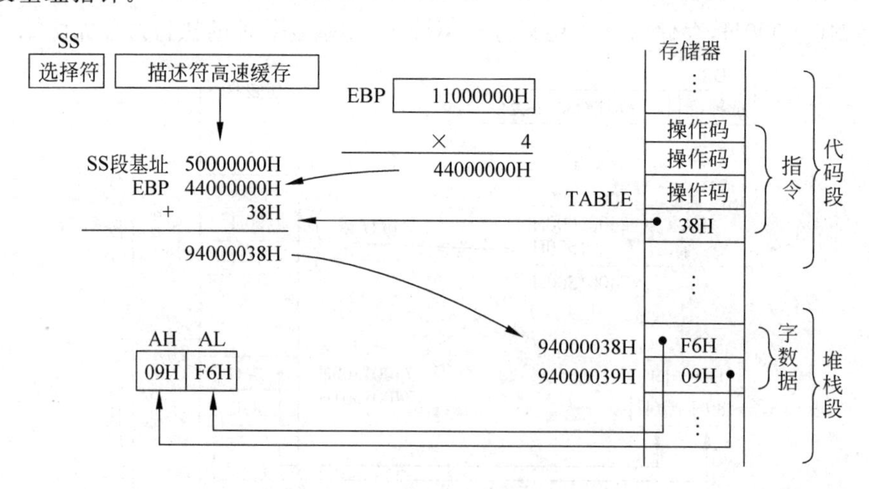

图 2.13　比例变址寻址过程

例 2.20 基址加变址寻址指令格式举例。

```
MOV   AX,[BX][SI]          ;由 BX 决定默认 DS 为段基址寄存器
MOV   EAX,[EBP][ECX]       ;由 EBP 决定默认 SS 为段基址寄存器
```

上列指令也可写成:

```
MOV   AX,[BX+SI]
MOV   EAX,[EBP+ECX]
```

以第 1 条指令为例,基址加变址寻址方式的寻址过程如图 2.14 所示。

基址加变址寻址主要用于二维数组元素的检索和二重循环等。

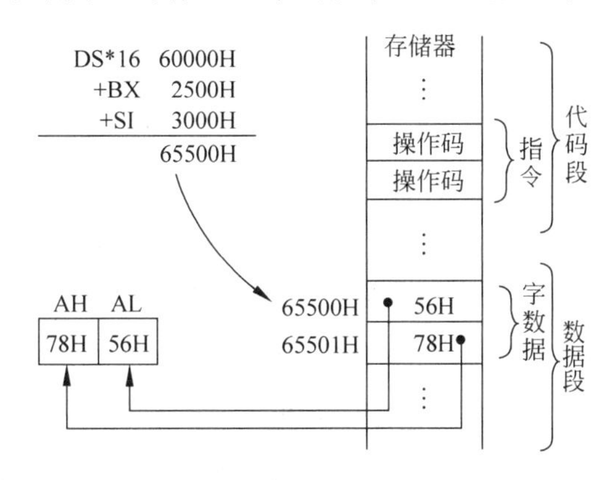

图 2.14 基址加变址寻址过程

9)基址加比例变址寻址

在这种方式下,变址寄存器的内容乘以比例因子后,再加上基址寄存器的内容,得到操作数的 32 位偏移地址。即:

EA=[变址寄存器]×比例因子+[基址寄存器]

它只有 32 位寻址一种情况,段寄存器的默认规定同基址加变址寻址。例如:

```
MOV   ECX,[EDX*8][EAX]    或   MOV   ECX,[EDX*8+EAX]
MOV   AX,[EBX*4][ESI]     或   MOV   AX,[EBX*4+ESI]
```

这种方式主要用于数组元素大小为 2/4/8B 时的二维数组元素检索操作等场合。

10)带位移的基址加变址寻址

在这种方式下,EA=[基址寄存器]+[变址寄存器]+位移量。

这种方式也分 16 位寻址和 32 位寻址两种情况。变址、基址寄存器的使用约定和对段寄存器的默认约定与前面所述相同。

例 2.21 带位移的基址加变址寻址指令格式举例:

```
MOV   AX,[BX+DI+MASK]                或   MOV   AX,MASK[BX][DI]
ADD   EDX,[ESI+EBP+0FFFF000H]        或   ADD   EDX,0FFFF000H[ESI][EBP]
```

以第 1 条指令为例,假定(DS)=2000H,(BX)=1000H,(DI)=3000H,MASK 代表的位移量为 2500H,则带位移的基址加变址寻址方式的执行过程如图 2.15 所示。

这种寻址方式也是主要用于二维数组操作,位移量即为数组起始地址。

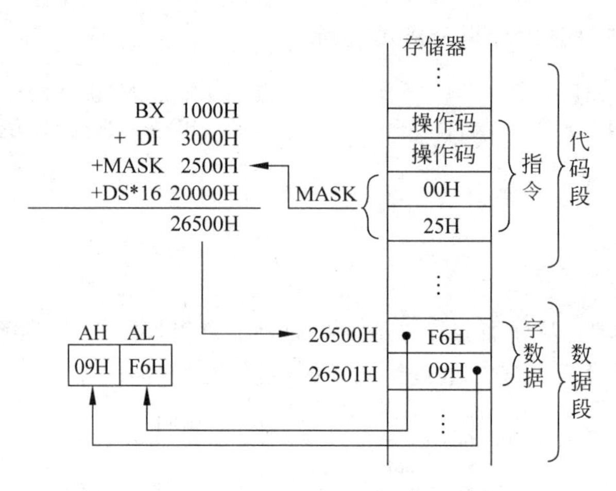

图 2.15 带位移的基址加变址寻址过程

11）带位移的基址加比例变址寻址

这种方式将偏移地址四元素都用上了，即：

EA=[基址寄存器]+[变址寄存器]×比例因子+位移量

它只有 32 位寻址一种情况。各种约定和默认情况同前所述。例如：

```
INC   [EDI*8][ECX+40]     或     INC   [EDI*8+ECX+40]
```

当二维数组的数组元素大小为 2/4/8B，且数组起始地址不为 0 时，适于用这种寻址方式进行数组元素检索操作。

对数据寻址方式，还应说明如下两点：

(1) 除上述 11 种寻址方式外，一般微处理器还支持一种隐含寻址，即指令一般不显式给出操作数，而是将操作数隐含在 CPU 的某个或多个寄存器中。例如：

```
DAA                        ; 操作数隐含在 AL 中，对 AL 中的压缩 BCD 数进行调整
MUL   BX                   ; 被乘数隐含在 AX 中，结果则隐含在 DX:AX 寄存器对中
```

(2) 在进行存储器访问操作时，除要计算偏移地址 EA 外，还必须确定所在的段，即确定有关的段寄存器。一般情况下，指令中不特别指出段寄存器，因为对于各种不同类型的存储器寻址，80x86/Pentium 都约定了默认的段寄存器。有的指令允许段超越寻址，这时一定要在指令中标明，加上段超越前缀(segmentoverride prefix)。不同的访问存储器操作类型对默认段寄存器、允许段超越寄存器和相应的偏移地址寄存器的约定情况如表 2.7 所示。

表 2.7 存储器操作时的段寄存器和偏移地址寄存器约定

访问存储器操作类型	默认段寄存器	允许超越的段寄存器	偏移地址寄存器
取指令代码	CS	无	(E)IP
堆栈操作	SS	无	(E)SP
源串数据访问	DS	CS、SS、ES、FS、GS	(E)SI
目的串数据访问	ES	无	(E)DI
通用数据访问	DS	CS、SS、ES、FS、GS	偏移地址
以(E)BP、(E)SP 间接寻址的指令	SS	CS、DS、ES、FS、GS	偏移地址

该表说明，除了程序只能在代码段、堆栈操作数只能在堆栈段、目的串操作数只能在附加数据段 ES 以外，其他操作虽然也有默认段，但都是允许段超越的。

2. MCS-51 系列单片机数据寻址方式

MCS-51 系列单片机支持 7 种数据寻址方式，如表 2.8 所示。具体寻址过程与 Pentium 系列处理器对应寻址方式的寻址过程没什么两样，只是存储器寻址方式中，Pentium 寻址确定的是操作数有效地址，而 MCS-51 得到的是操作数所在存储单元的物理地址。

表 2.8 MCS-51 数据寻址方式

序号	寻址方式	寻址说明	寻址示例
1	立即寻址	紧跟指令操作码存放的是操作数	mov a，#3ah mov dptr，#0dfffh
2	寄存器寻址	寄存器内容为操作数	mov a，r3
3	直接寻址	指令操作数部分直接给出操作数地址	mov a，59h
4	寄存器间接寻址	寄存器内容为操作数地址	mov a，@r0 movx a，@dptr
5	基址加变址寻址	基址寄存器 dptr 或 pc 的内容为基址，加上变址寄存器 a 的内容作为操作数地址	movc a，@dptr+a movc a，@pc+a
6	相对寻址	以 pc 内容作为基本地址，加上指令中给出的偏移量作为转移地址	sjmp rel jz rel
7	位寻址	操作数是内部 RAM 单元中某一位	setb bit

2.4 计算机程序的执行过程

计算机程序的执行过程，实际上就是周而复始地完成这三阶段操作的过程，直至遇到停机指令时才结束整个机器的运行，如图 2.16 所示。

理解程序的执行过程时，要注意不同指令的这三段操作并非在各种微机中都是串行完成的，除早期的 8 位微机外，各种 16 位、32 位微机都可将这几阶段操作分配给两个或两个以上的独立部件并行完成，形成流水线结构，使不同指令的取指、分析、执行三个阶段可并行处理，从而加速程序的执行过程。

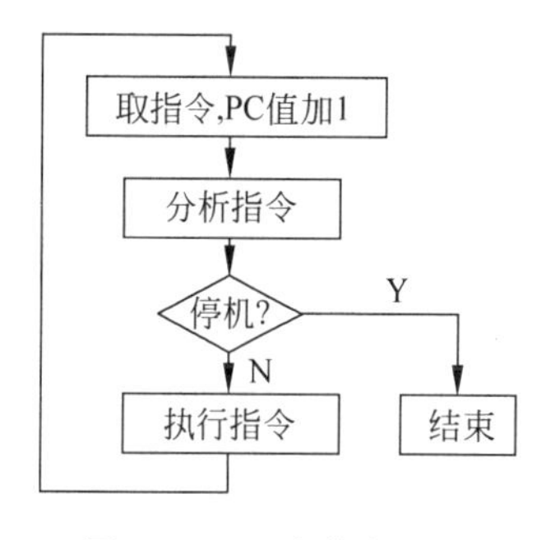

图 2.16 程序执行过程

下面以一个简单程序在如图 2.17 所示的假想模型机中的执行过程为例，看看计算机是怎样工作的。该程序实现的功能是：5CH+2EH，判断结果是否有溢出，如无溢出，将结果存放到内存 0200H 单元，供后面程序用；如有溢出，则停机。

汇编语言程序清单如下：

```
    ORG     1000H              ; 对应机器码
1:  MOV     A,5CH              ; B0H
                               ; 5CH
2:  ADD     A,2EH              ; 04H
                               ; 2EH
```

```
3:  JO    100AH          ; 70H
                         ; 0AH
                         ; 10H
4:  MOV   (0200H),A      ; A2H
                         ; 00H
                         ; 02H
5:  HLT                  ; F4H
```

该程序由 5 条指令组成。每条指令对应的第一个机器码为指令操作码(指令助记符及操作码值是任意假定的,因计算机而异),紧随的机器码为操作数。第 1 条指令是将立即数 5CH 送到累加器 A,其机器码为 B0H、5CH 两个字节。第 2 条指令是将立即数 2EH 与累加器 A 中的数相加,结果仍放在累加器 A 中,其机器码为 04H、2EH 两个字节。第 3 条指令为溢出转移指令,如果上条指令运算结果有溢出,转向第 5 条指令首地址 100AH,否则依次执行第 4 条指令。第 3 条指令的机器码为 70H、0AH、10H 三个字节。第 4 条指令是将累加器 A 中的数传送到存储单元 0200H 中,其机器码为 A2H、00H、02H 三个字节。第 5 条指令为停机指令,没有操作数,所以其机器码只有操作码 F4H 一个字节。

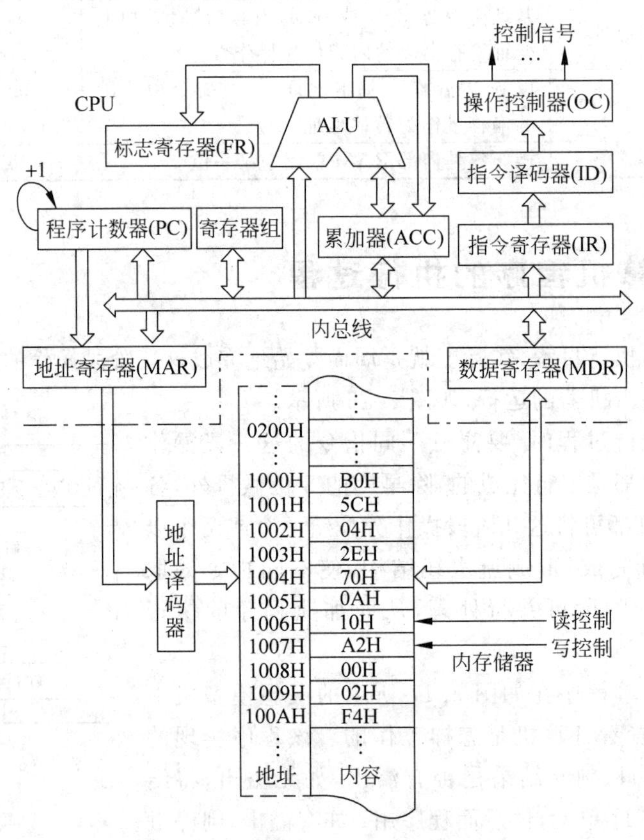

图 2.17　假想模型机与程序执行示例

先将该程序的机器码送到假想模型机的内存储器从 1000H 开始的地址单元中,如图 2.17 所示。因此在运行本程序前 PC 值应为 1000H。启动程序运行后,步骤如下:

(1) 将 PC 内容 1000H 送地址寄存器(MAR)。

(2) PC 值自动加 1,为取下一个字节机器码做准备。

(3) MAR 中内容经地址译码器译码，找到内存储器 1000H 单元。

(4) CPU 发读命令。

(5) 将 1000H 单元内容 B0H 读出，送至数据寄存器(MDR)。

(6) 由于 B0H 是操作码，故将它从 MDR 中经内部总线送至指令寄存器 IR。

(7) 经指令译码器 ID 译码，由操作控制器 OC 发出相应于操作码的控制信号。

下面将要取操作数 5CH，送至累加器 A。

(8) 将 PC 内容 1001H 送 MAR。

(9) PC 值自动加 1。

(10) MAR 中内容经地址译码器译码，找到 1001H 存储单元。

(11) CPU 发读命令。

(12) 将 1001H 单元内容 5CH 读至 MDR。

(13) 因 5CH 是操作数，将它经内部总线送至操作码规定好的累加器 A。

至此，第 1 条指令"MOV A,5CH"执行完毕。其余几条指令的执行过程也类似，都是先读取、分析操作码，再根据操作码性质确定是否要读操作数及读操作数的字节数，最后执行操作码规定的操作。只是各条指令的 PC 内容不同，类型、性质不同，使执行的具体步骤不完全相同。其余指令的执行步骤请读者自行分析、列出。

2.5 工作程序的开发设计

2.5.1 程序开发设计一般过程

无论使用何种程序设计语言，一般而言，程序设计的工作开始于需求分析，根据需求和规模等因素划分模块，进而确定各功能模块的求解算法，并定义所需的数据结构；在完成这些工作之后，再进行编程和调试。就需求分析、模块划分和算法确定等工作而言，各种程序设计语言是类似的，均可按软件工程的方法进行，但编程和调试则因程序设计语言而异。

1. 需求分析

需求分析的目的是明确要完成的任务，确定有哪些条件是已知的，哪些信息是要输出的，从而归纳出求解问题的数学模型，并划分模块。

2. 确定求解问题的算法

这一步的主要任务，是在需求分析确定的求解问题的数学模型和模块划分基础上，确定各模块的算法、数据结构、模块的层次结构及调用关系。算法描述要有利于用程序设计语言进行编码。这可将算法转换成程序流程图表示(这一步对复杂的问题是不可少的，但对于比较简单、直观的问题，则可省略)。

一般而言，解决同一问题可有不同的算法思路，例如，汇编语言中，计算表达式 $y=\frac{a\times 9}{4}$，我们可用乘法和除法指令实现，也可将表达式变为：$y=\frac{a\times 8+a}{4}$，此式则适合于用移位和加法指令实现。所以，确定一个好的算法是非常重要的，这直接关系到程序的复杂性、执行效率和存储效率，好的算法也有利于保证程序的正确性。

3. 编程与调试

这一步是用所选的程序设计语言的语句实现具体算法，并用编译/汇编程序和调试工具检查程序的语法是否正确,程序完成的功能是否满足要求,最终形成可用程序。以 C 语言和汇编语言为例,这一过程如图 2.18 所示。分为编辑、编译/汇编、连接和调试四个步骤。

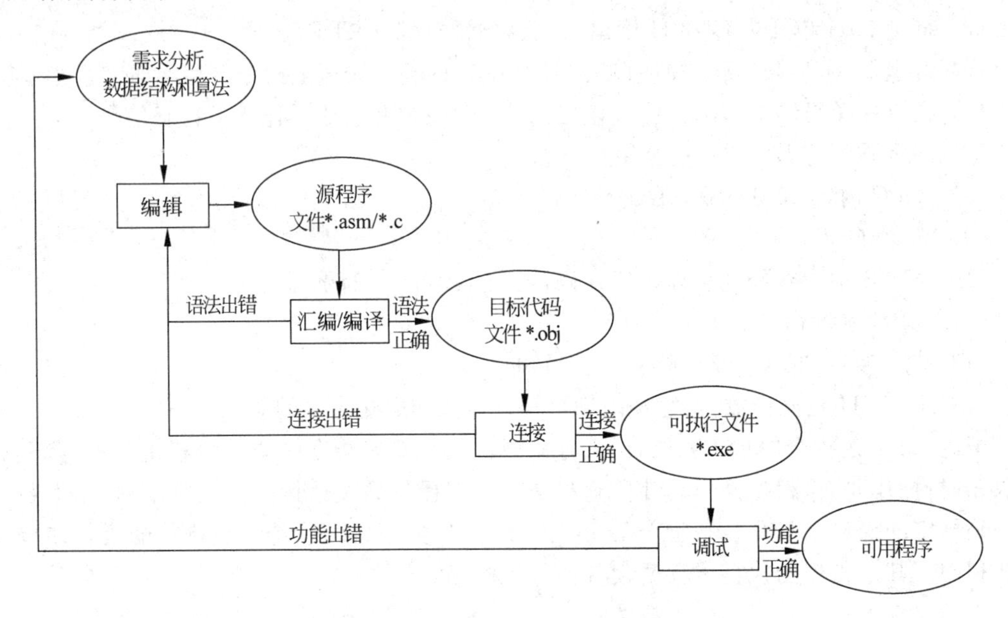

图 2.18 编程与调试过程示意图

若编译/汇编和连接时出现语法/连接错误,则重新进入编辑过程,修改程序;若调试发现程序功能不合要求,则要重新认识问题,检查数学模型是否正确,算法是否正确等,并重新修改算法,进入编辑过程,直到得到可用的程序。

2.5.2 汇编语言程序设计基础

本节以 80x86/Pentium 系列微处理器为背景,简要介绍 80x86/Pentium 汇编语言程序设计基础。

1. 源程序结构

80x86/Pentium 系列 CPU 汇编语言都是以逻辑段为基础,按段的概念来组织代码和数据的,一个源程序由若干个逻辑段组成。

以完整段定义为例,一个标准的单模块汇编语言源程序框架结构如下:

```
        [.586]                                  ; 选指令集,默认时为 8086 指令
data    segment  [use16/use32]                  ; 定义数据段
          ⋮                                     ; 数据定义伪指令序列
data    ends
                                                ; 空行
stack   segment  [use16/use32]  stack           ; 定义堆栈段
          ⋮                                     ; 数据定义伪指令序列
stack   ends


code    segment  [use16/use32]                  ; 定义代码段
  assume cs:code, ss:stack, ds:data, es:data    ; 段寄存器说明
```

```
start: mov   ax,data          ; 取数据段基址
       mov   ds,ax            ; 建立数据段的可寻址性
       mov   es,ax            ; 建立附加数据段的可寻址性
         ⋮                    ; 核心程序段
       mov   ah,4ch           ; 返回 DOS 操作系统
       int   21h
code   ends
       end   start
```

其中,方括号[ ]内的内容为可选项。该标准源程序框架具有以下结构特点:

(1) 一个源程序由若干逻辑段组成,各逻辑段由伪指令语句 segment/ends 定义和说明。

(2) 整个源程序(模块)以 end 伪指令结束。当源程序为主模块时 end 伪指令要含启动标号(如 end start),否则不需要。

(3) 每个逻辑段由语句序列组成,各语句可以是指令语句、伪指令语句、宏指令语句、注释语句或空行语句。其中,加入空行语句的目的是增强程序书写的清晰性和可读性。

(4) 一般而言,一个源程序具有数据段、附加数据段、堆栈段和代码段。但根据实际情况,堆栈段、数据段和附加数据段也可以没有;而代码段则是必不可少的,每个程序至少必须有一个。对于复杂、庞大的源程序,这几种逻辑段也分别允许定义多个,但同时使用的段是有限定的:8086/8088/80286 为 4 个,即代码段 cs、堆栈段 ss、数据段 ds 和附加数据段 es;80386/80486/Pentium 为 6 个,除以上 4 个段外,还可有 fs 和 gs 两个附加数据段。

(5) 代码段中,第一条语句必须是段寄存器说明语句 assume,用于说明各段寄存器与逻辑段的关系。但它并没有设置段寄存器的初值,所以在源程序中,除代码段 cs(有时还有堆栈段 ss)外,其他所有定义的段寄存器的初值都要在程序代码段的起始处由用户自己设置,以建立这些逻辑段的可寻址性。注意,不能只用赋值语句而将 assume 语句省略,这样汇编程序就找不到所定义的各个段了。

(6) 每个源程序在其代码段中都必须含有返回到 DOS 的指令语句,以保证程序执行完后能返回 DOS。

2. 汇编语言的语句和数据

语句是汇编语言程序的基本组成单位,用于规定汇编语言的一个基本操作。一个源程序实际上是为完成某一特定任务,按一定的语法规则组合在一起的一个语句序列。

1) 语句格式

汇编语言包含三种基本语句:指令语句、伪指令语句和宏指令语句。

指令语句是可执行语句,由硬件(CPU)完成其功能,汇编时产生目标代码;伪指令语句是为汇编和连接程序提供编译和连接信息的,属不可执行语句,其功能由相应软件完成,不产生目标代码;宏指令语句是使用指令语句和伪指令语句,由用户自己定义的新指令,用于替代源程序中一段有独立功能的程序,在汇编时产生相应的目标代码。

指令语句和伪指令语句的格式基本相同,均由四部分组成:

- 指令语句: [标号:] 助记符 [操作数] [;注释]
- 伪指令语句:[名字] 定义符 [操作数] [;注释]

其中,方括号[ ]内的内容为可选项。两种语句在格式上的主要区别在于,指令语句中

的标号后面要加冒号“：”，而伪指令语句中的名字后面不能跟冒号。

标号和名字分别是给指令单元和伪指令起的符号名称，统称为标识符。要注意，名字可以是标号、变量，也可以是常量符号，还可以是过程名、结构名等，具体取决于实际的定义符。

助记符和定义符分别用于规定指令语句的操作性质和伪指令语句的伪操作功能，统称为操作符。要注意的是，在指令语句的助记符前面，还可根据需要加“前缀”。

操作数允许有多个，这时各操作数之间要用逗号“，”隔开。指令语句中的操作数提供该指令的操作对象，并说明要处理的数据存放在什么位置以及如何访问它，它可以是常量操作数、寄存器操作数（寄存器名）、存储器操作数（变量和标号）和表达式（数值或地址表达式）。而伪指令语句中操作数的格式和含义则随伪操作命令不同而不同，有时是常量或数值表达式，有时是一般意义的符号（如变量名、标号名、常数符号等），有时是具有特殊意义的符号（如指令助记符、寄存器名等）。

注释部分以分号“；”开始，用于对语句的功能加以说明，增加程序的可读性。注释部分不被汇编程序汇编，也不被执行，只对源程序起说明作用。

2）数据

数据是汇编语言中操作数的基本组成部分。汇编语言中使用的数据有常数、变量和标号。

(1) 常数

常数是指那些在汇编过程中已有确定数值的量，主要用作指令语句中的立即操作数，各类基址、变址或基址加变址寻址中的位移量 disp，或在伪指令语句中用于给变量赋初值。

常数又可以分为数值常数和字符串常数两类。

数值常数可以是二、八、十或十六进制的整型常数，也可以是十六进制实数。通常以后缀字符区分各种进位制，后缀字符 h 表示十六进制，o 或 q 表示八进制，b 表示二进制，d 表示十进制。为十进制时常省略后缀。例如：

```
mov  al,64h                        ; 将十六进制数 64 送给 al 寄存器
mov  al,01100100b                  ; 将二进制数 01100100 送给 al 寄存器
mov  al,100                        ; 将十进制数 100 送给 al 寄存器
```

字符串常数是用单引号' '括起来的一串 ASCII 码字符。如：'ABC'和'1234'。经汇编后，' '内的字符被转换成对应的 ASCII 码值。例如：

```
mov  al,'9'                        ; (al)= 9 的 ASCII 码值= 39h
```

(2) 变量

变量是数据或数据块所存放单元的符号化地址，这些数据在程序运行期间可以随时修改。变量是通过变量名在程序中引用的。变量作为指令中的存储器操作数，可用各种存储器寻址方式对其进行存取。

变量一般位于数据段或堆栈段中，有时也可在代码段中，使用数据定义伪指令 db、dw、dd、df、dq 和 dt 来进行定义。定义变量就是给变量分配存储单元，并给这个存储单元赋予一个符号名——变量名。经过定义的变量有以下三个属性：

- 段值：表示与该变量相对应的存储单元所在段的段基址。
- 偏移值：表示与该变量相对应的存储单元与段基址的距离，即段内偏移地址。

- 类型：表示变量占用存储单元的字节数。与数据定义伪指令 db、dw、dd、df、dq 和 dt 相对应，有字节(byte)、字(word)、双字(dword)、四字(fword)、长字(qword)和十字(tbyte)六种类型。

(3) 标号

标号是某条指令所存放单元的符号化地址，只能在代码段中。通常，标号用来作为汇编语言源程序中转移、调用以及循环等控制转移类指令的操作数，即转移的目标地址。

与变量类似，标号也有段值、偏移值和类型三种属性。标号有 near(近标号)和 far(远标号)两种类型。

near 类型的标号只能被标号所在段的转移和调用指令所访问，即实现段内转移。而 far 类型的标号可被其他段(不含该标号的段)的转移和调用指令所访问，即实现段间转移。

对变量与标号，要注意二者的区别和不同用法：标号可以用作控制转移类指令的操作数，但变量不能；而变量可用作各种基址、变址类寻址的位移量，以寻址变量所指示的存储区，但标号所指示的存储区域存放的是指令码，而不是数据，所以，标号不能用作各种基址、变址类寻址的位移量。

例如，var 为字变量，lab 为程序中的一个标号，下列引用是正确的：

```
jmp   lab                    ; 直接转移
jmp   var[bx]                ; 16 位存储器间接转移
mov   ax, var[bx]            ; 变量可用作基址/变址寻址的位移量
```

而以下引用则是错误的：

```
jmp   var                    ; 变量不能用作转移指令的操作数
jmp   lab[bx]                ; 标号不能用作基址/变址寻址的位移量
```

3) 表达式

表达式也是汇编语言操作数的基本形式之一。表达式由各种运算对象(或操作数)、运算符和操作符组成。表达式中常用的运算符有算术运算符、合成运算符等，如表 2.9 所示。

表 2.9　表达式常用的运算符

分　类	运　算　符	功　能
算术运算符	+、-、*、/、mod	加、减、乘、除和模运算
分析运算符	seg、offset、type、length、size	取段基址、偏移地址、类型、长度、总字节数
合成运算符	ptr、this、:、short	类型修改、类型指定、段超越、短转移
其他运算符	()、[]	改变运算符优先级、取地址值
	$	取汇编计数器当前值

表达式又分为数值表达式和地址表达式。数值表达式是指在汇编过程中能够由汇编程序计算出数值的表达式。所以组成数值表达式的各部分必须在汇编时就能完全确定。因此数值表达式一般由常量操作数与运算符或操作符组成，变量、标号也可作为数值表达式中的操作数，但参入表达式计算的是它们的偏移值属性。数值表达式可作为指令中的立即操作数和数据区中的初值使用。例如：

```
mov   ax, 10*8+9
```

地址表达式由常量、变量、标号、寄存器(如基址/变址寄存器(e)bx、(e)bp、(e)si、(e)di等)的内容以及一些运算符组成。其值表示存储器地址,一般都是段内的偏移地址,因此它也具有段值、偏移值和类型属性。地址表达式主要用来表示指令语句中的操作数,存储器寻址方式的各种表示均属于地址表达式,其值有时在汇编过程中由汇编程序计算,有时是在CPU执行指令时计算。例如:

```
mov   ax,var+10              ;由汇编程序计算,值为var的偏移地址加上10
mov   ax,var[bx][si]         ;EA=(bx)+(si)+var的偏移地址,由CPU计算
```

3. 常用伪指令语句

80x86/Pentium宏汇编语言提供了几十种非常丰富的伪指令语句,限于篇幅,本节只列出一些较常用的伪指令语句,如表2.10所示。

表2.10 常用伪指令语句

伪指令	语句格式	指令功能
段定义语句	段名 segment [定位类型][,组合类型][,字长选择][,'类别'] ⋮ ;段体 段名 ends	定义一个逻辑段。定位类型有5种:byte、word、dword、para、page;组合类型有5种:public、stack、common、memory、at表达式;字长选择有两种:use16(16位寻址)和use32(32位寻址)
段寄存器说明语句	assume 段寄存器:段名[,段寄存器:段名,…]	说明源程序中定义的段分别由哪个段寄存器去寻址
指定地址伪指令	org 偏移地址 org $ +偏移地址	以其指定的偏移地址或由$给出的当前地址加上指定的偏移地址作为当前开始分配和使用的偏移地址
模块结束语句	end [标号/过程名]	指示源程序到此结束。当源程序是主模块时,end语句必须含程序的启动地址(标号/过程名)
符号常数定义语句	符号名 equ 表达式 符号名=表达式	两条语句的功能都是用符号名代替表达式的值,不同的是等号伪指令(=)的符号名可以重新定义
数据定义伪指令	[变量名] db/dw/dd/df/dq/dt 数据项[,数据项,…,数据项]	为数据项或数据项表分配存储空间,给它们赋初值,并用一个符号名(称为变量)与之相联系。db、dw、dd、df、dq、dt分别定义8位(字节)、16位(字)、32位(双字)、48位(长字)、64位(四字)和80位(十字节)数据

续表

伪指令	语句格式	指令功能
过程定义伪指令	过程名 proc [属性] … ；过程体 [ret] … ret 过程名 endp	定义一个过程(或子程序)，由伪指令 proc 和 endp 分别定义过程的开始和结束
宏定义伪指令	宏名 macro [形式参数表] ⋮ ；宏体 endm	用宏名代替宏体中定义的一个程序模块
宏调用语句	宏名 [实际参数表]	
public 伪指令	public 符号名[,…,符号名]	用于说明公用符号，它通知连接程序，语句右侧列出的符号名是本模块中定义的变量名、标号名和过程名，它们要被其他的模块引用
extrn 伪指令	extrn 符号名：类型[,…,符号名：类型]	用于说明外部符号，它通知连接程序，语句右侧列出的符号名是本模块中引用的，而在其他模块中用 public 语句定义过的变量名、标号名和过程名
include 伪指令	include 文件名.扩展名	该伪指令的功能是通知汇编程序把指定的文件"拷贝"一份，插入到该语句的下方供汇编时使用
公用符号说明语句	comm [near/far] 符号名：尺寸[：元素数],…	将语句中的符号名说明为公用符号，公用符号既是全局的又是外部非初始化的

例 2.22 给定数据定义：

```
d1  dw  1,'AB','C'
d2  db  2 DUP(?)
d3  db  -1*5
d4  db  'BA'
d5  dd  'AB'
```

经汇编后，存储单元的分配情况如图 2.19 所示。

用 dw 定义字符串时，字符串长度不能超过 2，用 dd 定义的字符串长度则不能超过 4。另外，要注意使用 db、dw、dd 定义字符串数据时字符的存放顺序是不同的：

- db 是从左至右顺序为每个字符分配一个字节单元；
- dw 是从左至右顺序为每 2 个字符分配一个字单元，且前面的字符在高字节；
- 而 dd 则是从左至右顺序为每 4 个字符分配一个双字单元，也是按前面的字符在高字节顺序存放。

例 2.23 给定数据定义：

```
org  0200h
ary  dw    -1,2,-3,4
cnt  dw    $-ary
var  dw    ary, $+4
```

经汇编后，存储单元的分配情况如图 2.20 所示。下列指令：

```
mov  ax,ary
mov  bx,offset var
mov  cx,cnt
mov  dx,var+2
lea  si,ary
```

执行后，相关寄存器的内容为：

(ax)= [ary] = -1
(bx)= var 的偏移地址= 020ah
(cx)= [cnt] = 8
(dx)= [var+2] = 0210H
(si)= ary 的偏移地址= 0200h

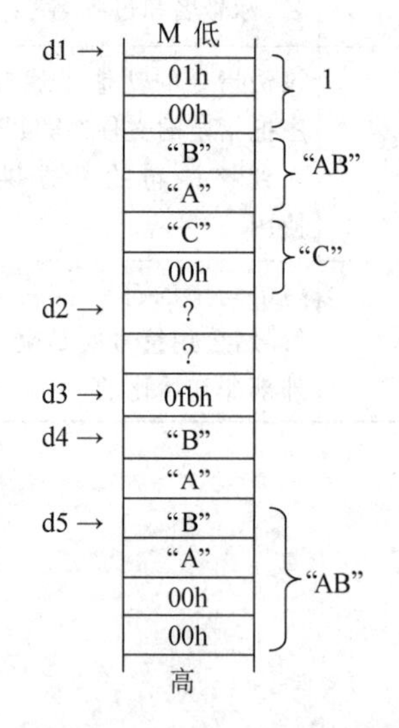

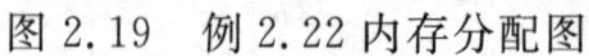

图 2.19 例 2.22 内存分配图

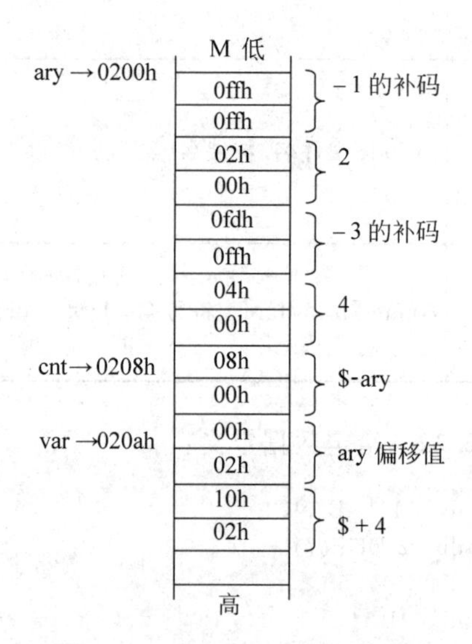

图 2.20 例 2.23 内存分配图

要注意，用地址表达式给变量赋初值时，地址表达式中的变量或标号取偏移值；而汇编程序在汇编过程中，通过一个地址计数器为变量分配地址，每分配 1 字节自动加 1，操作符"$"则用于取地址计数器的当前值。

2.5.3 C语言程序设计基础

C语言是一种兼有高级语言和低级语言特点的结构化程序设计语言。它既具有高级语言的功能，又具有低级语言(汇编语言)的许多功能，可以直接对硬件进行操作。本节简要介绍C语言程序的基本结构、常用C语句和与PC机硬件操作相关的I/O函数。

1. C语言程序结构

下面通过一个实例说明C语言程序的结构。

例2.24 C语言程序结构举例。

```
#include "stdio.h"
main()                                  /* 主函数 */
{ int a,b,c;                            /* 声明部分,定义变量 */
  int min(int x,int y);                 /* 声明部分,声明要调用的函数 */
  scanf("%d,%d",&a,&b);                 /* 输入变量a和b的值 */
  c=min(a,b);                           /* 调用函数min,将得到的值赋给c */
  printf("min=%d",c);                   /* 输出c的值 */
}

int min(int x,int y)                    /* 定义min函数,其值为整型,形参x、y为整型 */
{ int z;                                /* 定义本函数中用到的变量z为整型 */
  if(x<y) z=x;
  else z=y;
  return(z);                            /* 将z的值作为min函数值返回调用处 */
}
```

本程序包括两个函数：主函数main和被调用的函数min。min函数的功能是将x和y中较小者的值赋给变量z，并作为函数值返回。主函数main通过输入函数scanf输入变量a和b的值，以变量a和b作为实参调用min函数计算两者的最小值，并通过输出函数printf从屏幕输出结果值。从此例可以看出，一个C程序具有以下特点：

(1) C语言程序是由函数构成的。一个C源程序至少包含一个main函数，也可以包含一个main函数和若干个其他函数。因此，函数是C程序的基本单位。被调用的函数可以是系统提供的库函数(如printf、scanf)，也可以是用户自行设计的函数(如min)。

(2) 一个函数由两部分组成：

① 函数首部，即函数的第一行。包括函数名、函数类型、函数参数(形参)名和参数类型。以本例min函数为例，min函数的首部为

```
int       min      (int       x,      int       y)
 ↓         ↓         ↓        ↓        ↓        ↓
函数类型  函数名   形参类型  形参名  形参类型  形参名
```

一个函数名后面必须跟一对圆括弧，函数参数可以没有，如main()。

② 函数体，即函数首部下面大括号{…}内的部分。如果一个函数内有多个大括弧，则最外层的一对{}为函数体的范围。

函数体一般包括：

- 声明部分：定义所用到的变量，如main函数中的“int a,b,c;”，以及对所调用的函数

进行声明,如 main 函数中的"int min(int x, int y);"。

- 执行部分：由若干语句组成。

在某些情况下,一个函数体可以没有声明部分,甚至既无声明部分,也无执行部分。

(3) main 函数可以放在程序最前头,也可以放在程序最后,或在一些函数之前,另一些函数之后。但不论 main 函数在整个程序中的位置如何,一个 C 语言程序总是从 main 函数开始执行的。

(4) C 语言书写格式自由,一行内可以写几个语句,一个语句也可以分写在多行上。

(5) 每个语句和数据定义的最后必须有一个分号。即使是程序中最后一个语句也不能省略。

(6) C 语言本身没有输入输出语句。输入和输出的操作是由库函数 scanf 和 printf 等来完成的。

(7) 可以用/* … */对 C 程序中的任何部分作注释。

2. 常用 C 语句

常用 C 语句主要包括赋值语句、条件语句和循环语句等,如表 2.11 所示。

表 2.11 常用 C 语句

语句	语法结构	语句功能
赋值语句	variable=expression;	将表达式 expression 的运算结果赋给变量 variable
if 语句	if(expression) statement;	如果表达式值为真,则执行语句段;否则跳过语句段

	if(expression)
	statement1;
	else
	statement2;
		如果表达式值为真,则执行语句段 statement1;否则执行语句段 statement2

while 语句	while(expression) statement;	表达式 expression 为真,重复执行循环体 statement;否则转去执行循环体后面的语句
do-while 语句	do { statement; } while(expression);	先执行循环体后判断表达式 expression 的值,若表达式的值为真则重复执行循环体,直到表达式的值为假才退出循环
for-while 语句	for(initialization;condition;increment) statement;	initialization 为循环初始化部分,用于设置循环变量的初值;condition 为循环条件部分;increment 为增量部分,用来修改循环变量的值。 for 语句的执行过程是,当 condition 为真时,重复执行循环体,并根据 increment 表达式规定修改循环变量值;否则终止循环
break 语句	break;	终止循环或分支程序段执行
continue 语句	continue;	终止一趟循环执行,而执行下一轮循环

3. 与硬件相关的专用函数

本节以 PC 系列微机为背景,介绍用于 PC 机 I/O 端口访问和 PC 机中断系统有关的专用函数。

1）I/O 端口访问函数

PC 系列微机有专门的 I/O 地址空间，C 语言使用 I/O 函数访问 I/O 空间（I/O 端口）。在 Turbo C 2.0 中，主要使用 outportb/outport、inportb/ inport 等函数访问 I/O 端口。而在 VC++语言中，用于 I/O 端口访问的函数主要包括字节输入/输出的_inp 和_outp、字输入/输出的_inpw 和_outpw 和双字输入/输出的_inpd 和_outpd。以 Turbo C 2.0 为例，常用 I/O 端口访问函数如表 2.12 所示。

表 2.12　用于 I/O 端口访问的 C 函数

函数名	函数类型和形参类型	功　能	返回值
outportb	void outportb(port,byte) int port char byte	将字节数据 byte 传输到 port 指定的 I/O 端口	无
outport	void outport(port,word) int port int word	将字数据 word 传输到 port 指定的 I/O 端口	无
inportb	char inportb(port) int port	从 port 指定的 I/O 端口输入一字节数据	字符型（字节）数据
inport	int inport(port) int port	从 port 指定的 I/O 端口输入一字数据	整型(字)数据

例 2.25　假定 CRT 终端的数据口地址为 0080h，状态口地址为 0090h。状态口的 d_7 位为写状态位，$d_7=0$ 表示缓冲存储器空闲，编写程序把内存 buf 开始的 100 个字节的字符串送至 CRT 终端。

若用汇编语言编程，相应的驱动程序如下：

```
data     segment
  buf   db   100   dup(?)
data     ends
code     segment
  assume  cs:code,ds:data
start:   mov     ax,data
         mov     ds,ax
         mov     di,0                        ; 指向 buf 第一字节
         mov     cx,64h
again:   mov     dx,0090h                    ; 取状态端口地址
wait$ :  in      al,dx                       ; 读接口状态
         test    al,10000000b                ; 输出缓存器空?
         jnz     wait$                       ; 非空,继续读状态
         mov     dx,0080h                    ; 取数据端口地址
         mov     al,buf [di]                 ; 取输出数据
         inc     di
         out     dx,al                       ; 输出数据
         loop    again                       ; 未完继续输出
         mov     ah,4ch
         int     21h
code     ends
         end     start
```

若用 C 语言编写,则相应的驱动程序如下:

```
#include "stdio.h"
#include "dos.h"
unsigned char buf[100];
main(){
    unsigned char status,i;
    i=0;
    while(i<100){                              /* 未输出完,循环 */
        do {
         status=inportb(0x90);
         status&=0x80;
        }while(status!=0);
        outportb(0x80,buf[i]);                 /* 输出 */
        i++;
    }
}
```

2）与中断系统有关的 C 函数

C 语言提供了一组用于 PC 机中断系统操作的专用函数,包括系统中断的开/关和中断向量的设置与读出,如表 2.13 所示。

表 2.13 用于中断系统操作的 C 函数

函数名	函数类型和形参类型	功　能	返　回　值
disable	void disable()	关中断	无
enable	void enable ()	开中断	无
setvect	void setvect (irq, handler) char irq void interrupt* handler	将 handler 给出的中断处理程序入口地址填写到中断向量表中由中断向量号 irq 指定的表项中	无
getvect	void interrupt getvect(irq) char irq	读取中断向量号 irq 对应的中断向量	返回中断向量号 irq 对应的中断向量

2.5.4 常用程序设计方法

无论高级语言还是汇编语言,其程序的基本控制结构形式均有三种:顺序程序结构、分支程序结构和循环程序结构。从理论上讲,这三种结构是完备的,即任何功能的程序都可由顺序、分支和循环三种结构实现。

1. 顺序结构程序设计

顺序程序又称直线程序。其特点是顺序执行,无分支,无循环,也无转移,只作直线运行。在实际应用中,纯粹用顺序结构编写的完整程序很少见,但是在程序段中它却大量地存在。所以掌握它是编写复杂应用程序的基础。

2. 分支结构程序设计

在许多实际问题中,往往需要根据不同的情况和给定的条件做出不同的处理。要设计这样的程序,必须事先把各种可能出现的情况及处理方法都编写在程序中,以后计算机运行程序时,可自动根据运行的结果做出判断,有条件地选择执行不同的程序段,按这种要求编写的程序称为分支程序。

分支程序的结构有三种形式，即不完全分支、完全分支和多分支，如图 2.21 所示。

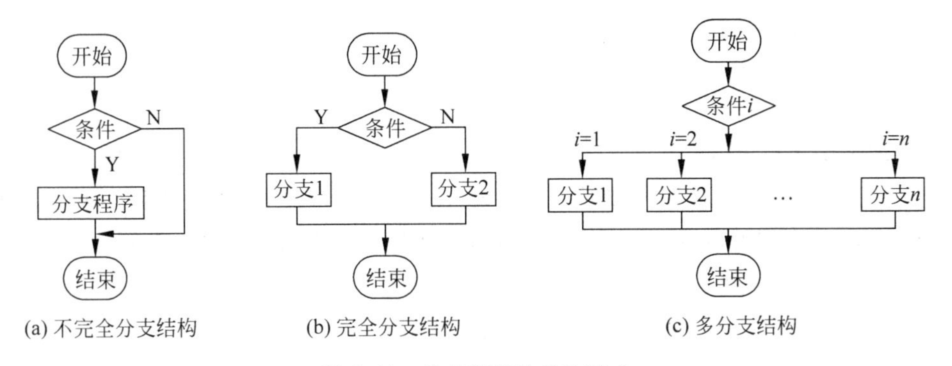

图 2.21　分支程序的结构形式

例 2.26　变量 x 的符号函数定义如下：

$$y=\begin{cases}1, & x>0\\0, & x=0\\-1, & x<0\end{cases}$$

根据 $x(-128\leqslant x\leqslant 127)$ 的值求出 y。

在汇编语言中，可用比较与条件转移指令实现，程序如下：

```
data    segment
    x   db   0f8h
    y   db   ?
data    ends
code    segment
    assume   cs:code,ds:data
start:  mov    ax,data
        mov    ds,ax
        mov    al,x                          ; 取变量 x 的值
        cmp    al,0                          ; x 与 0 比较
        jg     bigr
        je     finish                        ; x=0,y=0
        mov    al,0ffh                       ; x < 0,y= -1
        jmp    finish
bigr:   mov    al,1                          ; x > 0,y=1
finish: mov    y,al                          ; 保存函数值 y
        mov    ah,4ch
        int    21h
code    ends
        end    start
```

在 C 语言中，可用 if-else 结构语句实现，程序如下：

```
#include "stdio.h"
main()
{   char x,y;                               /* 定义变量 x、y */
```

```
    scanf("%d",&x);                              /* 输入变量 x 的值 */
    if(x>0) y=1;                                 /* 计算变量 y 的值 */
        else if(x<0) y=-1;
            else y=0;
    printf("y=%d",y);                            /* 输出 y 的值 */
}
```

3. 循环结构程序设计

凡要重复执行的程序段都可按循环结构设计。采用循环结构,可简化程序书写形式,缩短程序长度,减少占用的内存空间。但要注意,循环结构并不简化程序的执行过程,相反,则是增加了一些循环控制环节,使总的程序执行语句和执行时间不仅无减,反而有增。

循环结构的程序一般包括下面几个部分:

1) 初始化部分

这一部分的工作是置循环初值,即为循环做准备,包括设置循环计数器、地址指针初值和存放结果单元的初值等。

2) 循环体

它是循环结构程序的核心部分,即要重复执行的程序段。

3) 循环修改

为执行下一次循环而修改某些参数,如修改循环变量、地址指针和循环次数等。

4) 循环控制

根据给定的循环次数或循环条件,判断是否结束循环。若未结束则转去重复执行循环工作部分(循环体和修改部分);否则退出循环。

这四部分有两种组织方式,即先判断后执行(do-while 结构)和先执行后判断(do-until 结构)两种基本结构,如图 2.22 所示。

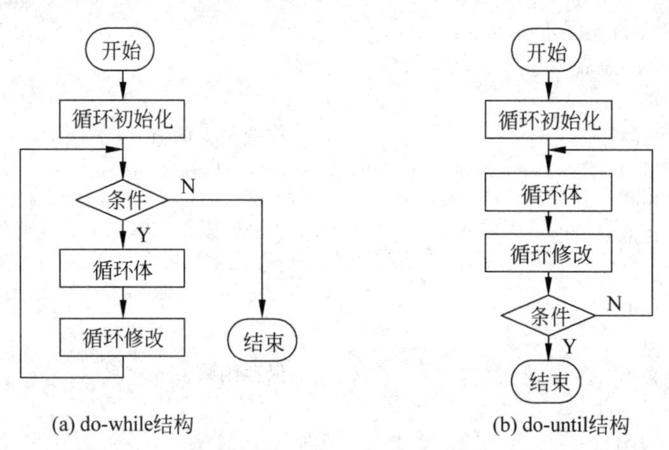

图 2.22　基本循环结构示意图

先判断后执行这种结构的特点是进入循环后首先判断循环结束条件,再决定是否执行循环体。如果一进入循环就满足结束条件,循环体将一次也不执行,即循环次数为 0。而先执行后判断结构的特点是进入循环后先执行一次循环体,再判断循环是否结束,程序至少执行一次循环体。

对循环程序设计，重点要掌握循环结束的控制方式。常用的循环控制方式有：计数控制、条件控制、状态控制和逻辑尺控制。下面通过几个实例来说明循环控制方法。

例 2.27 已知某数组 array 中有 100 个有符号字节数，试编写一程序统计该数组中相邻两数间符号变化（＋变－或－变＋）次数，并将次数保存在存储单元 num 中。

两数间符号位的变化，可通过两个数符号位的逻辑"异或"操作来测试，若两符号位"异或"的结果为 1，表明两数符号位相异。于是，程序的思想是从第一个数开始，依次用该数的符号位与下一个数的符号位进行"异或"，符号相异统计结果加 1，经过 99 次测试程序结束。若用汇编语言编程，程序如下：

```
data    segment
  array   db   100   dup(?)
  num     db   0
data    ends
code    segment
  assume    cs:code, ds:data
start: mov    ax, data                    ; 建立 DATA 段的可寻址性
       mov    ds, ax
       lea    si, array                   ; SI 指向数组首址
       mov    al, [si]                    ; 取第一个字符
       mov    bl, 0                       ; 结果计数器清零
       mov    cx, 99                      ; 置循环计数器
again: inc    si                          ; 指向下一数组元素
       xor    al, [si]                    ; 两个数按位进行逻辑"异或"操作
       jns    next                        ; 非负，表明两数符号相同，不计数
       inc    bl                          ; 结果计数器 bl 加 1
next:  mov    al, [si]                    ; 取下一数组元素
       loop   again
       mov    num, bl                     ; 保存结果
       mov    ah, 4ch                     ; 返回 DOS
       int    21h
code   ends
       end    start
```

若用 C 语言编程，相应程序如下：

```
#include "stdio.h"
main()
{  char array[100], num, i, x;              /* 定义数组、变量 */
   num=0;
   for(i=0;i<99;i++)
   {  x=array[i];                           /* 取当前数组元素送 x */
      x ^=array[i+1];                       /* x 与相邻数组元素异或 */
      if(x<0)num++;                         /* 结果小于 0，相邻数组元素符号不同 */
   }
   printf("num=%d", num);                   /* 输出 num 的值 */
}
```

例 2.28 设有数组 $X=[x_1,x_2,\cdots,x_{10}]$,$Y=[y_1,y_2,\cdots,y_{10}]$。求数组 $Z=[z_1,z_2,\cdots,z_{10}]$ 的值,其中:

$$z_1=x_1+y_1 \quad z_6=x_6+y_6$$
$$z_2=x_2+y_2 \quad z_7=x_7-y_7$$
$$z_3=x_3-y_3 \quad z_8=x_8-y_8$$
$$z_4=x_4-y_4 \quad z_9=x_9+y_9$$
$$z_5=x_5-y_5 \quad z_{10}=x_{10}+y_{10}$$

x_i、y_i、z_i 均为 16 位补码数。

此例虽然循环次数已知,但计算数组元素的运算符无规律,难以用规则循环结构实现。这时可用逻辑尺来实现不规则循环。所谓逻辑尺实际上是一个二进制位序列,其循环控制方法是用逻辑尺中二进制位的状态来描述问题的求解条件,即通过检测二进制位状态来执行不同的分支。此例,逻辑尺为 10 位,每个数组元素 z_i 对应一位,该位为 1,表示计算 z_i 时对应数组元素相加,否则相减。程序如下:

```
data    segment
   x        dw   x1,x2,x3,x4,x5,x6,x7,x8,x9,x10
   y        dw   y1,y2,y3,y4,y5,y6,y7,y8,y9,y10
   z        dw   10 dup(?)
   socbeh   dw 1100010011000000b              ; 高 10 位为逻辑尺
data    ends
code    segment
     assume  cs:code, ds:data
start:  mov     ax, data
        mov     ds, ax
        mov     bx, socbeh                    ; 取逻辑尺
        mov     cx, 10                        ; 置循环次数
        mov     si, 0                         ; 指向数组第一个元素
again:  mov     ax, x[si]                     ; 取 xi
        shl     bx, 1                         ; 逻辑尺左移 1 位?
        jnc     sub$                          ; 当前位为 0,转 SUB$
        add     ax, y[si]                     ; 求和
        jmp     next
sub$ :  sub     ax, y[si]                     ; 相减
next:   mov     z[si], ax                     ; 保存 zi
        add     si, 2                         ; 指向下一数组元素
        loop    again
exit:   mov     ah, 4ch
        int     21h
code    ends
        end     start
```

若用 C 语言编程,相应程序如下:

```
main()
{  int x[10], y[10], z[10];                  /* 定义数组 x,y,z */
   int socbeh=0xc4c0;                        /* 定义逻辑尺: 1100 0100 1100 0000 */
   for(i=0;i<10;i++)
```

```
    {
        if(socbeh & 0x8000) z[i]=x[i]+y[i];          /* 测试逻辑尺最高位为1,执行加法 */
        else z[i]=x[i]-y[i];
        socbeh<<=1;                                  /* 逻辑尺左移1位 */
    }
}
```

4. C语言与汇编语言混合编程

本节通过一个实例来说明C语言与汇编语言混合编程。

例2.29　对一长度为N的无符号字数组求算术平均值。要求：

(1) 对数组元素求算术平均值用汇编语言子程序实现。

(2) 用C语言编写主程序,从键盘输入数组元素,然后调用汇编语言子程序对数组元素求算术平均值,结果通过屏幕显示。

把汇编子程序作为C的函数调用时,必须遵循C语言的调用协定。这主要包括C语言编译程序用来传递参数给被调用函数的约定、函数值返回给调用函数的约定和寄存器保护规定等。一般C语言编译程序用堆栈区传递参数,使用寄存器传递函数的返回值。

以Turbo C与80x86汇编语言混合编程为例,其调用协定规定如下：

(1) 在C程序中必须使用关键字"extern"对汇编函数进行声明。

(2) 在汇编语言子模块中,用public伪指令说明汇编函数为C程序的一个外部公用函数。

(3) 汇编函数名不能超过8个字符,并在函数名前加下画线。

(4) Turbo C默认用堆栈传递参数,参数按从右到左的顺序压入栈中。例如调用函数function(x,y,z)时,按顺序把参数z、y、x依次压入栈区。每个参数在栈区占用的字节数如表2.14所示。

表2.14　将参数压栈时不同数据类型所占字节数

类　型	字　节　数	类　型	字　节　数
char/unsigned char	2(压栈时进行类型变换)	unsigned long	4
short	2	float	4
int	2	double	8
unsigned int	2	near pointer	2(offset)
long	4	far pointer	4(segment 和 offset)

要注意,对字符型(char)和无符号字符型(unsigned char)参数,需转换成整型(int)和无符号整型(unsigned int)之后才能压入堆栈；而对于数组,压入的是指向数组的指针。

(5) 对汇编子程序模块,必须有代码段的说明部分,代码段名一般用_text,过程名前加下画线。

(6) 对带参数的汇编子程序,需用bp寄存器指向栈顶来引用参数,所以进入汇编子程序,bp必须压栈加以保护,并把sp当前值送bp寄存器中。

(7) 若函数有返回值,需依据返回值类型,按表2.15的规定将返回值存入规定的寄存器。

表 2.15　约定返回值使用的寄存器

类　　型	约定寄存器
char，unsined char	al
short，unsigned short，int，unsigned int	ax
long，unsigned long	dx:ax(高位字在 dx,低位字在 ax)
float	dx:ax(高位字在 dx,低位字在 ax)
double	ax(静态存储区,指针在 ax 中)
near pointer	ax(偏移地址)
far pointer	dx:ax(段基址:偏移地址)

假定 C 语言函数调用格式如下：

```
unsigned long arge(* unsigned int x, unsigned int n)
```

参数 x 为数组指针(起始地址)、n 为数组元素个数,则求数组元素算术平均值的汇编语言子程序如下：

```
_text     segment   public   'code'
  assume   cs:_text
          public    _arge                      ; _arge 为全局函数
_arge     proc      near                       ; 求数组元素算术平均值函数
          push      bp
          mov       bp, sp
          push      bx
          push      cx
          mov       bx, [bp+4]                 ; 取数组指针
          mov       cx, [bp+6]                 ; 取数组长度
          mov       ax, 0                      ; 累加寄存器 dx:ax 清 0
          mov       dx, ax
again:    add       ax, [bx]
          add       dx, 0
          add       bx, 2
          loop      again
          pop       cx
          pop       cx
          pop       bp
          ret       4
_arge     endp
_text     ends
          end
```

用 C 语言编写的主模块如下：

```
#include "stdio.h"
extern      arge                            /* 声明 arge 为外部函数 */
main()
{   unsigned int x[256];                    /* 定义无符号整型(字)数组 */
    unsigned long sum;
```

```
    unsigned char n,i;
    scanf("%d",&n);                      /* 输入数组元素个数 */
    for(i=0;i<n;i++)                     /* 输入数组元素 */
        scanf("%d",&x[i]);
    sum=arge(x,n);                       /* 调用函数 arge,计算数组的算术平均值 */
    printf("sum=%d",sum);                /* 输出 sum 的值 */
}
```

分别用汇编程序和 C 编译程序生成各自的目标文件(.obj 文件),再通过 link 程序链接即可生成所需的执行文件。

2.5.5 实用程序设计举例

前面各节介绍了程序设计所采用的一些基本方法和技术。任何一个实用程序都是利用这些方法和技术,根据具体需要去选择和组织程序的。本节将通过几个实例来具体阐述实际应用中的程序设计方法和技巧。

例 2.30 编写一个汇编语言程序,从键盘输入 4 位带符号的十进制数,并转换成等值的二进制数。

设 $X=X_{n-1}\cdots X_1X_0$ 为 n 位十进制数,则 X 转换为二进制数的一般方法为

$$X_{n-1}\times 10^{n-1}+\cdots+X_1\times 10+X_0 \tag{2.19}$$

用适合循环的形式表示为

$$((\cdots((0\times 10+X_{n-1})\times 10+X_{n-2})\cdots)\times 10+X_1)\times 10+X_0 \tag{2.20}$$

式(2.20)可用计数循环结构从高位到低位依次对每位十进制数进行转换处理。要注意,此题是带符号数,所以转换开始时要先检测有否正负号(+、-),若有,且符号为负,则要将结果转换成补码。

假定从键盘输入 ASCII 码表示的十进制数用 dos 的 0ah 号功能调用实现,则完成上述功能的程序如下:

```
data    segment
    buf         db  5,?                             ; I/O 缓冲区(buf+ascstg)
    ascstg      db  10 dup(?)                       ; 存放输入的 ASCII 码数
    integer     db  0                               ; 存放二进制数
    promt       db  'input decimal(4): $'
    err         db  0dh,0ah,'error!no decimal! $'
data    ends
code    segment
  assume  cs:code,ds:data
start:  mov     ax,data
        mov     ds,ax
        mov     dx,offset promt
        mov     ah,09h
        int     21h                                 ; 输出提示信息
        mov     dx,offset buf                       ; 取缓冲区首址
        mov     ah,0ah
        int     21h                                 ; 输入 4 位十进制数
        lea     si,ascstg                           ; SI 指向输入的 ASCII 码十进制数
        xor     ax,ax                               ; 存放二进制值
```

```
        mov     bl,0                    ; 正负数标志,0为正数
        mov     bh,buf[1]               ; 取实际输入的十进制数位数
        cmp     bh,0
        jz      exit                    ; 未输入任何数,结束
        mov     cx,10
        mov     dl,[si]                 ; 取十进制数的最高位
        cmp     dl,'+'                  ; 检测是否"+"号
        jnz     next
        inc     si                      ; 去掉"+"号
        dec     bh                      ; 位数减1
        jmp     conv
next:   cmp     dl,'-'                  ; 检测是否"-"号
        jnz     conv
        inc     si                      ; 去掉"-"号
        dec     bh                      ; 位数减1
        mov     bl,0ffh                 ; 置负数标志
conv:   cmp     bh,0                    ; 处理完?
        jz      short                   ; 已完,退出转换
        mov     dl,[si]                 ; 取1位十进制数
        inc     si                      ; si指向下一位十进制数
        cmp     dl,'0'
        jb      error                   ; 非十进制数,转错误处理
        cmp     dl,'9'
        ja      error
        sub     dl,30h                  ; 将ASCII码数转换成非压缩BCD数
        push    dx                      ; 保存当前十进制位的值
        mul     cx                      ; 高位转换结果乘10,存于AX(DX丢弃)
        pop     dx                      ; 恢复当前十进制位的值
        add     al,dl                   ; 加当前十进制位的值
        adc     ah,0
        dec     bh                      ; 位数减1
        jmp     short conv
store:  cmp     bl,0                    ; 是否负数?
        jz      lp
        neg     ax                      ; 是负数,转换成补码
lp:     mov     integer,ax              ; 保存结果
exit:   mov     ah,4ch
        int     21h
error:  mov     dx,offset err
        mov     ah,09h
        int     21h                     ; 输出错误提示
        jmp     exit
code    ends
        end     start
```

例2.31 设从地址array开始的内存缓冲区中有一个字数组,编程使该数据表中的N个元素按照从小到大的次序排列。

这是一个无序表的排序问题。排序的方法有很多,冒泡排序是最常用的一种,其排序过程如下:

从第一个数开始依次进行相邻两个数的比较,即第一个数与第二个数比,第二个数与第

三个数比，……，比较时若两个数的次序对(即符合排序要求)，则不做任何操作；若次序不对，就交换这两个数的位置。经过这样一遍全表扫描比较后，最大的数放到了表中第 N 个元素的位置上。在第一遍扫描中进行了$(N-1)$次比较。用同样的方法再进行第二遍扫描，这时只需考虑$(N-1)$个数之间的$(N-2)$次比较，扫描完毕后次大的数放到了表中第$(N-1)$个元素的位置上，……，以此类推，在进行了$(N-1)$遍的扫描比较后则完成排序。

下面是对有 7 个元素的无序表进行冒泡排序的过程。

```
表的初始状态：        [49  38  66  99  78  13  27]
第一遍扫描比较之后：  [38  49  66  78  13  27] 99
第二遍扫描比较之后：  [38  49  66  13  27] 78  99
第三遍扫描比较之后：  [38  49  13  27] 66  78  99
第四遍扫描比较之后：  [38  13  27] 49  66  78  99
第五遍扫描比较之后：  [13  27] 38  49  66  78  99
第六遍扫描比较之后：   13  27  38  49  66  78  99
```

冒泡法最大可能的扫描遍数为$(N-1)$。但是，往往有的数据表在第 i 遍$(i<N-1)$扫描后可能已经成序。为了避免后面不必要的扫描比较，可在程序中引入一个交换标志。若在某一遍扫描比较中，一次交换也未发生，则表示数据已按序排列，在这遍扫描结束时，就停止程序循环，结束排序过程。

可用双重循环实现冒泡算法，内循环用计数控制一遍扫描的比较次数，外循环用状态控制是否已排序好。汇编语言程序清单如下：

```
data    segment para
  array  dw   -98,324,-3456,…,1234         ；定义无序表
  count  equ  ($-array)/2                  ；数据个数
data    ends
stack   segment  para  stack
  db    200 dup(?)
stack   ends
code    segment  para
     assume  cs:code,ds:data,ss:stack
sort:   mov     ax,data
        mov     ds,ax
        mov     bl,-1                      ；交换标志，初值为-1
        mov     cx,count                   ；置扫描次数初值
lp1:    cmp     bl,0                       ；数组已有序?(外循环控制)
        je      exit                       ；是，排序结束
        dec     cx                         ；否，置本遍扫描比较次数
        jz      exit                       ；扫描完，排序结束
        push    cx                         ；保存扫描计数值，以便下遍使用
        mov     si,0                       ；置数组的偏移地址
        mov     bl,0                       ；预置交换标志为0
lp2:    mov     ax,array[si]               ；取一个数据→ax
        cmp     ax,array[si+2]             ；与下一个数比较
        jle     next                       ；后一个数大，转next
        xchg    ax,array[si+2]             ；逆序，交换两个数
```

```
        mov     array[si],ax
        mov     bl,-1                   ;置交换标志为-1
next:   add     si,2                    ;修改地址指针
        loop    lp2                     ;循环进行两两数据的比较
        pop     cx                      ;恢复扫描计数值
        jmp     lp1                     ;内循环结束,继续下一遍排序
exit:   mov     ah,4ch                  ;排序完成,返回 DOS
        int     21h
code    ends
        end     sort
```

若用C语言编程,则相应程序如下:

```
#include "stdio.h"
unsigned int array[100];
main()
{   unsigned int x;
    unsigned char bf,i,n;
    n=99;
    while(n>0)                          /* 有未排序元素,继续排序 */
    {  bf=0;                            /* 交换标志 bf 清 0,表示无交换 */
       for(i=0;i<n;i++)
         if(array[i]>array[i+1])        /* 逆序,交换并置交换标志 */
         {  x= array[i];array[i]=array[i+1];
            array[i+1]=x; bf=0xff;
         }
       if(bf==0)break;                  /* 本遍无交换,退出排序 */
       n--;
    }
}
```

例 2.32 密码验证程序设计。

在内存 password 开始的存储单元存放着 $N(N\leqslant 6)$ 位预先设置好的密码。编写程序从键盘输入 N 位密码(输入时不显示输入密码,而以"*"号显示代替,以按 Enter 键确认结束),与事先设置的密码进行比较,若相同,显示"OK",程序结束;否则显示"Error",重新输入密码,连续 3 次输入错,退出程序。

要实现无屏幕回显的密码输入,需使用 DOS 的 8 号功能调用。每输入一位,保存密码,并用 DOS 的 2 号功能调用显示"*"号,同时记录输入密码位数,直到遇到回车符或已输入完 6 位密码。然后开始密码验证,验证时,先判断输入密码位数是否相同,若位数不同,则无须比较,表示密码输入错;否则用串比较指令比较判断。相应程序流程如图 2.23 所示,按此流程编写的程序如下:

```
data    segment
  password      db   '123456'           ;设置密码
  N             equ  $ - password       ;密码位数
  buf           db   6 dup(?)           ;定义输入缓冲区
  ok            db   'OK$'              ;定义密码匹配显示信息
  error         db   'Error$'           ;定义密码不匹配显示信息
```

```
  disp        db   'Input Password: $ '       ; 定义输入提示信息
  cnt         db   3                          ; 设置比较次数
data    ends
code    segment
  assume  cs:code, ds:data, es:data
start:  mov     ax, data                      ; 建立数据段的可寻址性
        mov     ds, ax
        mov     es, ax
again:  lea     di, disp                      ; 显示提示信息
        mov     ah, 9
        int     21h
        cld                                   ; 地址递增
        mov     bx, 0                         ; 计数器和数组下标清 0
input:  mov     ah, 8                         ; 输入密码
        int     21h
        cmp     al, 0dh                       ; 输入完?
        jz      next1
        mov     buf[bx], al                   ; 保存输入密码
        mov     dl, '*'                       ; 输出"*"
        mov     ah, 2
        int     21h
        inc     bx                            ; 计数器和数组下标加 1
        cmp     bx, 6                         ; 输完 6 位?
        jz      next1
        jmp     short input                   ; 继续输入
next1:  cmp     bx, N
        jnz     err
        lea     si, password
        lea     di, buf
        mov     cx, bx
        repz    cmpsb                         ; 密码匹配
        jz      exit                          ; 正确,转 EXIT
err:    lea     dx, error                     ; 显示匹配错误信息
        mov     ah, 09h
        int     21h
        dec     cnt                           ; 比较 3 次?
        jnz     again                         ; 重新输入密码
        jmp     short rtudos                  ; 返回 DOS
exit:   lea     dx, ok                        ; 显示匹配信息
        mov     ah, 09h
        int     21h
rtudos: mov     ah, 4ch
        int     21h
code    ends
        end     start
```

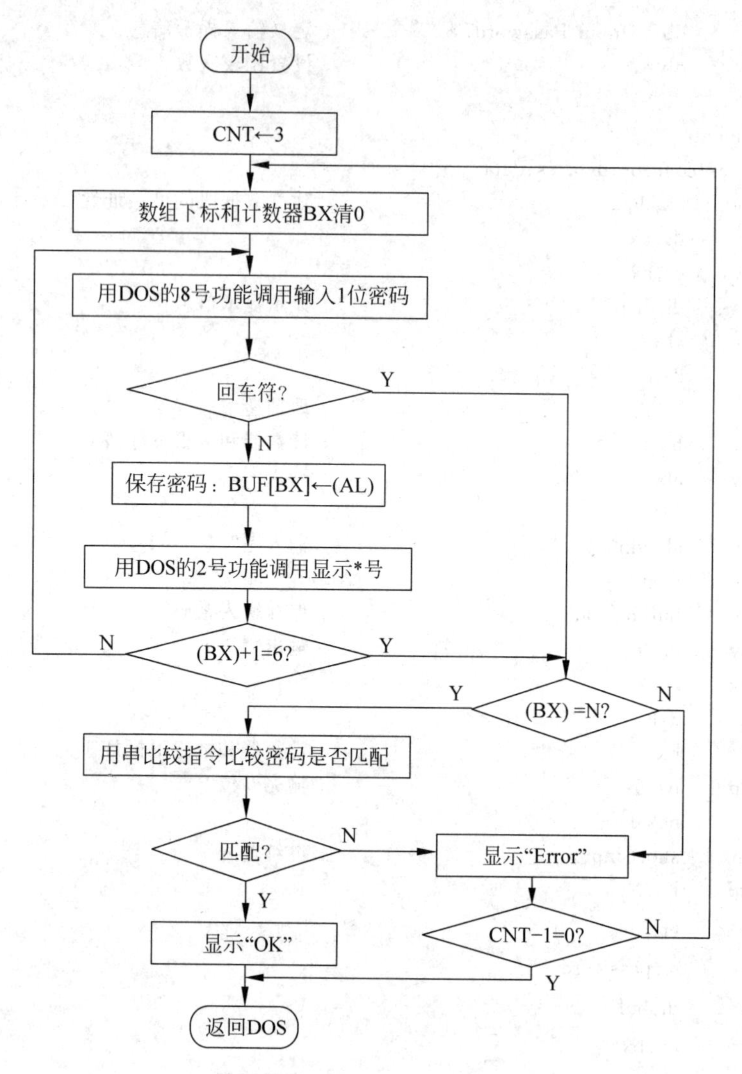

图 2.23　密码验证程序流程

若用 C 语言编程，则相应程序如下：

```
#include "stdio.h"
unsigned char password[6]='123456';
unsigned char buf[6],cnt=3;
main(){
   unsigned int x;
   unsigned char i,count=0;
   while(cnt<3){
      printf("\nInput Password: ");
      while(count<6){
         x=getchar();
         if(x=0x0d) break;                    /* 回车符,结束密码输入 */
         buf[count]=x;
         putchar('*');                        /* 显示*号,隐藏密码 */
         count++;
```

```
        }
        if(count!=6) {                        /* 输入密码少于 6 位,显示"error",退出比较 */
          printf("\n error");
          cnt++;
          continue;
        }
        for(i=0;i<count;i++){
          if(password[i]!=buf[i])              /* 不相同显示"error",退出比较 */
          {  printf("\nerror");
             cnt++;
             break;
          }
        }
        if(i==count){printf("\nok");break;}
      }
    }
```

例 2.33　Ackerman 函数定义如下,试编写计算 Ackerman 函数的程序。

$$ack(m,n)=\begin{cases}n+1, & m=0\\ ack(m-1,1), & m>0,n=0\\ ack(m-1,ack(m,n-1)), & m>0,n>0\end{cases}$$

这是一个采用递归定义的函数,适于用递归子程序(或递归函数)来实现。

计算 $ack(m,n)$本身是一个子程序。为计算 $ack(m-1,1)$,可使用参数 $m=m-1$ 和 $n=1$ 递归调用计算 $ack(m,n)$的子程序。同样,为计算 $ack(m-1,ack(m,n-1))$,要进行两次递归调用,第一次递归调用计算 $ack(m,n-1)$,第二次递归调用计算 $ack(m-1,ack(m,n-1))$,只是每次调用时使用的参数不同而已。下面分别用汇编语言和 C 语言实现。

(1) 用汇编语言实现

设计汇编语言递归子程序时,要保证每次调用都不破坏以前调用时所使用的参数和中间结果。所以,主程序与子程序间的参数(包括入口和出口参数)传递,一般要通过堆栈进行。

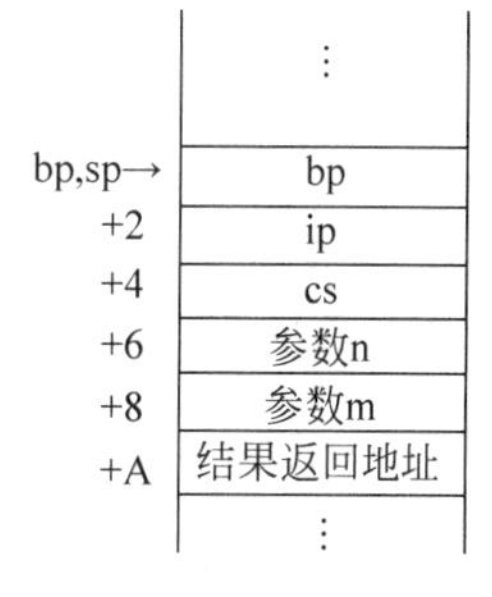

图 2.24　栈顶调用帧结构

下面将主、子程序均定义成远过程,同时,为避免计算参数相对于栈顶的位移量,将栈顶内容(如图 2.24 所示)定义成结构,这样子程序对参数的引用可通过结构引用实现。相应的汇编语言程序如下:

```
Frame struc                             ; 定义调用帧结构
  save_bp       dw ?                    ; bp 值
  save_cs_ip    dw 2 dup (?)            ; 返回地址
  n             dw ?                    ; 参数 n
  m             dw ?                    ; 参数 m
  Result_addr   dw ?                    ; 结果返回地址
Frame ends
data    segment                         ; 定义数据段
   nn           dw 100                  ; n
   mm           dw 10                   ; m
   result       dw ?
```

```
data    ends
code    segment
    assume  cs:code, ds:data
main    proc    far
start:  push    ds                              ┐
        sub     ax,ax                           ├; 标准序
        push    ax                              ┘
        mov     ax,data                         ; 建立 data 段的可寻址性
        mov     ds,ax
        ; 建立 ack(m,n)调用参数
        lea     si,result
        push    si
        mov     ax,mm
        push    ax
        mov     bx,nn
        push    bx
        call    far  ptr  ack                   ; 计算 Ackerman 函数
        ret
main    endp

ack     proc far
        push    bp
        mov     bp,sp                           ; bp 为调用帧结构指针
        ; 取入口参数
        mov     si,[bp].Result_addr             ; 取结果存放地址
        mov     ax,[bp].m                       ; 取参数 m
        mov     bx,[bp].n                       ; 取参数 n
        cmp     ax,0                            ; m>0?
        ja      testn
        inc     bx                              ; 计算 ack(0,n)=n+1
        mov     [si],bx                         ; 保存结果
        jmp     exit2
testn:  cmp     bx,0                            ; n>0?
        ja      mn$

        ; 计算 ack(m,0)
        dec     ax                              ; m=m-1
        mov     bx,1
        ; 建立 ack(m-1,1)调用参数
        push    si                              ; 结果存放地址
        push    ax                              ; m
        push    bx                              ; n
        call    ack                             ; 计算 ack(m,0)
        jmp     exit2                           ; 结束
mn$:    ; 建立 ack(m,n-1)调用参数
        push    si                              ; 结果存放地址
        push    ax                              ; m
        dec     bx
        push    bx                              ; n-1
        call    ack                             ; 计算 ack(m,n-1),结果在[si]
```

```
        ; 建立 ack(m-1,ack(m,n-1))调用参数
        push    si                          ; 结果存放地址
        mov     ax,[bp].m
        dec     ax                          ; m-1
        push    ax
        mov     dx,[si]                     ; 取 ack(m,n-1)的返回值送 dx
        push    dx
        call    ack                         ; 计算 ack(m-1,ack(m,n-1))
exit2:  pop     bp
        ret     6
ack     endp
code    ends
        end     start
```

(2) 用 C 语言实现

若用 C 语言编程,则计算 Ackerman 函数的 C 程序如下:

```
#include "stdio.h"
main()
{   unsigned int m,n, result;
    scanf("m=%d,n=%d",&m,&n);                   /* 输入变量 m、n 的值 */
    result =ack(m,n);                           /* 调用递归函数计算 Ackerman 函数值 */
    printf("ack(m,n)=%d", result);              /* 输出 Ackerman 函数值 */
}

unsigned int ack(unsigned int m,unsigned int n)  /* 计算 Ackerman 函数的递归函数 */
{   unsigned int x;
    if(m==0) return(n+1);                       /* 计算 ack(0,n) */
    else if(n==0)
        {   x= ack(m-1,1);                      /* 计算 ack(m,0) */
            return(x);
        } else
        {   x= ack(m,n-1);                      /* m>0,n>0 时,计算 ack(m,n) */
            return(ack(m-1,x));
        }
}
```

2.6 微机系统的性能指标和专业术语

2.6.1 微机系统主要性能指标

微机系统和一般计算机系统一样,衡量其性能好坏的技术指标主要有以下五方面。

1. 字长

字长是计算机内部一次可以处理的二进制数码的位数。一般一台计算机的字长取决于它的通用寄存器、内存储器、ALU 的位数和数据总线的宽度。字长越长,一个字所能表示的数据精度就越高;因此在完成同样精度的运算时,则数据处理速度越高。然而,字长越长,计算机的硬件代价相应也增大。为了兼顾精度/速度与硬件成本两方面,有些计算机允许采用变字长运算。

一般情况下，CPU 的内、外数据总线宽度是一致的。但有的 CPU 为了改进运算性能，加宽了 CPU 的内部总线宽度，致使内部字长和对外数据总线宽度不一致。如 Intel 8088/80188 的内部数据总线宽度为 16 位，外部为 8 位。对这类芯片，称之为"准××位"CPU，因此 Intel 8088/80188 被称为"准 16 位"CPU。

2. 存储器容量

存储器容量是衡量计算机存储二进制信息量大小的一个重要指标。存储二进制信息的基本单位是位(bit,b)。一般把 8 个二进制位组成的通用基本单元叫做字节(byte,B)。微机中通常以字节为单位表示存储容量，并且将 1024B 简称为 1KB，1024KB 简称为 1MB(兆字节)，1024MB 简称为 1GB(吉字节)，1024GB 简称为 1TB(太字节)。

存储器容量包括内存容量和外存容量。内存容量又分最大容量和实际装机容量。最大容量由 CPU 的地址总线位数决定，如 8 位 CPU 的地址总线为 16 位，其最大内存容量为 64KB；Pentium 处理器的地址总线为 32 位，其最大内存容量为 4GB。而装机容量则由所用软件环境决定，如现行 PC 系列机，采用 Windows 环境，内存必须在 4MB 以上；采用 Windows 95，内存必须在 8MB 以上；而采用 Windows 98，内存必须在 32MB 以上等。

外存容量是指硬盘、软盘、磁带和光盘等的容量，通常主要指硬盘容量，其大小应根据实际应用的需要来配置。

目前市场上流行的 Pentium 系列微机大多具有几百兆字节至几吉字节内存装机容量和几十、上百吉字节外存容量。

3. 运算速度

计算机的运算速度一般用每秒钟所能执行的指令条数来表示。由于不同类型的指令所需时间长度不同，因而运算速度的计算方法也不同。常用计算方法有：

(1) 根据不同类型的指令出现的频度，乘上不同的系数，求得统计平均值，得到平均运算速度。这时常用 MIPS(millions of instruction per second，即百万条指令/秒)作单位。

(2) 以执行时间最短的指令(如加法指令)为标准来估算速度。

(3) 直接给出 CPU 的主频和每条指令的执行所需的时钟周期。主频一般以 MHz 为单位。

4. 外设扩展能力

这主要指计算机系统配接各种外部设备的可能性、灵活性和适应性。一台计算机允许配接多少外部设备，对于系统接口和软件研制都有重大影响。在微机系统中，打印机型号、显示屏幕分辨率、外存储器容量等，都是外设配置中需要考虑的问题。

5. 软件配置情况

软件是计算机系统必不可少的重要组成部分，它配置是否齐全，直接关系到计算机性能的好坏和效率的高低。例如是否有功能很强、能满足应用要求的操作系统和高级语言、汇编语言，是否有丰富的、可供选用的工具软件和应用软件等，都是在购置计算机系统时需要考虑的。

2.6.2 常用专业技术术语

1. 主频

主频指计算机中 CPU 内部工作的时钟频率，所以也叫内频。它是衡量 CPU 运算速度的最重要指标。一般来说，主频越高，单位时间内执行的指令数就越多，当然 CPU 的运算速度也就越快。从第一台 IBM PC 机至今天的 Pentium 4 PC 机，其 CPU 主频从 4.77MHz 提高到了 2GHz 以上。

2. 外频

外频指微机主板为 CPU 提供的外部时钟频率，即总线时钟频率，也叫系统时钟频率。它是 CPU 与主板芯片组和内存交换数据的频率。在 486 PC 机之前，外频就等于主频；直到 80486DX2-66 出现以后，主频才高于外频。现在的 Pentium 机中，一般外频比主频要低得多。早期 Pentium 机的外频多为 60MHz 和 66MHz，后来逐步提高到 75MHz、83MHz、90MHz、100MHz、133MHz、150MHz、200MHz 等，现在的 Pentium4 机已发展到 400MHz、533MHz，甚至更高。

3. 倍频和超频

倍频是就 CPU 的主频与外频两者的关系而言的，指的是主频为外频的多少倍，即主频＝外频×倍频。可见，倍频实际上是倍频系数的简称。一个 CPU 产品出厂时，一般都有其标定的主频值，例如 80486DX-33，其标定主频值为 33MHz；Pentium 200 的标定主频值为 200MHz；Pentium MMX 233 的标定主频值为 233MHz 等。但 CPU 内部的主频时钟信号，都是由其外部输入的外频时钟信号在 CPU 内部经过时钟倍频得到的。因此实际中，都是在装机时通过设置外频和倍频来满足 CPU 的主频需要的，例如为了满足 Pentium MMX 233 的 233MHz 主频需要，可将其外频设置为 66MHz，倍频设置为 3.5。最早引入倍频概念及技术的 80486DX2-66 处理器，由于其内部具有 2 倍频电路，即其倍频系数已固定为 2，因此为了获得其 66MHz 的主频，只需将外频设置为 33MHz 即可。到了 Pentium 时代，由于 CPU 本身可支持多种倍频，例如 2、2.5、3、3.5、4、4.5、5 等，因此在设置 CPU 主频时，就既要设定外频，又要设定倍频，于是为了设置到某个主频值，也就可以有多种不同的外频-倍频设定方案。具体设定方法，有的主板通过跳线器(jumper)设定，有的通过软件设定。

一般正常使用计算机时，都是将 CPU 工作的实际主频设置在标定主频值上，这样可以使计算机工作稳定可靠。但是，有的时候，特别对电脑发烧友来说更是经常，会把 CPU 工作的实际主频设置得超过厂家标定的主频，以最大限度地发挥 CPU 的速度潜力(一般 CPU 的标定主频与实际允许的工作频率之间总会留有一定的余地)，这种做法就叫超频。但要注意，超频是有限度的，而且往往要配合采用一些安全措施，如利用风扇降温等。不过总的来说，还是以不超频为好，因为超频对计算机的工作稳定性、可靠性以至 CPU 寿命总会有一定影响。

4. OEM

OEM 是 original equipment manufacturer(原始设备制造商)的缩写，指按原始厂家的设计标准和工艺要求生产产品的厂商，生产出来的产品打上原始厂家的名字和品牌。

5. IBM PC

IBM 是 International Business Machine 公司(国际商用机器公司)的简称，是世界上最大的计算机公司之一。PC 是 personal computer (个人计算机)的简称。PC 机最早是由 IBM 公司于 1981 年发布的，当时 IBM 已是计算机行业长达 20 多年的领袖，其影响力无与伦比。IBM PC 机的推出在全球掀起了个人计算机飞速发展的狂潮，直至今天仍方兴未艾，它对计算机的推广应用发挥了极其重要的作用。但后来可能由于在发展战略方面犯了错误，IBM

公司在个人计算机领域的霸主地位逐渐被 Microsoft、Intel、Compaq、Dell 等公司取代了。不过 IBM 在巨型机、大型机领域的实力和影响仍然首屈一指，在微型机和笔记本电脑方面的声誉也依然最高。

6. Wintel 结构和 IA

从第一台 IBM PC 机诞生至今，主流个人计算机（包括笔记本电脑）中使用的微处理器基本上都是 Intel 公司的产品或与其兼容的产品，而其中的操作系统早从十几年前开始就基本上采用的是 Microsoft 公司的 Windows，因此人们常把目前的 PC 机结构称为 Wintel 结构（可见 Wintel 是 Windows 和 Intel 的合称），而把 CPU 结构称为 Intel 体系结构（Intel architecture），简称为 IA。

7. 摩尔定律

摩尔定律指的是 20 世纪 70 年代 Intel 公司一位名叫摩尔的工程师当时提出的一个预言，即计算机芯片的性能每隔 18 个月就要翻一番。30 多年来的计算机发展进程证明，摩尔的预言是正确的，微处理器芯片的集成度和速度等性能确实大体上是按他所预言的规律在提高，所以人们把其命名为摩尔定律。

8. 纳米技术

纳米技术指的是一种先进的微制造工艺技术。在微处理器领域，伴随处理器主频不断提高的，是集成芯片制造工艺中光刻精度（它决定着芯片中导线宽度和导线间距）的不断提高。早期 Pentium CPU 的主频为 66MHz 时，对应的是 0.65μm 制造工艺；后来制造工艺逐步发展到 0.35μm、0.25μm、0.18μm、0.13μm 等，使 CPU 主频先后达到 266MHz、500MHz、800MHz、1GHz 等水平。目前为了适应 2GHz、3GHz 以致更高主频的需要，处理器及其芯片组和 SRAM 的制造工艺已经进入了 90nm、60nm 以致更微小的纳米时代。

9. 流水线、超流水线和超标量技术

流水线(pipeline)技术是一种将每条指令分解为多步，并让不同指令的各步操作重叠，从而实现几条指令并行处理，以加速程序执行过程的技术。每步操作均由各自独立的部件完成，每完成一步便进入下一步，而前一步则处理后续指令。允许指令重叠操作的独立部件越多，流水线的级数就越多，每级所花的时间和指令平均执行时间也就越短。

当流水线级数在 5～6 级以上时，通常称之为超流水线(superpipeline)。但是，无论流水线的级数有多少，每条指令执行的所有步骤一步也不能少，因此指令流水线并不能加速指令的执行，加速的只是指令流或程序执行的过程。

事实上，为了提高程序运行速度，Pentium 系列处理器中不仅增加了指令流水线的级数，而且集成了两条或更多条流水线，使之平均一个时钟周期可执行 2 条或更多条指令。一般把这种内置多条流水线的技术称为超标量(superscalar)技术。

10. 分支预测和推测执行技术

分支预测(branch prediction)技术是为缩短程序设计中广泛使用的分支操作和循环操作的时间而提出的。它指的是在有条件分支指令的前一条指令尚未结束前，就能预测出程序运行到分支处是否转移，并按预测结果调整指令顺序，将应该执行的分支上的指令提前装入流水线执行。推测执行(speculation execution)则是基于分支预测结果所进行的预先处理和执行。显然，采用分支预测和推测执行技术后，只要预测准确，就可以大大提高具有分支、循环结构的程序的运行速度。但是，这种分支预测和推测执行是有一定风险的，如果分支前面那条指令执行的结果证明分支预测错误，则必须将已经装入流水线执行的指令及结果全部清除，然后再装入正确指令重新处理执行，这样将比不进行分支预测和推测执行时速度还慢。可见，应用该项技术的效果如何，关键看分支预测的准确率有多高。目前分支预测的准确率已达到90%以上，因此提高程序运行速度的整体效果是显著的。

11. 乱序执行技术和动态执行技术

乱序执行(out of order execution)技术是指CPU允许指令按照不同于程序中规定的顺序发送给流水线上各相应部件执行，以实现CPU内部各功能电路满负荷工作、加速程序执行过程的技术。它本质上是按数据流驱动原理工作的(传统的计算机都是按指令流驱动原理工作的)，根据操作数是否准备好来决定一条指令是否立即执行，不能立即执行的指令先搁置一边，而把能立即执行的后续指令提前执行。当然，在各部件不按规定顺序执行完指令后，还必须由相应电路再将运算结果重新按原来程序指定的指令顺序排列后，才能返回程序。

通常把乱序执行技术和推测执行技术统称为动态执行技术。

12. 超线程技术

超线程(hyper-threading)技术是为了弥补传统微处理器在执行单元效能上的利用率不足，而由DEC公司最早研发、Intel公司最先发布并相继在Pentium 4 Xeon(至强)和3.06GHz的Pentium 4上首先应用的一项全新微处理器技术。该技术在一个微处理器内设置两个逻辑内核ALU，并利用特殊的硬件指令，把两个逻辑内核模拟成两个物理处理器芯片，让单个微处理器能兼容多线程操作系统和其他软件，实现线程级并行计算，从而提高微处理器性能。采用超线程技术的MPU要想发挥效能，必须有操作系统的支持、主板北桥芯片的支持、对MPU高达70A电流的支持和BIOS的支持等。

思考题与习题

2.1 选择题

(1) 8位补码操作数“10010011”等值扩展为16位后，其机器数为________。

A. 1111111110010011　　B. 0000000010010011　　C. 1000000010010011

(2) 将十进制数−96表示成16位的二进制补码，其形式为________。

A. 8060H　　B. 80A0H　　C. FFA0H

(3) 下列无符号数中最大的数是________。

A. $(319)_{16}$　　B. $(1010100110)_2$　　C. $(789)_{10}$

(4) 一个8位二进制整数，若采用补码表示，且由4个1和4个0组成，则最小值为________。

A. −120　　B. −7　　C. −121

(5) 某计算机字长为16位，其浮点数格式为：阶符1位，阶码5位(补码表示)，数符1位，尾数9位(原码表示)，则真值为1111.0111的二进制数表示成规格化浮点数为________。

A. 000100 0111101110　　B. 000100 0011110111

C. 000101 0111101110　　D. 000101 0011110111

(6) 十进制数-31,用8位二进制数表示它的原码、反码、补码是________。

A. 0001 1111、1110 0000、1110 0001

B. 1001 1111、0110 0000、0110 0001

C. 1001 1111、1110 0000、1110 0001

(7) 计算机内的“溢出”是指其运算的结果________。

A. 为无穷大

B. 超出了计算机内存储单元所能存储的数值范围

C. 超出了该指令所指定的结果单元所能存储的数值范围

(8) 计算机能直接认识、理解和执行的程序是________。

A. 汇编语言程序　　B. 机器语言程序　　C. 高级语言程序

(9) 一条微机处理器指令应包含两个部分,即:________。

A. 操作码和操作数　　B. 源和目的操作数　　C. 存储器和I/O接口

2.2 什么叫机器数?什么叫真值?试综述有符号数和无符号数的机器数主要有哪些表示方法。

2.3 试填写出下表中各数对应的8位原码、反码和补码。

十进制数	原码	反码	补码
+0			
+15			
+62			
+127			
-0			
-10			
-18			
-100			
-127			
-128			

2.4 试将下列各8位补码扩展为16位补码,并从中总结出补码位扩展的规律。

(1) 00101101　　(2) 01110010　　(3) 01010111

(4) 10110101　　(5) 10000100　　(6) 11001011

2.5 填写下表中各机器码分别为原码、反码、补码、无符号二进制码和压缩BCD码时所对应的十进制真值。

机器数	对应十进制真值				
	原码	反码	补码	无符号二进制数	压缩BCD码
10001001					
10000000					
10010110					
01010011					
00000111					
11111111					

2.6　有三位和两位十六进制数 X 和 Y，$X=34AH$，$Y=8CH$。

(1) 若 X、Y 是纯数(无符号数)，计算 $X+Y$ 和 $X-Y$。

(2) 若 X、Y 是有符号数，计算 $X+Y$ 和 $X-Y$。

2.7　已知$[X]_{补}=01101010B$，求：$\left[-\frac{1}{2}X\right]_{补}$。

2.8　试述 BCD 码与纯二进制数的主要区别，以及两个两位压缩 BCD 码进行加减运算时的基本方法。

2.9　已知 $X=59$，$Y=-84$，用补码完成下列运算，并判断有无溢出产生(设字长为8位)。

(1) $X+Y$　　(2) $X-Y$　　(3) $-X+Y$　　(4) $-X-Y$

2.10　已知某微型机的浮点数格式为：阶码6位，尾数10位，其中各含一位符号位；阶码为补码定点整数，尾数为原码规格化定点小数。

(1) 该浮点数所能表示的数值范围是多少？

(2) 1100100110111010 代表的十进制数是多少？

(3) $(-86.57)_{10}$的机器数(浮点数)是什么？

2.11　如何理解微机的工作过程？它的本质是什么？

2.12　什么叫做指令和指令系统？

2.13　指令由几个部分组成？它们各起什么作用？

2.14　一般指令的执行由哪几段操作组成？各段操作的任务是什么？

2.15　“微型计算机中，程序执行的时间就是程序中各条指令执行时间的总和。”这种说法是否一定对？为什么？试谈谈你的理解。

2.16　什么叫流水线技术和超标量、超流水线技术？

2.17　微处理器中采用流水线技术后，是否意味着每条指令的执行时间明显缩短了？为什么？

2.18　试自行写出2.4节中给出的程序的详细执行步骤。

2.19　假定 Pentium 工作在实模式下，(ds)=1000h，(ss)=2000h，(si)=007fh，(bx)=0040h，(bp)=0016h，变量 table 的偏移地址为 0100h。下列指令的源操作数字段是什么寻址方式？它的有效地址(ea)和物理地址(pa)分别是多少？

(1) mov　ax,[1234h]　　(2) mov　ax,table

(3) mov　ax,[bx+100h]　　(4) mov　ax,table[bp][si]

2.20　指出下列 Pentium 指令的源操作数字段是什么寻址方式：

(1) mov　eax,ebx　　(2) mov　eax,[ecx][ebx]

(3) mov　eax,[esi][edx*2]　　(4) mov　eax,[esi*8]

2.21　已知数据定义如下：

```
        org  0200h
ary  dw   -1,2,-3,4
cnt  dw   $ - ary
var  dw   ary, $ + 4
```

问下列程序段执行后，ax、bx、cx、dx、si 的值为多少(用十六进制表示)？

```
mov   ax,ary
mov   bx,offset var
mov   cx,cnt
mov   dx,var + 2
lea   si,ary
```

2.22　给定如下数据定义：

```
a1    dw    1,2,3,'AB','C'
a2    db    6 dup(?)
a3    db    0
r1    equ   a3 - a1
```

（1）画出变量的内存分配图；

（2）常量符号 r1 的值为多少？

2.23　编写一个完整的汇编程序，把 50 个字节的数组中的正数、负数、零挑选出来，分别将正数、负数存入正数、负数数组，并计算其中正数、负数和零数据的个数，存入内存变量中。

2.24　某存储区中存放着 80 名同学某科目的成绩(0～99 分)，此成绩以压缩型 BCD 码形式存储。试编程统计及格(60 分以上)和不及格人数。要求统计结果仍以压缩 BCD 码形式存放。

2.25　从 ASCDATA 开始的内存单元中，顺序存放着个、十、百、千位 4 个 ASCII 码表示的数字，编写程序将此 4 位数转换成二进制数，并将结果放在 BINDATA 开始的顺序单元中。

2.26　一个十进制数 ABC(用压缩 BCD 码格式存放，低位在前)定义如下：

```
ABC   DB   78H,56H,34H,12H
```

编写一个程序将 ABC 转换成 ASCII 码数，存于 ASC 开始的数据区中，高位在前，低位在后。

2.27　从 BUFFER 开始的内存单元中，顺序存放着 100 个 8 位无符号数，试编程序从中找出绝对值最大的数及其偏移地址，将它们分别放在 MAX 开始的字节单元和 ADDR 开始的字单元中。

2.28　编写一程序，滤去某个字符串中的空格符号(ASCII 码为 20H)。设字符串以 0 结尾。

2.29　编写一程序，将以字符“$”结尾的字符串 SBOAT 中的每一个字符均加上偶校验位，并统计有多少个字符因含有奇数个“1”而加上了校验位，并将统计结果存于 NUM 单元中。

2.30　用循环结构程序计算表达式：$S=1+3+4+7+9+10+12+14+16$。结果用压缩 BCD 码表示。

2.31　内存 BLOCK 开始的存储区中，连续放置了 256 个以字节为单位的符号数，编程求其绝对值的和，结果存放在 SUM 开始的两个连续单元中。

2.32　两个双字节无符号数据块，分别存放在以 BLOCK1 和 BLOCK2 为首地址的单元中，低位在前，高位在后。用子程序结构求两个数据块中对应数据的和，和不超过双字节。

结果存放于 BLOCK1 为首地址的单元中，低位在前，高位在后。设数据个数存放在 LEN 单元中。分别按如下要求编写此程序：

(1) 主子程序采用寄存器传递参数；

(2) 主子程序采用存储器或地址表传递参数；

(3) 主子程序采用堆栈传递参数。

2.33 以 data 为首地址的区域，是程序中开辟的一块字节型排队存储区。试设计子程序，完成图 2.25 所示的数据推移，要求每调用一次，数据推移一个单元。

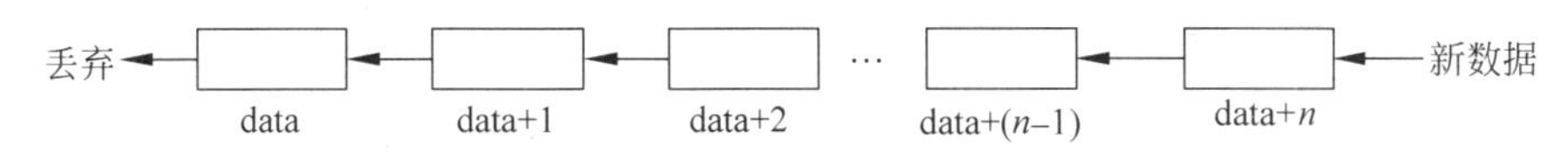

图 2.25 题 2.33 图

2.34 编写用递归子程序方法求 $N!$ 的程序。

2.35 编写汇编语言程序将 ax 的内容以十六进制格式显示在计算机屏幕上。

2.36 编写一个程序实现如下功能：先从键盘上输入一个字符串，然后再在另一行按相反顺序显示该字符串。

2.37 编写一个程序从键盘输入 4 位十六进制数的 ASCII 码，并将其转换成 4 位十六进制数存入 DX 寄存器中。

2.38 有两组数据，每组有 100 个八位 BCD 数，把它们两两相加的结果在屏幕上以二进制数的形式显示出来。

2.39 阅读下列程序，写出程序执行后数据段 buf 十个内存单元中的内容。

```
data    segment
    buf  db  08h,12h,34h,56h,78h,9ah,0bch,0deh,0f0h,0ffh
    key  db  78h
data    ends
code    segment
    assume  cs:code,ds:data,es:data
start:  mov     ax,data
        mov     ds,ax
        mov     es,ax
        cld
        lea     di,buf
        mov     cl,[di]
        xor     ch,ch
        inc     di
        mov     al,key
        repne   scasb
        jne     done
        dec     buf
        mov     si,di
        dec     di
        rep     movsb
done:   mov     ah,4ch
        int     21h
code    ends
        end     start
```

2.40 下列程序将16位二进制数转换为ASCII编码的十进制数。程序中有四处错误，试指出并改正。

```
dseg      segment
    binval   dw   23457                               ; 待转换16位二进制数
    ascval   db   5 dup(' ')                          ; 转换结果
dseg      ends
cseg      segment
    assume   cs:cseg, ds:dseg
bin_asc: mov     ax, dseg
         mov     ds, ax
         mov     ax, binval
         mov     cx, length ascval
         lea     si, offset ascval
         add     si, cx
         dec     si
         mov     cx, 10
again:   cmp     ax, 10
         jbe     done
         xor     dx, dx
         idiv    cx
         or      dl, 30h
         mov     [si], dl
         dec     si
         jmp     again
done:    and     al, 30h
         mov     [si], al
         mov     ax, 4c00h
         in t    21h
cseg     ends
         end     bin_asc
```

第3章 微处理器

CHAPTER 3

微处理器是微机的运算和指挥控制中心。微机系统性能的好坏首先取决于其微处理器的性能。本章将在介绍微处理器发展简史的基础上，着重介绍8086/808微处理器、Pentium微处理器、MCS-51系列单片机和ARM系列嵌入式微处理器的内部结构与外部引脚、技术特点和指令系统概貌等。

3.1 微处理器发展简史

自1971年美国Intel公司制造出世界上第一个4位微处理器4004以来，微处理器无论在品种还是在数量上都有了飞速的发展。近40年来，微型计算机技术发展日新月异，使得现代微型计算机的性能已远远超过了传统意义上的小型计算机。本节重点介绍在微处理器发展过程中占主导地位的Intel系列微处理器和单片机的发展历程。

3.1.1 Intel微处理器的发展历程

在微处理器的发展历程中，Intel公司的产品一直独领风骚，处在发展的前沿。其中，以1978年推出的16位微处理器8086和次年推出的准16位微处理器8088为标志，逐步形成了Intel 80x86/Pentium处理器系列，并在各种通用微机、专用微机和工作站中得到了广泛的应用。它的发展史可以说就是一部微处理器的发展史。以Intel 4004为起点，Intel微处理器发展大致经历了以下7个阶段。

1. 第一代4位微处理器：Intel 4004

1971年，Intel公司成功地设计了世界上第一个微处理器：4位微处理器Intel 4004。它的寻址范围为4096个4位宽存储单元(半字节单元，nibble)。Intel 4004有45条指令，运行速度为50KIPS(instruction per second)，即每秒执行5万条指令。

Intel 4004主要用于早期的视频游戏和基于微处理器的小型控制系统中。但直到今日，4位微处理器因其良好的性价比仍然应用于一些嵌入式系统中，如微波炉、洗衣机和计算器等设备中。

2. 第二代8位微处理器：Intel 8008、8080和8085

1971年末，Intel公司意识到微处理器是个可赢利的产品，又推出了8位微处理器8008。它是4004的8位扩展型微处理器，其主要改进是增加了3条指令(总计48条)，并将寻址空间扩展到16KB。

由于8008的速度较慢(为50KIPS),限制了其应用。Intel公司于1973年推出了8080微处理器,这是第一种现代意义上的8位微处理器。8080不仅扩充了可寻址的存储容量(64KB)和指令系统,运行速度也比8008快10倍,达到了500KIPS,这些改进导致进入了8080时代。1974年,基于8080的个人计算机Altair 8800问世。微软公司(Microsoft)创始人Bill Gates为这种PC机开发了BASIC语言解释程序。

1977年Intel公司进一步推出了8080的更新换代型号——8085。这是Intel公司开发的最后一种8位通用微处理器,运行速度达到了770KIPS。

3. 第三代16位微处理器:Intel 8086、8088和80286

1978年6月,Intel公司推出了它的第一个16位微处理器8086,并在一年后推出了8088。二者的寻址空间均为1MB,都能进行16位数据的运算和处理,运行速度达到2.5MIPS(million instruction per second)。8086和8088的主要区别在于外部数据总线的宽度,8086为16位,8088则为8位。由于当时与微处理器配套的外围接口电路大多是8位的,尽管8086的数据传输能力要强于8088,但8088的兼容性更好,所以8088在市场上获得了极大的成功。1981年8月,IBM公司选择8088作为CPU,推出了它的第一代个人计算机IBM PC。自此,Intel公司逐步确立了PC行业的CPU霸主地位。

在8086/8088的设计中,引入了两个重要的概念:指令流水线技术和存储器分段技术。这种指令流水线技术加快了指令流的执行速度,而存储器分段技术的引入,也为现代微处理器应用虚拟存储器技术奠定了基础。与8080/8085相比,这极大地提高了8086/8088的性能。

8086/8088的指令和寻址方式非常丰富,指令系统增加了早期微处理器没有的乘法和除法指令,指令数量多达200多条。这种微处理器因指令丰富且复杂程度高而称为CISC(complex instruction set computer,复杂指令集计算机)。

随着微处理器的应用越来越广,为了提高浮点运算的速度,Intel公司于1976年推出了数字协处理器8087,它能够在8086/8088的控制下执行浮点运算指令,进行复杂的数学运算,进一步提高了8086/8088的数据处理能力。

随后,Intel公司开发了80186和80188,但这两种16位微处理器并没有得到广泛应用。

1983年,Intel公司又推出了增强型的16位微处理器80286,它的寻址范围达到16MB。80286内部采用了4级流水线结构,运算速度大大提高,并且首次引入了保护模式。在保护模式下,80286支持虚拟存储器和保护功能,虚拟地址空间可达2^{30}B(1GB)。

4. 第四代32位微处理器:Intel 80386和80486

1986年,为满足多用户和多任务应用的需要,Intel公司推出了它的第一个32位微处理器80386。与80286相比,80386增加了若干寄存器,而且寄存器的容量都扩充到了32位,具有全32位数据处理能力。其内部结构采用6级流水线结构,存储管理新增了一个页式管理单元,支持段页式虚拟存储管理,提供了更大虚拟地址空间(64TB)和内存实地址空间(4GB)。此外,为了在保护虚地址概念下仍能与8086/8088系统兼容,80386首次引入了虚拟8086方式,使80386的存储管理具有三种工作方式:实地址方式、保护虚地址方式和虚拟8086方式。

继80386之后,Intel公司于1989年4月又推出了第二代32位高性能微处理器80486,它以提高性能和面向多处理器系统为主要目标。从结构上看,80486基本沿用了80386的体系结构，但与80386相比也作了许多改进：片内集成了一个浮点运算单元(FPU)80387和一个8KB的数据与指令合用的Cache；指令单元采用了RISC技术和流水线技术，降低了执行每条指令所需要的时钟数；此外，80486采用了一种突发总线(burst bus)的技术和面向多处理器结构，在总线接口部件上增加了总线监视功能，以保证构成多机系统时的高速缓存一致性，并增加了支持多机操作的指令。

5. 第五代准64位微处理器：Pentium系列处理器

Pentium系列处理器主要包括Pentium、Pentium Pro、Pentium MMX、Pentium Ⅱ、Pentium Ⅲ和Pentium 4。

1) Pentium微处理器

Pentium是Intel公司于1993年3月推出的第五代80x86系列微处理器，简称P5或80586，中文译名为“奔腾”。Pentium不仅继承了其前辈的所有优点，而且在许多方面有所创新，它不但性能表现卓越，而且兼容性、数据完整性及灵活的升级能力都一应俱全。

与80486相比，Pentium采用了超标量体系结构，内含“U”和“V”两条指令流水线；内置的浮点运算部件采用超流水线技术，有8个独立执行部件进行流水线作业；增加了分支指令预测；采用独立的指令Cache和数据Cache(分别为8KB)，避免了预取指令和数据可能发生的冲突；采用64位外部数据总线，使经总线访问内存数据的速度高达528MB/s；提供了灵活的存储器页面管理。既支持传统的4KB存储器页面，又可使用更大的4MB存储器页面。

2) Pentium Ⅱ微处理器

Pentium之后，Intel公司又先后于1995年和1997年推出了P6级微处理器的第一代产品Pentium Pro和Pentium MMX。在此基础上，Intel公司将多媒体增强技术(MMX技术)融合入Pentium Pro微处理器之中，于1997年5月推出了P6级微处理器的第二代产品Pentium Ⅱ。

与Pentium Pro相比，Pentium Ⅱ芯片既保持了Pentium Pro原有的强大处理功能，又增强了PC机在三维图形、图像和多媒体方面的可视化计算功能和交互功能。从系统结构角度看，Pentium Ⅱ主要采用了如下几种先进技术。

(1) 多媒体增强技术(MMX技术)

在Pentium Ⅱ中采用了一系列多媒体增强技术：

① 单指令流多数据流SIMD技术，使一条指令能完成多重数据的工作，允许芯片减少在视频、声音、图像和动画中计算密集的循环。

② 为针对多媒体操作中经常出现的大量并行、重复运算，新增加了57条功能强大的MMX指令，用以更有效地处理声音、图像和视频数据。强大的MMX技术指令集充分利用了动态执行技术，在多媒体和通信应用中发挥了卓越的功能。

(2) 动态执行技术

动态执行技术通过预测指令流来调整指令的执行，并且分析程序的数据流来选择指令执行的最佳顺序。Pentium Ⅱ采用了由三种创新处理技巧结合的动态执行技术，即：

① 多分支预测。采用一种先进的多分支预测算法，允许程序的几个分支流向同时在处理器中执行。当处理器读取指令时，也同时在程序中寻找未来要执行的指令，加速了向处理器传递任务的过程，并为指令执行顺序的优化提供了可调度的基础。

② 数据流分析。按一种最佳的顺序执行,使用数据流分析,处理器查看被译码的指令,判断是否符合执行条件或依赖于其他指令。然后,处理器决定最佳的执行顺序,以最有效的方法执行指令。

③ 推测执行。将多个程序流向的指令序列以调度好的优化顺序送往处理器的执行部件去执行,尽量保持多端口、多功能的部件始终为"忙",以充分发挥此部件的效能。由于程序流向是建立在分支预测基础上的,因此指令序列的执行结果也只能作为"预测结果"而保留。一旦证实分支预测正确,已提前建立的"预测结果"立即变成"最终结果"并及时修改机器的状态。显然,推测执行可保证处理器的超标量流水线始终处于忙碌,加快了程序执行的速度,从而全面提高了处理器的性能。

(3) 双重独立总线结构(dual independent bus,DIB)

Pentium Ⅱ采用双重独立总线结构:一条是处理器至主存储器的系统总线,称为前端总线(FBS),主要负责主存储器的信息传送操作;另一条是二级 Cache 总线,也称后端总线,用于连接到 L2 Cache 上。Pentium Ⅱ可以同时使用这两条总线,使 Pentium Ⅱ的数据吞吐能力大大提高,达到单总线结构处理器的 2 倍。此外,Pentium Ⅱ使用了一种与 CPU 芯片相分离的 512KB 的 L2 Cache,这种 L2 Cache 可以在 CPU 一半的时钟频率下运行,而片内 L1 Cache 由原来的 16KB 扩大到了 32KB,从而有效地减少了对 L2 Cache 的调用频率。

3) Pentium Ⅲ微处理器

Pentium Ⅲ是 Intel 公司继 Pentium Ⅱ之后于 1999 年 2 月推出的第三代 P6 级微处理器产品。其内部结构与 Pentium Ⅱ相似,主要改进是增加了 70 条流式单指令多数据扩展 SSE(streaming SIMD extensions)指令和 8 个 128 位单精度浮点数寄存器,克服了不能同时处理 MMX 数据和浮点数据的缺陷,使 Pentium Ⅲ在三维图像处理、语音识别和视频实时压缩等方面都有了很大提高。

此外,Pentium Ⅲ首次设置了处理器序列号 PSN,可用来加强资源跟踪、安全保护和内容管理。前端总线 FBS 的时钟频率为 100MHz,特别是采用 0.18μm 新工艺的 Pentium Ⅲ,其前端总线达到 133MHz,并将 256KB 的 L2 Cache 集成到了芯片内。虽然 L2 Cache 的数量减半,但由于它的速度和微处理器的核心速度一样,并且它与核心运算部件的数据通路由 64 位提高到了 256 位,因此其性能反而得到明显提高。

4) Pentium 4 微处理器

Pentium 4 是 2000 年年底 Intel 公司推出的第一个非 P6 核心结构的全新 32 位微处理器。与 P6 级微处理器相比,其主要特点是:采用了超级管道技术,使用长达 20 级的分支预测/恢复管道;乱序执行技术中的指令池能容下 126 条指令;内含一个 4KB 的分支目标缓冲,使分支错误预测概率比原来下降 33%以上;增加了由 144 条新指令组成的 SSE2 指令集,可支持 128 位 SIMD 整数算法操作和 128 位 SIMD 双精度浮点操作。

尽管 Pentium、Pentium Ⅱ、Pentium Ⅲ和 Pentium 4 的外部数据总线均为 64 位,但它们的内部寄存器和运算操作仍然是 32 位,所以 Pentium、Pentium Ⅱ、Pentium Ⅲ和 Pentium 4 并不是真正意义上的 64 位微处理器,只能说是准 64 位微处理器。

6. 第六代 64 位微处理器:Itanium 系列处理器

前面第三、四、五代 Intel 微处理器都是建立在 IA-32(Intel Architecture 32)架构基础上的,采用的都是 80x86 指令代码。

2001 年,Intel 公司为满足要求苛刻的高端企业和技术应用的需要而专门设计推出了一款称之为 Itanium(安腾)的真 64 位微处理器,次年又推出了 Itanium 2,至今从而形成了由安腾 1、安腾 2 组成的 Itanium 处理器系列。

Itanium 系列处理器采用的是 IA-64(Intel Architecture 64)架构。该架构区别于 IA-32 架构的主要优点表现在:内部集成了可以显著提高指令执行速度和吞吐率的大量执行资源,可以实现处理器到高速缓存的快速访问,具有处理器与内存之间的出色带宽,可以提供更低的功耗以支持与日俱增的计算密集型工作。

Itanium 系列处理器的系统总线宽度为 128b,采用 1.5GHz 的主频,具有 6.4GB/s 的系统总线带宽。内含 28 个寄存器、1.5～9MB 三级高速缓存(容量因具体型号而异),支持使用 SDRAM 标准的非常大内存(VLM)。内部设置的运算部件,最初的 Itanium 设计(安腾 Merced)有 4 个整数单元(ALU)、2 个浮点单元(FPU)、3 个分支单元(BRU)、2 个 SIMD(即 MMX/SSE)单元、2 个加载/存储单元(在其他 CPU 中也称为地址形成单元 AGU)和 10 级管线,采用六指令设计,每个时钟周期可发出 6 条指令;后来修改过的设计(安腾 McKinley)将 ALU 由 4 个增加到 6 个,SIMD 由 2 个减少到 1 个,同时把 2 个加载/存储单元分开设置为加载单元、存储单元各 2 个(相当于有 4 个地址形成单元 AGU,只是分工更细了),使内存带宽和缓存带宽都明显增大,将 10 级管线和六指令设计改为 8 级管线和八指令设计,使每个时钟发出的指令最多可达到 8 条。

Itanium 系列处理器还有两个重要特点:一是提供了一种名为 32 位 Intel 架构执行层(IA-32 EL)的技术来支持 32 位英特尔架构(IA-32)软件应用,使之具有很好的向上兼容性;二是使用了“智能编辑器”去优化如何将指令传递给处理器,使它和未来的 IA-64 微处理器有可能在每个时钟周期处理更多的指令,进一步提高计算速度。

目前 Itanium 系列各型处理器均可全面支持数据库、企业资源规划、供应链管理、业务智能以及诸如高性能计算(HPC)等其他数据密集型应用。

7. 第七代多核微处理器

前面各代微处理器的技术及性能进步,从根本上说都是建立在对片内集成晶体管数量和高工作主频的不断追求上的,并且这一进步似乎一直在验证着摩尔定律的正确性。但是,这一过程随着 2004 年 Pentium 4/4.0GHz 极高主频处理器计划的被迫取消而基本终结。于是从 2005 年开始,Intel 和 AMD 在竞争中共同将微处理器发展推进到了多核时代。

Intel 最早推出的多核处理器是 Paxville 双核至强,但它只是将两个独立的处理器内核封装在一起,两者共享前端总线,沿用的仍是单核至强的制造工艺和构架,所以处理器数据带宽并没有得到提升,功耗也没有得到很好的控制,性能甚至略逊于 AMD 同期推出的双核皓龙(将两个处理器核封装到同一个晶圆上)。

在 Paxville 双核至强之后,Intel 还曾推出过两款双核处理器——奔腾至尊版和奔腾 D,它们都是为每个核心配有独享的一级和二级缓存,并将双核争用前端总线的任务仲裁功能放在芯片组的北桥芯片中。Intel 之所以在这两款芯片上仍和 Paxville 双核至强一样采用共享前端总线的双核架构,是出于双核架构自身的紧凑设计和生产进程方面的考虑,这种架构使 Intel 能够迅速推出全系列的双核处理器家族,加快双核处理器的产品化,而且它带来的成本优势也大大降低了奔腾至尊版和奔腾 D 与现有主流单核处理器——奔腾 4 系列的差价,有利于双核处理器在PC市场上的迅速普及。但在整体性能上,它并不比AMD的同期产品占先。

后来,直至Intel推出了采用65nm工艺制程、革新的酷睿Core微架构、双独立总线设计技术和动态调节核心电压/频率技术的"Woodcrest至强"以后,特别是推出采用45nm制程工艺的四核至强处理器和酷睿2四核笔记本处理器以后,才使处理器的带宽等性能得以大幅提升,功耗也被控制在一个很低的范围,使Intel在与AMD等公司的激烈竞争中开始确立了其在多核市场的领先地位、霸主地位。

近年来,Intel基于酷睿微架构,相继推出了酷睿i7-740QM和酷睿i7-840QM两款四核处理器和一款代号为"Dunnington"的六核至强7400系列处理器产品。酷睿i7-840QM集成有8MB缓存,时钟频率为1.86GHz,采用睿频加速技术(turbo boost),可以提高至3.2GHz;酷睿i7-740QM集成有6MB缓存,时钟频率为1.73GHz,通过睿频加速技术可以提高至2.93GHz。这两款处理器采用的都是32nm制程工艺,能耗均为45W,它们主要用于笔记本电脑中,旨在取代台式PC机。Dunnington采用的是45nm制程工艺;为使性能牺牲减到最少,其6个核心与3级高速缓存完全建立在一个晶片上;在缓存上,每两个核心共享3MB二级缓存,二级缓存总数为6MB,提供的三级缓存总数为16MB;前端总线频率为1.066GHz,TDP最高为90W。Dunnington凭借其先进的制程工艺、6个核心的设计以及对FlexMigration的加强,在某些虚拟化环境以及数据密集型工作负载应用程序(如数据库、商务智能、企业资源规划和服务器整合)可以获得最多高达50%的大幅性能提升,使其成为目前最适合虚拟化应用和简化IT的一个理想平台。

为了更好地满足桌面和服务器端PC机对高性能处理器产品的需要,Intel在2008年已推出了一种全新的Nehalem微构架,并且已经和正在基于这种新一代微构架,开发新的具有6核、8核、12核甚至48核的多核处理器产品。为了对更高性能的产品提供支持,Intel还在945和955系列芯片组中加强了对PCI-Express总线的支持,增加了对更高速DDR2内存的支持,对SATA(串行ATA)的支持速度增加了一倍,由1.5Gb/s升级到3Gb/s,进一步增加了磁盘阵列RAID 5和RAID 10的支持。

3.1.2 单片机的发展历程

单片微型计算机(single chip microcomputer,简称单片机),是指在一块芯片体上集成了中央处理器(CPU)、数据存储器(RAM)、程序存储器(ROM或EPROM)、定时器/计数器、中断控制器以及串行和并行I/O接口等部件,构成的微型计算机。

单片机是在通用微处理器发展历程中,随着大规模集成电路技术的发展和满足某些专业领域应用的需求而发展起来的。虽然单片机只是一个芯片,但从组成和功能上,都已具有了微型计算机的含义。由于单片机能独立执行内部程序,所以又称它为微控制器(microcontroller)。

单片机自从问世以来,性能在不断地提高和完善,它不仅能够满足很多应用场合的需要,而且具有集成度高、功能强、速度快、体积小、使用方便、性能可靠、价格低廉等特点。因此,在工业控制、智能仪器仪表、数据采集和处理、通信、智能接口、商业营销等领域得到广泛应用,并且正在逐步取代现有的多片微机应用系统。单片机的潜力越来越被人们所重视,所以更扩大了单片机的应用范围,也进一步促进了单片机技术的发展。以1976年Intel公司推出的 MCS-48 单片机为起点，单片机的发展大致经历了以下 4 个阶段。

(1) 第一阶段(1976—1978 年)：初级单片机阶段。以 Intel 公司推出的 MCS-48 为代表，片内集成有 8 位 CPU、并行 I/O 接口、8 位定时器/计数器，寻址范围达 4KB，具有简单的中断功能，但无串行接口。

(2) 第二阶段(1978—1982 年)：单片机完善阶段。这一阶段推出的单片机功能有较大加强，能够应用于更多的场合，普遍具有串行 I/O 接口，有多级中断处理系统，16 位定时器/计数器，RAM、ROM 容量加大，寻址范围可达 64KB，一些单片机内还集成有 A/D 转换器。这一时期单片机的典型代表有 Intel 公司的 MCS-51 系列、Motorola 公司的 6801 系列、Zilog 公司的 Z8 系列、Rokwell 公司的 6501 系列等，此外，日本著名电气公司 NEC 和 HITACHI 都相继开发了具有自己特色的专用单片机。

(3) 第三阶段(1982—1992 年)：8 位单片机巩固发展及 16 位高级单片机发展阶段。此阶段，尽管 8 位单片机的应用已广泛普及，但为了更好地满足测控系统的嵌入式应用的需求，单片机集成的外围接口电路有了更大的扩充。这阶段单片机的代表为 8051 系列。许多半导体公司和生产厂以 MCS-51 的 8051 为内核，推出了满足各种嵌入式应用的多种类型和型号的单片机，其主要发展特点如下：

① 集成更多的外围功能。如满足模拟量直接输入的 A/D 接口、满足伺服驱动输出的 PWM 和保证程序可靠运行的程序监控定时器 WDT(俗称看门狗电路)。

② 出现了为满足串行外围扩展要求的串行扩展总线和接口，如 SPI、单总线(1-write)等。

③ 出现了为满足分布式系统，突出控制功能的现场总线接口，如 CAN Bus 等。

④ 广泛使用片内程序存储器。出现了片内集成 EPROM、Flash ROM 以及 askROM、OTPROM 等各种类型的单片机，以满足不同开发和生产的需求。

与此同时，一些公司面向更高层次的应用，发展推出了 16 位的单片机，典型代表是 Intel 公司的 MCS-96 系列单片机。与 8 位单片机相比，16 位单片机数据宽度增加了一倍，实时处理能力更强，主频更高，集成度达到了 12 万只晶体管，内含 232B 寄存器阵列(既可用作通用寄存器、累加器，也可用作 RAM)和 24B 专用寄存器，ROM 则达到了 8KB，并且有 8 个中断源，同时配置了多路的 A/D 转换通道，高速的 I/O 处理单元等，适用于更复杂的控制系统。

(4) 第四阶段(1992 年至今)：百花齐放阶段。20 世纪 90 年代以后，单片机获得了飞速的发展，世界各大半导体公司相继开发了功能更为强大的单片机。其发展的显著特点是百花齐放、技术创新，以满足日益增长的广泛需求。

美国 Microchip 公司发布了一种完全不兼容 MCS-51 的新一代 PIC 系列单片机，引起了业界的广泛关注，特别是它的产品只有 33 条精简指令集，从而吸引了不少用户，使人们从 Intel 的 111 条复杂指令集中走出来。PIC 单片机获得了快速的发展，在业界中占有一席之地。

随后，更多的单片机种蜂拥而至，Motorola 公司相继发布了 MC68HC 系列单片机，日本几个著名公司都研制出了性能更强的产品，但日本的单片机一般均用于专用系统控制，而不像 Intel 等公司投放到市场形成通用单片机。如 NEC 公司生产的 uCOM87 系列单片机，其代表作 uPC7811 是一种性能相当优异的单片机。Motorola 公司的 MC68HC05 系列以其高速低价等特点赢得了不少用户。

Zilog 公司的 Z8 系列产品代表作是 Z8671,内含 BASIC Debug 解释程序,极大地方便用户。而美国国家半导体公司的 COP800 系列单片机则采用先进的哈佛结构。ATMEL 公司则把单片机技术与先进的 Flash 存储技术完美地结合起来,发布了性能相当优秀的 AT89 系列单片机。包括中国台湾的 HOLTEK 和 WINBOND 等公司也纷纷加入了单片机发展行列,凭着其廉价的优势,分享一杯美羹。

3.2 8086/8088 微处理器

8086/8088 是 Intel 公司分别于 1978 年和 1979 年推出的 16 位微处理器。其中 8086 是全 16 位微处理器,内、外数据总线都是 16 位。8088 是准 16 位微处理器,内数据总线是 16 位,外数据总线是 8 位。二者除外数据总线位数及与此相关的部分逻辑稍有差别外,内部结构和基本性能相同,指令系统完全兼容。

3.2.1 内部结构

8086/8088 微处理器从功能上可分为两个独立的处理单元:执行单元(execution unit, EU)和总线接口单元(bus interface unit,BIU)。其内部结构如图 3.1 所示。

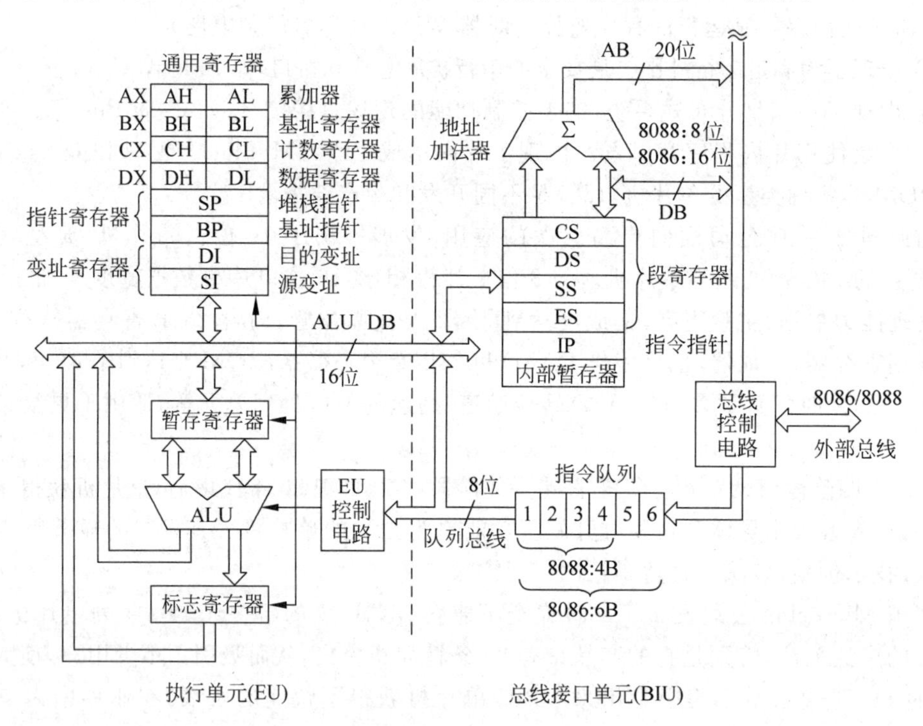

图 3.1 8086/8088 的内部结构

1. 执行单元

执行单元(EU)由 8 个 16 位的通用寄存器、1 个 16 位的标志寄存器、1 个 16 位的暂存寄存器、1 个 16 位的算术逻辑单元(ALU)及 EU 控制电路组成。

8 个通用寄存器中,AX、BX、CX、DX 为数据寄存器,用于存放参与运算的数据或运算的结果,它们中的每一个既可以作为一个16位寄存器使用,又可以将高、低8位分别作为两个独立的8位寄存器使用。作为8位寄存器时,它们的名称分别为AL、AH、BL、BH、CL、CH、DL、DH。这些寄存器除了用作通用寄存器外,还有各自特殊的用法:AX作累加器,所有的I/O指令及一部分串操作必须使用AX或AL来执行,另外还有一些指令使用AX及由AX分出的AL、AH作为默认的操作数,如乘、除法指令;BX作基址寄存器,在计算内存地址时,常用于存放基址;CX作计数寄存器,可以在循环、重复的串操作及移位操作中被作为计数器来使用;DX作数据寄存器,在一些I/O指令中用来保存端口地址。指针寄存器SP和BP分别为堆栈指针寄存器和基址指针寄存器,作为通用寄存器的一种,它们可以存放数据,但实际上,它们更经常、更重要的用途是存放内存单元的偏移地址。而变址寄存器DI和SI则主要用于变址寻址方式的目的变址和源变址。

2. 总线接口单元

总线接口单元(BIU)由4个16位的段寄存器(CS、SS、DS、ES)、1个16位的指令指针寄存器IP、1个与EU通信的内部暂存器、1个指令队列、1个计算20位物理地址的地址加法器Σ及总线控制电路组成。其中,4个段寄存器分别用于存放代码段(CS)、堆栈段(SS)、数据段(DS)和附加段(ES)的段基址的高16位。指令指针寄存器IP类似程序计数器(PC),它总是指向下一条待预取指令在现行代码段中相对于段基址的偏移量。地址加法器Σ用于将段基址与偏移量按一定的规则相加,形成系统所需的20位物理地址,它的输出直接送往地址总线。指令队列是一组先进先出的寄存器组,用于存放预取的指令。8088的指令队列长度为4B,8086为6B。总线控制电路用于产生所需的控制和状态信号。

执行单元(EU)负责分析和执行指令,即EU控制电路从BIU的指令队列中取出指令操作码,通过译码电路分析要进行什么操作,发出相应的控制信号,包括控制数据经过"ALU数据总线"的流向等。如果是运算操作,操作数经暂存寄存器送入ALU,运算结果经ALU数据总线送到相应寄存器或通过内部暂存器由BIU送入内存单元或外设,同时将运算结果的特征保留在标志寄存器FLAGS中。如果执行指令需从外界取数据,则EU向BIU发出请求,由BIU通过外部数据总线访问存储器或外部设备,通过BIU的内部暂存器向"ALU数据总线"传送数据。

BIU负责执行所有的"外部总线"操作,即当EU从指令队列中取走指令时,BIU即从内存中取出后续指令代码放入队列中;当EU需要数据时,BIU根据EU给出的地址,从指定的内存单元或外设中取出数据供EU使用;当运算结束时,BIU将运算结果送给指定的内存单元或外设。

3.2.2 指令流水线和存储器分段管理

在8086/8088的设计中,引入了两个重要的结构概念:指令流水线和存储器分段。这两个概念在以后升级的Intel系列微处理器中一直被沿用和发展。

1. 指令流水线

在传统的8位微处理器(如8080A、Z-80)中,取指令操作和分析、执行指令操作是串行进行的。即取第K条指令操作码,分析和执行第K条指令;再取第$K+1$条指令操作码,分析和执行第$K+1$条指令;以后依次类推。而在8086/8088CPU中,EU和BIU是两个独立的功能部件,指令队列的存在使它们并行工作,即取指令操作和分析、执行指令操作重叠进行，从而形成了两级“指令流水线”结构，如图 3.2 所示。

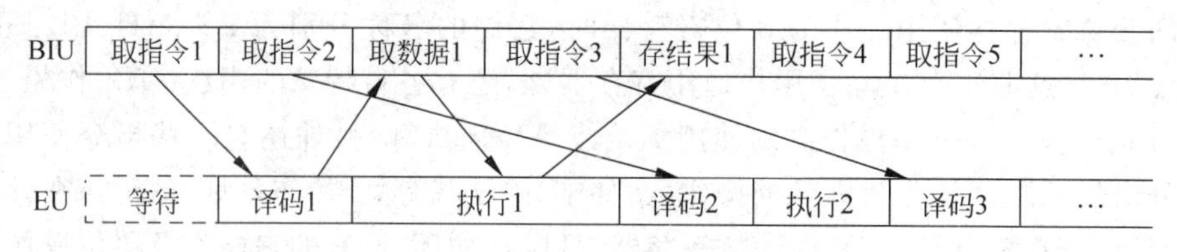

图 3.2 8086/8088 的指令“流水”操作

通常，当 8088 的指令队列空出一个字节、8086 的指令队列空出两个字节时，BIU 就会自动执行一次取指令操作，将新指令送入队列。在 BIU 正在取指令的时候，EU 发出的访问总线的请求必须在 BIU 取指令完毕后才会被得到响应。一般情况下，程序是顺序执行，如果遇到跳转指令，BIU 就使指令队列复位，从新地址取出指令，并立即传送给 EU 去执行。这种“流水线”技术的引入，减少了 CPU 为取指令而必须等待的时间，提高了 CPU 的利用率，加快了整机的运行速度，另外也降低了对存储器存取速度的要求。

2. 存储器分段管理机制

8086/8088 有 20 根地址线，可寻址的存储空间为 1MB，而它的内部寄存器包括指令指针、堆栈指针等只有 16 位，这就是说它能处理的地址信息仅 16b，即最大寻址空间只有 64KB。为解决这一矛盾，达到寻址 1MB 存储空间的目的，8086/8088 采用了一种巧妙的存储器分段方法，即将 1MB 的物理存储空间分成若干逻辑段，每个逻辑段的最大长度为 64KB。这样，一个具体的存储单元就可以由此单元所在段的起始地址和段内偏移地址来标识。段的起始单元地址被称为段基址，它是一个能被 16 整除的数，即段基址的低 4 位总是为“0”；而段内偏移地址是指此单元相对于所在段的段基址的偏移量。

这种分段结构如图 3.3 所示。BIU 中的 4 个 16 位段寄存器(CS、SS、DS、ES)分别用以指示 4 个现行可寻址段的段基址，它们实际存放着段基址的高 16 位(称为段值)，其中，CS 指示现行代码段，SS 指示现行堆栈段，DS 指示现行数据段，ES 指示现行附加数据段。借助这 4 个段寄存器，CPU 同一时刻可以对 4 个现行逻辑段进行寻址，但在不同的时候，CPU 可以通过预置段寄存器的内容来访问不同的存储区域。

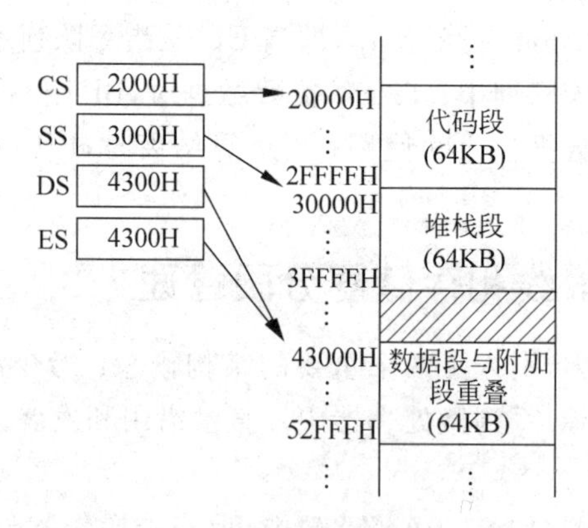

图 3.3 存储器分段结构

要注意，这种存储空间的分段方式不是唯一的，各段之间可以连续、分离、部分重叠或完全重叠。这主要取决于对各个段寄存器的预置内容。这样一来，一个具体的存储单元既可以属于一个逻辑段，也可以同时属于多个逻辑段。

采用存储器分段管理后，存储器地址有物理地址和逻辑地址之分。物理地址是1MB存储器空间中的某一单元地址，用20位地址码表示，其编码范围为00000H～FFFFFH。CPU访问存储器时，地址总线AB上送出的是物理地址，编制程序时，则采用逻辑地址。逻辑地址由16位段基址和16位段内偏移地址（段基址:偏移地址）两部分组成，段基址由段寄存器（CS、SS、DS和ES）提供，偏移地址则由指令寻址方式计算。CPU访问存储器时，需在BIU的地址加法器中进行逻辑地址到物理地址的变换，变换关系为

物理地址＝段寄存器×16＋偏移地址

变换过程如图3.4所示。

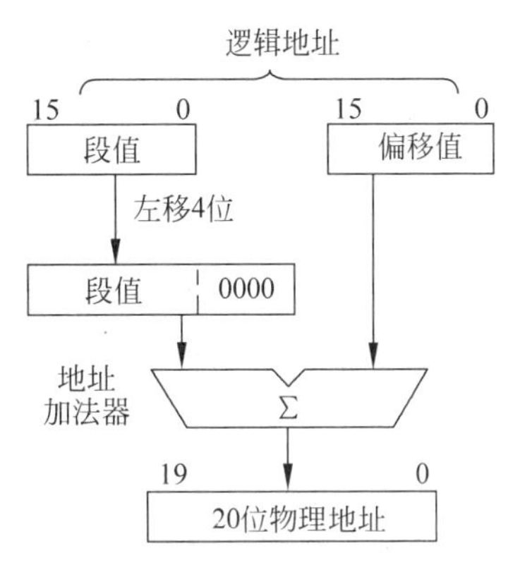

图3.4 物理地址生成示意图

例3.1 设(CS)＝2000H，(IP)＝0200H，则下一条待取指令在内存的物理地址为

物理地址＝(CS)×16 ＋ (IP)＝20000H＋0200H＝20200H

3.3 Pentium 微处理器

Pentium是Intel公司于1993年3月推出的第五代80x86系列微处理器，简称P5或80586，中文译名为“奔腾”。与其前辈80x86微处理器相比，Pentium采用了全新的设计，它有64位数据线和32位地址线，但依然保持了与其前辈80x86的兼容性，在相同的工作方式上可以执行所有的80x86程序。

3.3.1 内部结构与外部引脚

1. Pentium 的内部结构

Pentium的内部结构如图3.5所示。主要由整数执行单元、浮点单元、指令Cache、数据Cache、指令预取单元、指令译码单元、地址转换与存储管理单元、总线接口单元以及控制单元等组成，其中核心是执行单元（又叫运算器），它的任务是高速完成各种算术和逻辑运算，其内部包括两个整数算术逻辑运算单元（ALU）和一个浮点运算器，分别用来执行整数和实数的各种运算。为了提高效率，它们都集成了几十个数据寄存器用来临时存放一些中间结果。这些功能部件除地址转换与存储管理单元与80386/80486保持兼容外，其他都进行了重新设计。

1) 整数执行单元

Pentium的整数执行单元由“U”和“V”两条指令流水线构成超标量流水线结构，其中每条流水线都有自己的ALU、地址生成逻辑和Cache接口。这种双流水线技术可以使两条指令在不同流水线中并行执行。每条流水线又分为指令预取（PF）、指令译码（一次译码，D1）、地址生成（二次译码，D2）、指令执行（EX）和回写（WB）共5个步骤。图3.6给出了Pentium的指令流水线操作示意。

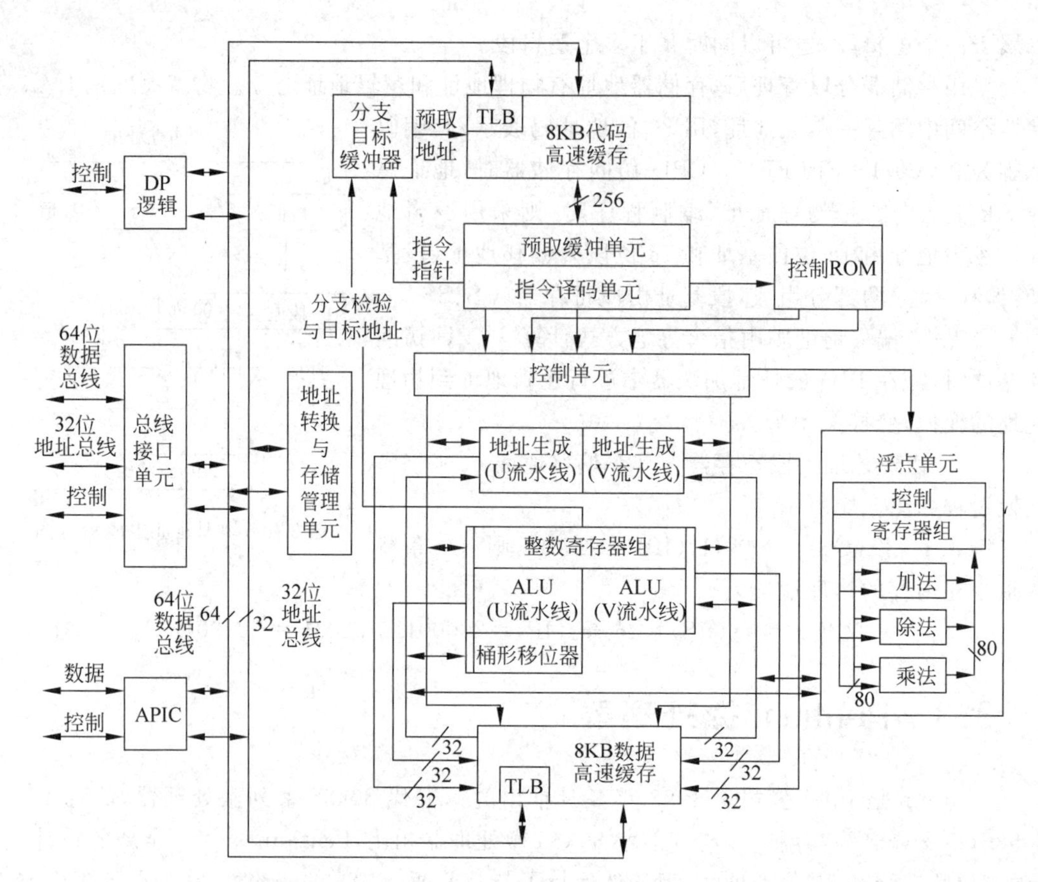

图 3.5 Pentium 的内部结构

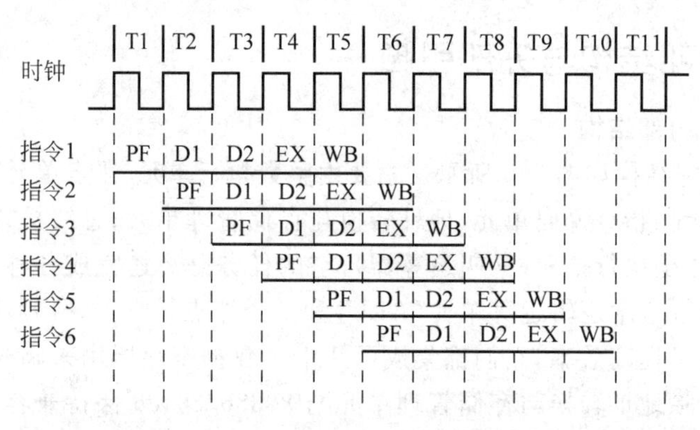

图 3.6 Pentium 的指令流水线操作

当第一条指令完成指令预取,进入第二个操作步骤 D1 执行指令译码操作时,流水线就可以开始预取第二条指令;当第一条指令进入第三个步骤 D2 执行地址生成时,第二条指令进入第二个步骤 D1 开始指令译码,流水线又开始预取第三条指令;当第一条指令进入第四个步骤 EX 执行指令规定的操作时,第二条指令进入第三个步骤 D2 执行地址生成,第三条指令进入第二个步骤 D1 开始指令译码,流水线又开始预取第四条指令;当第一条指令进入第五个步骤 WB 执行回写操作时,第二条指令进入第四个步骤 EX 执行指令规定的操作,第三条指令进入第三个步骤D2执行地址生成，第四条指令进入第二个步骤D1开始指令译码，流水线又开始预取第五条指令。

这种流水线操作并没有减少每条指令的执行步骤，5个步骤哪一步都不能跳越。但由于各指令的不同步骤之间并行执行，从而极大地提高了指令流的执行速度。从第一个时钟开始，经过5个时钟后，每个时钟都有一条指令执行完毕从流水线输出。在这种理想情况下，Pentium的超标量体系结构每个时钟周期内可执行两条整数指令（每条流水线执行一条指令）。

2）浮点运算单元

Pentium的浮点运算部件在80486的基础上作了重新设计，采用了超流水线技术，由8个独立执行部件进行流水线作业，使每个时钟周期能完成一个浮点操作（或两个浮点操作）。采用快速算法可使诸如ADD、MUL和LOAD等运算的速度最少提高3倍，在许多应用程序中利用指令调度和重叠（流水线）执行可使性能提高5倍以上。同时，这些指令用电路进行固化，用硬件来实现，使执行速度得到更大提高。

3）独立的指令Cache和数据Cache

Pentium片内有两个8KB的高速缓存器，一个是指令Cache，一个是数据Cache。转换后备缓冲器（translation look-aside buffer，TLB）的作用是将线性地址转换为物理地址。这两种Cache采用32×8线宽，是对Pentium的64位总线的有力支持。指令和数据分别使用不同的Cache，使Pentium中数据和指令的存取减少了冲突，提高了性能。

Pentium的数据Cache有两种接口，分别与U和V两条流水线相连，以便能在相同时刻向两个独立工作的流水线进行数据交换。当向已被占满的数据Cache中写数据时，将移走当前使用频率最低的数据，同时将其写回内存，这种技术称为Cache回写技术。由于CPU向Cache写数据和将Cache释放的数据写回内存是同时进行的，所以采用Cache回写技术将节省处理时间。

4）预取缓冲单元

预取缓冲单元在总线接口单元空闲时，负责提前去内存或指令Cache预取指令。其指令预取缓冲器在前一条指令执行结束之前可以预取多达94B的指令代码。

对分支指令，Pentium通过一个称为BTB（branch target buffer）的小Cache来动态地预测程序的分支操作。当某条指令导致程序分支时，BTB记忆下该条指令和分支的目标地址，并用这些信息预测该条指令再次产生分支时的路径，预先从该处预取，保证流水线的指令预取步骤不会空置。这一机构的设置，可以减少在循环操作时对循环条件的判断所占用的CPU的时间。

5）指令译码单元

指令译码单元将预取的指令译成Pentium可以执行的控制信号并送控制单元。对绝大多数指令来说，Pentium微处理器可以做到每个时钟周期以并行方式完成两条指令的译码操作。

6）控制单元

控制单元负责解释来自指令译码单元的指令字和控制ROM的微代码。在控制ROM中，存有控制实现Pentium微处理器体系结构必须执行的一系列操作的微代码。控制部件的输出直接控制两条指令流水线和浮点单元。

7）地址转换与存储管理单元

Pentium 的地址转换与存储管理单元与 80386/80486 保持完全兼容，由分段和分页部件组成。分段部件将用户编程使用的虚拟地址转换成线性地址，不分页时该线性地址即是物理地址；分页部件则将线性地址转换成物理地址。Pentium 除继续支持 4KB 大小的页面外，还允许使用高达 4MB 的页面，以减少页面切换的频率，进一步加快某些应用程序的执行。

8）总线接口单元

总线接口单元负责管理访问外部存储器和 I/O 端口必需的地址、数据和控制总线，完成指令预取、数据读/写等总线操作。对 Pentium 来说，其芯片内部 ALU 和通用寄存器仍是 32 位，所以还属 32 位微处理器，但它同内存储器进行数据交换的外部数据总线为 64 位，使两者之间的数据传输速度可达 528MB/s。此外 Pentium 还支持多种类型的总线周期，在突发方式下，可以在一个总线周期内读入 256b 的数据。

2. Pentium 的外部引脚

Pentium 芯片有 168 个引脚，这些引脚信号线也即 Pentium CPU 总线，分为三大类：总线接口信号引脚、处理器控制信号引脚、调试与测试信号引脚。

1）总线接口信号引脚

Pentium 的总线接口信号如表 3.1 所示。这些引脚信号包括用于管理访问外部存储器和 I/O 端口必需的地址、数据和总线周期控制信号，以及 Cache 控制信号。

表 3.1　总线接口信号

信号类型	符　号	功　　能	方向
地址信号	$A_{31} \sim A_3$	地址总线。用于指明某一 8 字节(64 位)单元地址	输出
	AP	地址奇偶校验	输出
	APCHK	地址奇偶校验出错	输出
	$\overline{BE_7} \sim \overline{BE_0}$	字节允许。用于指明访问 8 字节中的哪些字节	输出
数据信号	$D_{63} \sim D_0$	数据总线。$D_{63} \sim D_{56}$、$D_7 \sim D_0$ 分别是最高和最低有效字节	输入/输出
	$DP_7 \sim DP_0$	数据奇偶校验引脚。分别对应数据的 8 个字节	输入/输出
	$\overline{PEN}$	数据奇偶校验允许	输出
	$\overline{PCHK}$	数据奇偶校验状态指示。低电平表示有奇偶校验错	输出
	$\overline{BUSCHK}$	总线检查	输入
总　　线 控制信号	$\overline{ADS}$	地址状态。它有效表明地址和总线定义信号是有效的	输出
	$\overline{BRDY}$	突发就绪。表明当前周期已完成	输出
	$\overline{NA}$	下一地址，用于形成流水线式总线周期。$\overline{NA}$有效，处理器在当前总线周期完成之前，将下一个地址输出到总线上，以开始一个新的总线周期	输入
总线周期 定义信号	$D/\overline{C}$	数据/控制周期指示。用来区分数据和控制周期	输出
	$W/\overline{R}$	写/读周期指示。用来区别读还是写周期	输出
	$M/\overline{IO}$	存储器/IO 周期指示。用来区分存储器和 IO 周期	输出
	SCYC	分离周期。表示未对齐操作锁定期间有两个以上的周期被锁定	输出
	$\overline{CACHE}$	可高速缓存信号，指示当前 Pentium 周期可对数据进行缓存	输出
	$\overline{LOCK}$	总线锁定。它有效表明 Pentium 正在读—修改—写周期中运行，在读与写周期间不释放外部总线，即独占系统总线	输出

续表

信号类型	符 号	功 能	方向
Cache 控制信号	PWT	页面通写。PWT=1 表明写操作命中时既要写 Cache，也要写内存	输出
	PCD	页面 Cache 禁止。PCD=1 时禁止以页为单位的 Cache 操作	输入
	$\overline{KEN}$	Cache 允许。用来确定当前周期所传送的数据是否能用于高速缓存	输入
	$WB/\overline{WT}$	回写/通写。$WB/\overline{WT}$为高电平，则对片内数据 Cache 行采用回写，否则通写	输出
	$\overline{EWBE}$	外部写缓冲器空	输入

D_{63}～D_0 是 Pentium 的 64 位双向数据总线。A_{31}～A_3 和$\overline{BE_7}$～$\overline{BE_0}$ 构成 32 位地址总线，以提供存储器和 I/O 端口的物理地址。A_{31}～A_3 用于确定一个 8 字节单元地址，$\overline{BE_7}$～$\overline{BE_0}$ 则用于指明在当前的操作中要访问 8 字节中的哪些字节。Pentium 微处理器规定：$\overline{BE_0}$ 对应数据线 D_7～D_0；$\overline{BE_1}$ 对应数据线 D_{15}～D_8；$\overline{BE_2}$ 对应数据线 D_{23}～D_{16}；$\overline{BE_3}$ 对应数据线 D_{31}～D_{24}；$\overline{BE_4}$ 对应数据线 D_{39}～D_{32}；$\overline{BE_5}$ 对应数据线 D_{47}～D_{40}；$\overline{BE_6}$ 对应数据线 D_{55}～D_{48}；$\overline{BE_7}$ 对应数据线 D_{63}～D_{56}。

Pentium 微处理器的地址线没有设置 A_2、A_1 和 A_0 引脚，但可由$\overline{BE_7}$～$\overline{BE_0}$ 这 8 个字节允许信号来代替，为保持与前辈 80x86 的兼容性，还向外提供了$\overline{BHE}$信号。

$D/\overline{C}$(数据/控制)、$W/\overline{R}$(写/读)和 $M/\overline{IO}$(存储器/IO)这 3 个信号的不同组合可以决定当前的总线周期所要完成的操作，如读代码周期、存储器读/写周期和 I/O 读/写周期等。这些周期是否可高速缓存则由$\overline{CACHE}$信号指示。

2) 处理器控制信号引脚

处理器控制信号如表 3.2 所示。包括时钟、处理器初始化、功能冗余校验、总线仲裁、Cache 窥视、中断请求、执行跟踪、数字出错和系统管理等信号。

表 3.2 处理器控制信号

信号类型	符号	功 能	方向
时钟	CLK	时钟输入信号。为 CPU 提供内部工作频率	输入
初始化	RESET	复位。高电平强制 Pentium 从已知的初始状态开始执行程序	输入
	INIT	初始化。INIT 的作用类似于 RESET 信号，不同之处是它在进行处理器初始化时，将保持片内 Cache、写缓冲器和浮点寄存器的内容不变	输入
总线仲裁	HOLD	总线保持请求。它有效时，表示请求 Pentium 交出总线控制权	输入
	HLDA	总线保持响应。它有效时，指明 Pentium 已经交出总线控制权	输出
	BREG	总线请求。该引脚有效时，表示 Pentium 需要使用系统总线	输出
	$\overline{BOFF}$	总线占用。它有效时，强制 Pentium 在下一时钟浮空其总线	输入
功能冗余校验	$\overline{FRCM}$	功能冗余检查方式	输出
	$\overline{IERR}$	内部出错	输出

续表

信号类型	符号	功　　能	方向
Cache窥视	AHOLD	地址保持请求。该信号决定地址线 A31～A4 是否接受地址输入	输入
	$\overline{\text{EADS}}$	有效外部地址。该信号表示地址总线 A31～A4 上的地址信号有效	输入
	$\overline{\text{FLUSH}}$	Cache 清洗。低电平有效时，强制 Pentium 清洗整个内部高速缓存	输入
	$\overline{\text{HITM}}$	未命中	输出
	$\overline{\text{HIT}}$	命中	输出
	INV	无效请求	输入
中断	INTR	可屏蔽中断请求。高电平表示有外部中断请求	输入
	NMI	不可屏蔽中断请求。上升沿表示该中断请求有效	输入
执行跟踪	IU	U 流水线指令完成	输出
	IV	V 流水线指令完成	输出
	IBT	转移跟踪指令	输出
数字出错	$\overline{\text{FERR}}$	浮点出错。用来报告 Pentium 中 PC 类型的浮点出错	输出
	$\overline{\text{IGNNE}}$	忽略数字出错	输入
系统管理	$\overline{\text{SMI}}$	系统管理中断。该信号有效，使 Pentium 进入到系统管理运行模式	输入
	$\overline{\text{SMIACT}}$	系统管理中断激活。该信号有效，表明 Pentium 正工作在系统管理模式	输出
其他	$\overline{\text{A20M}}$	第 20 位地址屏蔽。该信号有效时，将屏蔽 A20 及以上地址，使 Pentium 仿真 8086 的 1MB 存储空间	输入

3）调试与测试信号引脚

调试与测试信号如表 3.3 所示。包括探针方式、断点/性能监测和边界扫描等引脚信号。

表 3.3　调试与测试信号

信号类型	符号	功　　能	方　　向
探针方式	R/$\overline{\text{S}}$	进入或退出探针方式	输入
	PRDY	探针方式就绪	输出
断点/性能监测	PM0/BP0	性能监测 0/断点 0	输出
	PM1/BP1	性能监测 1/断点 1	输出
	BP3～BP2	断点 3～断点 2	输出
边界扫描	TCK	测试时钟	输入
	TDI	测试数据输入	输入
	TDO	测试数据输出	输出
	TMS	测试方式选择	输入
	$\overline{\text{TRST}}$	测试复位	输入

3.3.2　内部寄存器

Pentium 的内部寄存器按功能分为 4 类：基本寄存器、系统级寄存器、调试与模型专用寄存器、浮点寄存器。它们与 80486 内部寄存器大同小异。主要差别是 Pentium 用一组模型专用寄存器代替了 80486 的测试寄存器，并扩充了一个系统控制寄存器。

1. 基本寄存器

基本寄存器包括通用寄存器、指令指针寄存器、标志寄存器和段寄存器，这些寄存器都是在 8086/8088 基础上扩展而来的，如图 3.7 所示。

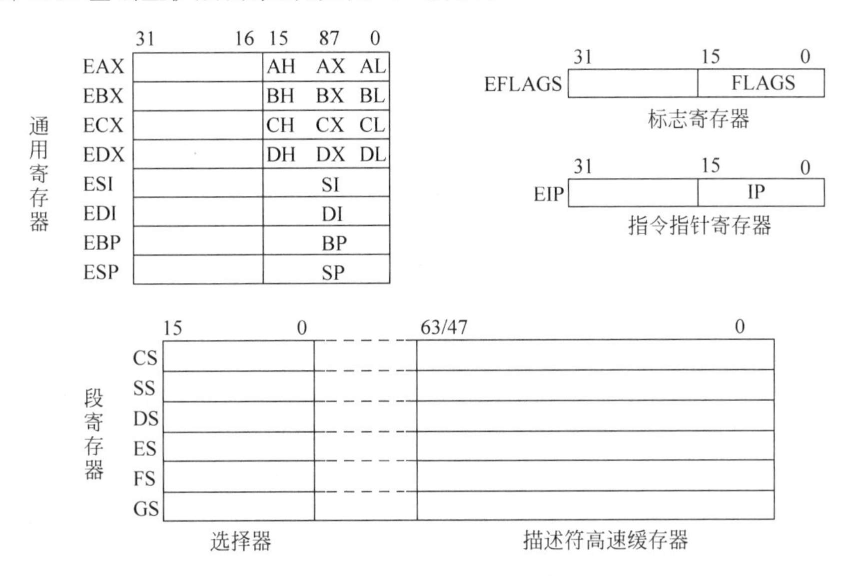

图 3.7 Pentium 的基本寄存器

1）通用寄存器

8 个 32 位通用寄存器 EAX、EBX、ECX、EDX、ESI、EDI、EBP、ESP 是在 8086/8088 的 8 个 16 位寄存器基础上扩展位数而来的。为了与 8086/8088 兼容，它们的低 16 位可以单独访问，并以与 8086/8088 中相同的名称命名：AX、BX、CX、DX、SI、DI、BP、SP。其中 AX、BX、CX、DX 还可进一步分成两个 8 位寄存器单独访问，且同样有自己独立的名称：AH、AL，BH、BL，CH、CL，DH、DL。这些寄存器主要用作存放数据的数据寄存器，但通常也有各自特殊的用法：(E)SP 用于指示栈顶指针；BX、BP 和 SI、DI 在 16 位寻址时分别用作基址寄存器和变址寄存器；(E)CX 在循环指令和串操作的重复前缀中用作循环/重复次数的计数寄存器；DX 在 I/O 指令间接寻址中作端口地址寄存器；(E)AX 用作累加器，所有的 I/O 指令及一部分串操作指令必须使用 EAX、AX 或 AL 来执行，另外还有一些指令使用 EAX、AX 及由 AX 分出的 AL、AH 作为默认的操作数，如乘、除法指令等。

2）指令指针寄存器(EIP)

EIP 用于保存下一条待预取指令相对于代码段基址(由 CS 提供)的偏移量。它的低 16 位也可以单独访问，并称之为 IP 寄存器。当 80x86/Pentium 工作在 32 位操作方式时，采用 32 位的 EIP；工作在 16 位操作方式，采用 16 位的 IP。用户不可随意改变其值，只能通过转移类、调用及返回类指令改变其值。

3）标志寄存器(EFLAGS)

标志寄存器 EFLAGS 是 32 位的，它是在 8086/8088/80286 标志寄存器 FLAGS 的基础上扩充而来的，共定义了三类 17 种(18 位)标志，即：状态标志 6 种(CF、PF、AF、ZF、SF 和 OF)，用于报告算术/逻辑运算指令执行后的状态；控制标志 1 种(DF)，用于控制串操作指令的地址改变方向；系统标志 10 种 11 位(TF、IF、IOPL、NT、RF、VM、AC、VIF、VIP 和

ID),用于控制 I/O、中断屏蔽、调试、任务转换和保护方式与虚拟 8086 方式间的转换。

图 3.8 给出了 EFLAGS 中各位的标志名,以及各标志位属于哪种 CPU 的标志。图中取值为 0 的位是 Intel 保留的,并未使用。各标志位意义如下:

- 进位标志 CF(位 0):CF=1 表示运算结果的最高位产生了进位或借位。这个标志主要用于多字节数的加减法运算。移位和循环指令也用到它。
- 奇偶标志 PF(位 2):PF=1 表示运算结果的低字节(或低 8 位)中有偶数个 1。该标志主要用于数据传输过程中检错。
- 辅助进位标志 AF(位 4):AF=1 表示运算导致了低 4 位向第 5 位(位 4)的进位或借位。该标志主要用于 BCD 码运算。
- 零标志 ZF(位 6):ZF=1 表示运算结果的所有位为 0。
- 符号标志 SF(位 7):SF=1 表示运算结果的最高位为 1。对于用补码表示的有符号数,SF=1 表示结果为负数。
- 自陷标志 TF(位 8):TF=1 表示 CPU 将进入单步执行方式,即每执行一条指令后都产生一个内部中断。利用它可逐条指令地调试程序。
- 中断允许标志 IF(位 9):IF=1 表示 CPU 允许外部可屏蔽中断,否则禁止外部可屏蔽中断。注意,IF 标志对内部中断和外部不可屏蔽中断(NMI)不会产生影响。
- 方向标志 DF(位 10):DF=1 表示在串操作过程中地址指针(E)DI 和(E)SI 的变化方向是递减,否则为递增。
- 溢出标志 OF(位 11):OF=1 表示有符号数运算时,运算结果的数值超过了结果操

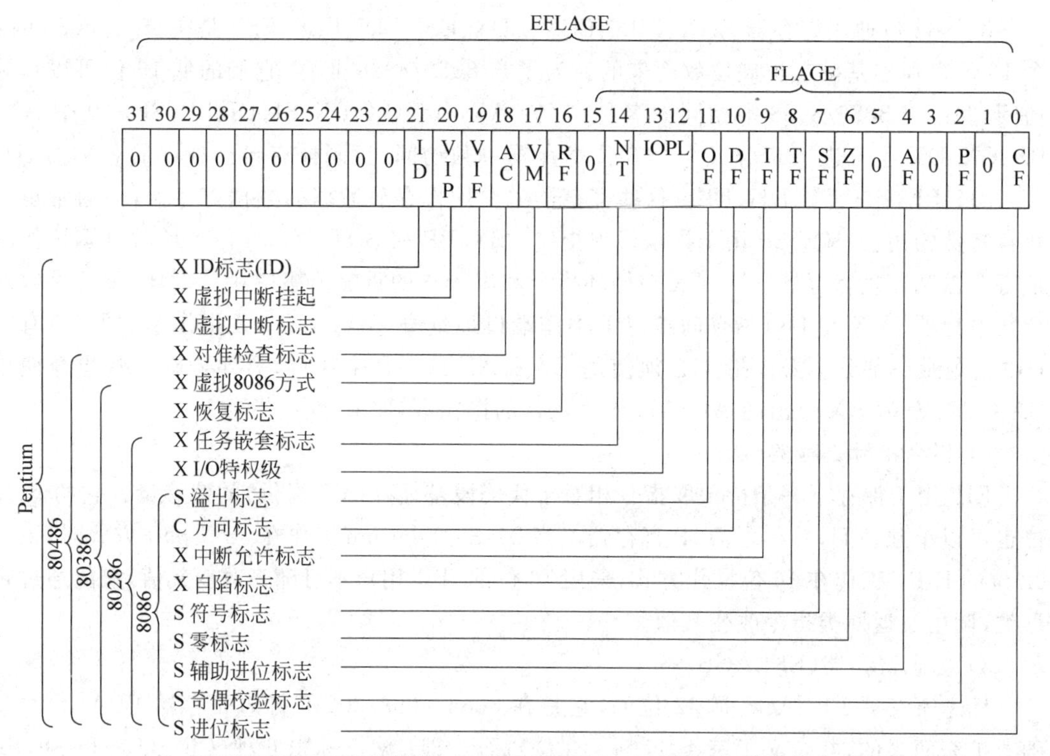

图 3.8 Pentium 标志寄存器中各标志位定义

作数的表示范围。OF 对无符号数是无意义的。

- I/O 特权级标志 IOPL(位 13 和位 12)：这两位表示 0～3 级 4 个 I/O 特权级，用于保护方式。只有当任务的现行特权级高于 IOPL 时(0 级最高，3 级最低)，执行 I/O 指令才能保证不产生异常。
- 任务嵌套标志 NT(位 14)：指明当前任务是否嵌套，即是否被别的任务调用。该位的置位和复位通过向其他任务的控制转移来实现，NT 的值由 IRET 指令检测，以确定执行任务间返回还是任务内返回，NT 用于保护方式。
- 恢复标志 RF(位 16)：该标志与调试寄存器的断点或单步操作一起使用。该位为 1，即使遇到断点或调试故障，也不产生异常中断。在成功执行完每条指令时，该位自动清零，但在执行堆栈操作、任务切换、中断指令时有例外。
- 虚拟 86 模式标志 VM(位 17)：在保护方式下，若该位置 1，80386/80486/Pentium 处理器将转入虚拟 8086 方式。VM 位只能以两种方式来设置：在保护方式下，由最高特权级(0 级)的代码段的 IRET 指令来设置；或者由任务转换来设置。
- 对准检查标志 AC(位 18)：该位只对 80486 和 Pentium 有效。AC＝1，且 CR_0 的 AM 位也为 1，则进行字、双字或 4 字的对准检查。若发现要访问的操作未按边界对齐时，会发生异常中断。
- 虚拟中断标志 VIF(位 19)：该位只对 Pentium 有效，是虚拟方式下中断允许标志位的拷贝(copy)。
- 虚拟中断挂起标志 VIP(位 20)：该位只对 Pentium 有效。用于在虚拟方式下提供有关中断的信息，在多任务环境下，为操作系统提供虚拟中断标志和中断挂起信息。
- 标识标志 ID(位 21)：该位只对 Pentium 有效。用以指示 Pentium 微处理器对 CPUID 指令的支持状态。CPUID 指令为系统提供了有关 Pentium 处理器的信息，诸如型号及制造商。

4) 段寄存器

6 个段寄存器 CS、SS、DS、ES、FS 和 GS 用于决定程序使用的存储器区域块。其中 CS 指明当前的代码段；SS 指明当前的堆栈段；DS、ES、FS 和 GS 指明当前的 4 个数据段。FS 和 GS 是 80386 以上 CPU 才有的。

每个段寄存器由一个 16 位的段选择器和 64 位(对 80286 是 48 位)的描述符高速缓存器组成。段选择器是编程者可直接访问的，而描述符高速缓存器则是编程者不能访问的。由于 80x86/Pentium 在不同工作方式下段的概念有所不同，因而段寄存器的使用也不相同：

(1) 实地址方式和虚拟 8086 方式下的段寄存器

在实地址方式和虚拟 8086 方式下，段的概念与 8086 的段定义相同，即每段的长度限定为 64KB。这时，段选择器就是段寄存器，它存放的是段基址的高 16 位。

在这两种方式下，处理器的物理地址实质上是这样产生的：CPU 将段寄存器的内容自动乘以 16 并放在段描述符高速缓存器的基地址中；将段限定固定为 0FFFFH；其他属性也是固定的。即：

$$物理地址＝段选择器\times16+偏移地址$$

这种物理地址的形成与 8086 在本质上没有区别。由于段的最大长度、段基址的确定方法和段的其他属性都是固定的，所以与 8086 一样，不必用段描述符来说明段的性质。

(2) 保护虚拟地址方式下的段寄存器

保护虚拟地址方式是一种既支持虚拟存储管理和多任务，又具有保护功能的工作方式。在该方式下，允许程序员可用的虚拟地址空间可达 64TB，而 Pentium 处理器只支持 4GB 的物理地址空间，因此，一次只有少量的信息可以存放在物理存储器中，当前不用的段都放在外存(如硬盘)上。如果程序或任务访问一个不在物理存储器中的段，操作系统需要在内存中找到或腾出一个可用的空间，将该段从外存调入物理存储器中。所以，保护方式下的段式存储管理为每个任务都建立了一个段表(段描述符表)，段表的每一项是一个用来描述各个段的基本情况的段描述符，包括段的基址、属性和段的边界(或界限)。程序或任务所拥有的每个段都对应一个段描述符，格式如图 3.9 所示。

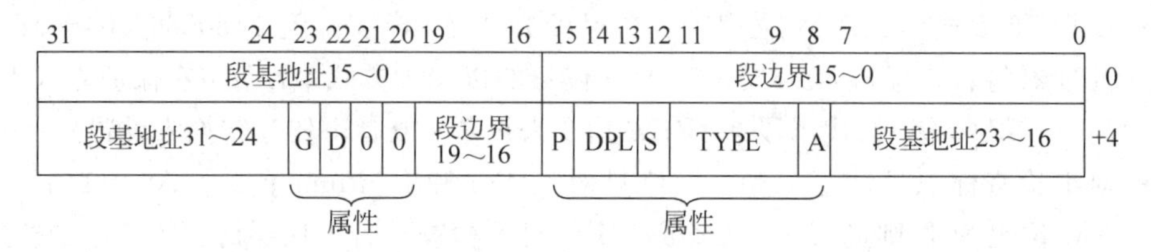

图 3.9 段描述符格式

图中，低 48 位是 80286 的描述符，包括 16 位段边界、24 位段基地址和 8 位属性。80386 以上的 32 位微处理器则在此基础上扩充了 8 位基地址、4 位边界和 4 位属性，即包括 20 位段边界、32 位段基地址和 12 位属性。段基地址给出了段的起始单元地址，段的边界规定了段的长度(段内最大偏移地址或最大页号)，属性用于对存储器的访问进行检查，其中：

- P 为存在位，为 1 表示存在(在实内存中)，为 0 表示不存在。
- DPL 为描述符特权级，允许为 0～3 级。
- S 为段描述符类别，为 1 表示代码段或数据段描述符，为 0 表示系统描述符。
- TYPE 为段的类型。
- A 为已访问位，为 1 表示已访问过。
- G 为粒度位(段边界所用单位)，为 0 表示段边界给出的是段内最大偏移地址，段边界最大为 FFFFFH，即段的最大长度为 2^{20}B＝1MB；为 1 表示段边界给出的是段内最大页号，每页大小为 4KB，即段的最大长度为 2^{20}×4KB＝4GB。
- D 为默认操作数长度，为 0 表示 16 位，为 1 表示 32 位(该位仅对代码段有效)。

每个任务所拥有的段的描述符存放在两个系统表格 GDT 和 LDT 中。GDT 是全局描述符表，存放着操作系统使用的和各任务公用的段描述符；LDT 是局部描述符表，是任务私有的，它存放着任务专用的段描述符。这时，段选择器(CS、DS、ES、SS、GS 和 FS)中存放的也不再是直接的段基址，而是一个指向 GDT 或 LDT 中某个段描述符的 16 位的段选择符，其格式如图 3.10 所示。

图中，b_1b_0 位为请求特权级字段 RPL，这两位提供(0～3 级)4 个特权级用于保护；b_2 位为表指示符字段 TI，指明段描述符是在 GDT 中还是 LDT 中；b_{15}～b_3 这 13 位构成描述符索引字段 INDEX，用于指明段描述符在指定描述符表中的序号。

当任务或程序将一个选择符装入一个段选择器(给段选择器预置初值)时，处理器将自

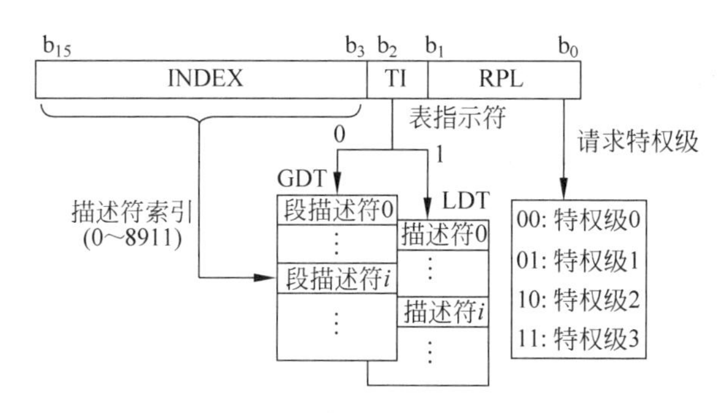

图 3.10 段选择符格式

动从 GDT 或 LDT 中找到其对应的描述符装入相应段寄存器的描述符高速缓存器中，该过程对用户来说是透明的。

例 3.2 有一个描述符存放在全局描述符表的第 63 个表项中，访问该描述符的请求特权级为 2，试写出访问该描述符的选择符。

解 (1) 描述符存放在全局描述符表中的第 63 个表项，所以有

TI=0, Index=63=111111B

(2) 访问该描述符的请求特权级为 2，所以 RPL=2=10B。

据此求得选择符为

INDEX	TI	RPL
0 0000 0011 1111	0	10

例 3.3 已知段描述符中有 Base(基址)= 56780000H，Limit(界限)= 10，G=1。求该描述符定义的存储段的线性地址范围。

解 描述符中属性位 G=1，说明界限是以页(4KB)为单位，即界限 Limit 给出的是最大页号，由此可以计算出段内最大偏移地址和存储段的最大线性地址，为：

最大偏移地址 = Limit × 4K + 0FFFH = 10 × 1000H + 0FFFH = 0AFFFH

存储段的最大线性地址 = Base + 最大偏移地址 = 5678AFFFH

所以，该存储段的线性地址范围应为：56780000H~5678AFFFH。

例 3.4 设某数据段的选择符如下所示：

D_{15}	D_{14}	D_{13}	D_{12}	D_{11}	D_{10}	D_9	D_8	D_7	D_6	D_5	D_4	D_3	D_2	D_1	D_0
0	0	0	0	0	0	1	0	0	0	0	0	0	1	×	×

该选择符的 TI=1，INDEX=0040H，说明该选择符指向 LDT 的第 64 个描述符。当将该选择符装入 DS 段选择器时，处理器将该选择符对应的描述符装入 DS 段寄存器描述符高速缓存器的过程如图 3.11 所示。

处理器首先根据 TI 指示和 LDTR 寄存器找到 LDT 在内存存放的起始地址，然后根据 INDEX 值计算出第 64 个描述符相对于 LDT 基址的偏移值(0040H×8)，从而计算出该描述符在内存的起始地址，取出描述符装入 DS 段寄存器的描述符高速缓存器。

物理存储器
LDTR
LDT基址
偏移地址
第64个段描述符地址
8
描述符64
LDT
13位
索引
T1=1
指示LDT
装入DS段描述符
15
3 2 1 0
63
0
0040H
基址
属性
界限
DS数据段
DS选择符
描述符高速缓存器

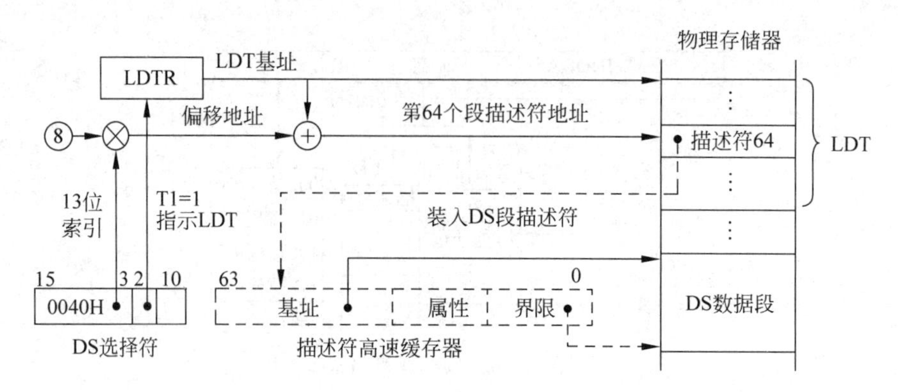

图 3.11 段选择符装入过程示例

以后，每当访问 DS 数据段时，DS 段寄存器的描述符高速缓存器就自动参与该次存储器访问操作。界限用于段限检查操作，属性则对照所要求的存储器访问类型进行检查，段基地址则成为线性地址或物理地址计算中的一个分量，计算方法如下：

线性地址＝段描述符高速缓存器中段基址＋偏移地址

不使用页部件时，线性地址即为物理地址；使用页部件时，上述线性地址需经页管理部件使用页目录表和页表转换成物理地址。

2. 系统寄存器

Pentium 微处理器中包含一组系统级寄存器，即 5 个控制寄存器 CR_0～CR_4 和 4 个系统地址寄存器。这些寄存器只能由在特权级 0 上运行的程序(一般是操作系统)访问。

1) 控制寄存器

Pentium 微处理器有 5 个控制寄存器，如图 3.12 所示。这些寄存器用来存放全局特性的机器状态和实现对 80x86/Pentium 微处理器的多种功能的控制与选择。

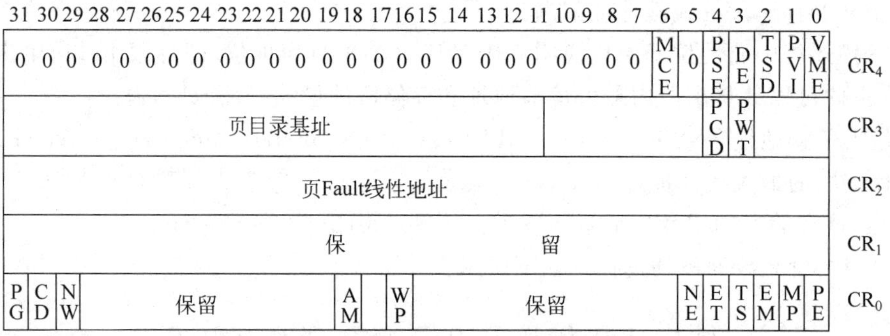

31 30 29 28 27 26 25 24 23 22 21 20 19 18 17 16 15 14 13 12 11 10 9 8 7 6 5 4 3 2 1 0
0 0 0 0 0 0 0 0 0 0 0 0 0 0 0 0 0 0 0 0 0 0 0 0 0
MCE
0
PSE
DE
TSD
PVI
VME
CR4
页目录基址
PCD
PWT
CR3
页Fault线性地址
CR2
保 留
CR1
PG
CD
NW
保留
AM
WP
保留
NE
ET
TS
EM
MP
PE
CR0

图 3.12 Pentium 的控制寄存器

控制寄存器 CR_0 共定义了 11 个控制位。在 80286 微处理器中，CR_0 称为机器状态字(machine status word，MSW)，为一 16 位寄存器，定义了 PE、MP、EM 和 TS 4 位。80386 在此基础上扩充了 ET 和 PG 两位。80486 以上微处理器在 80386 的基础上又扩充了 NE、WP、AM、NW 和 CD 这 5 位。各位定义如下：

- PE 为保护允许位，该位为 1 表示允许保护，为 0 则以实地址方式工作。
- MP 为监控协处理器位，MP 位同 TS 位一起使用，用来确定 WAIT 指令是否自陷。

当 MP=1,且 TS=1 时,执行 WAIT 指令将产生异常 7。

- EM 为仿真协处理器位,用以确定浮点指令是被自陷,还是被执行。EM=1,所有浮点指令将产生异常 7。
- TS 为任务切换位,用以指出任务是否切换,执行切换操作时,TS=1。TS=1 时,执行浮点指令将产生异常 7。
- ET 是处理器扩充类型,该位用于 80386 微处理器,标识系统中所采用的协处理器的类型。ET=1,采用 80387 协处理器,否则采用 80287。80486 以上系统中 ET 置 1。
- NE 是数字异常控制位,该位用于控制是由中断向量 16 还是由外部中断来处理未屏蔽的浮点异常。NE=0,处理器同$\overline{IGNNE}$输入引脚和$\overline{FEPR}$输出引脚配合工作;NE=1,在执行下一条非控制浮点指令或 WAIT 指令之前,任何未屏蔽的浮点异常(UFPE)将产生软件中断 16。
- WP 是写保护位,用来保护管理程序写访问用户级的只读页面。该位为 1 时,禁止特权级程序对只读页面的写操作,否则允许只读页面由特权级 0~2 写入。
- AM 是对准屏蔽位,用来控制标志寄存器中对准检查位(AC)是否允许对准检查。AM=1,允许 AC 位;否则禁止 AC 位。
- NT 为不通写控制位,该位用来选择片内数据 Cache 的操作模式。NW=1 时,禁止通写,写命中时不修改内存;否则,允许通写。
- CD 是 Cache 禁止或使能位,该位用来控制允许或禁止向片内 Cache 填充新数据。CD=1,当 Cache 未命中时,禁止填充 Cache;否则,未命中时,允许填充 Cache。
- PG 为页使能位,用于控制是否允许分页。PG=1,允许分页,否则禁止分页。

CR_2 是页故障线性地址寄存器,用来保存发生页故障中断(异常 14)之前所访问的最后一个页面的线性页地址。用软件读出即可得到发生页故障的线性地址。CR_2 由 80386 以上微处理器定义。

CR_3 是页目录基地址寄存器,用来存放当前任务的页目录表的物理基地址。由于页目录表是按页对齐的(4KB),因而 CR_3 通过高 20 位来实施这一要求,而低 12 位保留或定义为其他用途。CR_3 是 80386 以上微处理器才使用的,在 80486 中新定义了 PWT 和 PCD 两个控制位。PWT 是页面通写位,用于指示是页面通写还是回写。该位为 1,外部 Cache 对页目录进行通写,否则进行回写;PCD 是页面 Cache 禁止位,该位用于指示页面 Cache 工作情况。PCD=1,禁止片内 Cache,否则允许片内页 Cache。这两个位只有在 CR_0 中的页管理使能位 PG=0 或 Cache 不使能位 CD=1 时才有效。

CR_4 是 Pentium 处理器中新增加的控制寄存器,共定义了 6 位,各位含义如下:

- VME 是虚拟方式扩充位,VME=1,允许虚拟 8086 方式扩充,否则禁止;
- PVI 是保护方式虚拟中断位,PVI=1,允许保护方式虚拟中断,否则禁止;
- TSD 是时间戳禁止位,该位为 1,且当前特权级不为 0 时,禁止读时间戳计数器指令 RDTSC,否则 RDTSC 将在所有特权级上执行;
- DE 是调试扩充位,该位用来控制是否支持 I/O 断点,当 DE=1 时,允许 I/O 断点调试扩充,否则禁止 I/O 断点调试扩充;
- PSE 是页尺寸扩充位,该位为 1,允许页面大小扩充,每页为 4MB,否则禁止页面大小扩充,每页仍为 4KB;

- MCE 是机器检查允许位，该位为 1，允许机器检查异常，否则禁止机器检查异常。

2）系统地址寄存器

系统地址寄存器只在保护方式下使用，所以又叫保护方式寄存器。80x86/Pentium 用 4 个寄存器把在保护方式下常用的数据基地址、界限和属性保存起来，以确保其快速性。这 4 个寄存器如图 3.13 所示。

	47　　　　　16	15　　　　　0
GDTR	32位线性基地址	16位界限
IDTR	32位线性基地址	16位界限

	15　　　0	63　　　　　31	16	15　　　0
LDTR	16位选择符	32位线性基地址	16位界限	16位属性
TR	16位选择符	32位线性基地址	16位界限	16位属性

图 3.13　Pentium 的系统寄存器

（1）全局描述符表寄存器

全局描述符表寄存器(GDTR)是一个 48 位字长的寄存器(对 80286 而言，为 40 位寄存器)，用于存放全局描述符表 GDT 的 32 位(或 24 位)线性基地址和 16 位界限(表内最大偏移地址)。

全局描述符表 GDT 是 80x86/Pentium 用来定义全局存储器地址空间的一种机制。全局存储器是一种可能被许多或所有软件任务共享的通用系统资源。也就是说，全局存储器中的存储器地址可被微处理器上的所有任务访问。该表存放着操作系统使用的和任务公用的段描述符，如操作系统使用的代码段和数据段、LDT 描述符和 TR 描述符等，这些描述符标识全局存储器中的段。

用 GDTR 定义的全局描述符表如图 3.14 所示。GDT 的最大长度为 2^{16} B(64KB)，由于每个描述符占 8B，因此 GDT 中最多能定义 $2^{13}=8192$ 个段描述符。

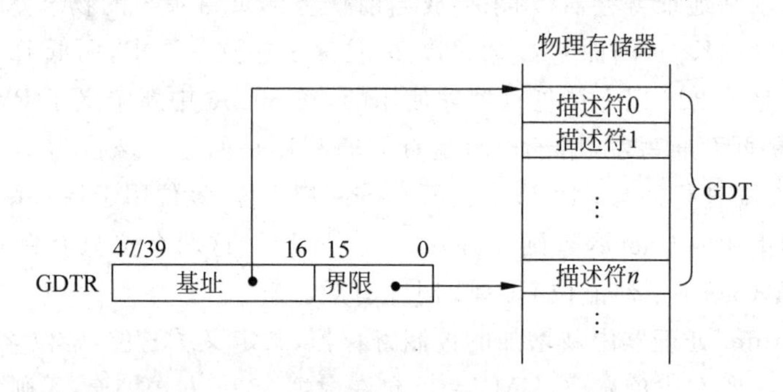

图 3.14　用 GDTR 定义的全局描述符表

（2）中断描述符寄存器

中断描述符表寄存器(IDTR)也是一个 48 位字长的寄存器(对 80286 而言，为 40 位寄存器)，用于存放中断描述符表 IDT 的 32 位(或 24 位)线性基地址和 16 位界限。

（3）局部描述符表寄存器

局部描述符表寄存器(LDTR)也是 80x86/Pentium 存储器管理支持机制的一部分。每个任务除了可访问全局描述符表外还可访问它自己的描述符表。该专用表称为局部描述符表(LDT),它定义了任务用到的局部存储器地址空间。LDT 中的段描述符可用来访问当前任务的存储器段中代码和数据。

由于每项任务都有它自己的存储器段,因此保护模式的软件系统可能会包含许多局部描述符表。所以,与段寄存器一样,LDTR 值并不直接定义一个局部描述符表。它只是一个指向 GDT 中 LDT 描述符的选择符,所以 LDTR 和 TR 也称为系统段寄存器。如图 3.15 所示,当 LDTR 中装入选择符时,相应的描述符就能够从 GDT 中读出来并装入 LDTR 的描述符高速缓存器,从而为当前任务建立了一个 LDT。

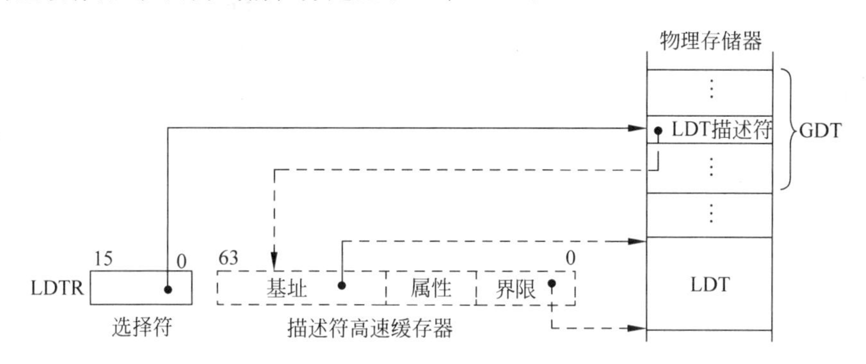

图 3.15 用 LDTR 定义的局部描述符表

LDT 的最大长度也为 64KB,即 LDT 中最多也只能定义 8192 个局部段描述符。

(4) 任务寄存器

任务寄存器(TR)在保护模式任务切换机制中很重要。与 LDTR 一样,该寄存器存放的也是一个称为选择符的 16 位索引值。TR 开始的选择符由软件装入,它开始第一个任务。这之后再执行任务切换的指令时就自动修改选择符。

如图 3.16 所示,TR 中的选择符用来指示全局描述符表中描述符的位置。当选择符装入 TR 中时,相应的任务状态段(TSS)描述符自动从存储器中读出并装入任务描述符高速缓存中。该描述符定义了一个称为任务状态段(TSS)的存储块,它提供了任务状态段的起始地址(base)和界限(limit)。每个任务都有它自己的 TSS。TSS 包含启动任务所需的信息,诸如用户可访问的寄存器初值。

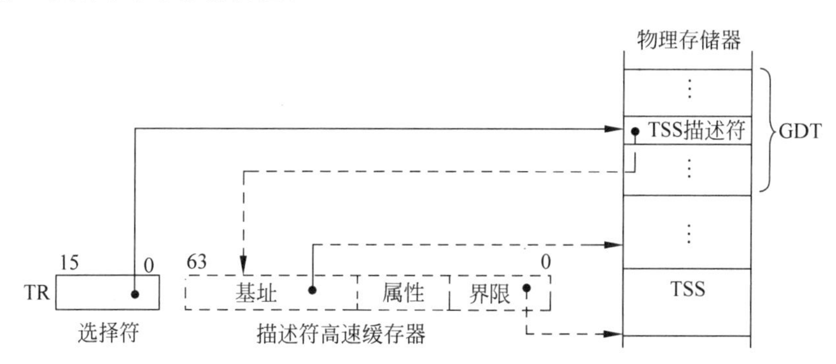

图 3.16 用 TR 定义的任务状态段(TSS)

3. 调试和模型专用寄存器

Pentium 处理器中提供了一组调试寄存器和一组模型专用寄存器,用于排除故障和用于执行跟踪、性能监测、测试及机器检查错误。

1) 调试寄存器

调试寄存器(debug register)是程序员可访问的，提供片上支持调试。包括 DR_0～DR_7 8 个 32 位调试寄存器，80386/80486 定义了 DR_0～DR_3、DR_6 和 DR_7 6 个调试寄存器，其中 DR_0～DR_3 指定了 4 个线性断点地址，DR_7 为调试控制寄存器，用于设置断点，DR_6 为调试状态寄存器，用于显示断点的当前状态。

Pentium 处理器对调试寄存器 DR_4 和 DR_5 给予调试寄存器 DR_6 和 DR_7 的别名。当控制寄存器 CR_4 中的 DE 位设置为 0 时，即禁止调试扩充，Pentium 通过允许引用 DR_6 和 DR_7 的别名保持与现有软件兼容；当 DE 位设置为 1 时，即允许调试扩充，引用 DR_4 或 DR_5 将产生未定义的操作码异常。

2) 模型专用寄存器

Pentium 处理器取消了 80386/80486 中的测试寄存器 TR。测试寄存器的功能由一组"模型专用寄存器"(model special register，MSR)来实现，这一组 MSR 用于执行跟踪、性能监测、测试和机器检查错误。Pentium 处理器采用两条指令 RDMSR(读 MSR)和 WRMSR(写 MSR)来访问这些寄存器，具体访问该组寄存器中哪一个 MSR，由 ECX 寄存器中的 8 位值确定。

3.3.3 四种工作方式

80x86/Pentium 主要有两种工作方式，即实地址方式和保护虚拟地址方式。为了在保护虚拟地址方式下能运行 8086 程序，从 80386 开始新增了一种虚拟 8086 方式，而 Pentium 则在此基础上又增加了一种系统管理方式。所以，Pentium 处理器共有 4 种工作方式。

1. 实地址方式

80x86/Pentium 的实地址方式是为了与 8086 兼容而设置的一种工作方式。在这种工作方式下，80x86/Pentium 与 8086 的工作原理相同，所以实地址方式又称为 8086 方式。

在实地址方式下，80x86/Pentium 的地址线中只有低 20 位起作用，即能寻址的物理存储器空间为 1MB。其中两个物理存储空间 00000000H～000003FFH 和 FFFFFFF0H～FFFFFFFFH 是需要保留的。前者为中断向量区，后者为 CPU 加电或复位时程序的启动地址。

系统复位时 CR_0 的 PE 位自动清 0，进入实地址方式，此时，CS 寄存器所对应的描述符寄存器中的基地址为 FFFF0000H，段界限为 FFFFH，(EIP)＝0000FFF0H，即：

程序的执行地址＝基地址＋(EIP)＝ FFFFFFF0H

程序就从此地址开始运行。当首次遇到段间转移或段间调用指令时，物理地址又自动置为 000xxxxxH(x 为任意值，由执行的指令而定)，从而进入实地址方式下的物理地址空间。此时，80386/80486/Pentium 处理器借助操作数长度前缀和地址长度前缀，可进行 32 位操作和 32 位寻址，但要注意 32 位偏移地址不能超出 64KB 的限制，否则必定发生异常。

因此，可以这样说，在实地址方式下，80x86/Pentium 仅是一个高速的 8086。它们的许多优秀的性能，如多任务、多级保护等均不能实现。

2. 保护虚拟地址方式

保护虚拟地址方式是一种建立在虚拟存储器和保护机制基础上的工作方式，可最大限度地发挥CPU所具有的存储管理功能及硬件支持的保护机制，这就为多用户操作系统的设计提供了有力的支持。

保护方式下，80386以上的32位微处理器有三种存储器地址空间，即物理地址空间、线性地址空间和虚拟地址空间。物理地址空间是CPU可直接寻址的，取决于CPU地址总线的位数，为2^{32}B(4GB)。线性地址空间是由分段机制产生的，也为4GB，不分页时即为物理地址空间。虚拟地址空间是用户编程使用的空间，取决于分段分页管理机制，无论是分段还是分段又分页，一个任务最多能访问的逻辑段数为2×2^{13}个(即GDT和LDT中所能存放的段描述符数)。只分段时，每个逻辑段的最大长度为1MB，即用户所拥有的虚拟地址空间为$2\times2^{13}\times1$MB=16GB；分段又分页时，逻辑段的最大长度为4GB，用户所拥有的虚拟地址空间为$2^{14}\times4$GB=64TB。

在该方式下，CPU还提供了多种保护机制，如边界检查、任务间的隔离和环保护机制等，有关存储管理和保护机制的具体实现将在存储器章节加以介绍。

3. 虚拟8086方式

虚拟8086方式是为在保护方式下能与8086/8088兼容而设置的，是一种既有保护功能又能执行8086代码的工作方式。在这种方式下，CPU与保护虚拟地址方式下的工作原理相同，允许同时运行多个8086程序，每个程序中指定的逻辑地址均按8086方式解释。

4. 系统管理方式

系统管理方式(system management mode，SMM)可使设计者实现高级管理功能，如对电源管理以及为操作系统和正在运行的程序提供安全性，而它最显著的应用就是电源管理。SMM可以使处理器和系统外围部件都休眠一定时间，然后在有任一键按下或鼠标移动时能自动唤醒它们，并使之继续工作。利用SMM可实现软件关机。

SMM主要为系统管理而设置，与保护方式一样，是Pentium的一个主要特征。在硬件的控制下，可从任何一种方式进入SMM方式，事后再返回原来方式。

上述四种方式间可以相互转换，其转换关系如图3.17所示，其中$\overline{\text{SMI}}$表示系统管理中断信号有效，RSM表示系统管理方式返回指令。

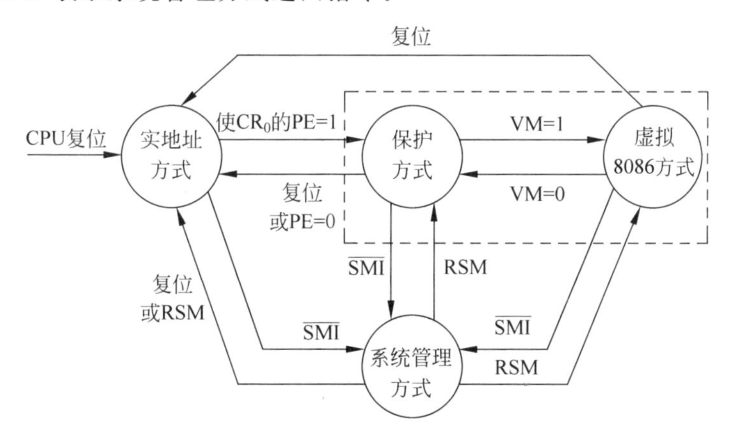

图3.17 四种方式间的转换

3.3.4 指令系统简介

Pentium 指令系统可以分为整数指令、浮点数指令和操作系统型指令三大类。其中整数指令按功能可进一步分为数据传送类指令、算术运算类指令、逻辑运算与移位类指令、串操作类指令、控制转移类指令、位操作指令、标志操作指令、按条件设置字节指令、处理器控制指令和高级语言指令等。

本节仅对 8086、80286/386/486 和 Pentium 系列微处理器均支持的基本指令集作一简要介绍。

1. 数据传送指令

数据传送是计算机中最基本、最常用和最重要的一类操作。在实际程序中,数据传送指令的使用频率最高,用于实现存储器与寄存器、寄存器与寄存器、累加器与 I/O 端口之间的数据传送,也可将立即数传送到存储器或寄存器,而数据长度则可以是字节、字和双字。这类指令的特点是寻址方式最丰富,且除 POPF 和 POPFD 指令外,均不影响标志寄存器的标志位。表 3.4 给出了常用数据传送指令的格式和功能说明。

表 3.4 常用数据传送指令

指令名称	指令格式	指令功能
传送指令 MOV	MOV 目的操作数,源操作数	将源操作数的内容传送到目的操作数中,即:目的操作数←(源操作数)
交换指令 XCHG	XCHG 目的操作数,源操作数	将源操作数的内容与目的操作数的内容交换,即:(源操作数)↔(目的操作数)
扩展传送指令 MOVSX/MOVZX	MOVSX 目的操作数,源操作数	将源操作数中的 8 位或 16 位操作数带符号等值扩展为 16 位或 32 位操作数,存于目的操作数(16/32 位通用寄存器)中
	MOVZX 目的操作数,源操作数	将源操作数中的 8 位或 16 位操作数通过在高位加 0 扩展为 16 位或 32 位操作数,存于目的操作数(16/32 位通用寄存器)中
字节交换指令 BSWAP	BSWAP 32 位通用寄存器	将 32 位通用寄存器中的 $D_{31}\sim D_{24}$ 与 $D_7\sim D_0$ 交换,$D_{23}\sim D_{16}$ 与 $D_{15}\sim D_8$ 交换
查表指令 XLAT	XLAT	DS:((EBX)+(AL))→AL 或 DS:((BX)+(AL))→AL
堆栈指令 PUSH/ POP	PUSH 源操作数	压栈指令。CPU 根据源操作数长度,先将栈顶指针(E)SP 减 2(16 位操作数)或减 4(32 位操作数),指向新的栈顶,再将源操作数送 SS:(E)SP 所指存储单元。即执行操作: ((E)SP)−4/2→(E)SP (源操作数)→[SS:ESP]
	POP 目的操作数	弹栈指令。功能是将 SS:(E)SP 所指示的栈顶元素弹出送目的操作数,再调整栈顶指针(E)SP 指向新的栈顶。即执行操作: ([SS:(E)SP])→目的操作数 ((E)SP)+ 2/4→(E)SP

续表

指令名称	指令格式	指令功能
地址传送指令	LEA 通用寄存器,存储器操作数	装入有效地址指令。将存储器操作数的有效地址送指定的16/32位通用寄存器
	LDS LES LFS 通用寄存器,存储器操作数 LGS LSS	装入全地址指针指令。功能是将一个32位(16位段基址和16位偏移地址)或48位(16位段选择符和32位偏移地址)的全地址指针装入指定段寄存器和一个16位或32位通用寄存器中
输入/输出指令 IN/OUT	IN 累加器,端口	输入指令。将指定端口中的内容传送到累加器AL/AX/EAX中,即执行操作: (端口)→AL/AX/EAX 端口可以是8位立即数,也可由DX寄存器指定
	OUT 端口,累加器	输出指令。将累加器AL/AX/EAX中的内容传送到指定的8位、16位或32位I/O端口中,即执行操作: (AL/AX/EAX)→端口

使用数据传送指令时要注意以下几点:

(1) MOV指令的源和目的操作数可以是字节、字和双字数据,但两者的类型必须一致(除特殊说明外,一般双操作数指令都有此限制);源操作数允许是通用寄存器、段寄存器、存储器或立即数,目的操作数则允许是通用寄存器、除CS之外的段寄存器或存储器,但源和目的不能同为存储器操作数(除串操作指令外,其他双或多操作数指令均不允许源和目的操作数同为存储器操作数),也不能同为段寄存器,更不允许用传送类指令改变CS和(E)IP值;此外也不能将立即数直接送给段寄存器。XCHG指令的使用与MOV指令类似,但它的源和目的操作数只能是通用寄存器或存储器操作数。

例如,下列MOV、XCHG指令的使用是非法的:

```
MOV   DL,BX             ;源和目的操作数类型不一致
MOV   DS,2000H          ;立即数不能直接赋给段寄存器
MOV   [1200H],[SI]      ;源、目的操作数不能同为存储器操作数
MOV   AX,[BX][BP]       ;在16位基址加变址的寻址方式中,用作基址和变址
                        ;的寄存器不能同为基址寄存器,也不能同为变址寄存器
MOV   1020H,DX          ;目的操作数不能为立即数
MOV   CS,AX             ;不能用传送指令改变代码段寄存器
XCHG  [BX],[1000H]      ;源、目的操作数不能同为存储器操作数
XCHG  AX,1000H          ;操作数不能为立即数
XCHG  DS,AX             ;段寄存器不能用作交换指令的操作数
```

(2) MOVSX和MOVZX指令都是将源操作数的内容等值扩展送目的操作数,但MOVSX是对有符号数进行等值扩展,而MOVZX是对无符号数进行等值扩展。

(3) 80x86/Pentium的数据传送指令中,有些是专门用来取操作数地址的。要注意这种取地址操作与取内容操作的区别,例如:

```
lea     bx, var                ; 取变量 var 的有效地址
mov     bx, offset var         ; 取变量 var 的有效地址
mov     bx, var                ; 取变量 var 的内容
lea     bx, var[si]            ; 取数组元素的有效地址
mov     bx, var[si]            ; 取数组元素的内容
```

(4) 80x86/Pentium 的有些指令没有显式给出操作数，而是将操作数隐含在 CPU 的某些内部寄存器中，如查表指令 XLAT。对这类指令使用前要给隐含操作数赋初值。

例 3.5 已知内存数据段中自 TABLE 开始的 16 个单元连续存放着自然数 0 到 15 的平方值，构成一个平方表，如图 3.18 所示。用查表指令 XLAT 求出 15 的平方值的指令序列如下：

```
lea     bx, TABLE              ; 平方表的表基址送 bx
mov     al, 15                 ; 取 5 的平方值在表中的序号
xlat                           ; 查表转换，(AL)=225
```

地址	内容
TABLE	0
+1	1
+2	4
+3	9
	⋮
+15	225

图 3.18 平方表

(5) 堆栈指令 PUSH/POP 的操作数只能为字或双字，常用于主、子程序间的参数传递和主、子程序及中断处理程序中保护和恢复现场，也可用于数据传送和交换。

例 3.6 用堆栈操作指令将 BX 和 CX 中的两个 16 位数(其中 BX 是高 16 位)组成 32 位数传送到 EAX 寄存器中的指令序列如下：

```
push    bx                     ; 先压高 16 位
push    cx                     ; 后压低 16 位
pop     eax
```

2. 算术运算类指令

算术运算指令用以完成加、减、乘、除四种基本运算，其操作对象可以是字节、字、双字的有符号和无符号二进制整数，也可以是无符号的压缩、非压缩 BCD 数。算术运算指令还支持十进制调整、比较指令和数据宽度变换指令等。除数据宽度变换指令外，算术运算指令影响标志寄存器 EFLAGS 中的状态标志位 CF、SF、ZF、AF、PF 和 OF。表 3.5 给出了常用算术运算指令。

表 3.5 常用算术运算指令

指令名称	指令格式	指令功能
加减法指令 ADD/SUB	ADD 目的操作数，源操作数 SUB 目的操作数，源操作数	ADD、SUB 指令的功能分别是将目的操作数加以或减去源操作数，结果保留在目的操作数中，源操作数内容不变，即执行： ADD：(目的)+(源)→目的 SUB：(目的)−(源)→目的
带进位/借位的加减法指令 ADC/ SBB	ADC 目的操作数，源操作数 SBB 目的操作数，源操作数	ADC：(目的)+(源)+CF→目的 SBB：(目的)−(源)−CF→目的
加 1/减 1 指令 INC/DEC	INC/DEC 目的操作数	INC：(目的操作数)+1→目的操作数 DEC：(目的操作数)−1→目的操作数 这两条指令均不影响进位标志 CF

续表

指令名称	指令格式	指令功能
整数变反指令(求补)NEG	NEG 目的操作数	0—(目的操作数)→目的操作数
比较指令 CMP	CMP 目的操作数,源操作数	将目的操作数与源操作数相减,并根据操作结果修改状态标志 OF、SF、ZF、AF、PF 和 CF,但不改变目标操作数值
乘法指令 MUL/IMUL	MUL 源操作数 IMUL 源操作数	MUL、IMUL 分别是无符号数和有符号数乘法指令,两种指令使用的数据类型不同,但执行的操作是完全相同的,即根据源操作数类型执行: 字节:(AL)×(源操作数)→ AX 字:(AX)×(源操作数)→ DX:AX 双字:(EAX)×(源操作数)→ EDX:EAX 指令影响 OF 和 CF 标志,对其他状态标志则未定义。CF 和 OF 置 1,表示高一半部分是有效数字,否则 CF 和 OF 清 0
除法指令 DIV/IDIV	DIV 源操作数 IDIV 源操作数	DIV、IDIV 分别为无符号数和有符号数除法指令。两种指令使用的数据类型不同,但执行的操作是完全相同的,即根据源操作数类型执行: 字节:(AX)/(源) →AH:AL 字:(DX:AX)/(源) →DX:AX 双字:(EDX:EAX)/(源) →EDX:EAX 结果的高一半是余数,低一半是商。指令执行后,状态标志不确定
数据宽度变换指令 CBW/CWD/ CWDE/CDQ	CBW	将 AL 中的 8 位有符号数带符号等值扩展为 16 位放入 AX 中
	CWD	将 AX 中的 16 位有符号数带符号等值扩展为 32 位存于 DX:AX 寄存器对中
	CWDE	将 AX 中的 16 位有符号数带符号等值扩展为 32 位存放在 EAX 中
	CDQ	将 EAX 中的 32 位有符号数带符号等值扩展为 64 位数存于 EDX:EAX 寄存器对中
BCD 调整指令	AAA AAS	AAA 和 AAS 分别是未组合 BCD 加法和减法调整指令。指令的功能是对两个未组合 BCD 数相加或相减后在 AL 中的结果,根据 AF 半进位标志进行调整,即将计算机遵循的“逢十六进一”和“借一当十六”调整为“逢十进一”和“借一当十”
	DAA DAS	DAA 和 DAS 分别是组合 BCD 加法和减法调整指令。指令的功能与 AAA 和 AAS 类似,是对两个组合 BCD 数相加或相减后在 AL 中的结果进行调整,即根据 CF 和 AF 标志分别对 AL 中的高 4 位和低 4 位进行加 6 或减 6 调整
	AAM	未组合 BCD 乘法调整指令,指令功能是将两个一位未组合 BCD 数相乘,结果在 AX 中的乘积调整为两个未组合 BCD 数存于 AH 和 AL
	AAD	BCD 除法调整指令,指令的功能是在除法前将 AX 中的二位未组合 BCD 数调整为对应二进制值,即: (AH)×10+(AL)→AX

使用算术运算类指令时要注意：

(1) ADD/SUB 指令用于单个字节/字/双字数的加/减法运算，ADC/SBB 指令则常用于多精度或多字节/多字/多双字数的加/减法运算。

例 3.7 两个 32 位双字数据 x、y 定义如下：

```
x  dw   2234h,9678h                   ; x=96782234h
y  dw   3feah,0a033h                  ; y=a0333feah
```

dw 是汇编语言伪指令，为每个数据项分配 2B 存储单元(称为字)，即 x、y 由两个字组成(低位在前)，则计算 x=x+y 的指令序列如下：

```
mov     ax,y                          ; 取 32 位数据 y 的低 16 位
add     x,ax                          ; 与 32 位数据 x 的低 16 位相加,结果存回 x 的低字
mov     ax,y+2                        ; 取 32 位数据 y 的高 16 位
adc     x+2,ax                        ; 带进位与 x 的高 16 位相加,结果存回 x 的高字
```

(2) CMP 与 SUB 指令都执行减法操作，但前者不因操作改变目标操作数值，而后者改变。

(3) IMUL 和 MUL 指令都执行乘法，但 IMUL 执行的是有符号数乘法，而 MUL 执行的是无符号数乘法；同样，IDIV 和 DIV 指令都执行除法，但前者执行有符号数除法，后者执行无符号数除法。所以使用时要根据数据类型正确选择指令。

例 3.8 设(AL)=96H，(BL)=12H。

指令 MUL BL 是将 AL 和 BL 中的两个无符号数相乘，执行后结果为：

(AX)=96H×12H=0A8CH，CF=OF=1

指令 IMUL BL 是将 AL 和 BL 中的两个有无符号数相乘，此时 AL 中的补码 96H 对应的真值为：－6AH，即指令执行的是：－6AH×12H=－774H，用 16 位补码表示结果为 F88CH，所以该指令执行后，(AX)= F88CH，CF=OF=1。

(4) 乘法指令 IMUL/MUL 的被乘数是隐含的(在 AL/AX/EAX 中)，而结果长度一定是被乘数/乘数的二倍(在 AX/DX:AX/EDX:EAX 中)；同样，除法指令 IDIV/DIV 的被除数是隐含的，且长度一定是除数的二倍(在 AX/DX:AX/EDX:EAX 中)。所以，使用乘除法指令时要注意给隐含的被乘数和被除数赋初值，对除法指令还要扩展被除数长度。

例 3.9 设 a、b、c 和 s 均为带符号的字变量，则计算表达式 s=(a×b+c)/a，并将结果的商存入 s 的程序段如下：

```
mov     ax,a                          ; 取被乘数 a
imul    b                             ; 计算 a×b,结果在 dx:ax 中
mov     cx,dx                         ; 将 a×b 的结果存于 cx:bx 中
mov     bx,ax
mov     ax,c
cwd                                   ; 将 c 扩展为双字数,在 dx:ax 中
add     ax,bx                         ; 计算 a×b+c,结果在 dx:ax 中
adc     dx,cx
idiv    a                             ; 计算(a×b+c)/a,结果在 dx:ax 中
mov     s,ax                          ; 商存入 s
```

(5) DAA/DAS、AAA/AAS 隐含的操作寄存器是 AL，所以 BCD 码加法/减法只能用

累加器 AL 为目的操作数的加法/减法指令，且加法/减法指令后要跟调整指令。所以多字节、字和双字 BCD 加法/减法只能用带进位/借位的字节加法/减法指令实现。

例 3.10 两个 4 位压缩 BCD 码定义如下：

```
x   dw   3578h
y   dw   3834h
```

计算 x=x+y 的程序段如下：

```
mov     al,byte ptr x              ; 取 BCD 数 x 的低 2 位
add     al,byte ptr y              ; 与 BCD 数 y 的低位相加
daa                                ; BCD 码调整
mov     byte ptr x,al              ; 保存低位相加的结果
mov     al,byte ptr x[1]           ; 取 BCD 数 x 的高 2 位
adc     al,byte ptr y[1]           ; 与 BCD 数 y 的高位相加
daa                                ; BCD 码调整
mov     byte ptr x[1],al           ; 保存高位相加的结果
```

(6) ASCII 码数的运算与非压缩 BCD 码数的运算基本相同，但要保持结果仍为 ASCII 码，则需转换。

(7) AAD 指令的功能不是将除法后的结果调整为 BCD 码，而是在除法前将 AX 保存的两位非压缩 BCD 数调整为二进制数。所以该指令要放在 DIV 指令之前。

3. 逻辑运算和移位指令

逻辑运算和移位指令如表 3.6 所示。

表 3.6 逻辑运算和移位指令

指令名称	指令格式	指令功能
逻辑运算指令 AND/OR/XOR/TEST/NOT	AND 目的操作数,源操作数	逻辑“与”指令： (目的操作数)∧(源操作数)→目的操作数
	OR 目的操作数,源操作数	逻辑“或”指令： (目的操作数)∨(源操作数)→目的操作数
	XOR 目的操作数,源操作数	逻辑“异或”指令： (目的操作数)⊕(源操作数)→目的操作数
	TEST 目的操作数,源操作数	逻辑“测试”指令： (目的操作数)∧(源操作数) 指令仅影响状态标志，不改变目的操作数
	NOT 目的操作数	逻辑“非”指令： $\overline{\text{(目的操作数)}}$→目的操作数 NOT 指令对状态标志无影响
开环移位指令 SAL/SHL/SAR/SHR	SAL 目的操作数,移位次数	算术左移指令
	SHL 目的操作数,移位次数	逻辑左移指令
	SAR 目的操作数,移位次数	算术右移指令，用于对有符号数倍除
	SHR 目的操作数,移位次数	逻辑右移指令，用于对无符号数倍除
循环移位指令 ROL/ROR/RCL/RCR	ROL 目的操作数,移位次数	循环左移指令
	ROR 目的操作数,移位次数	循环右移指令
	RCL 目的操作数,移位次数	带进位的循环左移指令
	RCR 目的操作数,移位次数	带进位的循环右移指令

逻辑运算指令的操作数可以是字节、字和双字数据，但源和目的操作数类型必须一致。源操作数允许是通用寄存器、存储器或立即数；目的操作数则只能是通用寄存器和存储器，且源和目的操作数不能同为存储器操作数。

移位指令的目的操作数可以是8位、16位或32位通用寄存器和存储器，但移位次数只能是CL寄存器和8位立即数。移位操作示意如表2.3所示。

使用逻辑运算和移位指令时要注意：

(1) 除NOT指令外，逻辑运算指令都影响标志寄存器的状态标志，且执行后进位标志CF=0。所以，逻辑运算指令常用于清0和清进位。

(2) 要根据操作合理选用逻辑运算指令，一般对某些二进制位“清零”用逻辑与指令AND；对某些二进制位“置位”用逻辑或指令OR；对某些二进制位“求反”用逻辑异或指令XOR，全部位“求反”用逻辑非指令NOT。

(3) AND与TEST指令都执行按位与操作，但前者改变目标操作数的值，而后者不改变。所以TEST指令与CMP指令的用法类似，用于产生按位测试的条件码。

例3.11 已知寄存器dx:ax的内容为32位带符号数，使dx:ax的内容成为原来数据的绝对值的程序段如下：

```
test    dx,8000h            ; 测试符号位,dx值保持不变
jz      exit                ; 为正数,绝对值不变
neg     dx                  ; 0-(dx:ax)→(dx:ax),求负数绝对值
neg     ax
sbb     dx,0
exit: hlt
```

(4) 开环移位指令常用于单个字节、字或双字数的倍乘(左移)和倍除(右移)；循环移位指令则常与开环移位指令结合实现多字节、多字或多双字数的倍乘和倍除。除此之外，移位指令常用来与加法和减法指令结合实现二进制乘法和除法，以及用于循环控制。

例3.12 将edx:eax寄存器对中的64位数乘2。用如下指令序列：

```
shl     eax,1               ; eax左移1位,最高位送cf
rcl     edx,1               ; edx左移1位,最低位用cf,即eax最高位填充
```

例3.13 用移位和加法指令实现al与bl中无符号数相乘结果存于ax中的程序段如下：

```
        mov   cl,al         ; 被乘数送cl
        xor   ax,ax         ; 求和寄存器ax清零
        and   bx,0ffh       ; 乘数扩展为16位
again:  and   cl,cl         ; (cl)=0?
        jz    exit          ; (cl)=0,乘法结束,ax内容为积
        shr   cl,1          ; cl逻辑右移1位
        jnc   next          ; 最低二进制位为0,不求和
        add   ax,bx         ; 积与乘数相加
next:   shl   bx,1          ; 乘数乘以2
        jmp   again
exit:   hlt
```

4. 串操作指令

Pentium支持字节、字和双字串数据，即由字节、字或双字组成的一组数据或字符序列，

称为字符串。并提供了一组用于对存储器中字节串、字串和双字串进行操作的指令，包括串传送、串装入、串存储、串扫描、串比较、串输入、串输出指令，如表 3.7 所示。

表 3.7 串操作指令

指令名称	指令格式	指令功能
串传送指令 MOVSB/ MOVSW/MOVSD	MOVSB MOVSW MOVSD	MOVSB、MOVSW 和 MOVSD 指令的功能是分别将 DS:[ESI](或 DS:[SI])所指示的源串中的一个字节、字或双字传送到 ES:[EDI](或 ES:[DI])指示的目的串中，然后，CPU 根据方向标志 DF 自动修改地址指针(E)SI 和(E)DI，以指向下一个元素。即完成如下操作： [ES:(E)DI]←([DS:(E)SI]) (E)SI←((E)SI)±1/2/4 (E)DI←((E)DI)±1/2/4
串装入指令 LODSB/ LODSW/LODSD	LODSB LODSW LODSD	LODSB、LODSW 和 LODSD 指令的功能是分别将 DS:[ESI](或 DS:[SI])所指示的源串中的一个字节、字或双字装入累加器 AL、AX、EAX 中，然后，CPU 根据方向标志 DF 自动修改源串指针(E)SI，以指向下一个元素。即完成如下操作： AL/AX/EAX←([DS:(E)SI]) (E)SI←((E)SI)±1/2/4
串存储指令 STOSB/STOSW/STOSD	STOSB STOSW STOSD	STOSB、STOSW 和 STOSD 指令的功能是分别将累加器 AL、AX、EAX 中的内容存入 ES:[EDI](或 ES:[DI])所指示的目的串中的一个字节、字或双字中，然后，CPU 根据方向标志 DF 自动修改目的串指针(E)DI，以指向下一个元素。即完成如下操作： [ES:(E)DI]←(AL/AX/EAX) (E)DI ←((E)DI)± 1/2/4
串扫描指令 SCASB/SCASW/SCASD	SCASB SCASW SCASD	SCASB、SCASW 和 SCASD 指令的功能是分别用累加器 AL、AX 和 EAX 中的内容与 ES:[EDI](或 ES:[DI])所指示的目标串中的一个字节、字或双字进行比较，但不改变目标串的值，然后，根据比较结果修改标志寄存器中的状态位，并根据方向标志 DF 自动修改地址指针(E)DI，以指向下一目标元素。即执行： (AL/AX/EAX)－ ([ES:(E)DI]) (E)DI ←((E)DI)± 1/2/4
串比较指令 CMPSB/ CMPSW/CMPSD	CMPSB CMPSW CMPSD	将 DS:[ESI](或 DS:[SI])所指示的源串中的内容与 ES:[EDI](或 ES:[DI])所指示的目标串中的元素进行比较，根据比较结果修改标志寄存器中的 OF、SF、ZF、AF、PF 和 CF 状态标志，但不改变源和目的串的内容，同时根据方向标志 DF 自动修改源和目的串指针，以指向源串和目的串的下一元素。即执行： ([DS:(E)SI])－([ES:(E)DI]) (E)SI ←((E)SI) ± 1/2/4 (E)DI ←((E)DI) ± 1/2/4

续表

指令名称	指令格式	指令功能
串输入指令 INSB/INSW/INSD	INSB INSW INSD	指令功能是从 DX 寄存器指定的端口输入一个字节、字或双字到 ES:[EDI](或 ES:[DI])所指示的存储单元,同时根据方向标志 DF 自动修改目的指针
串输出指令 OUTSB/ OUTSW/OUTSD	OUTSB OUTSW OUTSD	指令功能是将 DS:[ESI](或 DS:[SI])所指示的存储单元中的一个字节、字或双字从 DX 寄存器指定的端口输出,同时根据方向标志 DF 自动修改源指针
重复前缀 REP/REPZ/REPE/ REPNZ/REPNE	REP	当 CX 值减 1 不等于 0,就让跟在其后的串操作重复执行,直至 CX 值减 1 为 0
	REPZ/REPE	当 CX 值减 1 不等于 0 且 ZF=1 时,才重复
	REPNZ/REPNE	当 CX 值减 1 不等于 0 且 ZF=0 时,才重复

串操作指令都是约定以 DS:(E)SI 来寻址源串,以 ES:(E)DI 来寻址目的串,故指令中不必显式指明操作数。源、目的两个指针(E)SI 和(E)DI 在每次操作后都将根据方向标志 DF 的值自动增量(DF=0 时)或减量(DF=1 时),以指向串中的下一项。增量/减量的大小由操作串的长度决定:字节串只加/减 1,字串加/减 2,而双字串加/减 4。使用重复前缀时,CX 为约定重复次数计数器。所以,使用串操作指令时,要注意给隐含的操作数赋初值。

例 3.14 欲将数据段中首地址为 buf,共 50 个字节单元的存储区初始化为 0,可用带重复前缀的串存储指令实现,程序段如下:

```
push  ds
pop   es                              ; es 指向数据段
lea   di,buf                          ; 设置数据区起始地址
mov   cx,50                           ; 设置初始化字节单元个数
cld                                   ; 清方向标志 df,地址递增
mov   al,0                            ; 设置初始化内存单元的初值 0
rep   stosb
```

例 3.15 欲将数据段 DS 中 100H 个数的字符从 2170H 处搬到 1000H 处,然后从中检索字母 A,若找到则将字符 A 换成空格符,用串操作指令实现的程序段如下:

```
      push   ds
      pop    es                       ; es 指向数据段,即 es 段与 ds 段重叠
      mov    si,2170h                 ; si 指向源串
      mov    di,1000h                 ; di 指向目标串
      mov    cx,100h                  ; 重复计数器初值为 100h
      cld                             ; 方向标志 df=0,地址递增
      rep    movsb                    ; 数据块搬移
      mov    di,1000h                 ; 设置扫描地址
      mov    cx,100h                  ; 设置扫描长度
      mov    al,'A'                   ; 设置扫描关键字
      repnz  scasb                    ; 重复扫描,直到找到或扫描完
      jnz    k1                       ; 判别是否找到,若 zf=0 表示未找到
      dec    di                       ; 找到,调整 di 指向关键字
      mov    byte ptr [di],20h        ; 将字母 A 换成空格(ASCII 码值为 20h)
k1:   hlt
```

5. 控制转移指令

Pentium的控制转移指令包括无条件转移指令(JMP)、条件转移指令(Jcc)、过程调用与返回指令(CALL/RET)、循环控制指令(LOOP)和中断指令(INT)五类,如表3.8所示。它们的共同特点是可以改变CS:(E)IP的内容,从而改变程序执行顺序。除中断指令外,其他指令都不影响标志位。

表3.8 控制转移指令

指令名称	指令格式	指令功能
无条件转移指令JMP	JMP SHORT 目标标号	段内短转移。执行以下操作(CS值不变): (E)IP←((E)IP)+ DISP8
	JMP 目标标号	段内直接转移。执行以下操作(CS值不变): 16位寻址:IP ←(IP)+ DISP16 32位寻址:EIP ←(EIP) + DISP32
	JMP FAR PTR 目标标号	段间直接转移。指令中直接给出目标标号的段选择符(段基址)和偏移地址。执行操作: (E)IP←目标标号的偏移值 CS←目标标号段基址(段选择符)
	JMP 通用寄存器/存储器	段内间接转移。执行以下操作(CS值不变): 16位寻址:IP ←(通用寄存器/存储器)$_{16}$ 32位寻址:EIP ←(通用寄存器/存储器)$_{32}$
	JMP 存储器	段间间接转移。这时指令给出的存储单元中存放着转移目标的段基址(段选择符)和16位或32位偏移地址。执行时,用存储器单元中的偏移地址代替当前(E)IP值,段基址代替CS值
调用指令CALL	CALL 目标操作数	指令执行时,首先把主程序的断点地址(调用指令的下一条指令地址)压入堆栈保存,然后将目标地址装入(E)IP或(E)IP与CS,以控制CPU转移到目标过程(子程序)去执行被调用的过程。段内调用时,当前(E)IP压栈,将目标地址装入(E)IP;跨段调用时,当前的CS和(E)IP压栈,将目标地址的段基址和偏移量送给CS和(E)IP
返回指令RET	RET	返回指令。指令通过弹栈恢复调用前的(E)IP值和CS值,从被调用的子程序返回调用程序
	RET n	带参数的返回指令。指令先完成RET指令功能,然后弹出由参数n所指定的若干个字节的内容,即执行:(E)SP←((E)SP) +参数
条件转移指令Jcc	Jcc 短标号/近标号	cc是测试条件。条件转移指令Jcc的功能是根据CPU中的标志位状态组成的转移条件cc,决定程序的执行流向。若条件成立,控制转移到指令给出的目标地址去执行程序,否则顺序执行
循环控制指令 LOOP/ LOOPE/LOOPZ LOOPNE/LOOPNZ	LOOP 短标号	CX←(CX)−1;若CX ≠ 0,则转到指令指定的目标地址处执行,否则顺序执行下一条指令
	LOOPE / LOOPZ 短标号	CX←(CX)−1;若(CX ≠ 0) & (ZF=1),则转到指令指定的目标地址处执行,否则顺序执行
	LOOPNE / LOOPNZ 短标号	CX←(CX)−1;若(CX ≠ 0) & (ZF=0),则转到指令指定的目标地址处执行,否则顺序执行

续表

指令名称	指令格式	指令功能
中断指令	INT n	INT n 为软中断指令，用于产生一个由 8 位立即数指定中断号的软中断
	INTO	溢出中断指令。INTO＝INT 4
中断返回指令	IRET	从堆栈中弹出原入栈保护的(E)IP、CS 和标志寄存器 FR 值，重新开始被中断程序的执行

8086/8088 的条件转移指令都为短转移，80386 以后 CPU 则推广到段内转移。条件转移指令共有 19 条，它们可分为无符号数和有符号数的条件转移两类，如表 3.9 所示。

表 3.9 条件转移指令

指令	指令助记符	转移条件	含　义
无符号数条件转移指令	JC	CF＝1	有进位转移(与 JB / JNAE 重叠)
	JNC	CF＝0	无进位转移(与 JAE / JNB 重叠)
	JP/JPE	PF＝1	奇偶位为 1 转移
	JNP/JPO	PF＝0	奇偶位为 0 转移
	JA/JNBE	CF＝ZF＝0	高于/不低于等于转移
	JAE/JNB	CF＝0	高于或等于/不低于转移
	JB/JNAE	CF＝1	低于/不高于等于转移
	JBE/JNA	CF＝1 或 ZF＝1	低于或等于/不高于转移
	JE/JZ	ZF＝1	等于/为零转移
	JNE/JNZ	ZF＝0	不等于/非零转移
有符号数条件转移指令	JO	OF＝1	溢出转移
	JNO	OF＝0	无溢出转移
	JS	SF＝1	为负数转移
	JNS	SF＝0	为正数转移
	JG/JNLE	ZF＝0 且 SF＝OF	大于/不小于等于转移
	JGE/JNL	SF＝OF	大于或等于/不小于转移
	JL/JNGE	SF≠OF	小于/不大于等于转移
	JLE/JNG	ZF＝1 或 SF≠OF	小于或等于/不大于转移
	JCXZ	(CX)＝0	CX 寄存器为 0 转移

控制转移类指令主要用于实现程序分支和循环控制。

例 3.16 设有 100h 个字节的数据(补码)存放在数据段中自 EA＝2000h 起的存储单元中，编写程序从该数据区中找出一个最小数并存入 EA＝2100h 的单元中。

找最小数的方法是：首先假定第一个数为当前最小数，然后从第二个数开始，依次与最小数进行比较，如果当前数比最小数还小，则用它代替最小数，继续比较过程，直到全部数比较完毕。下面用条件转移指令实现程序分支和循环控制，程序如下：

```
min:  mov   bx,2000h          ；取数据区首地址
      mov   al,[bx]           ；取第一个数作为当前最小数
      mov   cx,0ffh           ；置比较次数＝100h－1＝0ffh
lp1:  inc   bx
      cmp   al,[bx]           ；与数据区中数据比较
```

```
        jle     lp2                     ; 若 al 小于等于,则不替换
        mov     al,[bx]                 ; 替换 al 中最小数
lp2:    dec     cx                      ; 循环次数减 1
        jnz     lp1                     ; 未比较完,继续
        mov     [2100h],al              ; 保存最小数
```

例 3.17 设 bl 和 cl 寄存器中分别存放一无符号数,用加法计算 bl 和 cl 中两数的乘积,结果存于 ax 寄存器。

这时可用 cl 中的数控制循环次数,对 bl 中的数进行累加求和,程序段如下:

```
start:  and     cx,0ffh                 ; ch 清零,循环次数为 cl 寄存器值
        xor     ax,ax                   ; 求和累加器 ax 和进位 cf 清零
again:  add     al,bl                   ; 累加求和:(ax)+(bl)→ax
        adc     ah,0
        loop    again                   ; (cx)-1≠0,转 again 继续求和
```

例 3.18 在首地址为 asc_str 的存储区中,存放着 100 个字符的字符串,要求在字符串中查找"空格"字符(已知"空格"的 ASCII 码为 20H),找到则记下第一个空格的位置,程序结束。

完成此功能的程序如下:

```
        mov     cx,100                  ; 置循环次数
        mov     si,-1                   ; si 指向字符串前一单元
        mov     dx,si                   ; dx 初值为 0ffffh,表示未找到
        mov     al,20h                  ; "空格"字符的 ASCII 码值送 al
again:  inc     si                      ; si 指向当前扫描字符
        cmp     al,asc_str[si]          ; 查找"空格"
        loopnz  again                   ; 未扫描完,且未找到,则继续查找
        jz      next                    ; 找到(zf=1)转 next
exit:   hlt                             ; 暂停
next:   mov     dx,si                   ; 第一个"空格"位置送 dx
        jmp     exit
```

6. 标志位操作指令

标志位操作指令共有 7 条,指令格式及功能如表 3.10 所示。这类指令除修改指定的标志位外,并不影响其他标志位。

表 3.10 标志位操作指令

指令名称	指令格式	指 令 功 能
清进位	CLC	清进位标志,即:CF←0
置进位	STC	置进位标志,即:CF←1
进位取反	CMC	进位标志取反,CF←NOT CF
清方向标志	CLD	清方向标志(DF←0),使所有串指令的标志指针为增量
置方向标志	STD	置方向标志(DF←1),使所有串指令的标志指针为减量
关中断	CLI	清中断允许标志(IF←0),禁止 CPU 响应外部可屏蔽中断
开中断	STI	置中断允许标志(IF←1),允许 CPU 响应外部可屏蔽中断

3.4 MCS-51 系列单片机

MCS-51 系列单片机已有 10 多种产品，分为 MCS-51 和 MCS-52 两大系列，如表 3.11 所示。各系列按片内有无 ROM 和 EPROM 标以不同型号，如 MCS-51 系列有 8031、8051 和 8751。按制造工艺又有 HMOS 和 CMOS 之分，采用低功耗 CMOS 工艺的 MCS-51 系列单片机以 80C31、80C51 和 87C51 命名。

表 3.11 MCS-51/52 系列单片机配置一览表

系列	片内存储器				定时器/计数器	并行 I/O	串行 I/O	中断源	制造工艺
	无 ROM	片内 ROM	片内 EPROM	片内 RAM					
MCS-51	8031	8051 4KB	8751 4KB	128B	2×16b	4×8b	1	5	HMOS
	80C31	80C51 4KB	87C51 4KB	128B	2×16b	4×8b	1	5	CMOS
MCS-52	8032	8052 8KB	8752 8KB	256B	3×16b	4×8b	1	6	HMOS
	80C32	80C52 8KB	87C52 8KB	256B	3×16b	4×8b	1	7	CMOS

3.4.1 MCS-51 单片机组成结构

MCS-51 单片机的内部结构框图如图 3.19 所示。由图可知，MCS-51 单片机由 8 位 CPU、只读存储器 EPROM/ROM、随机读写存储器 RAM、并行 I/O 口、串行 I/O 口、定时器/计数器、中断系统和时钟电路等组成。

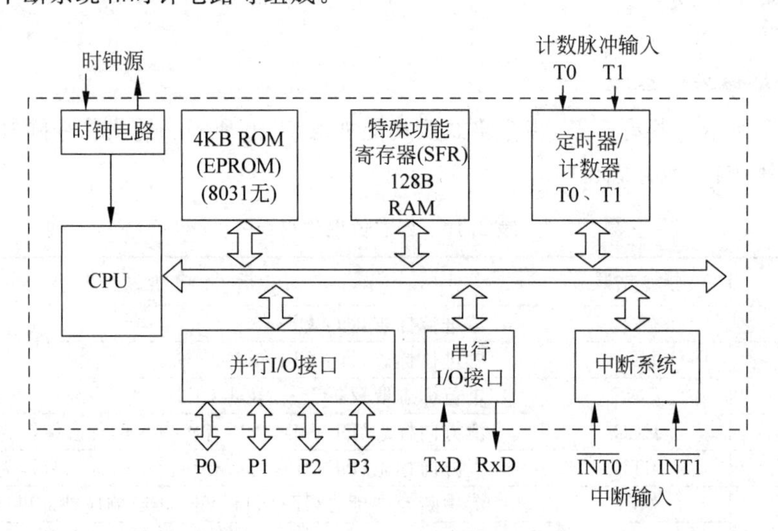

图 3.19 MCS-51 单片机结构框图

3.4.2 MCS-51 的中央处理器

中央处理器 CPU 是 MCS-51 单片机的核心部件，是一个功能很强的 8 位微处理器，内部结构如图 3.20 中虚线部分所示。它由运算器和控制器组成，负责控制、指挥和调度整个单元系统协调地工作，完成运算和控制输入输出功能等操作。

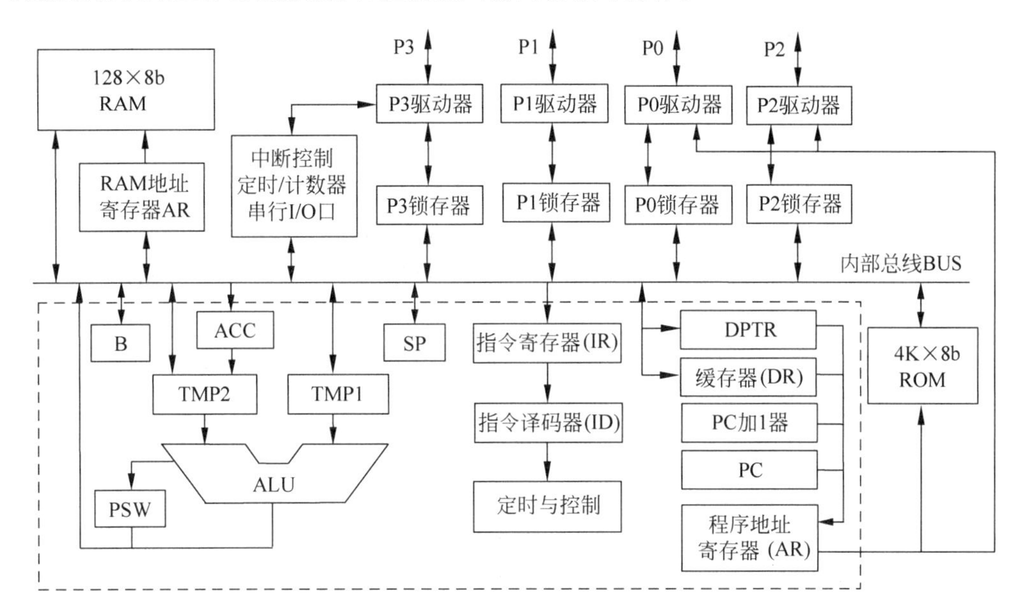

图 3.20　MCS-51 内部 CPU 结构框图

1. 运算器

运算器包括算术逻辑运算单元 ALU、累加器 ACC、寄存器 B、暂存器 TMP、程序状态字寄存器 PSW 和十进制调整电路等，用于执行各种算术逻辑运算、位操作和数据传送操作等。

1）算术逻辑单元 ALU

算术逻辑单元 ALU 的功能是在控制器控制下，对 8 位二进制数进行加、减、乘、除运算和逻辑与、或、非、异或、清零等运算。

2）累加器 ACC

累加器 ACC(accumulator，简称累加器 A)是一个 8 位寄存器，是 CPU 中使用最频繁的寄存器。在各种算术逻辑运算中，A 累加器用于提供一个参入运算的操作数和存放运算结果；CPU 与外部存储器或 I/O 口进行的数据交换，都需经过 A 累加器进行。其他，如移位、BCD 调整操作也需通过 A 累加器进行。

3）寄存器 B

寄存器 B 通常与累加器 A 配合使用，存放第二操作数。在乘、除运算中，用于存放乘积的高位字节和除法的余数；不作乘除运算时，可作通用寄存器使用。

4）程序状态字寄存器

程序状态字(programe state word，PSW)寄存器是一个 8 位寄存器，用于寄存程序运行的状态信息。它的一些位可由软件设置以实现一些控制功能，其他位则由硬件运行时自动设置或保留未用。PSW 各位的定义如图 3.21 所示。各标志位意义如下：

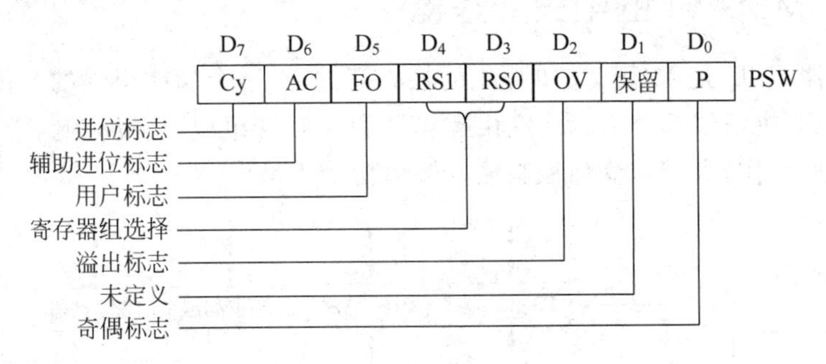

图 3.21 程序状态字格式

- 进位标志 Cy(PSW.7)：Cy=1,表示运算结果的最高位产生了进位或借位。Cy 标志主要用于多字节数的加/减法运算、条件转移指令中的条件和十进制调整,以及在位操作中作累加位使用。
- 辅助进位标志 AC(PSW.6)：当运算导致低 4 位向高 4 位进位或借位时,AC 置位,否则被清零。AC 标志常用于十进制调整。
- 用户标志 FO(PSW.5)：用户可用软件对 FO 赋以一定的含义,决定程序的执行方式。
- 寄存器组选择标志 RS1、RS0(PSW.4、PSW.3)：可通过软件设置,指示当前使用的工作寄存器组,选择关系如表 3.12 所示。

表 3.12 RS1、RS0 与片内工作寄存器组的对应关系

RS1	RS0	寄存器组	片内 RAM 地址	通用寄存器名
0	0	0 组	00H～07H	R_0～R_7
0	1	1 组	08H～0FH	R_0～R_7
1	0	2 组	10H～17H	R_0～R_7
1	1	3 组	18H～1FH	R_0～R_7

- 溢出标志 OV(PSW.2)：OV=1,表示有符号数运算时,运算结果的数值超过了结果操作数的表示范围(－128～＋127),即产生溢出；否则表明运算结果正确。OV 常用作条件转移指令中的条件。
- 奇偶标志 P(PSW.0)：P=1,表示 ACC 中的运算结果有奇数个 1。P 也可用作条件转移指令中的条件。

2. 控制器

控制器包括定时控制逻辑(时钟电路、复位电路)、指令寄存器 IR、指令译码器 ID、程序计数器 PC、堆栈指针 SP、数据指针寄存器 DPTR 以及信息传送控制部件等。控制器是单片机的"心脏",它通过产生一系列的微操作,控制单片机各部分的运行。

1) 程序计数器 PC

程序计数器 PC(program counter)是一个 16 位的专用寄存器,用于存放 CPU 下一条要执行的指令地址,寻址范围为 64KB,取指令时,PC 的低 8 位经 P0 口输出,高 8 位经 P2 口输出。程序计数器 PC 具有自动加 1 的功能,即从存储器中读出一个字节的指令码后,PC

自动加1(指向下一条待取指令地址)。PC寄存器不能由用户读/写,但可通过转移、调用、返回等指令改变其内容,以控制程序的执行流程。

2) 指令寄存器IR和指令译码器ID

指令寄存器IR用于存放待执行的指令代码。CPU执行指令时,从程序存储器中读取的指令代码先送入指令寄存器,指令译码器ID则对IR中的指令进行译码,把指令转换成执行此指令所需的电信号,再由定时与控制电路发出相应的控制信号,完成指令所指定的操作。

3) 数据指针寄存器DPTR

数据指针寄存器DPTR是一个16位的专用寄存器,其高位字节寄存器用DPH表示,低位字节寄存器用DPL表示。编程时,既可以按16位寄存器来使用,也可分作两个8位寄存器DPH和DPL来使用。

DPTR主要是用来保存16位地址,当对64KB外部数据存储器寻址时,作为间址寄存器使用。在访问程序存储器时,用作基址寄存器。

4) 堆栈指针SP(stack pointer)

堆栈是一种先进后出的数据结构,如图3.22所示。SP是一个8位寄存器,它指示堆栈顶部在内部RAM中的位置。堆栈有两种操作,即压栈和出栈,均在SP指示的栈顶进行。系统复位后,SP的初始值为07H,使得堆栈实际上是从08H单元开始的。由于RAM的08H~1FH单元隶属1~3工作寄存器区,若编程时需要用到这些数据单元,为了避免冲突就必须对堆栈指针SP进行初始化,原则上设在任何一个区域均可,但一般设在30H~1FH之间较为适宜。

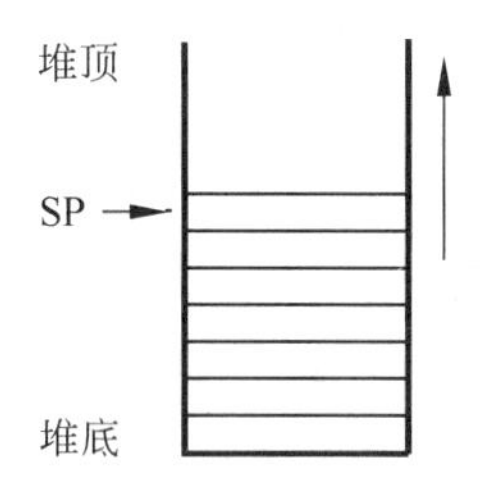

图3.22 堆栈结构

5) 程序地址寄存器AR

AR是一个16位的寄存器,存放将要寻址的外部存储器单元的地址码。寻址时,AR通过地址总线AB(P0、P2口)输出访问外部存储器的地址码。

6) 数据缓存器DR

它用于存放写入外部存储器或I/O端口的数据信息。可见,数据缓存器对输出数据具有锁存功能。数据缓存器与外部数据总线DB直接相连。

3.4.3 MCS-51的存储器结构

MCS-51单片机的存储器结构如图3.23所示。ROM用来存放指令的机器码、表格和常数等;RAM则用于存放需要修改的量,如运算的中间结果和I/O数据缓存等。由图可以看出,MCS-51单片机的ROM和RAM都有片内与片外之分,内部数据存储器又有工作寄存器区、位寻址区、数据缓冲区和特殊功能寄存器之分。

1. 程序存储器

对于8051来说,片内程序存储器(ROM)的地址为0000H~0FFFH,共4KB;片外程序存储器地址范围为1000H~FFFFH,共60KB。当程序计数器由内部0FFFH执行到外部1000H时,会自动跳转。8751的内部程序存储器由4KB的EPROM组成,8031内部则无程序存储器,必须外接程序存储器,这时$\overline{EA}$必须接地。

程序存储器中有6个地址区具有特殊用途,是保留给系统使用的,如表3.13所示。

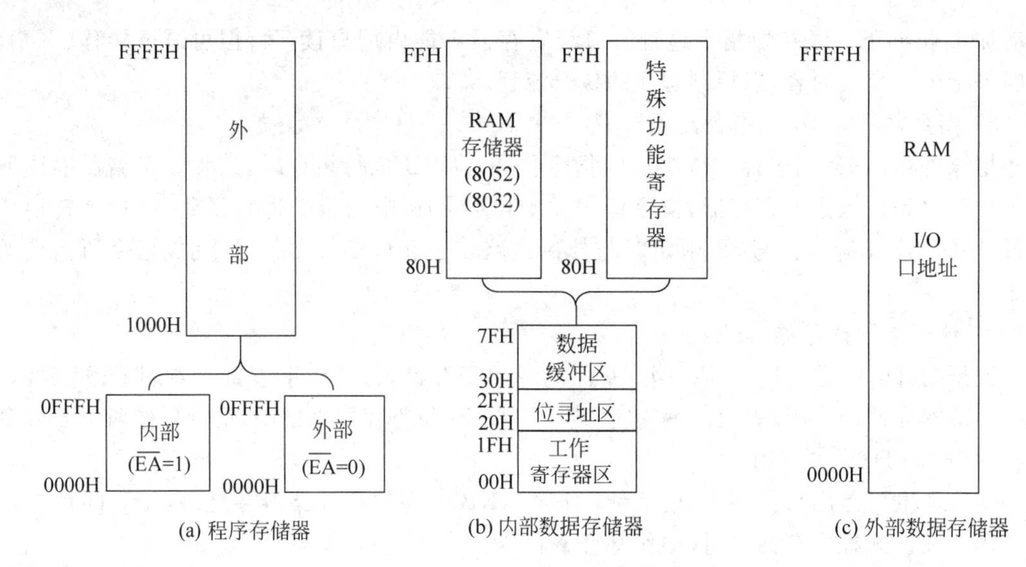

图 3.23 MCS-51 单片机存储器结构

表 3.13 程序存储器中系统保留地址区

序号	地 址 区	系 统 用 途
1	0000H～0002H	系统启动地址区
2	0003H～000AH	外部中断 0 中断地址区
3	000BH～0012H	定时/计数器 0 中断地址区
4	0013H～001AH	外部中断 1 中断地址区
5	001BH～0022H	定时/计数器 1 中断地址区
6	0023H～002AH	串行中断地址区

0000H 是系统的启动地址，系统复位后，PC 为 0000H，单片机从 0000H 单元开始执行程序，通常在 0000H～0002H 单元中存放一条无条件转移指令，让 CPU 直接去执行用户指定的程序。

0003H、000BH、0013H、001BH 和 0023H 对应 5 个中断源的中断服务入口地址。CPU 响应中断时，按中断的类型，分别从这 5 个地址执行中断服务程序。一般情况下，中断区 8 个地址单元是不能存下完整的中断服务程序的，因而一般也是在中断响应的地址区存放一条无条件转移指令，指向程序存储器的其他真正存放中断服务程序的空间去执行，这样中断响应后，CPU 读到这条转移指令，便转向其他地方去继续执行中断服务程序。

2. 内部数据存储器

MCS-51 片内 RAM 为 256B，地址范围为 00H～FFH，分为两部分：00H～7FH 单元为用户数据 RAM，80H～FFH 单元为特殊功能寄存器 SFR。

在 00H～1FH 共 32 个单元是 4 个通用工作寄存器区。每个区有 8 个通用寄存器 R0～R7，程序中使用哪个区，由程序状态字寄存器(PSW)的第 3 和第 4 位(RS0 和 RS1)选择，选择关系见表 3.12。

片内 RAM 的 20H～2FH 单元为位寻址区，既可作为一般单元用字节寻址，也可对它们的位进行寻址。位寻址区共有 16 个字节，128 个位，每一位都有一个位地址，位地址范围为00H～7FH。各位的地址分配如表3.14所示，CPU能直接寻址这些位，执行例如置“1”、清“0”、求“反”、转移、传送和逻辑等操作。

表3.14 RAM位寻址区地址表

RAM地址	位地址							
	D_7	D_6	D_5	D_4	D_3	D_2	D_1	D_0
20H	07H	06H	05H	04H	03H	02H	01H	00H
21H	0FH	0EH	0DH	0CH	0BH	0AH	09H	08H
22H	17H	16H	15H	14H	13H	12H	11H	10H
23H	1FH	1EH	1DH	1CH	1BH	1AH	19H	18H
24H	27H	26H	25H	24H	23H	22H	21H	20H
25H	2FH	2EH	2DH	2CH	2BH	2AH	29H	28H
26H	37H	36H	35H	34H	33H	32H	31H	30H
27H	3FH	3EH	3DH	3CH	3BH	3AH	39H	38H
28H	47H	46H	45H	44H	43H	42H	41H	40H
29H	4FH	4EH	4DH	4CH	4BH	4AH	49H	48H
2AH	57H	56H	55H	54H	53H	52H	51H	50H
2BH	5FH	5EH	5DH	5CH	5BH	5AH	59H	58H
2CH	67H	66H	65H	64H	63H	62H	61H	60H
2DH	6FH	6EH	6DH	6CH	6BH	6AH	69H	68H
2EH	77H	76H	75H	74H	73H	72H	71H	70H
2FH	7FH	7EH	7DH	7CH	7BH	7AH	79H	78H

片内RAM的30H～7FH为数据缓冲区，可用于开辟堆栈区。

特殊功能寄存器(SFR)也称为专用寄存器，它反映了MCS-51单片机的运行状态。很多功能也通过特殊功能寄存器来定义和控制程序的执行。

MCS-51有21个特殊功能寄存器，它们被离散地分布在内部RAM的80H～FFH地址中，这些寄存器的功能已作了专门的规定，用户不能修改其结构。表3.15给出了特殊功能寄存器分布情况，其主要寄存器在前面已作介绍，此处不再赘述。

表3.15 特殊功能寄存器分布一览表

序号	标识符号	地 址	寄存器名称
1	ACC	0E0H	累加器
2	B	0F0H	B寄存器
3	PSW	0D0H	程序状态字
4	SP	81H	堆栈指针
5	DPTR	82H、83H	数据指针寄存器(DPL、DPH)
6	IE	0A8H	中断允许控制寄存器
7	IP	0B8H	中断优先控制寄存器
8	P_0	80H	I/O口0寄存器
9	P_1	90H	I/O口1寄存器
10	P_2	0A0H	I/O口2寄存器
11	P_3	0B0H	I/O口3寄存器

续表

序号	标识符号	地　　址	寄存器名称
12	PCON	87H	电源控制及波特率选择寄存器
13	SCON	98H	串行口控制寄存器
14	SBUF	99H	串行数据缓冲寄存器
15	TCON	88H	定时控制寄存器
16	TMOD	89H	定时器方式选择寄存器
17	TL0	8AH	定时器0低8位
18	TH0	8CH	定时器0高8位
19	TL1	8BH	定时器1低8位
20	TH1	8DH	定时器1高8位

3. 外部数据存储器

外部数据存储器一般由静态RAM构成，其容量大小由用户根据需要而定，最大可扩展到64KB RAM，地址为0000H～FFFFH。CPU通过MOVX指令访问外部数据存储器，用间接寻址方式，R0、R1和DPTR都可作间接寄存器。需要说明的是，MCS-51的外部RAM和扩展的I/O接口是统一编址的，所有的外扩I/O口都要占用64KB中的地址单元。

3.4.4 MCS-51的并行输入/输出接口

MCS-51单片机有4个8位双向I/O接口P0～P3，共32根输入/输出线，每一条I/O接口线都能独立使用。每个端口包含一个8位数据锁存器和一个输入缓冲器。输出时，数据可以锁存；输入时，数据可以缓冲。作为一般I/O使用时，在指令控制下，可以有三种基本操作方式：输入、输出和读—修改—写。

4个I/O中，P0的输出级具有驱动8个TTL负载的能力，即输出电流不小于800μA；P1、P2、P3口的输出缓冲器可驱动4个TTL门电路，并且不需要加上拉电阻就能驱动CMOS电路。在使用上，4个I/O口则各有所不同。

1. P0口和P2口

P0口、P2口一位的结构分别如图3.24和图3.25所示。两者结构基本相同，均由一个输出数据锁存器、两个三态输入缓冲器、输出驱动电路和输出控制电路组成。

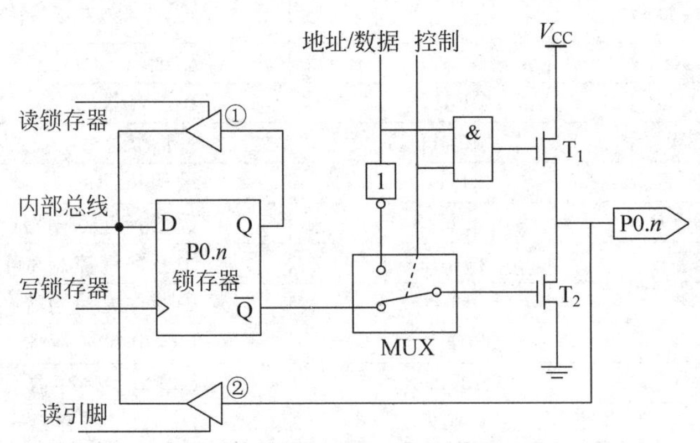

图3.24　P0口内部一位结构图

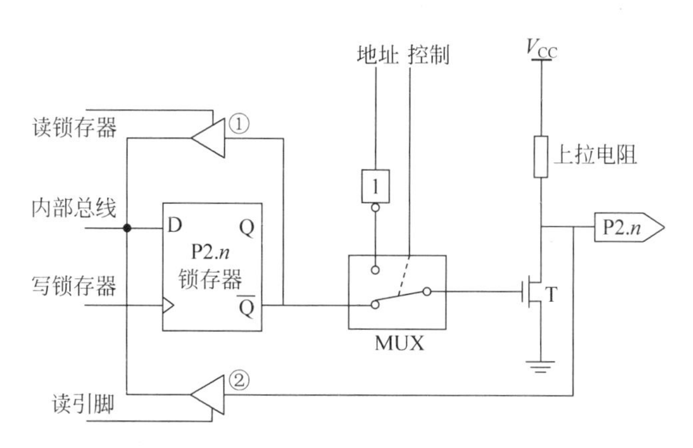

图 3.25 P2 口内部一位结构图

P0 口和 P2 口使用上有两种功能，即通用 I/O 接口功能和用作外部存储器和 I/O 口扩展的地址、数据总线。

1）通用接口功能

以 P0 口为例(P2 口类似)，当控制信号为 0 时，转换开关 MUX 下合，使输出驱动器 T_2 与锁存器 $\overline{Q}$ 端接通，这时 P0 作为一般 I/O 口使用。同时，控制信号为 0 也使与门输出为 0，T_1 截止，使输出驱动级工作在漏极开路的工作方式。

P0 作为输出口时，锁存器 CP 端加一写入脉冲，与内部总线相连的 D 端数据取反后出现在 $\overline{Q}$ 端，又经 T_2 反向，在 P0 引脚上出现的数据正好是内部总线上的数据。

P0 口用作输入时，三态门②打开，端口引脚上的数据读到内部总线。若在端口进行读入引脚状态前，先向端口锁存器写入一个"1"，使 $\overline{Q}=0$，此时 T_1 和 T_2 完全截止，端口引脚处于高阻状态，可见，P0 作为通用接口时是一准双向口。

2）用作外部地址、数据总线

MCS-51 没有专门的地址、数据线，这个功能由 P0、P2 口承担。在访问片外存储器和扩展 I/O 口时，控制端输出高电平，转换开关 MUX 上合，接通反向器输出端(锁存器 $\overline{Q}$ 端断开)。这时地址/数据信号经反向器和与门作用于 T_1、T_2 场效应管(P0 口，对 P2 口是地址信号经反向器作用于 T_2 场效应管)，使输出引脚和地址/数据信号相同。

作为扩展系统的外部总线时，P0 口是地址/数据分时复用总线，用于提供低 8 位地址和传送数据；P2 输出高 8 位地址，与 P0 口一起组成 16 位地址总线。对于 8031 而言，P2 口一般只作为地址总线使用，而不作为 I/O 线直接与外部设备相连。

2. P1 口

P1 口是用户专用 8 位准双向 I/O 口，具有通用输入/输出功能，每一位都能独立地设定为输入/输出。P1 口一位的结构如图 3.26 所示，当输出方式变为输入方式时，该位的锁存器必须写入"1"，然后才能进行输入操作。

3. P3 口

P3 口为双功能口，其一位的结构如图 3.27 所示。当 P3 作为通用 I/O 口使用时，是准双向口，作为第二功能使用时，每一位功能定义如表 3.16 所示。

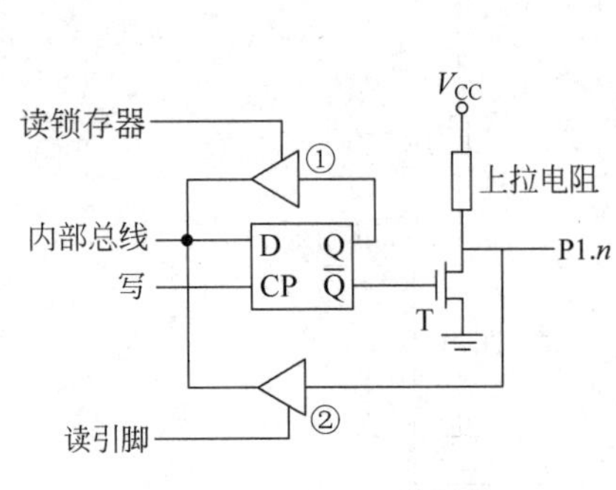

图 3.26 P1 口一位结构

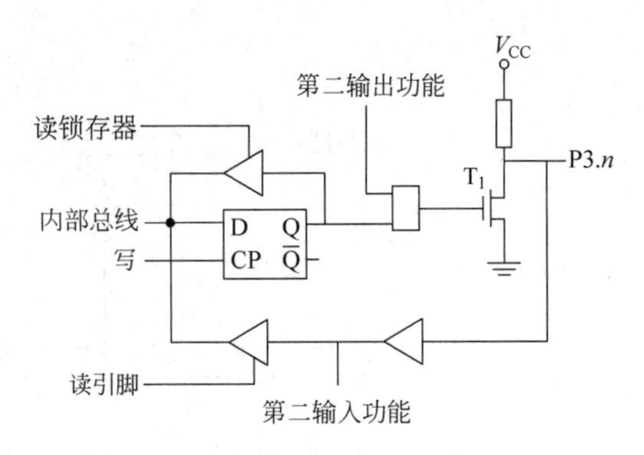

图 3.27 P3 口一位结构

表 3.16 P3 口用作第二功能的位定义

P3 口引脚线号	信 号 名 称	功 能 说 明
P3.0	RxD	串行口数据接收端
P3.1	TxD	串行口数据发送端
P3.2	$\overline{\text{INT0}}$	外部中断 0 请求输入端
P3.3	$\overline{\text{INT1}}$	外部中断 1 请求输入端
P3.4	T0	定时/计数器 0 外部输入端
P3.5	T1	定时/计数器 1 外部输入端
P3.6	$\overline{\text{WR}}$	片外数据存储器写信号
P3.7	$\overline{\text{RD}}$	片外数据存储器读信号

3.4.5 MCS-51 的外部引脚

MCS-51 系列单片机中采用 HMOS 工艺的 8031、8051 及 8751 均采用 40 引脚双列直插式封装，低功耗 CMOS 工艺的 MCS-51 系列单片机则采用方形结构封装，如图 3.28 所示。40 个引脚中，正电源和地线两根，外置石英振荡器的时钟线两根，4 根控制线和 4 组 8 位共 32 根 I/O 端口线。下面对这些引脚的功能加以说明。

1. 电源线和时钟信号线

(1) V_{CC}，GND——电源和地，MCS-51 采用+5V 电源供电。

(2) XTAL1，XTAL2——时钟信号线，XTAL1 是内部振荡器输入端，XTAL2 是内部振荡器输出端。

MCS-51 的时钟有两种方式，一种是片内时钟振荡方式，XTAL1 和 XTAL2 外接石英晶体和振荡电容，与内部振荡器一起构成一个自激振荡器，如图 3.29(a)所示，晶振频率可以在 1.2～12MHz 之间选择，通常选择为 6MHz，C_1、C_2 电容值取 5～30pF，电容的大小可起频率微调的作用；另外一种是外部时钟方式，XTAL1 接地，XTAL2 接外部振荡器，如图 3.29(b)所示。

2. 控制线

(1) RESET/V_{PD}——是系统复位和备用电源复用引脚。当 MCS-51 通电，时钟电路开始工作，在 RESET 引脚上出现 24 个时钟周期以上的高电平，系统复位。复位后各内部寄存器状态如表 3.17 所示，但复位不改变 RAM（包括工作寄存器 $R_0 \sim R_7$）的状态。RESET 由高电平变为低电平后，系统即从 0000H 地址开始执行程序。

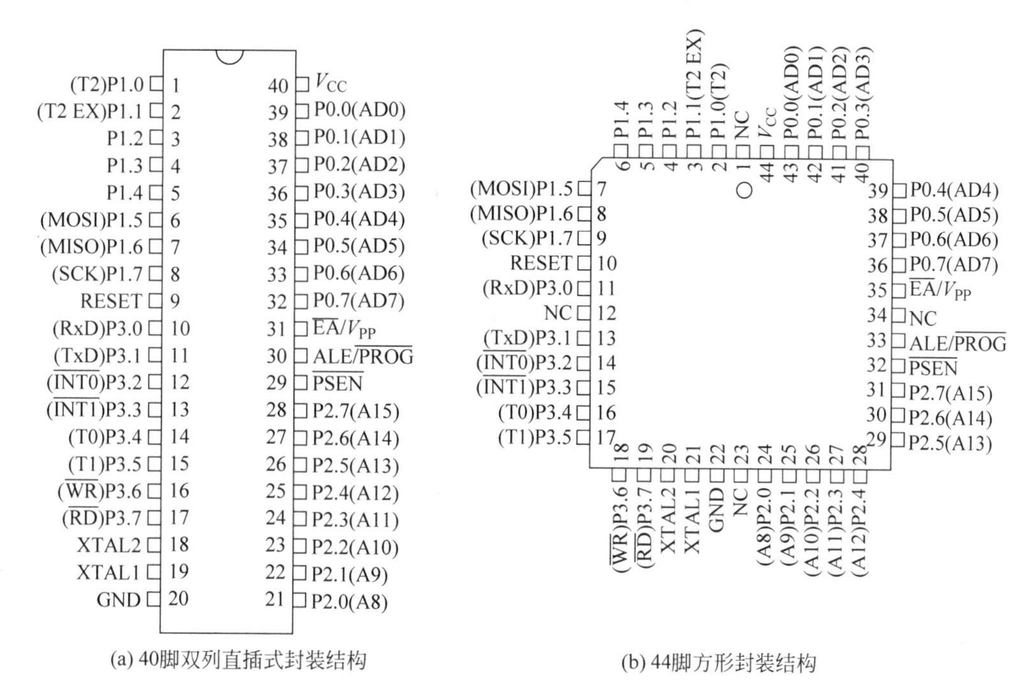

(a) 40脚双列直插式封装结构　　(b) 44脚方形封装结构

图 3.28　MCS-51 外部引脚

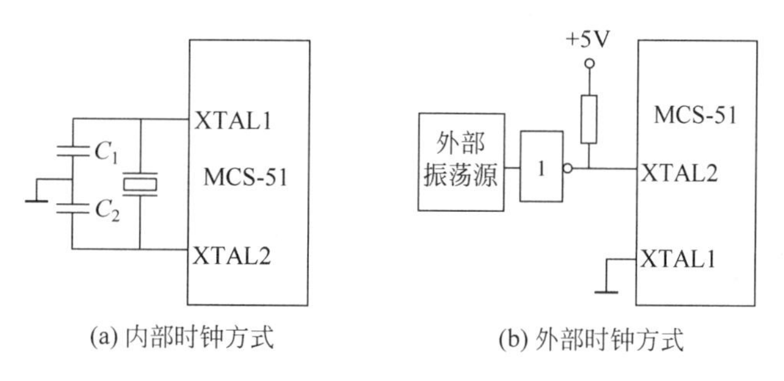

(a) 内部时钟方式　　(b) 外部时钟方式

图 3.29　MCS-51 时钟电路

表 3.17　复位后内部寄存器状态

寄存器名	复位状态	寄存器名	复位状态
ACC	00H	TMOD	00H
PC	0000H	TCON	00H
PSW	00H	TL0	00H
SP	07H	TH0	00H
DPTR	0000H	TL1	00H
P0～P3	0FFH	TH1	00H
IP	xx000000B	SCON	00H
IE	0x000000B	SBUF	不定
PCON	0xxx0000B		

MCS-51 的复位方式有两种：上电自动复位和开关手动复位，如图 3.30 所示。图 3.30(a)所示为上电自动复位电路，通电瞬间，在 *RC* 电路充电过程中，RESET 端出现正脉冲使单片机复位；图 3.31(b)所示为手动复位电路，按复位开关使单片机复位。

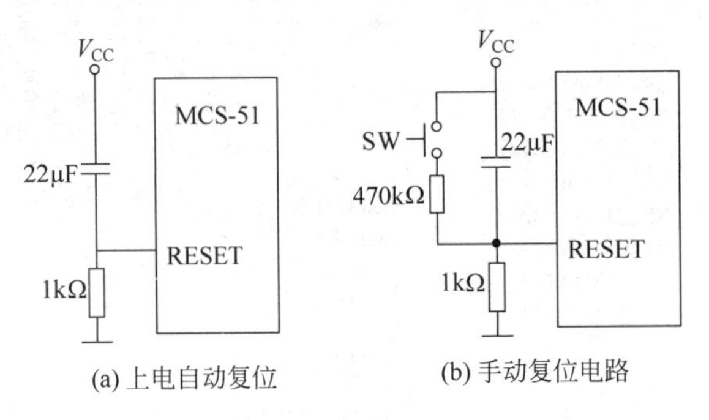

图 3.30 MCS-51 复位电路

该引脚的另一复用功能是作为备用电源输入端，V_{CC} 掉电期间，此脚上的备用电源自动接入，以保证单片机内部 RAM 的数据不丢失。

(2) ALE——地址锁存允许线。访问外部存储器时，ALE 输出一正脉冲信号，下降沿使 P0 口输出的低 8 位地址锁存到外部地址锁存器，以便空出 P0 口用作 8 位外部数据总线；不访问外部存储器时，ALE 输出晶振 6 分频脉冲序列，可用作外部时钟源或作为定时脉冲源。

(3) $\overline{\text{PSEN}}$——外部程序存储器(ROM)选通线。当从程序存储器中读取指令或数据时，$\overline{\text{PSEN}}$输出一负脉冲选通信号，用于选通片外 ROM 芯片，否则输出为高电平。

(4) $\overline{\text{EA}}/V_{PP}$——内外部程序存储器选择和编程电源复用引脚。8051 和 8751 单片机内置有 4KB 的程序存储器，当$\overline{\text{EA}}$为高电平并且程序地址小于 4KB 时，读取内部程序存储器指令数据，而超过 4KB 地址则读取外部指令数据；若$\overline{\text{EA}}$为低电平，则不管地址大小，一律读取外部程序存储器指令。对内部无程序存储器的 8031，$\overline{\text{EA}}$端必须接地。

对 8051 和 8751 来说，该引脚还是编程电源复用引脚，编程时，$\overline{\text{EA}}/V_{PP}$需接 21V 的编程电压。

3. I/O 端口线

MCS-51 单片机内有 4 个 8 位并行 I/O 口，即 P0、P1、P2 和 P3 口，共有 32 根 I/O 端口线。

(1) P0.0～P0.7——P0 口端口线，P0.7 为最高位，P0.0 为最低位。这 8 条引脚有两种不同功能：在不带片外存储器时，P0 口可作为通用 I/O 口使用，P0.0～P0.7 是 I/O 数据线，用于传送 CPU 的输入/输出数据；外扩片外存储器时，P0.0～P0.7 是访问外部存储器的低 8 位地址/8 位数据分时复用线。

(2) P1.0～P1.7——P1 口端口线。这 8 条引脚是 P1 口作为通用 I/O 口使用的 I/O 数据线，用于传送 CPU 的输入/输出数据。

(3) P2.0～P2.7——P2 口端口线。P2 口作为通用 I/O 口使用时，P2.0～P2.7 是 I/O 数据线；外扩片外存储器时，P2.0～P2.7 与 P0.0～P0.7 配合，提供访问外部存储器的高 8 位地址线。

(4) P3.0～P3.7——P3 口端口线。P3 口作为通用 I/O 口使用时，P3.0～P3.7 是 I/O 数据线；它的另一功能是作外扩片外存储器和 I/O 接口的读/写控制线，及其他控制线，如表 3.16 所示。

当 MCS-51 外扩存储器或 I/O 接口时，其片外扩展三总线结构如图 3.31 所示。

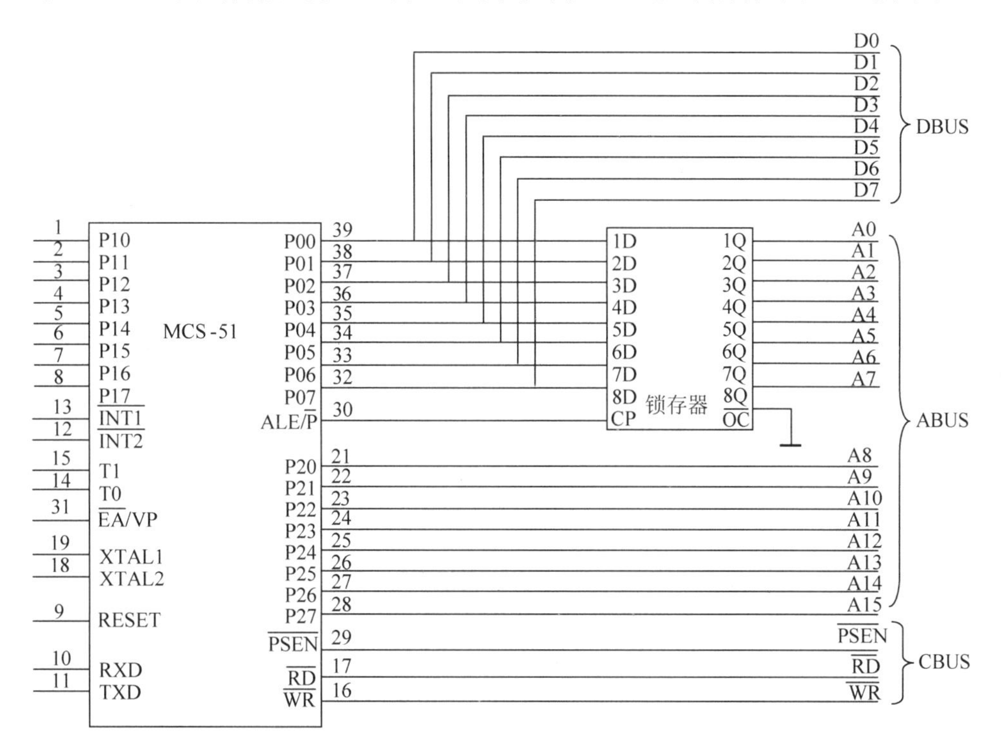

图 3.31 MCS-51 片外三总线结构

3.4.6 MCS-51 指令系统概貌

MCS-51 单片机指令系统有 42 种助记符，代表了 33 种功能，有的功能（如数据传送）可以有几种助记符（如 MOV、MOVC、MOVX）。指令功能助记符与各种可能的寻址方式相结合，共构成 111 条指令。在这些指令中，单字节指令有 49 条，双字节指令有 45 条，三字节指令有 17 条；从指令执行的时间看，单机器周期指令有 64 条，双机器周期指令有 45 条，4 机器周期指令有 2 条（乘法、除法指令）。

按指令功能分，MCS-51 指令系统可分为以下五类指令：

- 数据传送指令；
- 算术运算指令；
- 逻辑运算指令；
- 位操作指令；
- 控制转移指令。

这些指令与 Pentium 微处理器相应指令在操作上大同小异，限于篇幅，本书对 MCS-51 单片机指令系统不作介绍，读者如有需要可参阅其他有关书籍。

3.5 ARM 系列嵌入式微处理器

随着微处理器技术的飞速发展和广泛应用，人们希望将微机嵌入到某个对象体中，实现对象体的智能化控制。例如，将微型计算机经电气加固、机械加固，并配置各种外围接口电路，嵌入到各种飞行器如飞机、导弹等中，构成自动导航系统或精确制导武器。这样，微机原来通用的功能被改变为了专一用途。为了区别于原有的通用计算机系统，把嵌入到对象体中、实现对象体智能化控制的专用计算机称为嵌入式计算机系统，简称嵌入式系统。

构成嵌入式系统的微处理器，称为嵌入式微处理器(embedded micro processor unit, EMPU)，可以是一般通用微处理器(MPU)、微控制器(micro control unit，MCU)或数字信号处理器(digital signal processor，DSP)，也可以是片上系统(SoC)。本节简要介绍在嵌入式系统中应用广泛的 ARM 系列嵌入式微处理器，主要包括 ARM 微处理器的体系结构、寄存器的组织、处理器的工作状态、运行模式以及异常等。

3.5.1 ARM 微处理器概述

ARM(Advanced RISC Machines)是一个公司的名字，也可以认为是对一类微处理器的统称，还可以认为是一种技术的名字。

ARM 公司 1991 年成立于英国剑桥，专门从事基于 RISC 技术的芯片设计、开发和授权。作为知识产权供应商，它本身不直接从事芯片生产，而是转让设计许可，由合作公司生产各具特色的芯片。世界各大半导体生产商从 ARM 公司购买其设计的 ARM 微处理器核，根据各自不同的应用领域，加入适当的外围电路，从而形成自己的 ARM 微处理器芯片进入市场。目前，全世界有几十家大的半导体公司使用 ARM 公司的授权设计芯片，这使得 ARM 技术能获得更多的第三方工具、制造和软件的支持，使系统(产品)研发成本降低，从而使产品更具有竞争力，为消费者所接受。

1. ARM 体系结构的特点

ARM 处理器采用 RISC(reduced instruction set computer，精简指令集计算机)结构，与传统的 CISC(complex instruction set computer，复杂指令集计算机)结构相比，RISC 体系结构具有如下特点：

(1) 采用固定长度的指令格式，指令归整、简单，基本寻址方式只有 2～3 种；

(2) 使用单周期指令，便于流水线操作执行；

(3) 大量使用寄存器(共有 37 个 32 位寄存器)，数据处理指令只对寄存器进行操作，只有加载/存储指令可以访问存储器，以提高指令的执行效率。

除此以外，ARM 体系结构还采用了一些特别的技术，在保证高性能的前提下尽量缩小芯片的面积，并降低功耗：

(1) 所有的指令都可根据前面的执行结果决定是否被执行，从而提高指令的执行效率；

(2) 可用加载/存储指令批量传输数据，以提高数据的传输效率；

(3) 可在一条数据处理指令中同时完成逻辑处理和移位处理；

(4) 在循环处理中使用地址的自动增减来提高运行效率。

尽管 RISC 架构有上述的优点，但决不能认为 RISC 架构就可以取代 CISC 架构，事实上，RISC 和 CISC 各有优势，而且界限并不那么明显。现代的 CPU 往往采用 CISC 的外围，内部加入了 RISC 的特性，如超长指令集 CPU 就是融合了 RISC 和 CISC 的优势，成为未来的 CPU 发展方向之一。

2. ARM 微处理器系列

ARM 微处理器目前主要包括 ARM7、ARM9、ARM9E、ARM10E、ARM11、SecurCore、Inter Xscale、Inter Strong ARM 和 ARM Cortex 几个系列。其中，ARM7、ARM9、ARM9E、ARM10E 和 ARM11 为 5 个通用处理器系列，每一个系列提供一套相对独特的性能来满足不同应用领域的需求；SecurCore 系列专门为安全要求较高的应用而设计；ARM Cortex 系列为各种不同性能要求的应用提供了一整套完整的优化解决方案。本节将对 ARM 各系列微处理器的技术和应用特点作一简要介绍。

1）ARM7 系列微处理器

ARM7 系列微处理器为低功耗的 32 位 RISC 处理器，适合于对价位和功耗要求较高的消费类应用。它主要具有以下特点：

(1) 具有嵌入式 ICE-RT 逻辑，调试开发方便；

(2) 极低的功耗，适合对功耗要求较高的应用，如便携式产品；

(3) 提供 0.9MIPS/MHz 的三级流水线结构；

(4) 代码密度高，并兼容 16 位的 Thumb 指令集；

(5) 支持多种操作系统，如 Windows CE、Linux、Palm OS 等；

(6) 指令系统与 ARM9、ARM9E 和 ARM10E 系列兼容，便于用户的产品升级换代；

(7) 主频最高可达 130MHz，高速的运算处理能力能胜任绝大多数的复杂应用。

ARM7 系列微处理器包括 ARM7TDMI、ARM7TDMI-S、ARM720T、ARM7EJ 几种类型的核。其中，ARM7TMDI 是目前使用最广泛的 32 位嵌入式 RISC 处理器，属低端 ARM 处理器核。型号命名中，各后缀的基本含义如表 3.18 所示。

表 3.18 ARM 处理器后缀命名含义

后缀名	含 义
D	表示支持片上 Debug
E	表示支持增强 DSP 指令
I	表示嵌入式 ICE，支持片上断点和调试点
J	表示支持 Jazzlle 技术
M	表示内嵌硬件乘法器(multiplier)
S	表示可综合的内核
T	表示支持 16 位 Thumb 指令集(ARM9E 之后都支持，不再带有 T 标识)

ARM7 系列微处理器的主要应用领域为工业控制、Internet 设备、网络和调制解调器设备、移动电话等。

2）ARM9 系列微处理器

ARM9 系列微处理器在高性能和低功耗特性方面提供最佳的性能。具有以下特点：

(1) 5 级整数流水线，指令执行效率更高；

(2) 提供 1.1MIPS/MHz 的哈佛结构；

(3) 支持32位ARM指令集和16位Thumb指令集;

(4) 支持32位的高速AMBA总线接口;

(5) 全性能的MMU,支持Windows CE、Linux、Palm OS等多种主流嵌入式操作系统;

(6) MPU支持实时操作系统;

(7) 支持数据Cache和指令Cache,具有更高的指令和数据处理能力。

ARM9系列微处理器包括ARM920T、ARM922T和ARM940T三种类型,以适用于不同的应用场合。主要应用于无线设备、仪器仪表、安全系统、机顶盒、高端打印机、数码相机和数字摄像机等。

3) ARM9E系列微处理器

ARM9E系列微处理器为可综合处理器,它使用单一的处理器内核提供了微控制器、DSP和Java应用系统的解决方案,极大地减少了芯片的面积和系统的复杂程度,很适合于那些需要同时使用DSP和微控制器的应用场合。

与ARM9相比,ARM9E在ARM9基础上主要作了如下改进:

(1) 增加了DSP处理能力;

(2) 支持VFP9浮点处理协处理器;

(3) 提高了主频(最高可达300MHz)。

ARM9E系列微处理器包含ARM926EJ-S、ARM946E-S和ARM966E-S和ARM968EJ-S四种类型。主要应用于下一代无线设备、数字消费品、成像设备、工业控制存储设备和网络设备等领域。

4) ARM10E系列微处理器

ARM10E系列微处理器采用了新的体系结构,与同等的ARM9微处理器相比,在同样的时钟频率下,性能提高了近50%。同时,ARM10E系列微处理器采用了两种先进的节能方式,使其功耗极低。

与ARM9E系列微处理器相比,ARM10E在ARM9E基础上主要作了以下改进:

(1) 采用6级整数流水线,指令执行效率更高;

(2) 支持VFP10浮点处理协处理器;

(3) 主频最高可达400MHz;

(4) 内嵌并行读/写操作部件。

ARM10E系列微处理器包括ARM1020E、ARM1022E和ARM1026EJ-S三种类型。主要应用于下一代无线设备、数字消费品、成像设备、工业控制、通信和信息系统等领域。

5) SecurCore系列微处理器

SecurCore系列微处理器专为安全需要而设计,提供了完善的32位RISC技术的安全解决方案。除了具有ARM体系结构的低功耗、高性能等主要特点外,SecurCore系列微处理器的独特优势体现在对安全解决方案的支持,主要表现在以下方面:

(1) 有灵活的保护单元,以确保操作系统和应用数据的安全;

(2) 采用软内核技术,防止外部对其进行扫描探测;

(3) 可集成用户自己的安全特性和其他协处理器。

SecurCore系列微处理器包括SecurCore SC100、SecurCore SC110、SecurCore SC200和SecurCore SC210四种类型。主要应用于一些对安全性要求较高的应用产品及应用系统，如电子商务、电子政务、电子银行业务、网络和认证系统等领域。

6）StrongARM 微处理器

Intel StrongARM 处理器是采用 ARM 体系结构高度集成的 32 位 RISC 微处理器。它融合了 Intel 公司的设计和处理技术以及 ARM 体系结构的电源效率，在软件上兼容 ARMv4 体系结构，同时兼具 Intel 结构的技术特点。

Intel StrongARM 处理器是便携式通信产品和消费类电子产品的理想选择，已成功应用于多家公司的掌上电脑系列产品。

7）Intel XScale 处理器

XScale 处理器是一款全新的高性价比、低功耗的处理器。它基于 ARMv5TE 体系结构设计，支持 16 位的 Thumb 指令和 DSP 指令集，具有以下主要技术特点：

（1）支持 7 级流水线结构；

（2）32KB 数据 Cache；

（3）32KB 程序 Cache；

（4）2KB 微小数据 Cache；

（5）新增乘/加法器 MAC 和特定的 DSP 数字信号处理器，以提高对多媒体技术的支持；

（6）动态电源管理，使 XScale 处理器的时钟可达 1GHz，功耗为 1.6W，并能达到 1200MIPS。

超低功耗与高性能的组合使 Intel XScale 处理器已广泛应用于数字移动电话、个人数字助理和网络产品等场合。

8）ARM11 系列微处理器

ARM11 是采用 ARM v6 架构的第一个系列微处理器。具有 Thumb-2 指令集、TrustZone、IEM 和 SIMD 指令集等新技术。该系列包括 MPCcore（多处理器内核）、ARM1136J(F)-S、ARM1156T2(F)-S 和 ARM1176JZ(F)-S。

ARM11 实现高性能的关键是它的流水线技术，与以前的 ARM 内核不同，它采用 8 级流水线，使贯通率比以前的内核提高 40%。

9）ARM Cortex 系列微处理器

Cortex 系列是基于 ARM v7 架构的新产品系列，支持 Thumb-2 指令集和 AMBA AXI 接口规范。ARM Cortex 处理器分为 A、R 和 M 三大系列，为芯片制造商及 OEM 厂商提供一款单一架构标准，支持从低端微控制器一直到高效能应用处理器等不同效能的应用。搭载 Thumb-2 技术的 ARM Cortex 系列处理器，不仅能大幅降低开发成本，更能提高企业效率。Cortex-A 系列是为支持移动和消费类产品的开发而设计的；Cortex-R 系列是支持各种实时系统的嵌入式处理器；Cortex-M 系列是针对低成本、高性能应用开发而设计的嵌入式处理器。

3.5.2 典型 ARM 处理器——ARM1022E 处理器

ARM1022E 是一款属于 ARM10E 系列的通用处理器内核，该核实现的是 ARMv5TE 体系结构，如图 3.32 所示。它是一个高性能、低功耗，并且设计有 Cache 的处理器，具有完整的虚拟内存功能；专门用于高端的嵌入式应用以及复杂的操作系统，例如 JavaOS、Linux

和 Microsoft Windows CE；支持 ARM 和 Thumb 指令集，并包括 Embedded ICE-RT 逻辑和 JTAG 软件调试功能。

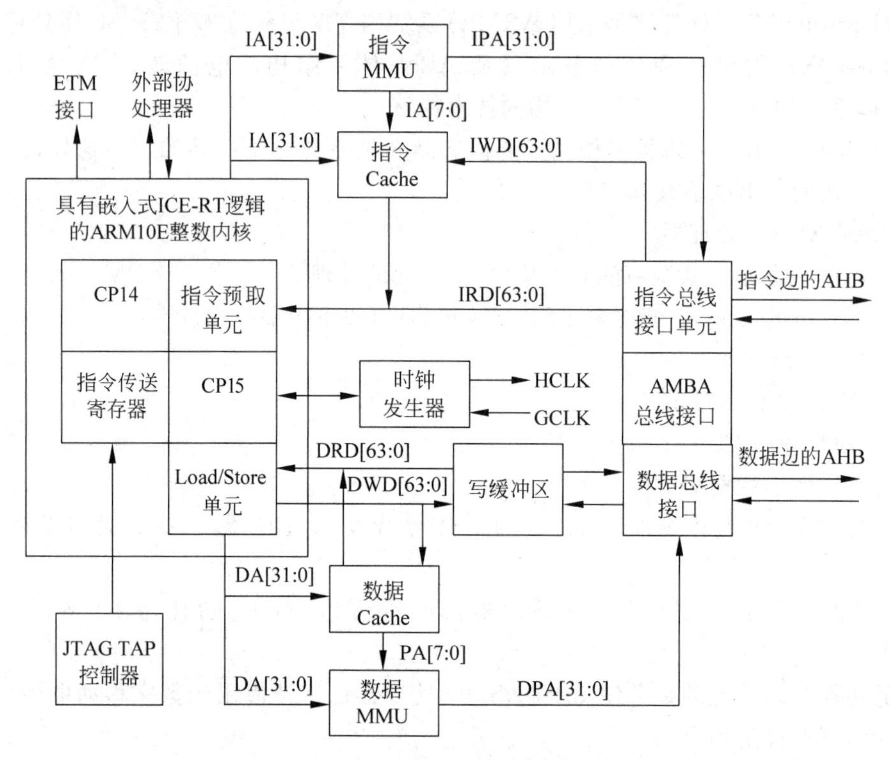

图 3.32　ARM1022E 处理器内核框图

由图 3.32 可知，ARM1022E 处理器是围绕 ARM10E 整数核构建的，主要包括 ARM10E 整数核、内存管理单元 MMU、指令和数据 Cache、协处理器(CP14、CP15)和协处理器接口、嵌入式跟踪宏单元(ETM)接口、JTAG 调试接口和 AMBA 总线接口单元等。

1. 整数核

整数核的内部结构框图如图 3.33 所示。主要包括指令预取单元、整数单元、Load/Store 单元(LSU)和寄存器组。

1) 指令预取单元

指令预取单元每个周期可从指令 Cache 中取得 64 位指令代码，但每个周期只能向整数单元发送一条 32 位的指令。由于预取的指令数大于发送的指令数，指令预取单元将未执行的指令保存在预取缓冲区中。当预取缓冲区非空(有指令)时，分支预测逻辑对预取缓冲区中的指令进行译码，并判断该指令是否可进行分支预测。如果可以，分支预测逻辑将分支指令从指令流中移除。若预测结果是分支成功，则指令地址将改变为分支目标地址。

若预测结果是分支失败，则指令地址顺序为分支指令后面的指令地址。在这种情况下，如果分支指令后的指令已经在预取缓冲区中，通常会将它代替分支指令发送出去，这将没有分支开销。如果没有足够的时间将分支指令移除，取指地址仍会重定位，这将有助于减少分支开销。

2) 整数单元

整数单元主要包含一个乘法器、一个筒形移位器和算术逻辑单元(ALU)，用于执行各种移位和算术逻辑运算等操作。此外，整数单元还执行非预测的或不可预测的分支。为此，处理器使用了一个专门的快速分支加法器，该加法器的输入不经过筒形移位器，以便快速形成分支目标地址(强制指令预取2地址)。

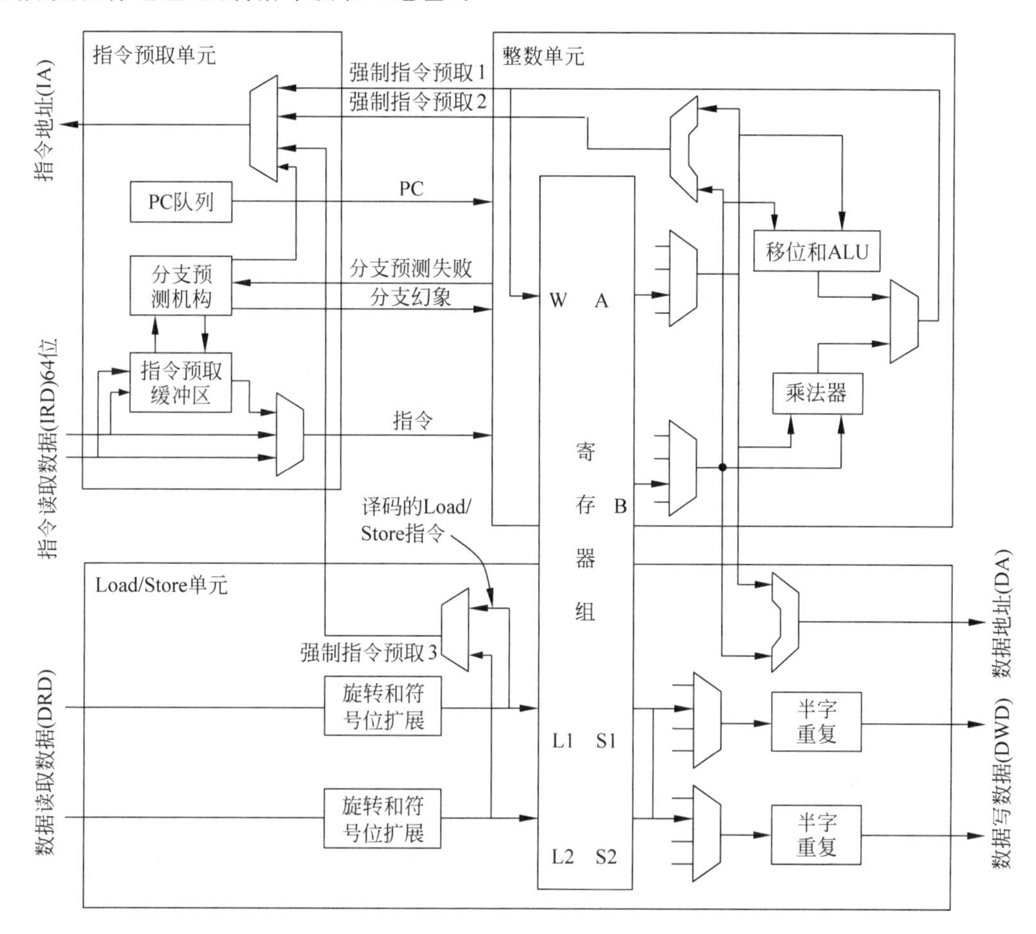

图 3.33　ARM1022E 整数核结构框图

在 ALU 输出和指令预取单元之间还有一条路径，用来执行改变 PC 值的数据处理指令(生成强制指令预取1地址)。由于这条路径需经过筒形移位器，ALU 的速度比经过专用加法器的情况要慢，这些指令通常比分支要多执行1个周期。

3) load/store 单元(LSU)

LSU 负责装载和存储数据。如果数据地址是64位对齐的，LSU 每次传输可以装载或存储两个32位的字。这样做并不能加速 LDR(load 字)或 STR(store 字)指令的执行，但会加快 LDM(load 多个字)或 STM(store 多个字)指令的执行速度。如果数据地址不是64位对齐的，则装载或存储64位数据会超过两个周期。

若 LDM 或 STM 指令不是64位对齐的，则第一次访问只能传输一个32位的字，但随后每个周期可以传输两个字。对单个字的 load 和 store 操作需要与整数单元合作执行；而对多个字的 load 和 store 操作，第一个周期要与整数单元合作执行，但此后 LSU 可以独立地完成余下多个字的 load 和 store 操作。

为此，LSU 采用了专用的加法器计数取数据的地址。如果需要，可通过 ALU 中的加法器计算基址寄存器的写回值。整数单元的 A 和 B 寄存器端口为两个加法器读取操作数。对于复杂的伸缩寄存器寻址模式，需要筒形移位器的运行，ALU 必须计算数据地址，这个过程将再消耗一个周期。

LSU 具有两个专用的寄存器组端口 S1 和 S2，以及两个专用的写端口 L1 和 L2。这些端口用于读取要保存的数据，以及写入要装载的数据。

LSU 中的多路器可将装载的数据直接发送给指令预取单元，这个数据将在装载程序计数器 PC 后，用于更新取指地址(强制指令预取 3 地址)。

4) 指令流水线

ARM1022E 处理器将指令执行分为取指、发送、译码、执行、访存和写回 6 个步骤，在整数核各功能部件的支持下，多条指令的不同执行步骤可以在不同执行单元并行执行，从而形成 6 级流水线结构。以单周期指令为例，6 级流水线操作如图 3.34 所示。

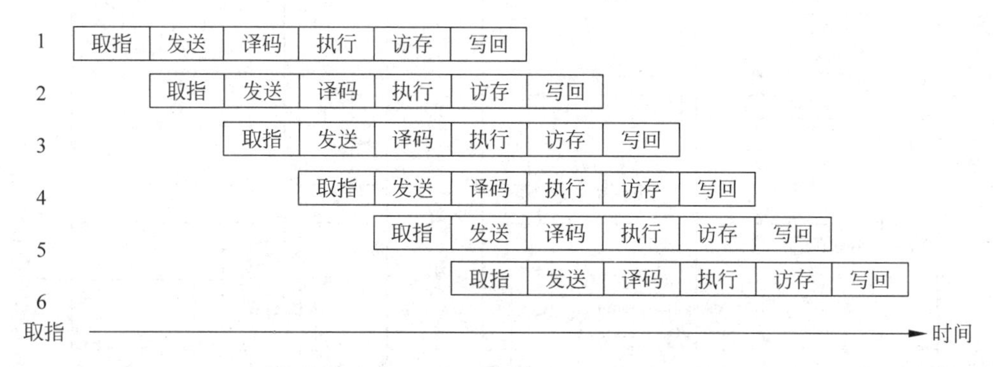

图 3.34 单周期指令的 6 级流水线操作

(1) 取指：从 Cache 中获取指令，对取出的分支指令进行分支预测。

(2) 发送：进行指令的初始译码。

(3) 译码：对指令进行最终译码，为算术逻辑单元(ALU)的操作读取寄存器、定向和初始化的互锁裁决。

(4) 执行：计算访存地址，数据处理移位，移位和饱和操作，ALU 操作，乘法操作的第一级，标志位设置，条件码检查，分支预测检测，将读取的数据寄存器内容保存到内存。

(5) 访存：从 Cache 获取数据，乘法操作的第二级，饱和操作。

(6) 写回：寄存器写操作，指令退出。

2. 内存管理单元

内存管理单元(MMU)为工作在 Symbian OS、Windows CE 和 Linux 等平台上的操作系统提供所需的虚拟存储器支持。主要用于实现虚拟地址到物理地址的变换、访问权限控制和设置虚拟存储空间的缓冲特性等。

ARM1022E 处理器存储系统采用“哈佛”结构，MMU 具有分开的指令和数据 TLB (translation lookaside buffer，快速重编址缓冲器)，每个 TLB 可高速缓存 64 个变换项。为了既支持段地址也支持页地址，MMU 采用两级地址变换，并将变换后的物理地址(指令、数据地址)分别放到指令 TLB 和数据 TLB 中。

MMU 使用标准 ARM 体系结构 v4 版和 v5 版的 MMU 映射大小、域和存取保护机制。支持以下几种映射块：

（1）段(section)：大小为 1MB 的存储块。

（2）大页(large pages)：大小为 64KB 的存储块。

（3）小页(small pages)：大小为 4KB 的存储块。

（4）极小页(tiny pages)：大小为 1KB 的存储块。

通过采用另外的访问控制机制，还可以将 64KB 的大页分成大小为 16KB 的子页；将 4KB 的小页分成大小为 1KB 的子页；极小页不能再细分，只能以 1KB 大小的整页为单位。

通常，以段为单位的地址变换过程只需要一级页表(段式存储管理)。而以页为单位的地址变换过程还需要二级页表(段页式存储管理)。有关二级页表虚拟地址变换的基本原理可参阅其他有关书籍。

3. Cache 和写缓冲

ARM1022E 处理器包括一个指令缓存(I-Cache)、一个数据缓存(D-Cache)、一个写缓冲区和一个失效下命中(HUM)缓冲区。

16KB 的 I-Cache 和 16KB 的 D-Cache 具有以下特性：

（1）8 个段，每个段有 64 行；

（2）虚拟寻址的 64 路相连；

（3）每行 8 位，并且还有一个有效位、一个污染位和一个写回位；

（4）写直达和写回 D-Cache 操作，由 MMU 转换表中的 C 位和 B 位选择每个内存区域；

（5）伪随机或其他替换策略，由 CP15 控制寄存器 C1 中的 RR 位进行选择；

（6）低功耗 CAM-RAM 实现；

（7）独立的可锁定 Cache，粒度是 Cache 的 1/64，也就是 64 个字(256B)到 Cache 的 63/64。

为了与 Microsoft Windows CE 相兼容，并降低中断延迟，除了存储在 Cache CAM 中的 VA 标示以外，还在 D-Cache PA 标示 RAM 中存储了与每个 D-Cache 相关的物理地址，在 Cache 行写回过程中使用。这意味着 MMU 并不参入 Cache 写回操作，这样就避免了与写回地址相关的 MMU 失效。

Cache 维护操作可以高效地将整个 D-Cache 清除，并且将虚拟内存中的一些小区域清除和无效化处理。当代码发生了微小变化时，后面的这个操作可以确保仍然可以保持 I-Cache 的一致性，例如自修改代码和对异常向量的改变。写缓冲可以容纳 8 个 64 位的数据包，每个都有与之相关的地址单元。

4. 总线接口单元

ARM 处理器面向高级微控制器总线体系结构(advanced microcontroller bus architecture，AMBA)进行设计。AMBA 规范定义了 AHB、ASB 和 APB 三种总线，如图 3.35 所示。

（1）AHB 总线(advanced high-performance bus)，用于连接高性能系统模块。它支持突发数据传输及单个数据传输方式，所有时序参考同一个时钟沿。

（2）ASB 总线(advanced system bus)，用于连接高性能系统模块，支持突发数据传输。

（3）APB 总线(advanced peripheral bus)，是一个简单接口，支持低性能的外围接口。

ARM1022E 处理器将高性能总线 AHB 用作它与内存和外设的接口。并且对于指令和数据，处理器分别使用不同的 AHB 总线接口：指令总线接口单元(instruction bus interface unit,IBIU)和数据总线接口单元(data bus interface unit,DBIU)。

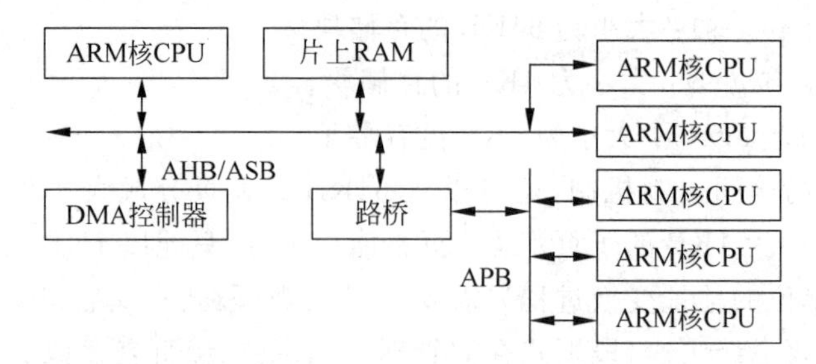

图 3.35 典型的基于 AMBA 的系统

两个接口之间未共享任何 AHB 信号。当发生数据 Cache 失效时,分离的总线接口可以使取指和执行并行进行。

AMBA 总线接口的功能是负责执行所有的“外部总线”操作,以下来自 Cache 和 MMU 的请求都会驱动总线控制器:

(1) 由 MMU 产生的页表搜索(地址变换查表过程);

(2) 不可高速缓冲的读取;

(3) 不可缓冲的写;

(4) 行填充;

(5) 经过缓冲的写;

(6) CP15 清空写缓冲和清除索引操作。

5. 协处理器接口

协处理器接口可以将多个协处理器(CP)连接到 ARM10 处理器上,为了限制接口的连接数量,每个 CP 都会跟踪 ARM10 流水线中正在执行的指令。为了使 CP 的性能最高,ARM10 处理器会尽早发送 CP 指令。也就是说,指令是看机会发送的,并且如果发生了异常或分支预测失败,还可以在流水线后期删除。因此,CP 必须能够在 ARM10 流水线的后面几站中删除指令。

功能简单的 CP 会一直跟踪 ARM10 流水线,直到确定给定的指令不会被删除。此时,CP 将开始执行该指令。功能复杂一些的 CP 重复利用指令提前发出这一点,在流水线的某些点上,CP 向 ARM10 处理器发送信号。这些信号表示 CP 需要更多的时间来执行指令,或者表示必须发出未定义的指令异常。

6. JTAG 调试单元

ARM1022E 处理器可以被嵌入到大型 SoC 设计中。嵌入式 ICE-RT 逻辑调试功能、AMBA 片上系统总线和测试方法,都使得处理器嵌入到大型 IC 中后,可以提高使用效率。

调试单元为调试软件提供支持。调试硬件与 JTAG 调试软件结合,可以用于调试应用软件、操作系统和基于 ARM10 的硬件系统。

调试单元可以完成如下操作:

(1) 停止程序执行;

(2) 检查和改变处理器以及协处理器的状态;

(3) 检查和改变内存和输入/输出外设的状态;

(4) 重新启动处理器核。

调试单元可以通过多种方式停止执行,最常用的方法是使执行过程在取指的断点或取数据的观察点停止。执行停止后,就会进入挂起模式或者监视器调试模式。

1) 挂起模式

所有处理器都可执行挂起,并且只能由连接到外部JTAG接口的硬件重启。此时可以通过JTAG接口检查并修改所有处理器寄存器、协处理器寄存器、内存和输入/输出端口。

这种模式可以干预程序的执行。在挂起模式中,可以对处理器进行调试,而不管它的内部状态如何。挂起模式需要外部硬件控制JTAG接口,软件调试器是用户与调试硬件之间的接口。

2) 监视器调试模式

在监视器调试模式中,处理器停止当前程序的执行,开始执行调试退出处理程序。处理器状态的保存方式与所有ARM异常相同。

退出处理程序与调试器应用程序进行通信,可以获得处理器和协处理器的状态,还可以访问内存和输入/输出外设。监视器调试模式需要调试监视器程序作为调试硬件和软件调试器之间的接口。

7. 时钟和PLL

ARM1022E处理器有GCLK和HCLK两个时钟输入。

该设计是完全静态的。当这两个时钟都处于停止状态时,处理器的内部状态将不确定。GCLK驱动处理器的内部逻辑、HCLK驱动总线接口、大多数输入和输出的时序都是根据HCLK确定的。

一般来说,GCLK的频率要高于HCLK,两个时钟必须具有固定的相应关系。HCLK通常可以通过对GCLK分频来获得。

8. ETM接口逻辑

一个可选的外部ETM(embedded trace macrocell,嵌入式跟踪宏单元)可以连接到ARM1022E处理器上,用于实时跟踪嵌入式系统中的指令和数据,如图3.36所示。处理器要提供相应的逻辑和接口,使用户可以使用ETM10来跟踪程序执行和数据传输。

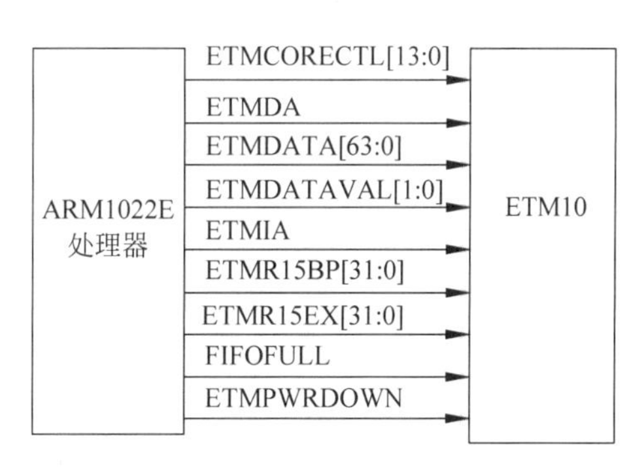

图3.36 ARM1022E ETM接口逻辑

3.5.3 ARM编程模型

1. 存储数据类型

ARM处理器支持的存储数据类型有字节(byte)、半字(Half-word)和字(word),这些概念与PC系列微处理器中相关定义不完全相同,在此作一说明,应注意区分。

(1) 字节:在ARM体系结构中,字节的概念与其他处理器一样,长度均为8位。

(2) 半字:在ARM体系结构中,半字的长度为16位,与PC系列微处理器体系结构中字的长度一致。半字必须以2字节为边界对齐(存储地址为2的整数倍)。

(3) 字:在ARM体系结构中,字的长度为32位;而在PC系列微处理器体系结构中,字的长度为16位。字必须以4字节为边界对齐(存储地址为4的整数倍)。

这三种数据类型都支持无符号数和有符号数(补码表示)。

2. 存储器数据组织和存储器映射 I/O

与其他处理器一样,ARM 存储器可以看作是从零地址(0x0000 0000)开始的以字节为单位的线性组合。每个字数据占 4 个字节单元,每个半字数据占 2 个字节单元。作为 32 位的微处理器,ARM 体系结构具有 32 位地址线,所支持的最大物理寻址空间为 4GB(2^{32}B)。

1) 存储器数据组织

ARM 体系结构支持半字和字两种多字节数据,这就存在多个字节在存储器中如何存放的问题。以字数据为例,ARM 可以用两种方法存储,称之为大端格式和小端格式。其中,小端格式通常是 ARM 处理器的默认格式。

(1) 大端格式

在这种格式中,字数据的存放原则如图 3.37 所示。字数据的高字节存储在低地址单元中,而字数据的低字节则存放在高地址单元中。

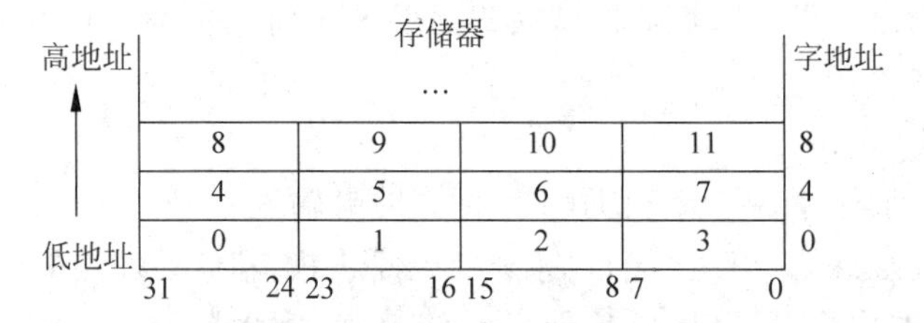

图 3.37 大端格式字数据存储原则

(2) 小端格式

小端格式与大端格式的存储顺序相反,低地址单元中存放的是字数据的低字节,高地址单元存放的是字数据的高字节,如图 3.38 所示。这与 PC 系列微处理器双字数据的存放是一致的。

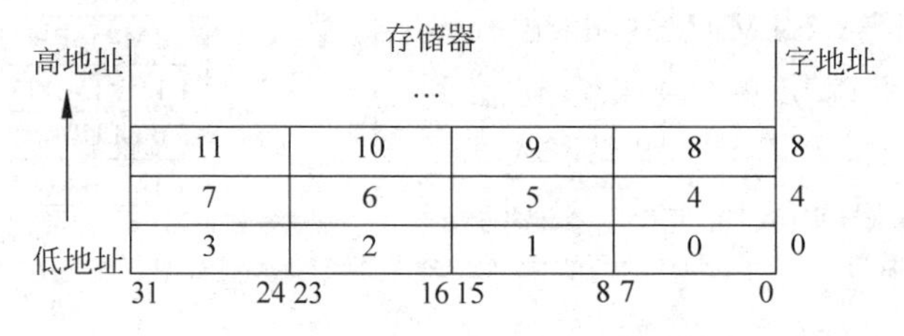

图 3.38 小端格式字数据存储原则

以字数据 12345678H 在内存的存放为例,两种格式下的数据存储格式分别如图 3.39、图 3.40 所示。

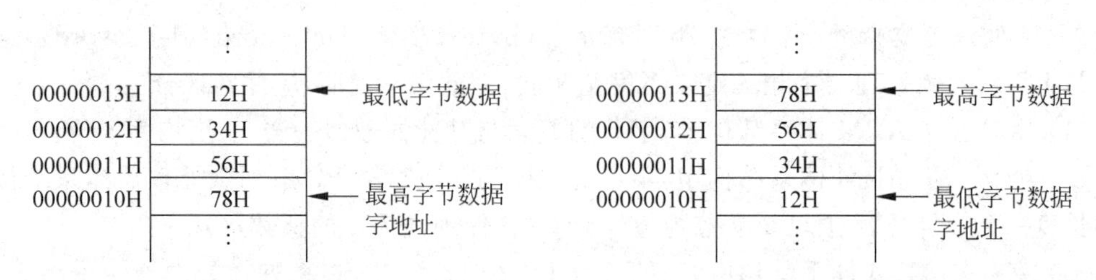

图 3.39 大端格式数据存放

图 3.40 小端格式数据存放

若要从内存单元读取字数据 12345678H，CPU 通过地址总线(AB)送出的访问地址为 00000010H。

2) 存储器映射 I/O

ARM 体系结构没有专门的 I/O 地址空间，完成 I/O 操作的标准方法是使用存储器映射 I/O，即从存储器空间中划出一部分地址空间用作专门的 I/O 空间，将 I/O 操作映射成存储器操作。这样，I/O 输入实际是通过存储器读操作实现，I/O 输出则通过存储器写操作实现。

需要注意的是，对存储器映射的 I/O 空间的操作通常不同于对正常存储器空间所期望的行为。例如，从一个普通的存储单元连续读取两次，将会返回同样的结果；对于存储器映射的 I/O 空间，连续读取两次，返回的结果可能不同。这可能是由于第一次读操作有副作用或者其他操作影响了该存储器映射的 I/O 单元的内容。因此，对于存储器映射的 I/O 空间的操作就不能使用 Cache 技术。

3. 处理器工作状态与运行模式

1) 工作状态与切换

ARM 微处理器有两种工作状态：ARM 状态和 Thumb 状态。

ARM 状态下，处理器执行 32 位字对齐的 ARM 指令。

Thumb 状态下，处理器执行 16 位半字对齐的 Thumb 指令。Thumb 指令是 ARM 指令的子集，只要遵循一定的调用规则，就可以相互调用。

ARM 指令集和 Thumb 指令集均有切换处理器状态的指令，在程序执行过程中，处理器可以随时在这两种工作状态之间相互切换，如图 3.41 所示。

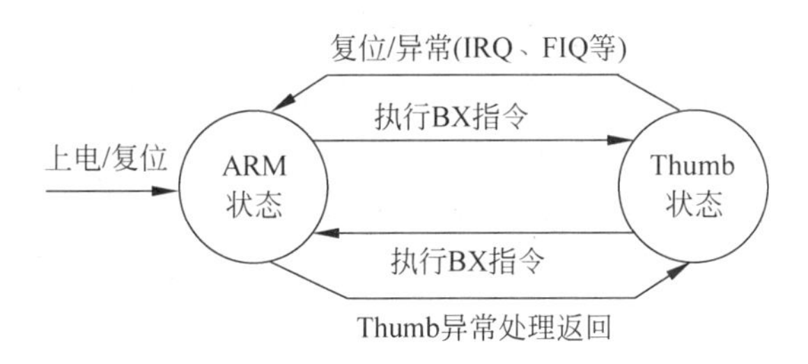

图 3.41 两种状态的相互切换

ARM 状态是系统上电时所处的初始状态。两种状态下，均可通过执行切换处理器状态指令(BX)，实现工作状态的相互切换。例如，从 ARM 状态(操作数寄存器的状态位为 1)切换到 Thumb 状态，可用下列程序实现：

```
LDR   R0,=Lable+1
BX    R0
```

从 Thumb 状态(操作数寄存器的状态位为 0)切换到 ARM 状态，则可用以下程序实现：

```
LDR   R0,=Lable
BX    R0
```

此外，系统复位/异常处理时，自动切换进入 ARM 状态，在 ARM 状态执行 Thumb 异常处理返回时,则会自动切换回 Thunb 状态。

需要强调的是,ARM 和 Thumb 状态的切换不影响处理器的模式和寄存器内容。

2) 处理器运行模式

ARM 微处理器支持 7 种运行模式,如表 3.19 所示。除用户模式以外,其余的所有 6 种模式称为非用户模式,或特权模式(privileged modes);其中除去用户模式和系统模式以外的 5 种又称为异常模式(exception modes),常用于处理中断或异常,以及需要访问受保护的系统资源等情况。

表 3.19 ARM 微处理器支持的运行模式

序号	运行模式	模式说明
1	用户模式(User,usr)	ARM 处理器正常的程序执行状态
2	快速中断模式(FIQ,fiq)	处理高速中断,用于高速数据传输或通道处理
3	外部中断模式(IRQ,irq)	用于通用的中断处理
4	管理模式(Supervisor,svc)	操作系统使用的保护模式
5	数据访问终止模式(Abort,abt)	当数据或指令预取终止时进入该模式,可用于虚拟存储及存储保护
6	系统模式(System,sys)	运行具有特权的操作系统任务
7	未定义指令中止模式(Undefined,und)	当未定义的指令执行时进入该模式,可用于支持硬件协处理器的软件仿真

ARM 微处理器的运行模式可以通过软件改变,也可以通过外部中断或异常处理改变。

大多数的应用程序运行在用户模式下,当处理器运行在用户模式下时,某些被保护的系统资源是不能被访问的,也不能直接进行运行模式的切换。当需要切换运行模式时,应用程序可以产生异常中断,在异常处理中切换运行模式,这种体系结构可使操作系统控制整个系统资源。

当应用程序产生异常中断时,处理器进入相应的异常模式,在每一种异常模式中都有一组寄存器,供相应的异常处理程序使用,这样就保证了在进入异常模式时不会破坏用户模式下的寄存器。

4. 寄存器组织

ARM 微处理器共有 37 个 32 位寄存器,其中 31 个为通用寄存器,6 个为状态寄存器。但是这些寄存器不能被同时访问,具体哪些寄存器是可编程访问的,取决于微处理器的工作状态及具体的运行模式。但在任何时候,通用寄存器 R0～R14、程序计数器 PC、一个或两个状态寄存器都是可访问的。

1) ARM 状态下的寄存器组织

ARM 状态下的寄存器组织如图 3.42 所示。

(1) 通用寄存器

通用寄存器包括 R0～R15,分为未分组寄存器(R0～R7)、分组寄存器(R8～R14)和程序计数器 PC(R15)。

① 未分组寄存器 R0～R7

在所有的运行模式下,未分组寄存器都指向同一个物理寄存器,它们未被系统用作特殊的用途,因此,在中断或异常处理进行运行模式转换时,由于不同的处理器运行模式均使用

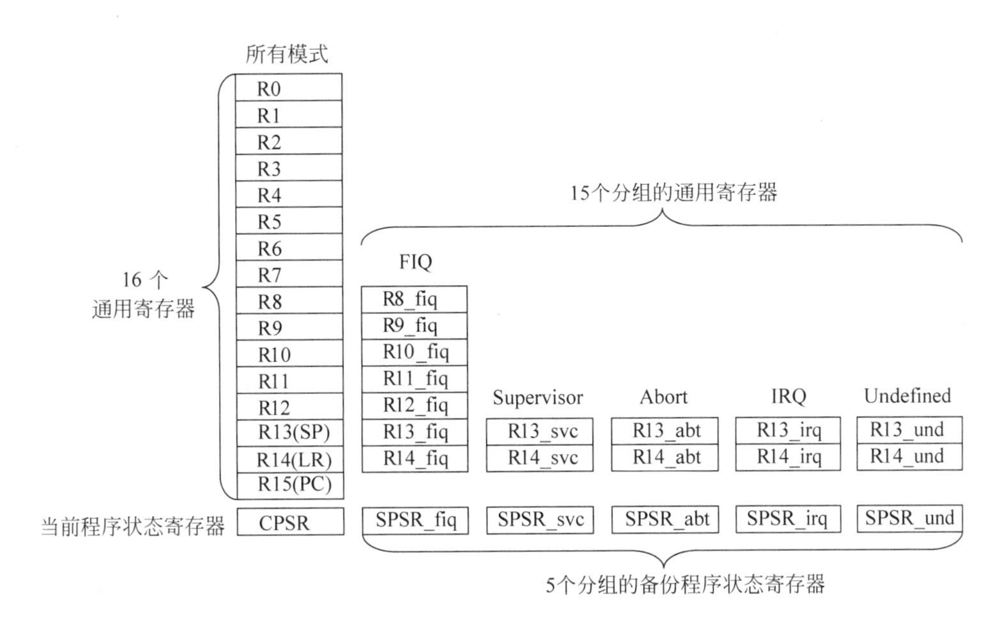

图 3.42 ARM 状态下的寄存器组织

相同的物理寄存器，可能会造成寄存器中数据的破坏，这一点在进行程序设计时应引起注意。

② 分组寄存器 R8～R14

对于分组寄存器，它们每一次所访问的物理寄存器与处理器当前的运行模式有关。若要访问特定的物理寄存器，则要使用规定的物理寄存器名字。

对于 R8～R12 来说，每个寄存器对应两个不同的物理寄存器，当使用 fiq 模式时，访问寄存器 R8_fiq～R12_fiq；当使用除 fiq 模式以外的其他模式时，访问寄存器 R8_usr～R12_usr。

对于 R13、R14 来说，每个寄存器对应 6 个不同的物理寄存器，其中的一个是用户模式与系统模式共用，另外 5 个物理寄存器对应于其他 5 种不同的运行模式。采用以下的记号来区分不同的物理寄存器：

R13_<mode>

R14_<mode>

其中，<mode>为以下 6 种模式之一：usr、fiq、irq、svc、abt、und。

寄存器 R13 在 ARM 指令中常用作堆栈指针，但这只是一种习惯用法，用户也可使用其他的寄存器作为堆栈指针。而在 Thumb 指令集中，某些指令强制性地要求使用 R13 作为堆栈指针。由于处理器的每种运行模式均有自己独立的物理寄存器 R13，在用户应用程序的初始化部分，一般都要初始化每种模式下的 R13，使其指向该运行模式的栈空间，这样，当程序的运行进入异常模式时，可以将需要保护的寄存器放入 R13 所指向的堆栈，而当程序从异常模式返回时，则从对应的堆栈中恢复，采用这种方式可以保证异常发生后程序的正常执行。

R14 也称做子程序连接寄存器(subroutine link register)或连接寄存器 LR。当执行 BL 子程序调用指令时，R14 中得到 R15(程序计数器 PC)的备份。其他情况下，R14 用作通用寄存器。与之类似，当发生中断或异常时，对应的分组寄存器 R14_svc、R14_irq、R14_fiq、

R14_abt 和 R14_und 用来保存 R15 的返回值。

在每一种运行模式下，都可用 R14 保存子程序的返回地址，当用 BL 或 BLX 指令调用子程序时，将 PC 的当前值拷贝给 R14，执行完子程序后，又将 R14 的值拷贝回 PC，即可完成子程序的调用返回。

③ 程序计数器 PC(R15)

寄存器 R15 是程序计数器，用于保存处理器要取的下一条指令的地址。在 ARM 状态下，所有的 ARM 指令都是 32 位长度的，指令以字对准保存，寄存器的 $b_1b_0=00$，$b_{31}\sim b_2$ 用于保存 PC；在 Thumb 状态下，所有的 Thumb 指令都是 16 位长度的，指令以半字对准保存，寄存器的 b_0 为 0，$b_{31}\sim b_1$ 用于保存 PC。

由于 ARM 体系结构采用了多级流水线技术，对于 ARM 指令集而言，PC 总是指向当前指令的下两条指令的地址，即 PC 的值为当前指令的地址值加 8。

R15 也可用作通用寄存器，但一般不这么使用，因为对 R15 的使用有一些特殊的限制，当违反了这些限制时，程序的执行结果是未知的。

(2) 程序状态寄存器

ARM 体系结构包含 1 个当前程序状态寄存器(current program status register，CPSR)和 5 个备份的程序状态寄存器(saved program status register，SPSR)。

CPSR 可在任何运行模式下被访问，它包括条件标志位、中断禁止位、当前处理器模式标志位，以及其他一些相关的控制和状态位。

每一种异常模式下都有 1 个 SPSR，用来进行异常处理。当异常发生时，SPSR 用于保存 CPSR 的当前值，从异常退出时，可用 SPSR 来恢复 CPSR。由于用户模式和系统模式不属于异常模式，它们没有 SPSR，所以这两种模式下访问 SPSR，结果是未知的。

CPSR 和 SPSR 中各位的定义如图 3.43 所示。

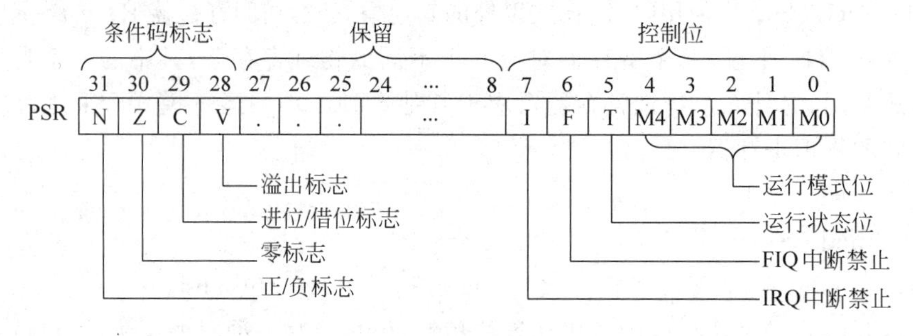

图 3.43 程序状态寄存器位定义

N、Z、C、V 为条件码标志(condition code flags)，各位的具体含义如表 3.20 所示。这些标志位可被算术或逻辑运算的结果所改变，用以决定某条指令是否被执行。

PSR 的低 8 位(包括 I、F、T 和 M[4:0])称为控制位，当发生异常时这些位可以被改变。当处理器运行于特权模式时，这些位也可以由程序修改。各位的具体含义如下：

① I 为 IRQ 中断禁止位。I=1，禁止 IRQ 中断。

② F 为 FIQ 中断禁止位。F=1，禁止 FIQ 中断。

③ T 为处理器运行状态位。对于 ARM 体系结构 v4 及以上版本的 T 系列处理器，T=1 表示程序运行于 Thumb 状态，否则运行于 ARM 状态；对于 ARM 体系结构 v4 及以

上版本的非 T 系列处理器，T=1 表示执行下一条指令以引起未定义的指令异常，否则表示程序运行于 ARM 状态。

表 3.20 条件码标志的具体含义

标志位	含 义
N	正/负标志。当两个补码表示的带符号数进行运算时，N=1 表示运算的结果为负数；N=0 表示运算的结果为正数或零
Z	零标志。Z=1，表示运算的结果为零；Z=0，表示运算的结果为非零
C	进位/借位标志。可用如下 4 种方法设置： • 加法运算(包括比较指令 CMN)时，C=1 表示运算结果产生了进位(无符号数溢出)； • 减法运算(包括比较指令 CMP)时，C=0 表示运算时产生了借位(无符号数溢出)； • 对于包含移位操作的非加/减运算指令，C 为移出值的最后一位； • 对于其他的非加/减运算指令，C 的值通常不改变
V	溢出标志。补码表示的有符号数作加/减法运算时，V=1 表示符号位溢出
Q	在 ARMv5 及以上版本的 E 系列处理器中，bit[27]为 Q 标志，用于指示 DSP 运算指令是否溢出。在其他版本中，Q 标志为无定义

④ M0、M1、M2、M3、M4 是运行模式位。这些位决定了处理器的运行模式，具体含义如表 3.21 所示。

表 3.21 运行模式位 M[4:0]的具体含义

M4～M0	处理器模式	可访问的寄存器
10000	用户模式	PC，CPSR，R0～R14
10001	FIQ 模式	PC，CPSR，SPSR_fiq，R8_fiq～R14_fiq，R0～R7
10010	IRQ 模式	PC，CPSR，SPSR_irq，R13_irq，R14_irq，R0～R12
10011	管理模式	PC，CPSR，SPSR_svc，R13_svc，R14_svc，R0～R12
10111	中止模式	PC，CPSR，SPSR_abt，R13_abt，R14_abt，R0～R12
11011	未定义模式	PC，CPSR，SPSR_und，R13_und，R14_und，R0～R12
11111	系统模式	PC，CPSR(ARM v4 及以上版本)，R0～R14

由表 3.21 可知，并不是所有的运行模式位的组合都是有效的，其他的组合结果会导致处理器进入一个不可恢复的状态。

保留位未作定义，将用于 ARM 版本的扩展。

2) Thumb 状态下的寄存器组织

图 3.44 给出了 Thumb 状态下的寄存器组织。程序可以直接访问的寄存器包括 8 个通用寄存器(R0～R7)、程序计数器(PC)、堆栈指针(SP)、连接寄存器(LR)和 CPSR。在每一种特权模式下都有一组 SP、LR 和 SPSR。

Thumb 状态下的寄存器是 ARM 状态下寄存器集的一个子集，两者的对应关系如图 3.45 所示。由图可知：

(1) Thumb 状态和 ARM 状态下的 R0～R7 是相同的；

(2) Thumb 状态和 ARM 状态下的 CPSR 和所有的 SPSR 是相同的；

(3) Thumb 状态下的 SP 对应于 ARM 状态下的 R13；

(4) Thumb 状态下的 LR 对应于 ARM 状态下的 R14；

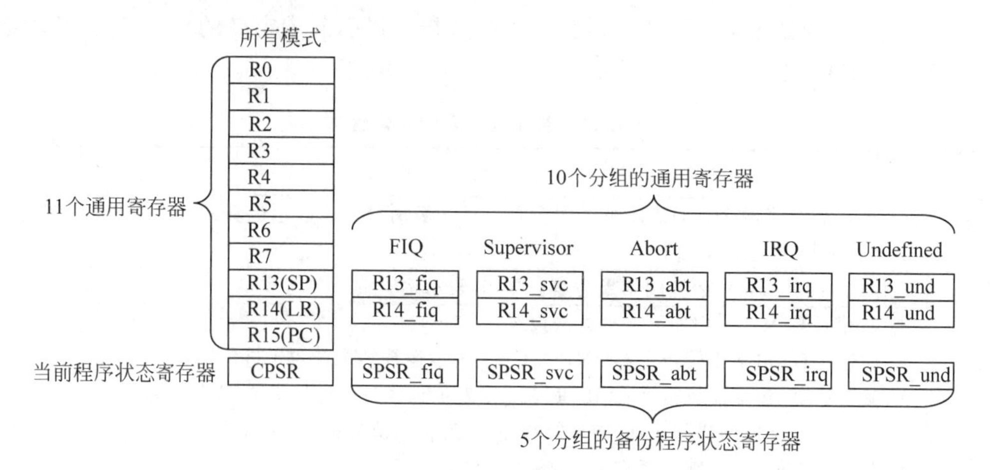

图 3.44 Thumb 状态下的寄存器组织

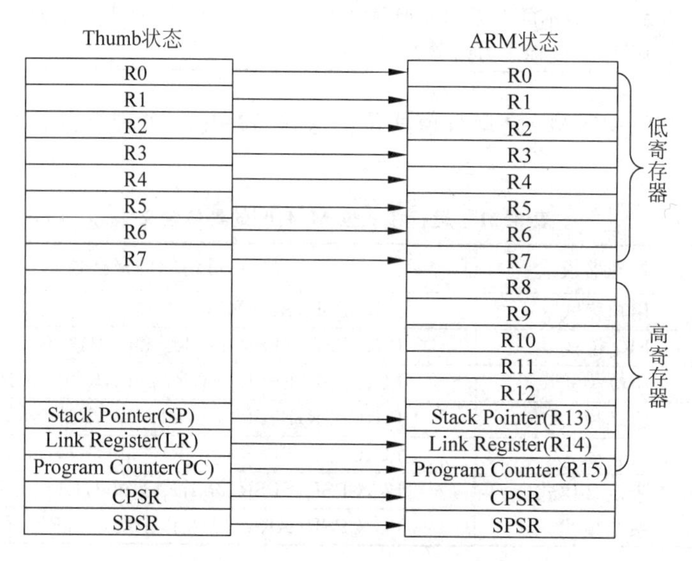

图 3.45 Thumb 状态与 ARM 状态寄存器对应关系

(5) Thumb 状态下的 PC 对应于 ARM 状态下 R15。

在 Thumb 状态下,高寄存器(hi-registers)中的 R8～R12 并不是标准寄存器集的一部分,但可使用汇编语言程序受限制地访问这些寄存器,将其用作快速的暂存器。使用带特殊变量的 MOV 指令,数据可以在低寄存器(lo-registers)和高寄存器之间进行传送;高寄存器的值可以使用 CMP 指令进行比较或使用 ADD 加上低寄存器中的值。

3.5.4 异常

当正常的程序执行流程发生暂时的停止时,称之为异常(exceptions),例如处理一个外部的中断请求。当发生异常时,处理器在处理异常之前,必须先保留当前处理器的状态,这样当异常处理完成之后,当前程序可以继续执行。ARM 处理器允许多个异常同时发生,它们将会按固定的优先级进行处理。

ARM 体系结构中的异常与 8 位/16 位体系结构的中断有很大的相似之处,但异常与中断的概念并不完全等同。

1. ARM 支持的异常类型

ARM 体系结构支持的异常类型有 7 种，如表 3.22 所示。

表 3.22 ARM 体系结构支持的异常

异常类型	具体含义
复位(reset)	当处理器的复位电平有效时，产生复位异常，程序跳转到复位异常处理程序处执行
未定义指令(undefined)	当 ARM 处理器或协处理器遇到不能处理的指令时，产生未定义指令异常。可使用该异常机制进行软件仿真
软件中断(SWI)	该异常由执行 SWI 指令产生，可用于用户模式下的程序调用特权操作指令。可使用该异常机制实现系统功能调用
指令预取中止(prefetch abort)	若处理器预取指令的地址不存在，或该地址不允许当前指令访问，存储器会向处理器发出中止信号，但当预取的指令被执行时，才会产生指令预取中止异常
数据中止(data abort)	若处理器数据访问指令的地址不存在，或该地址不允许当前指令访问时，产生数据中止异常
外部中断请求(IRQ)	当处理器的外部中断请求引脚有效，且 CPSR 中的 I 位为 0 时，产生 IRQ 异常。系统的外设可通过该异常请求中断服务
快速中断请求(FIQ)	当处理器的快速中断请求引脚有效，且 CPSR 中的 F 位为 0 时，产生 FIQ 异常

2. 异常优先级

当多个异常同时发生时，系统根据固定的优先级决定异常的处理次序。异常优先级(exception priorities)由高到低的排列次序如表 3.23 所示。

表 3.23 异常优先级

优先级	异常	优先级	异常
1(最高)	复位	4	IRQ
2	数据中止	5	预取指令中止
3	FIQ	6(最低)	未定义指令、SWI

3. 异常向量

系统运行时，异常随时都有可能发生。为保证 ARM 处理器发生异常时能及时地处理，ARM 体系结构在存储器中为每个异常设置了一个固定地址，称为异常向量(exception vectors)，如表 3.24 所示。在异常向量处放置一条跳转指令，跳转到异常处理程序。当 ARM 处理器发生异常时，程序计数器 PC 被强制设置为对应的异常向量，从而转到异常处理程序。

表 3.24 异常向量表

地址	异常	进入模式
0x0000 0000	复位	管理模式
0x0000 0004	未定义指令	未定义模式
0x0000 0008	软件中断	管理模式
0x0000 000C	预取指令中止	中止模式
0x0000 0010	预取数据中止	中止模式

续表

地　址	异　常	进入模式
0x0000 0014	保留	保留
0x0000 0018	IRQ	IRQ
0x0000 001C	FIQ	FIQ

4. 异常响应

异常发生后,除了复位异常立即中止当前指令之外,其余异常都是在处理器完成当前指令后再执行异常处理程序。ARM 处理器对异常的响应过程如下:

(1) 将下一条指令的地址存入相应连接寄存器 LR,以便程序在处理异常返回时能从正确的位置重新开始执行。若异常是从 ARM 状态进入,LR 寄存器中保存的是下一条指令的地址(当前 PC+4 或 PC+8,与异常的类型有关);若异常是从 Thumb 状态进入,则在 LR 寄存器中保存当前 PC 的偏移量,这样,异常处理程序就不需要确定异常是从何种状态进入的。

例如:

在软件中断异常 SWI,指令"MOV PC,R14_svc"总是返回到下一条指令,不管 SWI 是在 ARM 状态执行,还是在 Thumb 状态执行。

(2) 将 CPSR 复制到相应的 SPSR 中。

(3) 根据异常类型,设置 CPSR 的运行模式位,使处理器进入相应的运行模式,同时设置 I=1 以禁止 IRQ 中断;如果进入复位或 FIQ 模式,还要设置 F=1 以禁止 FIQ 中断。若异常发生时,处理器处于 Thumb 状态,则处理器自动切换到 ARM 状态。

(4) 根据异常类型和异常优先级,将相应异常向量装入程序计数器 PC,从而转入相应的异常处理程序。

上述 ARM 微处理器对异常的响应过程可用伪码描述为:

```
R14_<Exception_Mode> = Return Link
SPSR_<Exception_Mode> = CPSR
CPSR[4:0] = Exception Mode Number
CPSR[5] = 0                                  ; 切换到 ARM 状态
If <Exception_Mode> == Reset or FIQ then     ; 当响应 FIQ 异常时,禁止新的 FIQ 异常
   CPSR[6] = 1
CPSR[7] = 1                                  ; 禁止 IRQ 异常
PC = Exception Vector Address                ; 装入异常向量
```

5. 异常返回

系统运行总是从复位异常处理程序开始执行的,因此复位异常处理程序不需要返回。但其他所有异常处理完后必须返回到原来程序处继续执行,为此,ARM 微处理器会执行以下操作,以便从异常返回。

(1) 恢复保护的用户寄存器。

(2) 将 SPSR 内容复制回 CPSR 中,以恢复被中断的程序工作状态。

(3) 清除 CPSR 中的中断禁止位 I 和 F,以开放外部中断和快速中断。

(4) 将连接寄存器 LR 的值减去相应的偏移量,形成断点地址后送 PC,以执行被中断

的程序。

需要注意的是，程序状态字及断点地址的恢复必须同时进行，若分别进行则只能顾及一方。例如，如果先恢复断点地址，那么异常处理程序就会失去对指令的控制，使 CPSR 不能恢复；如果先恢复 CPSR，那么保存断点地址的当前异常模式的 R14 就不能再访问了。为此，ARM 提供了两种返回处理机制：SUBS 指令返回和 MOVS 指令返回。

当从不同的模式返回时，所用的指令有所不同，下面简单介绍处理各种不同异常之后返回程序的方法。

1）FIQ（fast interrupt request）

返回指令为：

```
SUBS   PC,R14_fiq,#4
```

该指令将寄存器 R14_fiq 的值减去 4 后，复制到程序计数器 PC 中，从而实现从异常处理程序中返回，同时将 SPSR_fiq 寄存器的内容复制到当前程序状态寄存器 CPSR 中。

2）IRQ（interrupt request）

返回指令为：

```
SUBS   PC,R14_irq,#4
```

该指令将寄存器 R14_irq 的值减去 4 后，复制到程序计数器 PC 中，从而实现从异常处理程序中返回，同时将 SPSR_irq 寄存器的内容复制到当前程序状态寄存器 CPSR 中。

3）ABORT（中止）

指令预取中止返回使用指令：

```
SUBS   PC,R14_abt,#4
```

数据中止返回使用指令：

```
SUBS   PC, R14_abt, #8
```

指令恢复 PC（从 R14_abt）和 CPSR（从 SPSR_abt）的值，重新执行中止的指令。

4）Software Interrupt（软件中断）

软件中断返回使用指令：

```
MOV   PC,R14_svc
```

指令恢复 PC（从 R14_svc）和 CPSR（从 SPSR_svc）的值，并返回到 SWI 的下一条指令。

5）Undefined Instruction（未定义指令）

使用以下指令返回：

```
MOVS   PC,R14_und
```

该指令恢复 PC（从 R14_und）和 CPSR（从 SPSR_und）的值，并返回到未定义指令后的下一条指令。

6. 异常进入/退出小结

表 3.25 总结了进入异常处理时保存在相应 R14 中的 PC 值，及在退出异常处理时推荐使用的指令。

表 3.25 异常进入/退出

异常	返回指令	以前的状态		注意
		ARM R14_x	Thumb R14_x	
BL	MOV PC,R14	PC+4	PC+2	①
SWI	MOVS PC,R14_svc	PC+4	PC+2	①
UDEF	MOVS PC,R14_und	PC+4	PC+2	①
FIQ	SUBS PC,R14_fiq,#4	PC+4	PC+4	②
IRQ	SUBS PC,R14_irq,#4	PC+4	PC+4	②
PABT	SUBS PC,R14_abt,#4	PC+4	PC+4	①
DABT	SUBS PC,R14_abt,#8	PC+8	PC+8	③
RESET	NA	—	—	④

注意：

(1) 在此 PC 应是具有预取中止的 BL/SWI/未定义指令所取的地址。

(2) 在此 PC 是从 FIQ 或 IRQ 取得不能执行的指令的地址。

(3) 在此 PC 是产生数据中止的加载或存储指令的地址。

(4) 系统复位时，保存在 R14_svc 中的值是不可预知的。

思考题与习题

3.1 8086/8088 在结构上引入的最重要的概念是什么？以后从 8086/8088 到 80286，到 80386，到 80486，到 Pentium 以至 Pentium 4，每更新换代一种 MPU，主要有什么改进？

3.2 写出下列 8086/8088 存储器地址（逻辑地址）的段基址、偏移地址和物理地址。

(1) 2300H:0030H　　(2) 1F00H:00D0H

(3) FF00H:00A0H　　(4) 1000H:0A00H

3.3 在 8086 系统中，设(CS)=0A00H，(IP)=2A00H，试问程序开始执行的物理地址是什么？指向这一物理地址的 CS 值和 IP 值是唯一的吗？

3.4 Pentium 有哪些内部寄存器？简述各类寄存器的主要功能。

3.5 Pentium 有哪些状态标志和控制标志？程序中应如何使用这两类标志？

3.6 Pentium 有哪四种工作方式？简述每种工作方式的特点。

3.7 如果 GDT 寄存器值为 0013000000FFH，装入 LDTR 的选择符为 0040H，试问装入 LDTR 描述符高速缓存的 LDT 描述符的起始地址是多少？

3.8 有一个描述符存放在全局描述符表的第 63 个表项中，访问该描述符的请求特权级为 2，试写出访问该描述符的选择符。

3.9 已知段描述符中有 Base（基址）=56780000H，Limit（界限）=10，G=1。求该描述符定义的存储段的线性地址范围。

3.10 Pentium 的物理地址空间和虚拟地址空间分别为多少？它们是如何计算出来的？

3.11 Pentium 保护模式下虚拟地址与 8086 的逻辑地址有何不同？

3.12　设程序在数据段中定义的数组如下：

```
names  db  'GOOD MORNING!'
       dw  2050h
       db  'PRINTER'
       db  48
       db  'MOUS.EXE'
       dw  3080h
```

指出下列指令是否正确，如正确，A 累加器中的结果是多少？

```
(1) mov   ebx,offset names
    mov   eax,[ebx+13]
(2) mov   eax,names
(3) mov   ax,word  ptr  names+5
(4) mov   bx,12
    mov   si,6
    mov   ax,names[bx][si]
(5) mov   ebx,16*2
    mov   esi,4
    mov   eax,offset  names[ebx][esi]
    inc   [bx]
(6) mov   bx,12
    mov   si,6
    lea   di,names[bx][si]
    mov   al,[di]
```

3.13　已知(ds)=091dh，(ss)=1e4ah，(ax)=1234h，(bx)=0024h，(cx)=5678h，(bp)=0024h，(si)=0012h，(di)=0032h，[09226h]=00f6h，[09228h]=1e40h，[1e4f6h]=091dh，试求单独执行下列指令后的结果。

```
(1) mov   cl,20h[bx][si]          ; (cl)=?
(2) mov   [bp][di],cx             ; [1e4f6h]=?
(3) lea   bx,20h[bx][si]          ; (bx)=?
    mov   ax,2[bx]                ; (ax)=?
(4) lds   si,[bx][di]
    mov   [si],bx                 ; [si]=?
(5) xchg  cx,32h[bx]
    xchg  20h[bx][si],ax          ; (ax)=?  [09226h]=?
```

3.14　判断下指令语句是否正确？若有错，指出错在何处？

```
(1) mov   ax,count[si][di]        (2) mov   es,1000h
(3) push  [bx][si]                (4) mov   cs,ax
(5) shl   ax,2                    (6) mov   es,ds
(7) add   cx,[ax+100h]            (8) inc   ds
(9) cmp   [si],[bx]               (10) imul dx,ax
(11) sbb  di,[di]                 (12) and  cx,[dx]
(13) out  cx,al                   (14) in   ax,380h
```

(15) lds　cs,[bx]　　(16) lea　ax,bx

(17) xchg　ah,al　　(18) xchg　cx,2400h

(19) jmp　bx　　(20) jmp　[bx][si]

3.15　设(ax)=8240h,(dx)=4124h,执行下列指令后，ax 和 dx 中的值为多少?

```
shl   ax,1
rcl   dx,1
```

3.16　设(IP)= 3D8FH,(CS)= 4050H,(SP)= 0F17CH,当执行“CALL 2000:009AH”后,试指出 IP、CS、SP、[SP]、[SP+1]、[SP+2]和[SP+3]的内容。

3.17　16 位段内跳转指令 jmp next1 在程序中的偏移地址为 0167h(该指令第一字节所在的地址),指令的机器码为 ebe7h(ebh 为操作码,e7h 为操作数)。执行该指令后程序转移去的偏移地址是什么?

3.18　dx:ax 和 cx:bx 中均为补码表示的 32 位带符号二进制数,编写一段指令序列实现把两者中的大者放在 dx:ax 中。

3.19　编写尽可能短的程序片段完成下述功能:

(1) 将 dx、ax 中的 32 位数据左移一位,低位补零;

(2) 析出 bx 的第 3～0 位,并拼接到 ax 的第 14～11 位,其他位不变(即用 bx 的 3～0 位替换 ax 的 14～11 位);

(3) 将 ax 内第 7～5 位的区段加 1(以 8 为模)。

3.20　如图 3.46 所示,数据区 NUM1 和 NUM2 中分别存放着一个 8 位的压缩 BCD 数,低位在前,编写程序段求 NUM1 和 NUM2 中两个 8 位的压缩 BCD 数之和,结果仍为压缩 BCD 数,存放在 NUM3 开始的 4 个字节单元中。

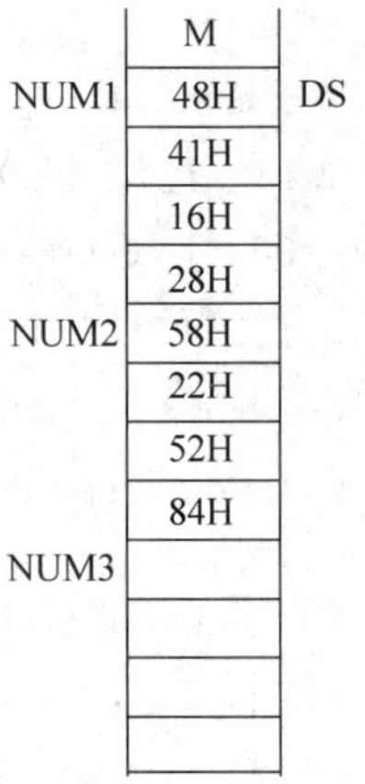

	M	
NUM1	48H	DS
	41H	
	16H	
	28H	
NUM2	58H	
	22H	
	52H	
	84H	
NUM3		

图 3.46　题 3.20 图

3.21　BUF 单元有一单字节无符号数 X,编写程序计算下列函数 Y 的值(仍为单字节),结果保留在累加器中。

$$Y=\begin{cases}3X, & X<20\\ X-20, & X\geqslant 20\end{cases}$$

3.22　编制完成 eax×5/8 的程序段。要求:

(1) 用乘除法指令实现;

(2) 用移位和加法指令。

3.23　假定程序中数据定义如下:

```
FIRST    DB  30 DUP (?)
SECOND   DB  30 DUP (?)
THIRD    DB  30 DUP (?)
```

编写一个程序把 FIRST 与 SECOND 中的 30 个字节数分别相加,结果存放到 THIRD。

(1) 假定数据为无符号数,如果和大于 255 则保存结果为 255。

(2) 假定数据为带符号数,如果有溢出(大于+127 或小于−128)则保存结果为 0。

3.24　编写一程序段查找由内存 50000H 开始的顺序 16K 个单元的内容中是否有数据 0AH,若有程序则转向 LISTED;若没有程序则转向 GOOD。

3.25 在 FIRST 单元开始的数据存储区中，存放着一个无符号的字节数据块，FIRST 单元中存放该数据块中的数据个数，编写程序将其中的奇数和偶数分别求和，奇数之和存入 SUM1 开始的单元，偶数之和存入 SUM2 开始的单元。设和为 16 位二进制数，存储时低位在先，高位在后。

3.26 假定在数据段中已知字符串和未知字符串的定义如下：

```
STRING1   DB   'MESSAGE AND PROCCESS'
STRING2   DB   20 DUP(?)
```

试用串操作指令编写完成下列功能的程序段(设 ES 和 DS 重叠)：

(1) 从左到右把 STRING1 中字符串搬到 STRING2。

(2) 从右到左把 STRING1 中字符串搬到 STRING2。

(3) 搜索 STRING1 字符串中是否有空格。如有，记下第一个空格的地址，并放入 BX 中。

(4) 比较 STRING1 和 STRING2 字符串是否相同。

3.27 已知内存中起始地址为 BLOCK 的数据块中的字节数据有正有负。要求编写一个程序，将其中的正、负数分开，分别送至同一段中的两个缓冲区，设正、负数缓冲区的首址分别为 PLUS_DATA 和 MINUS_DATA，字节数总数为 COUNT 个。

3.28 下列程序段执行后，分别转到哪里？

(1) 程序段 1

```
mov   ax,147bh
mov   bx,80dch
add   ax,bx
jno   L1
jnc   L2
```

(2) 程序段 2

```
mov   ax,99d8h
mov   bx,9847h
sub   ax,bx
jnc   L3
jno   L4
```

3.29 阅读下列程序，指出各程序段完成的功能。

(1)

```
start:  in    al,20h
        mov   bl,al
        in    al,30h
        mov   cl,al
        mov   ax,0
adlop:  add   al,bl
        adc   ah,0
        dec   cl
        jne   adlop
```

(2)

```
cld
lea     di,[0100h]
mov     cx,0080h
xor     ax,ax
rep     stosw
```

3.30 MCS-51 单片机由哪几部分组成？

3.31 MCS-51 单片机引脚有多少 I/O 线？它们和单片机对外的地址总线和数据总线有何关系？

3.32　MCS-51 单片机的$\overline{\mathrm{EA}}$、ALE、$\overline{\mathrm{PESN}}$信号各自的功能是什么？

3.33　MCS-51 单片机如何实现工作寄存器组 R0～R7 的选择？

3.34　ARM 处理器有几种运行模式？处理器如何区分各种不同的运行模式？

3.35　ARM 通用寄存器中 PC、CPSR 和 SPSR 的作用各是什么？

3.36　ARM 支持的数据类型有哪些？它们在内存中的存放原则是什么？

3.37　ARM 支持哪几种工作状态？状态间如何转换？

3.38　ARM 中断向量表位于存储器的什么位置？表中存储的内容是什么？

第4章 总线和总线技术

CHAPTER 4

微机系统中各部分之间都是通过总线连接在一起进行信息传送的。使用总线，使硬件各部分（模块）之间的相互依赖关系变为模块与总线间的单向依赖关系，即只要满足相同总线规范的模块就可应用于系统，从而使微型计算机的系统构造比较简单，具有更大的灵活性和更好的可扩充性、可维修性。总线又是微机内部与外部的分界线，要实现各种外设与微机的接口，本质就是要实现外设信号线与CPU三大总线的连接。本章将重点介绍与总线有关的基本概念、总线操作控制和PC系列微机中的常用标准总线。

4.1 总线与总线操作

4.1.1 总线及总线信号分类

总线是计算机各组成部分传递信息的信息“公路”。或者说，是模块与模块之间或设备与设备之间传送信息的一组公用信号线。总线的特点在于其公用性，即它可同时挂接多个模块或设备。如果是两个模块或设备之间专用的信号连线，就不能称之为总线。

挂接在总线上的模块有三种：一种是主模块（主控器），工作于主控方式，可以控制和管理总线；另一种是从模块（受控器），工作于受控方式，只能在主模块的控制下工作；还有一种模块既是主模块又是从模块，有时工作于主控方式，有时工作于受控方式，但不能同时工作于两种方式。这些总线模块通过门电路与总线的相应信号线相连。作为发送器的源模块通过驱动器将要输出的信号送总线中相应信号线上传输；而作为接收器的目标模块则在适当的时刻打开接收总线信号的缓冲器或寄存器，把总线相应信号线上传输的信号接收进来。

总线按其信号线性质不同分为数据总线(DB)、地址总线(AB)和控制总线(CB)三类，也即通常所说的三总线。其中：

(1) 数据总线是双向总线，用于把数据送入或送出CPU。数据总线的宽度（条数）决定了每一次能同时传送的二进制位数。

(2) 地址总线为CPU发出的单向总线，用于寻址存储单元或I/O端口，它将决定数据送往或来自何处。地址总线的宽度决定了计算机系统所能寻址的最大物理存储空间。

(3) 控制总线的作用是用来对数据总线、地址总线进行访问及使用情况实施控制。它包括存储器和I/O读写控制线、总线仲裁线、数据传输握手线、中断和DMA控制线等。控制总线整体是双向的，但每根总线一般是单向的。其中，读写控制线用于决定数据总线上数据流的方向；总线仲裁线用于控制多个主控器竞争总线时将总线分配给哪个主控器使用，以避免总线冲突；数据传输握手线的作用是用于控制每个总线操作周期中数据传送的开始和结束，以实现数据传送的同步；中断和DMA控制线用于实现I/O操作的同步控制。

不同型号CPU的数据和地址总线的设置基本相同，差别仅在于位数可能不同；而控制总线的设置则相差甚大，它决定了各种CPU不同的接口特点。

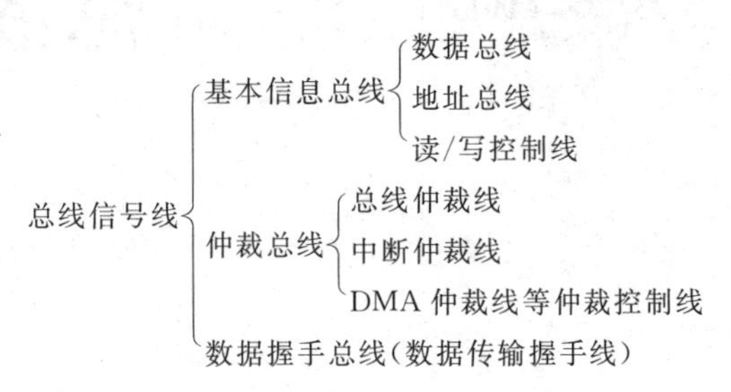

图4.1 总线信号的另一种分类

总线信号也可按如图4.1所示的方法进行分类，将信号线分为基本信息总线、仲裁总线和数据握手总线。其中基本信息总线用于传送总线操作所需的地址、数据和读/写命令，它将决定要访问的内存单元或I/O端口，以及数据总线上的数据流及方向；而仲裁总线和数据握手总线则用于保证在总线操作期间基本信息总线上信息的正常传送。

4.1.2 总线操作及控制

微机系统中的各种操作，如从CPU把数据写入存储器、从存储器把数据读到CPU、从CPU把数据写入输出端口、从输入端口把数据读到CPU、直接存储器存取操作和CPU中断操作等，本质上都是通过总线进行的信息交换，统称为总线操作。总线操作是在主控模块的控制下进行的，主控模块是具有控制总线能力的模块，如CPU和DMA模块。总线从模块没有控制总线的能力，它可对总线上传来的信号进行地址译码，并且接受和执行总线主控模块的命令信号。在同一时刻，总线上只能允许一对模块进行信息交换。当有多个模块都要使用总线进行信息传送时，只能采用分时方式，一个接一个地轮换交替使用总线，即将总线时间分成很多段，每段时间可以完成模块之间一次完整的信息交换，通常称之为一个数据传输周期或一个总线操作周期。可见，为完成一个总线操作周期一般要分成四个阶段。

1. 总线请求和仲裁阶段

当系统总线上有多个主控模块时，由需要使用总线的主控模块向总线仲裁机构提出使用总线的申请。经总线仲裁机构判别确定，把下一个总线传输周期的总线控制权授给哪个申请者。

2. 寻址阶段

取得总线使用权的主控模块通过总线发出本次访问的从模块的地址及有关命令，以启动参与本次操作的从模块。

3. 传数阶段

主控模块和从模块之间进行数据传送，数据由源模块发出经数据总线流入目的模块。在进行读操作时，源模块就是存储器或输入/输出(I/O)接口，而目的模块则是总线主控模块。在进行写操作时，源模块就是总线主控模块，而目的模块则是存储器或I/O接口。

4. 结束阶段

主从模块的有关信息均从系统总线上撤除，让出总线，为进入下一总线操作周期做准备。

在含多主控器的微机系统中，完成一个总线操作周期这四个阶段是必不可少的；而在仅含一个主控器的单处理机系统中，实际上不存在总线的请求、分配和撤除问题，总线始终归CPU所有，所以数据传输周期只需寻址和传数两个阶段。

为了确保总线操作周期的4个阶段正确推进，必须施加总线操作控制。它包含总线仲裁和总线握手两个层面的控制。总线仲裁的目的是合理地控制和管理系统中需占用总线的请求源(称为主控器)，当多个源同时提出总线请求时，按一定的优先算法仲裁哪个应获得对总线的使用权，确保同一时刻最多只有一个总线主控器控制和占用总线，以避免总线冲突；总线握手的作用则是在主模块取得总线占用权之后，确保主模块和从模块之间实现正确的寻址和可靠的传数。

4.1.3 总线的主要性能指标

总线的主要性能指标有总线带宽、总线位宽和总线工作频率。

1. 总线带宽

总线带宽又称总线最大传输速率，是指单位时间内总线上可传送的数据量，通常用每秒传送的字节数(B/s)或每秒传送的兆字节数(MB/s)表示。

2. 总线位宽

总线位宽是指总线能同时传送的数据位数。常见的总线位宽有8位、16位、32位、64位等。总线位宽越宽则总线每秒传送的数据量越大，即总线带宽越宽。

3. 总线工作频率

总线工作频率指的是用于控制总线操作周期的时钟信号频率，所以也叫总线时钟频率，通常以MHz为单位。时钟频率越高，单位时间内传送的数据量就越大。

总线带宽与总线位宽、总线工作频率的关系如下：

$$总线带宽=总线位宽\times 总线工作频率$$

三者的关系，就好比总线位宽是高速公路的车道，总线时钟频率是汽车的速度，而总线带宽就是车流量，高速公路的车道越多、汽车的速度越快，则车流量越大；同样，总线位宽越宽、工作频率越高，则总线带宽越宽。

例4.1 PCI总线宽度为64位，总线工作频率为33MHz，则

$$\text{PCI 总线的总线带宽} = 64\text{b}\times 33\text{MHz}=2112\text{Mb/s}=264\text{MB/s}$$

4.2 总线操作控制

4.2.1 总线仲裁控制

常见的仲裁控制方法有“菊花链”仲裁、并行仲裁和并串行二维仲裁三种。

1. “菊花链”仲裁

“菊花链”仲裁也叫做串行仲裁，最有代表性的是三线菊花链仲裁，其特点是仅使用三根控制线：①总线请求线(bus request，BR)；②总线允许线(bus grant，BG)；③总线忙线(bus busy，BB)。“菊花链”仲裁的基本原理如图4.2所示。

其工作要点如下：

(1) 各主控模块C_i发出的BR_i、BB_i信号一般通过OC门在总线请求线BR和总线忙线BB上分别“线或”(“线或”可以理解为“负或”，因为这种结构的特点是有一个为低电平，输出

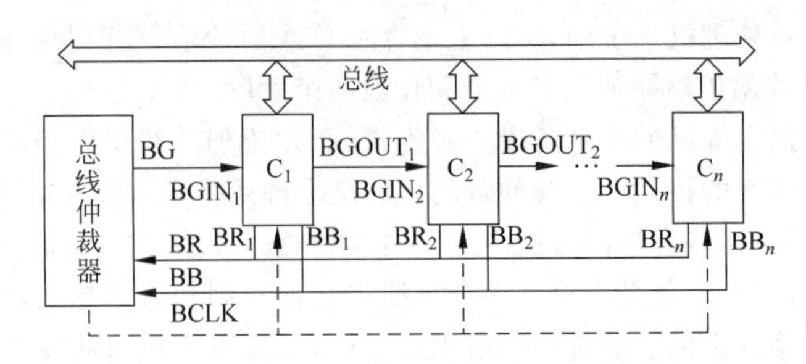

图 4.2 具有 N 个主控器的三线菊花链仲裁原理图

即为低电平。而“负或”也就是“正与”,所以这种结构有叫做“线与”的,有叫做“线或”的。实际中这类信号线一般都用低电平作为有效状态)。即只要某个 BR_i 有效($BR_i=1$)就会使总线请求线 BR 有效(BR=1)向仲裁器申请总线;同样,只要某个主控器 C_i 占用总线使 BB_i 有效($BB_i=1$)就会使总线忙线 BB 有效(BB=1)禁止仲裁器发出总线允许信号 BG。

(2) 若至少有一个主控器 C_i 发出了总线请求,使总线请求线 BR 有效(BR=1),且当前总线是空闲的(BB=0)时,仲裁器发出 BG 信号(BG=1)。

(3) 仲裁器发出的 BG 线是按从高到低的优先顺序穿越各模块的非连续线。对同一时刻提出总线请求的主控设备进行判优,是通过 BG 信号在菊花链路上的传递来实现的。当 BG 信号的上升沿到达某个主控模块 C_i,即 $BGIN_i$ 出现无效变有效的正跳变时,若 C_i 发出了总线请求($BR_i=1$),则 C_i 接管总线并禁止 BG 信号向后传递,即使 $BGOUT_i$ 输出无效电平($BGOUT_i=0$),同时撤销 BR_i 请求、升起忙信号 BB_i,仲裁器则撤销 BG 允许信号;若 C_i 未发出总线请求($BR_i=0$),则使 $BGOUT_i=1$,BG 信号向后传递,以选择后面的某个主控器占用总线。所以,电气连接上离仲裁器越近的设备优先级越高,反之优先级越低。

(4) 一旦 C_i 完成总线传输,则 C_i 撤销总线忙信号 BB_i,释放总线。

在实际的总线仲裁机构中,为了保证总线交换的同步,除了与仲裁直接有关的控制线外,还有一根总线时钟 BCLK 线,如图 4.2 中的虚线所示。BCLK 的频率直接决定了总线交换的速度和菊花链路上允许串入的主控模块的个数 N。设总线时钟周期为 T_{BCLK},Δt 为每个主控模块的平均传输延时,则 N 必须满足

$$N \leqslant \frac{T_{BCLK}}{\Delta t}$$

该式要求仲裁器发出的仲裁信号 BG 能在一个时钟周期内到达最后一个主控器模块。

例 4.2 设总线时钟频率为 5MHz($T_{BCLK}=200$ns),每个主控器的平均传输延迟时间为 30ns,求链路最多允许串入的主控器个数。

解 设最多允许串入的主控器个数为 N,则有

$$N \leqslant \frac{T_{BCLK}}{\Delta t} = \frac{200}{30} \approx 6.67$$

链路允许串入的主控器最多为 6 个,此时尚有 20ns 的余量。

菊花链仲裁的显著优点一是控制线少,且与主控设备数无关,所以无论是逻辑上还是物理实现都很简单;二是易于扩充,增加主控设备时,只需“挂到”总线上。其缺点是 BG 信号需逐级传递,响应速度慢;链路上任一环节发生故障,如 BG 传递逻辑失效,都将阻止其后面的设备获得总线控制权;而且线路连好后,优先级结构不能改变,可能出现距仲裁器远的

设备发出总线请求,而被优先级高的设备锁定,产生“饿死”现象;此外,能容纳的主控设备数受到时钟频率限制。

2. 并行仲裁

并行仲裁也叫独立请求仲裁。其仲裁原理如图 4.3 所示,每个主控器有自己独立的 BR_i、BG_i 线与仲裁器相连。

每个需要使用总线的主控器 C_i 直接通过 BR_i 线向仲裁器发出总线请求,总线仲裁器则直接识别各设备的 BR_i 信号,当至少有一个主控器 C_i 发出了总线请求,且总线是空闲的(BB=0),仲裁器将按一定的优先级算法选择一个优先级最高的主控器,并直接向选中的设备 C_i 发出 BG_i 总线允许信号。被选中的设备 C_i 撤销 BR_i 总线请求信号,并使 BB_i 有效升起总线“忙”信号(BB=1),开始占用总线。一旦传输结束,则 C_i 撤销总线忙信号 BB,仲裁器也相继撤销允许信号 BG,开始下一轮仲裁。

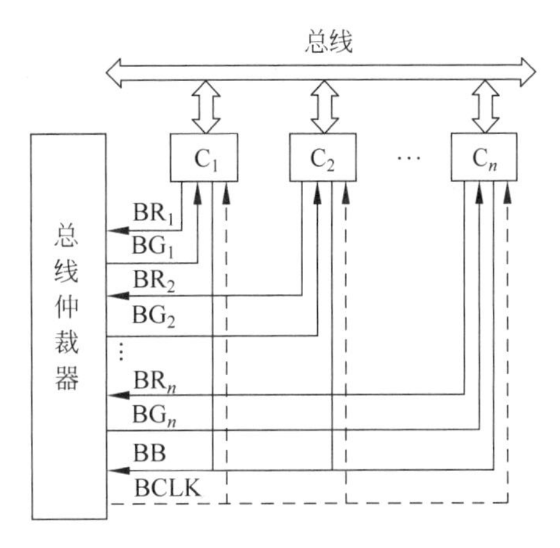

图 4.3　并行仲裁原理示意图

总线仲裁的优先级算法通常有固定优先级(priority fixed)算法和循环优先级(round robin select)算法两种。具体又既可用硬件也可用软件实现。实际中对于各种总线标准,都有按这两种仲裁算法或将这两种算法结合而设计的总线仲裁器模块或芯片供用户选用。

与串行仲裁相比,并行仲裁的优点是避免了总线请求和总线允许信号的逐级传送延迟,所以响应速度快,适于各种实时性要求高的多机系统中使用。而缺点则是控制信号多,逻辑复杂,只适于控制源不多的系统中使用;且一旦系统设计好,就不易扩充。

3. 并串行二维仲裁

并串行二维仲裁是综合并行仲裁和串行仲裁的优点而产生的一种组合控制方法。其特点是将主控设备分组,组间使用并行仲裁,而组内使用串行仲裁。这种仲裁方法的原理如图 4.4 所示。

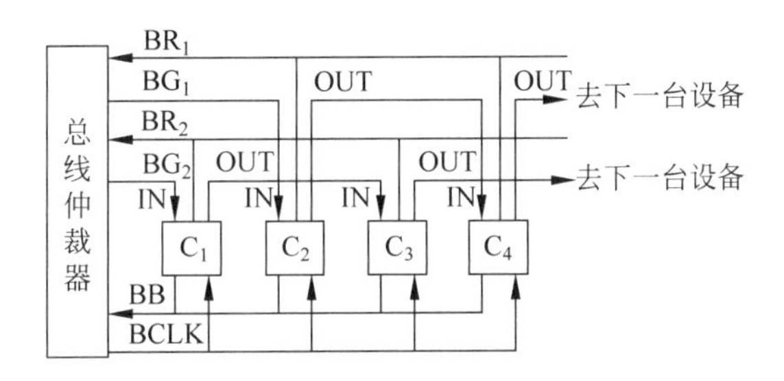

图 4.4　并串行二维仲裁机构原理图

图中 4 个主控器 C_1、C_2、C_3 和 C_4 被分成两组。C_1 和 C_3 为一组,C_2 和 C_4 为另一组,每组有自己独立的总线请求和允许线 BR_1/BG_1 或 BR_2/BG_2,C_1 和 C_3 使用 BR_2、C_2 和 C_4 使用 BR_1 向仲裁器发总线请求,仲裁器则直接识别 BR_1 和 BR_2 信号,按一定的优先级算法发出 BG_1 或 BG_2 信号;而组内选择哪一个主控器占用总线,则是通过 BG 信号在链路上的传递实现的。

显然,这种二维总线仲裁兼具串链法和并行法的优越性,既有较好的灵活性、可扩充性,又可容纳较多的设备而不使结构过于复杂,还有较快的响应速度。这对于那些含有很多主控源的大型复杂计算机系统来说,无疑是一种最好的折中方案。

4.2.2 总线握手控制

总线握手的方法通常有同步总线协定、异步总线协定和半同步总线协定三种。

1. 同步总线协定

同步总线协定采用精确稳定的系统时钟作为各模块动作的基准时间。在这种传输协定中,主、从模块间的数据交换只受一个时钟源控制。模块间通过总线进行一次数据传送的时间是固定的,每次传送一旦开始,主从模块都必须按严格的时间规定完成相应的动作,包括各模块何时发送何种信息、何时接收何种信息,以及在时钟的哪一个脉冲、哪一个边沿收发信息,相互间的时序关系如何,都要严格遵守原先的规定。以 IBM PC/XT 机采用的同步总线协定为例,存储器读/写总线操作时序如图 4.5 所示。

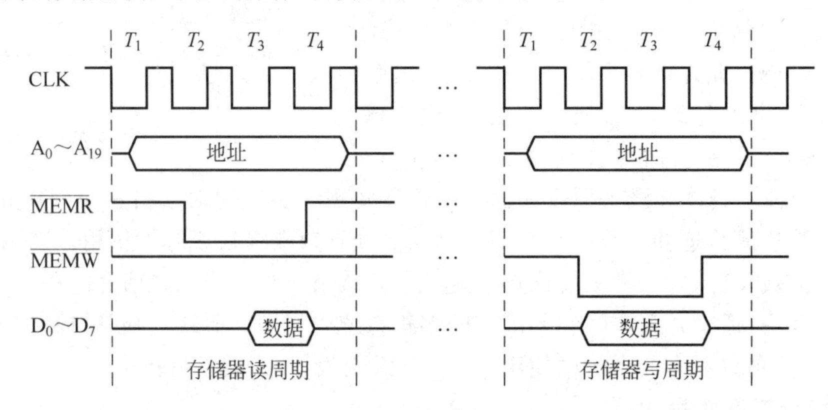

图 4.5 同步总线定时时序

一个存储器读/写总线周期由 $T_1 \sim T_4$ 四个时钟子周期组成,在每个时钟子周期,CPU(主模块)和存储器(从模块)完成规定的动作:

(1) T_1 周期,CPU 发出访问从模块(存储器)的地址;

(2) T_2 周期,CPU 发出存储器读($\overline{\text{MEMR}}$)/写($\overline{\text{MEMW}}$)操作命令,如是写命令,CPU 还将数据送上总线;

(3) T_3 周期,如果是读命令,被选中的存储单元把数据送上总线;

(4) T_4 周期,主从模块撤销读/写命令和总线上的数据、地址,结束总线周期。

同步总线的优点一是简单,便于电路设计;二是总线传输速度快,适合高速运行的需要。其缺点是只能按最坏的可能性来确定总线频带的宽度,以满足速度最慢设备的需要,而且一旦设计好,就不能再接加更慢的设备,即系统的适应性差。

2. 异步总线协定

为了既适应高速设备高速运行的需要,又适应低速设备低速运行的需要,另一种总线传输协定——异步总线协定便应运而生了。

异步总线协定采用"应答式"传输技术,其特点是总线上的主控器和受控器完全采用一问一答的方式工作。无论输入还是输出,主控器都必须等待受控器回答准备就绪或接收完毕后，才会撤销(结束)总线操作。这种异步总线协定的信号定时关系如图 4.6 所示。图中“选通”和“应答”分别代表主控器和受控器发出的主、从互锁控制信号。

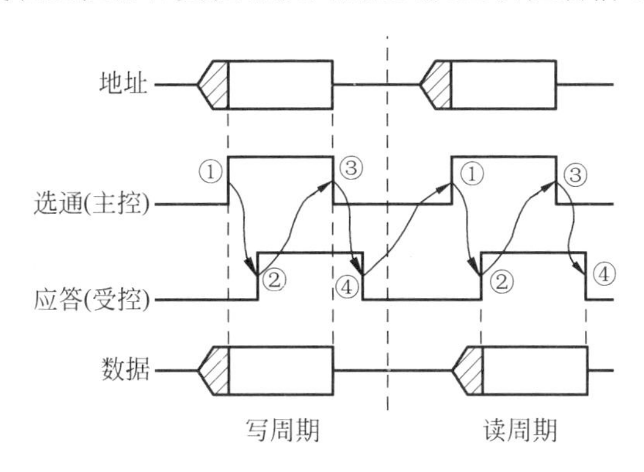

图 4.6　异步总线定时时序

对于写操作，主控器先把地址、数据放到总线上，经过一段时间延迟后，“对话”和操作开始：

① 主控器选通信号有效，相当于通知受控器“数据已准备好，可以接收”。

② 受控器接收数据后使应答信号变为有效，相当于回答主控器“数据已接收”。

③ 主控器收到受控器的回答后，选通信号从有效变为无效，表示“知道数据已被接收”。

④ 受控器知道主控器已收到自己回答后，应答信号变为无效，相当于通知主控器“本次操作结束，可以开始新的总线周期”。

读操作时，两个控制信号的互锁控制情况与写操作时相似。主控器先把地址放到总线上，经过一段时间延迟后，“对话”和操作开始：

① 主控器选通信号有效，通知受控器“已做好读数准备，请送数”。

② 受控器把数据放到总线上后应答信号变为有效，回答主控器“数据已送出，请接收”。

③ 主控器收到数据后，选通信号从有效变为无效，告诉受控器“数据已接收”。

④ 受控器知道数据已被主控器接收后，应答信号变为无效，通知主控器“新的总线周期可以开始”。

显然，异步总线协定绝不会发生前后两个总线周期重叠的问题，因此数据传输是高度可靠的。另外，这种方式使得总线上不同速度的受控模块可以根据自己可能的速度自主地决定对主控器读写命令的响应时间，因而对不同速度的设备具有很好的适应性，使多种速度的设备能在系统中协调工作。但与同步总线相比，异步总线完成一次总线操作，主、从两组互锁控制信号在总线上要经过两个来回行程，即来回传送 4 次，其传输延迟是同步总线的 2 倍，因而传输速度慢，总线周期长，总线频带窄。

3. 半同步总线协定

半同步总线协定是综合同步协定和异步协定两者的优点而产生的一种混合式握手协定。本质上，半同步总线是按同步总线的原理工作的，即总线操作过程只在时钟脉冲一个信号控制下完成。但半同步总线又不像同步总线那样总线周期固定，它通过设置一根“等待”(WAIT)或“就绪”(READY)信号线，可以使总线周期延长整数个时钟周期。因此，在宏观上半同步总线又像异步总线，靠“时钟”和“等待”这两个一主一从信号的互锁握手来控制总线周期的长短。

以 8088/8086 CPU 为例，它实际支持的是半同步总线协定，只是在 PC/XT 机中将 READY 信号固定为高电平，而变为同步总线。为说明半同步总线的握手原理，图 4.7 给出了 8088/8086 采用半同步总线协定时，利用 READY 信号控制延长存储器读/写操作周期的定时时序。

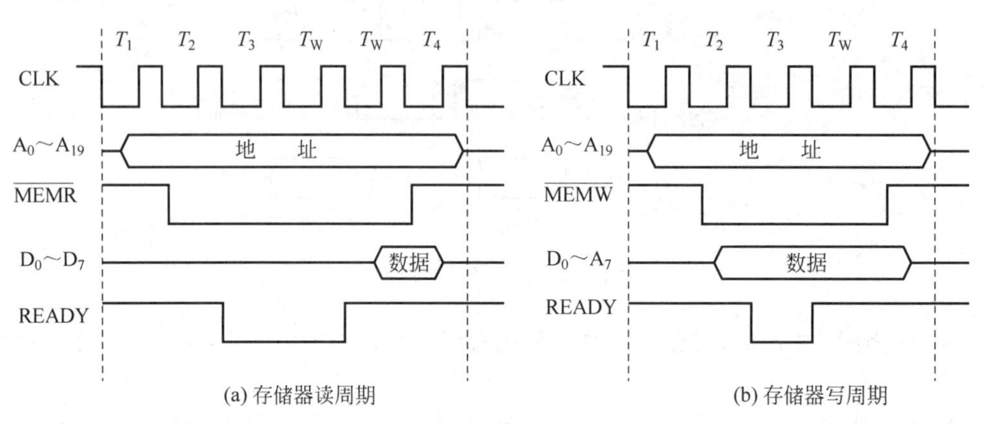

图 4.7 8086 半同步总线定时时序

当存储器速度较慢不能在给定的总线周期（$T_1 \sim T_4$）内完成读/写操作时，通过 READY 线发出一个要求 CPU 等待的信号，在 T_3 开始时，CPU 检测 READY 信号，若 READY 信号为低电平，则在 T_3 后插入一个 T_W 等待周期，以后在每个 T_W 周期 CPU 都检测 READY 信号，只要 READY 信号为低电平就继续插入 T_W 等待周期，直到 READY 变高，进入 T_4 周期结束总线操作。若 T_3 周期时 READY 保持高电平，则直接进入 T_4 周期结束总线操作，这即是图 4.5 所示的同步总线操作。

这种半同步总线对快速设备就像同步总线一样，用一个来回行程即可实现主、从模块之间的成功握手；而对于慢速设备，又像异步总线一样，利用 WAIT 或 READY 控制信号可以方便地改变总线周期。显然，按这种协定设计的总线兼具有同步总线的速度和异步总线的可靠性与适应性。

4.2.3 Pentium 处理器的总线操作时序

Pentium 支持多种多样的数据传送总线周期，以满足高性能系统的需要。总线周期可以是非突发方式的单周期或突发方式的多周期；也可以是高速缓存的或非高速缓存的；还可以是流水线式的或非流水线式的。但无论哪种总线传送，都与其他 80x86 微处理器一样，所采用的是半同步总线传输协议。

1. 非流水线式读/写总线周期

与 80486 一样，Pentium 单数据传送总线操作的基本周期由两个时钟周期 T_1 和 T_2 组成，称为 2-2 周期。当受控器（如存储器或 I/O 端口）速度较慢，不能在一个基本总线周期内完成读/写操作时，可以通过 $\overline{\text{BRDY}}$ 信号线向 CPU 发出一个等待信号，以插入若干个等待周期（T_2 周期）而延长总线操作时间。这种单数据传送总线周期的操作时序如图 4.8 和图 4.9 所示。

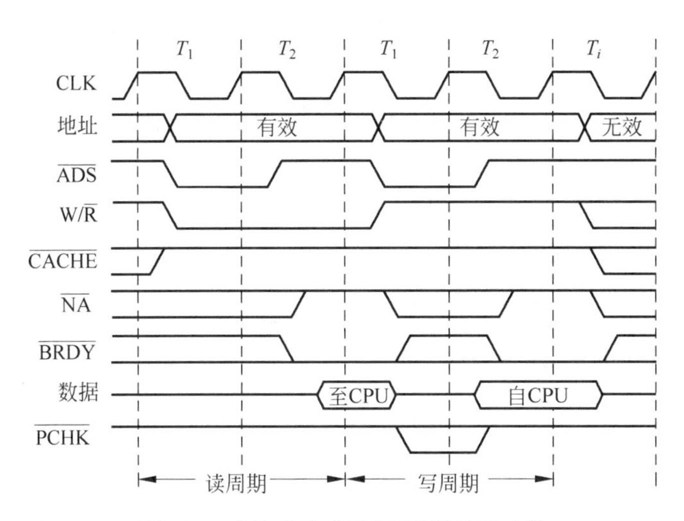

图 4.8　非流水线式读/写周期总线时序

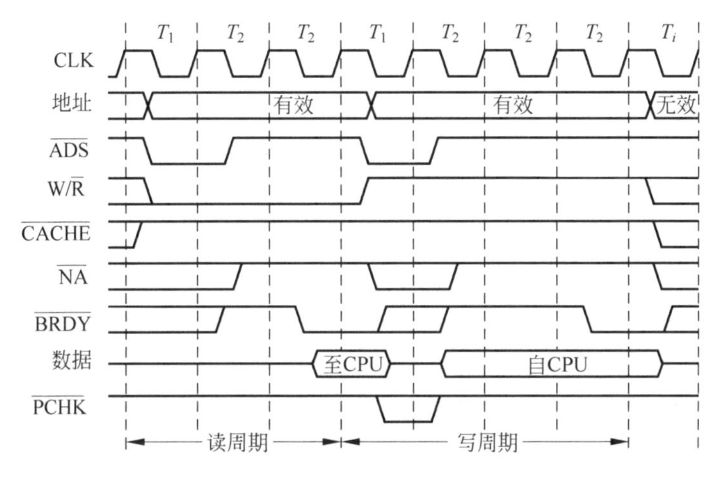

图 4.9　带等待周期的非流水线式读/写周期总线时序

图 4.8 为基本的 2-2 周期，当地址随着$\overline{\text{PCHK}}$信号线上的地址选通脉冲输出到地址总线上时，读(或写)周期开始了；与此同时，W/$\overline{\text{R}}$ 信号变为低(或高)电平，表示要进行读(或写)数据传送。$\overline{\text{NA}}$和$\overline{\text{CACHE}}$信号在总个总线周期中一直为高电平，这表明该总线周期是非流水线和非高速缓存式的。Pentium 在 T_2 时钟周期内对$\overline{\text{BRDY}}$信号采样，由于$\overline{\text{BRDY}}$信号为低电平有效，表明数据已准备好(或已取走)，CPU 完成读(或写)数据操作，结束总线周期。

图 4.9 为带等待状态的非流水线式单数据读/写周期。在 T_2 周期，受控器通过驱动$\overline{\text{BRDY}}$信号为无效(高电平)，而在基本的 2-2 周期后插入若干个等待状态来延长总线操作周期。可见 Pentium 可适应任何速度的外部系统的工作需要。

2. 突发式读/写周期的总线时序

Pentium 支持三类突发式总线周期，即代码读突发式线填充、数据读突发式线填充和突发式回写，分别代表一种高速缓存的数据修改方式。每个突发式读/写周期传送的是 256 位数据，即 4 个 64 位数。图 4.10(a)和(b)分别给出了突发式读周期和写周期的总线时序。

无论读还是写,在整个周期中$\overline{\text{CACHE}}$均保持低电平有效,即突发式周期也是高速缓存的。

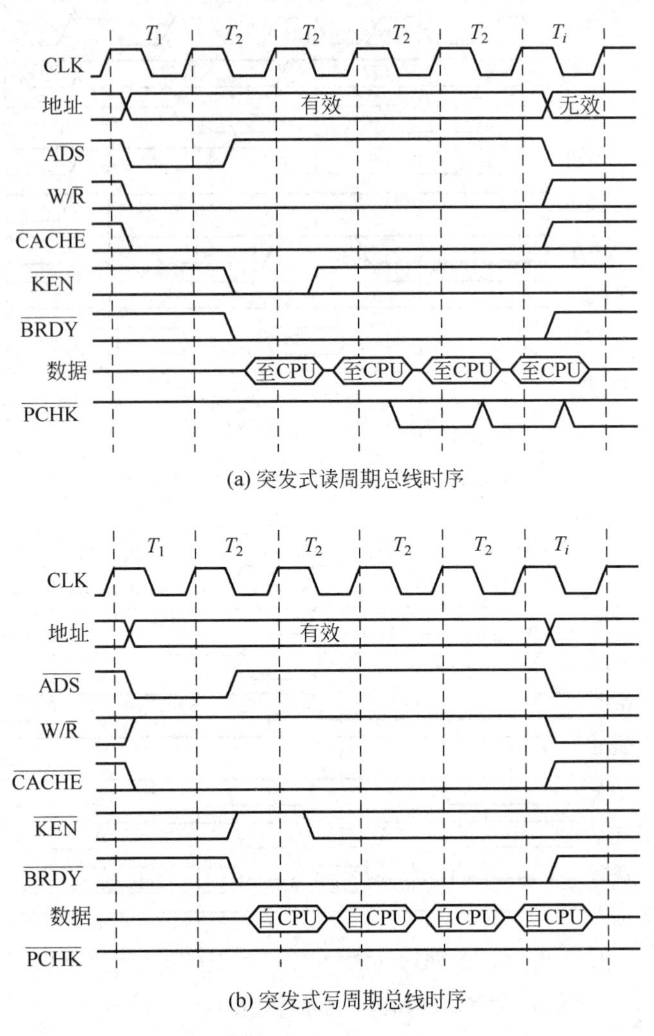

(a) 突发式读周期总线时序

(b) 突发式写周期总线时序

图 4.10 突发式读/写周期总线时序

突发式周期的原理仍基于非突发式周期的传输原理,其数据传输启动方法完全一样,也是从 CPU 送出地址码并发出有效$\overline{\text{ADS}}$信号开始的,只是突发式周期中数据项的地址是连续的,所以在给出突发式周期的第一个地址后,外部硬件能够很容易地预先计算出随后传送的地址,即从突发式周期的第二个数据开始省去了 CPU 送出地址码并发出有效$\overline{\text{ADS}}$信号和总线周期控制信号 M/$\overline{\text{IO}}$、D/$\overline{\text{C}}$、W/$\overline{\text{R}}$(这些信号在突发周期内保持不变)这一时钟周期。即突发式数据传送除第一个数据传送需两个时钟周期外,从第二个数据开始每传送一个数只需一个时钟周期。

对突发式读周期,在传送第一个数据的 T_2 时钟内,存储器子系统必须将$\overline{\text{KEN}}$信号置为低电平,以告诉 CPU 当前的读周期为突发式行填充周期。对突发式写周期,$\overline{\text{KEN}}$信号应无效(高电平)。

3. 流水线式读/写周期的总线时序

Pentium 通过检测$\overline{\text{NA}}$信号("下一个地址"信号)来形成流水线式总线周期。在流水线式周期中，下一个总线周期的地址在前一总线周期的数据传送时产生。无论非突发式单数据传送周期还是突发式多数据传送周期，均可以是流水线式的。

图 4.11 和图 4.12 给出了流水线式背对背读/写周期的总线时序。其中图 4.11 为缓存式突发读-读周期，即连续两个缓存式突发读周期。第一个缓存式突发读操作周期由 CPU 送出地址 a 开始，当$\overline{BRDY}$信号变为有效时，$\overline{NA}$信号也变为有效，以此通知 CPU 将下一个地址输出到地址总线上。这样，在当前缓存式突发读总线周期结束之前，下一个缓存式突发读总线周期对外部存储器子系统的操作便可开始，从而实现两个总线周期的并行操作，表现出流水线工作的特点。

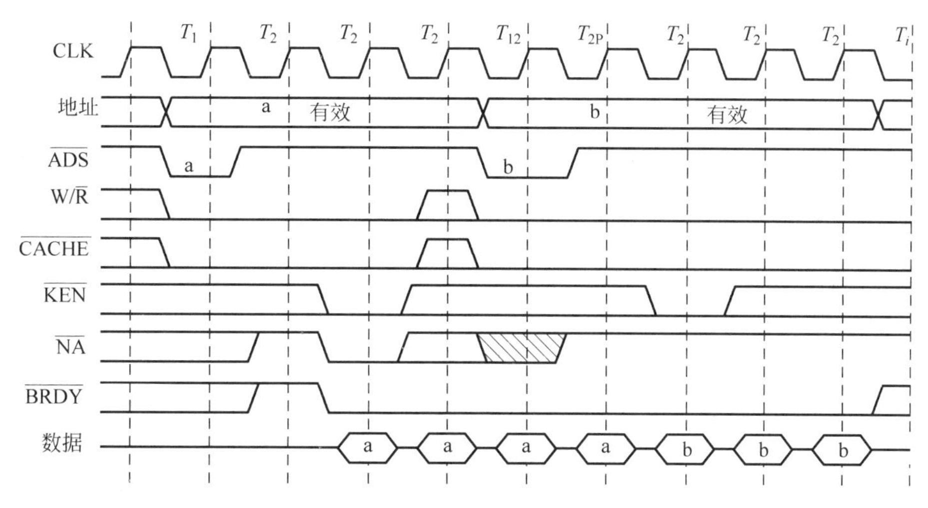

图 4.11 流水线式背对背缓存式突发读-读周期

图 4.12 为先缓存式突发读、后非缓存式单数据写的流水线式读-写周期时序。在突发读周期和非突发写周期之间插入了一个固定的时钟周期 T_D，CPU 在这个时钟周期中，将数据总线由读操作的输入状态变成写操作的输出状态，为读-写总线周期的转换做准备。

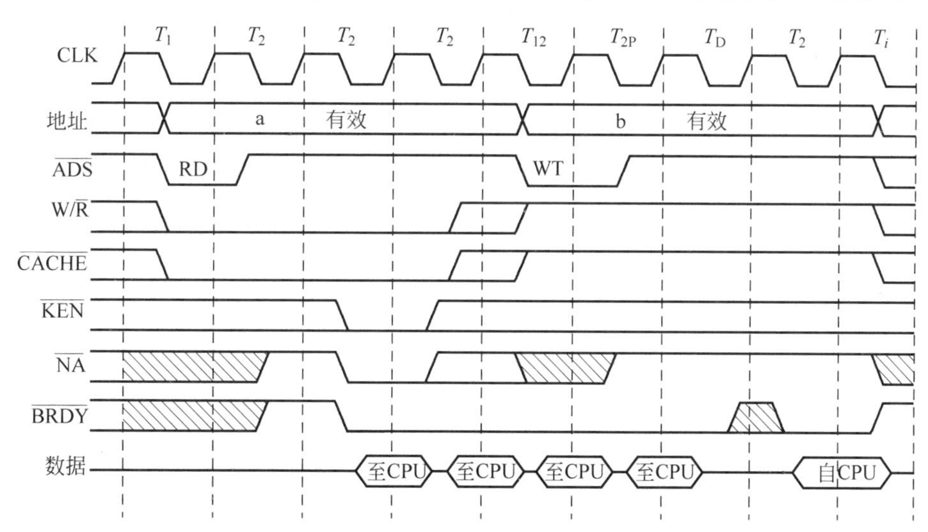

图 4.12 流水线式背对背缓存式突发读-非缓存式单数据写周期

4.2.4 MCS-51系列单片机的总线操作时序

MCS-51系列单片机发出的时序控制信号有两大类。一类是用于单片机内部协调控制的,用户应用并不直接接触这些信号;另一类时序信号是通过单片机控制总线送到片外,形成对片外的各种I/O接口、RAM和EPROM等芯片工作的协调控制,这部分时序信号是用户应用需要关心的。

1. MCS-51总线操作时序单位

MCS-51总线操作的时序单位有4个,即节拍、状态、机器周期和指令周期。

(1) 节拍。也称时钟周期,是指为单片机提供时钟脉冲信号的振荡源的周期(用P表示)。

(2) 状态。一个状态包含两个节拍P_1、P_2,由振荡脉冲经二分频后得到(用S表示)。

(3) 机器周期。一个机器周期包含6个状态S_1~S_6,也即12个节拍:S_1P_1,S_1P_2,…,S_6P_1、S_6P_2。若使用6MHz的时钟频率,一个机器周期就是2μs;若使用12MHz的时钟频率,一个机器周期就是1μs。

(4) 指令周期。指执行一条指令所需要的时间。MCS-51的指令有单字节、双字节和三字节的,它们的指令周期不尽相同,由1~4个不等的机器周期组成。

2. MCS-51指令的取指/执行时序

图4.13给出了MCS-51单片机的几种典型取指/执行时序,每条指令的执行都包括取指和执行两个阶段。取指阶段,CPU从内部或外部ROM中取出指令操作码及操作数,然

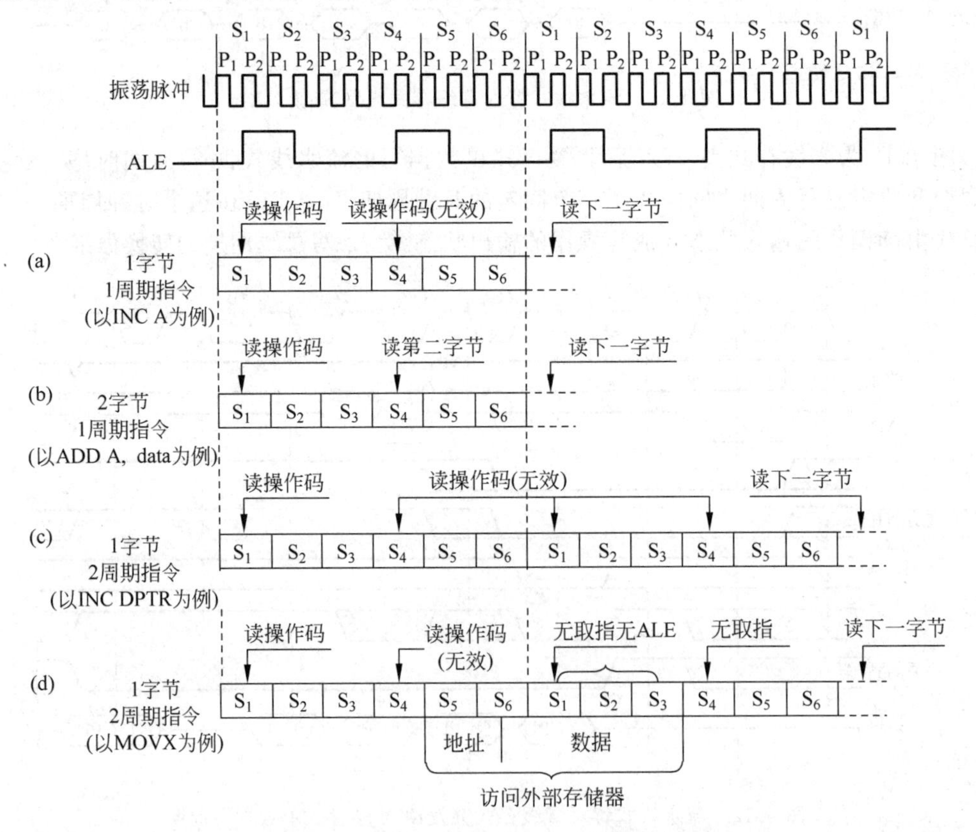

图4.13 MCS-51单片机取指/执行时序

后再分析执行这条指令。图中，ALE 信号是锁存地址的选通信号，由时钟频率 6 分频得到。通常，在一个机器周期中，ALE 信号两次有效，第一次在 S_1P_2 和 S_2P_1 期间，第二次在 S_4P_2 和 S_5P_1 期间。ALE 信号每出现一次，单片机就进行一次读取指令操作，但并不是每条指令在 ALE 生效时都能有效地读取指令。下面结合图 4.13，对 MCS-51 的几种典型取指/执行时序加以说明。

1）单字节单周期指令

图 4.13(a)是单字节单周期指令取指/执行时序。只进行一次读指令操作，第二个 ALE 信号有效时，仍执行读操作，但读出的字节被丢弃，且读后 PC 值不加 1，属于一次无效的读操作。

2）双字节单周期指令

图 4.13(b)是双字节单周期指令取指/执行时序。这类指令两次的 ALE 信号都是有效的，第一个 ALE 信号有效时读出的是操作码，第二个 ALE 信号有效时读出的是操作数。

3）单字节双周期指令

图 4.13(c)和(d)是单字节双周期指令取指/执行时序。图 4.13(c)中，两个机器周期内进行了 4 次读操作，但只有第一次读操作是有效的，后 3 次读操作均为无效操作。

图 4.13(d)是单字节双周期指令的一种特殊情况——MOVX 指令操作时序。执行 MOVX 指令时，先在 ROM 中读取指令，然后对外部数据存储器进行读或写操作。第一个机器周期 S_5 开始时，送出外部数据存储器的地址，随后进行读或写操作。读写期间在 ALE 端不输出有效信号，在第二个机器周期，即外部数据存储器已被寻址和选通后，也不产生取指操作。

图 4.13 给出的时序图中，我们只描述了指令的读取状态，而没有画出指令执行时序，因为每条指令都包含了具体的操作数，而操作数类型种类繁多，这里不便列出，有兴趣的读者可参阅有关书籍。

3. 外部程序存储器(ROM)读时序

从外部程序存储器 ROM 读取指令，除了上述的 ALE 信号外，还有一个 $\overline{PSEN}$(外部 ROM 读选通脉冲)信号。此外，还要用到 P0 口和 P2 口，P0 口分时用作低 8 位地址和数据总线，P2 口用作高 8 位地址总线。相应的操作时序如图 4.14 所示，其过程如下：

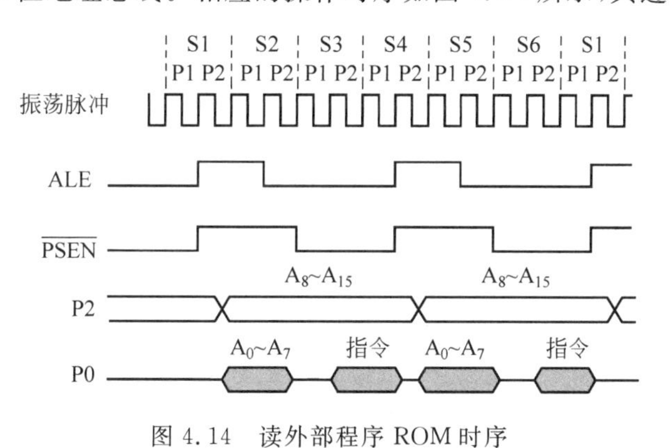

图 4.14 读外部程序 ROM 时序

(1) 在 S1P2 时 ALE 信号有效。

(2) P0 口送出 ROM 低 8 位地址，P2 口送出 ROM 高 8 位地址。P0 口上的低 8 位地址只持续到 S2 结束，之后出现在 P0 口上的就不再是低 8 位的地址信号，而是指令数据信号，故在 S2 期间必须通过 ALE 信号把低 8 位地址信号锁存起来。而 P2 口只输出地址信号，整个机器周期地址信号都是有效的，因而无须锁存高 8 位地址信号。

(3) 在 S3P1 时刻$\overline{\text{PSEN}}$开始有效，用它来选通外部 ROM 的使用端，所选中 ROM 单元的数据通过 P0 口读入到 CPU 后，$\overline{\text{PSEN}}$信号失效。

(4) 从 S4P2 开始执行第二个读指令操作，过程与第一次相同。

4. 外部数据存储器(RAM)读时序

CPU 对外部数据存储器的访问是对 RAM 进行数据的读或写操作，属于指令的执行周期。图 4.15 给出了外部数据存储器的读操作时序，读取外部数据存储器 RAM 之前的机器周期是取指阶段，其过程如下：

(1) 第一次 ALE 有效(S1P2)到第二次 ALE 出现(S4P2)前的过程和读外部 ROM 相同(取指令)。

(2) 第二次 ALE 有效(S4P2)后，P0 口、P2 口分别送出 RAM 单元的低 8 位和高 8 位地址。

(3) 在第二个机器周期，第一个 ALE 不再出现，此时$\overline{\text{PSEN}}$为高电平；第二个机器周期的 S1P1 时$\overline{\text{RD}}$开始有效，选通 RAM 芯片，将 RAM 单元数据通过 P0 数据总线读进 CPU。

(4) 第二个机器周期的第二个 ALE 信号出现时，进行一次外部 ROM 的读操作，但为无效操作。

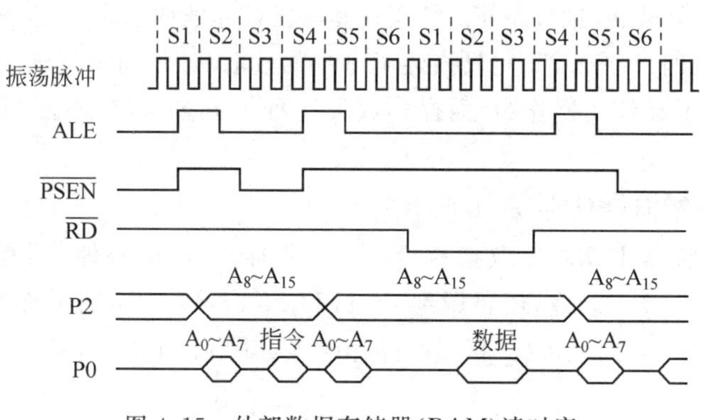

图 4.15 外部数据存储器(RAM)读时序

若对外部 RAM 进行写操作，则用写信号$\overline{\text{WR}}$来选通 RAM，将数据通过 P0 数据总线写入外部存储器中，其操作时序与读操作相似，如图 4.16 所示。

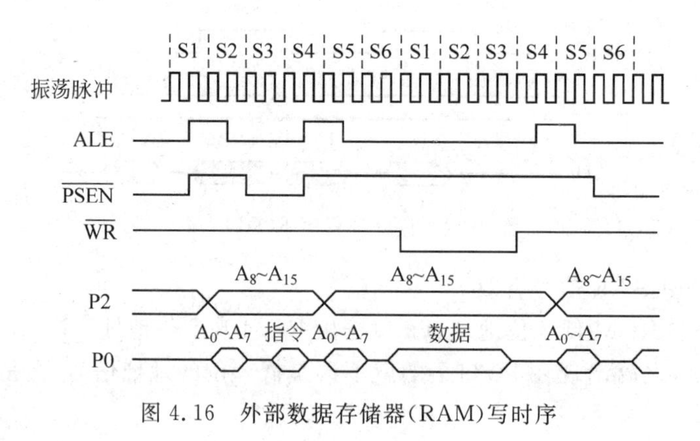

图 4.16 外部数据存储器(RAM)写时序

4.3 目前主流微机系统中的常用总线标准

4.3.1 标准总线概述

总线是把微机各组成部分连接起来构成微机系统的重要资源。现代微机系统使用标准总线来实现各个模块和设备的互联。所谓总线标准是指国际工业界正式公布或推荐的连接各个模块的总线规范，是把各种不同的模块或设备组成计算机系统或计算机应用系统时必须遵循的连接规范。

采用总线标准，可以为不同模块、设备的互联提供一个标准的界面。这个界面对两端的模块和设备是透明的，界面任一方只需根据总线标准的要求来实现接口的功能，而不必考虑另一方的接口方式。这就为接口的硬件软件设计提供了方便，并且使设计出的接口也具有通用性。从而为把不同厂商生产的模块和设备连接在一起构成微机系统提供了方便，也从根本上保证了微机系统的兼容性、可维护性和可扩充性。

总线按其在微机系统中的位置及功能不同，一般可分为三级：

(1) 芯片级总线。它是把CPU芯片与其他芯片连成微处理器模块(主板)的总线。芯片级总线因CPU不同而异，所以实质上就是CPU总线。

(2) 模块级总线。它是把CPU主板和主板上各模块连成微机的总线。模块级总线是微机内部用于扩展I/O模块的总线，所以也叫做微机总线或内部扩展总线。

(3) 系统级总线。用于把多台微机或微机与外设连成微机系统，所以也叫外部总线。通常这级总线又分为并行总线和串行总线两种。

无论哪种总线标准，尽管在设计细节和适应范围上有很多不同，各有特点，但从总体原则上看，每种总线设计所要解决的问题是大体相同的，其总线规范(specification)说明一般都应包括如下几部分：

(1) 机械结构规范。规定总线物理连接的方式，包括总线的插头、插座的尺寸及形状，总线的根数和引脚排列等。

(2) 功能规范。确定各引脚信号的名称、功能与逻辑关系，以及它们相互作用的协议，如信号定时关系。

(3) 电气规范。规定信号工作时的高低电平、动态转换时间、负载能力以及各电气性能的额定值和最大值。

下面对PC系列机中较流行的几种模块级和系统级标准总线作一简介，这些总线是设计开发微机应用系统时经常要用到的。

4.3.2 ISA总线

ISA(industrial standard architecture，工业标准体系结构)总线是IBM公司1984年为推出PC/AT机而建立的系统总线标准，所以也叫AT总线。它是对XT总线标准的扩展，以适应8/16位数据总线要求。它在推出后得到广大计算机同行的承认，以兼容这一标准为前提的微型计算机纷纷问世。从286到Pentium的各代微机，尽管工作频率各异，内部功能和系统性能有别，但大都采用了ISA总线标准。不过随着技术的进步和计算机性能的提高，目前ISA总线已逐渐被淘汰了。

1. ISA 总线的主要性能指标

ISA 总线的主要性能指标如下：

- 64K I/O 地址空间(0000H～FFFFH)；
- 24 根地址线，支持 16MB 存储器地址空间(000000H～FFFFFFH)；
- 8/16 位数据线，支持 8 位或 16 位数据存取；
- 最高时钟频率为 8MHz；
- 最大传输率为 16MB/s；
- 15 级硬件中断；
- 7 级 DMA 通道；
- 开放式总线结构，允许多个 CPU 共享系统资源。

2. ISA 总线信号

ISA 总线共包含 98 根信号线，它们是在原来的 8 位 XT 总线 62 线的基础上再扩充 36 线而成的。其扩展 I/O 插槽也在原来 XT 总线的 62 线连接器的基础上，附加了一个 36 线的连接器，如图 4.17 所示。长槽为原 8 位 XT 总线的 62 个引脚，分为 A、B 两面，每面 31 线；短槽是新增的 36 个引脚，分为 C、D 两面，每面 18 线。这种扩展 I/O 插槽既可支持 8 位的插卡(仅使用长槽)，也可支持 16 位插卡(长短槽均用)。

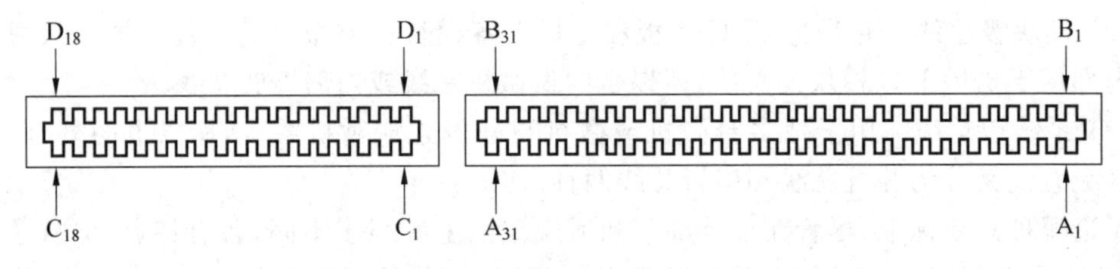

图 4.17 ISA 总线插槽

ISA 总线各引脚信号线的功能和对应插槽的编号如表 4.1 和表 4.2 所示。

表 4.1 ISA 总线长槽 62 条引脚线的功能

类型	信号名称	方向	引脚编号	功能说明
时钟与定位	OSC	O	B_{30}	周期为 70ns 的振荡信号，占空比为 2∶1
	CLK	O	B_{20}	周期为 167ns 的系统时钟，占空比为 2∶1
	RESDRV	O	B_2	上电复位或初始化系统逻辑
	$\overline{OWS}$	I	B_8	零等待状态信号
数据总线	SD_7～SD_0	I/O	A_2～A_9	8 位双向数据线，为 CPU、存储器、I/O 设备提供数据，SD_0 为最低有效位
地址总线	SA_{19}～SA_0	O	A_{12}～A_{31}	20 位地址线，用于对存储器和 I/O 设备寻址，SA_0 为最低有效位
	BALE	O	B_{28}	地址锁存使能信号，允许锁存来自 CPU 的有效地址
	AEN	O	A_{11}	DMA 允许信号，允许 DMA 控制器控制地址总线、数据总线及读/写命令线，进行 DMA 传输
	$IRQ_{9,7\sim3}$	I	B_4，B_{21}～B_{25}	I/O 设备的中断请求线，IRQ_3 优先级最高
	$DRQ_{3\sim1}$	I	B_{16}，B_6，B_{18}	I/O 设备的 DMA 请求线，DRQ_1 优先级最高
	$\overline{DACK_{3\sim1}}$	I	B_{15}，B_{26}，B_{17}	DMA 应答信号线，分别对应 DMA 请求 3～1 级

续表

类型	信号名称	方向	引脚编号	功能说明
控制总线	T/C	O	B_{27}	DMA 通道计数结束信号，由 DMA 控制器送出
	$\overline{\text{IOR}}$	I/O	B_{14}	I/O 读
	$\overline{\text{IOW}}$	I/O	B_{13}	I/O 写
	$\overline{\text{SMEMR}}$	O	B_{12}	存储器读（小于 1MB 空间）
	$\overline{\text{SMEMW}}$	O	B_{11}	存储器写（小于 1MB 空间）
	$\overline{\text{I/OCHCK}}$	I	A_1	向 CPU 提供 I/O 设备或扩充存储器奇偶错
	I/OCHRDY	I	A_{10}	I/O 通道就绪，若是低速的存储器或 I/O 设备，则在检测到一个有效地址和一个读或写命令时，使该信号变低，总线周期用整数倍的时钟周期延长，但该信号低电平维持时间不得超过 15 个时钟周期
	$\overline{\text{REFRESH}}$	I/O	B_{19}	该信号用来指示刷新周期
电源与地线	+5V		B_3，B_{29}	电源
	−5V		B_5	电源
	+12V		B_9	电源
	−12V		B_7	电源
	GND		B_1，B_{10}，B_{31}	地线

表 4.2 ISA 总线短槽 36 条引脚线的功能

类型	信号名称	方向	引脚编号	功能说明
数据总线	$SD_{15}\sim SD_8$	I/O	$C_{18}\sim C_{11}$	双向数据线 15～8 位，为 CPU、存储器和 I/O 设备提供高 8 位数据
	$\overline{\text{SBHE}}$	I/O	C_1	数据高位允许信号
	$\overline{\text{MEMCS16}}$	I	D_1	存储器 16 位芯片选择信号
	$\overline{\text{I/OCS16}}$	I	D_2	I/O 设备 16 位芯片选择信号
地址	$LA_{23}\sim LA_{17}$	I/O	$C_2\sim C_8$	存储器与 I/O 设备的最高 7 位地址
控制总线	$IRQ_{15,14,12\sim 10}$	I	$D_7\sim D_3$	中断请求信号，IRQ_{10} 为最高级，IRQ_{15} 为最低级
	$DRQ_{7\sim 5,0}$	I	D_{15}，D_{13}，D_{11}，D_9	DMA 请求信号，DRQ_0 为最高级，DRQ_7 为最低级
	$\overline{DACK}_{7\sim 5,0}$	O	D_{14}，D_{12}，D_{10}，D_8	DMA 应答信号，对应 $DRQ_{7\sim 5}$，和 DRQ_0
	$\overline{\text{MASTER}}$	I	D_{17}	I/O 处理器发出的主控信号，使 CPU 总线处于高阻态
	$\overline{\text{MEMR}}$	I/O	C_9	对所有存储器读命令
	$\overline{\text{MEMW}}$	I/O	C_{10}	对所有存储器写命令
电源与地线	+5V		D_{16}	电源
	GND		D_{18}	地线

4.3.3 PCI 总线

PCI 总线的英文全称是 peripheral component interconnect，即外部设备互连。它是继 VESA（VL）总线之后推出的一种高性能的 32 位/64 位局部总线（local bus），实际上现已成为高档 PC 机中具有霸主地位的内部扩展总线。

1991 年下半年，Intel 公司首先提出了 PCI 总线的概念。后来 Intel 公司又联合 IBM、

DEC、Apple、Compaq、Motorola 等 100 多家 PC 工业界主要公司，于 1992 年 6 月成立了 PCI 集团（叫做 PCI SIG），并组成专门小组，统筹、强化和推广 PCI 标准，使其成为开放的、非专利的局部总线标准，称之为 1.0 版标准。以后在应用实践的基础上又相继于 1993 年 4 月 30 日和 1995 年 6 月 1 日推出了 2.0 版和 2.1 版。

1. PCI 总线的特点

PCI 总线具有以下特点。

(1) 性能优良

PCI 总线支持 33MHz/66MHz 的总线工作频率，总线位宽为 32 位/64 位，最大数据传输率从 133MB/s(33MHz 时钟、32 位数据)可升级到 533MB/s(66MHz，64 位数据)，满足了当前及以后相当一段时期内 PC 机数据传输率的要求。其优良的性能不仅可以提高网络接口卡和硬盘等设备的性能，还能满足图形及各种高速外部设备的要求。

(2) 支持突发传送方式

PCI 支持一种突发数据传输方式，也称成组传送。在突发方式下，CPU 访问一组连续数据时，只有在传送第一个数据时需要两个时钟周期，从第二个数据开始，传送一个数据只需一个时钟周期(省去了送地址这一时钟周期)。显然，突发传送减少了无谓的寻址操作，从而能更有效地运用总线的带宽去传送数据。

(3) 支持总线主控方式和同步操作

PCI 总线允许多处理器系统中的任何一个微处理器或其他有总线主控能力的设备成为总线主控设备，对总线操作进行控制。其独特的同步操作功能允许微处理器与其他总线主控器并行工作，而不必等待后者任务的完成。这种主控和同步操作功能有利于提高 PCI 总线性能。

(4) 不受微处理器限制

PCI 总线以其独特的中间缓冲器方式，使 PCI 总线部件和插件接口相对于微处理器是独立的。PCI 总线支持多种不同结构的微处理器，适用于多种不同的系统。在 PCI 总线构成的系统中，由于接口和外围设备的设计是针对 PCI 而不是微处理器，所以，当系统升级需要更换微处理器时，接口和外围设备仍然可以正常使用。

(5) 自动配置，即插即用

PCI 总线具有自动配置，即插即用(plug and play，PnP)的功能。按 PCI 总线规范，每个 PCI 总线扩充卡上都有 256B 的配置存储器，相当于 64 个 32 位寄存器，用来存放自动配置信息。系统加电时，系统 BIOS 能根据读到的关于该扩充卡的信息，结合系统实际情况，为扩充卡分配端口地址、中断级等系统资源，从根本上避免可能发生的冲突，真正实现了即插即用。新推出的 PCI2.2 版还支持热插拔(hot plug)功能。

(6) 适用于各种机型

PCI 局部总线不仅适应于各种桌面式微型计算机，而且还适用于便携式微机以及服务器等。通过支持 3.3V 的电源环境，使 PCI 局部总线应用在便携式微机中，可减小微机的体积，并增加其功能。

(7) 灵活性、兼容性好

PCI 总线具有很大的灵活性，这是因为它在设计时就是针对多种外设，包括图形、磁盘控制器，网络、多媒体及其他扩展卡，而不像 VL 总线仅针对图形卡设计。

此外，PCI 总线通过“桥”芯片进行不同标准信号之间的转换，使得多种总线可以共存于一个系统中，从而保证了 PCI 总线与 ISA、EISA、MCA 及 VESA 等总线的兼容。例如，使用“CPU-PCI”桥连接处理器和 PCI 总线，使用“PCI-ISA/EISA”桥连接 PCI 和 ISA/EISA。

(8) 低成本、高效益

PCI 的芯片采用超大规模集成电路，节省布线空间，为微机的小型化和多功能化提供了良好的条件。PCI 部件采用地址/数据复用，使 PCI 部件连接其他部件的引脚数减至 50 以下。PCI 引脚线的每两个信号之间都安排了一个地线，以减少信号间的相互干扰以及音频信号的散射问题。PCI 到 ISA/EISA 的转换由芯片厂提供，减少了用户的开发成本。

2. PCI 总线的系统结构

PCI 总线的系统结构如图 4.18 所示。由图可以看出 PCI 总线是位于微处理器总线与系统总线之间的一种夹层总线。CPU-PCI 桥接器(或称 PCI 总线控制器)位于 CPU 和系统总线之间，实现 CPU 总线与 PCI 总线之间的适配耦合。它提供了一个低延迟的访问通路，使 CPU 能直接访问通过它映射于存储器空间或 I/O 空间的 PCI 设备，PCI 主设备也能够访问主存。该桥还在与 CPU 总线的接口中引入了数据缓冲功能，使 PCI 总线上的设备可与 CPU 并行工作。另外，它还可使 PCI 总线和 CPU 总线的操作相互隔离，以免互相影响。

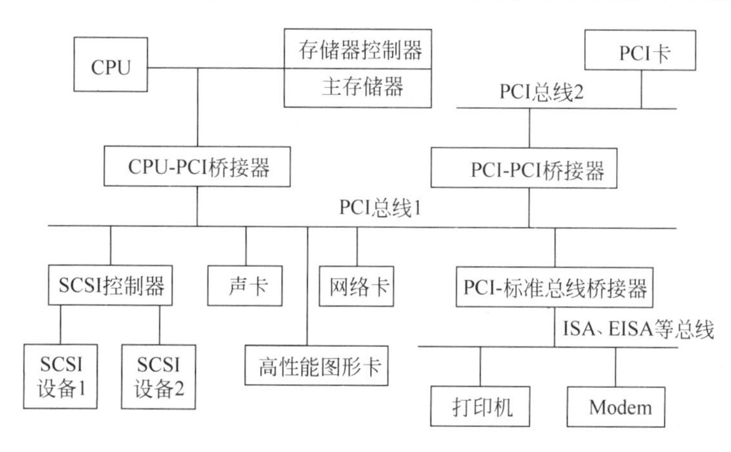

图 4.18　PCI 总线结构

PCI-标准总线桥接器(或称标准总线桥)用于在 PCI 总线上接出一条系统总线，如 ISA、EISA、MCA 等标准总线，从而可继续使用现有的 I/O 设备，以增加 PCI 总线的兼容性和选择范围。如果需要把许多设备接到 PCI 总线上，而总线驱动能力又不足时，可以通过 PCI-PCI 桥接器使用多 PCI 总线。

事实上，桥是一个总线转换部件，其功能是连接两条总线，允许总线之间相互通信交往。一座桥的主要作用是把一条总线的地址空间映照到另一条总线的地址空间，就可以使系统中每一个总线主设备能看到同样的一份地址表。这时，从整个存储系统来看，有了整体性统一的直接地址表，可以大大简化编程模型。

3. PCI 总线信号

PCI 总线的信号分为必备的和可选的两大类。对主设备，PCI 接口要求的必备信号为 49 条，对从设备为 47 条。利用这些必备信号线即可完成寻址、数据处理、接口控制、总线仲裁及其他系统功能。图 4.19 按功能分组表示了这些信号。

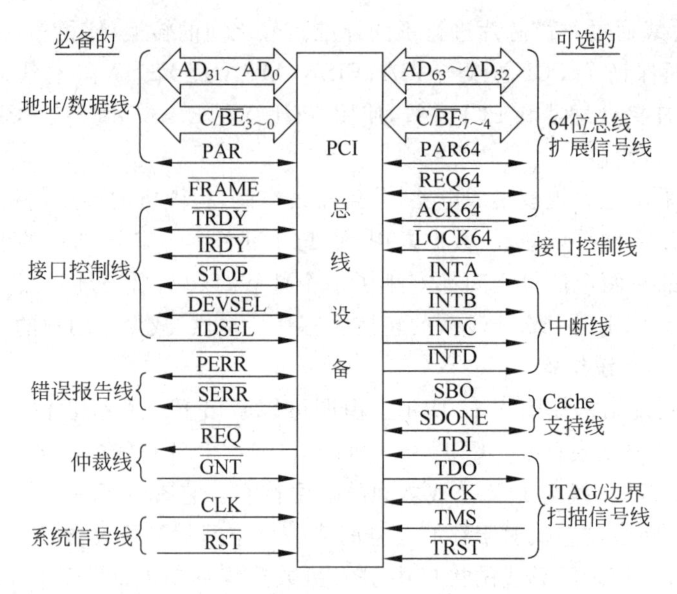

图 4.19 PCI 总线信号

图中左边是必备的,右边是可选的。可选信号为 51 条,主要用于 64 位扩展、中断请求和高速缓存支持等。图中的信号方向适用于主/从设备综合体的情况。当然,PCI 总线除了图 4.19 所示的这些信号线外,还有若干电源线、地线和保留线等,这些也是完成总线操作和方便未来系统/用户功能扩展所必要的。

1) 系统信号线

- CLK:PCI 系统总线时钟。由系统提供,最高为 33MHz/66MHz/100MHz/133MHz/266MHz。除中断请求信号和复位信号$\overline{\text{RST}}$外,其他信号在 CLK 的上升沿有效。
- $\overline{\text{RST}}$:复位信号。用来对 PCI 设备初始化。

2) 接口控制线

- $\overline{\text{FRAME}}$:帧周期信号。主设备取得总线控制权后,将$\overline{\text{FRAME}}$变为低电平,表示一个总线周期的开始。在$\overline{\text{FRAME}}$有效期间,数据传送继续进行,当$\overline{\text{FRAME}}$变无效时,表示传输进入最后一个数据期。
- $\overline{\text{IRDY}}$:主设备准备好信号。主设备将其设置为低电平时,表示它能够进行数据传输。在写周期,该信号有效,表示数据已放到 $AD_{31}\sim AD_0$ 上;在读周期,该信号有效,表示主设备已做好接收数据的准备。
- $\overline{\text{TRDY}}$:从设备准备好信号。从设备将其设置为低电平时,表示它能够进行数据传输。在写周期,该信号有效表示从设备已做好接收数据的准备;在读周期,该信号有效表示从设备已经把数据放到 $AD_{31}\sim AD_0$ 上。$\overline{\text{IRDY}}$和$\overline{\text{TRDY}}$需同时有效时,才能完成数据传输,否则进入等待周期。
- $\overline{\text{STOP}}$:由从设备发出,要求主设备终止当前的数据传送。
- $\overline{\text{LOCK64}}$:资源锁定或总线锁定信号。
- IDSEL:PCI 设备配置空间片选信号。在参数配置读/写传输时,作为片选信号。
- $\overline{\text{DEVSEL}}$:设备选择信号。该信号有效,表示驱动它的设备已成为当前访问的从设备。

3）地址/数据线

- $AD_{31}\sim AD_0$：地址和数据复用引脚。在$\overline{FRAME}$有效的第一个时钟，$AD_{31}\sim AD_0$ 上传送的是 32 位地址，称为地址期；在$\overline{IRDY}$和$\overline{TRDY}$同时有效时，$AD_{31}\sim AD_0$ 上传送的是 32 位数据，称为数据期。一个 PCI 总线周期由一个地址期和一个或多个数据期组成。
- $C/\overline{BE}_{3\sim 0}$：总线命令和字节使能复用引脚。在地址期，$C/\overline{BE}_{3\sim 0}$上传送的是 4 位总线命令；在数据期，它们传送的是字节使能信号，说明 $AD_{31}\sim AD_0$ 上哪些字节是有效的。其中，$C/\overline{BE}_0$ 对应第一字节（最低字节），$C/\overline{BE}_1$ 对应第二字节，$C/\overline{BE}_2$ 对应第三字节，$C/\overline{BE}_3$ 对应第四字节（最高字节）。
- PAR：校验信号。针对 $AD_{31}\sim AD_0$ 和 $C/\overline{BE}_{3\sim 0}$进行奇偶校验，采用偶校验。

4）仲裁线

- $\overline{REQ}$：总线占用请求信号。每一个主设备都有自己的$\overline{REQ}$信号，该信号有效即表明驱动它的主设备请求使用总线。
- $\overline{GNT}$：总线占用允许信号。同样，每个主设备都有自己的$\overline{GNT}$信号。仲裁器允许主设备使用总线时，将$\overline{GNT}$设置为低电平。

5）错误报告线

- $\overline{PERR}$：奇偶校验错误报告信号。接收信号的 PCI 设备检测到奇偶校验错误号，将这个信号设置为低电平。
- $\overline{SERR}$：系统错误报告信号。PC 系统中一般将这个信号作为 CPU 的非屏蔽中断（NMI）的来源之一。

6）中断线

- $\overline{INTA}$、$\overline{INTB}$、$\overline{INTC}$、$\overline{INTD}$：4 条中断请求线，电平触发，低电平有效。

中断信号使用漏极开路（open drain）方式驱动。多个 PCI 设备的中断信号可以按照“线或”的方式连接在一起，由主板提供上拉电阻。对单功能设备，只能使用$\overline{INTA}$，但对于多功能设备，可以按照$\overline{INTA}$、$\overline{INTB}$、$\overline{INTC}$、$\overline{INTD}$的顺序最多可使用所有的 4 条中断线。

7）64 位总线扩展信号线

- $AD_{63}\sim AD_{32}$：扩展的 32 位地址和数据复用引脚。在地址期，用来传送 64 位地址的高 32 位；在数据期，当$\overline{REQ64}$和$\overline{ACK64}$同时有效时，用于传送 64 位数据中的高 32 位。
- $C/\overline{BE}_{7\sim 4}$：扩展的总线命令和字节使能复用引脚。在数据期，传送字节使能信号，用于指示高 32 位数据中的哪些字节是有效的。
- $\overline{REQ64}$：64 位传输请求信号。主设备把这个信号设置为低电平，表示请求进行 64 位的数据传输。
- $\overline{ACK64}$：64 位传输允许信号。从设备把这个信号设置为低电平，表示愿意进行 64 位的数据传输。
- PAR64：校验信号。针对 $AD_{63}\sim AD_{32}$和 $C/\overline{BE}_{7\sim 4}$进行奇偶校验，采用偶校验。

4. PCI 总线命令

主设备获得仲裁器的许可后，发起 PCI 总线周期。PCI 支持主设备和从设备之间点到点的对等访问,也支持主设备的广播读写(不指定特定的从设备)。

在地址期,主设备通过 $C/\overline{BE}_{3\sim0}$ 线上送出的 4 位总线命令代码,决定了 PCI 总线周期类型。表 4.3 给出了 PCI 总线命令的编码和含义。

表 4.3 PCI 总线命令表

$C/\overline{BE}_{3\sim0}$	命令类型	说明
0000	中断响应	从数据线读取中断向量号。中断向量号由系统中断控制器提供
0001	特殊周期	主设备将信息以广播的形式发送给所有从设备
0010	I/O 读	从 I/O 地址空间中读取数据
0011	I/O 写	将数据写入 I/O 地址空间
0100	保留	为将来用途而保留
0101	保留	为将来用途而保留
0110	存储器读	从存储器地址空间读取数据
0111	存储器写	将数据写入存储器地址空间
1000	保留	为将来用途而保留
1001	保留	为将来用途而保留
1010	配置读	从设备配置空间读取数据
1011	配置写	将数据写入设备配置空间
1100	存储器多行读	用于在主设备连接断开前预取多行 Cache
1101	双地址周期(DAC)	给支持 64 位寻址的设备发送 64 位地址
1110	存储器行读	与存储器读命令基本相同,不同之处是可以完成多于两个 32 位的 PCI 数据期,主要用于对存储器访问的突发周期
1111	存储器写并使无效	与存储器写命令基本相同,不同之处是,它要保证最小的传输量是一个高速缓存(Cache)行

5. 总线连接器

PCI 总线规范定义了两种扩展板连接器,一种是 5V 信号环境,另一种是 3.3V 信号环境。同时定义了三种扩展板电气类型,即 5V 板、3.3V 板和 5V/3.3V 通用板。在连接器和板上都用了一套定位键(如图 4.20 所示),以防止把一块板插入到不适当的位置。每种 PCI

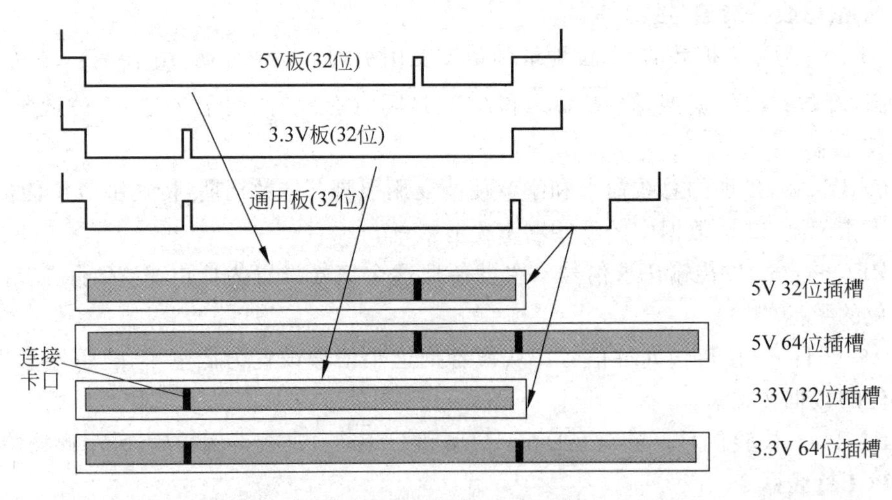

图 4.20 PCI 板与 PCI 插槽

扩展板实际上又分为短型和长型两种，分别适用于 32 位和 64 位数据宽度。短型板连接器定义了 120 根引脚，长型板连接器定义了 184 根引脚。

6. PCI 总线协议

PCI 上的基本总线传输机制是突发传输，一次突发传输由一个地址期和一个或多个数据期组成。PCI 支持存储器空间和 I/O 空间的突发传输。这里的突发传输是指主桥电路(位于主 CPU 总线和 PCI 总线之间，即北桥)可以将多次存储器访问在不影响正常操作的前提下合并为一次传输。

一个设备可以通过置位基址寄存器的预取位，来允许预读数据和合并写数据。一个桥可通过初始化时配置软件所提供的地址范围，来区分哪些地址空间可以合并。当遇到要写的后续数据不可预取或者是一个对任意范围的读操作时，在缓冲器的数据合并操作必须停止并将以前的合并结果清洗，但其后的写操作，如果是在预取范围内，便可与后面的写操作合并，但无论如何不能与前面合并过的数据合并。

只要处理器发出的一系列写数据(双字)所隐含的地址顺序相同，主桥电路总是可以将它们组成突发数据。但由于从处理器中发出的 I/O 操作不能被组合，所以这种操作一般只有一个数据周期。

1) PCI 总线的传输控制

PCI 总线上所有的数据传输基本上都是由$\overline{\text{FRAME}}$、$\overline{\text{IRDY}}$和$\overline{\text{TRDY}}$三个信号线控制的。$\overline{\text{FRAME}}$信号由主设备驱动，指明一次数据传输的起始和结束。$\overline{\text{FRAME}}$信号有效的第一个周期是地址期，此后的周期是数据期或等待周期。$\overline{\text{IRDY}}$由主设备驱动，此信号有效表示主设备已完成一个数据操作，否则需插入等待周期。$\overline{\text{TRDY}}$由从设备驱动，此信号有效表示从设备已完成一个数据操作，否则需插入等待周期。

一般来说，PCI 总线的传输遵循如下管理规则：

(1) $\overline{\text{FRAME}}$和$\overline{\text{IRDY}}$定义了总线的忙/闲状态，如表 4.4 所示。

表 4.4　$\overline{\text{FRAME}}$和$\overline{\text{IRDY}}$定义的总线状态

$\overline{\text{FRAME}}$	$\overline{\text{IRDY}}$	总线状态
0	0	数据期
0	1	等待周期
1	0	最后一个数据期
1	1	空闲

(2) 一旦$\overline{\text{FRAME}}$信号被置为无效，在同一传输期间不能重新设置。

(3) 在传输期间，要撤销$\overline{\text{FRAME}}$信号，必须以$\overline{\text{IRDY}}$信号有效为前提。

(4) 一旦主设备设置了$\overline{\text{IRDY}}$信号，直到当前数据期结束为止，主设备都不能改变$\overline{\text{IRDY}}$信号和$\overline{\text{FRAME}}$信号的状态。

2) PCI 总线的寻址

PCI 总线定义了三种物理地址空间：内存地址空间、I/O 地址空间和配置地址空间。内存地址空间和 I/O 地址空间即是通常意义的地址空间，配置地址空间则用于支持 PCI 的硬件配置。PCI 总线的地址译码是分散的，每个设备都有自己的地址译码逻辑，从而省去了中央译码逻辑。

(1) I/O 地址空间

在 I/O 地址空间，AD_{31}～AD_0 线全部被用来提供一个完整的地址编码(字节地址)，这使得要求地址精确到字节水平的设备不需要多等一个周期就可以完成地址译码(产生 $\overline{DEVSEL}$)。

在 I/O 访问中，$AD_{1\sim0}$ 一方面用来产生 $\overline{DEVSEL}$ 信号，另一方面与 $C/\overline{BE}_{3\sim0}$ 相配合，表示传输的最低有效字节。表 4.5 给出了 $AD_{1\sim0}$ 和 $C/\overline{BE}_{3\sim0}$ 的对应关系。

表 4.5 $AD_{1\sim0}$ 和 $C/\overline{BE}_{3\sim0}$ 对应关系表

AD_1	AD_0	$C/\overline{BE}_3$	$C/\overline{BE}_2$	$C/\overline{BE}_1$	$C/\overline{BE}_0$
0	0	×	×	×	0
0	1	×	×	0	1
1	0	×	0	1	1
1	1	0	1	1	1

在具体访问中，每当一个从设备被地址译码选中后，便要检查字节使能信号是否与 AD_1～AD_0 相符。如果二者矛盾，则整个访问无法完成，不进行任何数据操作，而以一个“目标终止”操作来结束访问。

(2) 内存地址空间

在存储器地址空间，要用 $AD_{31\sim2}$ 译码得到一个双字边界对齐的起始地址，在地址递增方式下，每个数据期过后地址加 4，直到传输过程结束。

通过 PCI 总线访问存储器，所有从设备都要检查 $AD_{1\sim0}$，若 $AD_{1\sim0}=00$，表示突发传输顺序为地址递增方式；$AD_{1\sim0}=01$，为 Cache 行切换方式；$AD_{1\sim0}=1\times$，为保留。对于所有支持突发传输的设备都应能实现线性突发传输周期，但不一定要求支持 Cache 行操作。

(3) 配置地址空间

除主总线桥外，每个设备都要实现一个配置地址空间，在该空间中每个设备功能都唯一地安排了一个 256B 大小的地址空间，访问方法不同于 I/O 和存储器地址空间的访问。

访问配置地址空间时，通过 $AD_{7\sim2}$ 给出一个双字边界对齐的起始地址。当一个设备收到配置命令时，若 IDSEL 信号有效且 $AD_{1\sim0}=00$，则该设备被选为访问的从设备；否则，就不参与当前的传输联络。如果译码出的命令符合某桥电路的编号，且 $AD_{1\sim0}=01$，则说明配置访问是针对该桥电路后面的设备。

3) 字节对齐

在数据期内字节使能信号 $C/\overline{BE}_{3\sim0}$ 用来指出哪些字节是有意义的数据。在每个数据期内，可以自由改变字节使能信号，使之对传输数据的实际含义和有效部分进行界定，这一功能称为字节对齐。

7. PCI 总线的仲裁机制

PCI 总线采用的是并行仲裁方案，仲裁原理如图 4.21 所示。每个主控器 C_i 有自己独立的总线请求线 $\overline{REQ}_i$ 和总线允许线 $\overline{CNT}_i$ 与仲裁器相连。仲裁器直接识别所有设备的请求，并根据一定的优先级仲裁算法选中一个设备 C_i，向它直接发出总线允许信号 $\overline{GNT}_i$。

在实际的 PCI 总线仲裁电路中，与仲裁有关的控制线除 $\overline{REQ}$ 和 $\overline{CNT}$ 外，还有 $\overline{FRAME}$ 和

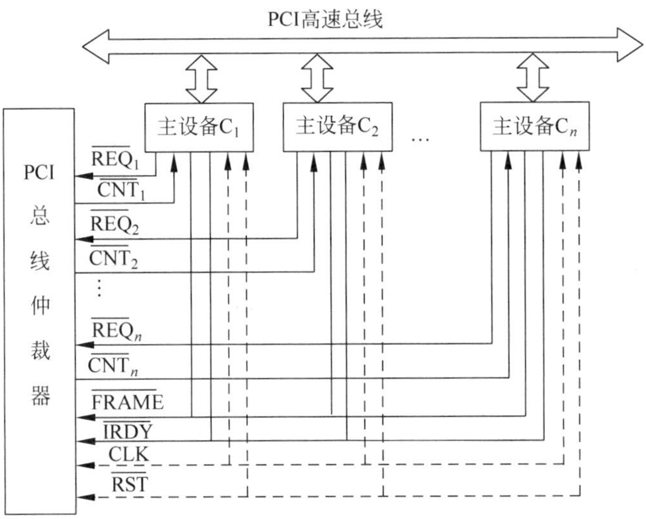

图 4.21 PCI 总线仲裁原理示意图

$\overline{\text{IRDY}}$。此外，为保证总线交换的同步，还有一根总线时钟信号线 CLK 和一根总线复位信号线$\overline{\text{RST}}$。

图 4.22 给出了一个 PCI 总线仲裁过程的实例，它反映了 PCI 仲裁器协调两个主设备 A 和 B 对总线的访问。图中设备 A 要求进行一次以上总线访问，设备 B 只进行一次总线访问。

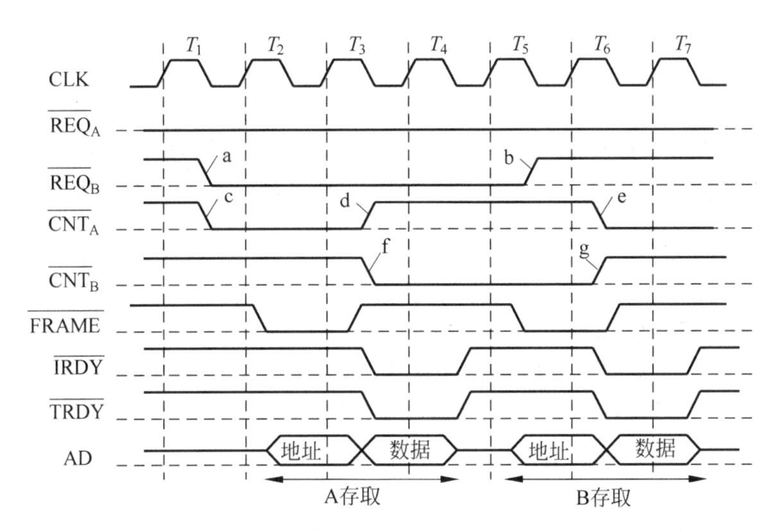

图 4.22 PCI 总线仲裁过程实例

从图可以看出：

- $\overline{\text{REQ}}$有效，表示主设备想占用总线执行一次传输。如果想继续传输，则应使$\overline{\text{REQ}}$保持有效，如$\overline{\text{REQ}_A}$ 所示。一旦主设备置$\overline{\text{REQ}}$无效，表示它放弃占用总线，仲裁器就认为该设备不再想使用总线。主设备可以在任何时候置$\overline{\text{REQ}}$为有效(a)或无效(b)。

- $\overline{\text{CNT}}$有效(c、e 和 f)，是仲裁器给主设备占用总线的允许信号。同一时刻只允许一个主设备占用总线，要使某一设备的$\overline{\text{CNT}}$有效，就必须撤销另一个设备的$\overline{\text{CNT}}$，使其无效。如图中的 d 和 f 及 e 和 g 两处成对出现。
- 取得总线占用权之后，并不意味着数据能马上开始传输。数据真正开始传输还需由主设备置$\overline{\text{FRAME}}$有效，发布地址和命令，并满足$\overline{\text{IRDY}}$和$\overline{\text{TRDY}}$同时有效（T_3、T_4 和 T_5、T_6）。
- PCI 总线的仲裁是“隐含”的，即仲裁可以在总线进行数据传送的时候发生（如 T_3 与 T_4 和 T_5 与 T_6 之间），这使得仲裁过程不必占用 PCI 总线周期。

对图 4.22 的仲裁过程，说明如下：

- 在 T_1 时钟开始前，设备 A 将$\overline{\text{REQ}}_\text{A}$ 置为有效，发出总线请求。T_1 时钟开始时，仲裁器检测到该信号，并置$\overline{\text{CNT}}_\text{A}$ 有效，允许设备 A 访问总线。与此同时，设备 B 也将$\overline{\text{REQ}}_\text{B}$ 置为有效发出总线请求。
- 在 T_2 时钟开始时，设备 A 检测到$\overline{\text{CNT}}_\text{A}$ 有效，知道总线请求得到允许，此时，$\overline{\text{IRDY}}$和$\overline{\text{TRDY}}$均为无效，表明这时总线处于空闲状态。设备 A 将地址和命令发布到 AD 和 C/$\overline{\text{BE}}$(未画出)线上后，将$\overline{\text{FRAME}}$置为有效启动一个总线周期，并在 T_4 时钟，设备 A 完成第一次传输。同时，它继续保持$\overline{\text{REQ}}_\text{A}$ 有效，表示还要继续执行第二次传输。
- T_3 时钟开始，仲裁器决定撤销设备 A 的总线占用权，而将总线使用权交给设备 B，置$\overline{\text{CNT}}_\text{A}$ 无效、$\overline{\text{CNT}}_\text{B}$ 有效。此后，一旦总线返回空闲状态，设备 B 就可以使用总线。
- 在 T_5 时钟开始时，设备 B 检测到$\overline{\text{IRDY}}$和$\overline{\text{TRDY}}$均为无效，表明这时总线处于空闲状态。设备 B 将地址和命令发布到 AD 和 C/$\overline{\text{BE}}$线上，将$\overline{\text{FRAME}}$置为有效启动一个总线周期，并在 T_7 时钟完成设备 B 的一次传输。同时撤销$\overline{\text{REQ}}_\text{B}$。
- T_6 时钟，仲裁器再次置$\overline{\text{CNT}}_\text{A}$ 有效，授权设备 A 访问总线。一旦总线空闲，设备 A 将继续下一次传输。

8. PCI 总线数据传输过程

PCI 总线的数据传输过程包括数据读操作、数据写操作和传送终止等。下面以数据读操作和数据写操作为代表，说明 PCI 总线周期的操作过程。

1) 数据读操作

图 4.23 给出了一个数据读操作周期的操作时序。由图可知，该 PCI 数据读操作周期由 1 个地址期和 3 个数据期组成。

- 在 T_1 时钟，主设备送出地址信号 $\text{AD}_{31\sim0}$ 和总线命令 C/$\overline{\text{BE}}_{3\sim0}$，将$\overline{\text{FRAME}}$信号变低，表明地址和命令有效。
- 在 T_2 时钟上升沿，从设备检测到$\overline{\text{FRAME}}$有效后，对地址进行译码，将$\overline{\text{DEVSEL}}$信号设置为低电平有效；主设备则将$\overline{\text{IRDY}}$变为低电平，并设置字节使能信号 C/$\overline{\text{BE}}_{3\sim0}$。
- 在 T_3 时钟，从设备读出该地址中的数据，放到 $\text{AD}_{31\sim0}$上，将$\overline{\text{TRDY}}$变为低电平。
- 在 T_4 时钟上升沿，主设备检测到$\overline{\text{TRDY}}$变低电平有效，从 $\text{AD}_{31\sim0}$上读入数据，第一

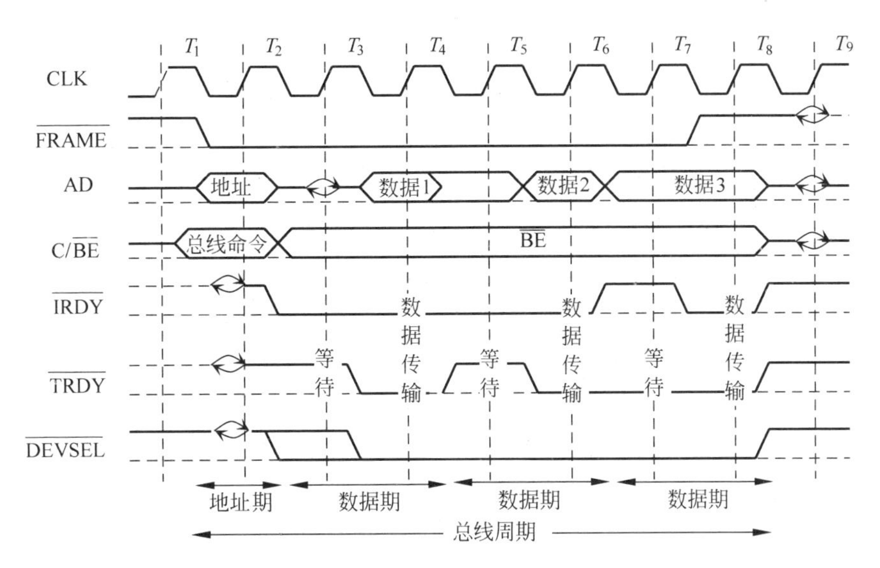

图 4.23 PCI 总线数据读操作时序

个数据期完成；T_4 期间，从设备则要根据 T_2 上升沿得到的 $AD_{31\sim2}$ 和 $AD_{1\sim0}$ 形成下一个读地址，并使 $\overline{TRDY}$ 变高，表示数据未准备好。

- 在 T_5 时钟上升沿，主设备检测到 $\overline{TRDY}$ 为高电平，等待从设备准备数据；从设备取出数据放到 $AD_{31\sim0}$ 上后，将 $\overline{TRDY}$ 信号变低，表明数据已准备好。
- 在 T_6 时钟上升沿，主设备检测到 $\overline{TRDY}$ 变低电平有效，从 $AD_{31\sim0}$ 上读入数据，第二个数据期完成。在 T_6 期间，主设备将 $\overline{IRDY}$ 变为高电平，表示它未准备好接收下一个数据；而从设备取出数据后，将数据放到 $AD_{31\sim0}$ 上，$\overline{TRDY}$ 继续维持低电平，表明数据已准备好。
- 在 T_7 时钟上升沿，由于 $\overline{IRDY}$ 为高电平，需要插入一个等待时钟周期。T_7 期间，主设备准备好接收下一个数据后，将 $\overline{IRDY}$ 变为低电平，并将 $\overline{FRAME}$ 信号变高，表示该数据期完成后，整个总线周期结束。
- 在 T_8 时钟上升沿，主设备检测到 $\overline{TRDY}$ 为低电平，从 $AD_{31\sim0}$ 上读入数据，第三个数据期完成。从设备检测到 $\overline{FRAME}$ 为高，知道总线周期被主设备结束，将 $\overline{DEVSEL}$ 信号设置为高电平，总线读操作结束。

对上述读操作还要说明一点的是，在地址期和数据期之间，AD 线上要有一个交换期，这要求 $\overline{TRDY}$ 的发出必须比地址的稳定有效晚一拍。但在交换期过后，且 $\overline{DEVSEL}$ 有效时，从设备必须驱动 AD 线。

2）数据写操作

图 4.24 给出了一个数据写操作周期的操作时序。该数据写操作周期也是由 1 个地址期和 3 个数据期组成。与总线读操作相类似，总线写操作也是由 $\overline{FRAME}$ 信号变低表明地址期的开始，并在 T_2 时钟上升沿达到稳定有效。整个数据期也与读操作基本相同，只是在 T_5、T_6、T_7 上升沿，从设备检测到 $\overline{TRDY}$ 无效，而连续插入了 3 个等待周期；主设备也在 T_5 上升沿检测到 $\overline{IRDY}$ 无效插入了一个等待周期。

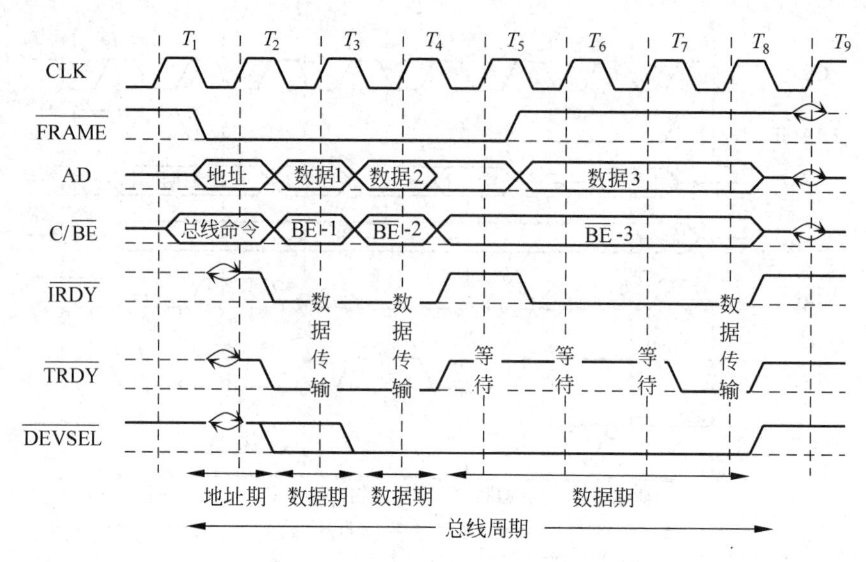

图 4.24 PCI 总线数据写操作时序

由图可以看出，$\overline{\text{FRAME}}$信号的撤销要以$\overline{\text{IRDY}}$有效为前提，以表明是最后一个数据期。另外，主设备因在 T_5 期间撤销了$\overline{\text{IRDY}}$而插入一个等待周期，表明要写的数据将延迟发送；但此时，C/$\overline{\text{BE}}_{3\sim0}$不受等待周期的影响，要传送字节使能信号。

写操作与读操作的不同点是，数据和地址均由主设备发出，所以写操作中地址期与数据期之间没有交换周期。

需要强调的是，上述总线读和总线写操作均是以多个数据期为例来说明的。若只有一个数据期，则$\overline{\text{FRAME}}$信号在没有等待周期的情况下，写操作应在地址期过后、读操作则应在交换周期过后即撤销。

9. PCI 总线配置

PCI 总线具有即插即用的功能，支持设备自动检测和配置。在系统上电时，操作系统扫描系统的各条 PCI 总线，检测出总线上存在的 PCI 设备，以及它们有什么配置需要系统进行设置。为此，所有 PCI 设备都必须按 PCI 协议规定设置所必需的配置寄存器。而对 PCI 的配置访问实际上就是访问设备的配置寄存器。

1) PCI 设备的配置空间

PCI 总线的一个物理设备可以包含 1～8 个独立的功能，每个功能即是一个逻辑设备。对每一个功能(逻辑设备)，PCI 设备都给它提供了一个 256B 的配置空间，由 64 个 32 位的配置寄存器构成。PCI 协议定义了开头 16 个配置寄存器的格式和用途，称为设备的配置空间头区域，另外 48 个配置寄存器的用途和设备有关。

图 4.25 给出了 PCI 逻辑设备配置空间头区域的布局结构。PCI 设备必须按照 PCI 规范来配置头区域的有关字段。系统启动时，配置程序读取 PCI 设备配置空间头区域中的设备信息，并依据设备的要求按照 PCI 规范配置设备。

(1) 设备识别

在头区域中，有 7 个字段与设备的识别有关。所有的 PCI 设备必须设置这些字段，以便配置软件读取它们，确定 PCI 总线上有哪些设备可用。

31	16	15	0	
设备 ID		厂商 ID		00H
状态		命令		04H
分类代码			版本	08H
内置自测	头区域类型	延时计时	Cache 大小	0CH
基地址寄存器 0				10H
基地址寄存器 1				14H
基地址寄存器 2				18H
基地址寄存器 3				1CH
基地址寄存器 4				20H
基地址寄存器 5				24H
卡总线 CLS指针				28H
子系统 ID		子系统厂商 ID		2CH
扩展 ROM基地址寄存器				30H
保留		性能指针		34H
保留				38H
Max_lat	Min_Gnt	中断引脚	中断线	3CH

图 4.25　配置空间头区域结构

① 厂商 ID：设备制造商的代码，由 PCI SIG 组织来分配。如 8086H 代表 Intel 公司，若该字段取值为 0FFH，则表示 PCI 总线未配置任何设备。

② 设备 ID：16 位，由设备制造商分配，表示设备类型。如 2416H 代表 Intel 82801AA (ICHAA) AC'97 Modem Controller。

③ 版本：8 位，由设备制造商分配，表示设备的版本号。

④ 分类代码：24 位，用于设备分类。内容包含基类型、子类型和可编程接口，每一项占一个字节。基类型(0BH)用于对设备的功能进行粗略分类；子类型(0AH)用于对基类型中的设备进行详细分类；可编程接口(09H)则表示该设备的寄存器编程接口。例如，基类型＝01H，为大容量存储控制器；此时，子类型＝00H，为 SCSI 控制器；子类型＝01H，为 IDE 控制器。

⑤ 头区域类型：用于定义配置空间头区域格式和设备是单功能还是多功能设备。格式如图 4.26 所示。

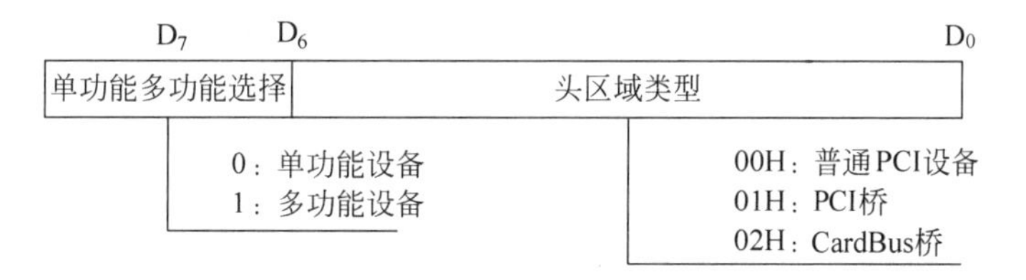

图 4.26　头区域类型格式

⑥ 子系统厂商 ID 和子系统 ID：用于唯一地标识设备所驻留的插入卡和子系统。利用这两个字段，即插即用操作系统可以定位正确的驱动程序，装载到存储器。

(2) 设备控制

头区域的命令寄存器用于提供对设备响应和执行 PCI 访问能力的基本控制。命令寄存器格式如图 4.27 所示。

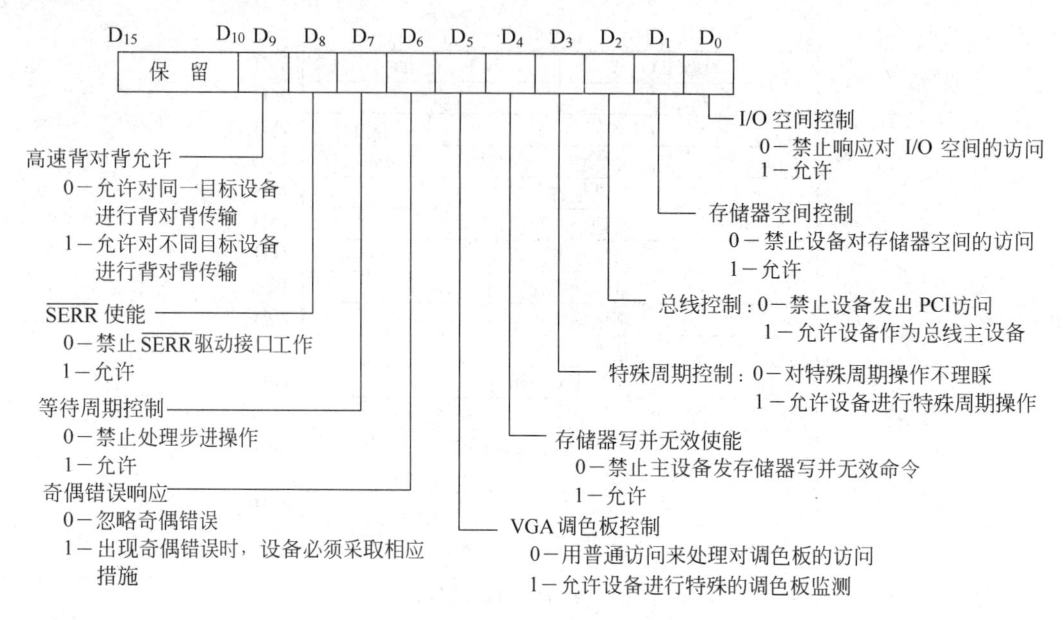

图 4.27 命令寄存器格式

(3) 设备状态

状态寄存器用于记录PCI总线有关操作的状态信息，格式如图4.28所示。

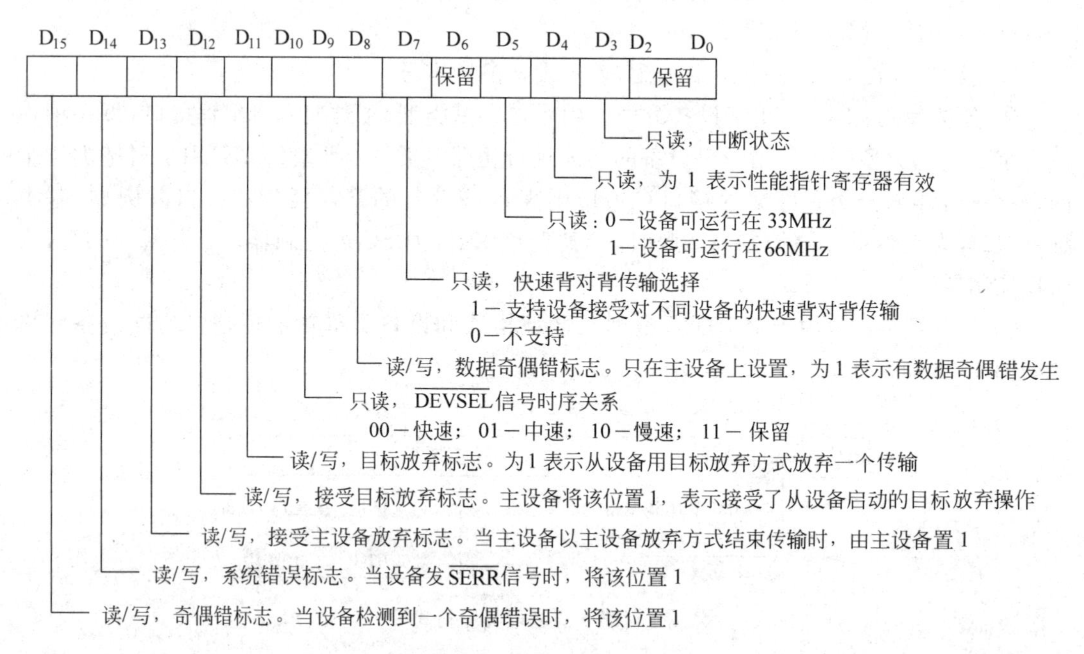

图 4.28 状态寄存器格式

(4) 基址寄存器

① 基地址寄存器：这是一组用于为设备内的存储器和I/O空间提供基地址的寄存器。在所有基地址寄存器中，位0均为只读位。该位=0，表明映射到存储器空间；该位=1，则映射到I/O空间。映射到I/O空间的基地址寄存器宽度总是32位，而映射到存储器空间

的基地址寄存器可以是32位的，也可以是64位的（由 D_2D_1 状态确定，$D_2D_1=0\times$，32位；$D_2D_1=10$，64位）。为64位时，要使用两个基址寄存器表示64位基地址。

② 扩展ROM基地址寄存器：用于指出PCI设备内扩展ROM存储器的起始地址和长度。

（5）其他寄存器

① Cache大小寄存器：可读/写寄存器，用来指定系统中Cache行的长度，以32B为单位。所有能发存储器写并无效命令的主设备必须设置它，每个参加Cache协议的设备都要使用该寄存器。

② 延时计时寄存器：该寄存器以PCI总线时钟为单位来指定PCI总线主设备的延迟计时值。对主设备，只要有能力连发两个以上的数据期，就必须将该寄存器设置为可写的寄存器。

③ 内置自测寄存器：这是一个可选的寄存器，用作内置自测试的控制与状态寄存器。格式如图4.29所示。

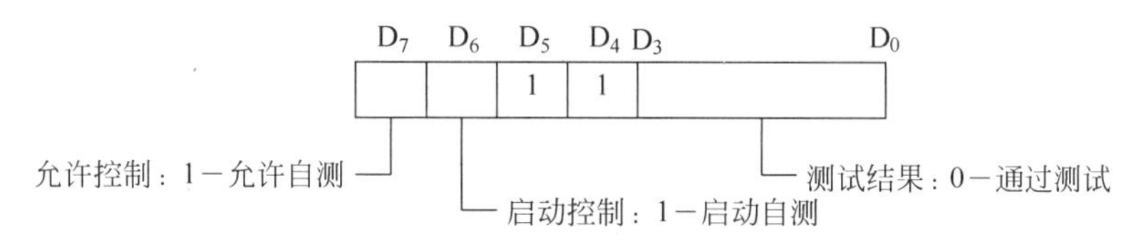

图4.29　内置自测寄存器格式

④ 中断引脚寄存器：8位只读寄存器，用来表示逻辑设备（设备功能）使用了PCI的哪个中断引脚。为0表示该设备不使用中断引脚，为1～4分别表示使用 $\overline{\text{INTA}}$、$\overline{\text{INTB}}$、$\overline{\text{INTC}}$、$\overline{\text{INTD}}$ 引脚。

⑤ 中断请求线寄存器：8位可读/写寄存器。对于80x86兼容的PC机，用来报告设备的中断引脚与系统可编程中断控制器8259A的哪个中断输入线相连接。凡是使用了一个中断引脚的设备都必须使用它。其值与PC系列微机中8259A配置中的IRQ编号（0～15）相对应，编号16～254保留，编号255表示没有连接到中断控制器。在系统加电测试和配置时将这些信息写入该寄存器，设备驱动程序和操作系统可以利用这个信息来确定中断的优先级和向量。

⑥ Max_lat和Min_Gnt寄存器：均为只读寄存器。Max_lat用来表示对PCI总线进行访问的频繁程度；Min_Gnt用于指定设备进行一个突发周期需要多长时间（以250ns为单位）。

2）配置空间的访问

80x86兼容系统，利用两个32位的I/O端口寄存器——配置地址寄存器和配置数据寄存器来访问PCI设备的配置空间。

（1）配置地址寄存器

I/O地址为0CF8H，该寄存器用于指定要访问的PCI配置寄存器。其格式如图4.30所示。

D_{31}	D_{30} … D_{24}	D_{23} … D_{16}	D_{15} … D_{11}	D_{10} … D_8	D_7 … D_2	D_1	D_0
1	保留	总线号	设备号	功能号	寄存器号	0	0

图4.30　配置地址寄存器格式

总线号、设备号和功能号用于确定要读/写哪一个 PCI 设备的配置空间，寄存器号的取值范围为 0～63，用于指定读/写 256B 的配置空间中的哪一个 32 位寄存器。例如，要读出配置空间头区域中的子系统厂商 ID，寄存器号＝2CH/4＝9。

(2) 配置数据寄存器

I/O 地址为 0CFCH，该寄存器用于实现对配置空间的读/写。方法是先通过写配置地址寄存器指定要访问的 PCI 设备寄存器，然后通过配置数据寄存器读写指定的配置寄存器。

例如，要读出配置空间头区域中的子系统厂商 ID，方法是按图 4.30 的格式构造一个双字，写入 0CF8H 端口，再从 0CFCH 读入一个 32 位的值。从 32 位值中取出低 16 位，即是子系统厂商 ID。

10. PCI 总线的新发展

虽然 PCI 总线的性能非常优良，其 2.1 版在理论上可达到 66MHz 的总线时钟频率和 533MB/s 的最高数据传输率，但仍难以适应日新月异的高性能 CPU 主板和新型外设对传输带宽日益增长的需求(例如，现在已经推出了内核主频为 2.5GHz、前端总线频率为 533MHz 的 CPU)。为此，Intel 公司开始推出了新一代 PCI 总线规范——PCI-X 和更新型的 PCI-X2.0，前者主要适用于 133MHz 总线时钟频率的台式 PC 机主板，后者主要适用于 533MHz 总线时钟频率的新型主板。这两种新一代 PCI 总线比传统 PCI 总线性能有明显提高，如表 4.6 所示。除此之外，Intel 公司针对便携式计算机需要，还推出了一种称为 Mini PCI 的总线标准。

表 4.6 PCI-X 总线与传统 PCI 总线的比较

类 型	PCI-32	PCI-64	PCI-X	PCI-X2.0
支持的插槽个数	6(共享)	6(共享)	4	未发布
总线时钟频率/MHz	33	33/66	66/100/133	266/533
数据传输速率/(MB/s)	133	266/533	533/800/1066	2100/4200
时钟同步方式	与 CPU 及时钟频率有关	与 CPU 及时钟频率有关	与 CPU 及时钟频率无关	与 CPU 及时钟频率无关
总线位宽/b	32	64	64	64
工作电压/V	3.3/5	3.3/5	3.3	3.3
引脚数	84	120	150	未发布

4.3.4 USB 总线

这是由 Intel、Compaq 等 7 家公司联合制定的一种新型通用串行总线标准。它主要用于低速设备(如键盘、鼠标等)和中速设备(如扫描仪、Modem、数字相机等)与 PC 机的连接，具有支持即插即用和热插拔的功能，目前已在 Pentium 系列 PC 机中普遍采用。

1. USB 接口的主要性能特点

(1) 设备连接简便，具有即插即用和热插拔的能力。

(2) 具有适合传送多媒体数据的传输方式。

(3) 和很多传统接口一样，可由电缆给接入的设备提供＋5V 电源。但要注意，USB 电缆线提供的电源功率十分有限，最大为100mA电流。这样的电源只能供一般的鼠标器、游戏手柄、摄像头等使用，若要驱动负载较大的设备，需采用别的途径，如使用自带变压器的有源USB Hub（USB集线器）等。

（4）数据传输速率比普通标准串行口的要高得多。采用带屏蔽传输线时最高传输速率为12Mb/s，无屏蔽时最高为1.5Mb/s。

（5）两台设备之间的最大传输距离一般为4～5m。若使用USB Hub，可逐段延长传输距离。

（6）最多可挂接127台USB设备（用8位地址码区分）。

2. USB总线的硬件组成

USB系统在硬件上一般由三部分组成。

（1）USB主机控制器/根集线器（host controller/root hub）。USB主机控制器一般内建在芯片组的南桥内（如图4.31所示），也有单独的控制器（如USB接口卡）。主机控制器负责USB系统的处理，可以看做是USB系统的大脑，它有两个版本：开放式主机控制器（open host controller，OHC）和通用主机控制器（universal host controller，UHC）。两者的功能完全一样。USB根集线器提供USB连接口给USB设备和USB hub使用。USB连接的127个设备并不需要控制器去寻址，只需要对根集线器发出命令，根集线器可以自行找到相应的设备。

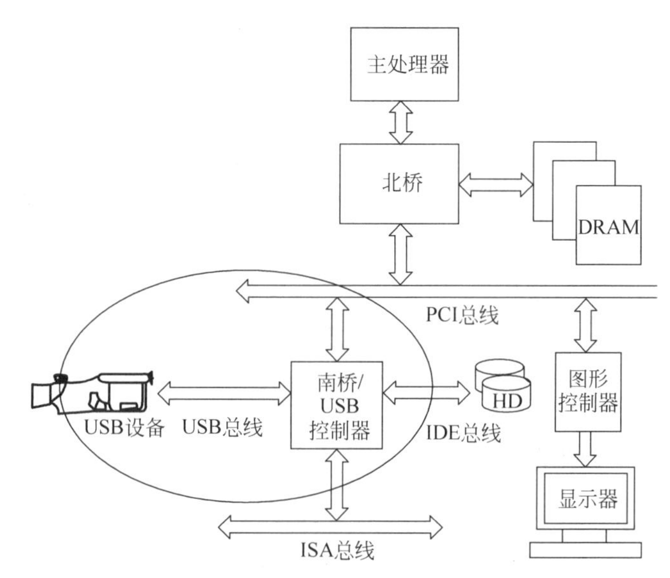

图4.31　USB主机控制器在系统中的位置

（2）USB集线器（USB hub）。利用USB hub来提供更多的USB接口，以连接较多的USB设备。

（3）USB设备（USB device）。使用USB接口的设备都可以称为USB设备。它们被分为三大类。

① 高速设备（high-speed device）：视频、硬盘这些需要很高带宽的设备需要25～500Mb/s的传输速度，只有USB V2.0版才能支持。

② 中速设备（medium-speed device）：移动存储设备、网络设备、压缩及低质量视频设备、音频设备等这类需要较高传输速度的设备属于中速设备，它们的传输速度约为12Mb/s，处理的优先级也较高。

③ 低速设备(low-speed device):鼠标、键盘、游戏手柄等这类设备属于低速设备,它们的传输速度约为1.5Mb/s。这类设备的实时性要求通常较高,但由于数据流量小,传输协议很容易对这部分的传输进行保护。

3. USB的传输方式

根据USB设备的使用特点及其对系统资源需求的不同,在USB规范中规定了四种不同的数据传输方式。

(1) 等步传输方式(isochronous)。该方式用来连接需要连续传输,且对数据的正确性要求不高而对时间极为敏感的外部设备。等步传输方式以固定的传输速率,连续不断地在主机与USB设备之间传输数据。在传送数据发生错误时,USB并不处理这些错误,而是继续传送新的数据。如麦克风、音箱以及电话等设备需要连续的音频传输,但允许一定程度的错误。因为人耳不能察觉到声音的细微变化,但对声音的断续则较敏感。

(2) 中断传输方式(interrupt)。该方式传送的数据量很小,但这些数据需要及时准确地进行处理,以达到实时、真实的效果。此方式主要用在键盘、鼠标以及游戏手柄等外部设备上。需要注意的是,在USB V1.0中,中断传输方式只能供输入设备使用,到了USB V1.1中才可以供输出设备用,这对目前开始流行的力反馈摇杆等非常适合。

(3) 控制传输方式(control)。该方式用于传送控制信号,包括设备控制指令、设备状态查询及确认命令等。当USB设备收到这些命令数据后,将依据先进先出的原则按队列方式处理到达的数据。这个传输模式的数据量也很小,且实时性要求不高。

(4) 成批传输方式(bulk)。该方式用来传输数据量大,且要求正确无误,但对时效性要求不高的数据。通常打印机、扫描仪和数码相机等以这种方式同主机连接。这类设备的运行时间长,而运行所需要或产生的数据在短时间内即可传送完毕,因此,在传输中的优先级很低。在需要保证时效性的操作出现时,成批传输将被暂停。

在这四种数据传输方式中,除等步传输方式外,其他三种方式都必须进行错误校验,在数据传输发生错误时,都会重新发送数据以保证其准确性。

4. USB的连接方法与连接器

通常,USB采用的是树形连接方法。即利用USB hub经电缆对USB设备进行树形连接,如图4.32所示。

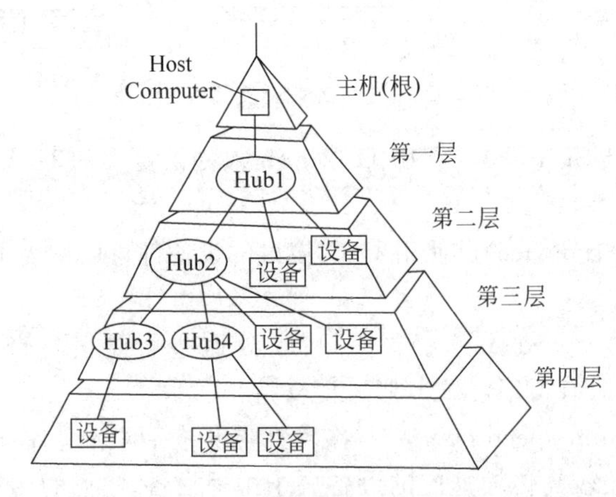

图4.32 USB的树形连接结构

USB系统必有的一个根集线器(root hub)在PC机内与主总线(如PCI)相接,以它为根节点最多可分成6层对外设进行树形连接,最多可接127个设备(地址为1～127,0是未初始化设备)。上下两层设备之间是亲子关系,往上层连接的电缆插头与往下层连接的电缆插头不一样,不能插错。各设备都只能与根集线器进行通信并接受它的控制。

USB的连接电缆插头分为A型和B型两种,它们的外形结构如图4.33所示。A型插头用于"向下"连接,B型插头用于"向上"连接。无论A型插头还是B型插头,都具有4根信号引脚,引脚1和4分别为+5V电源线和地线,引脚2和3则分别为串行位数据传送线D(－)和D(＋)。而且,为了支持热插拔功能,这4根引脚都进行了巧妙的设计:2、3脚(数据线)短,1、4脚(电源线)长。这样,在插入时,电源触点总是首先接触,可以先行给USB设备供电,然后才进行数据传输,以保证USB的正常运作;相反,在拔出时,总是较短的数据线先脱离接触,然后才是电源线断开,防止了突然断电时可能产生的错误数据进入主机,造成意料不到的后果。

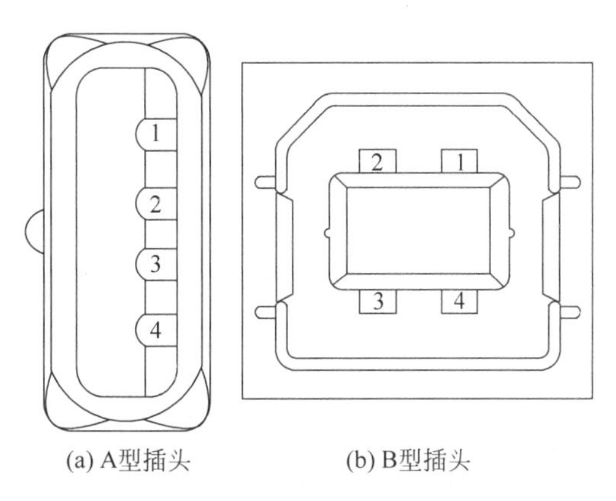

图4.33 USB插头示意图

5. USB的帧格式

USB的数据是以帧(frame)的方式传输的。USB支持4种类型的帧:控制帧、等步(isochronous)帧、成批(bulk)帧和中断帧。它们与前述4种数据传输方式相对应。图4.34给出了一个USB帧序列的示意。

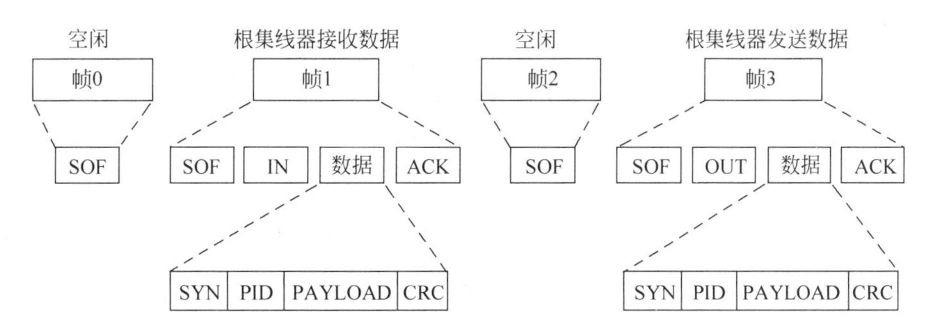

图4.34 USB的帧序列

一个帧由一个或多个包组成。USB有四种类型包:令牌(token)包、数据包、握手联络(handshake)包和特殊包。令牌包由主集线器发往设备用于系统控制,图4.34中的SOF(帧开始)包、IN包、OUT包都是令牌包。握手联络包有ACK(已正确接收)、NAK(出错)

和STALL(暂停)三种类型。数据包用于传送可多达64B的数据,其格式也示于图4.34中,它由一个8位同步域(SYN)、一个8位包标识域(PID)、一个有效负载域(PAYLOAD)和一个16位循环冗余校验域(CRC)组成。值得注意的是,即使总线空闲,根集线器也要定时(如每(1.00±0.05)ms)广播一个只含SOF包的帧,以使USB上各设备与主集线器保持同步。

4.3.5 IEEE 1394总线

IEEE 1394是Apple公司于1993年首先提出的,它的原型是运行在Apple Mac电脑上的串行总线"Fire Wire",后经过IEEE协会于1995年12月正式接纳成为一个工业标准,全称是IEEE 1394高性能串行总线标准(IEEE 1394 High-Performance Serial Bus Standard)。目前,它已广泛应用于数字摄像机、数字照相机等家电设备和计算机及其外围设备中。

1. IEEE 1394的主要性能特点

(1) 通用性强。IEEE 1394采用树形或菊花链结构,以级联方式在一个接口上最多可以连接63个不同种类的设备。

(2) 数据传输速率高。IEEE 1394a规范支持100Mb/s、200Mb/s及400Mb/s的传输速率,而IEEE 1394b规范则定义了800Mb/s,1.6Gb/s甚至3.2Gb/s的高速传输速率。

IEEE 1394之所以能达到这种高速,一是串行传送比并行传送容易提高数据传送时钟速率,二是采用了DS-Link编码技术,把时钟信号的变化转为选通信号的变化,即使在高的时钟速率下也不容易引起交调失真。

(3) 数据传送实时性强。IEEE 1394除支持异步(asynchronous)传送外,还提供了一种等步(isochronous)传送方式,数据以一系列定长包的形式规整间隔地连续发送,端到端(end-to-end)既有最大延时限制又有最小延时限制。加上它的高数据传输率,使IEEE 1394对数据的传送具有很好的实时性。这对于多媒体数据传送特别重要,可保证图像和声音不会出现失真。

(4) 结构小巧。IEEE 1394使用6芯电缆,插座也小,而SCSI使用50芯或68芯电缆,插座体积也大。而且6芯电缆中有两条线是电源线,可以向被连接的设备提供4～10V和1.5V的电源。这对于掌上、膝上机和笔记本电脑是很有吸引力的。

(5) 连接方便。IEEE 1394采用设备自动配置技术,允许热插拔和即插即用。而且任何两个带有IEEE 1394接口的设备可以直接连接而不需要通过PC机的控制。这给用户连接和使用IEEE 1394设备带来很大方便。

2. IEEE 1394总线的配置结构

IEEE 1394标准既可以用于内部总线连接,也可以用于设备之间的电缆连接。计算机的基本单元(CPU、RAM)和外设都可以用它连接。IEEE 1394串行总线结构是由一些叫做节点的实体构成的。一个节点也是一个地址化的实体,它可以独立地设定与识别。一个物理模块可以包括多个节点,一个节点里也可以包括多个端口(功能单元)。

图4.35给出了一种典型的IEEE 1394系统连接的例子。它包含了两种环境:一种是电缆连接,即电缆(cable)环境;另一种是内部总线连接,即底板(back-plate)环境,系统允许有多个CPU,且相互独立。

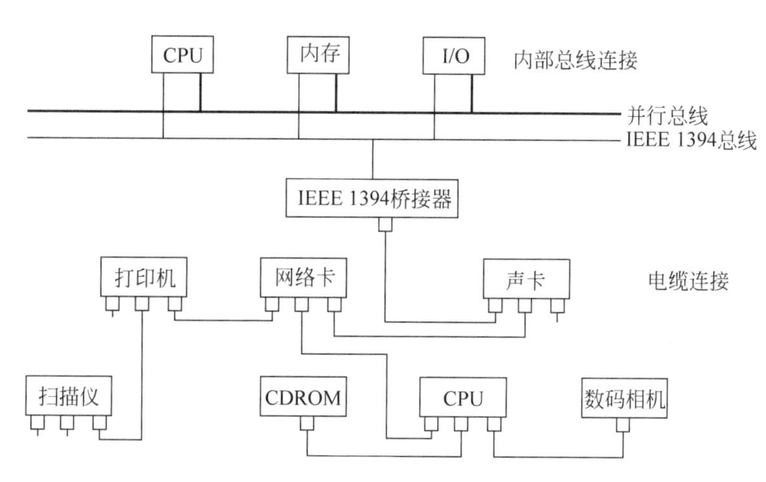

图 4.35 IEEE 1394 总线结构

IEEE 1394 的底板环境是一个内部总线结构，一般特指主机并行底板。节点可以通过分布在总线上的连接插口插入总线。底板环境支持 12.5Mb/s、25Mb/s 和 50Mb/s 的传输速率。

IEEE 1394 的电缆连接与 USB 类似，也是采用树形结构或菊花链结构配置。每个总线可连 63 个节点。两个相邻节点之间的电缆最长为 4.5m，但两个节点之间进行通信时中间最多可经越 15 个节点的转接再驱动，因此通信的最大距离是 72m。电缆环境支持 100Mb/s、200Mb/s 及 400Mb/s 的传输速率。

IEEE 1394 桥接器用于实现两种环境之间的连接，主要完成数据的接收和重新封装成数据包发送。

3. IEEE 1394 的连接器

IEEE 1394 总线规范定义了 6 针和 4 针两种类型的电缆连接器。如图 4.36 所示，六角形的连接器为 6 针，小型四角形连接器则为 4 针。最早由苹果公司开发的 IEEE 1394 采用的是 6 针连接器，后来，SONY 公司看中了它数据传输速率快的特点，将早期的 6 针连接器进行改良，重新设计成为现在大家所常见的 4 针连接器，并且命名为 iLINK。两种连接器的信号连接如图 4.37 所示。

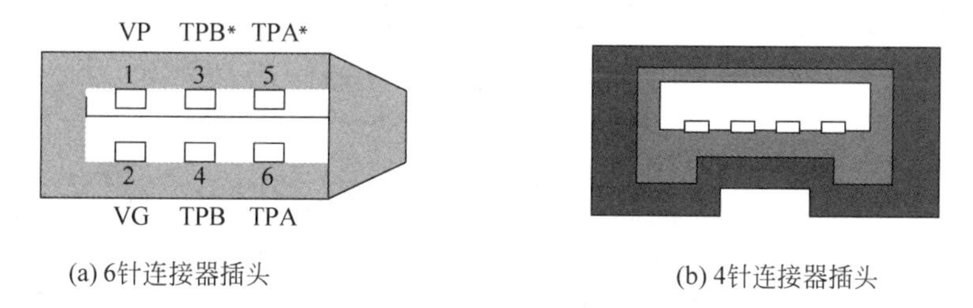

(a) 6针连接器插头　　(b) 4针连接器插头

图 4.36 IEEE 1394 连接器示意图

两种电缆连接器的区别在于能否通过连线向所连接的设备供电。6 针连接器中有 4 针是用于传输数据的信号线（TPA/TPA*，TPB/TPB*），另外 2 针是向所连接的设备供电的电源线（VP、VG）。电源的电压范围为 8～40V 直流电压，最大电流 1.5A。由于 IEEE 1394 是一种串行总线，数据从一台设备传至另一台时，若某一设备电源突然关断或出现故障，将

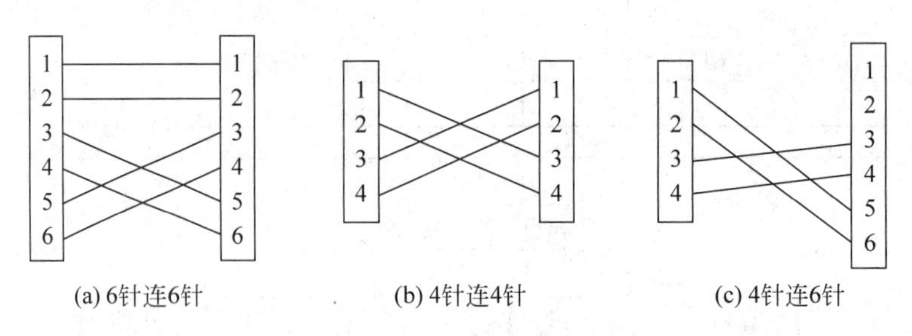

图 4.37 两种连接器之间的连接

破坏整个数据通路。电缆中传送电源将使每台设备的连接器电路工作,所以采用一对线传送电源的设计,不管设备状态如何,其传送信号的连续性都能得到保证,这对串行信号是非常重要的。而对于低电源设备,电缆中传送电源可以满足所有的电源需求,因而无须配备外接电源连接器。这就是传送电源的优点。

4. IEEE 1394 的分层协议

IEEE 1394 接口的传输通过分层协议实现,分为物理层、链路层和处理层。图 4.38 给出了 IEEE 1394 分层协议示意图。其中串行总线管理(serial bus manager)负责系统结构控制。

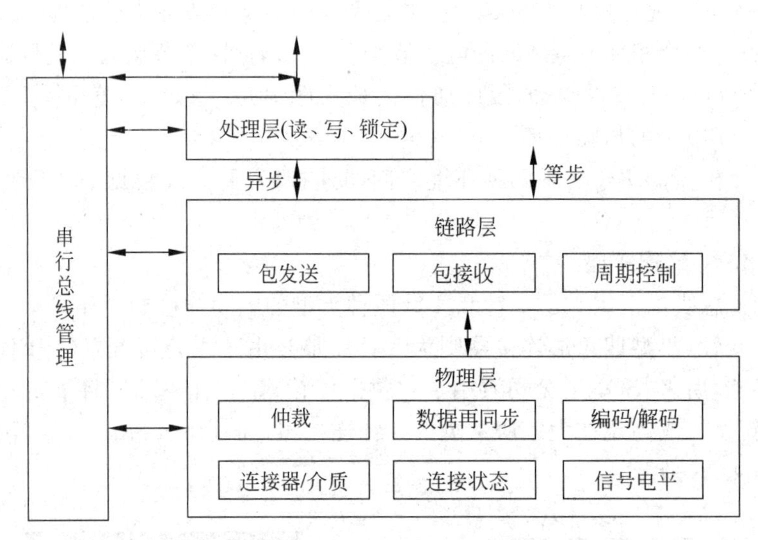

图 4.38 IEEE 1394 的分层协议

IEEE 1394 的各层具体功能如下:

处理层(transaction layer):支持异步协议写、读和锁定指令。此处,写即是将发送者的数据送往接收者;读即是将有关数据返回到发送者;锁定即是写、读指令功能的组合。

链路层(link layer):提供数据包传送服务,具有异步和等步传送功能。异步传送与大多数计算机应答式协议相似;等步传送为实时带宽保证式协议。等步传送适合处理高带宽的数据,特别是对于多媒体信号。

物理层(physical layer):提供 IEEE 1394 电缆与 IEEE 1394 设备间的电气及机械方面的连接,它除了完成实际的数据传输任务外,还提供初始化设置和仲裁服务,以确保在同一时刻只有一个节点传输数据,以使所有的设备对总线能进行良好的存取操作。

5. IEEE 1394 的数据传输方式

IEEE 1394 支持异步和等步(等时)两种数据传输方式。对于异步传输,首先要传输发送端和接收端地址(ID),然后传送数据包;一旦接收端收到数据包,将发送一个应答信号给发送端。这种传输不需要以固定的速率传送数据,也不要求有稳定的总线带宽。等步传输是基于通道号来广播数据,发送端需要一个具有规定带宽的等步通道。等步通道的通道号ID发出后再传输数据包;接收端监视进来的通道号ID,仅接收与自己ID有关的数据。这种方式一旦建立起等步传输通道,总线就能保证所需的带宽,而其余带宽可以用作异步传输。

这种处理方式使得两种传输方式各得其所,可以在同一传输介质上可靠地传输音频、视频和计算机数据,对计算机内部总线没有影响。目前的 PCI 局部总线可以充分利用 IEEE 1394。

6. IEEE 1394 与 USB 总线的比较

IEEE 1394 和 USB 都是目前 PC 机中流行的新一代高速串行总线。两者均支持带电热插拔和即插即用功能,也都可以通过"级联"方式,同时连接多台设备。但它们在性能上也有所区别,主要表现在如下几个方面:

(1) 两者的传输速率不同。IEEE 1394a 规范支持 100Mb/s、200Mb/s 及 400Mb/s 的传输速率,可以用来连接数码相机、扫描仪和信息家电等需要高速率的设备;而 USB 受 12Mb/s 传输速率的限制,只适用于连接键盘、鼠标与麦克风等中低速设备。

(2) 两者的结构不同。在 USB 的连接中,必须有一台电脑用作总的控制器,而且必须通过集线器(HUB)来实现互连,整个 USB 网络中最多可连接 127 台设备。IEEE 1394 并不强调需要用电脑来控制所有设备,也不需要 HUB 就可连接 63 台设备,而且 IEEE 1394 可以用桥接器连接多个 IEEE 1394 网络,也就是说在用 IEEE 1394 实现了 63 台 IEEE 1394 设备之后,也可以用桥接器将其他的 IEEE 1394 网络连接起来,达到无限制连接。

(3) 两者的智能化不同。IEEE 1394 网络可以在其设备进行增减时自动重设网络。而 USB 要以 HUB 来判断连接设备的增减。

显然,与 USB 相比,IEEE 1394 有其特有的优点。但由于 PC 机的配置和价格上的优势,现在 USB 已被广泛应用于各个方面,几乎每台 PC 机的主板上都设置了若干 USB 接口。而 IEEE 1394 现在只被应用于音频、视频等多媒体方面。

4.3.6 SCSI 总线

小型计算机系统接口(small computer system interface,SCSI)是在美国 Shugart 公司开发的 SASI 的基础上,增加了磁盘管理功能而成的。SCSI 最早是用于 Macintosh 和 Sun 平台上,后来越来越多地出现在 Pentium 系列 PC 系统尤其是工作站和网络服务器中,已成为计算机与并行外设的主导接口,广泛用于光驱、音频设备、扫描仪、打印机以及像硬盘驱动器这样的大容量存储设备等的连接。SCSI 由美国国家标准协会(ANSI)于 1986 年审议完成,称为 SCSI-1,以后又分别推出了 SCSI-2、SCSI-3 和 Ultra SCSI、Ultra2 SCSI、Ultra3 SCSI。

1. SCSI 的系统结构

SCSI 接口系统的典型结构如图 4.39 所示。主机与适配器通过系统总线或局部总线连接,适配器与外设控制器之间是 SCSI 总线。允许多个适配器和多个控制器通过总线实现数据传输。所有直接与 SCSI 总线连接的适配器或外设控制器统称为 SCSI 设备,每个外设控制器可以控制一个或多个外部设备。

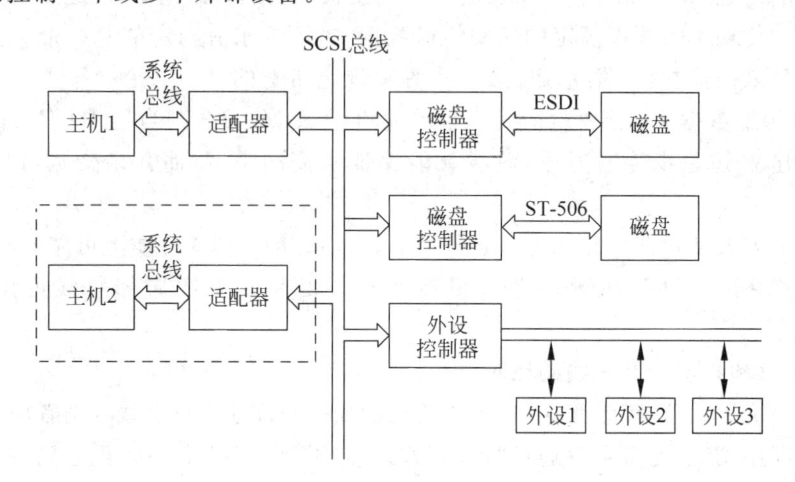

图 4.39 SCSI 接口系统结构

控制器与外设之间的总线是设备级局部总线。SCSI 作为一种高级的系统接口,可以通过一些设备级接口来实现对外设的控制。如 ESDI、ST506 等设备级接口都可与 SCSI 相连。

无论采用什么类型的设备级接口、设备甚至系统总线结构,SCSI 总线都有相同的物理和逻辑特性。SCSI 有与设备和主机无关的高级命令系统,SCSI 的命令是以命令描述块 CDB 的形式由主设备发送给目标设备,CDB 说明了操作的性质、源和目的数据块的地址、传送的块数等信息。SCSI 系统可以是一个主机,即一个主适配器和一个外设控制器的最简单的形式,也可以是一个或多个主机与多个外设控制器的组合。

2. SCSI 总线信号与设备连接

SCSI 可以使用单端传送和差分传送,但两种方式采用相同的传输线。SCSI-1 使用 50 针扁平电缆线,称 A 电缆,该电缆包括 8 位数据总线。

SCSI-2 规定了 16 位、32 位数据总线,需要在 A 电缆的基础上另外加一根电缆即 B 电缆。B 电缆是 68 针扁平电缆线,它包括 $DB_0 \sim DB_7$ 以外的 $DB_8 \sim DB_{31}$ 以及相应的控制信号。使用两根电缆是为了保证 SCSI-2 与 SCSI-1 的兼容性。

图 4.40 给出了 SCSI 定义的主要信号线及 SCSI 设备的连接。启动设备是请求执行一个 I/O 进程,发出命令的 SCSI 设备;目标设备则是一个 I/O 的执行者。通常情况下与主机相连的适配器是启动设备,它接受主机的 I/O 任务,并以 SCSI 命令信息告知目标设备执行相应的 I/O 任务;而外设控制器通常就是目标设备。但在一个系统中启动设备和目标设备并不是固定的,二者的划分是根据其在 I/O 任务处理过程中所起的不同作用来确定的。

3. SCSI 接口标准的主要性能特点

(1) SCSI 是系统级接口,不依赖于具体设备,它用一组通用的命令去控制各种设备,不需要设计外设的物理特性。总线上连接的 SCSI 设备的总数最多为 SCSI 总线数据的位数,

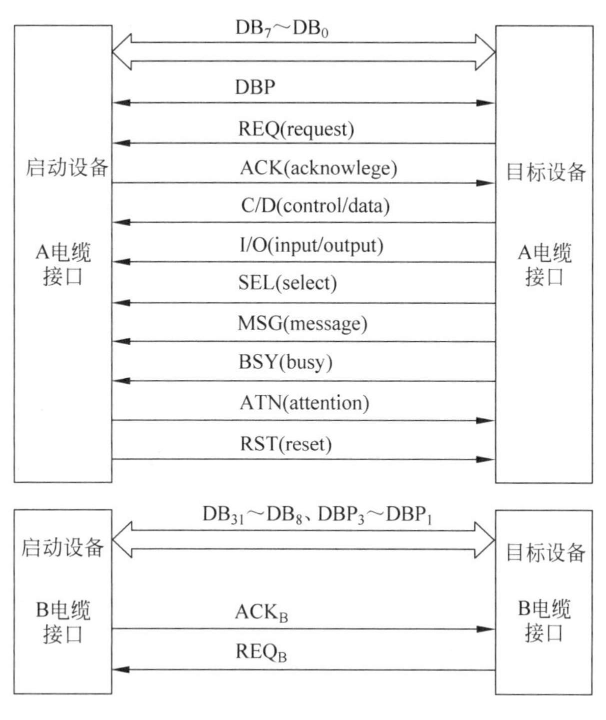

图 4.40 SCSI 信号及设备连接

对 SCSI-1 最多为 8 个，对 SCSI-2 则至多有 32 个。

(2) SCSI 总线上设备之间是平等的关系，一个设备既可以成为启动设备，也可以作为目标设备。

(3) SCSI 设备以菊花链连接成一个系统，每个 SCSI 设备有两个连接器，一个用于输入，一个用于输出。若干设备连接在一起时，终端需用一个终结器连接，以告诉 SCSI 主控制器整条总线在何处终结。

(4) SCSI 可以使用单端传送方式或差分传送方式。

(5) SCSI 可以按同步方式和异步方式传送数据。SCSI-1 在同步方式下的数据传输率为 4MB/s，异步方式下为 1.5MB/s，最多可以挂 32 个硬盘。SCSI-2 的最大数据传输率为 20MB/s 或 40MB/s。SCSI 的数据传送通常采用 DMA 方式，DMA 控制器由 SCSI 协议控制器芯片内含或设置专门的 DMA 控制器。在数据传送阶段可以采用同步或异步方式。除了数据传送阶段外，其余阶段采用异步传送方式。DMA 则采用同步传输方式。

(6) SCSI 接口是一个多主机多设备系统，具有总线仲裁功能。因此，SCSI 总线上适配器和控制器可以并行工作。总线仲裁的方法是各个设备将自己的设备号交给总线，具有最高优先级的设备获得总线控制权。

4.3.7 AGP 总线

加速图形端口(accelerated graphics port，AGP)是 Intel 公司为在 PC 平台上提高视频带宽、解决 3D 图形数据的传输问题而提出的新型视频接口总线规范。它是以 66MHz PCI2.1 规范为基础，扩充一些与加速图形显示有关的功能而形成的。AGP 插槽可以插入符合该规范的 AGP 显卡。

在 AGP 总线出现之前,PCI 总线是 PC 系统中最快的外部总线(工作频率为 33MHz,带宽为 132MB/s)。但在处理 3D 图形的过程中,所有的数据都要通过 PCI 总线在系统和显卡之间进行交换,其中的纹理数据需要占用相当的带宽,于是 PCI 总线成为了制约图形子系统乃至整个系统的瓶颈所在。藉此原因拥有高带宽的 AGP 才得以浮出水面。

采用 AGP 总线的系统结构如图 4.41 所示。由图可以看出,这是一种与 PCI 总线迥然不同的图形接口,它完全独立于 PCI 总线之外,直接把显卡与主板控制芯片连在一起,使得 3D 图形数据不通过 PCI 总线,直接送入显示子系统。这样就突破了原来采用 PCI 总线作为图形显示卡接口总线时形成的系统瓶颈,能以相对低的成本来实现高性能 3D 图形的描绘功能。

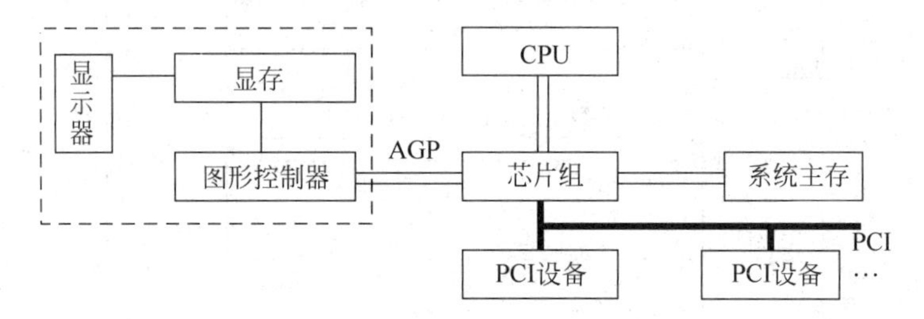

图 4.41　图形系统 AGP 连接方式

1. AGP 的主要性能和特点

AGP 总线规范的主要性能和特点如下:

(1) 采用流水线技术进行内存读/写,大大减少了内存等待时间,提高了数据传输速率。

(2) 支持 1X、2X、4X、8X 四种工作模式。在 2X 以上的工作模式中,可利用时钟信号上升沿和下降沿都传送数据,相当于使工作时钟频率提高了两倍。使四种工作模式的数据传输速率分别达到 266MB/s、533MB/s、1066MB/s 和 2133MB/s。

(3) 采用直接存储器执行(direct memory execute,DIME)技术,允许 3D 纹理数据不经过图形控制器内的显示缓存区,而直接存入系统内存,从而既有利于提高数据传输速率,又可让出显示缓存区和带宽供其他功能模块使用,以缓解 PCI 总线上的数据拥挤。

(4) 采用边带寻址(sideband address,SBA)方式。允许图形控制器在上次数据还没有传送完时就发出下一次的地址和请求,提高随机内存访问的速度。

(5) 允许 CPU 访问系统 RAM 和 AGP 显示卡访问 AGP RAM 并行操作,且显示带宽为 AGP 显卡独用,从而进一步提高了系统性能。

2. AGP 与 PCI 总线的比较

AGP 是基于 PCI 总线设计的局部总线,但是在电器特性、逻辑上都独立于 PCI 总线。它们有相似的地方也有不同之处,比如 PCI 总线可以连接多个 PCI 设备,而 AGP 总线仅仅是为了 AGP 接口的显卡准备的,一般主板上会提供多个 PCI 总线插槽,但只有一个 AGP 总线插槽,如图 4.42 所示。

从性能上看,自 1996 年 7 月 AGP 1.0 图形标准问世以来,已先后推出了 AGP 2.0 和 AGP 3.0 版本,这几种 AGP 总线与 PCI 总线的主要性能比较如表 4.7 所示。

图 4.42　AGP 接口与 PCI 总线插槽

表 4.7　AGP 总线与 PCI 总线的性能比较

视频总线 / 性能参数	AGP 1.0		AGP 2.0 (AGP4X)	AGP 3.0 (AGP8X)	PCI 视频总线
	AGP1X	AGP2X			
工作频率/MHz	66	66	66	66	33
数据线位宽/b	32	32	32	32	32
传输带宽/(MB/s)	266	532	1064	2128	133
工作电压/V	3.3	3.3	1.5	1.5	
单信号触发次数	1	2	4	4	
触发信号频率/MHz	66	66	133	266	

思考题与习题

4.1　选择题

(1) 80x86 在响应外部 HOLD 请求后将________。

A. 转入特殊中断服务程序

B. 进入等待周期

C. 所有三态引脚处于高阻,CPU 放弃对总线控制权

(2) 在同步总线握手协议中,唯一控制数据传输节奏的控制信号是________。

A. 总线时钟信号

B. 读/写信号(R/W)

C. 地址锁定允许信号(ALE)

(3) CPU 对存储器或 I/O 端口完成一次读/写操作所需的时间为一个________。

A. 指令周期　　　　B. 总线周期　　　　C. 时钟周期

(4) 在三线菊花链仲裁系统中,设总线时钟频率为 5MHz,每个主控器的平均传输延迟时间为 30ns,则链路允许串入的主控器最多为________个。

A. 8　　　　B. 7　　　　C. 6

(5) 任何指令的第一个周期必然是________。

A. 存储器读周期　　B. 取指令周期　　C. 中断响应周期

(6) Pentium 总线采用的是________。

A. 同步总线协定　　B. 半同步总线协定　　C. 全互锁异步总线协定

(7) Pentium 总线一个最基本的总线周期由________时钟周期(T 状态)组成。

A. 2 个　　B. 3 个　　C. 4 个

4.2　下列说法有的对,有的错,对的打"√",错的打"×",并说明原因。

(1) 异步总线握手相比于同步总线握手,具有更高的数据传输可靠性和更快的传输速度。

(2) 同一指令无论采用什么寻址方式,其指令周期都是相同的。

(3) Pentium 微处理器的总线传送操作与 PC/XT 机一样是采用同步总线握手协定来控制的。

(4) 指令周期是 CPU 从主存取出一条指令的时间加上执行这条指令的时间。

(5) 80x86 CPU 工作时,系统总线上的控制信号$\overline{IOR}$和$\overline{IOW}$的作用是控制 I/O 操作的类型,它们不允许同时有效。

(6) 任何微机系统完成一个总线传输周期必须经历总线请求和判决、寻址、传数和结束 4 个阶段。

4.3　指令周期由一个或若干个总线周期组成,Pentium 在"IN AL,20H"指令(或 inportb(0x20))的执行中,一定会执行一个什么总线周期? 在该总线周期内,地址总线上传送的是什么? 系统控制线$\overline{IOR}$和$\overline{IOW}$中哪一个应有效? 而数据总线传送的又是什么?

4.4　微型计算机中最基本的三类总线是哪三类? 各有什么特点?

4.5　某计算机主频为 8MHz,每个机器周期平均含两个时钟周期,每条指令平均有 2.5 个机器周期,则该机器的平均指令执行速度为多少(MIPS)?

4.6　何谓总线仲裁? 常用总线仲裁方法有哪几种? 各有什么优缺点?

4.7　说明在总线周期中等待状态 T_W 的含义。

4.8　什么叫做"总线冲突"? 总线冲突的后果因驱动器是 OC 门和三态门有什么不同?

4.9　三线菊花链总线判决系统中实际连了 12 个平均传输延迟时间为 25ns 的主控模块,那么总线操作频率最高允许为多少?

4.10　画出有三个主控器 $C_1 \sim C_3$ 的总线仲裁菊花链结构图。设总线仲裁优先级是 $C_1 > C_2 > C_3$,试分析当第二个主控器 C_2 的 $BGIN_2$、$BGOUT_2$ 为如下电平时,哪个设备是总线的实际主控者(设所有信号均为低电平有效):(1)$BGIN_2=0$,$BGOUT_2=0$;(2)$BGIN_2=0$,$BGOUT_2=1$;(3)$BGIN_2=1$,$BGOUT_2=1$?

4.11　在三线菊花链仲裁中,主控器 C_i 获得总线占用权的必要条件之一是检测到 $BGIN_i$ 由无效变有效的边沿,为什么要这样规定? 如果把该必要条件变成只需检测到 $BGIN_i$ 有效即可,行不行? 为什么? 试结合波形图予以说明。

4.12　并串二维总线仲裁的优点何在? 试简述其总线仲裁原理。

4.13　总线握手的作用是什么? 常见的握手协定有哪几种? 它们各有什么优缺点?

4.14　什么叫突发传送和非突发传送? Pentium 的非突发单周期总线传送最快时由几个时钟周期组成? 试结合这种单周期总线传送时序,分析 Pentium 采用的是什么总线握手协定。

4.15　试说明 Pentium 的突发周期传送概念。一个突发周期最多能以多大的速率传送多少个数据项？不可高速缓存和可高速缓存的突发周期有什么不同？

4.16　某 Pentium 系统中 CPU 要从内存中读取 100 个数据项。假设内存工作速度足够快，问采用非突发单周期和突发周期传送时分别需要多少个时钟周期？

4.17　为什么要使用标准总线？总线标准一般应包括哪些特性规范？

4.18　微机系统中有哪几级总线？它们各起什么作用？

4.19　ISA 总线的存储器地址线、I/O 地址线和数据线各有多少根？它支持的总线带宽为多少？它是如何计算出来的？

4.20　PCI 总线的主要性能特点有哪些？

4.21　USB 总线的主要性能特点是什么？

4.22　USB 总线系统软件由哪几部分组成？有哪几种数据传输方式？

4.23　试比较 IEEE 1394 与 USB 的主要异同。

4.24　SCSI 总线的主要特点是什么？

4.25　AGP 总线是一种通用标准总线吗？为什么？试说明微机中采用 AGP 的原因。

第5章 存储器

CHAPTER 5

存储器是计算机系统必不可少的基本组成部分,用于存放运行的程序和数据。计算机工作的本质就是执行程序的过程,因此计算机工作的大部分时间需要与存储器打交道,存储器性能的好坏在很大程度上影响着计算机系统的性能。本章在介绍高档微机的存储器体系结构、存储器芯片的选用原则和接口特性的基础上,重点介绍内存的构成原理,并简要介绍高速缓冲存储器、外存储器和虚拟存储器的工作原理等。

5.1 现代高档微机系统的存储器体系结构

现代高档微机系统中,存储器技术的发展始终是以实现低成本、大容量和高速度为其追求目标,而用单一工艺制造的半导体存储器往往难以同时满足这三方面的要求。为解决这一矛盾、提高存储器系统的性能,目前,高档微机系统中普遍采用分级存储器结构和虚拟存储器结构来组织整个存储器系统。

5.1.1 分级存储器结构

分级存储器结构的思想是把几种不同容量、速度的存储器按层次结构合理地组织在一起,使之能较好地满足大容量、高速度和低成本的要求。如图5.1所示,这种分级结构是在存储器的组织上将全部存储器从内到外分为四级,最内一级为内部寄存器组、第二级为高速缓冲存储器(cache)、第三级为内存储器,最外一级为外存储器。它们按从内到外的顺序在存储容量上依次递增,而在存取速度和位价格上依次递减。

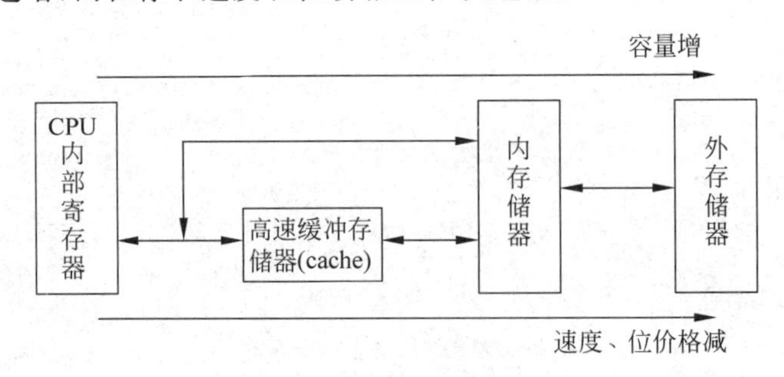

图5.1 分级存储器结构示意图

1. 内部寄存器组

有些待使用的数据或者运算的中间结果可以暂存在微处理器内部的寄存器中,这样,进行数据读/写时，速度很快，一般在一个时钟周期即可完成。一个有众多通用寄存器的微处理器，只要充分利用并恰当安排这些寄存器，总可以在提高系统性能上获得好处，但受芯片面积和集成度的限制，寄存器的数量有限。

2. 高速缓冲存储器

高速缓冲存储器有时简称为“快存”，是为了解决 CPU 和内存之间速度匹配问题而设置的。它是介于 CPU 与内存之间的一个小容量高速存储器，容量只有几至几百 KB，其存取速度足以与微处理器相匹配。这一级存储器一般只装载当前用得最多的程序或数据，使微处理器能以自己最高的速度工作。设置高速缓冲存储器是高档微型计算机中最常用的一种方法，其目的是把一个容量较大、而速度相对较慢的内存当作高速的存储器来使用。现代高档微处理器一般也将它们或它们的一部分制作在 CPU 芯片中，有的还具有两级 Cache 结构。如 Pentium 内集成了 16KB 的一级 Cache(L1 Cache)，而把二级 Cache(L2 Cache)放在主板上；Pentium Ⅱ以后的 CPU 则采用了全新的封装方式，把 CPU 内核与一级、二级缓存一起封装在芯片内。目前，已出现了带有三级缓存的 CPU。

3. 内存储器

内存储器用于存放运行的程序和数据。其速度比上两级存储器稍慢，但由于 CPU 大部分时间访问的是高速缓冲存储器，只有当程序或数据不在 Cache 中时，才需要访问内存并将相关区域的程序或数据调入 Cache 中，这就降低了 CPU 对内存存取速度的要求，能以较低的成本实现大容量的内存，而对微机系统的性能并没有太大的影响。在现代高档微机系统中，内存一般都在几兆字节以上，目前甚至高达几百、上千兆字节，比过去的大中型机的内存还大。

4. 外存储器

外存是指磁带、软盘、硬盘和光盘等。外存容量很大，可达几十至几百吉字节(GB)，但速度比内存慢得多。由于它的平均存储费用很低，所以大量用作后备存储器，存储各种数据和程序。在高档微机系统中，外存还广泛用作虚拟存储器的硬件支持。

5.1.2 虚拟存储器结构

虚拟存储器是在分级存储器结构的基础上，通过综合应用硬件与软件技术，而在内存与外存之间引入的一种假想存储器。它的引入，相当于把内存空间扩大到了外存那么大。这种存储器在物理上并不存在，但在逻辑上却确实可用，所以被称为虚拟存储器(virtual memery)。有了这种虚拟存储器技术，编程人员编写程序时就不必考虑计算机的实际内存容量，可以编写出比实际配置的物理存储器容量大很多的应用程序。编写好的程序预先存放在外存中，运行时由操作系统将部分程序调入内存储器，其余部分则仍存在外存上，当要执行的这部分程序不在内存时，再由操作系统按一定的原则将内存中不常用的部分淘汰出内存，而将需要执行的部分从外存调入内存，这种调入和调出对用户来说是透明的。

在采用虚拟存储器的计算机系统中，存在着虚地址空间(或逻辑地址空间)和实地址空间(或物理地址空间)两个地址不同的空间。虚地址空间是程序可用的空间，而实地址空间是 CPU 可访问的内存空间。后者容量由 CPU 地址总线宽度决定，而前者由 CPU 内部软硬件结构决定。一般虚地址空间远远大于实地址空间，例如 80486 和奔腾微处理器的实地址空间为 2^{32}B=4GB，而虚地址空间则可高达 2^{46}B=64TB，两者相差极大。

综上所述，虚拟存储器结构把一个大容量的外存当作一个大容量的内存来使用；而分级存储器结构中，Cache 技术的引入则把一个容量较大而速度相对较慢的内存当作一个高速的内存来使用。综合两者，就使得现代高档微机系统的 CPU 可访问的存储器，相当于既具有外存的容量又具有高速缓存的速度，从而极大地提高了存储系统的性能，实质上也就等于提高了整个微机系统的性能。

5.2 内存储器构成原理

内存储器的构成即是用存储器芯片构成存储器系统。主要任务包括：存储器结构的确定、存储器芯片的选配和存储器接口的设计。

5.2.1 存储器结构的确定

存储器结构的确定，主要指采用单存储体结构还是多存储体结构。微机系统中，存储器一般都按字节编址、以字节(8 位)为单位构成。对于 CPU 的外部数据总线为 8 位的微机系统(如 8088、MCS51 系统)，其存储器只需用单体结构；对于 CPU 的外部数据总线为 16 位的微机系统(如 8086/80286 系统等)，为了支持 8 位字节操作和 16 位字操作，一般需采用双体结构。图 5.2 给出了 80286 的存储器结构。

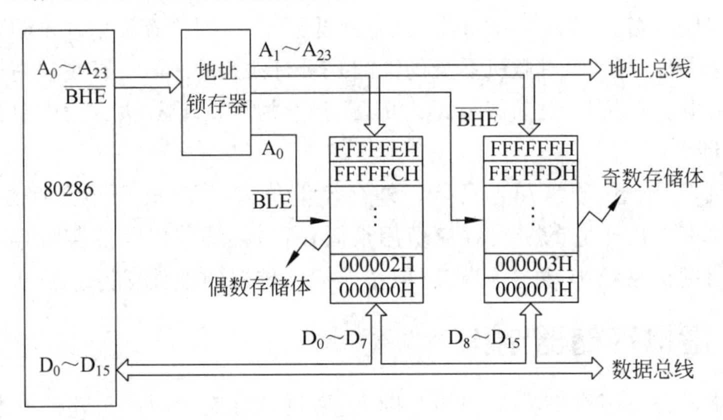

图 5.2 80286 存储器结构

图中，80286 的 16MB 存储器被分成两个容量为 8MB 的存储体，一个由偶数地址单元组成，称为偶数存储体；另一个由奇数地址单元组成，称为奇数存储体。两个存储体的地址线连法相同，均与 CPU 的地址总线 $A_1 \sim A_{23}$ 相连，用于选择体内存储单元；而数据线则分别与数据总线的 $D_0 \sim D_7$ 和 $D_8 \sim D_{15}$ 相连。高位允许信号 $\overline{BHE}$ 和低位允许信号 $\overline{BLE}$(A_0)分别用作奇数存储体和偶数存储体的选通信号，这两个信号结合用于选择 8 位字节和 16 位字操作，选择功能如表 5.1 所示。

当 $\overline{BLE}$ 和 $\overline{BHE}$ 中只有一个为低电平有效时，由 $A_1 \sim A_{23}$ 选中偶数存储体或奇数存储体中的一个字节单元进行 8 位字节传送操作；若 $\overline{BLE}$ 和 $\overline{BHE}$ 同时为低电平有效时，将选择偶数存储体中的一个字节单元与奇数存储体中的一个字节单元组成 16 位的字，进行字传送。这时又分两种情况，若字地址是偶数，即字对准时，组成字的两个字节单元的地址除最低位不同外，对应 $A_1 \sim A_{23}$ 的地址编码均相同，即可由 CPU 地址总线 $A_1 \sim A_{23}$ 发出的地址编码同时选中这两个字节单元，在一个总线周期内完成字传送；若字地址不是偶数，即字未对准时，组成字的两个字节单元(如00001H和00002H)的地址除最低位不同外，对应A_1的地址编码也不相同，即不可能由CPU地址总线$A_1 \sim A_{23}$发出的地址编码同时选中这两个字节单元，这时，CPU就必须分两次发出不同的地址编码分别对这两个字节单元进行读/写，并在CPU内部进行高低字节交换才能完成16位的字操作，即需两个总线周期才能完成字传送。

表5.1 $\overline{BHE}$和$\overline{BLE}$(A_0)对8位和16位操作的选择控制表

$\overline{BHE}$	$\overline{BLE}$(A_0)	功 能
0	0	允许两个存储体进行16位数据传送
0	1	允许奇数存储体进行8位数据传送
1	0	允许偶数存储体进行8位数据传送
1	1	两个存储体都未选中

对于CPU的外部数据总线为32位的微机系统(如80386/80486系统)，一般要使用4体结构，以支持8位字节、16位字和32位双字操作；而对于CPU的外部数据总线为64位的微机系统(如Pentium系列机)，一般要使用8体结构，以支持8位字节、16位字、32位双字和64位四字操作。图5.3给出了Pentium系统的存储器结构，它将整个存储器分成8个存储体，分别使用$\overline{BE_0} \sim \overline{BE_7}$作为体选控制信号，以构成64位数据。当$\overline{BE_0} \sim \overline{BE_7}$同时有效且四字对准时，在一个总线周期里就可以完成64位数据的存储器读写操作。

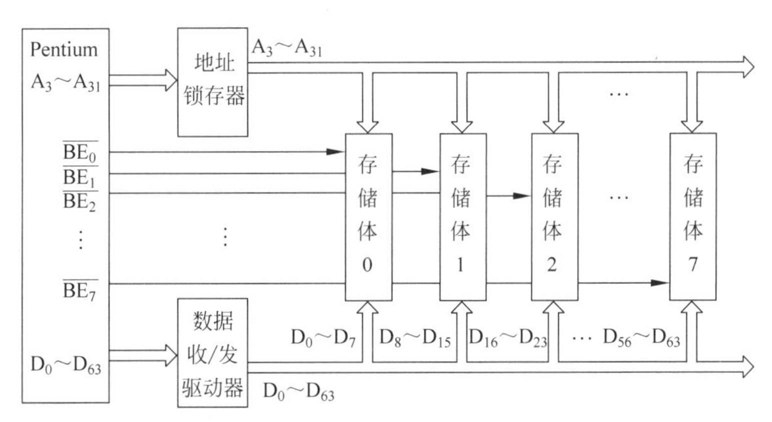

图5.3 Pentium存储器结构

无论是80286的双体结构还是Pentium的多体结构，不同存储体除数据线和体选控制线的连接有所不同外，地址总线的连接基本相同。所以，存储器的设计可归结为(8位)单体存储器的设计。

5.2.2 存储器芯片的选配

存储器芯片的选配包括芯片的选择和组配两个方面。

1. 存储器芯片的分类与选用

1) 半导体存储器的分类

半导体存储器按制造工艺的不同，可分为双极型和MOS型两大类。双极型存储器由TTL(transistor-transistor logic)电路制成，其特点是存取速度快、集成度低、功耗大、价格较高。MOS型存储器由金属氧化物半导体电路制成,与双极型存储器比较,它的特点是集成度高、功耗小、价格便宜,但存取速度慢。

微型计算机中的内存储器和高速缓存器使用的一般都是MOS型存储芯片。从功能和应用角度,MOS型半导体存储器主要分为只读存储器(ROM)和随机读写存储器(RAM)两类。

(1) ROM的类型

根据编程写入方式不同,ROM可分为如下几种。

① 掩模ROM

掩模ROM存储的信息由厂商按用户要求掩模制成,封装后不能改写,用户只能读出,不能改写。

② PROM(programmable ROM)

PROM为一次可编程ROM。其内容可由用户一次性编程写入,写入后不能改写。

③ EPROM(erasable programmable ROM)

EPROM是一种紫外线可擦除PROM。用户可多次改写内容,改写方法一般可用紫外线擦除,再编程写入,有任一位错,都需全片擦除、改写。紫外线照射约半小时,所有存储位复原到"1"。

④ E^2PROM(electrically erasable programmable ROM)

E^2PROM是一种电可擦除PROM。可以字节为单位多次用电擦除和改写,并可直接在机内进行,无须专用设备,故方便灵活。

⑤ 闪速存储器(flash memory)

它简称Flash或闪存。它与E^2PROM类似,也是一种电可擦除PROM。但与E^2PROM不同的是,闪存是按块擦写,速度更快。

(2) RAM的类型

按存储电路结构不同,RAM可分为如下几种。

① SRAM(static RAM)

SRAM是一种静态RAM。存储单元电路以双稳为基础,故状态稳定,不掉电信息就不会丢失。

② DRAM(dynamic RAM)

DRAM是一种动态RAM。存储单元电路以电容为基础,故电路简单,集成度高,功耗小,但不掉电也会因电容放电而丢失信息,所以需定时刷新。

③ IRAM

IRAM称为组合RAM。它是一种附有片上刷新逻辑的DRAM,兼有SRAM、DRAM的优点。

④ NVRAM(non volatile RAM)

NVRAM是一种非易失性RAM。由SRAM和E^2PROM共同构成,正常时为SRAM,掉电或电源故障时,立即将SRAM中信息保存在E^2PROM中,使之不丢失。

2) 半导体存储器的选用原则

存储器芯片的选用原则是由各种存储器芯片的不同特点所决定的,通常有如下几个层次的选用。

(1) RAM和ROM的选用

RAM是一种随机读写存储器(random access memory)。它的突出优点是读写方便,使用灵活；缺点是一旦停电所存信息就会丢失。一般用作各种二进制信息的临时或缓冲存储，如存放当前正在执行的程序和数据、作为I/O数据缓冲存储器和用作堆栈等。此外，在后备电源及掉电保护电路的支持下，也可作为存放系统参数的存储器。

而ROM是一种只读存储器(read-only memory)，其特点是一旦写入，在工作过程中一般就只能读出不能重写，即使掉电内容也不会丢失。因此主要用于存放各种系统软件、应用程序和常数、表格等。

(2) RAM类型的选用

SRAM状态稳定，接口简单，速度高，但集成度低，成本高，功耗也较大，一般只用于高速缓存器和小容量内存系统。DRAM集成度高，功耗小，价格低，一般普遍用它组成大容量的内存系统。IRAM兼具SRAM和DRAM的优点，是一种应用前景较广的产品。

(3) ROM类型的选用

掩模ROM和PROM只用于大批量生产的微机产品；产品研制和小批量生产时，宜选用EPROM和E^2PROM芯片。闪速存储器(flash memory)兼具有E^2PROM和SRAM的优点，主要用来构成移动存储器(如优盘)和用作小型磁盘的替代品。目前，闪存技术已大量用于便携式计算机、数码相机和MP3播放器等设备中。闪存也被用作内存，用于内容不经常改变且对写入速度要求不高的场合，如微机的BIOS、IC卡的数据记录单元等。

(4) 芯片型号的选用

无论选用哪类具体芯片，通常都应考虑存取速度、存储容量、结构和价格等因素。存取速度应取与CPU时序相匹配的芯片。否则，如速度慢了，要增加必要的时序匹配电路；速度太快了，又会造成不必要的浪费，使成本增加。存储芯片的容量和结构直接关系到系统组成的形式和成本的高低。一般在满足存储系统总容量的限度内，尽可能选用集成度高、存储容量大、字长等于或接近于存储器字长的芯片。这样使用芯片少，总线负载轻，也有利于简化接口电路设计，提高系统可靠性。

2. 存储器芯片的组配

所谓存储器芯片的组配，实际上就是存储器位、字的扩展。

1) 存储器位扩展

位扩展是指增加存储芯片的数据位数。实际存储芯片的数据位数(字长)有1位、4位和8位的，当用字长不足8位的存储芯片构成内存时，就需要进行位扩展，以构成具有8位字长的存储体。

例如，要用1K×1b的存储芯片构成1KB存储器，就需要8个芯片连在一起，如图5.4(a)所示。图中各存储芯片的对应地址线、读写控制线($\overline{WE}$)和片选信号($\overline{CS}$)分别并连在一起，而数据线则分别连接到数据总线的不同位线上。该芯片组可等效为图5.4(b)所示的1K×8b芯片。当CPU访问该1KB存储器时，其发出的地址和控制信号同时传给8个芯片，选中各芯片中具有相同地址的单元，8个芯片的各数据位就组成同一个字节的8位，其内容被同时读至数据总线的相应位或数据总线上的内容被同时写入相应单元，完成对一个字节的读/写操作。

2) 存储器字扩展

字扩展是指增加存储器的字节数量。当用一片字长为8b的存储芯片或经位扩展后的一个8b芯片组不能满足存储器容量的要求时，就要进行字扩展，以满足字数(地址单元数)

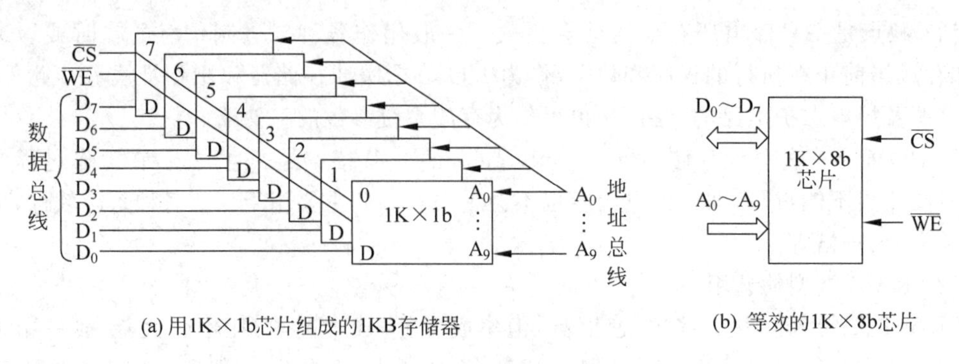

(a) 用1K×1b芯片组成的1KB存储器 (b) 等效的1K×8b芯片

图 5.4 位扩展示例

的要求。

例如，用 1K×8b 芯片(或芯片组)实现 4KB 存储器，需要 4 个芯片(或 4 个芯片组)进行字扩展，如图 5.5 所示。

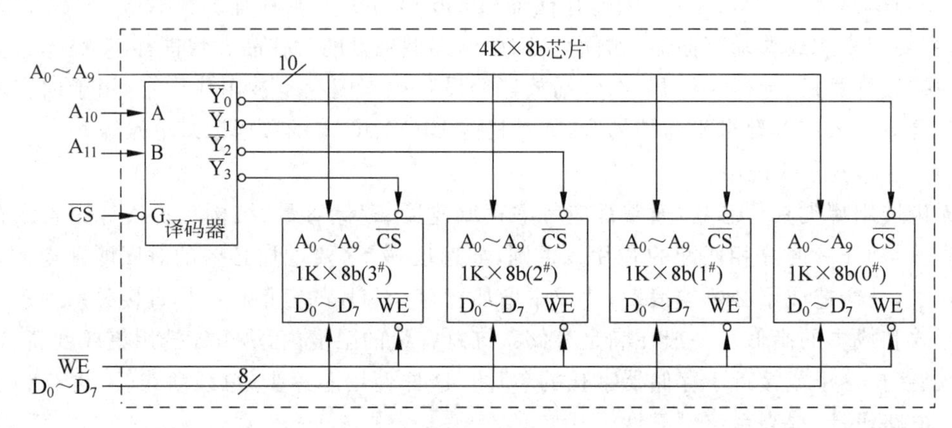

图 5.5 字扩展示例

各芯片或芯片组的地址线($A_0 \sim A_9$)、数据线($D_0 \sim D_7$)和读/写控制线($\overline{WE}$)按信号名称分别对应并联，而片选线则分连到片选地址译码器的不同输出端。系统的高位地址线 A_{10} 和 A_{11} 作为译码器的输入，当 $A_{11}A_{10}=00$ 时，选中芯片 0#；当 $A_{11}A_{10}=01$ 时；选中芯片 1#；当 $A_{11}A_{10}=10$ 时，选中芯片 2#；当 $A_{11}A_{10}=11$ 时，选中芯片 3#。每个芯片有不同的片地址，即扩展了存储单元数。该存储器也可等效为一个 4K×8b 存储器芯片。

当选用的存储芯片的字长和容量均不满足存储器字长和容量的要求时，就需要同时进行位扩展和字扩展。这实际上是先对存储芯片进行位扩展以满足存储器字长的要求，然后对位扩展后的芯片组进行字扩展以满足存储单元数的要求。有关字位扩展的实例见 5.2.3 节中的例 5.2。

5.2.3 存储器接口的设计

存储器接口的设计，实际上就是要在了解存储器芯片接口特性的基础上，解决存储器同 CPU 三大总线的正确连接与时序匹配问题。

1. 各类存储器芯片的接口共性

存储器芯片的接口特性实质上就是指它有哪些与 CPU 总线相关的信号线，以及这些信号线相互间的定时关系。了解存储器芯片的接口特性就是要弄清楚这些信号线与 CPU 三大总线的连接关系。

如图 5.6 所示，除电源和地线外，各种存储器芯片都有 4 类外部引脚：地址线、数据线、片选线和读/写控制线。不同类型和型号的芯片，这些引脚信号的含义和功能基本相同。

(1) 地址线 $A_0 \sim A_n$ 用于选择存储器芯片中的存储单元，差别在于不同容量和型号的芯片，其地址线的数量可能不同。地址线的条数决定存储器芯片中存储单元的个数，如有 10 根地址线($A_0 \sim A_9$)的存储器芯片通常有 1K 个存储单元；有 20 根地址线($A_0 \sim A_{19}$)的存储器芯片通常有 1M 个存储单元。

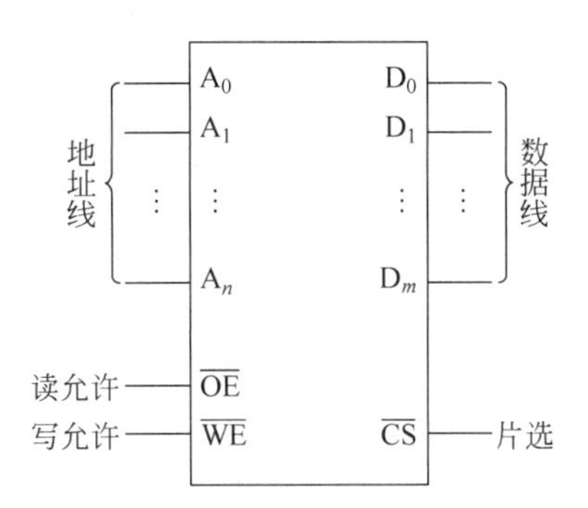

图 5.6 存储器芯片的通用引脚

(2) 数据线 $D_0 \sim D_m$ 用于向存储器芯片写入或从存储器芯片读出数据。不同型号的芯片，数据线的位数可能不同，它取决于存储器芯片的字长。存储器芯片的字长通常有 1 位、4 位和 8 位等。

(3) 片选线$\overline{CS}$(或芯片允许线$\overline{CE}$)用于选择芯片。各种存储器芯片都至少有一个片选线($\overline{CS}$)或芯片允许线($\overline{CE}$)，只有在所有片选信号有效，芯片被选中时，CPU 才可以对存储单元进行读/写操作。

(4) 读/写控制线($\overline{OE}$、$\overline{WE}$)用于控制存储器芯片中数据的读出或写入，差别在于不同种类存储器芯片的读/写控制线设置有所区别。掩模 ROM、PROM 和 EPROM 只有一根输出允许线$\overline{OE}$；E^2PROM 和 Flash Memeory 有输出允许线($\overline{OE}$)和写允许($\overline{WE}$)线；SRAM 的读/写控制线的设置方法通常有两类，一类既有输出允许线($\overline{OE}$)，又有写允许线($\overline{WE}$)，另一类只有 1 根读/写控制线($\overline{WE}$)，利用$\overline{WE}$的两种状态 0 或 1 区分写或读。

图 5.7～图 5.10 给出了部分常用 EPROM、SRAM，以及典型 E^2PROM 和典型 Flash Memeory 芯片的外部引脚排列图。

27128	2764	2732	2716	引脚	引脚	2716	2732	2764	27128
16K×8b	8K×8b	4K×8b	2K×8b			2K×8b	4K×8b	8K×8b	16K×8b
→	V_{PP}			1	28			V_{CC}	←
→	A_{12}			2	27			$\overline{PGM}$	←
→	→	→	A_7	3(1)	(24)26	V_{CC}	V_{CC}	NC	A_{13}
→	→	→	A_6	4(2)	(23)25	A_8	←	←	←
→	→	→	A_5	5(3)	(22)24	A_9	←	←	←
→	→	→	A_4	6(4)	(21)23	V_{PP}	A_{11}	←	←
→	→	→	A_3	7(5)	(20)22	$\overline{OE}$	$\overline{OE}/V_{PP}$	←	←
→	→	→	A_2	8(6)	(19)21	A_{10}	←	←	←
→	→	→	A_1	9(7)	(18)20	$\overline{CE}$/PGM	←	$\overline{CE}$	←
→	→	→	A_0	10(8)	(17)19	D_7	←	←	←
→	→	→	D_0	11(9)	(16)18	D_6	←	←	←
→	→	→	D_1	12(10)	(15)17	D_5	←	←	←
→	→	→	D_2	13(11)	(14)16	D_4	←	←	←
→	→	→	GND	14(12)	(13)15	D_3	←	←	←

图 5.7 部分 EPROM 芯片的引脚排列

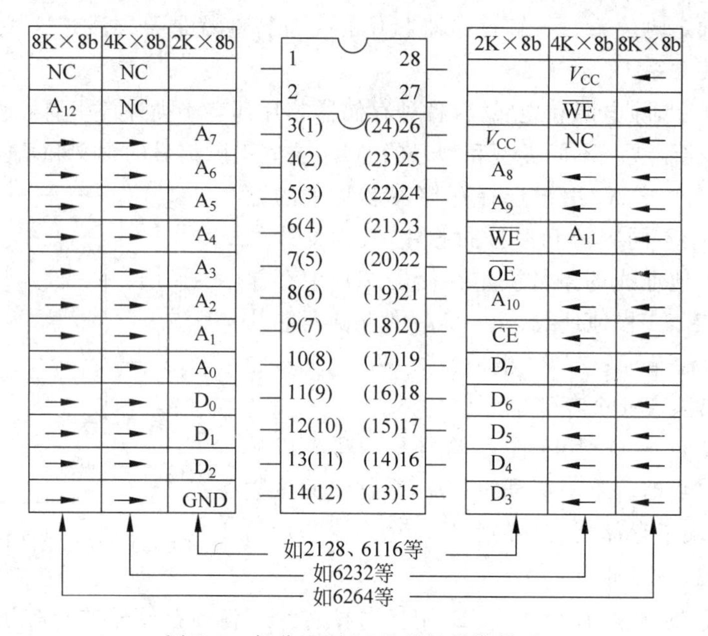

图 5.8 部分 SRAM 芯片的引脚排列

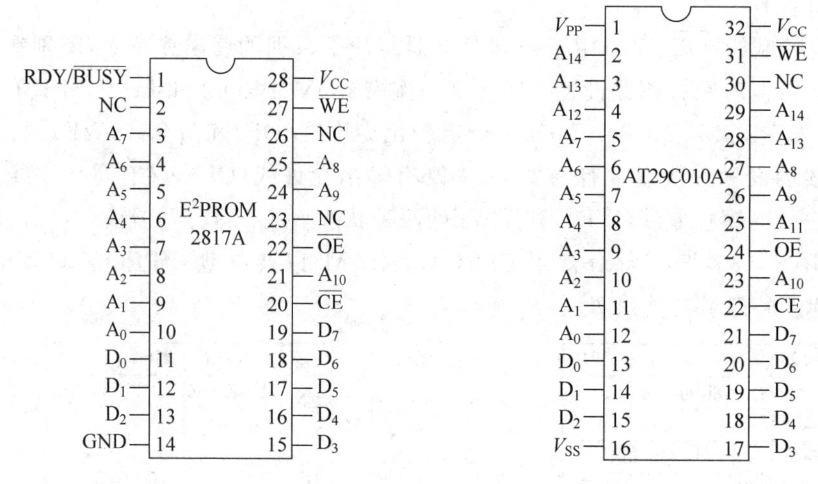

图 5.9 典型 E²PROM 芯片引脚信号　　　图 5.10 典型 Flash Memeory 芯片引脚信号

从图 5.7～图 5.10 中可以看出，就地址线、数据线、片选线和读/写控制线而言，上述各类存储芯片确实大同小异。这些引脚信号线与 CPU 三大总线的接口方法也基本相同，这就是存储器芯片的接口共性。它们与 CPU 的连接方法一般为：

(1) 地址线 $A_0 \sim A_n$ 通常与 CPU 的低位地址线直接相连。

(2) 数据线 $D_0 \sim D_m$ 与 CPU 的某几位数据线直接相连。

(3) 芯片允许线$\overline{CE}$(或片选线$\overline{CS}$)则与余下 CPU 高位地址线经译码后产生的片选信号相连。

(4) 读/写控制线在存储器芯片的存取速度与 CPU 匹配时，与 CPU 控制总线组合形成的读/写控制信号(如$\overline{MEMR}$和$\overline{MEMW}$)直连；对存取速度不匹配的存储器芯片，即不能在

CPU 的读写周期内完成数据读/写操作时，就需要引入时序匹配逻辑(等待信号产生电路)才能相连。

当然，具体的接口方法也不尽然，可以很灵活地组合。图 5.11 给出了这几种芯片的接口方法示例。分别设有读和写控制线的 SRAM 芯片与 E^2PROM 和 Flash Memeory 芯片的接口几乎完全相同，只是对 E^2PROM 芯片编程时，通常要用 RDY/$\overline{\text{BUSY}}$状态产生中断请求信号或作为查询的状态信号。

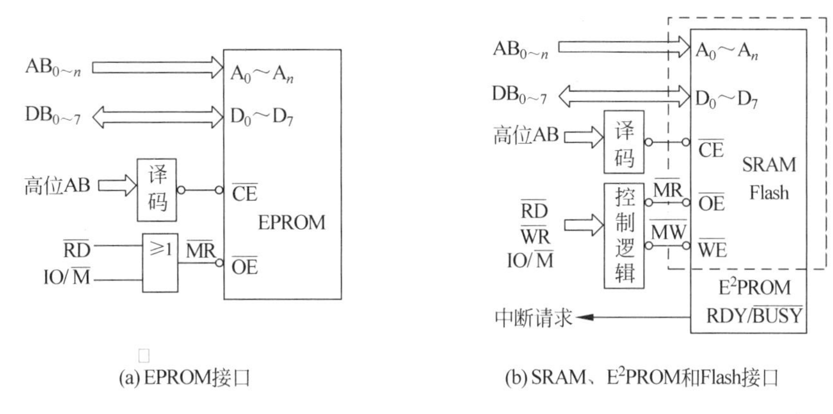

图 5.11 EPROM、SRAM、E^2PROM 和 Flash 接口方法示例

2. 存储器主体与 CPU 三大总线的连接

存储器主体与 CPU 三大总线的连接，主要是指存储器芯片的数据线、地址线、读/写控制线和片选线与 CPU 三大总线的连接及转换。由存储器芯片接口共性和组配方法可知，数据线的连接比较简单，是与 CPU 的相应数据总线直连；读/写控制线在时序匹配时，也是与 CPU 相应控制线经译码产生的读/写控制信号(如$\overline{\text{MEMR}}$/$\overline{\text{MEMW}}$)直连；而与地址总线的连接，本质上就是在存储器地址分配的基础上实现地址译码，以保证 CPU 能对存储器中的所有单元正确寻址。它又包括芯片选择和片内单元选择。

通常，芯片内部的存储单元由 CPU 输出的低位地址线完成选择，而芯片选择信号则是通过对 CPU 的高位地址线译码得到。地址总线高位、低位的划分，由芯片的地址单元数(字数)决定，如 8K×n 位芯片对应的低位地址线，一般为 $A_0 \sim A_{12}$ 共 13 位，1M×n 位芯片对应的低位地址线一般为 $A_0 \sim A_{19}$ 共 20 位等，其余部分均为高位地址线。

根据对高位地址总线的译码方案不同，通常有线选法、局部译码法和全译码法三种片选控制方法。

1) 线选法

线选法的原理如图 5.12 所示，它是将余下的高位地址线分别作为各个存储器芯片的片选信号。这种方法译码简单，无须译码器，但用于片选的地址线($A_{13} \sim A_{10}$)在每次寻址时只能有一位有效，不允许同时有多位有效。主要缺点是存储空间的利用率低，由于 A_{15} 和 A_{14} 未参入高端译码，每个芯片实际上都占据了 4 个 1KB 的地址空间。此外，各芯片使用的地址空间不连续。

2) 局部译码法

局部译码法的原理如图 5.13 所示，它是对余下高位地址总线中的一部分进行译码，译码输出作为各存储器芯片的片选控制信号。这种方法由于部分高端地址线未参与译码，也存在地址区域重复使用，致使存储空间利用率不高的问题。一般在线选法不够用，而又不需要全部地址空间时，使用这种方法。

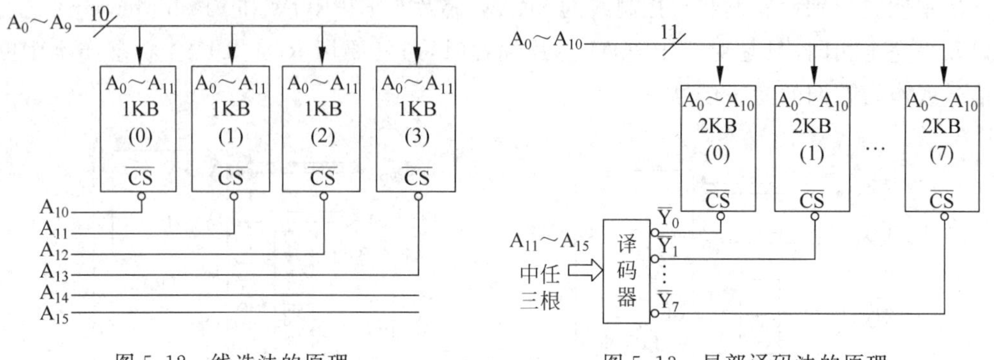

图 5.12 线选法的原理　　　　图 5.13 局部译码法的原理

3）全译码法

全译码法的原理如图 5.14 所示，它是对余下高位地址线全部译码，译码输出作为各存储器芯片的片选控制信号。与前两种译码方法相比，全译码法存储空间利用率最高且译出的地址连续，不存在地址重复使用问题，但译码电路最复杂。

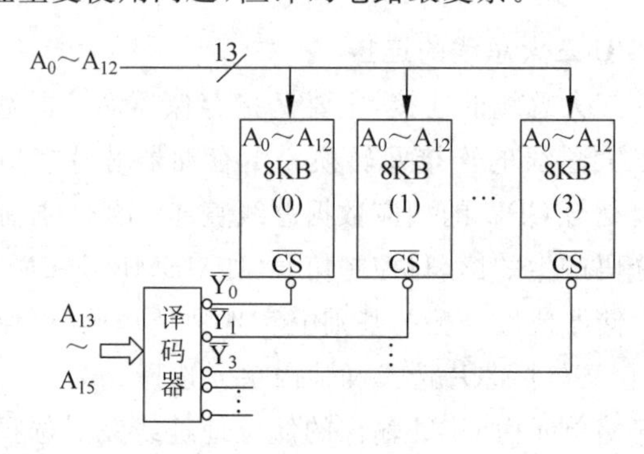

图 5.14 全译码法的原理

无论是局部译码还是全译码，译码方案既可采用门电路或译码器芯片实现，也可采用 PROM 等可编程逻辑器件实现。

3. 存储器接口设计举例

例 5.1 试用 8K×8 位的 EPROM(2764)和 8K×8 位的 SRAM(6264)及 74LS138 译码器为某 8 位微机系统(地址总线宽度为 20 位)构成一个 16KB ROM 和 16KB RAM 的存储器系统，要求 RAM 的起始地址为 00000H，ROM 的起始地址为 80000H。

本例 EPROM 和 SRAM 芯片均为 8K×8 位的存储器芯片，无须进行位扩展。要构成 16KB 的 ROM 和 16KB 的 RAM 分别需要 2 片 2764 和 2 片 6264。地址总线的低 13 位(A_0～A_{12})要用作片内地址线选择，余下的 7 根高位地址线 A_{13}～A_{19} 经过地址译码来产生 4 个芯片的片选信号。为确定译码方案，先列出各芯片的地址范围和存储器地址位分配，如表 5.2 所示。

表 5.2 例 5.1 的存储器地址位分配和芯片地址范围

芯 片	位分配								地 址 范 围
	A_{19}	A_{18}	A_{17}	A_{16}	A_{15}	A_{14}	A_{13}	A_{12}～A_0	
6264-1	0	0	0	0	0	0	0	0000～1FFFH	00000～01FFFH
6264-2	0	0	0	0	0	0	1	0000～1FFFH	02000～03FFFH
2764-1	1	0	0	0	0	0	0	0000～1FFFH	80000～81FFFH
2764-2	1	0	0	0	0	0	1	0000～1FFFH	82000～83FFFH

由表 5.2 可以看出，虽然 2 片 6264 和 2 片 2764 的地址编码较分散，但 4 个芯片的高位地址除 A_{19} 和 A_{13} 不同外，A_{18}～A_{14} 均相同。存储器译码方案当然可以选择用 2-4 译码器或门电路对 A_{19} 和 A_{13} 进行译码来产生 4 个芯片的片选信号。但此例要求用 3-8 译码器 74LS138 译码，这时可选择 A_{19}、A_{14} 和 A_{13} 作译码输入，A_{18}～A_{15} 作译码器的使能控制信号，译码器的输出 $\overline{Y_0}$、$\overline{Y_1}$、$\overline{Y_4}$ 和 $\overline{Y_5}$ 分别用作 2 片 6264 和 2 片 2764 的片选信号。存储器扩展电路如图 5.15 所示。

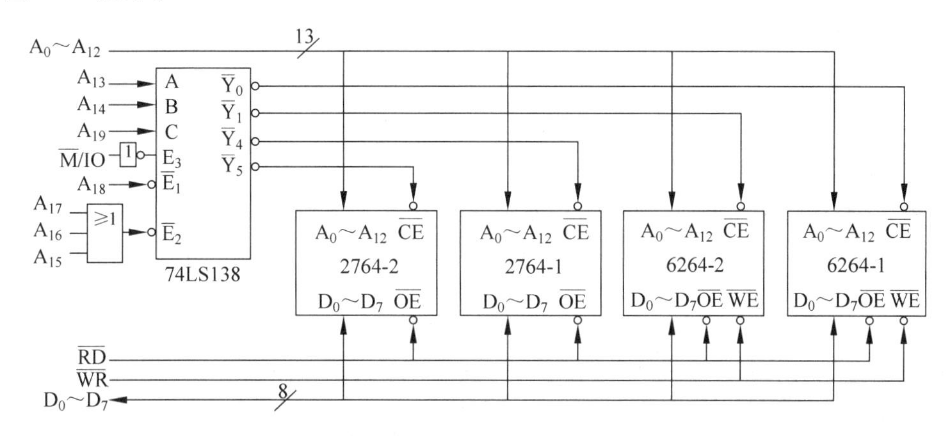

图 5.15 用 6264 和 2764 构成的存储器

例 5.2 试用 8K×4 位的 SRAM 芯片为某 8088 微机系统构成一个 16KB 的 RAM 存储器，RAM 的起始地址为 90000H。

该例 SRAM 芯片字长不足 8 位，需用两个芯片为一组进行位扩展，位扩展后每组存储容量为 8K×8 位。要构成 16KB 的 RAM 存储器还需用两组芯片进行字扩展，CPU 的低位地址线 A_0～A_{12} 用于组内存储单元选择，余下的高位地址线 A_{13}～A_{19} 经过地址译码来产生两个芯片组的片选信号。同样，为确定译码方案，先列出各芯片组的地址范围和存储器地址位分配，如表 5.3 所示。

表 5.3 例 5.2 的存储器地址位分配和芯片组地址范围

芯片组	位 分 配								地 址 范 围
	A_{19}	A_{18}	A_{17}	A_{16}	A_{15}	A_{14}	A_{13}	A_{12}～A_0	
0#、2#	1	0	0	1	0	0	0	0000～1FFFH	90000～91FFFH
1#、3#	1	0	0	1	0	0	1	0000～1FFFH	92000～93FFFH

下面选择用门电路译码来产生两个芯片组的片选信号。字位扩展设计如图 5.16 所示，芯片 0# 和芯片 2# 为一组，芯片 1# 和芯片 3# 为另一组。组内地址线和片选、读/写控制线并连，数据线分连；各组地址线、数据线和读/写控制线对应并连，而片选线分别与译码输出相连。

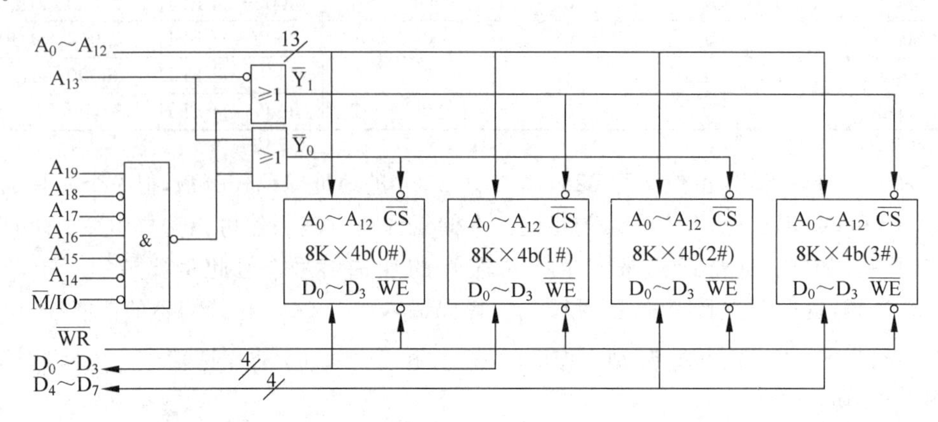

图 5.16 用 8K×4 位芯片构成的 16KB 存储器

例 5.3 试用 16K×8 位的 SRAM 芯片为某 8086 微机系统设计一个 256KB 的 RAM 存储器系统，RAM 的起始地址为 00000H。

8086 为 16 位数据总线的微处理器，要支持 8 位和 16 位的数据传送操作，其存储器需采用双体结构，即要将 256KB 的存储器分为两个容量为 128KB 的偶数存储体和奇数存储体，每个存储体均需 8 个 16K×8 位的芯片组成。这时，两个存储体中各存储芯片的地址位分配如表 5.4 所示。

表 5.4 双体结构中存储器地址位分配

偶数存储体								奇数存储体							
芯片	A_{19}	A_{18}	A_{17}	A_{16}	A_{15}	A_{14}~A_1	A_0	芯片	A_{19}	A_{18}	A_{17}	A_{16}	A_{15}	A_{14}~A_1	A_0
0	0	0	0	0	0	0000~3FFFH	0	0	0	0	0	0	0	0000~3FFFH	1
1	0	0	0	0	1	0000~3FFFH	0	1	0	0	0	0	1	0000~3FFFH	1
2	0	0	0	1	0	0000~3FFFH	0	2	0	0	0	1	0	0000~3FFFH	1
3	0	0	0	1	1	0000~3FFFH	0	3	0	0	0	1	1	0000~3FFFH	1
4	0	0	1	0	0	0000~3FFFH	0	4	0	0	1	0	0	0000~3FFFH	1
5	0	0	1	0	1	0000~3FFFH	0	5	0	0	1	0	1	0000~3FFFH	1
6	0	0	1	1	0	0000~3FFFH	0	6	0	0	1	1	0	0000~3FFFH	1
7	0	0	1	1	1	0000~3FFFH	0	7	0	0	1	1	1	0000~3FFFH	1

两个存储体中，对应芯片的地址位分配除 A_0 不同外，其他位均相同，所以两个存储体的片选地址译码既可采用独立的地址译码，又可采用统一的地址译码。采用独立的地址译码时，各存储体使用相同的读/写控制信号，而用字节选择信号($\overline{BLE}$和$\overline{BHE}$)作译码器的使能控制信号；采用统一的地址译码时，则用字节选择信号($\overline{BLE}$和$\overline{BHE}$)与 CPU 的读/写信号组合产生各存储体的读/写信号。本例采用独立的地址译码方法，用 3-8 译码器 74LS138 对 A_{17}、A_{16} 和 A_{15} 进行译码来产生 8 个芯片的片选信号，$\overline{BLE}$和$\overline{BHE}$分别作为偶数存储体和奇数存储体译码器的使能控制信号，存储器扩展电路如图 5.17 所示。

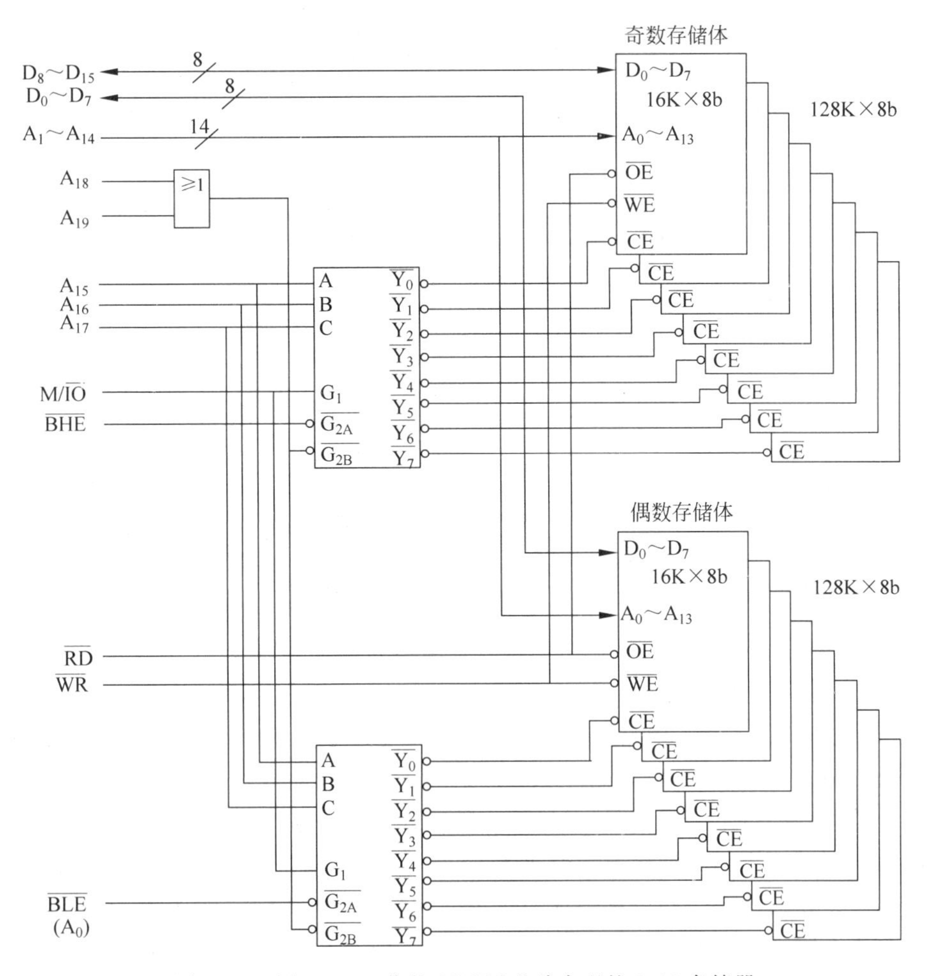

图 5.17　用 16K×8 位的 SRAM 芯片实现的 8086 存储器

5.3　高速缓冲存储器基本原理

现代高档微机系统中，为了提高存储器系统的性能，普遍在 CPU 与内存之间采用高速缓冲存储器(cache)技术。即通过在 CPU 与内存之间设置一个小容量的高速局部存储器，而把由 DRAM 组成的大容量内存储器当作高速存储器来使用。

Cache 的有效性源于 CPU 对存储器的访问在时间和空间上所具有的局部区域性。大量的典型程序运行表明，CPU 从主存取指令或取数据，在一定时间内，只是对主存局部区域的访问。这是由于指令和数据在主存内都是连续存放的，而且程序中子程序和循环程序往往要多次重复执行，对数组的访问在时间上也相对集中，也即 CPU 取指令和访问数据产生的内存访问地址分布不是随机的，而是相对簇聚，使得 CPU 在执行程序时，访存具有相对的局部性。因此，只要将 CPU 近期要用到的程序和数据提前从主存送到 Cache，那么就可以做到 CPU 在一定时间内只访问 Cache，从而减少对内存的访问，这也就降低了 CPU 对内存存取速度的要求。

5.3.1 Cache 的基本结构和工作原理

Cache 的基本结构如图 5.18 所示。它由 Cache 存储器、地址映像机构和置换控制器几部分组成。

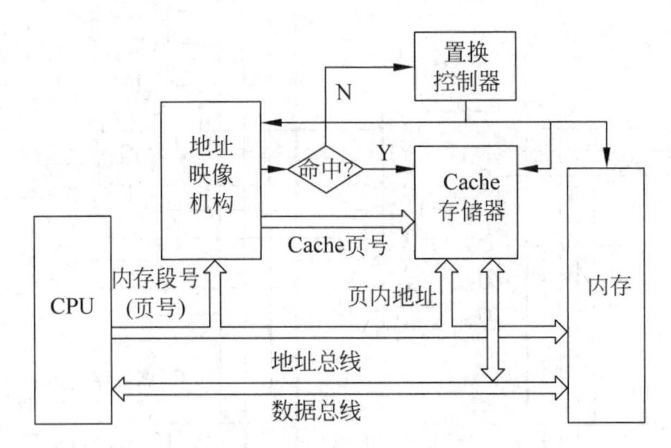

图 5.18 Cache 存储器结构

Cache 存储器是 Cache 的主体,存放由内存复制过来的内容。Cache 在管理上将内存和 Cache 存储器划分成大小相同的页,以页为单位交换信息。

地址映像机构用于将 CPU 送来的内存地址转换为 Cache 地址。由于内存和 Cache 的页大小相同,它们有相同的页内偏移地址(即相同的低位地址),因此地址变换主要是内存的页号(高位地址)与 Cache 页号间的转换。这种地址变换是通过地址映像机构定义的转换函数来完成的,具体采用何种转换函数取决于 Cache 与内存间采用的地址映像方式。CPU 访问内存时,将地址总线送出的内存地址高位部分同存放在地址映像机构内部的地址标记相比较,以判别 CPU 要访问的地址单元是否在 Cache 中。若在,称为 Cache 命中,由转换函数将内存页号(高位地址)转换为 Cache 页号,得到 Cache 访问地址,CPU 可用极快的速度对它进行读/写操作;若不在,则称为 Cache 未命中,这时就需要从内存中访问,同时把与本次访问相邻近的存储区域(一页)内容复制到 Cache 中,并在地址映像机构中进行标记。

置换控制器负责调页换页。当 Cache 内容已满,无法接收来自内存页的信息时,就必须由置换控制器按一定的置换算法来确定应从 Cache 内移走哪个页返回内存,而把新的内存页调入 Cache 中。常用的置换算法有先进先出(FIFO)和最近最少使用(LRU)两种。

FIFO 算法的原则总是将最先调入 Cache 的页置换出来,它不需要随时记录各页的使用情况,所以容易实现,开销小。但其缺点是可能把一些需要经常使用的程序(如循环程序)页也作为最早进入 Cache 的页而被置换出去。

LRU 算法是将近期最少使用的页置换出来。它需要随时记录 Cache 中各页的使用情况,以便确定哪个页是近期最少使用的页。LRU 算法的平均命中率比 FIFO 高,但实现起来比较复杂,系统开销较大。

5.3.2 Cache 与内存的映像关系

从内存将某一部分内容调入高速缓冲存储器是以页为单位调动的。高速缓存中各页所存放的位置与主存中相应页的映像关系取决于对高速缓存的管理策略。从原理上,可以把映像关系分为全关联方式、直接映射方式和分组关联方式三种。

1. 全关联方式

这种方式允许内存中任一页映像到 Cache 的任一页。假定内存地址为 NA=$N+M$ 位,Cache 容量为 2^{C+M}B,页面大小为 2^MB,全关联映像方式如图 5.19 所示。

这种映像方式可以从被占满的 Cache 中置换出任一旧页,映射方法较灵活,Cache 的利用率和命中率较高,因而缩小了页冲突率。缺点是内存页号全部要用作地址映像机构的"标记",这就使 Cache"标记"的位数较多,而且访问 Cache 时需要和 Cache 的全部"标记"位进行比较,才能判别出所访问的内存地址是否已在 Cache 内,所以地址转换速度较慢,而且需要采用某种置换算法将 Cache 中的内容调入调出,实现起来系统开销大。

2. 直接映射方式

直接映射方式是将内存中每个页映射到某一固定的 Cache 页中,如图 5.20 所示。内存按 Cache 大小分为若干个段,段内再划分成与 Cache 相同的页,每段按对应的页号进行映射,也即 Cache 中的各页只接收主存中相同页号的内容。在这种映像方式中,地址映像机构只需保存内存段号作为 Cache"标记"。地址映像时,只需根据 CPU 地址总线送出的内存页号找到 Cache 页,然后根据"标记"是否与内存段号相符来判断,若相同且有效位为"1",表示命中,可根据页内地址从 Cache 中取得信息;若不符,或有效位为"0",则表示未命中,就需要从主存读入新的页来置换旧页。

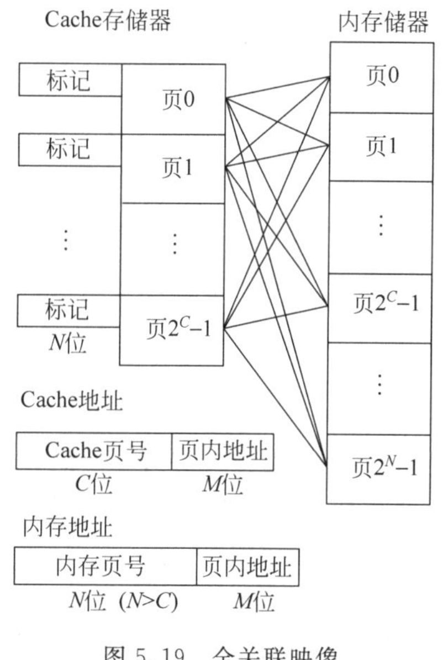

图 5.19 全关联映像

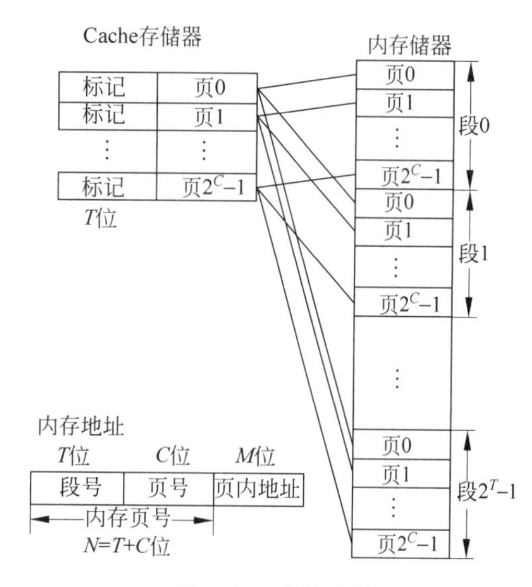

图 5.20 直接映射

直接映射方式的优点是实现简单,地址转换速度快;缺点是不够灵活,由于每个内存页只能固定地对应某个 Cache 页,即使 Cache 内有许多空闲页也不能占用,使 Cache 的存储空间得不到充分利用。此外,如果程序恰好要重复访问对应同一缓存位置的不同内存页,就要不停地进行置换,从而降低了命中率。

3. 分组关联方式

分组关联方式是前两种方式的折中,映射原理是将 Cache 和内存都分为大小相同的若干组,组内直接映射,组间采用全关联映射。这种方式下,允许不同组中相同页号的内容同时存放在 Cache 中。

5.3.3 Cache 的读/写操作

Cache 的读操作过程如 Cache 工作原理所述,CPU 将主存地址送往主存、启动主存读的同时,也将主存地址送往 Cache,并将主存地址高位部分同存放在地址映像机构内部的地址标记相比较,若 CPU 要访问的地址单元在 Cache 中,CPU 可用极快的速度对它进行读操作,不访问主存;若不在,这时就需要从主存中访问,同时把与本次访问相邻近的一页内容复制到 Cache 中,并在地址映像机构中进行标记。

Cache 的写操作与读操作有很大的不同,这是因为在具有 Cache 的系统中,同一个数据有两个备份件,一个在主存,一个在 Cache 中。因此,当对 Cache 的写操作命中时,就会出现如何使 Cache 与主存内容保持一致的问题。针对这一情况,通常有如下几种解决方法。

(1) 通写(write-through)法。这种方法是在每次写入 Cache 的同时也写入主存,使主存与 Cache 相关页内容始终保持一致。它的优点是比较简单,而且 Cache 中任意页被随时置换,绝不会造成数据丢失的错误;缺点是会增加访存次数,影响工作速度。

(2) 回写(write-back)法。回写法每次只是暂时将数据写入 Cache,并用标志将该页加以注明。当 Cache 中任一页数据被置换时,只要在它存在期间发生过对它的写操作,那么在该页被覆盖之前必须将其内容写回到对应主存位置中去;如果该页内容没有被改写,则其内容可以直接淘汰,不需回写。这种方法的速度比通写法快,但结构要复杂得多,而且主存中的页未经随时修改,可能失效。

(3) 只写主存。这种方法是只将数据写入主存,同时将相应的 Cache 页有效位置“0”,表明此 Cache 页已失效,需要时再从主存调入。

目前 80486 和 Pentium 系列微机系统中,以通写法和回写法应用较多,且一般一级 Cache 采用通写法,二级 Cache 采用回写法。

5.4 常用外存储器

外存储器是指需要通过设备接口与微机相连的存储器,也称辅存。与内存相比,外存容量大、价格低、能长期和脱机保存信息,但速度较慢,主要用作微机系统的后备存储器,用以存放计算机工作所需要的系统文件、应用程序、用户程序、文档和数据等,也用作虚拟存储器的硬件支持。目前,微机系统常用的外存储器有硬盘、软盘、磁带、光盘和 U 盘等。软盘已基本不用;光盘主要是为适应多媒体计算机的需要而出现的,属于多媒体技术支持设备之一,所以放在第 10 章中介绍。本节只对硬盘、移动硬盘和 U 盘作一简单介绍。

5.4.1 硬盘

硬盘是微机系统中最主要的外存储器,主要用作大容量的后备存储器和虚拟存储器的硬件支持。第一个商品化的硬盘是由美国 IBM 公司于 1956 年研制成功的。近六十年来,无论在结构还是在性能上,磁盘存储器都有了很大的发展和进步。

1. 磁盘存储器的记录原理

磁盘和磁带均属于磁表面存储器。磁表面存储器记录信息是通过磁头和磁性记录介质之间作相对运动来实现读写操作的,如图 5.21 所示。磁头是实现电磁转换过程的关键装置,它是由软磁材料做铁芯,上面绕有读/写线圈的电磁铁。磁记录介质是在某种刚性(如硬盘)或柔性(如软盘、磁带)载体上涂有薄层磁性材料的物体,用于记录以磁状态表示的信息。

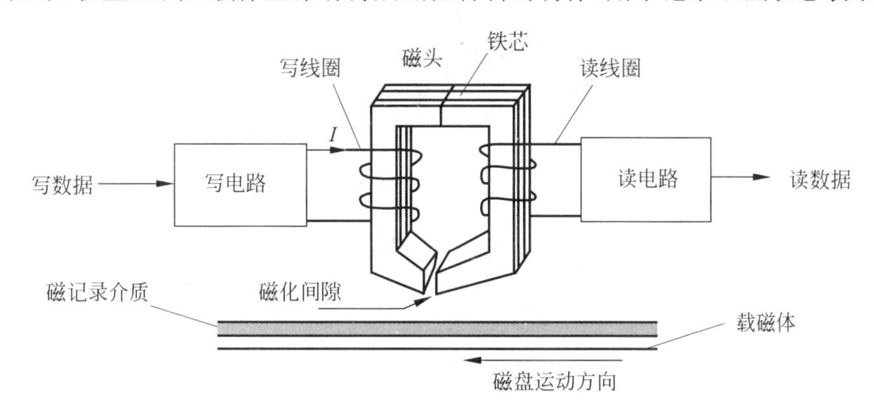

图 5.21 磁表面存储器记录信息原理图

1) 磁存储器的写入过程

当向线圈提供一定方向和大小的电流时,将使磁头体被磁化,建立起有一定方向和强度的磁场,即在磁环内有磁力线产生,由于磁头的磁化间隙处磁阻较大,将产生漏磁,这漏磁就是向磁记录介质中写入信息的信息源。当磁头前端与磁记录介质距离很近时,磁化间隙处的漏磁将把处于附近的磁记录介质上的一小片磁性材料(磁化单元)磁化,而当磁头离去时,就在这一磁化单元保留了磁化状态,从而记录下写入的一位信息(完成了"电-磁"转换)。可以根据写入驱动电流的不同方向,使磁层表面被磁化的极性方向不同,以区别记录"0"或"1"。

2) 磁存储器的读出过程

当磁头前端与磁记录介质距离很近且高速经过时,若所经过的磁记录介质上的磁化单元已被磁化,这一磁化状态将在磁头的环体内产生磁力线,从而在磁头的线圈中感应出一个脉冲电流,这表示读出了记录在磁记录介质中的一位信息(完成了"磁-电"转换)。根据感应电流的方向不同,可以区分读出的是"0"还是"1"。

2. 硬盘存储器的组成原理

硬盘存储器由硬盘驱动器、硬盘控制器和盘片几大部分组成,如图 5.22 所示。

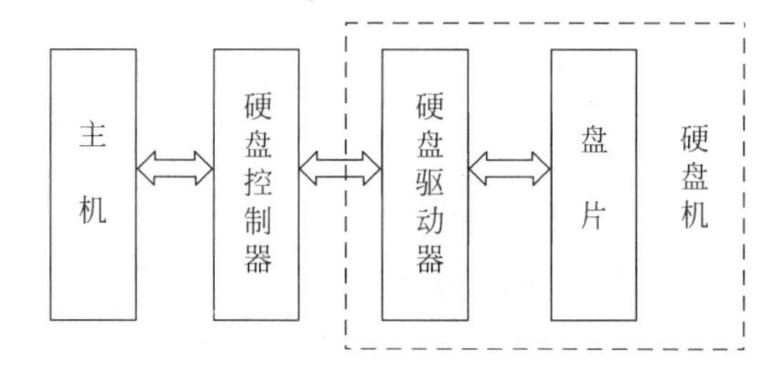

图 5.22 硬盘存储器的基本结构

微机系统中配置的硬盘均为可移动磁头固定盘片结构，这种结构的硬盘又称为温彻斯特磁盘，简称温盘。其特点是工作时磁头悬浮在高速转动的盘片上方，而不与盘片直接接触。揭开外盖后的硬盘如图 5.23 所示，它采用密封组合方式，将磁头、盘片、驱动部件以及读写电路等制成一个不能随意拆卸的整体，叫作“头盘组合体”。

图 5.23 揭开外盖后的硬盘组成结构

1）硬盘驱动器

硬盘驱动器一般与盘片一起构成一个完整独立的设备，称为硬盘机(实物如图 5.23 所示)。它包括作为磁记录介质使用的磁盘和驱动磁盘匀速旋转的动力与驱动部件，完成读写功能的磁头和驱动磁头沿磁盘径向方向运动和准确定位的部件，以及其他一些控制逻辑电路等部件。其内部结构框图如图 5.24 所示，分为 3 个子系统。

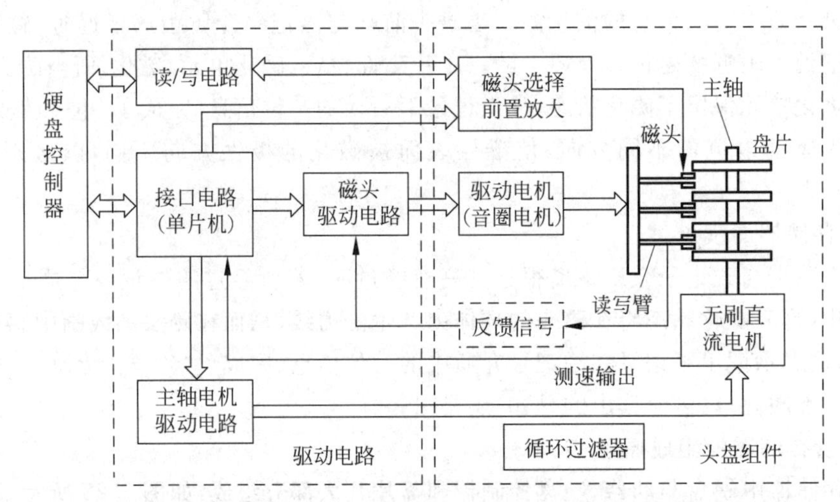

图 5.24 硬盘驱动器内部结构框图

一是主轴电机驱动电路。硬磁盘的盘片(组)被固定在硬盘机的主轴上，由主轴带动磁盘匀速旋转，而硬盘机的主轴则由一个主轴电机通过传动皮带带动旋转。为使读写数据正确，同时保证浮动磁头与磁盘表面有合理的距离，要求磁盘以一个额定的转速匀速旋转。为此在电机上用光电或霍尔元件设置了测速装置，经变换后与标准值比较，形成一个闭环的自调节系统使其转速尽可能均匀。二是磁头驱动电路。提高磁盘平均读写速度的关键在于提高寻道速度，由于硬盘上的道密度相当高，这就给快速且准确寻道带来了困难。电路中对道定位的准确性进行检测，且进行反馈自动调整，保证每次寻道都能使磁头落在磁道中央。三是磁头读写电路。它除了产生写电流和读出处理功能外，还具有磁头选择功能。硬盘通常由多个盘片组成，且每个盘都有正反两面，如图5.24所示为4个盘片共6个有效记录面。所以，它一般都有多个磁头同时运动。为了确定有效的磁头并使其工作，设定了磁头选择逻辑和相应的电子开关。

三个子系统均由一个单片机进行统一控制，它接收控制器送来的命令，产生完成各种动作所需的信号，保证驱动器各部分协调地工作。硬盘驱动器加电正常工作后，利用控制电路中的单片机初始化模块进行初始化工作，此时磁头置于盘片中心位置，初始化完成后主轴电机将启动并以高速旋转，装载磁头的小车机构移动，将浮动磁头置于盘片表面的00道，处于等待指令的启动状态。当接口电路接收到微机系统传来的指令信号，通过前置放大控制电路，驱动音圈电机发出磁信号，根据感应阻值变化的磁头对盘片数据信息进行正确定位，并将接收后的数据信息解码，通过放大控制电路传输到接口电路，反馈给主机系统完成指令操作。结束硬盘操作的断电状态，在反力矩弹簧的作用下浮动磁头驻留到盘面中心。

2）硬盘控制器

硬盘控制器也称为硬盘驱动器适配器。它是插在主机总线插槽中的一块电路卡，用于将硬盘驱动器与计算机主机连接为一体系统，以便接收主机发来的命令，将它转换成硬盘驱动器的控制命令，实现主机与驱动器之间的数据格式变换和数据传送，并控制驱动器的读写和保证主机与驱动器在时间上的同步。可见，硬盘控制器是主机与硬盘驱动器之间的接口。它是将硬盘驱动器与主机构成一个能协同运行的整机系统所必需的，该控制器无疑需要在两个方向上有正确的接口关系。

在一个方向上，它需要与主机正确连接与协调运行，这是与主机的接口，称为系统级接口，主要是与主机系统的总线打交道；在另一个方向上，它需要与硬盘设备实现连接并协调运行，这是与设备的接口，称为设备级接口（或设备控制器），它接收主机的命令以控制设备的各种操作。

一个硬盘控制器通常可以控制一台或几台驱动器。但一般来说，硬盘机都有自己的控制器，不同的硬盘机，在处理硬盘机本身的驱动器与硬盘控制器之间的功能划分方面会有一些不同的安排。图5.25给出了硬盘控制器与硬盘驱动器功能划分的示意图。

如采用ST506接口标准，硬盘控制器与驱动器的界面可设在图5.25的A处。这时硬盘读/写等逻辑电路主要划分在硬盘控制器上，而硬盘驱动器部分只保留了读写和放大电路。若采用增强型小型设备接口（enhanced small device interface，ESDI），则将界面设在B处，把数据分离电路和编码、译码电路划入硬盘驱动器中，控制器仅完成串/并或并/串转换、格式控制和DMA控制等逻辑功能。

而采用当前流行的集成驱动电子部件（integrated drive electronics，IDE）或小型计算机系统接口（small computer system interface，SCSI），则硬盘控制器的功能全部划归到设备之中。这种把盘体与控制器集成在一起的做法减少了硬盘接口的电缆数目与长度，数据传输的可靠性得到了增强，硬盘制造起来变得更容易，因为厂商不需要再担心自己的硬盘是否与其他厂商生产的控制器兼容，对用户而言，硬盘安装起来也更为方便。

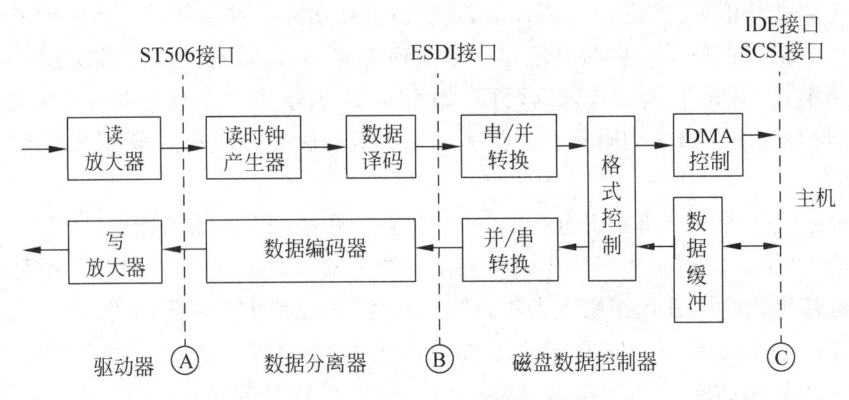

图 5.25　硬盘控制器与硬盘驱动器的功能划分

3. 硬盘上的信息组织

磁盘片是磁存储器的信息记录载体,它的上下两面都可用于记录信息。硬盘一般采用多片结构的磁盘组,此时读这样的磁盘上的信息时,必须指出该信息在磁盘的哪个盘片的哪一记录面。由于磁盘上的信息必须由磁头读出或写入,所以记录面的数量与磁头数是一样的。一般就用磁头(head)号来代替记录面号。

在同一个磁盘记录面上,信息被写在许多个同心圆上,每个同心圆为一个磁道,不同磁道用磁道号表示。磁道的编址是从外向内依次编号,最外一个同心圆叫 0 磁道,最里面的一个同心圆叫 n 磁道。不同记录面上的同一磁道叫做一个柱面(cylinder),柱面个数正好等于磁道数,所以磁道号就是柱面号。

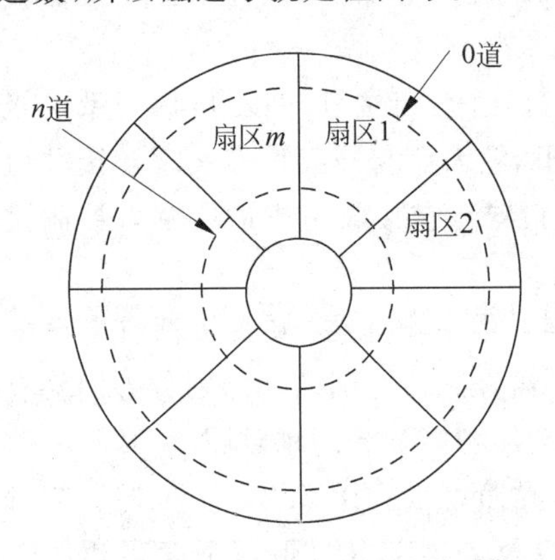

图 5.26　磁盘的磁道和扇区格式示意图

在同一个磁道上,信息被组织为固定大小的区段,称为扇区(sector),即把一个圆周等分成若干部分,每部分就构成一个扇区,每个扇区的一个磁道用于存储一定数目的二进制信息(一般为512B),如图 5.26 所示。扇区的一个磁道通常是磁盘进行读写的最小信息单位。在磁盘寻址时,首先确定柱面,再确定磁头,最后找到扇区。不同扇区用扇区号表示,为此必须有办法标识一个磁道的起始位置,以便表明第一个扇区的开始。应注意,在一个磁道上,只有一部分区域用于记录有用的信息,还有很多区域用于标记磁道的开始、结束、扇区位置(编号)、磁头号等,以及用于保存数据校验与纠错处理的冗余信息(常用的是 CRC 校验码),可能还有一些必要的间隙部分。所以一个磁盘上的可用存储容量,不是简单地用磁道数乘上每个磁道理论上可写入的最多信息数目(可磁化的单元数)决定的。对一个磁盘片(组),在使用之前要进行格式化操作,即在每个磁道上完成区域划分,写入各种标记信息,建立标明磁盘记录面使用情况的信息位图等。磁盘的存储容量,通常是指在磁盘完成格式化操作之后,留给用户实际可用的存储空间,通常用字节数表示。

5.4.2 移动硬盘

移动硬盘是随着多媒体技术和宽带网络的发展，人们对移动存储的需求越来越高而发展起来的一种便携式、大容量移动存储设备。

1. 移动硬盘的组成结构

移动硬盘实际上是将硬盘和一些外围控制电路集成在一起，并封装在硬脂塑料外壳内，通过外部接口与主机相连的一种移动存储设备。图 5.27 给出了一种移动硬盘的实物样例和内部结构。由于采用硬盘为存储介质，因此移动硬盘在数据的读写模式和存取原理上与标准 IDE 硬盘是相同的。所以，对移动硬盘的读写，关键是需要通过移动硬盘内的控制器(如 USB 控制芯片)实现标准 IDE 接口数据与主机接口数据(如 USB 接口数据)之间的转换。

(a) 移动硬盘实物样例

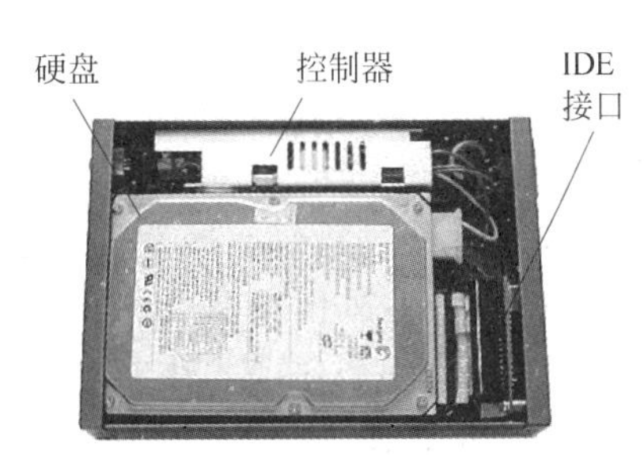

(b) 移动硬盘的内部结构

图 5.27 移动硬盘实物样例和内部结构

2. 移动硬盘的接口标准

移动硬盘外置接口方式主要有并行接口、IEEE 1394、USB 三种。并行接口移动硬盘出现较早，它是通过并行打印机接口与主机相连，由于其数据传输率较低并且不支持即插即用功能已被淘汰。IEEE 1394 也称 Fire Wire(火线)，其数据传输速度理论上可达 400Mb/s，并支持热插拔。但只有一些高档 PC 主板才配有 IEEE 1394 接口，所以普及性较差。USB 接口已成为移动硬盘的主流接口，它支持热插拔，传输速度高达 480Mb/s(USB 2.0)。

3. 移动硬盘的特点

移动硬盘作为 PC 机的一个重要外设，近年来得到了蓬勃的发展，主要是因为它具有如下特点：

(1) 容量大。移动硬盘可以提供相当大的存储容量，是一种较具性价比的移动存储产品。在目前大容量"U 盘"的价格还无法被用户所接受，而移动硬盘能在用户可以接受的价格范围内提供给用户较大的存储容量和不错的便携性。目前市场中的移动硬盘能提供 200GB、512GB、1TB 等容量，一定程度上满足了用户的需求。

(2) 传输速度快。移动硬盘大多采用 USB、IEEE 1394 接口，能提供较高的数据传输速度。

(3) 使用方便。现在的 PC 基本都配备了 USB 功能，主板通常可以提供 2～8 个 USB 口，一些显示器也提供了 USB 转接器，USB 接口已成为个人电脑中的必备接口。USB 设备在大多数版本的 Windows 操作系统中都可以不需要安装驱动程序，具有真正的"即插即用"

特性,使用起来灵活方便。

(4) 可靠性提升。数据安全一直是移动存储用户最为关心的问题,也是人们衡量该类产品性能好坏的一个重要标准。移动硬盘以高速、大容量、轻巧便捷等优点赢得许多用户的青睐,而更大的优点还在于其存储数据的安全可靠性。这类硬盘与笔记本电脑硬盘的结构类似,多采用硅氧盘片。这是一种比铝、磁更为坚固耐用的盘片材质,并且具有更大的存储量和更好的可靠性,提高了数据的完整性。采用以硅氧为材料的磁盘驱动器,以更加平滑的盘面为特征,有效地降低了盘片可能影响数据可靠性和完整性的不规则盘面的数量,更高的盘面硬度使 USB 硬盘具有很高的可靠性。

5.4.3 U盘

U 盘是随着闪速存储器(flash memory)技术和 USB 接口技术的发展而发展起来的一种新型移动存储器。U 盘是由我国朗科公司发明的,目前已作为新一代的存储设备在几十个国家申请了发明专利,在国内外被广泛使用。

U 盘的存储介质是 Flash 存储器,这种存储器既可在不加电的情况下长期保存信息,具有非易失性,又能在线进行快速擦除与重写(可重复擦写达 100 万次以上)。U 盘实际上是将 Flash 存储器和一些外围控制电路焊接在电路板上,并封装在颜色比较亮丽的半透明硬脂塑料外壳内的一种小型便携式移动存储器。图 5.28 示出了一种 U 盘的实物样例,它通过 USB 接口与主机相连。有的 U 盘内部还设计了用来显示其工作状态的指示灯和提供类似软盘的写保护。写保护是用一个嵌入内部的拨动开关来实现的,它可以控制对 U 盘的写操作,从而可减少由于操作失误而造成数据丢失的机会。

1. U 盘的内部结构

U 盘的内部结构和电路连接分别如图 5.29 和图 5.30 所示。它主要由 U 盘控制器和 Flash 存储器芯片构成。此外,还包含一个电压调节芯片,用于将 USB 接口输入的 5V 电压转换为 3.3V。

图 5.28 U 盘实物样例

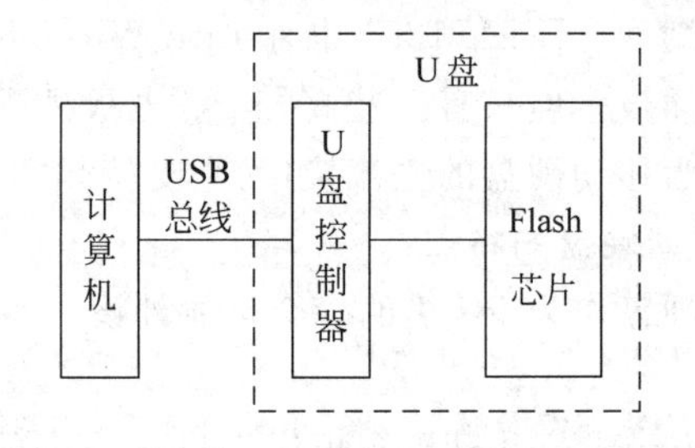

图 5.29 U 盘的内部结构

Flash 存储器是 U 盘的主体,用于存储信息。U 盘控制器则作为 USB 总线和 NAND Flash 芯片的接口,从 USB 总线上接收来自计算机的各种命令,将计算机对 U 盘的读/写操作转换为对 Flash 芯片的操作。

U 盘控制器实际上是一个被微缩的计算机,它包含一个 CPU、程序和内存。U 盘控制器执行的程序被称为固件(firmware)。U 盘固件的主要工作流程如图 5.31 所示。

有三种数据类型在 USB 和 U 盘之间传输: CBW、CSW 和普通数据。

(1) CBW(command block wrapper):命令块分组。它是从计算机发送到 U 盘设备的

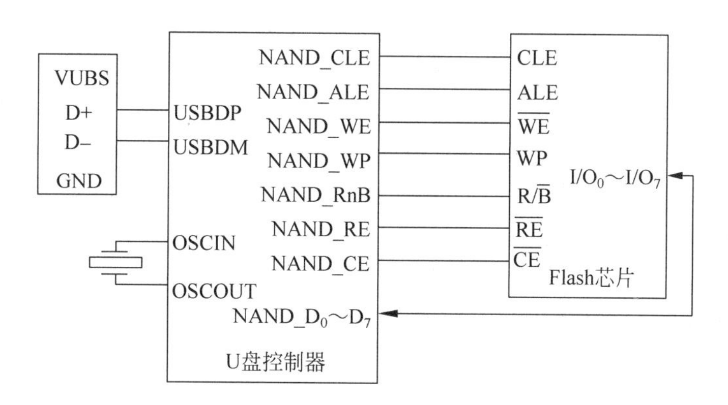

图 5.30　U 盘电路

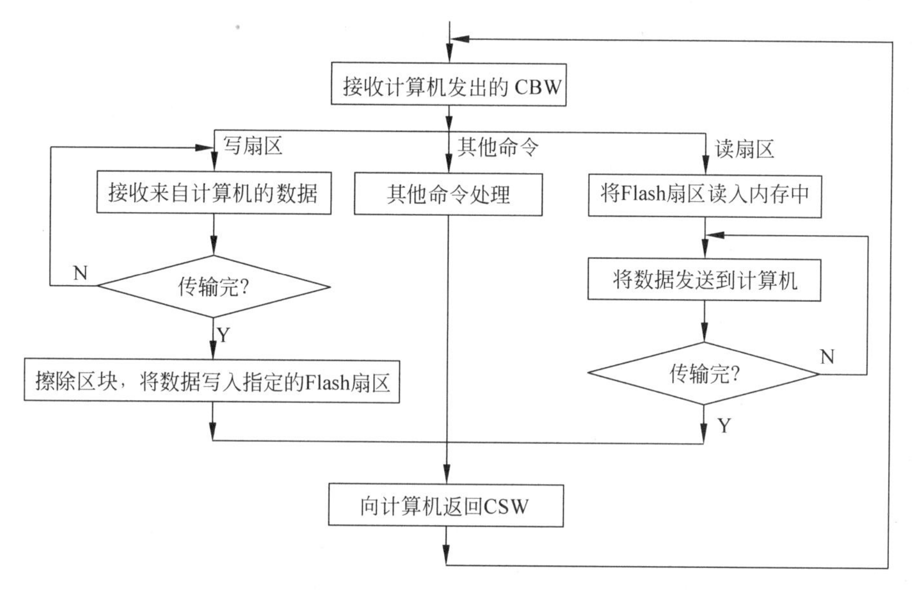

图 5.31　U 盘固件的主要工作流程

命令，U 盘控制器从 CBW 中提取命令，执行相应的操作。

(2) CSW(command status wrapper)：命令状态分组。它是 U 盘控制器完成命令后，向计算机发出的当前命令执行状态，计算机根据 CSW 来决定是否继续传送下一个 CBW 或数据。

(3) 数据：根据 CBW 的不同，U 盘可以向计算机发送数据，或接收来自计算机的数据。

2. U 盘的特点

U 盘之所以被广泛用作便携式移动存储器，是因为它优越的性能和特点：

(1) 优盘不使用驱动器，不仅方便文件共享与交流，还可节省开支。

(2) U 盘采用 USB 接口，无须外接电源，支持即插即用和热插拔，只要用户的主板上有 USB 接口就可以使用。而且使用 Windows ME/2000/XP 等操作平台时，不用安装驱动程序就可以使用 U 盘。使用时，只需将 U 盘插在 USB 口，过几秒钟，系统会自动显示 U 盘所使用的盘符。使用者完全可以将它视为一般的活动硬盘来使用。

(3) U 盘的存取速度快，大约是软盘的 15 倍，读为 750KB/s，写为 450KB/s。由于 U

盘读写大文件要比小文件快,因而特别适合于传送大型文件。

(4) U 盘的体积非常小且重量轻(重量仅相当于一支圆珠笔),便于携带。而且由于采用无机械装置、结构坚固,所以 U 盘有很好的防震性能。

目前,U 盘的常用规格有 4GB、8GB、16GB、32GB 等,以后随着 Flash 存储器容量的提高,还会有更大容量的 U 盘。总之,U 盘作为新一代的存储设备不仅目前应用广泛,而且具有广阔的应用发展前景。

5.5 虚拟存储器管理机制

虚拟存储器的概念如前所述,它是在存储体系层次结构基础上,由操作系统的存储管理软件对内存和外存进行统一管理,将内存和外存统一编址,形成一个比内存空间大得多的虚拟存储空间。虚拟地址空间的大小取决于 CPU 所采用的存储器管理机制,并由一个大容量的快速硬盘或光盘存储器支持。虚拟存储器的地址称为虚拟地址或逻辑地址。在采用虚拟存储器技术的系统中,用户编程时使用逻辑地址,这使得用户编写程序时可以不考虑内存空间大小的限制而在虚拟空间内自由编程。运行时由操作系统将首先需要执行的部分程序调入内存,其余部分则仍存在外存上,此后需要执行的程序段不在内存时,由操作系统动态地进行调入和调出,从而实现在具有小内存空间的系统中运行大容量的程序。

由于用户编程使用的是逻辑地址,而 CPU 所能访问的是物理存储器地址,所以实现虚拟存储器的关键是自动而快速地实现虚拟地址向物理地址的变换,通常也称为地址映像或程序定位。目前普遍采用的地址映像都是使用驻留在存储器中的各种表格,规定各自的转换函数,在程序执行过程中动态地完成地址变换。具体采用何种地址映像方法取决于虚拟存储器的管理策略,常用的虚拟存储管理有以下三种。

(1) 页式管理。页式管理的基本原理是将虚拟存储空间和内存空间划分成固定大小的若干页,并为每个页按顺序指定一个页号。然后以页为单位来分配、管理和保护内存,每个任务或进程对应一个页表,保存在内存中。CPU 访问某个页时,通过页表将虚拟页号转换为物理页号,从而实现虚拟地址到物理地址的变换;若该页不在内存,就需要由操作系统的存储管理软件按一定的算法淘汰和调页。

(2) 段式管理。段式管理是以虚拟存储器和内存的分段来作为内存分配、管理和保护的基础。段的大小取决于程序的逻辑结构,每个任务或进程对应一个段表驻留在内存中,用于记录段的有关信息,如段号、段基址、段长度和段装入等。CPU 通过访问段表,判断该段是否已调入内存,并完成虚拟地址到物理地址的变换。

(3) 段页式管理。这种管理策略是综合页式和段式管理的优点而产生的一种折中方法。它首先将程序按其逻辑结构划分为若干个大小不等的逻辑段,然后将每个逻辑段划分为若干个大小相等的逻辑页;主存空间也划分为若干个同样大小的物理页。每个任务或进程对应有一个段表,每段则对应有自己的页表,系统以页为单位进行地址映像。

目前各种 16 位、32 位微机系统中,大多采用了虚拟存储器技术。下面以 Pentium 微处理器为例,详细介绍 Pentium 的分段分页管理机制,以及虚拟地址向物理地址转换的原理。

5.5.1　分段分页管理机制

Pentium 的虚拟存储器管理与 80386/80486 基本相同，采用分段分页管理策略。分段分页管理的基本思想如前所述：首先将虚拟地址空间分成若干个大小不等的逻辑段，逻辑地址由间接指向段基址的 16 位段选择符和 32 位段内偏移量两部分组成，并由分段机制将 48 位逻辑地址转换为 32 位线性地址。然后再将线性地址空间等分为固定大小的若干页，将线性地址用页基址和页内偏移量表示，以页为单位进行地址映射，并由分页机制将 32 位线性地址转换为 32 位物理地址。这种分段分页机制的原理示意图如图 5.32 所示。

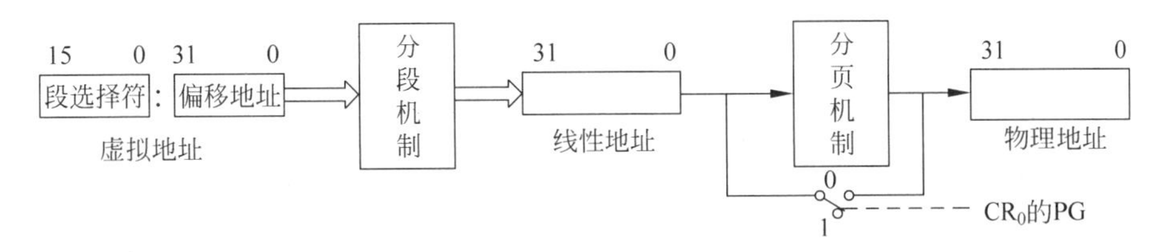

图 5.32　80486/Pentium 的分段分页机制示意图

虚拟地址空间是二维的，它所包含的段数最大可到 16K 个(由 GDT 和 LDT 定义)，每个段最大可到 4GB(分段分页时，只分段时为 1MB)，从而构成 16K×4GB＝64TB 容量的庞大虚拟地址空间。线性地址空间和物理地址空间都是一维的，容量为 2^{32}B＝4GB。

分段机制是 Pentium 虚拟存储管理的基础，而分页机制则是可选的。当控制寄存器 CR_0 的 PG 位为 0 时，分页机制被禁止，这时分段机制产生的线性地址即是物理地址。

5.5.2　虚拟地址向实地址的转换原理

Pentium 的分段和分页部件支持段式、页式和段页式三种虚拟存储管理策略。其虚拟地址向实地址的转换是首先由分段机制将虚拟地址转换为线性地址，分页时再由分页机制将线性地址转换为物理地址。

1. 虚拟地址向线性地址的转换

Pentium 的虚拟地址由 16 位段选择符和 32 位偏移量两部分构成。段选择符由 CS、SS、DS、ES、FS 和 GS 六个段寄存器提供，32 位偏移量由指令中的寻址方式给出。在分段机制中，每个逻辑段都由 3 个参数定义：

(1) 段的基址。它是线性空间中段的开始地址。

(2) 段的界限。是指段内可以使用的最大偏移量，它指明该段的长度。

(3) 段的属性。如可读出或写入段的特权级等。

以上 3 个参数存储在段的描述符中。所有任务所共享的段的描述符组织在一起构成全局描述符表(GDT)，而每个任务所私有的段的描述符则存放在各自的局部描述符表(LDT)中。将虚拟地址转换成线性地址是根据驻留在内存中的全局描述符表(GDT)和局部描述符表(LDT)进行转换的，转换原理如图 5.33 所示。

由段选择符中的表指示符 TI 找到段描述符所在的描述符表 GDT/LDT，再由描述符索引字段乘 8 计算出段描述符相对于 GDT/LDT 表基址的偏移量，找到该段对应的描述符，描述符中 32 位段基址加上 32 位段内偏移量即得 32 位线性地址。

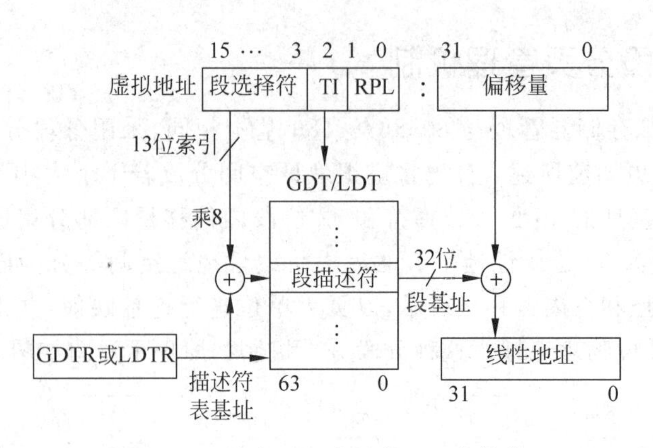

图 5.33 虚拟地址向线性地址的转换

2. 线性地址向物理地址的转换

Pentium采用段式管理,即未启用分页机制(CR_0 中的PG位等于0)时,分段机制产生的线性地址即为物理地址;采用段页式管理,即同时启用分段分页机制时,段部件产生的线性地址空间被划分成大小固定的页,由分页机制把线性地址空间中的任一页映射到物理空间的一页,将线性地址转换成物理地址。

与80486不同的是:Pentium除支持4KB分页外,还支持4MB分页。新的4MB页由控制寄存器 CR_4 的PSE位选择。无论4KB分页还是4MB分页,将线性地址转换成物理地址都是由驻留在内存中的页表来完成的。

1) 4KB分页时的地址变换

Pentium的4KB分页与80386/80486的分页机制相同,为节省页表所占用的内存空间,也是采用两级页表机构:第一级页表由 2^{10} 个表项构成页目录表,每项4个字节,占4KB内存,其物理基址由 CR_3 控制寄存器提供;第二级也是由 2^{10} 个表项构成页表,每项4个字节,占4KB内存。这样,两级页表组合起来只占8KB内存,即可描述 2^{20} 个表项。这种分页机制的转换原理如图5.34所示。

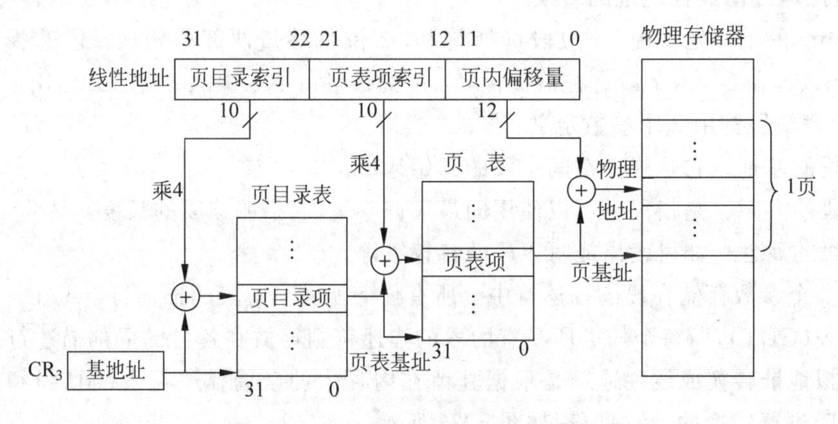

图 5.34 线性地址到物理地址的转换

为了与两级页表机构相适应,将32位线性地址分成页目录索引(10位)、页表项索引(10位)和页内偏移地址(12位)3个字段。由页目录索引乘4计算出页目录项相对于页目录的偏移量，找到该页对应的页表的首地址(页目录项)，再用页表项索引乘4计算出页表项相对于页表的偏移量访问页表，即可找到与线性地址相对应的物理地址所在页的页基址(低12位为0)，页基址与页内偏移量相加即为物理地址。

2) 4MB分页时的地址变换

Pentium采用4MB分页时，只需要单一的一个页表，从而大大地减少了内存用量。图5.35给出了线性地址00400002H在4MB页中定位的转换过程。由页目录索引乘4计算出页目录项相对于页目录的偏移量，访问一级页目录表，即可找到与线性地址相对应的物理地址所在页的页基址(低22位为0)，页基址与页内偏移量相加即为物理地址。

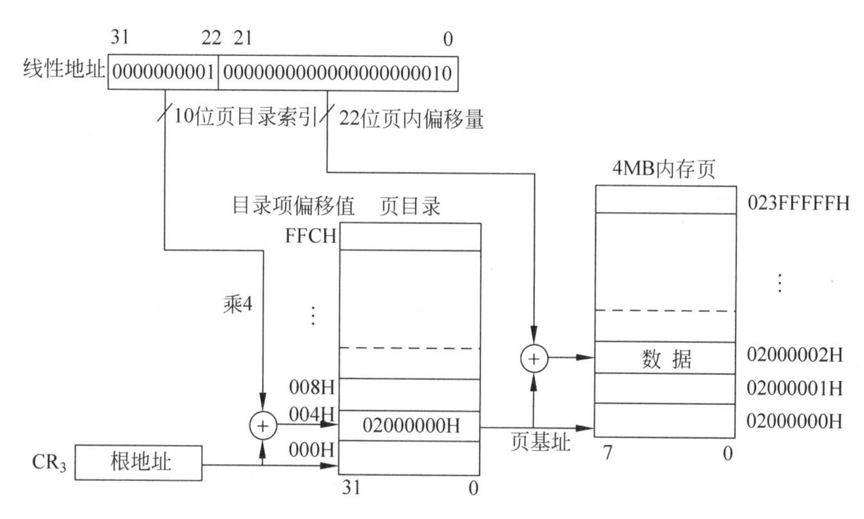

图5.35 线性地址00400002H在4MB页中重新定位到02000002H

3. 转换后援缓冲器TLB

Pentium使用4KB分页时，采用两级页表机构节省了内存，但处理器进行地址变换时，需访问两级页表，从而降低了地址变换速度。为解决这一问题，Pentium微处理器与80486一样，在页部件中设置了一个转换后援缓冲器(TLB)。TLB是一个可容纳32个页表项的高速缓存，它存放着最近访问过的32个页面所对应的页表项。

TLB由两个字段组成：标记字段存放线性地址对应的虚页号；页表数据字段则存放着该页面对应的页表项(页基址的高20位)。页部件将线性地址变换为物理地址时，用虚页号同时在二级页表和TLB中查找，若在TLB中找到，说明TLB命中，立即停止在二级页表中的查找，直接使用页表数据字段作为页基址；若TLB未命中，就继续在二级页表中查找，如果找到，就取出页基址(页表项)，同时将它复制到TLB中；如果仍未找到，则产生一个页面故障，供操作系统处理。这种查表转换过程如图5.36所示。

4. Pentium的页式管理

Pentium的页式管理不使用段部件，此时所有逻辑段映射到同一线性地址空间(逻辑地址对应的线性地址实际上就是段内偏移地址)，线性地址到物理地址的转换由页部件完成，原理同上。这种方式下，一个任务拥有的虚拟地址空间仅为4GB。

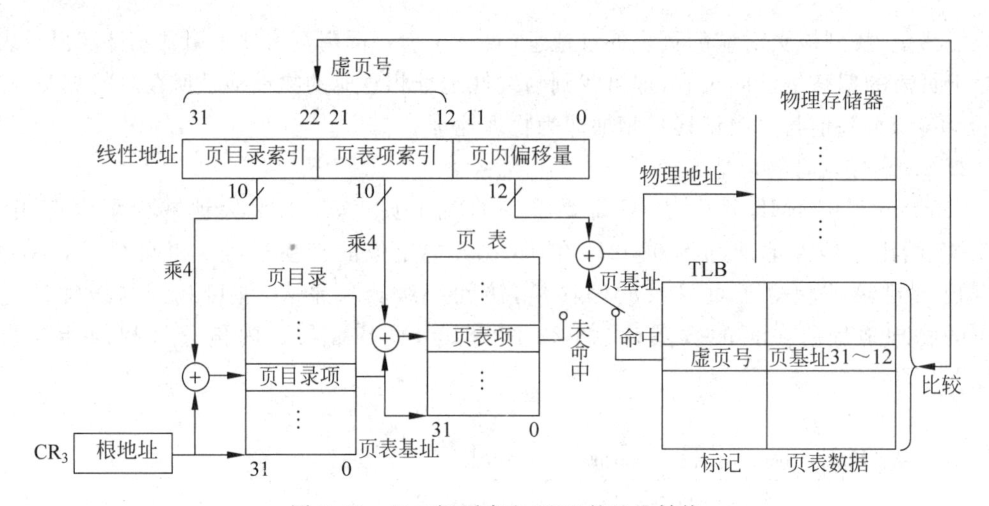

图 5.36 经二级页表和 TLB 的地址转换

5.5.3 保护机制

80386/80486 和 Pentium 微处理器在保护方式下，支持两种主要的保护功能：一是通过给每个任务分配不同的虚拟地址空间，使任务之间完全隔离，每个任务有不同的虚拟地址到物理地址的转换映射，并在转换时由段管理部件自动进行越界检查；二是任务内的保护机制操作，以保护操作系统存储段及特别的处理器寄存器，使其不能被其他应用程序所破坏。

为实现任务间的隔离，存储器的虚拟地址空间被分成两个空间，即"全局地址空间"和"局部地址空间"。仅由一个任务占有的虚拟地址空间部分称为"局部地址空间"，由 LDT 定义。局部地址空间包含的代码和数据是任务私有的，需要与系统中的其他任务相隔离。而各个任务公用的一部分虚拟地址空间称为"全局地址空间"，由 GDT 定义，操作系统存储在全局地址空间中，使操作系统由所有任务共享，并且可以每一任务对其进行访问，而且仍然保护了操作系统，使其不被应用程序破坏。

在保护方式下，微处理器还通过设立 0～3 级 4 个特权级，提供一种"环保护"机制，以实现应用程序与应用程序之间及应用程序与操作系统之间的有效隔离。如图 5.37 所示，0 级为最高特权级，处于最内层，分配给操作系统内核；操作系统的系统服务程序放在 1 级，应用系统服务程序放在第 2 级；3 级为最低特权级，处于最外层，分配给应用程序。每个存储段都同一个特权级相联系，只有足够级别的程序段才可对相应的段进行访问。在运行程序时，微处理器是从 CS 寄存器寻址的段中取出指令并执行指令的，当前活跃代码段的特权级称为当前特权级(current privilege level，CPL)，CPL 确定哪些段可以访问。处理器的保护机制规定，对给定的 CPL 执行的程序，只允许访问同一级别或外层级别的数据段，若试图访问内层级别的数据段则属于非法操作，将产生一个异常，向操作系统报告这一违反特权规则的操作。

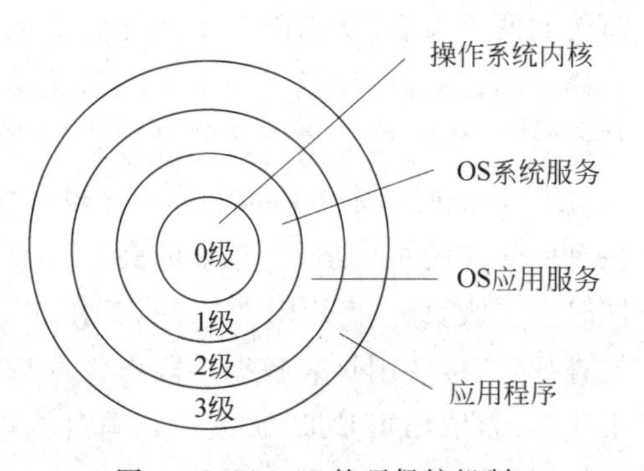

图 5.37 80x86 的环保护机制

思考题与习题

5.1 选择题

(1) 高档微机采用虚拟存储器的目的是________。

A. 扩大主存容量　　B. 扩大外存容量　　C. 扩大用户编程用空间

(2) 可直接存取16MB内存的微处理器,其地址总线需________条。

A. 24　　B. 16　　C. 20

(3) 设存储器的地址线为20条,存储单元为字节,使用全译码方式组成存储器,该系统构成最大存储器容量需要64K×1b的存储器芯片的数量是________。

A. 32　　B. 64　　C. 128

(4) 在16位以上微机系统中,存储器一般都________构成。

A. 按16位编址、以16位为单位

B. 按字节编址、以字节为单位

C. 按字长编址、以字长为单位

(5) 一个具有24根地址线的微机系统中,装有16KB ROM、480KB RAM和100MB的硬盘,说明其内存容量为________。

A. 496KB　　B. 16MB　　C. 100.496MB

(6) Cache是介于内寄存器组与主存储器之间的一级存储器,其存储主体一般由________构成。

A. SRAM　　B. DRAM　　C. EPROM

(7) 某SRAM芯片的容量是1K×8b,除了电源和地外,该芯片引出线的最小数目是________。

A. 21　　B. 20　　C. 18

(8) 80386/80486等32位微处理器为支持8位字节、16位字和32位的双字操作,其内存应采用________。

A. 单体结构　　B. 双体结构　　C. 4体结构

(9) PROM存储器是一种________。

A. 可以随机读写的存储器

B. 可以由用户一次性写入的存储器

C. 只能读不能写入的存储器

(10) 在研制某一个计算机应用系统的过程中,存储其监控程序一般应选用________。

A. RAM　　B. PROM　　C. EPROM

5.2 RAM和ROM这两类存储器有什么不同?它们在计算机中各有什么主要用途?

5.3 各类半导体存储器芯片与CPU的接口特性有什么共性?接口的基本原则是什么?

5.4 试述动态RAM的工作特点。与静态RAM相比,动态RAM有什么长处和不足之处?说明它的使用场合。

5.5 Intel系列PC机中内存储器的编址有什么特点?什么情况下用单体存储器,什么情况下用多体存储器?为什么要用多体存储器?

5.6 常用的存储器片选控制方法有哪几种?它们各有什么优缺点?

5.7 在对静态存储器进行读/写时,地址信号要分为几部分?分别产生什么信号?

5.8 什么是位扩展?什么是字扩展?当用户购买内存条进行内存扩充时,是在进行何种存储器扩展?

5.9 某微机系统的存储器地址空间为 A8000H～CFFFFH,若采用单片容量为 16K×1b 的 SRAM 芯片构成,回答以下问题:

(1) 系统存储容量为多少?

(2) 组成该存储系统共需该类芯片多少个?

(3) 整个系统应分为多少个芯片组?

5.10 某 8088 微机系统的内存接线如图 5.38 所示。

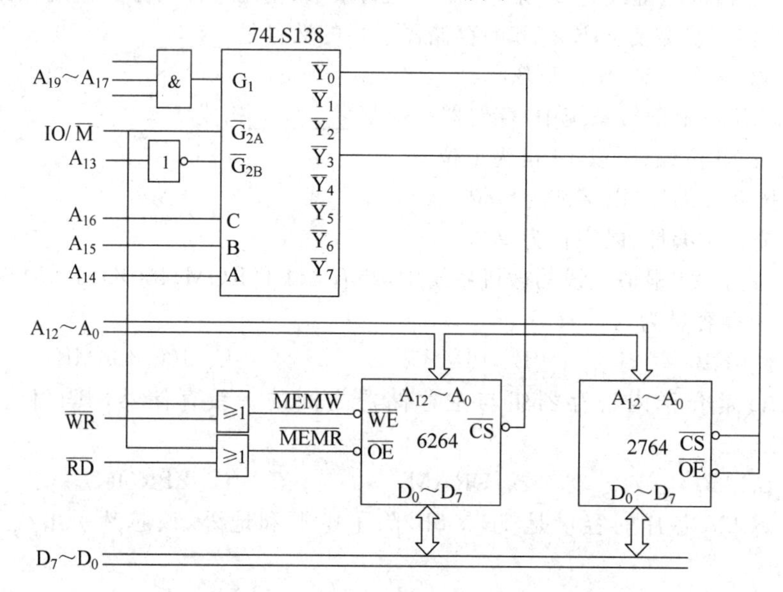

图 5.38 题 5.10 图

(1) 试分析两块内存区域的地址范围。

(2) 试编写一段汇编语言程序将内存 6264 中首地址开始的 20 个字节清零。

5.11 一个微机系统按图 5.39 所示电路扩充了 8KB ROM 存储器,假定 CPU 有 16 条地址线,8 条数据线,试指出它是什么地址译码方式,及每片存储器芯片的地址范围(要求所有地址连续)。并指出有无地址重叠,为什么?

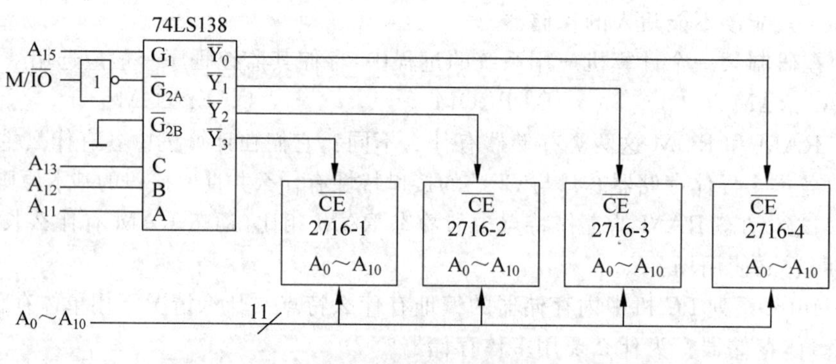

图 5.39 题 5.11 图

5.12 已知某8086单板机系统的SRAM如图5.40所示。

(1) 试分析芯片(1)、芯片(2)和整个存储器的地址范围分别为多少。

(2) 若要将芯片(1)、芯片(2)分别作为偶数存储体和奇数存储体,联合构成一个64K×16b的存储器,要求总的地址范围不变,应如何改变图中的接法?画出新的连线图。这时芯片(1)、芯片(2)的地址范围分别为多少?

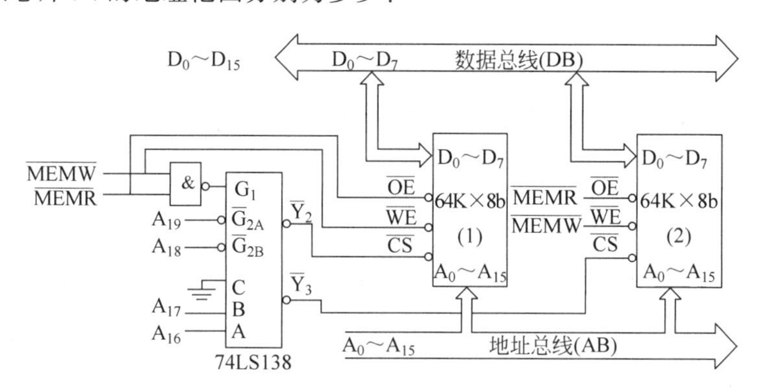

图5.40 题5.12图

5.13 某8位微机(地址线为A_{19}~A_0)需要配置SRAM存储器系统。若选用4K×4b的SRAM芯片,地址范围为0BC000H~0BFFFFH。设计译码电路,并画出存储器电路的连接图。

5.14 用16K×8b的SRAM芯片构成C8000H~D7FFFH的内存:

(1) 利用3-8译码器输出作为片选信号,画出连接图。

(2) 若规定用ROM作为译码器,说明该如何去做。

5.15 用16K×8b的SRAM芯片构成8086的从E8000H~EFFFFH的内存:

(1) 共需要几个存储器芯片才能满足上述要求?

(2) 试画出存储器连接图。

(3) 从内存E8000H开始,顺序将00H、01H、02H……直到FFH重复写满上面构成的内存,编写一个程序段实现该功能。

5.16 简述Cache的含义、特点和在存储体系中的作用。

5.17 Cache和内存中的地址映像方式有哪几种?各有什么特点?

5.18 在有Cache的系统中,通写法、回写法是针对什么问题而提出的?它们的含义是什么?

5.19 磁盘组有六片磁盘,每片有两个记录面,存储区域内径22cm,外径33cm,道密度为40道/cm,内层密度为400b/cm,转速2400r/min,问:

(1) 共有多少存储面可用?

(2) 共有多少柱面?

(3) 盘组总存储容量是多少?

(4) 数据传输率是多少?

5.20 磁表面存储器和光盘存储器记录信息的原理有何不同?

5.21 什么叫做虚拟地址?试简述虚拟存储器的基本工作原理。

5.22 虚拟存储器中常用的地址映像方法有哪几种?试分别说明它们的工作原理。

5.23 高档微机中使用 Cache 和虚拟存储器有什么好处？试比较它们有什么相似之处。

5.24 试简述 80386/80486 的虚拟存储管理机制，并说明它的虚拟地址—物理地址变换原理。

5.25 Pentium 的存储器分页机制中，是怎样来保证既节省内存又不降低线性地址—物理地址变换速度的？

5.26 Pentium 的虚拟存储管理机制与 80386/80486 有什么区别？

5.27 目前流行 PC 系列机存储器管理机制的保护功能是如何实现的？

第6章 I/O 接 口

CHAPTER 6

为了完成一定的实际任务，微机都必须与各种外部设备相联系，与它们交换信息。但是，外部设备并不能直接与CPU总线相连接，必须通过I/O接口才能连接。可以说，任何微机应用开发工作都离不开接口的设计、选用和连接。本章将重点介绍与I/O接口扩展设计有关的基本原理和方法。

6.1 I/O 接口的分类

6.1.1 不同外设性质的接口

按所连外设的性质和功能不同，通常把接口分为人机交互接口、内务操作接口、传感接口和控制接口4类。

人机交互接口是指人和计算机打交道、交换信息的I/O设备的接口，也叫用户交互接口。如键盘接口、鼠标接口、显示器接口、打印机接口、语音接口等均属这一类。这类接口的主要任务是完成信息表示方法的转换和数据传输速率的转换。例如用户通过键盘输入字符，该字符被转换成ASCII码传送给处理器，处理器及其相关的接口电路用中断或查询的方式与用户输入的速率取得同步，以实现传送速率的转换。反之，当处理器要将某些字符串输出至打印机时，同样可采用中断或查询的方法来控制其输出速度，以取得和打印机打印动作的同步；同时要打印的字符也必须从ASCII码转换成驱动打印头动作的二进制码。

内务操作接口是指使处理器发挥最基本的处理和控制功能所必需的接口电路，主要包括三大总线的驱动器、接收器或收发器，以及时钟电路、内存储器的接口等。

传感接口是计算机检测、控制系统中必须使用的接口。计算机通过传感接口连接传感器，去敏感、监视外界被检测或控制的对象的变化。由于被传感的外界对象多为模拟量，所以常将传感接口称为模拟输入接口。

控制接口是计算机控制系统中所必用的接口。计算机通过控制接口驱动执行机构，实现对外部对象的控制。控制接口通常主要完成信号转换和功率放大两个任务。

6.1.2 并行与串行接口

按照接口与外设间数据传输方式的不同，可分为并行接口和串行接口。

并行接口采用并行方式与外设交换信息，即使传送数据的各位同时在总线上传输。并行接口有字并行和字节并行之分，常见的并行接口一般实现的是字节并行传输，其基本结构如图 6.1 所示。

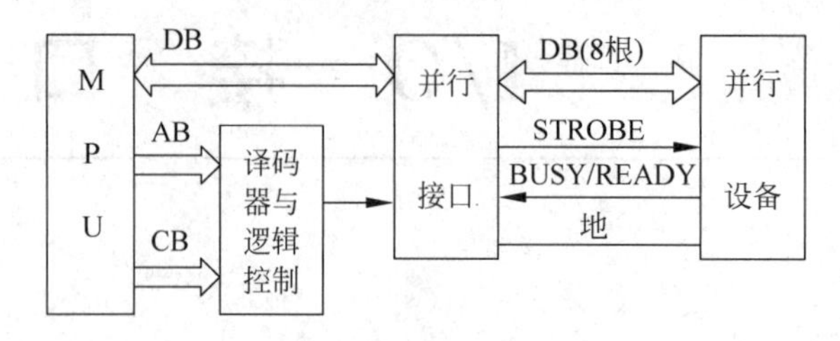

图 6.1　并行接口的基本结构

接口通过 8 根数据线、两根握手控制线和一根地线与并行设备相连。输出时，来自 CPU 的并行数据经接口缓存，利用 8 根数据线，同时向并行设备输出数据；输入时，接口通过 8 根数据输入线并行地接收来自并行设备的数据，经缓存后并行传送给 CPU。由于接口与 CPU 及设备间均采用并行方式交换数据，所以并行接口无须进行数据格式的变换，其功能主要是解决数据的缓存，协调 CPU 与设备的速度，实现两者间数据传送的同步。

串行接口采用串行方式与外设交换信息，即使数据一位一位地传输。其基本结构如图 6.2 所示。

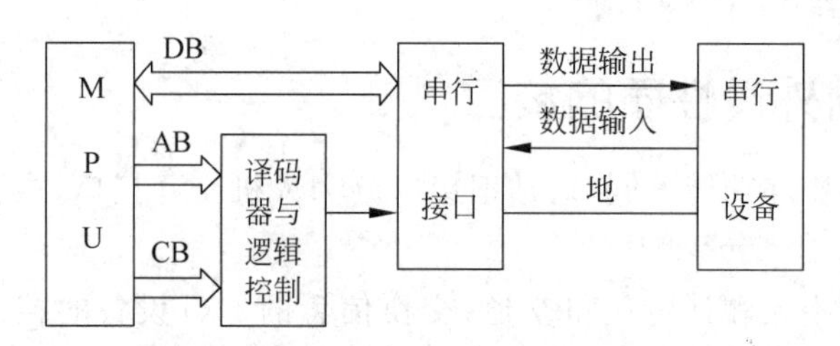

图 6.2　串行接口的基本结构

串行接口使用一根数据输入线、一根数据输出线和一根地线与串行设备相连。由于串行接口与 CPU 间的数据传送是以并行方式进行的，所以输出时，串行接口要将来自 CPU 的并行数据转换成位数据流，利用一根数据线，一位一位地向串行设备输出数据；输入时，接口用类似的方法，通过一根数据输入线一位一位地接收来自串行设备的数据并组装成并行数据(字节或字)，然后并行传给 CPU。

要注意，所谓并行和串行，仅是指 I/O 接口与 I/O 设备之间的通信方式一个并行，一个串行。就接口与 CPU 之间的通信来说，无论并行接口还是串行接口都是一样的，均以并行方式传送数据。由此不难想象，两种接口在结构和功能上的主要差别在于：串行接口需要实行并行和串行之间的相互变换，而并行接口则无须实现这种变换。至于在接口的基本功能和基本结构方面，串行和并行两种接口都是类似的。

显然，这两种接口比较起来各有所长。串行接口的优点是所需连线少，无论数据传输宽度是多少，一般只需一根 3 芯电缆，因此实现起来成本低。并行接口的优点则是传输速度高，一次即可同时传送 8 位以至更多的位。究竟哪种接口更好呢？这不能笼统而言，而要根据计算机与外设之间距离的长短和对信息传输速度要求的不同来决定。通常在速度要求不高或传输距离较远的场合，例如外部设备是 CRT 显示器、磁带机或远距离数据采集、控制装置时，常选用简单、经济的串行接口；反之，则常选用并行接口。

6.1.3 可编程与不可编程接口

接口按其是否可通过编程来改变其功能和工作方式等，有可编程接口和不可编程接口之分。

不可编程接口的电路结构及其功能是固定的，通常也比较简单。一般简单的不可编程接口电路主要由数据锁存器和/或三态门构成。

单纯的三态门可以用作各种接口电路中的单向或双向总线缓冲器/驱动器，也可以用作输入接口。这种器件的型号很多，如 Intel 8216/8226 4 位并行双向总线驱动器(8216 同相，8226 反相)，SN 74/54 240(反相)/241(同相)/244(同相)8 位总线缓冲器/驱动器和 SN 74/54 245 双向 8 位总线驱动器等。

单纯的数据锁存器可以用作输出接口，但绝不能作为输入接口。这类芯片常用的有 74/54 系列的 D 触发器 377(8 位)、378(6 位)、379(4 位)、273(8 位)、174(6 位)、175(4 位)；JK 触发器 276(4 位单独时钟)、376(4 位共时钟)；D 锁存器 363/373(8 位)、110/116(双 4 位)、75/77 375(双 2 位)；RS 锁存器 279(4 位)等。

带三态缓冲输出的锁存器既可用作输出接口，又可用作输入接口。这类芯片较典型的有 Intel 公司的 8212/3212 和 74/54S412/364/374 等。其中 i8212、i3212 和 74/54S412 还是可直接互换的 8 位 I/O 接口芯片。

可编程接口的电路结构一般比较复杂，支持着一个比较强大的功能集，用户通过编程可从中灵活选择满足自己需要的功能子集。而用户编程选择功能子集，实际上是靠向接口中发命令来实现的，因此可编程接口的一个重要特征是包含有一个或多个可供用户写入控制命令的命令寄存器(或叫控制寄存器)。

目前微机系统使用的接口电路大都是可编程接口电路，它们一般都以大规模、超大规模集成电路芯片(LSI、VLSI)的形式存在。在微处理器发展的早期(8 位机和 16 位机阶段)，常用的典型可编程接口电路芯片有可编程并行接口芯片 8255、可编程串行接口芯片 8251/8250、可编程中断控制器芯片 8259、可编程 DMA 控制器芯片 8237、可编程定时器/计数器芯片 8253/8254 等。到了 32 位、64 位微处理器阶段，可编程接口芯片的集成规模也不断增大，如 82380、82C206、82357ISP 和 82801 等，但它们多半也只是早期 8255、8250、8259、8237、8253/8254 等芯片功能的组合集成而已。所以，第 7 章将集中介绍这几种典型可编程接口芯片及应用。

6.2 I/O 接口与存储器的本质共性

接口抽象到数字逻辑来看，可归结为控制逻辑和 I/O 寄存器两类电路，如图 6.3 所示。如同存储单元是存储器的主体一样，I/O 寄存器是接口的主体，包括数据寄存器、控制寄存器和状态寄存器等，其中数据寄存器是任何接口必有的，其他则是可选的。这些可被 CPU 读/写的寄存器常统称为 I/O 端口，用于存放 CPU 与 I/O 设备交换的信息(包括数据、控制和状态信息)。

控制逻辑主要包括地址译码器和片选与读/写控制电路，用于确保对各寄存器的正确访问，对一些复杂的接口，可能还包括其他控制电路，如中断有关的控制逻辑等。

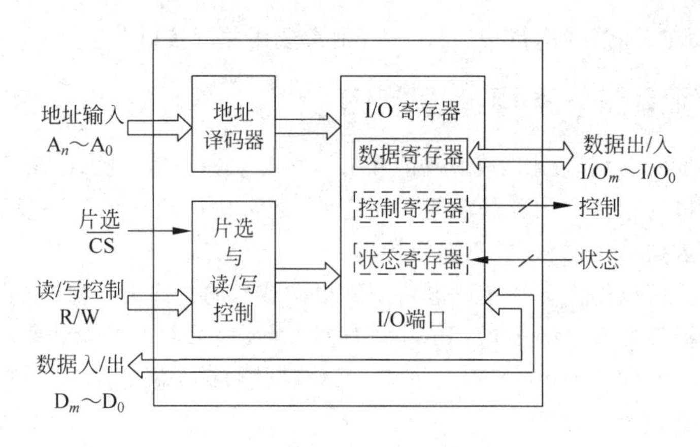

图 6.3 I/O 接口基本结构

与存储单元不同的是,I/O 寄存器要在两个方向上传递数据,一个方向允许 CPU 对它读/写,与 CPU 交换数据;另一方向其全部或部分端口线被连接到外设上,与外设交换数据。实际上,CPU 对 I/O 设备的访问是通过对与之相连的 I/O 端口的访问来实现的,所以,通常所说的 I/O 操作,是指 I/O 端口操作,而不是笼统的 I/O 设备操作。

本质上,接口中的这些 I/O 寄存器可以看作接口电路内部的存储器,实际上在采用存储器映像编址的接口电路中,I/O 寄存器本身就是存储单元。由此,不难归结出 I/O 接口与存储器的本质共性:

(1) 本质上两者都是用于存数,只不过内存中存的是计算机内部的数据,而接口中存的是 CPU 与 I/O 设备交换的信息(包括数据、控制和状态信息);

(2) 两者的内部基本结构相同。

从数字逻辑角度,存储器也可归结为如图 6.4 所示的基本结构。从图中不难看出,两者的基本结构相似,均由 3 种基本逻辑部件——地址译码器、片选与读/写控制逻辑和存储电路组成,而作为存数主体的内存单元和 I/O 端口,从数字逻辑角度看都是寄存器,都可被 CPU 进行读/写访问。

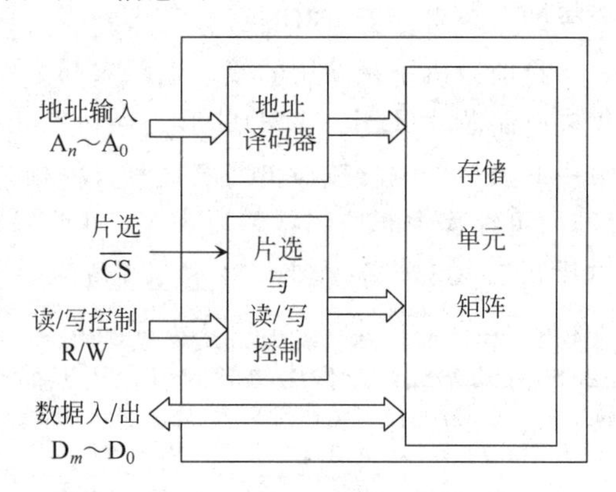

图 6.4 存储器基本结构

(3) 两者与 CPU 连接的外部基本引脚信号线(即基本接口特性)相同。除电源和地外,均有 4 类与 CPU 相连的外部引脚信号:

① 地址线 $A_n \sim A_0$。用于选择存储器中的存储单元或 I/O 接口中的端口。

② 数据线 $D_m \sim D_0$。用于向存储器/接口写入或从存储器/接口读出数据。

③ 片选线$\overline{CS}$。用于选择存储/接口芯片(或板卡)。芯片或板被选中时,CPU 才可以对存储单元/I/O 端口进行读/写操作。

④ 读/写控制线(R/W)。用于控制存储器/接口芯片中数据的读出或写入。

这些引脚信号与 CPU 的连接方法基本相同,见 5.2.3 节所述,此处不再赘述。主要区别是接口采用隔离 I/O 编址时,两者使用的读/写控制信号不同,存储器要用存储器读/写信号($\overline{\text{MEMR}}/\overline{\text{MEMW}}$),接口要用I/O读/写信号($\overline{\text{IOR}}/\overline{\text{IOW}}$)。

6.3 I/O端口的编址方式

微处理器与指定外设间的信息交换是通过访问与该外设相对应的端口来实现的,如何实现对这些端口的访问,则取决于这些端口的编址方式。通常有两种编址方式:存储器映像方式和隔离I/O方式。

6.3.1 存储器映像方式

存储器映像式编址也叫统一编址方式。这种编址方式的原理如图6.5所示,它是将I/O端口和存储器单元同等看待,与存储器单元统一编址。每个I/O端口占用存储器的一个地址单元,I/O地址空间是存储器地址空间的一部分,对I/O端口的访问如同对存储器操作一样,无须使用专用的I/O指令。如Motorola公司生产的MC 68000/68020系列CPU和Intel公司生产的MCS-51系列单片机采用的就是这种I/O编址方式,指令系统中无专门的I/O指令。

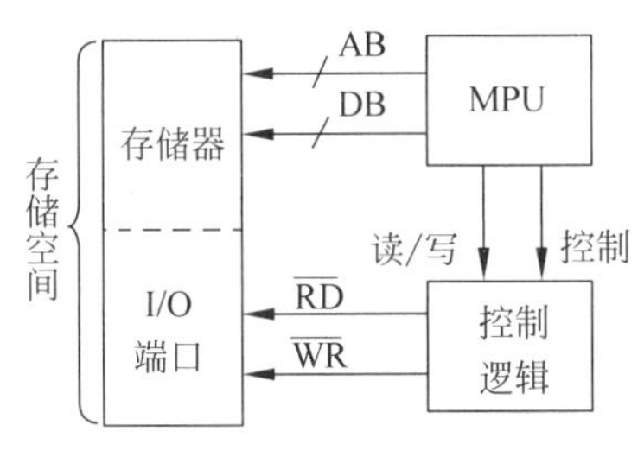

图6.5 存储器映像方式示意图

存储器映像式编址的主要优点,一是使用存储器操作指令访问I/O端口,使访问外设端口的操作方便、灵活,不仅可对端口进行数据传送,还可对端口内容进行移位和算术逻辑运算等。二是可以使外设数目或I/O端口数目几乎不受限,而只受总存储容量的限制,从而大大增加系统的吞吐率。这在某些大型控制或数据通信系统等特殊场合是很有用的。三是使微机系统的读/写控制逻辑和读/写控制信号较简单。

这种编址方式的主要缺点,一是占用了存储器的一部分地址空间,使可用的内存空间减少;二是必须对全部地址线译码才能识别一个I/O端口,这样不仅增加了地址译码电路的复杂性,而且使执行外设寻址的操作时间相对增长;三是使用访问存储器指令访问I/O端口,使I/O程序不够清晰,不便于理解和检查。

6.3.2 隔离I/O方式

隔离I/O式编址如图6.6所示。它是将I/O端口和存储器作不同的处理,分开编址,即两者的地址空间是互相"隔离"的,I/O结构不会影响存储器的地址空间。如Intel公司生产的8080/8086/80x86/Pentium系列微处理器和Zilog公司生产的Z-80/Z-8000系列微处理器,就是采用这种I/O编址方式。

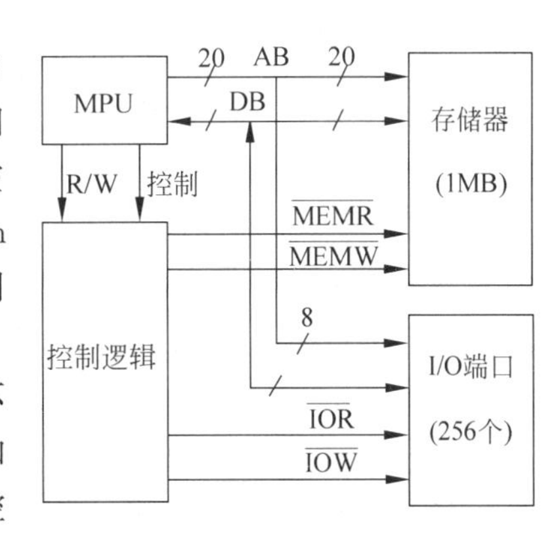

图6.6 隔离I/O方式示意图

这种编址方式处理器对I/O端口和存储单元的不同寻址是通过不同的读/写控制信号$\overline{\text{IOR}}/\overline{\text{IOW}}$和$\overline{\text{MEMR}}/\overline{\text{MEMW}}$来实现的。为了产生不同的读/写控制信号,CPU访问I/O端口必须使用专用I/O指令,所以也把它叫做专用 I/O 指令方式(special I/O instruction mode)。由于系统需要的 I/O 端口寄存器一般比存储器单元要少得多,比如设置 256～1024 个端口对一般微型机系统已绰绰有余,因此选择 I/O 端口只需用 8～10 根地址线即可。

隔离 I/O 式编址的优点是:I/O 端口地址不占用存储器地址空间,或者说存储器全部地址空间都不受 I/O 寻址的影响;由于 I/O 地址线较少,所以 I/O 端口地址译码较简单,寻址速度较快;使用专用 I/O 指令和存储器访问指令有明显区别,可使程序清晰,便于理解和检查。缺点是:专用 I/O 指令类型少,远不如存储器访问指令丰富,使程序设计灵活性较差;通常 I/O 指令只能在累加器 A 和 I/O 端口间交换信息,处理能力不如存储器映像方式强;要求处理器能提供存储器读/写和 I/O 端口读/写两组读/写控制信号,这不仅增加了控制逻辑的复杂性,而且对于引脚线本来就紧张的 CPU 芯片来说也是一个负担。

6.3.3 Intel 系列处理器 I/O 编址方式

Intel 系列微处理器有专门的 I/O 指令,所以它既可采用隔离 I/O 编址方式,又可使用存储器映像 I/O 编址方式。

如使用存储器映像 I/O 编址方式,I/O 端口可设置在存储器地址空间中的任何约定位置,任何访问存储器的指令和所有存储器寻址方式都可用于 I/O 端口,而且像其他存储器访问一样,在保护方式下运行时也能提供访问保护和控制。

由于 Intel 系列微机通常都采用隔离 I/O 编址方式,下面仅对 Intel 系列处理器在隔离 I/O 编址方式下的 I/O 地址空间、I/O 端口的访问和 I/O 保护进行介绍。

1. I/O 地址空间

Intel 系列处理器都提供一个独立的 I/O 地址空间。I/O 地址空间由 2^{16}(64K)个可独立编址的 8 位端口(即 64KB)组成,如图 6.7 所示。和存储器地址空间相似,I/O 地址空间在物理上也由多个(对 16 位 CPU 为两个,32 位 CPU 为 4 个)8 位 I/O 体构成,以支持 8 位、16 位或 32 位 I/O 端口操作。这样,任意两个连续的 8 位端口可作为 16 位端口处理;4 个连续的 8 位端口可作为 32 位端口处理。因此,I/O 地址空间最多能提供 64K 个 8 位端口、32K 个 16 位端口、16K 个 32 位端口或总容量不超过 64KB 的不同位端口的组合。利用 $M/\overline{IO}$ 引脚作为一根附加的地址线,系统设计人员很容易区分处理器要访问的是存储器地址空间还是 I/O 地址空间。

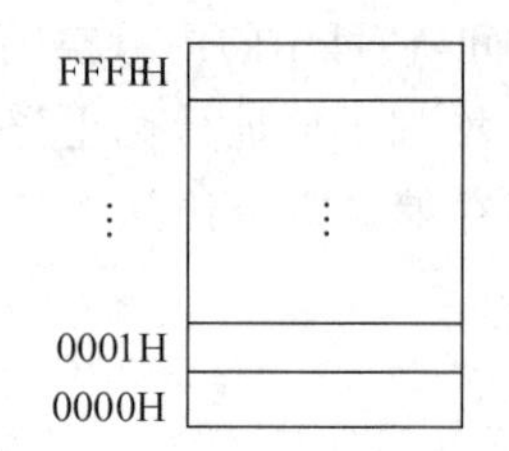

图 6.7 I/O 地址空间

实际的 PC 系列微机系统中,尽管 CPU 提供了 64KB 的 I/O 寻址空间,但系统往往只使用 10 条 I/O 地址线寻址,因此实际可用的 I/O 空间只有 1KB。至于这 1KB 的 I/O 端口地址在系统中是如何分配的,可能因系统不同而有所不同。目前市面上流通的各种 PC 机系统基本上都遵循 AT 系统的技术标准,它们和 PC/AT 机一样,对 1KB I/O 地址的分配如表 6.1 所示。

扩展 I/O 接口时,要避免使用 PC 机已占用的端口地址,以免发生地址冲突。另外要说明的是,80x86 的 I/O 地址线并非专设,而是借用 CPU 访问存储器的低位地址线(A_0～A_{15})。当它们送到端口地址译码电路以译出指向接口电路的片选信号时,一般应在译码电路或接口芯片上同时加接两种限定信号来指明其I/O访问性质：一种是输入/输出(IN/OUT)指令所产生的$\overline{IOR}/\overline{IOW}$；另一种是表示DMA操作正在进行的AEN信号。有了这两种信号的限定，当CPU或DMAC访问存储器时，端口地址译码电路的输出就不可能有效，也即经过这样限定后，才可利用这16条地址线来访问I/O空间的地址。

表6.1 I/O地址分配表(AT技术标准)

分　类	I/O地址	对应的I/O设备
系统板	000～01FH	DMA控制器1
	020～03FH	中断控制器1
	040～05FH	定时器/计数器
	060～06FH	键盘控制器
	070～07FH	实时时钟，NMI屏蔽寄存器
	080～09FH	DMA页面寄存器
	0A0～0BFH	中断控制器2
	0C0～0DFH	DMA控制器2
	0F0H	清除数学协处理器忙信号
	0F1H	复位数学协处理器
	0F8～0FFH	数学协处理器
I/O通道(扩充槽)	100～16FH	保留
	170～177H	硬磁盘适配器2
	1F0～1F8H	硬磁盘适配器1
	200～207H	游戏I/O口
	278～27FH	并行打印机口2
	2E8～2EFH	串行口4
	2F8～2FFH	串行口2
	300～31FH	试验卡，标准卡
	360～36FH	保留
	370～377H	软磁盘适配器2
	378～37FH	并行打印机口1
	380～38FH	SDLC，双同步2
	3A0～3AFH	双同步1
	3B0～3BFH	单色显示器/打印机适配器
	3C0～3CFH	保留
	3D0～3DFH	彩色/图形监视器适配器
	3E8～3EFH	串行口3
	3F0～3F7H	软磁盘适配器1
	3F8～3FFH	串行口1

2. I/O保护

80x86/Pentium系列处理器为I/O操作提供了两种保护机制。

(1) 用EFLAGS中的IOPL字段控制使用I/O指令访问I/O地址空间的权限

操作系统可以为每个任务指定一个I/O特权级，存放在各任务的标志寄存器副本的IOPL字段中。与I/O操作有关的指令(如IN、OUT、INS、OUTS、CLI、STI等)只有在其当前特权级高于指定的I/O特权级(即CPL≤IOPL)时才允许执行。

例如，在典型的保护环境下，将 IOPL 设置为 1，这样只有特权级为 0 和 1 的操作系统和设备驱动程序才能实现 I/O 操作，而特权级为 3 和 2 的应用程序或设备驱动程序则不允许进行 I/O 操作。应用程序要访问 I/O 地址空间，必须通过操作系统或特权级较高的设备驱动程序来进行，比如可以通过 DOS 功能调用或 BIOS 功能调用来进行。

(2) 用任务状态段的“I/O 允许位映像”控制对 I/O 地址空间中各具体端口的访问权限

80386/80486/Pentium 会为每个任务在内存中建立一个任务状态段(TSS)，其中在 TSS 高地址端专门有一个 I/O 允许位映像区，如图 6.8 所示。I/O 允许位映像区的大小及其在 TSS 中的位置是可变的，一般由相应任务所具有的 8 位 I/O 端口数决定。

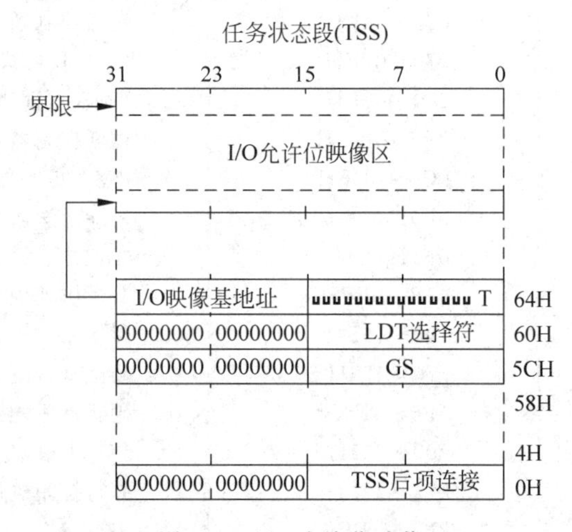

图 6.8 I/O 允许位映像

I/O 允许位映像区的起始地址由 16 位宽的 I/O 映像基地址字段指明，其上限也就是 TSS 的界限。

I/O 允许位映像是一个位向量，映像中的每一位都与 I/O 空间中的一个字节端口地址相对应。例如 I/O 地址空间中地址号为 41(十进制数)的端口字节所对应的允许位是在“I/O 映像基址＋5”的字节的第 1 位上(即位映像中第 6 个字节的 b_0 位上)。位值为 1，表示对应的端口字节不允许访问；位值为 0，则允许访问。

有了上述两种 I/O 保护机制后，当某个程序要访问 I/O 端口时，CPU 先检查是否满足 CPL≤IOPL，如满足，可访问。如不满足，再对相应于这些端口的所有映像位进行测试，例如双字操作要测试相邻的 4 位，若其中有任一位为 1，处理器都发出一般保护异常信号，拒绝访问；若 4 位都为 0，则允许访问相应端口。这是保护虚地址方式下的 I/O 保护机理。在虚拟 8086 方式下，处理器不考虑 IOPL，只检查 I/O 允许位映像。

I/O 允许位映像不必说明所有 I/O 地址。没有被映像覆盖的 I/O 地址可看成在这个映像中都有一位“1”。例如，若 TSS 界限等于 I/O 映像基地址加 255，则映像前 256 个 I/O 端口字节，在大于 255 的任一端口字节上的任何 I/O 操作都将产生异常。

由于 I/O 允许位映像是在 TSS 段中，而不同的任务有不同的 TSS，所以操作系统可通过为不同 TSS 段中设置不同的 I/O 允许位映像为不同任务分配不同的 I/O 端口。

6.4 I/O 同步控制方式

I/O 同步控制方式是微机基本系统与 I/O 外设之间数据传送的管理方法，其目的是实现 CPU 与 I/O 设备之间操作的同步，以实现两者之间正确有效的数据传送，所以也叫做 I/O 数据传送方式。

为什么一定要进行 I/O 同步控制呢？为了回答这个问题，不妨结合图 6.9 予以说明。

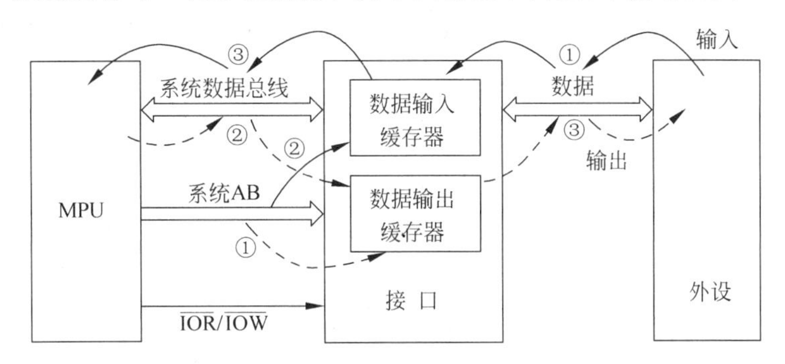

图 6.9 CPU 与 I/O 外设之间的数据传送示意图

图中实线箭头链反映的是输入一个数据的过程，即：

① 外设把数据送入 I/O 接口的数据输入缓存器。

② 微处理器发出地址码通过地址总线寻址该输入缓存器。

③ 把该输入缓存器的数据送上系统数据总线，处理器从系统数据总线上读取数据，存入相应寄存器(一般为 A 累加器)中。

后两步由 CPU 执行输入指令完成。此系广义的输入指令，实际上对于存储器映像方式 I/O 编址而言，并无专门的输入、输出指令。

图中虚线箭头链反映的是输出一个数据的过程，即：

① 处理器把输出接口的地址放在系统地址总线上，选择某一输出缓存器。

② 处理器把需输出的数据放在系统数据总线上，并送入接口的相应数据输出缓存器。

③ 外设确认数据有效后，从该数据输出缓存器取走数据。

前两步由 CPU 执行输出指令完成，这时也是泛指广义的输出指令。

从上述输入、输出过程可见，当 CPU 执行输入指令之前，务必要求外设已把信息转换成数据，并送入接口的输入缓存器，否则读取的数据将不正确；当 CPU 执行输出指令之前，务必要求外设已把上一个数据从输出缓存器取走，否则上一个数据将丢失。也就是说，为了保证传输的数据正确可靠，一定要在外设准备就绪之后，CPU 才能执行 I/O 指令的操作。而外设工作过程的定时和准备就绪的时刻相对于 CPU 来说是完全独立的和随机的，在它准备就绪的时刻，CPU 的状态无法预料，所以要在 CPU 与外设之间进行有效的数据交换，必须使 CPU 的 I/O 操作与外设的工作在时间上相互协调，实现同步，这就要求 CPU 对外设进行控制。

I/O 设备的同步控制方式基本上有四种：程序查询式、中断驱动式、直接存储器存取式和延时等待式。

6.4.1 程序查询式控制

在这种 I/O 控制方式中,I/O 设备与 CPU 之间的数据传送完全由 CPU 通过程序查询来实现。CPU 通过反复查询 I/O 设备的状态,了解哪个设备准备好了,需要服务,然后转入相应的设备服务程序;如果外设未准备好,不需要服务,CPU 则继续查询。这种控制方式的特点是 I/O 操作由 CPU 引发,即 CPU 为主动,I/O 为被动。

这种控制方式的接口电路除了数据缓存端口外,还必须有存储状态信息的端口。图 6.10 和图 6.11 分别给出了查询式输入和查询式输出接口的硬件结构及其工作流程。图中的 P_d 和 P_s 分别代表数据端口和状态端口的地址。

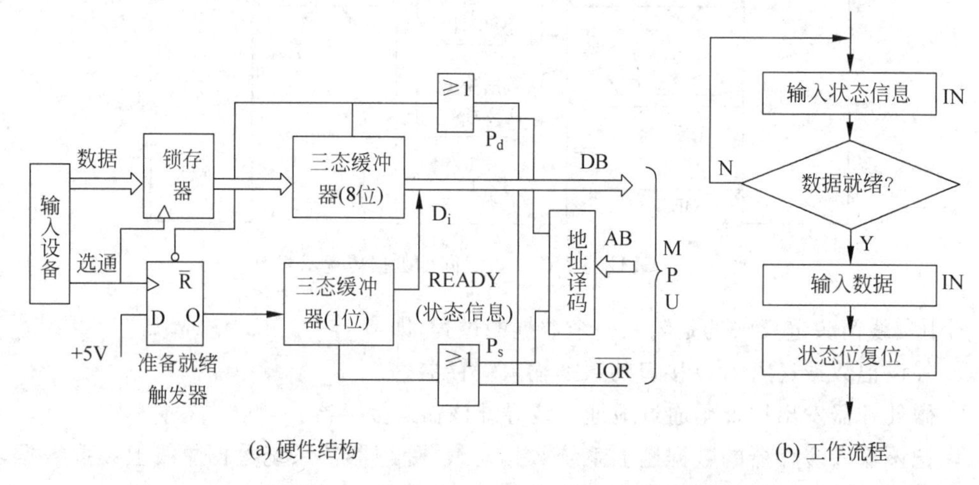

图 6.10 查询式输入接口及其工作流程图

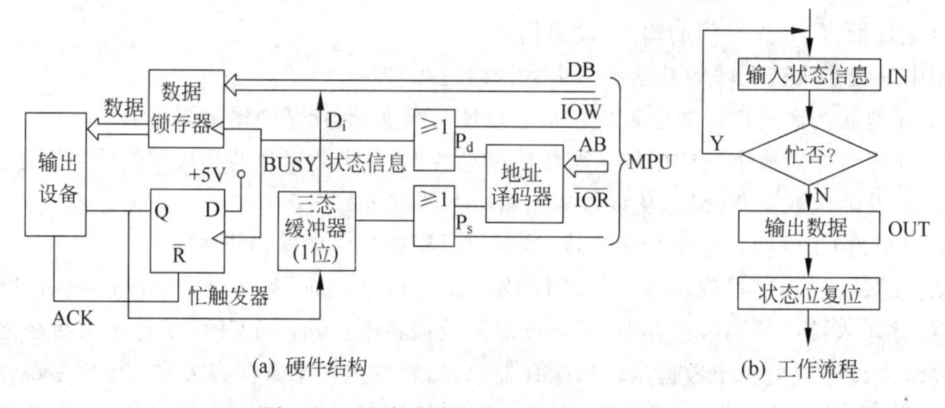

图 6.11 查询式输出接口及其工作流程图

以输入接口为例,其查询式数据输入过程为:CPU 首先通过状态口从数据线 D_i 读取状态信息,据此判断输入设备是否准备就绪,若未就绪(就图中而言,$D_i=0$),程序循环等待、查询;若就绪($D_i=1$),则执行输入指令,从数据口读入数据,同时使准备就绪触发器复位,表示输入一个数据的操作已经完成。以后当输入设备的数据再次准备就绪时,它发出就绪状态信息,一方面把输入设备的数据暂存入数据锁存器,另一方面使准备就绪触发器置“1”,等待 CPU 查询,进入下一个数据输入周期。如此周而复始,每输入一个数据,都重复上述过程。

数据输出过程与输入过程大同小异，读者可自行分析。

以上介绍的是只有一个I/O设备的情形。当系统中有多个I/O设备时，CPU要对所有外设进行巡回查询，一旦发现某个外设准备就绪，CPU便执行对该外设的输入(或输出)指令，将输入(或输出)数据作适当处理后，CPU又进入循环查询过程。

程序查询式I/O控制是一种天然的同步控制机构，由于总是CPU主动，所有I/O传送都与程序的执行严格同步，所以能很好地协调CPU与外设之间的工作，数据传送可靠。此外，它的接口简单，硬件电路不多，查询程序也不复杂。其主要缺点是CPU必须循环等待，以检测外设状态，直到外设准备就绪以后才能传送数据。这样，为了传送一个数据，软件开销很大，CPU把绝大部分时间都花在循环等待上，而真正为外设服务的时间却很少，使CPU的使用效率低。当然，要想提高CPU使用效率，可在循环等待期间穿插一些其他运算处理，但这样势必影响I/O服务的响应速度，使I/O处理的实时性降低；而要提高I/O响应速度，唯一的办法就是提高查询频率，但这样又必将进一步降低CPU使用效率。这是查询方式本身难以解决的矛盾。

解决这个矛盾的较好方法是采用中断驱动式控制。

6.4.2 中断驱动式控制

在这种控制方式中，I/O设备与CPU之间的数据传送是CPU通过响应I/O设备发出的中断请求来实现的，CPU和I/O设备的关系是CPU被动，I/O主动，即I/O操作是由I/O设备引发的。当I/O设备准备就绪时，通过其接口发出中断请求信号；CPU在收到中断请求后，中断正在执行的程序，保护断点，转去执行一个相应的中断服务程序，为相应外设服务；服务完毕后，恢复断点，返回原来被中断的程序继续执行。如CPU未收到中断请求，则埋头干自己正在干的事情，根本不理睬I/O设备。

具有这种中断控制方式的输入接口电路如图6.12所示。当输入设备准备就绪时，发出就绪状态信号，使数据暂存在锁存器中，同时使中断请求触发器置“1”，向CPU发出中断请求信号。如CPU响应中断，则执行中断服务程序，由输入指令寻址数据端口并输入数据，同时将中断请求触发器置“0”，以撤销中断请求。CPU在执行完中断服务程序后自动返回被中断的程序。这样，利用中断控制便完成了输入一个数据的任务。

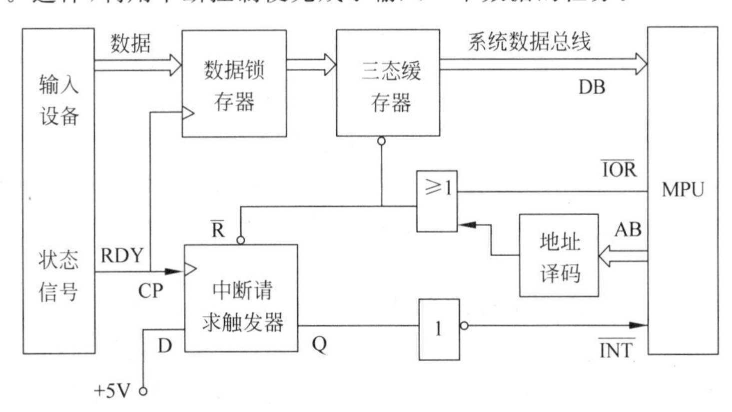

图6.12 具有中断控制方式的输入接口电路示意图

数据输出接口及其工作过程与输入类似,读者可自行思考和分析。

中断驱动式 I/O 控制既能节省 CPU 时间,提高计算机使用效率,又能使 I/O 设备的服务请求得到及时响应,很适合于在计算机工作量十分饱满,而 I/O 处理的实时性要求又很高的系统(如实时采集、处理、控制系统)中使用,这是它的突出优点。但是,这种控制方式需要以一系列中断逻辑电路作为支持,在具有多 I/O 设备的系统中,它的硬件比较复杂。另外,中断方式是一种异步控制机构,中断请求信号的出现完全是随机的,在主程序的任意两条指令之间,中断请求都可能插入一段完全不同的,甚至与它们相冲突的子程序去执行,使整个程序执行流程无法预料,因此,其软件开发和调试比程序查询式复杂和困难。这种问题在用高级语言编程时更可能出现,因为高级语言的一个语句就包含许多条机器指令,而中断发生时机器总是执行完现行机器指令后再转向中断服务子程序,所以,当中断返回时一方面很难保证每次都能返回到中断点,另一方面也很难保证高级语言程序中的许多变量在中断服务期间统统保持不变。因此,中断驱动的 I/O 服务程序一般要求用汇编语言编写,而且必须遵守严格的约定,这些约定通过控制哪些变量可被读/写、什么时候可读/写,以及在中断服务程序和被中断程序之间如何进行信息通信等来避免冲突。采用中断驱动式 I/O 控制,还有一种易于引发错误的情形,就是当中断正好出现在程序中的某个危险点时,即由于算法设计和程序编写的疏忽,使程序运行到堆栈指针不是指向堆栈内,而是短暂地指向堆栈外的某个数据区的程序点时,中断就将改写那个数据区的一部分,从而造成错误,使系统不能正常工作。为此,作为一个一般规则,堆栈指针永远不能指向其他地方而只能指向堆栈。

综上所述,编写中断程序,一要遵守严格的约定,二要讲究程序设计技巧。此外,通常还需要良好的软件调试工具,如仿真器和逻辑分析仪等,用于帮助诊断和排除中断驱动程序中的故障,否则很可能造成出现故障还不察觉,留下隐患。

鉴于上述分析,如果不是在实时性要求很高,非使用中断驱动式控制不可的地方,还是尽量使用硬件和软件都较简单的程序查询式控制为好。

6.4.3 DMA 式控制

DMA(direct Memory access)式控制是直接存储器存取式控制的简称。在这种控制方式下,I/O 设备是与存储器直接交换信息的,不需 MPU 介入。这与前两种方式有根本的不同,前两种方式的共同特点是:对外设的服务都由软件(I/O 指令)控制完成,且 I/O 数据只能在外设对应的 I/O 端口与 CPU 中的 A 累加器之间进行交换,若要在 I/O 端口与存储器之间交换数据,必须经过 A 累加器中转。这就必然使传输速度受到限制。而 DMA 方式不需 MPU 介入,外设与存储器间的数据传输是在硬件的作用下完成的,因此,它具有数据传送速度高、I/O 响应时间短、CPU 额外开销小的明显优点。

当然,也正因为 DMA 方式的数据传输是在硬件控制下完成的,所以它和前述两种软件控制式数据传输(通常将程序查询式和中断驱动式统称为软件控制式)相比,又具有硬件复杂和成本高的缺点。

DMA 方式一般使用一种被称为 DMA 控制器(DMAC)的专用硬件来控制完成外设与存储器之间的高速数据传送。DMAC 具有独立的控制三大总线来访问存储器和 I/O 端口的能力,它能像 MPU 那样提供数据传送所需的地址信息和读/写控制信息,将数据总线上的信息写入存储器、I/O 端口,或从存储器、I/O 端口读出信息至数据总线。DMAC 和

MPU都挂在公共的系统总线上。当进入DMA工作方式时,DMAC便成为占用并管理总线的主控设备。

鉴于DMA方式的优缺点,它主要用于一些需要成批传输数据且对传输速度有很高要求的I/O系统中。一般小系统或速度要求不高、数据传输量不大的系统中,不采用这种方式。

6.4.4 延时等待式控制

延时等待式控制只适合于外部控制过程的总时间既固定又已知的条件下使用。在这种条件下,从启动外部工作过程开始,经过一定时间的延时等待后,对其进行I/O操作。只要保证延时等待的时间略大于工作过程的总时间,且全过程工作完全正常,则可确保I/O操作的结果是正确的。

实现延时等待的方法可以是CPU内部软件延时等待,也可以是通过外部硬件定时中断来实现。

6.5 I/O接口中的中断技术

6.5.1 中断的基本概念与分类

中断是当今各种计算机处理外部事件和内部异常的一种重要机制,有关控制逻辑是计算机中不可或缺的硬件支持。起初,中断只是作为计算机与外设交换信息的一种I/O同步控制方式而引入的,后来进一步发展为将它应用于CPU内部的指令中断和异常处理。

现代意义上的中断,是指CPU在执行当前程序的过程中,由于某种随机出现的突发事件(外设请求或CPU内部的异常事件),使CPU暂停(即中断)正在执行的程序而转去执行为突发事件服务的处理程序;当服务程序运行完毕后,CPU再返回到暂停处(即断点)继续执行原来的程序。

一般将由外部事件(硬件)引起的中断称为外中断或硬中断,简称中断;由CPU内部事件(如执行软中断指令和CPU检测出的内部异常事件)引起的中断称为异常中断(或内中断,软中断),简称异常(exceptions)。可见,中断和异常之间的区别在于:中断用来处理CPU外部的异步事件,而异常是用来处理在执行指令期间由CPU本身对检测出的某些条件做出响应的同步事件。用产生异常的程序和数据再次执行时,该异常总是可再现的,而中断通常与现行执行程序无关。但中断和异常在使处理器暂停执行其现行程序,以执行更高优先级程序方面是一样的。

发出中断请求的来源称为中断源。按中断源的不同,中断和异常又各分成若干类,现以Pentium系列CPU为例分述如下:

1. 中断

中断包括非屏蔽中断和可屏蔽中断两类。它们都是在当前指令执行完后才服务的,中断服务完后,程序继续执行紧跟在被中断指令之后的下一条指令。

1) 非屏蔽中断(NMI)

非屏蔽中断是一种为外部紧急请求提供服务的中断,它是通过CPU的NMI(nonmaskable interrupt)引脚产生的,不受CPU内部的中断允许标志IF的屏蔽。它的优先权比可屏蔽中断高。使用非屏蔽中断的一个典型例子就是启动电源故障处理程序。当

NMI端输入一个正跳变电压时，即产生一个内部引导的向量号2的中断，与一般硬件中断不同的是，对于NMI不执行中断应答周期。

在执行NMI服务过程时，CPU不再为后面的NMI请求或INTR请求服务，直至执行中断返回指令(IRET)或处理器复位。如果在为某一NMI服务的同时又出现新的NMI请求，则将新的请求保存起来，待执行完第一条IRET指令后再为其提供服务。在NMI中断开始时IF位被清除，以禁止INTR引脚上产生的中断请求。

2）可屏蔽中断(INTR)

可屏蔽中断是CPU用来响应各种异步的外部硬件中断的最常用方法，是通过INTR引脚产生的。它受CPU内部的中断允许标志IF的控制。当INTR有效且中断允许标志位IF置"1"时即产生硬件中断。处理器响应中断时，读出由硬件提供的指向中断源向量地址的8位向量号，同时清除的IF位，以禁止在执行该中断服务程序时又响应其他中断。但是，IF位可以在中断服务程序中用指令置位，以允许中断嵌套。当执行IRET指令时，IF位将自动置位，开放中断。通常，在一个实际微机系统中，通过中断控制器(如8259A等)，可将可屏蔽中断扩展为多个。

2. 异常

异常也包括由指令引起的异常和处理器检测的异常两类。

1）指令引起的异常

这类异常是指CPU执行某些预先设置的指令或指令执行的结果使标志寄存器中某个标志位置"1"而引发的异常。这类可能引发异常的指令有：

(1) INT n指令

它为双字节代码指令，第一字节为操作码，第二字节为指向中断处理程序入口地址的类型码n(n=0～255)。CPU执行一条这种指令便发生一次异常中断。在80x86微机的操作系统中，用不同类型码编入了一些标准功能的中断服务程序，用户程序可用INT n指令方便地调用。

其中INT3指令是INT n指令的一个特例，叫设断点指令。它和其他INT n指令不同，是单字节指令，因而它能很方便地被插入程序的任何地方。插入INT3指令之处便是断点。在断点处，停止正常的执行过程，以便执行某种特殊处理。通常，在调试时把断点插入程序中的关键之处，以便在断点中断服务程序中，显示寄存器、存储单元等的内容，这样程序员就可确定到断点之前所调试的程序是否正确，是否需要修改。

(2) INTO指令

它为溢出中断指令。当运算结果使溢出标志位OF=1时，执行INTO指令，则立即产生溢出中断。两个条件中任何一个不具备，溢出中断则不发生。INTO指令为程序员提供了一种处理算术运算出现溢出的手段，它通常和算术指令配合使用。

(3) BOUND指令

它是一数组边界检查指令。利用该指令可确保带符号的数组下标是在由包含上界和下界的存储器块所限定的范围内。如果下标超出了这个范围，就产生中断。

2）处理器检测的异常

这类异常是指CPU执行指令过程中产生的错误情况，如除法错、无效操作码、堆栈故障、段/页不存在、浮点协处理器错、单步调试异常等。下面仅对其中的除法错和单步调试两种异常加以说明。

(1) 除法错中断

当CPU执行除法运算指令(DIV或IDIV)时,若发现除数为0或商超过了有关寄存器所能表示的最大值,则立即产生一个除法错中断。

(2) 单步调试中断

当标志寄存器中的自陷位TF=1且中断允许标志位IF=1时,CPU便处于单步工作方式,即每执行一条指令就自动产生一次中断。单步方式为系统提供了一种方便的调试手段,成为能够逐条指令地观察系统操作的一个"窗口"。如DEBUG中的跟踪命令T,就是将标志位TF置"1",进而去执行一个单步中断服务程序,以跟踪程序的具体执行过程,找出程序中的问题所在。

要说明的是,单步中断在其处理过程中,CPU自动地把标志压入堆栈,然后清除TF和IF标志位。因此当CPU进入单步处理程序时,就不再处于单步工作方式,而以正常方式工作。只有在单步处理结束,从堆栈中弹出原来的标志后,才使CPU又返回到单步方式。

6.5.2 中断优先级与中断嵌套

通常一个系统都有多个中断源。当多个中断源同时申请中断时,CPU同一时刻只能响应一个中断源的申请。究竟首先响应哪一个,有一个次序安排问题,应按各中断源的轻重缓急程度来确定它们的优先级别。在中断优先级已定的情况下,CPU总是首先响应优先级最高的中断请求,而且当CPU正在响应某一中断源的请求,执行为其服务的中断处理程序时,若有优先级更高的中断源发出请求,则CPU就中止正在服务的程序而转入为新的中断源服务,等新的服务程序执行完后,再返回到被中止的处理程序,直至处理结束返回主程序。这种中断套中断的过程称为中断嵌套。中断嵌套可以有多级,具体级数原则上不限,只取决于堆栈深度。图6.13给出的是三级中断嵌套的示意图。

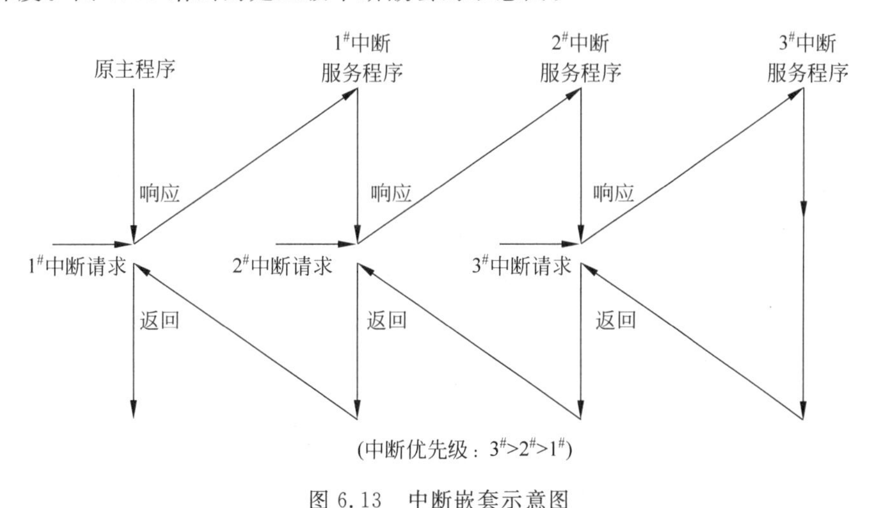

图6.13 中断嵌套示意图

6.5.3 中断检测与响应

各中断源发出中断请求时,其优先级别最高的中断请求就被送到CPU的中断请求引脚上,CPU则在每条指令执行的最后一个时钟周期,检测中断请求输入端有无请求发生,然后决定是否对它作出响应。

并非所有中断源发出的所有中断请求CPU都能响应。对于非屏蔽中断NMI,CPU一旦检测到立即响应;但对于可屏蔽中断INTR的请求,通常必须满足以下条件才能响应。

(1) 现行指令执行结束。CPU在运行到最后一个机器周期的最后一个T状态时,才能采样INTR线而响应可能提出了的中断请求。

(2) CPU内部是中断开放的。在CPU内部有一个中断允许触发器(IF),只有当它为"1"(即中断开放)时,CPU才能响应外部可屏蔽中断(INTR);否则,即使INTR上有中断请求,CPU也不响应。

(3) 当前没有发生复位(RESET)、保持(HOLD)和非屏蔽中断请求(NMI)。在复位或保持状态时,CPU不工作,不可能响应中断请求;而NMI的优先级比INTR高,当两者同时产生时,CPU会响应NMI而不响应INTR。

(4) 若当前执行的指令是开中断指令(STI)和中断返回指令(IRET),则它们执行完后再执行一条指令,CPU才能响应INTR请求。另外,对前缀指令,如LOCK、REP等,CPU会把它们和它们后面的指令看作一个整体,直到这个整体指令执行完成,方可响应INTR请求。

当满足CPU响应中断的条件时,CPU向中断源发出中断响应信号$\overline{\text{INTA}}$,获取相应中断信息(中断类型码或中断向量号),并自动保护某些现场信息,包括CPU的标志寄存器(FR)的内容和程序的断点地址(PC或CS:EIP),从而转入中断服务处理。

6.5.4 中断服务判决

在有多中断源的微机系统中,由于微处理器只有两根外部中断请求线(INTR和NMI),必然存在多个中断源合用一根中断请求线的情况。因此,每当CPU发现有中断请求时,必须对合用中断请求线的多中断源进行服务判决,找出应该为之服务的中断请求源(即当前具有最高优先级的请求源),并将程序引导到相应的中断处理程序入口。

解决这个问题,通常有程序查询式和中断向量式两种方法。

1. 程序查询式判决

这是一种软件为主的判决方法,它所需的硬件支持最少,主要需要一个带三态缓冲的中断请求锁存器作为状态输入口,以供CPU查询用。其中断结构如图6.14所示。

中断响应时,CPU用软件程序读入中断请求锁存器状态,按确定的次序逐位查询,以识别中断请求源。当查到某位状态有效时,便转入相应I/O服务程序,为该外设服务。查询各位的次序就决定了各外设的中断优先级。显然,最先查询的位所对应的中断源优先级最高,反之优先级最低。查询式中断程序流程如图6.15所示。这里是假定7#I/O设备固定具有最高优先级,且固定按7#到0#的次序进行查询。如果排列次序不变,但每次查询的起始点循环改变,即每次把上次服务了的外设的后一个外设作为起点,那么各外设的优先级地位就是平等的了。

具体识别程序中使用位操作指令、移位指令、测试指令等均可实现逐位查询。

采用程序查询式判决的优点是硬件简单,程序层次分明,只要改变程序中查询的顺序而不必改变硬件连接,即可方便地改变外设的中断优先级。主要缺点是中断源较多时,由

CPU 响应中断到进入 I/O 中断服务程序的时间较长。另外，状态查询要占用 CPU 时间，降低 CPU 使用效率。

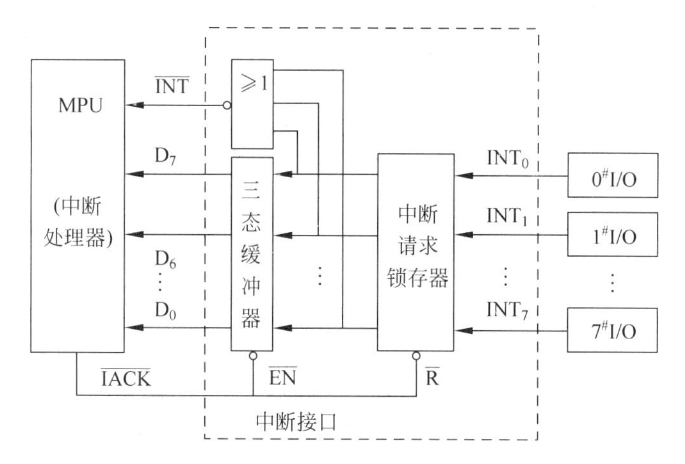

图 6.14 查询式中断结构示意图

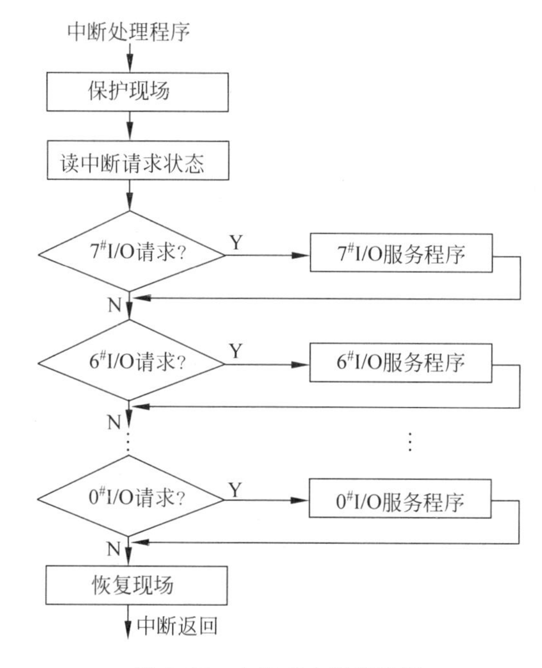

图 6.15 查询式中断流程图

2. 中断向量式判决

这是一种硬件为主的判决方法，主要用硬件电路对中断源进行优先级排队，并将程序引导到有关 I/O 的中断服务程序入口。具体实现方案与总线仲裁相似，也有菊花链优先级判决和并行优先级判决两种。

1）菊花链优先级中断判决

菊花链优先级中断判决的硬件结构如图 6.16 所示。每个 I/O 设备(中断源)除有中断请求逻辑外，还包含一个中断向量号发生器。

判决原理与三线“菊花链”总线判决类似。各 I/O 设备发出的中断请求信号 IR_i 通过

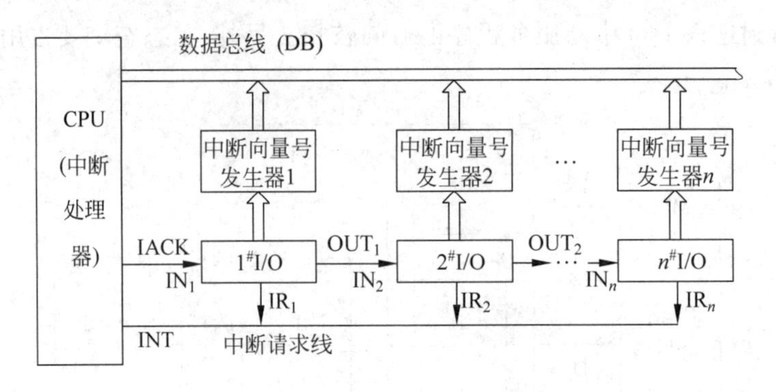

图 6.16 菊花链优先级中断判决

OC门在中断请求线INT上“线或”，即只要某个IR_i有效就会使中断请求线INT有效向CPU发中断请求；CPU发出的中断响应信号IACK是按从高到低的优先顺序穿越各I/O设备的非连续线。当IACK信号有效并到达某个I/O设备的输入端时，若该I/O设备提出了中断请求，则将其识别码(也叫中断向量号)置于数据总线上并终止IACK信号的传递；否则将该信号向后传递。

2) 并行优先级中断判决

并行优先级中断判决的硬件结构如图6.17所示，其核心部件是一个优先级编码器和各中断源公用的中断向量号发生器。当IACK有效时，向量号发生器将与最高优先级中断请求源对应的中断向量号送上数据总线DB。

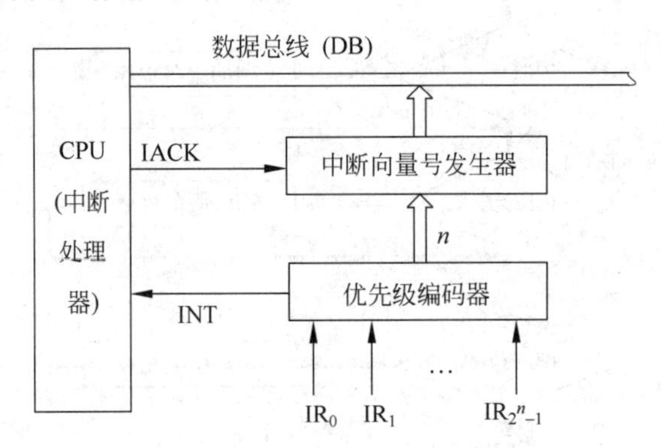

图 6.17 并行优先级中断判决

这两种向量式中断结构在微机系统中都有采用。无论哪种结构，当CPU收到中断向量号后，便通过计算或查表获得中断向量(即中断处理程序入口地址)，并自动进入和执行相应的中断处理程序。为此，微处理器通常在内存中都建立一张包含所有中断源的中断处理程序入口地址的表，称为中断向量表(interrupt vector table)。

这种中断向量式判决法，由于由硬件自动提供中断向量号，不需要花费时间去查询状态位，所以中断响应速度较快，处理器利用率较高。正因为这样，它才被越来越多的微处理器和微机所采用。

上述关于中断服务判决的硬件结构，设计人员既可自己选用中、小规模集成电路器件或可编程逻辑器件设计相应的硬件逻辑来实现，也可以选用现成的中断控制器集成芯片来实现。现在多数微机中都是按后一途径来设计和建立中断控制系统。比较常用的中断控制器芯片有不可编程优先中断控制器8214和可编程优先中断控制器8259A等。如早期的8080微机中就是采用8214和简单并行接口8212相结合,构成具有8个优先级的向量中断结构;PC/XT、AT、386、486和Pentium系列微机中则是以一片或多片8259A作为中断管理部件,通过它把CPU的一个可屏蔽中断口扩充成8个至15个不等、优先权和中断服务程序入口地址都可变的向量中断请求口。

6.5.5 中断处理

当满足上述条件后,CPU就响应中断请求,并自动关中断,然后进入为之服务的中断处理程序。在中断处理程序中,应先后完成的工作一般中断处理过程如图6.18所示。

(1) 保护断点现场。为使中断处理程序不影响被中断程序运行,必须首先将断点处的有关各寄存器的内容和标志位的状态压入堆栈保护起来,以备中断处理完毕后能返回原程序,从断点开始正确执行。要保护的断点现场内容通常包括:

① CPU的标志寄存器(FR)内容。对于8086/80x86系列CPU,在将FR内容压入堆栈的同时,还要求清除其中的中断允许标志位(IF)和自陷标志位(TF)。

② 代表断点地址的程序计数器(PC)内容(对于无分段分页存储管理的CPU)或者代码段寄存器CS和指令指针(E)IP内容(对于有分段分页存储管理的CPU)。

③ 中断处理程序中将用到的各CPU内部寄存器内容。

绝大多数CPU都是通过用PUSH指令将上述断点信息压入堆栈来实现现场保护的。

(2) 开中断。以便执行中断服务程序时,能响应更高级别的中断源请求。

(3) 完成I/O操作或异常事件处理,这是整个中断处理程序的核心。

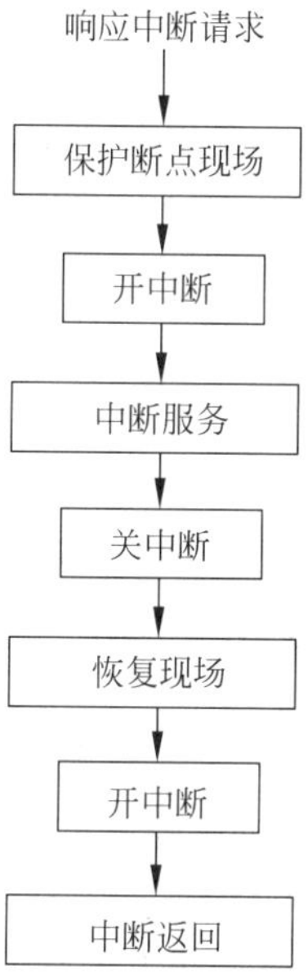

图6.18 一般中断处理过程

(4) 关中断。目的是保证在恢复现场时不被新的中断所打扰。

(5) 恢复现场。中断服务程序结束后,必须进行现场恢复的操作。多数CPU是用POP指令把保存的断点信息从堆栈中弹出,达到恢复现场的目的。

(6) 开中断。以便中断返回后可响应新的中断请求。

(7) 中断返回。最后必须通过一条中断返回指令(自动或程序安排),使断点地址送回程序计数器或CS:(E)IP,继续执行被中断的程序。

上述一般中断处理流程中是否每步工作都要做,取决于具体的CPU种类。比如80x86系列处理器,IRET指令执行时,一方面会从堆栈自动弹出断点地址CS:(E)IP和(E)FLAGS内容,另一方面还会自动开中断,所以对它来说,上述第(6)步的开中断就没必要了,而且在第(5)步恢复现场的工作中也只需恢复保存的内部寄存器内容。MC68000系列处理器也是如此,恢复断点地址的操作和返回前的开中断操作也是在中断返回指令RTI中一起完成的。

另外,保护/恢复现场工作也不全像80x86系列CPU那样是用堆栈操作指令PUSH/

POP 实现的,有的 CPU(如 MC68000 系列)是由硬件完成的。

6.6 I/O 接口中的 DMA 技术

前面 6.4 节介绍 I/O 同步控制方式时,已经提及 DMA 方式和 DMA 控制器的概念及其主要特点和优缺点。

实际上,DMA 方式不仅用于高速 I/O 设备与存储器之间的数据传输,也常用于存储器与存储器之间、I/O 设备与 I/O 设备之间的数据传输。目前微机系统中应用 DMA 方式的主要场合有:

- 磁盘(包括软盘与硬盘)、光盘与内存之间的数据交换;
- 盘与盘相互间的数据交换;
- 数据通信中的计算机系统与快速信道接口;
- 图像与图形显示;
- 高速数据采集系统;
- 多处理机系统和多任务块传送中的机间/任务间数据传送;
- 动态存储器的定时刷新;

……

无论在哪种应用场合和哪两种存储介质之间传输数据,DMA 方式的数据传输都是在有关两种存储介质之间直接进行,既不经过 CPU,也不受 CPU 控制,而受 DMAC 控制。

6.6.1 DMA 操作的一般过程

DMA 操作的过程取决于 DMAC 接管总线的方式。

DMAC 通常有三种接管总线的方式:使 CPU 暂时放弃总线控制权的方式、暂停 CPU 时钟脉冲的方式和窃取 CPU 空闲时间的方式。目前微机系统中普遍采用的是第一种方式,即令 CPU 将三大总线暂时“浮空”(处于“高阻”状态)而放弃总线控制权的方式。图 6.19 以 I/O 设备与存储器之间传输数据为例,给出了这种方式下 DMA 操作过程的示意图。

整个过程分为 3 个阶段:

1. DMA 请求阶段

这个阶段如图 6.19(a)所示。当 I/O 设备准备就绪、要求以 DMA 方式为它服务时,便将“设备就绪”标志位置位,引发一个 DMA 请求信号 DMAREQ 到 DMAC;DMAC 检查该信号是否被屏蔽及其优先权,如承认它有效则向 MPU 发出请求总线保持信号 HOLD。

2. DMA 响应和传数阶段

这个阶段如图 6.19(b)所示。CPU 在每个总线周期结束时检测 HOLD 状态,如锁定信号 LOCK 无效又发现 HOLD 有效时,则响应 HOLD 请求,自己进入保持状态,使三大总线 MPU 侧呈“高阻”状态,并以保持响应(HLDA)信号通知 DMAC。

DMAC 接到通知后,开始接管总线,且以 DMA 请求响应信号 DMAACK 通知发出请求的外设,使之成为 DMA 传送时被选中的设备;然后,DMAC 给出内存地址,并提供 I/O 读/写和存储器写/读等控制信号,在 I/O 设备和存储器之间完成高速的数据传送。

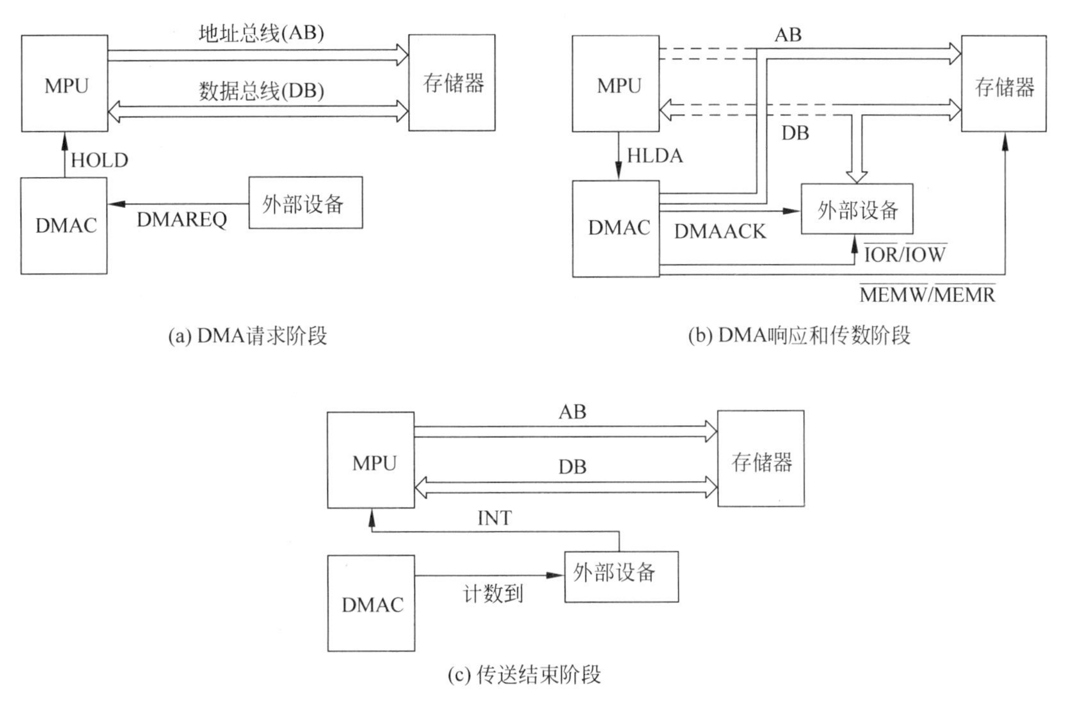

图 6.19 DMA 操作过程示意图

3. 传送结束阶段

如图 6.19(c)所示，当事前规定要传送的数据全部连续传送完毕后，DMAC 便送出一个“计数到”或“过程结束”信号给 I/O 设备，I/O 设备据此撤销 DMAREQ 信号，继而两组握手信号均先后变为无效，CPU 又重新控制总线。至此，一次 DMA 传送结束。如果需要，还可用“计数到”信号引发 I/O 设备一个中断请求，由 CPU 以中断服务形式进行 DMA 传送结束后的相应处理。

要特别说明的是，在进入 DMA 操作之前，应由 CPU 先对 DMAC 编程，把要传送的数据块长度(即字节数)、数据块在存储器的起始地址、传送方向(存储器到 I/O 设备或 I/O 设备到存储器)等信息发送到 DMAC。该过程通常称为 DMAC 的初始化编程。初始化编程时，DMAC 工作于受控状态，只有进入 DMA 操作后 DMAC 才处于主控状态。可见，DMAC 是一种典型的总线主/从模块。

6.6.2 DMA 操作控制器

DMAC 的典型结构如图 6.20 所示。各组成部分的基本功能如下所述。

1. 地址寄存器

它包括源地址和目的地址寄存器。一般 DMA 都是用于数据块传送，所以要求这些地址寄存器应具有自动修改地址指针的能力，以便按顺序传送数据块。在进行 DMA 操作之前，在 CPU 控制下将源地址和目的地址分别装入 DMAC 的源地址和目的地址寄存器；在进入 DMA 操作后，由这些地址寄存器提供源地址和目的地址，并在传送数据的同时，由硬件以加 1 或减 1 来修改地址寄存器的值。

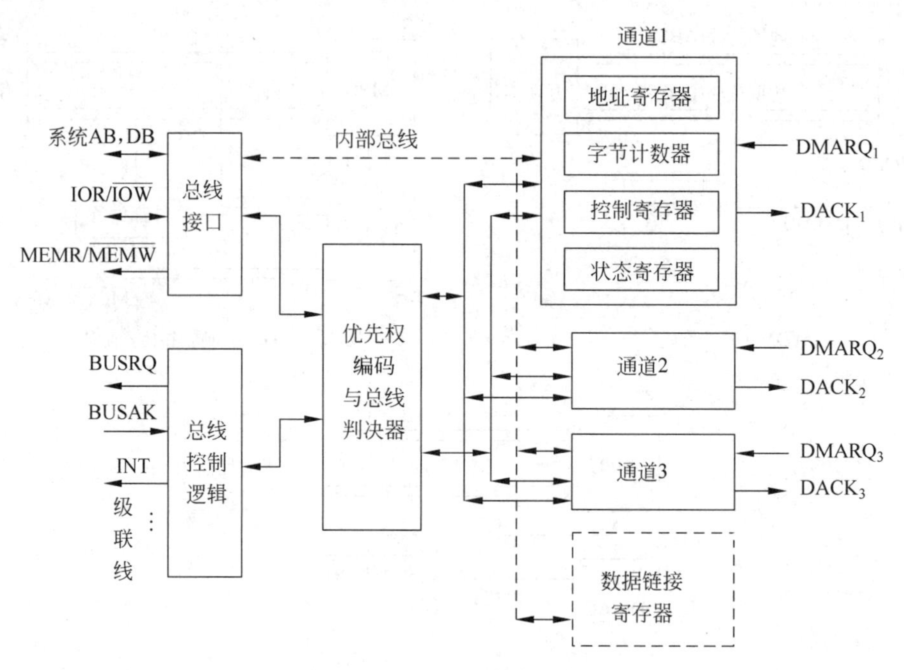

图 6.20 DMAC 的典型结构

2. 字节计数器

用于控制传送数据块的长度。在进入 DMA 操作之前，CPU 将数据块长度(字节数)装入字节计数器中；进入 DMA 操作后，每传送 1B 数据，由硬件自动修改计数器的值(减 1)；当计数器溢出时，便使 DMA 方式的数据传送结束。

3. 控制/状态寄存器

控制寄存器用于选择 DMAC 的操作类型(读、写、检索、校验等)、工作方式(单字节、字组或连续方式)、传送方式(顺序或同时传送)和有关参数(基地址和字节数等)。这种选择是通过 CPU 在 DMA 操作之前向控制寄存器写入相应的控制字来实现的。

状态寄存器用于寄存 DMA 传送前后的状态。DMA 传送结束后，CPU 通过对该寄存器执行输入指令即可读入状态字，了解所需的状态和结果。

4. 总线接口和总线控制逻辑

这部分电路主要用于在 DMA 传送之前接收来自 CPU 的控制字和根据外部/内部 DMA 请求向 CPU 转发总线请求；DMA 操作期间进行定时和发出读/写控制信号；DMA 操作结束后向 CPU 发出中断申请和状态信息。总线接口实质上包括总线缓冲收发器、端口地址译码器、读/写控制信号变换器等电路；总线控制逻辑则包括总线占用优先控制逻辑、中断控制逻辑、级联控制逻辑等。

5. 优先权编码与总线仲裁器

它的作用是解决 DMAC 内部多通道间的总线访问冲突。是否需要，取决于芯片内部是否有多个 DMA 通道，只要有多个通道，这部分逻辑就必不可少。内部通道数的多少因芯片不同而异，如 Z80 的 DMA 为单通道，Intel 8257/8237A 和 MC6844 的 DMA 为四通道，等等。同种芯片各个通道中的结构和寄存器数目也未必完全相同，但一般都具有地址寄存器、字节计数器、控制/状态寄存器这几个基本功能逻辑单元。当然，有的通道中还有比较器和比较数据与比较屏蔽码寄存器等逻辑，用于数据检索等功能。

6. 数据链接寄存器

它用于提供数据块传送的"链接"手段，实现数据自动链接再启动，达到大块数据连续传送的目的。数据链接寄存器中一般也包括地址寄存器、字节计数器、控制寄存器等单元，外加一个通道寄存器(当存在多通道时)。当一个指定的通道完成传送时，这些寄存器存放的数据用来再装入该通道寄存器所指定的通道。这样，在前次传送结束后，新的传送又开始，而不用 CPU 的干预。如果数据链接寄存器需要多次再装入，以便连续传送更大的数据块，CPU 可通过读 DMAC 的状态来周期性地询问它，若有关状态位指示一次传送已完成，且已经使用数据链接寄存器初始化了一次新的传送，则 CPU 可用下一次块传送的参数再装进数据链接寄存器。i8257 的通道 3 在自动控制方式下就是作为这种"数据链接寄存器"而使用的。

从图 6.20 可以看出，DMAC 芯片的外部信号主要分成两大类，左边都是与 MPU 的接口信号，右边都是与 I/O 设备的接口信号。这两组接口信号中，分别都有一套握手控制信号：BUSRQ(总线请求)和 BUSAK(总线响应)用于 DMAC 与 CPU 之间的联络；DMARQ(DMA 请求)和 DACK(DMA 响应)用于 DMAC 与 I/O 设备之间的联络。通过两边异步互锁的联络握手，确保 DMA 传送过程正常开始和结束。每个通道都有一对 DMA 请求和 DMA 响应握手信号，因此每个通道都可连接一台 I/O 设备。

目前市场上流通的各种 PC 系列微机中，普遍采用的 DMAC 是 Intel 公司的 8237A-5 芯片或把 8237A-5 逻辑与其他接口控制逻辑集成于一体的 VLSI 芯片。

6.7 I/O 接口中的数据缓存技术

如前所述，任何接口电路中，I/O 数据缓存器是必不可少的。本节介绍几种 I/O 接口中常见的数据缓存技术。

6.7.1 单级数据缓存器

这是一种最简单的数据缓存器，适于 CPU 与低速外设间的数据缓存。

单级数据缓存器在电路结构上，实际上就是一个寄存器或锁存器。用于输出接口中数据缓存时，只需一般(单纯的)寄存器或锁存器即可；用于输入接口中数据缓存时，必须采用具有三态输出功能的寄存器或锁存器，或者采用一般寄存器或锁存器加上三态缓冲器构成。

实际中的寄存器或锁存器芯片大多如图 6.21 所示。它既可以用 8 位寄存器(如 74LS273 等)或 8 位锁存器(如 74LS373 等)芯片加 8 位总线缓冲器芯片(如 74LS244 等)组成，也可以直接选用 8 位数据缓存器芯片(如 74LS374 等)。

寄存器加三态缓冲器构成的缓存器和锁存器加三态缓冲器构成的缓存器，在数据缓存功能上没什么不同，但在数据寄存定时上有区别：前者是在 CP 上升沿寄存数据；后者则是在 CP 为高电平期间输出跟随输入而变，CP 下降沿时才将输入数据锁定寄存。图 6.22 以 74LS374 为例给出了单一字节数据缓存器的实际连接。

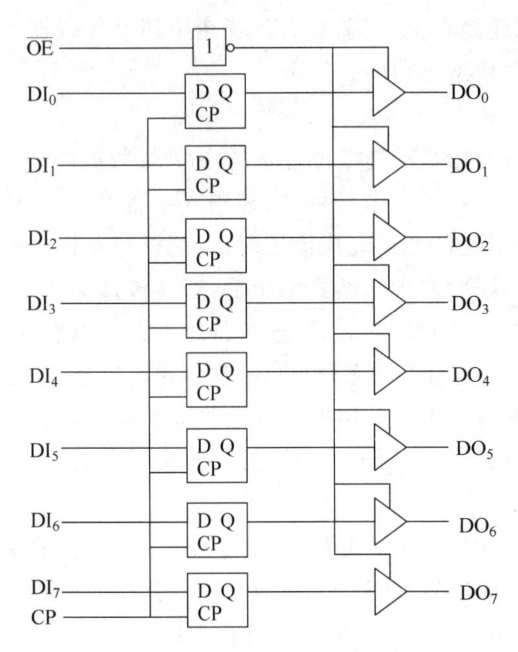

图 6.21　单级数据缓存器结构

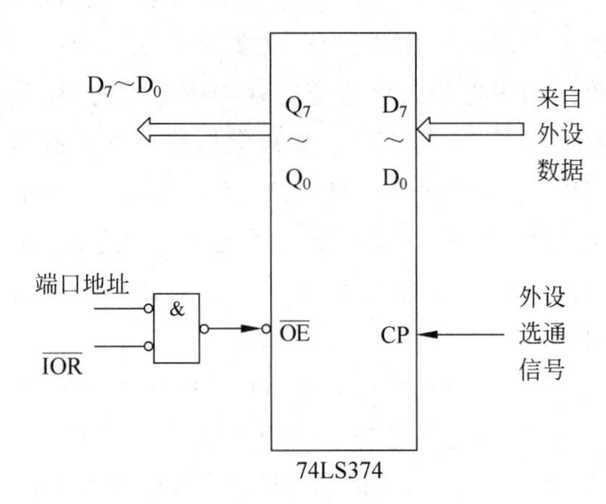

图 6.22　单级数据缓存器连接

6.7.2 FIFO 多级数据缓存器

FIFO(先进先出)多级缓存器适于对间断性瞬时高速外部数据的缓存。如瞬间高速数据采集系统中,瞬时数据速率很高,CPU 来不及及时输入处理,但从一段长时间来看,平均数据速率并不高,CPU 又完全来得及输入处理,这种系统中采用 FIFO 缓存器来缓存数据就很合适。

FIFO 缓存器有两个特点：一是有独立的输入和输出,且输入、输出时钟可不同；二是数据进出有序,即先进先出,后进后出。这种缓存器有两种典型的组成结构,如图 6.23(a)和(b)所示。

1. 基于寄存器阵列的 FIFO 缓存器

图 6.23(a)给出的是基于寄存器阵列的 FIFO 缓存器结构。其中寄存器阵列中各寄存器被组织成一个移位寄存器链。当一个 n 位宽度的数据从输入端输入缓存器时,它在控制逻辑的控制下,将自动向输出端逐个推进,使第一个寄存器空出来,为接收下一个数据做准备。为了确保先进先出的数据缓存过程,输入、输出端各提供了三个控制/状态信号：

SI——选通输入信号,实际上也就是输入时钟信号。它输入的时钟脉冲控制着寄存器链的移位操作。

IE——输入允许信号。当它有效时,才能使数据输入到输入寄存器。

IR——输入准备就绪信号。它是从 FIFO 缓存器输出的输入状态指示信息,用于指示输入寄存器是否空。一旦外部将一个新数据写入输入寄存器,IR 将变为无效,以防止接着写入下个数据；当输入寄存器中的数已移出到寄存器阵列中时,IR 便变为有效,以允许向它输入新的数。

SO——选通输出信号,实际上也就是输出时钟信号。其作用与 SI 相似,每一个选通脉

(a) 基于寄存器阵列的结构

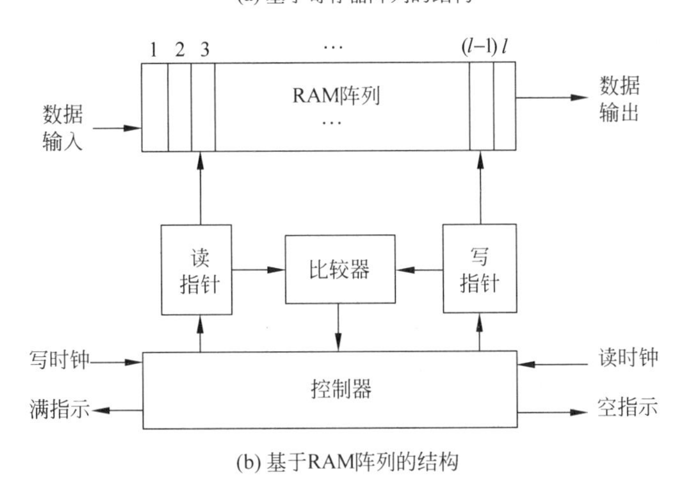

(b) 基于RAM阵列的结构

图 6.23 FIFO 多级缓存器组成结构

冲,控制输出一个数据。

OE——输出允许信号。当它有效时,数据才能从输出寄存器输出。

OR——输出准备就绪信号。它是 FIFO 缓存器的输出状态指示信号,用于指示输出寄存器中是否有可供外部接收的数据。

在上述 6 个信号的协调控制下,FIFO 缓存器进出有序地工作。只要缓存器中未装满数据就可以从输入端连续输入新的数据,而且每输入一个新数据,数据都会像波浪一样从后往前自动推进,直至“挨”上前面的最后一个数据。只要缓存器中还有数据,就可以在输出时钟的控制下从输出寄存器取到数据,而且每取走一个数据,缓存器内部其余的数据都会自动依次向输出端移动,以保持输出寄存器不空。当内部数据全部取空时,其输出准备就绪信号 OR 由有效变无效,指示“内部空”状态,以禁止输出时钟继续起作用。

2. 基于 RAM 阵列的 FIFO 缓存器

图 6.23(b)给出的是基于 RAM 阵列的 FIFO 缓存器结构。这种结构是 20 世纪 90 年代以来 FIFO 缓存器芯片普遍采用的结构,它的先进先出缓存原理与图 6.23(a)的原理基本相同。RAM 阵列在这里实际上是一个先进先出循环队列。写指针总是指向最后写入队列的数据的后一个存储单元位置(地址),读指针则总是指向队列中最早写入的数据的

位置(存储单元地址)。每写入或读出一个数据,写指针或读指针都自动减1,当减至最小时,控制器将它重新指向最大。当数据连续写入队列,使写指针与读指针相等时,表明缓存器已满,控制器发出"满指示"信号,以禁止写时钟继续起作用。当数据连续从队列读出,使读指针与写指针相等时,表明缓存器空,控制器发出"空指示"信号,以禁止读时钟继续起作用。

通常,用FIFO缓存器的深度和宽度来衡量它的容量大小。深度是指能缓存数据的个数,宽度是指每个缓存数据的位数。目前,集成化的FIFO缓存器芯片,一般深度从几K～几十K不等,宽度为4位、5位、8位、9位不等。实际I/O接口中,多选用8位宽度的缓存器,深度则根据一个周期内所需缓存的数据量确定。

6.7.3 双口SRAM批量数据缓存器

双口SRAM是指具有两套独立总线(包括地址线、数据线、控制线)、对外提供两个独立读/写端口的静态RAM存储器。双口SRAM缓存器主要适于需缓存大批量数据量的应用场合,如外存储器、彩色/图形显示器、高速高分辨率打印机等外设与CPU的接口适配器中。

目前集成化的双口SRAM芯片有两种结构形式:一种是两个端口完全相同的对称结构;另一种是两个端口不完全相同的非对称结构。前者如图6.24所示,后者如图6.25所示。在图6.24的对称双口SRAM中,两个端口都为8位数据端口,均可寻址2K个字节存储单元。在图6.25的非对称双口SRAM中,右端口为8位数据端口,从它可寻址2K个地址,每个地址选通1B数据;左端口为16位数据端口,从它可寻址1K个地址,每个地址选通一个字数据,在$\overline{BHE}$和$\overline{BLE}$控制下,分高、低字节两次操作。

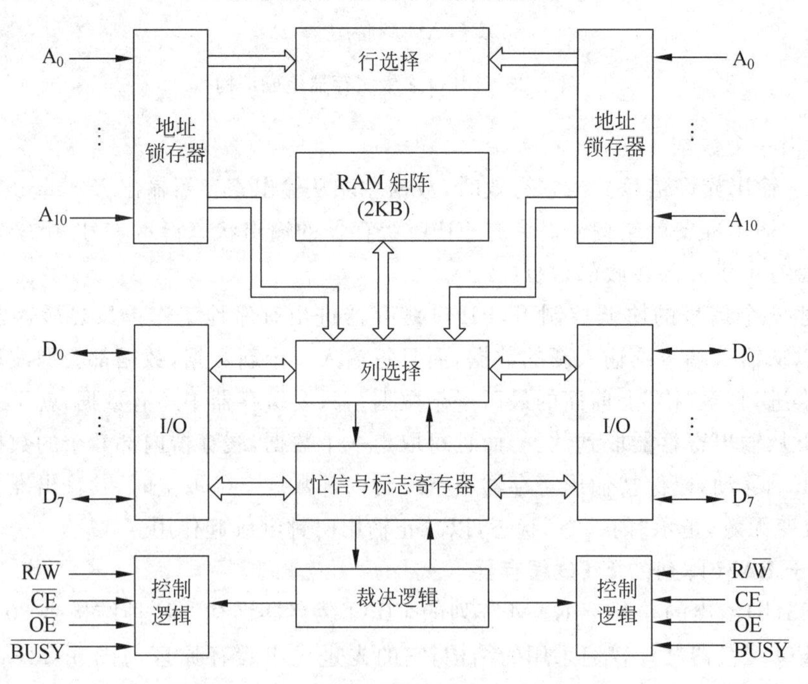

图6.24 对称结构双口SRAM缓存器

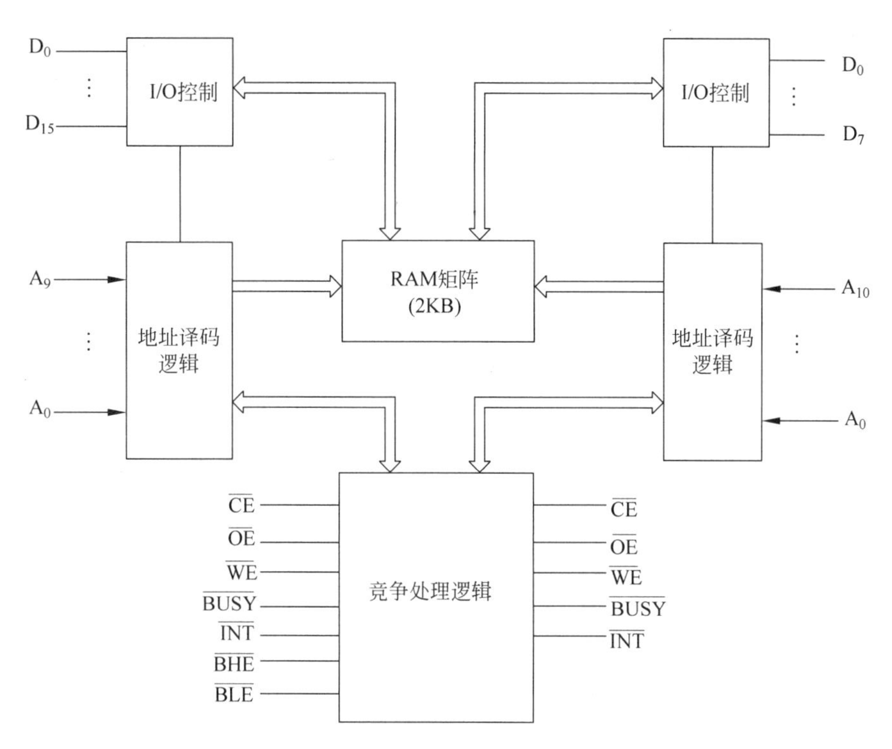

图 6.25 非对称结构双口 SRAM 缓存器

6.8 I/O 接口中的定时/计数技术

在实时计算机测控系统中,常需要定时/计数电路,为模拟 I/O 通道和其他 I/O 设备提供实时时钟,以实现定时中断、定时检测、定时扫描、定时显示等定时或延时控制,或者对外部事件进行计数等。可见,定时/计数是实现计算机测控系统或其他计算机应用系统的一项重要技术,也是设计各种 I/O 接口时经常要考虑的重要内容之一。本节介绍几种常用的实现定时或延时控制的方法。

1. 软件定时

软件定时是通过重复执行一段固定的程序来实现的。

软件延时程序的一般结构如下:

```
delay:mov   cx,cnt          ;cnt 是循环次数
lop:   nop               }
       ...               }; 循环体,时间固定
       nop               }
       loop   lop
```

由于 CPU 执行每条指令都需要一定的时间,因此执行一个固定的程序段(循环体)就需要一个固定的时间,而控制循环体的执行次数即可方便地控制定时或延时时间的长短。这种软件定时方式实现起来很简单,但要占用大量 CPU 时间,会降低 CPU 的利用率,且定时精度不高。所以,软件定时主要适合于定时时间不长、精度要求不高的场合。

2. 不可编程硬件定时

不可编程硬件定时是采用中小规模集成电路器件来构成定时电路。例如利用单稳触发器、555定时器等常见的定时器件外接电阻和电容构成定时电路；也可利用加法或减法计数器对周期一定的时钟脉冲计数来实现定时或延时控制。这种硬件定时方案的优点是不占用CPU时间，电路也较简单；缺点是灵活性较差，且电路一经连接好后，定时值就不便控制和改变。

3. 可编程硬件定时

可编程硬件定时就是在上述不可编程硬件定时的基础上加以改进，使其在不改变硬件的情况下，可通过软件编程改变其定时值来控制定时或延时时间。可编程定时电路一般都是用可编程计数器来实现，因为它既可计数又可定时，故称为可编程定时器/计数器电路。

可编程定时器/计数器电路的典型结构如图6.26所示。控制字寄存器和计数初值寄存器分别用于设置计数器的工作方式和控制定时时间。计数工作单元是一个减法计数器，在门控信号GATE允许(或启动)计数的条件下，对CLK输入端的时钟脉冲进行减法计数，计数结束通过OUT端输出相应波形，用作中断请求或其他定时信号。输出锁存器用于锁存计数器的当前计数值，以供CPU读取。状态寄存器用于寄存计数器的现行工作状态，CPU可通过状态锁存器获取计数器的工作状态值。

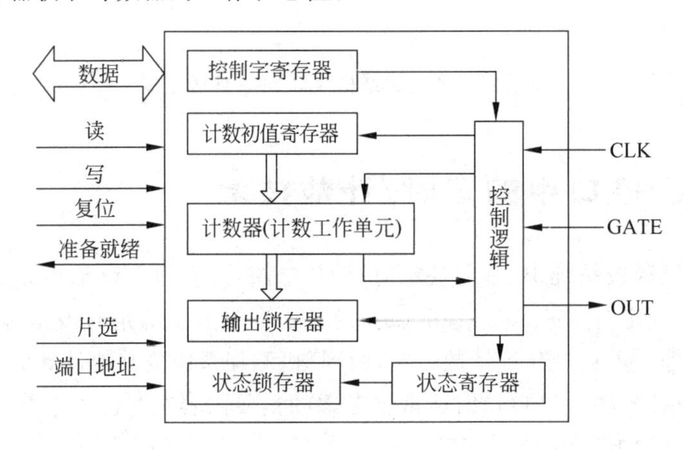

图6.26 可编程定时器/计数器典型结构框图

目前，各种微机和微机系统中大多采用可编程定时器/计数器来满足计数和定时、延时控制的需要。如各种PC系列机中普遍采用的是Intel公司的8253/8254定时器/计数器芯片。

6.9 I/O接口的扩展设计

与存储器扩展设计一样，I/O接口扩展设计也主要包括三项任务，即结构确定、芯片选配和接口设计。

6.9.1 结构确定

与存储器结构确定稍有不同，I/O接口结构确定包括两个方面，即I/O端口编址方式选择和 I/O 体结构确定。

I/O 端口的编址方式有两种，即存储器映像编址和隔离 I/O 编址。选择何种编址方式，它将决定 CPU 或总线控制器产生的哪些控制信号要用作 I/O 端口地址译码的限定信号（如$\overline{MEMR}/\overline{MEMW}$还是$\overline{IOR}/\overline{IOW}$），以及用什么样的方式访问 I/O 端口（使用 I/O 指令还是访问存储器指令）。

I/O 体结构的确定与存储体结构确定类似，也是指采用单体（8 位）、双体（16 位）还是多体结构。实际上选用存储器映像编址时，I/O 体就是存储体，此处不再赘述；选用隔离 I/O 编址时，要注意存储体与 I/O 体的差别，与存储器访问允许字、双字等多字节地址不对齐不同，由于 I/O 指令没有高低字节交换功能，一般要求 16 位端口应对齐偶数地址，32 位端口应对齐被 4 整除的地址。为此，16 端口译码时，常使 $A_0=0$ 参入高端译码，而用 $A_i \sim A_1(i>1)$选择端口；32 位端口译码时，常使 $A_1A_0=00$ 参入高端译码，而用 $A_i \sim A_2(i>2)$选择端口。以 8086 CPU 为例，16 位端口编址时 I/O 体结构及译码方案可如图 6.27 所示。实际也不尽然，一个 16 位端口也可按 16 位字长编址，占 1 个地址，具体如何实现，应根据实际情况而定。

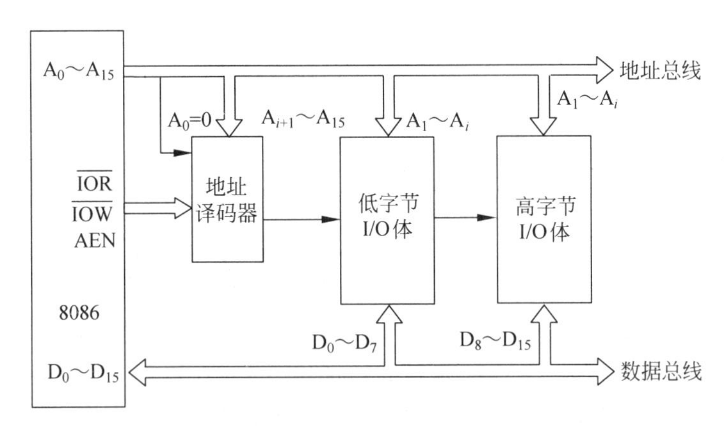

图 6.27 8086 的 16 位 I/O 体结构及译码示意图

6.9.2 芯片选配

与存储器芯片的选配一样，接口芯片的选配也包括芯片的选择和组配两个方面。

接口芯片的组配与存储芯片的组配类似，主要是指接口芯片的位、字扩展。而接口芯片的选用主要由接口所连设备的功能和特点所决定，通常有如下几个层面的选用。

1. 数字与模拟 I/O 接口的选用

当被测对象为模拟量或控制对象需模拟信号控制时，选用模拟 I/O 接口，否则选用数字 I/O 接口。

2. 不可编程与可编程接口的选用

一般而言，可编程接口的功能比不可编程接口的功能要强大许多，但往往成本也要高许多。对接口功能较复杂的设备，宜选用可编程接口，以减少芯片数量，从而简化接口设计；反之，应选用简单的不可编程接口，以节省成本。

3. 并行与串行接口的选用

并行与串行接口的选用首先应根据外设支持的数据传送方式来确定，并行设备选用并行接口,串行设备选用串行接口;若外设两种数据传送方式均支持,则要根据计算机与外设之间距离的长短和对信息传输速度要求的不同而决定。通常在速度要求不高或传输距离较远的场合,常选用串行接口;反之,则常选用并行接口。

4. 芯片型号的选用

芯片型号的选用主要从芯片存取速度、结构和价格等因素考虑。一般而言,在满足功能和性价比前提下,应尽可能减少芯片数量,以减少系统功耗、简化接口电路设计和提高系统可靠性。

6.9.3 接口设计

如6.2节所述,I/O接口需要在两个方向上实现连接,一个方向与CPU接口,另一个方向需要与外设接口。从外部连接特性上看,各种接口扩展的主要差异表现在与外设的连接特性上各不相同,我们将在后续章节分类介绍;而与CPU的连接,各种接口与存储器的接口特性则大同小异,从这一角度,I/O接口扩展的关键也是在端口地址分配的基础上实现I/O端口的地址译码。

1. I/O端口译码实现方法

I/O端口地址译码与存储器地址译码本质上没什么不同,主要区别是两者使用的限定信号(如读/写控制信号)可能不同。本节从使用不同译码器件的角度,介绍几种常见的I/O端口地址译码方法:门电路译码法、译码器芯片译码法、比较器译码法和PLD译码法。

1) 门电路译码法

这种方法是利用“与门”、“或门”、“非门”、“与非门”和“或非门”等组合逻辑电路作译码器件构成译码电路,主要适合于单个独立端口或片选信号的译码。

例6.1 用门电路译码产生地址为2F1H的写端口和读端口选择信号。

先列出2F1H写端口和2F1H读端口的地址位分配表,如表6.2所示。表中AEN是DMA操作指示信号,让AEN=0参入译码的目的是禁止DMA操作期间译码。

表6.2 端口地址位分配

端口地址	A_9	A_8	A_7	A_6	A_5	A_4	A_3	A_2	A_1	A_0	$\overline{IOW}$	$\overline{IOR}$	AEN
2F1H写端口	1	0	1	1	1	1	0	0	0	1	0	1	0
2F1H读端口	1	0	1	1	1	1	0	0	0	1	1	0	0

此例两个端口地址相同,可采用二次译码方案,先译出2F1H端口地址,再用$\overline{IOR}$和$\overline{IOW}$信号对2F1H端口进行二次译码分别产生地址为2F1H的读端口和写端口。据表6.2写出2F1H端口地址译码的逻辑表达式如下:

$$\overline{CS2F1} = \overline{A_9 \cdot \overline{A_8} \cdot A_7 \cdot A_6 \cdot A_5 \cdot A_4 \cdot \overline{A_3} \cdot \overline{A_2} \cdot \overline{A_1} \cdot A_0 \cdot \overline{AEN}} \quad (6.1)$$

为选择适合的门电路,将式(6.1)变换为

$$\overline{CS2F1} = \overline{A_9 \cdot A_7 \cdot A_6 \cdot A_5 \cdot A_4 \cdot A_0 \cdot \overline{(A_8 + AEN)} \cdot \overline{(A_3 + A_2 + A_1)}} \quad (6.2)$$

式(6.2)可用一个8输入与非门74LS30、两个3输入或非门74LS27实现。二次译码可用两个2输入的或门74LS32分别产生地址为2F1H的写端口和读端口选择信号,电路如图6.28所示。

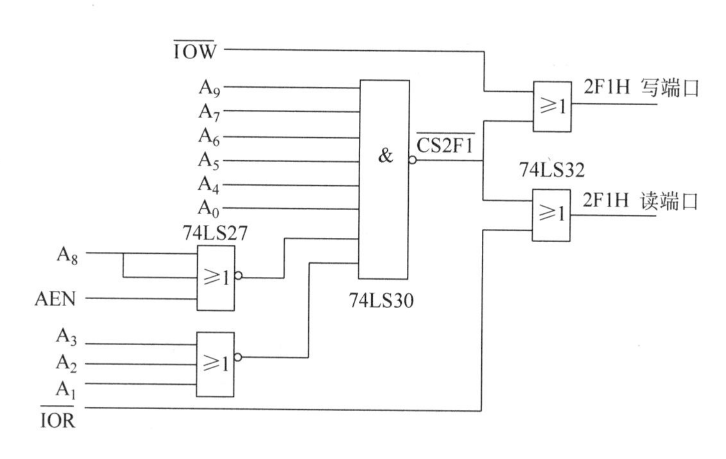

图 6.28 门电路端口译码示例

2）译码器芯片译码法

当希望译出多个连续的 I/O 端口地址时，适合于选用译码器芯片译码。常见的译码器芯片有 3-8 译码器 74LS138、双 2-4 译码器 74LS139 和 4-16 译码器 74LS154 等。扩展设计时，首先根据端口地址分配，画出端口地址位分配图，在此基础上确定哪些地址线用作译码器输入，哪些地址线用作译码器使能信号。

例 6.2 IBM PC/XT 机 I/O 端口地址译码电路。

IBM PC/XT 机中，使用一片 74LS138 芯片构成主板端口地址译码电路，如图 6.29 所示。图中 A_7、A_6、A_5 用作译码器输入，A_9 和 A_8 用作译码器的使能控制信号，译码器输出分别用作 DMA 控制器 8237A 片选信号、中断控制器 8259A 片选信号、定时器/计数器 8253 片选信号和并行接口 8255A 片选信号等。由于 A_4～A_0 未参入译码，所以译码器输出实际对应的是一个地址范围，如表 6.3 所示。

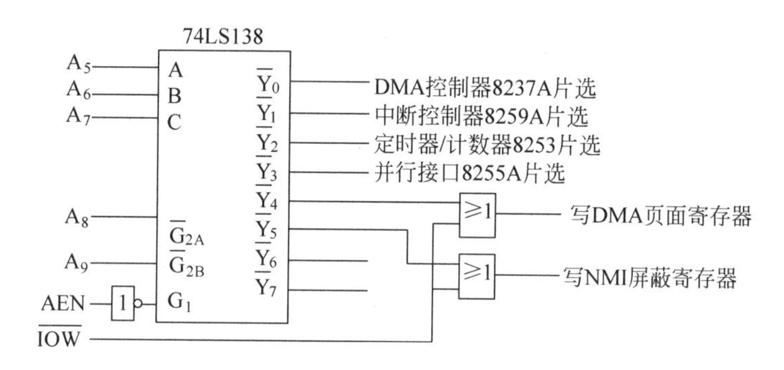

图 6.29 IBM PC/XT 机 I/O 端口地址译码

表 6.3 IBM PC/XT 机端口地址表

A_9	A_8	A_7	A_6	A_5	A_4	A_3	A_2	A_1	A_0	译码输出线	对应端口地址
0	0	0	0	0	×	×	×	×	×	$\overline{Y_0}$	000～01FH
0	0	0	0	1	×	×	×	×	×	$\overline{Y_1}$	020～03FH
0	0	0	1	0	×	×	×	×	×	$\overline{Y_2}$	040～05FH
0	0	0	1	1	×	×	×	×	×	$\overline{Y_3}$	060～07FH

续表

A_9	A_8	A_7	A_6	A_5	A_4	A_3	A_2	A_1	A_0	译码输出线	对应端口地址
0	0	1	0	0	×	×	×	×	×	$\overline{Y}_4$	080～09FH
0	0	1	0	1	×	×	×	×	×	$\overline{Y}_5$	0A0～0BFH
0	0	1	1	0	×	×	×	×	×	$\overline{Y}_6$	0C0～0DFH
0	0	1	1	1	×	×	×	×	×	$\overline{Y}_7$	0E0～0FFH

3）比较器译码法

在各种通用I/O接口卡的设计中，为避免与其他接口电路可能发生的端口地址冲突，生产厂家常希望自己的板卡端口地址是可浮动的，即可根据系统实际的地址空间配置，由用户选择设置I/O端口地址。这时可用比较器加DIP开关来实现I/O端口的地址译码。图6.30所示为一个用74LS688比较器实现的浮动地址译码电路。

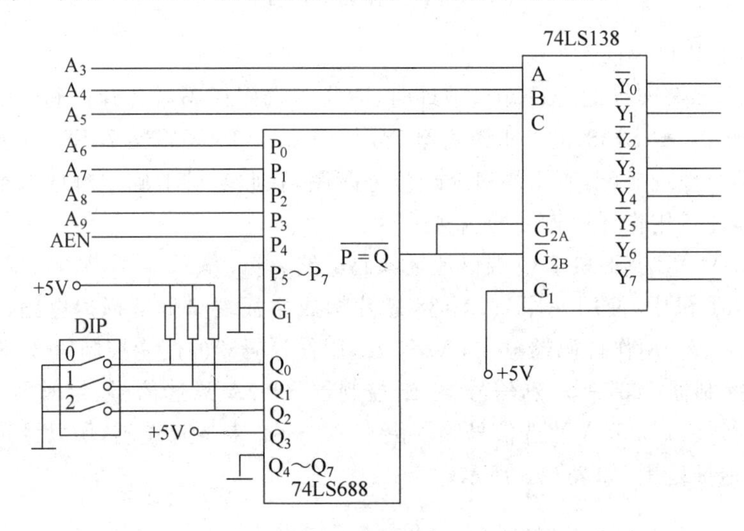

图6.30 浮动地址译码电路示例

比较器的输出端$\overline{P=Q}$接74LS138译码器的使能端$\overline{G}_{2A}$、$\overline{G}_{2B}$，仅当输入端P_0～P_7的地址与设置端Q_0～Q_7的状态一致时，输出$\overline{P=Q}$为低，74LS138开始对A_5、A_4和A_3地址线译码，产生8个可读/写的I/O片选译码信号。

图中Q_4、Q_3分别接地和＋5V，即只有当AEN信号为低电平和A_9＝1时译码器才会工作。地址浮动(或选择)的原理是，用户通过一组DIP开/关(DIP_2～DIP_0)设置Q_2～Q_0的状态，当DIP_i断开时，对应Q_i＝1，DIP_i闭合(关)时，Q_i＝0；根据DIP_2～DIP_0开/关状态不同来确定地址总线A_8～A_6的状态，从而实现端口地址的浮动。表6.4给出了几组DIP开/关设置下，译码器输出(或选择)的地址范围。

表6.4 几组DIP开/关状态与译码器输出(地址选择)的关系

DIP_2	DIP_1	DIP_0	$\overline{Y}_0$	$\overline{Y}_1$	…	$\overline{Y}_7$
关	关	关	200H～207H	208H～20FH	…	238H～23FH
关	开	关	280H～287H	288H～287H	…	2B8H～2BFH
开	关	关	300H～307H	308H～30FH	…	338H～33FH
开	开	开	3C0H～3C7H	3C8H～3CFH	…	3F8H～3FFH

4）PLD 译码法

上述译码方法的共同特点是，译码电路通常需要数片 IC，且设计完后地址不便更改。PLD 则是一种可以通过编程配置成各种不同用途的通用逻辑芯片。采用 PLD 可编程逻辑器件实现译码，则只需一片即可完成译码，而且 PLD 可以反复编程，当地址变化时只要重新编程即可。

PLD 包括 PAL、GAL、EPLD 和 FPGA 等器件。PLA(programmable array logic)是 20 世纪 70 年代后期由美国 MMI 公司推出的可编程逻辑器件，它包括一个可编程的“与”阵列和一个固定的“或”阵列。GAL(generic array logic)是 20 世纪 80 年代初由美国 Lattice 公司推出的一种电可擦写、可重复编程、可加密的、具有高速性能和 CMOS 低功耗特点的新型 PLD 器件。EPLD(erasable programmable logic devices)是 20 世纪 80 年代中期由美国 Altra 公司推出的一种新型可擦除的可编程逻辑器件，它由若干宏单元组成，每个宏单元一般包括可编程逻辑阵列、寄存触发器、I/O 控制模块三部分。FPGA(field programmable gate array)是现场可编程门阵列。下面仅对 GAL 器件译码作一简单介绍。

（1）常用 GAL 器件

目前普遍采用的 GAL 器件有 GAL20V8 和 GAL16V8 两种。其中 GAL20V8 是 24 脚封装，GAL16V8 是 20 脚封装，它们的引脚排列如图 6.31 所示。

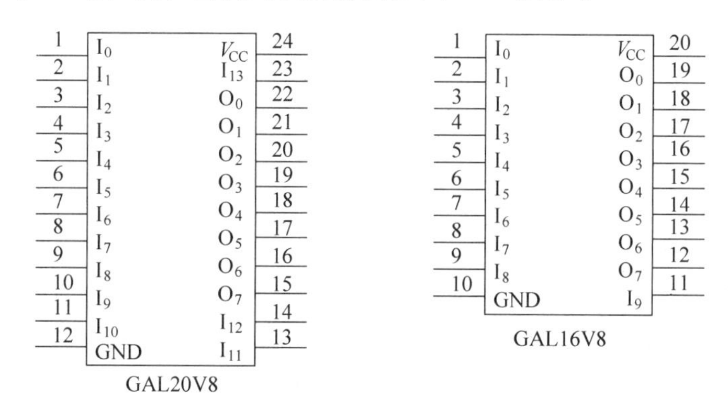

图 6.31 GAL20V8 和 GAL16V8 引脚排列图

其中，GAL20V8 的 1～11、13、14 和 23 脚为固定输入，16～21 脚也可以配置成输入引脚，最多可有 20 个输入引脚；GAL16V8 的 1～9 和 11 脚为固定输入，13～18 脚也可以配置成输入引脚，最多可有 16 个输入引脚。两种芯片最多可配置的输出引脚均为 8 个(O_0～O_7)。

（2）GAL 的开发语言——ABEL 语言

GAL 是可编程的器件，需要相应的开发语言支持。ABEL 语言是美国 DATA I/O 公司开发的一种逻辑设计软件，具有简单、易学的特点。若只用来作地址译码的设计，只需看懂以下例子即可。

例 6.3 用 ABEL 语言对 GAL16V8 编程，产生地址为 2F1H 的读端口和写端口的端口选择信号。

依题意，地址译码的输入包括：10 条地址线 A_9～A_0 和 3 条控制线 AEN、$\overline{IOR}$和$\overline{IOW}$，译码器输出包括两条线，即读端口 2F1H 和写端口 2F1H 的选择线$\overline{R2F1}$、$\overline{W2F1}$。$\overline{R2F1}$和$\overline{W2F1}$的逻辑表达式如下：

$$\overline{R2F1} = A_9 \cdot \overline{A}_8 \cdot A_7 \cdot A_6 \cdot A_5 \cdot A_4 \cdot \overline{A}_3 \cdot \overline{A}_2 \cdot \overline{A}_1 \cdot A_0 \cdot \overline{AEN} \cdot \overline{\overline{IOR}} \quad (6.3)$$

$$\overline{W2F1} = A_9 \cdot \overline{A}_8 \cdot A_7 \cdot A_6 \cdot A_5 \cdot A_4 \cdot \overline{A}_3 \cdot \overline{A}_2 \cdot \overline{A}_1 \cdot A_0 \cdot \overline{AEN} \cdot \overline{\overline{IOW}} \quad (6.4)$$

根据上述表达式,编写的 ABEL 源文件如下:

```
module decode
  title 'I/O Port Decode for 2F1H'                              //注释标题
  decode device 'P16V8S';                                       //指定 PAL 模型和 JED 文件名
  A0,A1,A2,A3,A4,A5 pin 1,2,3,4,5,6;                            //定义输入引脚
  A6,A7,A8,A9 pin 7,8,9,11;                                     //定义输入引脚
  AEN,IOR,IOW pin 13,14,15;                                     //定义输入引脚
  R2F1,W2F1 pin 18,19;                                          //定义输出引脚
  H,L,X = 1,0,.X.;                                              //定义常数 1、0 和任意数 X
  EQUATIONS                                                     //输入输出逻辑关系表达式
  !R2F1=A9&!A8&A7&A6&A5&A4&!A3&!A2&!A1&A0&!AEN&!IOR;    //定义引脚 R2F1
                                                                //逻辑关系
  !W2F1=A9&!A8&A7&A6&A5&A4&!A3&!A2&!A1&A0&!AEN&!IOW;    //定义引脚 W2F1
                                                                //逻辑关系
  TEST_VECTORS                                                  //以下测试上述逻辑是否正确
  ([A9,A8,A7,A6,A5,A4,A3,A2,A1,A0,AEN,IOR,IOW]->[R2F1,W2F1])
    [H,L,H,H,H,H,L,L,L,H,L,L,H]->[L,H]
    [H,L,H,H,H,H,L,L,L,H,L,H,L]->[H,L]
    [H,L,H,H,H,H,L,L,L,H,L,H,H]->[H,H]
    [H,L,H,H,H,H,L,L,L,H,H,L,H]->[H,H]
    [H,L,H,H,H,H,L,L,L,H,H,H,L]->[H,H]
end decode
```

文件中大小写有区别,符号"!"是逻辑"非"运算,"&"是逻辑"与"运算。ABEL 编译后的下载文件 *.JED 和"decode device 'P16V8S'"行的 decode 名相同(decode.JED),用通用编程器对 GAL16V8 编程,即可作为译码器用。其硬件连接如图 6.32 所示。

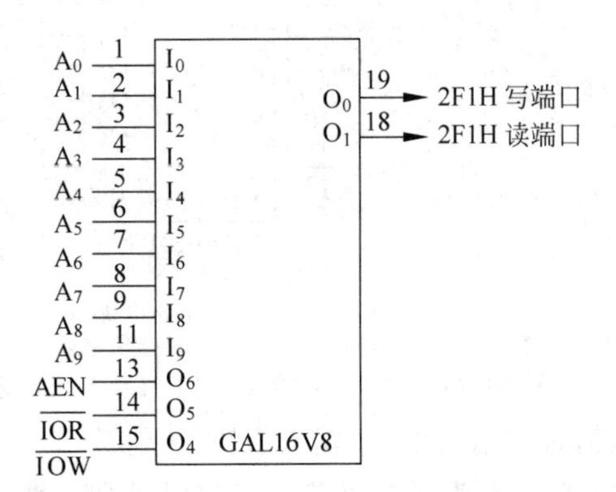

图 6.32 用 GAL16V8 实现的译码电路

2. I/O 接口扩展设计举例

这里通过两个具体实例来说明实际应用中 I/O 接口扩展设计的基本方法。

例 6.4 D 触发器测试接口电路设计。

D 触发器的引脚如图 6.33 所示。图中,D 是数据输入端;Q 是数据输出端;CLK 是时钟输入端,上升沿触发;$\overline{PRN}$是置位(PRESET)输入端,低电平有效;$\overline{CLRN}$是复位(CLEAR)输入端,低电平有效。设计一测试 D 触发器功能好坏的接口电路。

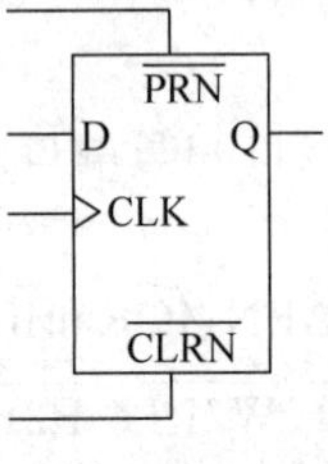

图 6.33 D 触发器的引脚

先列出 D 触发器真值表,如表 6.5 所示。要判断 D 触发器好坏,需进行以下 4 种测试:置位、复位、写 0 和写 1 测试。为此,接口电路需提供 4 个用于写、读测试的 I/O 端口:

(1) 用于产生置位信号$\overline{PRN}$的读/写端口;

(2) 用于产生复位信号$\overline{CLRN}$的读/写端口;

(3) 用于产生写时钟信号 CLK 的写端口；

(4) 用于读测试结果(Q)的读端口。

表 6.5　D 触发器测试真值表

D	CLK	$\overline{PRN}$	$\overline{CLRN}$	Q
×	×	0	1	1
×	×	1	0	0
0	↑	1	1	0
1	↑	1	1	1

实际电路设计时，为节省端口地址，可让一个写端口和一个读端口共一地址，通过读/写命令来区分。假定用门电路译码，D 触发器测试接口电路如图 6.34 所示。

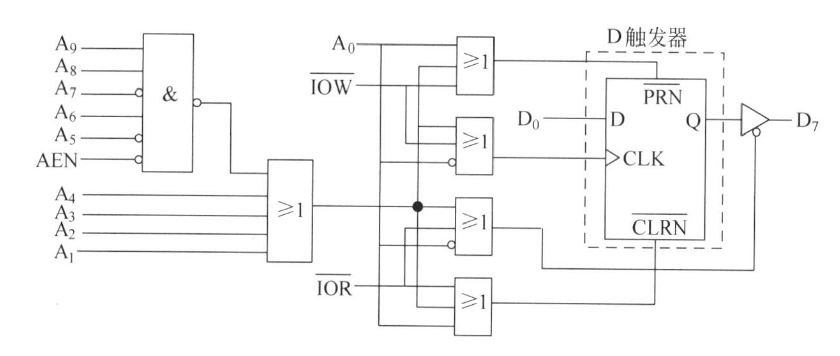

图 6.34　D 触发器测试接口

置位(写端口)和复位(读端口)端口地址相同，为 0x340，写数据(写端口)和读数据(读端口)端口地址相同，为 0x341。接口的工作原理是：写 0x340 端口，将 D 触发器置位；读 0x340 端口，将 D 触发器复位；写 0x341 端口，可将 D_0 上的数据存入 D 触发器；读 0x341 端口，将 D 触发器输出 Q 读出至 D_7。

据此原理不难编写出用于测试该 D 触发器好坏的汇编语言程序如下：

```
data  segment
    disp_right  db  'Right',0ah,0dh,'$'           ;定义显示的提示信息
    disp_error  db  'Error',0ah,0dh,'$'
data  ends
code  segment
    assume  cs:code,ds:data
start:  mov   ax,data                              ; 建立数据段的可寻址性
        mov   ds,ax
        mov   dx,340h                              ; 取置/复位端口地址
        out   dx,al                                ; 置位 D 触发器
        mov   dx,341h                              ; 取数据端口地址
        in    al,dx                                ; 输入 Q 值
        test  al,80h                               ; 测试 Q=1?
        jz    error                                ; 等于 0，电路错
        mov   dx,340h                              ; 取置/复位端口地址
        in    al,dx                                ; 复位 D 触发器
```

```
        mov     dx,341h                         ; 取数据端口地址
        in      al,dx                           ; 输入Q值
        test    al,80h                          ; 测试Q=0?
        jnz     error                           ; 不等于0,电路错
        mov     dx,341h                         ; 取数据端口地址
        mov     al,01h                          ; 取写1数据
        out     dx,al                           ; 写1测试
        in      al,dx                           ; 输入Q值
        test    al,80h                          ; 测试Q=1?
        jz      error                           ; 等于0,电路错
        mov     al,00h                          ; 取写0数据
        out     dx,al                           ; 写0测试
        in      al,dx                           ; 输入Q值
        test    al,80h                          ; 测试Q=0?
        jnz     error                           ; 不等于0,电路错
        lea     dx,disp_right                   ; 取正确提示信息地址
        jmp     exit
error:  lea     dx,disp_error                   ; 取错误提示信息地址
exit:   mov     ah,09h                          ; 显示提示信息
        int     21h
        mov     ah,4ch
        int     21h
code    ends
        end     start
```

若用C语言编程,则完成上述测试功能的C语言程序如下:

```
#include  <stdio.h>
#include  <dos.h>
main(){
    unsigned char status;
    outportb(0x340,0);                          /* 置位D触发器 */
    status=inportb(0x341);                      /* 输入Q值 */
    if((status&0x80)==0) goto error;            /* Q=0,电路错 */
    inportb(0x340);                             /* 复位D触发器 */
    status=inportb(0x341);                      /* 输入Q值 */
    if(status&0x80) goto error;                 /* Q=1,电路错 */
    outportb(0x341,1);                          /* 写1测试 */
    status=inportb(0x341);                      /* 输入Q值 */
    if((status&0x80)==0) goto error;            /* Q=0,电路错 */
    outportb(0x341,0);                          /* 写0测试 */
    status=inportb(0x341);                      /* 输入Q值 */
    if(status&0x80) goto error;                 /* Q=1,电路错 */
    printf("\n right");
    goto exit;
error: printf("\n error");
exit:
}
```

例 6.5　用简单的 I/O 接口芯片——三态门、锁存器和带三态功能的锁存器，设计一个选通方式工作的查询式开关检测与状态指示接口。要求：

(1) 当外设选通信号(用单脉冲信号模拟)有效时，开关状态被存入输入接口，并使数据缓冲器满信号有效，供 CPU 查询。

(2) CPU 查询到数据缓冲器满时，输入开关状态，并通过输出口控制发光二极管的亮/灭指示开关状态(开关闭合时发光二极管亮)。

要实现上述功能，接口电路需提供 3 个 I/O 端口：一个带锁存功能的数据输入端口，用于输入开关状态；一个状态输入端口，用于存储数据是否有效的状态信号；一个输出端口，用于控制发光二极管的亮/灭。具体实现中，数据输入口可选用带三态功能的锁存器 74LS374 构成；状态输入口可用 D 触发器加三态门构成；输出口可用锁存器 74LS373 构成。假设用译码器译码，接口原理可如图 6.35 所示。

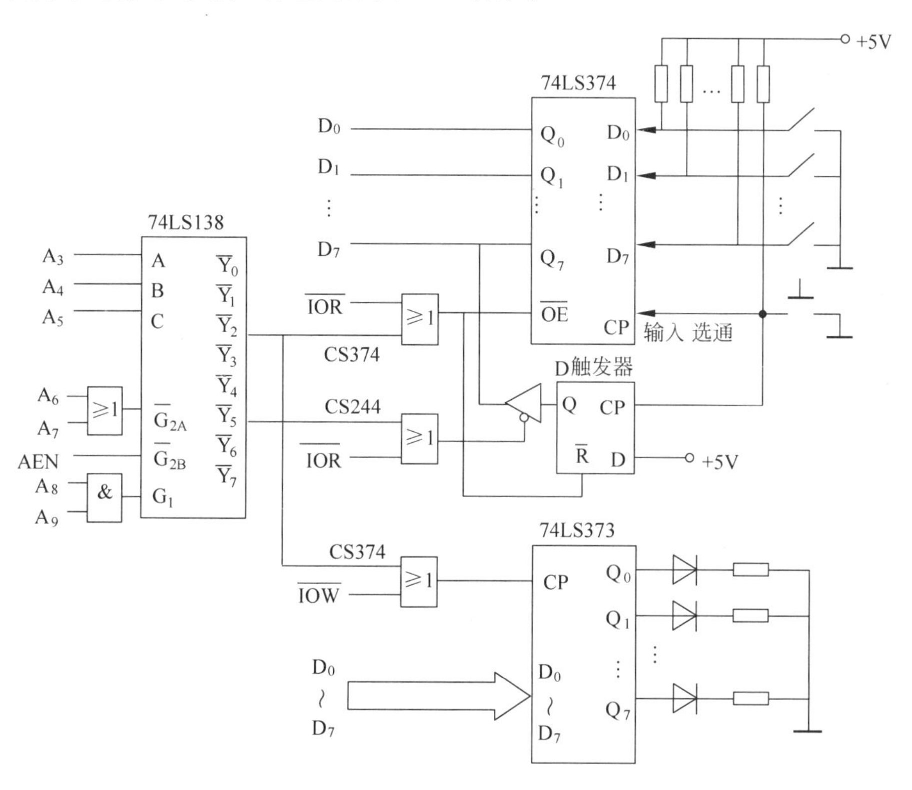

图 6.35　查询式开关检测与状态指示接口

数据输入口和数据输出口地址分别为 0x310～0x317 中的任一读地址和写地址，状态输入口地址为 0x328～0x32f 中的任一读地址。当按下按钮时，输入选通信号有效，开关状态被存入 74LS374 锁存器中，同时，D 触发器置位，表示有数据输入；CPU 通过三态门读入 D 触发器状态，判断数据是否有效；当检测到数据缓冲器满，读 74LS374 得到开关状态，并使 D 触发器复位，表示数据已取走。

软件控制的思想是：通过三态门读入 D 触发器状态，测试 D_7 是否为 1。若 $D_7=0$，则继续查询等待；否则，表示数据缓存器满，从 74LS374 读入开关状态，将状态取反送 74LS373 输出控制发光二极管亮/灭。若用汇编语言编程，实现上述功能的驱动程序如下：

```
code   segment
    assume cs:code
start:  mov    ah,1              ; 读按键状态
        int    16h
        jnz    exit              ; 有键按下,退出
        mov    dx,328h           ; 取状态端口地址
wait$:  in     al,dx             ; 读接口状态
        test   al,10000000b      ; 输入缓存器满?
        jz     wait$             ; 空,继续读状态
        mov    dx,310h           ; 取数据端口地址
        in     al,dx             ; 读取开关状态
        not    al                ; 取反,确保开关闭合状态为高电平
        out    dx,al             ; 输出开关状态,驱动发光二极管
        jmp    start
exit:   mov    ah,4ch
        int    21h
code    ends
        end    start
```

若用C语言编写,则相应的驱动程序如下:

```
#include <stdio.h>
#include <dos.h>
#define cs374 0x310                    /* 定义数据口地址 */
#define cs244 0x328                    /* 定义状态口地址 */
main(){
    unsigned char status;
    while(!kbhit()){
      do{
        status=inportb(cs244);         /* 输入状态值 */
      } while((status&0x80)==0);       /* 无数据,继续查询 */
      status=inportb(cs374);           /* 输入开关状态 */
      outportb(cs374, ~ status);       /* 输出开关状态 */
    };
}
```

思考题与习题

6.1 选择题

(1) ________是任何接口电路必备的功能。

A. 数据缓存　　　　B. 程序查询　　　　C. 中断驱动

(2) 由于80x86 CPU有单独的I/O指令,所以其I/O接口________。

A. 只能安排在其I/O空间内

B. 只能安排在其存储空间内

C. 既可以安排在其I/O空间,也可以安排在其存储空间内

(3) 某微机接口电路中,要设置10个只读寄存器、8个只写寄存器和6个可读可写寄存器,一般应为它至少提供________个端口地址。

A. 24　　B. 14　　C. 16

(4) I/O接口采用存储器映像方式编址时,访问I/O端口应使用________。

A. 专用I/O指令

B. 访问存储器指令

C. 专用I/O指令或访问存储器指令

(5) 采用查询方式输入/输出时,CPU通过查询I/O接口中的状态寄存器来确定I/O设备是否准备好。输入时,准备好表示________。

A. 数据已稳定地存入数据缓存器

B. 数据缓存器内容已被外设取空

C. 外设正在向数据缓存器写数

(6) 采用中断方式来实现输入输出是因为它________。

A. 速度最快

B. 实现起来比较容易

C. 能对突发事件作出实时响应

(7) 为实现某次DMA传送,对DMA通道的初始化通常是在________完成的。

A. 上电启动过程中

B. DMA控制器取得总线控制权之前

C. DMA控制器取得总线控制权之后

(8) 从硬件角度而言,采用硬件最少的数据传送方式是________。

A. 中断传送　　B. 查询传送　　C. 无条件传送

(9) CPU响应外部中断请求INTR和NMI信号时,相同的必要条件是________。

A. 中断标志IF=1

B. 当前指令执行结束

C. 总线处于空闲状态

(10) PC系列机中,确定外部硬中断的服务程序入口地址的是________。

A. 主程序中的调用指令

B. 主程序中的条件转移指令

C. 中断控制器发出的中断向量号

(11) 通常,在中断服务程序中有一条STI指令,其作用是________。

A. 开放所有被中断控制器屏蔽的中断

B. 允许同级INTR中断产生

C. 允许高一级的INTR中断产生

(12) 在中断响应周期内,将IF置0是由________。

A. 硬件自动完成的

B. 用户在编制中断服务程序时设置的

C. 关中断指令完成的

6.2 并行接口和串行接口在数据传输和内部结构上有什么主要区别?

6.3 可编程接口和不可编程接口的区别何在？可用作不可编程接口电路的典型逻辑部件有哪些？

6.4 什么叫I/O端口和I/O操作？“I/O操作就是I/O设备操作”的说法对不对？为什么？

6.5 存储器映像式和隔离I/O式两种端口编址方式各有什么特点和优缺点？

6.6 80x86的I/O端口编址方式有什么特点？

6.7 80x86系统采用存储器映像编址方式和隔离I/O编址方式时，分别如何区分I/O寻址和存储器寻址？

6.8 80x86为I/O操作提供了什么保护机构？试简述它们的保护原理。

6.9 在微机接口译码电路中，为什么一般需要在AEN信号为低电平时才能进行I/O译码？

6.10 在80x86 CPU构成的系统中，为什么内存地址可用于接口，而接口地址不能用于内存？

6.11 为什么微处理机进行I/O操作时一定要对I/O设备进行I/O同步控制？通常有哪几种同步控制方式，各有何特点和优缺点？

6.12 为什么输入接口的数据缓冲寄存器必须有三态输出功能，而输出接口的却不需要？

6.13 与程序查询方式和中断方式相比，DMA传送方式有何特点？

6.14 DMA传送方式为什么能实现高速传送？

6.15 简述DMA方式传送的一般过程。

6.16 什么叫中断？现代高档微机中包含有哪几类中断，它们各有什么特点？

6.17 中断嵌套的含义是什么？它与中断优先级有什么关系？

6.18 通常CPU响应外部中断的条件有哪些？

6.19 试用流程图表示CPU响应中断后，中断处理的过程。

6.20 什么情况下需要有中断服务源识别与判优？程序查询式和中断向量式两种服务源识别与判优方案各有什么特点和优缺点？

6.21 I/O接口中常用的数据缓存技术有哪几种？它们各有什么特点和主要适用场合是什么？

6.22 试简述微机系统中定时器/计数器的必要性和重要性，以及定时实现的常用方法。

6.23 设计一个I/O端口译码电路，使CPU能寻址4个地址范围：①280H～287H；②288H～28FH；③290H～297H；④298H～29FH。

6.24 已知PC机系统中某接口板的I/O端口译码电路如图6.36所示，试分析出各I/O口和I/O芯片的端口地址或地址范围。

6.25 已知PC机系统中某接口板的板地址译码电路如图6.37所示。现希望该板的地址范围为0280H～0287H，试确定DIP开关各位的状态(打开或闭合)。

6.26 试用C语言或80x86汇编语言以查询输入方式编写一个子程序，从某输入设备输入128B并存入首地址为BUFFER的内存缓冲区。输入设备的数据口地址为0008H，状态口地址为0020H。状态口的D_0位为读状态位，D_0=1表示输入数据有效。

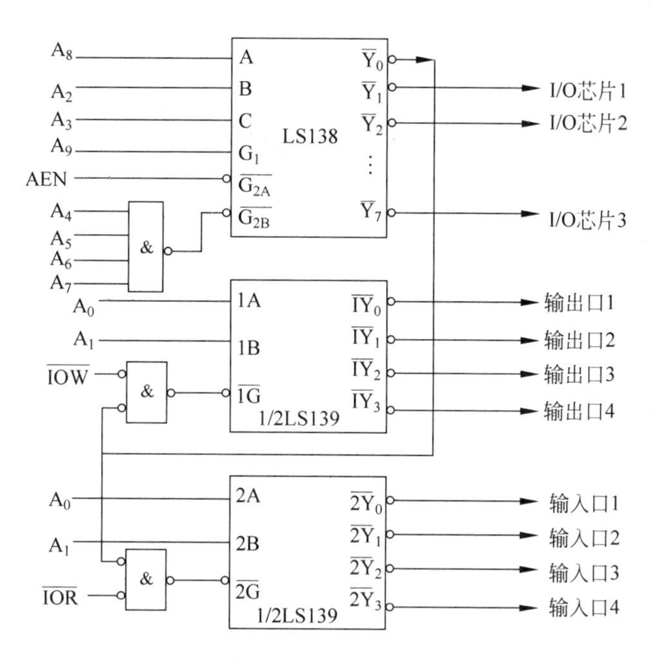

图 6.36 题 6.24 图

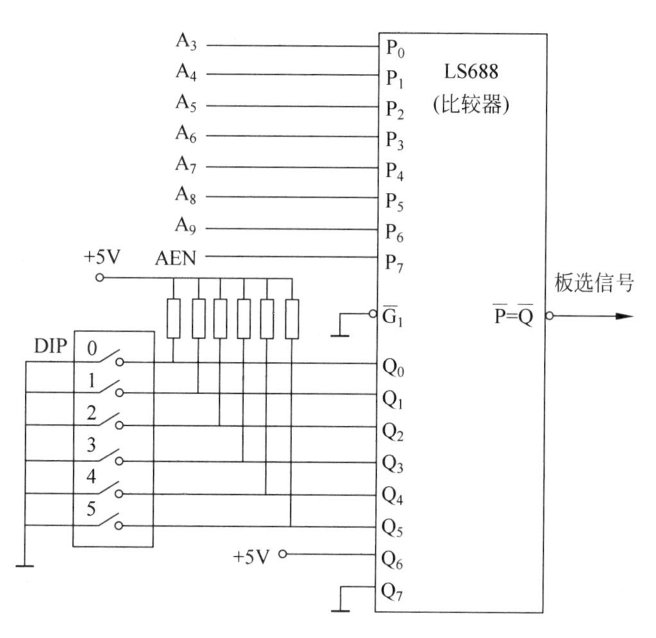

图 6.37 题 6.25 图

第7章 典型可编程接口芯片及应用

CHAPTER 7

7.1 可编程接口芯片概述

本章介绍几种在PC机和各种微机应用系统中广泛使用的可编程接口芯片，包括可编程中断控制器8259、可编程定时器/计数器8254、可编程并行接口芯片8255、可编程串行接口芯片INS 8250和可编程DMA控制器8237等。其实这里任一种都是同种型号、多种不同等级芯片的总称，如8259是8259、8259A、82C59A等的总称，8255是8255、8255A、8255A-5、82C55A等的总称，等等。同种型号、不同等级的芯片除在性能指标上有所区别外，其基本结构、基本功能和使用方法均是相同的。

尽管这些年来主流PC机中采用的接口控制芯片的集成度越来越高，芯片数越来越少，但究其本质，多半还是由这几类基本功能芯片的电路综合集成于一体而形成的，像定时器、串行通信接口、并行通信接口等通用接口的基本工作原理还是相同的。所以本书仍将其作为典型可编程接口芯片来介绍，讲述接口芯片的基本原理和接口实现方法。

7.2 可编程中断控制器芯片8259

8259是Intel公司专为控制优先级中断而设计开发的可编程中断控制器。它内部集成了与中断控制有关的几乎所有的基本功能电路，允许用户通过软件编程设定工作状态和操作方式，使用十分灵活，适应性很强。

7.2.1 基本功能

中断控制器8259具有以下基本功能：

(1) 每片8259可管理8个优先级的中断源，在其基本不增加其他电路的情况下，通过多片8259的级联构成级联系统，最多可用9片管理64级优先级的中断源。

(2) 对任何一个级别的中断源，都可以单独用软件设置屏蔽，使该级中断请求暂时被禁止，直到取消屏蔽时再开放。也可以通过设置特殊屏蔽方式，动态改变中断系统的优先级结构。

(3) 能接收电平式和边沿触发式两种形式的中断请求触发信号。

(4) 支持两种中断优先级循环方式：自动循环优先级方式和特殊循环优先级方式。

(5) 可支持向量式和查询式两种中断服务判决方式。向量式中断方式下，芯片能直接向 CPU 提供 8 个 8 位的可编程设置的中断向量号。查询式中断方式下，通过查询，CPU 可获得当前具有最高优先级的中断请求源的编码。

(6) 数据输出具有缓冲和非缓冲两种方式。

(7) 具有两种中断结束方式：非自动中断结束方式和自动中断结束方式。

(8) 可通过适当地输入命令读取 8259 的内部工作状态。

(9) 以上各种工作方式都可以通过编程来设置或动态修改。

7.2.2　内部结构与外部引脚

1. 内部结构

8259 的内部结构如图 7.1 所示。从图中可见，8259 由中断请求寄存器(IRR)、中断服务寄存器(ISR)、优先级分析器(PR)、中断屏蔽寄存器(IMR)、数据总线缓冲器、读/写电路、级联缓冲器/比较器、控制逻辑和两组命令寄存器等组成。

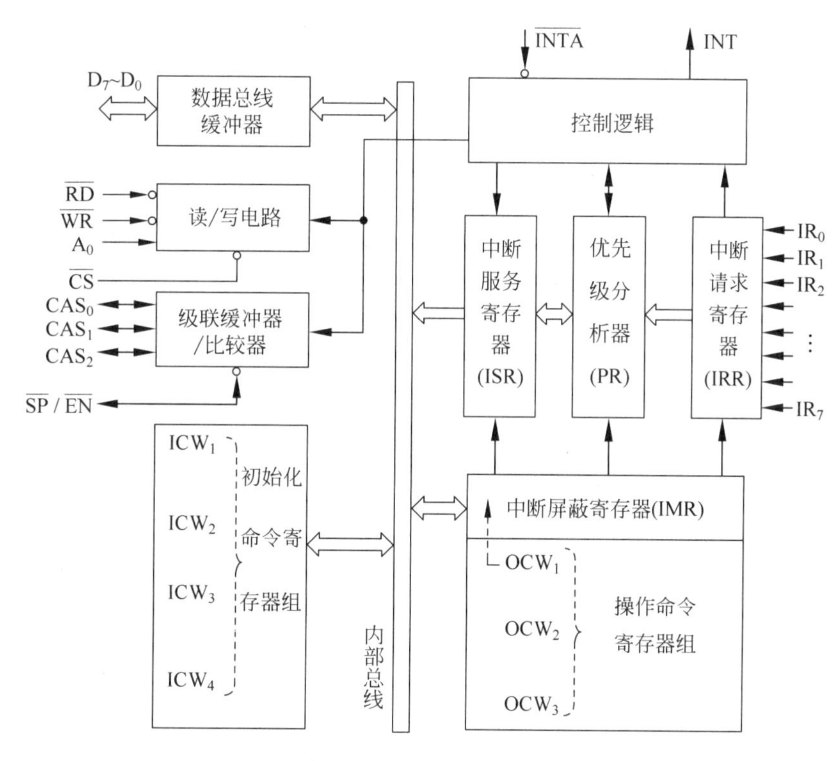

图 7.1　8259 的内部结构

现将各部分的作用和引脚功能分别说明如下：

1) 中断请求寄存器(IRR)

IRR(interrupt request register)用于接收和寄存来自外部的最多 8 个要求服务的中断请求信号。

2) 中断服务寄存器(ISR)

ISR(interrupt service register)用于寄存所有正在被服务的中断级，包括尚未服务完而在中途被更高级别的中断源打断了的中断级。

3）中断屏蔽寄存器(IMR)

IMR(interrupt maskable register)用于寄存屏蔽码。该寄存器的每位对应一个中断级，某位为1，表示屏蔽该级中断，否则开放该级中断。寄存器的内容通过编程由CPU设置。

4）优先级分析器(PR)

PR(priority resolver)用于确定中断请求寄存器IRR中各位的优先等级。当IRR中有中断请求信号将它置位时，PR就选出其中的最高优先级，并在CPU响应中断请求、发来第一个INTA脉冲时，把它存放到ISR的相应位置，表示该中断请求正在被服务。$IR_0 \sim IR_7$的优先等级可通过对8259编程设定。

5）数据总线缓冲器

这是一个8位双向三态缓冲器，用于连接系统数据总线和8259A内部总线，以便编程时由CPU对8259A写入控制字或读取状态字，或者中断响应时由CPU读取中断向量号。

6）读/写电路

该电路用于接收CPU的读/写命令，一方面把来自CPU的初始化命令字ICW和操作命令字OCW存入8259A内部相应的端口寄存器，用以规定8259A的工作方式和控制模式；另一方面也可使CPU通过它读取8259A内部有关端口寄存器的状态信息。

7）级联缓冲器/比较器

该电路用于控制多片8259A构成的最多64级的主从中断结构系统。8259既可工作在单片方式，也可工作在多片级联方式。多片级联时，一片为主片，其余为从片。

8）控制逻辑

它的作用是根据CPU对8259A编程设定的工作方式产生8259A内部控制信号，管理8259的全部工作。该电路根据IRR的状态和PR的判断结果，向CPU发出中断请求信号INT；在中断响应期间，按CPU送来的$\overline{INTA}$信号，将ISR相应位置位，向CPU提供中断源的中断类型码；在中断服务程序结束时，按编程规定的方式对ISR的相应位复位。

9）初始化命令寄存器组和操作命令寄存器组

这是两组可编程控制寄存器，用于设定或动态改变8259A的工作方式和控制模式。详细功能以后章节结合编程予以说明。

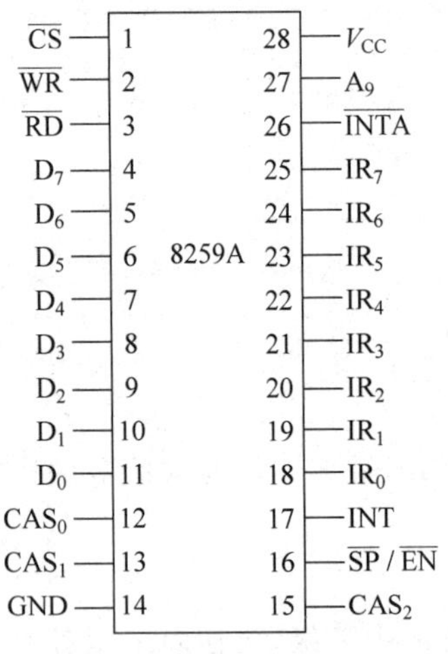

图7.2 8259的外部引脚

2. 外部引脚

8259的外部引脚及排列如图7.2所示。从图可见，它有28条外部引脚线，除电源线V_{CC}和地线GND外，其余26根线按功能大体可分为三类。

(1) 与CPU接口的引脚线14条，其中包括8条双向三态数据线$D_7 \sim D_0$，1条内部端口选择线A_0，3条读/写操作控制线$\overline{RD}$、$\overline{WR}$、$\overline{CS}$，以及向CPU的中断请求线和CPU发出的中断响应信号线各1条(INT和$\overline{INTA}$)。中断请求线INT为高电平有效，当$IR_0 \sim IR_7$中至少有一个请求有效时，它便有效。中断响应线$\overline{INTA}$是CPU对INT信号的响应线，低电平有效，在它有效时，将使ISR相应位置位，8259向CPU提供中断源的中断类型码；当中断服务程序结束时，按照编程规定的方式再将 ISR 的相应位复位。

(2) 与外设相连的引脚线 8 条：$IR_0 \sim IR_7$。这 8 条线用于连接 8 个 I/O 设备的中断请求信号。当 $IR_0 \sim IR_7$ 中的任何一根线上升为高电平时，IRR 中相应的位就置"1"。在多片级联系统中，每个从片的中断请求输出信号 INT 连到主片的一个中断请求输入端 IR_i。

(3) 级联信号引脚线 4 条：CAS_2、CAS_1、CAS_0 和$\overline{SP}/\overline{EN}$。其中 CAS_2、CAS_1、CAS_0 为连接主片和从片的级联专用信号线，主片和从片之间对应引脚相连(一般要加驱动器)，主片为输出，从片为输入，作为从片的选片输入线。在 CPU 响应中断时，主片便将从片的标识码通过这三条线送到从片中，从而选出请求中断的从片。$\overline{SP}/\overline{EN}$为从片编程/使能缓冲(slave program/enable)信号引脚，该引脚有两种功能：当 8259 工作于非缓冲方式时，它是输入信号，用于指明该 8259 是主片还是从片。若为主片，该引脚接＋5V；若为从片，则接地。当 8259 工作于缓冲方式(即其数据线通过缓冲驱动器与系统数据总线相接)时，它是输出信号，用于控制缓冲驱动器的接收和发送方向。

7.2.3　中断工作过程

8259 进入工作状态的先决条件是必须按要求对其初始化，使其处于准备就绪状态。当 8259 完成初始化后(方法见 7.2.5 节)，设置为 8086/8088 模式和 8080/8085 模式的中断工作过程是不相同的。对 8086/8088 模式，8259 对外部中断请求的响应和处理过程如下：

(1) 当中断请求输入 $IR_0 \sim IR_7$ 中有一条或多条引脚信号变高时，则中断请求寄存器 IRR 的相应位置"1"。

(2) 若中断请求线中至少有一条是中断允许的(IMR 中的对应位为 0)，则 8259 由 INT 引脚向 CPU 发出中断请求信号。

(3) 若 CPU 处于开中断状态，则在当前指令执行完后，用$\overline{INTA}$信号作为响应。

(4) 8259 在接收到 CPU 的$\overline{INTA}$信号后，使最高优先级的 ISR 位置"1"，而相应的 IRR 位清"0"。但在该中断响应周期中，8259 并不向系统总线送任何内容。

(5) CPU 输出第二个$\overline{INTA}$信号，启动第二个中断响应周期。在该周期中，8259 向系统数据总线送出一个 8 位的中断向量号(也叫中断类型码)；CPU 读取此类型号后将它乘以 4，即可从中断向量表(即中断服务程序入口地址表)中取出中断服务程序的入口地址(中断入口向量)，包括段地址和段内偏移地址。据此 CPU 便可转而执行中断服务程序。

(6) 8259 工作在 AEOI 模式，则在第二个$\overline{INTA}$脉冲信号结束时，将使被响应的中断源在 ISR 中的相应位清"0"；否则，直至中断服务程序结束，发出 EOI 命令，才使 ISR 中的对应位清"0"。

7.2.4　端口寻址与读/写控制

8259 内部的读/写电路用于接收来自 CPU 的读/写命令，配合片选信号($\overline{CS}$)和端口选择信号(A_0)，完成规定的读/写操作。

如前所述，8259 只有一根端口选择线 A_0，这说明其内部只有两个 I/O 端口，对应于 A_0＝0 和 1，分别叫做 0 口和 1 口。但其内部却有十几个可读/写的寄存器。如何通过仅有的两个端口地址去区分十几个寄存器，并进行正确的读/写操作？表 7.1 所示的 8259 读/写操作控制功能表，隐含了解决这一问题的几个重要思路。

表 7.1　8259 端口分配及读写操作功能表

A_0	$\overline{CS}$	$\overline{RD}$	$\overline{WR}$	D_4	D_3	读写操作
0	0	1	0	0	0	数据总线→OCW_2
0	0	1	0	0	1	数据总线→OCW_3
0	0	1	0	1	×	数据总线→ICW_1
1	0	1	0	×	×	数据总线→OCW_1、ICW_2、ICW_3、ICW_4
0	0	0	1			IRR、ISR、中断级 BCD 码→数据总线
1	0	0	1			IMR→数据总线
×	×	1	1	×	×	禁止
×	1	×	×	×	×	禁止

(1) OCW_2、OCW_3、ICW_1 和 IRR、ISR、中断级 BCD 码都是通过 0 口($A_0=0$)来访问的，但因为前三个命令寄存器是只写的，而后三者是只读的，因此可通过读/写控制信号$\overline{RD}$、$\overline{WR}$等于 10 或 01 来区分对它们的寻址访问。

(2) 同样，对通过同一端口——1 口($A_0=1$)来访问的 OCW_1、ICW_2、ICW_3、ICW_4 和 IMR，也可通过$\overline{RD}$、$\overline{WR}$等于 10 或 01 来区分。

(3) 对既是同一端口(0 口)，又都是只写寄存器的 OCW_2、OCW_3 和 ICW_1 的访问是通过在命令字中引入两位标志位 D_4、D_3 来区分的。

(4) 对既是同一端口(1 口)，又同是只写寄存器的 ICW_2、ICW_3、ICW_4 和 OCW_1 的访问，需要通过严格遵守规定的写入顺序来保证不错。8259 内部设置了与规定顺序相一致的时序控制逻辑。

(5) 对既是同一端口(0 口)，又都是只读寄存器的 IRR、ISR 和中断级 BCD 码的访问，取决于在读出之前，CPU 写入芯片的操作命令字 OCW_3 的内容。

7.2.5　应用编程

8259 的应用编程包括初始化编程和操作方式编程两方面，即根据应用需要将初始化命令字 ICW_1～ICW_4 和操作命令字 OCW_1～OCW_3 分别写入初始化命令字寄存器组和操作命令字寄存器组。初始化命令字必须在正常操作开始前写入，用于建立 8259 的基本工作条件，写入后一般不再改变。操作命令字可以在工作开始前写入，也可以在工作期间写入，目的是用来对中断处理过程实现动态控制。无论初始化编程还是操作方式编程，基础都是要了解每种命令字的格式与功能。

1. 初始化编程

初始化编程是通过写初始化命令字来实现的，其中 ICW_1、ICW_2 是必须写的，ICW_3 要不要写，取决于中断系统是否有多个 8259 级联，有则写，且主、从 8259 的写法不同；ICW_4 要不要写，视工作方式选择来确定。对于确定要写入的命令字，必须严格按图 7.3 规定的顺序写入。

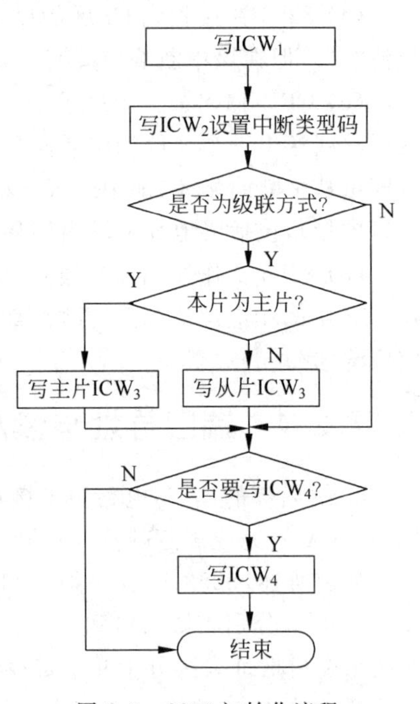

图 7.3　8259 初始化流程

1) ICW_1——状态控制的初始化命令字

ICW_1 是初始化时最先写入的控制字，此时要满足 8259 的地址线 $A_0=0$，ICW_1 的格式和各位含义如图 7.4 所示。

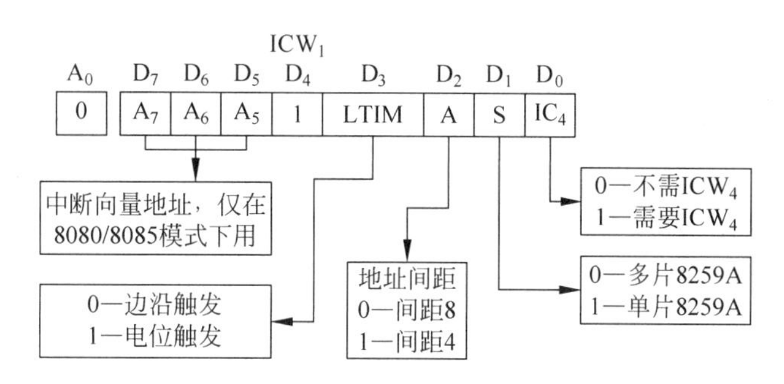

图 7.4 ICW_1 的格式和各位含义

(1) $D_7 \sim D_5$：仅在 8080/8085 模式下用，在 8086/8088 模式下不用，通常设置为 0。

(2) D_4：ICW_1 的特征位，作为 ICW_1 的标识，该位状态值必须为 1。

(3) D_3：触发方式设置位。当 LTIM=0 时，表明向 8259 发送的中断请求信号的触发方式为边沿触发；LTIM=1 时为电平触发。

(4) D_2：只在 8080/8085 模式下用，在 8086/8088 模式下不用，通常设置为 0。

(5) D_1：单片/级联标志位。SNGL=0 时，8259 处于多片级联方式；SNGL=1 时，8259 单片工作。

在多片级联系统中，要将每个从片的中断请求输出信号 INT 引脚接入主片的一个中断请求输入端 IR_i。当任一从片有中断请求时，需经由主片向 CPU 发出请求。

(6) D_0：该位用来确定是否设置 ICW_4。$IC_4=0$ 时，表明不需要 ICW_4；$IC_4=1$ 时，表明需要 ICW_4。在 8086/8088 系统中必须写入，所以该位必定为 1。

2) ICW_2——设置中断向量号的初始化命令字

用于设置中断向量号高 5 位 $T_7 \sim T_3$，格式和各位的含义如图 7.5 所示。

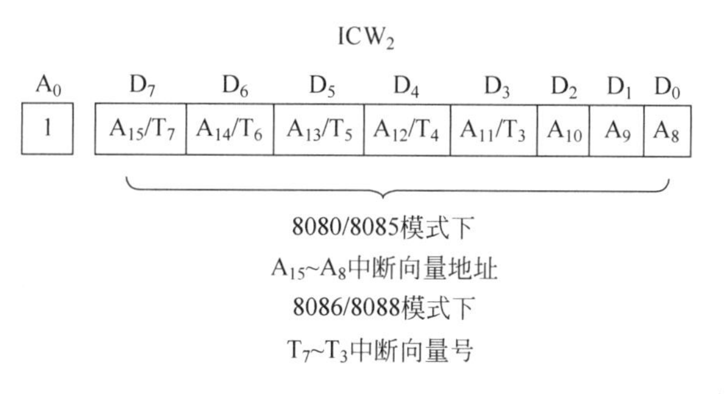

图 7.5 ICW_2 的格式和各位含义

对 8086/8088 模式，$D_7 \sim D_3$ 表示中断向量号的高五位 $T_7 \sim T_3$，可由用户设定；$D_2 \sim D_0$ 不需编程设定。在中断响应周期里中断向量号的高五位 $T_7 \sim T_3$ 与 8259 内部自动生成的中断请求级 IR_i 的 3 位编码一起，自动形成当前服务优先级对应的 8 位的中断向量号。在收到第二个 $\overline{INTA}$ 脉冲时，将中断向量号通过数据总线送给 CPU。如早期 PC/XT 和 PC/AT 中，均将高 5 位设置为 00001，所以其 ICW_2 为 08H，$IR_0 \sim IR_7$ 的中断向量号分别为

08H～0FH。

3）ICW_3——定义级联方式的初始化命令字

该命令字用于定义 8259 的 8 根中断请求线上有无级联 8259 从片。若系统中只有一片 8259A(如 PC/XT)，则不用 ICW_3；若有多片 8259 级联，则主 8259 和每一片从 8259 都必须使用 ICW_3。主片、从片的 ICW_3 是不同的：主片 ICW_3 的 D_0～D_7 位分别表示 IR_0～IR_7 中断请求线上有无级联的从片，$IR_i=1$ 表示主片输入端 IR_i 上连接了从片。从片 ICW_3 的 $D_0D_1D_2$ 位表示从片的标识码 ID_0 ID_1ID_2，它对应于 IR_0～ IR_7 的从片编码；D_7～D_3 未用，通常设置为 0。其格式如图 7.6 所示。

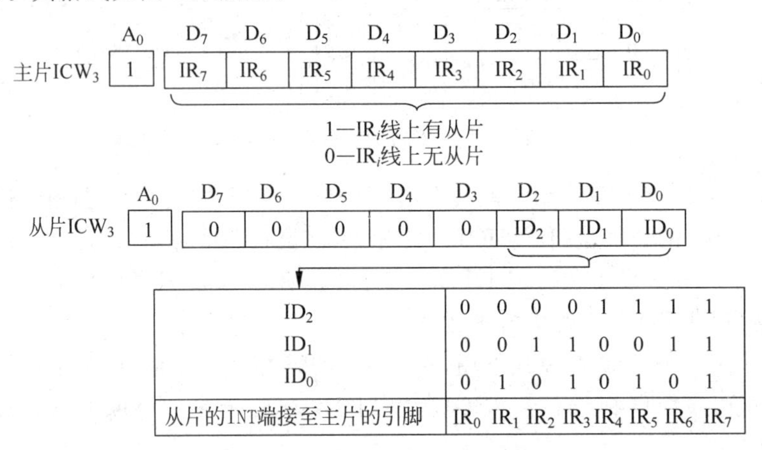

图 7.6 ICW_3 的格式和各位含义

4）ICW_4——方式控制初始化命令字

该命令字定义 8259 工作时用 8080/8085 模式还是 8086/8088 模式，以及中断服务程序是否要送出 EOI 命令，以清除中断服务寄存器 ISR，允许其他中断。该命令字承载的功能比较多，其格式和各位含义如图 7.7 所示。

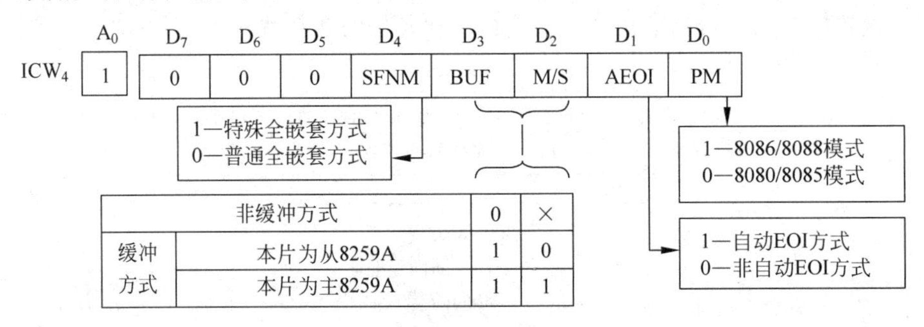

图 7.7 ICW_4 的格式和各位含义

(1) D_0 定义 8259 工作在 8080/8085 模式还是 8086/8088 模式。

(2) D_1 指明是自动结束中断还是通过发 EOI 命令结束中断。为 0，表示自动结束中断，这种情况下，当 8259 接收中断后将不再接收别的中断，直到中断服务程序送出 EOI 命令使 ISR 复位为止；为 1，表示中断服务结束后能自动使 ISR 复位，而不必发出 EOI 命令。

(3) D_2 指明本片 8259 是主片还是从片。

(4) D_3 指明本片 8259 和系统数据总线间是否有缓冲器，1 表示有，因此必须产生控制信号，以便中断时能打开缓冲器。

(5) D_4 指明 8259 是否处于多片中断控制系统中，1 表示是，其优先级顺序采用特殊全嵌套方式；0 表示单片系统，其优先级顺序采用的是一般嵌套方式，即中断源优先级是 IR_0 最高，IR_7 最低。

(6) D_5～D_7 未用，一般可取作 0。

为便于读者阅读和使用，将上述 ICW_1～ICW_4 各位的含义综合于表 7.2 中。由表可以看出，初始化命令字 ICW_2、ICW_3 和 ICW_4 均对应 1 口，即端口地址均为 $A_0=1$。为区分它们，片内采用了 FIFO 缓冲器技术。这就决定了编程时一定要严格按图 7.3 所示的顺序完成初始化命令字的写入过程，不允许颠倒。

表 7.2 8259 的初始化命令字 ICW

<table>
<tr><th colspan="2">ICW_i</th><th>ICW_1</th><th>ICW_2</th><th>ICW_3(主)</th><th>ICW_3(从)</th><th>ICW_4</th></tr>
<tr><td rowspan="8">各位含义</td><td>D_0</td><td>1——要 ICW4
0——不要</td><td rowspan="3">8080/8085 模式下中断向量地址 A_8～A_{10} 位</td><td rowspan="8">1——IR_i 线上有级联从片；
0——无级联从片</td><td rowspan="3">与主片 IR_i 对应的从片的识别码。
IR_0 为 000，
IR_1 为 001，
…
IR_7 为 111</td><td>1——8086/8088 模式
0——8080/8085 模式</td></tr>
<tr><td>D_1</td><td>1——单片 8259A
0——多片</td><td>1——自动 EOI
0——正常 EOI</td></tr>
<tr><td>D_2</td><td>8080/8085 模式中断向量地址间距：
1——间距 4
0——间距 8</td><td>1——主 8259A
0——从 8259A</td></tr>
<tr><td>D_3</td><td>中断请求信号作用方式：
1——电位触发
0——边沿触发</td><td rowspan="5">8080/8085 模式下中断向量地址 A_{11}～A_{15} 位；
8086/8088 模式下中断向量号 T_3～T_7 位</td><td rowspan="5">不用</td><td>1——缓冲方式
0——非缓冲方式</td></tr>
<tr><td>D_4</td><td>ICW1 标志位：1</td><td>1——特殊嵌套方式
0——一般嵌套方式</td></tr>
<tr><td>D_5</td><td rowspan="3">8080/8085 模式下中断向量地址 A_3～A_7 位</td><td rowspan="3">不用</td></tr>
<tr><td>D_6</td></tr>
<tr><td>D_7</td></tr>
<tr><td colspan="2">端口号</td><td>0 口</td><td>1 口</td><td>1 口(主)</td><td>1 口(从)</td><td>1 口</td></tr>
</table>

在写完初始化命令字后，8259 在其中断输入端就可以接收中断请求信号了。若不再写入任何操作命令字 OCW_i，8259 便处于全嵌套中断工作方式，这时中断源优先级是 IR_0 最高，IR_7 最低。当 CPU 为高级中断服务时，则将中断服务寄存器 ISR 对应的位置"1"，这时，8259 不再响应所有同级或低级的中断请求，直到处理完高级中断，再执行一条中断结束命令 EOI 为止。如果 CPU 正在为低级中断服务，则此时中断服务寄存器 ISR 相应位置"1"，当有级别比它高的中断源申请中断时，只要 CPU 中断允许寄存器是处于开中断状态，便允许响应此高级中断，此时 8259 将对应此高级中断的 ISR 相应位置"1"，原低级中断对应的 ISR 相应位也不复位，只是将该低级中断暂时挂起来，转向为高级中断服务。高级中断服务完毕，当程序中发一条中断结束命令 EOI 和中断返回命令 IRET 时，高级中断源对应的 ISR 相应位才复位，程序返回到为低级中断源服务的程序的断点处，若没有更高级的中断申请时，则被挂起的低级中断又从断点处开始执行。

如需改变初始化时设置的中断控制方式，或屏蔽某些中断级，读出一些状态信息，则必须继续向 8259 写入操作命令字 OCW，进行操作方式编程。

2. 操作方式编程

操作方式编程是通过有选择地写操作命令字 OCW_1～OCW_3 来实现的。和初始化编程的基础是了解初始化命令字的功能及格式一样，操作方式编程的基础也是了解操作命令字的功能及格式。

1) OCW_1——中断屏蔽操作命令字

该命令字用来设置或清除对中断源的屏蔽，故称中断屏蔽命令字。其格式如图 7.8 所示。某位 M_i 为 1，表示对应的中断源 IR_i 被屏蔽；M_i 为 0，则 IR_i 被开放。利用 OCW_1 可以通过编程在程序的任何地方实现对某些中断的屏蔽或开放，实际上也就是动态改变了中断的优先级。由于在 8259 刚初始化时屏蔽位的状态是未知的，所以在初始化编程后一般都需要设置 OCW_1。

图 7.8 OCW_1 的格式和各位含义

2) OCW_2——设置优先级循环及结束方式的操作命令字

OCW_2 用于设置优先级是否循环、循环的方式及正常中断结束的方式，仅当 8259 未选择 AEOI 方式时被编程。其格式及各位含义如图 7.9 所示。

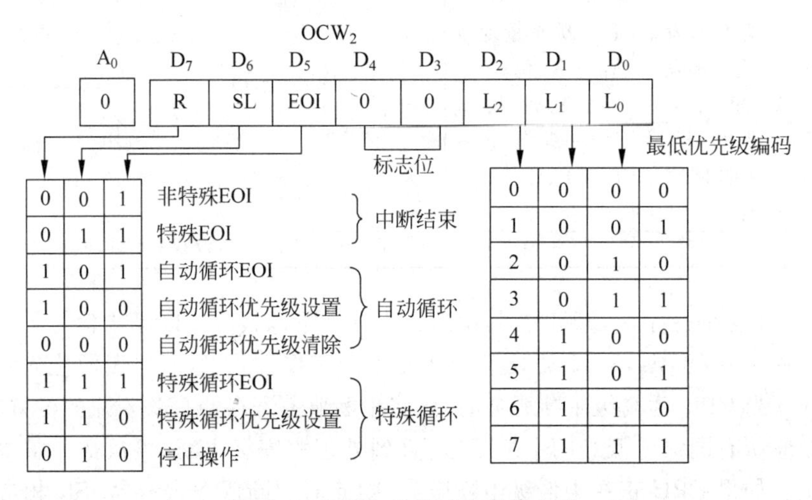

图 7.9 OCW_2 的格式和各位含义

(1) D_7：中断优先级是否循环的标志 R。R=1 是优先级循环方式；R=0 是固定优先级方式。

8259 对中断优先级的处理方式有两种，即固定优先级方式和循环优先级方式。在固定优先级方式下，优先级从高到低的顺序为 IR_0～IR_7。循环优先级方式又分为自动循环优先级方式和特殊循环优先级方式。

在自动循环优先级方式下，IR_0～IR_7 首尾相接组成一个环，其优先级顺序在此环内循环轮换。如当某级中断 IR_i 服务完后，它就轮为最低优先级，而与它相邻的 IR_{i+1} 变为最高优先级，IR_{i+2} 则变成次高级，以此类推。这种方式适合于各中断请求源的优先级相同的应用场合。

而特殊循环优先级方式是通过设定最低三位编码指定最低优先级，达到改变各中断源优先级的目的。与自动循环优先级方式的区别在于：自动循环优先级方式的初始优先级由高到低为：IR_0，IR_1，…，IR_7，而特殊循环优先级方式的初始优先级是由编程设定的。这种方式适合于各中断源的优先级需随意改变的应用场合。

(2) D_6：选择 $L_2L_1L_0$ 编码是否有效的标志 SL。若 SL＝1，则 $L_2L_1L_0$ 选择有效，用于选择最低优先级或特殊中断结束级；若 SL＝0，则无效，即优先级仍为 IR_0 最高，IR_7 最低。

(3) D_5：中断结束命令 EOI。该位为 1 时，则复位现行中断级在 ISR 中的相应位，以便允许系统再为其他级中断源服务。如果 ICW_4 的 AEOI 位为 0，必须在中断服务程序的返回指令 IRET 前写一条 OCW_2 命令字，以给出 EOI 标志；8259A 得到 EOI 命令后，便自动把为此中断服务的 ISR 中的对应位复位。当 EOI＝1 且 SL＝1 时，为特殊 EOI，此时将清除 ISR 中由 L_2～L_0 编码所指定的位。

(4) D_4D_3：OCW_2 的特征位，必须为 00。

(5) $D_2D_1D_0$：系统中最低优先级的编码。用户可通过此编码来指定最低优先级，用以改变 8259A 复位时所设置的 IR_0 为最高、IR_7 为最低的优先级规定。该三位还有一个作用，即在 SL＝1 时，通过设置它们来选择特殊结束的中断级，使 ISR 中相应位清 0。

由 R、SL 和 EOI 的不同组合可构成 8 条不同命令，决定 8259A 的 8 种不同工作方式，其中有几种方式要用到 $L_2L_1L_0$。对此，说明如下：

(1) 非特殊 EOI 命令：R＝0，SL＝0，EOI＝1。在完全嵌套中断方式中，必须用非特殊 EOI 命令来结束中断。这时与 $L_2L_1L_0$ 状态无关，一般取为 0，即非特殊 EOI 命令的 OCW_2＝00100000B。

(2) 特殊 EOI 命令：R＝0，SL＝1，EOI＝1。该命令表示中断服务结束时，由 $L_2L_1L_0$ 编码指定的中断所对应的 ISR 相应位复位。可见特殊 EOI 命令一定要与 $L_2L_1L_0$ 结合使用。

(3) 自动循环 EOI 命令：R＝1，SL＝0，EOI＝1。该命令将使系统进入非自动结束方式下的中断优先级自动循环。执行这条命令后，将使 ISR 寄存器中最高优先级的相应位复位，并使其轮为最低优先级。由于优先级循环意味着所有中断同等重要，因而一旦为该中断服务，就应不能打断；当该中断服务完后，别的中断就代替它的位置。

(4) 特殊循环 EOI 命令：R＝1，SL＝1，EOI＝1。在自动循环 EOI 命令中，要对 ISR 复位的位必定是当时最高级中断服务的位，但当用优先级设置命令设置优先级时，若 ISR 寄存器中有多个中断位置位，则分辨不出最近响应的是哪一级，不能确定应对 ISR 的哪一位复位。这时必须用特殊循环 EOI 命令，由 $L_2L_1L_0$ 指定要复位的 ISR 位的最低优先级编码。该命令格式为：OCW_2＝11100$L_2L_1L_0$。

(5) 自动循环优先级设置命令：R＝1，SL＝0，EOI＝0。该命令将使系统在自动结束方式下中断优先级自动循环。除中断结束方式不同外，与自动循环 EOI 命令的功能相同。

R=SL=EOI=0 时,设置的自动循环优先级被清除。

(6) 特殊循环优先级设置命令:R=1,SL=1,EOI=0。该命令可改变系统的中断优先级循环顺序,其命令字为 $OCW_2=11000L_2L_1L_0$。$L_2L_1L_0$ 代表最低优先级编码。

3) OCW_3——设置特殊屏蔽、中断查询和读内部寄存器的操作命令字

该命令可以用来设置特殊屏蔽方式、查询方式,以及用来读 8259 的中断请求寄存器 IRR、中断服务寄存器 ISR、中断屏蔽寄存器 IMR 的当前状态。其格式和各位含义如图 7.10 所示。

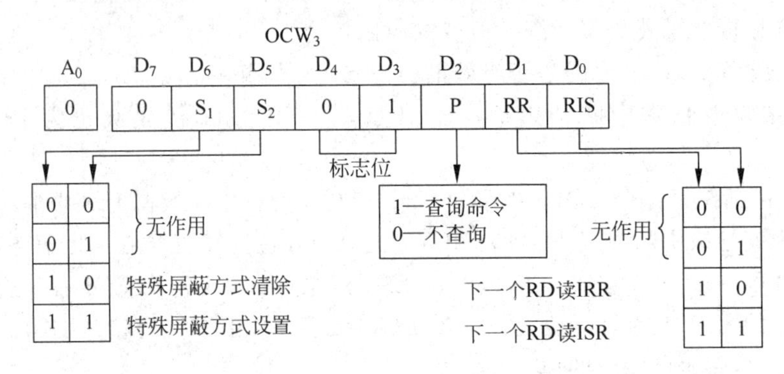

图 7.10 OCW_3 的格式和各位含义

(1) D_7:此位无意义,可为任意值,一般可取作 0。

(2) D_6、D_5:设定是否工作于特殊屏蔽方式。当 $D_6D_5=11$ 时,允许特殊屏蔽方式;当 $D_6D_5=10$ 时,清除特殊屏蔽方式(恢复原优先级方式)。

中断屏蔽方式有普通屏蔽方式和特殊屏蔽方式两种:

① 普通屏蔽方式通过写 OCW_1 使 IMR 中某一位或某几位为 1 来达到将相应中断请求屏蔽的目的。

② 特殊屏蔽方式通过使 OCW_3 的 $D_6D_5=11$ 来设定,通过写 OCW_1 来建立普通屏蔽信息。特殊屏蔽方式总是在中断服务程序中使用,不仅允许高优先级的中断,也允许低优先级的中断。它用于动态地改变系统的优先级结构,使中断不受优先级限制,而人为地为某一较低优先级中断服务。适用于在执行高级中断服务程序某一部分中希望开放较低级中断的场合。

(3) D_4、D_3:OCW_3 的标志位,必须设置 $D_4D_3=01$。

(4) D_2:设定查询方式。P=1 时,为查询方式;P=0 时,为非查询方式。

在查询方式下,8259 不向 CPU 发 INT 信号,而是靠 CPU 不断查询 8259 来了解是否有中断请求发出和具体的中断请求源。当查询到有中断请求时,就转入为中断请求服务的程序中去。设置查询方式的过程是:系统先关中断,然后利用输出指令送 $D_2=1$ 的 OCW_3 到 8259 的 0 端口($A_0=0$),再对该端口执行一条输入指令,便可读到下列查询字:

$$I \quad 1 \quad 0 \quad 0 \quad 0 \quad W_2 \quad W_1 \quad W_0$$

如 I=1,表示有中断请求,$W_2W_1W_0$ 为中断请求源中优先级最高者的编码,所以程序转到 $W_2W_1W_0$ 所对应的中断源服务程序去执行。

如 I=0,表示无中断请求,CPU 继续执行原程序。

(5) D_1:设定是否读操作,RR=1 时为读操作。

(6) D_0：设定要读出的寄存器，IRR、ISR、IMR的当前状态均可读出。但读的方法有所不同。

① 读IRR、ISR的方法是：先发读命令字OCW_3到0端口，再读0端口。

$D_1D_0=10$，读出的是中断请求寄存器IRR；$D_1D_0=11$，读出的是中断服务寄存器ISR。

② 读IMR的方法很简单，无须发OCW_3命令，只要直接对1端口进行读操作，即可读出IMR的内容。

综上所述，8259具有十分强大而灵活的以中断优先级为核心的中断管理功能，利用它可满足不同规模中断系统的中断控制和管理需要。当中断源多于8个时，可将多片8259级联构成主从式中断控制系统。级联后，只能一片为主片，其他为从片，最多可用8个从片，将中断级扩展到64个。连接时，每个从片的中断请求输出信号INT连到主片的一个中断请求输入端IR_i；主片的三条级联线CAS_2～CAS_0连至每个从片的CAS_2～CAS_0(一般建议加驱动器)，作为从片的选片输入线。在数据缓冲方式下，主/从片的设置由ICW_4选择；在非缓冲方式下，则由芯片的$\overline{SP}/\overline{EN}$端状态选择，1选择为主片，0选择为从片。

要特别注意，主片和每个从片都必须通过写入ICW_1～ICW_4分别初始化和设置必要的工作状态。每片8259A都必须分配两个互不相同的端口地址，通常偶地址、奇地址各一个。当任一从片有中断请求时需经主8259A向CPU发出请求；当CPU响应中断时，在第一个中断响应周期，主8259A通过三条级联线输出被响应的从片的编码，由此确定的从片在第二个响应周期输出它的中断向量号(由ICW_2设定)。如果中断请求并非来自从片，则CAS_2～CAS_0上没有信号，而在第二个中断响应脉冲来时，由主片将中断向量号送到数据总线上。

3. 8259编程举例

例7.1 某微机的中断系统由一片8259A构成，已知接在IR_0上的中断源的中断向量号为58H，8259A的端口地址为0E0H和0E1H。现希望8259A按全嵌套方式工作，中断请求采用电平触发，试编写8259A的初始化程序。

解 先确定要写哪些命令字，以及每个命令字对应位的取值，再按图7.3所示的流程依次写入。依题意，需写ICW_1、ICW_2和ICW_4，ICW_3则无须写，要按全嵌套方式工作，中断结束应为正常EOI方式。相应地，ICW_1、ICW_2和ICW_4的格式如下：

(1) ICW_1＝×××11×11，即：中断请求为电平触发、单片8259A、要写ICW_4；

(2) ICW_2＝01011×××，即：8259A中断类型码高5位为01011；

(3) ICW_4＝00000×01，即：一般嵌套、非缓冲、正常EOI、8086/8088模式。

其中×表示取值为0或1均可。假定命令字中的×固定为0，若用C语言编程，则其初始化程序如下：

```
outportb(0xe0,0x13)        ；写ICW1
outportb(0xe1,0x58)        ；写ICW2
outportb(0xe1,0x01)        ；写ICW4
```

例7.2 某8086系统的中断控制逻辑如图7.11所示，由两片8259级联而成。主、从8259的IR_5上各接有一个外部中断源，其中断向量号分别为0DH和85H，主片端口地址为20H和21H，从片的端口地址为0A0H和0A1H。假设系统按全嵌套方式工作，中断请求采用边沿触发、中断结束为正常 EOI 结束方式。试编写主、从 8259 的初始化程序。

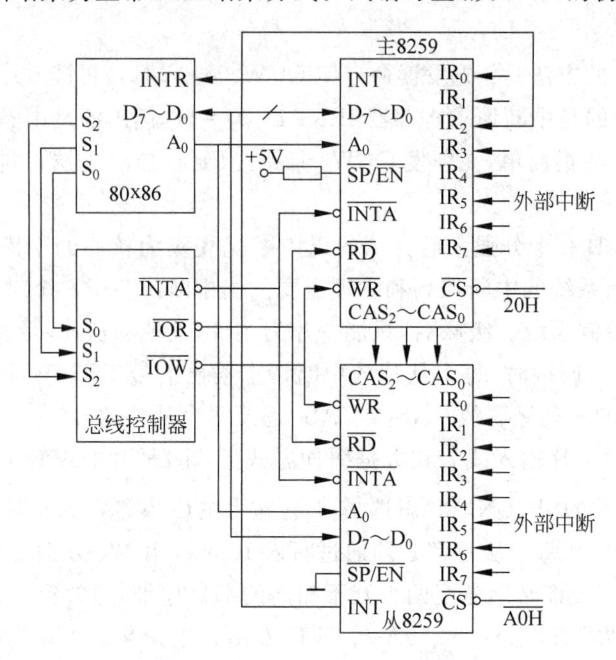

图 7.11　8529 构成的中断逻辑

解　在级联方式下，系统要工作在全嵌套方式，主片需设置为特殊全嵌套方式，从片则设置为一般全嵌套方式。依题意，用 C 语言编写的主片初始化程序如下：

```
outportb(0x20,0x11)      ; 写 ICW1,多片级联,边沿触发,要 ICW4
outportb(0x21,0x08)      ; 写 ICW2,主片中断向量号为 08H～0FH
outportb(0x21,0x04)      ; 写 ICW3,主片 IR2 接有从片
outportb(0x21,0x11)      ; 写 ICW4,特殊全嵌套,非缓冲,正常 EOI
```

从片初始化程序如下：

```
outportb(0xA0,0x11)      ; 写 ICW1,多片级联,边沿触发,要 ICW4
outportb(0xA1,0x80)      ; 写 ICW2,从片中断向量号为 80H～87H
outportb(0xA1,0x02)      ; 写 ICW3,接主片的 IR2 引脚
outportb(0xA1,0x01)      ; 写 ICW4,一般全嵌套,非缓冲,正常 EOI
```

7.2.6　8259 的应用思维

下面以 PC 系列机为背景，以一个典型应用案例为任务牵引，来了解和学习如何应用 8259 实现中断管理及中断处理程序的设计。

【典型案例与应用探究 1】

在某 80x86 微机系统中，ISA 总线的 IRQ_3 端接有一输入设备的中断请求信号，当该设备数据准备好后，通过 IRQ_3 端向 PC 机发出中断请求。CPU 响应 IRQ_3 中断时，先显示字符串“THIS IS A 8259A INTERRUPT!”，再读入数据并处理。中断 10 次后，程序返回 DOS。现已知 IRQ_3 中断对应的中断向量号为 0BH，PC 机内部 8259A 中断控制器的端口

地址为 20H 和 21H。编写中断处理程序实现上述功能。

1. 案例分析

这是外部设备通过中断驱动式同步控制方式与系统交换数据的一个典型案例，具有广泛性和代表性。一般来说，微机采用中断方式与外设交换数据时，相应中断处理程序应包含两部分：一是主程序中的中断初始化程序，这主要包括中断向量表的初始化、中断控制器（如 8259A）的初始化和开中断等；二是与外设中断对应的中断服务程序。所以，要完成案例中要求的功能，应从以下三个方面入手进行探究：

(1) 弄清中断向量的装入；

(2) 了解中断处理程序设计的一般步骤；

(3) 编写程序实现案例中要求的功能。

2. 探究实现

1) 中断向量的装入

由 8259 的工作过程可知，CPU 在响应中断获取中断向量号之后，是通过查中断向量表得到中断处理程序的入口地址（即中断向量）而转入中断处理的。所以，编写好的中断服务程序的入口地址必须预先填入中断向量表的对应位置，CPU 响应中断时才能执行。

80x86/Pentium 工作于实地址方式时，在内存的最低 1K 字节（即 0 段的 0000H～03FFH 区域）建立了一个可存放 256 个中断向量的中断向量表来管理中断，如图 7.12 所示。每个中断向量号对应一个中断向量，每个中断向量占 4 字节，CS、IP 各占 2 字节，且 IP 值在前，CS 值在后，每个值中又是低字节在前，高字节在后。中断向量号与中断向量地址的对应关系是：

中断向量地址＝4×中断向量号

因此，当中断响应时，CPU 将从数据总线读得的 8 位中断向量号乘以 4，得到中断向量地址，进而得到中断向量即中断处理程序入口地址，从而转入中断处理。

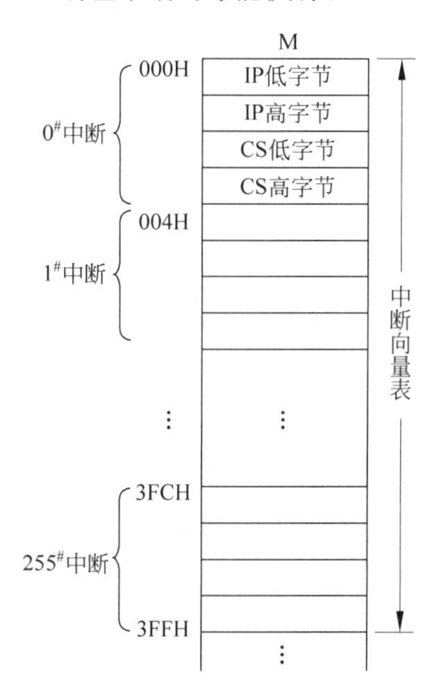

图 7.12 80x86 中断向量表结构示意图

汇编语言中，中断向量既可用 DOS 功能调用装入，也可根据中断向量表结构，用数据传送指令 MOV 或串存储指令 STOSW 装入。在 C 语言中，则可通过相应的函数写入或读出中断向量。如：中断源的中断向量号为 4AH，对应中断处理程序入口地址的标号为 INT_ROUT，则可用如下 C 语言程序段来完成将中断处理程序入口地址填入中断向量表的功能：

```
void interrupt   int_rout(void);          /* 定义中断处理程序 */
disable();                                /* 关中断 */
setvect(0x4A, int_rout);                  /* 将中断处理程序入口地址填入中断向量表 */
enable();                                 /* 开中断 */
```

2) 中断处理程序设计的一般步骤

CPU 响应外设中断后，为外设的服务是通过执行中断处理程序而完成的，尽管不同外设要求的处理内容不同，但各类外设的处理程序在内容结构上是基本相同的，如图 6.18 所示。

实际编程时，还应注意如下两个问题：

(1) 应使中断服务的处理时间尽可能短，以免当前中断服务未完成，中断源又发出新的中断请求。如在定时中断处理时，应确保中断服务处理的时间小于两次中断的间隔时间。

(2) 中断服务处理程序需要访问 I/O 缓冲区时，要重装数据缓冲区所在段的基址，以确保正确无误地访问规定的 I/O 缓冲区，完成后再恢复原数据段基址。

3) 编写程序实现案例中要求的功能

在本例中，由于 PC 机内部已完成 8259A 的初始化，所以，软件程序主要包括中断向量表的填写和中断处理子程序的设计。

程序如下：

```
#include <stdio.h>
#include <conio.h>
#include <dos.h>
#define IRQ3 0x0b                                     /* 中断向量号 */
void interrupt handler(void);                         /* 定义中断处理程序 */
char count=10;                                        /* 中断次数计数器 */
main(){
      unsigned char temp;
      void interrupt ( * oldhandler)(void);
      disable();                                      /* 关中断 */
      oldhandler = getvect(IRQ3);                     /* 保存系统中断向量 */
      setvect(IRQ3, handler);                         /* 设置新的中断向量 */
      temp=inportb(0x21);                             /* 读取系统中断屏蔽字 */
      outportb(0x21,temp&0xf7);                       /* 设置新的中断屏蔽字,开 IRQ3 中断 */
      enable();                                       /* 开系统中断 */
      while (count!=0);                               /* 等待 10 次中断 */
      setvect(IRQ3, oldhandler);                      /* 恢复原系统中断向量 */
      outportb(0x21,temp);                            /* 恢复原系统中断屏蔽字 */
}
void interrupt handler(){                             /* 中断服务程序 */
      enable();
      printf("\n This is a 8259a interrupt");
      count--;
      if (count==0) outportb(0x21,inportb(0x21)|0x08);  /* 屏蔽 IRQ3 中断 */
      disable();
      outportb(0x20,0x20);                            /* 发中断结束命令 */
}
```

若用汇编语言编程，则相应的中断处理程序如下：

```
DATA   SEGMENT
    DISP   DB  'This is a 8259a interrupt',0AH,0DH,'$'
    CNT   DB  10                                ;计数值为 10
DATA   ENDS
CODE   SEGMENT
   ASSUME  CS: CODE,DS: DATA
```

```
START:    CLI                              ; 关中断
          MOV    AX,350BH                  ; 读原系统中断向量
          INT    21H
          PUSH   BX                        ; 将原系统中断向量保存至堆栈
          PUSH   ES
          MOV    AX,SEG INT_ROUT           ; 设置新的中断向量
          MOV    DS,AX                     ; 中断处理程序入口地址段基址送 DS
          MOV    DX,OFFSET INT_ROUT        ; 中断处理程序入口地址偏移值送 DX
          MOV    AX,250BH                  ; DOS 功能号和中断向量号送 AH 和 AL
          INT    21H
          IN     AL,21H                    ; 读系统中断屏蔽字(8259A 屏蔽字)
          PUSH   AX                        ; 保存系统中断屏蔽字
          AND    AL,0F7H                   ; 设置新的中断屏蔽字,开放 IRQ3 中断
          OUT    21H,AL                    ; 写 8259A 屏蔽字
          MOV    AX,DATA                   ; 设置数据段基址
          MOV    DS,AX
          STI                              ; 开中断
WAIT$:    CMP    CNT,0                     ; 已响应 10 次中断?
          JNZ    WAIT$                     ; 未响应 10 次,继续
          POP    AX                        ; 是,恢复原系统中断屏蔽字
          OUT    21H,AL
          POP    DS                        ; 恢复系统中断向量
          POP    DX
          MOV    AX,250BH
          INT    21H
          MOV    AH,4CH                    ; 返回 DOS
          INT    21H

INT_ROUT  PROC   FAR                       ; 中断处理程序
          PUSH   AX                        ; 保护现场
          PUSH   DS
          PUSH   DX
          STI                              ; 开中断,允许响应更高级中断
          MOV    AX,DATA                   ; DS 指向数据段
          MOV    DS,AX
          MOV    DX,OFFSET DISP            ; 显示提示信息
          MOV    AH,9
          INT    21H
          DEC    CNT                       ; 中断计数器减 1
          JNZ    NEXT
          IN     AL,21H                    ; 已中断 10 次,关 IRQ3 中断
          OR     AL,08H
          OUT    21H,AL
NEXT:     CLI                              ; 关中断
          POP    DX                        ; 恢复现场
          POP    DS
          POP    AX
          MOV    AL,20H                    ; 发中断结束命令,开放同级和低级中断
          OUT    20H,AL
          IRET                             ; 开中断,中断返回
INT_ROUT  ENDP
```

```
CODE        ENDS
            END     START
```

7.3 可编程定时器/计数器芯片 8254

8254 是 Intel 公司为解决与微处理器设计有关的公共时间问题而专门设计的可编程间隔定时器(programmable interval timer,PIT)。8254 是 8253 的改进型,两者的基本功能相同,硬件组成、外部引脚和编程特性完全兼容,但 8254 比 8253 具有更优良的性能,下面主要以 8254 为例介绍其功能、结构、引脚信号、工作方式和编程,而对 8254 与 8253 不同的地方随时予以说明。

7.3.1 基本功能

8254 具有以下基本功能:

(1) 有 3 个独立的 16 位计数器通道;

(2) 每个计数器可按二进制或十进制(BCD)计数;

(3) 每个计数器可工作于 6 种不同工作方式;

(4) 每个计数器允许的最高计数频率为 10MHz (8253 为 2MHz);

(5) 有读回命令(8253 没有),可以读出当前计数单元的内容和状态寄存器内容;

(6) 每个计数器通道的逻辑功能完全相同,既可作定时器用,又可作计数器用。

7.3.2 内部结构与外部引脚

8254 的内部结构与外部引脚如图 7.13 所示。

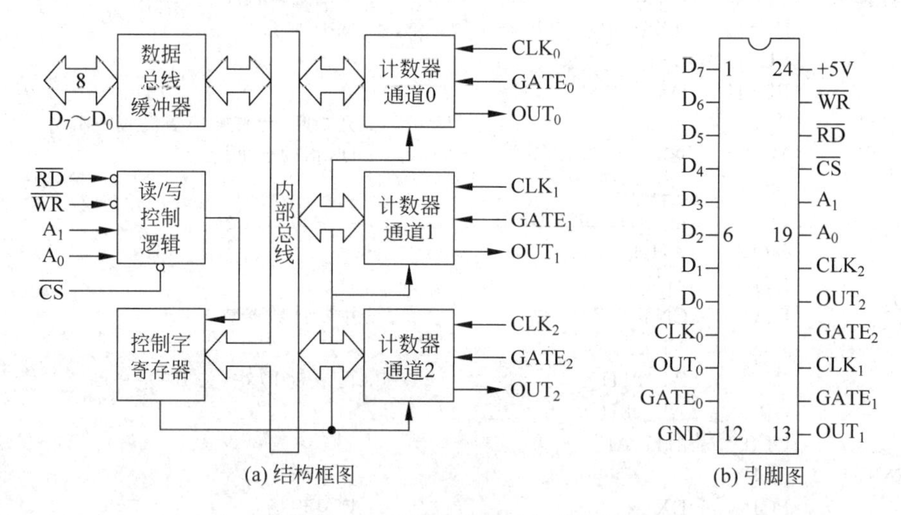

图 7.13 8254 的内部结构与引脚排列

从图可见,8254 芯片由 3 个计数器通道、控制字寄存器和数据总线缓冲器和读/写控制逻辑组成。3 个计数器通道和控制字寄存器通过内部总线相连,内部总线再经缓冲器与 CPU 数据总线相接。

1. 计数器通道

3个计数器通道相互间是完全独立的，但结构和功能完全相同。每个计数器通道的内部结构如图7.14所示，均包含一个16位的计数初值寄存器(CR)、一个16位的减法计数工作单元(CE)、一个16位的输出锁存器(OL)、一个8位的状态寄存器(SR)和一个8位的状态锁存器(SL)以及相关的控制逻辑。

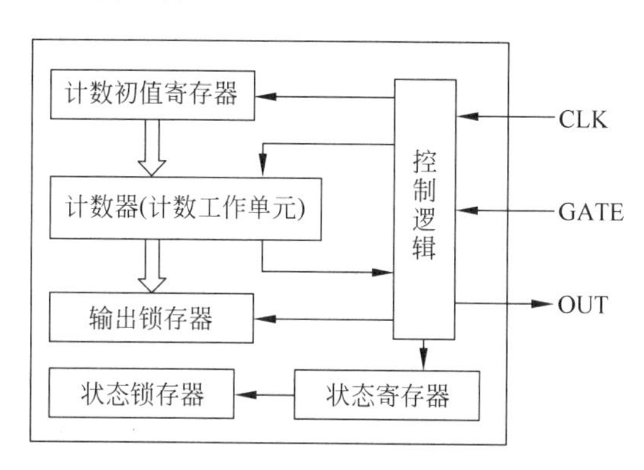

图7.14 计数器通道的内部结构示意图

计数器的基本工作原理是：首先写入控制字，设置计数器的工作方式，同时将清除计数初值寄存器的内容。然后预置计数初值寄存器CR，把计数初值传送至计数工作单元CE，计数脉冲经CLK输入端对计数器进行减法计数。

每个计数器通道的逻辑功能完全相同，既可作定时器用，又可作计数器用。当用作计数器时，应将要求计数的次数预置到该通道的CR中，被计数的事件应以脉冲方式从CLK_i端输入，每输入一个计数脉冲，计数器内容减1，当减至0时，OUT_i端将有信号输出，表示计数次数到。当用作定时器时，由CLK_i端输入一定周期的时钟脉冲，同时根据定时的时间长短确定所需的计数值，并预置到CR中，每输入一个时钟脉冲，计数器内容减1，待计数值减到0时，OUT_i端将有输出，表示定时时间到。

可见，任一通道无论作计数器用或作定时器用，其内部操作完全相同，区别仅在于前者是由计数脉冲(间隔不一定相同)进行减1计数，而后者是由周期一定的时钟脉冲作减1计数，即CLK输入的是均匀的脉冲序列，OUT输出的是相对于CLK频率降低了的均匀脉冲序列。并且每当计数单元减到0，计数初值寄存器内容会自动重新装入计数单元，所以，各通道用作定时器时可用来产生各种脉冲序列。

每个通道都有3个和外界联系的引脚信号：OUT、CLK和GATE，每个通道在3个信号的配合控制下实现定时/计数。OUT引脚是计数器的输出信号端，用来指示计数过程减到0，对于6种不同的工作方式，OUT输出不同的波形。CLK引脚用来引入基准时钟或外部事件脉冲信号。GATE为门控信号，它有多种控制作用，如允许/禁止计数、启动/中止计数等，其作用因工作方式不同而异。有关内容将在7.3.4节结合工作方式详细说明。

2. 控制字寄存器

这3个计数通道共享一个8位的控制字寄存器，用于存放由CPU写入芯片的方式选择控制字或命令字，由它来规定8254中各计数器通道的工作方式或计数值和状态值的锁存读回等操作。

3. 与微处理器的接口

这部分电路由数据总线缓冲器和读/写控制逻辑组成。

数据总线缓冲器是一个8位双向三态缓冲器,8位数据线 $D_7 \sim D_0$ 与CPU的系统数据总线连接,构成CPU与8254之间的数据传送通道。CPU对8254发出的控制命令、计数初值,以及从8254读出的计数值或状态信息,都是通过这个缓冲器传送的。

读/写控制逻辑接收CPU系统总线的读、写控制信号和端口选择信号,用于控制8254内部寄存器的读/写操作。5根控制线功能如下:

$\overline{WR}$:写信号,输入,低电平有效。当CPU对8254执行写操作时,该信号有效。

$\overline{RD}$:读信号,输入,低电平有效。当CPU对8254执行读操作时,该信号有效。

$\overline{CS}$:片选信号,输入,低电平有效。$\overline{CS}$有效时8254被选中。

A_1A_0:端口选择信号,由8254片内译码,选择控制寄存器和3个计数器通道。

这些信号线与CPU的连接方法和8259、8255等可编程接口芯片与CPU的连接特性类似,也是数据线 $D_0 \sim D_7$ 与CPU的数据线直接相连;端口选择线 A_1 和 A_0 则与CPU的低位地址线直接相连,而片选线$\overline{CS}$与余下的CPU高位地址线经译码后产生的片选信号相连;读/写控制线$\overline{RD}$/$\overline{WR}$与CPU控制总线组合形成的读/写控制信号(如$\overline{IOR}$和$\overline{IOW}$)直连。

7.3.3 端口寻址与读/写控制

8254内部有4个I/O端口,分别对应于 A_1A_0 的00、01、10、11四种状态,实际中通常将它们分别称为0口、1口、2口和3口。CPU对3个计数器通道和控制字寄存器的寻址及读/写操作是通过对这4个端口的寻址和读/写来实现的,有关控制作用如表7.3所示。

表7.3 8254各端口寄存器的寻址和读/写控制

$\overline{CS}$	$\overline{RD}$	$\overline{WR}$	A_1	A_0	读/写操作说明
0	1	0	0	0	写计数器通道0的CR(写0口)
0	1	0	0	1	写计数器通道1的CR(写1口)
0	1	0	1	0	写计数器通道2的CR(写2口)
0	1	0	1	1	写控制寄存器(写3口)
0	0	1	0	0	读通道0的OL或状态锁存器(读0口)
0	0	1	0	1	读通道1的OL或状态锁存器(读1口)
0	0	1	1	0	读通道2的OL或状态锁存器(读2口)
0	0	1	1	1	无操作
1	×	×	×	×	禁止使用
0	1	1	×	×	无操作

由于计数工作单元(CE)和计数初值寄存器(CR)、输出锁存器(OL)均为16位,而内部总线的宽度为8位,因此CR的写入和OL的读出都必须分两次进行。若在初始化时只写入CR的一个字节,则另一个字节的内容保持为0。CE是CPU不能直接读/写的,需要修改其初值时,只能通过写入CR实现。

7.3.4 六种工作方式

工作于任何一种方式,都必须先写控制字至控制字寄存器,以选择所需方式,同时使所有逻辑电路复位、使CR内容清0、使OUT变为规定状态，再向CR写入计数初值。然后才能在GATE信号的控制下、在CLK脉冲的作用下进行计数。

8254中各计数器通道均有6种工作方式可供选择，不同工作方式有不同的特点。学习这6种工作方式时，要重点注意门控信号GATE的作用、输出信号OUT的波形和启动计数的条件，据此学会为不同的应用场合选择合适的工作方式。

下面分别介绍各种工作方式。在说明各种方式的波形图中，一律假定已经写入了控制字，通道已经进入了相应的工作方式，波形全部从写初值至CR(用n值表示)开始画起。因为各波形图中的n值都很小，所以只需写一次初值的低字节，而不必写其高字节00H。

1. 方式0——计数结束中断方式(interrupt on terminal count)

方式0是典型的事件计数用法，当计数单元CE计至0时，OUT信号由低变高，可作为中断请求信号。

其工作过程是：当写入控制字后，OUT信号变为低电平，并维持低电平至CE的内容到达0，此后OUT信号变为高电平，并维持高电平至再次写入新的计数值或重新写入控制字。门控信号GATE用于开放或禁止计数，GATE为“1”允许计数，为“0”则停止计数。

方式0的工作特点可用图7.15所示的波形图来表示。

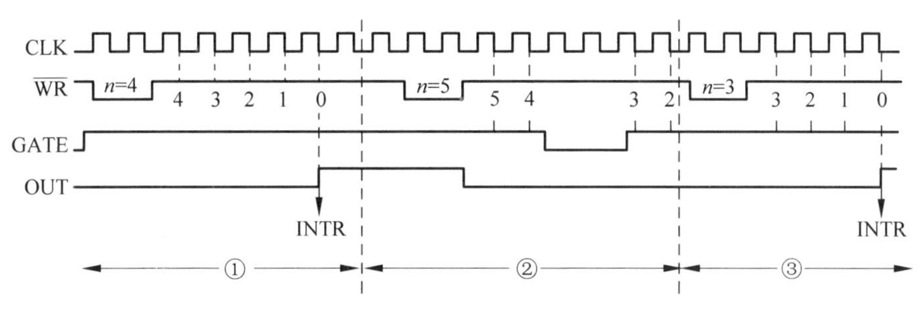

图7.15 工作方式0定时波形图

(1) 图中①表示GATE=1的正常计数情况。计数由软件启动，每次写入计数初值，只启动一次计数。当计数到0后，并不恢复计数初值，也不重新开始计数，OUT端保持高电平。只有再次写入计数值后，OUT变低，才开始新一轮的计数。CPU写计数初值到CR后，CR内容并不立即装入CE，而是在其后的下一个CLK脉冲下降沿才将CR内容装入CE，并从此开始作减一计数，因此，若计数初值为n，则必须在出现$n+1$个CLK脉冲之后，OUT信号才变为高电平。

(2) 图中②表示计数过程中GATE=0时暂停计数的情况。在计数过程中，如果GATE=0，则暂停计数，直到GATE变为1后再接着计数。

(3) 图中③表示计数过程中重写了新的初值的计数情况。在计数过程中可写入新的计数初值。从写入后的下一个时钟脉冲开始，以新的初值计数。如是8位计数，在写入新的初值(仅低字节)后即按新值开始计数；如是16位计数，则在写入第一字节后，计数器停止计数，在写入第二字节后，计数器才按新值开始计数。

2. 方式1——硬件可重触发单稳方式(hardware retriggerable one-shot)

在方式1下，计数器相当于一个可编程的单稳态电路，触发输入为GATE信号。

其工作过程是：当写入控制字后，OUT信号变为高电平，并保持不变；写入计数初值后,CR 内容并不装入 CE,也不开始计数过程,必须当 GATE 信号由低变高(上升沿起触发作用)之后的一个 CLK 脉冲出现,才将 CR 内容装入 CE,同时使 OUT 信号变为低电平,从而形成输出单脉冲的前沿。OUT 信号在 CE 不为 0 时一直保持低电平,当 CE 到达 0 时,OUT 信号恢复为高电平,形成输出单脉冲的后沿。因此,由 OUT 端输出的单脉冲宽度为 CLK 脉冲周期的 n 倍(n 为计数初值)。

方式 1 的工作特点可用图 7.16 所示的波形图来表示。

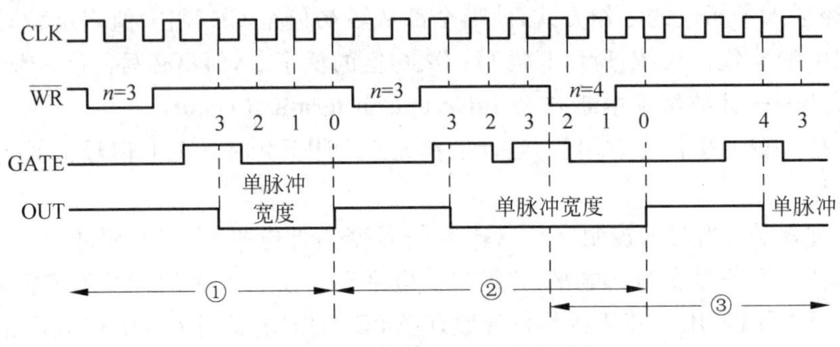

图 7.16　工作方式 1 定时波形图

(1) 图中①为一般情况。设定 CR 的初值为 $n=3$,于是输出负脉冲宽度为 3 个 CLK 周期。

(2) 图中②为重触发情况。一旦控制字设置为方式 1 并向 CR 置入了初值,在没有新的初值置入之前,这个初值在 CR 中保持不变。以后在 OUT 端没变高电平之前,如果 GATE 端又加入了触发信号(由低变高),则又将初值从 CR 装入 CE,又从初值开始计数,而且每触发一次,该过程都重复一次。其结果将延长 OUT 端输出的负脉冲宽度。图 7.16 中第②段反映的即是这种情况,虽然计数初值为 $n=3$,但 OUT 输出的脉冲宽度并不是 3 个 CLK 周期,而是 5 个 CLK 周期。GATE 由高电平变为低电平对计数过程没有影响。

(3) 图中③表示在形成单脉冲的过程中,再次写入新的计数初值,对正在进行的计数过程不产生任何影响,必须等到下一个 GATE 触发信号(上升沿)出现后,才将新的 CR 内容($n=4$)装入 CE,从此开始计数。

在微机实时控制系统中常用方式 1 来产生监视时钟(watchdog timer)。尽管这类系统的程序通常是固化在 ROM 中,但由于存在干扰,仍有可能使程序不按规定的流程执行,而出现所谓"溢出"现象或"死机"现象,从而使过程失控。一旦出现这种情况,就希望能在允许时间内强迫系统重新启动,返回到正常程序工作状态。利用 8254 方式 1 的可重触发特性可实现这种控制。方法是将 OUT 端引到 CPU 的 RESET 输入端,利用其单脉冲后沿作为复位信号,使系统重新启动;同时,在初始化程序中向 8254 置入适当的计数初值,在程序的适当位置上设置指令,使某个 I/O 电路向 8254 送来正触发脉冲(GATE 上升沿),这种触发脉冲出现的时间间隔应小于 8254 OUT 端输出的负脉冲宽度,这样,当程序正常运行时,OUT 输出始终为低电平,只有出现异常情况,程序不按规定的流程执行,使得没有重触发脉冲产生时,OUT 信号才由低变高,从而形成 RESET 信号,CPU 被迫重新启动,使系统又重新返回到正常运行状态。

3. 方式 2——速率波发生器方式(rate generator)

方式 2 也称为 n 分频方式。在该方式下,允许自动重装计数初值,进行周期性重复计数。

方式2的工作过程是：当写入控制字，使8254进入这种工作方式后，OUT输出高电平，这时若写入计数初值 n，则在其后的下个CLK下降沿将初值装入CE，并从初值开始作减1计数，OUT保持为高电平不变；待计数值减到1时，OUT将输出宽度为一个CLK周期的负脉冲，至计数值为0时，自动重新装入计数初值 n 至CE，实现循环计数。如果CLK为周期性的脉冲序列，则OUT端也输出周期性的脉冲序列，其负脉冲的宽度为一个CLK脉冲周期，脉冲频率为CLK信号频率的 $1/n$（n 为CR初值），即为CLK的 n 分频信号。

方式2的工作特点可用图7.17所示的波形图来表示。

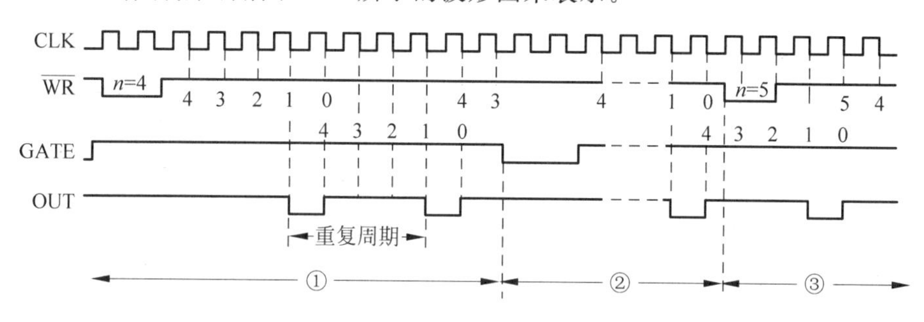

图7.17 工作方式2定时波形图

(1) 图中①反映的是正常工作情况，即GATE保持为高，且不改变CR内容的计数情况。这时OUT输出周期性的负脉冲序列，其负脉冲占空比为 $1/n$。图中所示例子的分频系数为4，负脉冲占空比为1/4。

(2) 图中②反映的是启动分频过程之后，GATE信号变低的情况。这时停止对CLK计数。但当GATE由低重新变高时，CR内容重新置入CE，即由GATE上升沿重新启动分频过程。如果此后GATE保持在高电平不变，则此后的过程与①情况相同。

由(1)和(2)可知，方式2的计数启动有两种方式：一是在GATE恒为高电平时，通过由软件写入计数初值启动；二是写入计数初值后由GATE上升沿启动。

(3) 图中③反映的是GATE信号保持高电平不变时重新写入了CR初值的情况。这种情况下，在按原来的初值计数使CE减为0时才将新的初值从CR装入CE，改变分频系数。

4. 方式3——方波方式(square wave mode)

在方式3下，OUT端输出的是方波或近似方波信号，它的典型用法是作波特率发生器。

方式3的工作过程比较复杂。当写入控制字，使8254进入工作方式3后，OUT输出低电平，这时若装入计数初值 n 且GATE为高电平，则在其后的下一个CLK脉冲下降沿，OUT跳变为高电平，同时开始减法计数。依据写入的计数初值 n 是奇数还是偶数，减法计数的过程和OUT端得到的波形均有所不同。

下面结合图7.18所示的定时波形图进行说明。图中反映了三种不同条件下的计数过程。

(1) 图中①表示计数初值为偶数($n=4$)的情况。如果置入CR的初值 n 是偶数，减法计数对每个CLK脉冲减2，经过 $n/2$ 个CLK脉冲，计数值达到0值，OUT输出变为低；然后，CR内的初值自动再装入CE并继续减2计数，经过 $n/2$ 个CLK脉冲，计数值达0值，OUT输出又立即变高。如此周而复始，OUT端得到的是完全对称(占空比为1/2)的方波信号。

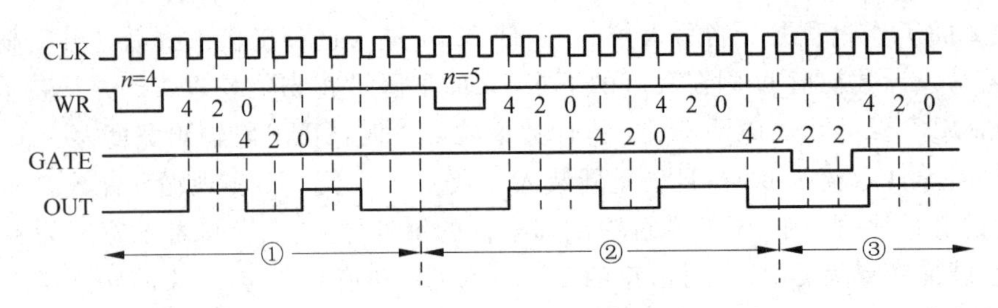

图 7.18　工作方式 3 定时波形图

(2) 图中②表示初值为奇数(图中为 $n=5$)的情况。置入的初值是奇数,则计数过程略有不同:在 OUT 变为高电平瞬间,CR 内的初值向 CE 装入时减 1 成为偶数,然后对 CLK 减 2 计数,减至 0 时 OUT 不立即变低,而是再经过一个 CLK 脉冲后变低。这就是说,方波的高电平持续时间为 $(n-1)/2+1=(n+1)/2$ 个脉冲周期。OUT 从高变低瞬间,CR 内初值向 CE 装入时减 1,然后对 CLK 减 2 计数,计数到 0 值时,OUT 输出立即变高。这就是说,方波的低电平持续 $(n-1)/2$ 个 CLK 脉冲周期。如此周而复始,OUT 端得到的是近似对称的方波信号。

(3) 图中③表示计数过程中出现 GATE=0 的情况。这时 CE 暂停对 CLK 计数,直到 GATE 再次由低变高(出现上升沿)时,重新启动计数过程,从初值 n 开始计数。

如果要求改变输出方波的速率,则 CPU 可在任何时候向 CR 重新写入新的计数初值 n,并从下一个计数操作周期开始起作用。而如果在新初值写入之后又收到 GATE 上升沿,则虽然原来的方波半周期尚未结束,CE 也将在下一个 CLK 脉冲时装入新初值,并从它开始计数。

5. 方式 4——软件触发选通方式(software triggered strobe)

方式 4 和方式 0 十分相似,都是由软件触发的计数方式。区别只是当定时时间或计数次数到时 OUT 端输出波形不同。

方式 4 的工作过程是:当写入控制字,使 8254 进入方式 4 后,OUT 信号变为高电平。这时,如果 GATE 为高电平,则在写入 CR 初值 n 后的下一个 CLK 脉冲下降沿将 CR 内容装入 CE,并从它开始对 CLK 脉冲减 1 计数。这相当于软件启动计数。当 CE 计到 0 时,OUT 端输出一个宽度为 1 个 CLK 周期的负脉冲。可见必须经过 $n+1$ 个 CLK 脉冲周期,才产生一个负选通脉冲。这种由软件装入的计数值只一次有效,如果要继续操作,必须重新置入计数初值 n。

方式 4 的工作特点可用图 7.19 所示的波形图来表示。

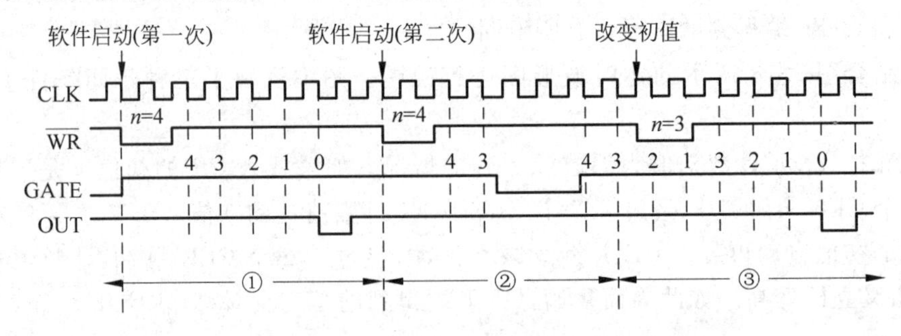

图 7.19　工作方式 4 定时波形图

(1) 图中①表示 GATE 为高电平时的正常软件启动计数过程。

(2) 图中②表示 GATE 对计数过程的控制作用,如果在操作过程中,GATE 变为无效(低电平),则停止减 1 计数,直到 GATE 恢复有效时,重新从初值开始减 1 计数。

(3) 图中③表示计数过程中改变(重写)计数初值对计数过程的影响。这时将从改变之后的下个 CLK 脉冲起,按新计数初值重新开始计数。

显然,利用工作方式 4 可以完成定时功能。定时时间从装入计数初值 n 开始,当定时时间到时,OUT 输出一负脉冲。定时时间 $T=n\times$CLK 周期。这种工作方式也可完成计数功能,只要将要求计数的事件以脉冲方式从 CLK 端输入,将计数次数作为计数初值装入 CR,即可利用 GATE 信号启动计数过程,对 CLK 端输入的脉冲作减 1 计数。当 CE 计数至 0 时,OUT 输出一负脉冲,表示计数次数到。

6. 方式 5——硬件触发选通方式(hardware triggered strobe)

方式 5 与方式 1 十分相似,也是一种由 GATE 端引入的触发信号控制的计数或定时工作方式,只不过 CE 计数到 0 时 OUT 端产生的是负选通脉冲。

其工作过程是:当写入控制字,使 8254 进入方式 5 后,OUT 输出高电平。硬件触发信号由 GATE 端引入。开始时 GATE 一般应输入为 0,装入计数初值 n 后,减 1 计数并不开始,一定要等到 GATE 端出现一个正跳变触发信号后才开始。待计数值计到 0,OUT 将输出一个负脉冲,其宽度固定为一个 CLK 周期,表示定时时间到或计数次数到。

方式 5 的工作特点可用图 7.20 所示的波形图来表示。

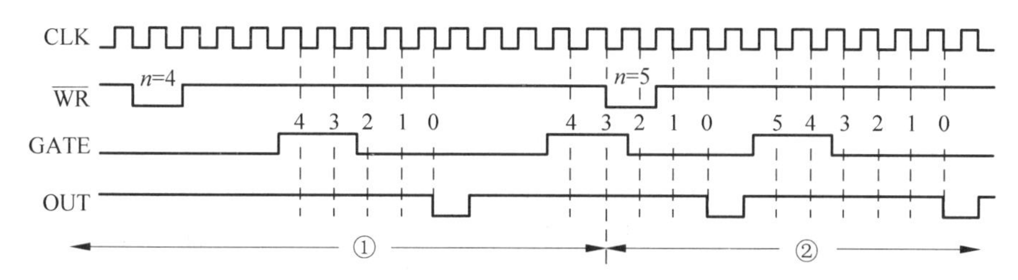

图 7.20　工作方式 5 定时波形图

(1) 图中①表示硬件触发选通的正常工作情况。在这种工作方式下,当计数值计到 0 后,系统将自动重新装入计数初值 n,但并不开始计数,一定要等到 GATE 端出现上升沿,才会开始进行减 1 计数。如果由 CLK 输入的是一定频率的时钟脉冲,那么可完成定时功能,定时时间从 GATE 上升沿开始,到 OUT 端输出负脉冲结束。如果从 CLK 端输入的是要求计数的事件,则可完成计数功能,计数过程也从 GATE 上升沿开始,到 OUT 输出负脉冲结束。GATE 可由外部电路或控制现场产生。

(2) 图中②表示改变计数初值对工作过程的影响情况。当在前一计数周期中装入新的计数初值 n 时,它并不影响正在进行的操作过程,而是到下一个计数操作周期才会按新的计数值进行操作。不过如果写入新的初值后,在计数值到达 0 之前加了触发信号(GATE 上升沿),则下一个 CLK 脉冲将使新的初值装入 CE,并从它开始新的计数。

综合上述可知:对于各种不同的工作方式,作为 8254 各通道门控信号的 GATE 端,所起的作用各不相同。在 8254 的应用中,必须正确使用 GATE 信号,才能保证各通道的正常工作。

7.3.5 应用编程

和其他可编程芯片一样,为了使用 8254,必须通过读/写操作对它编程。8254 的编程包括初始化编程和工作编程两个方面。

1. 初始化编程

初始化编程是指在工作之前写入控制字以确定每个计数器通道的工作方式和向每个计数器通道写入计数初值。

1)方式控制字

方式选择控制字的格式如图 7.21 所示。

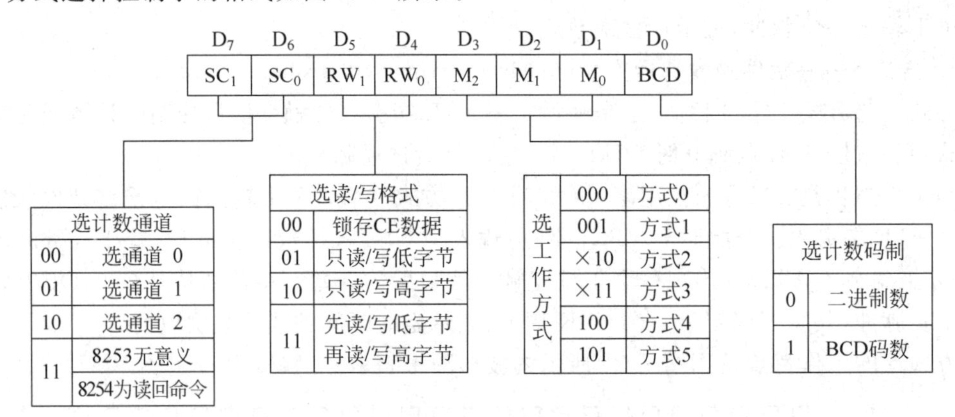

图 7.21 8254 控制字格式

最高两位 SC_1、SC_0 用于指明写入本控制字的计数器通道。SC_1SC_0=00,01,10 分别表示选择通道 0、通道 1、通道 2。注意,每写一个控制字,只能选择一个通道的工作方式;要设置三个通道的工作方式,必须对同一地址(控制字寄存器)写入三个控制字才行。SC_1SC_0=11 在 8253 中没有意义,在 8254 中则表示写入控制字寄存器的是后面将要讲到的读回命令字。

RW_1、RW_0 用于定义对所选计数通道的读/写操作格式,即指明是只读出 OL 或写入 CR 的低字节;还是只读/写其高字节;还是先读/写其低字节,再读/写其高字节。例如,如果向计数通道 2 写入的控制字的高 4 位为 1011,那么以后向其 CR 预置初值时必须用两条输出指令,先后将初值的低字节和高字节写入 CR 的低 8 位和高 8 位;同样,从 OL 读数时,也必须相继用两条输入指令先后将其低 8 位和高 8 位读出。而如果控制字的 RW_1RW_0 两位为 01 或 10,则向 CR 写入初值或从 OL 读出数值时,每次只需一条输出指令或输入指令,写入或读出指定的低字节或高字节的内容。RW_1RW_0=00 是将所选通道中 CE 的当前内容锁存到输出锁存器 OL 中,为 CPU 读取当前计数值做准备。这时的控制字实际上就是后面将讲到的锁存命令字。

M_2、M_1、M_0 三位用于指定所选通道的工作方式。

BCD 位是计数码制选择位,用于定义所选通道是按二进制计数还是按 BCD 码计数。

2)计数初值

根据计数码制的不同,计数初值可以以二进制数码或 BCD 数码形式写入,前者取值范围为 0000H~FFFFH,后者取值范围为 0000~9999。无论是二进制计数还是 BCD 计数,都是写入 0000H 时表示初值最大，前者表示初值为 65536(2^{16})，后者表示初值为 10000(10^4)。

用作定时器时，其计数初值(也叫定时系数)应根据要求定时的时间和时钟脉冲周期用下面公式进行换算才能得到：

$$定时系数=\frac{要求定时的时间}{时钟脉冲周期}=\frac{输入时钟频率}{输出信号频率}$$

对 8254 各通道的初始化，均必须按先写入方式控制字，后写入计数初值的顺序进行。要特别注意的是，用了 8254 中多少个通道，就必须写多少个控制字和多少个计数初值，只是各控制字写入的是同一地址(3 口)，而各计数初值写入的是各通道自己的地址(0 口、1 口或 2 口)。另外，采用 BCD 计数时，计数值必须用 BCD 编码表示，否则写入的就可能不是等值的十进制数。

2. 工作编程

工作编程是指工作过程中改变某通道的计数初值和写入命令字以读出某计数通道的当前 CE 内容或状态寄存器内容。

8254 有两个命令字：计数器锁存命令字和读回命令字。锁存命令是和 8253 兼容的。读回命令是 8254 才有的，它包含有锁存命令的功能但比它有所扩充。锁存命令和读回命令使用和控制字相同的地址写入 8254。

1) 锁存命令字

计数器锁存命令用来将当前的 CE 内容锁存到输出锁存器 OL，以供 CPU 读出。其格式如图 7.22 所示。

D_7	D_6	D_5	D_4	D_3	D_2	D_1	D_0
SC_1	SC_0	0	0	×	×	×	×

图 7.22　锁存命令字格式

其中 D_5D_4=00 为锁存命令特征值；SC_1、SC_0 的含义和控制字相同，是计数通道选择位，也不能同时为 1；D_3～D_0 位可为任意状态，在锁存命令中无任何意义。

2) 读回命令字

读回命令用来将指定计数器通道的 CE 当前内容锁存入 OL 或/和将状态寄存器内容锁存入状态锁存器。当需要读 CE 的当前内容时，必须先写入读回命令，将 CE 的内容锁存于 OL，然后再读出 OL 内容。经锁存后的 OL 内容将一直保持至 CPU 读出时为止。在 CPU 读出 OL 之后，OL 又跟随 CE 变化。

和锁存命令不同，它能同时规定锁存几个计数器通道的当前 CE 内容和状态寄存器内容。读回命令的格式如图 7.23 所示。

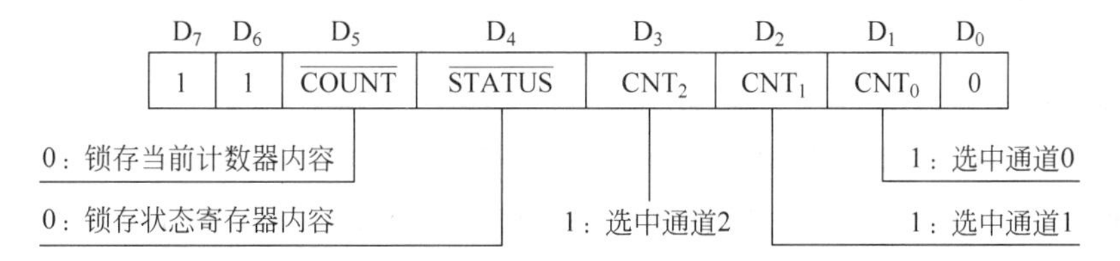

图 7.23　读回命令字格式

$\overline{\text{COUNT}}$位为0时，凡CNT_2、CNT_1、CNT_0位选中的通道的当前CE内容均予以锁存，以备CPU读取。当某一个计数器被读取后，该计数器自行失锁，但其他计数器并不受其影响。如果对同一个计数器发出多次读回命令，但并不立即读取计数值，那么只有第一次发出的读回命令是有效的，后面的无效。也就是说，以后读取的计数值仅是第一个读回命令所锁存的数。

同样，若$\overline{\text{STATUS}}$位为0，则凡是CNT_2、CNT_1、CNT_0位指定的计数器通道的状态寄存器内容都将被锁存入相应通道的状态锁存器，供CPU读取。

如果读回命令的D_5位($\overline{\text{COUNT}}$)、D_4位($\overline{\text{STATUS}}$)都为0，则被选定计数通道的现行CE内容和状态同时被锁存，它等价于发出两条单独的CE值和状态的读回命令。若通道的计数值和状态都已锁存，则该通道第一次读出的将是状态字，而不管先锁存的究竟是计数值还是状态。下一次或下两次再读出的才是计数值(一次还是两次由编程时方式控制字所规定的计数值字节数而定)。以后的读操作又回到无锁存的计数。

3) 状态字

CPU通过读各通道的状态锁存器获取状态字，以了解相应通道的现行工作状态。状态字格式如图7.24所示。

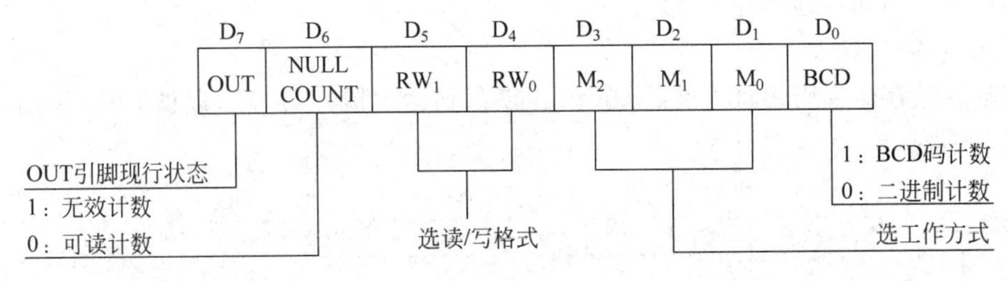

图7.24 状态字格式

其中$D_5 \sim D_0$的意义与前面控制字的对应位意义相同。D_7位(OUT)反映了相应计数器通道OUT端的现行状态，利用它就可以通过软件来监视计数器输出，减少系统的硬件开销。D_6位(NULL COUNT)指示CR内容是否已装入CE，若最后写入CR的内容已装入CE，则D_6位为0，表示可读计数；若CR内容未装入CE，则D_6位为1，表示无效计数，读取的计数值将不反映刚才写入的那个新计数值。

状态寄存器保持有当前控制字寄存器的内容、输出状态以及CR内容是否已装入CE的指示状态，同样必须先锁存到状态锁存器，才允许CPU读取。和对当前CE内容的读回规则一样，若对同一个状态寄存器发了多次读回命令，但每次命令后并未当即读取其状态，那么除第一次读回命令引起的锁存操作有效外，其余均无效。即是说，发多次读回命令后读取的状态，总是第一次命令发出时刻计数器的状态。

3. 编程方法

为了对8254编程，事先要确定8254的4个端口(即0口——通道0,1口——通道1,2口——通道2,3口——控制字寄存器)在系统中的地址。端口地址分配后，作为8254的初始化编程，首先必须向控制字寄存器写入方式控制字，然后以计数器通道地址写入计数初值至CR。要特别注意的是，用了8254中多少个通道，就必须写多少个控制字和多少个计数初值，只是各控制字写入的是同一地址，而各计数初值写入的地址则因通道不同而异。

如果需要在8254工作过程中读回其当前状态和当前CE内容，则可先用控制字寄存器地址写入读回命令，再用计数器通道地址读出相应锁存器内容。其中，读出CE内容除可用这种方法外，还可用以下两种方式：

(1) 先以控制字寄存器地址写入计数器锁存命令，然后再以相应计数器通道地址读出OL内容。这种方法和向8254发读回命令一样，不影响8254有关计数器的计数过程。

(2) 通过GATE信号使8254的相应计数器停止计数，接着写入控制字，表示要读一个字节还是两个字节(由D_4、D_3位确定)，然后用一条或两条IN指令读出CE的内容(仍通过OL读出，不过无须用锁存命令)。

7.3.6　8254的应用思维

定时和计数电路是计算机系统中最常用的基本工作电路，尤其是在以计算机为基本模块的实时测控系统中。因此，8254是目前微机系统中广泛应用的可编程定时器/计数器芯片。下面通过几个典型应用案例为任务牵引，来探究和学习如何应用8254设计实现含有定时和计数功能的微机应用系统。

【典型案例与应用探究2】

在某计算机应用系统中用8254设计定时控制电路，要求8254提供2s定时信号，控制发光二极管以2s间隔实现亮灭状态切换，实现报警功能。假定8254的通道地址分别为390H～393H，系统中提供一个4MHz的时钟。试设计接口电路，并编写工作程序。

1. 案例分析

这是一个典型的计算机应用系统定时电路，一般来说，首先要根据要求和工作现象确定工作方式、计算定时系数，再根据具体情况明确硬件连接和软件设计上的细节，始终从软件和硬件相结合的角度去落实解决方案。在本案例中，要完成上述功能要求，可以从以下4个方面入手进行探究：

(1) 确定工作方式：判断间隔2s轮换亮灭的工作现象符合哪种工作方式的工作波形。

(2) 确定计数初值：要注意计数初值是否在单个通道的计数范围内。

(3) 确定硬件设计方案：在硬件连接上要注意哪些细节。

(4) 编写工作程序：在软件设计上要注意哪些细节。

2. 探究实现

1) 确定工作方式

根据案例中所描述的发光二极管间隔2s轮换亮灭的工作现象，可以明确判断出这是方式3的输出波形，即方波信号。不失一般性，可以选用8254的一个通道i接发光二极管，只要该通道工作于方式3，其OUT_i端输出一周期为4s的方波信号(高低电平各2s)即可满足要求。

2) 确定计数初值

因输入时钟为4MHz，要实现4s定时，计数初值为1.6×10^7，超出了单个通道的计数范围，无法用单个通道计数完成。该如何解决这个问题呢？可用通道级联的方法来解决，即用一个通道j通过计数分频产生1kHz频率(周期为1ms)的时钟信号，以此作为通道i的时钟

输入。这样便有

$$前一通道\,j\,的计数初值=\frac{4\mathrm{MHz}}{1\mathrm{kHz}}=4000$$

$$后一通道\,i\,的计数初值=\frac{4\mathrm{s}}{1\mathrm{ms}}=4000$$

在上述两项预案准备好后，先要确定硬件连接方案，然后针对确定的硬件连接才能编写软件。硬件连接有任何不同或变动，软件都不可能完全相同。

3）确定硬件设计方案

在硬件连接上，要重点关注 OUT、CLK 和 GATE 引脚的连接，所选两个通道在其各自3个信号的配合控制下实现定时。一般来说，对任何一个实际应用系统，硬件实现方案都不是唯一的。对本例而言，假定将通道 1 和通道 2 级联，且通道 1 在前，通道 2 在后，则相应硬件电路如图 7.25 所示。

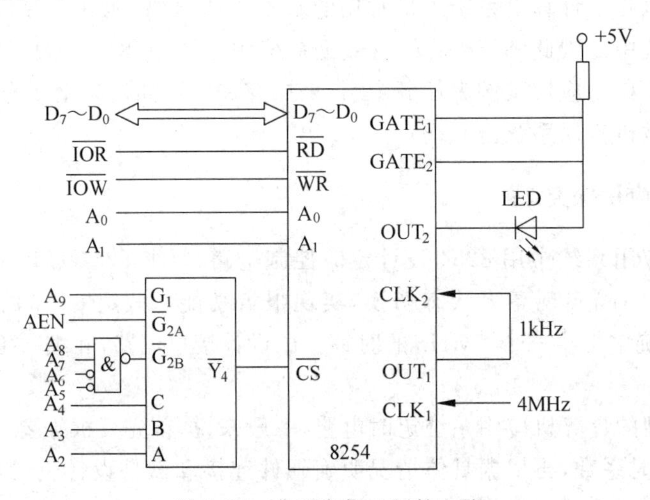

图 7.25　典型案例 2 硬件电路

4）编写工作程序

本例的工作程序很简单，在硬件连接好后，实际上只需对方案中用到的通道 1 和通道 2 编写初始化程序，即将前面确定的工作方式和计数初值写入到这两个通道地址即可。

若用 C 语言编程，本例相应的工作程序如下：

```
outportb(0x393,0x77);          /* 通道 1 方式 3,BCD 计数 */
outportb(0x391,0);             /* 写通道 1 计数值低字节 */
outportb(0x391,0x40);          /* 写通道 1 计数值高字节 */
outportb(0x393,0xb7);          /* 通道 2 方式 3,BCD 计数 */
outportb(0x392,0);             /* 写通道 2 计数值低字节 */
outportb(0x392,0x40);          /* 写通道 2 计数值高字节 */
```

关于 8254 编程，要注意思考以下几个问题：

(1) 方式控制字和计数初值有没有写入顺序要求？

(2) 使用多个通道时，只需写一个方式控制字还是多个？

(3) 如何确保每个通道在方式控制字中计数码制选用(BCD 码或二进制码)和读/写格式上，与计数初值写入形式和写入次数及先后的一致性？

【典型案例与应用探究 3】

用 8254 设计一个原理性频率计，系统提供一个 2.5MHz 的基准时钟。8254 的通道地址分别为 310H～313H，试设计接口电路，并编写工作程序。

1. 案例分析

要构成原理性频率计，必须先从“频率”的基本概念入手。所谓“频率”，广义上说是指单位时间内事件发生的次数。因此，要测量事件频率，必须提供两个指标：单位时间和事件在单位时间内发生的次数，这两个指标都可以用 8254 来获得。我们可以把事件具体化为一个外部脉冲，这样，用 8254 构成频率计测量脉冲频率的方法可以这样设计：用一个计数器通道对外部脉冲进行计数，同时要用另一个计数器通道进行定时，以控制计数过程的持续时间。本案例依然可以参照案例 2 的探究路线，即从确定工作方式、定时系数、硬件设计方案和编写工作程序 4 个方面来入手探究。

2. 探究实现

1）确定工作方式

根据上述分析可知，用 8254 设计的原理性频率计的工作过程是：当定时时间到时，利用定时通道输出指示信号通过 8259A 向 CPU 发出中断请求，在中断处理程序中，读出计数通道的计数值 N，由于 8254 采用的是减法计数，对计数值 N 求补才是脉冲个数。假定定时时间为 1s，则可计算出脉冲频率为

$$\text{脉冲频率}=\frac{0-N}{\text{定时时间}}=0-N(\text{Hz})$$

因此，可选用通道 0 工作于方式 0，用于对外部脉冲计数，考虑到测量精度和测量范围，计数初值应选最大值(即设置为 0)。假定控制计数持续的时间设为 1s，根据现有时钟频率可知，无法用单个通道完成，需采用通道级联方法来解决。可选取通道 1 工作于方式 3，用于产生 1kHz 的方波分频，通道 2 工作于方式 2，OUT_2 接 8259A 的 IR_2，用于产生 1s 定时检测(中断)信号。

2）确定计数初值

CLK_1 输入 2.5MHz 的时钟脉冲，可以计算出通道 1 和通道 2 的计数初值，分别为：

$$\text{通道 1 计数初值}=\frac{T_{OUT1}}{T_{CLK1}}=\frac{1\text{ms}}{0.4\mu\text{s}}=2500$$

$$\text{通道 2 计数初值}=\frac{T_{OUT2}}{T_{CLK2}}=\frac{1\text{s}}{1\text{ms}}=1000$$

3）确定硬件设计方案

用 8254 构成的智能化频率计如图 7.26 所示，在此，有两个问题请大家思考。

(1) 各个通道的 GATE 引脚该如何连接？

(2) 根据图中译码器输出的基地址为 310H，分析 8254 的 4 个端口地址。

4）编写工作程序

依据上述测量原理可知，程序应包括 8254 初始化、8259A 初始化、中断向量表填写和一个用来处理 1s 定时检测的中断处理程序。假定系统已对 8259A 初始化，则用 C 语言编写的驱动程序如下：

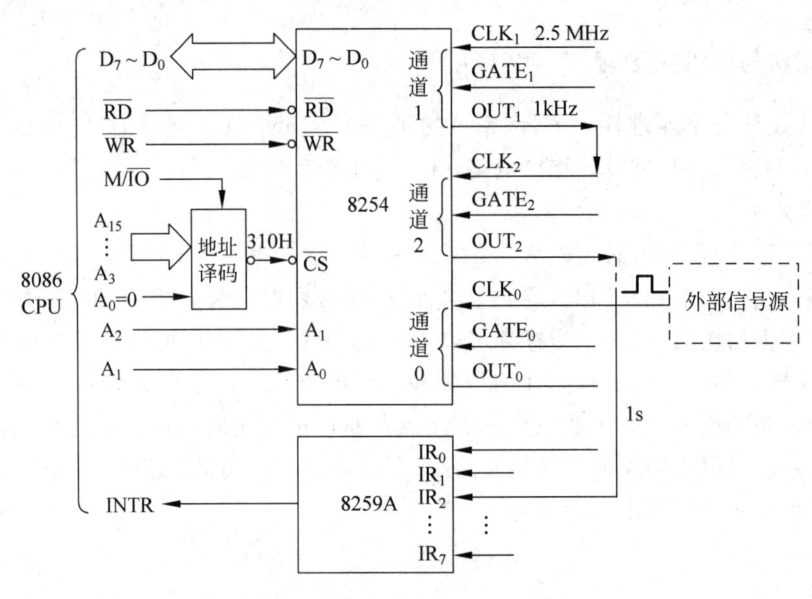

图 7.26 用 8254 构成的频率计

```
#include "stdio.h"
#include "conio.h"
#include "dos.h"
#define IRQ2 0x0a                         /* 定义 IRQ2 对应的中断向量号 */
void interrupt (*oldhandler)(void);
void interrupt handler(void);
int time;

main(){
    int temp;
    disable();                            /* 关中断 */
    oldhandler = getvect(IRQ2);           /* 获取系统中断向量 */
    setvect(IRQ2, handler);               /* 设置新的中断向量 */
    temp=inportb(0x21);                   /* 读系统中断屏蔽字 */
    outportb(0x21,temp&0xfb);             /* 开 IRQ2 中断 */
    outportb(0x316,0x30);                 /* 初始化 8254 通道 0 */
    outportb(0x310,0);
    outportb(0x310,0);
    outportb(0x316,0x77);                 /* 初始化 8254 通道 1 */
    outportb(0x312,0);
    outportb(0x312,0x25);
    outportb(0x316,0xb5);                 /* 初始化 8254 通道 2 */
    outportb(0x314,0);
    outportb(0x314,0x10);
    enable();                             /* 开中断 */
    While(!kbhit());                      /* 无键按下,循环 */
    setvect(IRQ2, oldhandler);            /* 恢复系统中断向量和屏蔽字 */
    outportb(0x21,temp);
}
void interrupt handler(void){
    unsigned char time_al,time_ah;
```

```
    outportb(0x316,0xd2);                   /* 发读通道 0 计数值读回命令 */
    time_al=inportb(0x310);
    time_ah=inportb(0x310);
    time=time_ah*0x100+time_al;
    time=0-time;
    outportb(0x310,0);                      /* 重装通道 0 计数值 */
    outportb(0x310,0);
    outportb(0x20,0x20);
}
```

如果用汇编语言编写,则该频率计驱动程序如下:

```
DATA  SEGMENT
  TIME  DW?                                 ;保存脉冲频率值
  IRQ2  EQU  0AH                            ;IR2 中断类型码
DATA  ENDS
CODE  SEGMENT
  ASSUME  CS:CODE,DS:DATA
START:    MOV    AX,DATA
          MOV    DS,AX
          CLI                               ;关中断,以填写中断向量表
          MOV    DI,IRQ2*4                  ;取 IRQ2 的中断向量地址
          CLD
          XOR    AX,AX
          MOV    ES,AX                      ;ES 指向中断向量表段基址
          MOV    AX,OFFSET INT_ROUT         ;填写中断向量的偏移地址
          STOSW
          MOV    AX,SEG INT_ROUT            ;填写中断向量的段基址
          STOSW
INI8254:  MOV    AL,30H                     ;通道 0 方式 0,二进制计数
          MOV    DX,316H
          OUT    DX,AL                      ;写入通道 0 方式控制字
          MOV    AL,0                       ;写入计数器 0 的初值
          MOV    DX,310H
          OUT    DX,AL
          OUT    DX,AL
          MOV    AL,77H                     ;通道 1 方式 3,BCD 计数
          MOV    DX,316H
          OUT    DX,AL                      ;写入通道 1 方式控制字
          MOV    AX,2500H                   ;写入计数器 1 的初值
          MOV    DX,312H
          OUT    DX,AL
          MOV    AL,AH
          OUT    DX,AL
          MOV    AL,0B5H                    ;通道 2 方式 2,BCD 计数
          MOV    DX,316H
          OUT    DX,AL                      ;写入通道 2 方式控制字
          MOV    AX,1000H                   ;写入计数器 2 的初值
          MOV    DX,314H
          OUT    DX,AL
          MOV    AL,AH
```

```
          OUT    DX,AL
          STI                        ; 开中断
AGAIN:    MOV    AH,01H              ; 有键按下?
          INT    16H
          JZ     AGAIN               ; 无键按下程序等待,否则程序结束
          MOV    AH,4CH              ; 返回 DOS
          INT    21H

INT_ROUT  PROC                       ; 1s 检测中断处理程序
          PUSH   DX
          PUSH   CX
          PUSH   AX
READ:     MOV    AL,11010010B        ; 写读回命令,锁存计数器 0 的计数值
          MOV    DX,316H
          OUT    DX,AL
          MOV    DX,310H
          IN     AL,DX               ; 读通道 0 当前计数值
          MOV    CL,AL
          IN     AL,DX               ; 读高位
          MOV    CH,AL
          NEG    CX                  ; 计算脉冲频率(65536-N)
          MOV    TIME,CX             ; 保存测量结果
          MOV    AL,0                ; 重装通道 0 计数值,开始下一轮计数
          MOV    DX,310H
          OUT    DX,AL
          OUT    DX,AL
          MOV    AL,20H              ; 发中断结束命令
          OUT    20H,AL
          POP    AX
          POP    CX
          POP    DX
          IRET                       ; 开中断,中断返回
INT_ROUT  ENDP
  CODE      ENDS
          END    START
```

7.4 可编程并行接口芯片 8255

8255 是 Intel 公司生产的一种使用单一+5V 电源、40 引脚双列直插式的大规模集成电路可编程并行接口芯片,在各类微机应用系统中应用很广。

7.4.1 基本功能

8255 的基本功能特点如下:

(1) 具有三个相互独立的 8 位数据端口,分别称为 A 口、B 口和 C 口,其中 C 口又可以分为两个 4 位端口(C 口高/低 4 位)来独立使用。三个端口共 24 根端口线可归并为两组、4 个独立部分:A 组包括 A 口和 C 口高 4 位两部分,B 组包括 B 口和 C 口低 4 位两部分。

(2) A、B、C 三个端口的工作方式和 4 个独立部分的输入/输出状态可通过程序来

选择。

(3) 有三种工作方式：方式 0(基本输入/输出方式)、方式 1(应答式输入/输出方式)、方式 2(双向应答式输入/输出方式)。A 口可工作于任何一种方式，B 口可工作于方式 0 和方式 1，C 口作为独立的输入/输出端口用时只能工作于方式 0。

(4) 8255 无论工作于哪种方式，A 口和 B 口都是作为 8 位数据 I/O 端口，但 C 口各位的功能却因工作方式的不同有很大差别：方式 0 时是 8 位数据 I/O 端口线，方式 1、方式 2 时主要用作 A 口、B 口数据传送的应答控制线，多余的位线可作为数据 I/O 端口线。当 C 口作为数据端口用时，其高 4 位和低 4 位的输入/输出可以分别设置，而且作输出口用时可以按位置 1 或置 0。

7.4.2　内部结构与外部引脚

8255 的内部结构框图和外部引脚分别如图 7.27 和图 7.28 所示。从图 7.27 可看出，8255 由三部分组成。

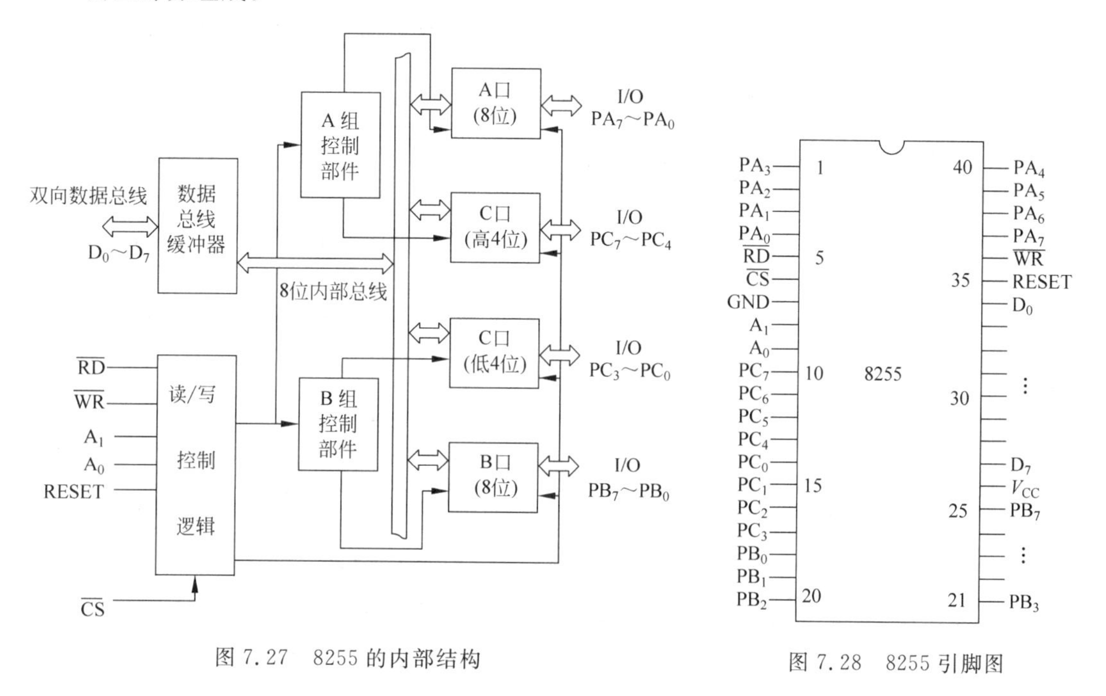

图 7.27　8255 的内部结构　　　图 7.28　8255 引脚图

1. 与外设接口部分

这部分有 A、B、C 三个 8 位端口寄存器，通过 24 根端口线 $PA_7 \sim PA_0$、$PB_7 \sim PB_0$、$PC_7 \sim PC_0$ 与外部设备相连。这 24 根端口线全部为双向三态结构。每个端口工作于输出方式时具有锁存功能。

2. 与微处理器接口部分

这部分是所有可编程接口芯片都具有的，主要用于保证微处理器对芯片的编程、监视和提供数据通道。

(1) 数据总线缓冲器是一个 8 位双向三态缓冲器。所有数据的输入/输出，以及对 8255 发的控制字和从 8255 读的状态信息，都是通过这个缓冲器传送的。

(2) 读/写控制逻辑用来控制数据信息、控制字和状态字的传送。CPU 通过 6 根控制线控制 8255 内部各种操作,即:

RESET 用于 8255 内部复位。RESET 为高电平时,芯片复位,片内各寄存器都被清 0,且 A、B、C 三个端口都被设置为输入方式,24 条 I/O 端口线均为"高阻"态。

$\overline{CS}$和端口选择线 A_1A_0 分别用于选片和选片内端口。

$\overline{RD}$和$\overline{WR}$用于控制 8255 数据的读/写。

3. 内部控制部分(A 组和 B 组控制部件)

这是两组根据 CPU 送来的控制字控制 8255 工作方式和输入/输出状态的控制部件。每组控制部件从读/写控制逻辑接收各种命令,从内部数据总线接收控制字,然后转换成适当的命令发到各自相应的 I/O 端口。它也可以根据 CPU 写入的控制字对 C 口的每一位实现按位置 1 或置 0 控制。

A 组控制部件控制端口 A 和 C 口的上半部,B 组控制部件控制端口 B 和 C 口的下半部。实际上,A 组、B 组控制部件就是同一个 8 位控制寄存器的不同位。CPU 用一条输出指令写一个控制字到该控制寄存器,即可选择和控制 A、B、C 各端口的工作方式和 I/O 状态。

7.4.3 端口寻址与读/写控制

由上可知,8255 内部共有 A 口、B 口、C 口和控制口 4 个端口寄存器,它们分别对应于 A_1A_0 的 00、01、10 和 11 这 4 种状态,所以通常又将它们称为 0 口、1 口、2 口和 3 口。对它们的寻址和读/写操作是由$\overline{CS}$、A_1、A_0 和$\overline{RD}$、$\overline{WR}$几个信号来控制的,如表 7.4 所示。

表 7.4 8255 内部端口寻址与读/写控制

A_1	A_0	$\overline{WR}$	$\overline{RD}$	$\overline{CS}$	操作	
0	0	0	1	0	数据总线→A 口	输出
0	1	0	1	0	数据总线→B 口	
1	0	0	1	0	数据总线→C 口	
1	1	0	1	0	数据总线→控制寄存器	
0	0	1	0	0	A 口→数据总线	输入
0	1	1	0	0	B 口→数据总线	
1	0	1	0	0	C 口→数据总线	
×	×	×	×	1	端口输出为"高阻"	禁止
1	1	0	1	0	非法	
×	×	1	1	0	端口输出为"高阻"	

7.4.4 应用编程

8255 的工作方式和接口功能是 CPU 通过把控制字写入控制寄存器来实现的,通常把这个过程称为初始化编程,简称为初始化。初始化的基础是根据应用需要正确确定控制字,因此必须先了解 8255 的控制字格式。

1. 控制字

1) 工作方式控制字

工作方式控制字的格式如图 7.29 所示,它规定了控制字各位的含义。其中:

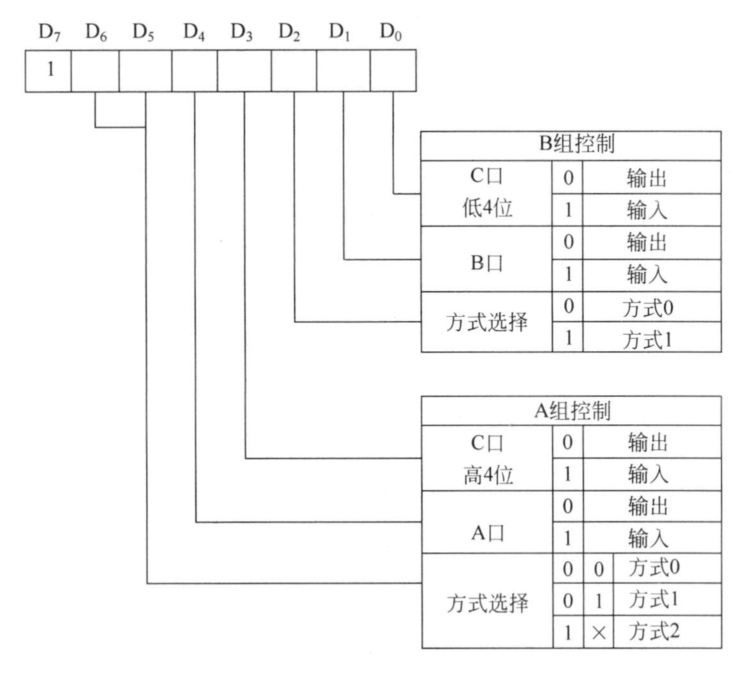

图 7.29　8255 工作方式控制字格式

D_7：方式控制字标志位，“1”为有效。

D_6～D_3：A 组控制位，其中 D_6D_5 用于设置 A 口的工作方式(A 口有 3 种工作方式)，D_4 用于设置 A 口的输入/输出状态，D_3 用于设置 C 口高 4 位的输入/输出状态。

D_2～D_0：B 组控制位，其中 D_2 用于选择 B 口的工作方式(B 口只有两种工作方式)，D_1 用于选择 B 口的输入/输出状态，D_0 用于选择 C 口低 4 位的输入/输出状态。

从工作方式控制字的格式可以看出：

(1) 端口 A 和端口 B 要分别作为一个整体确定工作方式，而端口 C 则是分成高 4 位、低 4 位两部分分别确定工作方式。这 4 部分的工作方式和输入/输出状态可以任意组合，这就使 8255 的 I/O 结构有很大的灵活性，几乎能适应任何一种外部设备的连接需要，还能满足同时连接几种不同 I/O 设备的需要。

(2) 虽然 8255 的 I/O 有上述 4 个部分，每部分的工作方式又可以不同，但是所有各个部分的工作方式却是 CPU 用一条输出指令，通过一个控制字写入一个控制寄存器而确定的。这对于简化初始化编程是十分有利的。

2) C 口按位置位/复位控制字

这是专门用于对 C 口 8 位中任何一位实现置 1 或置 0 的控制字。该控制字的格式如图 7.30 所示，它只使用了 5 位有效位。其中：

D_7：按位置位/复位控制字标志位，“0”表示是本控制字。

$D_6D_5D_4$：三位未使用，原则上可任意设置，但一般取 000。

$D_3D_2D_1$：用于选择 C 口中要置“1”/置“0”的位，000 选 PC_0，001 选 PC_1，……，111 选 PC_7。

D_0：用于确定所选 PCi 是置“1”还是置“0”。$D_0=1$，置“1”；$D_0=0$，置“0”。

C 口按位置位/复位的功能主要用于对外设的控制。利用这一功能，可使 C 口某一位输

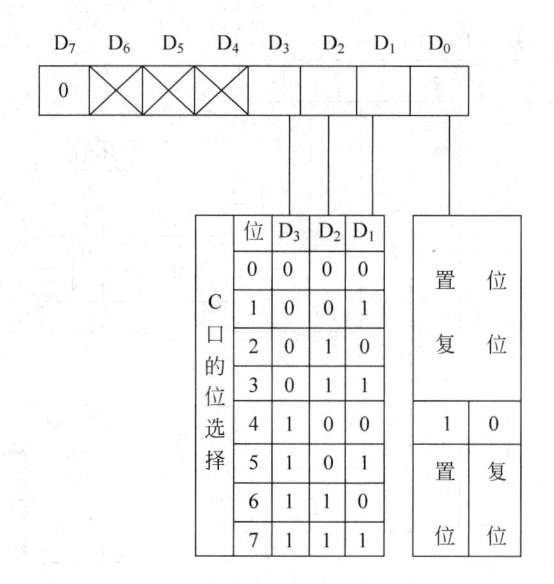

图 7.30　8255 C 口按位置位/复位控制字格式

出一个开关量或一个脉冲，作为外设的启动或停止信号。当端口 A 或 B 工作在方式 1 和方式 2 时，利用这一功能，也可使作为应答控制线的 C 口有关位产生所需的联络信号(脉冲或电平)。这样，显然提高了应答线使用的灵活性，当然在程序上也增加了一些额外的控制步骤。在使用 C 口按位置位/复位功能时要注意如下三点：

(1) 这一功能可使 C 口的任一位置“1”或置“0”，但一次(一条输出指令，一个控制字)只能使 C 口的一位置“1”或置“0”。如果 C 口几位都要置“1”或置“0”，必须用几条输出指令，写入几个不同控制字。

(2) 如果要在某位上输出一个开关量信号，对该位的置“1”、置“0”操作必须成对使用。

(3) C 口按位置位/复位控制字不是送到 C 口地址，而是送到控制寄存器地址；且一个控制字只能使 C 口一位置位或复位。

还有一点值得注意，8255 只有一个控制寄存器地址(3 口)，方式控制字和按位置位/复位控制字均需要写入该地址，二者通过最高位 D_7 来区别：$D_7=1$ 为方式控制字，$D_7=0$ 为按位置位/复位控制字。

2. 初始化编程

8255 的初始化编程是指向控制寄存器写入工作方式控制字以设置各端口的工作方式、规定接口功能和写入按位置位/复位控制字以确定某些引脚信号线的初始状态。

对 8255 的初始化编程，要注意如下几点：

(1) 设置方式控制字时，A、B、C 三个端口是作为一个整体由一个控制字设置的，只是 C 口要分成上、下两部分分别设置。

(2) C 口按位置位/复位控制字不是送到 C 口地址，而是送到控制口地址；且一个控制字只能使 C 口一位置位或复位。

(3) 方式控制字和按位置位/复位控制字均写入同一个控制寄存器地址(3 口)，二者通过最高位 D_7 来区别：$D_7=1$ 为方式控制字，$D_7=0$ 为按位置位/复位控制字。

7.4.5 三种工作方式

8255 有基本输入/输出、应答式输入/输出(单向)和应答式双向数据传送三种工作方式。

1. 方式 0——基本输入/输出方式

这种方式下,A、B、C 三个端口分为两组(A 组、B 组)四部分(A 组包括 A 口和 C 口高 4 位,B 组包括 B 口和 C 口低 4 位),每部分都是一个独立的 8 位或 4 位数据 I/O 端口,都可由用户通过编程选作数据输入或输出端口。输出时,A 口、B 口和 C 口均有锁存能力,但它们工作于输入时全无锁存能力,也就是说外设的数据要一直加在这些接口上,必须保持到被 CPU 读走。

方式 0 的特点是与外设传送数据时,没有专门的应答线和中断控制线。方式 0 主要用于与外设进行无条件数据传送,也可通过 C 口的按位操作实现一些复杂的控制功能,还可以用应答查询的方式来同外设交换信息。

1) 方式 0 的无条件传送

其特点是 8255 与外设之间传送数据时,不需要设置专用的应答信号,主要适合于外设始终有数据可以提供给微处理器,以及始终能接收微处理器送来的数据时使用。最典型的例子是用作开关检测和状态指示接口,电路连接如图 7.31(a)所示。B 口工作于方式 0 输入,用于读入开关状态;A 口工作于方式 0 输出,控制发光二极管的亮和灭(S_i 闭合,对应 LED_i 亮;S_i 断开,对应 LED_i 灭)。此时的 8255 方式控制字为 1000X01XB。实现此功能的流程图如图 7.31(b)所示。

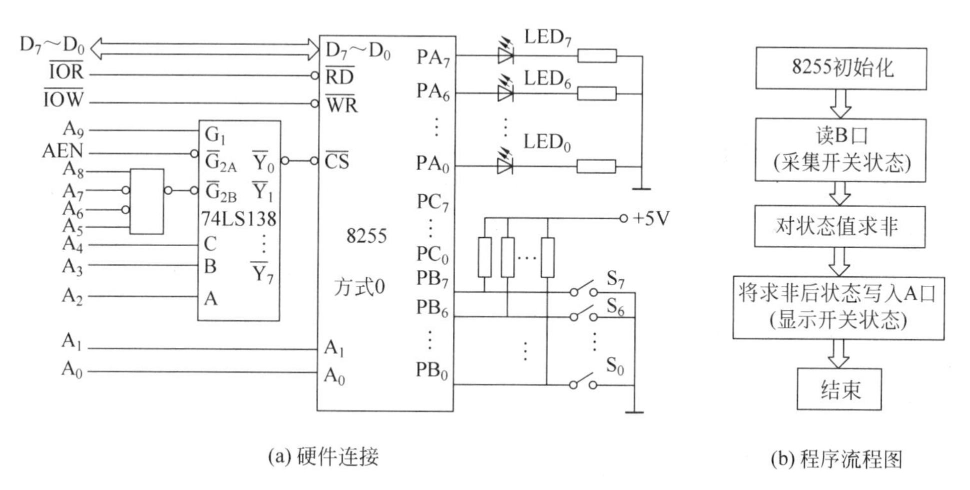

(a) 硬件连接　　　　(b) 程序流程图

图 7.31 开关检测和指示接口

2) 方式 0 的 C 口位操作

在方式 0 中,可利用 C 口的位操作功能来产生脉冲,用作门控、选通和复位等。例如以微处理器和 8255 为核心组成一个原理性数字频率计,如图 7.32(a)所示。两片 4 位二进制计数器 SN7493 组成 8 位计数器,用 8255 控制它在 1s 内对输入脉冲计数并将计数值在 LED 显示器上显示出来。B 口工作于方式 0 输入,用于输入计数值(频率值);A 口工作于方式 0 输出,将频率对应的显示码送 LED 显示器显示;PC_0 控制计数器复位(PC_0=1 时,使计数器复位，为0时，正常计数)；PC_7 控制计数的启停(即控制输入脉冲的1s采样时间)，当 $PC_7=0$ 时，“与非门”输出为“1”停止计数，$PC_7=1$ 时，“与非门”打开，允许时钟信号加到计数器7493的时钟输入端进行正常计数。

以图7.32(a)的硬件连接为基础，按图7.32(b)中的流程图编写一个控制程序，即可实现频率计功能。

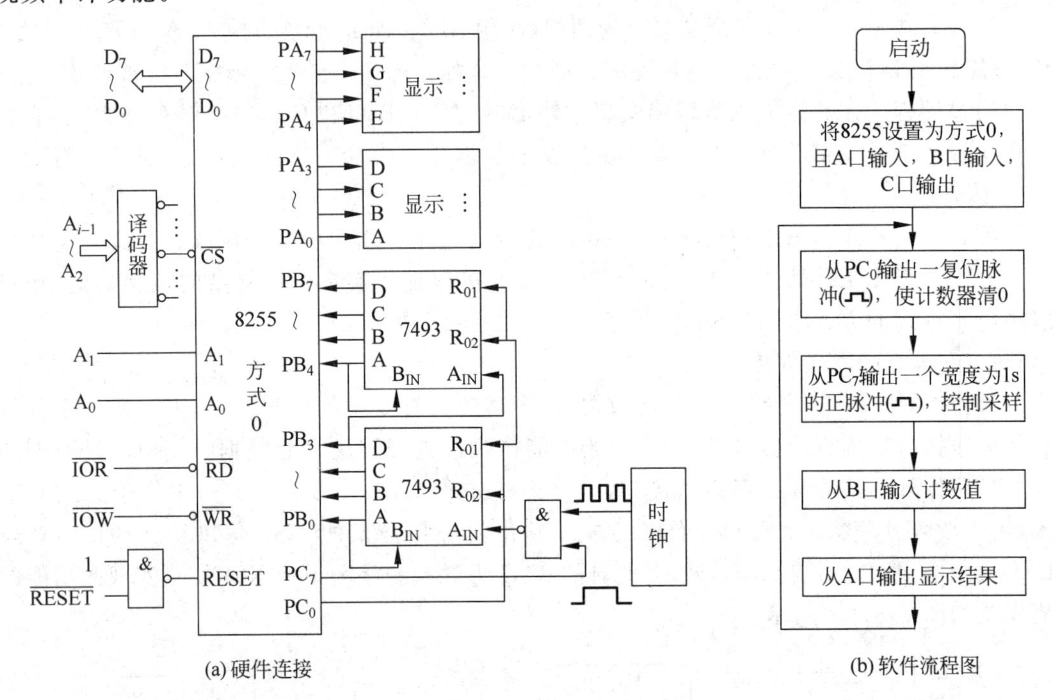

(a) 硬件连接　　(b) 软件流程图

图7.32　8255组成的数字频率计

3）方式0的应答式传送

8255在方式0工作时，也可以用应答查询的方式来同外设交换信息。一般用端口A和B作为输入或输出的数据通道，而端口C作为应答的控制和状态信息通道，如C口的 $PC_4 \sim PC_7$ 之一作为选通(strobe) $\overline{STB}$ 线(输出)，C口的 $PC_0 \sim PC_3$ 之一作为外设准备就绪(ready)RDY线(输入)。这与方式1、方式2的应答式工作不同，那两种方式中应答线是规定好的，而方式0的应答线可以通过编程来人为设定。

2. 方式1——应答式输入/输出方式

方式1是一种应答式的单向输入或输出工作方式，其特点是与外设传送数据时，需要联络信号进行协调，允许用查询或中断方式传送数据。在这种方式下，A口和B口作为8位输入或输出数据端口，C口主要提供A、B两口输入/输出的应答信号，具体应答线的分配因输入和输出而异，且输入与输出、A口与B口所用信号对应于C口的引脚也各不相同。

1）方式1输入

在输入时，A口和B口都有3条外部控制线 $\overline{STB}$、IBF和INTR，芯片内还有1条内部控制线INTE，三条外部控制线在C口中的分配情况如图7.33所示。

$\overline{STB}$ 是由外设给8255的选通信号，表示外设的数据已准备好，当STB变为低时，数据锁存入A口或B口。

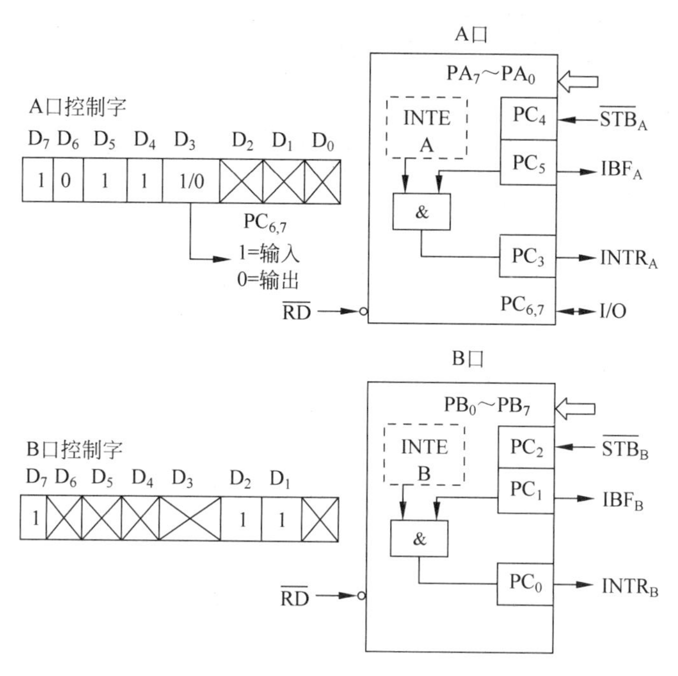

图 7.33 8255 的方式 1 输入

IBF 是 8255 给外设的回答信号，表示输入缓冲器满(input buffer full)，即数据已锁存好。它在 STB 变低后约 300ns 变为高电平。

INTR 是中断请求信号。输入数据锁存后，若此时 INTE=1 即允许中断，则 8255 向微处理器发中断请求。

INTE 是 8255 中断允许信号，它的置位由 PC_4(对 A 口)或 PC_2(对 B 口)的位操作来实现。在方式 1 中，PC_4 或 PC_2 的位操作只影响 INTE 状态，而不影响 PC_4 或 PC_2 引脚的状态。

方式 1 数据输入工作时序如图 7.34 所示。当外设的数据准备就绪后，向 8255 发出 $\overline{STB}$信号将外设数据锁存入 A 口或 B 口，在$\overline{STB}$有效约 300ns 后，8255 使 IBF 变高送给外设，表示输入缓冲器满，禁止外设送来新的数据；若此时 8255 的中断允许信号 INTE=1，则在$\overline{STB}$后沿之后约 300ns 使 INTR 变高，向 CPU 发出中断请求。CPU 执行输入指令读取

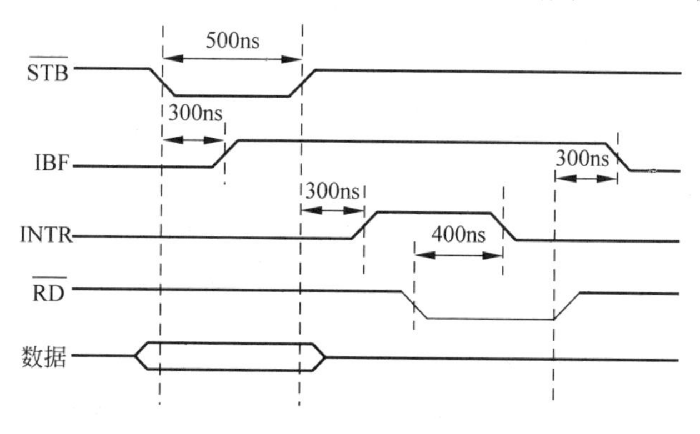

图 7.34 8255 方式 1 输入工作时序

8255 锁存的数据时，$\overline{RD}$的下降沿使 INTR 复位，上升沿使 IBF 复位，表示一次数据传送结束，允许外设送新的数据。

2）方式 1 输出

在输出时，A 口和 B 口也都有 3 条控制线$\overline{OBF}$、$\overline{ACK}$和 INTR，芯片内仍有一条中断允许控制线 INTE，如图 7.35 所示。

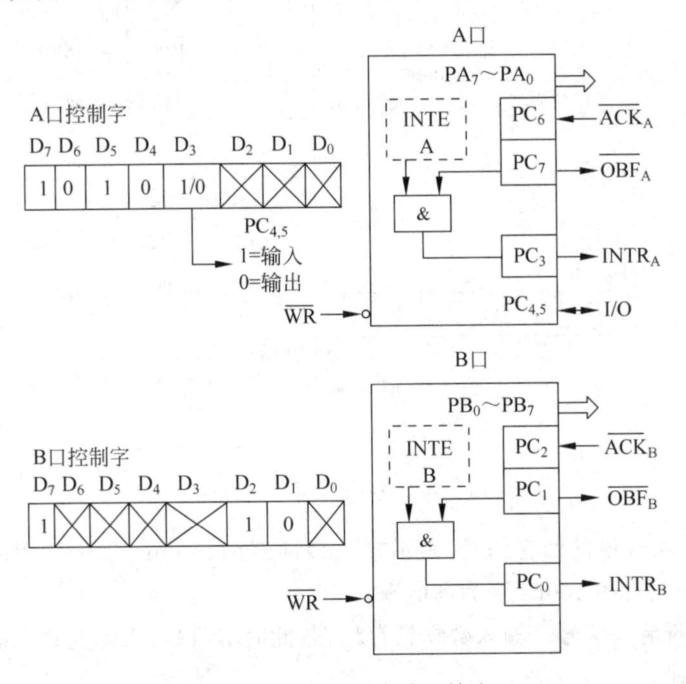

图 7.35　8255 的方式 1 输出

$\overline{OBF}$是 8255 发给外设的输出缓冲器满(output buffer full)信号。其低电平表示微处理器已将数据送至 8255，并锁存在相应的端口上。

$\overline{ACK}$是外设发给 8255 的响应(acknowledge)信号。它是信号对 8255 发出的$\overline{OBF}$的响应，当它为低电平时，表明外设已从 8255 的端口接收到微处理器输出的数据。

INTR 是中断请求信号。当外设接收到数据后，若该端口允许中断，即 INTE 为高电平，且$\overline{ACK}$、$\overline{OBF}$也变为高电平时，8255 向 CPU 发出中断请求信号。

INTE 是 8255 中断允许信号，它由 PC_6(A 口)或 PC_2(B 口)的位操作来控制。PC_6 和 PC_2 的位操作结果对 PC_6 和 PC_2 引脚状态不产生影响，只影响 $INTE_A$ 和 $INTE_B$ 的状态。

方式 1 的输出过程是由微处理器响应中断开始的。在中断服务程序中，当执行到输出指令时，产生$\overline{WR}$信号，下降沿将微处理器数据送到输出数据锁存器，上升沿撤销中断请求。然后产生$\overline{OBF}$信号给外设，作为输出数据的选通信号。当外设接收到数据后，便发$\overline{ACK}$响应信号给 8255。当$\overline{OBF}$和$\overline{ACK}$都为无效时，即$\overline{OBF}$和$\overline{ACK}$均为高电平时，若此时 INTE=1，则产生 INTR 中断请求信号，通过中断进行新的数据输出。

3）方式 1 的状态字

在方式 1 下，既可用中断方式也可用查询方式传送数据。使用查询方式时，MPU 需要查询 IBF 或$\overline{OBF}$的状态来进行同步控制；而在中断方式下，由于 8255 不能直接提供对向量式中断的支持，微处理器也常需要用查询式中断判决方法来识别是哪个端口发出的中断，这时就需要用到方式 1 的状态字。状态字可以由读 C 口得到，如图 7.36 所示。

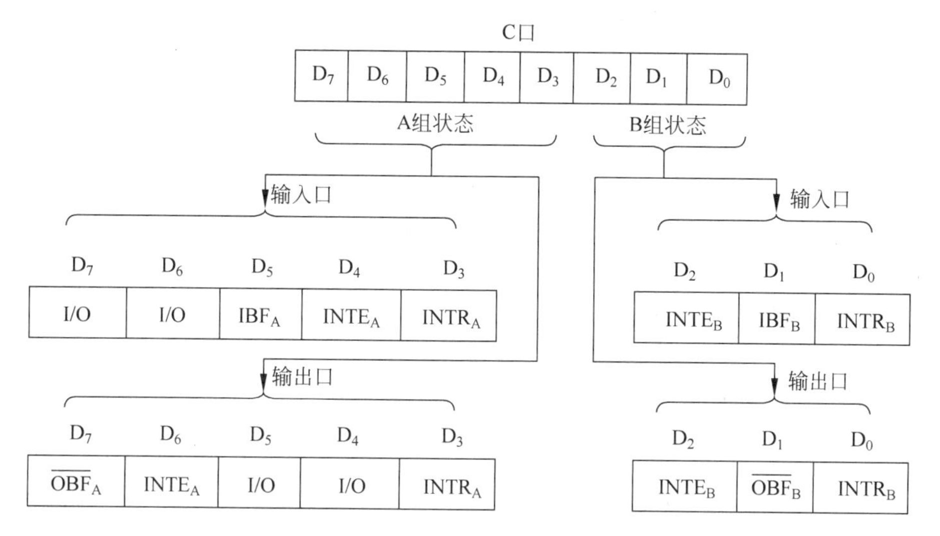

图 7.36 方式 1 的状态字

D_3 和 D_0 位分别表示 A 口和 B 口中断请求 $INTR_A$、$INTR_B$ 的状态，这样可以查询这两位的状态来确定中断源。但要注意，C 口的状态字与 C 口各位引脚上的状态不完全一样，如在输入时，PC_4 和 PC_2 反映的是 $INTE_A$ 和 $INTE_B$ 的状态，而不是引脚$\overline{STB_A}$和$\overline{STB_B}$的状态。

4）方式 1 的接口方法

首先根据应用的具体要求确定 A 口和 B 口是输入还是输出，然后把 C 口的应答线与外设的控制、状态线相连。

方式 1 的工作若采用中断驱动式 I/O 同步方法，可直接将 A 口、B 口的中断请求接到系统中两根中断输入线上，如图 7.37 所示。图中，$INTR_A$ 接 IRQ_i，$INTR_B$ 接 IRQ_j，所以通

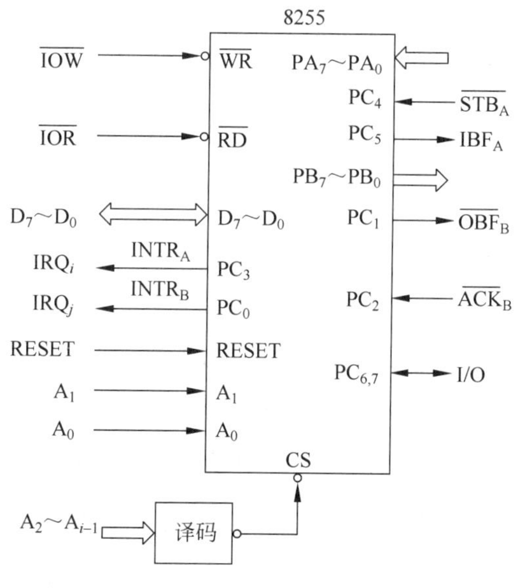

图 7.37 8255 方式 1 中断

过A口的输入在IRQ_i中断服务程序中完成，通过B口的输出在IRQ_j中断服务程序中完成。也可把A口和B口的中断请求通过或门接到同一中断输入线IRQ_i上。若这样，可以在IRQ_i中断服务程序中通过查询C口的状态字来确定为之服务的中断源应是A口还是B口，如图7.38所示。方式1的工作也可以不用中断驱动方式，而用程序查询式。要注意，此时从C口查询的状态位应是输入方式的IBF和输出方式的$\overline{OBF}$。

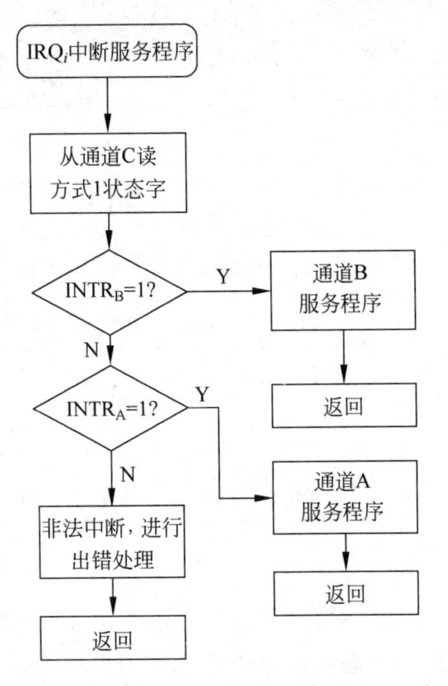

图7.38 8255方式1中断查询式工作流程图

3. 方式2——应答式双向数据传送方式

这是一种应答式双向数据传送方式。在这种方式下，A口为双向数据传送端口，C口的高5位(PC_7～PC_3)作为相应的应答控制线；B口和C口余下的低3位(PC_2～PC_0)可工作于方式0或方式1。方式2时，A口和C口的功能如图7.39所示。

1) 方式2的输入和输出

方式2输入(相当于从机向主机送数据)的步骤如下：①从机发$\overline{STB_A}$信号将数据锁存入A口；②数据锁存后，8255发IBF_A给从机；③若$INTE_A=1$，则8255发出$INTR_A$中断请求信号给主机；④主机通过响应中断来读取数据。

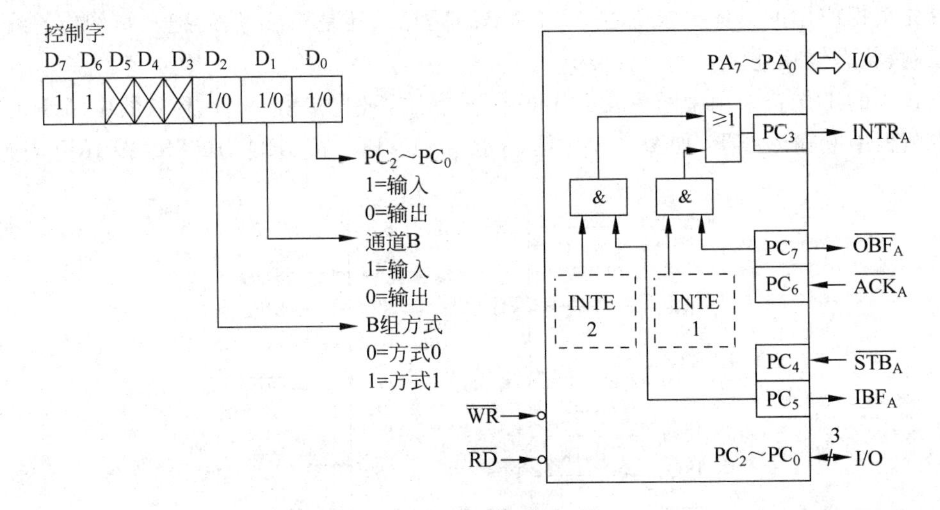

图7.39 8255方式2的A、C口功能

方式2输出(相当于主机向从机送数据)的步骤如下：①主机把数据送至A口锁存后，8255发$\overline{OBF_A}$至从机；②从机发ACK_A回答信号给8255，并将A口数据读入从机；③当$\overline{OBF_A}$和$\overline{ACK_A}$变为无效时，若$INTE_A=1$，则8255向主机发$INTR_A$中断请求；④主机通过响应中断再次向8255输出数据。

因此，方式2的双向工作方式实际上是方式1的输入与输出的组合，在输入和输出时都可以产生中断。

$$INTR_A = IBF \cdot INTE_2 \cdot \overline{\overline{STB}} \cdot \overline{\overline{RD}} + \overline{\overline{OBF}} \cdot INTE_1 \cdot \overline{\overline{ACK}} \cdot \overline{\overline{WR}}$$

2）方式 2 的状态字

在方式 2 工作时，仍可像方式 1 那样，通过读取状态字来确定是输入产生中断还是输出产生中断。同时，为了使主机与从机的数据传送能同步进行，也需要查询$\overline{OBF}_A$ 和 IBF_A 的状态。8255 方式 2 的状态字如图 7.40 所示。

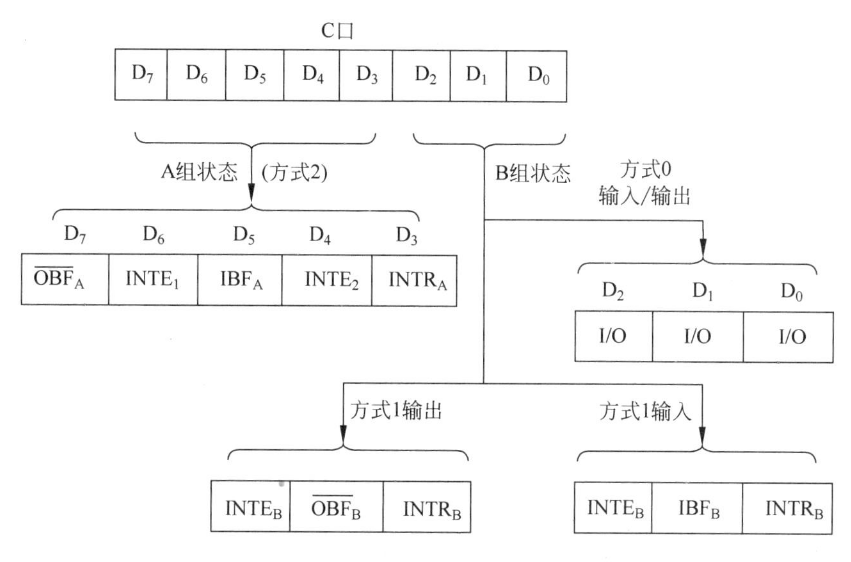

图 7.40 8255 方式 2 的状态字

3）方式 2 的接口方法

方式 2 主要适合于用作既是输入设备、又是输出设备且输入和输出是分时进行的外设与 CPU 连接的接口。这时，外设的数据线与 A 口相连，控制线和状态线则与 C 口相应的应答控制线 $PC_7 \sim PC_4$ 相连。PC_3 的连接则取决于 I/O 同步控制方式，若采用中断方式，PC_3 应与系统的某个中断级 IRQ_i 相连；若用查询方式，PC_3 可以不用。

需要说明的是，方式 2 的输入和输出是分时进行的，在输入和输出时都可以产生中断且共一根中断请求线 $INTR_A$ 向 CPU 发中断请求，所以采用中断方式输入输出时，中断处理程序必须通过读取状态字查询$\overline{OBF}_A$ 和 IBF_A 的状态，来确定是执行输入操作还是输出操作。

7.4.6 8255 的应用思维

8255 是各类微机系统中应用极为广泛的可编程并行接口芯片，常用于实现微机间的并行通信，以及用作键盘、LED 显示器、并行打印机和各种执行机构（如继电器和步进电机等）的控制接口。下面通过一个典型应用案例为任务牵引，来探究和学习如何应用 8255 设计微机应用系统中的并行接口电路。

【典型案例与应用探究 4】

以 8255 为主芯片构成三相步进电机控制系统，假定 8255 的地址范围为 210H，212H，

214H 和 216H,设计接口电路,并编写工作程序。

1. 案例分析

步进电机是工业过程控制和仪器仪表中重要的控制元件之一,用 8255 来构成并行接口是一个典型应用。这不但能深化对 8255 使用方法的理解,也能够拓展工业常用执行机构的相关知识。主要从以下几个方面进行探究学习:

(1) 三相步进电机的工作原理;

(2) 三相步进电机的驱动控制方法;

(3) 三相步进电机控制系统硬件设计方案;

(4) 三相步进电机控制系统的驱动程序。

2. 探究实现

1) 三相步进电机的工作原理

步进电机由转子和定子组成,以三相步进电机为例,其内部结构如图 7.41 所示。定子上绕有 A、B、C 星形连接的三相线圈,转子上没有线圈。当三相定子绕组轮流接通驱动脉冲时,所产生的磁场吸引转子转动,转子每转动一次的角度称为步距。从一相绕组通电到另一相绕组通电的过程叫做一拍。三相步进电机按各相定子依次励磁的顺序(或各向绕组通电的方式)不同,分为三种工作方式,我们以三相六拍为例,其正转相序为 A→AB→B→BC→C→CA→A,反转相序为 AC→C→CB→B→BA→A→AC,即每次两相、一相交替励磁,常用在电机起动时要求频率很高或者步进脉冲调节频率很宽的场合。

2) 三相步进电机的驱动控制方法

从原理介绍可知,步进电机是依据输入的电脉冲工作。每输入一个电脉冲转换成一定的角位移(旋转式步进电机)或直线位移(直线式步进电机)。它的工作速度与电脉冲频率成正比。由此可见,步进电机的驱动控制方法是根据转速或位移的要求产生所需频率的步进脉冲,并控制其发出的个数,再由脉冲分配器将步进脉冲按照步进电机工作方式分配给各相绕组。

三相步进电机驱动结构框图如图 7.42 所示。步进脉冲发生器用于产生步进脉冲,多路脉冲分配器则将步进脉冲按照步进电机工作方式分配给各相绕组。各相绕组轮流通电一次,转子便转过一个齿距。

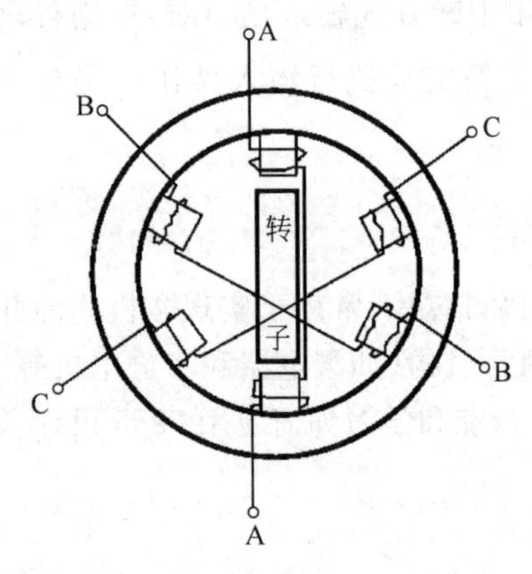

图 7.41 三相步进电机结构图

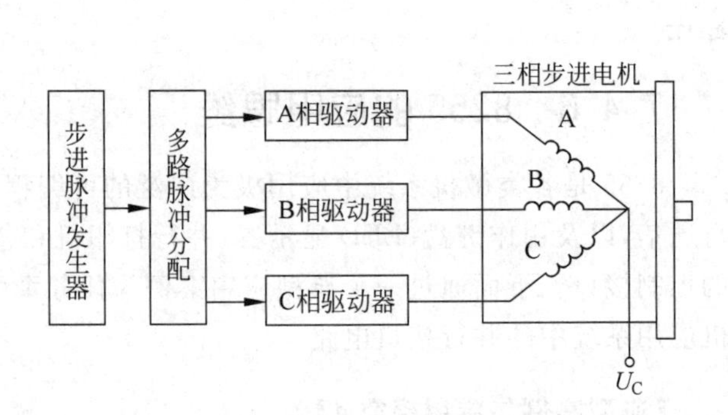

图 7.42 步进电机控制框图

实际微机步进电机控制系统中，常用锁存器或可编程并行接口代替图中的步进脉冲发生器和多路脉冲分配器，而使用软件进行步进脉冲的分配。

3）三相步进电机控制系统硬件设计方案

采用8255作控制接口，可用A口或B口作数据口，不失一般性，在此，选用PB_0、PB_1和PB_2经光电隔离和功率放大后分别接到三相步进电机的某相绕组，当B口某一位PB_i=1(i=0,1,2)时，经反向驱动器输出0，使对应绕组通电。PC_0用于输入正反转标志，PC_0=1，正转；否则反转。绕组上并接二极管作为续流保护环节。驱动放大电路及电源电压根据电机的容量大小恰当选择。相应的三相步进电机驱动控制电路如图7.43所示。8255的A口、B口、C口和控制寄存器的端口地址分别为210H、212H、214H和216H。

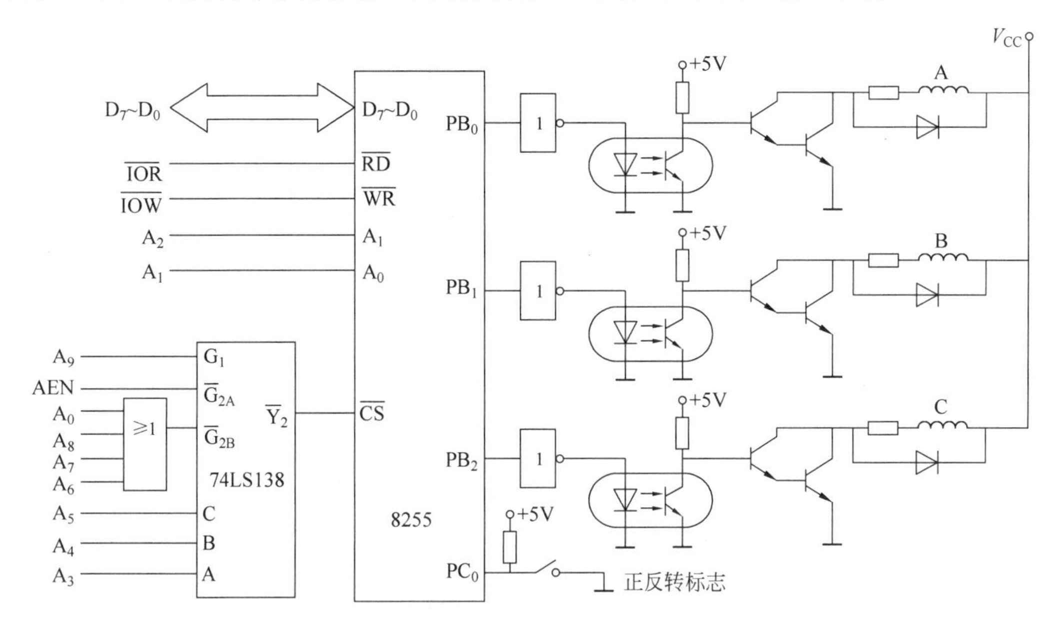

图7.43　用8255构成的三相步进电机驱动控制接口

4）三相步进电机控制系统的驱动程序

有了上述硬件，即可根据控制要求编制步进电机驱动控制程序。具体设计时，先要根据步进频率计算出每一拍的时间，可以用软件延时(或定时器定时)来获得；然后按所选择的工作方式列出一周期内各拍应向并行输出口送出的控制字表，如表7.5所示。该表以图7.43所示电路为基础，列出了三相步进电机三相六拍工作方式对应的控制字表。

表7.5　三相步进电机工作方式控制字表

工作方式	控制字存放地址	控制字 (PB_2 PB_1 PB_0)	控制字写入顺序	
			正转	反转
三相六拍	BASE	001B	↓	↑
	BASE+1	011B		
	BASE+2	010B		
	BASE+3	110B		
	BASE+4	100B		
	BASE+5	101B		

下面以三相六拍工作方式为例，假定送给三相步进电机的脉冲频率为1Hz，允许实时改变正转/反转标志，当PC机键盘有键按下时，三相步进电机停止工作。相应的驱动控制程序流程如图7.44所示，用汇编语言编写的驱动程序如下：

```
DATA   SEGMENT
  BASE  DB  01H,03H,02H,06H,04H,05H        ；定义三相六拍控制字表
DATA   ENDS
CODE   SEGMENT
   ASSUME  CS: CODE,DS: DATA
START:      MOV     AX,DATA
            MOV     DS,AX
            MOV     DX,216H                 ；取控制寄存器地址
            MOV     AL,1×××001B             ；B口方式0输出,C口低4位输入
            OUT     DX,AL                   ；写方式控制字
            MOV     DX,214H                 ；取C口地址
            IN      AL,DX                   ；输入正反转标志
            MOV     DI,0                    ；DI指向第一个控制字
            TEST    AL,01H                  ；正转?
            JNZ     AGAIN                   ；正转,转AGAIN
            MOV     DI,5                    ；反转,DI指向最后一个控制字
AGAIN:      MOV     DX,212H                 ；取B口地址
            MOV     AL,BASE[DI]             ；取当前控制字
            OUT     DX,AL                   ；输出控制字,分配脉冲给相应绕组
            CALL    DELAY1S                 ；延时,步进电机走一拍
            MOV     DX,214H                 ；从C口输入正反转标志
            IN      AL,DX
            TEST    AL,01H                  ；正转?
            JZ      NEXT                    ；反转,转NEXT
            INC     DI                      ；按正转顺序调整DI指针
            CMP     DI,6                    ；正转完一周期?
            JNZ     EXIT                    ；未转完,转EXIT
            MOV     DI,0                    ；转完,DI重新指向第一个控制字
            JMP     EXIT                    ；转EXIT
NEXT:       DEC     DI                      ；按反转顺序调整DI指针
            CMP     DI,0FFFFH               ；反转完一周期(DI=-1)?
            JNZ     EXIT                    ；未转完,转EXIT
            MOV     DI,5                    ；转完,DI指向最后一个控制字
EXIT:       MOV     AH,1                    ；PC键盘有键按下?
            INT     16H
            JZ      AGAIN                   ；无键按下,继续
            MOV     AH,4CH                  ；返回DOS
            INT     21H
；延时1秒子程序,用INT 15H的86H号功能调用
；1s=1000000(μs)=F4240H(μs)
DELAY1S     PROC
            PUSH    AX                      ；保护程序中用到的寄存器
            PUSH    CX
            PUSH    DX
            MOV     AH,86H                  ；INT 15H调用的功能号
            MOV     CX,0FH                  ；延时时间的高16位
```

```
            MOV     DX,4240H            ; 延时时间的低 16 位
            INT     15H                 ; 延时 CX:DX(μs)
            POP     DX                  ; 恢复保存的寄存器值
            POP     CX
            POP     AX
            RET
    DELAY1S ENDP
CODE    ENDS
            END     START
```

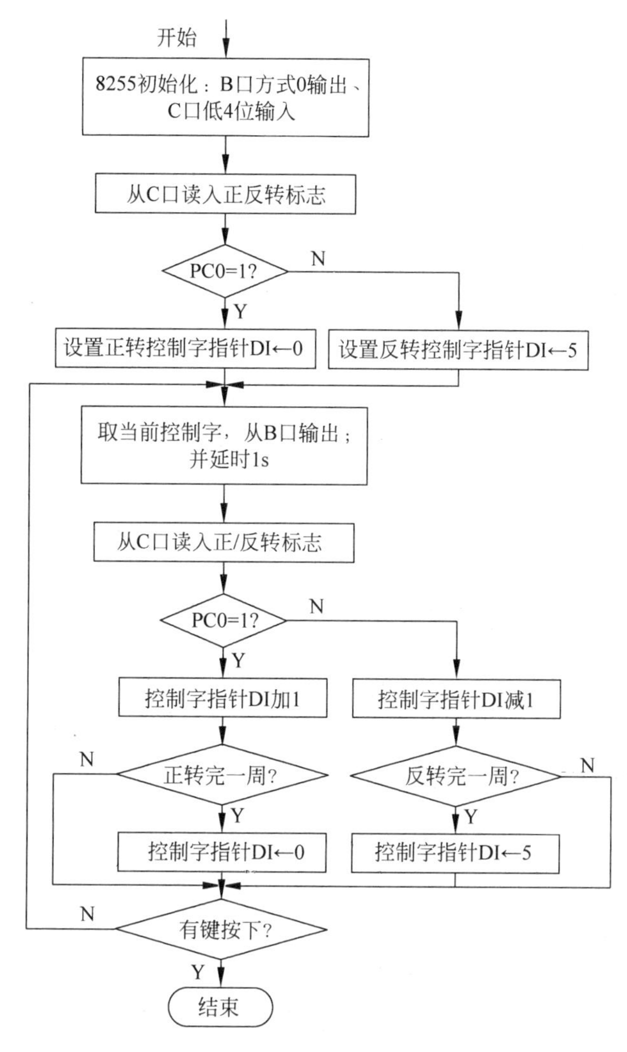

图 7.44　三相步进电机驱动控制程序流程图

若用 C 语言编程，则完成上述功能的 C 语言程序如下：

```
#include <stdio.h>
#include <dos.h>
unsigned char base[]={01H,03H,02H,06H,04H,05H};/* 定义三相六拍控制字表 */
main(){
    unsigned char i=0,status,x;
```

```
    outputb(0x216,0x81);                    /* 写 8255 方式控制字 */
    status=inportb(0x214);                  /* 输入正反转标志 */
    if(!(status&0x01)) i=5;                 /* 反转,i 指向最后一个控制字 */
    while(!kbhit()){                        /* 无键按下时,循环 */
      outportb(0x212,base[i]);              /* 从 B 口输出当前控制字 */
      delay1s();                            /* 延时,步进电机走一拍 */
      status=inportb(0x214);                /* 从 C 口输入正反转标志 */
      if(status&1){                         /* 正转 */
        i++;
        if(i==6) i=0;                       /* 正转完一周,i 指向第一个控制字 */
      } else {
        i--;
        if(i== -1) i=5;                     /* 反转完一周,i 指向最后一个控制字 */
      }
    }
}
/* 延时 1 秒子程序,用 INT 15H 的 86H 号功能调用 */
/* 1s=1000000(μs)=F4240H(μs) */
delay1s(){
    _AH=0x86;                               /* INT 15H 调用的功能号 */
    _CX=0x0f;                               /* 延时时间的高 16 位 */
    _DX=0x4240;                             /* 延时时间的低 16 位 */
    asm(INT 15H);                           /* 延时 CX:DX(μs) */
}
```

7.5 可编程串行接口芯片 INS 8250

INS 8250 是美国国家半导体公司(National Semiconductor Inc.)于 1978 年推出的可编程 UART 芯片。它使用+5V 单一电源,具有 40 根引脚,属双列直插式封装。该芯片与其他许多串行接口芯片相比,其优越之处在于,其内部可读/写的寄存器有 10 个之多,可编程能力很强,使用十分灵活。

7.5.1 基本功能

INS 8250 具有以下基本功能:

(1) 包含发送控制电路和接收控制电路,可实现全双工通信。

(2) 可通过编程指定异步串行通信的数据格式。每个字符可选 5~8 位数据位表示,且其内部控制逻辑电路能够自动增加 1 位起始位,依编程可增加 1 位奇/偶校验位,选择 1 位、$1\frac{1}{2}$位或 2 位停止位。

(3) 可通过编程设置串行数据传送波特率,并据此自动产生工作时钟输出。

(4) 具有完整的状态报告功能。能够向处理器提供接收缓冲器"满"和发送保持器"空"两种最基本的指示信息,以及重叠错、奇偶错、格式错和帧出错四种数据接收出错指示信息。这些信息均可以用中断法或查询法来获取和处理。

(5) 具有控制 Modem 的功能。

(6) 通过设置内部 LOOP 控制位可提供循环反馈能力,实现数据自发自收功能,以此实现对自身收发通路的诊断测试。

7.5.2 内部结构与外部引脚

1. 内部结构

INS 8250 的内部结构如图 7.45 所示。由图可知,8250 内部逻辑由三部分组成:第一部分是与微处理器三总线接口的电路,包括总线缓冲器、芯片及内部寄存器选择和 I/O 控制逻辑等;第二部分是与外部通信设备或通信线路接口的电路,包括收、发寄存器与收、发同步逻辑,波特率发生器,Modem 控制逻辑等;第三部分是内部控制逻辑,包括中断控制逻辑和接收缓冲器、发送保持器、线路控制寄存器、线路状态寄存器、除数寄存器(H)、除数寄存器(L)、Modem 控制寄存器、Modem 状态寄存器、中断允许寄存器、中断识别寄存器等 10 个 CPU 可读/写的内部寄存器。

2. 引脚功能

INS 8250 的外部引脚排列如图 7.46 所示。INS 8250 的 40 根引脚信号中,除+5V 电源 V_{CC}(40 号线)、地信号 V_{SS}(20 号线)和未用的 29 号线外,其余 37 根信号线可以分成四类。

1) 并行数据 I/O 及其控制线

这类信号线大体包括数据总线、芯片选择线、寄存器端口选择线、数据 I/O 选通与地址选通线、读/写控制线等。

$D_7 \sim D_0$:8 位双向三态数据线。通过它们,MPU 向 8250 写入控制字和欲发送的数据,或者从 8250 读出状态字和拼装好的接收数据。

CS_0、CS_1、$\overline{CS_2}$:片选线。CS_0、CS_1 接高电平,$\overline{CS_2}$ 接低电平时,8250 被选中,经地址选通信号 $\overline{ADS}$ 将片选信号锁存后,8250 才可以和 CPU 进行通信。

$\overline{ADS}$:地址选通线。当 ADS 为低时,则锁存片选信号(CS_0、CS_1、CS_2)和寄存器选择信号(A_0、A_1、A_2)。注意,A_0、A_1、A_2 信号在读/写过程中不稳定,则 $\overline{ADS}$ 信号可用来锁存这些信号。若不需要 $\overline{ADS}$ 信息时,可直接将它接地。

DISTR、$\overline{DISTR}$:数据输入选通。当 DISTR 为高电平或 DISTR 为低电平,且该片被选中时,则处理器可选择 8250 的一个寄存器,并读出其内容。当不读时,DISTR 可固定为低电平且 $\overline{DISTR}$ 固定在高电平。

DOSTR、$\overline{DOSTR}$:数据输出选通。当 DOSTR 为高电平或 DOSTR 为低电平,且该片被选中时,则处理器可选择 8250 的一个寄存器,将数据或控制字写入其中。当不写时,DOSTR 可固定为低电平且 $\overline{DOSTR}$ 固定在高电平。

A_0、A_1、A_2:内部寄存器选择。这 3 个信号和通信线路控制寄存器的最高位 DLAB 配合,可选择 10 个内部寄存器中的一个进行读/写。选择情况见表 7.6。

CSOUT:片选输出。当为高电平时,8250 已被 CS_0、CS_1、$\overline{CS_2}$ 信号选中。当 CSOUT 为高电平时,数据传送才能开始。

DDIS:驱动器禁止。当处理器从 8250 中读数据时,DDIS 为低电平。当 DDIS 为高电

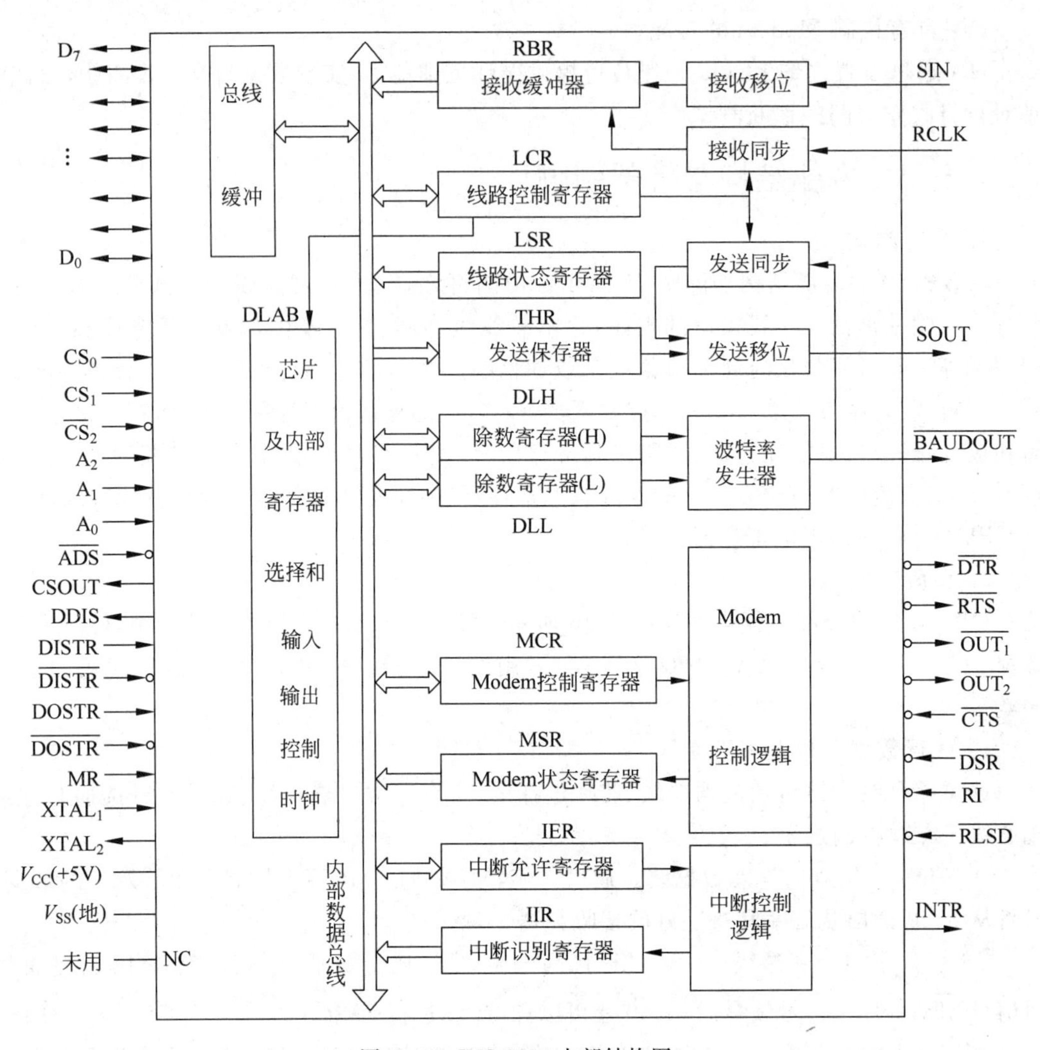

图 7.45 INS 8250 内部结构图

平时，可用来禁止处理器和 8250 数据线上的收发器动作。

2）串行数据 I/O 线

SOUT：串行数据输出。在主复位后，SOUT 被置成高电平。

SIN：串行数据输入。由外设、Modem、数据设备发送的串行数据从该端引入。

$XTAL_1$：外部时钟输入端。8250 的基准时钟信号是由外时钟源经该端输入到芯片内的。

$XTAL_2$：基准时钟信号输出端。可用于其他功能的定时输出。

$\overline{\text{BAUDOUT}}$：工作时钟输出。该信号为 8250 发送器提供 16 倍波特率时钟信号。该信号频率等于外部输入时钟频率被波特率发生器中除数寄存器的值相除后所得的频率，即

$$f_{\text{工作时钟}} = f_{\text{输入时钟}} \div \text{除数寄存器} = \text{传送波特率} \times 16$$

该工作时钟在 8250 芯片内部已作为发送同步控制信号。

RCLK：接收时钟输入。这一分开设立的引脚为接收时钟的输入选择提供了一种灵活性，既可以从外部引入专门的时钟信号，也可以以芯片内部的工作时钟为接收时钟。如以芯

片内部的工作时钟为接收时钟，只需将 RCLK 和 BAUDOUT 两线直接相连即可。

3）和 Modem 的握手信号线

这类信号线共有 6 根：

$\overline{\text{DSR}}$：数据设备就绪，输入线。

$\overline{\text{DTR}}$：数据终端就绪，输出线。

$\overline{\text{RI}}$：振铃指示，输入线。

$\overline{\text{RLSD}}$：接收线路信号检测，输入线。

$\overline{\text{RTS}}$：请求发送，输出线。

$\overline{\text{CTS}}$：清除发送，输入线。

这 6 根信号线在 8250 的内部寄存器中均有其相应的控制输出或状态输入位，且都是低电平有效。这些信号的意义及其相互握手联络关系与 RS-232C 接口中定义的有关信号线基本一样，故不详述。

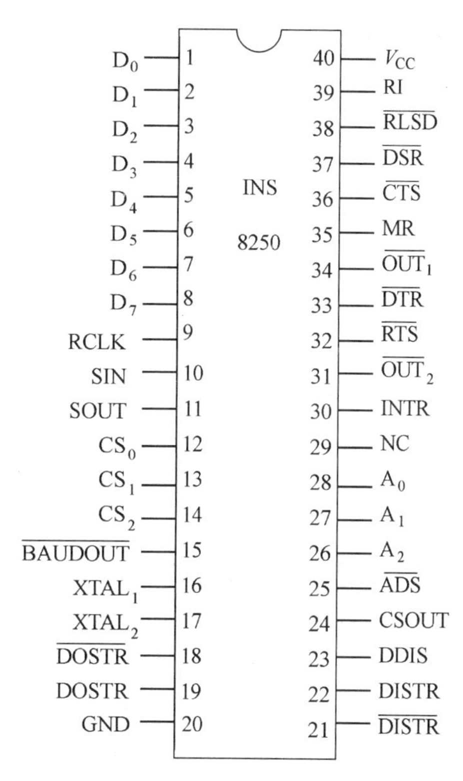

图 7.46　INS 8250 引脚排列

4）中断请求、复位输入及其他信号线

INTR：中断请求输出。当接收出错，或接收缓冲器满，或发送保持器空，或 Modem 状态改变，且芯片内的中断允许寄存器 IER 的相应位置“1”时，8250 将经该引脚向 MPU 送出一个高电平的中断请求信号。当中断服务结束或复位后，则 INTR 变成低电平(无效)。

MR：主复位输入。当该信号线为高电平时，8250 进入复位状态，除接收缓存器、发送保持寄存器、除数寄存器外，其余寄存器和控制逻辑都被复位。在系统中一般 MR 接总清 RESET 信号。

$\overline{OUT_1}$、$\overline{OUT_2}$：由用户指定的输出端。若 Modem 控制寄存器第 2 位(OUT_1)或第 3 位(OUT_2)置成“1”时，$\overline{OUT_1}$/$\overline{OUT_2}$ 引脚就变成低电平；主复位(MR)时，$\overline{OUT_1}$、$\overline{OUT_2}$ 被置成高电平。

7.5.3　端口寻址与读/写控制

INS 8250 内部有 10 个可被 CPU 访问的 8 位寄存器。在芯片选择有效的前提下，由芯片的寄存器选择输入线 A_2、A_1、A_0 来确定被访问的寄存器，如表 7.6 所示。注意，为了解决寄存器多、端口地址少(只有 8 个地址)的矛盾，芯片中采用了两条措施。

(1) 发送保持寄存器和接收缓冲寄存器共用一个地址(0 口)，以“写入”访问前者、“读出”访问后者加以区分。

(2) 除数寄存器的高、低字节和收/发缓冲寄存器、中断允许寄存器使用两个相同的地址(0 口和 1 口)，为防冲突，借用线路控制寄存器的最高位(DLAB 位)来区分。访问除数寄存器时，令 DLAB 位为“1”；访问收/发缓冲寄存器和中断允许寄存器时，则将 DLAB 位置“0”。

表 7.6　INS 8250 内部可读/写寄存器及其访问控制

DLAB 位	A_2	A_1	A_0	被访问的寄存器及其端口号
0	0	0	0	接收缓冲器(读)、发送保持器(写)　(0 口)
0	0	0	1	中断允许寄存器(读/写)　(1 口)
×	0	1	0	中断标识寄存器(只读)　(2 口)
×	0	1	1	线路控制寄存器(读/写)　(3 口)
×	1	0	0	Modem 控制寄存器(读/写)　(4 口)
×	1	0	1	线路状态寄存器(读/写)　(5 口)
×	1	1	0	Modem 状态寄存器(读/写)　(6 口)
1	0	0	0	除数寄存器(低字节)(读/写)　(0 口)
1	0	0	1	除数寄存器(高字节)(读/写)　(1 口)

7.5.4 应用编程

1. 内部各可编程寄存器的格式

1) 线路控制寄存器(LCR)

写入 LCR 的控制字主要用于指定异步串行通信的数据格式。该寄存器既可写又可读，这样，就节省了系统存储器中存放线路特性的单元，简化了程序设计。LCR 的格式如图 7.47 所示。

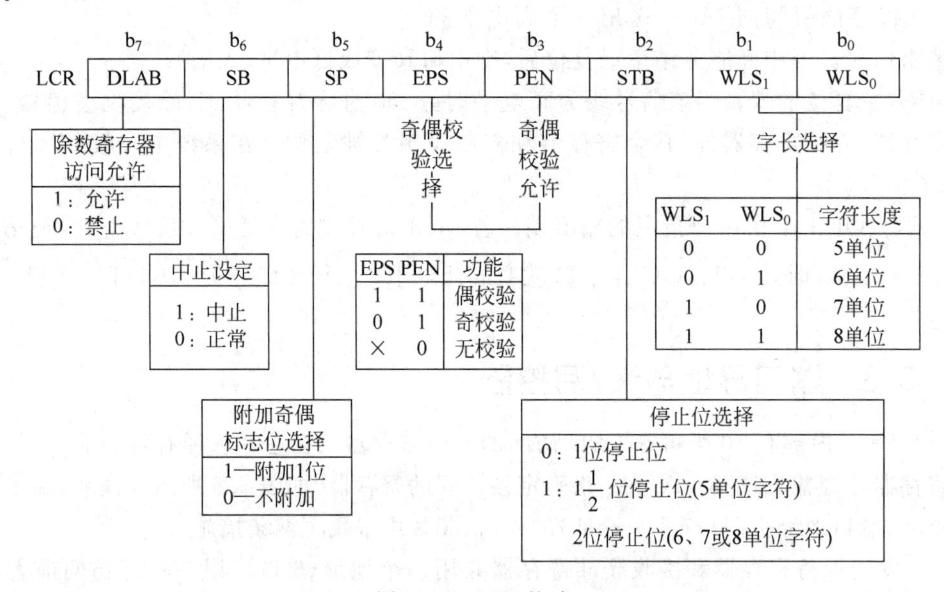

图 7.47　LCR 格式

仅对 b_5、b_6、b_7 三位的意义作进一步说明。b_5 位为附加奇偶标志位选择位(stick parity,SP)。当 PEN=1 有奇偶校验功能时，若 SP 位=1，则表明在串行数据格式中的奇偶校验位和停止位之间插入了一个奇偶标志位。若采用偶校验，这个标志位为逻辑“0”；若采用奇校验，则这个标志位为逻辑“1”。这一附加位的好处在于发送设备把它采用的奇偶校验方式也通过数据流告诉接收设备，以便接收时进行奇偶校验和验证。当然，在收发双方已约定奇偶校验方式情况下，就无须这一附加位，此时应使 SP 位＝0。b_6 位为建立中止方式选择位(set break，SB)。当正常发送和接收时，SB 位＝0；若 SB 位＝1，则使发送设备的 SOUT 端输出保持为逻辑"0"，即空号状态，通信链路另一端的接收设备就识别出发送设备已中止发送。若允许中断，接收设备可发出一个"中止"中断请求，由它的处理器进行中止处理。b_7 位为除数寄存器访问允许位(DLAB)，置"1"访问除数寄存器，设置波特率；置"0"访问其他寄存器。

2）线路状态寄存器(LSR)

LSR 主要是向处理器提供有关数据传输的状态信息。该寄存器不仅可读(用于反映 8250 的内部工作状态)，而且可写(供人为制造某些错误状态，用于系统自检)。但是，b_6 位只能读不能写。LSR 格式如图 7.48 所示。b_1～b_4 这 4 位都是出错指示位。OE＝1 指出由于 CPU 未及时把接收缓冲器的输入字符移走，8250 又接收新数据而造成重叠的错误；PE＝1 指出被接收的数据有奇偶错；FE＝1 指出没有正确的停止位，这称为格式错，若认为异步通信是以一字符为一帧信息，这也可称为帧出错；BI＝1 指出发送设备进入中止状态(即接收的空号状态)的连续时间已超过由起始位到停止位的一个完整字符传输时间。当中断允许寄存器的"接收线路状态中断"允许位为 1 时，上述的 b_1～b_4 任一位为 1 都将产生一个中断请求。

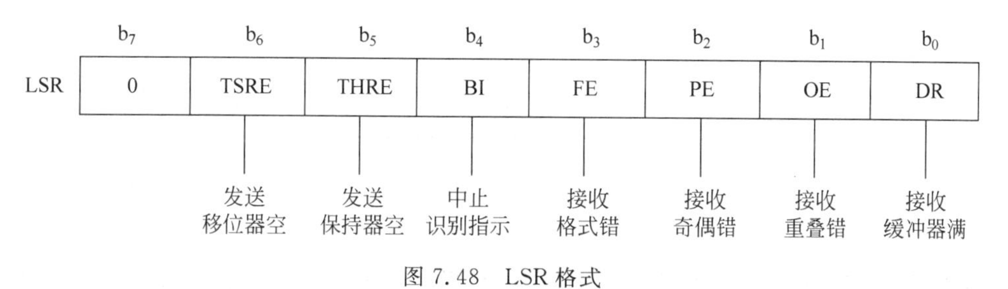

图 7.48 LSR 格式

b_0 为接收缓冲器"满"指示位，b_5 为发送保持器"空"指示位。这是串行接口的两个最基本的指示位。只有 DR＝1，CPU 读取的数据才为有效；只有 THRE＝1，CPU 写入 8250 的数据才能正确被发送。CPU 和 8250 之间的数据传送可用查询法，也可用中断法。8250 中断允许寄存器有相应的控制位，以使 DR＝1 或 THRE＝1 时产生中断。值得注意的是，在主复位之后线路状态寄存器除 b_6、b_5 为 0 之外，b_4～b_0 均为 1，虽然由于在主复位之后中断允许寄存器各位都为 0(无效)，线路状态的这种状况还不会立即产生接收数据就绪中断或接收数据出错中断，但还是以清除 LSR 的 b_4～b_0 位为好。一般在对 8250 进行初始化设置后，就有一个读线路状态寄存器的操作以清除这些位。

3）数据发、收寄存器和速率控制

欲发送的字符写入数据发送寄存器，也称为发送保持器(THR)，然后移位由 SOUT 脚输出。在移位输出过程中，8250 芯片自动将起始位和 LCR 指定的奇偶校验位、停止位插入数据流中，而并不需要程序员写入 THR。THR 的内容送至移位器后，THR 变"空"，这将使 LSR 的 THRE 位置"1"。由 SIN 脚输入的串行数据位，经过串-并转换后送入数据接收寄存器(在 8250 芯片中，它被称为接收缓冲器 RBR)。同样，在接收过程中，由 8250 芯片校验起始位、停止位和奇偶校验位，然后将这些位从数据流中剔除。接收缓冲器中已经形成待读的字符时,将使 LSR 的 DR 位置“1”,指示接收缓冲器“满”。CPU 读取 RBR 使 DR 位复位。发送或接收都是一字节的低位在先,高位在后。

串行数据传送速率的选取是由 8250 内部的波特率发生器完成的。这是一个软件控制的分频器,输出的工作时钟频率为 16 倍的波特率。在输入基准时钟频率确定后,通过改变除数寄存器的值来选择所需的波特率,即

除数寄存器值＝输入基准时钟频率÷(16×波特率)

例如 8250 芯片输入的基准时钟频率为 1.8432MHz,表 7.7 列出了在该基准时钟频率下,50～9600bps 范围内,15 种常用波特率与相应的除数寄存器值的对照表。

表 7.7 1.8432MHz 基准时钟频率下的波特率与除数对照

波特率/bps	除数		波特率/bps	除数	
	十进制	十六进制		十进制	十六进制
50	2304	0900H	1800	64	0040H
75	1536	0600H	2000	58	003AH
110	1047	0417H	2400	48	0030H
134.5	857	0359H	3600	32	0020H
150	768	0300H	4800	24	0018H
300	384	0180H	7200	16	0010H
600	192	00C0H	9600	12	000CH
1200	96	0060H	19200	6	0006H

由表 7.7 可见,当波特率大于 300 时,除数小于 256,为单字节,这时除数寄存器高字节送入 0。

除数寄存器的高字节或低字节写入顺序可任意。但写入前必须设置线路控制寄存器的 b_7 位为 1;写入后则应将它恢复为 0,以便访问其他寄存器。除数寄存器的值也可被读出。

4) 中断允许和中断标识寄存器(IER 和 IIR)

8250 芯片具有很强的中断能力,且使用很灵活。它共有 4 级中断,按优先级从高到低依次为:接收出错中断,接收缓冲器“满”中断,发送保持器“空”中断和 Modem 输入状态改变中断。

如果 8250 芯片处于中断工作方式,则中断标识寄存器(IIR)指出有无待处理的中断发生及其类型,并且封锁比此类型优先权低的所有类型中断。当现行中断请求被 CPU 响应服务后,被封锁的中断才释放。中断标识寄存器各位意义如图 7.49 所示。

这一固定优先权顺序是依照串行通信过程中事件的紧迫性来排列的。这些中断的允许(或屏蔽)由中断允许寄存器(IER)来控制。IER 的各位意义如图 7.50 所示。

注意,设置中断允许寄存器前必须将线路控制寄存器 b_7 位清 0。中断允许寄存器是可写可读的,中断标识寄存器是只读的。因为 IIR 的高 5 位总是为 0,于是可作为一个特征来判断适配器是否接入系统中,即检查适配器板的存在性。比如 PC/XT 的 ROM BIOS 中的上电自检程序就是以这种方法来检查 0 号适配器板和 1 号适配器板的存在性的,如存在便将该板的基地址填入基地址区(RS232_BASE)。基地址区的 4 个单元在此之前已清除为 0。

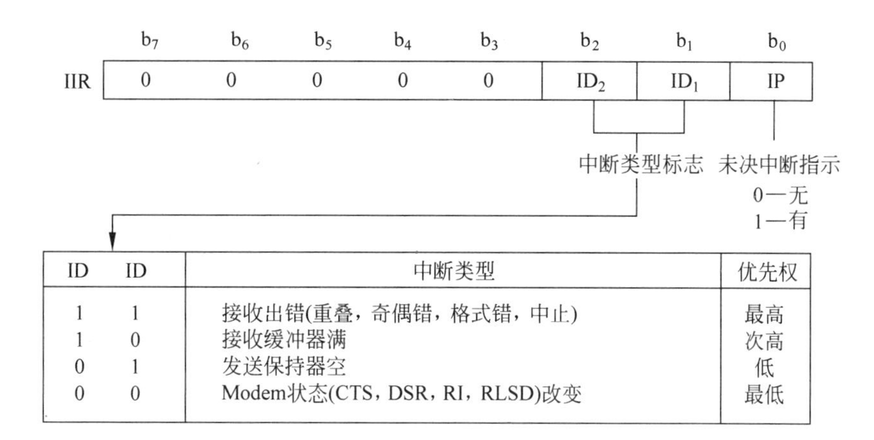

ID	ID	中断类型	优先权
1	1	接收出错(重叠，奇偶错，格式错，中止)	最高
1	0	接收缓冲器满	次高
0	1	发送保持器空	低
0	0	Modem状态(CTS，DSR，RI，RLSD)改变	最低

图 7.49　中断标识寄存器(IIR)各位意义

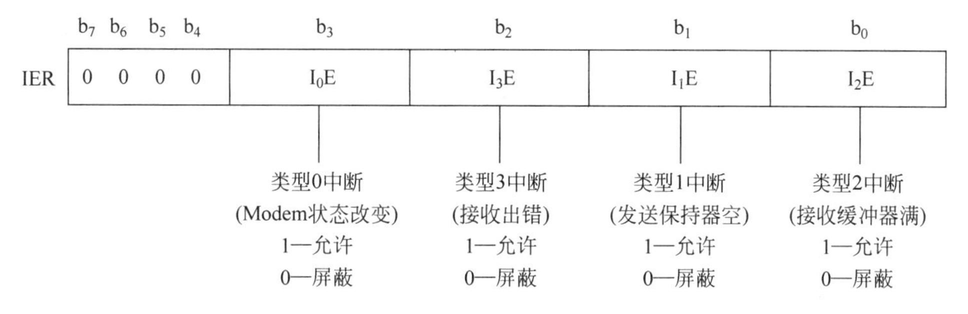

图 7.50　中断允许寄存器(IER)各位意义

现将检查适配器板存在性的程序段列出如下：

```
        MOV     BX,0                    ; 以 BX 为基地址区内偏移指针
        MOV     DX,3FAH                 ; 0 号板的 IIR 地址
        IN      AL,DX                   ; 读此 IIR
        TEST    AL,0F8H                 ; 测试高 5 位
        JNZ     F18                     ; 非全 0,此板不存在
        MOV     RS232_BASE[BX],3F8H     ; 否则已接入,填入基地址
        INC     BX                      ; 修改偏移指针
        INC     BX
F18:    MOV     DX,2FAH                 ; 1 号板的 IIR 地址
        IN      AL,DX                   ; 读此 IIR
        TEST    AL,0F8H                 ; 测试高 5 位
        JNZ     F19                     ; 非全 0 此板不存在
        MOV     RS232_BASE[BX],2F8H     ; 否则,已接入,填入基地址
        INC     BX                      ; 修改偏移指针
        INC     BX
F19:
        ......
```

如果中断允许寄存器的 $b_0 \sim b_3$ 全为 0，则表示禁止 8250 中断，因此中断请求信号和中断标识寄存器都被禁止输出。

5) Modem 控制/状态寄存器(MCR 和 MSR)

这两个寄存器主要用于发送和接收与 Modem 等通信设备进行握手联络的信号，Modem 控制寄存器(MCR)控制芯片的 4 个引脚的输出和芯片的环路检测。Modem 状态寄存器(MSR)检测芯片的 4 个引脚输入状态。两个寄存器的各位意义如图 7.51 所示。

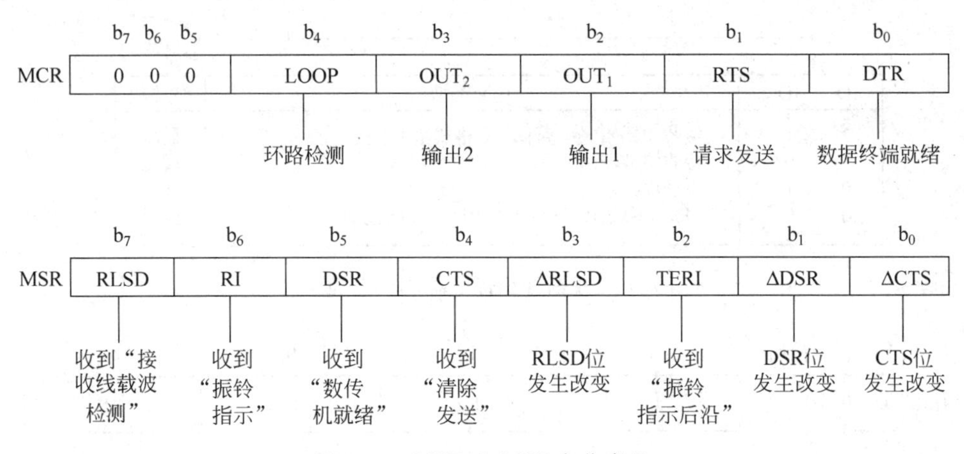

图 7.51 MCR 和 MSR 各位意义

关于 DTR、RTS、CTS、DSR、RI、RLSD 以及 OUT_1、OUT_2 的各位意义以及位值和引脚电平的关系前已说明，此处不再赘述。只说明两点：

(1) MSR 的 b_3、b_1、b_0 等位中某位置"1"是说明在上次读取 MSR 之后，MSR 的 b_7、b_5、b_4 等位中的相应位发生了改变。MSR 的 b_2 位置"1"，说明输入到芯片的 RI 已由逻辑"1"状态变成逻辑"0"状态。若中断允许寄存器的 b_3 位为 1，则 MSR 的 b_3～b_0 任一位为 1 都使芯片产生一个 Modem 状态中断。

(2) MCR 的 LOOP 控制位提供了一种循环反馈能力，以供对 8250 作诊断测试。当这位为"1"时，即选择了这一诊断方式。在这种方式下，SOUT 脚被置成"传号"状态，SIN 引脚和芯片内部逻辑上断开，发送器的移位输出直接和接收器的移位输入接通，于是发送的数据返回被接收，形成"循环反馈"。为了能自发自收，在这种方式下，8250 芯片还自问自答沟通了必要的握手联络信号，此时 4 个 Modem 控制输入端 CTS、DSR、RI、RLSD 和芯片的引脚逻辑上断开，4 个 Modem 控制输出端 RTS、DTR、OUT_1、OUT_2 在芯片内部顺序对应地一一接到 4 个控制输入端。这一连接使 MCR 的 DTR＝1(即"数据终端就绪")，立即引起 MSR 的 DSR＝1(即"数传机就绪")；同理，"请求发送"立即获得"清除发送"(允许发送)的回答。在诊断方式下发送的数据立即被自己接收，这一特点允许 CPU 来验证 8250 的发送和接收通路是否正常。同时也可利用这一功能在本机上进行异步通信的编程练习。

2. 应用编程

INS 8250 和其他可编程接口芯片一样，其应用编程包含初始化编程和工作编程两部分。8250 的初始化编程是指写入相应的控制字以规定它的工作方式和通信参数等。需要编程的寄存器包括除数寄存器(DLR)、线路控制寄存器(LCR)、Modem 控制寄存器(MCR)和中断允许寄存器(IER)。8250 初始化编程流程如图 7.52 所示。按该流程进行初始化编程时要注意以下几点：

(1) 写除数寄存器(端口 0 和端口 1)设置波特率之前,一定要先将线路控制寄存器的 D_7 位(DLAB)置“1”。

(2) 写线路控制寄存器(端口 3)设置通信数据格式时,控制字的高 3 位 $D_7 \sim D_5$ 一般取值为 0,因为在正常传送过程中不会修改波特率,也不会发送中止符号,奇偶位也不会取一个恒定值。

(3) 写 Modem 控制寄存器(端口 4)设置 Modem 控制字是可选的。如采用简单的连接方式,不使用 Modem 时,则无须设置该控制字;如需通过 Modem 控制信号实现同步时,则必须设置该控制字。通常,Modem 控制字的 D_1D_0 设置为“11”,使$\overline{DTR}$和$\overline{RTS}$引脚为低电平,表明数据终端就绪和请求发送。即使不使用这两位,也不影响发送过程。另外,D_4 位(LOOP)一般应置为“0”,以便 8250 处于正常通信工作状态;除非自检时才将它置为“1”。

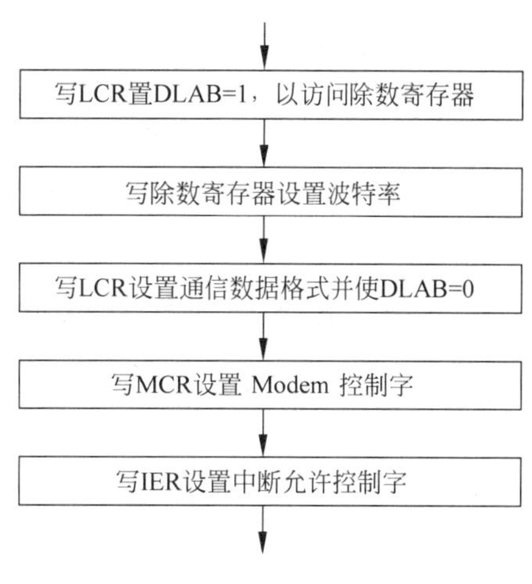

图 7.52　8250 初始化流程图

(4) 写中断允许寄存器(端口 1)设置中断允许控制字,一般应在通信数据格式设置之后进行,以保证线路控制寄存器的 DLAB=0。如果采用查询方式进行通信,该控制字应为 00H;如果采用中断方式通信,则应按确定的中断允许方式置“1”相应位。

例 7.3　设 8250 的基准时钟频率为 1.8432MHz,端口地址为 3F8H~3FEH。若规定异步串行通信的数据格式为 7 位数据位、1 位偶校验、2 位停止位,传输波特率为 9600,允许 8250 的发送数据寄存器空和接收数据寄存器满产生中断,编写初始化程序。

先根据已知的基准时钟频率和传输波特率确定除数寄存器初值,为

$$除数值=基准时钟/(9600\times16)=1.8432MHz/(9600\times16)=0CH$$

按图 7.52 给出的流程设计的初始化程序如下:

```
INI8250: MOV    DX,3FBH          ;设置线路控制寄存器地址
         MOV    AL,80H
         OUT    DX,AL            ;置 DLAB=1,允许访问除数寄存器
         MOV    DX,3F0H
         MOV    AL,0CH           ;置产生 9600bps 波特率的除数低字节
         OUT    DX,AL            ;写入除数寄存器低字节端口
         MOV    AL,00H           ;置产生 9600bps 波特率的除数高字节
         INC    DX
         OUT    DX,AL            ;写入除数寄存器高字节端口
         MOV    DX,3FBH
         MOV    AL,00011110B     ;7 位数据位、偶校验、2 位停止位
         OUT    DX,AL            ;写 LCR,设置数据帧格式
         MOV    DX,3FCH          ;指向 Modem 控制寄存器
         MOV    AL,00000011B     ;数据终端就绪、请求发送
         OUT    DX,AL            ;写 Modem 控制字
         MOV    DX,3F9H          ;设置中断允许寄存器地址
```

```
        MOV     AL,03H              ;允许发送保持器空、接收缓冲器满中断
        OUT     DX,AL               ;写中断允许字
```

完成初始化编程后，8250 的工作编程主要是根据应用需要编写串行通信的数据发送和接收程序，以及收/发过程中的错误处理。发送和接收既可采用查询方式，也可采用中断方式，具体要根据实际需要选用。

7.5.5 8250 的应用思维

【典型案例与应用探究 5】

利用 8250 的环路检测方式，在 PC 机上做一个自发自收的异步串行通信实验。假定 8250 的地址范围是 3F8H～3FFH，试设计接口电路，并编写工作程序。

1. 案例分析

这是一个有实用意义的串行通信测试方法，实际工作中常用此方法检查设备状态。要将这个测试系统搭建出来，首先要根据要求确定工作原理，再从软件和硬件相结合的角度去落实解决方案。本案例可从以下 3 个方面入手进行探究。

(1) 确定工作原理：根据要求分析工作过程，选取合理的同步控制方法。

(2) 确定硬件设计方案：关注有特殊要求的引脚。

(3) 编写工作程序：在软件设计上要注意，不同的同步控制方法所对应的程序结构不同，应分别如何设计。

2. 探究实现

1) 确定工作原理

用 INS 8250 构成自发自收测试电路，既可以采用查询方式控制数据传输，也可以采用中断方式完成。如采用查询方式控制数据传输，实现串行通信的基本原理是：CPU 循环连续读取串行口状态，根据当前的状态来判定是否接收或发送一个字符。采用中断方式完成的基本过程和工作原理请读者思考。

2) 确定硬件设计方案

INS 8250 在 PC/XT 机中的应用连接电路如图 7.53 所示。在硬件连接中要注意的是，CS_0 和 CS_1 固定接高电平，$\overline{CS_2}$ 接译码器输出；MC1488 和 MC1489 用于进行 TTL 与 RS-232C 间的电平转换。如采用中断方式，要注意$\overline{OUT_2}$ 的连接。$\overline{OUT_2}$ 用于中断控制，当$\overline{OUT_2}$ 输出低电平时，三态门打开，INTR 引脚可接至系统某个中断级，用中断方式发送/接收数据。

3) 编写工作程序

不同的同步控制方法所对应的程序结构不同，但用查询方式的程序结构基本与自发自收实验的过程相似。程序的功能是，CPU 反复查询线路状态寄存器 LSR 的状态，当发送保持器空时，从键盘读入一个字符，通过发送保持器将字符发送出去，经接收后再在 CRT 上显示出来。程序流程如图 7.54 所示。

假定通信波特率为 4800bps，每个字符由 1 位起始位、7 位数据位、一个偶校验位、两个停止位组成，则相应的串行收/发程序如下：

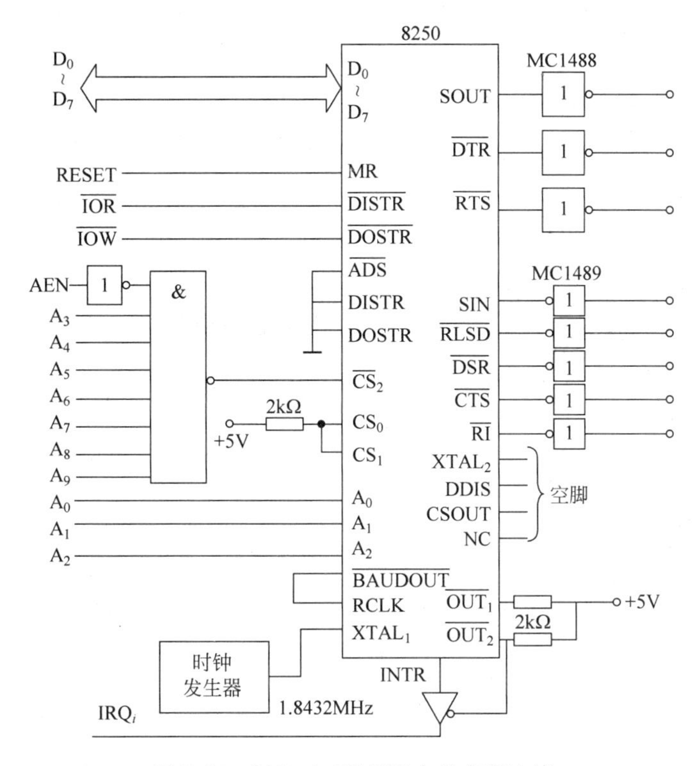

图 7.53 8250 在 PC/XT 中的应用连接

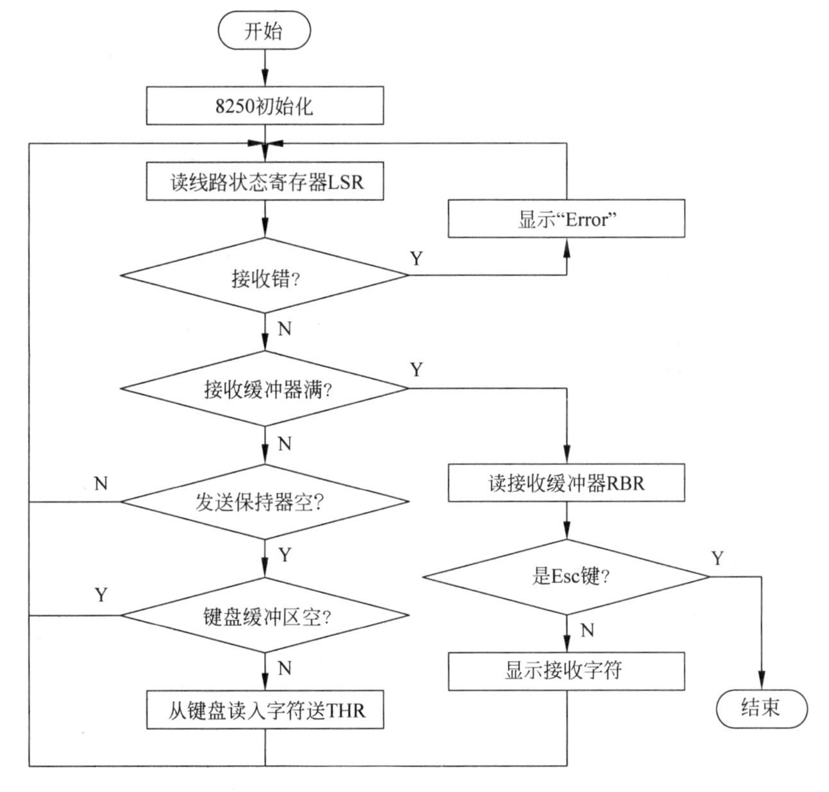

图 7.54 查询式串行通信流程

```
DATA   SEGMENT
BUFF   DB   ?
  ERROR   DB  'ERROR',0AH,0DH,'$'
  BASE   EQU   3F8H                            ;8250 基地址
CODE   SEGMENT
  ASSUME   CS: CODE,DS: DATA
START:   MOV      AX,DATA
         MOV      DS,AX
         MOV      DX,BASE+3
         MOV      AL,80H                       ; LCR 的 DLAB=1(允许访问除数寄存器)
         OUT      DX,AL
         MOV      DX,BASE                      ; 取除数寄存器地址
         MOV      AL,18H                       ; 设置波特率=4800
         OUT      DX,AL                        ; 写除数寄存器低位
         INC      DX
         MOV      AL,0
         OUT      DX,AL                        ; 写除数寄存器高位
         MOV      DX,BASE+3                    ; 设置通信数据格式
         MOV      AL,00011110B                 ; 偶校验,2 位停止位,传送 7 位数据位
         OUT      DX,AL
         MOV      DX, BASE+4                   ; 设置 Modem 控制寄存器
         MOV      AL,13H                       ; 环路检测方式,数据终端就绪、请求发送
         OUT      DX,AL
         MOV      DX,BASE+1                    ; 设置中断允许寄存器
         MOV      AL,00H                       ; 屏蔽中断,用查询方式
         OUT      DX,AL
 INQUIRE:MOV      DX,BASE+5                    ; 读线路状态寄存器 LSR
         IN       AL,DX
         TEST     AL,1EH                       ; 出错?
         JNZ      ERROR$                       ; 出错,转出错处理
         TEST     AL,01H                       ; 接收缓冲器满?
         JNZ      RECEIVE                      ; 满,转接收处理
         TEST     AL,20H                       ; 发送保持器空?
         JZ       INQUIRE                      ; 发送保持器不空,转 INQUIRE 继续查询
         MOV      AH,01H                       ; 键盘缓冲区空?
         INT      16H
         JZ       INQUIRE                      ; 键盘缓冲区空,转 INQUIRE 继续查询
         MOV      AH,0H                        ; 从键盘缓冲区读入字符
         INT      16H
         MOV      DX,BASE                      ; 取发送保持器地址
         OUT      DX,AL                        ; 发送数据
         JMP      INQUIRE                      ; 继续接收发送
 ERROR$ :MOV      DX,OFFSET ERROR              ; 显示出错信息
         MOV      AL,09H
         INT      21H
         JMP      INQUIRE                      ; 继续接收发送
 RECEIVE:MOV      DX, BASE                     ; 读接收缓冲器
         IN       AL,DX
         CMP      AL,1BH                       ; Esc 键?
         JE       EXIT                         ; 是 Esc 键退出
         MOV      DL,AL                        ; 从屏幕输出该字符
```

```
        MOV     AH,02H
        INT     21H
        JMP     INQUIRE                 ;继续接收或发送
EXIT:   MOV     AH,4CH
        INT     21H
        END     START
```

若用C语言编写,则相应的串行通信程序如下:

```
#include "stdio.h"
#include "conio.h"
#include "dos.h"
#define base 0x3f8
main(){
    unsigned char status,i;
    outportb(base+3,0x80);                      /* lcr7=1,允许访问除数寄存器 */
    outportb(base,0x18);                        /* 写除数寄存器低位 */
    outportb(base+,0);                          /* 写除数寄存器高位 */
    outportb(base+3,0x1e);                      /* 7个数据位、偶校验、两个停止位 */
    outportb(base+4,0x13);                      /* 设置环路检测方式 */
    outportb(base+1,0);                         /* 屏蔽中断 */
    while(1){
      status=inportb(base+5);                   /* 读线路状态寄存器lsr */
      if(status&0x1e)
        printf("error\n");                      /* 出错,显示错误提示信息 */
        else
          if(status&0x01){
            i=inportb(base);                    /* 读接收缓冲器 */
            if(i==0x1b) break;                  /* 是Esc键退出 */
            printf("%c",i);
          }
              else
                if(status&0x20){
                  scanf("%c",&i);               /* 从键盘输入字符 */
                    outportb(base,i);           /* 发送输入字符 */
                }
    }
}
```

3. 拓展延伸

(1) 如果采用中断方式发送/接收,应用程序该如何编写?此外,8250的4个中断源共用一根中断请求线,CPU响应中断后该如何识别和处理不同中断源?

对于前一个问题,如果采用中断方式发送/接收,要注意整个应用程序要分为主程序和中断服务程序两部分。主程序主要用于初始化(包括8250的初始化和中断向量填写等)和数据处理等操作,而中断服务程序则完成具体的服务工作。

对于后一个问题,即8250四个中断源共一根中断请求线的情况,CPU是在中断服务程序中通过读入中断标识寄存器IIR来识别的。当IIR的$D_0=0$时,表示有未处理中断,这时由D_2D_1的编码决定为不同中断源服务。若是接收出错中断,需要再读取线路状态寄存器,分析错误原因,进行错误处理。每处理完一种中断源后,应继续读取中断标识寄存器,检测

D_0 位判断是否还有未处理中断，若 $D_0=0$，继续识别中断源进行中断处理，否则退出中断处理。相应中断服务程序的主要流程如图 7.55 所示。具体编程实现请读者思考。

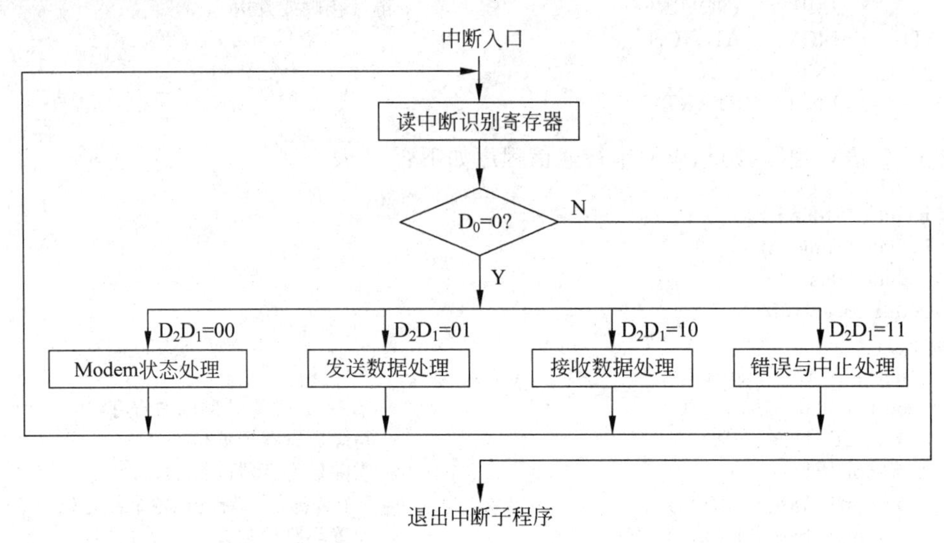

图 7.55　串行中断服务程序流程图

(2) 如果把自发自收实验改为在两台 PC 机间的查询通信，如何实现？

若要实现两台 PC 机间的查询通信，则需要开辟两个数据缓冲区，分别存放将要发送的数据和接收的数据。缓冲区的大小根据传送一批数据量的大小而定。发送时，首先将需要发送的数据存入发送缓冲区，然后逐一发送。而接收时，依次将接收到的字符存入接收缓冲区，接收完成后再由 CPU 进行处理。

7.6　可编程接口芯片的综合应用

7.6.1　多接口芯片的综合应用思维

前面我们学习了中断控制管理器 8259、定时器/计数器 8254、并行接口 8255 和串行接口 8250，这些可编程器件通过加接外围电路就可以构成独立的工作系统，但要构成功能强大的实用微机系统往往还需要多个芯片的联合使用。尤其是实时计算机测控系统中，经常要在一定的时间内完成数据采集处理、状态检测及扫描显示等。这就需要 8254 提供定时信号，定时到就引发中断，在中断服务程序中完成相关的数据采集处理、状态检测、扫描显示和发送控制信号等工作，后续这些工作就离不开 8259、8255 和 8250 芯片的支持。下面结合交通灯实用控制系统案例来学习和探究多芯片综合应用的思维和方法。

【典型案例与应用探究 6】

拟用 8259、8255 和 8254 设计一个模拟十字路口交通灯管理系统。要求：东西、南北方向各装有红、黄、绿指示灯；东西向和南北向通行时间分别为 30s 和 60s；由绿灯变为红灯前的 3s 内，绿灯灭而黄灯亮；当 PC 机键盘有任意键按下时，退出程序。试完成硬件和软件设计。

1. 案例分析

解决多芯片综合应用问题的一般方法是先分析系统功能，找出各个芯片的工作任务，再厘清各个芯片之间的接口关系。本案例中，8254 要提供 1s 定时信号，为后续的时间控制提供依据；8255 主要用来输出红、黄、绿指示灯的指示信号，8259 提供秒定时中断管理。三芯片的接口关系是：8254 生成的 1s 定时信号送给 8259 申请中断，在中断服务程序中，程序根据秒信号的数值调度管理信号灯的切换，控制 8255 的输出。实际上，这也是整个系统的工作过程，显然交通灯管理系统是个典型的实时控制系统。

2. 探究实现

通常从两个方面入手进行探究。

1）确定硬件设计方案

任何一个实际应用系统的设计，其硬件实现方案都不是唯一的，即使接口芯片已经选定了，对每个芯片具体怎么使用，芯片与芯片间怎么配合，也是各有千秋的。假定这里选用 8254 的通道 0 构成定时通道，OUT_0 输出周期为 1s 的负脉冲信号接系统中断级 IRQ_3，对应的中断向量号为 0BH；选用 8255 的 $PC_0 \sim PC_2$、$PC_4 \sim PC_6$ 分别控制南北向和东西向红、黄、绿信号灯，则交通灯控制电路如图 7.56 所示。

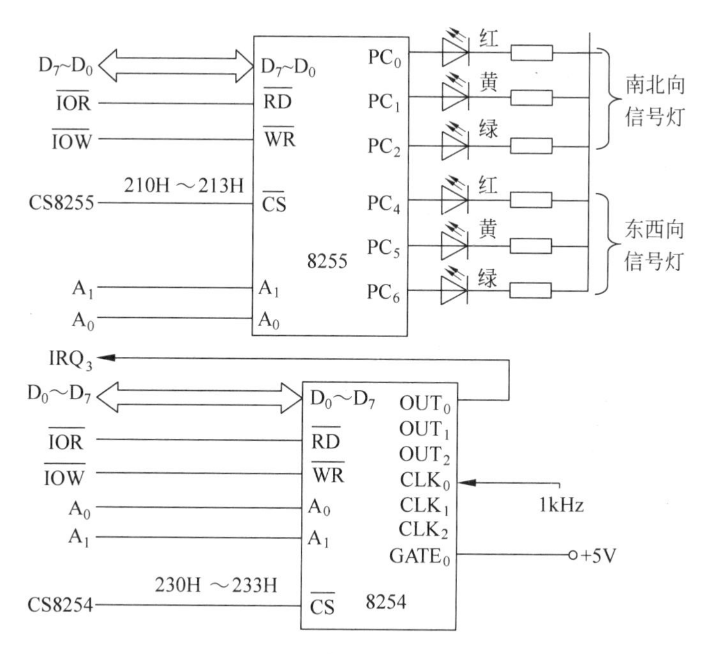

图 7.56　交通灯控制系统电路

2）编写工作程序

针对前面确定的硬件电路和控制方案，设计的交通信号灯实时控制程序如下：

```
DATA SEGMENT
；东西/南北向方向标志，status＝0，南北向绿/黄灯，否则东西向
    STATUS      DB 0
    SECOND      DB 60                   ;秒计数器，初值 60s
    CS8254      EQU 230H
    CS8255      EQU 210H
```

```
   ......(其他数据定义)
DATA   ENDS
CODE   SEGMENT
  ASSUME CS:CODE,DS:DATA
START:  MOV   AX, DATA
        MOV   DS, AX
        ......(关中断,获取并保护系统 IRQ3 中断向量)
        PUSH  DS
        MOV   AX, SEG TIME1S         ; 填写新的中断向量
        MOV   DS, AX
        MOV   DX, OFFSET TIME1S
        MOV   AX, 250BH
        INT   21H
        POP   DS
        MOV   AL, 80H                ; 初始化 8255
        MOV   DX, CS 8255+3
        OUT   DX, AL
        MOV   DX, CS 8254+3          ; 初始化 8254 通道 0
        MOV   AL, 36H
        OUT   DX, AL
        MOV   DX, CS 8254
        MOV   AX, 1000               ; 通道 0 计数值
        OUT   DX, AL
        MOV   AL, AH
        OUT   DX, AL
        MOV   AL,0001 0100B          ; 东西向红灯,南北向绿灯
        MOV   DX,CS 8255+2
        OUT   DX,AL
            ......(获取并保存系统中断屏蔽字,开 IRQ3 和系统中断)
WAIT$:  MOV   AH,1                   ; 有键按下?
        INT   16H
        JZ    WAIT$                  ; 无键按下, 等待
        ......(恢复系统中断屏蔽字和 IRQ3 原中断向量)
        MOV   AH, 4CH
        INT   21H
   ;秒中断服务程序
TIM1S   PROC  FAR
        ......(保护现场)
        MOV   AX, DATA               ; 重装数据段基址
        MOV   DS, AX
        DEC   SECOND                 ; 修改秒计数值
        CMP   SECOND, 03H            ; 剩 3s?
        JNZ   NEXT                   ; 转 NEXT
        ......(剩 3s, 绿灯灭, 黄灯亮处理)
        JMP   EXIT                   ; 返回
NEXT:   CMP   SECOND,0
        JNZ   EXIT                   ; 秒值不为 0,返回
        CMP   STATUS, 0              ; 当前南北向黄灯?
```

```
        JNZ   DXFM1              ；转东西向处理
        MOV   AL,0100 0001B      ；南北向红灯，东西向绿灯
        MOV   SECOND,30          ；置东西向绿灯 30s
        MOV   STATUS,1           ；置东西向绿灯标志
        JMP   FDON1
DXFM1:  MOV   AL, 0001 0100B     ；东西向红灯，南北向绿灯
        MOV   SECOND,60          ；置南北向绿灯 60s
        MOV   STATUS,0           ；置南北向绿灯标志
FDON1:  MOV   DX,CS8255+2
        OUT   DX,AL
EXIT:   ……(发 EOI 命令，恢复现场)
        IRET
TIME1S  ENDP
CODE    ENDS
END     START
```

7.6.2 基于 FPGA 的综合应用思维

1. FPGA 概述

FPGA(field-programmable gate array)，即现场可编程门阵列，它是在 PAL、GAL、CPLD 等可编程器件的基础上进一步发展的产物。FPGA 是作为专用集成电路(ASIC)领域中的一种半定制电路而出现的，既解决了定制电路的不足，又克服了原有可编程器件门电路数有限的缺点。

FPGA 采用了逻辑单元阵列(logic cell array，LCA)的概念，内部包括可配置逻辑模块(configurable logic block，CLB)、输入输出模块(input output block，IOB)和内部连线(interconnect)三个部分。FPGA 是可编程器件，与传统逻辑电路和门阵列具有不同的结构。FPGA 利用小型查找表(16×1RAM)来实现组合逻辑，每个查找表连接到一个 D 触发器的输入端，触发器再来驱动其他逻辑电路或驱动 I/O。查找表型逻辑单元能快速有效地实现数据通道、增强型寄存器、数学运算及数字信号处理器的设计。除此，按逻辑单元结构看，还有多路选择器型和乘积项型结构。多路选择器型逻辑单元通过多路数据选择器实现各种逻辑函数。乘积项型逻辑单元由与门阵列、或门和触发器组成，乘积项型结构适于实现复杂组合逻辑、状态机设计等。

FPGA 的逻辑是通过向内部静态存储单元加载编程数据来实现的，存储在存储器单元中的值决定了逻辑单元的逻辑功能以及各模块之间或模块与 I/O 间的连接方式，并最终决定了 FPGA 所能实现的功能，FPGA 允许无限次的编程。目前主要生产厂商有 Altera、Xilinx 和 Lattice。

2. FPGA 内部结构

目前主流的 FPGA 基本性能远远超出了先前版本，但仍是基于查找表技术来实现组合逻辑，并且整合了常用功能(如 RAM、时钟管理和 DSP)的硬核(ASIC 型)模块。如图 7.57 所示(此图只是一个示意图，实际上每一个系列的 FPGA 都有其相应的内部结构)，FPGA 芯片主要由 7 部分完成，分别为：可编程输入输出单元、基本可编程逻辑单元、完整的时钟管理、嵌入块式 RAM、丰富的布线资源、内嵌的底层功能单元和内嵌专用硬件模块。

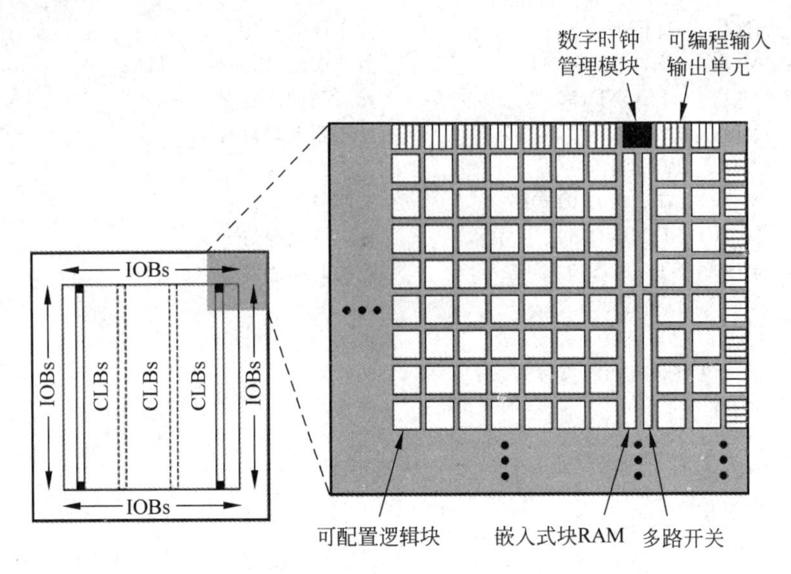

图 7.57 FPGA 芯片的内部结构

每个模块的功能如下：

1) 可编程输入/输出单元(IOB)

可编程输入/输出单元简称 I/O 单元，是芯片与外界电路的接口部分，完成不同电气特性下对输入/输出信号的驱动与匹配要求。外部输入信号可以通过 IOB 模块的存储单元输入到 FPGA 的内部，也可以直接输入 FPGA 内部。

FPGA 内的 I/O 按组分类，每组都能够独立地支持不同的 I/O 标准。接口标准由其接口电压决定，不同组的接口电压可以不同。通过软件的灵活配置，可适配不同的电气标准与 I/O 物理特性，可以调整驱动电流的大小，可以改变上、下拉电阻。目前，I/O 口的频率也越来越高，一些高端的 FPGA 通过 DDR 寄存器技术可以支持高达 2Gbps 的数据速率。

2) 可配置逻辑块(CLB)

CLB 是 FPGA 内的基本逻辑单元。CLB 的实际数量和特性会依器件的不同而不同，但是每个 CLB 都包含一个可配置开关矩阵，此矩阵由 4 或 6 个输入、一些选型电路(多路复用器等)和触发器组成。开关矩阵是高度灵活的，可以对其进行配置以便处理组合逻辑、移位寄存器或 RAM。

如在 Xilinx 公司的 FPGA 器件中，CLB 由多个(一般为 4 个或两个)相同的 Slice 和附加逻辑构成，如图 7.58 所示。Slice 是 Xilinx 公司定义的基本逻辑单位，一个 Slice 由两个 4 输入函数、进位逻辑、算术逻辑、存储逻辑和函数复用器组成。每个 CLB 模块不仅可以用于实现组合逻辑、时序逻辑，还可以配置为分布式 RAM 和分布式 ROM。

3) 数字时钟管理模块(DCM)

业内大多数 FPGA 均提供数字时钟管理，Xilinx 推出的最先进的 FPGA 不但提供数字时钟管理，还包含了相位环路锁定功能。相位环路锁定能够提供精确的时钟综合，且能够降低抖动，并实现过滤功能。

4) 嵌入式块 RAM(BRAM)

大多数 FPGA 都具有内嵌的块 RAM，这大大拓展了 FPGA 的应用范围和灵活性。单

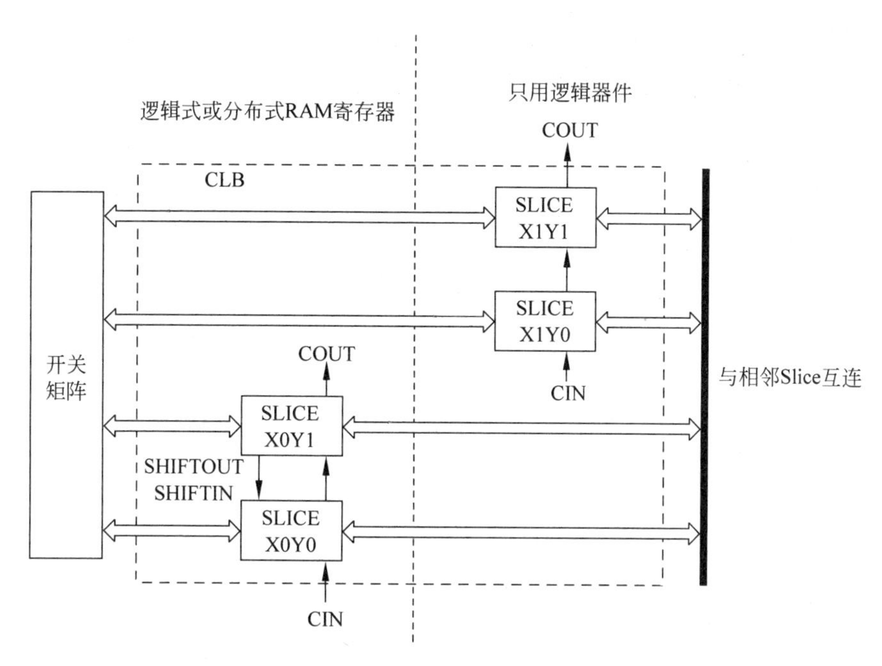

图 7.58 典型的 CLB 结构示意图

片块 RAM 的容量为 18KB,即位宽为 18b、深度为 1024。块 RAM 可被配置为单端口 RAM、双端口 RAM、内容地址存储器 CAM 以及 FIFO 等常用存储结构。RAM、FIFO 是比较普及的概念,在此不再冗述。CAM 存储器在其内部的每个存储单元中都有一个比较逻辑,写入 CAM 中的数据会和内部的每一个数据进行比较,并返回与端口数据相同的所有数据的地址,因而在路由器的地址交换器中有广泛的应用。除了块 RAM,还可以将 FPGA 中的 LUT 灵活地配置成 RAM、ROM 和 FIFO 等结构。在实际应用中,芯片内部块 RAM 的数量也是选择芯片的一个重要因素。

5) 丰富的布线资源

布线资源连通 FPGA 内部的所有单元,而连线的长度和工艺决定着信号在连线上的驱动能力和传输速度。FPGA 芯片内部有着丰富的布线资源,根据工艺、长度、宽度和分布位置的不同而划分为 4 类不同的类别。第一类是全局布线资源,用于芯片内部全局时钟和全局复位/置位的布线;第二类是长线资源,用以完成芯片 Bank 间的高速信号和第二全局时钟信号的布线;第三类是短线资源,用于完成基本逻辑单元之间的逻辑互连和布线;第四类是分布式的布线资源,用于专有时钟、复位等控制信号线。

在实际中设计者不需要直接选择布线资源,布局布线器可自动地根据输入逻辑网表的拓扑结构和约束条件选择布线资源来连通各个模块单元。从本质上讲,布线资源的使用方法和设计的结果有密切、直接的关系。

6) 底层内嵌功能单元

内嵌功能模块主要指 DLL(delay locked loop)、PLL(phase locked loop)、DSP 和 CPU 等软处理核(softcore)。现在越来越丰富的内嵌功能单元使得单片 FPGA 成为系统级的设计工具,使其具备了软硬件联合设计的能力,逐步向 SOC 平台过渡。

DLL 和 PLL 具有类似的功能,可以完成时钟高精度、低抖动的倍频和分频,以及占空比调整和移相等功能。Xilinx 公司生产的芯片上集成了 DLL,Altera 公司的芯片集成了 PLL,Lattice 公司的新型芯片上同时集成了 PLL 和 DLL。PLL 和 DLL 可以通过 IP 核生成的工具方便地进行管理和配置。

7) 内嵌专用硬核

内嵌专用硬核(hard core)是相对底层嵌入的软核而言的,指 FPGA 处理能力强大的硬核,等效于 ASIC 电路。为了提高 FPGA 性能,芯片生产商在芯片内部集成了一些专用的硬核。例如:为了提高 FPGA 的乘法速度,主流的 FPGA 中都集成了专用乘法器;为了适用通信总线与接口标准,很多高端 FPGA 内部都集成了串并收发器(SERDES),可以达到数十 Gbps 的收发速度。

Xilinx 公司的高端产品不仅集成了 Power PC 系列 CPU,还内嵌了 DSP Core 模块,其相应的系统级设计工具是 EDK 和 Platform Studio,并据此提出了片上系统(system on chip,SOC)的概念。通过 PowerPC、Microblaze、Picoblaze 等平台,能够开发标准的 DSP 处理器及其相关应用,达到 SOC 的开发目的。

3. FPGA 的功能特点和应用思维

从上述结构分析中可归纳出 FPGA 具有如下几个特点:

(1) FPGA 采用高速 CMOS 工艺,功耗低,可以与 CMOS、TTL 电平兼容。内部有丰富的触发器和 I/O 引脚,采用 FPGA 设计专用集成电路,用户不需要投片生产,就能得到适用的芯片,是 ASIC 电路中设计周期最短、开发费用最低、风险最小的器件之一。

(2) FPGA 运行速度快,核心频率可以到几百兆赫,在高速场合单片机无法代替 FPGA。

(3) FPGA 引脚多,IO 资源丰富,方便实现大规模系统,用不同 IO 连接各外设很容易。

(4) FPGA 内部程序并行运行,有处理更复杂功能的能力。一般单片机程序是串行执行的,执行完一条才能执行下一条,在处理突发事件时只能调用有限的中断资源;而 FPGA 不同逻辑可以并行执行,可以同时处理不同任务,这就导致了 FPGA 工作更有效率。

(5) FPGA 芯片内部集成了很多有用的模块,有大量软核,甚至包含了单片机和 DSP 软核,方便进行二次开发,简化了设计。

(6) FPGA 的编程无须专用的 FPGA 编程器,只需用通用的 EPROM、PROM 编程器即可。加电时,FPGA 芯片将 EPROM 中数据读入片内编程 RAM 中,配置完成后,FPGA 进入工作状态。掉电后 FPGA 恢复成白片,内部逻辑关系消失。因此,FPGA 是由存放在片内 RAM 中的程序来设置其工作状态的,工作时需要对片内的 RAM 进行编程。用户可以根据不同的配置模式采用不同的编程方式。FPGA 能够反复使用。

总之,FPGA 最大的特点就是灵活,同一片 FPGA 不同的编程数据,可以产生不同的电路功能;FPGA 能够实现用户想实现的任何数字电路,比如在本章我们学到的 8254、8255 和 8250 等。所以,基于 FPGA 设计接口电路,减少了受制于专用芯片的束缚,并且 FPGA 功能电路可以取代上述专用芯片,为微机应用接口的设计提供了全新的思路和方法。下面结合两个例子体会 FPGA 在接口设计中的应用思维。

例 7.4 利用 FPGA 实现流水灯实验,即设计定时控制电路,使 8 个灯依次间隔 1s 点亮。假定系统有一个 12MHz 的外部输入时钟。设计接口电路,并编写工作程序。

解 在非 FPGA 平台上,我们会采用 8254 实现定时功能,用 8255 做并行输出接口电路。但如果基于 FPGA 平台,问题就简化了,定时通过软件计数可以实现,并行接口功能由可编程输入输出单元提供。接口电路如图 7.59 所示，用 Verilog 语言实现的方案如下：

```
module ledwater(clk, rst, dataout);
input clk, rst;                                    //输入信号
output[7:0] dataout;                               //输出信号，控制 IO0～IO7 输出高低电平
reg[7:0] dataout;
reg[23:0] cnt;

always@(posedge clk or posedge rst )
begin
    if(!rst)                   //低电平复位，按键按下后，LED 状态回到初始位置，即从 LED0 开始亮
        begin
            cnt<=0;                                //计数器清零
            dataout<=8'b0000_0001;                 //为 1 的 bit 位代表要点亮的 LED 的位置
        end
    else
        begin
            if(cnt==23'b 101101110001101100000000) // cnt 计数次数达 12M 次时，时间达 1s
                begin                              //实现流水功能
                    cnt<=0;                        //计数器清零
                    dataout[6:0]<=dataout[7:1];
                    dataout[7]<=dataout[0];
                end
            else
                cnt<=cnt+1;                        //计数器累加
        end
end

endmodule
```

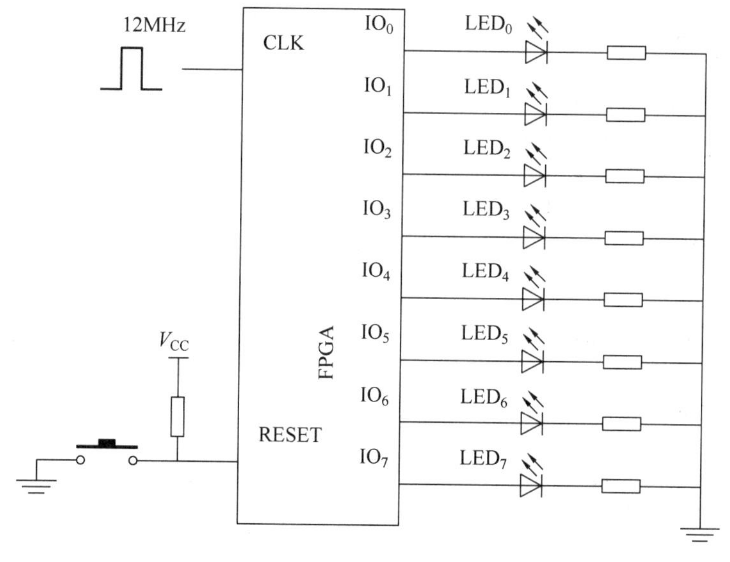

图 7.59　基于 FPGA 的流水灯实验

例 7.5 利用FPGA实现数码管显示实验,实现如下功能:图中的8个拨码开关,从上到下依次为1~8,要求数码显示管显示处于打开状态的开关的编码,比如,当1号开关打开时,数码管显示1。在同一时刻,最多只能有一个开关打开;否则,数码管显示0。设计接口电路,并编写工作程序。

解 在非FPGA平台上,我们会采用8255做并行输入/输出接口电路。同样,在FPGA平台上,问题得以简化,并行接口功能由可编程输入输出单元提供。接口电路如图7.60所示,相应的用Verilog语言实现的方案如下:

```
module seg(datain,dataout);
    input datain;
    output[7:0] dataout;
    reg[7:0] dataout;                          //各段数据输出
    reg[3:0] dataout_buf;                      //输出值

    always@( datain)                           //输入有变化
    begin
        case(datain)
            8'b1111_1110:
                dataout_buf=1;                 //1 号开关接通
            8'b1111_1101:
                dataout_buf=2;                 //2 号开关接通
            8'b1111_1011:
                dataout_buf=3;                 //3 号开关接通
            8'b1111_0111:
                dataout_buf=4;                 //4 号开关接通
            8'b1110_1111:
                dataout_buf=5;                 //5 号开关接通
            8'b1101_1111:
                dataout_buf=6;                 //6 号开关接通
            8'b1011_1111:
                dataout_buf=7;                 //7 号开关接通
            8'b0111_1111:
                dataout_buf=8;                 //8 号开关接通
            default:
                dataout_buf=0;                 //其他情况
        endcase
    end

    always@(dataout_buf)
    begin
        case(dataout_buf)
            4'b0000:
                dataout=8'b0000_0011;          //数码管显示 0
            4'b0001:
                dataout=8'b1001_1111;          //数码管显示 1
            4'b0010:
                dataout=8'b0010_0101;          //数码管显示 2
```

```
            4'b0011:
                dataout=8'b0000_1101;           //数码管显示 3
            4'b0100:
                dataout=8'b1001_1001;           //数码管显示 4
            4'b0101:
                dataout=8'b0100_1001;           //数码管显示 5
            4'b0110:
                dataout=8'b0100_0001;           //数码管显示 6
            4'b0111:
                dataout=8'b0001_1111;           //数码管显示 7
            4'b1000:
                dataout=8'b0000_0001;           //数码管显示 8
        endcase
    end
endmodule
```

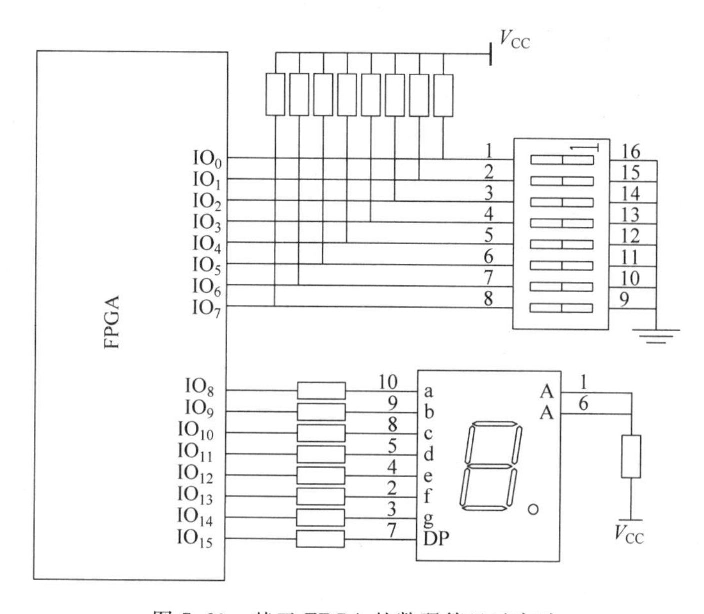

图 7.60 基于 FPGA 的数码管显示实验

通过对两个简单经典实例的分析可以看出,FPGA 的逻辑是通过向内部静态存储单元加载编程数据来实现的。FPGA 设计编程与软件设计编程有本质区别,软件设计编程的目的是为描述逻辑流程,FPGA 设计编程是描述电路结构。因此,要使用 FPGA 进行接口电路开发,首先,要通过一些典型案例来了解硬件设计中一些基本模块如何通过 FPGA 得到实现;其次,建立软硬件结合的意识,养成良好的硬件描述语言编码风格,了解硬件描述语言与电路的对应关系,提高设计的可维护性、可调试性;最后,要掌握设计方法,灵活运用 FPGA 设计流程开展设计。模块设计是 FPGA 设计的根本,因此,熟练掌握模块设计能够为进一步利用 FPGA 完成电子设计打好坚实的基础。

4. FPGA 开发流程

FPGA 的设计流程就是利用 EDA 开发软件和编程工具对 FPGA 芯片进行开发的过程。一个典型的 FPGA 开发设计流程如图 7.61 所示。

FPGA 的开发流程主要步骤简介如下：

1）功能定义/器件选型

在 FPGA 设计项目开始之前，要根据任务要求定义系统功能和划分模块，并依据系统的功能和复杂度，对工作速度和器件本身的资源、成本以及连线的可布性等方面进行权衡，选择合适的设计方案和合适的器件类型。一般都采用自顶向下的设计方法，逐层细化，直到可以直接使用 EDA 元件库为止。

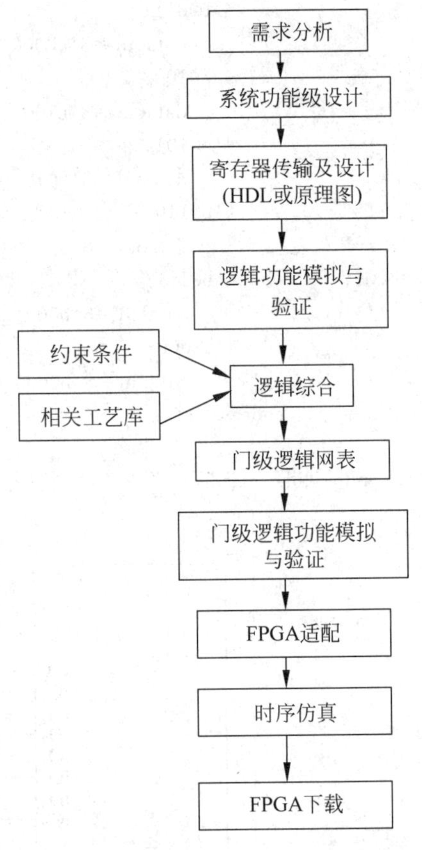

图 7.61　FPGA 开发设计流程

2）设计输入

设计输入是将所设计的系统或电路以开发软件要求的某种形式表示出来，并输入给 EDA 工具的过程。常用的方法有硬件描述语言（HDL）和原理图输入方法等。原理图输入方式是一种最直接的描述方式，在可编程芯片发展的早期应用比较广泛，它将所需的器件从元件库中调出来，画出原理图。这种方法虽然直观并易于仿真，但效率很低、可移植性差，且不易维护，不利于模块构造和重用。目前，在实际开发中应用最广的就是 HDL 语言输入法，利用文本描述设计，可以分为普通 HDL 和行为 HDL。普通 HDL 有 ABEL、CUR 等，主要用于简单的小型设计。而在中大型工程中，主要使用行为 HDL，其主流语言是 Verilog HDL 和 VHDL。其共同的突出特点是：语言与芯片工艺无关，利于自顶向下设计，便于模块的划分与移植，可移植性好，具有很强的逻辑描述和仿真功能，而且输入效率很高。

3）功能仿真

功能仿真也称为前仿真，是在编译之前对用户所设计的电路进行逻辑功能验证，此时的仿真没有延迟信息，仅对初步的功能进行检测。仿真前，要先利用波形编辑器和 HDL 等建立波形文件和测试向量（即将所关心的输入信号组合成序列），仿真结果将会生成报告文件和输出信号波形，从中便可以观察各个节点信号的变化。如果发现错误，则返回并修改逻辑设计。

4）综合后仿真

综合后仿真检查综合结果是否和原设计一致。在仿真时，把综合生成的标准延时文件反标注到综合仿真模型中去，可估计门延时带来的影响。但这一步骤不能估计布线延时，因此和布线后的实际情况还有一定的差距，并不十分准确。目前的综合工具较为成熟，对于一般的设计可以省略这一步，但如果在布局布线后发现电路结构和设计意图不符，则需要回溯到综合后仿真来确认问题之所在。

5）实现与布局布线

布局布线可理解为利用实现工具把逻辑映射到目标器件结构的资源中，决定逻辑的最佳布局，选择逻辑与输入输出功能链接的布线通道进行连线，并产生相应文件（如配置文件与相关报告),实现是将综合生成的逻辑网表配置到具体的FPGA芯片上,布局布线是其中最重要的过程。布局是将逻辑网表中的硬件原语和底层单元合理地配置到芯片内部的固有硬件结构上,并且往往需要在速度最优和面积最优之间作出选择。布线是指根据布局的拓扑结构,利用芯片内部的各种连线资源,合理正确地连接各个元件。目前,FPGA的结构非常复杂,特别是在有时序约束条件时,需要利用时序驱动的引擎进行布局布线。布线结束后,软件工具会自动生成报告,提供有关设计中各部分资源的使用情况。由于只有FPGA芯片生产商对芯片结构最为了解,所以布局布线必须选择芯片开发商提供的工具。

6) 时序仿真

时序仿真,也称为后仿真,是指将布局布线的延时信息反标注到设计网表中,来检测有无时序违规现象。时序仿真包含的延迟信息最全,也最精确,能较好地反映芯片的实际工作情况。由于不同芯片的内部延时不一样,不同的布局布线方案也给延时带来不同的影响。因此在布局布线后,通过对系统和各个模块进行时序仿真,分析其时序关系,估计系统性能,以及检查和消除竞争冒险是非常有必要的。在功能仿真中介绍的软件工具一般都支持综合后仿真。

7) 板级仿真与验证

板级仿真主要应用于高速电路设计中,对高速系统的信号完整性、电磁干扰等特征进行分析,一般都以第三方工具进行仿真和验证。

8) 芯片编程与调试

设计的最后一步就是芯片编程与调试。芯片编程是指产生使用的数据文件(bitstream generation,位数据流文件),然后将编程数据下载到FPGA芯片中。其中,芯片编程需要满足一定的条件,如编程电压、编程时序和编程算法等方面。

思考题与习题

7.1　选择题

(1) 当8255的端口A工作在方式2时,端口B________。

A. 只能工作在方式0　　B. 只能工作在方式1　　C. 可工作在方式0或方式1

(2) 8254的下列工作方式中,能产生方波信号的方式是________。

A. 方式1　　B. 方式2　　C. 方式3

(3) 微机系统中若用5片8259构成主、从两级中断控制逻辑,接至CPU的可屏蔽中断请求线INTR上,最多可扩展为________级外部硬中断。

A. 40　　B. 36　　C. 39

(4) 8255设置C口按位置位/复位控制字来控制A口的I/O操作时,应将该控制字写入________。

A. C端口　　B. 控制端口　　C. A端口

(5) 在8254的读回命令中,同时锁定某通道的计数值和状态值,该通道第一次读出的将是________。

A. 状态字　　B. 计数值高字节　　C. 计数值低字节

(6) 8254 通道 0 采用 BCD 计数,写入的计数初值为 0000H,则通道 0 设定的计数次数为十进制数________。

A. 0　　B. 10000　　C. 65536

(7) 8255 工作在方式 1 输入时,若采用查询方式输入,则用于 I/O 同步控制的查询信号是________。

A. IBF(输入缓冲区满)　　B. $\overline{\text{STB}}$(选通信号)　　C. $\overline{\text{OBF}}$(输出缓冲区满)

(8) 一个异步串行发送器,发送具有 8 位数据位的字符,在系统中使用一个奇偶校验位和两个停止位。若每秒发送 100 个字符,则其波特率是________。

A. 1200　　B. 1100　　C. 1000

(9) 规定异步串行通信的数据帧为 5 位数据位、1 位偶校验位和 2 位停止位。在接收时,如果收到 5 位数据位和 1 位校验位后,再接收到 1 位高电平信号和 1 位低电平信号,其结果表示________。

A. 一个字符的数据已正确接收

B. 传输中出现了格式错(帧错)

C. 传输中出现了奇偶错

(10) 在 8250 异步串行通信接口中,发生重叠错是指________的内容未被取走时又被新送来的数据覆盖。

A. 发送数据寄存器　　B. 接收移位寄存器　　C. 接收数据寄存器

7.2　对错判断。下列每种说法,有的对,有的错,对的打"√",错的打"×"。

(1) 所有可编程 I/O 接口芯片,在工作之前必须向它写入控制字和必要的参数,以便确定工作方式和其他工作条件。

(2) 8255 有三种工作方式,每种方式下都可以以无条件传送方式、程序查询式或中断驱动式传输数据。

(3) 8259 的编程包括写初始化命令字 ICW 和写操作命令字 OCW,而且两者都必须在工作开始前完成。

(4) 8254 有三个结构和功能完全相同的计数通道,每个通道的初始化顺序都是先写工作方式控制字,后写计数初值。

(5) 8255 方式 0 虽然是无应答式基本 I/O 方式,但实际上既可实现无条件的输入/输出,也可实现有条件的应答式输入/输出。

(6) 8254 内含三个独立的计数通道,每一个计数通道都有 6 种工作方式,不管工作于何种方式,都必须先进行初始化,即首先写工作方式控制字再设置计数初值。

(7) 微机用 8259 构成多级中断系统时,通常在中断服务程序结束即将返回时,要发中断结束命令(EOI),其目的是清除中断服务寄存器 ISR 中的相应位,以开放同级和低级中断。

(8) 两台 PC 机通过其串行接口直接通信时,通常只需使用 TxD、RxD 和 GND 三根信号线。

(9) 异步传输时,采用 8 个信息位、1 个奇偶校验位和 2 个停止位,若波特率为 9600bps,则每秒能传输的最大字符数为 800 个。

(10) 8250 异步串行通信接口中,实现并行数据与串行数据转换的主要功能部件是发送和接收数据缓存器。

7.3 什么叫做中断？80386/80486 中包含有哪几类中断？它们各有什么特点？

7.4 通常 CPU 响应外部中断的条件有哪些？

7.5 8259 只有两个端口地址，但可读/写寄存器数远远多于两个，如何保证正确读/写？

7.6 简述 8259 对外部中断请求的响应和处理过程。

7.7 列出在具有一个主 8259、两个从 8259 的主从中断系统中所应提供的初始化命令字。

7.8 利用 8259 扩展中断源有哪两种常用方法？这两种方法对扩展中断的响应、处理过程有什么区别？

7.9 某 80x86 微机的中断系统有 5 个外部中断源，接在 8259 的 IR_0～IR_4 端，中断类型码为 5BH、5CH、5DH、5EH、5FH，8259 的端口地址为 B0H、B1H。允许它们以全嵌套方式工作，且采用非特殊屏蔽和非特殊结束方式，中断请求采用电平触发方式。试编写 8259 的初始化程序。

7.10 某 80x86 系统中设置三片 8259 级联使用，一片为主，两片为从，从片分别接入主片的 IR_2 和 IR_4。若已知当前主 8259 和从 8259 的 IR_5 上各接有一个外部中断源，其中断向量号分别为 75H、85H、95H。假设它们的中断入口地址均在同一段中，段基址为 4310H，偏移地址分别为 1230H、2340H、3450H；所有中断都采用边沿触发方式、全嵌套方式、正常 EOI 结束方式。

(1) 试画出该系统的硬件连线图；

(2) 试编写全部初始化程序。

7.11 试编写一个基于查询式中断识别与判优方案的中断程序，该程序控制 8 台设备，假定状态寄存器地址为 0040H，其最低位优先级最高，最高位优先级最低；某位置“1”，表示相应的设备有服务请求。同时假定已定义一个地址数组 ADDRTAB，数组中的第 i 个元素提供第 i 台设备的中断处理程序入口地址的偏移量。

7.12 试简述微机系统中定时器/计数器的必要性和重要性，以及定时实现的常用方法。

7.13 可编程定时器/计数器 8253/8254 有几个通道？各通道有几种工作方式？各种工作方式的主要特点是什么？8254 与 8253 有什么区别？

7.14 8254 的初始化编程包括哪几项内容？它们在顺序上有无要求，如何要求？

7.15 利用 8254 的通道 1，产生 500Hz 的方波信号。设输入时钟频率 CLK_1 = 2.5MHz，端口地址为 3F0H～3F3H，试编制初始化程序。

7.16 设 8254 定时/计数器的 $\overline{CS}$ 寻址范围为 200H～207H，CLK_0 = 1MHz(周期为 1μs)，现需要一个高电平为 200ms、低电平为 1ms 的连续信号，试画出实现原理图，编写其控制程序。

7.17 某应用系统中，有一个 4MHz 时钟提供给 8254 使用，系统中 8254 通道 2 接一发光二极管，要使发光二极管以亮 2s、灭 2s 的间隔工作，假定 8254 的通道地址为 3E8H～3EBH，设计工作原理图，并写出工作程序。

7.18 已知某 8088 系统中有中断控制器 8259、可编程定时器 8254，现欲利用它们，通过中断实现时、分、秒电子时钟，试说明应如何去做。

7.19 试简要说明 8254 应用于 8 位 8088、16 位 8086/80286 和 32 位 80386/80486 等不同字长的 PC 机系统时，与地址总线的接口有什么不同？在 16 位和 32 位系统中，数据线的连接对地址总线接口有影响吗？若有，如何影响？

7.20 若使用 8254 对外部脉冲进行计数，计数的时间持续期由另一外来信号控制，计数过程结束时向 8259 发中断请求信号。试编写 8254 的初始化程序，并说明一片 8254 最大计数值为多少，是如何考虑的。(编程时 8254 的地址自定)

7.21 能否利用上题的思路设计一个智能化频率计？请说明原理，并画出原理框图。

7.22 若 8254 四个通道地址分别为 90H、92H、94H 和 96H，且已知通道 0 的时钟频率为 2.5MHz。

(1) 问通道 0 的最大定时时间是多长？

(2) 使用 3-8 线译码器，完成 8254 端口地址译码(可附加与、或、非门)。

(3) 若要用通道 0 周期性地产生 5ms 的定时中断(方式 2)，试编写初始化程序段。

(4) 若要产生 1s 的定时中断，说明实现方法。

7.23 试说明如何利用 8254 测量从同一信号线送来的两个脉冲的时间间隔，测量的最大时间间隔为 1h，读时精度为 1ms。假定时钟频率为 5MHz，8254 的地址为 60H～63H。

7.24 在某啤酒包装流水线中，一个包装箱能装入 24 罐，希望每通过 24 罐，流水线要停 2s，等待装箱完毕，然后继续装箱。试利用一片 8254，完成包装流水线控制中的定时和计数功能。假设 8254 计数器 0～2 和控制寄存器的端口地址依次为 660H～663H，采用的时钟频率为 1kHz，试简要地说明实现方法，并写出 8254 的初始化程序片段。

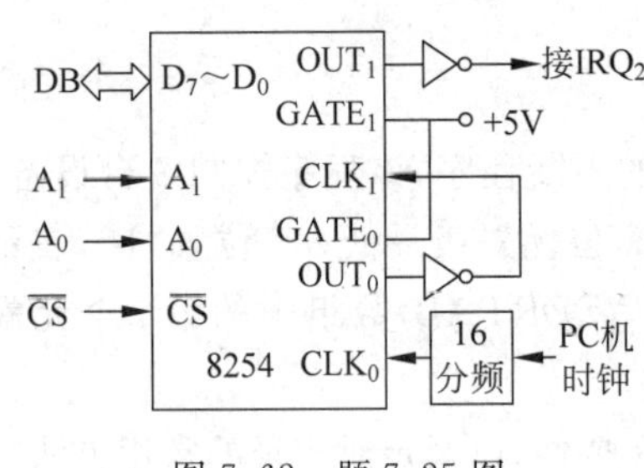

图 7.62 题 7.25 图

7.25 如图 7.62 所示的某微机控制系统，采用定时器 8254 产生定时中断信号。CPU 响应中断后便执行数据采集、滤波和相应的控制算法，以控制输出。其中，定时控制采用将两个计数器串联在一起的方法，一旦定时时间到，OUT_1 信号由高变低，经反相后送 IRQ_2。IRQ_2 的中断向量号为 0AH，中断处理程序首址存储在 60H～63H。8254 端口地址为 30H～33H。试编写 8254 初始化程序段(包含设置中断处理程序入口地址)。

7.26 8255 有哪三种工作方式？写出每种工作方式下控制字的格式和意义，并分析其握手联络方式。

7.27 试分析 8255 三种工作方式的特点及其适合使用的场合。

7.28 8255 的工作方式控制字和 C 口置位/复位控制字都是写入控制端口的，它们如何区分？

7.29 8255 工作在方式 0 时能否使用应答方式传送数据？若能，如何实现？

7.30 在 PC 系列微机系统中，用 8255 作某快速启停电容式纸带机接口的硬件连接如图 7.63 所示。试用汇编语言编写 8255 的初始化程序。

7.31 设 8255 的端口 A、B、C 和控制寄存器的地址为 F4H、F5H、F6H、F7H，要使 A 口工作于方式 0 输出，B 口工作于方式 1 输入，C 口高 4 位输出，低 4 位输入，且要求初始化时使 $PC_6=0$，试设计 8255 与 PC 系列机的接口电路，并编写初始化程序。

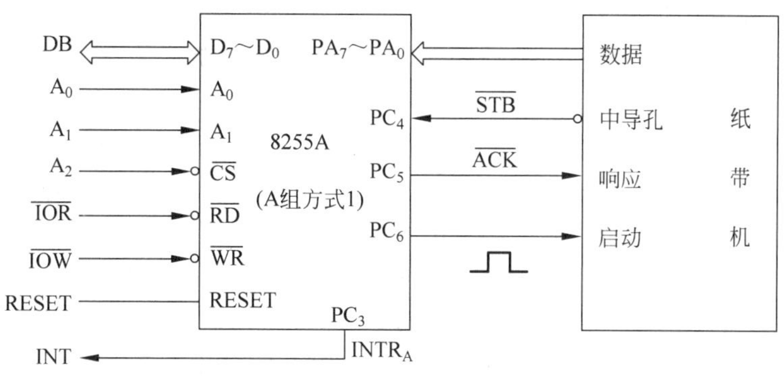

图 7.63 题 7.30 图

7.32 使用 8255 作为开关和 LED 指示灯的接口。要求 8255 的 A 口连接 8 个开关，B 口连接 8 个 LED 指示灯，将 A 口的开关状态读入，然后送至 B 口控制指示灯亮、灭。试画出接口电路设计图，并编制程序实现。

7.33 用 8255 和 8254 编程，使扬声器发出 600Hz 的可听频率，击任一键停止。（假设提供的主时钟为 1.9318MHz）

7.34 某 486 微机系统中用并行接口 8255 来监视两个设备，每个设备有 8 位状态信息输出（假定输出信号与 TTL 电平兼容）。其中 1# 设备各位输出“1”表示正常，“0”表示有故障，要调用计算机内的故障程序 STRUB 进行报警；2# 设备各位输出“0”代表正常，输出“1”则点燃一红色 LED，表示有故障。试设计该接口电路，并编写出满足要求的程序。

7.35 设系统机外扩一片 8255 以及相应的实验电路，如图 7.64 所示。要求：先预置开关 $K_3 \sim K_1$ 为一组状态，然后按下自复按钮 K 产生一个负脉冲信号，输入到 PC_4；用发光二极管 LED_i 亮，显示 $K_3 \sim K_1$ 的状态；重复以上操作，直到主机键盘有任意键按下时结束演示。

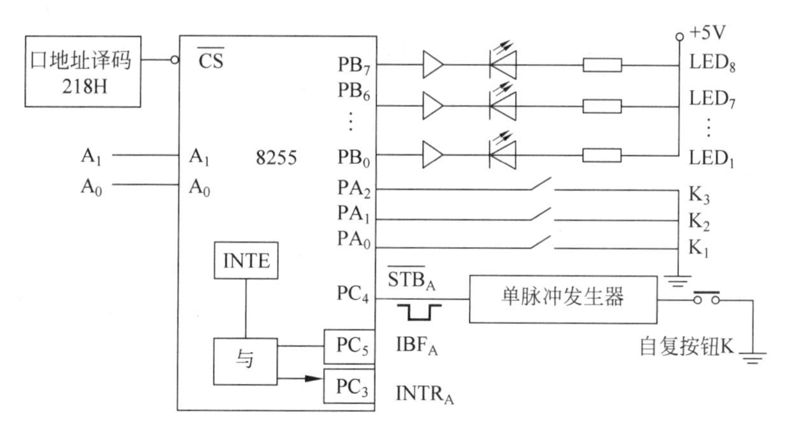

图 7.64 题 7.35 图

其中：$K_3K_2K_1=000$ 时，LED_1 亮，$K_3K_2K_1=001$ 时，LED_2 亮；

$K_3K_2K_1=010$ 时，LED_3 亮，$K_3K_2K_1=011$ 时，LED_4 亮；

$K_3K_2K_1=100$ 时，LED_5 亮，$K_3K_2K_1=101$ 时，LED_6 亮；

$K_3K_2K_1=110$ 时，LED_7 亮，$K_3K_2K_1=111$ 时，LED_8 亮。

$K_3 \sim K_1$ 闭合为 0,断开为 1。

(1) 试分析该接口电路中 A 端口、B 端口应工作在什么方式下。

(2) 试编写完成上述功能的程序。

7.36 在甲乙两台微机之间并行传送 1KB 的数据,甲机发送数据,乙机接收数据。要求甲机一侧的 8255 工作于方式 1,乙机一侧的 8255 工作于方式 0,双机都采用查询方式传送数据。试画出通信接口电路图,并编写甲机的发送程序和乙机的接收程序。

7.37 用 PC 系列微机实现对注塑机的时间顺序控制。注塑机生产一个工件的工艺流程为:合模(1s)→注射(2s)→延时(3s)→开模(1s)→产伸(1s)→产退(1s)。假若用 8255A 的 B 口 $PB_0 \sim PB_5$ 每根线控制一个执行机构动作,用 PA_7 和 PA_6 作为掉电和低温警告监视输入。如果正常,各执行机构按工艺流程顺序周而复始地切换;一旦出现异常,则通过 PC_0 控制一红色 LED 发亮,作为故障报警,并设置 6s 故障处理时间,时间到,如故障已排除,则系统又继续运行,否则停止生产。要求:

(1) 设计出硬件连接电路;

(2) 按控制要求编制程序。

7.38 INS 8250 中有多少个可访问的寄存器和多少个端口地址?写出它们的对应关系。从已学过的各种可编程接口芯片中,试总结出一般可编程接口芯片中是如何解决寄存器多、端口地址少的矛盾的。

7.39 使用 8250 作串行接口时,若要求以 1200 的波特率发送一个字符,字符格式:7 个数据位,一个停止位,一个奇校验位。试编写 8250 的初始化程序。(设 8250 的基地址为 2F8H)

7.40 使用 8250 芯片作异步串行数据传送接口,若传送的波特率为 2400bps,则发送器(或接收器)的时钟频率为多少?

7.41 一个异步串行发送器,发送具有 8b 数据位的字符,在系统中使用一个奇偶校验位和两个停止位。若每秒发送 100 个字符,则其波特率、位周期和传输效率各为多少?

7.42 某远程数据测量站,它的测量数据以 300bps、600bps、1200bps、2400bps、4800bps 及 9600bps 波特率中的一种串行输出,在计算机中用 8250 接收这个串行数据,试设计它的硬件连接和初始化程序。

7.43 若某微机系统要求以 9600bps 的波特率进行异步通信,每字符的数据位 8 位,停止位 2 位,采用奇校验,允许发送和接收中断,试设计其驱动程序(包括 8250 的初始化程序和通信中断服务程序)。

7.44 现希望在 PC 系列机上做一个自发自收的异步串行通信实验,要求通信波特率为 4800bps,每个字符由 1 位起始位、5 位数据位、1 位偶校验位、2 位停止位组成。实验前先要检查 0 号异步适配板的存在性,并填入板的基地址到基值区。试完成对 INS 8250 的初始化编程。

7.45 采用 8250 实现甲乙两站之间的近距离通信,甲方发送,乙方接收,传送的数据块为 2KB。要求:

(1) 设计通信接口电路,画出系统硬件连接图;

(2) 完成对 8250 的初始化编程;

(3) 编写甲方的发送程序和乙方的接收程序。

7.46　设计一个应用系统，要求：8255的A口输入8个开关信息，并通过8250以串行的方式循环将开关信息发送出去。已知：8255的端口地址为100～103H；8250输入的基准时钟频率为1.8432MHz，传输波特率为2400，数据长度为8位，2位停止位，奇校验，屏蔽全部中断，端口地址为208H～20EH，采用查询方式传送。完成下列任务：

(1) 设计该系统的硬件接口电路(包含地址译码电路)；

(2) 编写各芯片的初始化程序；

(3) 编写实现上述功能的应用程序。

第8章 常用交互设备及接口

CHAPTER 8

所谓交互设备，包括人-机交互设备和机-机交互设备两大类。

人-机交互设备是指人和计算机之间建立联系、交流信息的有关输入/输出设备。这些设备直接与人的运动器官（如手、口）或感觉器官（如眼、耳）打交道，通过它们，人们把要执行的命令和数据送给计算机，同时又从计算机获得易于理解的信息。目前计算机系统中常用的人机交互设备有键盘、显示器、打印机、鼠标、扫描仪和语音、图像输入输出设备等。

机-机交互设备是指计算机与计算机之间进行通信、交互信息的设备，通常称之为通信设备。目前计算机与计算机之间通信的基本手段是借助网络，因此最常用的机-机交互设备是网络接入设备，包括接入局域网的网卡和接入广域网的调制解调器。

本章主要讨论目前PC系列微机系统中最常见的几种基本交互设备及其与系统接口的思想和方法。

8.1 键盘及其接口

8.1.1 键盘概述

键盘是微机系统中最基本的输入设备，是人-机对话不可缺少的纽带，通过键盘可以向微机发送操作命令或输入数据。键盘是由排列成矩阵形式的若干个按键开关组成的。按键开关种类很多，常见的有白金触点开关、舌簧式开关等有触点开关和电容式开关、霍尔元件开关、触摸式开关等无触点开关。图8.1所示为目前常见的几种不同接口的键盘。

图8.1 几种键盘实物示例

（从左到右依次为：PS/2接口、USB接口和无线接口的键盘）

目前，PC系列机使用的键盘有83键、84键、101键、102键、104键、108键和109键等多种，一些高端PC机多采用108键电容式无触点开关键盘。笔记本电脑一般采用83键或86键的键盘，比台式机少了小键盘和一些重复的控制键。所有按键按照功能可分为打字键、功能键和控制键三类，其功能分区如图 8.2 所示。

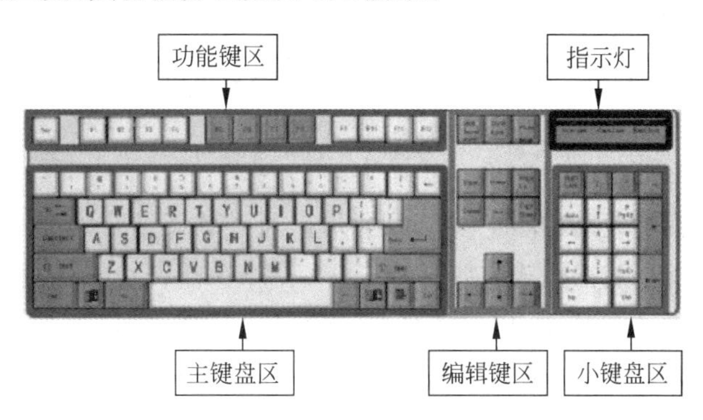

图 8.2　键盘按键功能分区示意图

根据键盘功能的不同，通常又把键盘分成两种基本类型：

(1) 编码键盘。键盘内部能自动检测被按下的键，并提供与被按键功能对应的键码(如 ASCII 码、EBCDIC 码等)，以并行或串行方式送给 CPU。它使用方便，接口简单，但价格较贵。

(2) 非编码键盘。键盘只简单地提供键盘的行列矩阵，而按键的识别和键值的确定、输入等工作全靠计算机软件完成。它是目前可得到的最便宜的微机输入设备。

8.1.2　非编码键盘的接口功能

为了不失一般性，现以由机械式有触点按键组成的非编码键盘为例来介绍键盘接口原理。在此前提下，作为键盘接口必须具有 4 个基本功能：去抖动；防串键；识别被按键(和释放键)；产生与之对应的键码。至于键码产生后如何去实现按键特定的功能，则是微机操作系统或应用程序的任务，而不是接口的任务。

1. 去抖动

一般每个键在按下和松开时，都会经历短时间的抖动才达到稳定接通或稳定断开。抖动持续时间因键的质量而有所不同，通常为 5～20ms。在识别被按键和释放键时必须避开这段不稳定的抖动状态，才能正确检测和识别。

去抖动的方法通常有两种：一种是软件延时法，即发现有键按下或释放时，软件延时一段时间再检测；另一种是硬件消抖法，即在键开关与微机接口之间加一个消抖动电路，如双稳电路、单稳电路(输出脉宽要大于抖动时间)、*RC* 滤波器等。

由于硬件去抖动增加了电路的复杂性，每个按键都要一个去抖动电路，所以这种方法只适用于键数较少的场合。在键数较多时，大多采用软件延时法去抖动。

2. 防串键

串键是指在多个键同时按下时，或前面键没释放又按下新的键时产生的问题。解决串键带来的问题一般有如下三种方法。

1) 双键锁定

只要检测到有两个或两个以上的键被同时按下，就不考虑从键盘读键码，只把最后释放的键看做是正确的被按键，并读取其键码。

2) *N* 键连锁

只考虑按下一个键的情况。当一个键被按下时，在此键未完全释放之前，对其他键不予理会,只产生最先按下键的编码。这种方法实现起来较简单,因而比较常用。

3) *N* 键串行循环

循环扫描各个按下的键,将一个或多个同时按下的键顺序检测出来。PC 系列机键盘采用此种方法,支持组合键。

3. 被按键的识别和键码的产生

这个问题是键盘接口要解决的主要问题,可以通过软硬结合的办法来解决。通常识别被按键有两种方法:行/列扫描法和线反转法。

行/列扫描法的基本思想是,由程序逐行(列)对键盘进行扫描,通过检测到的列(行)状态来确定闭合键。为此一般需要输出端口、输入端口各一个。

线反转法的基本思想是,通过行、列颠倒两次扫描来识别闭合键。为此需要提供两个可编程的双向 I/O 端口。

8.1.3 行/列扫描式键盘接口方法

实际微机系统中以行/列扫描法应用最广。下面以某单板机的键盘接口为例,说明按行扫描法对被按键进行识别并产生键码的原理。

该单板机的键盘由 28 个键构成,包括 16 个数字键 0～F 和 12 个命令键,排成 6 行 5 列的矩阵结构,是一种典型的非编码键盘。这种键盘及其接口电路如图 8.3 所示。

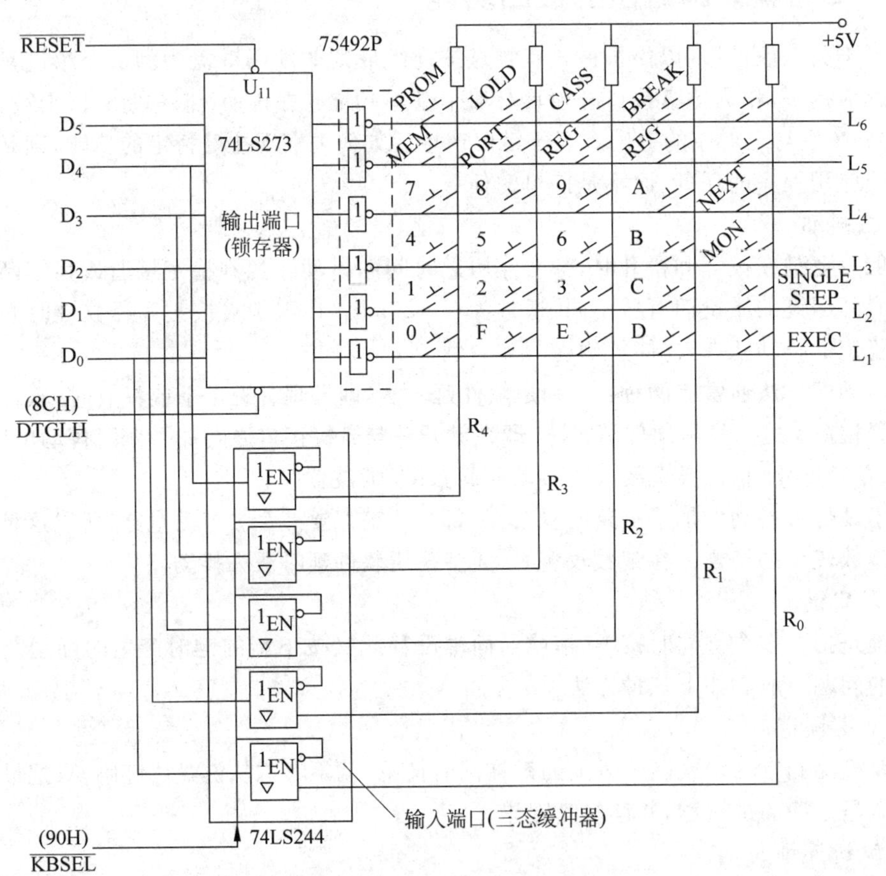

图 8.3 某单板机的键盘及其接口

图中输出端口由 74LS273 锁存器和一片 75492P 构成，输入端口由 74LS244 同相三态缓冲器组成。5 根列线在没有键被按下时具有确定的“1”状态，只有当某个键被按下时，和此键相连的行线、列线短路，才使此列线与对应行线状态相同。

用行扫描法识别被按键的工作过程是：首先对 8CH 端口输出 01H，经反相后第一行 L_1 为 0，其余各行为 1；再读端口 90H，检测各列状态，如为全 1，说明该行没有被按键。接着给 8CH 端口输出 02H(01H 左移一位即得)，扫描第二行 L_2。以此类推，扫描各行。如扫描到某行，发现某列不是全 1，就表明该行该列所对应的键被按下，不必再往下扫描。这时，利用写入 8CH 口的数和从 90H 口读取的数，即行值和列值，便可得到被按键的行列坐标编码，并据此查表可进一步得到反映键功能的键值。

这种行扫描法在识别被按键的同时，还具有防止串键的作用。如果在不同的行有几个键同时按下，就只能取先扫描到的那行的键为有效键；如在同一行有两个键被同时按下，则由输入端口 90H 读入的数据必然有两位同时为 0，据此可认为这次按键无效，或者继续读入检查，直至检测到只有一位为 0，再把该位所对应的键作为有效按键。

在上述接口电路的基础上，可以通过编程完成对键盘的扫描、按键识别、键码产生以及实现相应的键功能。单板机加电后，CPU 首先执行初始化和显示“P”符号的程序，然后便开始执行对键的扫描、识别和处理程序。

有关键的扫描、识别、处理程序的流程如图 8.4 所示，具体程序从略。

例 8.1 设计一个 4 行×4 列非编码键盘的行/列扫描式键盘接口。

具体接口可用锁存器和三态门构成，亦可用可编程并行接口芯片(如 8255)构成。图 8.5 给出的是一个用 8255 构成的行扫描键盘接口电路。

图中 8255 C 口的低 4 位工作于方式 0 输出构成行扫描输出口，C 口的高 4 位工作于方式 0 输入构成状态输入口。4 根列线在没有键被按下时具有确定的“1”状态，只有当某个键被按下时，和此键相连的行线、列线短路，才使此列线与对应行线状态相同。

用行扫描法识别被按键的工作过程是：首先从 8255 的 C 端口输出使第一行 PC_0 为 0，其余各行为 1 的扫描码 11111110B；再读 8255 的 C 端口，检测 $PC_7 \sim PC_4$ 各列状态，如为全 1，说明该行没有被按键；接着给 C 端口输出 11111101B(11111110B 循环左移一位即得)，扫描第二行 PC_1。以此类推，扫描各行。如扫描到某行，发现 $PC_4 \sim PC_7$ 各列状态不是全 1，就表明该行有键被按下，不必再往下扫描。这时，利用写入 C 口的数和从 C 口高 4 位读取的数，即行值和列值，便可得到被按键的行列坐标编码。

对于图 8.5 所示的键盘接口，若要求编写一程序，使有键按下时，在 PC 机屏幕上显示按键所对应的数字，若按下的为“F”键则退出程序运行。要实现这一功能，就必须在识别出被按键时，产生按键对应的 ASCII 码(即按键的功能码)，这一过程常通过查表或计算来实现。不失一般性，下面用查表实现，方法是预先在内存中按顺序建立 0～F 这 16 个字符的键码(ASCII 码)表，如图 8.6 所示。当识别出有键按下时，根据按键的行列坐标(行号和列号)计算出被按键的键码在表中存放的序号，然后以该序号查表获取键码(ASCII 码)。此例，将被按键所在行的行号乘以 4 再加上所在列的列号即为键码在表中存放的序号。

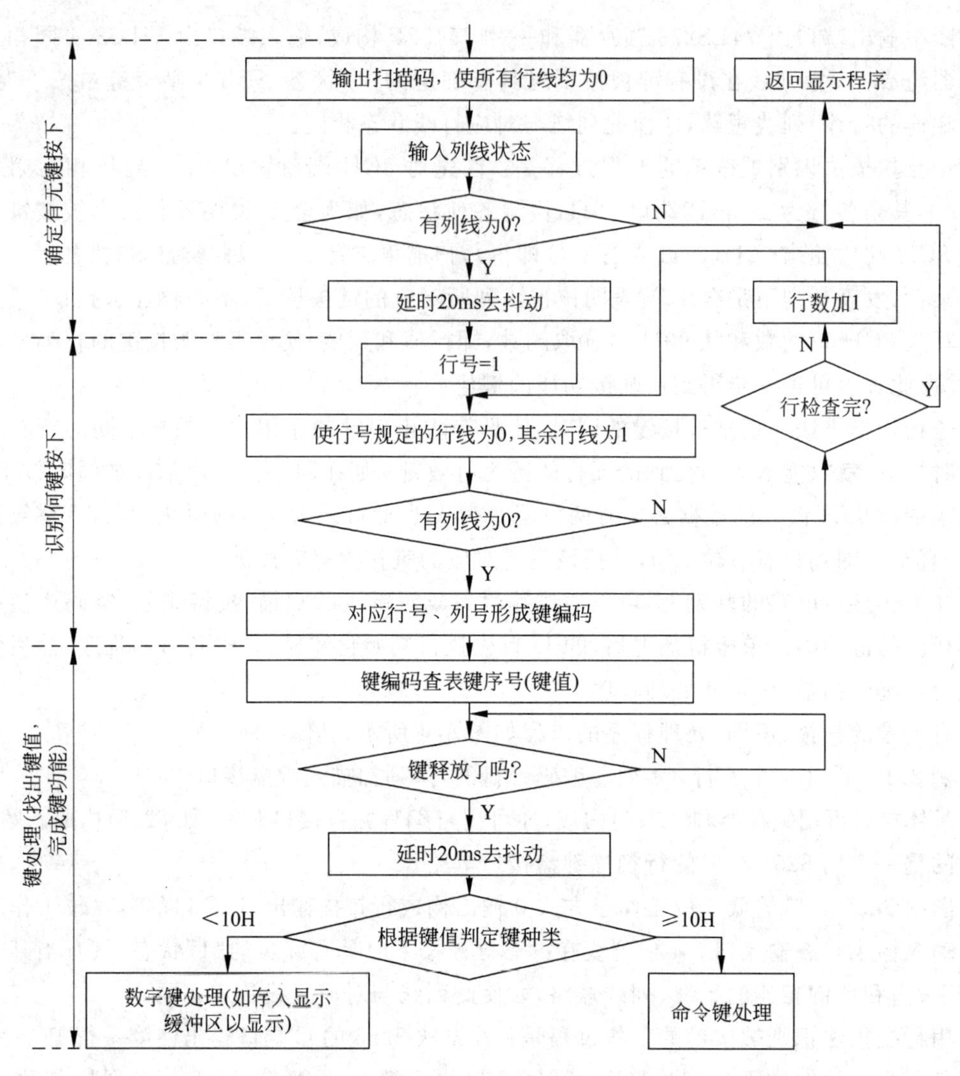

图 8.4 键的扫描、识别、处理程序流程图

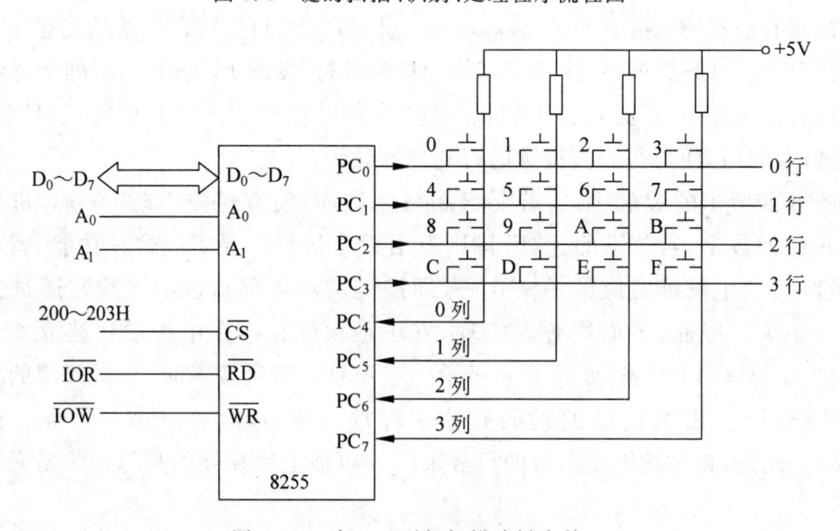

图 8.5 4 行×4 列行扫描式键盘接口

按上述行扫描法识别被按键并通过 PC 机屏幕显示按键数字的相应的 C 语言驱动程序如下：

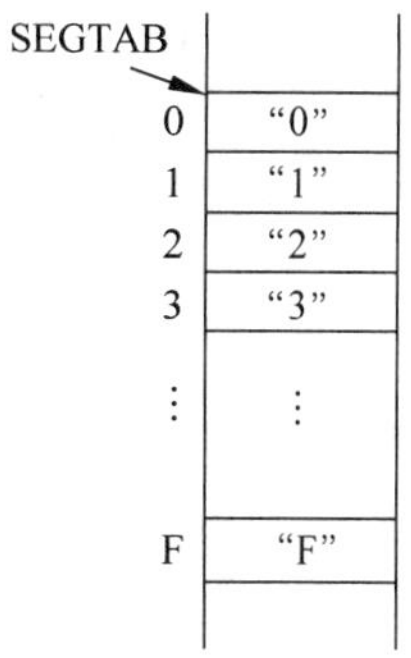

SEGTAB

0	“0”
1	“1”
2	“2”
3	“3”
⋮	⋮
F	“F”

图 8.6 按键键码表

```
#include "stdio.h"
    #include "conio.h"
    #include "dos.h"
    delay20ms(){                                   /* 延时子程序 */
        int count;
        count=0xffff;
        while(count!=0) count--;
    }
    main(){
        unsigned char segtab[]="0123456789abcdef";
        unsigned char status,datach,row,low;i;
        int count;
        outportb(0x203,0x88);                      /* 初始化 8255 */
        for(; ;){
          outportb(0x202,0);                       /* 输出 PC3~PC0 为 0 的扫描信号 */
          status=inportb(0x202);                   /* 读列状态(PC7~PC4) */
          status^=0xff;                            /* 状态取反 */
          if(!(status&0xf0)) continue;             /* 无键按下,继续下一轮扫描 */
          delay20ms();                             /* 软件延时去抖动 */
          detach=0x01;
          row=0;
          while(row<4){
            outportb(0x202,~detach);               /* 输出当前行扫描信号 */
            status=inportb(0x202);                 /* 读列状态(PC7~PC4) */
            status^=0xff;                          /* 状态取反 */
            status&=0xf0;
            if(status!=0) break;                   /* 有键按下,退出扫描 */
            row++;
            detach<<=1;
          }
          if(row==4) continue;
          low=3;
          while(!(status&0x80)){
            status<<=1;
            low--;
          }
          i=row*4+low;                             /* 计算按键序号 */
          if(segtab[i]=='f') break;                /* 是 F 键退出 */
        }
    }
```

8.1.4 PC 系列机键盘及接口

1. PC 系列机键盘与接口简介

PC 系列机使用的键盘有 83 键、84 键、101 键、102 键和 104 键等多种。目前的高档 PC 机多采用 104 键电容式无触点开关键盘。PC 系列机采用的是由单片机(8048、8035 或 8044

等)扫描、编码的智能化键盘,它是一个与主机箱分开的独立装置,通过一根5芯或6芯(PS/2键盘)电缆与主机箱相连,如图8.7所示。从图中可见,键盘由Intel 8048单片机、译码器和16行×8列的键开关矩阵三大部分组成。

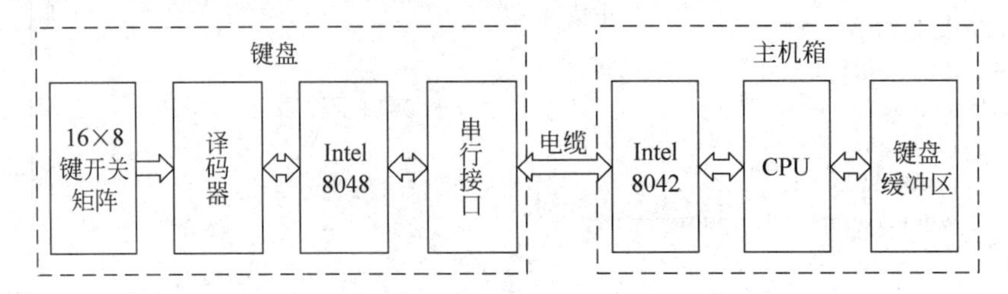

图8.7 PC机键盘及其与主机箱连接示意图

其中Intel 8048单片机主要承担键盘扫描、去抖动及生成扫描码等功能,可缓冲存放20个键扫描码。扫描方式采用行/列扫描法。由于键盘排列成16×8矩阵形式,因此来自8048的内部计数器以约10kHz的频率不断循环计数,并将计数的结果送到键盘矩阵的行、列译码器。只要没有键按下,计数器就一直计数,单片机不断地对键盘进行周期性的行、列扫描;同时,读回扫描信号结果,判断是否有键按下。当有一个键被按下时,计数器停止计数,并生成键盘扫描码,通过串行接口输出到主机。在8048检测到键按下后,还要继续对键盘扫描检测,以发现该键是否释放。当检测到释放时,生成"释放扫描码",以便和"按下扫描码"相区别。送出"释放扫描码"的目的是为识别组合键和上、下档键提供条件。

在键盘内部有一个16B的FIFO队列缓冲器,用于存放按键扫描码。在系统尚未对键盘服务时,扫描码被压入缓冲队列,直至键盘接口接收为止。当接口被封锁("键锁定"接通)时,输入的按键码不压入队列,按键无效。

对于每一个按键数据,键盘均以"拍发"方式向键盘接口发送。所谓拍发,是指按下一个键时,键盘连续发送该键的接通扫描码,直至释放为止。发送接通扫描码的速率称为拍发速率。当按下两个或多个键时,只有最后按下键的接通码被重复发送。在释放最后按下的键时,即使其他键仍然按下,也不再进行拍发操作。当接口被封锁时,队列缓冲器仅保存第一个按键的接通扫描码,其后的按键扫描码被丢失,因此队列缓冲器不会发生溢出。

除了扫描按键和向主机中的键盘接口发送扫描码外,键盘还要通过键盘接口向系统发送一些命令,或接收、执行由系统通过接口发来的命令。系统可以在任何时候发送命令,键盘接收到这些命令后,将在20ms内做出响应。

PC系列机的键盘接口多采用一单片机(如Intel 8042)作为控制核心,单片机主要完成以下工作:

(1) 接收来自键盘的按键扫描码数据;

(2) 接收的数据进行奇偶校验;

(3) 控制和检测传送数据的时间;

(4) 接收的数据进行串-并转换;

(5) 按键的行列位置扫描码转换为系统扫描码;

(6) 接收、执行并向键盘转发系统命令;

(7) 系统发键盘中断,请求主机进行键盘代码处理。

在单片机(8042)的控制下，键盘与主机系统间以串行方式进行通信，通信格式符合异步串行协议，每个字符由 1 个起始位、8 个数据位、1 个奇校验位、1 个停止位组成。

2. 键盘与系统主机间的通信

在连接键盘与系统主机箱的 5 芯或 6 芯电缆中，有用的信号线只有 4 根，即电源线、地线、双向时钟线和双向数据线。键盘和系统通过时钟线和数据线进行半双工通信。时钟线的主要作用是传送同步脉冲，数据线主要用于传送二进制位串数据。时钟线和数据线的另一个作用是提供当前通信状态。连接在这两条信号线两端的发送器都是 OC 门器件，双方均可随时将信号线拉至低电平，通知对方，达到协调通信的目的。

通信时，发送端总是首先检查信号线状态，判断是否可发送数据。即使在传送过程中，键盘也至少每隔 60ms 读取一次时钟信号线状态。如果时钟线处于低电平状态，表明线路禁止传输。在没有通信时，时钟线和数据线都处于高电平状态。

当有键按下或键盘需要向系统回送命令时，键盘进入发送状态。键盘发送数据要处理以下两种情况：

(1) 发送前，首先检查时钟线和数据线的状态。若时钟线为低电平，键盘将要发送的数据压入键盘内部的队列缓冲器；若时钟线为高电平，数据线为低电平，表明主机系统请求发送，键盘准备接收；只有时钟线和数据线都为高电平时，键盘才可发送。

(2) 在发送过程中，键盘要同时不断地测试时钟线状态。当时钟线长时间出现低电平状态时，键盘立即停止发送。

主机系统通过键盘接口向键盘发送数据时，同样首先要检测时钟信号线状态。所不同的是，如果检测到键盘正在发送数据，要接着判断是否已接收到第 10 个二进制位，如果接收到第 10 位，就等待接收完毕；如果接收的位少于 10 个，则强制时钟线为低电平，放弃本次接收的数据位，准备发送。系统强制时钟线到低电平的时间至少要持续 60ms。

当键盘接口控制器将数据送入输出缓冲器后，引发硬件中断请求 IRQ_1，系统调用 INT 9H 中断程序进行键盘代码处理。INT 9H 中断程序的基本功能是读取来自键盘的扫描码或命令，对命令代码进行处理，将扫描码转换为 2B 的 ASCII 码或扩充码，送入到设置在内存 BIOS 数据区的一个 32B 的键盘缓冲区(先进先出循环队列)。如是 ASCII 码，其高字节为系统扫描码，低字节为 ASCII 码；如是扩充码，则高字节为 0 的 ASCII 码，低字节为对应的系统扫描码。

当系统需要从键盘缓冲区取键码数据时，一般由 BIOS 提供的 INT 16H 中断程序或 DOS 提供的系统功能调用 INT 21H 中断程序完成。

8.2 显示器及其接口

8.2.1 显示器概述

显示器是微机系统中最常用的输出设备，用于以可见光的形式显示字符、图形、图像等内容。根据显示器的构造和工作原理，可将显示器分为 CRT(阴极射线管)显示器、LCD(液晶)显示器、LED 数码管(发光二极管)显示器、PDP(等离子)显示器和 VFD(真空荧光)显示器。图 8.8 从左到右依次分别给出了 CRT 显示器、LCD 显示器和 LED 数码管显示器的实物示例。

图 8.8 常见的显示器示例

衡量显示器性能优劣的主要技术指标有：

(1) 分辨率。指显示器尺寸一定的情况下(目前多为 15in、17in、19in)，水平方向和垂直方向的最大像素个数。一般用 $m\times n$ 表示(m 和 n 分别代表水平和垂直方向的像素数)，如 640×480dpi、800×600dpi、1024×768dpi、1280×1024dpi、1600×1200dpi 等。

(2) 点距。指不同像素两个颜色相同的发光点之间的距离，单位是 mm。点距越小，分辨率越高，显示出的图像就越清晰逼真。目前的显示器多采用 0.28mm 的点距，部分高端显示器的点距已缩短到 0.25mm。

(3) 刷新频率。指每秒屏幕刷新的次数，也叫场频或垂直刷新频率。刷新频率越高，图像显示越稳定。根据荧光膜的余辉特性和人眼的视觉滞留效应，一般要求显示器的刷新频率在 1024×768dpi 像素下应能达到 75Hz，才不会有闪烁感。目前一般的 17in 彩显都能在 1024×768 的分辨率下达到 85Hz 的刷新频率。

(4) 带宽。这是表示显示器显示能力的一个综合指标，指每秒钟扫描的像素个数，即带宽$=m\times n\times$刷新频率。例如：1024×768dpi 的分辨率下，若刷新频率为 85Hz，则显示器的带宽为 66.85MHz。显然，带宽越大，表明显示器的信息处理能力越强，显示效果越佳。

此外，显示器的性能还与采用逐行扫描还是隔行扫描有关。一般来说(特别是在高分辨率情况下)，逐行扫描比隔行扫描的显示更稳定。

目前，PC 系列机和一般微机应用系统中 CRT 显示器已用得越来越少了，几近淘汰，用得最多的是 LED 显示器和 LCD 显示器。所以下面仅对这两种显示器予以介绍。

1. LED 显示器与显示原理

在微机系统中，特别是在各种工业过程的计算机控制与监视系统中，广泛应用发光二极管(light emitting diode，LED)和由发光二极管显示字段构成的 7 段/8 段 LED 显示器来显示工作状态、参数数值和故障位置等信息。

一般 8 段 LED 显示器的内部结构和外部引脚如图 8.9(a)所示。每段都是一个发光二极管，通过点亮不同的字段，可显示 0～9 和 A、B、C、D、E、F 等不同的字符。其内部各发光二极管之间的连接方法有共阴极和共阳极两种，如图 8.9(b)和(c)所示。

对于共阴极和共阳极两种不同的接法，为了显示同一个字符，对应的显示段码是不同的。表 8.1 列出了这两种接法下的字形段码关系表。表中的段码是以 8 段和 8 位字节数的下列对应关系为前提得到的：

D_7	D_6	D_5	D_4	D_3	D_2	D_1	D_0
|	|	|	|	|	|	|	|
dp	g	f	e	d	c	b	a

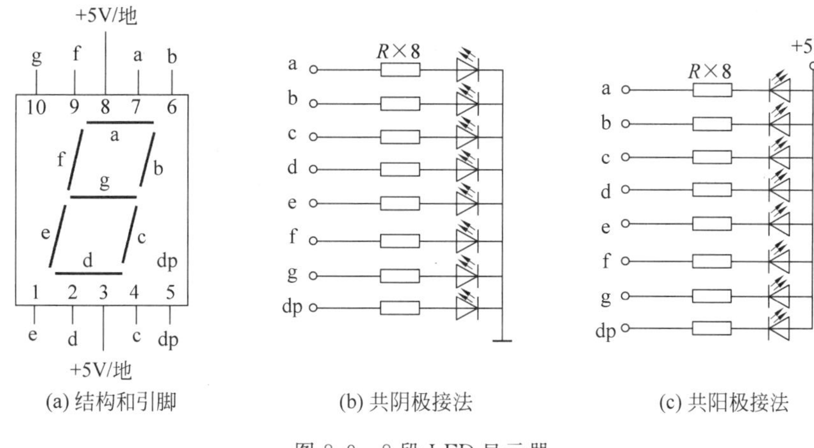

(a) 结构和引脚　　(b) 共阴极接法　　(c) 共阳极接法

图 8.9　8 段 LED 显示器

比如，为了显示“5”，对共阴极应该使 $D_7D_6D_5D_4D_3D_2D_1D_0=01101101$，即 6DH；对共阳极应该使 $D_7D_6D_5D_4D_3D_2D_1D_0=10010010$，即 92H。这就是表 8.1 中对应于显示字符“5”的两个段码。其余字符的段码可以此类推。

表 8.1　段 LED 显示器字符段码表

显示字符	共阴极段码	共阳极段码	显示字符	共阴极段码	共阳极段码
0	3FH	C0H	C	39H	C6H
1	06H	F9H	d	5EH	A1H
2	5BH	A4H	E	79H	86H
3	4FH	B0H	F	71H	8EH
4	66H	99H	·	80H	7FH
5	6DH	92H	P	73H	82H
6	7DH	82H	U	3EH	C1H
7	07H	F8H	T	31H	CEH
8	7FH	80H	y	6EH	91H
9	6FH	90H	8.	FFH	00H
A	77H	88H	全灭	00H	FFH
b	7CH	83H	⋮	⋮	⋮

从表 8.1 可看出，对同一个显示字符，共阳极和共阴极的段码互为反码。原因是在共阴极电路中，当各段输入端为逻辑 1 时，对应的 LED 亮；而在共阳极电路中则正好相反，各段输入端为逻辑 0 时，对应 LED 才发亮。

2. LCD 显示器与显示原理

液晶显示(liquid crystal display，LCD)显示器是一种以液晶材料为基本组件的新型平板显示器，由于它具有体积小、重量轻、耗电少和无电磁辐射等显著特点，目前已在平面显示领域占据了重要地位，各种便携式计算机和台式 PC 机基本上都用它做显示器。

液晶是一种介于固态和液态之间的有机化合物。它加热到一定的温度(如＋60℃以上)

时会呈现透明的液态,具有流动性;而制冷到一定的温度(如-20℃以下)时又会变成结晶状固态,具有晶体的光学特性。液晶单元在结构上是由两片玻璃夹着液晶材料,玻璃内表面镀有电极(一个叫做段电极,一个叫做背电极),四周进行密封而形成的。为了适应不同的需要,液晶单元可以做成段式,也可做成点状。将一个个液晶单元排列成矩阵,如图8.10所示,便可构成液晶显示器。

图中X方向选通线和Y方向信号线以矩阵方式排列,每个交叉点上配置一个液晶单元。若在X_1上加选通脉冲,开关晶体管T_1导通,Y_1上的信号经T_1管加在液晶单元LC的控制电极上,该单元便显示。在T_1导通时,也给电容C_1充电,使得选通脉冲消失后,依靠C_1上的电压能维持液晶单元继续显示一段时间。利用这种多行多列的液晶平面矩阵,便可显示字符或图形。

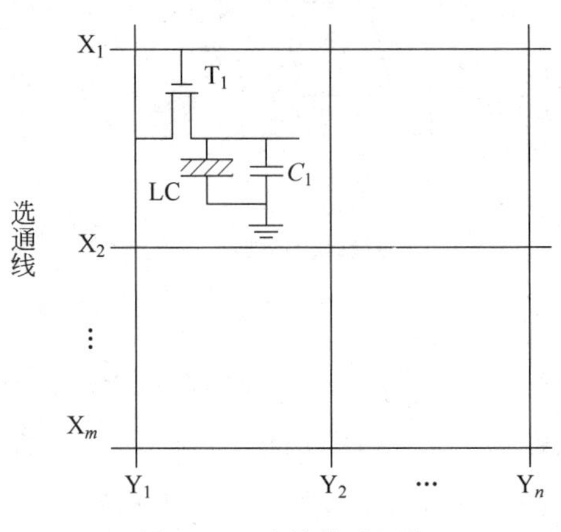

图8.10 液晶单元矩阵

液晶有两个特点:一是其中晶体可以排列为扭曲的形式,使得通过它的光线也随之扭曲;二是当有电流通过时,晶体会改变其分子排列状态而呈现不同的光学特性。液晶本身不发光,需要在外光源作用下才能发光,在全黑环境下没有显示能力。液晶的显示是利用其在一定的电场或热的作用下会发生变化的特性来实现的。例如,液晶单元(LC)在不加电场时,光线能透过它;而加了电场后,液晶分子的排列方向发生变化,引起光学状态也发生变化,使光线被阻挡住。这就是液晶显示的基本原理。

液晶按显示机理的不同可分为两种:一种是通过改变光线透射能力而显示的透射型液晶,它工作时需要打背光;另一种是通过改变光线反射能力而显示的反射型液晶,工作时需要正面光源。用于计算机显示器的都是透射型液晶。

8.2.2 显示器一般接口方法

LCD显示器和LED显示器从构成到工作原理都不同,所以其接口方法也不同。LCD显示器是PC系列机的主流显示系统,所以将其接口方法放在8.2.3节中,结合PC系列机显示适配器一起介绍。本节主要介绍LED显示器的接口方法。

LED显示器接口有一位和多位之分,下面分别叙述。

1. 一位LED显示器接口

一位LED显示器接口很简单,只需在8段LED显示器与微处理器之间加一个8位锁存器即可,如图8.11所示。

从图可见,这是一个共阳极接法的显示器接口。为了显示某个字符,只需利用OUT指令将该字符对应的段码送到输出端口(40H)即可。例如要显示"5",只需执行下列两条指令:

```
MOV    AL,92H     ;取字型5的共阳极显示段码
OUT    40H,AL     ;送锁存器控制显示
```

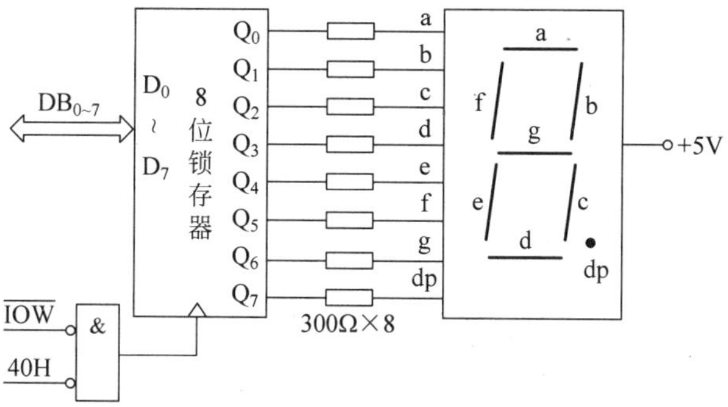

图 8.11 一位 8 段 LED 显示器与 MPU 的接口

若要依次显示 0～F 这 16 个字符，则相应汇编语言显示控制程序如下：

```
DATA  SEGMENT
  SEGTAB  DB  C0H,F9H,A4H,B0H              ;定义 0～F 的共阳极显示段码表
          DB  99H,92H,82H,F8H
          DB  80H,90H,88H,83H
          DB  C6H,A1H,86H,8EH
DATA  ENDS
CODE  SEGMENT
  ASSUME  CS: CODE,DS: DATA
START: MOV    AX,DATA
       MOV    DS,AX
       MOV    CX,10H                      ; 设置显示字符循环次数(为 16)
       MOV    DI,OFFSET SEGTAB            ; DI 指向段码表首址
DISP:  MOV    AL,[DI]                     ; 将显示段码送 AL
       MOV    DX,0040H                    ; 将端口地址送 DX
       OUT    DX,AL                       ; 输出段码至锁存器
       INC    DI                          ; 指向下一个要显示字符的段码
       PUSH   CX                          ; 延时，以便得到稳定的显示
       MOV    CX,0FFFFH
DELAY: NOP
       LOOP   DELAY
       POP    CX
       LOOP   DISP                        ; 0～F 未显示完，转 DISP
       MOV    AH,4CH                      ; 返回 DOS
       INT    21H
CODE  ENDS
       END    START
```

若用 C 语言编程，则相应显示驱动程序如下：

```
#include "stdio.h"
#include "conio.h"
#include "dos.h"
main(){
    unsigned char segtab[]={0xc0,0xf9,0xa4,0xb0,0x99,0x92,0x82,0xf8,
                            0x80,0x90,0x88,0x83,0xc6,0xa1,0x86,0x8e};
    unsigned char i=0;
```

```
    int count;
    while(i<16){
      outportb(0x40,segtab[i]);              /* 输出显示段码 */
      count=0xffff;
      while(count!=0) count--;               /* 延时 */
      i++;                                   /* 指向下一显示段码 */
    }
}
```

2. 多位 LED 显示器接口

对于多位 8 段 LED 显示器，也可以和上面一位显示器一样，采用多个独立的并行输出端口来驱动。但是这种各位独立驱动的显示方式占用资源较多，所以在位数较多时，采用一种动态扫描、分时循环显示的方法，以简化硬件，降低成本，减小功耗。这种多位动态扫描的显示器接口原理如图 8.12 所示。这是个以共阴极显示器组成的 8 位数码显示器电路，但是由于其各阳极字段与段码锁存器之间增加了一级反相驱动器，所以字符显示段码还应采用共阳极段码。

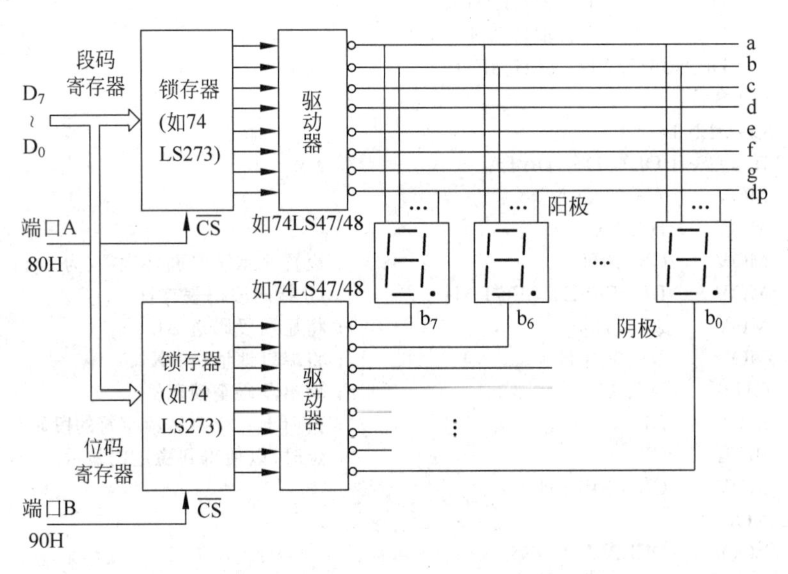

图 8.12　8 位动态 LED 显示器接口原理

图 8.12 中端口 A、B 两个 8 位锁存器分别用作字符段码和数位位码的锁存。可以看出，各位显示器共用一套段码锁存器和驱动器，而各位的阴极则分别由端口 B 的一位经过驱动后去控制。当某一位的阴极为 0(低电平)，即位码锁存器对应位输出为 1 时，对应位显示；反之，尽管段码也加到了该位阳极上，却不显示。这样，便可借助于动态扫描、分时显示的办法，利用人眼视觉的滞留效应，实现人眼看上去的各位"同时"显示。

有了上述显示接口电路，只要设计相应的接口驱动软件加以控制，就可实现所需要的动态扫描、分时显示。为此，要给显示程序提供一个可供查询的显示字符段码表(一般装在 ROM 区)，还要建立一个显示数据缓冲区(在 RAM 中)，如图 8.13 所示。

图中段码表存放 16 进制数 0～F 和小数点"."的共阳极显示段码，显示缓冲区由 8 个字节构成，分别对应 8 个 LED 显示器(自左至右)，用于存放要显示字符的二进制编码。例如，要在图 8.12 所示的 8 位 LED 显示器上按从左到右的顺序显示出"2004.10."的字样，显示

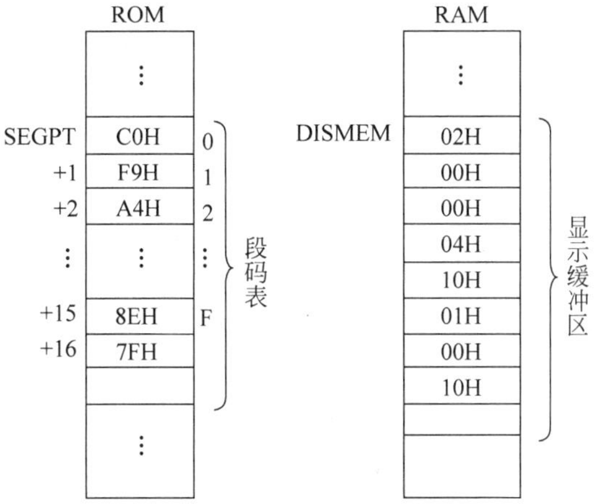

图 8.13　多位动态显示存储区数据安排

缓冲区内容如图 8.13 所示。要改变显示字样，只要改变显示缓冲区内容即可。

基于上述动态扫描循环显示思想的程序流程如图 8.14 所示，相应的汇编语言显示驱动程序如下：

```
DATA   SEGMENT
  SEGPT     DB   C0H,F9H,A4H,B0H                  ；定义共阳极显示段码表
            DB   99H,92H,82H,F8H
            DB   80H,90H,88H,83H
            DB   C6H,A1H,86H,8EH,7FH
  DISMEM    DB   2,0,0,4,10H,1,10H                ；显示缓冲区
  PortA     EQU  80H                              ；端口 A 地址
  PortB     EQU  90H                              ；端口 B 地址
DATA   ENDS
CODE   SEGMENT
  ASSUME  CS: CODE,DS: DATA
START:      MOV     AX,DATA
            MOV     DS,AX
AGAIN:      MOV     DI,OFFSET  DISMEM             ；指向显示缓冲区首址
            MOV     CL,80H                        ；指向左端 LED 显示器
            MOV     AL,00H                        ；将 00 送位码寄存器，关显示
            OUT     PortB,AL
DISP:       MOV     AL,[DI]                       ；取要显示的字符
            MOV     BX,OFFSET SEGPT               ；段码表首址送 BX
            XLAT                                  ；查表获取显示字符的显示段码
            OUT     PortA,AL                      ；将段码送至端口 A
            MOV     AL,CL                         ；将位码送端口 B
            OUT     PortB,AL
            PUSH    CX                            ；保存位码至堆栈
            MOV     CX,0FFFFH                     ；延时，以便得到稳定的显示效果
DELAY:      NOP
            LOOP    DELAY
            POP     CX                            ；从堆栈取出位码
            CMP     CL,01                         ；显示至最右端了吗？
```

```
            JZ      DESEND                  ; 是,转出口
            INC     DI                      ; 否,指向下一位要显示的字符
            SHR     CL,1                    ; 位码右移一位,指向下一个数位
            JMP     DISP
DISEND:     MOV     AH,1                    ; 检测 PC 键盘是否有键按下
            INT     16H
            JZ      AGAIN                   ; 无键按下,继续新一轮显示
            MOV     AH,4CH                  ; 返回 DOS
            INT     21H
CODE   ENDS
            END     START
```

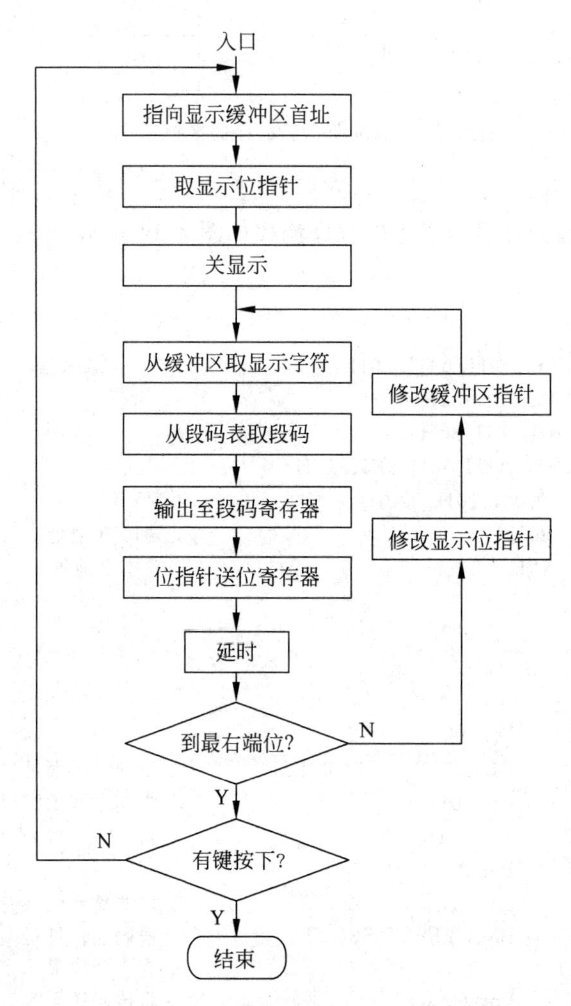

图 8.14　动态扫描循环显示程序流程图

若用 C 语言编程,则完成上述显示功能的 C 语言驱动程序如下:

```
#include "stdio.h"
#include "conio.h"
#include "dos.h"
#define porta 0x80                          /* 定义段码寄存器地址 */
#define portb 0x90                          /* 定义位码寄存器地址 */
```

```
unsigned char segpt[]={0xc0,0xf9,0xa4,0xb0,0x99,0x92,0x82,0xf8,
                       0x80,0x90,0x88,0x83,0xc6,0xa1,0x86,0x8e,0x7f};
main(){
    unsigned char dismem[]={2,0,0,4,0x10,1,0x10};
    unsigned char temp,datal,i;
    int count;
    while(!kbhit()){                        /* 无键按下,循环 */
        i=0;
        datal=0x80;                         /* 位码指向左端 LED 显示器 */
        outportb(portb,0);                  /* 关显示 */
        while(1){
          temp=dismem[i];                   /* 取要显示的字符 */
          outportb(porta,segpt[temp]);      /* 将显示字符的显示段码送端口 A */
          outportb(portb,datal);            /* 将位码送端口 B */
          count=0xffff;
          while(count!=0) count--;          /* 延时 */
          if(datal==0x01) break;
          i++;                              /* 指向下一位要显示的字符 */
          datal>>=1;                        /* 位码右移一位 */
        }
    }
}
```

8.2.3　PC 系列机显示适配器

LCD 显示器和 CRT 显示器与 PC 系列机的连接方法很相似,都是通过显示适配器来实现的。因为显示适配器常被制作在一块与主板扩展槽相接的插卡上,所以又叫显示卡,简称显卡。

LCD 显示器接口的功能及结构主要取决于所采用的视频显示标准,如 MDA、CGA、EGA、VGA、TVGA、SVGA 等标准。但无论采用什么标准,显示器接口的基本组成结构均如图 8.15 所示。

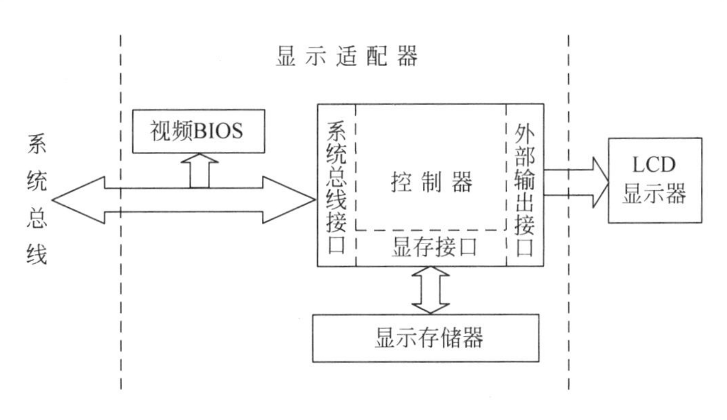

图 8.15　LCD 接口基本结构

由图可见,显示器接口由显示控制器、显示存储器和视频 BIOS 三大部分组成。

1. 显示控制器

显示控制器是适配器的心脏,它管理与系统总线的接口,这个接口应具有零等待的突发式传送能力，一般有(8～16)×32b 的 FIFO 队列以进一步改善接口的传送性能。控制器生成适配器所需的全部定时信号，包括访问显示存储器的时钟信号，驱动 R、G、B 三色的信号，进行 D/A 转换的点时钟(pixel clock)信号，以及送往显示器的水平和垂直同步信号 HSYNC、VSYNC。它内含模式寄存器以及控制和状态寄存器，用于设定显示工作方式和支持显示软件对显示的管理和操纵。

控制器的主要功能是依据设定的显示工作方式，自主地、反复不断地读取显示存储器中的图像点阵(包括图形、字符文本)数据，将它们转换成 R、G、B 三色信号并配以同步信号送至显示器。它还要提供一个由系统总线至显示存储器总线的通路，以支持 CPU 将主存中准备好的点阵数据写入到显示存储器。

控制器还具有其他功能，如将视频采用的 Y、U、V 颜色信号与 PC 显示器采用的 R、G、B 颜色信号进行转换的颜色空间转换功能；设定 256 种颜色供 8 位颜色代码选色的调色板(CLUT)功能；以及硬件光标功能等。先进的显示控制器还具有图形加速等功能。

2. 显示存储器

显示存储器经常也叫 VRAM，它用于存放将要显示的字符/图形的点阵/像素数据。液晶显示板在控制器控制下，按照显示存储器中存放的数据，逐行地显示字符或图形。

在字符(文本)显示模式下，显示存储器 VRAM 中存放一帧或几帧要显示的字符的信息。VRAM 中的字符顺序与屏幕上显示的位置是一一对应的，如图 8.16 所示。程序员应根据字符在屏幕上显示的行、列位置，决定它在 VRAM 中的存放顺序及位置。由图 8.16 可见，屏幕上每个显示字符对应着 VRAM 中的两个字节，低字节为字符的 ASCII 码，高字节为字符属性，用于确定字符颜色和字符底色。其中低字节的 ASCII 码送到视频 BIOS 内置的字符发生器作为高位地址，相当于从 ROM 字模中选出要显示的字符点阵；然后再利

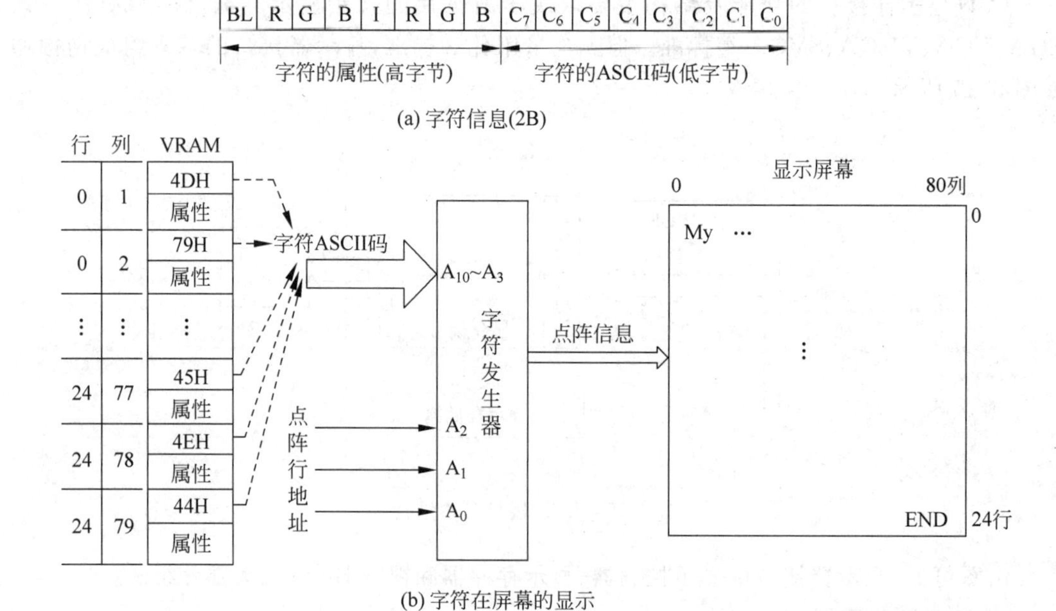

图 8.16 屏位置与 VRAM 的关系

用控制器中的扫描地址发生器产生的行选地址码，控制字符发生器一行一行地发出字符点阵中的行码，如图 8.17 所示。这里假定显示的是字符“E”的 8×8 点阵。字符显示过程分两步进行：首先按字符的 ASCII 码信息为每个扫描行构造出精确的点阵形式，然后在这些点阵发送至显示器之前再加入相应的属性信息。

字符发生器高位地址	字符发生器低位地址	字符发生器	7	6	5	4	3	2	1	0
$A_{10}A_9A_8A_7A_6A_5A_4A_3$	$A_2A_1A_0$	内容（行码）								
01000101 (45H) (E的 ASCII 码)	000	7CH		■	■	■	■	■		
	001	40H		■						
	010	40H		■						
	011	7CH		■	■	■	■	■		
	100	40H		■						
	101	40H		■						
	110	7CH		■	■	■	■	■		
	111	00H								

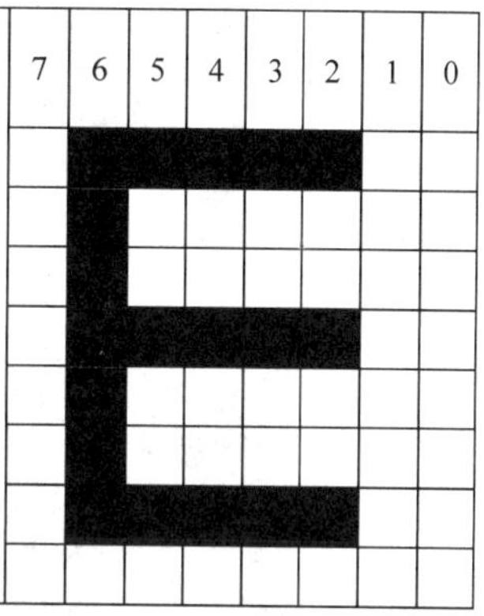

图 8.17 字符发生器控制字符显示示例(以字符“E”为例)

在图形显示模式下，图形/图像是以像素为单位在屏幕上显示的，因此 VRAM 以位的形式为每个像素保存信息。而每个像素仅具有独立的颜色属性，无背景颜色和形状、闪烁等其他属性，因此只需用描述像素颜色属性的二进制位数来决定可同时显示的颜色数。当二进制位数为 1 时，只能显示两种颜色，这时为黑白显示。要显示彩色，必须为每个像素在 VRAM 中提供两个以上的二进制位作为颜色属性信息，位数越多，能显示的颜色数就越多，色彩就越丰富。例如，用 4 位二进制数表示一个像素，可显示 16 种颜色；用 8 位数表示时，可显示 256 种颜色；用 16 位数表示时，则可显示 $2^{16}=65536$ 种颜色。显然，颜色数越多，需要的 VRAM 容量也就越大。当屏幕的分辨率($m\times n$)和颜色数(C)已知时，可用下式来确定所需的 VRAM 容量：

$$\text{VRAM 容量} = (m\times n\times \log_2 C)/8(\text{B})$$

为满足图形/图像和游戏动画的高质量显示需要，目前的 3D 显卡大多装配了 8～64MB 的 VRAM，使用的显存类型按显卡档次分别有 SDRAM、DDR DRAM、DDR2 DRAM 和 RDRAM 等。

图形/图像的显示过程比字符的显示过程要简单。由于屏幕上的像素位置与 VRAM 中的颜色属性信息是一一对应的，所以显示时只要按像素显示的顺序从 VRAM 中取出内容，转换成视频信号输出给显示器即可。

3. 视频 BIOS

视频 BIOS 是一个只读存储器(ROM)，里面除固化了视频控制程序外，还固化有不同字符集的字符点阵，在文本显示模式下起字符发生器的作用。

当将上述各部分显示器接口电路做成显卡后，显卡是通过插到 ISA、PCI、AGP 或 PCI Express(简写 PCI-E)等总线插槽上来实现与主板间的连接的。相应的显卡分别称为 ISA 显卡、PCI 显卡、AGP 显卡和 PCI-E 显卡等。目前 ISA 显卡和 PCI 显卡基本上已淘汰，AGP 显卡部分老的台式机还在使用，而主流微机大都使用 PCI-E 显卡。图 8.18 给出了这些常用总线标准显卡的实物样例。

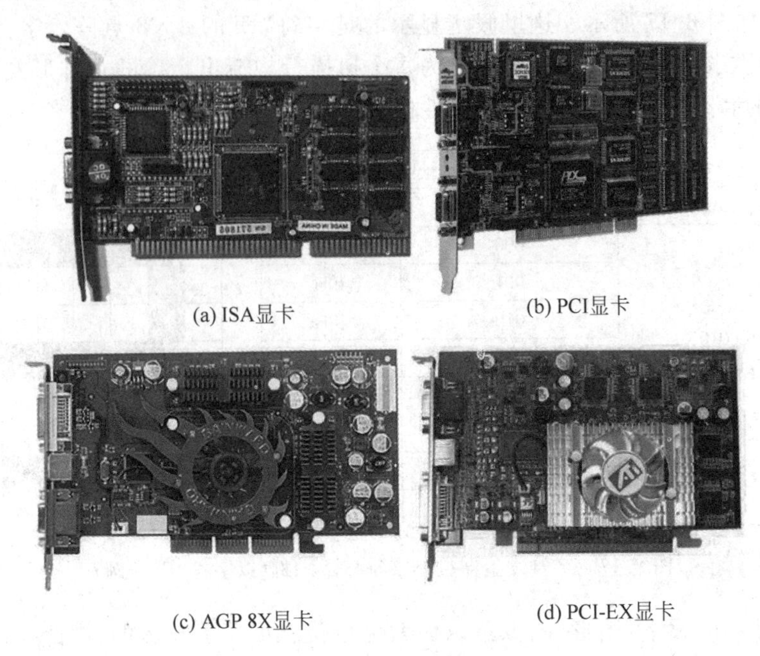

图 8.18 常用显卡样例

显卡与显示器之间常用的接口标准有 VGA、DVI 和 S 端子三种。LCD 显示器常带有 VGA 和 DVI 两种接口(CRT 显示器一般只有 VGA 一种接口)。图 8.19 给出了一款既有 DVI 接口也有 VGA 接口的 LCD 显卡示例。

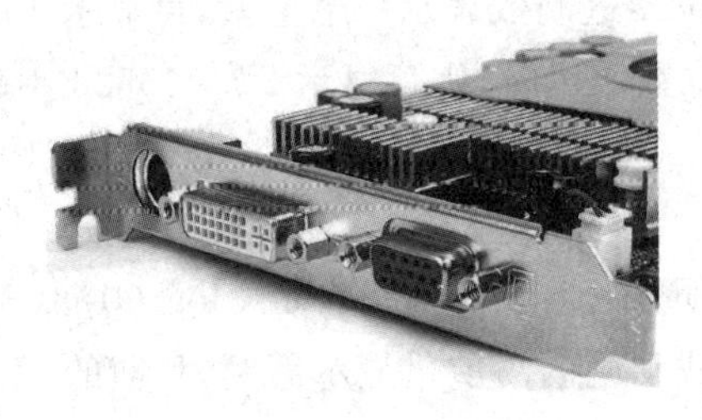

图 8.19 具有 DVI 和 VGA 两种接口的 LCD 显卡示例

8.3 打印机及其接口

8.3.1 打印机及其控制原理

打印机是微机系统中主要的硬拷贝输出设备,利用它可以打印字母、数字、文字、字符和图形。当前流行的打印机主要有针式打印机、喷墨打印机、激光打印机三种,它们的内部结构和打印及控制原理各不相同。图 8.20 从左至右展示了针式打印机、喷墨打印机和激光打印机的实物图。

针式行打印机主要由字车行走机构、打印头、走纸机构、色带机构、与主计算机的接口及控制等部分组成。其打印原理与 CRT 的显示原理有相似之处,如字符都是采用点阵式结构，打印/显示字符都是用存于缓冲 RAM 中的相应 ASCII 码去对字符发生器中的字形码选址，等等。两者显著的区别在于：CRT 是将字符点阵一行一行地水平显示，只有一字符行的所有扫描线被扫描之后，一行字符才完全被同时显示出来；而针式打印机是将字符点阵一列一列地纵向打印，若干列后，一个字符才被打印完毕，一行字符打印完后再走纸。

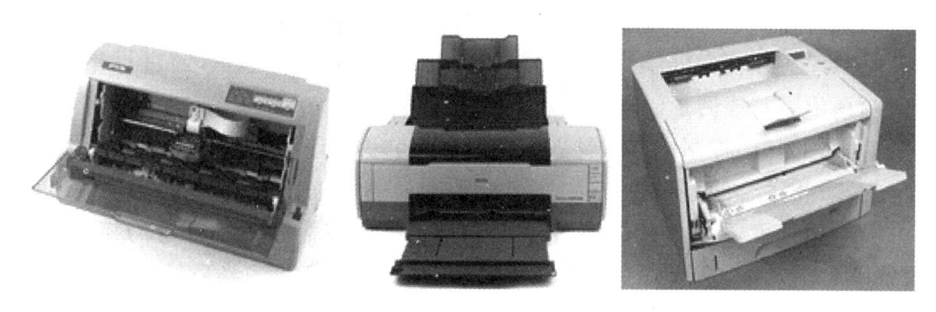

图 8.20 针式打印机、喷墨打印机和激光打印机

图 8.21 给出了针式打印机的打印控制原理框图。打印机与主计算机接口信号为 8 位数据总线信号、选通信号、打印机至主计算机的回答信号和“忙”信号。假设打印机处于初始状态，行缓冲器内没有要打印的字符码，打印头在字车(台架)的最左端，此时打印机输出“非忙”信号。主机要打印时，首先查询打印机“忙”状态。“忙”状态为无效时，允许数据输入，于是主机向打印机输出一个字符码；在选通信号有效时，打印字符码被送入打印机接口中的数据寄存器。打印机输入控制逻辑判断输入字符是打印字符还是控制字符(例如 CR 或 LF)，如为打印字符，则把该字符送入打印行缓冲器，并使地址计数器加 1，接着接口电路产生回答信号，通知主计算机准备好接收下一数据。如此重复，直到把要打印的一行字符信息都存入打印行缓冲器。到行结束时，主机应发送 CR 或 LF 码。当输入缓冲器满时，在输入控制逻辑的判别下，发出“忙”信号，告知主机不能再送来数据，打印机开始打印一行字符。此时在时序电路的控制下，将打印行缓冲器内的一个字符码取出，作为字符发生器的高位地址，列计数作为其低位地址，然后从字符发生器的该地址取出字符码的第一列位图信息。随着列计数器的不断增值，该字符的各列位图逐次取出，并经驱动电路控制打印针头动作。一个字符打印完后，地址计数器加 1，再取下一个字符打印。时序电路同步地控制打印头车架自左向右运动，在一行打印完后控制走纸机构走纸一行。当打印头车架又返回到最左端时，

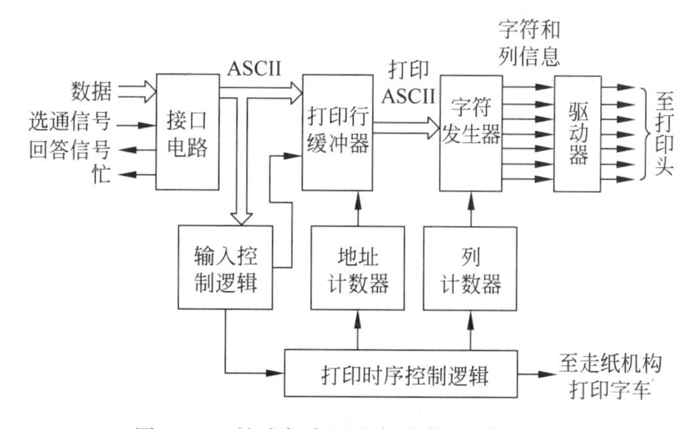

图 8.21 针式打印机的打印控制原理框图

接口电路又发出准备好的"非忙"信号,主机又可输出新的一行信息。

喷墨打印机在打印原理上与针式打印机有根本区别,它是靠喷出的微小墨点在纸上组成字符和图形的,其主要技术环节是墨滴的形成及其充电和偏转,因此,两者在内部结构上有很大不同,这里用墨盒及喷头代替了那里的色带机构及钢针打印头。但是两者在打印控制原理方面,除打印时序控制逻辑有明显差别外,其他地方相似,都是通过内部控制逻辑的综合作用,将打印缓存器中的字符、图形信息变换成相应的点阵数据,通过打印头或喷嘴在纸上打印/喷射出字符或图形。

激光打印机的打印控制原理与针式、喷墨两种打印机有明显不同。激光打印机是激光技术与电子技术相结合的高科技产品,主要由激光扫描系统和电子照相转印系统两部分组成,其打印控制原理框图如图 8.22 所示。激光扫描系统在高频驱动电路的控制下,使激光器产生的激光经调制后,变成载有字符或图形信息的激光束,该激光束经扫描偏转装置在感光鼓上扫描,形成静电潜像。电子照相转印系统则使带有静电潜像的感光鼓接触带有相同电极性的干墨粉,鼓面原来被激光照射的部位将吸附墨粉,显影出图像;该图像转印到纸上,经红外线热辐射定影后,使墨分子渗透到纸纤维中固定下来,达到印刷的目的。

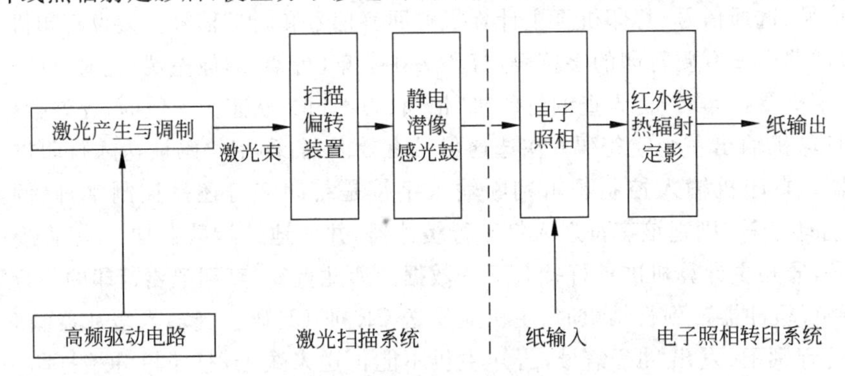

图 8.22　激光打印机的控制原理框图

除了上述两部分外,实际的激光打印机控制器还必须有一个控制系统,用于控制内部各功能电路的工作,以及协调同打印机接口的关系,正确接收、处理来自计算机的各种命令/数据和向计算机报告打印机状态。

8.3.2　Centronics 并行接口标准

不管是哪种打印机,它们之间的差别主要体现在内部结构、打印原理和控制电路的功能上。如按它们的外部接口特性分,无非是两大类:串行打印机和并行打印机。这两种打印机与 CPU 的接口方法不同。早期的串行打印机采用 RS-232C 串行接口标准,由 CPU 向打印机发送串行数据,经输入缓冲器和串-并转换后进行数据打印。目前使用的大多是 USB 接口。有关 RS-232C 和 USB 串行接口标准,在此不赘述(在 6.5.2 节中都有过介绍)。这里只讨论并行打印机的接口方法。

并行打印机通常都是采用 Centronics 并行接口标准,或在它的基础上发展起来的、与 Centronics 兼容的 IEEE 1284 标准之兼容模式子标准。

Centronics 标准定义了 36 芯插头座,其中:数据线 8 根,控制输入线 4 根,状态输出线 5 根,+5V 电源线 1 根,地线 15 根,另有 3 根空闲,详情如表 8.2 所示。表中的"入"、"出"

方向是相对于打印机而言的，“入”线为控制信号线，“出”线为状态信号线。控制线和状态线的名称上面有“非”号的为低电平有效，否则为高电平有效。

表 8.2　Centronics 并行接口标准

插座脚号	信号名称	方向（打印机）	功能说明	插座脚号	信号名称	方向（打印机）	功能说明
1	$\overline{\text{STROBE}}$	入	数据选通	13	SLCT	出	指示打印机能工作
2	DATA1	入	数据最低位	14	$\overline{\text{AUTOFEEDXT}}$	入	打印一行后自动走纸
3	DATA2	入		16	逻辑地		
4	DATA3	入		17	机架地		
5	DATA4	入		19～30	地		双绞线的回线
6	DATA5	入		31	$\overline{\text{INIT}}$	入	初始化命令（复位）
7	DATA6	入		32	$\overline{\text{ERROR}}$	出	无纸、脱机、出错指示
8	DATA7	入		33	地		
9	DATA8	入	数据最高位	35	＋5V		通过 4.7kΩ 电阻接＋5V
10	$\overline{\text{ACK}}$	出	打印机准备接收数据	36	$\overline{\text{SLCTIN}}$	入	允许打印机工作
11	BUSY	出	打印机忙	15 18 34	不用（未定义）		
12	PE	出	无纸（纸用完）				

在 Centronics 标准定义的信号线中，最主要的是 8 位并行数据线、2 根握手联络信号线 $\overline{\text{STROBE}}$、$\overline{\text{ACK}}$和 1 根忙线 BUSY。它们的工作时序如图 8.23 所示。

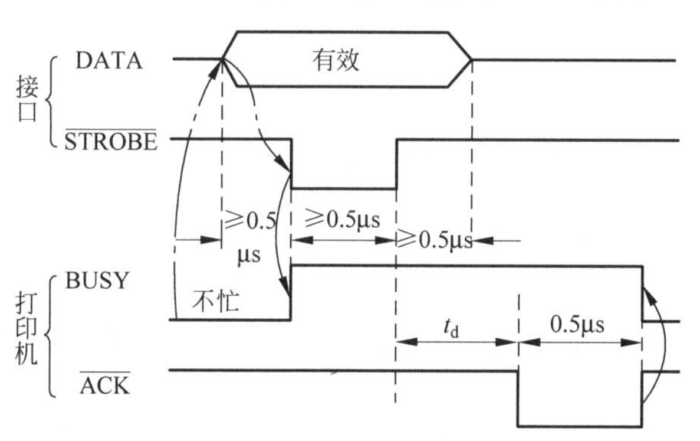

图 8.23　并行打印机接口时序

当 CPU 通过接口要求打印机打印数据时，先要查看忙信号 BUSY。不忙即 BUSY＝0 时，才能向打印机输出数据。在把数据送到 DATA 线上后，先发$\overline{\text{STROBE}}$选通信号通知打印机；打印机收到选通信号后，先发出“忙”信号，再从接口接收数据。当数据接收完并存入内部的打印行缓冲器后，便送出$\overline{\text{ACK}}$响应信号(宽度为5μs的负脉冲)，表示打印机已准备好接收新数据。同时在$\overline{\text{ACK}}$脉冲的后沿使BUSY信号撤销。

8.3.3 并行打印机接口方法

图8.22给出了一个按照Centronics标准和工作时序设计的典型的并行打印机接口逻辑框图。当CPU对打印机进行读/写操作时，命令译码电路将产生接口内部的各种控制信号。向打印机写入8位数据时，信号经过数据收发器，锁入数据寄存器中，等待写入打印机；若要写入控制信号，则将它们(5位)锁存到控制寄存器中，经驱动器送往打印机；当CPU读打印机状态信号时，读入的5位状态信号经状态寄存器(1)，再经数据收发器至主机；当CPU读打印机控制信号时，读入的5位控制信号经状态寄存器(2)，再经数据收发器至主机。

PC/AT机打印机接口就是采用的图8.24所示的逻辑结构。

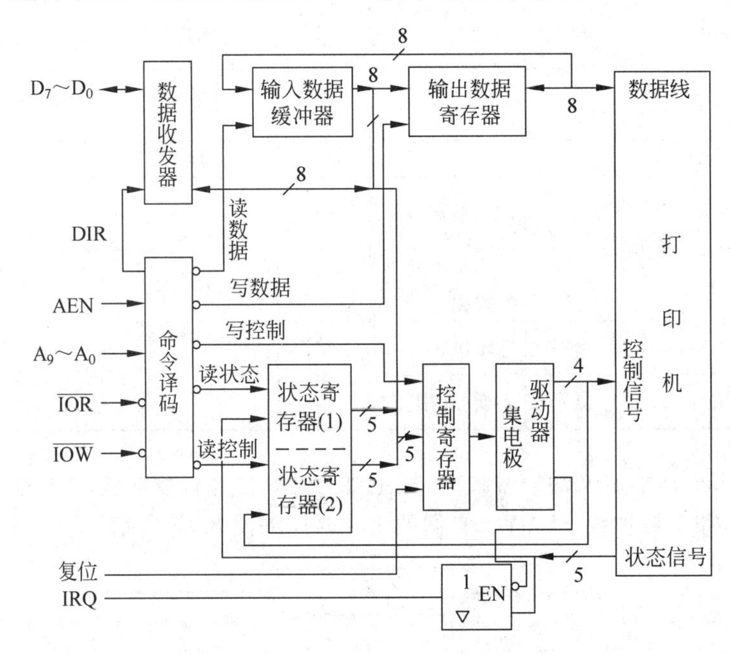

图8.24 并行打印机接口逻辑框图

实际上，对于大多数并行打印机接口，只要在硬件上能提供一个8位数据输出端口和两根握手信号($\overline{\text{STROBE}}$和BUSY，或$\overline{\text{STROBE}}$和$\overline{\text{ACK}}$)，软件上设计相应的控制程序，使握手信号之间满足图8.23所示的时序关系，即可控制打印机的正常打印。具体接口设计取决于接口工作采用程序查询式还是中断驱动式。

1. 程序查询式接口

从硬件上，可采用不可编程并行接口，也可采用可编程并行接口，具体芯片的选择更是十分灵活。即使选用同一种可编程接口芯片(如8255A、8155、Z80 PIO等)，具体使用方法也不止一种。但无论采用何种硬件接口方案，作为遵循Centronics标准的打印机接口，必须满足以下基本要求：

(1) 提供一个并行输出数据端口，MPU通过它向打印机输出要打印的数据。

(2) 提供对打印机的选通信号$\overline{STROBE}$。

(3) 接收来自打印机的响应信号$\overline{ACK}$或忙信号 BUSY,供 CPU 查询检测。

图 8.25 给出的是一个以 8255A 为可编程接口芯片的查询式打印机接口方案。8255A 的 PA 口用作输出数据锁存器,令其工作于方式 0 输出;PC 口的高半字节也为输出方式,PC_6 产生$\overline{STROBE}$信号;PC 口的低半字节为输入方式,PC_2 接收打印机的 BUSY 信号。由于 8255A 的驱动能力有限,且打印机输入信号端一般都有长线匹配电阻,因此在 8255A 的 PA 口和 PC_6 端口线与打印机之间设置了驱动器。

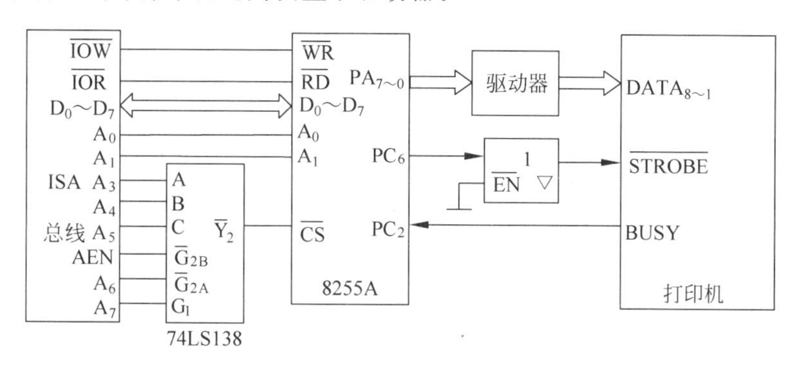

图 8.25 用 8255A 实现的查询式打印机接口

以图 8.25 给出的硬件电路为基础,相应的打印驱动程序流程如图 8.26 所示。

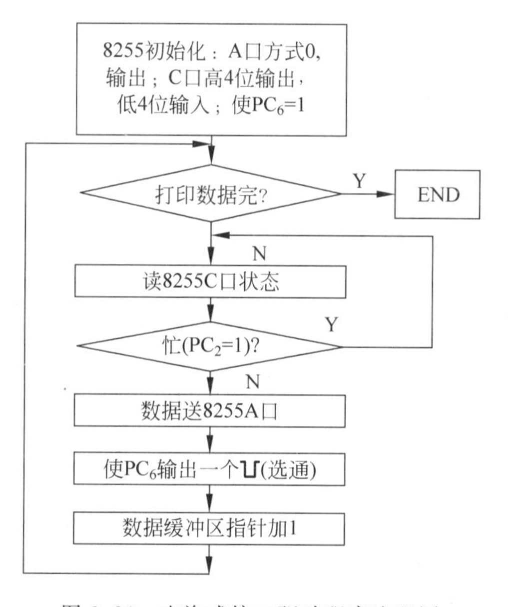

图 8.26 查询式接口驱动程序流程图

假定打印数据存放在内存 BUF 单元开始的数据缓冲区,并以数字 0 结束,则驱动程序如下:

```
DATA   SEGMENT
  BUF   DB  256 DUP(?)
DATA   ENDS
CODE   SEGMENT
```

```
  ASSUME  CS: CODE, DS: DATA
START:  MOV   AX, DATA
        MOV   DS, AX
        MOV   AL, 10000001B          ; 8255 方式控制字
        OUT   93H, AL
        MOV   AL, 0DH                ; STROBE(PC6)初值为高电平
        OUT   93H, AL
        MOV   BX, 0                  ; BX 指向打印缓冲区第一个单元
AGAIN:  CMP   BUF[BX], 0             ; 打印结束?
        JZ    EXIT                   ; 为 0 结束
WAIT$:  IN    AL, 92H                ; 读 C 口
        TEST  AL, 04H                ; 测试"忙"(PC2)信号
        JNZ   WAIT$                  ; "忙",继续查询等待
        MOV   AL, BUF[BX]            ; 读打印字符
        INC   BX                     ; BX 指向缓冲区下一单元
        OUT   90H, AL                ; 输出打印字符
        MOV   AL, 0CH                ; 输出选通脉冲
        OUT   93H, AL
        INC   AL
        OUT   93H, AL
        JMP   AGAIN                  ; 继续
EXIT:   MOV   AH, 4CH
        INT   21H
CODE    ENDS
        END   START
```

若用C语言编写,则相应的打印驱动程序如下:

```
#include "stdio.h"
#include "dos.h"
unsigned char buf[256];
main(){
    unsigned char status, i;
    outportb(0x93, 0x81);                /* 设置 8255 方式字 */
    outportb(0x93, 0x0d);                /* 置 PC6=1 */
  i=0;
   While(buf[i]!=0){                     /* 未打印完,循环 */
      do {
        status=inportb(0x92);            /* 输入忙状态 */
        status&=0x04;
      }while(status!=0);                 /* 若忙,继续查询 */
      outportb(0x90, buf[i]);            /* 输出打印字符 */
      outportb(0x93, 0x0c);              /* 输出选通脉冲 */
      outportb(0x93, 0x0d);
      i++;
   }
}
```

2. 中断驱动式接口

打印机采用中断驱动式接口也可以有多种实现方案,但作为遵循 Centronics 标准的打印机接口,一般要选择$\overline{\text{STROBE}}$和$\overline{\text{ACK}}$作为握手联络控制信号,利用$\overline{\text{ACK}}$信号的后沿产生

中断请求信号。如图 8.27 所示给出的是一个以 8255A 为可编程接口芯片的具体实现方案。

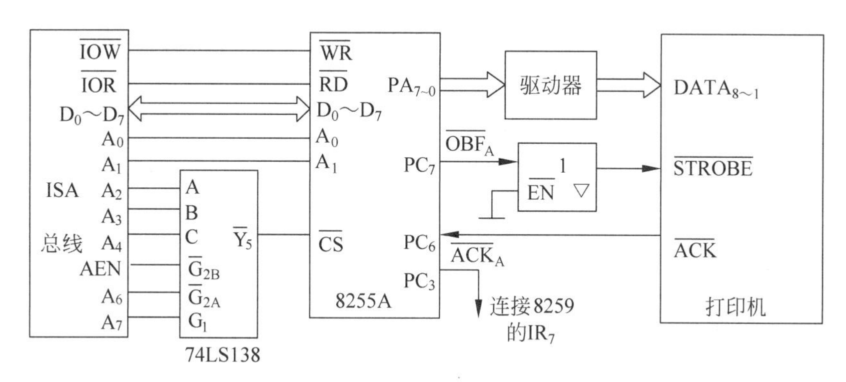

图 8.27 用 8255A 实现的中断式打印机接口

A 口用作输出数据锁存器，工作于方式 1，两根联络线$\overline{OBF_A}$和$\overline{ACK_A}$分别与打印机的$\overline{STROBE}$和$\overline{ACK}$相连，通过它们的应答握手来实现接口与打印机之间数据传送的同步。PC_3($INTR_A$)接系统 8259 的 IR_7，向 MPU 发出中断请求，以此引发 MPU 输出一个打印字符。

这时的接口驱动程序流程如图 8.28 所示。它分主程序和中断服务程序两部分。主程序主要完成 8255 初始化、软启动和开系统中断等工作。8255 初始化除了设置工作方式外，还要使 $PC_6=1$，以便开放 A 口中断。软启动的方法是对打印机发一个换行命令 LF(将它的 ASCII 码“0AH”输出到 A 口)，使之空走一行，以便打印机发出$\overline{ACK}$信号，引起中断请求，从而开始进入正常的“字符输出—打印”过程。正常的字符输出操作是在中断服务程序中完成的。

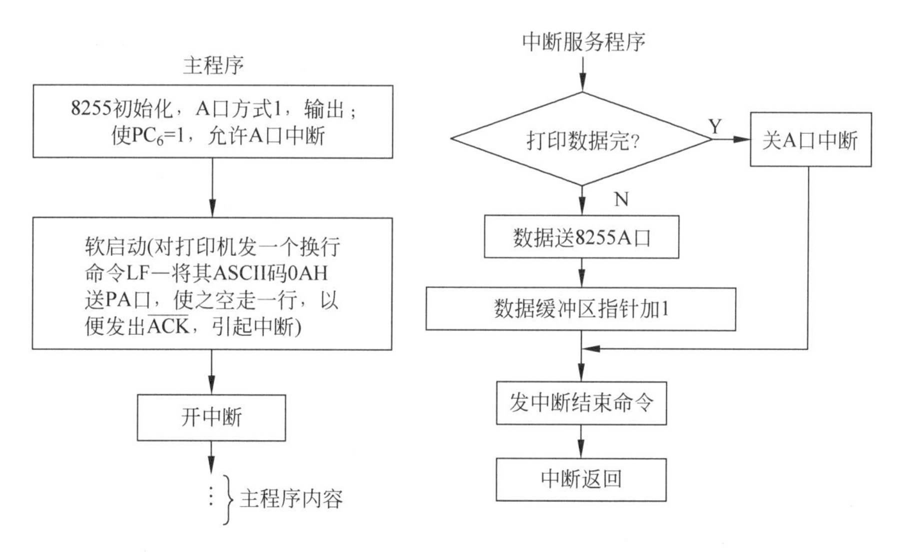

图 8.28 中断式打印机接口驱动程序流程

假定打印数据仍存放在 BUF 单元开始的内存数据缓冲区中，并以数字 0 结束，则相应的中断式打印驱动程序如下：

```
DATA   SEGMENT
    MSGUT   DB  0                          ; 打印缓冲区当前指针
    MESSG   DB  256 DUP(?)                 ; 定义打印缓冲区
    IRQ7         EQU   0FH                 ; 定义 IRQ7 对应的中断向量号
DATA   ENDS
CODE   SEGMENT
       ASSUME  CS: CODE, DS: DATA
START:     MOV     AX, DATA
           MOV     DS, AX
           MOV     AL, 0A0H                ; A 口方式 1 输出
           OUT     97H, AL
           MOV     AL, 0DH
           OUT     97H, AL                 ; INTE=1, 允许 A 口中断
           CLI                             ; 关中断, 以填写中断向量
           MOV     AX, 0000H
           MOV     ES, AX                  ; ES 指向数据段 0000H
           MOV     BX, IR7 * 4             ; 取 IRQ7 对应的中断向量地址
           MOV     AX, OFFSET PRINT        ; 填 IP 地址
           MOV     ES: [BX], AX
           MOV     AX, SEG PRINT           ; 填 CS 地址
           MOV     ES: [BX+2], AX
           STI                             ; 开中断
           MOV     AL, 0AH                 ; 输出换行符, 启动打印
           OUT     94H, AL
           …                               ; 其他处理
           MOV     AH, 4CH
           INT     21H
PRINT:     PUSH    AX                      ; 中断打印驱动程序
           PUSH    BX
           MOV     BX, MSGUT               ; 取打印缓冲区当前指针
           MOV     AL, MESSG[BX]           ; 取打印字符
           CMP     AL, 0                   ; 打印结束?
           JZ      EXIT                    ; 为 0, 结束打印
           OUT     94H, AL                 ; 输出打印字符
           INC     MSGUT                   ; 指针指向下一打印字符
           JMP     RETURN
EXIT:      MOV     AL, 00001100B           ; PC6 复位关中断, 打印结束
RETURN:    MOV     AL, 20H                 ; 发 EOI 命令
           OUT     20H, AL                 ; 写 8259 偶端口
           POP     BX
           POP     AX
           IRET                            ; 开中断返回
CODE         ENDS
           END     START
```

8.4 其他交互设备及接口

8.4.1 鼠标

鼠标(mouse)是控制光标移动的输入设备,由于它能在屏幕上实现快速精确的光标定

位，可用于屏幕编辑、菜单选择和屏幕作图等多种功能。它最初是由美国斯坦福研究所的 Douglas C. Engeibart 在1961年发明的，现在已广泛应用于各种 PC 系列机与 SUN、SGI、HP 等工作站上。随着 Windows 等“图形用户界面”操作系统的普及，鼠标已成为计算机系统的必备外部设备。图8.29给出的是一款 USB 接口鼠标的实物示例。

1. 基本结构及其工作原理

鼠标的基本工作原理是：当移动鼠标时，它把移动距离及方向的信息变成脉冲信号送给计算机；计算机驱动程序再将脉冲信号转换成鼠标光标的坐标数据，达到指示位置的目的，或者把各种不同的鼠标移动翻译成能被现行应用程序所执行的动作。

图8.29　鼠标示例

根据测量位移部件的不同，鼠标可分为机械式、光电式和光机式三种。

机械式鼠标的核心部件是一个胶质小球，球在滚动时会带动一对转轴转动（分别为 X 转轴、Y 转轴），在转轴的末端都有一个圆形的译码轮，译码轮上附有金属导电片与电刷直接接触。当鼠标在桌面移动时，球便转动，带动正交的两个转轴转动和装在转轴上的译码轮滚动。当转轴转动时，这些金属导电片与电刷就会依次接触，出现“接通”或“断开”两种形态，前者对应二进制数“1”、后者对应二进制数“0”。接下来，这些二进制信号被送交鼠标内部的专用芯片作解析处理并产生对应的坐标变化信号，从而可得知鼠标水平方向（X 轴向）和垂直方向（Y 轴向）的位移量。

纯粹的机械鼠标已经很难看到，取而代之的是光机式鼠标。与纯机械式鼠标一样，光机式鼠标同样拥有一个胶质的小滚球，并连接着 X、Y 转轴，所不同的是光机鼠标不再有圆形的译码轮，代之以两个带有栅缝的光栅码盘，并且增加了发光二极管和感光芯片。当鼠标在桌面上移动时，滚球会带动 X、Y 转轴的两只光栅码盘转动，而 X、Y 发光二极管发出的光便会照射在光栅码盘上，由于光栅码盘存在栅缝，在恰当时机二极管发射出的光便可透过栅缝直接照射在两颗感光芯片组成的检测头上。如果接收到光信号，感光芯片便会产生“1”信号，若无接收到光信号，则将之定为信号“0”。接下来，这些信号被送入专门的控制芯片内运算生成对应的坐标偏移量，确定光标在屏幕上的位置。借助这种原理，光机鼠标在精度、可靠性、反应灵敏度方面都大大超过原有的纯机械鼠标，并且保持成本低廉的优点，在推出之后迅速风靡市场，纯机械式鼠标被迅速取代，并一直持续到今天。不过，光机鼠标也有其先天缺陷：底部的小球并不耐脏，在使用一段时间后，两个转轴就会因粘满污垢而影响光线通过，出现诸如移动不灵敏、光标阻滞之类的问题，因此为了维持良好的使用性能，光机鼠标要求每隔一段时间必须将滚球和转轴作一次彻底的清洁。

光电鼠标的核心部件则是发光二极管、光学传感器和透镜组件。发光二极管发出的光经透镜射向鼠标垫，鼠标垫反射后再经另一透镜进入光学传感器，然后处理电路将含有 X 轴向和 Y 轴向位移的信号转换成电脉冲个数。

光机式鼠标和光电式鼠标的典型结构如图8.30所示。

2. 鼠标的接口

目前鼠标与主机接口的类型大体有以下四种。

(1) MS 串行接口。使用9针或25针接口，通过 RS-232C 总线连接，一般连到主机的

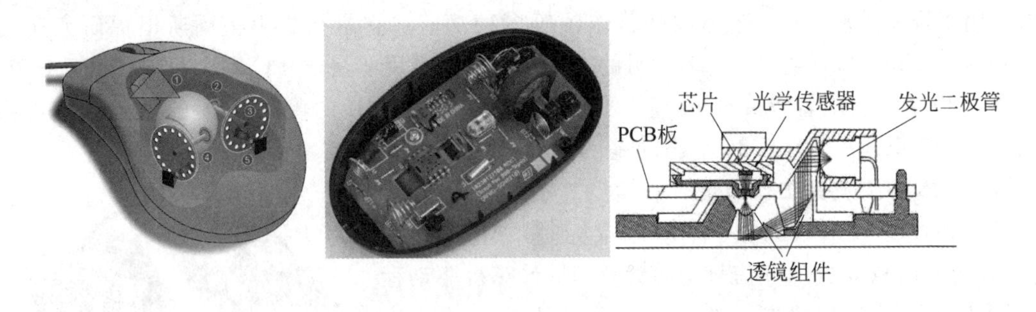

图 8.30　光机式鼠标、光电式鼠标的基本结构和光电鼠标原理

COM1 或 COM2 口。MS 串行鼠标不需专门的电源线，它使用 RS-232C 串行通信接口中的 RTS 作为驱动，SGND 作为信号地，TxD 发送数据，DTR 作为主机的应答信号，如图 8.31 所示。

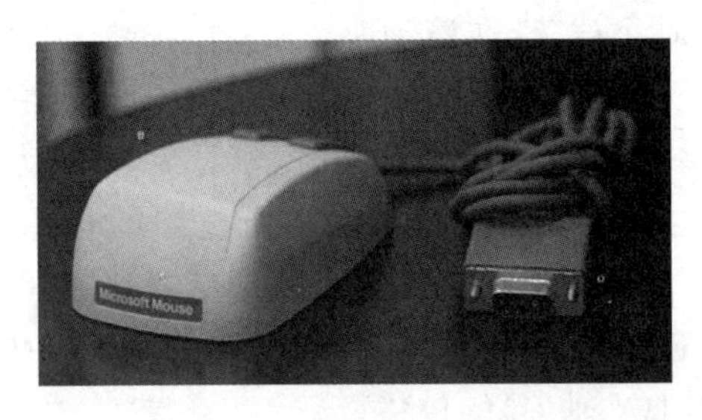
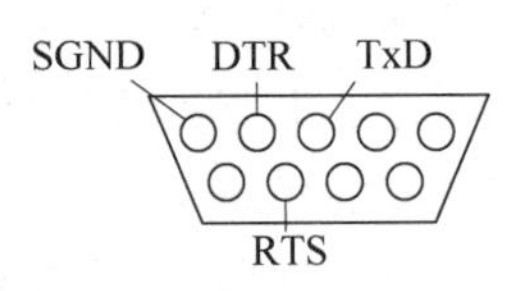

图 8.31　MS 串行鼠标及其 9 针接口示意图

(2) PS/2 接口。通过一个 6 针小型 DIN 接口连接。它实际上也是一种串行接口，只是不用 COM1 和 COM2 口，如图 8.32 所示。这种 6 针连接器使用了其中 4 个引脚：GND，+5V，Data 和 Clock。其中+5V 是由主机提供的电源，Data 和 Clock 是具有集电极开路性质的双向信号线。PS/2 鼠标采用 TTL 电平标准，即 5V 为"1"，0V 为"0"。MS 串行鼠标采用 RS-232C 逻辑电平标准，即-3～-15V 为"1"，+3～+15V 为"0"。

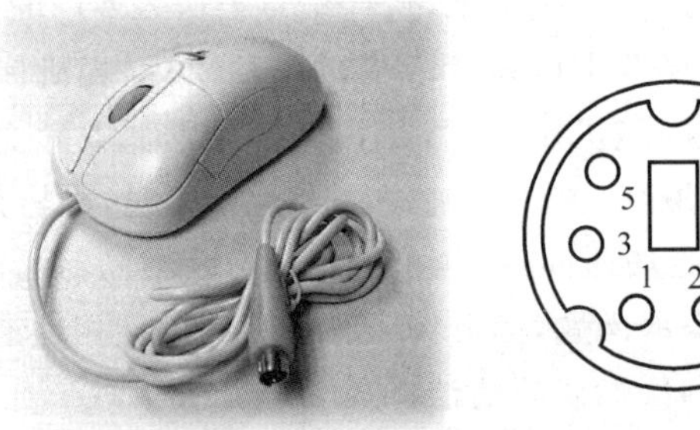
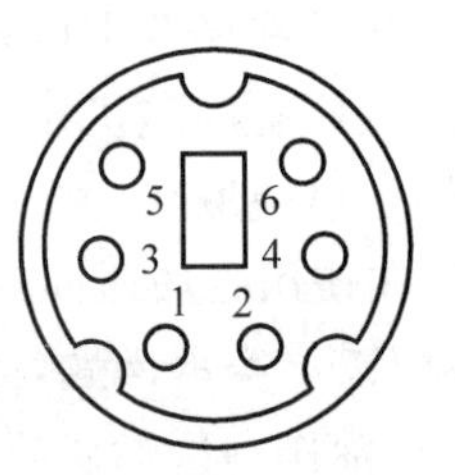

PS/2 接口
1 脚：数据 (Data)
2 脚：空
3 脚：GND
4 脚：V_{CC} (+5V)
5 脚：时钟 (Clock)
6 脚：空

图 8.32　PS/2 鼠标及其接口示意图

(3) USB 接口。USB 接口的鼠标可以与其他 USB 设备以菊花链方式进行连接，支持热插拔。USB 接口鼠标具有非常高的数据传输率，完全能满足各种鼠标在刷新率和分辨率方面的要求，能够使各种中、高档鼠标充分发挥其性能。随着 USB 接口的普及，USB 鼠标也成为趋势。

(4) 无线接口。无线鼠标使用无线电与主机传输数据，早期的无线鼠标上应用的无线传输方式大概有 4 种：红外、27MHz、2.4GHz 和蓝牙。现在红外和 27MHz 基本被淘汰了，更多使用蓝牙技术或 2.4GHz 非联网解决方案。图 8.33 示出了两种无线接口鼠标及其 USB 接口无线适配器。

目前，MS 串行鼠标已经很难看到，应用最广泛的是 PS/2 鼠标和 USB 鼠标，无线鼠标因其便携性和成本的降低也日渐增多。

(a) 2.4GHz无线鼠标

(b) 蓝牙无线鼠标

图 8.33 无线鼠标

对于便携式微机，比如笔记本电脑，由于机身体积小，通常将鼠标变形做成“轨迹球”（又叫跟踪球，trackball）、指点杆或触摸板，内置于键盘中间或机体下面板上，其功能和接口与普通鼠标相同。当然，也可外接与台式机相同的外置鼠标。图 8.34 分别给出了轨迹球、触摸板和指点杆的实物示例。

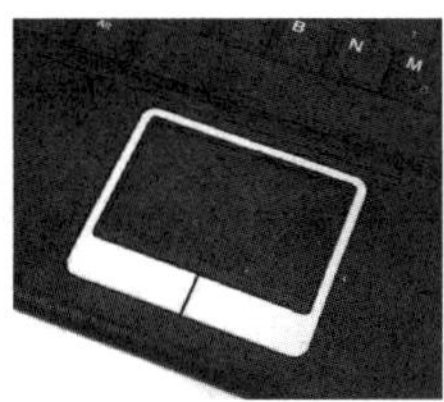

图 8.34 轨迹球、触摸板和指点杆

此外，还有一种笔输入设备，常被称为“手写笔”，如图 8.35 所示。笔输入设备兼有鼠标、键盘及写字笔手写输入的功能。

图 8.35 手写笔

3. 鼠标的主要性能指标

现在常用的鼠标都是光电鼠标，因此以下主要介绍光电鼠标的性能指标。

(1) 分辨率。鼠标分辨率是指鼠标的定位精度，这是我们平时接触光电鼠标听到最多的关键词，分辨率逐渐成为大众购买鼠标的主要依据之一。光电鼠标的分辨率单位通常是 DPI (dots per inch)或 CPI (count per inch)。DPI 是指鼠标内的解码装置所能辨认每英寸长度内像素数。举例说明，拥有 400DPI 的鼠标在鼠标垫上移动 1in，鼠标指针在屏幕上则移动 400 个像素，而 800DPI 鼠标则是在屏幕上移动 800 个像素，2000DPI 对应 2000 个像素。

并不是说分辨率越高越好，因为越高分辨率下要做出的微小操作越困难，分辨率高的鼠标更适合高分辨率屏幕下使用。目前，最便宜的鼠标分辨率都已达到 800DPI，对于大多数用户来说这已经足够了。

(2) 扫描率。鼠标扫描率也叫鼠标的采样频率，指鼠标传感器每秒钟能采集并处理的图像数量。扫描率一般以 FPS(frame per second，即每秒多少帧)为单位。一般来说，扫描率超过 6000FPS 之后，可以不用鼠标垫也能流畅使用。光学传感器中的数字处理器通过对比所“拍摄”相邻照片间的差异，从而确定鼠标的具体位移。但当光电鼠标在高速运动时，可能会出现相邻两次拍摄的图像中没有明显参照物的情况。那么，光电鼠标势必无法完成正确定位,也就会出现我们常说的“跳帧”现象了。而提高光电鼠标的刷新频率就加大了光学传感器的拍摄速度,也就减少了没有相同参考物的概率,达到了减少跳帧的目的。

(3) 使用寿命。一般来说,光电式鼠标比机械鼠标寿命长,而且机械鼠标因为在使用时因为存在着机球弄脏后影响内部光栅盘运动的问题,需要经常清洁,使用起来也麻烦些。

(4) 响应速度。鼠标响应速度越快,意味着当快速移动鼠标时,屏幕上的光标能做出及时的反应。

8.4.2 扫描仪

扫描仪是一种利用光的投射或发射原理,对原稿进行光学扫描和数字化处理后,将其内容输入到计算机的输入设备。

通常所说的扫描仪是指平台扫描仪,包括平台平面扫描仪和平台滚筒扫描仪,如图 8.36 所示。

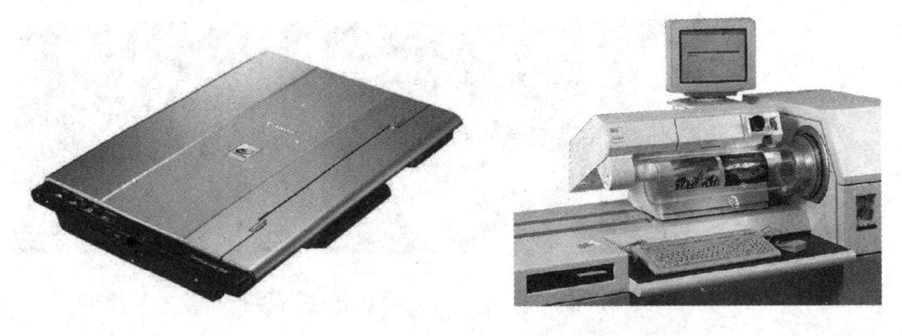

图 8.36 平台平面扫描仪和平台滚筒扫描仪

1. 基本结构及工作原理

扫描仪主要由上盖、原稿台、光源、光学成像部分、感光组件和模拟/数字转换电路光电转换部分、机械传动等部件构成。不同类型的扫描仪的具体部件和所使用的感光器件有所不同,但工作原理基本相同。

感光组件一般是由电荷耦合器(CCD)排成横行,耦合器中每个单元对应一行里的一个像素,当扫描仪扫描图像时,光源照射到图像上并被反射回来,穿过光学透镜照射到感光组件上,每个电荷耦合器把光信号转换成模拟信号,同时量化出像素的灰度,再由模拟/数字转换电路(A/D 转换器)转换成数字信号,这种数字信号通常还要经过专用软件进行各种校正和平滑处理,处理后的图像以一定的文件格式存储到计算机内。

目前扫描仪使用的感光组件主要有电荷耦合器件(charge couple device,CCD)、接触式感光元件(contact image sensor,CIS)、光电倍增管(PMT)和 CMOS(complementary metal-oxide semiconductor)器件。目前 CCD 技术比较成熟,成像质量较高。CIS 感光元件一般使用的是 LED 阵列作为光源,因此光色和光线的均匀度较差,但由于它的成本低,目前 600×1200dpi 的扫描仪几乎都是用 CIS 做感光元件,而且这类扫描仪具有体积小、重量轻、器件少、抗震性较强的优点。PMT 多用于滚筒式扫描仪,成本高,扫描速度慢。CMOS 器件成本低,但由于扫描成像质量的限制,容易出现杂点,目前多使用在名片扫描仪和文件扫描仪上。

扫描仪按处理对象不同可分为反射式扫描仪和透射式扫描仪。反射式扫描仪只能扫描图片、照片、文字等不透明的图件,是最常见的扫描仪。透射式扫描仪只能扫描透明的图件,如照相底片等。反射式扫描仪若配置了透扫适配器,就既能扫描反射稿又能扫描透射稿,很多扫描仪都属于这种类型。此外，扫描仪还可按结构分为手持式扫描仪、平板式扫描仪和滚筒式扫描仪等。

2. 基本接口方法

扫描仪与计算机的接口一般有四种：并口、SCSI 接口、USB 接口和 IEEE 1394 接口（简称 1394 接口）。目前大多数扫描仪都是用 USB 接口。

图 8.37 给出了几种不同接口标准的扫描仪实物示例，图中左边是并口扫描仪；中间是 SCSI 接口扫描仪；右边是既有 USB 接口又有 1394 接口的扫描仪。

(a) 并口扫描仪

(b) SCSI接口扫描仪

(c) 同时有USB和1394接口的扫描仪

图 8.37　不同接口标准扫描仪示例

3. 主要性能指标

扫描仪的主要性能指标有：光学分辨率、灰度级、色彩深度和扫描幅面。

1）光学分辨率

每英寸扫描图像所含有像素点的个数称为扫描仪的分辨率，单位是 dpi。分辨率反映了扫描图像的清晰程度。通常扫描仪在水平方向和垂直方向的分辨率是不同的，水平分辨率取决于 CCD 和光学系统的性能，垂直分辨率取决于步进电机的步长。用水平方向像素点个数乘以垂直方向像素点的个数来表示分辨率。常用的扫描仪光学分辨率有 300×600dpi、600×1200dpi、1200×2400dpi 和 2400×2400dpi 等。

2）灰度级

灰度级表示灰度图像的亮度层次范围，它表明扫描仪扫描时由纯黑到纯白整个色彩区域扫描范围的大小（级数）。灰度级数越高，扫描层次越丰富，扫描效果越好。目前多数扫描仪的灰度为 256 级（8b）。

3）色彩深度

色彩深度反映了扫描仪对图像色彩范围的辨别能力。通常扫描仪的色彩深度越深，它扫描的色彩就越丰富，扫描的图像效果也越逼真。色彩深度用“位”（bit，b）来表示，常见扫描仪的色彩深度有 24b、30b、36b、42b、48b。通常 600×1200dpi 光学分辨率的扫描仪的色彩深度为 36b。

4）扫描幅面

扫描仪的扫描幅面有 A4、A3 和 A4 加长、A1、A0 等。其中 A4 或 A4 加长已可满足一般使用要求。

8.4.3　一般局域网适配器——网卡

1. 网卡概述

网卡是网络接口卡（network interface card）的简称，所以有时也把它叫做 NIC。在局域网中，微机只有通过网卡才能与网络连接和通信，网卡是局域网中最基本的部件之一。网卡通常插在微机主板的扩展槽中或集成到主板上,通过它尾部的接口与网络线缆相连。每种网卡的设计都是针对一种特定的网络,例如以太网、令牌环网、FDDI网、ARCNENT网等。它们和开放式系统互联(OSI)协议栈相应的物理层进行操作,并向特定的电缆提供一个连接点。网络线缆一般采用双绞线电缆、同轴电缆或光纤等。无线局域网的网卡则通过一根天线与一个基地站进行通信。

网卡作为其宿主机和网络之间的桥梁,在两者之间起着适配和信息交换控制的作用,所以又叫网络适配器和网络接口控制器。当微机要向网上发送数据时,总是先把相应的数据从内存中传送给网卡;网卡再把这些数据分割成适当大小的数据块,并对数据块进行校验,同时加上自己和目标网卡的地址信息;然后观察网络是否允许自己发送这些数据,如果网络允许则发送,否则就等待时机再发送。反之,当网卡接收到网络上传来的数据时,它就会分析该数据块中的目标地址信息,如果正好是自己的地址,它就把数据取出来送到微机内存中交给相应的程序处理,否则将不予理睬。

2. 网卡的分类

依据不同的分类方法,网卡的分类有很多种。

1) 按总线接口类型分

按网卡与微机接口的总线类型来分一般可分为ISA总线网卡、PCI总线网卡、PCI-X网卡,PCMCIA网卡和USB网卡等。目前市场上刚刚推出3种面向PCI Express x1总线的网卡,可以支持千兆网络数据传输。

2) 按网络接口类型分

网卡与网络一侧连接的接口主要有以下几类:

(1) RJ-45接口,用于星形网络中连接双绞线。

(2) BNC接口,用于总线网络中连接细同轴电缆。

(3) AUI接口,用于总线网络中连接粗同轴电缆。

(4) FDDI接口,用于连接光纤。

也有的网卡为了适用于更广泛的应用环境,提供了两种或多种类型的网络接口,如有的网卡会同时提供RJ-45、BNC接口或AUI接口。

3) 按网络带宽(传输速度)分

随着网络技术的发展,网络带宽也在不断提高,但是不同带宽的网卡所应用的环境也有所不同,日常使用的网卡大都是以太网网卡。按其传输速度来分,可选择的速率有10Mbps、100Mbps、10Mbps/100Mbps、1000Mbps,甚至10Gbps等多种,但不是速率越高就越适合。应根据服务器及工作站的带宽需求,并结合物理传输介质所能提供的最大传输速率来选择网卡的传输速率。

以上所提及的分类方式都是针对传统的有线网卡的。近些年随着无线网络技术的逐渐流行,作为无线网络必备部件的无线网卡也得到迅速推广。目前无线网卡按照接口种类分,主要有PCMCIA网卡、PCI网卡、MiniPCI网卡、USB网卡和CF/SD几类。其中,PCMCIA网卡专用于笔记本电脑,PCI网卡用于台式机,而USB网卡则既可以用于笔记本电脑,又可以用于台式机,具有即插即用、携带方便、使用灵活等特点。

选用USB接口的无线网卡来构成无线网络时要注意以下几点:

(1) 无线标准和速率　目前市场上的无线局域网设备主要支持以下几种标准:IEEE

802.11a、IEEE 802.11b、IEEE 802.11g 和 IEEE 802.11n。支持 IEEE 802.11b 标准的网卡，最高速率为 11Mbps，支持 IEEE 802.11g 标准的网卡，最高速率可达到 54Mbps，向下兼容 IEEE 802.11b 标准，支持 IEEE 802.11a 标准的网卡，最高速率可达到 54Mbps，但与 IEEE 802.11b 不兼容；目前无线网卡的主流速率为 54Mbps、108Mbps、150Mbps、300Mbps、450Mbps 等，该性能和环境有很大关系。

(2) 接口方式　和其他很多外设一样，选购无线上网卡也需要在接口选择方面多加考虑。无线网卡主要采用 PCMCIA、CF 以及 USB 接口，此外也有极少数产品采用 SD 接口或是 Express Card 接口。PCMCIA 得到几乎所有笔记本电脑的支持，而且其接口带宽基于 PCI 总线，速度表现是最出色的。并且 PCMCIA 的优势在于实际使用时可以让无线上网卡完全插入笔记本电脑插槽的内部，基本不会有突出的部分，这样无疑更加安全，不会因为一些意外情况而发生碰撞。CF 接口比 PCMCIA 接口更加小巧，而且通过一款几十元的转接器就能转换成 PCMCIA 接口，因此 CF 接口也被誉为无线网卡的最佳接口。一般 CF 接口是用来连接 PDA 以及 UMPC 等设备。相对来说，USB 接口的设备必然无法做到完全插入，此时一旦意外的磕磕碰碰就很容易把无线上网卡弄坏。此外，一般 PCMCIA 以及 CF 接口的产品总是更多地为低功耗设计考虑，而 USB 接口的产品似乎更加偏向于台式机应用，因此往往功耗控制更差一些。

(3) 发射功率　USB 无线网卡都有一定的发射功率。功率越高，能传输的距离就越远，所以尽量选择发射功率较高的产品。特别是最近推出的天线技术，更能够提高无线网卡信号覆盖范围，为移动办公和无线局域网高速互联提供了新的选择。

(4) 外观形式　无线上网卡在实际使用中要关注其天线，这关系到可靠性与稳定性。市场上的无线上网卡天线分为可伸缩式、可分离拆卸式以及固定式。一般来说，前者使用起来是最方便的，在不使用时可以收起来，不仅不影响美观，而且不会在磕磕碰碰时弄坏。可分离拆卸式是避免磕碰损坏的最佳方案，但分离拆卸式天线难以保管，且很容易丢失。至于固定式天线，分软、硬天线两种，软天线一般便于弯折，不容易损坏；而硬天线不便于弯折，易损坏。

3. 网卡的有关参数及设置

网卡作为计算机的外部设备接口，必然会占用计算机的相关资源，所以将网卡通过插入扩展槽连入微机系统后，还需要对它所占用的资源进行相应的配置。主要相关参数有四个：

(1) MAC 地址　MAC 地址，又称物理地址，每块网卡都有的一个全球唯一的网络节点地址，是可以唯一标识网卡的号码。在网卡出厂时厂家已把该地址烧入 ROM 中，无法修改，所以这个号码成为网卡的根本标识。网卡的 MAC 地址主要用于特定的网络管理和控制，如在 TCP/IP 网络中可以为某块特定的网卡预留静态的 IP 地址等。

(2) IRQ 中断号　中断请求(interrupt request)是每一个计算机外设和 CPU 通信的基本参数，因此要保证网卡正常工作，必须设定正确的 IRQ 号。早期的网卡 IRQ 的设定是通过网卡的 DIP 开关或硬件跳线完成的，而现在的网卡都支持 PnP 协议(plug and play，即插即用)。网卡插入扩展槽后，系统会自动检测到网卡，并自动地为其分配 IRQ 中断号，所以不需要用户手工配置。

(3) I/O 端口　在 PC 系列机中，I/O 端口共有 64KB，系统资源常用的是 0000H～03FFH，网卡一般分配范围是 0200H～03FFH。在 Windows 操作系统中，I/O 端口的分配也是由系统自动设置的。

(4) Base Memory　网卡上一般带有专用的缓存，为其和计算机之间的通信提供缓冲。网卡上内存和计算机的内存可以相互映射，从而实现两者之间快速的数据交换。网卡上的内存通常被映射到主机内存的640～1024KB之间的一段，设定也是由系统自动完成的。

8.4.4　一般广域网适配器——调制解调器

调制解调器(modem)是调制器(modulator)和解调器(demodulator)的总称，一般在计算机通信系统中，发送端常通过调制器把数字信号调制成适于传输的有线或无线模拟信号，通过信道发送出去；接收端再通过解调器将接收到的模拟信号进行解调，还原成数字信号使用。而在现今计算机通信系统特别是网络通信系统中，基本上都是双工通信，每一个通信终端都既要发送数据又要接收数据，调制器和解调器都必不可少，因此常将这两者集成在一起构成调制解调器产品，简称为Modem(modulator-demodulator)。

图8.38给出了利用Modem进行远程通信的计算机通信系统示意图。

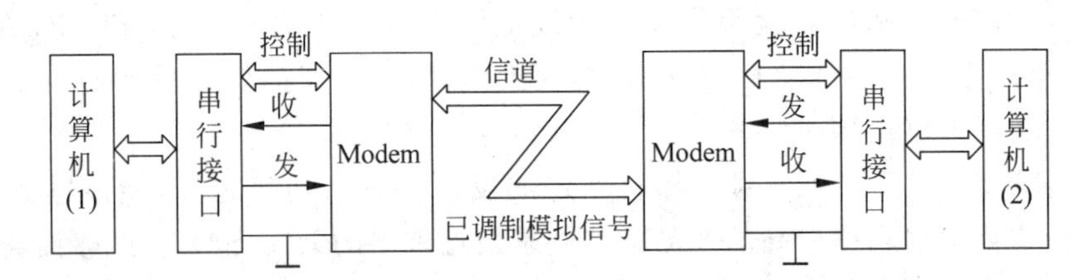

图8.38　利用Modem进行远程通信示意图

1. 调制解调器的分类

Modem俗称为“猫”。根据产品的形态和安装方式不同，Modem大致可分为以下四类。

(1) 外置式Modem：放置于机箱外，通过USB等串口与主机连接。这种Modem方便灵巧、易于安装，闪烁的指示灯便于监视Modem的工作状况。

(2) 内置式Modem：安装时需要拆开机箱，并且要对中断和COM口进行设置，安装较为烦琐。这种Modem要占用主板上的扩展槽，但无须额外的电源与电缆，且价格比外置式Modem要便宜一些。

(3) PCMCIA插卡式Modem：是一种符合笔记本电脑存储卡接口标准(personal computer memory card international association，PCMCIA)的Modem，体积纤巧，适合于插在笔记本电脑上使用。

(4) 机架式Modem：把一组Modem集中于一个箱体或外壳里，并由统一的电源进行供电。主要用于Internet/Intranet、电信局、校园网、金融机构等网络的中心机房。

根据Modem所在通信网络特点的不同，它又常分为以下四类：

(1) ISDN Modem：为综合业务数字网(integrated services digital network)应用所设计。

(2) Cable Modem：为利用有线电视电缆进行信号传输而设计。

(3) ADSL Modem：为满足非对称数字用户专线(asymmetric digital subscriber line)网络的需要而设计，其特点在于通过电话线路以码分多址方式传输信号。

(4) 电力线Modem：为使用市电交流供电线路进行信号传输而设计。

上述各种 Modem 大都是有线调制解调器，近年来也出现了越来越多的无线射频调制解调器产品，如 Wi-Fi、3G(或 GSM)移动上网卡等，很受用户青睐。

图 8.39 给出了几种不同类型的 Modem 产品实物样例。

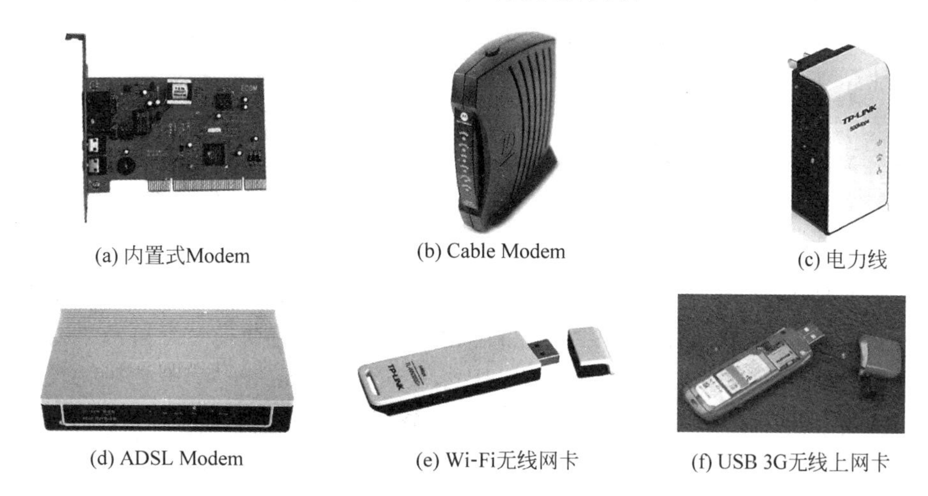

图 8.39　几种不同调制解调器样例

2. 调制解调的基本原理

信号调制的方法很多，按照调制技术的不同，不外乎有调频(FM)、调幅(AM)和调相(PM)三种。它们分别按传输数字信号的变化规律去改变载波(即音频模拟信号 $A\sin(2\pi ft+\phi)$)的频率 f、幅度 A 或相位 ϕ，使之随数字信号的变化而变化。而在数字调制中，由于数字信号离散取值的特点，一般是用数字电路组成的电子开关，像扳键一样来控制载波的频率、振幅或相位的变化。因此在数据通信中又常将调频、调幅、调相这三种调制方法分别称为频移键控(frequency shift keying，FSK)法、幅移键控(amplitude shift keying，ASK)法和相移键控(phase shift keying，PSK)法。这三种调制方法的简单原理如图 8.40 所示。

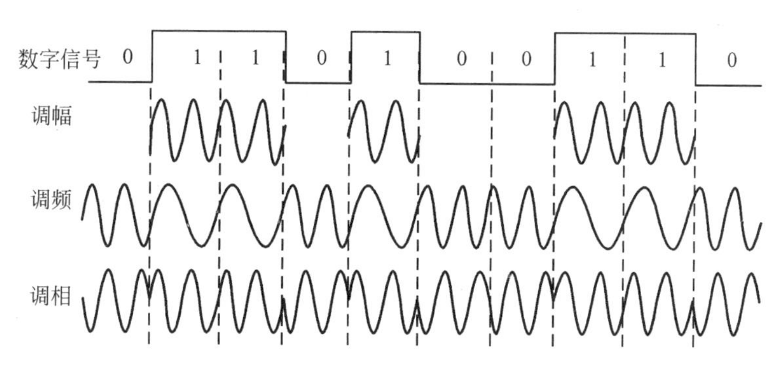

图 8.40　三种调制方法示意图

3. 调制解调器主要性能指标

调制解调器的性能指标主要有以下几种。

1) 数据传输速率

它指每秒传输的二进制数据位数，单位为位/s，常写为 b/s 或 bps。目前市面上主流型号 Modem 拨号上网的速度多为 45.4kb/s，而宽带 ADSL Modem 的传输速率常用的 2～8Mb/s，最高甚至到 25Mb/s。无线网络速度一般为 11～55Mb/s。

2）流量控制能力

它是 Modem 与计算机之间数据流均衡性、可协调性的表征。流量控制能力强，有利于防止因为计算机和 Modem 之间通信处理速度不匹配而引起的数据丢失。

3）网络适用性

它表示 Modem 对应用网络环境的适应能力。包括可用于哪种结构的同轴电缆网络，可同哪类无源分支分配器相兼容，是否支持含有源放大器的同轴网络等。

4）差错控制标准的适用性

这实际上是 Modem 纠错能力的间接表示，因为差错控制标准的作用是诊测收到的数据包是否有错误，一旦发现错误，将努力重新获得正确的数据包或通过算法来尝试修复受损的数据包。目前常见的差错控制标准有 MNP4、V.32、V.32bis 和 V.42 四种协议。MNP4 是第一代差错控制标准协议，V.32bis 和 V.42 是最新的协议。为了进行差错控制，通信双方的 Modem 必须使用同一种协议。

5）数据压缩标准的适用性

为了提高数据的传输量，缩短传输时间，大多数 Modem 在传输时都会先对数据进行压缩。数据压缩标准是 Modem 数据压缩能力的间接表示，与差错控制协议相似，数据压缩协议也存在两个工业标准：MNP5 和 V4.2bis。MNP5 采用了 Run-Length 编码和 Huffman 编码两种压缩算法，最大压缩比为 2∶1。而 V4.2bis 采用了 Lempel-Ziv 压缩技术，最大压缩比可达 4∶1。要注意的是，数据压缩协议是建立在差错控制协议的基础上，MNP5 需要 MNP4 的支持，V4.2bis 也需要 V4.2 的支持。并且，虽然 V4.2 包含了 MNP4，但 V4.2bis 却不包含 MNP5。

6）对语音数据同传功能的支持

Modem 在支持常规数据传输的同时，是否支持带/不带视频的语音传输，对现在许多应用来说也是十分关心的。这类支持包括麦克风和耳机插口、数据/语音切换、语音信箱系统、免提听筒通话和传真(包括自动回复)、视讯会议等。

7）稳定可靠性

它指的是 Modem 的各种性能指标在实际应用中的表现，包括下载速度、错误率、掉线的频次等。这可能是使用者最关心的问题，也是衡量一只“猫”好坏的最重要标准，因为其他性能再好，不稳定可靠就等于没有实用价值。

思考题与习题

8.1 选择题

(1) 要实现行/列扫描式键盘接口，硬件上需提供________。

A. 两个输入端口

B. 两个输出端口

C. 输入、输出端口各一个

(2) CPU 通过地址为 64H 的接口和一共阴极的数码管反向相连，数码管的阴极接地，欲使数码管显示“5”字样，则应通过 64H 端口输出数字 5 对应的________。

A. 共阴极显示段码　　B. 共阳极显示段码　　C. ASCII 码

(3) 一台微机的显示存储器 VRAM 的容量为 256KB，它能存放 80 列×25 行的字符的屏数(页数)为________。

A. 32　　B. 64　　C. 128　　D. 512

(4) 一显示适配器的显示存储器 VRAM 的容量为 2MB，若工作在 1024×768dpi 高分辨率模式下，每个像素最多可以显示________种颜色。

A. 256　　B. 512　　C. 1M　　D. 2M

(5) 按键的抖动是由________造成的。

A. 电压不稳定

B. 电流不稳定

C. 机械运动抖动和接触不稳定

(6) PC 机的键盘向主机发送的代码是________。

A. 扫描码　　B. ASCII 码　　C. BCD 码

8.2　编码键盘与非编码键盘有什么区别？主 CPU 对这两类键盘的操作有什么不同？

8.3　LED 显示器有几种接法？不同接法对字符的显示有什么影响？

8.4　在键盘的扫描和键识别过程中是如何防串键的？

8.5　在 IBM PC/XT 总线扩展槽中扩展一个 4 行×4 列的非编码键盘，如图 8.41 所示，要求设计完成 I/O 接口芯片与 CPU 的接口电路，画出连接图；编写扫描法识别按键的相应程序。(程序要求任意一键按下后，将其所在的行、列按高 4 位、低 4 位组合成一个字节，放入 KEY 单元)

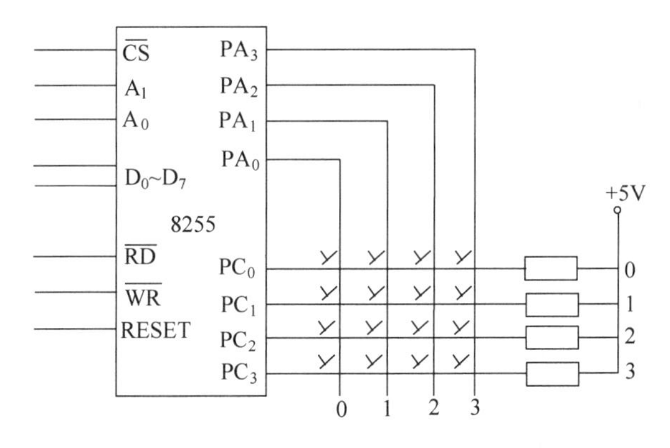

图 8.41　题 8.5 图

8.6　IBM-PC 总线上有一键盘输入接口如图 8.42 所示，问：

(1) 该 I/O 口的基地址是唯一的吗？试列出一个有效的基地址。

(2) 要判断是否有键按下，扫描地址应是什么？

(3) 如按下“9”键，扫描地址是什么？从该地址读入的值又是什么？

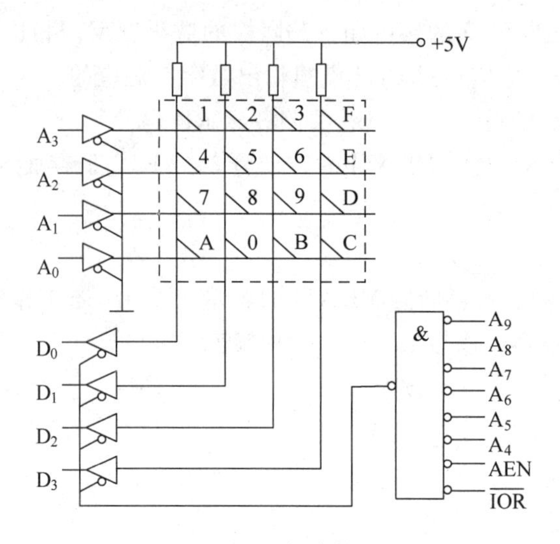

图 8.42 键盘接口

8.7 多位 LED 显示器采用动态扫描显示和静态显示(各位独立显示)有什么区别?

8.8 图 8.43 所示为 8 段显示器接口,显示器采用共阳极接法,试编写程序段,使 AL 中的一位十六进制数(AL 的高 4 位 0000)显示于显示器上。输出锁存器地址为 60H。

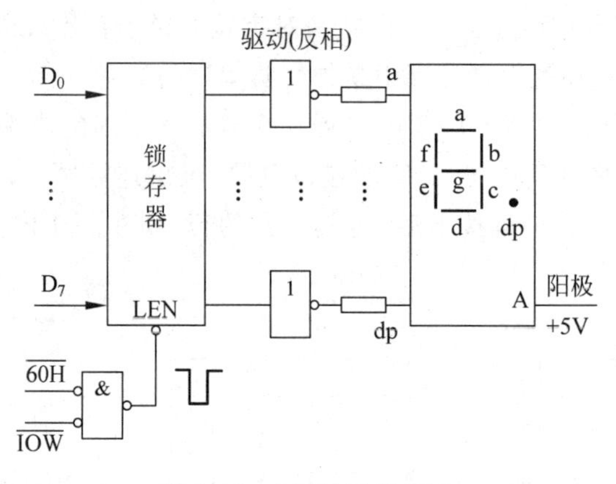

图 8.43 8 段显示器接口

8.9 用 8255A 的 A 口和 B 口分别作为某 PC 系列微机系统中 8 位 8 段 LED 显示器的段码和位码的输出端口,要求按动态扫描、分时显示的原理循环显示“1927.8.1”8 个字符,试设计硬件接口电路和显示驱动程序。

8.10 有如图 8.44 所示的键盘电路,试编写 8255 初始化程序和键值读取程序,并将键值序号在 LED 七段数码管显示出来。

8.11 显示卡在硬件结构上一般由哪几部分组成?它们各起什么作用?

8.12 试简述 LCD 显示器接口设计的基本思想。

8.13 字符显示用的 LCD 显示器上,要求显示 80×25 个字符,相应的显示缓冲存储区至少应有多大容量?如要同时存入两页内容,容量应多大?

8.14 已知某彩色 CRT 显示器的分辨率为 1024×768,每个像素可显示 64K 种不同颜色,其显示适配器中应设置至少多大容量的 VRAM?

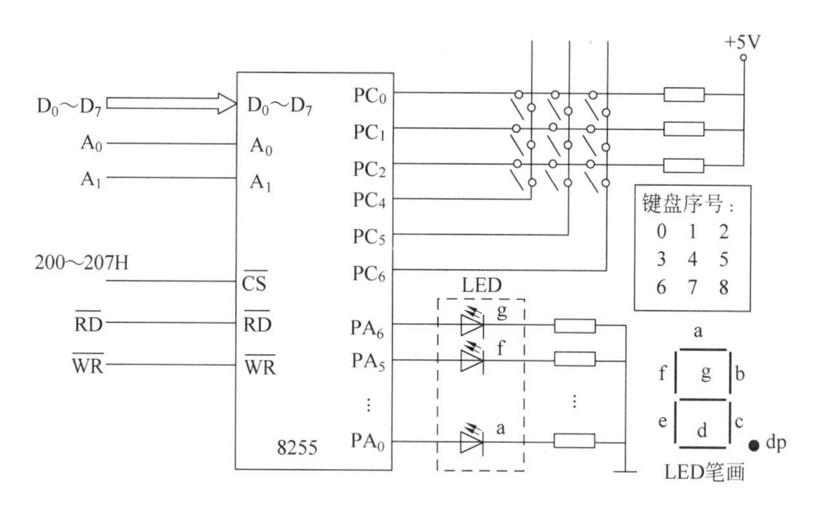

图 8.44 键盘和 LED 显示器接口

8.15 常用的打印机有哪几种？它们各有什么特点？

8.16 试按中断驱动式和程序查询式分别设计一个 Centronics 标准打印机与 ISA 总线系统的接口，要求这两种接口均采用 8255A 接口芯片，但前者用方式 1 工作，后者用方式 0 工作。

8.17 针式打印机的打印原理与 CRT 的显示原理有何异同之处？

8.18 试简述鼠标器的作用和基本工作原理。

8.19 按与主机的接口类型分，鼠标器有哪几种？各有什么特点？

8.20 试简述扫描仪的分类及基本工作原理。

8.21 扫描仪与主机常用的接口方法有哪几种？是如何实现的？

8.22 试简述网卡基本工作原理。按总线接口类型来划分网卡分为哪几类？各有什么特点？

8.23 Modem 主要起什么作用？它有哪些主要性能指标？

8.24 图 8.45 所示为开关量检测与指示电路接口。假定任何时候至多只有一只开关闭合，试编写一程序段，显示闭合开关序号。若无开关闭合，则显示器不发亮。

8.25 若图 8.45 为开关闭合个数指示电路接口，试编写程序统计闭合开关个数并显示于 8 段显示器上。

8.26 编写一个轮流测试两台设备的状态寄存器的程序，若某状态寄存器的第 0 位为 1，则从相应设备输入 1B 的数据，若第 3 位为 1，则停止输入过程。两个状态寄存器的地址分别为 0024H 和 0036H，相应的数据输入缓冲寄存器的地址分别为 0026H 和 0038H。输入的数据假定分别被存入从 BUFF1 和 BUFF2 开始的存储缓冲区中，BUFF1 和 BUFF2 已定义为字节变量。

8.27 试设计一公共汽车自动售票机接口，它包括数据输入寄存器、数据输出锁存器、状态寄存器、控制寄存器，其端口地址分别为 0510H、0512H、0514H、0516H。设计思想为：可接收 1 角、2 角、5 角三种硬币，每投入一枚硬币，状态寄存器的第 0 位置 1，并使数据输入寄存器中存入该硬币的代码（分别为 01、02、05）。当数据输入寄存器内容被读入时，状态寄存器的第 0 位被清除，并从数据输出锁存器（它控制显示器）输出已投入硬币的总钱数。当

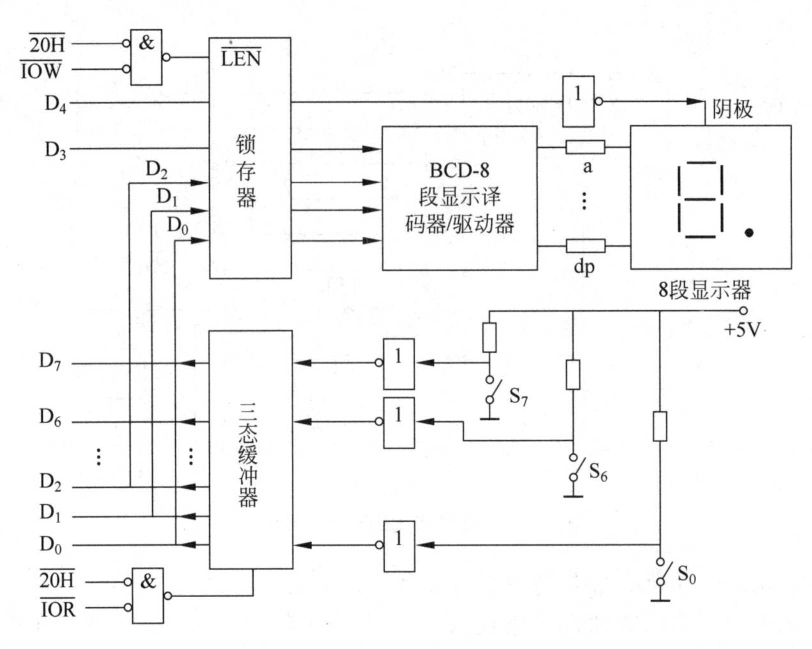

图 8.45 开关量检测与指示电路接口

取票按钮被按下时,状态寄存器的位 1 置 1,这时如投入的硬币总额为 5 角,控制寄存器的位 0 置 1,启动送票机构,并取出硬币;若总额不是 5 角,使控制寄存器的位 7 置 1,控制退出所投入的全部硬币。无论投入的硬币总额为多少,一旦使控制寄存器的位 0 或位 7 置 1,就使显示器清 0。试设计该接口的硬件和软件。

第9章 模拟I/O器件及接口

CHAPTER 9

模拟I/O器件主要是指模拟/数字转换器和数字/模拟转换器。

我们知道，微机只能对以二进制数字形式表示的信息进行运算和处理，运算和处理的结果也只能是这种数字量。但在各种自动测量、采集和控制系统中遇到的变量，大多是时间上和幅值上都连续变化的物理量，即模拟量。比如用计算机来对导弹、卫星的飞行过程进行监视和控制，被监控对象大都是电压、电流、角度、速度、加速度、位移、压力、温度等模拟量。这些模拟量并不能直接被数字电子计算机所认识和接收，而必须先把它们变成计算机能认识的数字量。这个过程叫做模拟/数字转换，完成这种转换的装置则被称为模/数转换器(analog to digital converter)，简称为A/D转换器或ADC。同样，由于各种执行部件所要求的控制信号一般也多是模拟电压或电流，所以数字计算机运算、处理的结果通常也不能直接去控制执行部件，而需要先把它们转换为模拟量，才能通过执行部件去实现对被控对象的控制。这种转换过程叫做数字/模拟转换，而实现这种转换的装置则称为数/模转换器(digital to analog converter)，简称为D/A转换器或DAC。

图9.1给出的是一个以卫星、导弹等飞行器为监测、控制对象的计算机控制系统的示意图。其实，其他生产过程或试验过程的计算机控制系统也大体相似。从图可看出，A/D和D/A转换是将数字计算机应用于生产过程、科学试验和军事系统以实现更有效的自动控制的必不可少的环节，因此如何实现A/D、D/A转换器与计算机的接口，也就成为计算机控制系统设计中一项十分重要的工作。

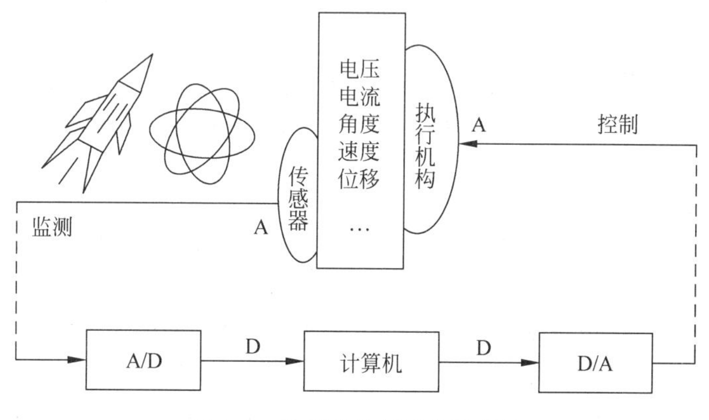

图9.1 计算机控制系统示意图

9.1 D/A与A/D转换器的原理

9.1.1 D/A转换器的原理

DAC是一种把二进制数字信号转换为模拟量信号(电压或电流)的电路。DAC品种繁多,按转换原理的不同,可分为权电阻DAC、T形电阻DAC、倒T形电阻DAC、变形权电阻DAC、电容型DAC和权电流DAC,等等。各种DAC电路结构上一般都由基准电源、解码网络、运算放大器和缓冲寄存器等部件组成。不同DAC的差别主要表现在采用不同的解码网络,其名称正是得于各自不同的解码网络形式特征。其中T形和倒T形电阻解码网络的DAC,因其使用的电阻阻值种类很少,只有R和$2R$两种,所以在集成DAC产品的设计制造中格外受到青睐,它们具有简单直观、转换速度快、转换误差小等优点。本节只讨论这两种DAC的转换原理。

1. T形电阻解码网络DAC

T形电阻DAC的电路如图9.2所示。这里给出的是一个4位DAC电路,图中各R、$2R$电阻构成T形电阻解码网络。$S_0 \sim S_3$为4个电子模拟开关,分别受输入数字量$D_0 \sim D_3$控制,$D_i=1$时,S_i接通基准电压V_R;$D_i=0$时,S_i接地。A_V为求和运算放大器,它的作用是将各开关支路的电流叠加起来,转换成与输入数字量成比例的低阻抗电压源输出v_O。

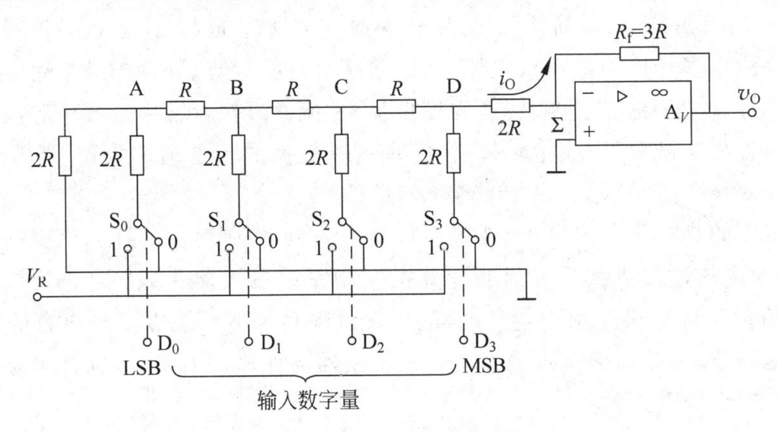

图9.2 T形电阻DAC电路原理

T形电阻解码网络的结构特点是,解码网络上方任一节点A、B、C、D都由三条支路相交而成,而且从任一节点向三条支路看过去的等效电阻都为$2R$;或者说,任一节点对地的等效电阻都是$\frac{2}{3}R$;或者说,从任一开关S_i向上看进去的等效电阻都为$3R$。由于这个结构上的鲜明特点,所以任一开关支路流进某节点的电流都等分为二,从该节点的另外两条支路流出去。

根据该结构特点,就可以较容易地理解T形电阻DAC的转换原理,即i_O、v_O与输入数字量的关系。

先看输出电流i_O。显然,它是由各位在解码网络输出端产生的电流分量线性叠加而成的。设$D_3 \sim D_0$位产生的输出电流分量分别为i_{O3}、i_{O2}、i_{O1}、i_{O0},则

$$i_O = i_{O3} + i_{O2} + i_{O1} + i_{O0}$$

根据上面的分析可直接推出

$$i_{O3} = \frac{V_R}{3R} \times \frac{1}{2^1} D_3 \text{（经 1 次二等分到输出支路）}$$

$$i_{O2} = \frac{V_R}{3R} \times \frac{1}{2^2} D_2 \text{（经 2 次二等分到输出支路）}$$

$$i_{O1} = \frac{V_R}{3R} \times \frac{1}{2^3} D_1 \text{（经 3 次二等分到输出支路）}$$

$$i_{O0} = \frac{V_R}{3R} \times \frac{1}{2^4} D_0 \text{（经 4 次二等分到输出支路）}$$

所以

$$\begin{aligned} i_O &= \frac{V_R}{3R}\left(\frac{1}{2^1} D_3 + \frac{1}{2^2} D_2 + \frac{1}{2^3} D_1 + \frac{1}{2^4} D_0\right) \\ &= \frac{V_R}{3R \times 2^4}(2^3 D_3 + 2^2 D_2 + 2^1 D_1 + 2^0 D_0) \\ &= \frac{V_R}{3R \times 2^4} \sum_{i=0}^{3} 2^i D_i \end{aligned}$$

有了输出电流 i_O，便可进一步得到输出电压 v_O：

$$v_O = -R_f i_O = -\frac{V_R \cdot R_f}{3R \times 2^4} \sum_{i=0}^{3} 2^i D_i$$

将上列结果推广到一般情况，当输入数字量为 n 位时，则有

$$i_O = \frac{V_R}{3R \times 2^n} \sum_{i=0}^{n-1} 2^i D_i \tag{9.1}$$

$$v_O = -\frac{V_R \cdot R_f}{3R \times 2^n} \sum_{i=0}^{n-1} 2^i D_i \xlongequal{\text{当 } R_f = 3R \text{ 时}} -\frac{V_R}{2^n} \sum_{i=0}^{n-1} 2^i D_i \tag{9.2}$$

式(9.1)和式(9.2)表明，输出电流 i_O 和输出电压 v_O 都与输入二进制数 $D_{n-1} D_{n-2} \cdots D_0$ 的大小成正比，可见实现了从数字量到模拟量的转换。

T 形电阻 DAC 的突出优点是 D/A 转换的结果 v_O 只与电阻的比值有关，而不取决于电阻的绝对值。这就为集成单元的制作提供了很大的方便。因为在集成电路中，要求每个电阻的绝对值做得非常精确是很困难的，而要求电阻之间的比值做得准确则容易得多。它的静态转换误差除了受内部电阻比值偏差的影响外，主要还受基准电压 V_R 的准确性、模拟开关的导通压降、运算放大器的零点漂移等因素的影响。

T 形电阻 DAC 的主要缺点是，各位数码变化引起的电压变化到达运算放大器输入端的时间明显不相同。这样，在输入数字量变化的动态过程中，就可能在输出端产生很大的尖峰脉冲，从而带来比较大的动态误差。如果各模拟开关的动作时间再有差异，则输出端的尖峰脉冲可能会持续更长的时间。这种动态误差对 DAC 的转换精度和转换速度有较大影响。当然，为了消除动态误差对转换精度的影响，可以采取一定的措施，比如在 DAC 的输出端附加一个采样保持电路，并将采样时间选在过渡过程结束以后，这样就可避开出现尖峰脉冲的时间，使采样值完全不受动态误差的影响。但是这样将使电路复杂化，并使转换时间增长。

为了既避免动态尖峰脉冲的影响，又不增加电路，人们对这种 T 形电阻 DAC 做了改

进,使之变成倒 T 形电阻 DAC。

2. 倒 T 形电阻解码网络 DAC

对图 9.2 所示的 T 形电阻 DAC 电路稍加改动,即将输出支路接"运放"反相输入端的 $2R$ 电阻去掉,再把原来 T 形电阻网络接"运放"反相输入端和接基准电压 V_R 的两端子互相调换,即可得到倒 T 形电阻 DAC 电路,如图 9.3 所示。该电路的特点如下:

(1) 无论 S_i 接 1 或接 0,对应支路的电流 I_i 都恒定不变(或者流入地或者流入虚地Σ)。只是接 1 时,I_i 经Σ和 R_f 流过输出端,成为 i_O 的一部分;接 0 时,I_i 直接流入地,与 i_O 无关。

(2) 从右边向任一节点(A、B、C、D)看过去,等效电阻均为 R,且两个支路的电阻相等,均为 $2R$,可见,电流 I 每经一个节点即平均分流一次。

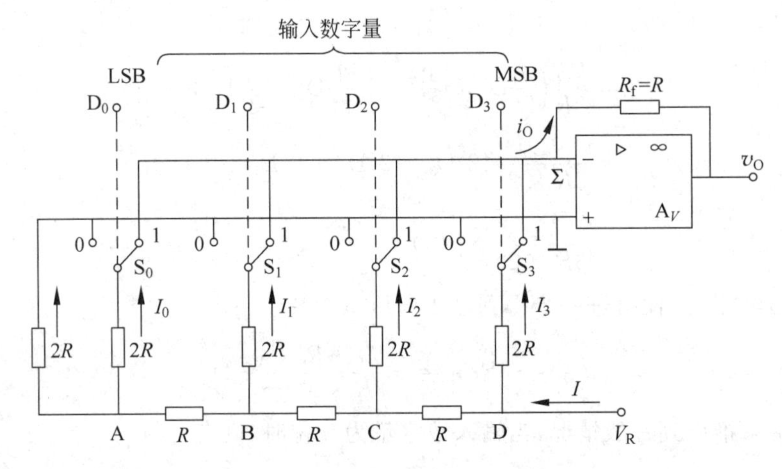

图 9.3 倒 T 形电阻 DAC 电路原理

根据这两个特点不难推导出 D/A 转换原理:

$$I_3 = \frac{I}{2}$$

$$I_2 = \frac{I}{2^2}$$

$$I_1 = \frac{I}{2^3}$$

$$I_0 = \frac{I}{2^4}$$

$$I = \frac{V_R}{R}$$

$$\begin{aligned} i_O &= D_3 I_3 + D_2 I_2 + D_1 I_1 + D_0 I_0 \\ &= I\left(\frac{1}{2}D_3 + \frac{1}{2^2}D_2 + \frac{1}{2^3}D_1 + \frac{1}{2^4}D_0\right) \\ &= \frac{V_R}{R \times 2^4}(2^3 D_3 + 2^2 D_2 + 2^1 D_1 + 2^0 D_0) \\ &= \frac{V_R}{R \times 2^4}\sum_{i=0}^{3} 2^i D_i \end{aligned}$$

$$v_O = -i_O \cdot R_f = -\frac{V_R \cdot R_f}{R \times 2^4}\sum_{i=0}^{3} 2^i D_i$$

推广到 n 位转换器，有

$$i_O = \frac{V_R}{R \times 2^n}\sum_{i=0}^{n-1} 2^i D_i \tag{9.3}$$

$$v_O = -\frac{V_R \cdot R_f}{R \times 2^n}\sum_{i=0}^{n-1} 2^i D_i \xlongequal{R_f = R\text{时}} -\frac{V_R}{2^n}\sum_{i=0}^{n-1} 2^i D_i \tag{9.4}$$

式(9.3)和式(9.4)表明，在 V_R 不变时，输出的模拟信号 v_O 和 i_O 与输入的数字信号的大小成正比，且和 T 形电阻 DAC 的转换结果相同。这样也就实现了从数字量到模拟量的转换。

这个电路的突出优点是转换速度较快，动态过程中输出端的尖峰脉冲较小。这是因为电阻网络中各支路的电流都直接流入了运算放大器的输入端，因此它们之间不存在传输时间差，从而有效地减小了动态误差，提高了转换速度。此外，由于模拟开关在转换时一般满足先通后断的条件，使流过各支路的电流不变，因而即使在状态转换过程中，也不需要电流的建立或消失时间，从而进一步提高了电路的转换速度。由于倒 T 形电阻 DAC 具有上述优点，它已成为目前普遍采用的一种 D/A 转换器。

从倒 T 形电阻和 T 形电阻 DAC 的转换都可以看出，数/模转换的结果不仅与输入二进制数 $N = D_{n-1}D_{n-2}\cdots D_1D_0$ 成正比，还与运放的反馈电阻 R_f、基准电压 V_R 和解码网络的电阻 R、$2R$ 有关。因为解码网络电阻是做在芯片内部的，所以实际中常常是通过调整 R_f 和 V_R 这两个量来达到 DAC 调满刻度值和调零的目的。有的芯片中将 R_f 也做进去了，这时就只能通过调 V_R 来进行零和满刻度值的调整，当然也可以在芯片外再串入一个小可变电阻到 R_f 支路中去进行调整。

9.1.2　A/D 转换器原理

模拟量转换为数字量的全过程通常分四步进行：采样→保持→量化→编码。

采样是将一个时间上连续变化的模拟量转为时间上断续变化的(离散的)模拟量，或者说是把一个时间上连续变化的模拟量转换为一个脉冲串，脉冲的幅度取决于输入模拟量。通常是按等时间间隔采样，即周期性采样。

保持是将采样得到的模拟量值保持下来，使之等于采样控制脉冲存在的最后瞬间的采样值。

量化是用基本的量化电平 q 的个数来表示采样保持电路得到的模拟电压值。这一过程实质上是把时间上离散而数值上连续的模拟量以一定的准确度变为时间上、数值上都离散的、量级化的等效模拟量。量化的方法通常有只舍不入法和四舍五入法两种。

编码则是把已经量化的模拟数值(它一定是量化电平的整数倍)用二进制数码、BCD 码或其他码来表示。

图 9.4 以波形图的形式反映了对输入模拟电压 v_I 进行采样、保持、量化、编码的全过程。从图中可以看出：

(1) 只有当电压数值正好等于量化电平 q 的整数倍时，量化后才是准确值，否则量化后的结果都只能是输入模拟量的近似值。这种由于量化而产生的误差叫做量化误差。量化误

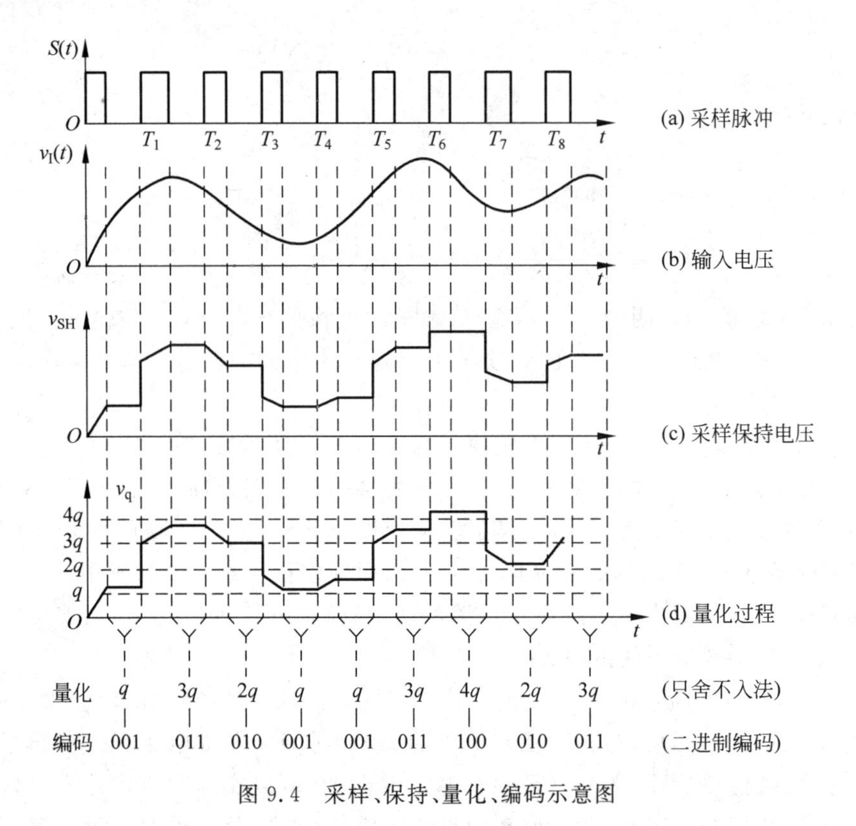

图 9.4 采样、保持、量化、编码示意图

差是由于量化电平的有限性造成的,所以它是原理性误差,只能减小,而无法消除。为减小量化误差,根本的办法是取小的量化电平。另外,在量化电平一定的情况下,采用四舍五入量化法比只舍不入量化法也有利于减小量化误差。

(2) 为了使采样得到的信号能准确、真实地反映输入模拟信号,实际中必须对采样频率提出一定的要求。显然,仅从这个角度看,采样频率越高越好。但随着频率的增大,也会带来别的问题,如用计算机来完成采样、处理,则必须对计算机的速度、存储容量等提出更高的要求。所以在实际中应该对采样频率提出切实可行的要求。理论和实践都证明,只要满足下列条件,采样保持得到的输出信号在经过信号处理后便可还原成原来的模拟输入信号:

$$f_S \geqslant 2f_{imax}$$

其中,f_S 为采样频率;f_{imax}为输入信号 v_I 的最高次谐波分量的频率。这就是采样定理。在实际中一般取 f_S 为 f_{imax}的 4~5 倍。

实际模拟/数字转换过程中,上述四步的采样和保持是在采样保持电路中实现,量化和编码则是在 A/D 转换器电路中完成。可见,通常所说的 A/D 转换器或 ADC,系指将采样保持得到的一串电压值,经量化、编码转换为对应数字量的电路。本节仅就这种特定意义上的 A/D 转换器原理进行讨论,至于采样保持器电路将在 9.4.3 节中再作介绍。

根据 A/D 转换原理和特点的不同,可把 ADC 分成两大类:直接 ADC 和间接 ADC。

直接 ADC 是将模拟电压直接转换成数字代码,这类 ADC 中较常用的有逐次逼近式 ADC、计数式 ADC、并行转换式 ADC 等。

间接 ADC 是将模拟电压先变成中间变量,如脉冲周期 T、脉冲频率 f、脉冲宽度 τ 等,再将中间变量变成数字代码。这类 ADC 中较常见的有单积分式 ADC、双积分式 ADC、V/F 转换式 ADC 等。

上述种种 ADC 各有优缺点：计数式 ADC 最简单，但转换速度很慢；并行转换式 ADC 速度最快，但成本最高；逐次逼近式 ADC 转换速度和精度都比较高，且比较简单，价格不高，所以在微型机应用系统中最常用；积分式特别是双积分式 ADC 转换精度高，抗干扰能力强，但转换速度慢，一般应用在精度要求高而速度要求不高的场合，例如测量仪表等；V/F 转换式 ADC 在转换线性度、精度、抗干扰能力和积分输入特性等方面有独特的优点，且接口简单，占用计算机资源少，缺点也是转换速度低，目前在一些输出信号动态范围较大或传输距离较远的低速过程的模拟输入通道中，获得了越来越多的应用。

无论哪种 ADC，其量化和编码实质上都是在转换过程中同时完成的，并无明显界线。下面仅对单片集成 ADC 电路中应用最广的逐次逼近式 ADC 的转换原理予以介绍。

逐次逼近式 ADC 工作原理的基本特点是：二分搜索，反馈比较，逐次逼近。它的基本思想与生活中的天平称重思想极为相似。

利用一套标准的“电压砝码”，这些“电压砝码”的大小相互间成二进制关系。把这些已知的“电压砝码”由大到小连续与未知的被转换电压相比较，并将比较结果以数字形式送到逻辑控制电路予以鉴别，以便决定“电压砝码”的去留，直至全部“电压砝码”都试探过为止。最后，所有留下的“电压砝码”加在一起，便是被转换电压的结果。

这种转换器的工作原理可用图 9.5 表示。它由电压比较器 A_V、DAC、逐次逼近寄存器、控制逻辑和输出缓冲锁存器等部分组成。

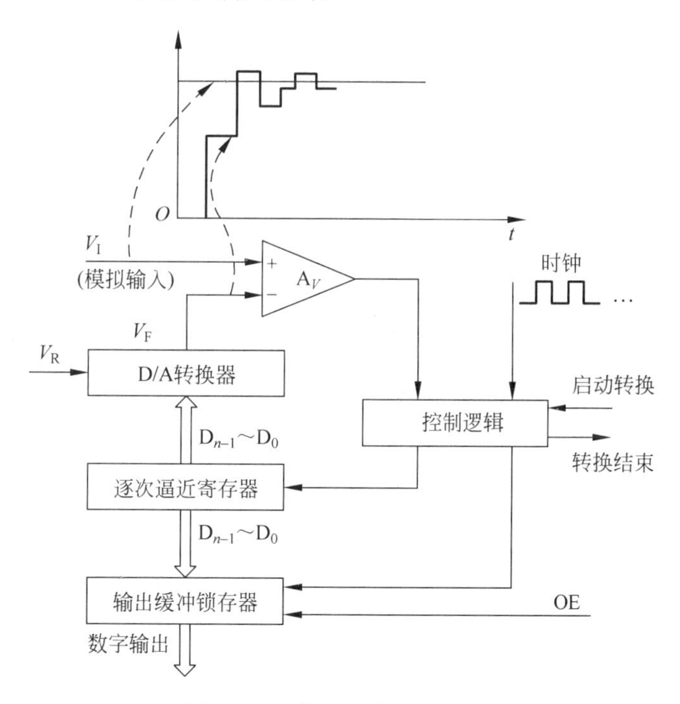

图 9.5 逐次逼近式 ADC 原理

当出现启动脉冲时，逐次逼近寄存器和输出缓存器清零，故 D/A 输出也为零。当第一个时钟脉冲到来时，寄存器最高位置 1，这时 D/A 输入为 100…0，其转换输出电压 V_F

为其满刻度值的一半，它与输入电压进行比较，若 $V_F<V_I$，则该位的 1 被保留，否则被清除。然后寄存器下一位再置 1，再比较，决定去留，……直到最低位完成同一过程，便发出转换结束信号。此时，寄存器从最高位到最低位都试探过一遍的最终值便是 A/D 转换的结果。

上述工作过程可用图 9.6 形象表示出来(以 3 位 ADC 为例)。由图可见，3 位 ADC 转换一个数需要 4 拍，即 4 个时钟脉冲。一般来说，n 位 ADC 转换一个数需要 $n+1$ 个时钟脉冲。如果知道时钟脉冲频率，就不难求出这种转换器的转换时间。要说明的是，若把将转换结果送入输出缓冲锁存器这个节拍也算在内，则需要 $n+2$ 个时钟脉冲。

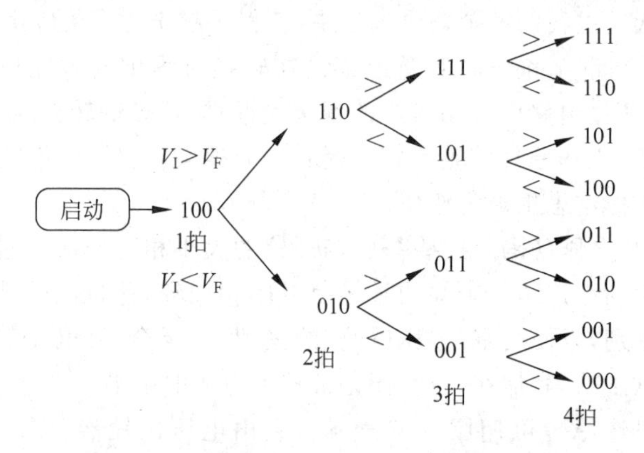

图 9.6 逐次逼近式 ADC 的工作过程示意

9.1.3 D/A、A/D 转换器主要性能指标

D/A、A/D 转换器性能指标的好坏，通常都是用精度、速度和分辨率这三类参数来描述。

1. D/A 转换器的参数指标

1) 精度(accuracy)参数

DAC 的精度参数用于表明 D/A 转换的精确程度，一般用误差大小表示。

在 DAC 参数手册中，精度特性常以满刻度电压(满量程电压)V_{FS}的百分数或以最低有效位 LSB 的分数形式给出，有时也用二进制位数的形式给出。

精度为±0.1%指的是，最大误差为 V_{FS} 的±0.1%。如 V_{FS} 为 5V，则最大误差为±5mV。

n 位 DAC 的精度为$\pm\frac{1}{2}$LSB 指的是，最大误差为$\pm\frac{1}{2}\times\frac{1}{2^n}V_{FS}=\pm\frac{1}{2^{n+1}}V_{FS}$。精度为 n 位指的是，最大误差为$\pm\frac{1}{2^n}V_{FS}$。

2) 速度(speed)参数

DAC 的速度参数主要是建立时间(setting time)。它通常定义为：输入数字量为满刻度值(各位全 1)时，从输入加上到输出模拟量达到满刻度值或满刻度值的某一百分比(如 99%)所需的时间。当输出的模拟量为电流时，这个时间很短；如输出的是电压，则它主要是输出运算放大器所需的响应时间。

3）分辨率(resolution)

分辨率表示DAC对微小模拟信号的分辨能力。它是数字输入量的最低有效位(LSB)所对应的模拟值，它确定着能由DAC产生的最小模拟量变化。分辨率通常用二进制位数表示，对于一个n位DAC，其分辨能力为满量程输出电压的$1/2^n$。

2. A/D转换器的参数指标

1）精度参数

A/D转换器的精度是指转换器的实际变换函数与理想变换函数的接近程度，通常有绝对精度和相对精度之分。

(1) 绝对精度

绝对精度是指对于一个给定的数字量输出，其实际上输入的模拟电压值与理论上应输入的模拟电压值之差。如给定一个数字量800H，理论上应输入5V电压才能转换成这个数，但实际上输入4.997～4.999V都能转换出800H数来，因此绝对误差应是

$$[(4.997+4.999)/2-5]\text{V}=-2\text{mV}$$

(2) 相对精度

相对精度是指在整个转换范围内，任一个数(而不是指一个数)所对应的实际模拟输入电压与理论输入电压的差。相对精度也称线性度。

图9.7给出了3位ADC的理想变换函数，它是一个匀称的阶梯函数。除0V之外，有7个量化电平，它们的间隔都是量化当量$q=\frac{1}{2^n}V_{FS}$，即1LSB对应的模拟输入电平。输入的模拟电平从大于等于某一级量化电平到小于更高一级的量化电平，这样一个范围内都对应着同一数字输出值。若从阶梯电压的中间点算起，相当于有$\pm\frac{1}{2}$LSB的量化误差。

普遍被采用的相对精度定义是：实际变换函数各阶梯电压中间点的连线与零点—满刻度点直线间的最大偏差。这又称为积分线性度，它反映了实际变换函数的整体非线性程度。图9.8给出的是相对精度为+1LSB的3位ADC情况。也有按差分线性度来定义相对精度的，它反映的是实际变换函数的局部不匀称性。

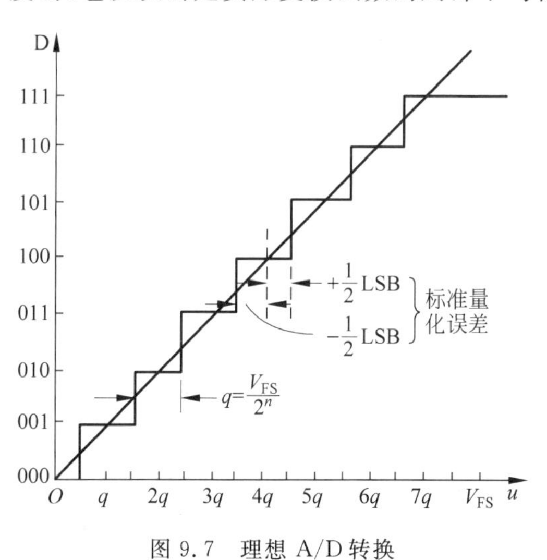

图9.7 理想A/D转换

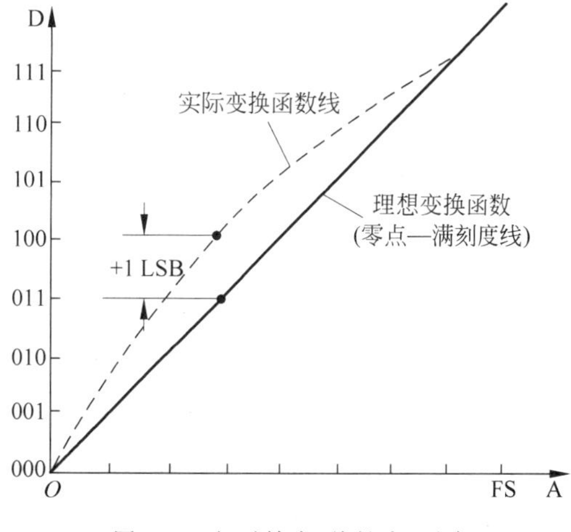

图9.8 相对精度(线性度)示意

2）速度

A/D转换器的速度通常用转换时间(conversion time)来表示。转换时间是指完成一次A/D转换所需的时间，即从输入转换启动信号开始到转换结束所经历的时间。转换时间和转换速率互为倒数。例如，一个12位的逐次逼近式ADC可能有20μs初始建立时间和每位5μs的转换时间，于是芯片总的转换时间是80μs，其转换速率则为12500次/s。

按速度划分，ADC芯片可划分为低速、中速、高速和超高速四挡，通常认为转换时间大于1ms的为低速，1ms～1μs的为中速，小于1μs的为高速，小于1ns为超高速。

3）分辨率

和DAC一样，其分辨率也是指转换器对微小模拟电压的分辨能力。对于ADC来说，它是数字输出的最低位(LSB)所对应的模拟输入电压值，即量化电平$q=\frac{1}{2^n}V_{FS}$。这里的V_{FS}是输入电压的满刻度值，n是转换器的位数。例如，10位转换器的分辨率为满刻度值的1/1024，或0.1%。若$V_{FS}=10V$，则分辨率为

$$\frac{10V}{1024}\approx 0.01V$$

模拟输入电压低于此值，转换器分辨不出，不予响应。

由于分辨率与转换器的位数n有直接关系，所以也常以位数来表示分辨率。

最后，关于D/A、A/D转换器的参数指标，再说明几点：

(1) 精度和分辨率是两个根本不同的概念。精度取决于构成转换器的各个部件的误差和稳定性，而分辨率则取决于转换器的位数。例如ADC的转换误差来源于两个方面：数字误差和模拟误差。数字误差基本上就是量化误差，主要由分辨率决定，即由ADC的位数决定，是一种原理性误差，只能减小，无法消除。模拟误差又称设备误差，主要来自比较器和DAC中的解码电阻、基准电压源和模拟开关等模拟电路的误差。量化引起的原理性误差可以通过增多位数来减小，但当量化误差减小到一定程度时，转换器精度主要由设备引起的模拟误差所决定。到了这时，再增加位数，减小量化误差，对于提高精度已没有意义了，反而只会增加电路的复杂性和完成转换的时间。

(2) 芯片参数手册和一些教科书可能在上述三种基本参数之外还给出了一些其他参数，如温度系数、馈送误差、电源抑制比(或电源敏感度)等，一般来说，那些参数所带来的影响基本上包含在上述基本参数(特别是精度参数)中。

(3) 不同厂家对同一参数术语往往给出不完全相同的定义，不同教材给出的定义也不统一。本书上面介绍的是通常使用的定义。即使对于定义相同的参数，不同厂家给出的参数值也常常是在不同规定条件下测试的结果。所以，为了选用合适的器件而去查阅性能说明书和参数手册时，要多加注意。

9.2 典型D/A与A/D转换器集成芯片

DAC和ADC集成芯片种类繁多，功能和性能也不尽相同。仅美国模拟器件公司(AD公司)生产的DAC、ADC芯片就多达数十个系列、几百种型号。其中有的为了满足实际应用的要求，在芯片中除集成了组成DAC、ADC的各部分基本电路外，还附加了一些特殊的

功能电路，使之在某个领域的应用中或某几个指标上有更高的性能。

9.2.1 典型D/A转换器芯片

DAC芯片种类很多，按芯片内部结构及其与CPU接口方法的不同，可以分成许多种不同的DAC芯片。例如：

按片内是否有输入缓存器，可分为无输入缓存器DAC（如AD1408等）、有单级输入缓存器DAC（如AD7524、AD558等）和有双级输入缓存器DAC（如DAC0832、AD7528、DAC1210等）。

按分辨率高低，可分为8位DAC（如DAC0832、AD1408、AD558/559等）、10位DAC（如AD561等）、12位DAC（如DAC1210/1209/1208/1232、AD562/563、AD7520/7521等）、16位DAC（如DAC1136/1137等）。

按数字量输入方式，可分为并行输入DAC（如上述各种型号芯片）、串行输入DAC（如AD7543等）、串-并输入DAC（如AD7522等）。

本节只简单介绍两种实际中应用较多，且在接口方法上具有一定典型性的芯片——DAC0832和DAC1210。

1. DAC0832

DAC0832是8位芯片，采用CMOS工艺和*R*-2*R* T型电阻解码网络，转换结果以一对差动电流I_{O1}和I_{O2}输出。其主要性能参数为：

- 分辨率：8位。
- 转换时间：1μs。
- 满刻度误差：±1LSB。
- 单电源：+5～+15V。
- 基准电压：+10～−10V。
- 数据输入电平与TTL电平兼容。

1）内部结构与外部引脚

其内部结构与外部引脚如图9.9所示。从图中可以看出，DAC0832共有如下20条引脚信号线：

- DI_7～DI_0——数字量输入端。可直接与CPU数据总线相连。
- I_{O1}、I_{O2}——模拟电流输出端1和2。$I_{O1}+I_{O2}$=常数。
- $\overline{CS}$——片选端，低电平有效。
- ILE——允许输入锁存。
- $\overline{WR_1}$、$\overline{WR_2}$——写信号1和2，低电平有效。
- $\overline{XFER}$——传送控制信号，低电平有效。
- R_{fb}——反馈电阻接出端，芯片内部此端和I_{O1}端之间已接有一电阻R_{fb}，其值为15kΩ。
- V_R——基准电压输入端，范围为+10～−10V，此电压越稳定模拟输出精度越高。
- V_{CC}——电源电压，+5～+15V。
- AGND——模拟地。
- DGND——数字地。

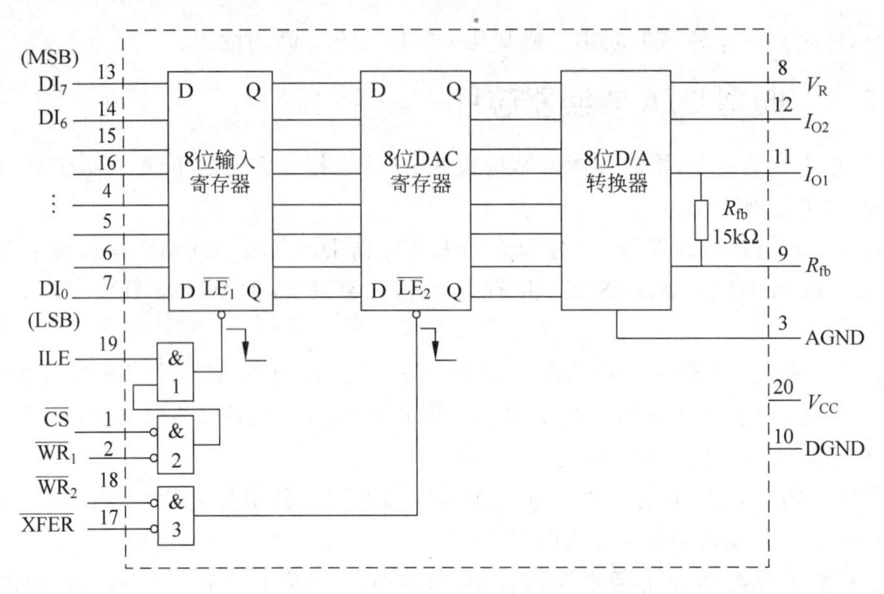

图 9.9　DAC0832 内部结构和外部引脚

8 位输入寄存器的锁存使能端$\overline{LE_1}$由与门 1 进行控制。当$\overline{CS}$、$\overline{WR_1}$为低电平，ILE 为高电平时，输入寄存器的输出 Q 跟随输入 D。这三个控制信号任一个无效，例如$\overline{WR_1}$由低电平变高电平时，则$\overline{LE_1}$变低，输入数据立刻被锁存。

8 位 DAC 寄存器的锁存使能端$\overline{LE_2}$由与门 3 进行控制，当$\overline{XFER}$和$\overline{WR_2}$二者都有效时，DAC 寄存器的输出 Q 跟随输入 D，此后若$\overline{XFER}$和$\overline{WR_2}$中任意一个信号变高电平时，输入数据被锁存。

8 位 DAC 对 DAC 寄存器的输出进行转换，输出与数字量成一定比例的模拟量电流。当 V_{CC}、V_R 在允许范围内(但 V_R 幅值不应低于 5V)设定后，I_{O1}与数字量 N 有如下关系：

$$I_{O1} = \frac{N}{256} \cdot \frac{V_R}{3R}$$

式中 R 为 5kΩ；V_R 为引脚 8(V_R 端)实测电压；N 为输入数字量。当 DAC 寄存器中为全 1 时，引脚 I_{O1}输出电流最大，为$\frac{255}{256} \cdot \frac{V_R}{3R}$，即满刻度值(FS)；当 DAC 寄存器中为全 0 时，I_{O1}为 0。I_{O1}电流方向随 V_R 的极性而改变。

2) 应用说明

(1) 由于芯片内有两级数据寄存器，所以在用双缓冲方式工作时，要有两级写操作。为此需要两个地址译码信号分别接到$\overline{CS}$端和$\overline{XFER}$端，即需要两个不同的端口地址。至于$\overline{WR_1}$、$\overline{WR_2}$，则可一起接 CPU 的$\overline{IOW}$信号。这种双缓冲工作方式的优点是，DAC0832 的数据接收和启动转换可异步进行。于是可在 D/A 转换的同时，进行下一数据的接收，以提高模拟输出通道的转换速率。更重要的是，多个模拟输出通道有可能同时进行 D/A 转换，所以它特别适合于需要多个模拟输出通道同时刷新(改变)输出的应用场合。

(2) 可工作于单缓冲方式下，这时要使两级寄存器中的某一级处于直通状态。通常是使第二级 DAC 寄存器直通，方法是将$\overline{WR_2}$和$\overline{XFER}$两端都固定接地。在这种单缓冲方式下，数据只要一写入 DAC 芯片，就立即进行数/模转换，省去了一条输出指令。一般在不要求多个模拟输出通道同时更新输出的应用场合都采用这种方式。

(3) DAC0832直接得到的转换输出信号是模拟电流 I_{O1} 和 I_{O2}($I_{O1}+I_{O2}=$常数)。为得到电压输出,应加接一运算放大器,如图9.10所示。这时得到的电压 v_O 是单极性,极性与 V_R 相反:

$$v_O=-\frac{N}{2^8}\cdot\frac{V_R}{3R}R_{fb} \tag{9.5}$$

将 $R=5\text{k}\Omega$,$R_{fb}=15\text{k}\Omega$ 代入,即得

$$v_O=-\frac{N}{256}V_R \tag{9.6}$$

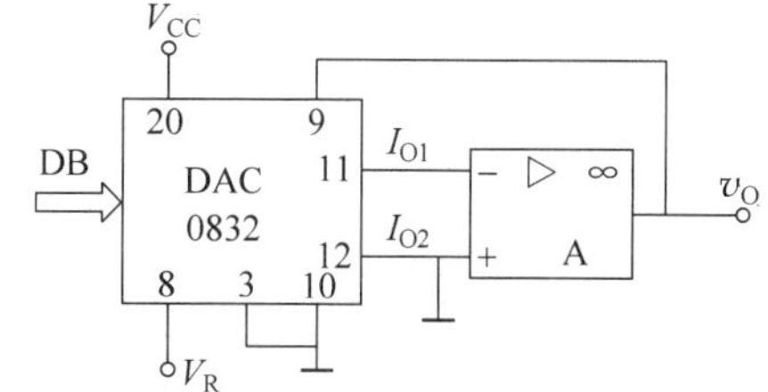

图9.10　单极性电压输出接法

可见模拟输出电压 v_O 的大小与输入数字量 N 的大小成正比。当 N 从00H至FFH变化时,v_O 在 $0\sim-\frac{2^8-1}{2^8}V_R$ 之间变化。若 $V_R=+5\text{V}$,则 $1\text{LSB}=0.02\text{V}$,这时的满刻度输出电压为-4.98V。

(4) 如要输出双极性电压,应于输出端再加一级运算放大器作为偏移电路,如图9.11所示。作为偏移电路的运算放大器 A_2 是个反相比例求和电路,使 A_1 的输出电压 v'_O 的两倍与参考电压 V_R 求和,即

$$v_O=-\left(\frac{2R}{R}v'_O+\frac{2R}{2R}V_R\right)=-(2v'_O+V_R)$$

这里的 v'_O 实际上就是图9.10和式(9.6)中的 v_O,将该式代入上式,即得

$$v_O=-\left(2\times\frac{-N}{256}V_R+V_R\right)=\frac{N}{128}V_R-V_R=\frac{N-128}{128}V_R \tag{9.7}$$

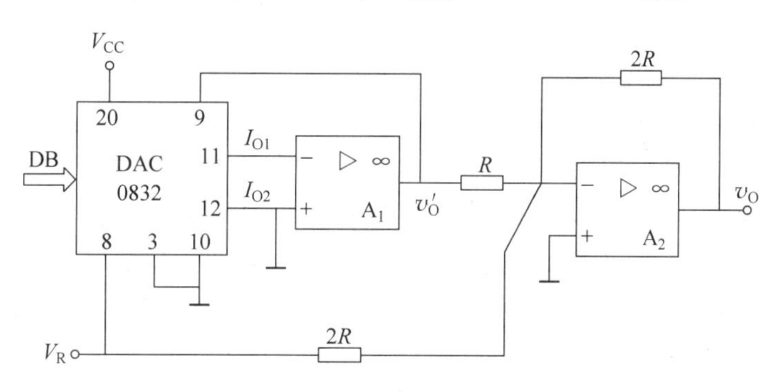

图9.11　双极性电压输出接法

由式(9.7)可知:若 V_R 为正,则当 $N>128$(即80H)时,$v_O>0$;当 $N<128$(80H)时,$v_O<0$;当 $N=128$(80H)时,$v_O=0$。通常通过调整 V_R 和 R 的阻值,把 $N=$FFH对应的输出电压调到正满刻度值$\left(\text{即最高电压值}\frac{127}{128}V_R\text{,比}V_R\text{小}1\text{LSB}=\frac{1}{128}V_R\right)$,而把 $N=$00H对应的电压调到负满刻度值(即最低电压值$-V_R$),把 $N=$80H对应的电压调到零。

表9.1给出了 $V_R=+5\text{V}$ 时,与一些典型的输入数字量 N 值相对应的单极性和双极性的模拟电压输出值。从表9.1中数字输入与双极性模拟电压输出的关系以及上述说明可看出,DAC0832接成双极性电压输出形式后,输入8位数字码的最高位实际为符号位,数值位只有7位。在 V_R 为正的情况下,符号位"1"为正,"0"为负。通常把这种对应于上述双极性

输出电压的输入数码称为偏移二进制码,简称为偏移码。

表 9.1 V_R=+5V 时数字输入与模拟电压输出的对应关系

数字量 N		模拟量(V_R=+5V)	
MSB	LSB	单极性 v_O/V	双极性 v_O/V
11111111		−4.98	+4.96
1111110		−4.96	+4.92
10000001		−2.52	+0.04
10000000		−2.50	0
01111111		−2.48	−0.04
00000001		−0.02	−4.96
00000000		0	−5

偏移码和原码、补码、反码同属双极性码。这四者的对应关系如表 9.2 所示(以 3 位双极性码为例)。从该表可见,偏移码与补码、反码的符号位表示正好相反,并且同一个数的偏移码与补码,除了符号位相反外数值位完全相同。

表 9.2 几种双极性码

十进制数	原码		偏移码		补码		反码	
	符号	数值	符号	数值	符号	数值	符号	数值
3	0	11	1	11	0	11	0	11
2	0	10	1	10	0	10	0	10
1	0	01	1	01	0	01	0	01
0	0	00	1	00	0	00	0	00
−1	1	01	0	11	1	11	1	10
−2	1	10	0	10	1	10	1	01
−3	1	11	0	01	1	01	1	00

上述有关单极性输出变双极性输出的规律和方法不仅适用于 DAC0832,对其他各种 DAC 也同样适用。就是说,在单极性 DAC 基础上,只要在输出端加一个由求和运算放大器组成的偏移电路,使在求和点上加入一个能抵消半个单极性满量程电流的偏移电流,即可变成偏移码的双极性 DAC。

当然,也可以不采用图 9.11 的加两级运算放大器的方法来得到双极性 DAC,而通过在图 9.10 中运算放大器的求和点直接增加一个由偏移电阻 R_B 和偏移电源 V_B 组成的偏移电路,同样可达到使单极性满量程输出电流偏移一半的目的,从而得到偏移码的双极性 DAC,如图 9.12 所示。但要注意,为了保证转换精度,偏移电源电压 V_B 必须和 DAC 芯片的基准电压数值相等,极性相反;偏移电阻 R_B 应该等于芯片中 T 形电阻解码网络的符号位电阻,以保证当偏移二进制码数字信号的符号位为 1 而各数值位全为 0 时,输出电压 v_O 为 0。实际中,偏移电阻 R_B 可采用可调电阻,通过调整它来调零。这样得到的双极性 DAC,输出电压的数值比单极性时降低了一半。如要加大双极性输出电压值,可通过相应地加大反馈电阻 R_f 来实现(对于 DAC0832 构成的电路,可在运算放大器的输出端和 DAC0832 的第 9 脚(R_{fb}端)之间再串接一个电阻,该电阻与芯片内部的 15kΩ 电阻 R_{fb}一起构成反馈电阻 R_f)。

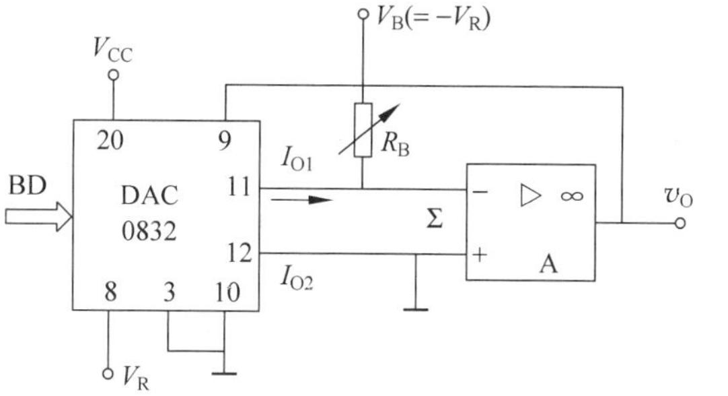

图 9.12 另一种双极性电压输出接法

有了偏移码双极性 DAC，很容易得到补码形式的双极性 DAC。由于补码和偏移码的唯一区别只是符号位相反，所以只要把补码的符号位经过一级非门反相，然后和数值位一起加到偏移码双极性 DAC 的输入端，即可实现补码 D/A 转换。

2. DAC1210

DAC1210 是 12 位芯片，电流建立时间为 1μs，单电源（+5～+15V）工作，参考电压最大为±25V，25mW 低功耗，输入信号端与 TTL 电平兼容。它的内部结构与引脚情况如图 9.13 所示。

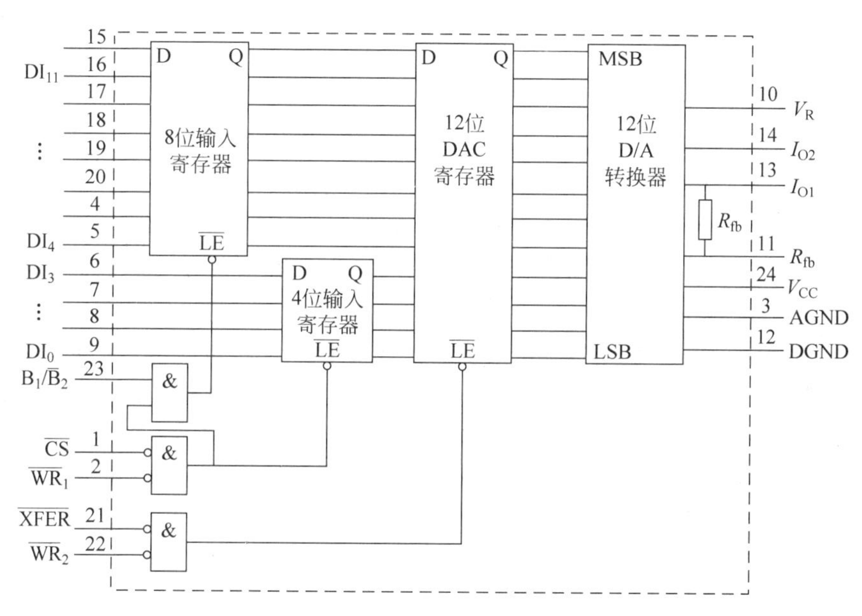

图 9.13 DAC1210 的内部结构与外部引脚

从图可见，DAC1210 的基本结构与 DAC0832 相似，也是由两级缓冲寄存器组成。主要差别在于它是 12 位数码输入，为了便于和广泛应用的 8 位 MPU 接口，它的第一级寄存器分成了一个 8 位输入寄存器和一个 4 位输入寄存器，以便利用 8 位数据总线分两次将 12 位数据写入 DAC 芯片。这样 DAC1210 内部就有三个寄存器，需要 3 个端口地址，为此，内部提供了 3 个$\overline{LE}$信号的控制逻辑。

对各控制输入信号，须说明一下 $B_1/\overline{B}_2$ 的作用。它是写字节 1/字节 2 的控制信号，$B_1/\overline{B}_2=1$，写 8 位输入寄存器；$B_1/\overline{B}_2=0$，不写 8 位输入寄存器，只写 4 位输入寄存器。

关于 DAC1210 的使用，与 DAC0832 大致相同。差别主要有如下两点：

(1) 由于输入数字码要分两次送入芯片，如果采用单缓冲方式(这时只能使 12 位 DAC 寄存器直通)，芯片将有短时间的不确定输出，因此 DAC1210 与 8 位 MPU 相接时，必须工作在双缓冲方式下。

(2) 两次写入数据的顺序，一定要先写高 8 位到 8 位输入寄存器，后写低 4 位到 4 位输入寄存器。原因是 4 位寄存器 $\overline{LE}$ 端只受 $\overline{CS}$ 和 $\overline{WR_1}$ 控制，两次写入都使 4 位寄存器的内容更新，而 8 位寄存器的写入与否是可以受 $B_1/\overline{B_2}$ 控制的。

9.2.2 典型 A/D 转换器芯片

为了满足多种需要，目前国内外各半导体器件生产厂家设计并生产出了多种多样的 ADC 芯片。从性能上讲，它们有的精度高、速度快，有的则价格低廉。从功能上讲，有的不仅具有 A/D 转换的基本功能，还包括内部放大器和三态输出锁存器；有的甚至还包括多路开关、采样保持器等，已发展为一个单片的小型数据采集系统。

尽管 ADC 芯片的品种、型号很多，其内部功能强弱、转换速度快慢、转换精度高低有很大差别，但从用户最关心的外特性看，无论哪种芯片，都必不可少地要包括以下四种基本信号引脚端：模拟信号输入端(单极性或双极性)；数字量输出端(并行或串行)；转换启动信号输入端；转换结束信号输出端。除此之外，各种不同型号的芯片可能还会有一些其他各不相同的控制信号端。选用 ADC 芯片时，除了必须考虑各种技术要求外，通常还需了解芯片以下两方面的特性。

(1) 数字输出的方式是否有可控三态输出。有可控三态输出的 ADC 芯片允许输出线与微机系统的数据总线直接相连，并在转换结束后利用读数信号 $\overline{RD}$ 选通三态门，将转换结果送上总线。没有可控三态输出(包括内部根本没有输出三态门和虽有三态门，但外部不可控两种情况)的 ADC 芯片则不允许数据输出线与系统的数据总线直接相连，而必须通过 I/O 接口与 MPU 交换信息。

(2) 启动转换的控制方式是脉冲控制式还是电平控制式。对脉冲启动转换的 ADC 芯片，只要在其启动转换引脚上施加一个宽度符合芯片要求的脉冲信号，就能启动转换并自动完成。一般能和 MPU 配套使用的芯片，MPU 的 I/O 写脉冲都能满足 ADC 芯片对启动脉冲的要求。对电平启动转换的 ADC 芯片，在转换过程中启动信号必须保持规定的电平不变，否则，如中途撤销规定的电平，就会停止转换而可能得到错误的结果。为此，必须用 D 触发器或可编程并行 I/O 接口芯片的某一位来锁存这个电平，或用单稳等电路来对启动信号进行定时变换。

具有上述两种数字输出方式和两种启动转换控制方式的 ADC 芯片都不少，在实际使用芯片时要特别注意看清芯片说明。下面介绍两种常用芯片的性能和使用方法。

1. ADC0808/0809

ADC0808 和 ADC0809 除精度略有差别外(前者精度为 8 位、后者精度为 7 位)，其余各方面完全相同。它们都是 CMOS 器件，不仅包括一个 8 位的逐次逼近型的 ADC 部分，而且还提供一个 8 通道的模拟多路开关和通道寻址逻辑，因而有理由把它作为简单的“数据采集系统”。利用它可直接输入 8 个单端的模拟信号分时进行 A/D 转换，在多点巡回检测和过程控制、运动控制中应用十分广泛。

1）主要技术指标和特性

（1）分辨率：8位。

（2）总的不可调误差：ADC0808为$\pm\frac{1}{2}$LSB，ADC0809为±1LSB。

（3）转换时间：取决于芯片时钟频率，如CLK＝500kHz时，$T_{CONV}=128\mu s$。

（4）单一电源：＋5V。

（5）模拟输入电压范围：单极性0～5V；双极性±5V、±10V（需外加一定电路）。

（6）具有可控三态输出缓存器。

（7）启动转换控制为脉冲式（正脉冲），上升沿使所有内部寄存器清零，下降沿使A/D转换开始。

（8）使用时不需进行零点和满刻度调节。

2）内部结构和外部引脚

ADC0808/0809的内部结构和外部引脚分别如图9.14和图9.15所示。内部各部分的作用和工作原理在内部结构图中已一目了然，在此不再赘述，下面仅对各引脚定义分述如下：

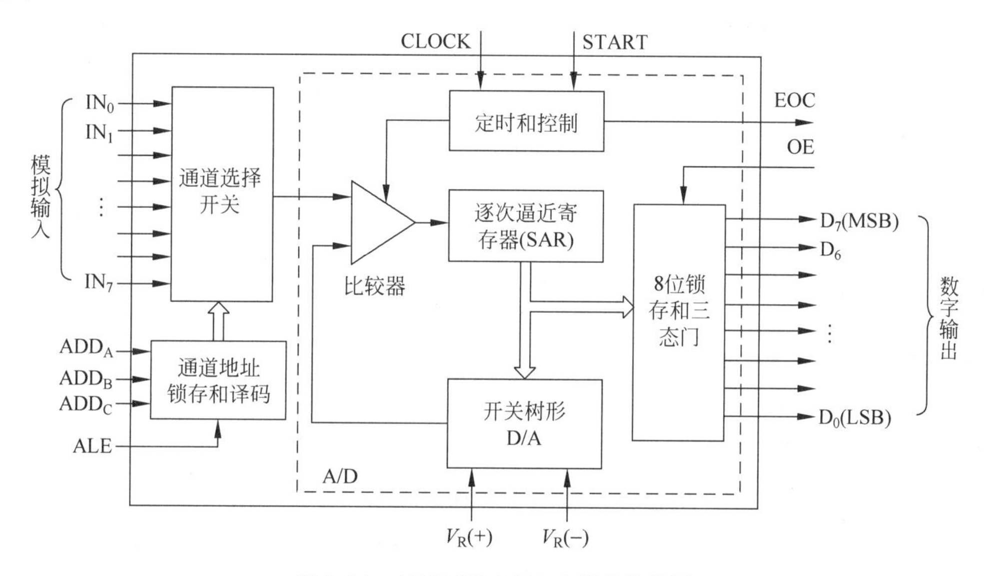

图9.14　ADC0808/0809内部结构框图

（1）$IN_0\sim IN_7$——8路模拟输入，通过3根地址译码线ADD_A、ADD_B、ADD_C来选通一路。

（2）$D_7\sim D_0$——A/D转换后的数据输出端，为三态可控输出，故可直接和微处理器数据线连接。8位排列顺序是D_7为最高位，D_0为最低位。

（3）ADD_A、ADD_B、ADD_C——模拟通道选择地址信号，ADD_A为低位，ADD_C为高位。地址信号与选中通道对应关系如表9.3所示。

（4）$V_R(+)$、$V_R(-)$——正、负参考电压输入端，用于提供片内DAC电阻网络的基准电压。在单极性输入时，$V_R(+)=5V$，$V_R(-)=0V$；双极性输入时，$V_R(+)$、$V_R(-)$分别接正、负极性的参考电压。

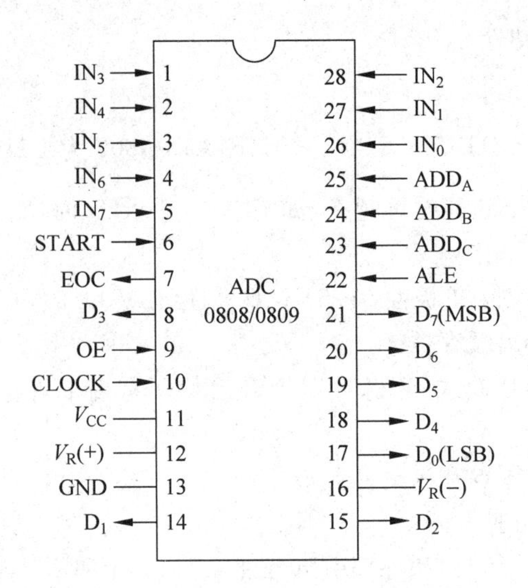

图 9.15 ADC0808/0809 外部引脚图

表 9.3 地址信号与选中通道的关系

地址			选中通道
ADD_C	ADD_B	ADD_A	
0	0	0	IN_0
0	0	1	IN_1
0	1	0	IN_2
0	1	1	IN_3
1	0	0	IN_4
1	0	1	IN_5
1	1	0	IN_6
1	1	1	IN_7

(5) ALE——地址锁存允许信号,高电平有效。当此信号有效时,ADD_A、ADD_B、ADD_C三位地址信号被锁存,译码选通对应模拟通道。在使用时,该信号常和 START 信号连在一起,以便同时锁存通道地址和启动 A/D 转换。

(6) START——A/D 转换启动信号,正脉冲有效。加于该端的脉冲的上升沿使逐次逼近寄存器清零,下降沿开始 A/D 转换。如正在进行转换时又接到新的启动脉冲,则原来的转换进程被中止,重新从头开始转换。

(7) EOC——转换结束信号,高电平有效。该信号在 A/D 转换过程中为低电平,其余时间为高电平。该信号可作为被 CPU 查询的状态信号,也可作为对 CPU 的中断请求信号。在需要对某个模拟量不断采样、转换的情况下,EOC 也可作为启动信号反馈接到 START 端,但在刚加电时需由外电路第一次启动。

(8) OE——输出允许信号,高电平有效。当微处理器送出该信号时,ADC0808/0809 的输出三态门被打开,使转换结果通过数据总线被读走。在中断工作方式下,该信号往往是 CPU 发出的中断请求响应信号。

3）工作时序与使用说明

ADC0808/0809 的工作时序如图 9.16 所示。当通道选择地址有效时，ALE 信号一出现，地址便马上被锁存，这时转换启动信号紧随 ALE 之后（或与 ALE 同时）出现。START 的上升沿将逐次逼近寄存器 SAR 复位，在该上升沿之后的 2μs 加 8 个时钟周期内（不定），EOC 信号将变低电平，以指示转换操作正在进行中，直到转换完成后 EOC 再变高电平。微处理器收到变为高电平的 EOC 信号后，便立即送出 OE 信号，打开三态门，读取转换结果。

模拟输入通道的选择可以相对于转换开始操作独立地进行（当然，不能在转换过程中进行），然而通常是把通道选择和启动转换结合起来完成（因为 ADC0808/0809 的时间特性允许这样做）。这样可以用一条写指令既选择模拟通道又启动转换。在与微机接口时，输入通道的选择可有两种方法，一种是通过地址总线选择，一种是通过数据总线选择。

如用 EOC 信号去产生中断请求，要特别注意 EOC 的变低相对于启动信号有 2μs+8 个时钟周期的延迟，要设法使它不致产生虚假的中断请求。为此，最好利用 EOC 上升沿产生中断请求，而不是靠高电平产生中断请求。

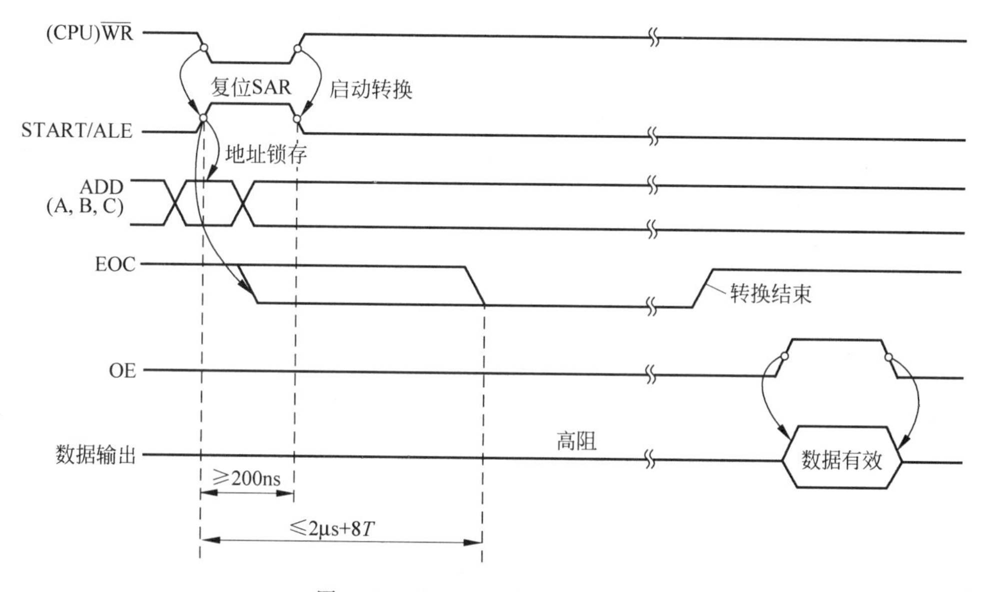

图 9.16 ADC0808/0809 工作时序

2. AD574A

AD574A 是美国 AD 公司的产品，是目前国际市场上较先进的、价格低廉、应用较广的混合集成 12 位逐次逼近式 ADC 芯片。它分 6 个等级，即 AD574AJ、AK、AL、AS、AT、AU，前三种使用温度范围为 0～+70℃，后三种为－55～+125℃。它们除线性度及其他某些特性因等级不同而异外，主要性能指标和工作特点是相同的。

1）主要技术指标和特性

（1）非线性误差：±1LSB 或 $\pm\frac{1}{2}$LSB（因等级不同而异）。

（2）电压输入范围：单极性 0～+10V，0～+20V，双极性±5V，±10V。

（3）转换时间：35μs。

(4) 供电电源：+5V，±15V。

(5) 启动转换方式：由多个信号联合控制，属脉冲式。

(6) 输出方式：具有多路方式的可控三态输出缓存器。

(7) 无须外加时钟。

(8) 片内有基准电压源。可外加 V_R，也可通过将 V_O(R)与 V_I(R)相连而自己提供 V_R。内部提供的 V_R 为(10.00±0.1)V(max)，可供外部使用，其最大输出电流为 1.5mA。

(9) 可进行 12 位或 8 位转换。12 位输出可一次完成，也可两次完成(先高 8 位，后低 4 位)。

2) 内部结构与引脚功能

AD574A 的内部结构与外部引脚如图 9.17 所示。

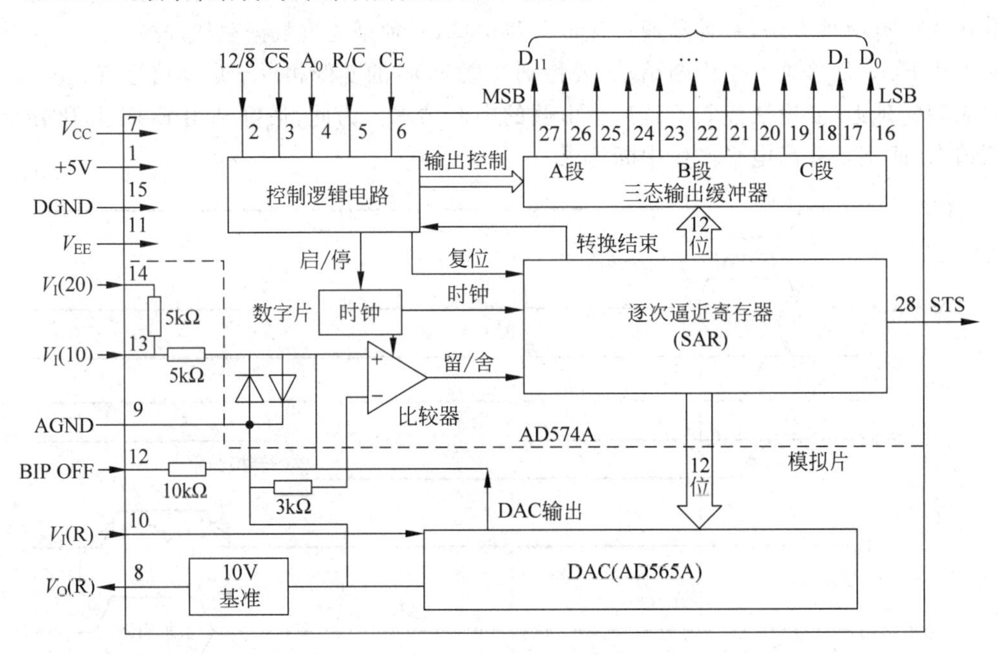

图 9.17 AD574A 的结构框图与引脚

从图 9.17 可见，它由两片大规模集成电路混合而成：一片为以 D/A 转换器 AD565 和 10V 基准源为主的模拟片，一片为集成了逐次逼近寄存器 SAR 和转换控制电路、时钟电路、三态输出缓冲器电路和高分辨率比较器的数字片，其中 12 位三态输出缓冲器分成独立的 A、B、C 三段，每段 4 位，目的是便于与各种字长微处理器的数据总线直接相连。AD574A 为 28 引脚双列直插式封装，各引脚信号的功能定义分述如下：

(1) 12/$\overline{8}$——输出数据方式选择。当接高电平时，输出数据是 12 位字长；当接低电平时，是将转换输出的数变成两个 8 位字输出。

(2) A_0——转换数据长度选择。当 A_0 为低电平时，进行 12 位转换；A_0 为高电平时，则为 8 位长度的转换。

(3) $\overline{CS}$——片选信号。

(4) R/$\overline{C}$——读或转换选择。当为高电平时，可将转换后数据读出；当为低电平时，启动转换。

(5) CE——芯片允许信号，用来控制转换与读操作。只有当它为高电平，并且$\overline{CS}=0$时，$R/\overline{C}$信号的控制才起作用。CE和$\overline{CS}$、$R/\overline{C}$、$12/\overline{8}$、A_0信号配合进行转换和读操作的控制真值表如表9.4所示。

表9.4 AD574A的转换和读操作控制真值表

CE	$\overline{CS}$	$R/\overline{C}$	$12/\overline{8}$	A_0	操作内容
0	×	×	×	×	无操作
×	1	×	×	×	无操作
1	0	0	×	0	启动一次12位转换
1	0	0	×	1	启动一次8位转换
1	0	1	+5V	×	并行读出12位
1	0	1	DGND	0	读出高8位(A段和B段)
1	0	1	DGND	1	读出C段低4位，并自动后跟4个0

(6) V_{CC}——正电源，电压范围为0～+16.5V。

(7) $V_O(R)$——+10V参考电压输出端，具有1.5mA的带负载能力。

(8) AGND——模拟地。

(9) DGND——数字地。

(10) $V_I(R)$——参考电压输入端。

(11) V_{EE}——负电源，可选加−11.4～−16.5V之间的电压。

(12) BIP OFF——双极性偏移端，用于极性控制。单极性输入时接模拟地(AGND)，双极性输入时接$V_O(R)$端。

(13) $V_I(10)$——单极性0～+10V范围输入端，双极性±5V范围输入端。

(14) $V_I(20)$——单极性0～+20V范围输入端，双极性±10V范围输入端。

(15) STS——转换状态输出端，只在转换进行过程中呈现高电平，转换一结束立即返回到低电平。可用查询方式检测此端电平变化，来判断转换是否结束，也可利用它的负跳变沿来触发一个触发器产生IRQ信号，在中断服务程序中读取转换后的有效数据。

从转换被启动并使STS变高电平一直到转换周期完成这一段时间内，AD574A对再来的启动信号不予理睬，转换进行期间也不能从输出数据缓冲器读取数据。

3) 工作时序

AD574A的工作时序如图9.18所示。对其启动转换和转换结束后读数据两个过程分别说明如下：

(1) 启动转换

在$\overline{CS}=0$和CE=1时，才能启动转换。由于是$\overline{CS}=0$和CE=1相与后，才能启动A/D转换，因此实际上这两者中哪一个信号后出现，就认为是该信号启动了转换。无论用哪一个启动转换，都应使$R/\overline{C}$信号超前其200ns时间变低电平。从图5.24可看出，是由CE启动转换的，当$R/\overline{C}$为低电平时，启动后才是转换，否则将成为读数据操作。在转换期间STS为高电平，转换完成时变低电平。

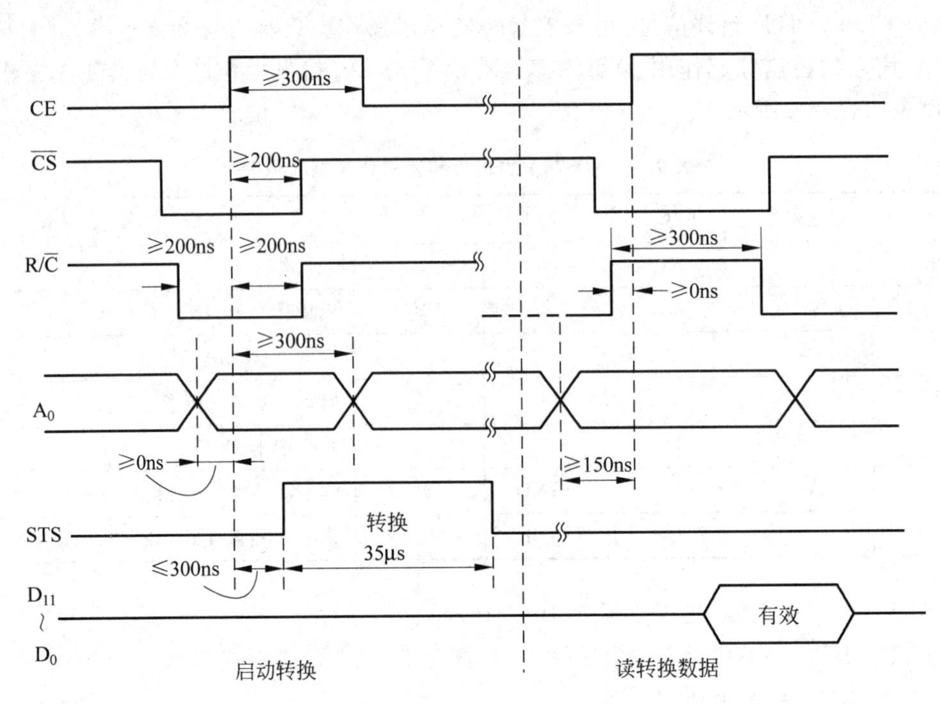

图 9.18　AD574A 的工作时序

(2) 读转换数据

在$\overline{CS}$=0 和 CE=1 且 R/$\overline{C}$ 为高电平时，才能读数据，由 12/$\overline{8}$决定是 12 位并行读出，还是两次读出。如图 9.18 所示，$\overline{CS}$或 CE 信号均可用作允许输出信号，看哪一个后出现，图中为 CE 信号后出现。规定 A_0 要超前于读信号至少 150ns，R/$\overline{C}$ 信号超前于 CE 信号最小可到零。

从表 9.4 和图 9.18 可看出，AD574A 还能以一种单独控制(stand-alone)方式工作：CE 和 12/$\overline{8}$固定接高电平，$\overline{CS}$和 A_0 固定接地，只用 R/$\overline{C}$ 来控制转换和读数，R/$\overline{C}$=0 时启动 12 位转换，R/$\overline{C}$=1 时并行读出 12 位数。具体实现方法可有两种：正脉冲控制和负脉冲控制。当使用 350ns 以上的 R/$\overline{C}$ 正脉冲控制时，有脉冲期间开启三态缓冲器读数，脉冲后沿(下降沿)启动转换。当使用 400ns 以上的 R/$\overline{C}$ 负脉冲控制时，则前沿启动转换，脉冲结束后读数。

4) 使用方法

AD574A 有单极性和双极性两种模拟输入方式。

(1) 单极性输入的接线和校准

单极性输入的接线如图 9.19(a)所示。AD574A 在单极性方式下，有两种额定的模拟输入范围：0～+10V 的输入接在 $V_I(10)$和 AGND 间，0～+20V 输入接在 $V_I(20)$和 AGND 间。R_1 用于偏移调整(如不需进行调整可把 BIP OFF 直接接 AGND，省去外加的调整电路)，R_2 用于满量程调整(如不需调整，R_2 可用一个 50Ω±1%的金属膜固定电阻代替)。为使量化误差为±$\frac{1}{2}$LSB，AD574A 的额定偏移规定为$\frac{1}{2}$LSB。因此在作偏移调整时，使输入电压为$\frac{1}{2}$LSB(满量程电压为+10V 时是 1.22mV)，调 R_1，使数字输出为

000000000000 到 000000000001 的跳变。在作满量程调整时，是通过施加一个低于满量程值 $1\frac{1}{2}$LSB 的模拟信号进行的，这时调 R_2 以得到从 111111111110 到 111111111111 的跳变点。

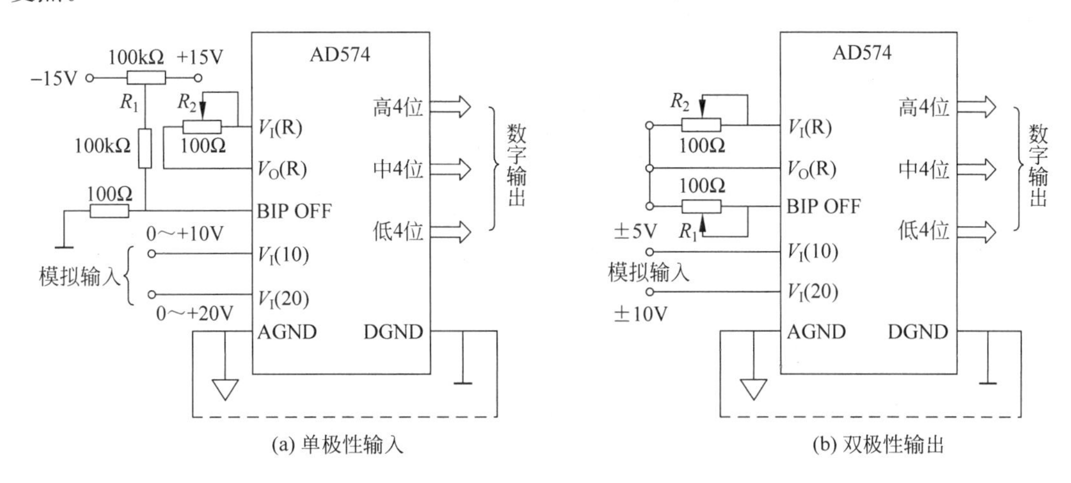

图 9.19 AD574A 的输入接线图

(2) 双极性输入的接线和校准

双极性输入的接线如图 9.19(b)所示。和单极性输入时一样，双极性时也有两种额定的模拟输入范围：±5V 和±10V。±5V 输入接在 V_I(10)和 AGND 之间；±10V 接在 V_I(20)和 AGND 之间。

双极性校准也类似于单极性校准。调整方法是，先施加一个高于负满量程$\frac{1}{2}$LSB(对于±5V 范围为−4.9988V)的输入电压，调 R_1，使输出出现从 000000000000 到 000000000001 的跳变；再施加一个低于正满量程 $1\frac{1}{2}$LSB(对于±5V 范围为+4.9963V)的输入信号，调 R_2 使输出出现从 111111111110 到 111111111111 的跳变。如偏移和增益无须调整，则相应的调整电阻也和在单极性中一样，R_2 可用 50±1%Ω 的固定电阻代替。

9.3 D/A、A/D 转换器与 MPU 的接口

9.3.1 DAC 芯片与 MPU 的接口技术

DAC 电路与 MPU 的接口有两种基本形式。

1. 与 MPU 总线直接相连

这种接口形式适于内部有寄存器且 D/A 转换器位数小于等于 MPU 数据总线位数的 DAC 芯片。这类接口最简单，只需利用地址译码电路，提供内部输入寄存器的端口选通信号即可。例如 DAC0832 与 MPU 的接口采用的就是这种形式，如图 9.20 所示。

2. 通过 I/O 接口芯片与 MPU 总线相连

这种接口形式适于内部无输入缓冲寄存器或者虽有缓冲寄存器但 D/A 转换器位数多于 MPU 数据总线位数的 DAC 芯片。它又有两种不同情况。

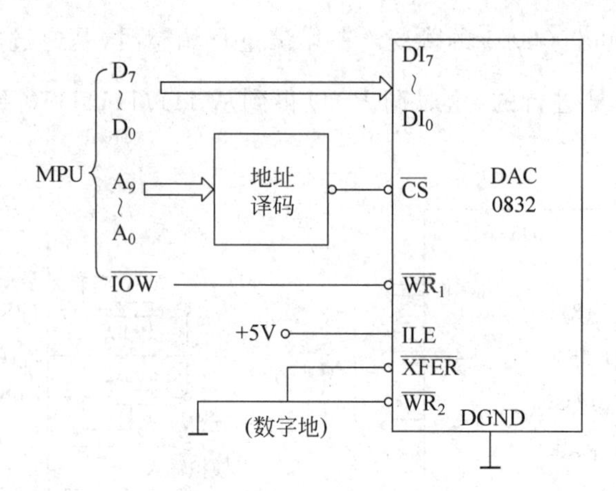

图 9.20 DAC0832 与 MPU 的接口

1) 内部无输入缓存器的 m 位 DAC 与 n 位 MPU($m \leqslant n$)的接口

这种接口只使用一个 m 位输入缓存器(锁存器)即可。如图 9.21 所示的是 $m=n=8$ 时的接口。

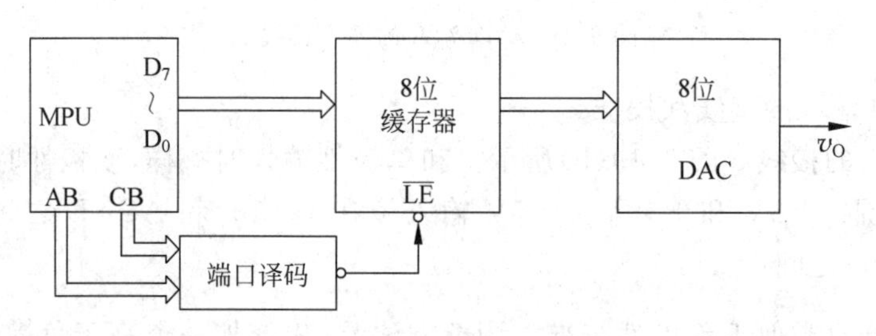

图 9.21 8 位 DAC 与 8 位 MPU 的接口

2) $m>n$ 时的 m 位 DAC 与 n 位 MPU 的接口

这时要采用两级缓冲寄存器,具体接口方法又有两种(以 12 位 DAC 和 8 位 MPU 为例)。

(1) 每级要两个锁存器。MPU 分两个字节两次送出一个数据到第一级两个锁存器;然后再一次将数据从第一级两个锁存器送到第二级两个锁存器,并进行转换。为此需要三个端口地址译码信号来控制,如图 9.22(a)所示。当 DAC 内有输入缓存器时,图中第二级两个锁存器(3)、(4)可省去,而代之以内部的缓存器。

(2) 低 8 位经两级缓冲,高 4 位经一级缓冲(反之也可)。先写入低 8 位到第一级 8 位锁存器;再写入高 4 位到 4 位锁存器,同时将用作第二级低 8 位锁存器选通信号的某一位(如 D_4 位)也一起写入,使高 4 位写入其锁存器的同时也将低 8 位从第一级写入第二级,12 位并行供 DAC 转换,如图 9.22(b)所示。

3. DAC 实用接口举例

下面通过几个具体实例,介绍实际应用中 DAC 与 MPU 的连接方法,以及如何编写 D/A 转换驱动程序。

例 9.1 在 IBM PC 机中扩展一片 DAC0832,构成波形发生器。

用 DAC0832 构成的波形发生器如图 9.23 所示。图中 DAC0832 工作于单缓冲方式,第二级 DAC 寄存器直通,第一级输入寄存器端口地址为 200H。

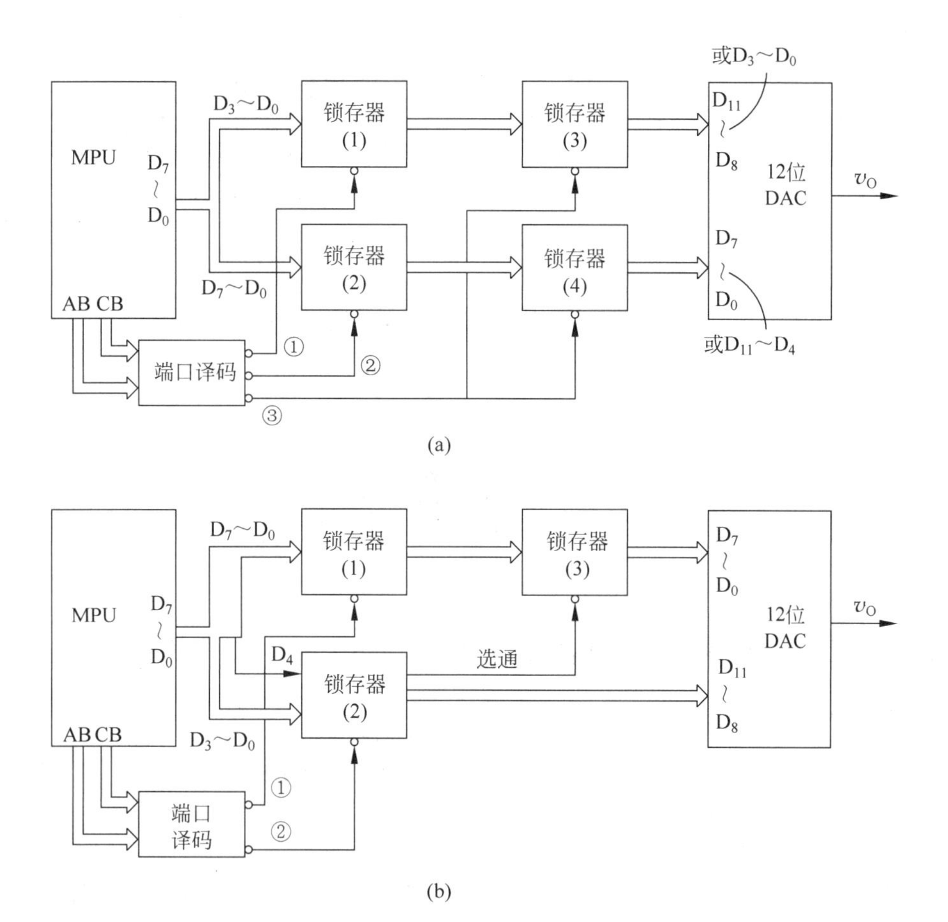

图 9.22　分辨率高于 8 位的 DAC 与 8 位 MPU 的接口

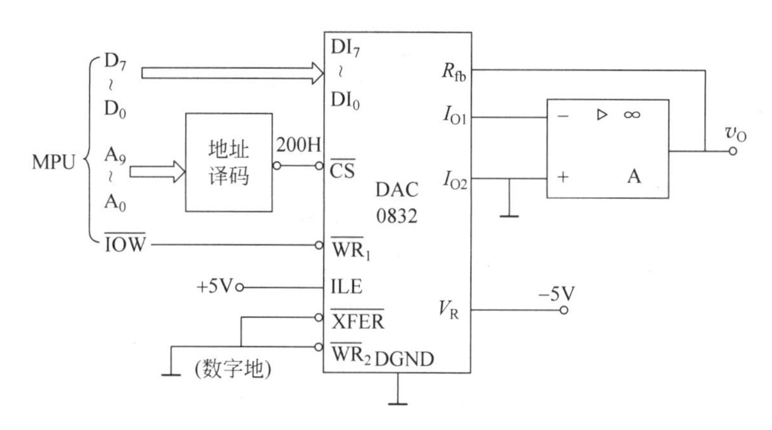

图 9.23　DAC0832 与 PC 机的连接

图 9.23 输出波形的基本原理是：利用 D/A 转换器输出模拟量与输入数字量成正比关系这一特点，通过程序向 D/A 转换器输出随时间呈不同变化规律的数字量，在 D/A 转换器的输出端得到各种规则波形，如图 9.24 所示的方波、锯齿波等。

例如，下列程序用于产生图 9.24(a)所示的方波输出。改变延时时间可以控制方波周期，而控制数字量的输出范围，则可以控制方波的幅值。

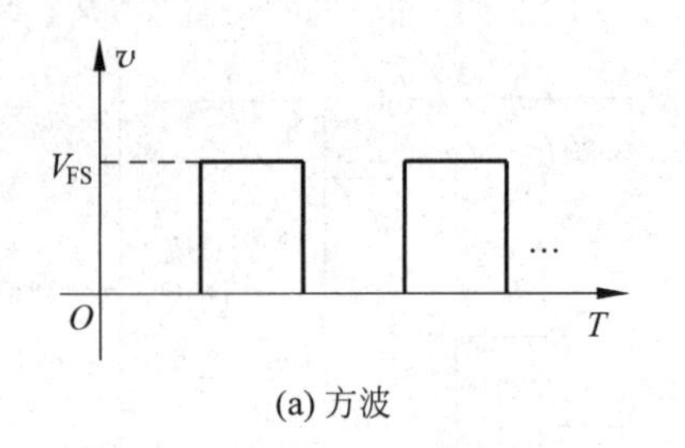

(a) 方波

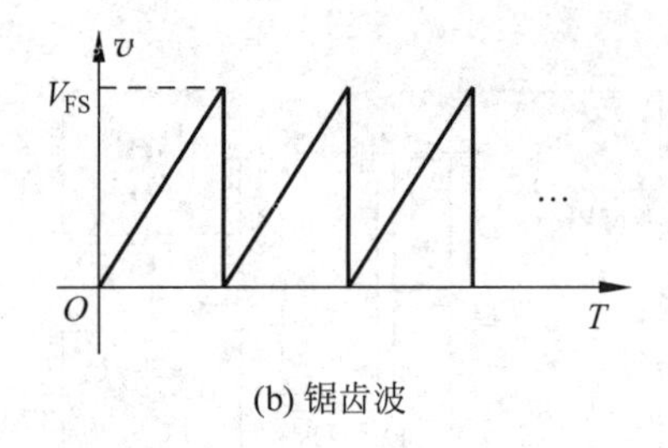

(b) 锯齿波

图 9.24 D/A 产生的规则波形

```
        mov     dx,200h             ;取输入寄存器地址
lop:    mov     al,0
        out     dx,al               ;输出方波低电平
        call    delay               ;延时(程序略)
        mov     al,0ffh             ;置满刻度数字量
        out     dx,al               ;输出方波高电平
        call    delay               ;延时
        jmp     lop
```

又如,通过下列程序输出线性增长的数字量,则可得到图 9.24(b)所示的锯齿波输出。

```
        mov     dx,200h             ;取输入寄存器地址
        mov     al,0                ;输出数据初值
lop:    out     dx,al               ;D/A 转换,输出线性增长的电压
        inc     al                  ;数字量加 1
        jmp     lop
```

该程序实际得到的是有小台阶的锯齿波。若要得到三角波,则程序要先依次输出线性增长的数字量,达到满刻度输出后,再依次输出线性递减的数字量。程序如下:

```
        mov     dx,200h             ;取输入寄存器地址
        mov     al,0                ;输出数据初值
lop1:   out     dx,al               ;D/A 转换,输出线性增长的电压
        inc     al                  ;数字量加 1
        cmp     al,0ffh             ;达到满刻度输出?
        jnz     lop1                ;否,继续输出正锯齿波
lop2:   out     dx,al               ;D/A 转换输出
        dec     al                  ;数字量递减
        jnz     lop2                ;非 0,继续输出负锯齿波
        jmp     lop1
```

例 9.2 DAC1210 与 8 位微机接口。

DAC1210 是 12 位的 DAC 芯片,与 8 位微机接口时须工作在双缓冲方式。这时,作为接口电路,关键是要提供 3 个端口地址,用于访问 DAC1210 的 3 个内部寄存器。

(1) 此例若选择与 8 位 IBM PC 总线接口,则接口电路可如图 9.25 所示。

图中,A_0 用于选择高/低字节未参入地址译码,译码输出实际是含两个地址的范围,$\overline{CS}$对应地址 220H/221H,$\overline{XFER}$对应地址 222H/223H。写高 8 位要用端口地址 220H($B_1/\overline{B}_2=1$);写低 4 位则要用端口地址 221H,此时 $B_1/\overline{B}_2=0$,不影响高 8 位。启动 D/A 转换(产生$\overline{XFER}$信号)则既可用 222H 端口,也可用 223H 端口。

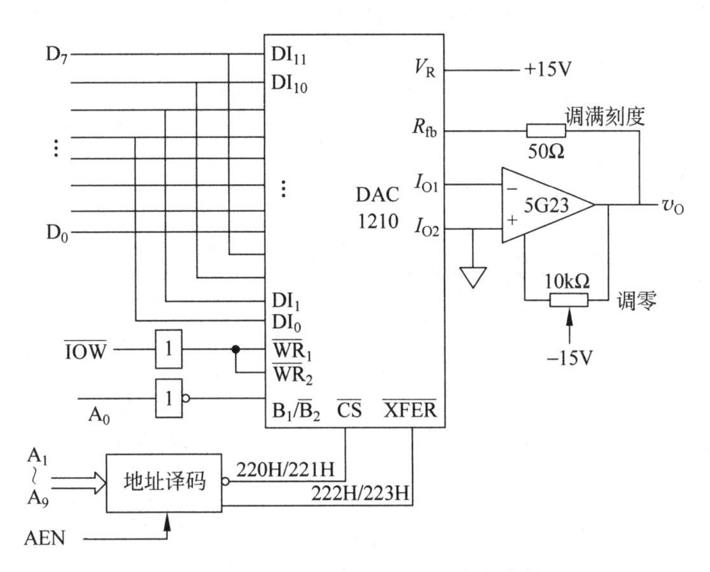

图 9.25 DAC1210 与 IBM PC 总线的接口

以图 9.25 所示的硬件接口电路为基础，假定被转换的 12 位数据已事先存放在 bx 寄存器的低 12 位，则完成一次 D/A 转换输出的汇编语言接口驱动程序如下：

```
st_da:  mov   dx,220h        ; DAC 基地址送 DX 寄存器
        mov   cl,4
        shl   bx,cl          ; BX 中 12 位数向左对齐
        mov   al,bh
        out   dx,al          ; 写入高 8 位
        inc   dx
        mov   al,bl
        out   dx,al          ; 写入低 4 位
        inc   dx
        out   dx,al          ; 启动 D/A 转换(AL 中为任意数均可)
        ret
```

由于被转换数据放在 bx 寄存器的低 12 位，所以驱动程序中将 bx 内容左移 4 位，实现向左对齐。其目的是输出前将被转换数据的高 8 位对齐高字节（输出对齐数据总线 $D_7 \sim D_0$），而低 4 位对齐低字节的高 4 位（输出对齐数据总线 $D_7 \sim D_4$），即

DI_{11}	DI_{10}	DI_9	DI_8	DI_7	DI_6	DI_5	DI_4	DI_3	DI_2	DI_1	DI_0				
D_7	D_6	D_5	D_4	D_3	D_2	D_1	D_0	D_7	D_6	D_5	D_4	×	×	×	×
高字节								低字节							

若假定 12 位数据已事先存放在变量 val 的低 12 位，则完成一次 D/A 转换输出的 C 语言接口驱动程序如下：

```
void da_output(int val){
    unsigned char i=0;
    val<<4;                          /* val 中 12 位数向左对齐 */
    outportb(0x220,val/0x100);       /* 输出高 8 位 */
```

```
    i=val&0xf0;
    outportb(0x221,i);                          /* 输出低 4 位 */
    outportb(0x222,0);                          /* 启动 D/A 转换 */
}
```

(2) 此例若选择与 MCS-51 单片机接口,这时接口电路可如图 9.26 所示。

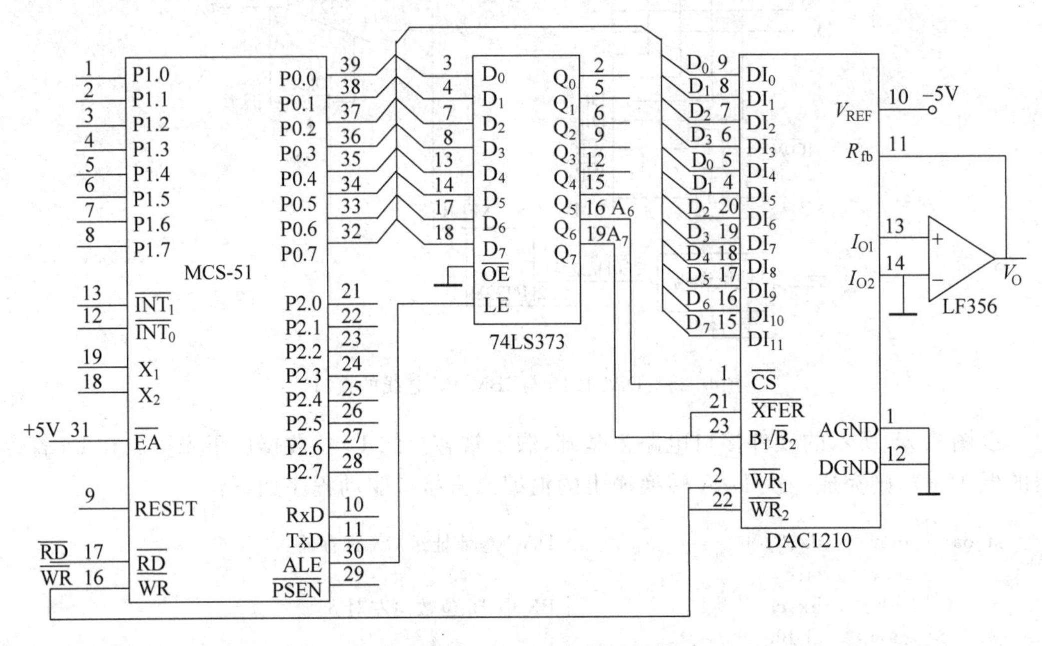

图 9.26 DAC1210 与单片机接口

地址锁存器 74LS373 的 $Q_6(A_6)$作为 DAC1210 的$\overline{CS}$控制信号,$Q_7(A_7)$作为输入锁存器允许 $B_1/\overline{B}_2$ 和传输控制信号$\overline{XFER}$。写入高 8 位时,$A_6=0,A_7=1$,此时高 8 位的低半字节也被 4 位输入寄存器锁存;$A_6=0,A_7=0$,写入低 4 位,同时选通 12 位 DAC 寄存器,开始进行 D/A 转换。若要求 DAC1210 输出如图 9.24(b)所示的锯齿波,相应的驱动程序如下:

```
        org   0030h
start:  mov   r2, #0          ; 输出值高 8 位初值
        mov   r3, #0          ; 输出值低 4 位初值(D7~D4)
again:  mov   a, r2
        mov   r0, #0bfh       ; 取高 8 位端口地址(A7A6=10)
        movx  @r0, a          ; 输出高 8 位
        mov   a, r3
        swap  a               ; 高、低 4 位交换
        mov   r0, #3fh        ; 取低 4 位端口地址(A7A6=00)
        movx  @r0, a          ; 输出低 4 位,同时 D/A 转换
        mov   a,r3
        add   a,#10h          ; 输出值加一个单位
        mov   r3, a
        mov   a, r2
        addc  a, #00
        mov   r2, a
        sjmp  again
        end
```

9.3.2　ADC芯片与MPU的接口技术

1. 概述

通常，ADC与微处理器的接口都具有以下基本功能：向ADC转发启动转换信号；向CPU提供转换结束信号；把转换好的数据送入MPU(通过CPU读数完成)。但实现这些基本功能的方法，则随着ADC芯片内部电路结构的不同和接口所采用的I/O同步控制方式的不同而大不相同。即是说，具体的接口方法因芯片和控制方式而异。

影响接口方法的主要因素有4个方面：

(1) 启动转换方式——是脉冲启动还是电位启动方式，这决定了要不要为启动转换信号加锁存或保持电路。

(2) 数据输出结构——是否有可控三态输出缓存器，这决定了要不要在ADC与MPU之间加有三态功能的锁存器。

(3) CPU与ADC的同步控制方式——是中断驱动式、程序查询式、等待式还是DMA方式，这决定了把转换结束信号传给CPU的方法。

(4) ADC和CPU数据总线的相对位数——ADC位数是小于等于还是大于CPU数据总线位数，这决定了在ADC与CPU之间是加一级还是两级输出数据缓冲寄存器。

2. 同步控制方式对ADC接口的影响

从同步控制方式的角度看，ADC与MPU的接口可分成以下4种类型。

1) 中断式接口

这种接口以EOC作为中断请求信号。其接口原理如图9.27所示。

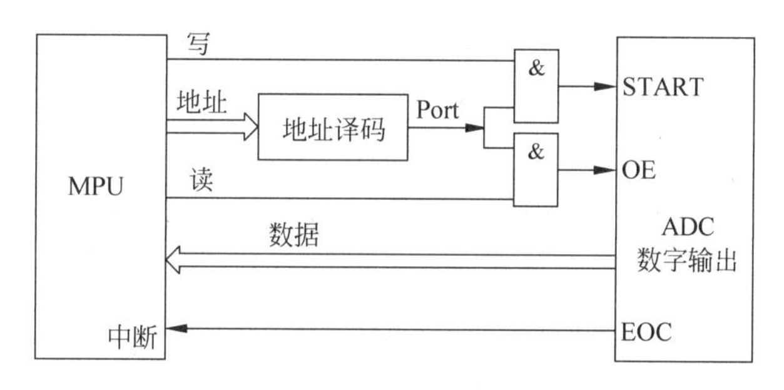

图9.27　中断式ADC接口原理图

微处理器按ADC所占用的口地址执行一条输出指令启动A/D转换以后，在等待转换完成期间，可以继续执行其他任务。当转换完成时，ADC产生的状态信号EOC向微处理器申请中断。微处理器响应中断，在中断服务程序中对ADC占用的口地址执行一条输入指令，以获得转换的结果数据。

采用中断式接口时应注意：一是很多ADC除了转换正在进行当中外，所有其他时间它的状态信号EOC总是有效，就是说它总企图去中断微处理器。二是有些ADC在启动转换以后，EOC的有效状态还要继续一段时间，然后才变无效，在这段时间内就可能产生虚假的中断申请。为了使ADC在转换完成后只产生一次真正的中断申请，可以在中断申请线上加入附加的逻辑电路(如D触发器等)，以保证只有当EOC由无效变有效后才产生中断申请，且申请一旦被响应，就由OE信号即刻撤销申请。如果系统没有其他申请中断的器件，则可在不增加前述附加电路的情况下用软件的办法解决这个问题，程序的安排是：启动转换以后，要延迟一段时间后再开中断，以屏蔽由于 EOC 延迟变无效所产生的虚假中断申请；响应中断以后就不再开中断，以保证一次转换后只响应一次中断。程序流程如图 9.28 所示。

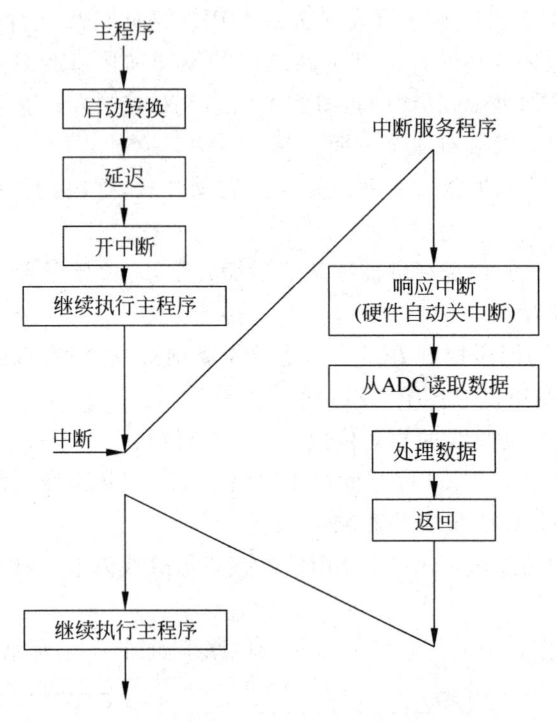

图 9.28 中断式 ADC 接口的程序流程图

2) 查询式接口

这种接口把 EOC 作为被查询的状态信号。其接口原理如图 9.29 所示。

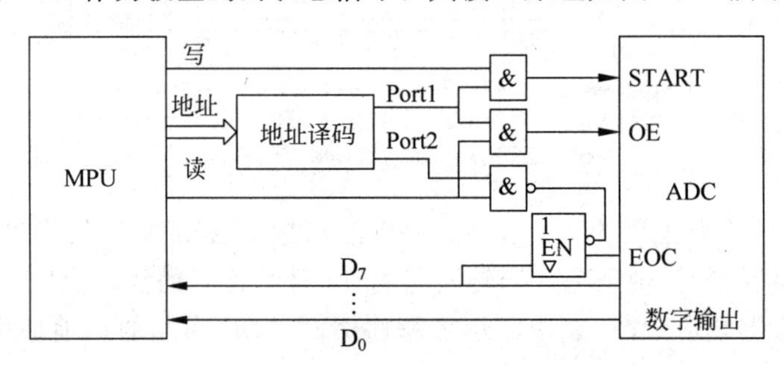

图 9.29 查询式 ADC 接口原理图

和中断式接口一样，MPU 对 ADC 器件所占有的端口地址(Port1)执行一条输出指令，启动 A/D 转换之后，也可去执行其他任务，然后酌情在适当的时候再去询问 A/D 转换是否完成。查询是通过测试转换结束信号 EOC 的状态来实现的，具体做法是，把来自 ADC 的 EOC 信号经过一个三态门连到数据总线的某一位(例如 D_7)上，查询过程是对另一地址(Port2)执行一条输入指令，这将导致将 EOC 信号通过三态门加到数据总线的 D_7 位上，然后微处理器测试该位的状态，以判断是否完成。如 EOC 状态说明转换已完成，则对 ADC 的口地址 Port1 执行一条输入指令，以读取转换结果；如 EOC 状态说明转换尚未完成，就仍去执行其他任务，然后再返回来进行再一次的查询。

3）等待式接口

这种接口又有三种不同的形式：CPU 等待型、软件延时等待型和定时中断等待型。第一种等待型以 EOC 作为 CPU 的等待信号(WAIT 或 READY)；后两种等待型不用 EOC 信号，因此必须通过延时软件或定时硬件，确保 A/D 转换后到读转换结果之间的等待时间大于 A/D 转换时间，以保证结果的正确性。

4）DMA 式接口

这种接口以 EOC 作为向 DMA 控制器的 DMA 请求信号。在 EOC 的激励下，系统进入 DMA 周期，在 DMAC 控制下，将 A/D 转换的结果直接送到内存，而不要 CPU 干预。这种接口电路复杂，成本高，通常只用在高速采集系统中。

3. ADC 和 MPU 的位数对 ADC 接口的影响

1）ADC 位数小于等于 MPU 位数时的接口

当 ADC 的位数小于等于 MPU 总线位数时，在 ADC 与 MPU 之间只需加一级输出数据缓冲寄存器，转换结果一次就可读取，如图 9.27、图 9.29 所示均为这种情况。

2）ADC 位数大于 MPU 位数时的接口

当 ADC 的位数超过 MPU 总线位数时，例如 12 位 ADC 与 8 位 MPU 接口时，就不能只用一条而必须用两条输入指令才能把 A/D 转换的整个数字结果传递给微处理器。具体接口方法与 ADC 芯片的数据输出控制特性有直接关系。

有不少 8 位以上分辨率的 ADC 芯片提供两个数据输出允许信号(高字节允许和低字节允许)。在这种情况下，就可采用如图 9.30 所示的接口方式。至于检测转换是否结束的方法，与 8 位 ADC 接口没什么两样，所以图中未画出。按图 9.30 的接法，转换工作过程是：微处理器对一个端口地址(Port1)执行一条输出指令去启动 A/D 转换，当转换完成时，微处理器再对该地址执行一条输入指令，以读入转换结果数据的低字节；为了从 ADC 中获取数据的高字节，必须对另一地址(Port2)执行一条输入指令。

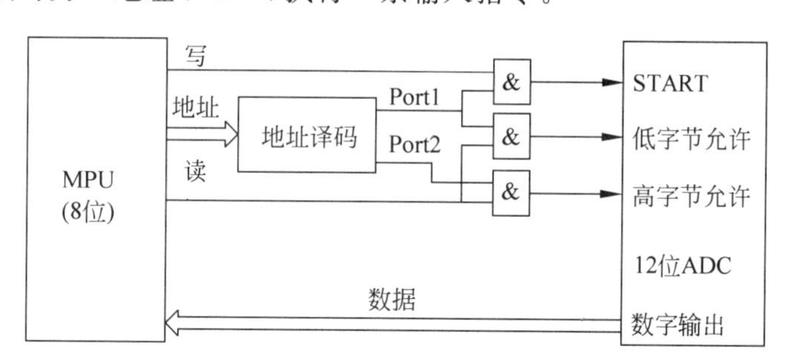

图 9.30　8 位以上分辨率 ADC 与 8 位 MPU 接口方式之一

有的分辨率高于 8 位的 ADC 不提供两个数据输出允许信号，数据只能一次输出。对于这样的 ADC 必须外加缓冲器件，以适应高、低字节分别传输的要求，如图 9.31 所示。这时的转换工作过程是：微处理器对端口地址 Port1 执行一条输出指令启动 A/D 转换；当转换完成时再对该地址执行一条输入指令，把转换结果的低 8 位直接送入微处理器，同时把高 4

位打入三态锁存器；最后对 Port2 地址执行一条输入指令，把存于外加锁存器中的高 4 位送入微处理器。读取一次转换结果数据，也是要对两个地址分别执行一条输入指令。

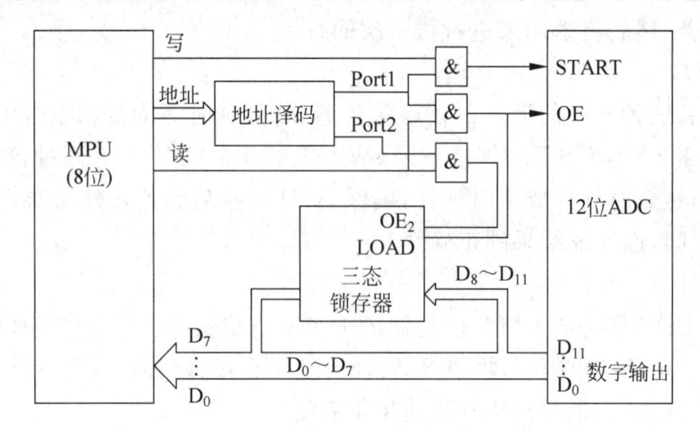

图 9.31　8 位以上分辨率 ADC 与 8 位 MPU 接口方式之二

4. ADC 实用接口举例

本节通过几个具体实例，介绍实际应用中 ADC 与 MPU 的连接方法，以及如何编写 A/D 转换驱动程序。

例 9.3　在微机中扩展一片 ADC0809，构成一参数采集系统（假定参数值已转换为 0～+5V 的电压）。

方法一：在 PC 微机中扩展

ADC0809 是一种内含一个 8 通道模拟多路开关的 8 位 ADC 芯片，具有可控三态输出缓存器。所以，与 PC 机接口时，数据线可以直连，而模拟输入通道的选择则既可用地址线，又可用数据线。假定用地址线选模拟输入通道，ADC0809 与 PC 机的中断式接口如图 9.32 所示。

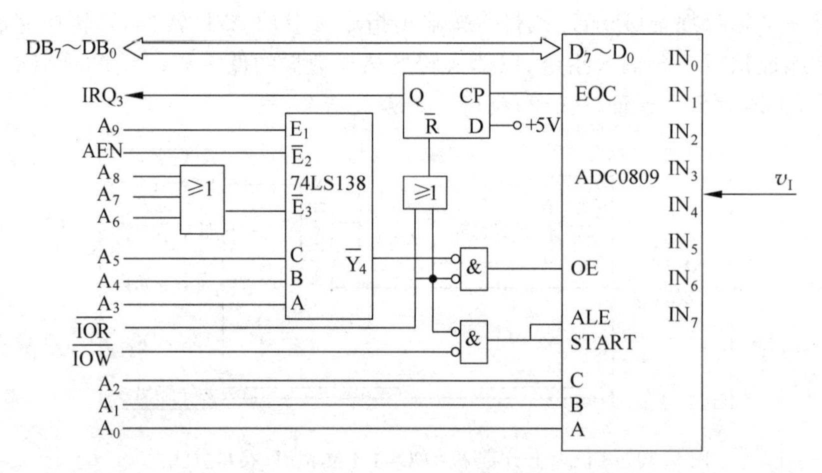

图 9.32　用 ADC0809 构成的参数采集系统

图中，通道地址锁存（ALE）与启动转换（START）共一个信号控制，对 220H～227H 中的任一地址执行一条输出指令，将在 START 和 ALE 端产生一正脉冲，启动 ADC0809 进行 A/D 转换，具体启动哪一个通道转换则取决于地址信号 A_2～A_0 的状态，即 8 个通道分别有自己的启动转换地址。转换结束时，利用 EOC 输出的正跳变使 D 触发器输出变高电平向 MPU 发出中断请求。在中断处理程序中对 220H～227H 中的任一地址执行一条输入指令，都将产生 OE 正脉冲开启三态输出缓存器，读取转换结果，同时使 D 触发器状态复位撤销中断请求，即 8 个通道的读转换结果地址是相同的。

以图 9.32 所示的硬件为基础，用中断方式对通道 4(IN_4)连续采集 200 个数据，并将采集结果存放在从 BUF 开始的内存缓冲区中的汇编语言驱动程序如下：

```
data    segment
  buf       db   200 dup (?)
  count     dw   0
data    ends
code    segment
  assume    cs:code,ds:data
start:   mov     ax,data
         mov     ds,ax                        ; 建立数据段的可寻址性
         cli
         xor     ax,ax                        ; 填写中断向量
         mov     es,ax                        ; ES 指向中断向量表
         mov     bx,0bh*4                     ; 取 0BH 号(IRQ3)中断向量地址
         mov     ax,offset input
         mov     es:[bx],ax
         mov     ax,seg input
         mov     es:[bx+2],ax                 ; 写代码段基址
         mov     dx,224H                      ; 启动 IN4 转换
         out     dx,al
         sti                                  ; 开中断
again:   cmp     count,200                    ; 等待采集完
         jc      again
         mov     ah,4ch
         int     21h
  input      proc                             ;中断处理程序
         push    bx
         push    ax
         push    dx
         mov     dx,220h
         in      al,dx
         mov     bx,count
         mov     buf[bx],al
         inc     count
         cmp     count,200
         jz      retu                         ; 采集完,则不启动 A/D 转换
         mov     dx,224h                      ; 启动 A/D 转换
         out     dx,al
  retu:  mov     al,20h                       ; 发中断结束命令
         out     20h,al
         pop     dx
         pop     ax
         pop     bx
         iret
```

```
input      endp
code       ends
       end      start
```

若用 C 语言编写，则实现例 9.3 功能的数据采集程序如下：

```
#include "stdio.h"
#include "conio.h"
#include "dos.h"
#define IRQ3 0x0b                              /* 定义 IRQ3 对应的中断向量号 */
void interrupt (*oldhandler)(void);
void interrupt ad_input(void);
unsigned char buf[200];
int count=0;
main(){
    unsigned char temp;
    disable();                                 /* 关中断 */
    oldhandler = getvect(IRQ3);                /* 获取系统中断向量 */
    setvect(IRQ3,ad_input);                    /* 设置新的中断向量 */
    temp=inportb(0x21);                        /* 读系统中断屏蔽字 */
    outportb(0x21,temp&0xf7);                  /* 开 IRQ3 中断 */
    outportb(0x224, 0);                        /* 启动 IN4 转换 */
    enable();                                  /* 开中断 */
    while(count<200);                          /* 未采集完，循环 */
    setvect(IRQ3, oldhandler);                 /* 恢复系统中断向量和屏蔽字 */
    outportb(0x21,temp);
}
void interrupt ad_input(void){
    buf[count]=inportb(0x220);
    count++;
    if(count<200)
        outportb(0x224,0);                     /* 启动 IN4 转换 */
    outportb(0x20,0x20);                       /* 发中断结束命令 */
}
```

此例若改用查询式接口实现，则 ADC0809 的 EOC 信号可通过一个三态门连到数据总线的某位(如 D_0)上，相应地要增加一状态输入端口。至于模拟输入通道的选择、启动转换和读结果的方法与中断式接口没什么两样。相关电路和驱动程序的设计留给读者思考。

方法二：在 MCS-51 系列单片机中扩展

若在 MCS-51 系列单片机中扩展，其接口电路可如图 9.33 所示。

此例，为尽量少占用单片机的资源，仅使用 P0 口扩展，这样 P2 口就可用作他用。图中，P0 口经锁存器 74LS373 锁存后得到 8 根地址信号(A_0～A_7)，A_0～A_2 用作模拟通道选择信号，A_7 作为 ADC0809 的选择信号，由此可知，8 路模拟输入通道的通道地址可为 78H～7FH，依次对应 IN_0～IN_7。MCS-51 单片机采用 6MHz 主频，将 ALE 信号 2 分频后作为 ADC0809 的转换时钟信号。A/D 转换结束后，EOC 信号有效，经反相后接至 MCS-51 的外部中断 0，这样既可以用查询方式进行数据采集，又可以用中断方式进行。

以图 9.33 所示的电路为基础，用中断方式依次对 IN_0～IN_7 通道的模拟量各采样一次，并将采集结果存入 40H～47H 单元中的汇编语言驱动程序如下：

```
        org     0000h
start:  ajmp    main
        org     0003h
        ajmp    exint0          ; INT0 中断服务入口
main:   mov     r0, #40h        ; 采样数据存放首址
        mov     r1, #78h        ; IN0 通道地址
        mov     r2, #08h        ; 模拟量通道数
        movx    @r1,a           ; 启动 A/D 转换
        setb    it0             ; 外部中断 0 为边沿触发方式
        setb    ex0             ; 允许外部中断 0 中断
        setb    ea              ; 开放 CPU 中断
here:   sjmp    here
        ; 中断采集程序
exint0: push    psw             ; 保护现场
        clr     rs0             ; 寄存器工作区设置为 0 区
        clr     rs1
        movx    a,@r1           ; 读取转换结果
        mov     @r0,a           ; 存放结果
        inc     r0              ; 缓冲区地址加 1
        inc     r1              ; 通道地址加 1
        djnz    r2,next         ; 8 通道未完,则采集下一通道
        clr     ex0             ; 采集完毕,则停止中断
        sjmp    done
next:   movx    @r1,a           ; 启动下一通道 A/D 转换
done:   pop     psw
        reti
        end
```

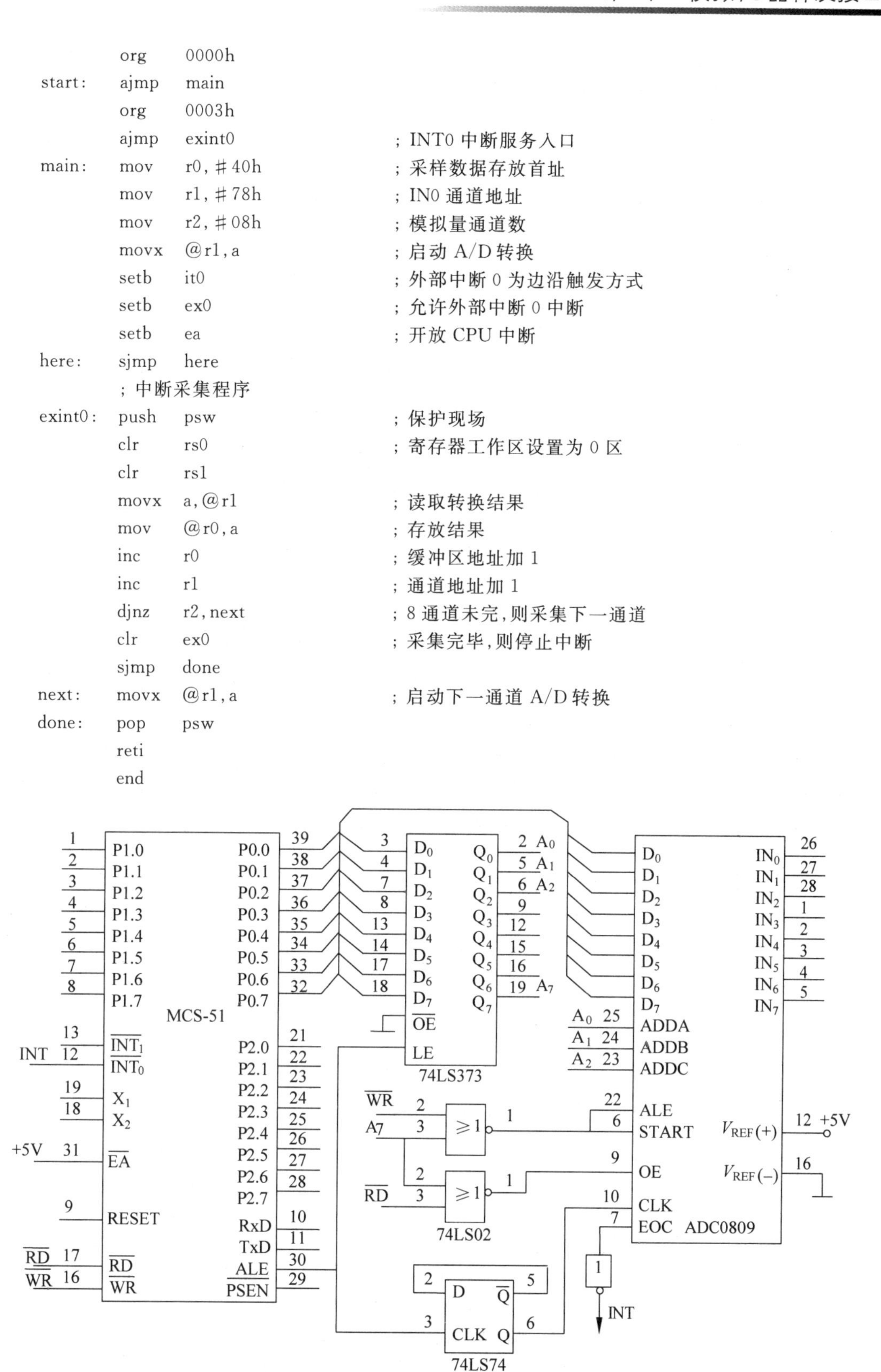

图 9.33 ADC0809 与单片机接口

中断服务程序中,保护 PSW 的内容,并把寄存器的工作区域设置为 0 区,是为了使程序在有复杂的主程序的情况下仍能使用。

若以查询方式采集,结果仍放入 40H~47H 单元中的采集驱动程序如下:

```
        org   0030h
start:  mov     r0, #40h              ; 采样数据存放首址
        mov     r1, #78h              ; IN0 通道地址
        mov     r2, #08h              ; 模拟通道数
        clr     ex0                   ; 禁止外部中断 0 中断
loop:   movx    @r1, a                ; 启动 A/D 转换
        mov     r3. #20h
dely:   djnz    r3,dely               ; 延时(等待 EOC 信号变低)
        setb    P3.2
poll:   jb      P3.2, poll            ; 查询转换是否结束(EOC=1?)
        movx    a, @r1                ; 读取转换结果
        mov     @r0,a                 ; 存放结果
        inc     r0                    ; 缓冲区地址加 1
        inc     r1                    ; 通道地址加 1
        djnz    r2, loop              ; 8 通道未完,则采集下一通道
here:   sjmp    here
        end
```

例 9.4 设计一个 AD574A 与 8 位 IBM PC 总线的查询式接口电路。

AD574A 是 12 位的 ADC 芯片,与 8 位 IBM PC 总线接口时,要采用两级输出数据缓冲寄存器结构。但 AD574A 内部有可控三态输出缓存器,且提供了高、低字节输出数据的分别选择控制,所以接口时数据总线仍可直连。相应硬件电路如图 9.34 所示,AD574A 的 12 条输出数据线的高 8 位连到 PC 总线的 $D_7 \sim D_0$,而把低 4 位接到数据总线的高 4 位(左对齐),同时将 $12/\overline{8}$端接数字地,以便 12 位的结果分两次送出。

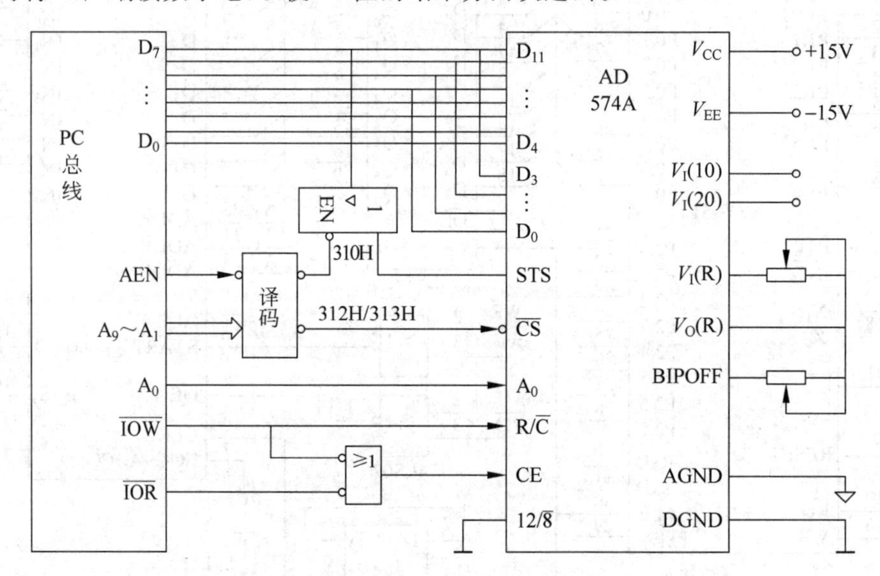

图 9.34 AD574A 与 IBM PC 总线的接口

接口的工作原理是，对 312H 端口执行输出操作，将使$\overline{CS}$、A_0、$R/\overline{C}$ 为低电平，CE 呈现高电平，启动 12 位的 A/D 转换（图中“或门”起延时作用，确保 $R/\overline{C}$ 信号超前 CE 信号 200ns 有效）；对 310H 端口的读操作用于获取转换结束状态 STS；一旦转换结束，12 位的转换结果要分两次读入 MPU 内部，一次读 312H 端口获取高 8 位数据，另一次读 313H 端口获取低 4 位数据。

以图 9.34 的硬件接口电路为基础，若要采集 100 个数据并将结果存于 DS 数据段中 BUF 开始的数据缓冲区中，相应地用于 A/D 转换的汇编语言驱动程序如下：

```
data    segment
  buf      db   100 dup (?)
data    ends
code    segment
  assume   cs:code, ds:data
start:  mov     ax, data
        mov     ds, ax                  ; 建立数据段的可寻址性
        mov     cx, 100                 ; 设置采集次数
        lea     si, buf                 ; 取存放数据的缓冲区首址
again:  mov     dx, 312h                ; 启动 12 位 A/D 转换(A0=0)
        out     dx, al
        mov     dx, 310h                ; 读状态,查 STS 是否为 0
lp:     in      al, dx
        test    al, 80h
        jnz     lp                      ; 不为 0,仍在转换,循环查询
        mov     dx, 312h                ; 读高 8 位数据
        in      al, dx
        mov     [si], al                ; 送内存缓冲区
        inc     si                      ; 内存地址加 1
        mov     dx, 313h                ; 读低 4 位数据
        in      al, dx
        mov     [si], al                ; 送内存缓冲区
        inc     si                      ; 内存地址加 1
        dec     cx
        jnz     again                   ; 采集未完,继续
        mov     ah, 4ch
        int     21h
code    ends
        end     start
```

若用 C 语言编写，则实现例 9.4 功能的数据采集程序如下：

```
/* C语言驱动程序 */
#include "stdio.h"
#include "conio.h"
#include "dos.h"
unsigned int buf[100];
main(){
    unsigned char status, datah, datal, i;
    i=0;
    while(i<100){                           /* 未采集完,循环 */
        outportb(0x312,0);                   /* 启动 A/D 转换 */
        do {
```

```
        status=inportb(0x310);
        status&=0x80;
      }while(status!=0);
      datah=inportb(0x312);                  /* 读高8位 */
      datal=inportb(0x313);                  /* 读低4位 */
      datal=datal/16;
      buf[i]=16*datah+datal;
      i++;
    }
}
```

例 9.5 某 A/D 转换器的外部引线及其工作时序如图 9.35 所示。图中 12 位的 A/D 转换器利用不小于 1μs 的后沿(START)脉冲启动转换,其后忙状态信号($\overline{\text{BUSY}}$)变低,忙的时间不大于 10ms。为获得转换好的二进制数据,必须使$\overline{\text{OE}}$为低电平,这时 $D_0 \sim D_{11}$才能有效输出。试设计该 A/D 转换器与 8 位 PC 机的接口。

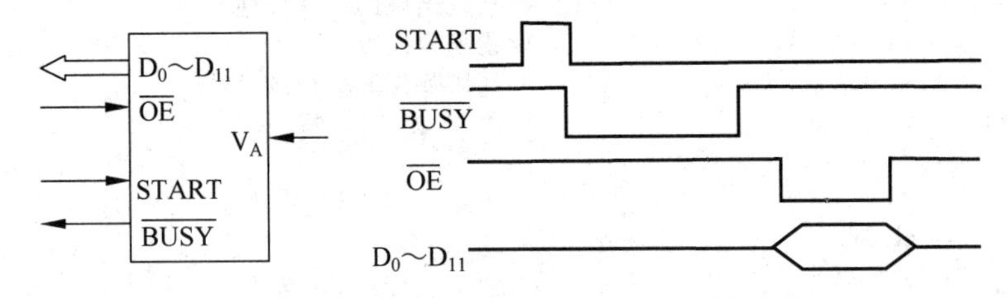

图 9.35 12 位的 A/D 变换器及工作时序

此例,A/D 转换器只有一个可控的三态缓冲输出控制端,所以与 8 位微机接口时必须通过接口相连。具体接口既可用不可编程的接口芯片(如三态锁存器 74LS374 加三态门),也可用可编程接口芯片(如 8255)。I/O 同步控制也是既可用查询式,又可用延时等待式。

若选择 8255 作接口,则可用 8255 的 A 口和 B 口作数据口输入转换结果,C 口的高 4 位和低 4 位分别用作状态输入口和控制口,用于读取"忙"状态和产生 START 启动转换脉冲和$\overline{\text{OE}}$读脉冲。相应的接口电路如图 9.36 所示。8255 的 A 口和 B 口低 4 位分别与 A/D 转换器的低 8 位和高 4 位数据线相连,PC_0、PC_1 和 PC_7 则分别与$\overline{\text{OE}}$、START 和$\overline{\text{BUSY}}$信号相连。

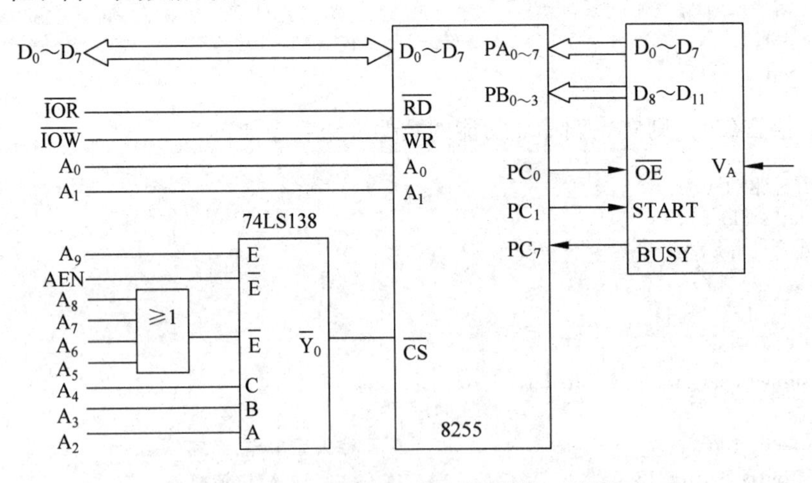

图 9.36 8255 与 12 位 A/D 的接口原理

用查询法启动A/D转换器完成一次A/D转换的过程是，通过PC_1输出一正脉冲启动A/D转换，然后重复测试PC_7的状态($\overline{BUSY}$信号)直至A/D转换结束，一旦转换结束，PC_0输出低电平使$\overline{OE}$有效，将转换结果加到A口和B口的端口线上，再通过读8255的A口和B口获取转换结果，完毕PC_0输出高电平使$\overline{OE}$无效。

若用延时等待式控制，只需用一延时子程序(延时时间大于10ms)代替上述的查询等待过程。至于启动A/D转换和读结果的方法与查询式控制是相同的。

以图9.36的电路为基础，用查询方式完成一次A/D转换并将结果送bx寄存器的汇编语言驱动程序如下：

```
init8255:mov   dx,203h          ; 取8255控制口地址
         mov   al,10011010b     ; 设置8255工作方式
         out   dx,al
         mov   al,01h           ; PC0置位，初始为高电平
         out   dx,al
         mov   al,02h           ; PC1复位，初始为低电平
         out   dx,al
         …
addata:  mov   dx,203h          ; PC1产生正脉冲启动转换
         mov   al,03h
         out   dx,al
         mov   al,02h
         out   dx,al
         mov   dx,202h          ; 取C口地址
wait$ :  in    al,dx            ; 读"忙"状态
         test  al,80h
         jz    wait$            ; 若"忙"，继续查询等待
         mov   dx,203h
         mov   al,00h           ; PC0复位使OE有效，数据送A口、B口
         out   dx,al
         mov   dx,200h          ; 读转换结果
         in    al,dx            ; 读A口获取低8位数据
         mov   bl,al
         inc   dx
         in    al,dx            ; 读B口获取高4位数据
         mov   bh,al
         mov   dx,203h          ; PC0置位禁止数据输出
         mov   al,01h
         out   dx,al
         hlt
```

若用C语言编程，则相应驱动程序如下：

```
ini8255(){                           /* 8255初始化 */
    outportb(0x203,0x9a);
    outportb(0x203,1);
    outportb(0x203,2);
  }
int  adc(){                          /* A/D转换函数 */
    unsigned char status,datah,datal;
```

```
    int  data;
    outportb(0x203, 3);              /* 产生正脉冲,启动 A/D 转换 */
    outportb(0x203,2);
    do {                             /* 等待 A/D 转换结束 */
        status=inportb(0x202);
        status&=0x80;
    }while(status==0);
    outportb(0x203,0);               /* PC0 复位,允许数据输出 */
    datal=inportb(0x200);            /* 读低 8 位 */
    datah=inportb(0x201);            /* 读高 4 位 */
    data=0x100* datah+datal;         /* 形成 12 位结果 */
    outportb(0x203,1);               /* PC0 置位,禁止数据输出 */
    return(data);
}
```

若采用三态锁存器 74LS374 和三态门接口,则相应的查询式接口电路如图 9.37 所示。A/D 转换器输出的低 8 位与微机数据总线直接相连,高 4 位则通过三态锁存器与微机相连,忙状态信号 $\overline{BUSY}$ 则通过三态门与数据总线 D_0 相连。工作原理是,利用写端口 $\overline{Y}_2$(202H)产生的正脉冲启动 A/D 转换开始,通过读端口 $\overline{Y}_1$(201H)查询忙状态信号($\overline{BUSY}$),而转换结果要分两次读出,第一次读端口 $\overline{Y}_2$(202H)获取低 8 位,并将高 4 位通过三态锁存器 74LS374 锁存,再通过端口 $\overline{Y}_0$(200H)读取高 4 位。相应驱动程序的编写留给读者思考。

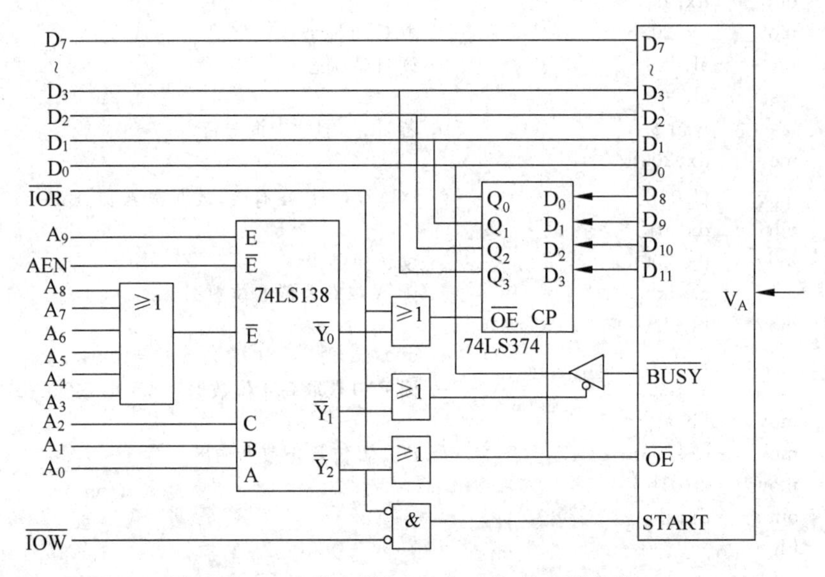

图 9.37 三态锁存器与 12 位 A/D 转换器的接口

9.4 模拟 I/O 通道

模拟 I/O 通道是模拟输入通道和模拟输出通道的总称。

模拟输入通道,是计算机用来对单个或多个模拟量进行采集的 A/D 通道,有时也叫前向通道。建立模拟输入通道的目的,通常是为了进行参数测量或数据采集。它的核心部件是A/D转换器及其与微处理器的接口。但在许多情况下仅有它们还不够,按照实际模数转换的4个步骤,常常还需要用到采样保持器等电路;在需要采集或检测多个模拟信号的A/D通道中,一般还需要用到模拟多路开关。

模拟输出通道,则是微机用来发送单路或多路模拟信号的D/A通道,有时也叫后向通道。建立模拟输出通道的目的,主要是为了对外部参数进行控制或对被采集的参数进行形象的记录显示,如在X-Y记录仪上绘出曲线、在示波器上画出波形等。模拟输出通道的基本组成部分同样有三种:D/A转换器及其与MPU的接口,这是不可少的核心部件;数字或模拟寄存器;模拟多路开关。具体组成取决于通道结构的形式。

9.4.1 模拟输入通道的结构形式

模拟输入通道的结构形式根据实际需要选定。粗分有单路通道和多路通道两种;细分,在单路、多路通道中又各有多种不同的形式。

1. 不带采样保持器的单路模拟输入通道

这种模拟输入通道实际上就是前面讲过的ADC及其与MPU的接口,结构最简单,如图9.38所示。

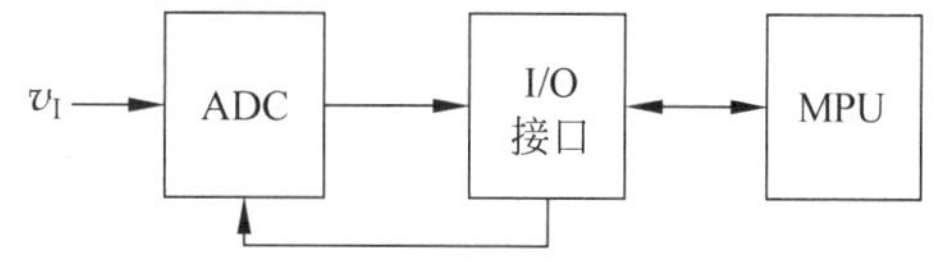

图9.38 不带采样保持器的单路模拟输入通道

一般只采集一个点的直流或低频信号时,可采用这种通道结构。那么,信号的频率低到什么程度可以用它呢?要求模拟输入电压的最大变化率与A/D转换器的转换时间之间应满足下列关系:

$$\left.\frac{\mathrm{d}v_I}{\mathrm{d}t}\right|_{\max} \leqslant \frac{V_{FS}}{2^n} \cdot \frac{1}{T_{CONV}} \tag{9.8}$$

其中,v_I为模拟输入电压;V_{FS}为ADC满刻度电压值;n为ADC分辨率(位数);T_{CONV}为ADC转换时间。

为了更便于理解,不妨将式(9.8)变换为

$$\Delta V_I \,|_{\max} = \left.\frac{\mathrm{d}v_I}{\mathrm{d}t}\right|_{\max} \cdot T_{CONV} \leqslant \frac{V_{FS}}{2^n} = q \tag{9.9}$$

式(9.9)表明,在ADC的转换时间内,输入电压的最大变化$\Delta V_I|_{\max}$应小于ADC的量化电平q。例如,A/D转换芯片的$V_{FS}=10\text{V}$,$n=10$位,$T_{CONV}=0.1\text{s}$,则要求输入电压的最大变化率不能超过0.1V/s。如果超过这个值,在采用同样ADC芯片的情况下,就不能采用这种简单的模入通道,而要采用带采样保持器的模入通道;如果还想采用这种简单的模入通道,就必须改用速度更快或分辨率更高的ADC芯片。

2. 带采样保持器的单路模拟输入通道

当模拟输入信号的变化率与ADC的性能指标不满足式(9.9)的关系时,需要在ADC前面增加一个采样保持电路(S/H),使模拟输入通道变为如图9.39所示的形式。

例9.6 某测量信号变化规律为:$v_I=5\sin 30t+5(\text{V})$,现要建立采集该信号的模拟输入通道,问:

(1) ADC应工作在单极性还是双极性方式?

(2) 若要求采集误差不超过10mV,ADC的分辨率至少应为多少?(假定ADC的分辨

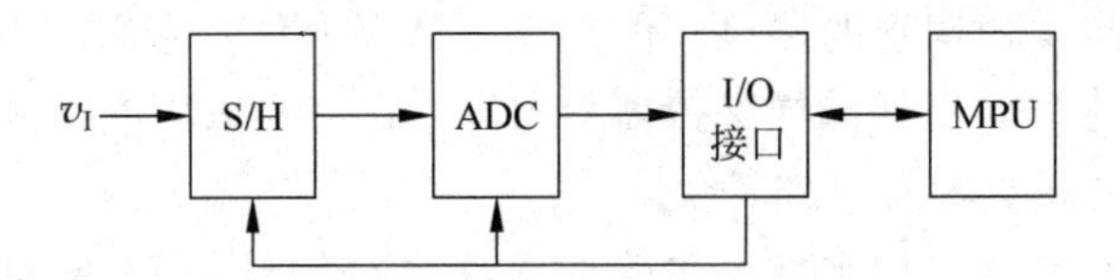

图 9.39 带采样保持器的单路模拟输入通道

率与精度位数一样)

(3) 在(2)分辨率确定的基础上,若采用不带采样保持器的模拟输入通道,则最多允许ADC转换时间为多少?

解 (1) 信号 $v_I=5\sin 30t+5$ 的变化范围为:0～10V,所以ADC工作在单极性方式即可。

(2) 设ADC的分辨率为 n 位,则ADC所能识别的最小电压为

$$\frac{1}{2^n}\times 10\text{V}=\frac{10000\text{mV}}{2^n}$$

依题意有

$$\frac{10000\text{mV}}{2^n}\leqslant 10\text{mV}$$

即

$$2^n\geqslant 1000$$

因此

$$n\geqslant\lfloor\log_2 1000\rfloor+1=9+1=10$$

即要选分辨率为10位或以上的ADC。

(3) 信号 $v_I=5\sin 30t+5$ 的变化率为

$$\frac{\mathrm{d}v_I}{\mathrm{d}t}=5\times 30\cos 30t=150\cos 30t$$

于是

$$\left.\frac{\mathrm{d}v_I}{\mathrm{d}t}\right|_{\max}=150(\text{V/s})$$

要采用不带采样保持器的模拟输入通道,则有

$$\left.\frac{\mathrm{d}v_I}{\mathrm{d}t}\right|_{\max}\cdot T_{\text{CONV}}\leqslant q=\frac{10\text{V}}{1024}$$

$$T_{\text{CONV}}\leqslant\frac{10\text{V}}{1024\cdot 150\text{V/s}}=65.1\mu\text{s}$$

即所选ADC的转换时间不能超过 65.1μs。

上述两种单路模拟输入通道只能采集一个模拟信号。当需要采集多个模拟信号时,就必须使用多路模拟输入通道结构。多路模拟输入通道结构一般有两类:各路独立转换的多路模入通道;各路分时转换的多路模入通道。后者的结构形式通常又有两种:同时采样、分时转换型和分时采样、分时转换型。下面分述这几种多路模拟输入通道结构。

3. 各路独立转换的多路模拟输入通道

这种通道结构的特点是各路模拟输入信号都对应有自己独立的A/D转换通道,因此可以允许对各路信号同时采样、同时转换,同时得到转换结果,所以也叫同时采样、同时转换型

多路模拟输入通道，如图 9.40 所示。这种结构的采样频率可以达到几乎与单路一样高，特别适合于要求描述系统性能的各项参数必须是同一时刻数据的高速采集、控制系统。

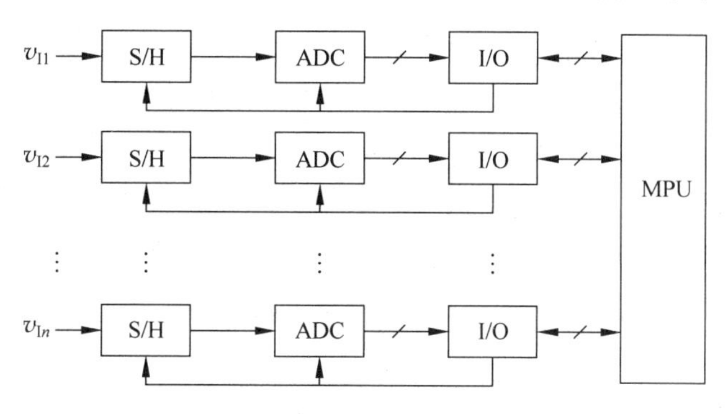

图 9.40　各路独立转换的多路模拟输入通道

4. 同时采样、分时转换型多路模拟输入通道

这种结构比前几种多了一个模拟多路开关(multiplexer，MUX)，以适应分时转换的需要，如图 9.41 所示。多路开关在这里是起多路选择的作用，通过它可对各路采样保持器的输出模拟信号顺序地或随机地切换到一个公共的 ADC 进行转换。所以这种结构的工作原理和特点是：各路同时采样、分时转换，或叫并行采样、串行转换。

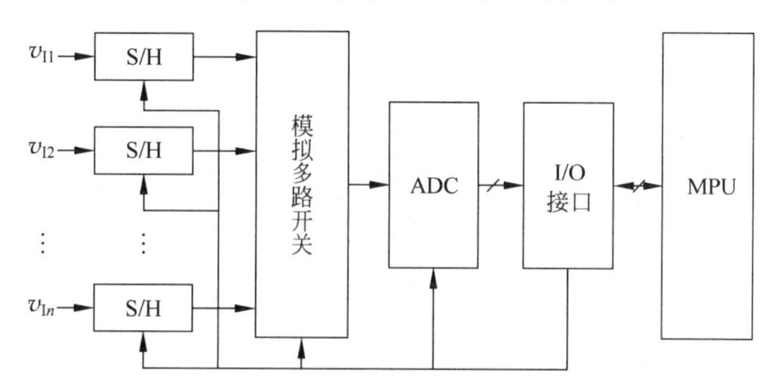

图 9.41　同时采样、分时转换型多路模拟输入通道

这种结构的模拟输入通道只用了一个 ADC，与前一种结构相比，其优点是显然的，即节省了硬件；但速度却必然降低，精度也受到影响(多路开关会引入新误差)。而且一般来说，多路传输的信号数目越多，采样频率就越低。可见，通过分时转换来获得硬件上的简化和成本的降低，是以牺牲一定的转换速度和精度为代价的。所以多路信号分时共享 ADC 的结构方案只是在总的系统的精度和速度允许压缩的情况下才可以应用。

不过，在实际的测控系统中，被测信号的变化速度与目前 ADC 芯片所能达到的转换速度相比，大多是很慢的。因此这种结构在实际中，特别在多点参数的巡回检测系统中，应用非常广泛。正因如此，为了适应方便组成这种通道结构的需要，集成电路生产厂家已推出了一些多通道型 ADC 芯片，如 ADC0808/0809(8 位 8 通道)、ADC0816/0817(8 位 16 通道)等。

5. 分时采样、分时转换型多路模拟输入通道

如图 9.42 所示，这种模拟输入通道结构将各路分时共享的范围扩大到全套通道设备，通过多路开关将各路模拟输入信号分时输入到采样保持器，经采样保持后进行A/D转换。

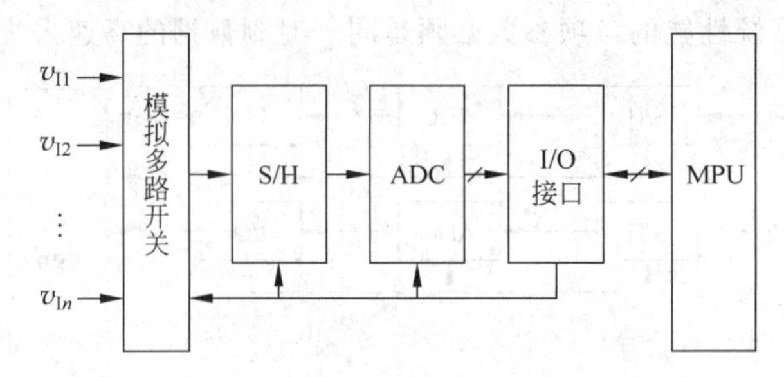

图 9.42 分时采样、分时转换型多路模拟输入通道

这种通道结构在精度上与上一种结构差不多，速度更慢些，但进一步节省了硬件，降低了成本。所以在实际的巡回检测系统中比上一种结构用得还多。

上面只是介绍了几种常见的模拟输入通道结构，要想使各种结构的模拟输入通道正常地工作，关键是从硬件和软件两方面设计好通道接口。比如对于图9.42所示的多路模拟输入通道，其接口起码应完成以下几项工作：

(1) 向MUX发出通道切换控制信号(顺序或随机切换)；

(2) 向采样保持器发出控制信号；

(3) 向ADC发出启动转换信号；

(4) 向MPU传送A/D转换结束信号；

(5) 将A/D转换结果送到MPU的数据存储区。

并且，前三种设备控制信号必须满足正确的时序关系。

9.4.2 模拟输出通道的结构形式

和模拟输入通道一样，同样有单路、多路之分。

1. 单路模拟输出通道

这实际上就是前面讲过的DAC及其与MPU的接口，如图9.43所示。

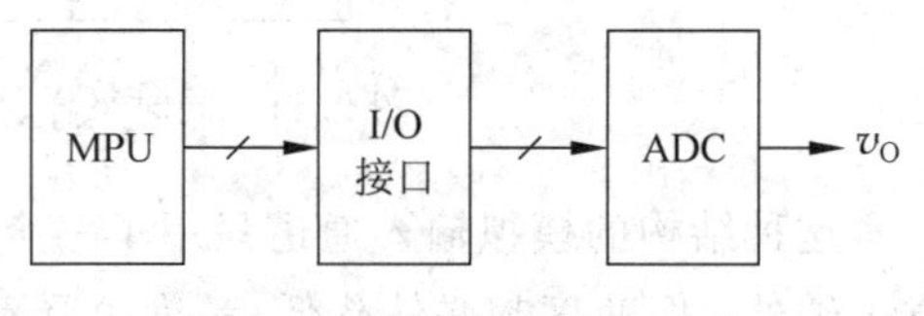

图 9.43 单路模拟输出通道

2. 多路模拟输出通道

多路模拟输出通道主要是解决数据如何分配或数据如何存储的问题。目前使用的数据分配方法主要有数字分配和模拟分配两种。

1) 数字分配型多路模拟输出通道

这种通道的结构形式其实又有两种。图9.44给出的是其中之一，每个通道都有一个DAC和一个数字数据寄存器。MPU按程序安排以顺序或随机形式把数据分配给各个数据寄存器，再经各个DAC转换，得到多路模拟输出。这里各个寄存器是起保持各路输出数据的作用，但保持的不是D/A转换后的模拟量，而是D/A转换前的数字量。相当于MPU将表示各个输出数据的数字量分配给相应通道，所以叫做数字分配型多路模拟输出通道。数字分配的任务是由MPU分时地给出各个寄存器输入控制信号来完成的，而这些寄存器输入控制信号实际上就是各寄存器的端口地址译码信号。

这种通道结构的特点是：各路通道分时送数，分时D/A转换，分时输出模拟量。

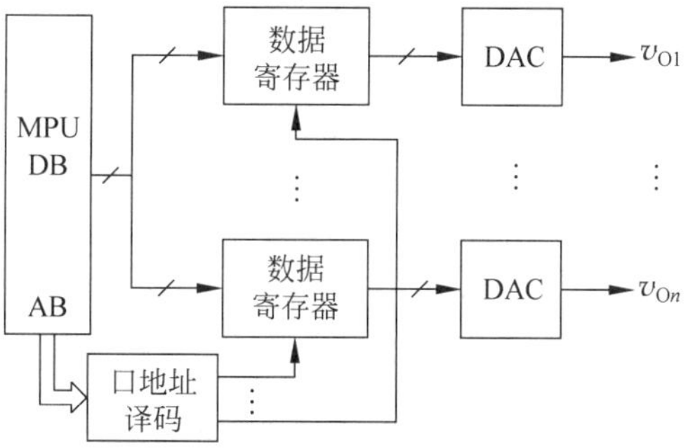

图 9.44　数字分配型多路模拟输出通道结构之一

图 9.44 中每个模拟输出通道上的寄存器和 DAC，其实可以用一片带输入缓存器的 DAC 芯片来代替，就是说，如果 DAC 芯片上含有输入缓存器(大多数 DAC 芯片都是如此)，则图中的各个数据寄存器不必另加。

数字分配型多路模拟输出通道的另一种结构形式如图 9.45 所示。每个通道上比图 9.44 中多了一级寄存器。各路数字量由 MPU 分时送入相应的缓冲寄存器，然后同时打入各自的 DAC 输入寄存器，使各路同时进行 D/A 转换，同时输出转换结果。可见，这种通道结构的工作特点是：各通道分时送数，同时转换，同时输出模拟量。因此它很适合于用在对描述系统性能的各项参数数据需要同时更新的实时控制等场合。

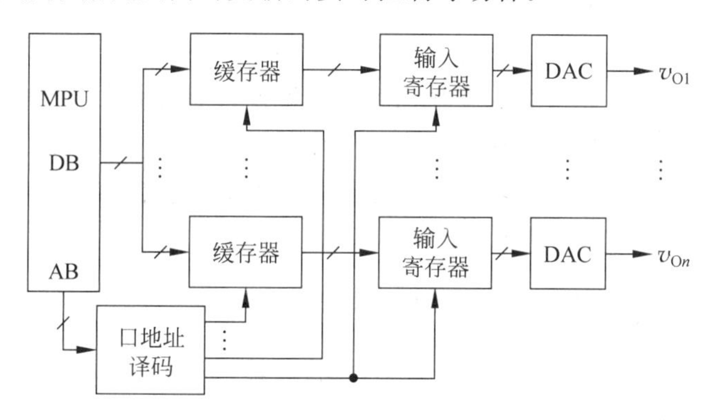

图 9.45　数字分配型多路模拟输出通道结构之二

同样，如果 DAC 芯片内集成了两级输入缓冲寄存器，构成这种通道结构就很方便，不必外加图中两级寄存器，比如用前面讲过的 DAC0832 或 DAC1210 即可直接构成这种多路模拟输出通道。

2）模拟分配型多路模拟输出通道

这种通道的结构形式一般如图 9.46 所示。这种结构，各路输出通道共用一个 DAC，各用一个保持器。MPU 输出数据经 D/A 转换后得到模拟电压，然后由模拟多路开关将模拟电压分配到相应通道的保持器去再输出。模拟多路开关在这里起的是多路采样器或者多路分配器的作用，而且分配的是多路模拟信号，所以称这种结构为模拟分配型多路模拟输出通道结构。如果改从保持器的角度看，它们起的是存储各路模拟输出量的作用，所以又把这种结构称为模拟存储型多路模拟输出通道。

如果将图 9.46 中各个保持器都改成采样保持器，则多路模拟开关可以取消，从而可得到另一种形式的模拟分配型多路模拟输出通道结构,如图 9.47 所示。

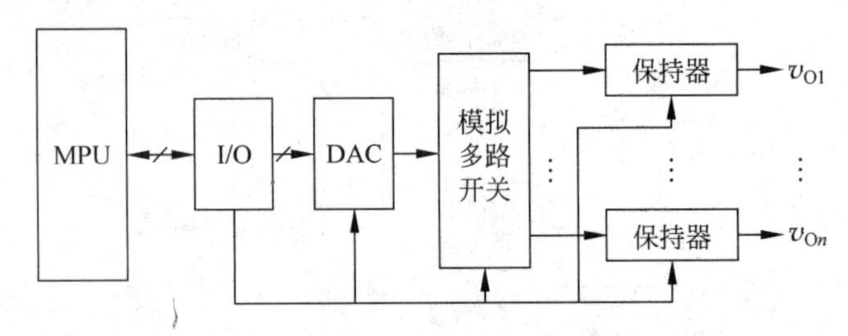

图 9.46　模拟分配型多路模拟输出通道结构之一

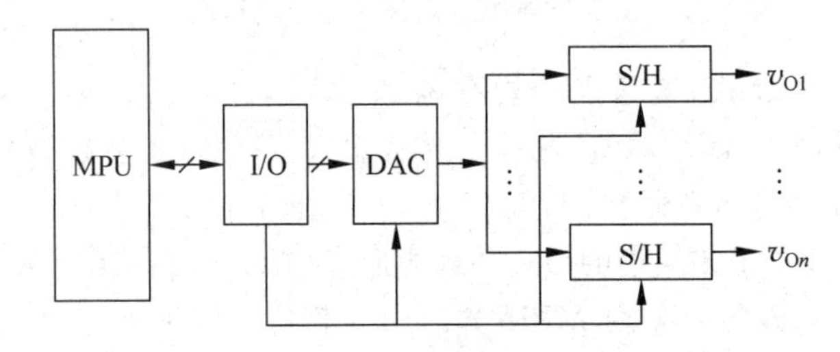

图 9.47　模拟分配型多路模拟输出通道结构之二

图 9.47 和图 9.46 所示的两种通道结构本质上是一样的。但当通道数目较多时,前者比后者的造价要高得多,因为一个通用采样保持电路芯片比一个简单的保持器芯片要贵很多。实际上,无论采用模拟多路开关加保持器,还是采用采样保持器,都是依靠电容记忆的功能来保持模拟信息,而这种保持的作用由于电容存在着漏电而不可能长久不变,随着时间的延长,保持的电压会偏离开关刚断开时的值。所以在实际中当需要将模拟输出信号保持很长时间时,必须通过软件来定时刷新数据,刷新方法是编制程序,使输入到 DAC 的数字量在一个输出周期内不断循环更新。

9.4.3　模拟多路开关与采样保持器

从前述模拟 I/O 通道的各种结构形式中可看出,模拟 I/O 通道除了以 ADC 和 DAC 为核心部件外,还常常需要使用模拟多路开关和采样保持器等部件。现将这两种模拟器件作一简介。

1. 模拟多路开关

能够分时地将多个模拟信号接通至一根线上的部件叫做模拟多路开关(analog,multiplexer,AMUX),如图 9.48 所示。可以看出,模拟多路开关实际上是由多个模拟开关加上通道选择译码电路所组成。这和数字电路中的多路选择器、多路分配器是相似的,差别只在于那里接通(选择或分配)的是数字信号,而这里接通的是模拟信号。

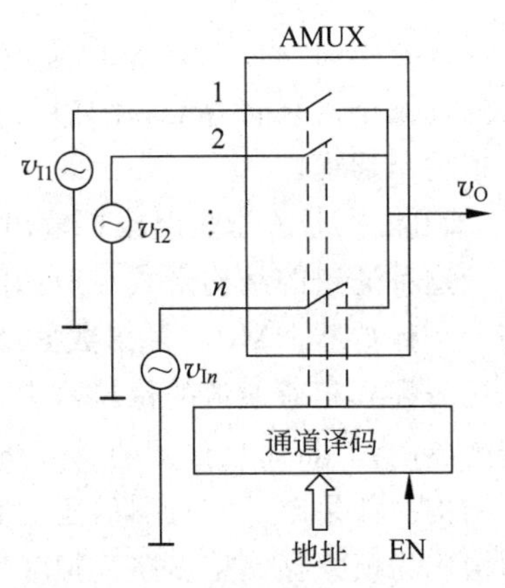

图 9.48　模拟多路开关原理示意图

模拟多路开关按被接通模拟信号的传输方向分,有单向和双向两种。单向模拟多路开关一般只能用于“多到一”分时切换,相当于数字多路选择器的功能;双向模拟多路开关则既能用于“多到一”切换(选择),又可用于

“一到多”切换(分配),兼具有类似数字多路选择器和多路分配器的功能。图 9.48 所示的是单向开关。

模拟多路开关按一次所能接通的模拟信号端数的不同,有单端输入和双端输入之分。双端输入的多路开关特别适合于转接、切换差动输入的模拟信号。图 9.48 示出的是单端输入的 n 路模拟开关。如图中增加一套相同的 n 路模拟开关,但开关的选择控制仍共用原有的通道译码器,则变成了双端输入的 n 路模拟开关,简称为双 n 路模拟开关或双 n 通道模拟开关。模拟多路开关的通道数 n 一般取 2^i 值,而在通常所见的实际模拟开关器件中,以 $n=4,8,16$ 居多。

下面介绍几种常用的美国 AD 公司生产的多通道模拟开关器件。

1) AD7501/7503

AD7501/7503 是 8 通道单端输入模拟开关,这个 CMOS 器件的框图和引脚如图 9.49 所示,由 A_0、A_1、A_2 三根地址线和允许输出线 EN 的状态决定 $S_0 \sim S_7$ 中的一个输入接通到 OUT 输出。AD7503 与 AD7501 的不同之处是 EN 控制逻辑相反,它们的通道选择真值表如表 9.5 所示。

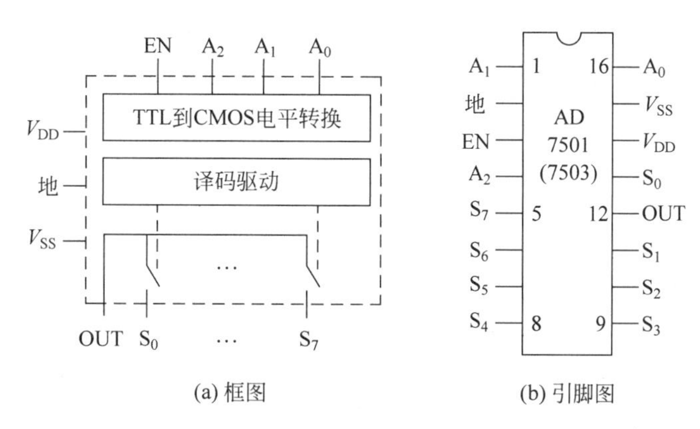

(a) 框图　(b) 引脚图

图 9.49　AD7501/7503

表 9.5　AD7501/AD7503 通道选择真值表

AD7501					AD7503				
A_2	A_1	A_0	EN	“ON”	A_2	A_1	A_0	EN	“ON”
0	0	0	1	0	0	0	0	0	0
0	0	1	1	1	0	0	1	0	1
0	1	0	1	2	0	1	0	0	2
0	1	1	1	3	0	1	1	0	3
1	0	0	1	4	1	0	0	0	4
1	0	1	1	5	1	0	1	0	5
1	1	0	1	6	1	1	0	0	6
1	1	1	1	7	1	1	1	0	7
×	×	×	0	无	×	×	×	1	无

2）AD7502

AD7502 是双四通道模拟开关，由 A_1 和 A_0 地址线及 EN 决定 8 个输入中的两个输入同两个输出端 $OUT_{0\sim3}$ 和 $OUT_{4\sim7}$ 接通，它适于双端输入时的情况。图 9.50 示出了框图和引脚图，表 9.6 列出了通道选择真值表。

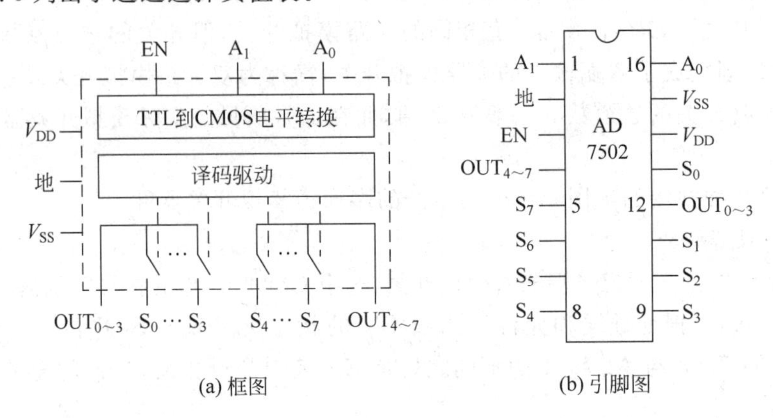

(a) 框图　　(b) 引脚图

图 9.50　AD7502 的框图和引脚图

表 9.6　AD7502 通道选择真值表

A_1	A_0	EN	"ON"
0	0	1	0、4
0	1	1	1、5
1	0	1	2、6
1	1	1	3、7
×	×	0	无

3）AD7506 和 AD7507

AD7506 和 AD7507 都是有 16 个输入端的 CMOS 模拟开关，28 脚封装。两者的不同之处是 AD7506 为 16 通道单端输入，AD7507 为 8 通道双端输入双端输出。图 9.51 和图 9.52 分别示出了它们的框图和引脚图，表 9.7 列出了它们的真值表。

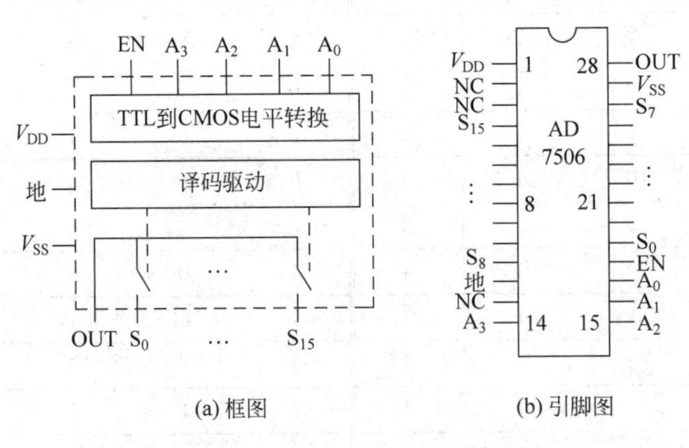

(a) 框图　　(b) 引脚图

图 9.51　AD7506 的框图和引脚图

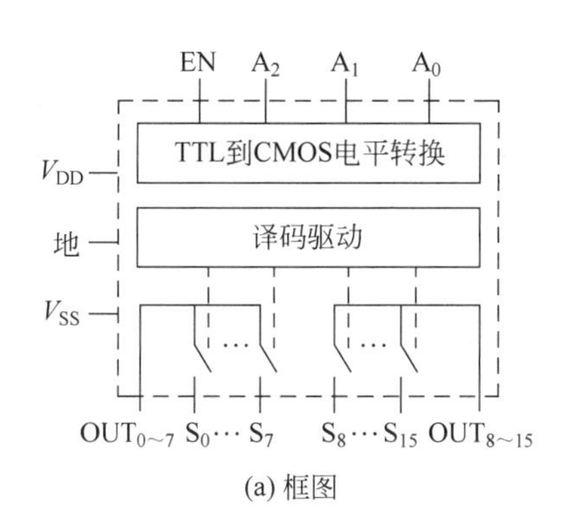

(a) 框图

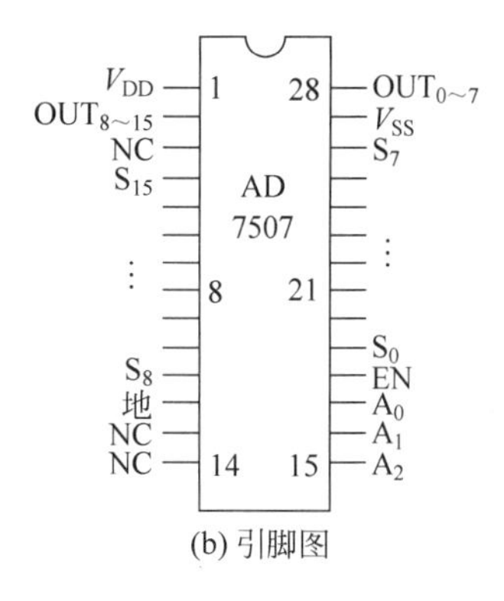

(b) 引脚图

图 9.52 AD7507 的框图和引脚图

表 9.7 AD7506/7507 通道选择真值表

AD7506						AD7507				
A_3	A_2	A_1	A_0	EN	"ON"	A_2	A_1	A_0	EN	"ON"
0	0	0	0	1	0	0	0	0	1	0,8
0	0	0	1	1	1	0	0	1	1	1,9
0	0	1	0	1	2	0	1	0	1	2,10
0	0	1	1	1	3	0	1	1	1	3,11
0	1	0	0	1	4	1	0	0	1	4,12
0	1	0	1	1	5	1	0	1	1	5,13
0	1	1	0	1	6	1	1	0	1	6,14
0	1	1	1	1	7	1	1	1	1	7,15
1	0	0	0	1	8	×	×	×	1	无
1	0	0	1	1	9					
1	0	1	0	1	10					
1	0	1	1	1	11					
1	1	0	0	1	12					
1	1	0	1	1	13					
1	1	1	0	1	14					
1	1	1	1	1	15					
×	×	×	×	0	无					

上述这几种 AD 公司的开关器件使用的最大范围是：

(1) V_{DD}电压+17V；

(2) V_{SS}电压−17V；

(3) 开关端点之间电压 25V；

(4) 输入电压范围 0～V_{DD}；

(5) 开关电流 20mA(连续使用)；

(6) 工作温度 0～+70℃(塑料封装的产品)。

需注意的是，不要在任何引脚上接高于 V_{DD}或低于 V_{SS}的电压。特别是当 $V_{SS}=V_{DD}=$ 0V 时，所有引脚也应为 0V。

另外，上述这几种多路开关器件一般都是作为多到一电压信号选择器而单向使用的，即从多个输入电压信号中选择一个输出。然而,我们的使用实践证明,它们不仅可作为电压切换开关,也可作为电流切换开关;不仅可作为多路选择器正向使用,也可作为多路分配器反向使用,即以输出端 OUT 作为输入,而以输入端 $S_0 \sim S_n$ 作为输出。比如我们在一个制冷压缩机试验的微机控制系统中,就曾以 AD7506 用作多路电流信号分配器和多路电压信号选择器,系统运行多年,工作一直正常可靠。

模拟多路开关的性能好坏,也是由一些参数来说明的。模拟开关的主要参数有开关接通后的导通电阻 R_{on}、所有开关断开时的输出端漏电流 I_{OUT}、输入端漏电流 I_S、开关接通时间延迟 T_{off}、通道切换时间 T_{open} 等。这些参数值直接影响模拟开关所在 A/D、D/A 通道的精度和速度。

2. 采样保持电路

采样保持电路(sample-hold circuits,S/H)通常由保持电容器、输入/输出缓冲放大器、模拟开关及其控制逻辑组成,如图 9.53 所示。

图中运算放大器 A_1、A_2 接成单位增益电压跟随器。由于它们具有高输入阻抗,所以 A_1 输入端可接高阻抗模拟信号源,而对信号源无多大影响。采样期间,控制模拟开关 S 接通,A_1 输出给保持电容器 C_h 快速充电;当模拟开关断开时,由于 A_2 运算放大器的高输入阻抗,保持电容 C_h 上的电压几乎不变。一般选择漏电流小的聚苯乙烯或聚四氟乙烯电容作保持电容,其大小由用户自己选择外接。

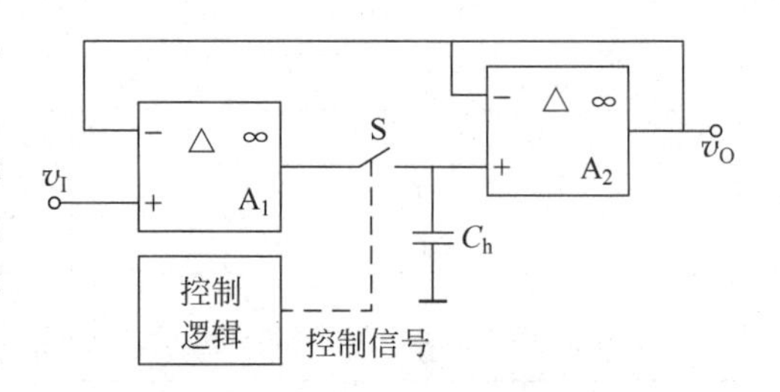

图 9.53 采样保持电路组成

1) 采样保持电路的主要参数

(1) 孔径时间 T_{AP}。指该电路接到保持命令后,开关由导通变成断开所需的时间。由于这个时间的存在,实际采样时间被延迟了。如果保持命令和 A/D 转换命令同时发出,由于孔径时间的存在,所转换的值将不是保持值,而是在 T_{AP} 时间内的一个输入信号的变化值,这样会影响转换精度。

(2) 捕捉时间 T_{AC},或叫采样时间。指该电路处于保持模式时,从接到采样命令到采样保持器输出跟踪上当前输入信号值所需的时间。它包括逻辑输入控制开关的延时时间 T_{SMD}、达到稳定值的建立时间 T_{SET},以及保持值到终值的跟踪时间 T_{SL} 等。这个时间影响采样速度,但对转换精度无影响。

(3) 保持电压衰减率 $\dfrac{\Delta V}{\Delta T}$ (V/s)。由于漏电,导致保持的电压要下降,它反映了下降的速度。

(4) 馈送。指在保持模式时,由于寄生电容,输入电压变化引起的输出电压的微小变化。

(5) 直流偏差。采样期间将信号输入端(v_I 端)接到地电平时的输出电压值。直流偏差可通过附加补偿电阻进行调整。

此外,还有反映模拟输入特性的一些参数和控制信号,即数字输入特性的参数等,详细介绍可参阅产品说明书和有关芯片手册。

2）采样保持器集成芯片举例

采样保持器集成芯片种类很多。常用的有 AD582、AD583、LF198、LF398 等；高速采样保持器集成芯片有 THC 系列的 0025、0060、0300 等；高分辨率的有 ADC1130 等。其中以 LF398 应用更普遍，因此下面仅以它为例作一简介。

LF398 是美国国家半导体公司生产的一种廉价采样保持器芯片，其功能框图及典型接线如图 9.54 所示。其供电电压 V_+、V_- 可在±5～±18V 之间选择。8 脚、7 脚是控制信号的两个输入端，应用时 7 脚接参考电压，可选择不同电平，以适应 8 脚控制信号的电平值。若 7 脚接地，则 8 脚所接控制信号大于 1.4V 时，LF398 采样，v_O 跟随 v_I 变化；8 脚为低电平时，处于保持状态，v_O 保持在 8 脚变为低电平前刻的 v_I 值上。

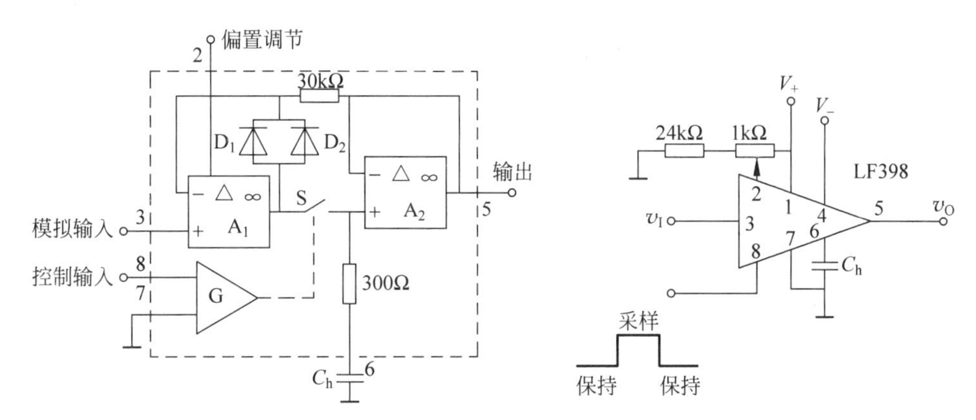

图 9.54 LF398 的功能框图和典型接线

LF398 的主要技术指标如下：

输入阻抗：$10^{10}\Omega$。

逻辑电平：与 TTL、PMOS 和 CMOS 兼容。

保持电压衰减率：$C_h=0.01\mu F$ 时为 1mV/s。

直流增益精度：0.002%。

采样时间：10μs。

思考题与习题

9.1 选择题

(1) ________是各种 D/A 转换器芯片中必不可少的基本组成部件。

A. 基准电源和运算放大器

B. 解码网络和基准电源

C. 输入数据缓存器和解码网络

(2) 一个 n 位的逐次逼近式 ADC，转换一个数并将结果送入输出缓冲锁存器，需要________个时钟脉冲。

A. n　　B. $n+1$　　C. $n+2$

(3) ADC0809 内含一个 8 通道的模拟多路开关，对其模入通道的选择________。

A. 只能使用数据线

B. 只能使用地址线

C. 既可用地址线又可用数据线

(4) 某一测控系统要求计算机输出的模拟控制信号的分辨率必须达到1‰,则应选用的DAC的位数至少是________位。

A. 8　　B. 10　　C. 12

(5) 使用A/D转换器对一个频率为4kHz的正弦波信号进行输入,要求在一个信号周期内采样5个点,则应选用A/D转换器的转换时间最大为________。

A. 100μs　　B. 10μs　　C. 50μs

(6) 设有一现场模拟信号,其最大可能变化频率为2kHz,则计算机在采集此信息时,最多每隔________时间采集一次,才能反映出输入信号的变化。

A. 0.5ms　　B. 0.25ms　　C. 0.15ms

(7) 使用一台微机控制多个D/A转换器工作,当要求各个D/A转换器必须同时改变输出值时,应采用________。

A. 无缓冲寄存器DAC

B. 双缓冲或多缓冲寄存器DAC

C. 单缓冲寄存器DAC

(8) 当ADC的分辨率(位数)大于CPU数据总线的位数时,在ADC与CPU之间应采用________结构,来输入A/D转换结果。

A. 一级数据缓存器

B. 两级或多级数据缓存器

C. 零级数据缓存器

(9) 下列ADC与CPU的接口电路中,无须使用A/D转换结束信号EOC的是________式接口。

A. 中断　　B. 查询　　C. 延时等待

(10) 模拟输入通道中要不要加采样保持器,取决于________。

A. A/D转换器的分辨率

B. 输入模拟电压的最大变化率

C. A/D转换时间内输入电压的最大变化与ADC量化电平的相对大小

9.2 A/D和D/A转换器在微机应用中分别起什么作用?

9.3 D/A转换器一般由哪些部分组成?T形和倒T形电阻解码网络DAC各有什么特点和优缺点?

9.4 D/A和A/D转换器的主要参数有哪几种?它们各反映转换器的什么性能?分辨率和精度有何联系和区别?

9.5 A/D和D/A转换器中的“满量程”是什么含义?为什么不用实际模拟量的标称值,而用满量程值作为转换器的指标?

9.6 DAC0832和DAC1210直接输出的是什么模拟信号?为了得到单极性和双极性的输出电压,分别应增加什么电路?试以0832为例,画出电路,并说明原理。

9.7 DAC0832有双缓冲、单缓冲和直通三种工作方式,试说明它们在硬件接口和软件接口方面的不同点,以及分别适于什么应用场合。

9.8　求出+7～−7的所有整数的原码、反码、补码和偏移码，并列成表格，看看偏移码与补码之间有什么关系。并据此求出+118和−240的偏移码。

9.9　用DAC1210实现一个输入为补码的双极性12位D/A转换器，画出其原理示意图。

9.10　为什么说DAC1210与8位MPU接口时必须工作于双缓冲方式下？它的双缓冲工作与DAC0832的双缓冲工作在接口上有什么不同？

9.11　DAC电路与MPU接口中的关键问题是什么？采用什么方法解决？

9.12　试用DAC0832为D/A转换芯片设计一个多功能脉冲信号产生器，通过按键或开关选择，可输出矩形波、三角波、锯齿波或梯形波。设用8位PC机（如PC/XT）作为控制核心。要求画出接口电路，编写驱动程序。

9.13　如何改变9.12题中各种波形信号的频率？

9.14　实际模/数转换一般要经历哪几个步骤？简要说明各步的功能，并以波形图示意。

9.15　逐次逼近式ADC主要由哪些部分组成？影响转换精度的因素有哪些？

9.16　试说明逐次逼近式ADC的转换原理。

9.17　ADC与微处理器接口的基本任务是什么？影响接口方法的主要因素有哪些，如何影响？

9.18　ADC的转换结束信号（设为EOC）起什么作用？在各种不同I/O控制方式的ADC接口中，应分别如何使用该信号？

9.19　当ADC的位数多于CPU数据总线的位数时，ADC与CPU的接口中应设置几级缓冲器？一次转换结果应分几次传送至内存？

9.20　试画出片内不带输出锁存器的10位ADC与8位CPU接口的原理图，并写出完成一次A/D转换过程的程序段。

9.21　一个语音信号数字化的过程就是一个A/D转换的过程，若语音的最高频率为3500Hz，其动态范围为80dB，要求分辨率为0.4mV，应选择什么样的ADC（位数、转换时间、输入电压范围等）？

9.22　在80x86系统或MCS-51系列单片机中扩展一片ADC0809，模入通道采用数据线选择。0～5V的模拟信号由IN_1通道输入，要求进行连续采样，采样频率自定。每10次采样值作表决处理，即去掉最大值与最小值之后取平均值为表决结果，结果存放在ADRESULT单元中。画出系统硬件连接图，设计出相应软件程序。

9.23　试设计一个采用查询法的PC总线机（或MCS-51单片机）与ADC0809的接口电路，并编制程序使之把所采集的8个通道的数据送入从BUF开始的给定内存区。要求：

（1）采用数据线选择通道；

（2）采用地址线选择通道。

9.24　设被测温度变化范围为0～100℃，如果要求测量误差不超过0.1℃，应选用分辨率为多少位的ADC（设ADC的分辨率和精度的位数一样）？

9.25　试设计一个用AD574A作为ADC的PC系列机温度监控系统的硬件接口和软件程序，使它能24h连续工作，每隔600s连续采样7次，取其平均值作为一个数据存入内存，并判断是否超出上、下限（设上、下限温度对应的数字值为D_{max}和D_{min}），如超限则点亮一发光二极管报警。

9.26　DAC的输入代码为有符号数的偏移码，要求其满刻度输出为±10V，输出电压的不平滑度(台阶高度)不大于10mV，试问：

(1) 应选用多少位的DAC芯片才能满足要求？

(2) 如选用合适的DAC芯片，其参考电压应为多少？当输入代码 D_{IN}＝100000000000时，输出 v_O 为多少？

(3) 画出能进行零点和满刻度调节的外接模拟量输出电路。

9.27　试利用8254、8255A、ADC0809设计一个单路数据采集系统(不包括A/D输入通道中的放大器和采样/保持电路)。要求每隔200μs采集一个数据，每次启动采集数据时采集时间为20ms。假定时钟频率为5MHz，由一只开关手动启动数据采集，数据的I/O传送采用中断控制，8255A的INTR信号接至8259A的 IRQ_2 脚。画出硬件连接图(不包括8259A)，并完成软件设计，包括8255A、8254的初始化程序及中断服务程序。(设计时允许附加必要的门电路或单稳电路)

9.28　如果上题中的ADC0809改用AD574A，采集数据的周期改为50μs(每50μs采集一个数据)，试说明相应的硬件和软件应作何修改。(说明：此时AD574A必须工作于独立控制方式，即CE和 $12/\overline{8}$ 接高电平，$\overline{CS}$ 和 A_0 接低电平，由 $R/\overline{C}$ 控制转换和读出)

9.29　试利用8255A和ADC0809设计一个A/D转换接口卡，8255A的地址为02C0H～02C3H，由系统板上的8254定时器0控制每隔5s采样一遍ADC0809的8路模拟输入，并将采集的数字量显示于CRT屏幕上(数字量为00H时显示0V，数字量为FFH时显示5V)。

9.30　设计一个计算机多路数据采集系统，要求：

(1) 被采集参数有8个，每个参数经传感、变换后均为内阻为10Ω的±5V信号；

(2) 顺序巡回检测每个参数，对每个参数的扫描不超过50μs；

(3) 系统最大允许误差不超过满刻度的0.5%，系统逻辑电平是TTL电平、二进制码，数据传输是并行方式。

9.31　模拟输入通道和模拟输出通道的作用分别是什么？它们分别由哪些部件组成？

9.32　多路模拟输入通道和多路模拟输出通道分别有哪几种结构形式？它们各有什么优缺点？

9.33　已知某ADC芯片的转换时间为25μs，输入电压范围为单极性0～＋10V，双极性±5V，精度为±1LSB，分辨率为8位。要求用它分别采集下列各输入电压 v_I，试合理选择各采集系统的A/D通道结构。

(1) $v_I=5\sin(30t+6)$

(2) $v_I=5\cos(180t+15)$

(3) $v_I=4\cos 34t+6$

9.34　模拟多路开关(AMUX)的主要性能指标有哪些？它们对模拟I/O通道的设计有什么影响？

9.35　采样保持电路(S/H)的主要性能指标是什么？它们对模拟I/O通道的设计提出什么要求？

9.36　试用AD7501AMUX构成一个32选1的模拟多路开关，画出连线图，说明构成原理。

第10章 多媒体设备及接口

CHAPTER 10

现代微机系统基本上都是能对文字、数据、声音、图形和图像等多种类型信息进行综合处理的多媒体计算机系统。对文字、数据进行处理是计算机早就具有的功能,多媒体计算机系统的特点,主要在于其能把声音和静态、动态图像等媒体信息进行处理,并把它们和文字、数据综合为一体。

自然界的声音和图像信息都是以非电量模拟信号的形式出现的,要让计算机处理这些信息,必须有相应的设备传感和获取它们,并把它们转换成数字信息形式,才送给计算机;计算机处理后,又要还原成模拟信号,通过相应的设备把声音和图像送出去,供人们视听。本章将主要针对多媒体系统中声音、图像信息的采集、传输、存储、处理和还原播放,介绍多媒体计算机系统的基本组成和声频、视频接口技术。

10.1 多媒体计算机系统概述

10.1.1 多媒体和多媒体技术

媒体(media)是信息表示、传输和存储的载体。文字或数字是一种媒体,声音或图像也是一种媒体。多媒体(multimedia)是指通过数字化处理,把文字、数据、声音、图像和视频等多种媒体的信息综合为一体。多媒体技术就是利用计算机实现这种综合,并与人机交互技术、网络通信技术、信息存储技术、外围设备技术等相结合,开展各种应用而形成的一种综合性技术。

多媒体技术起源于计算机应用界面的图形化。这方面首开先河的是美国 Apple 公司,他们首先在 1984 年推出的 Macintosh 个人计算机上使用了鼠标驱动的窗口技术和图符来进行人机交互,深得用户欢迎。而后来多媒体技术之所以能持续迅猛地发展和推广应用,又主要得益于 Microsoft 公司在 1986 年开发了使用图形界面的 Windows 软件。以此为基础,1990 年至 1991 年 Microsoft 公司又联合 Philip、IBM 等十几家多媒体开发厂商一起,成立了多媒体个人计算机(MPC)市场协会,制定了关于多媒体计算机的第一代标准——MPC1 规范,明确了多媒体计算机所需的最低硬件要求和基本框架。从那以后,国际上许多硬件公司都纷纷加入了开发具有声像处理功能和视听接口的芯片、板卡、设备等多媒体计算机产品的行列,使普通微机很快扩展、升级为多媒体微机,并且性价比越来越高。与此同时,有关多媒体个人计算机的标准也从 MPC1 先后升级为 MPC2(1993 年)、MPC3(1995 年),对多媒体计算机的结构和多媒体表现能力提出了更高的要求。

多媒体技术的主要特点可以归结为“六性”，即：

1）多样性

多样性指计算机处理对象的信息形式和信息表现形式实现了多样化，均从传统的文字形式扩展到了声音、图形图像、动画、视频等多种形式，从而使计算机处理信息的范围扩大、能力增强，人机交互有了更大的自由空间。

2）集成性

它包括两方面：一方面是指多媒体信息本身的集成，即指将文字、声音、图形图像、动画、视频等多种媒体信息有机地组织在一起，成为紧密联系的一体化系统，共同表达一个完整的多媒体信息。另一方面是指多媒体设备的集成。

3）协同性

协同性指多媒体信息中的多种媒体经过综合处理后，输出播放时，时间上同步得很好，使人感觉确实是一个统一体，很逼真。

4）交互性

交互性指信息以超媒体结构进行组织，人可以方便地通过鼠标、键盘、触摸屏等输入设备，按照自己的思维习惯和意愿，主动地选择和接收信息，控制媒体信息的播放。

5）实时性

实时性指多媒体信息的采集、处理和输出，整个过程完成得很快，时间上相对于人的视听感觉没有滞后。

6）非线性

非线性指对多媒体信息的读写模式，改变了传统的按章、节、页、行顺序读写的循序渐进方式，而借助超文本链接方法，把内容以一种更灵活、更具变化的跳跃方式呈现给读者。

多媒体技术的核心是数字化技术。围绕这一核心，涉及的关键技术主要有：

1）多媒体信息的采集和再现技术

它包括音频、视频信息的获取和数字化，数字化音频、视频信号还原为模拟信号并输出，以及相应的输入输出设备技术。

2）多媒体信息的压缩和解压缩技术

多媒体信息数字化后，数据量很大，如不进行数据压缩，可以说无法存储和传输，因此数据压缩技术显得特别重要。压缩的基本原则是既要尽可能增大压缩比，又要尽可能不失真。压缩和解压缩实质上是个编码和解码的问题。

3）多媒体信息存储和检索技术

多媒体信息不仅数据量大，而且数据类型复杂，数据长度可变，存储组织烦琐，加上存在数据流的连续记录、检索及同步问题，这些都给多媒体信息的存储、检索及管理提出了很高的要求。

4）多媒体信息同步技术

同步是多媒体的重要特征之一。反映同一时序事件的多种媒体信息，如果不能在时间、空间和逻辑关系上实现某种层次上的同步，就会失去其应用价值。因此，多媒体同步是多媒体应用语义的重要组成部分。多媒体同步包括多媒体数据流和多媒体数据通信两个方面的同步。

5）多媒体信息综合处理技术

它包括对采集进来的多种数字化媒体信息的识别、理解、综合和加工变换等技术。这些处理既可用软件实现，也可用硬件（芯片）实现。目前多媒体计算机系统中多用多媒体专用芯片实现。

6）多媒体通信技术

多媒体通信相比于一般通信具有数据量大、实时性强、同步性要求严格和服务质量要求高等特点，因此对通信网络的速度、带宽、时延、抖动、可重构性、综合性、同步性、交互性等方面都提出了更高的要求，并要求对计算机的交互性、通信技术的分布性和多媒体音频视频技术的真实性有机融合在一起。

7）多媒体系统软件技术

它包括多媒体操作系统、多媒体编辑、多媒体信息的混合与重叠、多媒体数据库及管理、多媒体创作工具环境、分布式多媒体调度和多媒体人机交互等方面的技术。

10.1.2　多媒体计算机系统及其基本组成

多媒体计算机系统需要同步地、实时地、交互式地对文字、声音、图形图像和视频等多媒体信息进行编辑、存储、播放等综合处理，处理数据量大，处理速度要求高。在计算机的发展过程中，在不同时期曾采用了以下三种途径来提高普通计算机的多媒体处理能力。

一是在原来通用 PC 机的基础上引入专用接口卡及相应软件作为升级套件，例如引入声频卡解决声音的输入输出、实时编码解码等问题；引入视频卡解决视频信号的输入输出、压缩、解压缩和多窗口彩色键连等问题；引入 ISDN 网卡解决局域网和远程网的多媒体通信问题等。

二是设计专用音频、视频处理器芯片及软件，组成多媒体计算机系统，综合解决声、文、图处理问题，如 Philips/Sony 公司研制的 CD-I 系统和 Intel/IBM 公司推出的 DVI 系统等。

三是把多媒体技术直接引入通用 CPU 芯片中，如 Intel 公司的 MMX 类 CPU 芯片、Motorola 公司的 VE Comp 701 芯片和 Philips 公司的 Trimedia 芯片等。

但无论采用哪种途径，作为多媒体计算机系统，其基本组成必须包括以下几部分：

（1）主机；

（2）声频、视频接口及其声、像输入输出设备；

（3）用于实时声音和图像处理的高速处理芯片；

（4）大容量的内存和外存；

（5）多任务实时操作系统等多媒体系统软件。

各组成部分的具体配置和性能指标没有固定模式，因计算机发展水平和应用需求不同而异。以采用上述第一种途径构成多媒体个人计算机（MPC）为例，先后发布的 MPC1（1991 年）、MPC2（1993 年）、MPC3（1995 年）和 MPC4（1997 年）4 个技术标准，就对多媒体计算机的硬件、软件配置及性能指标提出了不同的要求。其中 MPC4 是最新标准，其最低要求的要点是：

（1）CPU：133MHz Pentium（或兼容 CPU）。

（2）主存：16MB。

（3）磁盘：1.44MB 软盘，1.6GB 硬盘。

(4) 光驱：10 倍速 CD-ROM，数据传输率 600kb/s，平均存取时间 250ms。

(5) 声音输入：mV 级灵敏度麦克风。

(6) 声音重放：耳机，扬声器。

(7) 声卡模式：16 位采样，输入输出均为 11.25kHz、22.05kHz、44.1kHz，波表合成技术，MIDI 播放器。

(8) 图像显示：VGA 或更高级显示模式，分辨率 1280×1024，32 位真彩色。

(9) 视频播放：MPEG1 压缩模式；NTSC 制式：30 帧/s，352×240 分辨率；PAL 制式：24 帧/s，352×288 分辨率。

(10) I/O 接口：串口，并口，游戏杆接口，MIDI 接口。

(11) 操作系统：Windows 95。

事实上，随着 MPC 硬件、软件技术的发展，今天的各档、各型多媒体个人计算机的基本配置及性能许多方面已远远高于上述 MPC1～MPC4 标准的要求，可供选择的硬件设备种类也大大增加，新的软件更是层出不穷，许多硬件的功能可由软件代替，一些主流 MPC 还具有了多媒体网络通信的功能，网卡、通信接口及软件已成为其必不可少的基本配置。正因为这样，继续强调遵循 MPC 标准已无多大意义了，所以近些年来未再发布新的 MPC 标准。

总之，多媒体计算机系统和普通计算机系统一样，也是由硬件系统和软件系统两大部分组成的。就 MPC 系统而言，其多媒体硬件系统除具有普通 PC 机所具有的主机、磁盘驱动器、键盘、鼠标、显示器、打印机等部件外，主要增加了声频视频信息处理器、声频视频设备和光盘驱动器等部件；其多媒体软件系统主要有多媒体驱动程序、多媒体设备接口程序、多媒体操作系统、媒体素材制作软件、多媒体创作工具和多媒体应用软件等。

10.1.3 典型多媒体计算机系统

在多媒体计算机系统发展史上，比较典型的有 Philips/Sony 公司的 CD-I 系统和 Intel/IBM 公司的 DVI 系统等。

1. CD-I 系统

CD-I 系统是著名的家电生产厂商 Philips 和 Sony 公司于 1986 年联合推出的，同时还公布了 CD-ROM 的文件格式，即后来的 ISO 标准。该系统把程序和高质量的声音、文字、图形、图像、动画等多媒体信息以数字形式存放在容量为 650MB 的 5 英寸 CD-ROM 光盘上。将该系统与家用电视机或计算机显示器相连后，用户通过使用鼠标器、操纵杆和遥控器等定位控制装置，可选择自己感兴趣的视听内容播放。

CD-I 基本系统的组成结构如图 10.1(a)所示。该系统分为两部分：一部分为 CD-ROM 驱动装置，由光盘译码器、光盘驱动器和光盘片组成，光盘驱动器可支持使用 CD-I 或 CD-DA 光盘，它通过 CD-ROM 译码器连接到系统总线上；另一部分为多媒体控制器(MMC)，它以 MC68000 系列微处理器为核心，再配置 ROM、RAM、NVRAM(非易失 RAM)、音频信号处理器、视频信号处理器和定位控制装置组成。多媒体控制器在光盘实时操作系统的管理下，编译来自光盘的程序和声频、视频等数据，并将声音和图像分别通过音响设备和不同制式的彩电或计算机的显示器播放出来。

图 10.1(b)给出的是增强型 CD-I 系统的组成结构，它除采用了 Motorola 公司高性能

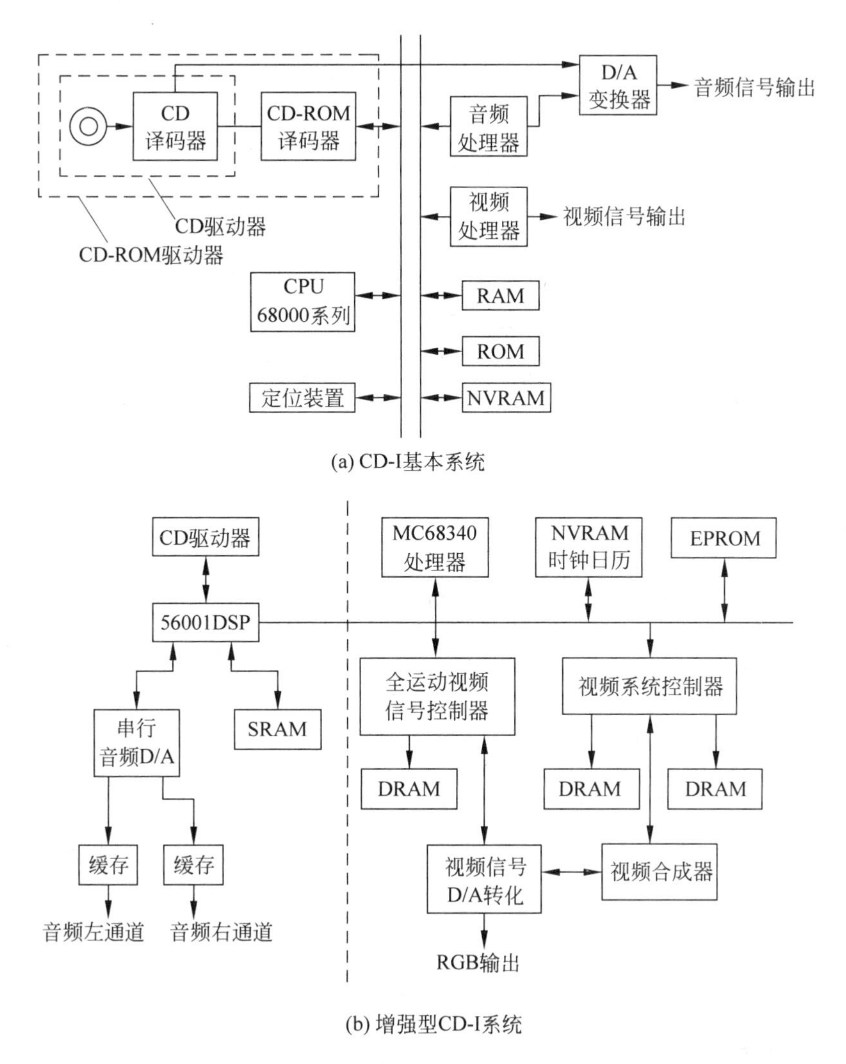

图 10.1 CD-I 系统组成结构

的嵌入式微处理器 MC68340 作为核心处理器外，还采用了 Motorola 公司为改进 CD-I 基本系统的视频特性而专门开发的一套专用 LSIC 芯片，包括：视频系统控制器、视频合成器、全运动视频信号控制器和视频信号 D/A 转换器。其中视频系统控制器主要用于内存管理；视频合成器主要用于处理位映射图像；视频信号 D/A 转换器主要用于将数字化视频信号转换为模拟量，送给 RGB 驱动电路，控制彩色监视器；全运动视频信号控制器则主要用于完成视频信号的压缩编码和解压缩任务，为 TV 提供全屏幕的运动图像。此外，采用了 56001DSP（数字信号处理器）来处理来自 CD 驱动器的声频信号，并通过 SRAM 和串行音频 D/A 转换器去控制左、右两个声道的音响设备。增强型 CD-I 系统比 CD-I 基本系统在全屏幕运动视频信息和音频信息的处理方面，功能要强得多，效果要好得多。

2. DVI 系统

DVI 系统是由 Intel 公司和 IBM 公司联合推出的。其第一代产品（Action Media 750 Ⅰ）诞生于 1989 年，后来又先后于 1991 年和 1992 年推出了第二代（Action Media 750 Ⅱ）、第三代（S3）产品。

第一代 DVI 系统的组成结构如图 10.2 所示。其中虚线框内为 DVI 用户系统，它以 IBM-PC/AT、386、486 或其他兼容机为工作平台，同时配有 CD-ROM 驱动器，带放大器和音响的 RGB 彩色显示器，以及三个专用 DVI 接口卡：DVI 视频卡、DVI 音响卡和 DVI 多功能接口卡。在此基础上，再配置与多媒体有关的视频信号数字化器(连接到 DVI 视频卡上)、音响数字化器(连接到 DVI 音响卡上)、扩展的视频 RAM、大容量的光盘或硬盘、磁带机、摄/录像机、音响设备、监视机和扫描仪等部件设备，组成的则为 DVI 开发系统。

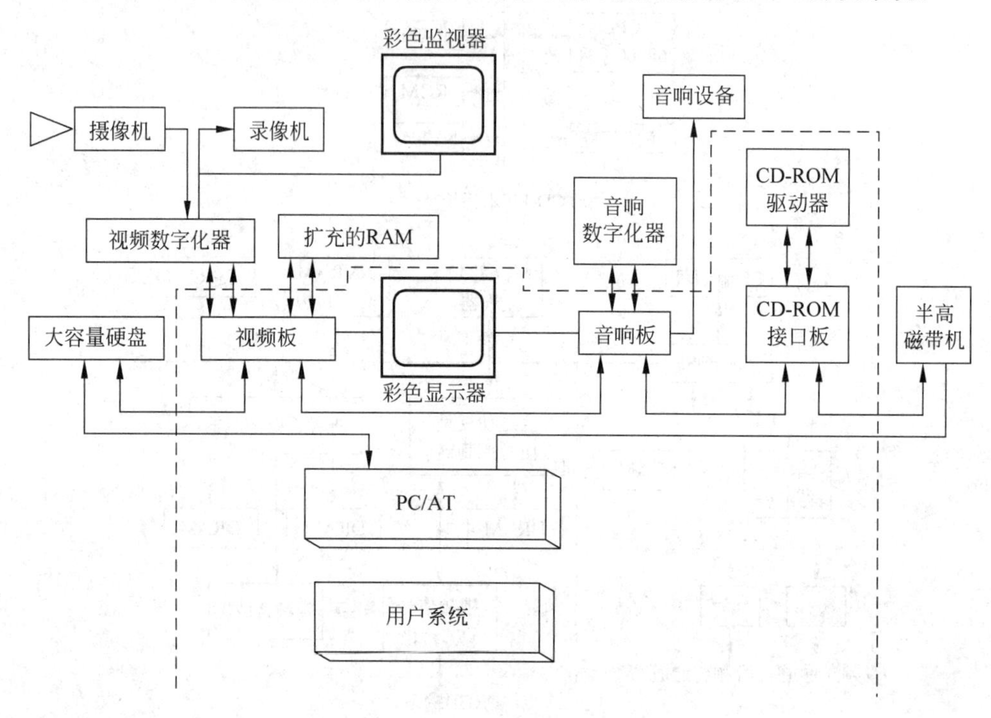

图 10.2 DVI 系统组成结构图

3. 现行主流 MPC 系统

时下主流多媒体个人计算机(MPC)系统的硬件配置大体如图 10.3 所示。其中主机一般配置多核 CPU，其内存容量在 2GB 以上，显卡的显存容量在 2GB 以上，多媒体软件可根据应用需要任意选装；CD-ROM 光驱一般在 32 倍速以上。

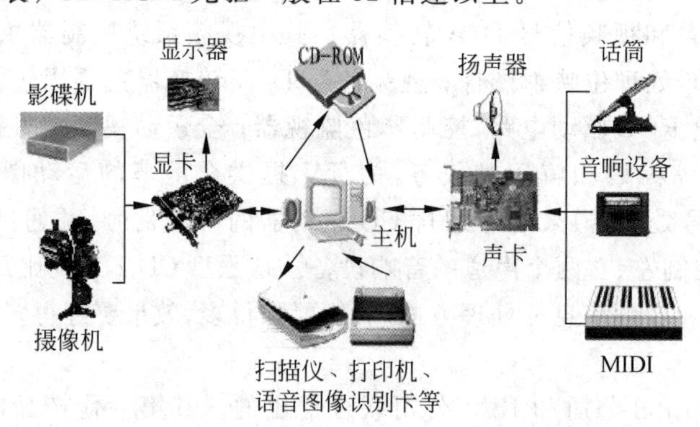

图 10.3 现行主流 MPC 系统配置示例

10.2　声频设备及其接口

10.2.1　主要声频设备

多媒体系统中，主要的声频设备有：

(1) 麦克风、磁带机、录音机、录音笔、CD/VCD/DVD 机、电视机、MP3 等语音输入设备。利用它们，把敏感/记录/接收的声音变换成电信号，送给计算机。

(2) 耳机、音箱、扩音机等语音输出音响设备。利用它们，把经过计算机处理的模拟音频电信号还原为声音(声波)播放出来。

10.2.2　声频接口一般原理

各种声频设备和其他外部设备一样，必须通过接口才能与计算机相连。相应的接口通常被称为声频接口。有关接口电路通常制作在一块印制电路板(PCB)上，被称为声频接口卡，简称为声频卡或声卡。

声频接口既支持计算机与语音输入设备相连，将声音数字化后送入计算机存储；又支持计算机与音响输出设备相连，将数字化声音转换成模拟信号输出。

根据功能和用途的不同，可把声频接口概括为 4 类：

(1) 语音直接输入输出接口；

(2) 立体声(语音、音乐)数字化输入输出接口；

(3) 具有语音处理功能的数字化输入输出接口；

(4) 具有语音合成功能或音乐编辑功能的数字化输入输出接口。

各类声频接口在硬件组成上均可用图 10.4 所示的一般模型来描述。来自声频源的声音信号首先经增益控制放大器放大和低频滤波器滤波，然后经 A/D 转换器转换为数字信号，或者直接送存储器存储，或者经语音信号处理器处理后送给主机 CPU。输出过程相反。

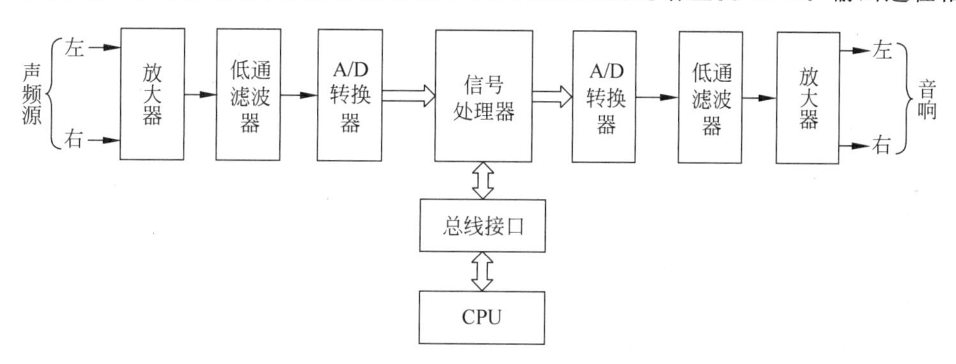

图 10.4　声频接口硬件组成一般模型

当然，不同类型的声频接口，在具体实现方法上会有较大不同。

1. 语音直接输入输出声频接口

对于语音直接输入输出声频接口，通常采用下列两种方法来实现。

1) 普通 A/D、D/A 法

这种方法的实现原理如图 10.5 所示。早期的语音直接输入输出接口基本上都采用这种简单方法，后来随着语音数字编译码芯片和专用语音数字化接口芯片的推出，这种方法已很少使用了。

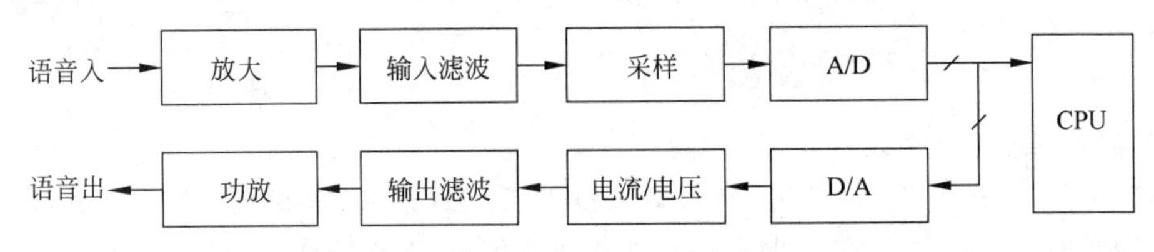

图 10.5 普通 A/D、D/A 语音接口法原理

2) 专用语音接口芯片法

这种方法是采用专用语音接口芯片来代替图 10.5 的语音接口电路，以简化声频接口的设计。有的专用接口芯片的内部电路在原理上和图 10.5 的电路是完全相同的，如 TLC32044 等；也有的专用接口芯片在声频信号的数字化方法上，和图 10.5 的普通 A/D 转换不一样，它们采用的是脉冲编码调制(PCM)、差分脉冲编码调制(DPCM)或自适应差分脉冲编码调制(ADPCM)等语音编码方法。通常把后者叫做语音编译码芯片，如 PCM 编译码器芯片 Intel 2914 等。

图 10.6 给出的是用 PCM 编译码器实现声频接口的原理电路。显然，选用这种专用语音接口芯片实现的声频接口，不仅电路简单、成本低廉、性能稳定，而且具有数据压缩能力。

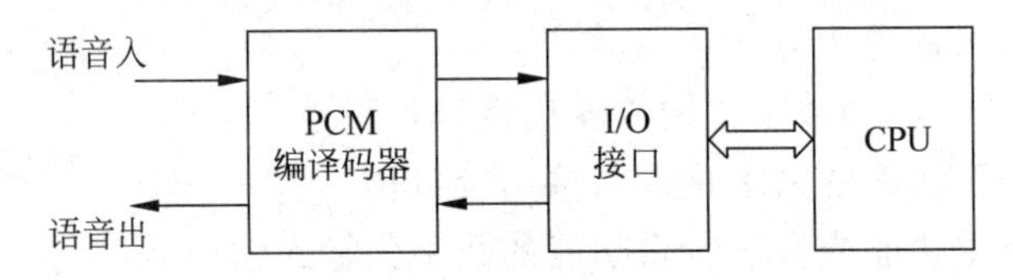

图 10.6 PCM 编译码器语音接口法原理

但是，由于 PCM 编码法实质上是一种非线性对数压扩的 A/D 转换方法，用 PCM 编译码器实现语音接口时，它送给计算机的是对数压扩特性的非线性码，它要求计算机输出给自己的也必须是这种非线性码，因此，为了便于计算机运算处理，就必须在 PCM 编译码器芯片与计算机的接口电路中采用硬件方法，或在计算机内部采用软件方法，进行码型变换，将非线性的对数压扩码变为线性的二进制码送入计算机，以及将计算机送出的线性二进制码变换为非线性的对数压扩码送入 PCM 编译码器。当然，只要知道了这两种码之间的转换关系，无论采用硬件方法还是软件方法，实现相互转换都不困难。

相比之下，采用上述第一种专用语音接口芯片(如 TLC32044)实现语音直接接口，将更简单些，更易于与 CPU 的系统总线连接。

2. 立体声数字化输入输出接口

由于这种接口需要对立体声信号数字化，所以比一般的语音直接输入输出接口要求更高。为了满足这种要求，早就有专用集成电路芯片可供选用，如 AD 公司生产的数字立体声接口芯片 AD1849，它基本上具有立体声数字化输入输出接口所需的各种功能，其内部电路包括：

(1) 双路 16 位 ADC、DAC(支持双声道立体声输入、输出)；

(2) 输入、输出滤波器；

(3) 可编程增益和噪声抑制控制电路；

(4) μ律和A律转换特性可选的声频数据压扩器；

(5) 与CPU连接的串行接口。

该芯片有两个立体声输入通道、两个立体声输出通道和一个单扬声器输出通道，并且每个通道均可独立地静噪。

由于AD1849含有声频接口的几乎全部功能，所以在多媒体系统中只用一片这种芯片便可实现一个完整的声频接口。

3. 具有语音处理/语音合成功能的数字化输入输出接口

这种声频接口可以支持营造出更加丰富逼真的音响效果。在这种接口中，语音处理器是核心部件。用作语音处理器的，可以是专用的音响信号处理器或标准的语音压缩编译码器，也可以是通用的数字信号处理器(DSP)。例如CD-I系统的语音处理，采用的是ADPCM压缩编码的语音译码器，其中37.8kHz采样速率、8b编码相当于Laser Vision的音质，37.8kHz采样速率、4b编码相当于FM广播的音质，18.9kHz采样速率、4b编码相当于AM广播的音质；DVI系统的语音处理，采用的是TI公司的通用数字信号处理器TM320C10。

语音处理器在接口中的作用，是完成FM合成、语音识别、实时音频压缩以及回声加入等任务。它将来自A/D转换器的数字声音信号用PCM、DPCM或ADPCM方式进行编码和压缩，并形成WAV格式文件送入计算机磁盘存储。声音输出时，将磁盘中的WAV文件送入DSP芯片，经译码后变成数字声音信号送至D/A转换器。

这种声频接口中，有时还加入混音器、语音合成器和音乐编辑器等，以支持多声源混合录音、MIDI音乐文件的播放和音乐的编辑等功能。

10.2.3　目前流行声卡的功能、结构及性能

1. 声卡的功能

声卡作为多媒体计算机系统中不可或缺的重要部件，不仅用作发声，还兼备了声音的采集、编辑，语音识别和网络电话等多种用途。目前流行的声卡，在相应软件的支持下，大多具有以下全部或大部分功能。

1) 录制与播放

可对来自声源的声音信号采样，转换成数字信息，并将它们以文件形式存储；必要时可将WAV等格式的数字化声音文件还原成声音信号回放出来。录制和播放都既可是单声道的，也可是立体声道的。采样速率为4～44kHz。

2) 多种音频输入输出接口

可提供MIDI、麦克风、游戏杆、IDE、线路输入/输出(LINE IN/OUT)等多种音频输入输出接口，用于接收外部电子乐器、激光唱机、话筒、电话、录音机、录像机等多种声源设备的声音信号，实现对多台带MIDI接口的电子乐器的控制和操作。

3) 编辑与混音

可用硬件或软件对声音文件进行多种特技效果的编辑处理，包括加入回声、倒放、淡入、淡出、往返放音以及左右两个声道交叉放音等。也可在相应软件的支持下，控制各种声源的音量、混音和数字化处理。通常随声卡提供的软件中有一个叫做Mixer的程序，它显示带

有多个滑键的控制面板,用来调节话筒、激光唱盘和其他声源的输入音量,以及 MIDI、WAV 文件和主输出电路的回放音量。

4) 语音识别与合成

可识别不同的语汇和声音,可进行调频(FM)音乐合成、人的话音合成和立体声合成等。利用语音识别功能,操作员可通过说话指挥计算机工作;利用语音合成功能,计算机可把文字信号转换成声音,自动朗读中文、英文或其他形式的文本。

5) 压缩和解压缩

可用硬件或软件对数字化声频文件以某种有损或无损压缩算法进行压缩后再存储。要播放时,又能自动将压缩的声频文件解压缩。由于高质量的声音(如立体声)数字化后,1s 的语音就要占用高达 10MB 的存储空间,为了在有限的存储空间中能存放尽可能长的语音文件,一般要求压缩比在 10 以上。

2. 声卡的结构

现在 PC 机上使用的声卡种类很多,不同类型在硬件结构上会有细微差别,但其基本结构是相同的,大体如图 10.7 所示。它主要由声音输入输出端口、混音信号处理器、数字信号处理器、音乐合成器、功率放大器和总线接口及控制器等部分组成。其中核心是混音信号处理器、数字信号处理器和音乐合成器三部分,通常将它们统称为音频处理电路或音效处理电路。其主要任务是实现音频信号的 A/D、D/A 转换和进行音调、音色、音量等特殊音效的控制处理,并将多个不同的低频声波信号混合成复音,最后经功率放大器到扬声器输出。声音输入输出端口和总线接口及控制器则主要用于支持声卡与各声源设备和 PC 机系统总线(ISA 或 PCI)的连接。

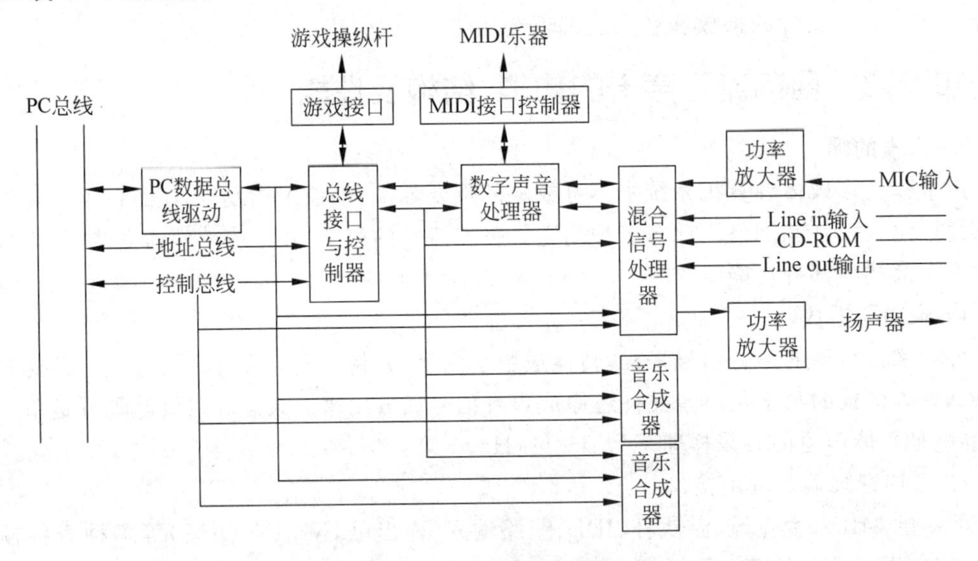

图 10.7 声卡基本结构

作为声卡核心组成部分的音频处理电路,可以做在同一芯片内,也可以做成多个单独的芯片,到底采用哪种做法则完全取决于各个厂商的设计。不同的厂商、不同的时期有不同的设计处理方法。不过,自从有了 AC'97 声卡标准后,由于该标准规定声卡的 A/D、D/A 转换和 Mix 混音操作必须由一个单独的 Audio Codec(coder-decoder,编码解码器)芯片完成,不能和数字声音处理电路一起包含在同一个音效处理芯片中，以避免模拟电路和数字电路之间的相互干扰，提高声卡信噪比，所以目前主流的声卡上，其音频处理电路一般都由两个芯片组成：一个主音效芯片，一个 CODEC 芯片。整个声卡，则由这两个芯片外加一些辅助元件和外部声音输入输出端口组成。下面分别简介之。

1）主音效处理芯片

主音效处理芯片承担着对声音信息、三维音效进行特殊过滤、处理和 MIDI 合成等重要任务。目前比较高档的声卡，主音效芯片几乎都是具有强大运算能力的数字信号处理器(DSP)。多数情况下，声卡上最大的那块芯片就是主音效芯片。目前比较著名的主音效芯片生产厂商及其典型产品有：

(1) Creative 公司的 EMU10K1 和 EMU10K2　EMU10K1 为 Creative 公司的主流声卡——Sound Blaster Live！系列声卡所采用，EMU10K2 为 Sound Blaster Audigy 系列声卡所采用。在声音处理上，EMU10K1 使用取得专利的 8 点内插算法，使声音变得更加动听；其内置的音乐合成器可以提供 64 个硬件复音，配合相应的软件波表(wave table)，可以达到最多 1024 个复音，并拥有 131 个硬件 DMA 通道，目前可硬件加速 32 个 DirectSound 3D 音频流(随着技术的发展，将来可升级到更多个)；可支持 48 个 MIDI 通道并内建 128 个 GM/GS 音响模型；通过类似于可下载样本(down loadable sample，DLS)的音乐库(sound fond)技术，可共享 32MB 系统内存。

EMU10K2 通过对 EMU10K1 的改进，更具有 7 大特色功能：

① 支持 24 位、192kHz 高精度 DVD-Audio 格式的音频节目；

② 具有 24 位超高解析度音频以及 106dB 的信噪比，令其音频清晰度可达到家用音频设备的 8 倍；

③ 支持 6.1 声道 DirectSound 3D 游戏及 Dolby Digital EX 电影，可将立体声音乐上混为 6.1 声道输出；

④ 拥有下一代媒体播放器，支持 MP3 和 WMA，界面友好；

⑤ 支持 24b、96kHz 专业录音，完美的录音通道和高性能的 A/D 转换可确保音乐录音时的完全音频保真和丰富细节采样；

⑥ 提供的 SB1394/FireWire 使联网便捷、传输速度加快，并支持数字影音设备的连接；

⑦ Eax Advanced HD 支持 64 个同步 3D 硬件声音处理，可获得更生动逼真的游戏音频表现。

(2) 美国 ESS 公司的 Canyond3D　Canyond3D 具有 500 万条指令/秒的处理能力；内含两个可编程处理单元，一个 64 通道的流水线声波处理单元和一个音频信号处理单元，可以加速 32 个以上的 DirectSound 3D 音频流。该芯片最具吸引力的是对 3D 音频的支持，它具有多个 Codec 接口，并采用了 Sensaura 的 MultiDrive 技术，能在所有扬声器上提供真正的 HRTF 回放，并加入了对垂直定位的支持。

(3) Aureal Vortex AU8820 和 Vortex2 AU8830　AU8820 支持 Aureal 公司开发的 A3D 1.0 标准，同时具有 64 个硬件复音并支持 DLS，最多可使用 4MB 的 RAM 来存储波表样本；具有新 Sound Blaster/Pro 模拟技术，可有效支持 DOS 环境；支持 MPU-401，可直接连接使用 ISA 总线的 Modem 芯片进行功能扩展，必要时还可外接 Motorola 的 56011 DSP 芯片来加快解码速度。

AU8830 除继承了 AU8820 的所有特性外，还支持最新的 A3D 2.0 音频环绕技术，具有声音轨迹跟踪能力和与 EAX 相同的环境材质设置，并增强为四声道支持，使其能达到更好的 3D 音频效果。它每秒钟可处理 60 万条指令，具有 320 种复音，并支持 DLS 和 4MB 波表样本内存；拥有 96 个 DMA 通道，可同时硬件渲染 76 个三维音源(16 个可用于直接路径的音源，另 60 个被保留用作声波追踪反射)。

(4) YAMAHA 的 YMF700 系列芯片　该系列芯片包括 YMF724E/738/740/744/754 等。其中 YMF740 是在 YMF724E 的基础上改进而成的。据有关资料称，它至少可以表现 42 组特殊音效，21 种鼓声，共 676 种乐器音效，同时还支持 SB-Link 以及 DirectX 6.0 的 DirectSound 和 DirectMusic 硬件加速。另外，有些整合主板已经集成了该芯片，比如中凌(A-Trend)最新的 ATC6254M 主板等。

2) Codec 芯片

Codec 芯片是为了适应 AC'97(即 Audio Codec'97)标准有关音效处理双芯片分离结构的需要而引入的，所以也有人把它叫做 AC'97 芯片。它主要包含 ADC、DAC 和多路模拟音频信号混合输入输出等电路。

随着 Codec 技术的逐步成熟，板载软声卡也就诞生了。Intel 815、845 芯片组中集成了符合 AC'97 标准的数字音频控制器，因此，采用了集成 Intel 815、845 芯片组在主板上的 PC 机都利用了此控制器，很多主板将音频处理的模拟部分——Codec 芯片也做在主板上，使主板直接提供声卡的全部功能。这就是说，Codec 芯片可以做在声卡上，也可以做在主板上。比较有名的 Codec 芯片设计生产厂家有 SigmaTel、Wolfson 等公司。

3) 辅助元件

声卡上的主要辅助元件有晶振、电容、运算放大器、功率放大器等。晶振用于产生声卡上数字电路的工作频率。电容主要起隔直通交的作用，其性能好坏对声卡的音质至关重要。运算放大器用来放大从声卡上输出的能量较小的标准电平信号，减少输出时的干扰与衰减。功率放大器则主要用于一些带喇叭输出(SPK OUT)的声卡上，用来接无源音箱，起到进一步放大音频信号的作用。

4) 外部声音输入输出端口

声卡上的声音输入输出端口如图 10.8 所示。其中：

(1) MIC IN：麦克风插入口，用于连接话筒，实现声音输入和外部录音等功能。

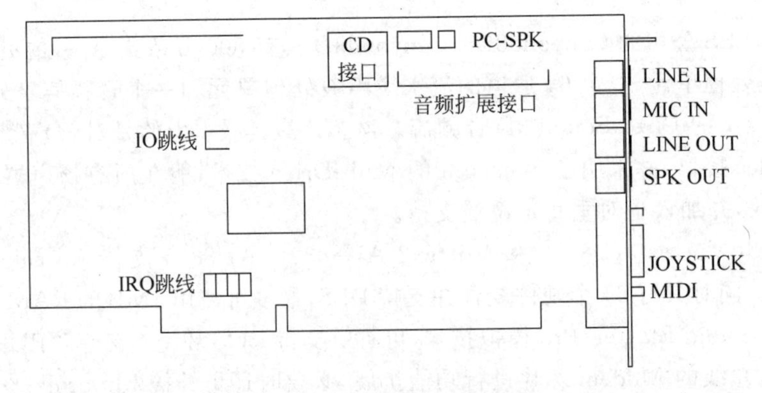

图 10.8　声卡的声音输入输出端口示意

(2) LINE IN：线路输入口，用于连接外部音频设备(如录音机、录像机、电视机、CD/VCD/DVD 机、电话机等)的模拟输出。

(3) LINE OUT：线路输出口，用于连接多媒体有源音箱，实现声音输出。

(4) SPK OUT：扬声器输出口，用于连接耳机、喇叭或无源音箱。

(5) JOYSTICK/MIDI：游戏/MIDI 接口，用于连接游戏操作杆或具有 MIDI 接口的电子乐器。

(6) IDE CD-ROM 驱动接口：标准的 IDE 接口，用于连接 CD-ROM 驱动器。

(7) CD-ROM 音频接口：用于连接 CD-ROM 音频输出，以便通过声卡听到来自 CD-ROM 的声音。

除了上述端口外，有的声卡上还可能有以下端口：

(8) REAR OUT：后置音箱输出口，用于连接环绕音箱。只有四声道声卡才有。

(9) SPDIF OUT：同轴数码输出口，用于连接 AC-3、DTS 解码器、数字音箱等数字音频设备。

(10) SPDIF IN：光纤数码输入口，用于连接数字音频设备的光纤输出，实现无损录音。

各种声卡都是做成 PC 机系统总线插板的形式。根据插入的系统总线插槽的不同，目前主要有 ISA 声卡和 PCI 声卡两种类型。图 10.9(a)和(b)分别给出了一块目前流行的 ISA 声卡和 PCI 声卡的示例。

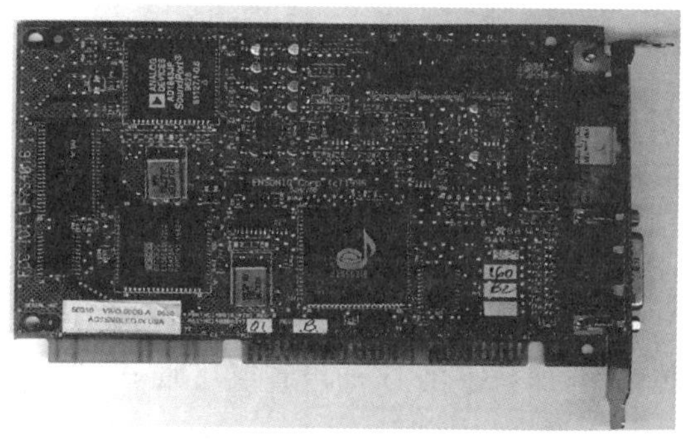

(a) ISA声卡

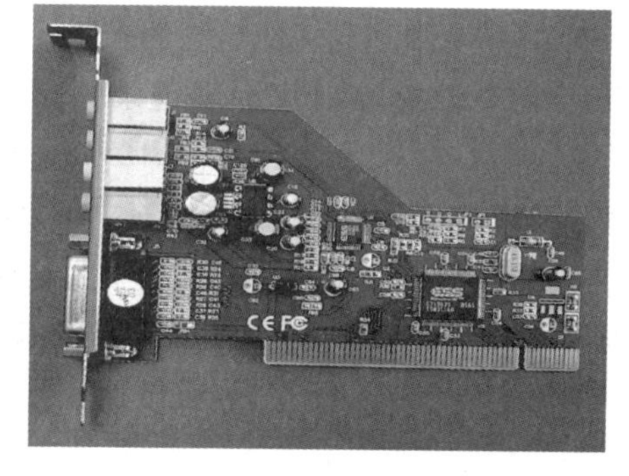

(b) PCI声卡

图 10.9 目前流行的声卡示例

3. 声卡的性能指标

衡量声卡质量优劣的主要性能指标是：采样频率、采样精度和声道数。

1) 采样频率

采样频率是指每秒钟对音频信号的采样次数。

一般来说，采样频率越高，数字化声音信号就越接近原声，最终还原出来的音质就越好。但是，相应地保存这些信息所需的存储量也就越大。根据 Nyquist 采样定理，采样频率只要达到被采样信号中最高频率的两倍以上时，就可从采样信号精确重构原始信号。人耳的听力范围是 20Hz～20kHz，因此采用 40kHz 的采样频率，即可得到高保真度的音响效果。

时下大多数声卡采用的采样频率标准有 11.025kHz、22.05 kHz、44.1kHz 和 44.8kHz

等几种,达到 44.1kHz 时,即可达到所谓的 CD 音质水平了。

2) 采样精度

采样精度是指 A/D 转换过程中,对音量幅值进行量化所用二进制数据的位数,也叫样本位数或位深度。

一般来说,采样位数越多,采样精度就越高,声音回放的质量就越好。但保存一个采样点的数据所需的存储量也越大。

声卡的采样精度一般为 8 位、16 位、24 位和 32 位。8 位精度表示音量的大小可以分成 $2^8=256$ 个等级,即能区分出 256 种不同大小的声音;16 位精度则表示可区分出 $2^{16}=65536$ 种不同大小的声音。

采样精度还可以用信噪比来表征。

3) 声道数

声道数是指声音产生的波形数。

一般声道数为一个或两个,分别表示产生一个波形的单声道和产生两个波形的立体声双声道。立体声的效果比单声道声音丰富得多,但存储容量要增加一倍。

根据上述 3 个性能指标,可以计算出音频信号经过数字化后所需要的数据存储容量,计算公式如下:

存储容量(字节)=采样频率×采样精度×声道数×时间÷8

例如,声卡要达到 CD 唱机的水平,一般要求采样频率为 44.1kHz,采样精度为 16 位,声道数为 2。这时,声卡每秒要记录的音频数据量为

$$44100\times16\times2\div8=176400(\text{B})=172(\text{KB})$$

即每分钟为 10.5MB,每小时为 630MB。可见,如果用 WAV 文件格式来存储原始声音数据,需要的数据存储量相当大。正因为这样,所以人们想出各种节省空间的存储方法和压缩编码格式来存储音频文件,如 MP3 文件格式、MIDI 文件格式、CD-DA 文件格式等。

根据上述三个性能指标,还可计算数据传输率,即数字化 1s 的声音或还原 1s 的声音所需传输的数据位数。计算公式如下:

数据传输率(b/s)=采样频率×采样精度×声道数

表 10.1 给出了在不同采样频率和采样精度下,时间长度为 1min 的立体声数字化数据所占的存储空间和所需的数据传输率。

表 10.1 不同采样频率和采样精度时,1min 立体声数字化数据对容量和传输率的要求

采样频率/kHz	采样精度/b	存储容量/MB	数据传输率/(kb/s)	声音品质
11.025	8	1.29	88.2	相当于 AM 音质
	16	2.58	176.4	
22.05	8	2.58	352.8	相当于 FM 音质
	16	5.16	705.6	
44.1	16	10.33	1411.2	相当于 CD 音质
48	16	11.25	1536.0	相当于 DAT 音质

10.3 视频设备及其接口

10.3.1 视频概述

1. 视频的含义

就一般而言，视频应是静态图像和动态图像的总称，但通常指的是动态图像。而动态图像是由一幅幅单一的静态图像画面组成的序列图像，这些图像画面以一定的速率连续地投射在屏幕上，使观察者具有图像连续运动的感觉。所以动态图像的处理，本质上仍是对静态图像的处理。按照信号组成和存储方式的不同，视频分为模拟视频和数字视频，前者由连续的模拟信号组成图像序列，像电影、电视和录像的画面那样；后者则由一系列数字信号组成图像序列。

视频中的每一幅图像画面称为一帧。根据人的视觉滞留原理，要使人的视觉产生连续的动态感觉，视频的播放帧率应为25帧/s或30帧/s。多媒体计算机系统中，伴随视频图像的通常还有音频信息。

2. 视频制式

视频制式即视频的播放标准，通常叫电视制式。世界各地使用的电视制式不完全相同，不同的电视制式，对电视信号的编码、解码、扫描频率以及画面的分辨率均不相同。在多媒体计算机系统中，要求计算机处理的视频信号和与计算机连接的视频设备两者的电视制式应相同。常见的电视制式有以下4种。

(1) NTSC制式　NTSC是National Television System Committee的缩写。此为美国、加拿大和日本等国使用的制式，它的帧率为30帧/s，每帧图像526行，水平分辨率为240～400个像素点，隔行扫描，场扫描频率为60Hz，图像宽高比为4∶3。

(2) PAL制式　PAL是Phase Alternate Line的缩写，意为相位逐行变换。此为我国及欧洲大部分国家采用的制式。它的帧频为25帧/s，每帧图像625行，水平分辨率为240～400个像素点，隔行扫描，场扫描频率为50Hz，图像宽高比为4∶3。

(3) SECAM制式　SECAM是Sequential Color And Memory System的缩写，意为顺序传送彩色存储。俄罗斯、法国、非洲地区和欧洲部分国家使用该制式。它和PAL制式大同小异，同样是帧频为25帧/s，每帧图像625行，水平分辨率为240～400个像素点，隔行扫描，场扫描频率为50Hz，图像宽高比为4∶3。

(4) HDTV制式　HDTV是High Definition TV的缩写，意为高清晰度电视。它是正在发展的电视制式，规定传输的信号全部要数字化，每帧图像在1000行以上，且逐行扫描，图像宽高比为16∶9。

其中，NTSC、PAL、SECAM三种制式的电视信号均为模拟视频信号，而HDTV制式的电视信号则为数字视频信号。

3. 视频RGB三基色原理

描述色彩缤纷的现实世界中的视频，通常利用三基色原理，即利用R(红)、G(绿)和B(蓝)三种基本颜色以不同比例的组合来表现。摄像机在拍摄影像时，通过光感器件将拍摄对象的光信号转换为电信号，这种电信号最初就是R、G、B三种信号。

在电视机或监视器内部使用RGB信号分别控制3只电子枪的电子束撞击荧光屏，使其发光产生图像。在我国的实际使用中,PAL 制式电视按亮度方程 Y=0.39R+0.5G+0.11B(PAL 标准),将 RGB 信号转换为亮度信号 Y 和两个色差信号 U(B-Y)、V(R-Y),形成 Y、U、V 三个分量。进一步,再将两个色差信号合成一个色度信号 C,形成 Y/C 记录方式,这种记录方式为录像机所广泛采用。亮度信号 Y 和色度信号 C 又可进一步形成复合视频,即彩色电视信号。

将 RGB 信号转换成 YUV 信号、Y/C 信号及复合电视视频信号的过程称为视频编码,而其逆过程称为视频解码。

4. 视频数字化及其压缩编码

计算机只能存储和处理数字信号,因此自然界原始的视频信号和 NTSC、PAL、SECAM 制式的视频信号,在进入计算机之前必须进行数字化,即经过 A/D 转换和彩色空间变换等过程。

由于数字化后的视频文件包含的数据量大得惊人,例如一幅分辨率为 640×480、色度为 24 位的静态真彩色图像的位图文件,需要 921.6KB 的存储容量,而要将这种图像以 25 帧/s 的帧率运动起来,1min 的视频所需的存储容量将大到 1.2875GB,因此在实际应用时必须对视频图像进行压缩,以减少存储空间的占用量和播放时对传输速率的要求。国际标准化组织为此制订了几种压缩编码标准,其中广泛应用的是 JPEG 标准和 MPEG 标准。

JPEG 标准是由国际标准化组织(ISO)和国际电工委员会(IEC)联合组成的联合影像专家组(Joint Photographic Expert Group)负责制定的,它是一个静态数字图像数据压缩编码标准,既可用于灰度图像,又可用于彩色图像。它使用的是有损压缩算法,压缩比可在 2∶1~40∶1 之间调节。JPEG 标准文件格式适合于存储大幅面或色彩丰富的图片,同时也是 Internet 上的主流图像格式。

MPEG 标准是由国际标准化组织(ISO)和国际电工委员会(IEC)联合组成的运动图像专家组(Moving Picture Expert Group)负责制定的,它是一个关于运动图像在不同速率的传输介质上传输的数据压缩编码标准系列。目前已出台的 MPEG 标准有 MPEG-1、MPEG-2、MPEG-4、MPEG-7 和 MPEG-21 等。

MPEG-1 标准是 1992 年发布的,主要针对当时具有 1~1.5Mbps 传输速率的 CD-ROM 和网络而制定,其目标是把普通电视质量的视频信号及其伴音压缩到能够记录在 CD 光盘上,并能用单速的光盘驱动器播放,且播放时具有 VHS(广播级录像带)的显示质量和高保真立体伴音效果。它的最大压缩比可达 200∶1,可支持 NTSC 制式的 352×240 帧分辨率和 30 帧/s 帧速率,PAL 制式的 352×288 帧分辨率和 25 帧/s 帧速率。MPEG-1 标准主要应用于 VCD 产品中,同时也被广泛用于数字电话网络上的视频传输,如非对称数字用户线路(ADSL),视频点播(video-on-demand,VOD),以及教育网络等场合。

MPEG-2 标准是 1994 年发布的,是一个直接与数字电视广播有关的高质量图像及声音压缩编码标准。它的设计目标是高级工业标准的图像质量和更高的传输率,其传输速率达到 4~15Mbps,可支持 NTSC 制式的 720×480、1920×1028 帧分辨率和 30 帧/s 帧速率,PAL 制式的 720×576、1920×1152 帧分辨率和 25 帧/s 帧速率。它能提供广播级的视像和 CD 级的音质,其音频编码可提供左中右及两个环绕声道,以及一个加重低音声道和多达 7 个伴音声道。它还能提供一个较广范围的可变压缩比,以适应对不同的画面质量、存储容量和频带宽度的要求。MPEG-2 适用于高清晰度电视(HDTV)信号的传输与播放,在有线电视网、数字电视广播、DVD、VOD、交互电视以及卫星直播等领域获得广泛应用。

MPEG-4 标准是 1998 年发布的，主要针对多媒体应用而制定。其目标有 3 个：数字电视，交互式图形应用和交互式多媒体应用。它支持的传输速率在 4.8～64Kbps 之间，帧分辨率为 176×144。它利用很窄的带宽，通过帧重建技术和数据压缩，实现用最少的数据获得最佳的图像质量。MPEG-4 可以应用在移动通信、公用电话交换网、家庭摄影录像、网络实时影像播放，以及电子邮件、电子报纸、可视电话等低数据传输率场合。目前最热门的应用是利用 MPEG-4 的高压缩率和高的图像还原质量，把 DVD 中的 MPEG-2 视频文件转换为存储容量更小的视频文件。经过这样处理后，图像的视频质量下降不多，而存储容量却可缩小许多倍，因而可以很方便地用 CD-ROM 来保存 DVD 上面的节目。

MPEG-7 标准是 2001 年发布的。准确地说，MPEG-7 并不是一种压缩编码标准，而是一种多媒体内容描述接口标准。继 MPEG-4 之后，多媒体应用中要解决的主要矛盾是对日渐庞大的图像、声音信息进行有效管理和迅速搜索。MPEG-7 就是针对这个矛盾而提出的解决方案。它力求能够快速且高效地搜索出用户所需的不同类型的多媒体影像资料。

MPEG-21 是在 1999 年 10 月的 MPEG 会议上提出的“多媒体框架”的概念，在同年 12 月的会议上确定了 MPEG-21 的正式名称是“多媒体框架”或“数字视听框架”，它以将标准集成起来支持协调的技术以管理多媒体商务为目标，目的就是理解如何将不同的技术和标准结合在一起、需要什么新的标准以及完成不同标准的结合工作。它的目标是为未来多媒体的应用提供一个完整的平台。

10.3.2 主要视频设备

多媒体系统中，主要的视频设备有：

(1) 图像扫描仪、模拟/数字照相机、模拟/数字摄像机、录像机、触摸屏、光笔、电视机、VCD/DVD 光盘机等图像输入设备。利用它们，把敏感/捕获/记录的图像变换为电信号，送给计算机。

(2) CRT/液晶/等离子体显示器、打印机、录放像机、电视机、绘图仪、投影仪和刻录机等图像输出设备。利用它们，把经过计算机处理的视频信号还原为图像播放出来，或记录下来。

10.3.3 视频接口一般原理

视频接口是图像输入输出设备与计算机间接口的总称。其作用是对来自图像输入设备的视频信息(包括图形、图像、动画等的信息)进行数字化转换、编辑和处理，最后形成数字化视频文件保存，并通过图像输出设备显示输出。在多媒体 PC 机中，多数是将视频接口以附加独立卡的形式安装在主板的总线扩展槽中，此称为视频卡；也有的把它集成于主板上。

根据接口功能和用途的不同，视频接口可分为几类：

(1) 单纯的视频输入接口，又叫视频捕捉接口或视频采集接口。其功能是将模拟的静态图像或动态影像转换为数字视频信号，并进行必要的加工、处理，以标准图像文件的形式存储下来。

(2) 单纯的视频输出接口，也即显示接口。

(3) 单纯的视频输入输出接口。

(4) 具有数字图像处理和图文编辑等功能的视频输入输出接口。

无论哪类视频接口,可用一个一般的原理性结构模型来描述,如图 10.10 所示。从摄像机、录像机或其他视频信号源送出的彩色全电视信号,首先通过彩色分解电路分解成 R、G、B(红、绿、蓝)或 Y、U、V(Y 亮度,U、V 色度)信号,并由同步分离与锁相电路产生时钟和控制时序,然后经过 A/D 变换将模拟的 R、G、B 或 Y、U、Y 信号转换为数字式 R、G、B 或 Y、U、Y 信号,存入帧缓存器,或经视频信号处理器处理后送给主机 CPU。输出的数字视频信号经 D/A 变换成模拟的 R、G、B 或 Y、U、Y 信号,再通过彩色合成器形成标准的彩色全电视信号,输出给显示设备。

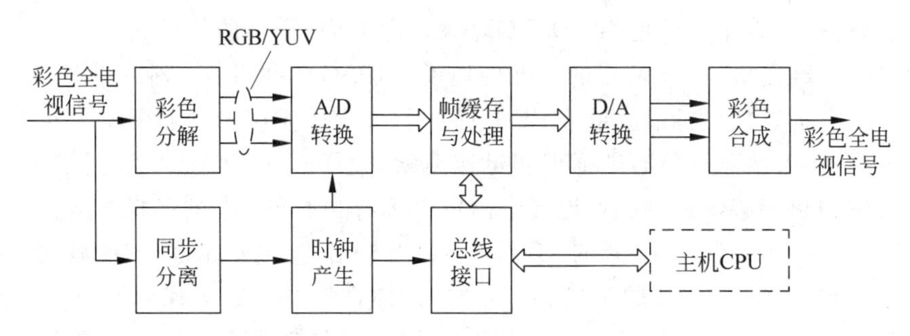

图 10.10 视频接口原理性结构模型

1. 单纯的视频输入接口

以电视摄像机同微机的接口为例进行说明。视频输入接口的功能是:将电视摄像机摄入的视频信号(二维模拟图像信号)在空间上和亮度上进行数字化,然后送到计算机中存储或处理。

空间的数字化叫采样,用有限的坐标点阵(即像素集合)来表示水平、垂直方向均连续变化的位置。在一定的范围内,点阵越大,代表图像的分辨率越高,将来在显示器上还原出来的图像就越清晰,但需要的存储容量也越大。

亮度的数字化叫量化,将各采样点(即像素)的亮度用量化后的灰度级(或叫色差级)来表示。量化值越小,表示描述每个像素的颜色数目越多。我们知道,自然界中的颜色可分为红、绿、蓝三种基本色,当三种基本色都非常饱满时,颜色为白色;若三种基本色都没有,颜色为黑色;三种基本色以不同的比例组合,则可得到各种不同颜色。在计算机中,一般用二进制位数来表示像素亮度的量化等级,即颜色数目。比如,量化结果用 8 位表示,说明有 256 种颜色;用 16 位表示,说明有 65536 种颜色;用 24 位表示,说明有 16777216 种颜色,等等。

对视频信号数字化,首先需要确定采样频率,而采样频率又直接取决于采样方法。通常的图像采样方法有三种:

(1) 直接跟踪摄像机扫描频率逐行采样。一般电视摄像机的图像是以逐行扫描方式形成的,通常每秒 25 帧,每帧 625 行(其中所有奇数行和偶数行又分别构成一场,即每场 312.5 行,场频为 50)。因此每行扫描时间为 64μs(正程约 52μs,逆程约 12μs)。如果直接跟踪摄像机扫描,将一幅静止图像数字化成一幅 256×256 像素的数字图像,就必须在每行扫描正程时间内采样 256 次,这就要求采样频率 $f_s=\frac{1}{52}\times256\approx5$(MHz)。若像素数更多,则采样频率要求更高。这样高的采样频率，对 ADC 的速度和存储容量的要求都将太高。

(2) 每场采样一行。这种方法使用能寄存一行数据的高速寄存器做缓存，每场以高速度采样一行，在场周期的其余行时间内将缓存器中的这行采样数据送入微机。在下一场再采样下一行，如此循环，直至整幅图像采样完毕。这种方法缓解了数据存储量和高速传输问题，但对 A/D 转换的高速要求仍未降低。

(3) 每场采样一列。这种方法对每一行只采样一个像素，在一场图像信号中，从上至下将静止图像垂直方向上的一列像素采完，然后在下一场中采每行下一列的像素，如此下去，直至整幅图像采样完毕。这种方法对采样速度的要求大大降低，所以容易实现。例如仍以 256×256 像素数字化，则采样频率 $f_s=50\times256=1.28\times10^4$ (Hz) $=12.8$(kHz)，数字化一幅图像所需时间 $t_p=\frac{1}{12.8}\times256\times256=5.12\times10^3$ (ms) $=5.12$(s)。若每个像素用 8 位量化，则对一般电视摄像机接口而言，只需采用转换速率大于 12.8kHz 的 8 位 A/D 转换器即可。正因为这样，所以电视摄像机一般都采用每场采样一列的采样方法。

按每场采样一列法进行采样的电视摄像机视频输入接口的原理框图如图 10.11 所示。其中，视频放大器的作用是将摄像机输出的视频信号放大，以满足采样保持电路及 A/D 转换器对输入电压的要求；行场同步分离电路用于从摄像机的视频信号中分离出行消隐脉冲信号和场消隐脉冲信号；采样保持器控制电路的任务是在初始化信号和场、行消隐脉冲的共同作用下，按每场采样一列法的上述采样原则，产生采样脉冲序列；其他各部分的作用不言而喻。

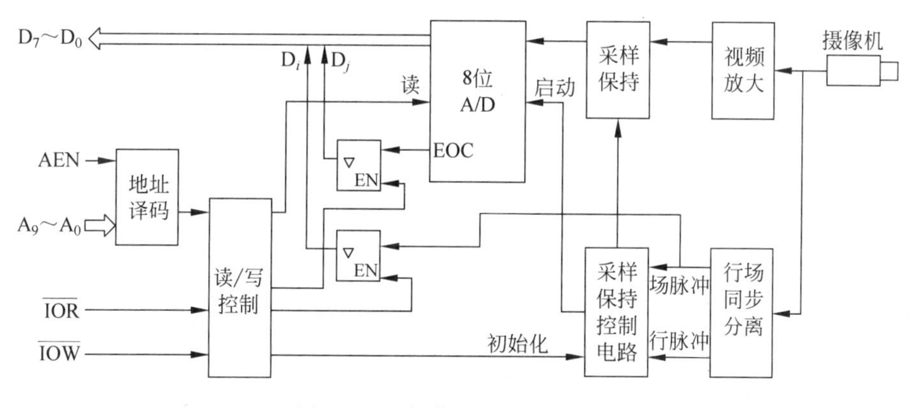

图 10.11　摄像机接口原理框图

图 10.12 给出了采样保持器控制电路的组成原理图。其中点计数器的时钟由大于 3.277MHz 的晶体振荡器提供(12800Hz×256=3.277MHz，如取 5MHz 晶振)。从每个行消隐脉冲后沿开始，启动点计数器从零开始计数，当计到与列计数值相等时，数字比较器输出一个脉冲经单稳形成采样脉冲；当计到 255 时，就自动停止计数。在下一个行消隐脉冲到来时，点计数器复位，并再次开始按上述规律计数。点计数器的控制门一般由 D 触发器加上与门构成。

基于上述接口电路，控制摄像机图像输入的程序流程如图 10.13 所示。首先将列计数器初始化，如置成 00H，然后查询场消隐(场逆程)标志 D_i，从第一场正程开始输入第一列像素。在每次输入像素前，先查询 A/D 转换结束标志(D_j)。当一列像素输入完后，再查询下一场消隐标志,并在后一场正程期间输入第二列像素。如此循环下去,直至整幅图像输入完毕。

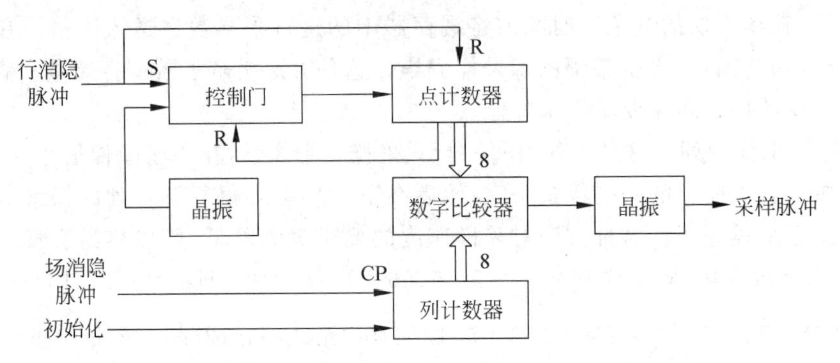

图 10.12　采样保持控制电路组成原理图

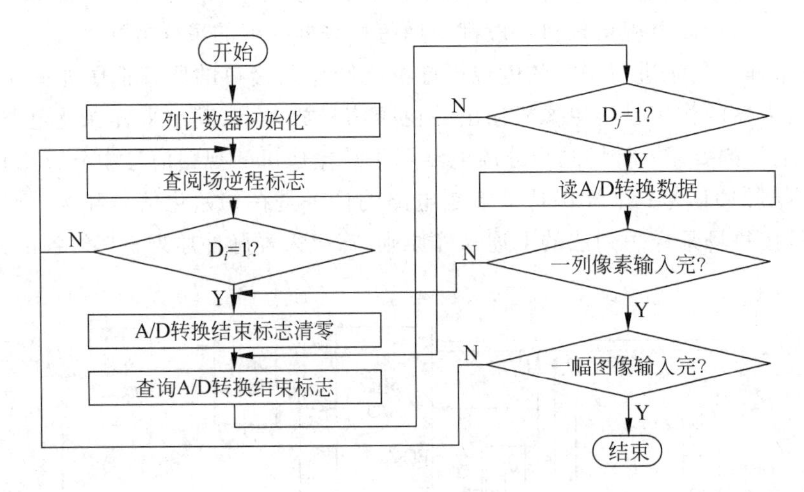

图 10.13　图像输入流程图

2. 单纯的视频输出接口

视频输出接口大体包括一般显示接口和电视机接口两种,前者已在 8.4 节中做了介绍,而后者则是在前者的基础上加上视频转换电路构成的。而实际上又常常把电视机接口特指为视频转换接口。这里仅对这种特定意义上的电视机接口作一介绍。

电视机接口的功能,是将计算机中显示适配器输出的 VGA 视频显示信号转换为 PAL、NTSC 或 SECAM 彩色标准制式的全电视视频信号,并输出到电视机、视频监视机等视频设备中。VGA 视频显示信号一般包括红绿蓝三基色信号 R、G、B 和行同步信号 H_{SYNC}、场同步信号 V_{SYNC},由电视原理知,只要将三基色信号和行、场同步信号经标准制式信号合成器合成,便可形成符合相应制式标准的复合视频信号,然后再经射频调制器产生射频输出,便可送到彩色电视机的天线输入端。可见,电视机接口的原理框图如图 10.14 所示。

图中,标准制式全电视信号合成器和射频信号调制器均有专用的 IC 芯片可供选用。例如,Motorola 公司生产的 MC1377 彩色电视信号合成器就是 PAL 和 NTSC 两种制式合用的全电视信号形成器芯片,它用 R、G、B 三基色信号及行、场同步信号,可按 PAL 或 NTSC 制式直接合成彩色电视信号; MC1373/1374 则是专用射频调制器 IC 芯片,利用它可将录/

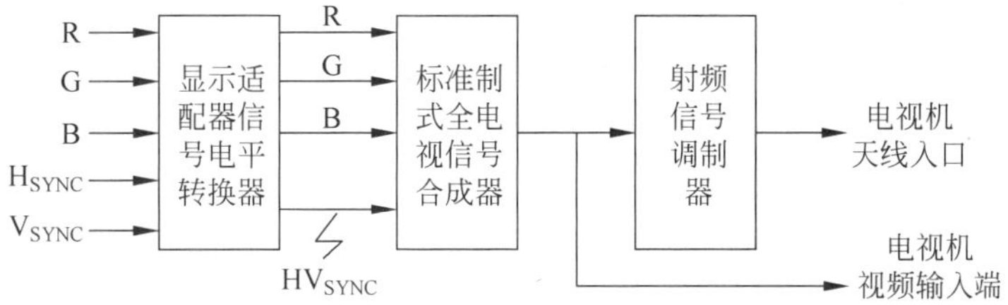

R　G　B　H_{SYNC}　V_{SYNC}
显示适配器信号电平转换器
R　G　B　HV_{SYNC}
标准制式全电视信号合成器
射频信号调制器
电视机天线入口
电视机视频输入端

图 10.14　电视机接口的原理框图

摄像机等视频设备输出的全电视信号调制成射频信号，供电视机接收使用。显示适配器信号电平转换器的作用有二：一是将显示适配器输出的 R、G、B 信号的电平变换为全电视信号合成器要求的输入信号电平值；二是将 H_{SYNC} 和 V_{SYNC} 两个同步信号经“异或”等处理后，形成一个复合同步信号 HV_{SYNC}。

3. 单纯的视频输入输出接口

这种视频接口有两种实现方法。

一种是模拟分解处理方法，即图 10.10 的原理性结构模型所示的传统实现方法。它将彩色全电视信号经同步分离、模拟锁相和模拟分解后，得到视频信号数字化所需的各种时序信号和分离开的模拟 R、G、B 或 Y、U、V 信号，再经 A/D 转换器数字化。

另一种是数字分解处理方法。它先将全电视信号经 A/D 转换器数字化，再进行数字式的锁相和分解，获得数字化的 R、G、B 或 Y、U、V 信号。这种方法比上一种方法更简单、先进，目前应用也更广。其原理框图如图 10.15 所示。图中各组成部件都有相应的专用芯片可供选用，如 Philips 和 Chips 公司曾推出了彩色电视多制式数字分解器 SAA9051、时钟产生器 SAA9057、视频窗口控制器 82C9001A 等。其工作原理是：彩色全电视信号首先经过 A/D 转换器变换为数字信号，多制式数字分解器将数字化的彩色全电视信号通过数字锁相和分解，与时钟产生器一起，产生亮度信号 Y 和色差信号 U、V，以及整个接口所需的各种时钟信号。Y、U、V 以 4∶1∶1 方式或其他方式送到视频窗口控制器。视频窗口控制器具有与 CRT 控制器和 VGA 控制器等显示适配器相似的功能，它可以接收数字化的 Y、U、V 图像信号，并存储于帧缓冲 VRAM 中，待需要播放时从中取出经 D/A 转换和视频合成后输出；它还提供了完善的与主机系统总线的接口，并通过它对帧缓冲 VRAM 进行读/写操作。

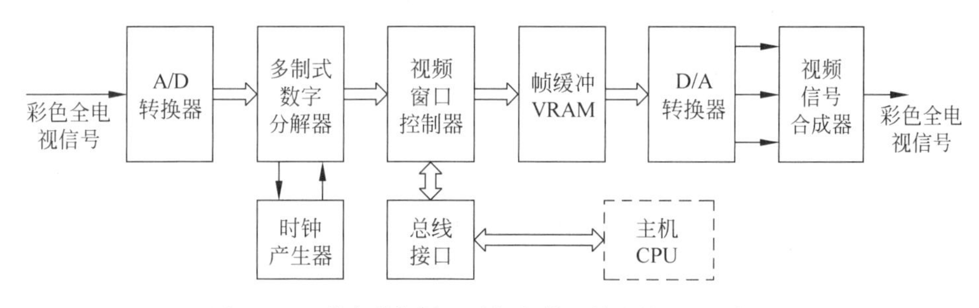

图 10.15　数字分解处理式视频输入输出接口原理框图

4. 具有数字图像处理和图文编辑等功能的视频输入输出接口

这种视频输入输出接口只是在上述第三种视频接口的基础上再增加数字图像处理和图文编辑等功能。数字图像处理功能既可采用专用的图形/图像处理器或标准的图像压缩处理器实现,也可采用通用的数字图像处理器实现。

采用专用图像处理器实现的典型系统有 DVI 系统等。将 DVI 系统中的视频接口部分提取出来,其组成结构如图 10.16 所示。其中 82750PA 和 82750DA 为 Motorola 公司生产的专用图像处理芯片,前者为像素处理器,采用微码编程,可以高速执行像素处理的多种算法;后者为显示处理器,用于将像素处理器处理好的、存放于帧缓存器中的位映射图显示到视频屏幕上。像素处理器和显示处理器可以并行操作。

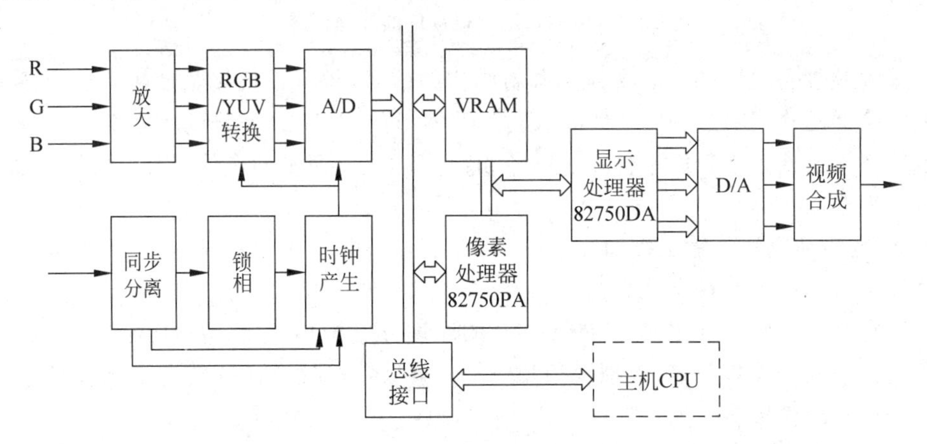

图 10.16 DVI 系统视频接口组成框图

采用标准图像压缩处理器芯片,可大大减少视频数据容量和提高视频处理速度。目前适用于多媒体系统中的两种图像压缩编码算法(JPEG 和 MPEG),都有许多不同型号的专用芯片可供选用。最早推出的可以实现 JPEG 标准压缩算法的芯片是 C-Cube 公司的 CL550 芯片,该芯片能对静态图像实时地进行压缩和解压缩,压缩比可根据需要在 8∶1～100∶1 之间选择,工作频率为 35MHz。后来,该公司又推出了世界上第一个遵循 MPGE 标准的视频解码器芯片 CL450,该芯片能以最高 30 帧/s 的可变帧速率,对符合 MPEG 标准的动态图像压缩数据流进行解码,其工作频率为 40MHz。

当然,也可采用通用的 DSP 来实现图像信号的处理,包括实现标准压缩算法。例如美国 Atlanta 信号处理公司早在 1992 年推出的 ELF-31 多媒体开发平台中,就采用了 TM320C31 DSP 芯片,用于 JPEG 静态图像压缩和 MPEG 语音编译码等信号处理。

10.3.4 目前流行视频卡的功能、结构及性能

1. 视频卡及其功能

视频卡是视频接口卡的简称,它把上述视频接口电路做在一块 PCB 卡上,插在微机主板的扩展槽内,通过配套的驱动程序和视频处理程序工作。

目前,用于多媒体计算机系统的视频卡,按其功能主要有以下 4 类:视频采集卡、视频压缩/解压缩卡、电视接收卡和显示适配卡。

1) 视频采集卡

视频采集卡又称视频捕捉卡,用于获取数字化视频信息,并将其存储和播放出来。很多视频采集卡能在捕捉视频信息的同时获得伴音,使音频部分和视频部分在数字化时同步保存、同步播放。视频采集卡不但能把视频图像以不同的视频窗口大小显示在计算机的显示

器上，而且能提供许多特殊效果处理，如：冻结、淡出、旋转、镜像以及透明色（即允许选择一个变成透明的颜色）等。

视频采集卡按采集的图像指标的不同，分为广播级、专业级和民用级三级。

广播级视频采集卡是最高档的视频采集卡，其图像分辨率和视频信噪比都很高，缺点是视频文件庞大，每分钟数据量至少为200MB。这类视频采集卡都带有分量视频信号（Y、U、V）输入输出接口，用来连接BetaCam摄/录像机，便于电视台节目制作。

专业级视频采集卡比广播级视频采集卡的性能稍低。这种低主要是低在压缩比上，专业级视频采集卡的压缩比稍微大一些，一般均在6∶1以上。至于分辨率，和广播级相同。其输入输出接口为AV复合端子与S端子。这类产品适用于广告公司、多媒体公司制作节目和多媒体软件。

民用级视频采集卡的图像分辨率和视频信噪比都较低，属于普及型卡。其动态分辨率一般最大为：PAL制384×288dpi，25帧/s；NTSC制320×240dpi，30帧/s。其输入端子为AV复合端子与S端子，一般没有视频输出功能。

无论哪一级别的视频采集卡，其基本功能都是：可在主机的控制下，接收来自视频输入端的模拟视频信号，对该信号进行采样，量化成数字信号，然后压缩编码成数字视频序列。而且大多数视频卡都具备硬件压缩的功能，首先在卡上对视频信号进行压缩，然后再通过ISA或PCI接口把压缩的视频数据传送到主机上。一般的PC视频卡采用帧内压缩的算法把数字化的视频存储成AVI文件；高档一些的视频卡还能直接把采集到的数字视频数据实时压缩成MPEG格式的文件，用来制作VCD或DVD影片。

由于模拟视频输入端可以提供不间断的信息源，视频采集卡要采集模拟视频序列中的每帧图像，并在采集下一帧图像之前把这些数据传入PC主机，关键是要使每帧视频图像的处理时间不超过相邻两帧之间的间隔时间，否则就会出现“丢帧”现象。一般视频采集卡都将视频序列的捕获和压缩放在卡上一起完成，目的就在于尽量缩短处理时间，避免“丢帧”现象。

2）视频压缩/解压缩卡

视频压缩/解压缩卡采用JPEG或MPEG数据压缩标准，对视频信号进行压缩和解压缩处理，主要用于制作和播放多媒体产品中的视频演示片段、录像带转换成VCD光盘、商业广告，以及旅游介绍等场合。

一般视频压缩/解压缩卡也兼具有音、视频信号的采集功能，以支持音、视频的实时捕捉和播放。例如美国Data Translation公司的Broadway（百老汇）等普及型MPEG视频压缩卡，就是在Windows 95或Windows NT下的实用型压缩卡，它们在PC机上占用一个PCI插槽，可将模拟音、视频信号数字化，按照MPEG-1标准进行压缩编码，生成MPEG格式的压缩文件。它们通常支持S-Video和NTSC/PAL复合视频信号输入。这种视频压缩卡可以满足公司和家庭制作个性化VCD的需要。

3）电视接收卡

电视接收卡常简称为电视卡，它和普通电视机的功能差不多，也是通过高频头接收标准电视信号，然后进行图像和声音的解调，转换成标准的VGA图像信号输出到微机显示器上，并通过音频端口提供电视伴音。通常电视接收卡还具有一些其他附加功能，如对广播信号或其他音频信号进行接收和压缩，以及对非标准电视的视频和其他图像信号进行采集、编辑处理和制作等。

电视接收卡在结构上分为外置和内置两种。外置电视卡实际上是一个独立于PC机主机的电视接收盒,利用它与显示器配合,无须开启PC机和运行软件即可收看电视节目。在附加功能上,它多半可提供AV端子和S端子输入、多功能遥控和多路视频切换等功能。内置电视卡除提供标准电视接收功能外,通常还提供了不同程度的视频捕捉功能,可以把捕捉的动态或静态视频信号转换成数据流。利用具备视频捕捉功能的电视卡,在收看电视节目时,还可配合模拟摄像头构成可视化通信系统,在NetMeeting、iPhone等通信软件支持下实现视频通话。

4) 显示适配卡

显示适配卡也即通常所说的显卡,又叫视频控制卡。它是驱动显示器工作的硬件插卡,其主要功能是执行图形函数,对图形函数进行加速和控制计算机的图形输出。根据显卡所插扩展槽的不同,目前主要有ISA卡、PCI卡和AGP卡等几种不同总线的显卡,其中ISA卡是16位显卡;PCI卡是32位或64位显卡;AGP卡为加速图形端口显卡,比普通PCI显卡快近4倍,是现在多媒体PC机中的主流显卡。

显卡按功能分有以下几种:

(1) 一般显卡　完成基本显示功能,其性能由显存容量、工艺质量和产品品牌等因素决定。

(2) 图形加速卡　目前以AGP显卡为主,带有图形加速器,显示复杂图像、三维图像快。

(3) 三维图形卡　专为具有3D图形的应用(如高级游戏等)开发的显卡,三维坐标变换速度快,动态图形显示灵敏、清晰。

(4) 显示/TV集成卡　在显卡上集成了电视高频头和视频处理电路,使用它既可显示正常多媒体信息,又可收看电视节目。

(5) 显示/视频输出集成卡　在显卡上集成了视频输出电路,在把信号送到计算机显示器显示的同时,还可把信号转换为视频信号,送到视频输出端子,供电视机、录像机等录放像设备接收、录制和播放。

事实上,由于电视接收卡和视频采集卡都包含有视频数字化和在VGA上叠加显示的功能,所以许多厂家已将它们合并在一块卡上。有的厂家则把视频采集卡、视频压缩/解压缩卡和电视接收卡的功能集成在一起,构成一种功能很强的三合一视频卡。更有甚者,许多厂家还将上述四种卡的功能集成于一体,形成目前广为流行的多功能视频卡(实际中多称为多功能显卡)。

2. 视频卡的结构

这里仅对典型视频采集卡和显示卡的一般结构作一简介。

1) 视频采集卡的结构

视频采集卡的一般结构如图10.17所示。由图可见,视频采集卡主要由A/D转换器、帧缓存器、显示叠加控制逻辑、图像采集控制逻辑和显示控制逻辑等几部分组成。

视频采集卡的外部接口包括视频与PC机系统总线的接口和与模拟视频设备的接口,它们主要是:

(1) 视频信号源输入接口　用于连接模拟照相机、摄像机、录像机、电视机等的输出端口。

(2) 显卡输入接口　用于连接VGA显卡和摄像机等输入信号源。

(3) 显卡特征连线接口　通过相应信号电缆与VGA显卡特征插头相连。

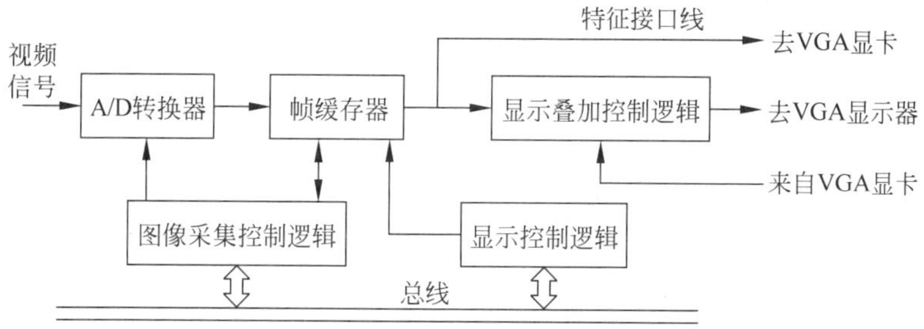

图 10.17　视频采集卡的一般结构

(4) MONITOR OUT 接口　用于将叠加后的显示信号输出给 VGA 显示器。

(5) 系统总线接口　用于与 PC 机主机连接,实现采集卡与 PC 机间的数据通信。目前 MPC 的视频采集卡多采用 32 位的 PCI 总线接口。

实际的视频采集卡产品至少具有一个复合视频接口(Video In),以便与模拟视频设备相连;高性能的采集卡多具有一个复合视频接口和一个 S-Video 接口。一般的采集卡都支持 PAL 和 NTSC 两种电视制式。

视频采集卡除具有上述典型组成部件和外部接口外,通常还有一些跳线器(jumper),用于参数的设置,以避免和主机中其他板卡发生冲突。

需要注意的是,单纯的视频采集卡一般不具备电视天线接口和音频输入接口,不能用于直接采集电视射频信号和模拟视频中的伴音信号。要采集伴音,PC 机上必须装有声卡,视频采集卡通过声卡获取数字化的伴音,并把伴音与采集到的数字视频同步到一起。

还有一点要注意,视频采集卡也和其他任何板卡一样,必须配有相应的硬件驱动程序才能正常工作。根据采集卡所要求的操作系统环境的不同,驱动程序也不同。采集卡产品一般都带有配套的采集应用程序。也有一些通用的采集应用程序可供选用,如数字视频编辑软件 Adobe Premiere 等就带有采集功能,但这些应用程序必须与采集卡硬件配合使用。

图 10.18 给出的是一种实际的 PCI 视频采集卡样例——美国 ATi 公司生产的 All-In-Wonder (简称 AIW)品牌的 Radeon 9700 Pro 视频卡。该视频卡集成进了尽可能多的多媒体特性,如电视调谐器和视频输入功能等,为用户提供了一套非常全面的家庭娱乐平台解决方案。

图 10.18　Radeon 9700 Pro 视频卡

2）显示卡的结构

显示卡的一般结构如图 10.19 所示，它主要由五大部分组成。

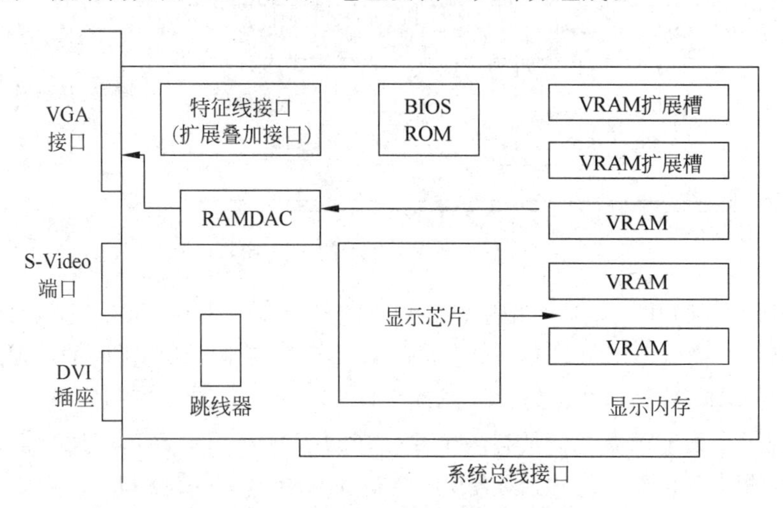

图 10.19　显示卡的一般结构

（1）显示芯片　通常显示卡上能见到的那颗最大的芯片或是被风扇和大散热片盖着的芯片就是显示芯片。一般的娱乐型显卡采用的都是单芯片设计的显示芯片，而高档专业型显卡的显示芯片则大都采用多芯片组合的方式。显示芯片实际上就是图形处理器芯片，显卡的档次及性能主要由它决定。目前国内市场的显卡图形处理芯片主要有 Trident、S3、ATI、MGA、Nvidia、3Dfs 等公司生产的产品，其中尤以 Trident、S3、Nvidia、3Dfs 几家公司的居多。绝大多数图形处理芯片都有较先进的图形加速、图形覆盖、无级缩放和锯齿平滑处理等功能，这些功能减轻了 CPU 的负担，加快了显示速度，增强了 VCD、3D 图形和 TV 的输出效果。

（2）显示内存　显示内存是存储显示数据的内存，又叫视频存储器（video RAM，VRAM）。由于它通常是以帧为单位缓冲存放待显示数据的，所以也叫帧缓存器。多数情况下它由多个 VRAM 芯片组成，其容量大小直接影响到显卡可以显示的颜色数目和可以支持的最高分辨率。VRAM 与 DRAM 很相似，同属动态读写存储器，两者的区别在于，DRAM 只有一个数据读写口，读、写操作都是通过这个口进行；而 VRAM 是双口 DRAM，其读、写口是分开的，读、写操作可同时进行，所以它的速度比 DRAM 快。

（3）BIOS ROM 芯片　用于存放显卡的设置参数(一些特征参数)和硬件驱动程序。驱动程序主要控制显示芯片对每个绘图函数进行加速。

（4）RAMDAC　此为显示数据数/模转换电路，用于将来自帧缓存器的数字显示信号以满足图像显示质量要求的速度转换为模拟信号输出到显示器。RAMDAC 的转换速度越高，所能支持的显示画面刷新率就越高，显示的图像就质量越高、越稳定。目前市面上绝大多数显卡的 RAMDDAC 速度都在 170MHz 以上，高档的更是高达 300MHz 以上。RAMDAC 有作为单独芯片外置的(主要是一些专业级图形显卡上)，也有内置于显示芯片中的(主要在一般显卡上)，发展趋势是内置。

（5）I/O 接口　显卡的外部接口包括与系统总线的接口和与显示器的接口，其中后者通常又包括 VGA 接口、S-Video 端口和 DVI 插座等。

① 与系统总线接口：目前市面上的显卡有ISA、PCI和AGP三种不同类型的总线接口，但以PCI和AGP居多。PCI显卡广泛应用于Pentium和少量486系统中，AGP显卡则主要应用于PentiumⅡ及以上系统中，是目前显卡的主流。

② VGA接口：VGA接口实际上是一个15针D型连接插座，用于与显示器相连，将视频影像输出到屏幕上。它的15针排列顺序如图10.20所示。

③ S-Video端口：这是接电视的接口。借用一根视频信号线，通过它便可接收电视信号，在计算机屏幕上显示出来。

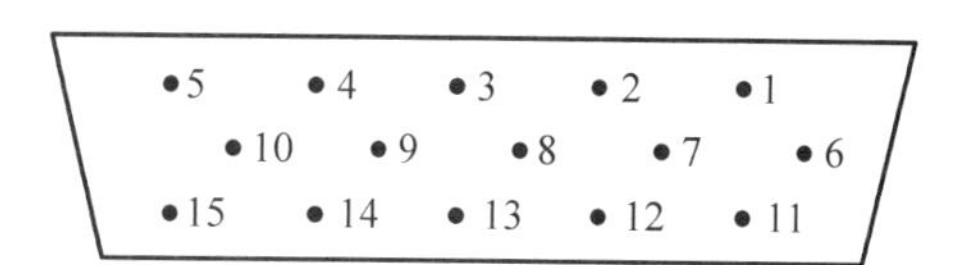

图10.20　15针VGA插座排列顺序

④ DVI插座：这是数字视频接口(digital visual interface)。它是20世纪90年代随着数字化显示设备的发展而出现的一种显示接口技术。它最早出现在GeForce2和Matrox G450等显卡上。1994年有关组织正式推出了DVI标准，使DVI接口在各种显卡上用得越来越普及。现在有的显卡上甚至没有了传统的VGA接口，而只有两个DVI接口。

图10.21给出的是Nvidia公司生产的一款GeForce4 Ti4600显示卡样例。其他显卡产品在结构上也与此大同小异。

图10.21　实际显卡样例

3. 视频卡的性能指标

衡量视频卡(包括视频采集卡和显示卡)质量好坏的性能指标主要有以下几方面。

1) 输入输出信号模式

它指的是视频卡可采集/接收的输入视频信号模式和可送出去显示的输出视频信号模式。为追求较高的图像品质，一般以采用NTSC制式的视频信号模式更好。

2) 分辨率

视频采集卡和显示卡都有个分辨率问题，它指的是画面或显示器上像素的点数，一般以横向点数×纵向点数来表示。常见的分辨率有640×480、800×600、1024×768、1280×1024、1600×1200、2048×1536或更高。分辨率越高越好。视频采集卡的分辨率越高，可以获得质量越高的电视画面；显示卡的分辨率越高，则可在屏幕上显示出越清晰的图像和越多的内容(图像或文字)。但分辨率越高，要求帧缓存器的容量也越大。

要注意的是，最终屏幕上的显示分辨率是由显示卡和显示器两者的分辨率共同决定的，比如显卡的分辨率可以达到1280×1024,而显示器的分辨率只有1024×768,则实际的显示分辨率只能达到1024×768,反之亦然。

3) 色深

色深是指视频采集卡所能表示或显示卡在屏幕上所能显示的颜色数目,也叫色差。色深除可直接用颜色数表示外,还常用二进制位数来表示,例如某视频卡的色深是256色,也可说它的色深为8位色。色深的位数越多,图像的质量就越好。但在色深增加的同时,也增大了所要处理的数据量,随之而来的是速度或屏幕刷新频率的降低。

表10.2给出了视频卡在不同色深下所能表示或显示的颜色数、每个像素所需的数据量以及相应的图像品质。

表10.2 不同色深对应的颜色数、每像素数据量和图像品质

色　深	对应颜色数	每像素数据量/B	图像品质
4位色	16	0.5	标准彩色
8位色	256	1	标准视频
16位色	65536	2	高彩
24位色	16777216	3	真彩

4) 刷新频率

刷新频率是就显卡而言的,它指的是帧缓存器中图像数据的更新频率,所以也叫帧频,其单位为帧/s。显示器也有刷新频率(帧频)一说,但它和显卡的刷新频率是两个不尽相同的概念,它指的是影像在显示器屏幕上更新的速度。显示器的刷新频率是根据人的视觉暂留原理和屏幕上发光材料的光滞留特性确定的,且多以Hz为单位,通常规定在60Hz以上人眼才无闪烁感,即使是静态图像,也必须按规定的频率周期性地将这幅图像的数据转换为像素点的显示属性去激励荧光屏,以维持图像显示的稳定性;而显卡的刷新频率则主要是针对动态图像或动画的,它除与人的视觉暂留特性有关外,还与图像的色彩和复杂程度有很大关系,一般在25帧/s或30帧/s以上才可产生影像的连续运动感。

5) 视频格式

常见的图像/动画/视频文件格式很多,如一般静态图像文件格式有BMP、GIF、JPEG、PCX、TIF(tagged image format)、TGA、PCD、EPS、3DS、DRW、WMF等,动画文件格式有GIF、FLASH、FLIC等,视频文件格式有AVI(audio video interleave)、RM(real media)、ASF(advanced streaming format)和DV(digital video)等。每种格式各有不同特点,有的不支持数据压缩,有的支持压缩但支持的压缩算法不同;有的支持流媒体视频,可实现在网上实时传输和播放,有的则不行。一般来说,针对特定格式的文件,需要使用支持其格式的处理软件,但目前也出现了一些可以处理和浏览很多种不同格式的图像处理软件,如ACDSee、Windows自带的“画图”软件和Media Player等。

显然,视频卡所能支持的视频格式越多越好,所支持视频格式的压缩性能和实时性能越强越好。

10.4　光盘存储器及其接口

10.4.1　光盘存储器及其分类

光盘存储器是随着多媒体计算技术的兴起而出现的一种新型外存储设备，它一经出现，就以其记录密度高、存储容量大、信息保持时间长、价格低廉、经久耐用和便于携带等优点而受到计算机用户的特别青睐，目前已成为高档PC机系统必不可少的标准配置之一。光盘存储器的功能部件组成与磁盘存储器相似，也由盘片和盘机（驱动器）两部分组成。在信息分布上，光盘也与磁盘相似，盘片划分为若干光道，每个光道又划分为若干扇区，每个扇区存放一定长度的数据块。光盘直径有12in、5.25in、4.75in和3.5in等多种规格。在12in的盘面上，约有31000个光道，每道的扇段数有25、32、64等规格，位密度约为3×10^8bpi，一个盘片的容量超过1GB，目前最大容量的是蓝光光盘，最大容量可以达到25GB。

光盘驱动器(optical driver)常被简称为光驱，它和软盘、硬盘驱动器不一样，对光盘的读写既不是用磁头作接触式读写，又不是从外向里读写，而是采用光读写头把激光束汇集成一个光点，由里向外螺旋式地对光盘进行非接触式的读写。由于光读写头比磁读写头复杂得多，加之盘上的光道数很多，因此光盘的存取速度目前仍低于硬盘，大致与软盘相当。

目前光盘存储器主要分为三类：只读型、一次写入型和可擦写型。这与半导体只读存储器分成掩膜ROM、PROM和EPROM/E^2PROM三类很相似。

1. 只读型光盘(CD-ROM)

CD-ROM光盘上的信息是由厂家在母板上刻录好的，用户只能按需选购已记录信息的光盘，并在CD-ROM驱动器上读出，不能进行信息写入、更改和擦除。一张5.25in的CD-ROM盘片，存储容量约为600MB，位成本低，易于分发，便于保存，且不会受病毒干扰，所以是多媒体应用的首选存储载体。因为CD-ROM是只读的，因此非常适合于存储不允许更改擦除的文件资料，目前已在出版业和其他企事业单位广泛使用，用于制作各种电子文字声像出版物和产品说明书等。

CD-ROM最先是由Philip和Sony两个公司发明的，随后相继制定和推行了一系列CD的编码和数据组织格式的标准(CD是Compact Disc的缩写，本意是指一种注塑成形的镀铝盘，用微米量级的沟槽表示数据，用激光读出数据)。这些标准被广泛采用或借鉴修订，成为CD平台间相互兼容的通用国际标准。

按CD标准生产的CD-ROM早期产品采用的都是与CD唱机和激光视盘机相似的单速光盘驱动器，传输速率仅为150KBps。由于这种光盘驱动器的速度较慢，所以在1994年以后市场就过渡到以双倍速光驱为主流产品，其一般传输速率为300KB/s。1995年以后，三倍速、四倍速以及更高倍速的光驱也逐渐普及，目前市场上的主流光驱产品已普遍达到40倍速以上，即数据传输速率在6000KB/s以上。

但是，仅是在原有CD-ROM标准上提高速度总不是最佳的办法，于是在业界的强力推动下，一种称为DVD(digital versatile disc，数字通用光盘)的新型大容量高速度光盘标准在1995年9月应运而生了。按DVD标准制造的DVD-ROM新型光盘和光盘驱动器也于1996年开始投放市场。这种DVD-ROM光盘可存储5GB以上的信息，读取速度可达4MB/s以上，为原有CD-ROM光盘存储器的10倍以上。

DVD 光盘根据其容量和格式不同大致可分成四种，如表 10.3 所示。目前市面上比较常见的是 DVD-5 和 DVD-9 两种单面 DVD 碟片，DVD-10 和 DVD-18 两种双面 DVD 碟片则由于涉及盘片换面的问题，而且容量也太大，实际中对这么大容量的需求并不多，因此暂时还不多见。采用 DVD 的影视光盘不仅播放时间长，可以达到单盘 135min 以上，而且可以获得比 CD 和 VCD 更好的图像播放质量。

表 10.3　DVD 光盘 4 种规格

名　称	格　式	容量/GB
DVD-5	单面单层	4.7
DVD-9	单面双层	8.5
DVD-10	双面单层	9.4
DVD-18	双面双层	17

2. 一次写入型光盘(WORM)

WORM(write once read many-time)光盘也叫 CD-WO(CD-write once)盘。它提供用户一次写入机会，包括允许在一次未写完的剩余空间中追加信息。但信息一旦写入，便与 CD-ROM 一样只能读出，不能擦除、重写。WORM 光盘的记录密度高，存储容量大(每面可达 759MB～3.4GB)，记录信息稳定可靠，保存时间长(10～15 年)，位价格较低。缺点是读写时间长(一般需 200～600ms)，数据传输率不高。

WORM 光盘在制造材料、结构形式和存储原理上与 CD-ROM 光盘很相似，都是采用形变型记录原理，通过母板压制或激光照射，在盘片记录薄膜上形成凹坑(小孔)或微小气泡而制成的。光盘采用三层结构：基片、反射层和记录层。基片使用一种耐热的有机玻璃 PMMA 做成，基片上涂一层铝膜作为反射层，反射层上再涂一层碲合金薄膜作为记录介质，最后涂一层透明的保护膜。写入时，能量集中的激光束照射某个特定区域，使该处加热到熔点温度，记录介质蒸发，形成一个凹坑，代表记录了 1；不发激光束，记录层完好如初、未形成凹坑的特定区域，则代表记录了 0。读出时，用低功率激光束沿光道扫描，当扫到记录 1 的凹坑时，光束直接射到反射层，反射光强，经光检测器转换为 1 读出信号；当扫到无凹坑处时，反射光很弱，表示 0 读出信号。

WORM 写入必须用专门的 WORM 驱动器，也叫 CD-R 刻录机。但是写入了信息的 WORM 光盘既可以在 WORM 驱动器上读出，也可以在 CD-ROM 驱动器上读出。因此，WORM 的出现对多媒体光盘出版系统是一大推动，对政府部门、图书馆、档案馆、会议、培训和广告等场合也很适用。

为了提高一次写入型光盘的存取速度和存储容量，业界和推出与 CD-ROM 对应的 DVD-ROM 相似，也推出了与 CD-R(即 WORM)光盘存储器对应的 DVD-R 光盘存储器。

3. 可擦写型光盘(CD-RW)

CD-RW(CD-rewritable)光盘允许用户在盘片上任意地进行信息的写入、修改、擦除和读出，因此备受用户特别是研究开发型用户的青睐。相应的盘驱动器俗称 CD-RW 刻录机。

CD-RW 光盘按记录原理可分为磁光型盘(CD-MO)和相变型盘(PCD)两种。

1) CD-MO 光盘

这是一种制造技术已成熟、目前采用较多的可重复读写光盘，它是将磁记录和激光技术结合起来进行读、写、擦除和重写的。它的双面格式化容量可达1GB左右，数据传输率可达1MB/s，存取时间较短，对环境温度、电磁干扰等不敏感，盘片寿命在40年以上。缺点是需使用相应的磁光盘驱动器。不过磁光盘驱动器的使用特点与传统的磁盘驱动器完全相同，而且比之多了介质可换、可靠性高、存储容量大的优势，因此它将在与磁盘驱动器的竞争中发展，有望成为计算机存储设备市场的主流产品。

CD-MO光盘以磁性材料为记录介质，利用热磁效应写入，利用磁光效应读出，通过恢复原有磁化状态擦除。写入前，在外加磁场作用下使记录介质呈某种磁化方向。写入时，用较强激光束照射的特定微小区域温度升高，磁化强度下降，在外加磁场作用下使该区域的磁化方向翻转，即记录了一个1；未被照射的区域则保持磁化方向不变，表示记录了0。读出时，用较弱的激光束沿光道扫描，根据磁光效应，反射光的偏转角度与介质的磁化方向有关，只要适当安置光检偏器的角度，使记录1处的反射光可以通过检偏器，而记录0处的反射光则因角度不同不能通过，便可识别是1还是0。擦除时，一方面用激光照射记录介质以加热，同时外加磁场，使记录介质恢复到写入前的磁化状态，即清除了写入的信息。

2) PCD(phase change disc)光盘

这是一种只用光技术来记录、读出、擦除和重写信息的可读写光盘。写入时用激光加热的办法使介质内部在结晶和非结晶两种形态间发生改变，一旦写入，在常温下便保持不变，除非重写。读出时则利用这两种状态具有不同的反射率来区分0和1。PCD光盘的存储容量可达到1.5GB以上，平均读写时间小于50ms，数据传输速率大于1MB/s，是另一种前景看好的计算机存储设备的主流产品。

PCD光盘是利用晶相结构(结晶状态)的可逆性变化而制成的。写入时，用较强的激光束照射记录介质薄膜，被照射的微小区域突然加热，晶粒直径变大；由于照射时间极短，已变化了的直径来不及再缩回去，就保持扩大了的直径不变。晶粒直径的变化使光折射率相应改变，于是照射处(写1处)与未照射处(写0处)在光反射率上存在明显差别。读出时，用较弱的激光束沿光道扫描，利用光反射率的差别识别该处记录信息是1还是0。擦除时，用激光束照射记录介质，使其在加热后缓慢冷却(即退火)，于是晶粒直径由大变小，恢复原来的结晶状态，反射率差异随之消失，从而使记录信息被清除。

和推出与CD-ROM对应的DVD-ROM、与CD-R(即WORM)对应的DVD-R相似，业界为提高可擦写型光盘的存储容量和存取速度，也推出了与CD-RW光盘存储器对应的DVD-WR光盘存储器。

10.4.2 光驱的组成结构及工作原理

光驱是读写光盘信息的设备。和上述光盘存储器的类型相对应，光驱也有CD-ROM驱动器、CD-R驱动器、CD-RW驱动器和DVD-ROM驱动器、DVD-R驱动器、DVD-RW驱动器之分，当然也有可运行任一种光盘的多功能光驱产品。但是，无论哪种光驱，其基本组成结构是相似的，基本上都由激光头及伺服控制系统、机械传动机构、数字信号处理系统及接口、面板背板及控制系统等部分组成。

1. 激光头及伺服控制系统

激光头是光盘驱动器与光盘片的耦合部件，是光驱的心脏，也是其最精密的部件。激光头的原理性结构如图10.22所示。由图可见，它主要由激光器、光束分离器、光聚焦镜、反射镜、调制器和光电二极管等部件组成。激光器(图中为氦-氖激光器)是光源部件,用于产生一定强度的激光束;光束分离器把接收到的激光束分成90%的写光束和10%的读光束两路;调制器用于控制是否让写光束通过,以产生记录光束;记录光束通过跟踪反射镜和聚焦镜实现寻道定位,把写光束聚焦为很细的光束打到指定的光盘位置,从而在那里"刻"出一个小凹坑,表示写入"1"。读出时,读光束也会照射到指定的光盘位置,但它的能量很弱,不会在盘片记录介质上形成凹坑,从而改变其反射特性,而只会把所照射之处的有无小凹坑状态通过反射光的强弱表现出来,反射光被送到光敏二极管,从而确定读出来的是"1"还是"0"。

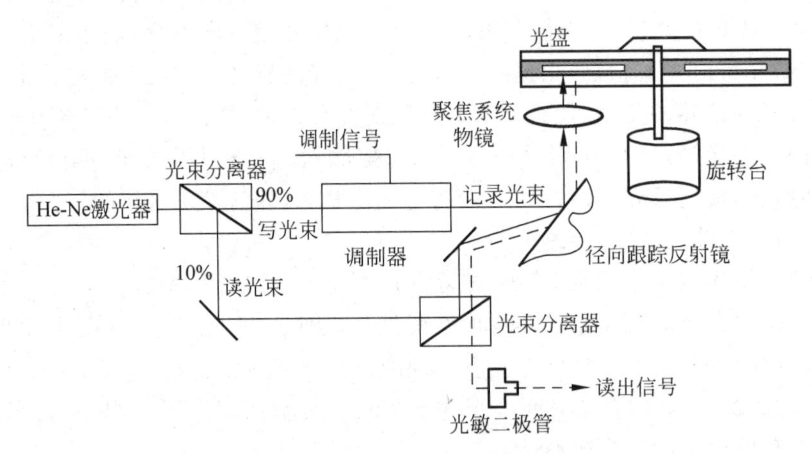

图 10.22 激光头原理性结构示意图

为了最大限度地减小激光头的聚焦、跟踪误差,确保经物镜聚焦后的激光束准确地落在盘面上(聚焦)和信道中央(跟踪),目前的高档光驱都采用了悬挂式激光头结构,并对光束聚焦和光道跟踪分别引入了伺服控制系统。光束聚焦控制系统通过四象限光电检测器产生聚焦误差信号控制物镜上下移动,从而确保聚焦效果;光道跟踪控制系统采用三光束法等技术产生光道跟踪误差信号控制光头水平移动,以确保跟踪效果。

激光头中还有一个由微型电位计控制增益的激光强度(功率)调节器,通过调节控制,可获得读、写、擦除的不同功率,同时也可在改善读盘能力和延长激光管使用寿命之间取得较好折中。一些新型光驱还可通过伺服控制系统,根据实际使用情况动态地自动调整激光头的功率,以获得尽可能高的读盘能力和尽可能长的激光管使用寿命。

2. 机械传动机构

机械传动机构包括主轴旋转机构、托盘机构和平衡机构等部分。

主轴旋转机构的核心部件是电机,作用是带动托盘和光盘在光驱中按照一定规律高速旋转。光驱产品的不断提速,实际上是意味着主轴转速的不断提升,当主轴旋转速度提高到10000r/s左右后,读盘的时候会产生巨大的震动及噪声。为此,目前市场上的40倍速以上光驱产品中,普遍在其托盘与前舱盖之间引入了橡胶支架以减震,并使用两个抗震动装置与动态阻尼器构成的双动态抗震悬吊系统(double dynamic suspensory system,DDSS),来有效吸收主轴电机高速旋转时产生的震动。

为了提高光驱读取密度不均匀的盘片时的性能,并保护光驱,现在的高档光驱中还大多采用了一种先进技术——自动平衡系统(auto balance system,ABS),即在托盘下面放置滚珠，当光驱读写密度不均的盘片时，滚珠在离心力的作用下，会滚动到质量轻的那一边，从而使整个盘片的质量得到平衡，盘片在数据读写过程中的转速也更稳定。一些高档光驱如三星、雄兵 48 倍速光驱等，为了防止爆盘，还引入了智能监测调整机制（又称智能安全技术），在其固件中固化了监测调整程序，用以识别盘片上的划痕和裂纹，并记录裂纹生长情况，据此调整主轴电机转速，从而杜绝爆盘现象的发生。这种智能安全技术也有助于顺利读取各种坏盘和有效控制光驱震动及其带来的噪声。

3. 数字信号处理系统及接口

数字信号处理系统的主要功能，是将激光头读取的 0、1 信号，转换为符合输出接口标准的连续数据流，然后通过输出接口传送给主机。其中还有音频解码单元，用于还原 CD 模拟音频信号，以支持光驱独立的 CD 播放能力。不过由于 CD 播放毕竟不是光驱的主要功能，所以其音频解码单元比较简单，因此播放的音质较差。

4. 面板背板及控制系统

面板及控制系统的主要作用是通过按键控制光盘托盘的进出，通过面板指示灯动态指示光驱的运行状态，通过带开关旋钮控制 CD 的播放与播放音量。除此之外，面板上还有紧急弹出孔和耳机插孔，前者用于停电或出现故障时通过插入一曲别针等细钢丝将托盘弹出，取出光盘，后者用于插入耳机听 CD 音乐。有的光驱（主要是中国台湾生产的光驱）面板上还有向前、向后搜索等按钮，用于选音乐曲目。

背板上主要提供一些接口和插座，包括：

数字音频输出接口（digital audio output connector）——用于连接到数字音频系统；

模拟音频输出接口（analog audio output connector）——用于通过音频线与声卡相连；

主/从盘跳线器（master/slave jumper）——用于设置主盘或从盘；

数据线插座（interface connector）——用于连接数据线（数据线另一端连接主机板上的 CD-ROM 控制器）；

电源线插座（power-in connector）——用于连接电源线，为光驱提供电源。

图 10.23 所示为某 CD-ROM 驱动器的面板、背板结构图。

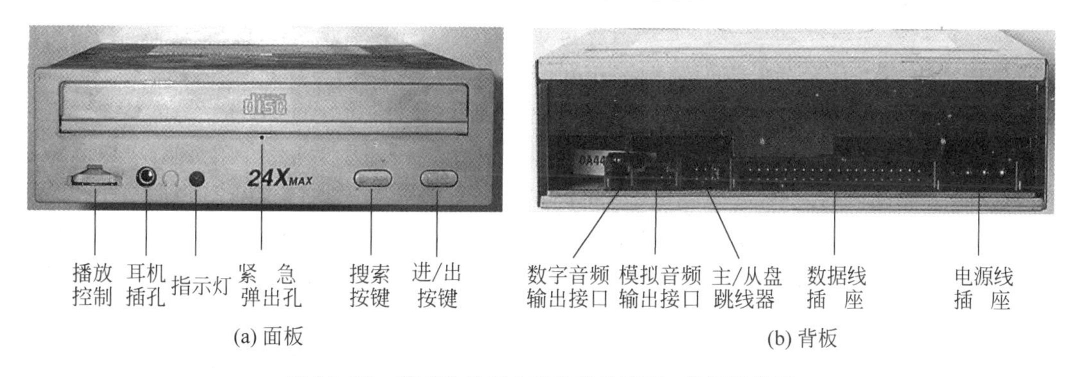

图 10.23 某 CD-ROM 驱动器的面板、背板结构图

早期光驱的机芯有相当大的一部分是由塑料元件构成的。在光驱主轴电机速度提高后，随着工作时间的增长，光驱内部积蓄的热量越来越多，其核心部分的温度可达到相当高，致使塑料元件老化速度加快，光驱使用寿命缩短。因此，现在的光驱大多采用金属机芯。另外，为了散热，普遍在光驱中电路板的主控芯片（电机驱动芯片）与底部金属壳之间还安装了

一个具有良好导热功能的硅胶散热片,或者在主控芯片上涂以硅酯。由于硅胶材料独特的柔软性,硅胶散热片除能散热外,还能有效缓冲对芯片的意外直接硬性撞击。

10.4.3 光驱的性能指标

光驱的性能指标主要有以下几种。

1. 平均数据传输率

这是光驱的一项最基本的技术指标,用于衡量光驱的数据传输速度。由于光驱是在CD机的基础上发展演变而来的,对于采样频率为46.1kHz、每个点用16位二进制数码表示的立体声信息,其传输率为176.4KB/s,因此早期CD-ROM驱动器的数据传输率都以此为参考确定,仅为150KB/s(每秒读75个扇区、每个扇区2048B)。后来国际电子工业联合会在制定CD-ROM标准时,也把它定为光驱传输率标准。后来驱动器的传输速率越来越快,就都以150KB/s的多少倍速来描述,而将150KB/s称为单倍速。这就是说,对于40倍速的光驱,理论上的数据传输率应为:150×40=6000KB/s。但要注意,这只是标称值,即理想情况下的最高速度,实际应用中多数时间达不到这个理想值。

实际中,对于24倍速以上的不同速度光驱,主观感觉差别不是很大,所以不一定要盲目追求高倍速。尽管高倍速光驱具有速度优势,但它也有CPU占用率高、噪声大、振动大、耗电量大、发热量大甚至容易出错等副作用,因此选购光驱时应从多方面综合考虑。

要说明的是,DVD驱动器的数据传输速率计算方法与CD、VCD光驱不同,它的单倍速数据传输速率为1350KB/s,而不是150KB/s。这就是说,两者的速度基准不一样,不能简单地将两者的读取速度作比较。例如4倍速DVD光驱的数据传输速率为5400KB/s,而同样4倍速的CD、VCD光驱的数据传输速率则只有600KB/s。目前DVD光驱的最高倍速为16×,这里的16×是指读取DVD盘时的倍速,若用它读CD或VCD盘,则倍速要高得多,可达到40倍速。一般来说,5倍速的DVD光驱已能满足读取各种信息的需要。

2. 平均读取时间

它也称平均搜寻时间(average seek time),也是衡量光驱性能的一个基本标准。它指的是从光驱接到读盘命令到移动激光头到指定位置、开始读盘所需要的时间,单位是ms。该参数与数据传输率有关。但数据传输率相同的光驱,由于采用不同的控制系统,其平均读取时间可能有很大的差别。一般来说,该指标越小越好。

目前主流光驱的平均读取时间则已减少到了100ms以下。目前大部分的DVD光驱的CD-ROM平均读取时间在75～95ms之间,而DVD-ROM的平均读取时间则在90～110ms之间。COMBO产品的平均读取时间要略低于DVD光驱,其中CD-ROM的平均读取时间在80～110ms之间,DVD-ROM的平均读取时间则在90～130ms之间。

3. 缓存容量

光驱的缓存容量是衡量光驱综合性能的一个重要因素。从光盘上读出的数据总是先存放在光驱的缓存器中,然后再以很高的速度传到主机,这样可以有效地减少读盘次数,提高数据传输率,同时又能大大减少CPU占用时间。同样,主机向光盘上写入数据时,也是先写入缓存器中,然后再刻录。理论上,缓存容量越大,则光驱速度越高,CPU占用时间越少。

一般要求光驱至少有128KB的缓存容量。目前SCSI接口光驱的缓存容量一般2～

8MB；而 IDE 接口光驱则由于特殊用途不多，对性能要求不高，其产品一般仍只有 128KB、256KB 或 512KB 的缓存容量。

4. 数据读取方式

光盘在光驱主轴电机的带动下高速旋转，光驱中的激光沿光盘表面径向移动，读取光道上的数据。目前不同的光驱有三种不同的数据读取方式。

(1) 恒定线速度(constant linear velocity，CLV)方式。以这种方式读取光盘数据时，无论对内圈还是外圈都以恒定的线速度读取，因而可使光驱的数据传输率保持恒定，确保光驱内外圈读取数据的一致。但是，由于光盘采用连续螺旋轨道来存放数据，为了保持内外圈线速度的恒定，读取光盘内外圈时，光驱的马达转速就要改变，读内圈时增加转速，读外圈时减小转速，这样，当光驱速度提得很高(比如 16 倍速以上)时，就势必出现主轴电机转速的频繁改变，从而影响光驱的寿命。因此，CLV 方式主要用在 16 倍速以下的低速光驱中。

(2) 恒定角速度(constant angular velocity，CAV)方式。这种方式的优点是光驱的主轴电机始终以恒定的转速工作，可以免除复杂的电机速度控制，提高读数可靠性和光驱寿命，还可有效地提高外圈的数据传输率，改善随机读取性能；缺点是读取光盘内圈数据时，数据传输率明显降低，体现不出高速光驱速度上的优越性。目前 16 倍速以上光驱大多采用这种 CAV 读取方式。

(3) 局部恒定角速度(partial constant angular velocity，PCAV)方式。这是一种新型的读盘方式，它综合了 CLV 和 CAV 两者的优点，在读内圈时采用 CLV 方式，通过加快转速恒定线速度；在读外圈时采用 CAV 方式，通过保持转速不变恒定角速度；在随机读取光盘时采用 CLV 方式加速；而一旦激光头无法正确读取数据时，便立刻转为 CAV 方式减速。采用 PCAV 方式，可提高光驱的整体传输性能，能在全盘范围内基本实现标称倍速值。现在的 32 倍速以上的光驱大多采用这种读取方式。

5. 稳定性和容错性(可靠性)

光盘的质量参差不齐，特别在目前光碟市场上仍有大量非正版光碟存在的情况下，光驱的稳定性和容错性(可靠性)便理所当然地应受到用户的广泛关注。为了提高读盘的容错性和可靠性，目前一些光驱产品特别是 DVD 光驱产品中，已经采用了复杂的纠错编码技术来最大限度地降低误码率。

目前市面上的光驱，一般来说，日本产品的稳定性较好，但读盘能力(容错性)一般；韩国产品的稳定性较差，但读盘能力较强；中国台湾产品的读盘能力比日本产品强、比韩国产品稍差，稳定性较韩国产品好；新加坡产品的读盘能力比日本产品强，但低于韩国、中国台湾产品。国内一些厂家的产品普遍刚开始用时读盘能力很不错，但几个月之后容错能力明显下降，即稳定性不够。可见稳定性和容错性是一对矛盾，选购光驱产品时应根据实际应用特点，综合考虑这两方面，一般读取程序、数据等内容要求误码率越低越好，而读取声音、图像等内容则误码率稍大一些也关系不大。

6. 多格式兼容性

这主要是对 DVD 驱动器而言的。一般来说，DVD 驱动器应能支持和兼容读取多种光盘，除可兼容 DVD、CD、VCD 和 VCD-ROM 等常见的格式外，对于 CD-R、CD-RW 等格式也应能很好地支持。为此，DVD 光驱的激光头应能针对不同类型的光盘提供不同的激光功率。目前 DVD 光驱激光头有单激光头和双激光头两种方式。

1) 双激光头方式

这种方式采用两组完全独立的DVD和CD激光头,拥有两套完全独立的聚焦镜。它的兼容性最好,读取信号质量高,但其认盘速度慢,成本比较高。

2) 单激光头方式

这种方式采用单个激光头,通过采用高精密的光路结构设计及系统控制,实现对多种类型光盘的读取。它具体又可分成双透镜、双焦点透镜和孔径控制等几种方式。

(1) 双透镜方式 一个激光头中使用两组聚焦镜,分别读取DVD和CD光盘。这种方式读取信号质量较高,但由于两组透镜要通过机械方式进行切换,所以认盘速度较慢,并容易出现机械故障。这种双透镜单激光头方式是日本东芝公司最先提出并应用的,也是目前使用最广的。

(2) 双焦点透镜方式 激光头中采用一个特别的全息综合透镜,使通过透镜中间部分和边缘部分的激光束分别形成一个CD聚焦点和一个DVD聚焦点。这种方式的激光头结构复杂,读盘精度低,但同时也有成本低、无机械传动及故障、认盘速度较快等优点。这种双焦点透镜单激光头方式是松下公司首先提出并采用的。

(3) 孔径控制方式——一种产生双波长激光束的单激光头方式。这种方式利用液晶快门技术来达到控制焦距的目的,分别产生650nm和780nm波长的激光束,通过一组聚焦镜分别读取DVD盘和CD盘。这种方式具有读盘性能好、认盘速度较和成本较低的优点,主要在先锋(Pioneer)公司的产品中大量采用。

DVD驱动器的兼容性还表现在对区域码的适应性上。为了保护软件版权,国际标准组织对DVD播放采用了分区制的限制措施,将全球划分为6个DVD系统播放软件区域,分别用不同的区域码加以区分,规定各区域码的DVD机只能播放区域码相同的DVD光盘,并把这种区域码所限定的播放功能称为区域播放控制(regional playback control,RPC)。

10.4.4 光驱的接口

目前市面上的光驱与主机的接口,主要有IDE、EIDE、SCSI、SCSI-2四种。一般来说,后两种接口的光驱在性能上要好于前两种接口的光驱,表现在数据传输率较高、工作稳定性更好、CPU占用率较低上。但相比之下,它们的价格也较贵,且安装较复杂,必须通过专门的SCSI接口卡才能与主机相连,因此它们主要用在服务器和工作站等高档微机上。对一般终端用户使用的微机而言,采用IDE或EIDE接口的光驱,既安装方便(可直接连在主机的IDE接口上),又同样可满足其一般多媒体应用对数据传输率和稳定性的需求,并且物美价廉,兼容性好,所以现在大多数用户采用的光驱都是IDE/EIDE接口型的。

其实,现在IDE接口光驱的各项性能也在快速提高,尤其是对CPU的占用率已经与SCSI接口方式大体持平了。目前32倍速以上的IDE接口光驱均采用了Ultra DMA/33标准,该标准采用DMA方式传输数据,光盘与内存之间的数据传输在DMA控制器的控制下直接进行,不必CPU参与,因此既降低了CPU占用率,又提高了数据传输率。这样一来,IDE接口光驱的市场竞争优势就更加突出了。

目前市场上的光驱特别是刻录机,也有采用USB接口的。采用这种接口的光驱具有方便的热插拔和即插即用功能,且安装方便,可跨平台使用;传输速度和CPU占用率等性能也不错。

无论哪种连接标准的接口，就其内部适配电路及功能而言，其实是大同小异的，基本上都由数据输入缓冲器、记录格式器、编码器等组成的写盘通道和译码器、读出格式器、数据输出缓冲器等组成的读盘通道所构成；主要功能是把计算机输出的数据信息转换成光驱所能接收的信息格式，以及把光驱从光盘中读出的信息转换成计算机所能接收的信息格式，同时对计算机与光驱之间的速度差异起同步协调作用。

思考题与习题

10.1 什么是媒体？通常有哪些媒体？

10.2 什么是多媒体和多媒体技术？

10.3 多媒体技术的主要特点是什么？

10.4 多媒体技术的核心是什么？围绕这一核心，涉及的关键技术主要有哪些？

10.5 多媒体计算机系统与普通计算机系统有什么相同和不同之处？它应包括哪些基本组成部分？构成多媒体计算机系统的方法途径通常有哪几种？

10.6 目前国际上发布了哪几个多媒体个人计算机(MPC)的技术标准？

10.7 声频接口按照其功能和用途的不同，可分为哪几类？

10.8 目前流行的声卡一般具有哪些基本功能？

10.9 声卡在硬件结构上一般由哪些部分组成？它们各起什么作用？

10.10 目前声卡上一般有哪些声音输入输出端口？它们各起什么作用？

10.11 衡量声卡质量优劣的主要性能指标有哪些？

10.12 用于对FM声音进行采集和播放控制的声卡，已知采样频率为22.05kHz，采样精度为16位，支持双通道立体声工作，未进行数据压缩，问其数据传输率为多少？若要采集10min的声音，需要多大的存储容量？

10.13 什么叫视频？一般播放动态视频需要多大的帧率？

10.14 国际上流行的视频制式有哪几种？中国使用哪种制式？

10.15 何谓视频三基色原理？数字视频编码通常有哪几种方式？

10.16 为什么需要对声频和视频进行压缩编码？国际上流行的编码标准有哪些？

10.17 视频接口按照其功能和用途的不同，可分为哪几类？

10.18 目前常见的视频卡一般有哪几种？

10.19 视频采集卡按采集的图像指标的不同，分为哪几级？

10.20 视频采集卡在硬件结构上一般由哪些部分组成？它们各起什么作用？

10.21 显示卡上通常有哪些外部I/O接口，分别起什么作用？

10.22 衡量视频卡(包括视频采集卡和显示卡)质量好坏的性能指标主要有哪些？

10.23 光盘存储器有哪些突出优点？目前主要有哪几种光盘存储器，它们各有什么特点？试与ROM的分类作一比较。

10.24 DVD光盘与一般CD、VCD光盘有什么区别？

10.25 可擦写型光盘(CD-RW)按记录原理可分成哪几类？它们各有什么特点和优缺点？

10.26 光盘驱动器主要由哪些部分组成？各部分的主要功能是什么？

10.27 一般光驱的面板背板上主要提供了哪些功能件和接口、插座？从网上搜索一下，罗列出目前市场上流行的一些光驱产品的面板背板结构图。

10.28 一般从哪些方面去衡量光驱性能的优劣？

10.29 光驱的速度常以多少倍速来表示。试问，同是16倍速的CD-ROM光驱和DVD-ROM光驱，其平均数据传输速率是否一样？为什么？如果一样，为多少；如果不一样，分别为多少？

10.30 光驱中为什么一般都有缓冲存储器，而且缓存容量越大越好？没有缓存器行不行？

10.31 目前光驱常用的数据读取方式有哪几种？它们各有什么优缺点？

10.32 目前DVD光驱为了具有对多种格式的适应性，其激光头主要有哪几种方式？它们各有什么优缺点？

10.33 目前市面上的光驱，与主机的接口主要有哪几种？试通过上网搜索，列出具有各种接口的光驱产品的厂家及型号。

参 考 文 献

[1] 邹逢兴,陈立刚,李春.微型计算机原理与接口技术[M].北京:清华大学出版社,2007.
[2] 邹逢兴,陈立刚,等.计算机硬件技术及应用基础(上册·微机原理部分)[M].北京:中国水利水电出版社,2010.
[3] 邹逢兴,陈立刚,等.计算机硬件技术及应用基础(下册·微机接口部分)[M].北京:中国水利水电出版社,2010.
[4] 邹逢兴.计算机硬件技术基础简明教程[M].北京:高等教育出版社,2011.
[5] 林欣.高性能微型计算机体系结构——奔腾、酷睿系列处理器原理与应用技术[M].北京:清华大学出版社,2012.
[6] 刘瑞新.计算机组装、维护与维修教程[M].北京:机械工业出版社,2013.
[7] 杨全胜.现代微机原理与接口技术[M].2版.北京:电子工业出版社,2007.
[8] 谭毓安,王娟,等.Pentium微机原理与接口技术[M].北京:机械工业出版社,2008.
[9] Barry B. Intel微处理器全系列:结构、编程与接口[M].金惠华,等,译.6版.北京:电子工业出版社,2004.
[10] 宁飞,等.微型计算机原理与接口实践[M].北京:清华大学出版社,2006.
[11] 尹建华.微型计算机原理与接口技术[M].2版.北京:高等教育出版社,2008.
[12] Triebel W A. 80x86/Pentium处理器硬件、软件及接口技术教程[M].王克义,等,译.北京:清华大学出版社,1998.
[13] 李广军.微处理器系统结构与嵌入式系统设计[M].北京:电子工业出版社,2011.
[14] [美]奥斯本.嵌入式微控制器与处理器设计[M].北京:机械工业出版社,2011.
[15] 陈赜.ARM嵌入式技术原理与应用[M].北京:航空航天大学出版社,2011.
[16] 余锡存,曹国华.单片机原理及接口技术[M].西安:西安电子科技大学出版社,2002.
[17] 李云刚,邹逢兴,等.单片机原理与应用系统设计[M].北京:中国水利水电出版社,2008.
[18] 卫晓娟.单片机原理及应用系统设计[M].北京:机械工业出版社,2012.
[19] 冯博琴,吴宁.微型计算机原理与接口技术[M].3版.北京:清华大学出版社,2011.
[20] 李伯成.微型计算机原理与接口技术[M].北京:清华大学出版社,2012.
[21] 周荷琴,冯焕清.微型计算机原理与接口技术[M].5版.合肥:中国科技大学出版社,2013.
[22] 龙光利.微型计算机原理与接口技术[M].北京:清华大学出版社,2014.
[23] 申忠如.单片微型计算机原理与接口技术[M].北京:清华大学出版社,2013.
[24] 杜诚.微型计算机原理与接口技术[M].成都:西南交通大学出版社,2013.
[25] 郑郁正,孟芳,文斌.单片微型计算机原理及接口技术[M].北京:高等教育出版社,2012.